DER BROCKHAUS Wein

DER BROCKHAUS

Wein

Rebsorten, Degustation, Weinbau, Kellertechnik, internationale Anbaugebiete

Herausgegeben von der
Lexikonredaktion des Verlags
F. A. Brockhaus, Mannheim

F. A. BROCKHAUS
Mannheim · Leipzig

**Bibliografische Information
der Deutschen Bibliothek**
Die Deutsche Bibliothek verzeichnet diese Publikation
in der Deutschen Nationalbibliografie; detaillierte
bibliografische Daten sind im Internet über
http://dnb.ddb.de abrufbar.

Printed in Germany

ISBN 3-7653-0281-3

Projektleitung Dr. Hildegard Hogen
Redaktionelle Leitung Dr. Eckhard Supp
Redaktion Anne von Blomberg, Dr. Christa Hanten
Bildredaktion Dr. Eckhard Supp
Autoren Dr. Christa Hanten, Prof. Dr. Randolf Kauer, Dipl.-Ing. Wolfgang
Pfeifer, David Schwarzwälder, Dr. Eckhard Supp, Dr. Wolfgang Thomann

Herstellung Jutta Herboth
Layout fliegendeTeilchen, Berlin
Umschlaggestaltung glas AG, Seeheim-Jugenheim
Umschlagabbildungen Stockfood, München: Weintrauben, Weinkeller
Satz A-Z Satztechnik GmbH, Mannheim (PageOne, alfa Media Partner GmbH)
Druck und Bindung Stalling GmbH, Oldenburg

VORWORT

Mit dem Wein verhält es sich ähnlich wie mit der Kunst. Wissen steigert den Genuss: das Wissen um Produktionsverfahren und Techniken, lokale und zeittypische Besonderheiten, das verwendete Material und seine Verarbeitungsbedingungen sowie die Intentionen des Urhebers und seine Position gegenüber Traditionen.

Wissen ist sicherlich nicht Bedingung ist für den ästhetischen Genuss überhaupt. Differenzierte Kenntnisse und geschulte Wahrnehmung können ihn aber intensivieren – bei der Kunstrezeption und beim Weingenuss gleichermaßen. Aus der Vielfalt des Angebotes lassen sich so nicht nur große Unterschiede, sondern auch feine Nuancen, nicht nur übergreifende Stilrichtungen, sondern auch kurzfristige Moden erkennen und benennen. Vor allem aber lassen sich so charakteristische Eigenschaften ebenso wie bestimmte Defizite identifizieren. Und, nicht zuletzt, ganz persönliche Vorlieben entwickeln.

»Der Brockhaus Wein« stellt das Wissen zum Thema Wein mitsamt seinem fachspezifischen, internationalen Vokabular so umfassend wie kompetent, so zuverlässig wie verständlich zusammen. Dabei bietet er in seinen fast 4000 Stichwörtern Informationen, die »typisch Brockhaus« und alles andere als selbstverständlich sind: exakte Definitionen, wertvolle Aussprachehilfen, ausführliche Darstellungen, die aktuellsten verfügbaren statistischen Angaben, zum Beispiel zu Produktionsmengen und Anbauflächen, aussagekräftige Tabellen, zahlreiche Karten, anschauliche Grafiken und hochwertige Fotos.

Annähernd 250 Infokästen, zum Teil mit Abbildungen, liefern zusätzlich interessante Hintergründe, Insiderwissen und Aha-Erlebnisse. Eine Übersicht im Vorspann listet diese Infokästen nach Themen gegliedert auf; sie gibt das zugehörige Stichwort mit an sowie die jeweilige Seitenzahl im Lexikon. Zwölf Sonderartikel – ebenfalls im Vorspann aufgelistet – widmen sich herausragenden Themen besonders praxisorientiert, zum Beispiel »chemische Hilfsmittel« oder »Speisen und Wein«.

Diese konzeptuellen Charakteristika dienen einem einzigen Zweck: Weinkennern und allen, die es werden wollen, die Brücke zu schlagen zwischen Wissen und Genießen.

Mannheim   Redaktion F. A. Brockhaus

Doppelseitige, reich illustrierte **Sonderartikel** widmen sich übergreifenden Themen besonders praxisorientiert.

Hervorgehobene Infokästen, zum Teil mit Abbildungen, liefern interessante Hintergrundinformationen, Tipps und Aha-Erlebnisse.

Aarau, Anbaugebiet rund um die gleichnamige Stadt im Schweizer Kanton Aargau, zu dem auch die Gemeinden Erlinsbach, Küttigen und Biberstein gehören; auf kiesigen, nicht allzu tiefen Juraböden wird vor allem die Rotwein-Rebsorte Spätburgunder (Blauburgunder) kultiviert.

Aargau, Weinbaukanton der →Ostschweiz; auf knapp 400 ha (2002) Rebfläche werden zu rund 60% Rotweintrauben kultiviert. Die wichtigsten roten Rebsorten sind Spätburgunder, Regent und eine Schweizer Kreuzung aus Gamay und Reichensteiner namens Garanoir, bei den weißen dominiert Müller-Thurgau, gefolgt von Grauburgunder, Chardonnay und Gewürztraminer.

■ **Anbaugebiete:** Die wichtigsten Anbaugebiete sind das Fricktal, das untere Aaretal, das →Limmattal, das Reußtal, das Seetal, das Schenkenbergertal und das Gebiet um die Kantonshauptstadt →Aarau. Während im Fricktal mit seinen schweren, tonreichen Juraböden leichte, harmonische Rot- und Weißweine erzeugt werden, bringen die tiefgründigen, schweren Tonböden des unteren Aaretals mit ihrem hohen Kalkanteil kräftige, sortentypische Spätburgunderweine hervor. Im Limmattal und im Seetal geraten die Weine derselben Sorte eher leicht und verspielt, während das Schenkenbergertal mit seinen kiesigen, nicht sehr tiefen Böden für seinen rassigen, bukettbetonten Müller-Thurgau bekannt ist. Eine der berühmtesten Rotweinlagen des Kantons ist →Kloster Sion.

ab|bauen, negative Veränderung des Weins nach dem Höhepunkt seiner Reifeentwicklung. Mit der fortschreitenden Alterung (→altern) findet im Wein eine Reihe von chemischen Veränderungen statt, die v.a. durch →Oxidation einiger seiner Bestandteile hervorgerufen werden. Dabei verändert sich der Wein geruchlich und geschmacklich, verliert sowohl seine Frische als auch seine Vielschichtigkeit und Harmonie.

ab|beeren, entrappen, österreich. **rebeln,** die Beeren vor dem eigentlichen Keltern maschinell von den Stielen trennen; v.a. unverholzte, grüne Stiele mit ihren aggressiven, adstringierenden Tanninen werden entfernt, um zu verhindern, dass der Wein hart oder bitter wird.

Abbeermaschinen (österreichisch Rebler) bestehen gewöhnlich aus einem Schlagwerk, das in einem trommelartigen, groben Sieb rotiert. Oft wird in einem separaten Arbeitsgang vor dem Pressen oder Anquetschen (→maischen) der Trauben abgebeert, z. T. sind Abbeermaschinen aber auch mit der →Traubenmühle kombiniert. Bei der →Ganztraubenpressung wird nicht abgebeert und bei maschineller Ernte ist dies nicht mehr nötig, weil die Beeren bereits im Weinberg von den Stielen geschlagen werden. Schonendes Abbeeren

kann den Tanningehalt im Wein um bis zu 20% senken.

abboccato, italienisch für die Geschmacksangaben halbtrocken oder lieblich.

ABC-Trinker [ABC Abk. zu engl. anything but Chardonnay (ˈeniθɪŋ bət ˈʃardɔnɛ) »alles außer Chardonnay«], Bezeichnung für Weinkonsumenten in den USA, die der Chardonnay-Mode der frühen 1990er-Jahre das Postulat entgegensetzten, jeden Wein zu trinken, nur eben keinen Chardonnay. Die Abneigung gegenüber der Rebsorte Chardonnay, die hinter dieser Haltung steckte, war v.a. der Tatsache geschuldet, dass ein Großteil des Chardonnay aus den Anbaugebieten der Neuen Welt zu jener Zeit üppig und alkoholreich war, dabei aber Frische und Eleganz vermissen ließ.

Aargau. Weinlese im Aargauer Weinbauort Schinznach

abfüllen, füllen, den Wein vom Gär- oder Lagertank in Flaschen oder andere Verkaufsbehältnisse wie →Bag-in-Box oder →Tetra Pak® umfüllen, deren Fassungsvermögen vom deutschen Weingesetz mit höchstens 60 l festgesetzt ist; erfolgt in der Regel maschinell.

Der Füllzeitpunkt richtet sich nach der Art des Weins und nach dem Abverkauf der Produktion aus Vorjahren und nach der Kapazität des Flaschenlagers. Weißweine werden meist schon wenige Monate nach der Gärung in Flaschen gefüllt. Nur hochwertige Gewächse eignen sich für einen längeren Ausbau vor der Füllung. Jung zu trinkende Rotweine werden ebenfalls wenige Monate nach der Gärung gefüllt, alterungsfähige dagegen oft erst nach mehrjähriger Reifezeit. Bei der Erzeugung von Schaumweinen nach der Methode der Flaschengärung wird der Wein zur zweiten Gärung in Flaschen gefüllt.

Vor dem Füllen werden die Weine **füllfertig** gemacht: Mittels Filtration (→filtrieren) oder →Schönung werden Trub und Mikroorganismen (Hefen, Bakterien etc.) ent-

abfüllen. Vor allem kleinere Erzeugerbetriebe bedienen sich beim Abfüllen gern der Dienste von Lohnabfüllern, die mit ihren mobilen Anlagen zu ihnen kommen.

fernt und der Wein wird durch ein letztes Schwefeln stabilisiert. Nur bei besonders hochwertigen Weinen wird auf Filtrieren und Schönen verzichtet, um dem Wein keine Geschmacksstoffe zu entziehen. Früher wurden Weine von Hand direkt aus dem Fass mittels eines Abfüllhahns gefüllt, heute kommen moderne Abfüllanlagen zum Einsatz. Mit ihnen können bis zu mehreren Tausend Flaschen pro Stunde steril und ohne Sauerstoffkontakt gefüllt werden, was Stabilität und Haltbarkeit der Weine fördert. Vor allem kleinere Erzeugerbetriebe bedienen sich oft mobiler Abfüllanlagen, die stunden- oder tageweise ausgeliehen werden können und von einem Dienstleister betrieben werden.

■ **Abfüller:** Nach europäischem Weinbezeichnungsrecht ist der Abfüller für den Inhalt der Flasche oder des Verkaufsbehältnisses verantwortlich, auch wenn er nicht dessen →Erzeuger ist. Sein Name und sein Firmensitz müssen auf dem Etikett vermerkt sein.

Abgang, Finale, Nachhall, Schwanz, Schweif, die Dauer des angenehmen Geschmackseindrucks im Mund und Rachen nach dem Schlucken; große, ausgereifte Weine haben immer einen lange anhaltenden Abgang, auch wenn dieser in ihrer Jugend manchmal noch etwas kurz wirken kann. Ein-

fache Weine dagegen hinterlassen kaum geschmackliche Eindrücke, sie sind kurz. Man unterscheidet zwischen aromatischem und strukturellem Abgang (sauer, pelzig etc.). Aber auch die Qualität und Vielschichtigkeit der Geschmackseindrücke im Abgang sind wesentliche Elemente für die Beurteilung der Weinqualität. Ein unangenehmer Geschmackseindruck nach dem Schlucken wird als →Nachgeschmack bezeichnet.

abgerundet, →harmonisch.

Ab-Hof-Verkauf, Verkauf von Wein durch den Erzeuger direkt an den Endverbraucher, der im Weingut bzw. in der Kellerei stattfindet; besonders in den Anbaugebieten des deutschen Sprachraums weit verbreitete Verkaufsform; gelegentlich werden hier mehr als 90 % der Produktion auf diesem Wege abgesetzt.

Während der Ab-Hof-Verkauf in den romanischen Ländern v. a. von renommierten und international bekannten Betrieben überhaupt nicht praktiziert wird, hat er in vielen Weingütern der englischsprachigen Neuen Welt fast den Status eines eigenständigen Betriebszweiges erlangt. In Tasting Rooms (USA, Südafrika) oder Cellardoors (Australien) kann der Besucher nicht nur die Weine der aktuellen Produktion erwerben – und vorher verkosten –, sondern auch Weinaccessoires, Souvenirs, Küchengeräte, Bücher, Olivenöl oder Eingemachtes.

abocado, spanisch für die Geschmacksangaben halbtrocken oder lieblich.

Abruzzen, italien. **Abruzzo,** Weinbauregion an der mittelitalienischen Adriaküste mit einer Rebfläche von 33 800 ha (1998), in der etwa 3,5–4,5 Mio. hl Wein im Jahr kommen; die Region, die ihren Namen vom gleichnamigen Gebirgszug erhielt, nimmt mit ihrem hoch produktiven Weinbau flächenmäßig nur den zehnten, mengenmäßig aber den fünften Platz unter den italienischen Weinbauregionen ein. Sie wird im Westen vom Latium, im Norden von Umbrien sowie den Marken und im Süden von Molise begrenzt. Weinbau wird bis in Höhen von 600 Metern getrieben, v. a. auf den zur Adria hin abfallenden Hügelketten mit ihrem relativ milden Klima.

■ **Weine:** Mit dem roten →Montepulciano d'Abruzzo bringen die Abruzzen einen der populärsten Alltagsweine Italiens hervor. Neben dem zweiten, traditionellen Qualitätswein, dem →Trebbiano d'Abruzzo, existiert seit Mitte der 1990er-Jahre ein weiterer roter DOC-Wein, der →Controguerra. In den letzten Jahren haben auch in geringem Umfang internationale Rebsorten wie Merlot oder Cabernet Sauvignon Einzug in den Weinbau der Abruzzen gehalten.

Absenker, zum Zwecke der Vervielfältigung auf den Boden gezogener und eingegrabener Trieb einer Rebe; an seiner Spitze bil-

---

ABGANG. *Mit der Stoppuhr*

Meist wird beim Abgang eines Weins vorwiegend auf dessen Dauer oder Länge, die Persistenz, wie Fachleute sagen, geachtet. Sie gilt als untrügliches Qualitätsmerkmal. Große und vielschichtige Weine klingen am Gaumen sekunden-, manchmal auch minutenlang nach. In Frankreich wird diese Dauer sogar mit der Stoppuhr gemessen und mittels einer eigenen Einheit, der »caudalie« ausgedrückt. Eine »caudalie« entspricht einer Sekunde. Der Sinn dieser Zeitangabe ist allerdings umstritten, da die Wahrnehmung der Länge des Abgangs noch subjektiver und situationsgebundener ist als die der qualitativen Geschmackseindrücke ohnehin schon. Außerdem sagt die reine Länge des Abgangs noch nichts über seine aromatische oder strukturelle Qualität aus.

den sich neue Wurzeln und damit eine selbstständig lebensfähige Pflanze. Absenker bildeten früher praktisch die einzige Möglichkeit der Vervielfältigung von Rebstöcken und werden noch heute gelegentlich genutzt, um Lücken in besonders wertvollen, alten Weinbergen zu schließen. Die Jungpflanze ist mit der Mutterpflanze genetisch identisch und stellt praktisch einen einzelnen →Klon dar, ohne offiziell als solcher anerkannt zu sein.

absetzen, →klären.

abstechen, →abziehen.

abgepresst oder auch nach vollendeter Gärung auf der Maische liegen gelassen werden.

A. C., Abk. für Appellation contrôlée (→ Appellation).

acerbe [a'sɛrb], französisch für die Geschmacksbezeichnung herb, häufig auch für grün.

acerbo [a'tʃɛrbo], italienisch für die Geschmacksbezeichnung herb, häufig auch für grün oder sauer.

acerbo [a'θɛrbo], spanisch für die Geschmacksbezeichnungen herb oder hart.

Weinbau am Gran Sasso

Am Fuße des meist schneebedeckten Gran Sasso – mit fast 3 000 Höhenmetern Mittelitaliens höchster Berg – wachsen vor allem Rotweintrauben der Sorte Montepulciano. Das klimatische Gleichgewicht zwischen wärmender Sonne und Finesse sichernder Kühle garantiert reiche, jedoch nicht übermäßig schwere Weine.

Der DOC-Wein Montepulciano d'Abruzzo wird oft mit dem toskanischen Vino Nobile di Montepulciano verwechselt, der seinen Namen allerdings nicht von der gleichnamigen Rebsorte, sondern von der Stadt Montepulciano ableitet, und dessen Hauptsorte Sangiovese ist.

Guter Montepulciano d'Abruzzo kann mit fester Tanninstruktur überraschen, meist aber werden die Weine eher süffig und rund ausgebaut.

abstoppen, stoppen, die Gärung unterbrechen, um bei der Produktion von halbtrockenen, lieblichen oder süßen Weinen geschmacksbildenden, natürlichen Restzucker zu erhalten; ein solcher **Gärstopp** findet v. a. in kühlen Klimazonen und wenn der Most mit natürlichen Hefen vergoren wird, oft spontan statt, er kann aber auch durch Filtration, durch Zugabe von Schwefel, durch starkes Abkühlen oder durch Erhitzen des gärenden Weins gezielt herbeigeführt werden. Im Unterschied zur Verwendung von Süßreserve bietet das Abstoppen den Vorteil, dass dabei der natürliche Fruchtzucker und die Fruchtaromen der Trauben im Wein gebunden bleiben. Bei der Erzeugung von süßen Likörweinen wird die Gärung durch Zugabe von Alkohol unterbrochen. Man spricht dann vom →Aufspriten.

abziehen, abstechen, den Wein während der Weinbereitung umfüllen; Weißweine werden meist nach der Gärung aus dem Gär- in einen Lagerbehälter abgezogen, dabei werden sie von der Hefe bzw. vom Trub getrennt. Bei Rotweinen fallen das Gärende und der Abstich nur selten zeitlich zusammen. Die Weine können bereits vorher abgezogen und

acerbo [ɐ'sɔrbu], portugiesisch für die Geschmacksbezeichnungen herb oder hart.

acescente [atʃes'ʃentə], italienisch für die Geschmacksbezeichnung stichig.

Acet|aldehyd [Kunstwort, zu Aceton], **Äthanal,** chemische Verbindung aus der Gruppe der →Aldehyde.

acetic [æ'setɪk], englisch für die Geschmacksbezeichnung stichig.

acetico [a'tʃe:tiko], italienisch für die Geschmacksbezeichnung stichig.

acético [a'θɛtiko], spanisch für die Geschmacksbezeichnung stichig.

Acetobacter, eine Gattung der →Essigbakterien.

Aceton [zu latein. acetum »saurer Wein«, »Essig«], farblose, brennbare Flüssigkeit, die als Lösungsmittel für Lacke und Farben verwendet wird; im Wein kann Aceton in geringen Mengen durch Bakterien produziert werden, wodurch →Lösungsmittelgeruch, ein Weinfehler, entsteht.

acetoso [atʃe'tozo], italienisch für die Geschmacksbezeichnung stichig.

Achleiten, eine der besten Einzellagen des österreichischen Anbaugebiets Wachau;

von den Urgesteinsböden der Gemeinde Weißenkirchen kommen vielschichtige und langlebige Weißweine der Rebsorten Riesling und Grüner Veltliner. Die Weinberge liegen in 250–300 m ü. M. an teilweise extrem steilen, terrassierten Hängen und sind nach Süd-Südwest ausgerichtet.

acid ['æsɪd], englisch für die Geschmacksbezeichnung sauer.

acide [aˈsid], französisch für die Geschmacksbezeichnung sauer.

Adelaide Hills. Der Bereich Piccadilly in den südaustralischen Adelaide Hills gilt als eine der kühlsten Weinbauzonen Südaustraliens und eignet sich vor allem für die Rebsorten des französischen Burgund, Chardonnay und Spätburgunder.

acido ['aːtʃido], italienisch für die Geschmacksbezeichnung sauer.

ácido ['asiðu], portugiesisch für die Geschmacksbezeichnung sauer.

ácido ['aθiðo], spanisch für die Geschmacksbezeichnung sauer.

acidulo [aˈtʃiːdulo], italienisch für säuerlich, von geschmacklich angenehmer, lebendiger Säure geprägt.

àcini nòbili ['atʃini nˈɔbili, zu italien. »edle Beeren«], italienische Bezeichnung für bestimmte →edelsüße Weine.

Acolon, deutsche Rotwein-Rebsorte, die 1971 an der Staatlichen Lehr- und Versuchsanstalt in Weinsberg aus Blaufränkisch (Lemberger) und Dornfelder gezüchtet und 2002 offiziell zugelassen wurde; sie wird in Deutschland auf knapp 140 ha (2002) Rebfläche kultiviert. Die früh reifende Sorte bringt besonders auf guten Lagen farbintensive Weine mit hohen Mostgewichten und guten Extraktwerten hervor und wurde ihrerseits in zahlreichen Züchtungsversuchen als Kreuzungspartner verwendet.

Aconcagu|a, 1) eigentlich Región del Aconcagua, Weinbauregion Chiles in der Nähe der Hafenstadt Valparaiso, d. h. am nördlichen, sehr heißen Rand des gemäßigten Klimagürtels, in dessen Bereich Qualitätsweinbau möglich ist; die Región del Aconcagua besteht aus dem Valle del Aconcagua (→Aconcagua 2) und dem →Valle de Casablanca.

2) eigentlich Valle del Aconcagua, chilenisches Anbaugebiet, Subregion der Región del Aconcagua (→Aconcagua 1), nördlich der Hauptstadt Santiago; aufgrund seiner nördlichen Lage ist das Valle del Aconcagua eines der heißesten und trockensten Anbaugebiete des Landes. Regelmäßige, kühle Abendwinde sorgen jedoch für den nötigen Temperaturausgleich und für Finesse und Eleganz in den Weinen. Kultiviert werden vor allem Cabernet Sauvignon, Carmenère und Merlot. Der Bereich von Panquehue bringt einige der renommiertesten Weine des Landes hervor, die Betriebe, die hier ihren Sitz haben, verarbeiten jedoch auch große Mengen Trauben anderer Anbaugebiete im →Valle Central.

acre [eɪkr], im Weinbau angelsächsischer Länder übliches Flächenmaß; ein acre entspricht 0,405 ha.

acre ['akrə], portugiesisch für die Geschmacksbezeichnungen herb, säuerlich.

âcre [akr], französisch für die Geschmacksbezeichnungen übertrieben herb, streng.

Adega [ɐˈðeɣɐ], portugiesisch für Kellerei bzw. Genossenschaftskellerei.

Adelaide Hills ['ædəleɪd hɪlz], GI-Herkunftsbezeichnung für Weine der Mount Lofty Ranges östlich von Adelaide, der Hauptstadt des australischen Bundesstaats Südaustralien; die Adelaide Hills mit ihren etwa 2200 ha Rebfläche gelten v. a. aufgrund der Steigungsregen an den Hängen des Mount Lofty als eines der kühlsten und feuchtesten Anbaugebiete des Kontinents und bringen mäßig alkoholhaltige Weiß- und Rotweine aus den Rebsorten Chardonnay, Spätburgunder oder Sauvignon blanc hervor. Als bester Bereich des Anbaugebiets gilt →Lenswood, bekannt ist auch das Piccadilly Valley. Das Nachbargebiet Adelaide Plains mit seinen 700 Hektar Rebfläche spielt im Weinbau des Staates dagegen nur eine untergeordnete Rolle.

adstringierend, zusammenziehend, pelzig oder trocken; Beschreibung des Gefühls, das von Tannin auf der Zunge und am Gaumen hervorgerufen wird und deshalb v. a. bei Rotweinen auftritt. Bei jungen Weinen kann dieses Gefühl noch so ausgeprägt sein, dass diese unharmonisch und aggressiv wirken.

a|erob [zu griech. aēr »Luft« und bíos »Leben«], in Anwesenheit von Sauerstoff ablaufend; Eigenschaft biochemischer Prozesse im Wein im Unterschied zu →anaerob. Zu diesen Prozessen gehört insbesondere die →Oxidation. Umstritten ist, ob die Reifeprozesse beim gefüllten Wein aerober oder anaerober Natur sind.

affinage [afiˈnaːʒ], französisch für den Prozess der Flaschenreife (→Reife 3).

affinamento, italienisch für den Prozess der Flaschenreife (→Reife 3).

Afghanistan, Land in Vorderasien, das mit einer Rebfläche von 51 800 ha (1999) an 31. Stelle (und damit noch vor Österreich) der traubenerzeugenden Länder der Welt stand; die Produktion besteht allerdings überwiegend aus Tafeltrauben und Rosinen. Über eine Trauben- oder Weinproduktion des Landes nach Ende der Talibanherrschaft (2001) ist wenig bekannt.

afinamento [ɐfinaˈmẽntu], portugiesisch für den Prozess der Flaschenreife (→Reife 3).

after taste [ˈaːftəteɪst], englisch für Nachgeschmack.

Ägäische Inseln, griechische Inselgruppe südöstlich der Halbinsel Attika, zu der →Santorin, Paros, →Lemnos, →Rhodos und →Samos gehören. Insgesamt werden auf mehr als 6 000 ha Reben kultiviert, v. a. Weißwein-Rebsorten der Muskatellerfamilie, aus denen eine Reihe von O. P. A. P.- und O. P. E.-Weinen (Griechenland) gekeltert werden. Die größten Rebflächen finden sich auf Rhodos und Samos, gefolgt von jenen auf Santorin und auf Lemnos.

Aged Tawny [eɪdʒd ˈtɔːnɪ; engl.], eine besondere Art →Portwein.

Agglomeratkorken, eine Art des Korkens (→Kork).

aggressiv, beißend und →hart im Geschmack, Begriff der Weinansprache; der Eindruck wird meist durch Säuren oder Tannine hervorgerufen, deren Geschmack nicht ausreichend durch Alkohol, Fruchtextrakte oder Süße gemildert wird. Bei aggressiven Weinen verspürt man Brennen oder Schärfe im Mund.

Der Begriff wird gelegentlich auch für die Beschreibung des Geruchs von Weinen mit auffallend unangenehmen Aromen verwendet.

aggressivo [aggresˈsivo], italienisch für die Geschmacksbezeichnung aggressiv.

Agiorgitiko, eine der meistkultivierten und qualitativ höchstwertigen Rotwein-Rebsorten Griechenlands, auch Mavro Nemea oder St.-Georgs-Traube genannt; sie bildet den Hauptbestandteil der Rotweine des Anbaugebiets →Nemea und wird auf insgesamt knapp 2 000 ha (1999) Rebfläche kultiviert. Die spät reifende, gelegentlich mit Merlot verglichene Sorte bringt farbintensive, aromabetonte und fest strukturierte Weine hervor, die gutes Alterungspotenzial besitzen und sich auch zum Verschnitt eignen, gelegentlich aber auch im Stile von →Nouveau mittels Kohlensäuregärung vinifiziert werden.

Aglianico [aˈʎaniko, italien., zu italien. ellenico »griechisch«], italienische Rotwein-Rebsorte, die wahrscheinlich griechischen Ursprungs ist; sie wird auf mehr als 13 000 ha (1997) Weinbergsfläche der süditalienischen Regionen Apulien, Basilicata, Kalabrien und Kampanien kultiviert und gelegentlich auch Guanico oder Gagliano genannt. Neuere Forschungsergebnisse deuten darauf hin, dass die Sorte mit der französischen Rebsorte →Syrah verwandt sein könnte.

Kritiker der italienischen Weinszene glauben, dass Aglianico verbotenerweise auch in manchem, dem Gesetz nach reinsortigen Nebbiolo- oder Sangiovesewein Mittel- und Norditaliens enthalten ist. Die sehr produktive Sorte reift Mitte Oktober, braucht viel Wärme und trockene Böden und muss im Ertrag stark eingeschränkt werden, damit aus ihr hochwertige Weine gekeltert werden können. Die Weine sind farbintensiv, tannin- und säurehaltig und kräftig. Sie benötigen einige Jahre Reife, bevor sie volle geschmackliche Harmonie zeigen.

■ **Anbaugebiete:** Die besten Weine bringt Aglianico auf vulkanischen Böden hervor, v. a. im Gebiet um den Vulkan Vulture in der Basilicata. Hier wird aus der Sorte der DOC-Wein **Aglianico del Vulture** gekeltert. Weitere Aglianico-Gewächse werden in Kampanien unter den Herkunftsbezeichnungen Aglianico del Taburno (→Taburno), →Taurasi und →Sant' Agata de' Goti sowie in Apulien unter der Bezeichnung →Castel del Monte erzeugt. Darüber hinaus geht die Sorte in eine Reihe weiterer Qualitäts- und Landweine Süditaliens ein.

AGÖL, Abk. für →Arbeitsgemeinschaft Ökologischer Landbau e. V.

agradable, spanisch für die Geschmacksbezeichnungen angenehm, süffig.

agradável [ɐɣɾɐˈðavɛl], portugiesisch für die Geschmacksbezeichnungen angenehm, harmonisch.

ADELAIDE HILLS. *Kühle Lagen im heißen Australien*

Australiens Anbaugebiete liegen fast ausnahmslos in relativ heißen Klimazonen und bringen deshalb vorwiegend alkoholbetonte und schwere Weine hervor, die nicht bei allen Weintrinkern auf Gegenliebe stoßen. Die weinbaumäßige Erschließung der Adelaide Hills, einer Gegend, in der zuvor vor allem Viehzucht betrieben wurde, war daher so etwas wie der Startschuss für die Entwicklung kühlerer Anbaugebiete, in denen finessenreichere Weißweine und leichtere Rote erzeugt werden können, wie im Fall von Hilltops in New South Wales, einem der jüngsten Anbaugebiete des Landes. Die Bewegung hat unter dem Begriff Cool Climate Viticulture inzwischen auch andere Länder der Neuen Welt wie Südafrika oder die USA erfasst. Ein klassischer Fall von Cool Climate Viticulture ist der Weinbau in Neuseeland.

Agraffe [zu französ. agrafe »Haken«, »Spange«], Haltebügel oder -körbchen für die Korken von Schaumweinflaschen; sie sollen verhindern, dass die Korken unter dem Kohlensäuredruck nachgeben.

agréable [agreˈabl], französisch für die Geschmacksbezeichnungen angenehm, harmonisch.

AHR

Spätburgunder auf heißem Schiefer

Trotz der nördlichen Lage bietet das enge Ahrtal ideale Bedingungen für die Reife der roten Spätburgundertrauben: Steile, terrassierte Hänge sorgen für optimale Sonneneinstrahlung, und die Schieferböden geben die tagsüber gespeicherte Wärme nachts wieder an die Rebstöcke ab. Bis zur Wiedervereinigung war die Ahr das nördlichste Anbaugebiet Deutschlands, wurde in dieser Rolle aber von Saale-Unstrut abgelöst. Zwar gibt es auch in noch weiter nördlich gelegenen Gegenden wie an der Elbe in Hamburg, in Berlin, Brandenburg oder Mecklenburg-Vorpommern vereinzelt Weinbau, aber die dortigen Kleinstrebflächen besitzen nicht den Status eines bestimmten Anbaugebiets für Qualitätsweine.

agrillo [agriˈʎo], spanisch für die Geschmacksbezeichnungen säurebetont, übermäßig sauer.

Ägypten, eines der ältesten Weinbauländer der Welt, dessen erste Rebkulturen im Nildelta, archäologischen Funden zufolge, bereits vor etwa 5000 Jahren entstanden. Wein war für die Ägypter nicht nur ein Göttergetränk, sondern auch eine wichtige Handelsware. Heute werden auf gut 54000 ha (2000) Rebfläche überwiegend Tafeltrauben kultiviert; die Weinproduktion beträgt weniger als 30000 hl im Jahr. Das einzige offizielle Anbaugebiet ist Abu Hummus im Hinterland von Alexandria.

Ahr, drittkleinstes und eines der nördlichsten Anbaugebiete Deutschlands; auf den gut 520 ha (2002) Rebfläche entlang des gleichnamigen linken Nebenflusses zum Rhein werden jährlich etwa 43000 hl Wein erzeugt, davon entfallen mehr als 85 % auf Rotwein. In den steilen Hanglagen stehen die Reben auf Schieferböden, in den unteren Lagen in Flussnähe überwiegen dagegen Lössböden. Wichtigste Rebsorte ist mit fast 60 % der Gesamtfläche der Spätburgunder, der Portugieser folgt mit 12 % und Riesling belegt etwa 7 %.

AHR. Die besten Lagen

Das Anbaugebiet Ahr umfasst nur einen einzigen Bereich, Walporzheim/Ahrtal, und eine einzige Großlage, Klosterberg, wobei diese Unterscheidung für den Verbraucher keine Relevanz hat, da Anbaugebiet, Bereich und Großlage absolut deckungsgleich sind. Anders stellt sich das Bild bei den Einzellagen dar, bei denen es durchaus enorme Qualitätsunterschiede gibt, wobei eine Reihe von ihnen immer wieder durch besonders hochwertige Weine auffällt. Es sind Sonnenberg, Schieferlay, Silberberg, Pfarrwingert und Mönchberg. Ihre Rotweine aus Früh- und Spätburgunder gehören teilweise zu den besten in Deutschland.

■ **Geschichte:** Weinbau wird an der Ahr bereits seit dem 8. Jh. getrieben. Lange Zeit wurden hier die in Deutschland beliebten, süffigen und fruchtigen, sehr hellen und leichten Rotweine erzeugt, aber in den letzten Jahren hat eine Reihe von Winzern dank sorgfältiger Weinbergs- und Kellerarbeit bewiesen, dass Ahr-Spätburgunder nach entsprechendem Ausbau im Holzfass auch konzentriert, vielschichtig und alterungsfähig sein können.

Ahrbleichert, traditionelle Bezeichnung für die früher generell weißgepressten, sehr hellen Weine aus Rotwein-Rebsorten des deutschen Anbaugebiets Ahr; der Begriff wird dort gelegentlich noch für Rosé (Weißherbst) verwendet.

Aigle [ɛgl], Weinbaugemeinde und renommierte Appellation des Schweizer Anbaugebiets Chablais; von den ton- und kieshaltigen Böden der Gemeinde kommen elegante Weiß- und Rotweine. Der aus Gutedel (Chasselas) gekelterte Aigle Les Murailles gilt als bekanntester Markenwein des Landes. Aigle beherbergt in seinem von den Savoyer Herzögen erbauten Schloss auch eines der bedeutendsten Weinbaumuseen der Schweiz.

aigre [ɛgr], französisch für die Geschmacksbezeichnung sauer.

Airén [aïˈren], ausschließlich in Spanien kultivierte Weißwein-Rebsorte, die hier mehr als 390000 ha (2000), d.h. ein Drittel der Gesamtrebfläche des Landes, belegt und damit die meistkultivierte Sorte der Welt ist. Der in Andalusien Lairén oder Aidén, in La Mancha Valdepeñera oder Manchega genannte, relativ anspruchslose Airén eignet sich gut für den Anbau in heißen und trockenen Klimazonen.

Traditionell gingen die Trauben der Sorte sowohl in die Weiß- wie die Rotweinerzeugung ein; allerdings wurden die rustikalen, oxidationsanfälligen Weine aufgrund ihrer geringen Qualitäten meist zur Destillation verwendet. Erst in jüngerer Zeit gelang es vielerorts, mithilfe moderner Kellertechnik und kontrollierter Gärführung frische, saubere Weißweine zum raschen Konsum aus Airén zu keltern.

Alameda [æləˈmiːdə], Weinbaubezirk (County) der kalifornischen →Central Coast im Hinterland der gleichnamigen Stadt am Ostufer der San Francisco Bay; die AVA Alameda hat in der Vergangenheit v.a. mit kräftigen Rotweinen aus Zinfandel auf sich aufmerksam gemacht, ihre Weinberge sind jedoch weitgehend der Verstädterung der gesamten Bay Area zum Opfer gefallen. Das einzige verbliebene, relevante Anbaugebiet innerhalb des County ist das →Livermore Valley.

Albalonga, nach der antiken Stadt Alba Longa (heute Castel Gandolfo) benannte, 1951 an der Bayerischen Landesanstalt für Wein-, Obst- und Gartenbau in Würzburg gezüchtete deutsche Weißwein-Rebsorte; die 1971 anerkannte, ertragsstarke, rieslingähnliche Kreuzung aus Rieslaner und Silvaner gilt als sehr fäulnisanfällig und konnte deshalb in der Praxis keine Bedeutung erlangen.

Albana, italienische Weißwein-Rebsorte, die in der Region Emilia-Romagna auf etwa 4500 ha (1997) Rebfläche kultiviert wird. Die wuchskräftige und hoch produktive Sorte ergibt Weine von neutralem Charakter. Albanatrauben werden unter der DOCG-Herkunftsbezeichnung Albana di Romagna zu trockenen oder süßen Stillweinen und unter der DOC-Bezeichnung Romagna Albana Spumante zu Schaumwein verarbeitet. Das gemeinsame Anbaugebiet beider Appellationen erstreckt sich am nördlichen Apenninenhang zur Poebene von Bologna bis Forlì. Darüber hinaus werden Albanareben in geringem Umfang auch im Anbaugebiet Colli Bolognesi kultiviert.

■ **Geschichte:** Albana di Romagna war einer der ersten italienischen Qualitätsweine, die 1987 DOCG-Status erhielten, allerdings gewann der Wein auch durch diese Maßnahme nicht die Bedeutung, die man sich von ihr erhofft hatte. Grund dafür sind nach Ansicht von Kritikern v.a. die zu wenig qualitätsfördernden Produktionsbestimmungen, die z.B. Hektarerträge von bis zu 140 hl zulassen.

Albanien, Land in Südosteuropa mit einer Rebfläche von etwa 6000 ha (1999). Aus den Trauben werden nur rund 125000 hl Wein erzeugt; die restliche Ernte wird zur Produktion von Rosinen verwendet. Weinbau wird v.a. an der adriatischen Küste getrieben. Wie in allen Balkanländern geht die Weinbautradition auch in Albanien auf den Volksstamm der Illyrer und auf die Gründung griechischer Kolonien in der Antike zurück.

Albariño [albarɪɲo], portugies. **Alvarinho** [aˌlvarˈiɲu], Weißwein-Rebsorte, die in der nordwestspanischen Region Galicien und

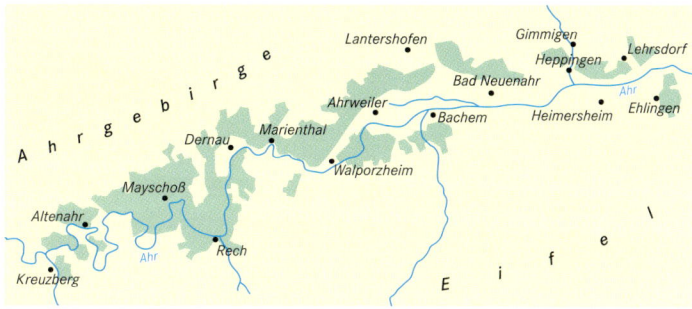

im angrenzenden portugiesischen Anbaugebiet Vinho verde heimisch ist; sie ergibt gut strukturierte, sehr fruchtige Weißweine, deren Duft an Birnen, Äpfel und tropische Früchte erinnert. In Galicien wird die Sorte auf etwa 2400 ha Rebfläche kultiviert, die zu über 95% zum Anbaugebiet Rías Baixas gehören. Über die Herkunft des Albariño herrscht Unklarheit; er wird sowohl mit den möglichen Elternsorten Weißburgunder und Riesling wie auch mit Muskateller und Sauvignon blanc in Verbindung gebracht.

Albariza [albaˈriθa, span., »Salzwasserlagune«, übertragen »weiße Erde«, zu latein. alba »weiß«], für das Anbaugebiet des Sherry typischer Boden aus weißem Kreidemergel mit hervorragenden Qualitäten; Albariza hat ein hohes Wasserspeichervermögen und kann Regenwasser aus den Wintermonaten den Rebstöcken im heißen, trockenen Sommer wieder zuführen. Im Sherrygebiet stehen mehr als drei Viertel der Reben auf Albarizaböden.

Albarola, italienische Weißwein-Rebsorte, die auf etwas mehr als 4000 ha Rebfläche in den Regionen Ligurien und Toskana kultiviert wird und auch unter den Namen Bianchetta und Calcatella bekannt ist. Die Sorte

Albariza. Wie Schnee im Weinberg wirkt die kalkweiße Erde der Albarizaböden im spanischen Sherrygebiet.

geht in die Produktion der DOC-Weine Cinque Terre, Colline di Levanto und Val Polcèvera in Ligurien sowie in die des Candia dei Colli Apuani in der Toskana ein.

Alben, →Elbling.

alberello, italienisch für Buscherziehung (→Erziehungsform).

Albillo [al'biʎo], spanische Weißwein-Rebsorte, die auf insgesamt gut 2 800 ha (1999) Rebfläche kultiviert wird, v.a. in den Provinzen Madrid, Valladolid und Ávila. Die recht früh reifende Sorte ergibt relativ alkoholreiche, säurearme Weine. In Australien wird z.T. Chenin blanc als Albillo bezeichnet.

Alentejo. Das Weingut J. Portugal Ramos in Estremoz ist eines der größten und bekanntesten des Anbaugebiets Alentejo.

Alcamo, Herkunftsbezeichnung für Weiß-, Rosé- und Rotweine der italienischen Region Sizilien, deren Anbaugebiet in der Provinz Trapani mit 2 100 ha (1997) eines der größten DOC-Gebiete der Insel ist. Die Weißweine (aus den Rebsorten Catarratto bianco comune und Catarratto lucido) wurden früher als »Bianco di Alcamo« vermarktet. Erst seit Mitte der 1990er-Jahre wird überzeugender Alcamo produziert. Seit 1999 können unter der Herkunftsbezeichnung auch Rotweine und Rosés aus den Rebsorten Nerello Mascalese, Nero d'Avola, Sangiovese, Frappato, Perricone, Cabernet Sauvignon, Merlot bzw. Syrah vermarktet werden.

alcolico, italienisch für die Geschmacksbezeichnung alkoholisch.

Aldehyde, organische Verbindungen mit der Molekülgruppe -CHO, auch Alkanale genannt. Aldehyde entstehen im Wein sowohl als Zwischenprodukte der Alkoholbildung im Anfangsstadium der Gärung als auch, nach längerem, ungehindertem Luftzutritt, durch Oxidation des Alkohols im fertigen Wein oder durch den Einfluss von Kahmhefen (→Kahm) während der Lagerung. Einige Aldehyde wie beispielsweise Vanillin (→Vanillegeschmack) wirken in positivem Sinne als Aromabildner, in Weißweinen machen auch sie sich allerdings gelegentlich als süßlicher Geruch störend bemerkbar.

■ **Weinfehler:** Am häufigsten tritt im Wein aus der Gruppe der Aldehyde das **Acetaldehyd** auf, auch Äthanal (Ethanal) oder Essigsäurealdehyd genannt, eine farblose Flüssigkeit mit stechendem Geruch. Zwar nimmt der Acetaldehydgehalt nach anfänglich sehr hohen Konzentrationen gegen Ende der Gärung stark ab, nicht vollständig abgebaute Mengen müssen aber durch schweflige Säure (→Schwefel) gebunden werden. Geschieht dies nicht, verursacht Acetaldehyd im Wein ein unangenehmes, strenges Aroma, das auch als Sherry- oder Luftton bezeichnet wird. Eines der Ziele modernen Weinmachens sind Weine mit geringem Acetaldehydgehalt. Da die Substanz leicht flüchtig ist, wird dies bei Rotweinen v.a. durch warme →Maischegärung erreicht. Bei der Gärung mit Reinzuchthefen werden niedrigere Konzentrationen an Acetaldehyd erzeugt als bei spontaner Gärung.

Bei fortgeschrittener Reifung des Weins, wenn der Gehalt an freiem Schwefel unter ein bestimmtes Niveau sinkt, wird Acetaldehyd wieder sensorisch wahrnehmbar. Der Wein riecht dann nach faulem Obst und baut mit der Zeit deutlich ab. Wenn Acetaldehyd oxidiert, kann Essigsäure entstehen.

Im menschlichen Körper wird Acetaldehyd beim Abbau des Alkohols in der Leber gebildet, ein Effekt, der durch Nikotin verstärkt wird. Es kann Gehirn, Leber und Herz angreifen und ist wahrscheinlich mit verantwortlich für →Kopfschmerzen.

Aleatico, Rotwein-Rebsorte, die vermutlich zur Familie der →Muskateller gehört und v.a. in den mittel- und süditalienischen Regionen Latium und Apulien kultiviert wird. Sie ist dort Hauptbestandteil der süßen, aufgespriteten, roten Likörweine, die unter den DOC-Herkunftsbezeichnungen **Aleatico di Gradoli** und **Aleatico di Puglia** vermarktet werden.

Alenquer [ɐlen'ker], DOC-Herkunftsbezeichnung für Weine eines Gebiets innerhalb der Landweinregion Estremadura im Südwesten Portugals; Alenquer ist ein Anbaugebiet mit Tradition, dessen Weine aus einheimischen Rebsorten recht einfach sind, aber ein gutes Preis-Leistungs-Verhältnis aufweisen. Neben der Rotwein-Rebsorte Castelão francés (Periquita), aus der die Weine zu mindestens 30 % gekeltert sein müssen, werden Camarate, Mortágua, Preto Martinho und Tinta Miúda kultiviert. In den duftigen, feinen Weißweinen dominieren die Sorten Arinta und Fernão pires.

Alentejo [alen'teʒu], DOC-Herkunftsbezeichnung für Weine der gleichnamigen Landschaft im Süden Portugals; Alentejo wurde 1998 aus den Anbaugebieten Portalegre, Borba, Redondo, Reguengos und Vidigueira gebildet, deren Namen weiterhin als eigenständige Appellationsbezeichnungen geführt werden können. Das Klima ist trocken und heiß, die Schiefer- und Granitböden sind sehr karg.

Kultiviert werden die Rotwein-Rebsorten Tempranillo (Aragonez), Trincadeira, Moreto und Castelão francés sowie die Weißwein-Rebsorten Roupeiro und Antão Vaz. Aus ihnen werden harmonische, saftige Rotweine mit weichen und doch eleganten Tanninen, die zu den begehrtesten Portugals gehören, und spritzige, frische Weißweine erzeugt. Dank der Fortschritte bei der Kellerarbeit hat sich das Alentejo zu einem der dynamischsten Anbaugebiete des Landes entwickelt. Neben dem DOC-Gebiet existiert die Landweinappellation (Vinho regional) Alentejano, deren riesiges Anbaugebiet im Norden an Beiras, im Süden an die Algarve grenzt. Das Alentejano wird von Genossenschaften und Weingütern geprägt, deren oftmals beeindruckende Größe für Portugal unüblich ist.

Alexander Valley [ælɪgˈzændə ˈvæli], AVA-Herkunftsbezeichnung für Weine des gleichnamigen Tales in Kalifornien; das Anbaugebiet liegt im Nordosten von →Sonoma zwischen dem Russian River und den Mayacamas Mountains. Auf fast 5300 ha Rebfläche werden vorwiegend Rotweine aus den Rebsorten Cabernet Sauvignon und Merlot sowie Weiße aus Chardonnay erzeugt. In jüngerer Zeit wurden hier mit gutem Erfolg auch italienische Rotwein-Rebsorten ausgepflanzt.

Algarve, historische Weinbauregion im äußersten Süden Portugals und Anbaugebiet der gleichnamigen Landweinappellation (Vinho regional); in diese eingebettet sind vier DOC-Gebiete: Lagoa, Lagos, Portimão und Tavira. Die Algarve ist durch eine Bergkette vor den kühlen Winden des Landesinneren geschützt, das Klima ist heiß, trocken und windig bei mehr als 3000 Sonnenstunden im Jahr. Die Reben wachsen vorwiegend auf Sandsteinverwitterungsböden und sandigem Schwemmland.

Früher galten die Weine der Algarve als alkohollüberladen, inzwischen werden aus den Rebsorten Castelão francés (Periquita) und Tinta negra mole eher fruchtige Rotweine erzeugt. Aufgrund des rasch wachsenden Tourismus und des damit verbundenen Baubooms leiden die Qualitätsweingebiete der Algarve unter wuchernder Bodenspekulation, was vielerorts zu schrumpfenden Anbauflächen führt.

Algerijen, Land in Nordafrika, auf dessen gut 61000 ha (1999) Rebfläche allerdings überwiegend Tafeltrauben kultiviert werden. Die jährliche Weinproduktion beträgt nur etwa 500000 hl. Die meist in Küstennähe gelegenen Weinbauflächen mit ihrem relativ milden Klima eignen sich für typische Mittelmeerrebsorten wie Carignan, Alicante, Cinsaut und Grenache.

Offiziell anerkannte Anbaugebiete gibt es in den Départements Oran (Coteaux de Mascara, Coteaux de Themcen, Monts du Thessalah, Mostaganem, Mostaganem-Kenenda und Oued-Imbert) und Alger (Aïn-Bessem-Bouïra, Haut-Dahra und Médéa). Da der Weinkonsum der mehrheitlich muslimischen Bevölkerung gering ist und das Land seit dem Ende der französischen Kolonialherrschaft auch keinen Wein mehr in nennenswertem Umfang exportiert, geht die Rebfläche ständig zurück; Anfang der 1990er-Jahre hatte sie noch fast 100000 ha betragen.

Alghero [alˈgɛːro], DOC-Herkunftsbezeichnung für Weine der Provinz Sassari in der italienischen Region Sardinien; auf knapp 500 ha Rebfläche werden neben den einheimischen Rebsorten Torbato (weiß) und Cagnulari (rot) auch Chardonnay, Sauvignon blanc, Sangiovese und Cabernet Sauvignon kultiviert. Zusätzlich zu den weißen und roten →Stillweinen werden unter der Herkunftsbezeichnung Alghero Süß- und Likörweine sowie weiße und rote Schaumweine gefüllt.

Alexander Valley. Am Fuße der Mayacamas Mountains im Sonoma County liegt das Alexander Valley, eines der jüngsten Anbaugebiete Kaliforniens. Seine Weinberge eignen sich gleichermaßen für die Produktion hochwertiger Weiß- wie Rotweine.

Alicante, 1) Anbaugebiet der spanischen Levante mit D. O.-Status; das Gebiet mit seinen insgesamt 14000 ha (2001) Rebfläche besteht aus der Marina Alta direkt an der Küste, wo hauptsächlich Muskat Alexandrien (Moscatel de Alejandría, →Muskateller) kultiviert wird. Im wesentlich größeren Vinalpótal im Landesinneren entstehen aus Mourvèdre (Monastrell) und internationalen Rebsorten Rosés und frische Rotweine, aber auch immer mehr fassgereifte rote Gewächse.

2) Alicante Bouschet [-buˈʃɛː], gemeinsprachlich für **Alicante-Henri-Bouschet,** französische Rotwein-Rebsorte, eine der verschiedenen Kreuzungen, die in den Jahren um 1855 von dem französischen Rebenzüchter Henri Bouschet de Bernard aus Petit Bouschet und Grenache geschaffen wurden.

ALKOHOL. *Risiko oder Wohltat?*

Aufgrund ihres Suchtpotenzials gelten alkoholische Getränke als Rauschmittel. In Maßen genossen, wirkt Alkohol nach allgemeiner medizinischer Überzeugung auch vorbeugend gegen eine Reihe von Krankheiten wie Herzinfarkt, Zuckerkrankheit oder Demenz. Allgemein geht man davon aus, dass bei normalgewichtigen, gesunden Menschen eine Menge von 70 g Reinalkohol am Tag unbedenklich ist. Bei Frauen und einigen asiatischen Völkern liegt die Grenze aufgrund einer genetisch bedingten geringeren Verfügbarkeit der Alkoholdehydrogenase (ADH), jenes Enzyms, das in der Leber für den Abbau des Alkohols verantwortlich ist, deutlich niedriger. In höheren Dosen konsumiert, kann Alkohol gesundheitsschädlich sein. Überhöhter Konsum kann zu Alkoholkrankheit und zur Leberzirrhose, in der Folge auch zu Leberkrebs führen. An Zirrhose sterben europaweit zehn von 100 000 Menschen, hinzu kommen die Unfalltoten, die indirekt auf das Konto des Alkoholkonsums gehen.

Alicante-Henri-Bouschet ist der meistverbreitete von zahlreichen Kreuzungsversuchen, die Henri Bouschet und sein Vater Louis bereits seit den 1820er-Jahren unternommen hatten. Die Sorte ergibt sehr farbintensive Weine und wird deshalb in Frankreich gern als Decksorte (→Deckwein) verwendet. Während Alicante-Henri-Bouschet weltweit auf etwa 30 000 ha (1999) kultiviert wird, v. a. in Südfrankreich, Spanien, Marokko und Kalifornien, sind die übrigen Rebsorten mit dem Namen Alicante Bouschet, die zusätzlich die Nummern 1–13 oder bestimmte Beschreibungsmerkmale im Namen tragen, nicht oder kaum verbreitet.

3) italienisch z. T. für die Rebsorte →Grenache.

Aligoté, Weißwein-Rebsorte, die neuesten Forschungen zufolge aus einer Kreuzung zwischen →Heunisch und den →Burgundersorten entstand; ihre Weine sind im Aroma neutral und im Geschmack säurebetont. Sie werden im Burgund unter einer eigenen Herkunftsbezeichnung mit A. C.-Status, Bourgogne Aligoté (→Bourgogne 2), gefüllt. Weine dieser Herkunftsbezeichnung können bis zu 15 % Chardonnay enthalten, spielen aber gegenüber den reinsortigen Chardonnay-Appellationen des Burgund nur eine untergeordnete Rolle.

■ **Verbreitung:** Außer im Burgund wird Aligoté in geringem Umfang an der Loire und

im Zentrum Frankreichs, seit Beginn des 20. Jahrhunderts auch im Schweizer Kanton Genf kultiviert. Darüber hinaus hat die Sorte in vielen osteuropäischen Staaten große Verbreitung gefunden und steht weltweit auf schätzungsweise 23 000 ha (1999) Weinbergsfläche.

Alkohol [durch spanische Vermittlung aus arabisch al-kuhl »Antimon«, »aus Antimon bereitete Salbe zum Schwarzfärben der Augenlider«], gemeinsprachliche Bezeichnung für Äthanol, eine farblose, brennend schmeckende, auch Weingeist genannte Flüssigkeit aus der Reihe der Alkohole, die bei der Gärung des Safts von Weintrauben aus dem Traubenzucker gebildet wird und für die berauschende Wirkung des Weins verantwortlich ist.

Alkohole sind Verbindungen aus einem Kohlenwasserstoff – einer Verbindung aus den Elementen Kohlenstoff (C) und Wasserstoff (H) – mit einer so genannten Hydroxylgruppe aus je einem Sauerstoff- und einem Wasserstoffatom (-OH). Man unterscheidet einerseits zwischen primären, sekundären und tertiären Alkoholen, je nachdem, mit wie vielen weiteren Kohlenwasserstoffgruppen das C-Atom verknüpft ist, das die OH-Gruppe bindet, und andererseits nach der Anzahl der OH-Gruppen zwischen ein-, zwei- und dreiwertigen (niederen und höherwertigen) Alkoholen.

■ **Alkoholarten:** Zu den niederen, den einwertigen Alkoholen gehört **Äthanol** (CH_3CH_2OH, wissenschaftlich Ethanol), die im Wein hauptsächlich vorkommende Alkoholart. Äthanol hat einen Siedepunkt von 78,3 °C und ist unbegrenzt in Wasser löslich. Es entsteht unter dem Einfluss von Hefeenzymen, wobei aus einem Gramm Zucker etwa ein halbes Gramm Äthanol gebildet wird. Äthanol kann im Wein eine Reihe weiterer Verbindungen eingehen: Mit Säuren verbindet es sich zu Estern und mit Schwefelwasserstoff kann es Äthylmercaptan bilden.

Neben Äthanol und einer Reihe höherwertiger Alkohole, die im Wein u. a. als Geruchs- und Geschmacksbildner wirken wie beispielsweise Glyzerin, besitzen Weine etwa 0,1 g/l **Methanol** (Methylalkohol, chemisch CH_3OH). Diese chemisch einfachste Alkoholart ist schon in Mengen von 5–15 ml giftig und kann bei Erwachsenen ab 30 ml tödlich wirken, Äthanol dagegen erst bei mehr als 900 ml. Methanol ist in vielen Pflanzenstoffen enthalten und wird darüber hinaus wie Äthanol während der Gärung gebildet. Da Methanol in industrieller Produktion einfach und billig zu erzeugen ist, haben Panscher in der Vergangenheit immer wieder Weine mit nicht ausreichendem Äthanolgehalt zusätzlich mit Methanol versetzt und dann versucht, sie als Qualitätsweine zu verkaufen. In Italien starben

1986, beim letzten größeren Skandal dieser Art, 22 Menschen an Methanolvergiftung. Gegen eine solche Vergiftung hilft u.a. das Verabreichen von hochkonzentriertem Äthanol bis zu einem Blutalkoholspiegel von 1‰.

■ **Geschichte:** Die Herstellung alkoholhaltiger Getränke wurde bereits vor mehr als 5 000 Jahren von verschiedenen Völkern, vorwiegend des vorderasiatischen Raums, beherrscht. In der griechischen und in der mittelalterlichen Medizin wurde solchen Getränken wieder große Heilkraft zugeschrieben. Im 11. oder 12. Jh. entdeckte man Äthanol dann in Italien als ihren Hauptbestandteil.

■ SIEHE AUCH

→ abstoppen · alkoholfreier Wein · Alkoholgehalt · Alkoholgeschmack · Alkoholzusatz · anreichern · aufspriten · Balling · Baumé · durchgegoren · Ester · feurig · Gärung · Glyzerin · Hefen · konzentrieren · Körper · Kraft · leicht · massiv · Mostgewicht · Oechslegrad · Schmelz · stecken bleiben · stumm · Viskosität · weinig · wuchtig · Zucker

Alkoholausbeute, das Verhältnis des tatsächlichen zum potenziellen Alkohol (→ Alkoholgehalt).

Alkoholbestimmung, die Ermittlung des →Alkoholgehalts.

alkoholfreier Wein, Wein, dem der Alkohol nach vollendeter alkoholischer Gärung wieder entzogen wurde; er darf laut Gesetz noch maximal 0,5 Vol.-% enthalten. Dazu bedient man sich der Destillation unter Vakuum oder der Umkehrosmose (→konzentrieren). Obwohl inzwischen geschmacklich ansprechende alkoholfreie Weine hergestellt werden können, haben sie dennoch nur wenig Marktbedeutung.

Alkoholgehalt, Gradation, die in Vol.-%, zu steuerlichen Zwecken dagegen in Gewichtsprozent gemessene Konzentration von Äthanol; der Alkoholgehalt von Weinen schwankt zwischen neun – in Ausnahmefällen auch weniger als sechs – und mehr als 15 Vol.-%. Er hängt v.a. vom Zuckergehalt der Trauben im Moment der Ernte bzw. des Kelterns ab, der seinerseits wiederum v.a. von klimatischen Faktoren bestimmt wird.

Aber auch der verwendete Hefetyp und die Art der Gärführung beeinflussen ihn. Stoppt beispielsweise die Gärung vor der vollständigen Umwandlung des Zuckers oder wird mit dem Ziel eines höheren Restzuckergehalts unterbrochen, so resultiert daraus ein geringerer Alkoholgehalt. Ausnahmen, bei denen der Alkohol trotz einer Gärunterbrechung erhöht wird, bilden das Aufspriten von Likörweinen, bei denen durch Zugabe von Brennalkohol abgestoppt wird, das →Anreichern und das mechanische →Konzentrieren.

■ **Gärung:** Der **potenzielle Alkohol** des Weins, d.h. der durch normale Gärung zu erzielende Alkoholgehalt, kann aus dem Most-

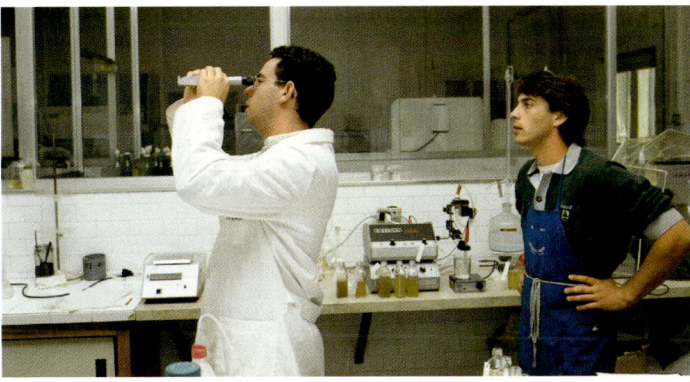

gewicht – umgangssprachlich oft ebenfalls Gradation genannt – der Trauben errechnet werden. Dies geschieht z.B. mithilfe einer Mostwaage oder eines Refraktometers. Ein Kilogramm Trauben mit einem Mostgewicht von 100 °Oe enthält 234 g Zucker. Da nur 46,5 % des Zuckers von den Hefen in Alkohol umgewandelt werden, und 1 Vol.-% Alkohol in 1 l Flüssigkeit ein Gewicht von 7,893 g hat, kann der Wein dieser Trauben (234×46,5 %=) 109 : 7,893 = 13,8 Vol.-% Alkohol enthalten.

Diese Werte gelten allerdings nur in der Theorie, da der Mostzucker auch bei vollständig trockenen Weinen nie vollständig vergoren wird und immer ein gewisser Restzucker erhalten bleibt. Die Angabe des Alkoholgehalts bei Weinen bezieht sich daher immer auf den **tatsächlichen Alkohol** (vorhandenen Alkohol). Das Verhältnis des tatsächlichen Alkohols zum potenziellen stellt die **Alkoholausbeute** dar, sofern nicht angereichert, aufgespritet oder konzentriert wurde. Diese Alkoholausbeute hängt von zahlreichen Faktoren wie beispielsweise dem Extraktgehalt des Mostes, der Mostsäure oder der Wahl der Hefen ab. Der tatsächliche, aus der Gärung und vom eventuellen Aufspriten stammende

Alkoholgehalt. Auch im Labor bietet der Blick durch das Refraktometer die schnellste Möglichkeit zur Bestimmung des Alkoholgehalts – ungeachtet aller sonstigen Analysemöglichkeiten.

ALKOHOLGEHALT. *Muss guter Wein viel Alkohol haben?*

Weine scheinen immer alkoholreicher werden zu müssen. Wo früher 11 oder 12 Vol.-% die Regel waren, gelten selbst in kühleren Anbaugebieten Weine mit 13 oder 14 Vol.-% Alkohol als wünschenswert oder normal. Das hängt zum Teil mit klimatischen Veränderungen zusammen, ist aber oft auch übertriebenem Anreichern oder mechanischer Konzentration geschuldet. Auch der Einsatz moderner Reinzuchthefen, mit deren Hilfe Traubenzucker nicht nur fast vollständig vergoren, sondern ein höherer Anteil auch tatsächlich in Alkohol umgewandelt werden kann, spielt eine Rolle.
Bleibt die Frage, ob auch wünschenswert ist, was möglich ist. Alkohol ist ein Geschmacksbildner und macht Weine fülliger, kräftiger, kompletter; sie werden deshalb oft von der Weinkritik gut bewertet. Was dabei häufig vergessen wird, ist, dass übertrieben alkoholreiche Weine Finesse, Vielschichtigkeit und auch Lebendigkeit verlieren. Sie wirken geschmacklich massiv und üppig, sind aber nicht mehr anregend und belebend.

Alkohol und der potenzielle Alkohol aus dem im Wein verbliebenen Restzucker ergeben zusammen den **Gesamtalkohol.**

■ **Weingesetz:** Wenn vom Weingesetz für Qualitätsweine ein bestimmter Mindestalkoholgehalt gefordert wird, so kann es sich um den natürlichen, aus dem Mostgewicht der Trauben zu errechnenden Mindestalkoholgehalt handeln, oder es ist der vorhandene Alkohol des Endproduktes gemeint. Lediglich bei Süßweinen ist es in einigen Ländern üblich, vorhandenen und potenziellen Alkohol zugrunde zu legen (z.B. im Falle des italienischen Loazzolo, dessen Mindestalkoholgehalt als 11+4,5 Vol.-% festgelegt ist).

Die **Alkoholbestimmung,** das heißt die Ermittlung des tatsächlichen Alkohols, kann auf verschiedene Weise durchgeführt werden. Direkte Methoden – ohne vorhergehende Destillation – leiden dabei darunter, dass andere Inhaltsstoffe des Weins das Ergebnis verfälschen können. Wird dagegen zunächst destilliert, so kann anschließend entweder die Dichte des Destillats durch Wiegen bestimmt werden oder aber der Alkohol wird in einer chemischen Reaktion oxidiert, was einen genauen Rückschluss auf die oxidierte Menge zulässt. In größeren Labors wird die Alkoholbestimmung mittels Gaschromatographie (→Chromatographie) durchgeführt.

Alkoholgeschmack, in geringen Konzentrationen im Wein süßlich, in höheren brennend wirkender Geschmack des Äthanols; Weine mit übertriebenem Alkoholgeschmack werden auch als **alkoholisch** oder **brandig** bezeichnet. Der Geschmack des Alkohols macht sich besonders dann bemerkbar, wenn der Wein nicht genügend andere Geschmacksstoffe wie z.B. Tannine, Säuren oder Zucker besitzt. In höheren Konzentrationen verstärkt Alkohol den bitteren Geschmack von Tannin.

alkoholische Gärung, die eigentliche →Gärung im Unterschied zur so genannten malolaktischen Gärung (→Säureabbau).

Alkoholzusatz, nur in Ausnahmefällen erlaubte Maßnahme zur Beeinflussung des Charakters von Weinen; der Zusatz von hochprozentigem Äthanol, das so genannte →Aufspriten, wird bei Likörweinen praktiziert, um deren Alkoholgehalt über das bei der Gärung des Traubenzuckers entstehende Niveau hinaus zu steigern. Wird ein süßes Endprodukt angestrebt, so setzt man den Alkohol vor dem natürlichen Ende der Gärung zu, um dem Wein den gewünschten Restzucker zu erhalten.

Allergien [zu griech. állos »anderer«, »fremd« und érgon »Tätigkeit«, »Reaktion«, also etwa »Andersempfindlichkeit«], Überreaktion des menschlichen Immunsystems gegen Allergene.

Obwohl Wein versteckte Allergene wie Hefen, Enzyme, Schwefel, Schimmelpilze etc. enthält oder enthalten kann, ist über echte allergische Reaktionen beim Weinkonsum nur wenig bekannt. Meist werden diese Substanzen in der Gärung abgebaut bzw. modifiziert oder sind – wie Schwefeldioxid – in Konzentrationen vorhanden, die deutlich unter denen anderer Lebensmittel liegen.

Kritiker der Genforschung vermuten, dass in genetisch modifizierten Trauben, Hefen oder Enzymen verstärkt Allergene enthalten sein könnten. Allergiker können bereits nach Aufnahme von 5–10 mg Schwefeldioxid Reaktionen zeigen, in vielen Fällen von Unwohlsein nach Weingenuss wie beispielsweise →Kopfschmerzen handelt es sich jedoch nicht um allergische, sondern um pseudo-allergische Reaktionen, d.h. um Intoleranzreaktionen ohne Beteiligung des Immunsystems. In einigen Ländern wie z.B. in Australien existieren Vorschriften, dass Allergene auf den Etiketten von Weinflaschen angegeben werden müssen.

Allier [al'je], nach dem gleichnamigen Fluss der Region Auvergne benanntes französisches Département, in dem in der Küferei beliebtes Eichenholz für die Herstellung von →Barriques geschlagen wird. Aus dem Département Allier stammt ein großer Teil des im Qualitätsweinbau verwendeten Barrique holzes; es gilt als aromareich bei geringem Tanningehalt. Die vorherrschende Spezies der Gattung Quercus (Eiche) ist Quercus petraea, die Trauben- oder Steineiche (→Eichenholz). Allier-Eichenholz ist feinporig und bereichert den Wein um würzige Aromastoffe.

almacenista [almaθe'nista, span. zu almacén »Lager«], spanisch für eine Sherry-Kellerei, die Wein auf Vorrat lagert und als Fassware an Abfüller verkauft.

Almansa [al'mansa], spanische D.O.-Herkunftsbezeichnung für Weine aus dem Südosten von Kastilien-La Mancha; auf den kargen, 800 m ü.M. gelegenen Kalk-Lehm-Böden des Anbaugebiets wachsen hauptsächlich die Rotwein-Rebsorten Mourvèdre (Monastrell), Tempranillo (Cencibel) und Grenache teinturier (Garnacha Tintorera), wobei Letztere vorwiegend für die Deckweinproduktion verwendet wird.

Aloxe-Corton [a'los (a'lɔks) kɔr'tõ:], A.C.-Herkunftsbezeichnung für Weine der gleichnamigen Gemeinde an der Côte de Beaune im französischen Burgund; insgesamt gut 250 ha Rebfläche sind fast ausschließlich mit Chardonnay bestockt. Die besten Rebflächen der Gemeinde sind Premier-Cru- und Grand-Cru-Lagen mit eigener Herkunftsbezeichnung vorbehalten, darunter die berühmten Grands Crus Corton, Corton Charlemagne und Charlemagne.

Alphonse-Lavallée [al'fɔs lava'le], Rotwein-Rebsorte, die vermutlich um 1860 in Frankreich aus unbekannten Sorten gekreuzt wurde; die einem breiteren Publikum fast vollständig unbekannte, relativ früh reifende Sorte wird weltweit auf lediglich gut 13 000 ha (1999) Rebfläche kultiviert, insbesondere in Frankreich, Chile, Kalifornien, Argentinien, Italien, Südafrika und Portugal. Alphonse-Lavallée wird vorwiegend als Tafeltraube genutzt.

Alsace [al'zas], 1) französisch für die Weinbauregion →Elsass.

2) Herkunftsbezeichnung mit A.C.-Status, auch Vin d'Alsace genannt, für Weine der französischen Region Elsass, eine der wenigen Appellationen Frankreichs mit einer der deutschen ähnlichen Systematik, in der die Rebsorte zusammen mit dem geographischen Herkunftsnamen die eigentliche Herkunftsbezeichnung bildet (z.B. Alsace Riesling oder Alsace Tokay Pinot gris).

Die Herkunftsbezeichnung Alsace umfasst 90 % der insgesamt 15 000 ha Weinbaufläche der Region. Für süße und edelsüße Weine wird sie jeweils um die Bezeichnung »vendange tardive« bzw. »sélection de grains nobles« ergänzt, für Qualitäts-Verschnittweine um die Bezeichnung Edelzwicker.

■ **Spitzenlagen:** Den 50 besten Einzellagen der Region, die insgesamt nur 4 % der Gesamtrebfläche umfassen, wurde als Resultat einer akribischen und langwierigen Klassifizierungsprozedur von 1982 an in zwei Etappen der Status der höherwertigen Appellation »Alsace Grand Cru« verliehen. Die renommiertesten unter ihnen sind →Altenberg (Gemeinden Bergbieten, Wolxheim und Bergheim), →Brand (Turckheim), →Furstentum (Kientzheim), →Goldert und →Kitterlé (Gueberschwihr), →Hengst (Wintzenheim), →Kastelberg (Andlau), →Kirchberg (Barr und Ribeauvillé), →Pfersigberg (Eguisheim), →Rangen (Thann), →Schlossberg (Kientzheim und Kaysersberg), →Sporen (Riquewihr) und →Zinnkoepflé (Soultzmatt und Westhalten). Grand-Cru-Weine müssen aus den vier als »nobel« bezeichneten Rebsorten Riesling, Gewürztraminer, Grauburgunder (Tokay d'Alsace) oder Weißer Muskateller (Muscat) gekeltert sein. Der erlaubte Höchstertrag liegt mit 70 hl/ha um 30 % niedriger als bei Weinen der Appellation Alsace.

Alsegger, Einzellage im Ortsteil Hernals der österreichischen Hauptstadt Wien, von der hochwertige Weine kommen; die nur 7 ha große Weinbauinsel inmitten der städtischen Bebauung ist Eigentum des Salzburger Benediktinerstifts Sankt Peter. Etwa zwei Drittel des Weinbergs mit einer Hangneigung von bis zu 38 % gelten als Steillage, der Rest liegt in der Ebene. Von den lehmigen Sandböden mit hohem Steinanteil kommen gute Weine aus der Weißwein-Rebsorte Riesling. Sie profitieren insbesondere von den starken Schwankungen zwischen Tages- und Nachttemperaturen

durch den klimatischen Einfluss des nahen Wienerwalds.

Alta Valle della Greve, Igt-Herkunftsbezeichnung für Weine der Provinz Florenz (Firenze) in der mittelitalienischen Region Toskana; aus sämtlichen, in der Provinz zugelassenen Weiß- und Rotwein-Rebsorten werden Weine ohne Rebsortenbezeichnung (Bianco, Rosso, Rosato) erzeugt; die Rotweinversion kann auch als Novello (→Nouveau) vinifiziert werden.

Alsace 2). Von den Weinbergen Mittelwihrs reicht der Blick über das Herz des elsässischen Weinbaus nach Bergheim und zu den Ausläufern der Vogesengipfel.

Altenberg, beliebter Lagenname in Anbaugebieten des deutschen Sprachraums; Spitzenlage der Gemeinde Laufen im deutschen Anbaugebiet Baden (Markgräflerland), der Gemeinde Abtswind in Franken (Steigerwald) und in den österreichischen Anbaugebieten Neusiedlersee (Gemeinde Gols) und Weinviertel (Gemeinde Retz).

Im Elsass tragen drei Grand-Cru-Lagen der Gemeinden Bergbieten, Bergheim und Wolxheim den Namen. Während auf den Lehm-Löss-Böden im Markgräflerland ausnahmsweise nicht die Rebsorte Gutedel, sondern Spät- und Grauburgunder am besten geraten, steht an den verwitterten Keuperhängen des Steigerwaldes v.a. Silvaner. Im österreichischen Gols kommen von Böden aus Sand und Schotter mit einer flachen Humusdecke gute Weißweine aus Chardonnay und Rote aus Zweigelt, in Retz dagegen wird ein breites Spektrum unterschiedlichster Sorten kultiviert, da der dortige Altenberg von der ehemaligen Weinbauschule Retz bestockt wurde. Was die Elsässer Grand-Cru-Lagen betrifft, so weisen sie zwar unterschiedliche Bodenarten auf – in Bergbieten Keuper, in Bergheim rote Kalkmergel und in Wolxheim kiesiger Kalkmergel –, eignen sich aber gleichermaßen für die Rebsorten Riesling und Gewürztraminer, wobei der Altenberg in Wolxheim deutlich stärker zu Riesling tendiert.

ALTERN

Faszination Altwein

Die Alterungsfähigkeit des Weins hat die Menschheit schon in der Antike beschäftigt. Kein anderes Lebensmittel war in der Lage, über Jahrzehnte hinweg immer erstaunlichere geschmackliche Qualitäten zu ent-

wickeln. Da konnten wohl nur übernatürliche Kräfte im Spiel sein, und so wurden dem Wein eigene Gottheiten – bei den Griechen Dionysos und bei den Römern Bacchus – gewidmet.

Religiös mutet manchmal auch das Verhältnis von Weinsammlern zu ihren alten Gewächsen an. In klimatisierten Kellern gelagert, werden diese mit Respekt und großem Zeremoniell behandelt. Auf Versteigerungen erzielen solche Altweine Erlöse von bis zu mehreren Tausend Euro pro Flasche.

Eine amerikanische Studie kam jüngst zu dem Ergebnis, dass im Falle eines bekannten Bordeauxgewächses fast 70 % der Sammlerflaschen nie geöffnet oder gar getrunken werden. Dazu trägt sicher auch bei, dass nicht jeder Altwein wirklichen Genuss bietet. Das Risiko, trotz aller theoretischen Alterungsfähigkeit zumindest in einzelnen Flaschen verdorbenen Wein zu finden, steigt mit fortgeschrittener Alterung rapide.

alte Reben, gemeinsprachlich für Rebstöcke, die ihr physiologisches Gleichgewicht, eine Art Idealzustand zwischen dem durch die Wüchsigkeit bedingten Nahrungsbedarf und der natürlichen Nahrungszufuhr, gefunden haben und besonders vielschichtige, ausgewogene und extraktreiche Weine hervorbringen; der Begriff wird häufig als zusätzliche Marken- oder Produktbezeichnung für qualitativ hochwertige Weine verwendet.

altern, sich verändern des in Flaschen gefüllten Weins, meist über einen Zeitraum von mehreren Jahren betrachtet; im Unterschied zum Begriff der → Reife 3) bezeichnet man mit Altern positive wie negative Veränderungen

in Flaschen gefüllter Weine. Alternder Wein entwickelt sich sowohl mittels aerober wie auch anaerober Prozesse. Dabei vollziehen sich bei Weiß- und Rotweinen teils ähnliche, teils unterschiedliche Entwicklungen in Bezug auf Farbe, Geruch und Geschmack.

■ **Entwicklungsstadien:** Die Farbentwicklung verläuft bei Weißweinen von hellem, grünlich schimmerndem Strohgelb zu dunklem Braun, bei Rotweinen von intensivem Purpur zu orange und schließlich braun getöntem Rot. Auch der in der Jugend meist von Frucht- oder Gärnoten bestimmte Duft verändert sich. Bei Weißweinen verschwinden die fruchtigen, sortentypischen Aromen und an ihre Stelle tritt bei großen Gewächsen ein komplexes Bukett, in dem Noten von Nüssen, Blättern, getrockneten Blumen wahrnehmbar werden, so genannte **Reifearomen**. Später treten die eigentlichen **Altersaromen** in den Vordergrund: Es entwickelt sich der so genannte Alterston oder die → Firne. Auch Rotweine verlieren die sortentypischen Fruchtnoten und bei guten Weinen entfaltet sich ein reiches, vielschichtiges Bukett aus so genannten Reifearomen, die an Unterholz, Pilze, Leder oder Teer erinnern.

Mit dem Begriff **Altersgeschmack** sind zwar oft Altersaromen gemeint, aber auch hinsichtlich des eigentlichen Geschmacks verändern sich Weine mit zunehmendem Alter. Bei Weißweinen tritt die Säure zunächst in den Hintergrund und wirkt harmonischer, um sich am Ende des Lebenszyklus wieder unangenehmer bemerkbar zu machen. Bei Rotweinen verlieren die Tannine zunächst ihren har-

ALTERN.   Welche Weine altern am besten?

Leichte, anspruchsvolle Weißweine sollten ein, spätestens zwei Jahre nach der Lese getrunken werden, fest strukturierte und kräftige Weiße können sich dagegen auch drei oder fünf Jahre lang positiv entwickeln. Stammen sie aus besonders guten Lagen und aus guten Jahrgängen, können sie in Ausnahmefällen gar 20 oder 30 Jahre altern.
Roséweine, aber auch viele fruchtige, leichte Rote sollten ebenfalls zwei Jahre nach der Ernte getrunken sein, rote Primeurfüllungen sogar spätestens nach sechs bis acht Monaten. Anders die vollmundigen, kräftigen Roten: Sie können fünf, oft auch zehn oder gar 15 Jahre reifen. Für die großen Rotweine der Welt gilt, dass sie meist erst nach fünf oder zehn Jahren ihren geschmacklichen Reichtum zeigen und sich dann noch 20 oder 30 Jahre lang weiterentwickeln können. Auch große Süß- und Likörweine können ohne Probleme 15 oder 20 Jahre altern, einige gelten sogar als »für die Ewigkeit gemacht«. Schaumweine wiederum kommen meist trinkreif in den Handel, und nur sehr gute, flaschenvergorene Produkte können dann noch fünf bis zehn Jahre reifen.

ten oder gar aggressiven Charakter – sie werden weicher und geben dem Wein in fortgeschrittenem Alter einen fast süßen Eindruck, auch wenn er vollständig trocken ist. Wenn dieser süße, üppige Geschmack verschwindet, und der Wein wieder aggressiv und säurebetonter wirkt, ist sein Reifezyklus beendet. Entscheidend für die Qualität gealterten Weins ist die gleichmäßige Entwicklung von Duft und Geschmack, die sich im Idealfall einstellt. Alte Weine zeigen dagegen oft noch ein herrliches Bukett, wirken aber am Gaumen schon kratzig und ausgezehrt, oder aber ihr aromatischer Ausdruck wird schwächer, noch bevor Tannine und Säuren sich zu einem harmonischen Ganzen entwickeln konnten.

Die Ursache all dieser Veränderungen sind komplexe chemische Prozesse, die in ihrer Gesamtheit allerdings noch unzureichend erforscht sind. Bei Weißweinen spielen v. a. Veresterung und Oxidation eine Rolle, bei Rotweinen zusätzlich die Polymerisation, d. h. die Bildung großer Molekülketten aus Tanninen.

■ **Alterungsfähigkeit:** Im Unterschied zur reinen Haltbarkeit – sie bezieht sich auf die Zeit, während der ein Wein verzehrfähig ist – bezieht sich das Qualitätsmerkmal der **Alterungsfähigkeit** (Langlebigkeit) auf den Zeitraum, in dem er sich positiv verändert und zumindest noch seinen vollen geschmacklichen Ausdruck besitzt. Diese Zeitspanne kann zwischen wenigen Monaten und Dutzenden von Jahren liegen – Ausnahmeweine können auch nach über 100 Jahren noch ein herrliches Bukett und geschmackliche Harmonie zeigen.

Die Alterungsfähigkeit fällt von Weintyp zu Weintyp, ja sogar von Erzeuger zu Erzeuger und von Jahrgang zu Jahrgang unterschiedlich aus und hängt im Einzelfall von einer Reihe von Faktoren ab. Entscheidend sind der Alkohol-, Tannin- und Säuregehalt, die Menge freien Schwefels, die der Wein bei der Füllung bekam, und auch die eventuelle Restsüße, die er besitzt. Keiner dieser analytischen Parameter kann jedoch allein gute Alterungsfähigkeit erklären oder ist unabdingbar. Als einzige Gemeinsamkeit überdurchschnittlich alterungsfähiger Weine kann die volle physiologische Reife der Trauben gelten, aus denen sie gekeltert wurden, wobei diese wiederum u. a. von niedrigen Ernteerträgen abhängt.

Alte Welt, Sammelbezeichnung für die Weinbauländer Europas mit ihren bis in die Antike reichenden Weinbautraditionen; der Begriff wird vorwiegend in Abgrenzung zu den Überseeländern verwendet, die unter der Bezeichnung Neue Welt zusammengefasst sind. Trotz des in jüngster Zeit festzustellenden erheblichen Zuwachses an Rebfläche in den elf Ländern, die gemeinhin der Neuen Welt zugerechnet werden, vereinigen die Länder der Alten Welt immer noch 60 % der Weltrebfläche auf sich.

Das überragende Potenzial der Alten Welt, und damit auch ihre großen Chancen für die Zukunft des Weltweinbaus liegen in den Hunderten, wenn nicht Tausenden von Rebsorten und ihren Varianten begründet, die v. a. in den südeuropäischen Ländern in oft geringsten Mengen kultiviert werden. Sie stellen

ALTE WELT | *Noch ist der Vorsprung groß*

Wenn Weinfreunde oder Weinhändler über die Unterschiede zwischen den Weinbauländern der Alten und der Neuen Welt diskutieren, hört es sich manchmal an wie ein Glaubenskampf oder eine Auseinandersetzung um hoch moralische, weinphilosophische Probleme. Tatsächlich geht es vor allem um Marktanteile auf den umkämpften Weinmärkten.

Auch wenn die Winzer der Alten Welt dabei oft vermeintliche Standortnachteile beklagen – allen voran den Dschungel gesetzlicher Vorschriften und Restriktionen in Weinbau und Kellertechnik –, so haben sie doch in Wahrheit einen großen strategischen Vorsprung vor den Ländern der Neuen Welt: Sie besitzen einen enormen Genpool von Hunderten, wenn nicht Tausenden bisher nur spärlich genutzten Rebsorten, eine enorme Vielfalt von Terroirs und Weintypen mit klarer Charakteristik, eine Rebfläche, die immer noch fast zwei Drittel des gesamten Weltbestands ausmacht, und schließlich eine über Generationen gesammelte und weiter-

getragene Erfahrung in jedem Anbaugebiet, ja für jeden einzelnen Weinberg, der die Weinmacher der Neuen Welt oft nur Schulwissen entgegensetzen können.

Alte Welt. Die Länder der Alten Welt stellen fast zwei Drittel der Weltrebfläche.

ein enormes genetisches Reservoir für die Rebkulturen der Zukunft dar.

■ **Geschichte:** Weinbau wird in den Ländern der Alten Welt bereits seit mindestens 2 500 v. Chr. getrieben. Aus dem vorderasiatischen Raum erreichte die Rebkultur über Ägypten im zweiten Jahrtausend v. Chr. zunächst die Ägäis und Griechenland und von da aus die italienische Halbinsel, den Balkan und das südliche Frankreich. Mit der Eroberung Mitteleuropas durch die römischen Legionen breitete sich der Weinbau im 2. Jh. in die Einzugsgebiete von Rhein und Donau und sogar bis ins heutige England aus. Nach den Wirren des Mittelalters erlebte er vom 11. und 12. Jh. an einen erneuten Aufschwung, der im heutigen Qualitätsweinbau vieler europäischer Länder seine Krönung fand.

■ SIEHE AUCH
→ Bulgarien · Deutschland · Frankreich · Griechenland · internationale Rebsorten · Italien · Neue Welt · Österreich · Portugal · Rebkulturen · Schweiz · Slowenien · Spanien · Terroir · Ungarn

Alto Adige, 1) italienisch für die Weinbauprovinz →Südtirol 1).

2) die italienische Herkunftsbezeichnung →Südtirol 2).

Alvarinho, portugiesisch für →Albariño.

amabile, italienisch für die Geschmacksangabe lieblich.

Amador [ˈæmədɔr], AVA-Herkunftsbezeichnung des gleichnamigen Bezirks (County) der kalifornischen Weinbauzone Sierra Foothills; das 150 Jahre alte Anbaugebiet entstand im Zuge des Goldrauschs, geriet aber während der Prohibition wieder in Vergessenheit. Seit 1968 erlebt es einen neuen Aufschwung und machte sich zunächst mit dichten, würzigen Weinen aus der Rotwein-Rebsorte Zinfandel, später auch mit Rot- und Weißwein-Rebsorten von der Rhône und aus Norditalien wie Syrah oder Barbera auf sich aufmerksam, die auf den vulkanischen Böden gute Resultate zeigen. Das Amador County umfasst auch die AVA-Anbaugebiete Shenandoah Valley und Fiddletown.

amargo [ɐˈmaɾɣu], portugiesisch für die Geschmacksbezeichnung bitter.

amaro, italienisch für die Geschmacksbezeichnung bitter; **amarognolo** steht meist für angenehmen Bittermandelgeschmack von Rotweinen.

Amarone, eigentlich **Amarone della Valpolicella** [- valpɔliˈtʃɛlla], früher →Recioto Amarone, trockener Strohwein der italienischen Region Venetien; Amarone ist eine der verschiedenen Rotweinvarianten, die im Anbaugebiet des Valpolicella erzeugt werden. Er ist von tiefdunkler Farbe, besitzt ein Bukett nach Sauerkirschen und Rumtopf sowie einen warmen, kräftigen Geschmack.

■ **Produktion:** Die relativ früh gelesenen Trauben der Rebsorten Corvina veronese, Rondinella, Molinara und anderer Sorten werden etwa drei Monate lang getrocknet. Die dabei entstehenden rosinierten Beeren enthalten sehr viel Zucker und ergeben bei der Gärung mit besonders leistungsfähigen Hefen einen Alkoholgehalt von mehr als 15, oft sogar von mehr als 16 Vol.-%. Die alte Tradition des

Amaronekelterns war lange Zeit zu Gunsten des süßen Recioto fast verschwunden und wurde erst in den 1960er-Jahren wiederbelebt.

amer [aˈmɛr], französisch für die Geschmacksbezeichnung bitter.

Americano, italienisch für Amerikanerreben.

American Viticultural Area [əmˈerɪkən vitiˈkʌltʃərəl ˈeərɪə, engl.], Abk. **AVA,** bestimmtes Anbaugebiet der USA mit gesetzlich festgelegter Herkunftsbezeichnung; das AVA-System wurde von 1983 an nach dem Vorbild der europäischen, insbesondere der französischen →Appellationen eingeführt, macht aber im Unterschied zu seinen europäischen Vorbildern keine präzisen weinbau- oder kellertechnischen Vorgaben.

Weine mit AVA-Angabe müssen in der Regel zu mindestens 75 % (im Falle von Staaten und Countys) bzw. 85 % (im Falle von Anbaugebieten) aus dem angegebenen Gebiet stammen und zu 75 % aus der angegebenen Rebsorte gekeltert sein. Bei Angabe von Einzellagen müssen die Weine zu 95 % von der angegebenen Lage stammen. Weine mit kalifornischen AVA-Bezeichnungen müssen zu 100 % aus Kalifornien stammen. Auch Weine mit der Angabe von mehr als einem Bundesstaat (z.B. Washington/Oregon) oder mehr als einem County müssen zu 100 % aus den angegebenen Staaten bzw. Countys stammen.

Aktuell existieren in den USA 145 AVA-Bezeichnungen. Als wichtigster Weinbaustaat der USA besitzt Kalifornien auch die ältesten und die meisten AVA-Herkunftsbezeichnungen (86). Seit einigen Jahren ist eine Tendenz festzustellen, die ursprünglich sehr großflächig eingerichteten AVA-Gebiete wie beispielsweise das Napa Valley in kleinere Bereiche wie Oakville, Stag's Leap District oder Rutherford Bench zu untergliedern. Die meisten AVAs außerhalb Kaliforniens besitzen nur einen geringen Bekanntheitsgrad. Ausnahmen davon sind beispielsweise das Walla Walla und das Columbia Valley im Bundesstaat Washington, das Willamette Valley in Oregon oder Long Island im Staat New York.

Amerikanerreben, amerikanische Rebsorten, umgangssprachliche Bezeichnung für Rebsorten aus Nordamerika, Mexiko und der Karibik, die nicht der Spezies Vitis vinifera, sondern den Arten Vitis berlandieri, Vitis labrusca, Vitis riparia, Vitis rupestris oder Vitis aestivalis angehören. Gelegentlich bezeichnet man auch Hybridsorten (→Hybride) als Amerikanerreben.

Die Sorten mit Namen wie Isabella, Catauba, York-Madeira, Delaware, Otello oder Clinton, die in den Staaten des amerikanischen Nordostens bis in jüngste Zeit fast ausschließlich kultiviert wurden, fanden bei europäischen Weinfreunden aufgrund ihres strengen oder aufdringlichen Geschmacks (→fuchsig) nur wenig Gegenliebe. In vielen Qualitätsweingebieten Europas ist ihr Anbau verboten. In Österreich wurden sie – auch Uhudler genannt – 1992 als →Direktträger im Südburgenland wieder zugelassen. In der Schweiz, wo Amerikanerreben auch als »Katzenseicherli« bekannt sind, wurden sie nach der Reblauskatastrophe im Tessin eingeführt, finden aber nur noch als Tafeltrauben oder zum Brennen von Grappa Verwendung.

■ **Reblausbekämpfung:** Von erheblicher Bedeutung waren die Amerikanerreben bei der Überwindung der →Reblaus. Ihre Resistenz gegen diesen Schädling führte dazu, dass man sie als ideale →Unterlagen für euro-

---

AMARONE

In kleinen Holzkisten oder auf großen, hölzernen Lattenrosten werden die Trauben für den Amarone und sein süßes Pendant, den Recioto della Valpolicella, drei Monate oder länger im »fruttaio« getrocknet und erst anschließend gekeltert. Traditionell war der »fruttaio« der nach mindestens zwei Seiten offene, gut durchlüftete Dachboden des Weinguts. Seit Mitte der 1990er-Jahre werden stattdessen zunehmend spezielle Klima- und Entfeuchtungsanlagen oder sogar vollklimatisierte Trockenkammern genutzt. Das hat Vorteile: Während beim traditionellen Verfahren der Most oft bereits in den Beeren zu oxidieren begann, was den Weinen einen typischen, aber unerwünschten Luftton verlieh, kann dies unter den kontrollierten Bedingungen moderner Anlagen weitgehend vermieden werden.

Strohwein aus der Kiste

päische Edelsorten auf fast der gesamten Weinbaufläche der Alten wie der Neuen Welt auspflanzte. Außerdem wurden aus ihnen Hybride gezüchtet, deren Bedeutung allerdings eingeschränkt geblieben ist.

amerikanische Eiche, gemeinsprachliche Bezeichnung für das Holz der amerikanischen Weißeiche, botanisch Quercus alba, das in der Barriqueherstellung verwendet wird. Insbesondere in Spanien und Australien ist dieses Eichenholz, das als besonders aromabetont gilt, als Fassholz sehr beliebt. In Barriques aus amerikanischer Eiche ausgebaute australische Rotweine der Rebsorte Syrah (Shiraz) zeichnen sich häufig durch einen charakteristischen Duft und Geschmack nach Kokosnuss aus.

Amigne [aˈmiɲ, zu latein. Vitis amoena], einheimische Weißwein-Rebsorte des Schweizer Wallis, die in geringem Umfang im Gebiet von Vétroz im Unterwallis kultiviert wird. Sie ergibt kräftige, meist trocken ausgebaute Weine mit saftiger Säure.

Amontillado [amɔntiˈʎaðo, span.], eine besondere Art von →Sherry und Montilla-Moriles.

Ampelographie [zu griech. ámpelos »Weinstock« und gráphein »schreiben«, »zeichnen«], Wissenschaft von den Rebsorten; ihre Methode besteht in der Beschreibung und im Vergleich der Farben und Formen von Blättern, Trauben und Beeren sowie der vegetativen Entwicklung der Pflanzen. Die Einteilung in Familien und Gruppen ist angesichts tausender Sorten mit diesem rein kontemplativen Ansatz extrem schwierig; zuverlässige Aussagen über Verwandtschaften und Abstammungslinien sind nur bei jenen Zuchtsorten möglich, über die genaue Aufzeichnungen existieren. Die modernen Methoden der genetischen Analyse erlauben es dagegen seit einigen Jahren, sehr viel präzisere Aussagen zu machen.

Ampurdán-Costa Brava, spanische D. O.-Herkunftsbezeichnung für Weine aus dem Norden Kataloniens; das 2500 ha große Anbaugebiet gehört zu den ältesten Europas. Früher wurden hier vorwiegend natursüße Weine aus Grenache (Garnacha) erzeugt, inzwischen gehört Ampurdán-Costa Brava zu den Hoffnungsträgern des katalanischen Weinbaus und bringt immer mehr modern vinifizierte Rotweine aus Tempranillo und den so genannten internationalen Rebsorten hervor.

Ampelographie. Wie schwierig es sein kann, Rebsorten richtig zu identifizieren und voneinander zu unterscheiden, zeigt das Beispiel von Carmenère (links). Diese Rebsorte wurde in Chile bis Mitte der 1990er-Jahre für Merlot (rechts) gehalten, obwohl beide vollkommen unterschiedliches Reifeverhalten zeigen.

Amselfeld, serb. **Kosovo polje** [ˈkɔsɔvɔ ˈpɔljɛ], Hochbecken (600 m ü. M.) in der serbischen Provinz Kosovo an der Grenze zu Albanien; vor den kriegerischen Auseinandersetzungen zu Anfang der 1990er-Jahre besaß die Provinz ca. 7000 ha Rebfläche. Damaliger Hauptabnehmer der meist leichten, halbtrockenen Rot- und Weißweine war Deutschland mit 30 Mio. Flaschen jährlich, die unter dem Namen Amselfelder vermarktet wurden. Nach dem Ende des Krieges kommt der Weinbau nur langsam wieder in Schwung.

añada [aˈɲada], spanisch für →Jahrgang; vinos de añada sind einjährige Weine.

an|a|erob, im Unterschied zu →aerob in Abwesenheit von Sauerstoff ablaufend; Eigenschaft biochemischer Prozesse im Wein. Der wichtigste anaerobe Vorgang bei der Weinherstellung ist die Umwandlung des Traubenzuckers in Alkohol während der Gärung.

Analyse, physikalische oder chemische Untersuchung zur Feststellung der Inhaltsstoffe von Weinen; die Weinanalyse im Erzeugerbetrieb dient meist dazu, festzustellen, dass der Wein den gesetzlichen Mindestanforderungen genügt und keine Weinfehler vorliegen. Untersucht werden beispielsweise der Alkoholgehalt, die flüchtige und die Gesamtsäure, der Restzucker, der Gehalt an Trocken-

---

AMPELOGRAPHIE. *Neue Methoden für ein schwieriges Metier*

Was bis vor kurzem auch durch genaue Beschreibung von Blättern und Trauben nur annäherungsweise gelingen konnte, ist mithilfe der genetischen Analyse jetzt mit wissenschaftlicher Exaktheit möglich: Seit sich die Ampelographie der Analyse mithilfe von Genmarkern bedient, das sind Nukleinsäure(DNA)-Sequenzen, die die exakte Lage der Gene auf den Chromosomen markieren und so vergleichbar machen, können Herkunft und Verwandtschaft der Rebsorten endlich genau bestimmt werden. Solche Analysen sind jedoch technisch sehr aufwendig und wurden deshalb bisher nur auf einige der wichtigsten Rebsorten angewandt. Dabei fand man beispielsweise heraus, dass Cabernet franc nicht der »kleine Bruder« des Cabernet Sauvignon ist, sondern dass Letzterer, seinen Erbinformationen zufolge, eine Kreuzung aus Cabernet franc und Sauvignon blanc sein muss. Auch die Gruppe der Burgundersorten konnte man präzise bestimmen und ihren Ursprung feststellen: Es ist eine Kreuzung aus Gewürztraminer und Schwarzriesling.

extrakt etc. Staatlich anerkannte Labors führen Exportanalysen durch, die häufig im zwischenstaatlichen Handel verlangt werden, um die Unbedenklichkeit des Weins für den Verbraucher zu garantieren.

■ **Vereinheitlichung:** Da die in den einzelnen Ländern angewandten Methoden der Weinanalyse oft sehr unterschiedliche Ergebnisse liefern, hat das Internationale Weinamt bereits vor einigen Jahren ein Programm der Vereinheitlichung der Analysemethoden gestartet, dessen Ergebnisse für die Mitgliedsländer verbindlich sein werden.

Anbaugebiet, österreich. **Weinbaugebiet,** vom Weingesetz definiertes und in seiner genauen Ausdehnung festgelegtes Gebiet, das einheitliche Eigenschaften geographischer, geologischer, klimatischer oder auch kultureller und geschichtlicher Art aufweist.

In Deutschland geben bestimmte Anbaugebiete die →Herkunft von Qualitätsweinen an. Das Schweizer Weingesetz definiert Herkunftsgebiete von Qualitätsweinen als Rebbauzonen. In zahlreichen Ländern bilden mehrere Anbaugebiete eine **Weinbauregion.** Im Unterschied zu den Anbaugebieten vom Typ der →Appellationen Frankreichs, Italiens oder Spaniens ist in der Definition von Anbaugebieten in Deutschland noch keine Aussage über den Weintyp, seine Machart und Geschmacksrichtung impliziert. Gesetzlich definierte Anbaugebiete gab es bis in die zweite Hälfte des 20. Jahrhunderts ausschließlich in Europa; seither werden sie zunehmend auch in den Ländern der Neuen Welt eingerichtet.

Anbauregelung, Gesetzeswerk oder Verordnungskatalog der deutschen Bundesländer in Form von Durchführungsverordnungen zum Weinbaugesetz, mithilfe derer festgelegt wird, an welchen Standorten Weinbau getrieben werden darf.

Ziele der Anbauregelung sind die Sicherstellung einer gewissen Mindestqualität der →Qualitätsweine, die Vermeidung von Marktstörungen (z.B. durch Überproduktion) und die Erhaltung von geschlossenen, rebenbestockten Kulturlandschaften. Die Genehmigung zur Anlage oder Wiederbepflanzung von Weinbergen für Qualitätsweine ist v.a. an bestimmte klimatische Bedingungen wie die Energieaufnahme durch Sonneneinstrahlung geknüpft.

Im Einzelnen werden die geographische Breite, Hangrichtung und Hangneigung sowie Windoffenheit und Kaltluftgefährdung geprüft. Die für Qualitätsweinbau vorgesehenen Flächen werden auf Vorschlag der Gemeinden von einem Sachverständigenausschuss der jeweiligen Landwirtschaftskammern zugelassen.

Ancellotta [antʃəˈllɔtta], ertragreiche, spät reifende italienische Rotwein-Rebsorte, die in der Romagna auf gut 4700 ha Rebfläche

Ampurdán-Costa Brava. An der spanischen Costa Brava bildet der Tourismus eine der wichtigsten Absatzmöglichkeiten für einheimische Winzer und Genossenschaften.

kultiviert wird und farbintensive Weine hervorbringt; diese werden meist mit verschiedenen Lambruscovarianten verschnitten und unter einer der DOC-Herkunftsbezeichnungen auf Lambruscobasis vermarktet.

Auch in der →Westschweiz, wo die Sorte vereinzelt vorkommt, wird sie ausschließlich zum Verschnitt verwendet.

Andalusien, span. **Andalucía** [andaluˈθia], südlichste Weinbauregion Spaniens, die sich von der portugiesischen Grenze im Westen bis zur Region Murcia im Osten erstreckt; das Herz des andalusischen Weinbaus wird von den vier Anbaugebieten →Condado de Huelva, Jerez (→Sherry) und Sanlúcar de Barrameda, →Málaga und Sierras de Málaga sowie →Montilla-Moriles gebildet, wobei auch in anderen Teilen der Region langsam qualitätsorientierte Erzeuger in Erscheinung treten: so

---

ANALYSE. *Was sagen Analysewerte über den Geschmack?*

In den Prospekten vieler Erzeuger, gelegentlich sogar auf ihren Etiketten, findet man genaue Angaben zu den Analysewerten des Weins, insbesondere zu Restzucker und Säuregehalt. Diese Angaben können aus medizinischen Gründen zum Beispiel für Zuckerkranke sehr nützlich sein, über den genauen Geschmackstypus eines Weins sagen sie aber oft nur wenig aus. So kann ein Wein mit nur 3 g/l Restzucker bereits leicht süß schmecken, während ein anderer mit 10 oder 12 g/l fast trocken wirkt. Der Grund dafür liegt vor allem im unterschiedlichen Säuregehalt: In einem Riesling mit 7 oder 8 g/l Säure muss der Restzucker schon deutlich über 5 g/l liegen, um geschmacklich wahrnehmbar zu sein. Rotweine mit hohem Alkohol- und Glyzeringehalt wiederum können, vor allem wenn sie ausgereift sind, süß schmecken, obwohl sie vielleicht weniger als 1 g/l Restzucker haben, der geschmacklich nicht wahrnehmbar ist. Da nicht nur Säure und Zucker, sondern auch Tannine, Alkohol, Glyzerin und weitere Extraktstoffe den Geschmack eines Weines beeinflussen, geben solche Analysewerte nur dem Experten, der sie in ihrer Gesamtheit kennt, Auskunft über den tatsächlichen Weingeschmack.

beispielsweise im Landweingebiet Contraviesa-Alpujarra mit dem granadinischen Gebirgszug Alpujarras als Zentrum.

Bereits die Phönizier kultivierten vor über 3000 Jahren in der heutigen Provinz Cádiz Reben. Die traditionellen Weintypen der vier D. O.-Gebiete gehören mit Ausnahme des Montilla-Moriles zur Kategorie der Likörweine. Sie besitzen einen unverwechselbaren Charakter und stellen den bedeutendsten Beitrag Spaniens zur Weingeschichte dar. In den letzten Jahren werden auch vermehrt leichte Weißweine und fruchtige Rotweine vinifiziert. Dies gilt v. a. für die Anbaugebiete Condado de Huelva und Sierras de Málaga.

Anderson Valley. Mit dem großflächigen, industriell betriebenen Weinbau vieler kalifornischer Anbaugebiete hat das Anderson Valley im Mendocino County nicht viel gemeinsam. Kleine Rebfelder verstecken sich hier zwischen Viehgattern und Wäldern. Das kühle Klima in der Nähe des Pazifiks sorgt für finessenreiche, fruchtige Weine.

Anderson Valley [ˈændəsn ˈvælɪ], AVA-Herkunftsbezeichnung für Weine der kalifornischen →North Coast; das Anbaugebiet liegt im →Mendocino County und erzeugt auf etwa 240 ha Rebfläche neben flaschenvergorenen Schaumweinen ebenso interessante Stillweine aus den Sorten Spätburgunder (Pinot noir), Gewürztraminer, Chardonnay und Riesling.

añejo [aˈɲexo], spanisch veraltend für alt, gealtert (→altern); der Begriff wird noch in vielen der traditionellen D. O.-Gebiete Spaniens verwendet und bezeichnet in der Regel Likörweine, die viele Jahre lang unter oxidativen Bedingungen in großen Eichenfässern reifen.

Angélus [ãʒeˈlys], **Château A.,** Spitzenweingut der Appellation Saint-Émilion im französischen Bordeauxgebiet, offiziell als Premier Grand Crus Classé B klassifiziert; der Wein wird etwa je zur Hälfte aus den Rebsorten Merlot und Cabernet franc gekeltert. Der Zweitwein des Gutes wird unter dem Namen Le Carillon de l'Angélus gefüllt.

animalisch, an Tiere oder tierische Produkte wie Fell, Leder, Moschus erinnernd, Ausdruck der Weinansprache für Aromakomponenten von Weinen; animalische Aromen sind als Ausdruck fortgeschrittener Flaschenreife erwünschte Komponenten des Buketts v. a. hochwertiger Rotweine, wenn sie sich harmonisch mit den würzigen oder den fruchtigen Noten verbinden. Zeigt ein Wein dagegen schon in seiner Jugend aggressive animalische Noten, die an Stallgeruch erinnern, so sind diese meist Resultat eines krankhaften Befalls mit →Brettanomyces.

Anjou [ãˈʒu], der westliche Teil des Doppelgebiets Anjou-Saumur in der französischen Weinbauregion Loire; unter verschiedenen A. C.-Herkunftsbezeichnungen werden auf insgesamt knapp 10600 ha (2000) Rebfläche aus der Sorte Chenin blanc Weißweine (Anjou, **Anjou-Coteaux de la Loire**) und aus Grolleau, Cabernet Sauvignon sowie Cabernet franc, der allein fast ein Drittel der Flächen belegt, Rotweine (Anjou rouge, **Anjou-Villages, Anjou-Villages-Brissac, Anjou-Gamay**) und Rosés (→Cabernet d'Anjou, →Rosé d'Anjou) erzeugt.

Vor allem der halbtrockene Anjou Rosé ist französischen Weinfreunden ein fester Begriff, hat aber in den letzten Jahren stark an Popularität eingebüßt. Die eigentliche Spezialität des Anjou sind aber die früher fast ausschließlich süßen, heute oft trocken ausgebauten Weißweine der Appellationen Coteaux de l'Aubance, →Savennières, →Coteaux du Layon, →Bonnezeaux und →Quarts de Chaume.

Anjou-Saumur [ãˈʒusoˈmyr], Doppelgebiet in der französischen Weinbauregion Loire um die Stadt Angers, in dem auf etwa 16000 ha (2000) Weinbergsfläche trockene Weiß- und Rotweine sowie liebliche und süße Weinweine und hervorragende Schaumweine erzeugt werden. Während im →Anjou Rotweinrebsorten dominieren, wird im Gebiet von →Saumur vorwiegend der weiße Chenin blanc kultiviert.

annata, italienisch für →Jahrgang.

Annia, eigentlich **Friuli Annia,** DOC-Herkunftsbezeichnung der italienischen Region Friaul-Julisch Venetien; auf etwa 180 ha (2002) Rebfläche in der Nähe der Lagune von Marano werden unter dem mildernden Einfluss des Meeresklimas fruchtbetonte weiße und rote Sortenweine erzeugt. Die kultivierten Rebsorten sind Chardonnay, Sauvignon blanc, Verduzzo, Grauburgunder (Pinot grigio), Weißburgunder (Pinot bianco), Malvasia istriana, Tocai friulano, Merlot, Cabernet Sauvignon, Cabernet franc und Refosco dal peduncolo rosso.

anno, italienisch für Jahr; übertragen auch für Jahrgang.

ano [ˈenu], portugiesisch für Jahr; übertragen auch für Jahrgang.

año [ˈaɲo], spanisch für Jahr; übertragen auch für Jahrgang.

anreichern, aufbessern, aufzuckern, chaptalisieren, verbessern, Erhöhung des

ANJOU-SAUMUR

Weinbau und Loireschlösser

Obwohl Loireweine in Frankreich und hier besonders in der Region Paris sehr populär sind, leiden sie im Export unter extrem geringem Bekanntheitsgrad. Dies trotz der Tatsache, dass vor allem das Anbaugebiet Anjou-Saumur mit seinen berühmten Schlössern (im Bild das Schloss von Saumur) Jahr für Jahr Millionen von Touristen aus aller Welt anzieht. Erst seit wenigen Jahren unternehmen die regionalen Verantwortlichen des exportorientierten Weinbaus und der Tourismusindustrie Anstrengungen, Synergien zwischen beiden Bereichen herzustellen, mit dem Resultat, dass zahlreiche Reiseveranstalter inzwischen Angebote zum Thema »Vins et châteaux de la Loire« (Weine und Loireschlösser) in ihrem Angebot haben.

Alkoholgehalts durch Zugabe von Rüben- bzw. Rohrzucker (Saccharose) oder Mostkonzentrat zur Maische bzw. zum nicht oder teilweise vergorenen Most (bis zum Jungweinstadium) sowie durch Konzentrieren des Mosts mittels Vakuumverdampfung oder Umkehrosmose.

Im Falle der in einigen Ländern erlaubten Strohweine wird direkt der Saft der Beeren konzentriert und bei Tafelweinen ist das Konzentrieren und damit Anreichern durch Kälte, d. h. das Einfrieren des Wassers und Abpressen der nicht gefrorenen Inhaltsstoffe, zugelassen. Die Anreicherung wird in Europa durch EU-Weinverordnungen und nationale Vorschriften geregelt. Es gelten strenge Vorschriften hinsichtlich der erlaubten Alkoholerhöhung und der zulässigen Volumensvermehrung durch die Mostkonzentrate oder der Volumensverminderung durch Mostkonzentrierung. Angereicherte Weine, die nicht genügend eigene, geschmacksbildende Extrakte besitzen, können alkoholisch und brandig werden.

■ **Bedingungen:** Angereichert wird traditionell v. a. bei schlechten Jahrgängen, um die Weinqualität zu verbessern oder den vom Gesetz vorgesehenen Alkoholgehalt zu erreichen. Seit der Abschaffung einer Obergrenze für den Alkoholgehalt von einfachen Qualitätsweinen wird das Anreichern häufig als Instrument für die Verbesserung der Weinqualität genutzt. Dabei wird der zwangsläufige Verzicht auf Prädikate in Kauf genommen, denn Anreichern ist in Deutschland und Österreich nur für Land-, Tafel- und Qualitätsweine ohne Prädikat zugelassen. In der Schweiz ist Anreichern generell erlaubt.

In einigen Mittelmeerländern und Départements im Süden Frankreichs ist der Gebrauch von Saccharose verboten, mit Mostkonzentrat oder mittels Konzentrieren aber darf angereichert werden. In Deutschland hat

sich die Verwendung von Mostkonzentraten nicht durchgesetzt. In vielen Ländern der Neuen Welt ist die Anreicherung mit Saccharose oder Mostkonzentrat verboten, das Konzentrieren zur Erhöhung der geschmacklichen Konzentration aber erlaubt. Da in diesen Ländern bereits das natürliche Mostgewicht der Weine meist sehr hoch ist, muss der Alkoholgehalt konzentrierter Weine anschließend durch Entalkoholisierung wieder gesenkt werden.

■ **Methoden:** Das heute übliche Verfahren des **Trockenverbesserns** (Trockenzuckerns), das auf Jean-Antoine Chaptal zurückgeht und nach ihm auch Chaptalisieren genannt wird, wurde ursprünglich immer im Zusammenhang mit chemischem Entsäuern praktiziert, d. h. Moste mit zu hoher Säure wurden entsäuert und anschließend angerei-

ANREICHERN. *Höchstwerte in Europa*

Die Anreicherung ist in Europa per EU-Verordnung für die verschiedenen Klimazonen geregelt, die festgelegten Grenzwerte können jedoch in den Weinbauzonen A und B in besonders kritischen Jahren per EU-Anweisung erhöht werden.

In der Weinbauzone A, zu der die meisten deutschen Anbaugebiete gehören, darf der Alkoholgehalt um maximal 3,5 Vol.-% gesteigert werden, wenn der Most potenziellen Alkohol von mindestens 6, in Deutschland von mindestens 5 Vol.-% hat. Für die Weinbauzone B gilt die Anreicherungs-Höchstgrenze von 2,5 Vol.-% bei einem natürlichen potenziellen Alkoholgehalt von mindestens 7,5 Vol.-%, in Baden dagegen von nur 6 Vol.-%.

In Österreich dürfen Moste für Land-, Tafel- und Qualitätsweine ohne Prädikat mit maximal 4,5 kg/hl Rübenzucker angereichert werden, wobei das Mostgewicht nach Anreicherung 19 °KMW bei Weißweinen und 20 °KMW bei Rotweinen nicht übersteigen darf.

In den Gebieten der Weinbauzonen C I und C II ist das Anreichern generell bis zu einem zusätzlichen Alkoholgehalt von 2 Vol.-% erlaubt, wobei der natürliche Mindestalkoholgehalt bei 8,5 bis 9,5 Vol.-% liegen muss. In der Zone C III ist das Anreichern verboten.

chert. Das früher weithin praktizierte **Rück-verbessern,** d.h. nachträgliches Anreichern von fertig vergorenen Weinen, ist in Europa weithin verboten, wird aber in gewissem Sinne beim →Ripasso des italienischen Valpolicella weiterhin legal praktiziert. Auch das früher erlaubte **Nasszuckern** (Nassverbessern) mit in Wasser aufgelöstem Zucker ist wegen der damit verbundenen Mengenvermehrung in der EU verboten.

Anschnitt, Art des Schnitts beim →Rebschnitt.

Ansonica, Ansolia, Inzolia, italienische Weißwein-Rebsorte, die v.a. auf Sizilien und in der Maremma toscana kultiviert wird; die Weine der Sorte haben relativ neutralen Charakter, können aber stoffig und kräftig ausfallen. Die einzige DOC-Herkunftsbezeichnung mit gewisser Bedeutung, deren Weine teilweise aus Ansonica gekeltert werden, ist die des sizilianischen Contessa Entellina. Darüber hinaus spielt die Sorte in Sizilien bei Weinen der Appellationen Menfi, Sambuca di Sicilia, Santa Margherita di Belice und Contea di Sclafani eine Rolle, in der Toskana im Ansonica Costa dell'Argentario, im Parrina, im Elba und im Val di Cornia.

ansprechend, →harmonisch wirkend; Begriff der Weinansprache für den harmonischen Geschmack von Weinen ohne große Komplexität und Struktur.

Anthozyane, Anthocyane [zu griech. kyáneos »dunkelblau«], bestimmte Farbstoffe der Weintraube (→Farbe).

Antinori, Marchese Piero, italienischer Weinerzeuger, *Florenz 15. 7. 1938; er ist Besitzer des toskanischen Weinhauses Marchesi Antinori, das er 1966 von seinem Vater Niccolò übernahm, während sein Bruder Ludovico später auf Weinbergen aus dem Besitz der Mutter, Carlotta della Gherardesca, das Weingut Ornellaia gründete. Antinori studierte Wirtschaftswissenschaften an der Universität Florenz und eignete sich durch zahlreiche

Marchese Piero Antinori

Praktika in Weinbaubetrieben der ganzen Welt – darunter auch bei Émile Peynaud – die Grundlagen des Weinmachens an. Im Laufe von dreieinhalb Jahrzehnten baute er die Firma zum größten Weinbergsbesitzer Italiens mit insgesamt 1800 ha Rebfläche in der Toskana, in Umbrien, Apulien und im Piemont bei einer Jahresproduktion von 18 Mio. Flaschen aus. Zusammen mit seinem Chefönologen Giacomo Tachis schuf Antinori Weine wie Tignanello und Solaia, die als Vorbilder einer ganzen Generation von Weinen gelten, den so genannten →Super-Tuscans.

Antlasberg, Atlasberg, eine der besten Lagen des niederösterreichischen Anbaugebiets Weinviertel, Gemeinde Malberg; von den tiefgründigen und feuchten Lehm-Löss-Böden kommen erstaunlich vielschichtige Rotweine aus den Rebsorten Zweigelt und Merlot sowie gute Weißweine aus Grünem Veltliner. Die teilweise extremen Temperaturschwankungen sorgen insbesondere beim Grünen Veltliner für ausgeprägte aromatische Tiefe.

A. O. C., Abk. für Appellation d'origine contrôlée (→Appellation).

Aostatal, italien. **Valle d'Aosta,** französ. **Vallée d'Aoste,** kleinste und zweisprachige Weinbauregion Italiens im Nordwesten des Landes, die bis 1860 zu Frankreich gehörte und offiziell zweisprachig ist; die einzige DOC-Herkunftsbezeichnung des Tals ist →Valle d'Aosta. Die etwa 580 ha (1998) Rebfläche des engen Alpentals der Dora Baltea liegen überwiegend auf schmalen Terrassen, die sich bis in Höhen von 1300 Metern ziehen.

Kultiviert werden neben einer Reihe von Weiß- und Rotwein-Rebsorten aus dem Piemonteser, Savoyer und Schweizer Raum die einheimische Weißwein-Rebsorte **Blanc de Morgex** sowie die roten Fumin, Premetta, Petit Rouge, Neyret und Vien de Nus. Als qualitativ hochwertig gelten insbesondere die Weißwein-Rebsorte Blanc de Morgex, die noch in großen Höhenlagen gedeiht und zumeist wurzelecht ausgepflanzt ist (AOC-Bereich Blanc de Morgex et de La Salle), →Arvine (Petite Arvine) und **Petit Rouge,** die Basis für die Rotweine der eigenständigen DOC-Bereiche Enfer d'Arvier, Torrette und Chambave.

A. O. V. D. Q. S., Abk. für Appellation d'origine vin délimité de qualité supérieure (→Appellation).

Apfel-Milchsäure-Gärung, biologischer →Säureabbau.

Apfelsäure, eine der wichtigsten in Weintrauben und Weinen vorkommenden Säurearten (→Säure).

AP-Nummer, Abk. für amtliche Prüfnummer (→Prüfnummer).

Apotheke, sehr gute Einzellage der Gemeinde Trittenheim im deutschen Anbaugebiet Mosel-Saar-Ruwer, Bereich Bernkastel;

auf den nach Süd-Südwest ausgerichteten, verwitterten Devonschiefer-Böden wächst hervorragender Riesling. Die große Popularität und der kommerzielle Erfolg von Gewächsen der Apotheke haben allerdings dazu geführt, dass zahlreiche Erzeuger zu hohe Erträge erwirtschaften und in der Konsequenz nur durchschnittliche Weine erzeugen.

appassimento [italien. zu appassire »verwelken«, »trocknen«], italienisch für das Trocknen von Trauben.

appassito, →passito.

Appellation. Der kleine Ort Margaux in der Nähe von Bordeaux hat einer der berühmtesten Appellationen Frankreichs seinen Namen gegeben.

Appellation [französ. apəlaˈsjɔ̃, zu latein. »Anrede, Ansprache«], eigentlich Appellation d'origine, Herkunftsbezeichnung; ursprünglich französische Bezeichnung für verschiedene Weinkategorien, gemeinsprachlich auch für Anbaugebiete mit Herkunftsbezeichnung.

Das französische Appellationssystem gilt als ältestes und am weitestgehenden ausdifferenziertes der Welt und es hat die Weingesetzgebung in zahlreichen Ländern inspiriert. Es sieht eine hierarchische Einteilung der Weinlandschaft in verschiedene Kategorien vor, deren höchste und wichtigste die der **Appellation contrôlée** (A. C., auch Appellation d'origine contrôlée, A. O. C., genannt) ist. Die aktuell 467 A. C.-Weine – die offizielle Zahl beinhaltet auch zwei A. C.-Weinbrände – belegen 47 % der französischen Rebfläche und stellen 52 % der nationalen Weinproduktion. Eine Stufe darunter findet man die Kategorie **Vin délimité de qualité supérieure** (V. D. Q. S.), die aus Herkunftsbezeichnungen besteht, deren Höherstufung zur A. C. geplant oder zumindest möglich ist. Beide zusammen bilden die Gruppe der Qualitätsweine. Wieder eine Stufe darunter, als Zwischenglied zwischen Qualitäts- und Landweinen (französisch: Vins de pays), sind die Weine der **Appellation d'origine vin délimité de qualité supérieure** (A. O. V. D. Q. S.) angesiedelt.

■ Vorschriften: Die Gruppe der A. C.-Weine ist in sich noch weiter hierarchisch gegliedert. Großgebiete wie Burgund oder Bordeaux mit entsprechender generischer A. C. sind in mehreren Stufen in immer kleinere A. C.-Gebiete von immer größerem Prestige unterteilt, deren Weine zunehmend strengen Produktionsvorschriften unterliegen. Diese betreffen v. a. die erlaubten Hektarerträge und den Mindestalkoholgehalt, aber auch die Pflanzdichte im Weinberg. So ist beispielsweise die Appellation Bourgogne untergliedert in Côte de Beaune und Côte de Nuits, diese wiederum in zahlreiche so genannte Gemeindeappellationen, innerhalb derer zwischen Premiers Crus und Grands Crus unterschieden wird. Die Struktur dieser Qualitätspyramide unterscheidet sich zwar von Region zu Region im Detail, ist aber in ihrer grundsätzlichen Systematik in den wichtigsten Weinbauregionen identisch.

■ SIEHE AUCH

→ American Viticultural Area · Anbaugebiet · Bordeaux · Bourgogne 2) · Certified-Gesertifiseer · Comité interprofessionnel · Cru · Denominação de origem controlada · Denominación de Origen · Denominazione di origine controllata · Districtus Austria Controllatus · Geographical indication · Herkunft · Klassifizierung · Lage · Neue Welt · Qualitätswein · Terroir · Villages · Weingesetze

âpre [apr], französisch für die Geschmacksbezeichnungen herb und tanninbetont oder rau.

Aprilia, DOC-Herkunftsbezeichnung für Weine der italienischen Region Latium, Provinz Latina; aus der Weißwein-Rebsorte Trebbiano bzw. aus den roten Merlot und Sangiovese werden Sortenweine mit mindestens 11 Vol.-% Alkohol erzeugt. Die erlaubten Höchsterträge liegen bei 140–150 dz, was zu

---

APPELLATION. *Europäische Appellationen*

Auch wenn die Idee fast aller Appellationssysteme dieselbe ist, so ist ihre Ausgestaltung doch von Land zu Land verschieden. Während Frankreich ein tief gestaffeltes hierarchisches System von Appellationen sogar innerhalb ein und derselben Weinbauregion kennt, hat Italien ein Zwei-Stufen-System gewählt, innerhalb dessen es keine weitere systematische Differenzierung gibt. DOC- und DOCG-Anbaugebiete können sich zwar geographisch überlagern, sie stehen dann aber nicht zwingend in einem hierarchischen Verhältnis zueinander. Dafür kennt das italienische System für jeden einzelnen Wein weit präzisere Vorschriften bezüglich der Sortenzusammensetzung sowie der Weinbergs- und Kellerarbeit als Frankreich. Spanien wiederum besitzt ein System von Denominaciónes de Origen, das eine Differenzierung entsprechend der Alterung der Weine vorsieht. Deutschland und Österreich haben mit der Einrichtung bestimmter Anbaugebiete für Qualitätsweine einen gänzlich anderen Weg eingeschlagen, der weder die hierarchische Gliederung des französischen noch die detaillierten Produktionsvorschriften des italienischen Systems aufnimmt, sondern die Weine nach dem Mostgewicht ihrer Trauben klassifiziert.

mindest teilweise die Tatsache erklärt, dass kaum echter Qualitätsweinbau stattfindet.

Apulien, italien. **Puglia** [ˈpuʎa], südlichitalienische Region, die zusammen mit Sizilien größter Weinerzeuger unter Italiens Regionen ist; auf 107 400 ha (1998) Rebfläche – gut ein Drittel der Gesamtfläche von 150 000 ha wird zur Erzeugung von Tafeltrauben genutzt – werden im Schnitt etwa 9 Mio. hl Wein im Jahr erzeugt.

Kultiviert werden v. a. einheimische Rebsorten wie die roten Negroamaro, Malvasia nera, Primitivo, Uva di Troia, Aglianico und der weiße Bombino. Erst im letzten Jahrzehnt wurden in nennenswertem Umfang so genannte internationale Weißwein-Rebsorten wie Chardonnay und Sauvignon blanc ausgepflanzt. Die wichtigsten DOC-Herkunftsbezeichnungen der Region sind →Castel del Monte, →Salice Salentino, →Brindisi, →Copertino, Primitivo di Manduria (→Primitivo) und →Locorotondo.

Weinbau investiert. Sie profitieren dabei vom kostengünstigen, großflächig betriebenen Weinbau der Region und haben neben zahlreichen Produkten mit gutem Preis-Leistungs-Verhältnis bereits ausgesprochene Spitzenweine hervorgebracht.

Aquileia, eigentlich **Friuli Aquileia,** DOC-Herkunftsbezeichnung für Weine eines küstennahen Anbaugebiets der Provinz Udine in der italienischen Region Friaul-Julisch Venetien; auf 750 ha Rebfläche werden zahlreiche Weiß- und Rotwein-Rebsorten wie Tocai friulano, Chardonnay, Weißburgunder, Grauburgunder, Verduzzo, Sauvignon blanc, Refosco, Cabernet Sauvignon oder Merlot kultiviert. Die erlaubten Höchsterträge zwischen 120 und 130 hl/ha und der niedrige Mindestalkoholgehalt von 10,5–11 Vol.-% stellen jedoch wenig Anreiz für echten Qualitätsweinbau dar.

Ar, im Weinbau nur noch selten gebrauchtes Flächenmaß; ein Ar entspricht 100 m², 100 Ar sind ein Hektar.

APULIEN	Charakteristische Rundbauten

Charakteristische Rundbauten

Vom Lateinischen »trŭlla«, der Schöpf- oder Maurerkelle, leitet sich der Name Trullo (Plural Trulli) für die charakteristischen Bauten ab, die vor allem in der Umgebung der apulischen Städte Ostuni und Alberobello zu finden sind. Trulli heißen jene weiß getünchten, in der Grundform einräumigen, meist zu größeren Komplexen aneinander gebauten, steinernen Rundhäuser mit spitzkuppelförmigen Kraggewölben aus Bruchstein. Der Name ist irreführend, denn Trulli wurden und werden ohne Mörtel aus Natursteinen gebaut – einer Maurerkelle bedarf es also gar nicht. Insgesamt soll es in Apulien 10 000 Trulli geben, allein in Alberobello können weit über 1 000 Exemplare bewundert werden. Die Stadt wurde deshalb 1996 in die Liste des Weltkulturerbes der UNESCO aufgenommen.

Der »Weinkeller Italiens« leidet allerdings unter einem extrem mengenorientierten Weinbau – Erträge bis zu 400 hl/ha sind keine Seltenheit – und hat erst in den 1990er-Jahren zaghaft den Weg echten Qualitätsweinbaus eingeschlagen. Der Grund für diese späte Entwicklung lag einerseits in der Tatsache, dass die alkoholreichen apulischen Weine in Norditalien und sogar in Frankreich lange Zeit leichten Absatz als Verschnittware fanden, andererseits in der Existenz von unzähligen Kleinst-DOC-Gebieten ohne reelle Marktbedeutung, die fast ausschließlich eingerichtet wurden, um die jeweilige politische Klientel zufrieden zu stellen.

Seit Mitte der 1990er-Jahre wird allerdings vonseiten nord- und mittelitalienischer Kellereien in großem Umfang in den apulischen

Aragonez, →Tempranillo.

Aragonien, span. **Aragón,** nordspanische Weinbauregion mit vier D. O.-Herkunftsbezeichnungen: →Cariñena 2), →Campo de Borja, →Calatayud und →Somontano. Aragonien galt viele Jahre lang als eines der Stiefkinder des spanischen Weinbaus. Weite Landstriche der Region sind extrem trocken und die Weinproduktion wird von großen Genossenschaften geprägt. Wichtigste Rebsorte ist – mit Ausnahme des Somontano – die rote Grenache (Garnacha).

Aramon [araˈmɔ̃], französische Rotwein-Rebsorte, die in ihrem Heimatland auf knapp 11 000, weltweit auf etwa 15 000 ha (1999) Rebfläche kultiviert wird; Aramon bringt relativ helle, neutrale Weine hervor und wird vorwiegend in Tafelweinen verarbeitet. Es existierten auch zwei weiße Varianten, Aramon blanc und Aramon blanc de la Calmette, sowie die roséfarbene Aramon gris. Außerdem ging Aramon als Elternsorte in zahlreiche Züchtungen ein, die aber kaum Bedeutung genießen.

Aräometer, Senkwaage zur Bestimmung des →Mostgewichts.

Arbeitsgemeinschaft Ökologischer Landbau e. V., Abk. **AGÖL,** 1988 auf Initiative von →Demeter® gegründete Vereinigung, der sieben von insgesamt neun Verbänden des ökologischen Landbaus in Deutschland angehören, darunter neben Demeter® auch →Bioland, →Bundesverband ökologischer Weinbau und →Naturland. AGÖL versteht sich als politischer Interessenvertreter seiner Mitglieder, leistet Öffentlichkeits- und Lobbyarbeit und war in dieser Funktion an der Erarbeitung der EU-Richtlinien für die Erzeugung und Verarbeitung von Produkten des ökologischen Landbaus beteiligt.

Arbois [arbˈwa], **1)** Weißwein-Rebsorte der französischen Weinbauregion Loire, die auf gut 400 ha Rebfläche kultiviert wird; ihre Weine sind säurearm und relativ weich im Geschmack. Im Anbaugebiet der gleichnamigen Herkunftsbezeichnung des Jura wird die Sorte nicht kultiviert.

2) A. C.-Herkunftsbezeichnung für Weine des französischen →Jura, in deren nur gut 700 ha großem Anbaugebiet jeweils zu etwa der Hälfte die Rotwein-Rebsorten Poulsard, Trousseau und Spätburgunder sowie die weißen Savagnin blanc, Chardonnay und Weißburgunder kultiviert werden. Die Weißweine werden reinsortig oder als Cuvée ausgebaut, gelegentlich auch im Barrique. Die Rotweine sind meist fruchtig und relativ leicht. Die Spezialitäten des Gebiets sind →Vin jaune und →Vin de paille. Bei Weinen aus dem Ort Pupillin kann der Gemeindename die A. C.-Bezeichnung auf dem Etikett ergänzen.

Ardèche [arˈdɛʃ], Département des französischen Zentralmassivs am Rande des Rhônetals; auf insgesamt 11000 ha (2001) Rebfläche werden hier vorwiegend Rotwein-Rebsorten kultiviert, darunter Grenache, Syrah, Cabernet Sauvignon, Merlot, Cinsaut, Gamay und Carignan; bei den weißen Sorten sind Chardonnay, Viognier, Sauvignon blanc, Grenache blanc, Ugni blanc, Clairette und Marsanne vertreten.

Der größte Teil der Weine wird unter der Landweinappellation **Coteaux de l'Ardèche,** etwas mehr als 10 % der Produktion als →Côtes-du-Rhône und ein kleinerer Teil als →Côtes du Vivarais vermarktet. Der Weinbau des Départements erlangte Bekanntheit, als burgundische Kellereien in den 1990er-Jahren größere Weinbergsflächen kauften und mit Chardonnay bzw. Syrah bestockten. Ein großer Teil des Landweins wird als Nouveau verkauft. Die Region besitzt eine hochwertige,

Apulien. Ostuni, die »weiße Stadt«, ist eine der Perlen Apuliens. Der traditionsreiche Weinbau der süditalienischen Region war lange Zeit alles andere als ein Schmuckstück für die italienische Weinindustrie und diente nur als Massenlieferant billiger Verschnittware. Das ändert sich erst seit Mitte der 1990er-Jahre.

autochthone Rotwein-Rebsorte, den Chatus, der aber nur noch eine marginale Rolle spielt.

Argentinien, mit 201000 ha (2003) Weinbergsfläche, von denen allerdings nur 150000 der Weinerzeugung gewidmet sind, und einer Jahresproduktion von 12 bis 16 Mio. hl Südamerikas bedeutendstes Erzeugerland; Argentinien steht in Bezug auf die Rebfläche an zehnter, hinsichtlich der Weinproduktion an fünfter und beim Weinkonsum (34 l/Jahr) an achter Stelle der Welt.

Der Weinbau ist mit wenigen Ausnahmen auf die Hügellandschaften am östlichen Rand der Anden konzentriert, wo die Reben in Höhen zwischen 300 und 2000 Metern ideale klimatische Bedingungen vorfinden. Die intensive Sonneneinstrahlung wird durch die Höhenlage der Weinberge gemildert, und die geringen Niederschläge von 150–300 Millimetern im Jahr durch reichliche Wasserzuflüsse aus den Anden kompensiert.

■ **Rebsorten:** Argentinien verfügt über ein vielfältiges Rebsortenspektrum, wobei die beiden meistkultivierten Sorten, Cereza italiana und Criolla sanjuanina, die beide spanischen Ursprungs sein sollen, nur in der Produktion von Tafeltrauben und Mostkonzentrat eine Rolle spielen. Die wichtigste rote Qualitätsrebsorte des Landes ist Malbec, mit dem etwa 17300 ha (2001) bestockt sind.

Daneben werden Bonarda, Cabernet Sauvignon, Syrah, Merlot, Tempranillo, Sangiovese, Barbera und Spätburgunder (Pinot noir) kultiviert. Bei den weißen Sorten dominieren verschiedene Spielarten des Torontés (8200 ha); dahinter folgen Chardonnay, Chenin blanc, Sémillon, Sauvignon blanc und Viognier.

■ **Anbaugebiete:** Die wichtigste Weinbauregion Argentiniens ist →Mendoza, dessen fünf in Höhen zwischen 550 und 1400 m ü. M. gelegene Weinbauzonen zusammen etwa 145 000 ha umfassen (75 400 ha für den Weinbau, der Rest für Tafeltrauben und Mostkonzentrat) und damit fast drei Viertel der argentinischen Rebfläche auf sich vereinigen.

Die nördlich von Mendoza gelegene Provinz San Juan, Argentiniens zweitgrößter Weinerzeuger (14 600 ha im Weinbau), bringt in heißem Klima eher einfache Weine hervor. Interessante Weine aus Torontéstrauben kommen aus La Salta (knapp 1700 ha im Weinbau) im Norden des Landes, in dessen Anbaugebiet →Cafayate die Reben in extreme Höhen von bis zu 2000 m ü. M. vordringen. La Rioja im Norden (6400 ha im Weinbau) und Río Negro-Neuquén im Süden (1300 ha im

Weinbau), die beiden verbleibenden Regionen, bringen rustikalere Rot- und Weißweine hervor, die außerhalb des Landes fast keine Rolle spielen.

■ **Weinerzeugung und Export:** Rebfläche und Weinerzeugung Argentiniens sind in den 1980er- und 1990er-Jahren um etwa zwei Drittel zurückgegangen. Erst gegen Ende der 1990er-Jahre haben sie sich – auch dank massiver ausländischer Investitionen – wieder stabilisiert. Der größte Teil der Produktion wird im Land selbst konsumiert, dessen Pro-Kopf-Verbrauch von knapp 40 Litern im Jahr – in den 1970er-Jahren waren es noch 100 l/Jahr – einer der höchsten der Welt ist. Trotz des starken Exportanstiegs in der zweiten Hälfte der 1990er-Jahre werden immer noch weniger als 10% der erzeugten Mengen ausgeführt, wobei die USA größter Einzelabnehmer sind.

■ **Geschichte:** Wein wird in Argentinien bereits seit fast 450 Jahren angebaut, und man nimmt an, dass die ersten europäischen Reben 1556 aus Chile eingeführt wurden. Starken Aufschwung nahm die Weinindustrie Ende der 1880er-Jahre, ausgelöst durch eine Einwanderungswelle aus Italien und Spanien. Bis in die 1970er-Jahre wuchs die Rebfläche dann auf über 350 000 ha an.

Arinto, Arinto de Bucelas [- də buˈsɛlɛʃ], **Arinto do Douro** [- du ˈdoru], portugiesische Weißwein-Rebsorte mit markanter Säure, deren Weine gute Alterungsfähigkeit besitzen; die Sorte wird oft mit Riesling verglichen, ist mit ihm aber nicht verwandt. Arinto ist die wichtigste Rebsorte im Anbaugebiet Bucelas, nimmt aber auch in anderen Gebieten Mittelportugals bedeutende Flächen ein; insgesamt wird sie auf 2300 ha Rebfläche kultiviert.

Der Name Arinto wird in Portugal für eine Reihe weiterer Rebsorten verwendet, die mit dem Arinto des Bucelasgebiets aber nicht verwandt sind; unter ihnen Arinto do Dão, der wesentlich alkoholbetontere Weine hervorbringt, Arinto de Alcobaça, Arinto Cachudo, Arinto Galego, Arinto Gordo und Arinto Miudo.

Arkansas [ˈaːkənsɔː], einer der ältesten Weinbaustaaten im Süden der USA; die Rebfläche von insgesamt gut 550 ha (2002, 1992: 890 ha), von der aber nur etwa 22 000 hl Wein im Jahr kommen, wird von fünf Weinbau- und Erzeugerbetrieben bewirtschaftet. Ungeachtet der geringen Ausdehnung der Gesamtrebfläche besitzt der Staat drei Anbaugebiete mit AVA-Herkunftsbezeichnung: Altus, Arkansas Mountain und Ozark Mountain, wobei sich Arkansas Letztere mit den Staaten Missouri und Oklahoma teilt.

Armagnac [armaɲak], berühmter Weinbrand mit geschützter A. C.-Herkunftsbezeichnung aus der französischen Gascogne,

Argentiniens Weinbauflächen

Argentinien. Weinbau im Schatten der Anden: Wie die Bodegas Lagarde in Luya de Cuyo genießen viele Erzeugerbetriebe des Gebiets von Mendoza das spektakuläre Panorama der majestätischen Gebirgskette, die Argentiniens Weinbaugebiete von denen des benachbarten Chile trennt.

Département Gers; das Anbaugebiet der Trauben für die Brennweine ist in die Bereiche Bas-Armagnac, Tenarèze und Haut-Armagnac gegliedert, von denen Bas-Armagnac als die qualitativ höchstwertige gilt. Der Großteil der Produkte wird unter den Namen Armagnac oder Bas-Armagnac vermarktet, Tenarèze und Haut-Armagnac tauchen nur selten auf Etiketten auf.

Die Brennweine für Armagnac, der zum größten Teil mittels kontinuierlicher Destillation erzeugt wird – dabei müssen die Brennblasen nicht nach jeder Charge neu mit Rohmaterial beladen werden –, werden aus den Rebsorten Trebbiano (Ugni blanc), Folle blanche, Baco 22A und Colombard gekeltert. Dabei wird der Weinbrand im Unterschied zu →Cognac meist nur bis zu einem Alkoholgehalt von 52–60 Vol.-% (Cognac: 70 Vol.-%) destilliert, maximal sind 63 Vol.-% erlaubt. Er enthält deshalb deutlich mehr Aroma- und Geschmacksstoffe als Cognac, die allerdings dem jungen Produkt auch Härte und Schärfe mitgeben.

Armagnac muss deshalb deutlich länger im Holzfass – im Pièce oder Barrique – reifen als Cognac, wobei er nach einer gewissen Zeit von neuen auf bereits gebrauchte Fässer umgezogen wird. Großer Armagnac wird oft erst Jahrzehnte nach dem Erntejahr der Trauben auf Flaschen gefüllt und vermarktet. Wie die meisten Brände entwickelt er sich in der Flasche geschmacklich nicht mehr weiter.

Armenien, Weinbauland der Kaukasusregion, Mitglied der GUS; die ca. 16 000 ha (2000) Rebfläche des Landes sind auf mehrere Anbaugebiete verteilt: die Ebene des Flusses Araks in der Nähe des Berges Ararat, die Gebiete um die Städte Idschewan und Jechegnadsor sowie die drei Weinbauinseln Goris, Kafan und Megri. Fruchtbare Lavaböden und warme Winde ermöglichen trotz kalter Winter Rebkulturen in Höhen zwischen 450 und 1700 Metern. Neben den traditionellen süßen und Likörweinen werden aus den einheimischen Rebsorten auch trockene Weiße und Rote erzeugt.

armonico, armonioso, italienisch für die Geschmacksbezeichnung harmonisch.

Arneis, italienische Weißwein-Rebsorte, die auf etwa 500 ha Rebfläche in der Region Piemont kultiviert wird; unter den Herkunftsbezeichnungen Piemonte und Langhe werden daraus zumeist neutrale, jung zu trinkende Weine erzeugt.

Aroma [zu griech. »Gewürz«], Duft, angenehmer Geruch; Bezeichnung für positiv wahrgenommene Geruchsnoten von Weinen, in der Weinansprache auch mit dem Begriff **Nase** umschrieben (»der Wein zeigt eine interessante Nase«).

Die Aromen des Weins setzen sich aus 800–1000 Aromakomponenten und Geruchsstoffen zusammen und sind sowohl ein Genussfaktor als auch Indizien für eventuelle Weinfehler. Man unterscheidet zwischen blumigen, würzigen, fruchtigen, mineralischen, vegetabilen, karamellisierten, holzigen, rauchigen, erdigen, medizinischen oder chemischen Aromen, deren Vorhandensein dem geübten Verkoster Hinweise auf die Rebsorte, die Herkunft und die Machart des Weins geben kann. Dabei sind sowohl die Eindrücke beim eigentlichen Riechen als auch die der Retro-Olfaktion, d. h. der retronasalen Wahrnehmung von Geruchsstoffen durch den Nasen-Rachen-Raum, die so genannten **Retroaromen,** von Bedeutung.

■ **Primäre Aromen:** Man unterscheidet zwischen **primären Aromen, sekundären Aromen** und **tertiären Aromen,** die sich im Idealfall zu einem anregenden, vielschichtigen und intensiven Bukett ergänzen können. Primäre Aromen sind alle Düfte, die bereits in der Traube vorhanden oder angelegt sind; dazu

ARGENTINIEN. *Erstaunliche Wandlung*

Argentiniens Spitzen-Rebsorte ist Malbec, eine ursprünglich im französischen Bordeauxgebiet kultivierte Rotwein-Rebsorte, die dort aber weitgehend verschwunden ist. Umso erstaunlicher ist die Tatsache, dass sie in Argentinien eine solche Verbreitung und vor allem ein solches Renommee gewinnen konnte. Der Grund dafür liegt in der Wandlung, die sie im Laufe der Jahrhunderte auf argentinischer Erde durchmachte. Wahrscheinlich im Wege spontaner genetischer Mutationen entstand hier eine Anzahl von Varianten der Sorte – Argentinier sprechen von Klonen, aber es handelt sich sicher nicht um Klone im strengen Sinne des Wortes –, deren Weine zwar ebenso dicht und kräftig ausfallen wie die der französischen Ursorte, dabei aber deutlich weniger tanninbetont und hart sind. Guter argentinischer Malbec ist weich und saftig, rund und dennoch fest strukturiert, und bringt damit sämtliche Qualitäten mit, die auf den internationalen Weinmärkten gefragt sind. Hinzu kommt das oft ausgezeichnete Preis-Leistungs-Verhältnis der Weine, das auf die geringen Produktionskosten im Lande zurückzuführen ist.

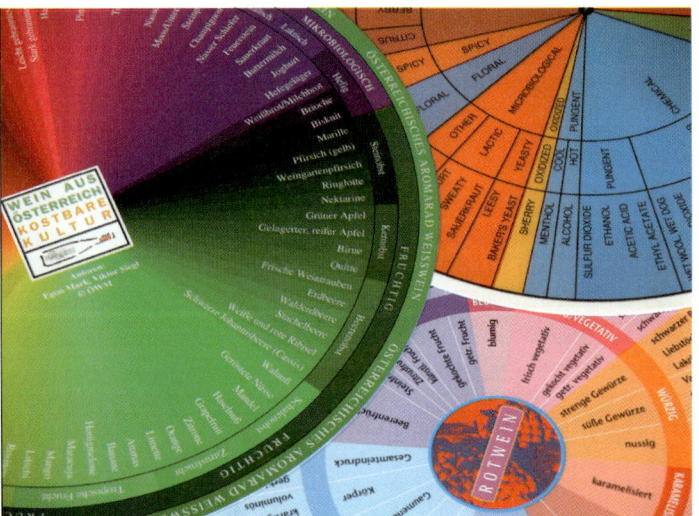

Aroma. Zahlreiche Weinbauländer und Anbaugebiete haben das kalifornische Aromarad zum Vorbild für eigene, auf das aromatische Spektrum ihrer Weine abgestimmte Darstellungen genommen.

gehören neben **Beerenaromen** oder dem Duft nach Früchten **(Fruchtaromen)** auch ätherische Öle wie z.B. der Terpenalkohol Geraniol, der für den sortentypisch rosenartigen Duft des Gewürztraminers verantwortlich ist.

■ **Sekundäre Aromen:** Als sekundäre Aromen beschreibt man alle Eindrücke, die während der Vinifizierung und des Ausbaus entstehen. Dazu zählt sowohl das rasch wieder verschwindende **Gärbukett,** das aus Estern und Aldehyden gebildet wird, wie auch die typischen **hefigen Aromen** (Hefetöne), die an Backwerk erinnern. Außerdem gehören die Einflüsse der Fasslagerung zu den sekundären Aromen, darunter die typischen **Röstaromen** (Toastaromen, Toastnoten) und der Vanillegeschmack des Holzes **(Holzaromen)** neuer Barriques.

AROMA. Wie schnell drehen sich Aromaräder?

Eigentlich sind es gar keine Räder, und drehen müssen sie sich auch nicht. Aromaräder, erfunden an der University of California, Davis, sind meist einfache Pappscheiben – sie können, müssen aber nicht rund sein –, auf denen ein in zahlreiche, bunte Segmente unterteilter Kreis abgebildet ist, weshalb sie auch Aromakreise heißen. Jedes Segment dieser Kreise ist mit dem Namen eines bestimmten Aromatyps belegt. Da findet man Begriffe wie Pflaume, Speck, Wachs, Brombeere, Unterholz, Honig, Banane oder Jasminblüte – alles Aromen, die der menschliche Geruchssinn beim Riechen an Weinen entdecken oder besser assoziieren kann. Meist sind diese Aromen in Gruppen wie holzig, fruchtig, erdig oder blumig eingeteilt, gelegentlich findet man zwei oder drei solcher Beschreibungsebenen übereinander. Solche Aromaräder wurden in den letzten Jahren von zahlreichen Weinbauländern veröffentlicht, und die aufgeführten Aromen entsprechen meist den wichtigsten Weiß- oder Rotweinen des jeweiligen Landes. Vor allem für ungeübte Verkoster können Aromaräder eine wertvolle Hilfe bei der Identifizierung und Wiedererkennung von Weinaromen sein.

■ **Tertiäre Aromen:** Zu den so genannten tertiären Aromen gehören diejenigen Geruchskomponenten, die während der Reife und Alterung des Weins in der Flasche entstehen und das **Lagerbukett** bilden. Das sind beispielsweise der Petrolton und die Firne von Weißweinen sowie die Teer- und Ledernoten von reifen Rotweinen. Obwohl sich diese Aromen erst im Laufe der Alterung entwickeln, sind geübte Weinverkoster in der Lage, bereits im Jungwein die Anlagen zu erkennen und einzuschätzen.

■ **SIEHE AUCH**

→ Aldehyde · animalisch · aromatisch · aromatisieren · aufdringlich · Barrique · Böckser · Bukett · delikat · duftig · Essigstich · fein · Frucht · Geruch · grasig · grün · Lufteinfluss · Nase · parfümiert · Petrolton · Rauchgeschmack · Reife 3) · schmutzig · Stich · Tiefe · Typizität · unsauber · untypischer Alterungston · verschlossen

Aromaböckser, ein böckserartiger (→ Böckser) Fehlton im Wein.

aromatic [ærə'mætik], englisch für die Weinbeschreibung aromatisch.

aromatico, italienisch für die Weinbeschreibung aromatisch.

aromático, spanisch für die Weinbeschreibung aromatisch.

aromatique [aroma'tik], französisch für die Weinbeschreibung aromatisch.

aromatisch, ausgeprägte, markante (Sorten-)Aromen zeigend; Eigenschaft von Weinen aus Rebsorten mit charakteristischem, sortentypischem Duft wie beispielsweise Muskateller oder Gewürztraminer, die deshalb auch →Bukettsorten genannt werden. Wirkt der aromatische Charakter übertrieben, so spricht man auch von →parfümierten Weinen.

aromatisieren, Weine mit Aromasubstanzen oder sonstigen weinfremden Stoffen anreichern. Das Aromatisieren von Weinen, das in der Antike gängige Praxis war – die Griechen versetzten ihre Weine mit Gewürzen, Honig, Harz oder Duftstoffen – ist in Europa in der Regel verboten.

Allerdings hat die moderne önologische Wissenschaft in den letzten Jahren eine ganze Reihe von aromatisierenden Hefen und Enzymen entwickelt, die legal benutzt werden dürfen, da sie nicht als Zusatzstoffe, sondern als technische Hilfsstoffe gelten, die nach dem Gebrauch wieder entfernt werden. Sie können den aromatischen Charakter des Weins teilweise deutlich verändern. Aromatisierte Weine wie →Wermut dürfen nur unter der Bezeichnung Wein-Aperitif, nicht als Wein vermarktet werden. Zu den aromatisierten weinhaltigen Getränken gehören beispielsweise →Sangria, →Bowlen etc.

arôme [ar'om], französisch für Aroma.

arrière-goût [arjɛr'gu], französisch für Nachgeschmack.

Arrope [span.], alkoholfreier, konzentrierter Traubenmost, der durch Erhitzen auf ein Drittel seines ursprünglichen Volumens reduziert wurde; im Gebiet der spanischen D. O. →Málaga gibt man den Likörweinen Arrope zu, um die traditionelle goldbraune Farbe zu erzielen. Arrope wird aus den Rebsorten Airén, Moscatel oder Pedro Ximén gewonnen.

Arroyo Grande Valley [arrˈɔjɔ ˈgrande ˈvælɪ], AVA-Herkunftsbezeichnung für Weine des gleichnamigen Tals im kalifornischen San Luis Obispo County (→San Luis Obispo); das v.a. im Westen des Gebiets relativ kühle Klima eignet sich für die Rebsorten Chardonnay und Spätburgunder. Zusammen mit dem benachbarten Edna Valley besitzt Arroyo Grande knapp 5500 ha Rebfläche.

Arroyo Seco [arrˈɔjɔ ˈseko], kleines Anbaugebiet des kalifornischen Monterey County (→Monterey) mit AVA-Status, in dem v.a. Chardonnay und Riesling kultiviert werden.

Arvine, Petite Arvine [(p(ə)ˈtɪt) arˈvin], autochthone Weißwein-Rebsorte des Schweizer Kantons Wallis, die wahrscheinlich aus der Gegend der Stadt Martigny stammt, auf rund 60 ha Rebfläche kultiviert wird und auch im benachbarten italienischen Aostatal wächst. Vermutlich geht Arvine auf eine von den Römern importierte Rebe zurück. Die spät reifende, kleinbeerige und kleintraubige Sorte stellt hohe Ansprüche an die Weinbergslage und bringt rassige Weine mit ausgeprägten Fruchtaromen hervor. Sie eignet sich auch zur Erzeugung von edelsüßen Gewächsen.

Asche, Masse der unbrennbaren Bestandteile des Weins, die aus Mineralstoffen und Spurenelementen besteht; Aschen sind in Mengen von 2–3 g/l im Wein enthalten und stellen etwa 10 % seiner zuckerfreien Extrakte. Ihre Analyse erlaubt u. a. Rückschlüsse auf die Bodenqualität im Weinberg.

asciutto [aʃʃutto], italienisch für die Geschmacksangabe trocken bzw. vollständig durchgegoren.

Aserbaidschan, Land zwischen dem Kaukasus und dem Kaspischen Meer, Mitglied der GUS; die einstige Rebfläche von fast 300 000 ha ging in den 1980er- und 1990er-Jahren infolge der Kampagne gegen Alkoholkonsum in der ehemaligen Sowjetunion stark zurück und liegt nur noch bei etwa 56 000 ha (2000). Das Klima ist in den Hanglagen der Gebirgsausläufer gemäßigt warm, in den Niederungen der Flüsse Araks und Kura sowie im Küstengebiet dagegen sehr heiß und trocken. Erzeugt werden v.a. süße und Likörweine.

áspero [ˈaʃpəru], portugiesisch für die Geschmacksbezeichnungen adstringierend bzw. rau und hart.

assemblage [asãˈblaʒ], französisch für Verschnitt; im Unterschied zu coupage wird

der Begriff meist bei höherwertigen Produkten verwendet.

Assisi, DOC-Herkunftsbezeichnung für Weine aus dem Umkreis der gleichnamigen Stadt in der mittelitalienischen Region Umbrien; auf knapp 80 ha Rebfläche werden v.a. die Weißwein-Rebsorten Trebbiano und Grechetto sowie die roten in der Regel im Verschnitt zu Weiß-, Rosé- und Rotweinen ausgebaut.

Arroyo Seco. Trotz der wüstenähnlichen, heißen und trockenen Umgebung ist im zentralkalifornischen Anbaugebiet Arroyo Seco Weinbau möglich; riesige unterirdische Wasservorkommen ermöglichen ausgiebiges Bewässern.

Asti, 1) Name einer Stadt und einer Weinbauprovinz der italienischen Region Piemont; Bestandteil einer Reihe von DOC-Herkunftsbezeichnungen wie Barbera d'Asti, Dolcetto d'Asti, Freisa d'Asti, Grignolino d'Asti und Malvasia di Casorzo d'Asti sowie Namengeber des süßen DOCG-Schaumweins Asti oder Asti Spumante und seines Pendants Moscato d'Asti.

2) Asti Spumante, DOCG-Herkunftsbezeichnung für süße Schaum- und Perlweine, die in den Provinzen Asti, Cuneo und Alessandria der italienischen Region Piemont erzeugt werden; aus den Trauben der Rebsorte Moscato bianco von mehr als 9100 ha (1997) Rebfläche werden – vorwiegend nach dem Charmatverfahren, das die problemlose Konservierung des unvergorenen Traubenzuckers erlaubt – durchschnittlich 500 000–600 000 hl Asti und **Moscato d'Asti** erzeugt. Vier Fünftel der Produktion stammen dabei aus nur 20 Großkellereien.

Der Großteil der jährlich produzierten 70–80 Mio. Flaschen wird auf dem deutschen und dem US-amerikanischen Markt abgesetzt. Der »Armeleute-Champagner« der Italiener wurde Mitte des 19. Jahrhunderts entwickelt und anfänglich als Alternative zum Champagner wie dieser in Flaschengärung erzeugt.

■ **Moscato d'Asti:** Eine Alternative zum Asti Spumante ist der jüngst wieder in Mode gekommene Moscato d'Asti. Bei ihm wird die Umwandlung des Zuckers durch starkes Küh-

Asti 2). Moscato-Weinberge bei Castiglione Tinella im Herzen des Piemont: Hier wachsen die Trauben für den populären Schaumwein Asti Spumante.

len oder wiederholtes Filtrieren bei einem Alkoholgehalt von 4,5–6,5 Vol.-% gestoppt. Der Moscato d'Asti unterscheidet sich vom Spumante dadurch, dass er mehr Restsüße, dafür aber weniger Kohlensäure und Alkohol enthält. Im Gegensatz zu den industriellen Abfüllern können die Winzerbetriebe, die sich auf die Moscato-Produktion spezialisiert haben, meist mit hochwertigerem, eigenem Traubengut arbeiten.

astringent [astrɛ̃'ʒã], französisch für die Geschmacksbezeichnung adstringierend.

astringent [ə'strɪndʒənt], englisch für die Geschmacksbezeichnung adstringierend.

astringente [astrin'dʒente], italienisch für die Geschmacksbezeichnung adstringierend.

astringente [astriŋ'xente], spanisch für die Geschmacksbezeichnung adstringierend.

Aszú ['ɒsu:], eine Qualitätsstufe des →Tokajers.

Aszúeszencia ['ɒsu:|əsəntsɪɒ, ungar., zu aszú »Ausbruch«, »Auslese« und eszencia »Geist«], eine Qualitätsstufe des →Tokajers.

Äthanol, Äthylalkohol, wissenschaftlich **Ethanol, Ethylalkohol,** häufigster im Wein vorkommender →Alkohol.

Äthyl|azetat, Äthylacetat, Essigester, wissenschaftlich **Ethylacetat,** ein →Ester der Essigsäure, in niedrigen Konzentrationen fruchtig, in höheren stechend riechende Flüssigkeit, die auch Essigsäureäthylester (Essigsäureethylester) genannt wird; Äthylazetat entsteht bei spontaner →Gärung durch wilde Hefen oder durch die Reaktion von Äthanol mit in erhöhten Mengen vorhandener Essigsäure. In geringen Konzentrationen kann Äthylazetat durchaus positiv zum fruchtigen Charakter des Weins beitragen, ab etwa 200 mg/l tritt allerdings ein Geruchsfehler auf, gemeinsprachlich auch Uhuton genannt – die Weine werden auch als **tresterig** bezeichnet –, der einen →Essigstich noch verstärken kann.

Äthylmercaptan, Art der →Mercaptane.

atlantisches Klima, ein Klimatyp (→Klima).

Atlasberg, →Antlasberg.

atmen, Sauerstoff aufnehmen (→Lufteinfluss).

ASTI

Industrie oder Handwerk

Anbaugebiet wachsen, könnte der Unterschied zwischen Asti (Spumante) und Moscato d'Asti nicht größer sein. Der Spumante wird schon seit langem in hochtechnisierten Weinfabriken erzeugt, zwischen deren Kühltanks, Filtersystemen und Kontrollcomputern von Weinbauromantik und von der Faszination des Weins nicht viel übrig geblieben ist (im Bild eine Asti-Kellerei im piemontesischen Canelli, dem Zentrum der Asti-Produktion). Moscato d'Asti kommt dagegen überwiegend aus handwerklicher Kleinproduktion, und die Trauben dafür stammen oft aus den besten Lagen der Asti-Winzer. Das bedeutet nicht, dass die Qualität des Asti (Spumante) immer und notwendigerweise schlechter als die von Moscato ist, aber es hat dazu beigetragen, dass Moscato d'Asti einen guten Ruf genießt, während das Asti-Image an einem geschichtlichen Tiefpunkt angelangt ist.

Obwohl sie eine gemeinsame Herkunftsbezeichnung besitzen, aus derselben Rebsorte gekeltert werden und im selben

attaque [aˈtak, französ. »Angriff«], französisch für den ersten geschmacklichen Eindruck, den ein Wein auf der Zunge und am Gaumen hinterlässt.

Aubun [obˈœ̃], französische Rotwein-Rebsorte, die vermutlich ursprünglich aus dem Département Vaucluse stammt; sie wird in Frankreich auf knapp 2 000 ha (1999), darüber hinaus in geringem Umfang in Kalifornien und Australien kultiviert. Weine aus der spät reifenden Sorte sind relativ hell, alkoholbetont und relativ einfach im geschmacklichen Ausdruck. Über eine eventuelle Verwandtschaft mit den beiden Weißwein-Rebsorten Aubun blanc und Aubin vert, die in Lothringen kultiviert werden, ist nichts bekannt.

Auckland [ˈɔːklænd], nördlichste Weinbauregion Neuseelands, die aus den Anbauzonen Northland/Bay of Islands, Waiheke Island sowie Kumeu and Henderson besteht, gelegentlich wird auch das offiziell separat geführte Gebiet Waikato/Bay of Plenty dazugerechnet; auf 450 ha Rebfläche werden Cabernet Sauvignon, Cabernet franc, Merlot, Chardonnay, Sauvignon blanc und Sémillon kultiviert. Hier findet man einige der ältesten Erzeugerbetriebe des Landes. Spezialität der Region sind Rotweine im Stil des französischen Bordeauxgebiets.

aufbessern, →anreichern.

aufdringlich, ungewöhnlich markant und vordergründig; Ausdruck der Weinansprache für Weine, deren Duft sehr kräftig, aber auch eindimensional ist und Finesse vermissen lässt.

auffrischen, Wein jüngerer Jahrgänge oder Kohlensäure zu Weinen zusetzen, die während des Ausbaus oder der Fasslagerung ihren lebendigen Fruchtcharakter verloren haben; auch mit bestimmten Formen der Schönung kann man müde gewordene Weine auffrischen. Das Auffrischen mit Jungwein ist in vielen Ländern und Appellationen innerhalb enger Grenzen erlaubt.

auffüllen, beifüllen, Wein in Lagerbehältnisse nachfüllen, deren Inhalt durch Verdunstung oder Entnahme, z.B. für Analysen oder Verkostungen, einem gewissen Schwund unterlag; v.a. im Falle des Ausbaus in Barriques wird regelmäßig aufgefüllt, da hier die Verdunstung relativ groß ist. Werden Lagerbehälter, insbesondere Holzfässer, nicht voll gehalten, kann es durch die eindringende Luft zur Oxidation des Weins und zur Entstehung anderer Weinfehler kommen.

aufrühren, Weine und ihre Hefe während des Ausbaus im Barrique umrühren; das vorwiegend bei Weißweinen praktizierte regelmäßige Aufrühren mithilfe eines Rührstabs oder Rührhakens, der in das Spundloch eingeführt wird – es wird deshalb auch als **Bâtonnage** (von französisch bâton »Stab«) bezeichnet –, sorgt dafür, dass die Hefezellen im Wein

verteilt werden und so ihre positive Wirkung entfalten können.

Diese besteht einerseits darin, dass Hefen Sauerstoff binden und den Wein vor Oxidation schützen, und andererseits darin, dass der Wein durch ihre →Autolyse Körper und Schmelz gewinnt. Das Aufrühren muss vorsichtig erfolgen und ist nur angebracht, wenn der Wein im Barrique vergoren oder zumindest direkt nach der Gärung mit seiner Feinhefe ins Barrique gefüllt wurde. Gelegentlich wird es auch bei Weinen praktiziert, die im Stahltank auf ihrer Hefe lagern.

aufsäuern, →säuern.

Auckland. Im neuseeländischen Anbaugebiet Auckland sind die Weinberge in der für die Neue Welt typischen Weitraumerziehung angelegt.

aufscheitern, scheitern, den →Tresterkuchen auflockern, der sich beim Keltern in der Presse bildet; der Pressvorgang wird dabei ein- oder mehrmals unterbrochen. Durch das Aufscheitern erzielt man eine größere Mostausbeute als bei einmaligem, ununterbrochenem Pressen, bei dem sich nach einer gewissen Zeit eine so kompakte Trestermasse bildet, dass der Most nicht mehr abfließen kann. Die Mostpartien, die nach dem Aufscheitern anfallen, nennt man Scheitermost.

aufspriten, spriten, verstärken, bei der Produktion von Likörwein hochprozentigen Alkohol zufügen; durch den Alkoholzusatz, die **Fortifikation,** wird der Alkoholgehalt erhöht oder auch zusätzlich dafür gesorgt, dass der fertige Wein noch süßenden Restzucker enthält.

aufzuckern, →anreichern.

Auge, Blatt- oder Blütenanlage der →Rebe 2).

Auktionen, traditionelle Form des Weinverkaufs von Jung- und Altweinen, früher v.a. in Deutschland, Frankreich und Großbritannien verbreitet, in jüngerer Zeit auch in einigen Ländern der Neuen Welt praktiziert.

Man unterscheidet zwei Grundformen: Flaschen- und Fassweinauktionen zu wohltätigen Zwecken und kommerzielle Flaschen-

AUKTIONEN   *Spitzenpreise für alt und süß*

Bei Weinversteigerungen in Kloster
Eberbach, Trier, London und New York
werden regelmäßig Preise erzielt, die

normalen Weinkonsumenten fast unvor-
stellbar erscheinen. Mehr als 100 000 $
erzielte so vor einigen Jahren eine Flasche
Château Lafite des Jahrgangs 1787, die in New
York unter den Hammer kam. Eine Sechsliter-
flasche des berühmtesten australischen
Rotweins, des Grange, erreichte dagegen
schon im Kindesalter von wenig mehr als drei
Jahren den stolzen Preis von umgerechnet
30 000 Euro. Deutsche Weine, vor allem
Süßweine, stehen diesen Rekorden allerdings nicht nach. Während bei den Jungwein-
versteigerungen für Trockenbeerenauslesen
und Eisweine schon bis zu 3 000 Euro pro
Flasche bezahlt wurden, erhielten 40 und
mehr Jahre alte Trockenbeerenauslesen von
der Mosel auch schon für mehr als 7 000 Euro
den Zuschlag. Auf immerhin noch 5 500 Euro
kam bei einer Versteigerung im Rheingauer
Kloster Eberbach in den 1990er-Jahren ein
1893er Schloss Johannisberger Riesling.

weinversteigerungen für den Handel und für
Weinsammler. Zur ersten Art von Versteigerungen gehören z. B. die berühmten Fassweinauktionen der Hospize in den französischen
Städten →Beaune, Beaujeu und Nuits (Burgund), bei denen die Weine von Rebflächen,
die diesen Hospizen durch Schenkungen
übertragen wurden, an Handelshäuser versteigert werden.

Auch in einigen Ländern der Neuen Welt
haben sich Weinversteigerungen für wohltätige Zwecke etabliert, so im kalifornischen
Napa Valley und im südafrikanischen Nederburg. Diese Veranstaltungen sind in den letzten Jahrzehnten zu wichtigen gesellschaftlichen Ereignissen der jeweiligen Anbaugebiete
geworden.

■ Deutschland: Kommerziellen Zwecken dienen die Versteigerungen, die in
Deutschland seit dem Ende des 19. Jahrhunderts Tradition haben. Auf einen 1910 gegründeten Verband Deutscher Naturweinversteigerer geht beispielsweise die renommierteste
deutsche Winzervereinigung zurück, der Verband Deutscher Prädikats- und Qualitätsweingüter e. V. (VDP). Einige Erzeuger füllen sogar
spezielle →Versteigerungsweine ab, von denen eine bestimmte Menge tatsächlich versteigert, der Rest dagegen über normale Absatz-
kanäle, aber zu einem Preis, der dem Verstei-
gerungserlös entspricht, verkauft wird.

■ Altweine: Daneben finden immer wieder Auktionen durch die großen Auktionshäu-
ser statt – Christie's in London hat unter der
Leitung von Michael Broadbent eine gewisse
Vorherrschaft auf dem Gebiet errungen –, bei
denen v. a. rote Grand-Cru-Weine aus Bordeaux, Sauternes, Portweine, große Burgunder, Champagner und deutsche Weine älterer
und sehr alter Jahrgänge gehandelt werden.

ausbauen, Wein nach vollendeter Gärung weiterverarbeiten und →lagern, mit dem
Ziel, ihn vor dem Abfüllen eine gewisse geschmackliche →Reife 2) gewinnen zu lassen.

Der Ausbau kann in Stahl- oder Betontanks, in großen Holzfässern oder in Barriques
stattfinden, je nachdem, um welchen Weintyp
es sich handelt und welcher Geschmackstyp
erzielt werden soll. In einigen Ländern wie
beispielsweise Italien gelten für Qualitätsweine teilweise sehr detaillierte Vorschriften
hinsichtlich der Ausbauart und -dauer, in den
meisten Ländern bleibt der Ausbau dem einzelnen Winzer überlassen.

AUSBAUEN. *Der Ausbau ist nicht alles*

In der Weinwelt drehte sich in den 1980er- und 1990er-Jahren vieles vor
allem um Probleme der Vinifizierung und des Ausbaus von Weinen:
Ganztraubenpressung, Maischestandzeiten, Barriques standen im
Zentrum.
Dabei wurde oft vergessen, dass die Weinqualität im Weinberg
entsteht, und dass es vor allem darum geht, die Qualität der Trauben
bestmöglich in die Flasche zu überführen. Erst langsam rücken Fragen
nach dem Ursprung, nach der Qualität von Weinbergslagen und ihrer
Bestockung, nach der Selektion geeigneter Rebsorten, Varianten und
Klone, nach Vegetationszyklen und dem richtigen Reifezeitpunkt
wieder in den Mittelpunkt. Dabei sind die Winzer im Vorteil, die ihre
Weinbergslagen über Jahre und Jahrzehnte kennen – vielleicht sogar
über Erfahrungen mehrerer Generationen verfügen –, während viele
der Weinmacher, die in schnellem Rhythmus von Anbaugebiet zu
Anbaugebiet, von Kellerei zu Kellerei wechseln, sich mehr im Risiko-
management üben denn im Weinkeltern.

Ausbeute, der Ertrag an Most bzw. Alkohol im Verhältnis zum Ausgangsniveau; man
unterscheidet zwischen der Saft- bzw. →Most-
ausbeute einerseits und der →Alkoholaus-
beute andererseits.

ausbrechen, überschüssige oder un-
fruchtbare Triebe der Rebe in deren Vegetati-
onsphase entfernen; das Ausbrechen ist ein
wichtiger Bestandteil der →Weinbergsarbeit.

Ausbruch, Süßweinspezialität des österreichischen Anbaugebiets Neusiedlersee-Hügelland; nach dem Weingesetz ist Ausbruch
ein →Prädikatswein, der aus natürlich eingetrockneten Beeren mit einem Mostgewicht
von mindestens 27 °KMW gekeltert wurde.

Das Zentrum der Produktion von Aus-
bruchweinen liegt im Umkreis der Stadt Rust,
weshalb sie auch den Namen Ruster oder
Ruster Ausbruch tragen. Edelfaule Trauben
bzw. Beeren werden in sorgfältiger Handlese
geerntet und anschließend gemahlen. Danach
bleibt die Maische einige Stunden stehen, bevor der Most abgepresst wird. Zur besseren
Zuckerauslaugung darf frischer Traubenmost
derselben Rebsorte und Lage mit dem Mostgewicht einer Spät- oder Auslese zugegeben
werden. Beim Ausbau stehen drei Möglichkeiten zur Verfügung: Stahltank, traditionelles
Holzfass oder Barrique.

■ **Geschichte:** Die Tradition des Aus-
bruchs geht auf die Herrschaftszeit der unga-
risch-böhmischen Königin Maria (*1505,
†1558) zurück, die den Ruster Winzern im
Jahre 1524 das Privileg erteilte, ihre Weinfässer
mit einem eingebrannten geschwungenen »R«
zu kennzeichnen. In jüngerer Zeit erlebte der
Ausbruch mithilfe der Bemühungen der Vereinigung »Cercle Ruster Ausbruch« eine Renaissance.

Ausdruck, wünschenswerte Eigenschaft
von Weinen mit markanter und vielschichtiger Prägung in Duft und Geschmack; nicht
sehr präzise definierter und daher oft willkür-
lich verwendeter Begriff der Weinansprache.
Weine können ausdrucksvoll – man sagt dann
auch, der Wein hat →Charakter – oder aus-
drucksarm bis ausdruckslos sein.

ausdünnen, einen Teil der Trauben vom
Rebstock zum Zweck der Qualitätssteigerung
abschneiden; das Ausdünnen, gelegentlich
auch als **Frühlese** oder **Grünschnitt** bezeichnet, ergänzt den →Anschnitt und senkt den Ertrag des Weinbergs.

Die Trauben werden im Sommer, meist
kurz vor oder bei beginnender Verfärbung der
unreifen, grünen Beeren abgeschnitten, wodurch sich die Konzentration von Zucker und
Geschmacksstoffen in den am Stock verbleibenden Beeren erhöht. In einigen traditionellen Anbaugebieten der Mittelmeerländer gilt
das Ausdünnen noch als Frevel, während der
moderne, qualitätsorientierte Weinbau kaum
darauf verzichten kann. Traditionell orientierte Winzer betonen aber, dass starker Anschnitt im Winter die bessere Alternative zum
Ausdünnen sei.

ausgeglichen, →harmonisch.

ausgeizen, →Geize abschneiden.

ausgesteckt, österreichisch für geöffnet
in Bezug auf →Straußwirtschaften.

ausdünnen. Früher
galt das Wegwerfen
von Trauben als
Sakrileg. Inzwischen
ist das Ausdünnen, bei
dem wie hier im
südfranzösischen
Anbaugebiet Côtes de
Saint-Mont große
Mengen Bodentrauben
anfallen können,
eine der wichtigsten
Maßnahmen der
Weinbergsarbeit für
qualitätsbewusst
arbeitende Winzer.

Auslese, deutsche und österreichische
Qualitätsstufe für →Prädikatsweine aus vollreifen Trauben; das natürliche Mostgewicht
von Auslesen muss in Deutschland je nach Anbaugebiet mindestens 83–100 °Oe betragen, in
Österreich mindestens 21 °KMW, d. h. etwa
105 °Oe.

Die Trauben für Auseleweine müssen
mit der Hand gelesen werden, wobei kranke
und unreife Beeren aussortiert werden sollen.
Auslesen sind geschmacklich meist halbtrocken, lieblich oder süß, können aber auch trocken ausgebaut werden und sind durch ihren
hohen Alkoholgehalt dann sehr kraftvoll. Gelegentlich zeigen sie auch Geruchs- und Ge-
schmacksattribute →edelsüßer Weine. In Italien ist der Begriff der Auslese im Gebiet des
Südtiroler →Kalterersees gebräuchlich.

Ausone [o'sɔn], **Château A.,** Spitzenweingut der Appellation →Saint-Émilion im
französischen Bordeauxgebiet; der Wein, der
je zur Hälfte aus den Rebsorten Merlot und
Cabernet franc erzeugt wird, rangiert in der

Die Villa des Ausonius

Auch wenn Decimus Magnus Ausonius (* 310, † 395), der in Burdigala, dem heutigen Bordeaux, geborene römische Dichter, seine bedeutendsten Hexameter über Rhein und Mosel schrieb, so trank er doch gern auch eigenen Wein und begann deshalb, auf seinem Landgut im heutigen Saint-Émilion Reben zu kultivieren. Château Ausone (Abb.), das sich an der Stelle der einstigen Ausonius-Villa erhebt und zu den renommiertesten Weingütern der Welt gehört, wurde zwar nach dem Dichter benannt, gilt aber dennoch nicht als ältestes noch existierendes Weingut des Bordeauxgebiets. Dieses Primat gebührt Château Pape Clément im Gebiet von Pessac-Léognan auf der anderen Seite der Gironde, das 1299 von Bertrand de Got, dem späteren Papst Klemens V. († 1314) gegründet wurde.

offiziellen Klassifikation des Gebiets in der höchsten Kategorie der so genannten Premiers Grands Crus Classés A.

auspflanzen, Teil der →Weinbergsarbeit.

Ausrichtung, auf eine bestimmte Himmelsrichtung oder auf geographische Orientierungspunkte bezogene Anlage der Rebzeilen im Weinberg; man sagt beispielsweise, ein Weinberg ist nach Süden oder zum Fluss hin ausgerichtet. Die Ausrichtung der Rebzeilen ist für den Qualitätsweinbau von erheblicher Bedeutung. In kühlen Klimazonen sorgt sie dafür, dass Blätter und Trauben die nötige →Sonnenstrahlung erhalten, in heißen Gebieten dagegen für kühlenden Schatten. Mit der geeigneten Ausrichtung kann in Hanglagen

Ausrichtung. Die Ausrichtung der Rebzeilen nach Süden und zum Fluss hin ist im Rheingau ein entscheidender Faktor für die Reife der Trauben und die Qualität der Weine.

der Bodenerosion vorgebeugt werden, in feuchten Lagen kann die Entwässerung der Böden begünstigt werden.

Ausstattung, Aufmachung der Weinverpackung als Gesamtheit der von Marketingerwägungen bestimmten wie auch der gesetzlich vorgeschriebenen Merkmale. Zu wichtigen Ausstattungsmerkmalen von Weinflaschen gehören v.a. die Flaschenform und -farbe, die Gestaltung der Etiketten, Rückenetiketten und Kapseln sowie sonstige äußerliche Merkmale. Ein in den letzten Jahren häufig gewähltes Element der Ausstattung ist das Künstleretikett (→Etikett).

Ausstich, österreichisch für →Selektion.

auster, streng im Geschmack; Begriff der Weinansprache für den Geschmack von Weinen ohne wahrnehmbare Extrakt- oder Restsüße. Solche Weine zeigen aufgrund der geschmacklichen Dominanz von Säuren und Tanninen oft wenig Charme und Frucht.

austero, italienisch für die Geschmacksbezeichnungen streng bzw. auster.

Australian Capital Territory [ɔːsˈtreɪljən ˈkæpitl ˈterɪtəri], Abk. **ACT,** eigenständiger Verwaltungsbezirk um die australische Bundeshauptstadt Canberra, der zu keinem der Bundesstaaten gehört; das einzige Anbaugebiet des ACT heißt →Canberra District.

Australien, engl. **Australia** [ɔːˈstreɪlɪə], kleinster Kontinent und derzeit eine der dynamischsten Weinbaunationen der Neuen Welt; auf 158000 ha Rebfläche (2002, 1990 59000 ha) werden durchschnittlich 8–11 Mio. hl Wein im Jahr erzeugt, von denen etwa 5 Mio. ausgeführt werden.

Trotz eines Pro-Kopf-Verbrauchs von gut 20 Litern im Jahr braucht das Land mit seiner relativ kleinen Bevölkerung von 18,75 Mio. Menschen (2002) die im letzten Jahrzehnt stark gewachsene Produktionsmenge nur zum geringen Teil für den Eigenbedarf. Dafür aber steht Australien hinsichtlich der Mengen an vierter Stelle der weinexportierenden Nationen, sein Anteil am gesamten Weltweinhandel beträgt 4%.

Der australische Weinbau ist im Vergleich zu dem in Europa sehr großflächig organisiert, was dem Konzentrationsgrad in der Weinindustrie entspricht. Mehr als 80% der Weinerzeugung des Landes sind in der Hand von nur zehn großen Kellereigruppen konzentriert, und das, obwohl Jahr für Jahr Dutzende von kleinen Weingütern, so genannte Boutique Wineries, neu entstehen. Die historisch gewachsene, arbeitsteilige Trennung zwischen Traubenproduzenten und Weinerzeugern wird erst in jüngster Zeit durch die Anstrengungen der Weinindustrie infrage gestellt, eigene Rebflächen zu bewirtschaften, um Qualität und Preis des Traubenmaterials besser kontrollieren zu können.

■ **Klima:** Australien wird entsprechend dem Zeitpunkt der Hauptregenfälle in zwei Klimazonen unterteilt: Eine v.a. während der Erntezeit regenreiche Zone, die unter tropischem oder subtropischem Einfluss steht, umfasst weite Teile von Queensland – selbst in

Australien. Annies Lane im südaustralischen Anbaugebiet Clare Valley ist eine der bekanntesten Weinbergslagen Australiens.

diesem Staat ohne nennenswerte Weinindustrie stehen 2300 ha (2001) Land unter Reben, von denen aber nur 4000 hl Wein kommen – und New South Wales. Zu einer während des australischen Sommers und Herbstes relativ trockenen und warmen Zone, in der dafür Winter und Frühjahr Regen bringen, gehören Westaustralien, Südaustralien, Victoria und Tasmanien. Von der gewaltigen Landmasse des Kontinents eignet sich aber aus klimatischen Gründen nur ein kleiner Teil für Weinbau, und zwar die küstennahen Landstriche in New South Wales, Victoria, Südaustralien und Westaustralien sowie die Insel Tasmanien.

Die klimatischen Unterschiede zwischen den einzelnen Anbaugebieten sind größer als in den meisten europäischen Weinbauländern: In Tasmanien sorgt der kalte Südpazifik für sehr kühle Bedingungen, in den Anbaugebieten Pyrenees, Margaret River, Coonawarra oder Yarra Valley herrscht warmes Wetter mit Durchschnittstemperaturen von 19–21 °C, in Mudgee, Hunter Valley oder dem Barossa Valley heißes mit 21–23 °C und in den Gebieten des Landesinneren wie Murray Darling oder Riverina schließlich sehr heißes mit über 23 °C.

■ **Böden:** Die Böden der meisten Anbaugebiete sind so uneinheitlich, dass sich kaum Rückschlüsse auf die Eignung für bestimmte Rebsorten oder gar bestimmte Weincharaktere ziehen lassen. Generell betrachtet man sandige Lehmböden als ideal für Weinbau, besonders wenn sie mit wärmespeicherndem Kies oder Schotter durchsetzt sind. Sie sollten gut entwässert und nicht zu fruchtbar sein.

Ein Großteil der Rebflächen liegt auf sehr sauren Unterböden, die ein Vordringen der Wurzeln in größere Tiefen nicht zulassen. Da zudem die Niederschläge sehr unregelmäßig

AUSTRALIEN: REBFLÄCHEN	
Staaten (Anbaugebiete)	**Rebfläche**
Südaustralien	**62 000 ha**
Riverland	19 000 ha
Barossa	8 900 ha
Coonawarra	5 000 ha
McLaren Vale	4 700 ha
Langhorne Creek	4 700 ha
Clare Valley	2 500 ha
Adelaide Hills	2 200 ha
Victoria	**37 000 ha**
Murray Darling	19 700 ha
Yarra Valley	2 500 ha
Rutherglen	1 000 ha
Goulburn Valley	750 ha
New South Wales	**34 600 ha**
Murray Darling	19 700 ha
Riverina	9 800 ha
Hunter Valley	4 000 ha
Mudgee	2 100 ha
Cowra	1 600 ha
Orange	1 200 ha
Westaustralien	**11 000 ha**
Queensland	**2 300 ha**
Tasmanien	**1 000 ha**
gesamt	**158 000 ha**

Quelle: AWEC, Stand 2001

Australiens Weinbau-
flächen

fallen, besteht fast überall die Notwendigkeit, zu bewässern. Große Teile des Kontinents waren früher vom Meer bedeckt, dessen abgelagertes Salz durch die kontinuierliche Wasserzufuhr an die Oberfläche geschwemmt wird und die Weinbergsböden versalzen lässt.

■ **Rebsorten und Weinarten:** In Ermangelung einheimischer Reben werden in Australien ausschließlich europäische Qualitätssorten kultiviert: Die wichtigste und meistkultivierte Rebsorte ist die rote Syrah (37 000 ha, 2002), in Australien Shiraz genannt. Ihr folgen Cabernet Sauvignon, Chardonnay, Merlot, Muskat Alexandrien (Muscat gordo blanco), Colombard, Sémillon, Pinot noir, Riesling, Sauvignon blanc, Ruby Cabernet, Sultana und

Grenache. Die daraus gekelterten Weine entsprechen zum größten Teil einem Weinstil, der als trocken, kräftig und alkoholbetont charakterisiert werden kann. Lediglich aus Muscat gordo blanco wird in den heißen Inlandsweingebieten von New South Wales und Victoria Likörwein erzeugt. Die Schaumweinproduktion spielt nur eine untergeordnete Rolle.

Australische Weine galten noch bis in die 1980er-Jahre als schwer und plump, aber die Entwicklung der letzten Jahrzehnte hat zu feineren, ausgeglicheneren Weinen geführt, die auch bei europäischen Verbrauchern auf immer mehr Gegenliebe stoßen. Dazu beigetragen hat neben Umstellungen im Weinbau – wie z. B. die Hinwendung zu kühleren Anbaugebieten, die Cool Climate Viticulture – auch die Kellertechnik, ein Feld, auf dem Australien führend ist, seitdem sich bereits in den 1960er-Jahren die temperaturkontrollierte Gärung in Stahltanks durchsetzte.

Eine der Besonderheiten des Landes liegt darin, dass zahlreiche Anbaugebiete v. a. in Südaustralien nicht von der Reblaus befallen wurden und hier der überwiegende Teil der Rebstöcke Direktträger sind. Deshalb findet man in diesen Gebieten auch noch wertvolles Rebenmaterial mit Erbgut aus der Zeit vor dem Einfall der Reblaus in Europa gegen Ende des 19. Jahrhunderts.

■ **Herkunftsbezeichnungen:** Zusammen mit Südafrika ist Australien eines der letzten bedeutenden Weinbauländer, in dem Anbaugebiete per Gesetz definiert und offizielle Herkunftsbezeichnungen eingeführt wurden. Das nationale Geographical Appellations Committee hat Ende der 1990er-Jahre v. a. in den wichtigen Weinbaustaaten Südaustralien, Victoria, New South Wales, Westaustralien, Queensland und Tasmanien Weinbauzonen mit Herkunftsbezeichnung (Geographical Indication) eingerichtet, die wiederum in Regionen und Subregionen un-

Australien. Das Bild der australischen Weinwirtschaft wird geprägt von riesigen Produktionseinheiten wie der von Rosemount im Upper Hunter Valley (New South Wales), einer der größten Kellereien des Landes. Daneben sind vor allem seit Mitte der 1990er-Jahre aber auch zahlreiche kleine Weingüter und Kellereien entstanden, die so genannten Boutique Wineries.

terteilt sind. Als einzige staatenübergreifende Appellation ist die Bezeichnung South Eastern Australia zugelassen.

■ **Geschichte:** Bereits die Flotte, die Australien im Auftrag der britischen Krone im Jahre 1788 offiziell in Besitz nahm, führte erste Rebsetzlinge mit, eine dauerhafte und wirtschaftlich erfolgreiche Weinbergsanlage entstand aber erst 1802 in der Nähe von Sydney. Viele der Pioniere des australischen Weinbaus hatten, bevor sie sich zum fünften Kontinent einschifften, Studienreisen nach Frankreich unternommen, wo sie auch Rebsetzlinge für ihre neue Heimat sammelten. Im selben Rhythmus, wie neue Kolonien gegründet wurden, entstanden auch neue Rebpflanzungen: 1829 in Westaustralien, 1837 in Victoria und 1838 in Südaustralien.

Auch Australien blieb allerdings nicht gänzlich von der Reblaus verschont. 1877, nur 14 Jahre nach ihrem ersten Auftauchen in Europa, begann sie auch hier ihr zerstörerisches Werk, das jedoch zum Glück große Teile Südaustraliens und weite Flächen von Victoria und New South Wales verschonte. Diese meist sehr heißen Gebiete eigneten sich aber v. a. für die Produktion süßer Likörweine, die deshalb den Schwerpunkt der australischen Weinproduktion bis in die 1930er-Jahre bilden sollten. Noch 1966 trank Australiens Bevölkerung im Schnitt zwei Flaschen trockenen Wein im Jahr, aber acht Flaschen der süßen Likörweine, »stickies« genannt. Erst mit Beginn der 1970er-Jahre setzte die Hinwendung Australiens zur Erzeugung hochwertiger, trockener Weiß- und Rotweine ein.

■ **SIEHE AUCH**
→ Adelaide Hills · Barossa Valley · Canberra District · Clare Valley · Cool Climate Viticulture · Coonawarra · Eden Valley · Geographical indication · Goulburn Valley · Great Southern · Hunter Valley · Langhorne Creek · Margaret River · McLaren Vale · Mudgee · Murray Darling · New South Wales · Orange · Pyrenees · Riverina · Riverland · Rutherglen · South Eastern Australia · Südaustralien · Swan District · Tasmanien · Victoria · Westaustralien · Yarra Valley

Austrieb, Bildung erster Blätter an den Ruten der →Rebe 2); auch die ausgetriebenen Ranken und Blätter selbst.

austrocknen, übertrieben adstringierend wirkend, sodass die Mundschleimhaut trocken wird, Begriff der Weinansprache; v. a. Rotweine können, wenn sie sehr viel hartes Tannin und nicht genug fruchtigen Schmelz besitzen, am Gaumen **trocken** wirken. Man sagt: »Die Tannine trocknen aus.« Wenn dagegen davon die Rede ist, dass ein Wein austrocknet, ist oft das →Auszehren gemeint.

auszehren, zehren, geschmackliche Fülle verlieren, Begriff der Weinansprache; insbesondere Rotweine, die im Laufe des →Alterns ihren geschmacklichen Höhepunkt

überschritten haben, können auszehren: Ihr Schmelz und ihre Frucht gehen verloren, die Säure tritt wieder stärker in Erscheinung, und der Wein wirkt dünner und aggressiver, er zeigt weniger Kraft und Konzentration als in seiner Jugend.

autochthon [zu griech. »aus dem Lande selbst«, »eingeboren«], einheimisch; Bezeichnung für Rebsorten, die oft nur regionale Verbreitung genießen und aus dem Anbaugebiet bzw. der Region stammen, im Gegensatz zu den so genannten →internationalen Rebsorten.

AUSTRALIEN. *Spuren der Aborigines*

Auch wenn Australiens Urbevölkerung, die Aborigines, von den europäischen Kolonisatoren mit beispielloser Grausamkeit innerhalb weniger Jahrzehnte fast ausgerottet wurden und ein Schattendasein am Rande der australischen Wohlstandsgesellschaft führen, so lebt ihre Kultur doch zumindest in der Namengebung vieler Weingüter und Weine des Landes fort. Katnook – der Name eines Weinguts im Gebiet von Coonawarra – bedeutet in der Sprache der Ureinwohner »fettes Land«, Yalumba – eine Kellerei im Barossa Valley – so viel wie »alles Land in weitem Umkreis«. Taltarni in Victoria leitet seinen Namen vom Wort für »rote Erde« her und Langi Ghiran, nicht weit entfernt, ist die »Heimat des gelbschwänzigen schwarzen Papageis«. Skillogalee, Tatachilla, Wirra Wirra oder Moorooduc sind ebenso Namen australischen Ursprungs wie die von Koonunga oder Marandoo, zweier weltweit bekannter australischer Weine. Auch auf ihren Etiketten zeigen Australiens Kellereien gern Kunstwerke der Aborigines.

Autolyse, Selbstverdauung absterbender →Hefen.

Auxerrois [oseˈrwa], 1) weiße →Burgundersorte, die im badischen →Markgräfler Land und in der angrenzenden französischen Region Elsass kultiviert wird. Die Sorte ergibt leichte, fruchtige, aber auch anspruchslose Weine, die fälschlich auch unter dem Namen Pinot blanc (→Weißburgunder) oder →Edelzwicker abgefüllt werden. Gelegentlich wird der Name Auxerrois im Elsass auch als Synonym für Grauburgunder verwendet.

2) →Malbec.

3) Randgebiet der französischen Weinbauregion Burgund in der Nähe von Chablis, zu dem zehn Gemeinden im Süden der Stadt Auxerre gehören; auf insgesamt etwa 1400 ha (2000) Rebfläche werden die vorherrschenden Weiß- und Rotwein-Rebsorten des Burgund kultiviert: Chardonnay, Aligoté, Spätburgunder (Pinot noir) und Gamay. Daneben findet man kleinere Flächen mit Sauvignon blanc und César, einer einheimischen Rotweinsorte. Die Weine werden unter der Herkunftsbezeichnung **Côtes d'Auxerrois** vermarktet.

AVA, Abk. für →American Viticultural Area.

aviner [aviˈne], französisch für avinieren.

avinieren. Das Avinieren erfordert eine ruhige Hand: Nur wenig des kostbaren Weins muss ausreichen, die Wände mehrerer Gläser vollständig zu bespülen. Dabei wird der Wein von einem Glas ins nächste gegossen und erst nach dem letzten weggeschüttet.

avinieren, Weingläser mit einer kleinen Menge Wein ausspülen, die dazu benutzt wird, um die Innenseite der Gläser sorgfältig zu benetzen; dadurch können muffige und seifige Gerüche beseitigt werden. Solche Gerüche entstehen gelegentlich durch das Aufbewahren der Gläser in Holzschränken oder durch Spülmittel und verfälschen das Aroma des Weins. Der Alkohol im Wein löst dabei selbst Geruchsstoffe, die durch einfaches Ausspülen mit klarem Wasser nicht zu entfernen wären.

AVINIEREN. *Sinn und Unsinn*

Das in der gehobenen Gastronomie zahlreicher Länder Mode gewordene Avinieren wird von Kritikern als Verschwendung abgelehnt. Besonders dann, wenn zusätzlich zu den Gläsern vor dem Dekantieren auch noch eine Karaffe aviniert werden soll, kann der Weinverlust beträchtlich sein. Obwohl man eigentlich davon ausgehen sollte, dass gute Gastronomiebetriebe in der Lage sein sollten, geruchsfreie Gläser und Karaffen anzubieten, möchten viele Weinfreunde das Avinieren schon wegen des Zeremoniells als Einstimmung auf besonders große Weine nicht missen. Allerdings sollte man dann verlangen, dass mit einem neutralen, einfachen Wein aviniert wird, um den auch finanziell manchmal nicht unerheblichen Verlust zu begrenzen.

Avize [aˈviːz], Weinbaugemeinde der Côte de Blancs in der französischen Champagne, deren Weinberge als Grand Cru klassifiziert sind; auf den gut 280 ha (2002) Rebfläche der Gemeinde wird zu mehr als 90 % die Weißwein-Rebsorte Chardonnay kultiviert, der Rest ist Spätburgunder (Pinot noir) vorbehalten. Mit seinen leicht geneigten Hanglagen auf den typischen Kreidefelsen der Champagne gilt Avize als eines der besten Terroirs des Anbaugebiets. Die Weinberge sind jedoch stärker als in den Nachbargemeinden Wind und Wetter ausgesetzt, was zu erheblichen Qualitätsunterschieden zwischen den Jahrgängen führt.

avvinare, italienisch für avinieren.

Aÿ, Aÿ-Champagne [aˈi ʃãˈpaɲ], eine der berühmtesten Weinbaugemeinden der französischen Champagne (Bereich Vallée de la Marne), deren Weinberge als Grand Cru klassifiziert sind; auf den Kreideböden der Gemeinde, die sich am Nordufer der Marne bis in eine Höhe von 200 m ü. M. ziehen, wächst v. a. Spätburgunder (Pinot noir). Insgesamt umfasst das Gemeindegebiet gut 350 ha Rebfläche, von denen weniger als 10 % mit Chardonnay und etwas mehr als 10 % mit Schwarzriesling (Pinot Meunier) bestockt sind. Als beste Einzellage der Gemeinde gilt die Côte aux Enfants, als Spitzenlage auch die Parzelle Le Léon.

Azal branco [ɐzal-], sehr spät reifende Weißwein-Rebsorte Portugals, die auf insgesamt 3000 ha, v. a. im Gebiet des →Vinho verde kultiviert wird; im kühlen Norden Portugals bringt sie Weine mit geringem Alkoholgehalt und viel Säure hervor. Der Name Azal wird in Portugal für eine Reihe weiterer Rebsorten verwendet, die mit Azal branco wahrscheinlich nicht verwandt sind; unter ihnen auch Azal tinto, der ebenfalls im Gebiet des Vinho verde relativ helle Rotweine hervorbringt.

azedo [ɐˈzeðu], portugiesisch für die Geschmacksbezeichnung stichig; insbesondere bei Weinen mit deutlichem Essigstich verwendeter Ausdruck.

Azidifikation, das →Säuern.

Azidität, →Säuregrad.

azienda, italienisch für Unternehmen, Betrieb; eine azienda agricola ist im Allgemeinen ein landwirtschaftlicher Betrieb, im Weinbau – wie auch die azienda vitivinicola – ein Weingut, das als →Erzeuger agiert. Eine azienda vinicola ist eine Kellerei.

BA, Abk. für →Beerenauslese.

Băbească neagră [bəbeˈʌskə neˈʌgrə], in Rumänien beheimatete, alte Rotwein-Rebsorte, die auf knapp 5000 ha kultiviert wird, deren Verbreitung aber rückläufig ist; von deutschsprachigen Rumänen wird sie auch Großmutter-, Altweiber- oder Hexentraube genannt. Băbească neagră wird hauptsächlich im östlichen Karpatenvorland, insbesondere im Anbaugebiet Odobeşti kultiviert. Die Sorte bringt leichte, hellrote, fruchtige Alltagsweine mit kerniger Säure hervor.

Babo, August Wilhelm Freiherr von, österreichischer Agronom deutscher Herkunft, *Weinheim 28. 1. 1827, †Weidling bei Klosterneuburg 16. 10. 1894; Babo war erster Direktor der Weinbauschule in Klosterneuburg bei Wien und entwickelte die Bestimmung des Mostgewichts mithilfe der →Klosterneuburger Mostwaage; nach ihm wird deren Maßeinheit KMW in Italien auch Babo genannt. Babo wurde darüber hinaus durch seine Forschungen zur Bekämpfung der Reblaus bekannt.

Bacchus [-ch-], **1) Bakchos,** *Mythologie:* römischer Weingott, Adaptation des römischen Gottes Liber an die Figur des griechischen Weingotts →Dionysos. Nach dem Muster der griechischen Dionysien verbreiteten sich in Italien vom 6. und 5. Jh. v. Chr. an so genannte Bacchanalien, mystische und exzessive Kultfeiern, die bis ins 3. Jh. n. Chr. begangen wurden.

2) *Weinbau:* nach dem römischen Weingott benannte Weißwein-Rebsorte, die 1933 an der Bundesforschungsanstalt in Siebeldingen (Kreis Südliche Weinstraße) aus (Silvaner × Riesling) und Müller-Thurgau gezüchtet wurde; die in Deutschland auf 2700 ha (2002) Rebfläche sowie in geringem Umfang in England kultivierte, früh reifende Sorte bringt hohe Erträge und gute Mostgewichte; ihre Weine sind leicht und säurearm, gelten aber nicht als sehr hochwertig. Werden die Erträge niedrig gehalten, können die Weine Ähnlichkeit mit Riesling zeigen.

Bacharach, alter Name des Bereichs →Loreley im deutschen Anbaugebiet Mittelrhein.

Bacillus thuringiensis, Bakterienart, die im Weinbau zur Bekämpfung des Traubenwicklers eingesetzt wird; der in Form von Trockenpulver käufliche Bacillus thuringiensis wird im Weinberg durch Spritzen in wässriger Lösung ausgebracht. Die Aufnahme des Bakteriums und seiner Toxinstoffe durch die Traubenwicklerlarven führt bei diesen zu raschem Fraßstopp und lässt die Larven nach wenigen Tagen absterben. Das Ausbringen der Bakterien ist im →biologischen Weinbau erlaubt, da es nützlingschonend und für den Anwender nicht toxisch ist.

Baco blanc [baˈko blã], **Baco 22A, Piquepoul de pays** [pɪkˈpul de pei], →Hybride, die 1898 von dem französischen Lehrer François Baco (*1865, †1947) aus Folle blanche und der Amerikanerrebe Noah gekreuzt wurde; die Sorte wird noch in der französischen Gascogne kultiviert und für die Produktion von →Armagnac verwendet. Eine rote Variante, **Baco noir** (Baco I), ist im Nordosten der USA verbreitet.

Badacsonyi [ˈbɒdɒtʃɔɲi], eines der bekanntesten Anbaugebiete Ungarns am Nordwestufer des Plattensees. Die Reben stehen auf etwa 1800 ha (2000) Rebfläche, v. a. an den Hängen ehemaliger Vulkane. Die lehmigen Basalt-Verwitterungsböden verleihen den Weinen ihre kernige, feurige und körperreiche Art. Kultiviert werden v. a. Welschriesling (Olaszrizling), Blaustengler (Kéknyelű), Grauburgunder (Szürkebarát), Muskat Ottonel (Ottonel Muskotály) und Gewürztraminer (Tramini).

Baden, südlichstes und drittgrößtes Anbaugebiet Deutschlands; es erstreckt sich fast 500 km weit vom Neckar im Norden bis zur Schweizer Grenze im Süden. Der größte Teil der Weinbergsflächen liegt im Rheingraben und seinen Seitentälern, mit Ausnahme kleinerer Inseln am Bodensee und im fränkischen Taubertal. Aus den Trauben von mehr als 15900 ha (2002) Rebfläche werden knapp 1,2 Mio. hl Wein im Jahr erzeugt.

BADEN. *Die besten Lagen*

Mit dem Ihringer Winklerberg am Kaiserstuhl verfügt Baden über die wärmste Weinbergslage Deutschlands, auf der rote und weiße Burgundersorten sowie der seltene Muskateller hervorragende Ergebnisse bringen, aber auch andere Weinbergsparzellen des Anbaugebiets zeichnen sich durch überdurchschnittliche Qualität ihrer Weine aus. Zu ihnen gehören am Kaiserstuhl die Bischoffinger Lagen Steinbuck und Enselberg, wo ebenso hervorragender Grauburgunder wächst wie am Achkarrer Schlossberg, wie auch die Oberrotweiler Lagen Henkenberg, Eichberg und Schlossberg, wo alle weißen Burgundersorten gut geraten. Im Markgräfler Land besitzen der Müllheimer Reggenhag und der Laufener Altenberg überdurchschnittliches Qualitätspotenzial, in der Ortenau schließlich vor allem der Durbacher Plauelrain, der herrlichen Riesling hervorbringt.

Baden gehört als einziges deutsches Anbaugebiet zur europäischen Klimazone B und besitzt einige der wärmsten Weinbaulagen Deutschlands. Das Rheintal wird vom Schwarzwaldmassiv vor den rauen Ostwinden geschützt, während die Vogesen auf der gegenüberliegenden Rheinseite die stärksten Regenfronten abfangen. Der Breisgau im Süden Badens genießt die meisten Sonnenscheinstunden und höchsten Durchschnittstemperaturen Deutschlands.

Die badische Weinwirtschaft wird mehr als in fast allen anderen deutschen Anbaugebieten von mächtigen Winzergenossenschaften geprägt, deren Mitglieder 85 % der Ge-

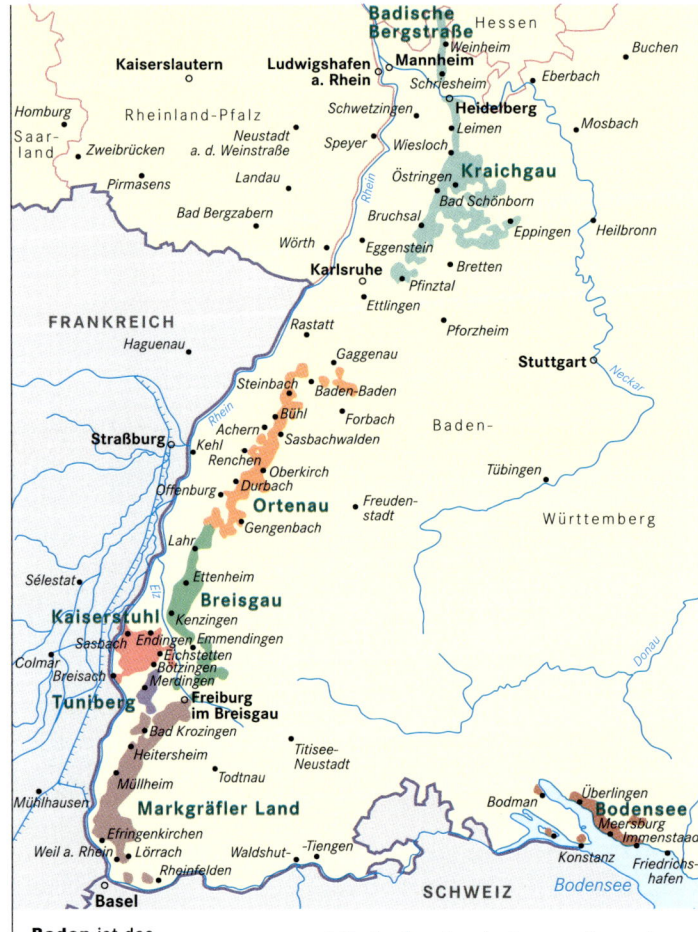

Baden ist das westliche Anbaugebiet des Bundeslandes Baden-Württemberg.

samtrebfläche bewirtschaften, und von denen eine Reihe ihre Weine über eine alles dominierende Gebietswinzergenossenschaft in Breisach am Kaiserstuhl vermarktet.

■ **Böden:** Im Unterschied zu anderen deutschen Anbaugebieten besitzt Baden eine sehr große Bandbreite verschiedener Bodenarten. Kalk-, Ton- und Mergelböden wechseln sich im Rheintal ab, Löss und Vulkangestein dominieren am Kaiserstuhl, Muschelkalk und Keuper im Nordosten, und die Hügel des Bodensees werden von Moränenschotter gebildet.

■ **Bereiche:** Das Anbaugebiet Baden ist in die neun Bereiche →Tauberfranken, →Badische Bergstraße, →Kraichgau, →Ortenau, →Breisgau, →Kaiserstuhl, →Tuniberg, →Markgräfler Land und →Bodensee untergliedert. Mit ihren unterschiedlichen Terroirs bieten sie zahlreichen Rebsorten ideale Wachstumsbedingungen. Kein anderes deutsches Anbaugebiet, sieht man von Teilen der Pfalz und Frankens ab, eignet sich wie Baden für Riesling und die Burgundersorten, für Weiß- und Rotwein-Rebsorten gleichermaßen.

Meistkultivierte Rebsorte ist der rote Spätburgunder (5500 ha, 2002), gefolgt von Müller-Thurgau, Grauburgunder, Riesling, Gutedel und Weißburgunder. Während die Weine Tauberfrankens denen im benachbarten Franken gleichen und an der Bergstraße sowie im Kraichgau die weißen Burgundersorten gute Bedingungen finden, ist die Ortenau ein ideales Terrain sowohl für Riesling wie auch für Spätburgunder.

Auch der Breisgau mit seinen kalkhaltigen Böden eignet sich für Spätburgunder, während am benachbarten Kaiserstuhl und am Tuniberg zusätzlich auch die weißen Burgundersorten hervorragend gedeihen. Hier bringt sogar der Müller-Thurgau, meist unter dem Namen Rivaner vermarktet, sehr gute Resultate. Am Kaiserstuhl wurde auch Grauburgunder zum ersten Mal systematisch trocken ausgebaut und im Barrique vergoren.

Das Markgräfler Land im alemannischen Dreiländereck hat sich auf Gutedel spezialisiert, während der Bereich Bodensee mit seinem gegenüber dem Oberrhein etwas kühleren Klima fruchtbetontere, aber auch leichtere Weine hervorbringt.

■ **Qualitäten:** Das gute Qualitätsniveau der Weine zahlreicher Erzeuger lässt sich u. a. dadurch erklären, dass die Hektarerträge in Baden seit den 1980er-Jahren um fast ein Drittel gesenkt wurden und mit die niedrigsten der großen Anbaugebiete Deutschlands sind – sie liegen beispielsweise fast ein Viertel unter denen der Mosel. Niedrige Erträge sind auch eines der Hauptkriterien für die Vergabe des Gütesiegels →Baden Selection.

Eine Spezialität des Anbaugebiets ist **Badisch Rotgold**, ein →Rotling, der durch gemeinsames Keltern von Grau- und Spätburgundertrauben erzeugt wird.

Badener, →Portugieser.

Baden Selection, Gütesiegel des Badischen Weinbauverbands (→Baden), das ausschließlich an Weine aus mindestens 15 Jahre alten Rebanlagen verliehen wird, deren Weinertrag 60 hl/ha nicht übersteigt. Die Weine werden ausnahmslos als QbA vermarktet, auch wenn sie aus Trauben mit höherem Mostgewicht gekeltert wurden, das eigentlich die Einstufung als Prädikatswein ermöglicht hätte. Auf den Etiketten dürfen nur der Name des Bereichs und der Sorte angeführt werden, Lagennamen sind nicht zulässig. Alle Weine müssen eine zusätzliche sensorische Prüfung absolvieren und dürfen frühestens ein Jahr nach der Ernte in den Verkauf gelangen.

Badische Bergstraße, nördlichster Bereich des deutschen Anbaugebiets →Baden; die Weine ähneln denen der im Norden anschließenden →Hessischen Bergstraße.

Badisches Frankenland, bis 1991 Name für →Tauberfranken.

Badisch Rotgold, eine Weinspezialität aus →Baden.

Baga ['bɐgɐ], dominierende Rotwein-Rebsorte der portugiesischen DOC →Bairrada, in deren Anbaugebiet sie fast 90% der Rebfläche belegt; die Sorte ist kleinbeerig und dickschalig, reift spät und bringt ausgesprochen tanninbetonte Weine hervor, die sich nur langsam entwickeln und große Alterungsfähigkeit besitzen. Charakteristisch für die Weine sind die Aromen von schwarzen Beeren und die kräftige Säure.

Bag-in-Box [bæg ɪn bɔks, engl., »Beutel in der Schachtel«], Abk. **BiB,** gemeinsprachlich **Weinschlauch,** Getränkeverpackung, die aus einer Kartonhülle mit eingearbeitetem Kunststoffbeutel besteht; die Alternative zur Glasflasche wird in vielen Ländern für die Vermarktung einfacherer Weinqualitäten eingesetzt. Der Vorteil des BiB gegenüber →Flaschen: Der Kunststoffbeutel fällt mit zunehmender Entleerung in sich zusammen, und das Entnahmeventil sorgt gleichzeitig dafür, dass keine Luft von außen eindringen kann. Der Wein bleibt deshalb auch bei Entnahme kleinerer Teilmengen über einen längeren Zeitraum frisch und oxidiert nicht.

Bairrada [bai'raðɐ, zu portugies. barro »Lehm«], DOC-Herkunftsbezeichnung für Weine des westlichen Zentralportugal im Bereich der Regionalweinappellation →Beiras.

In durch die Nähe des Atlantiks gemäßigtem Klima und auf kalkhaltigen Lehmböden wird v.a. die Rebsorte →Baga kultiviert, aus der etwa 70% der Rotweine der Appellation reinsortig gekeltert werden. Weitere rote Sorten sind Castelão nacional (→Castelão), →Touriga nacional und Jaen. Roter Bairrada ist konzentriert, aber aufgrund seiner Säure und seines markanten, oft sperrig wirkenden Tanningerüsts nicht immer leicht zugänglich. Er gehört zu den charaktervollsten und alterungsfähigsten Weinen Südeuropas.

Die Weißweine der Appellation werden aus den Sorten Arinto, Bical, Cerceal branco oder auch Fernão pires gekeltert; sie sind frisch und säurebetont und werden in der Regel jung getrunken. Das Gebiet ist auch für die mittels Flaschengärung erzeugten Espumantes de Bairrada bekannt, die ebenfalls DOC-Status besitzen und mindestens neun Monate auf der Hefe reifen müssen. Sie stellen fast zwei Drittel der gesamten portugiesischen Schaumweinproduktion.

Baja Califórnia ['baxa-], zweitgrößtes und bekanntestes Anbaugebiet Mexikos, das direkt an den US-Bundesstaat Kalifornien angrenzt; von hier aus führten Franziskanermönche Ende des 18. Jahrhunderts die Weinrebe nach Kalifornien ein.

bakterieller Säureabbau, der biologische →Säureabbau.

bakterielle Weinkrankheiten, durch Bakterien verursachte →Weinkrankheiten.

Bakteri|en [griech. bakteria »Stock«, »Stab«], einzellige Mikroorganismen, die im Weinbau sowohl erwünschte Funktionen ausüben als auch für Weinkrankheiten verantwortlich sein können; Bakterien sind beispielsweise für den biologischen →Säureabbau verantwortlich, der für die Geschmacksbildung vieler Weine unverzichtbar ist. →Essigbakterien und →Milchsäurebakterien verursachen teilweise schwerwiegende →Weinfehler oder bakterielle →Weinkrankheiten. Schutz gegen Bakterienbefall bieten v.a. das Einbringen von fäulnisfreiem Traubengut und rigorose Sauberkeit bei der Kellerarbeit.

BAG-IN-BOX. *Immer populärer*

Gegensätzlicher könnten die Weinbauländer, in denen Bag-in-Box eine gewisse Popularität erreicht hat, kaum sein: Es sind das traditionsreiche Frankreich und das dynamische Australien, die jeweils profiliertesten Repräsentanten der Alten und der Neuen Welt. In Australien begannen die Kisten mit dem Plastikschlauch ihren Siegeszug bereits in den 1970er- und 1980er-Jahren; inzwischen wird mehr als die Hälfte des verkauften Weins in den praktischen Containern verkauft, in Norwegen sind es immerhin 33% und in den USA noch 18% (2001). Selbst in Frankreich, dem Traditions-Weinland par excellence, konnte der Karton bereits 4% des Weinmarkts erobern – bei einer jährlichen Wachstumsrate von 8%. Die höchsten Zuwachsraten verzeichnet das praktische Behältnis auf dem schwedischen Markt (+22% im jährlichen Rhythmus), wo insgesamt bereits 17% des Weins auf diese Weise zum Endverbraucher gelangen.

Bakteri|entrübung, eine →Weinkrankheit.

balance ['bæləns], englisch für geschmackliche Harmonie.

Balance, →Harmonie.

Balearen, span. **Baleares,** spanische Inselgruppe im Mittelmeer; Weinbau wird vor allem auf der Hauptinsel Mallorca getrieben, wo 2000–2500 ha Land unter Reben stehen. Die beiden einzigen D.O.-Herkunftsbezeichnungen der Insel sind Binissalem und Pla i Llevant; ihre Anbaugebiete umfassen jedoch nur etwa ein Drittel der Gesamtrebfläche. Kultiviert werden v.a. die autochthonen Rotwein-Rebsorten Manto negro und Callet sowie die weißen Prensal blanc und Moll. Der Großteil der Weine wird von der Tourismusindustrie Mallorca absorbiert; Erzeuger mit herausragenden Weinqualitäten gibt es nur vereinzelt.

Balgpresse, eine pneumatische →Presse.

Balling, Ballinggrad [nach dem österreich. Chemiker Karl Joseph Napoleon Balling; *1805, †1868], in Südafrika und in den USA gebräuchliche Maßeinheit für das →Mostgewicht; Einheitenzeichen °Balling. Ein Grad der Ballingskala entspricht etwa einem Gramm Zucker pro 100 g Most; der potenzielle Alkohol ergibt sich durch Multiplikation mit 0,55: ein Most mit 20°Balling ergibt also theoretisch einen Wein von 11 Vol.-% Alkohol.

balsamisch, wohlriechend, beruhigend; der Begriff der Weinansprache wird zur Charakterisierung von dezenten Aromen benutzt, die beispielsweise an angenehm riechende Harze, an Kokosnuss oder Balsamöl erinnern.

Balthasar, franzÖs. **Balthazar,** eine Weinflasche (→Flaschen).

Banderole, amtliches Klebe- oder Verschlussband; in Österreich wurde mit dem Weingesetz von 1985 die Kennzeichnung von Qualitäts- und Prädikatsweinen mit rot-weiß-roten Banderolen vorgeschrieben. Ihr Zweck ist der Nachweis der amtlichen Kontrolle der erzeugten Weinmenge, sie stellt keinen Qualitätsbeweis dar. Banderolen oder entsprechende Kapselaufkleber müssen so angebracht sein, dass sie beim Öffnen der Flasche zerstört werden.

Bandkräftn, Pandkräftn, sehr gute Weinbergslage des österreichischen Anbaugebiets Neusiedlersee-Hügelland, Gemeinde Rust; die Weinberge mit Lehm- und Sandböden auf kalkhaltigem Urgestein sind nach Ost-Südost ausgerichtet und eignen sich sowohl für die Weißwein-Rebsorte Chardonnay als auch für den roten Blaufränkisch.

Bandol [bã'dɔl], A. C.-Herkunftsbezeichnung für Weine aus dem Gebiet zwischen Marseille und Toulon in der südfranzösischen Provence; unter dem Namen werden Rotweine und Rosés aus den Rebsorten Mourvèdre, Grenache, Cinsaut, Syrah und Carignan – Mourvèdre, Grenache und Cinsaut müssen zusammen mehr als 85% des Verschnitts stellen – erzeugt, die zu den besten Südfrankreichs gehören.

Die Rotweine sind kräftig und alterungsfähig, zeigen aber auch so viel Frucht, dass sie bereits in der Jugend Trinkgenuss bieten. Erstaunlich lagerfähig sind auch die Rosés. Die Weißweine der Appellation aus Clairette, Trebbiano (Ugni blanc), Bourboulenc und Sauvignon blanc sind dagegen von geringerem Interesse und auch über die regionalen Grenzen hinaus kaum bekannt.

Bann, früher von den Gemeindeverwaltungen verfügte und kontrollierte Schließung der Weinberge in den Wochen vor der Ernte; der Bann, der meist mit beginnender Traubenreife oder etwa vier Wochen vor dem in der →Herbstordnung festgelegten Beginn der Ernte verfügt wurde, sollte unerlaubte Behandlungen der Rebstöcke verhindern und Traubendiebe aus den Weinbergen fern halten. In Deutschland existiert der Bann seit der Abschaffung der Herbstordnung nicht mehr, andere Länder wie beispielsweise Frankreich (ban des vendanges »Erntebann«) kennen ihn noch im Sinne des offiziell festgelegten Erntebeginns.

Banderole.
Gelegentlich ist bei österreichischen Qualitätsweinen die gesamte Kapsel als Banderole gestaltet.

Banyuls [ban'ju:ls], A. C.-Herkunftsbezeichnung für roten →Vin Doux Naturel des südfranzösischen Roussillon; auf knapp 1500 ha Rebfläche an der Grenze zu Spanien wachsen zahlreiche weiße und rote Rebsorten (Grenache, Macabeo, Muskateller u. a.).

Etwa 10% der Rebfläche sind als **Banyuls Grand Cru** klassifiziert. Während der Mindestanteil der Sorte Grenache für Banyuls bei 50% liegt, beträgt er für Banyuls Grand Cru 75%. Bei der Weinbereitung werden im Gebiet von Banyuls wie in dem der im Norden anschließenden Schwesterappellation Maury von den Stielen getrennte, ganze Beeren gemaischt. Das Aufspriten erfolgt noch während der Standzeit, was die Extraktion von Farb- und Geschmacksstoffen begünstigt.

Die eigentliche Besonderheit liegt im oxidativen Ausbau der Weine, die sowohl der Sonnenhitze wie auch – durch häufiges Umziehen – dem Luftsauerstoff ausgesetzt werden und dabei ihre komplexen Aromen entwickeln; sie erinnern an getrocknete Früchte, Kaffee, Honig und Vanille.

Barbaresco, DOCG-Herkunftsbezeichnung des Gebiets um die gleichnamige Gemeinde im italienischen Piemont, eine der renommiertesten Appellationen des Landes; das Anbaugebiet in den →Langhe, das gut 600 ha (2002) Rebfläche umfasst, wurde erst 1966 per Gesetz definiert – 1980 erhielt es DOCG-Status. Es erstreckt sich über die Gemeinden Barbaresco, Neive und Treiso nördlich der Stadt Alba (Provinz Cuneo). Die Weine werden wie die des benachbarten Barologebiets reinsortig aus →Nebbiolo gekeltert.

■ **Klima:** Das besondere Mikroklima des Anbaugebiets lässt die Trauben im Vergleich mit den Nachbargebieten früher reifen. Das bedeutet, dass sie den Höhepunkt ihrer physiologischen Entwicklung bei relativ niedrigem Zuckergehalt erreichen und ihre Weine weniger massiv ausfallen als beispielsweise der Barolo. Während die Weine der wärmeren und feuchteren Lagen, die sich zum Fluss Tanaro hin öffnen, von besonders duftiger, finessenreicher Art sind, zeigen die Gewächse von Neive mehr Festigkeit und Struktur, benötigen deshalb aber auch längere Ausbauzeiten im Fass und längere Flaschenreife.

Die geschichtliche Entwicklung des Barbaresco zu einem modernen Rotwein begann lange nach der des Barolo. Erst gegen Ende des 19. Jahrhunderts wurden die Weine hier nach dem Vorbild des Barolo trocken vinifiziert und ausgebaut. Barbaresco muss mindestens 12,5 Vol.-% Alkohol besitzen und darf erst zwei Jahre nach der Lese gefüllt und vermarktet werden, Riserva-Qualitäten erst nach vier Jahren.

Barbera, Rotwein-Rebsorte Italiens, mit etwa 46000 ha Rebfläche – das sind 90% des gesamten Weltbestands – nach Sangiovese die

meistkultivierte des Landes; Barbera ist v. a. in den Regionen Piemont, wo sie mehr als die Hälfte der Weinbergsflächen belegt, Lombardei und Emilia-Romagna heimisch.

Sie stammt vermutlich aus der piemontesischen Hügellandschaft des Monferrato, wo sie nachweislich schon im 13. Jh. bekannt war. Ihre weite Verbreitung erlangte sie jedoch erst nach der Reblauskatastrophe des ausgehenden 19. Jahrhunderts, als sie ihre Tauglichkeit für hohe Erträge auf Unterlagsreben bewies. Die weiße Spielart Barbera bianca belegt nur wenige Hektar Rebfläche.

■ **Eigenschaften:** Barbera galt im Piemont lange Zeit als Lieferant des Alltagsweins der Bauernfamilien. Die Weine waren meist sehr säurebetont und rustikal. Das Image der Sorte litt darüber hinaus in den 1980er-Jahren unter dem italienischen Methanolskandal (→Alkohol). Gleichzeitig entstand jedoch in der Gegend um Asti und Alba eine neue Art der Barbera, die dank systematischen Säureabbaus und Ausbaus im Barrique deutlich kräftiger, fülliger und aromatisch komplexer war.

■ **Herkunftsbezeichnungen:** Die bedeutendsten DOC-Herkunftsbezeichnungen für Barbera-Weine sind die der **Barbera d'Alba,** deren Anbaugebiet mit dem von Barolo und Barbaresco zusammenfällt, und der **Barbera d'Asti,** die in den Provinzen Asti und Alessandria erzeugt wird. Die dritte Appellation, **Barbera del Monferrato,** ist erst gegen Ende des 20. Jahrhunderts mit Spitzenweinen in Erscheinung getreten und genießt noch wenig Renommee. Darüber hinaus wird

die Rebsorte in den DOC-Weinen Piemonte, Monferrato und Langa im Piemont, Colli Bolognesi, Oltrepò Pavese und Colli Piacentini in der Emilia-Romagna sowie Garda und Terre di Franciacorta in der Lombardei verarbeitet.

Barca Velha [ˈbarkɐ ˈvɛʎɐ, portugies. »alter Kahn«], bekannteste Rotweinmarke Portugals aus dem Anbaugebiet →Douro; vom Barca Velha wird auch eine Reserva-Version (früher Reserva Especial) gefüllt.

Barco Reale di Carmignano [-karmiɲˈanɔ], italienische DOC-Herkunftsbezeichnung für Rotweine aus dem Gebiet des →Carmignano.

Bardolino, DOC/DOCG-Herkunftsbezeichnung für Weine aus dem Anbaugebiet um die gleichnamige Stadt am Gardasee in der italienischen Region Venetien; auf etwa 250 ha (1997) Rebfläche werden aus den Rebsorten Corvina veronese, Rondinella, Molinara, Ne-

---

BARBARESCO. *Die besten Lagen*

Die besten Lagen des Barbarescogebiets findet man in den Gemeinden Neive und Barbaresco. In Neive besitzen vor allem Tonmergelböden wie die von Gallina und Santo Stefano das Potenzial für große Weine, die so kräftig und fest strukturiert ausfallen können, dass sie in warmen Jahren sogar denen des benachbarten Barologebiets ähneln. Im Ort Barbaresco selbst sind die Lagen unterschiedlicher. Die Talkessel-Lagen Martinenga, Rio Sordo und Rabajà mit ihren sandigen Böden und der zum Fluss hin ausgerichtete Steilhang des Ovello mit der Parzelle Loreto bringen die filigraneren Weine hervor, während in Asili und San Lorenzo kräftigere, aber immer noch sehr elegante Weine entstehen.

Barolo. Von La Morra aus, der westlichsten und einer der höchst gelegenen Gemeinden des Barologebiets, lässt sich fast das gesamte Anbaugebiet überblicken: über den Ortsteil Annunziata geht der Blick zu den Burgen von Castiglione Falletto und Serralunga d'Alba, zwei der bedeutendsten Erzeugergemeinden des Gebiets.

grara und anderen meist leichte, trockene Rotweine und unter dem Namen Bardolino Chiaretto Rosés erzeugt.

Die Rotweine können auch als Novello (→ Nouveau) vermarktet werden. Der Version Bardolino Superiore, die einen höheren Alkoholgehalt besitzt, wurde mit dem Jahrgang 2001 der Status einer DOCG-Herkunftsbezeichnung zuerkannt. Der beste Bardolino stammt aus der Classico-Zone des Anbaugebiets. Die im Gesetz ebenfalls vorgesehene Spumante-Version spielt praktisch keine Rolle.

Bärenreiser, Bärenreißer, → Bärnreiser.

barile, italienisch für kleines → Fass; gelegentlich für → Barrique verwendete Bezeichnung.

Bärnreiser, Bärenreiser, Bärenreißer [österreich. »Bienenfresser«], eine der besten, d. h. wärmsten und trockensten Weinbergslagen im österreichischen Anbaugebiet Carnuntum, Gemeinde Höflein; von dem etwa 30 ha

---

BAROLO. *Die besten Lagen*

Obwohl heutzutage fast alle Baroloerzeuger zumindest einen Wein anbieten, der aus Trauben einer einzigen Lage gekeltert wurde, ist diese Praxis noch relativ jung. Erst in den 1970er-Jahren begannen einige Kellereien damit, die Weine ihrer besten Lagen gesondert auszubauen und abzufüllen. 15 dieser Lagen – allesamt in den vier Hauptgemeinden des Gebiets gelegen – gelten als besonders geeignet für die Produktion hochwertiger, eigenständiger Weine. Es sind in La Morra die Crus, wie man Lagen in Italien in Anlehnung an den französischen Begriff nennt, Cerequio, Brunate, Rocche, Arborina und La Serra, in Barolo Cannubi, in Serralunga d'Alba Arione, Francia, Rionda und Ornato und in Castiglione Falletto schließlich Fiasco, Bussia, Monprivato, Rocche und Lazzarito.

---

großen, nur leicht geneigten Südhang, dessen Böden im oberen Teil viel Schotter, im unteren mehr Humus und Lehm enthalten, kommen ausgezeichnete Rotweine aus den Rebsorten Cabernet Sauvignon, Merlot, Sankt Laurent und Zweigelt. In geringerem Umfang werden auch Weißwein-Rebsorten kultiviert.

Barolo, DOCG-Herkunftsbezeichnung für einen der renommiertesten Rotweine Italiens; die gut 1500 ha (2002) Rebfläche des Anbaugebiets in der Region Piemont liegen auf drei fast parallel verlaufenden Höhenzügen der unteren → Langhe, südlich der Stadt Alba.

Die Jahresproduktion beträgt durchschnittlich 6 Mio. Flaschen. Barolo wird reinsortig aus der Rebsorte Nebbiolo gekeltert, wobei Kritiker darauf hinweisen, dass in Missachtung der gesetzlichen Vorschriften eventuell auch nicht zugelassene Sorten zum Einsatz kommen, um den Weinen eine kräftigere Farbe und ein gefälligeres Geschmacksprofil zu verleihen. Aufgrund seines Renommees wird Barolo in Italien auch »König der Weine und Wein der Könige« genannt.

■ **Böden:** Trotz ihrer gemeinsamen geologischen Entstehungsgeschichte weisen die Böden innerhalb des Anbaugebiets erhebliche Unterschiede auf. Der Westen mit den Höhen von La Morra, Barolo und Novello gehört zum so genannten Tortonium, einer Stufe des Jungtertiärs, und besitzt relativ kompakte, frische und fruchtbare Böden, deren Weine vergleichsweise rund, fruchtig und elegant sind. Die östlichen Höhenzüge des Gebiets gehören zu einer jüngeren Formation des Tertiärs, dem Helvetium, und bestehen aus Böden mit mehr Sandstein und quarzhaltigem Sand. Sie sind ärmer als die des Tortoniums und bringen tanninhaltigere, langsamer reifende Weine hervor.

■ **Geschichte:** Die in früheren Jahrhunderten vorwiegend süß ausgebauten Weine von Barolo wurden erst im Verlauf des 19. Jahrhunderts durch die Arbeit eines französischen Önologen namens Louis Oudart zu einem kräftigen, trockenen Rotwein gemacht. Der Barolo war in den 1980er-Jahren der erste der großen Nebbioloweine, dessen Erzeuger systematisch auf Qualität statt auf Menge setzten und dafür die überlieferte Weinbergs- und Kellerarbeit revolutionierten. Die Ernteerträge wurden radikal reduziert, die Maischestandzeit von ursprünglich mehr als einem Monat auf teilweise nur noch wenige Tage verkürzt, und die Weine wurden zumindest z. T. in Barriques aus neuem Eichenholz ausgebaut. Das Ergebnis sind Gewächse, die deutlich früher trinkreif und fruchtbetonter wirken als in der Vergangenheit.

Barossa Valley [bə'rɒssɛ 'vælı], eine der bekanntesten australischen GI-Herkunftsbezeichnungen für Weine, deren Anbaugebiet

BAROSSA VALLEY

Die Geschichte des Weinbaus im Barossa Valley geht auf die ersten europäischen Siedler in den 1840er-Jahren zurück. Unter ihnen waren auch Lutheraner, die ihre schlesische Heimat aus Glaubensgründen hatten verlassen müssen und Orte wie Langmeil (heute Tanunda) oder Bethanien (heute Bethany) gründeten. 1847 pflanzte einer von ihnen, ein Siedler namens Johann Gramp, die ersten Reben auf dem flachen Talboden des Gebietes, und Joseph Seppelt, ein anderer deutschstämmiger Einwanderer, legte in Seppeltsfield, dem früheren Seppeltsfeld, den Grundstein für eine der größten Kellereien des Landes. Die Spuren der Schlesier sind – wie in Tanunda – immer noch unübersehbar: Neben ihren ebenso schlichten wie beeindruckend strengen Kirchenbauten (im Bild die Saint-Johns-Kirche in Tanunda) hinterließen sie auch ihre typischen Back- und Wurstwaren, die noch heute unter ihren

Schlesier in Südaustralien

deutschen Namen verkauft werden. Seit Ende der 1990er-Jahre gab es ein regelrechtes Revival deutscher Traditionen.

im Staat Südaustralien, nördlich der Hauptstadt Adelaide, mehr als 8900 ha (2001) Rebfläche umfasst und 700 000–800 000 hl Wein jährlich hervorbringt.

Das eigentliche Barossa Valley ist mit dem benachbarten →Eden Valley zu einer übergeordneten Appellation zusammengefasst, d. h. Weine beider Gebiete dürfen unter dem Namen **Barossa** vermarktet werden.

■ **Weine:** Das Barossa Valley gehört v. a. in seinem Nordteil zu den heißeren Anbaugebieten des Kontinents und eignet sich für die Herstellung sehr kräftiger, alkoholreicher Weine. Die meistkultivierte und wohl auch beste Rebsorte ist Syrah (Shiraz), deren Rebstöcke in einigen historischen Weinbergen bereits vor der Reblauskatastrophe des 19. Jahrhunderts noch als Direktträger gesetzt wurden und teilweise mehr als 130 Jahre alt sind.

Größere Weinbergsflächen sind darüber hinaus mit Cabernet Sauvignon und Grenache bestockt; bei den weißen Sorten dominieren Chardonnay, Riesling und Sémillon. Das Valley beherbergt einige der größten und bekanntesten Kellereien des Landes, war aber auch Schauplatz der Gründung zahlreicher kleinerer Weingüter. Unter anderem kommt ein Großteil der Trauben für Australiens berühmtesten Einzelwein, den →Grange, von Barossa-Weinbergen.

barrel aged ['bærl eɪdʒd], englisch für im Barrique ausgebaut; Weine, die auch im Barrique vergoren wurden, bezeichnet man als **barrel fermented.**

barrica, spanisch für →Barrique.

Barrique [barik, französ. »Fass«], Sonderartikel S. 58/59.

Barsac [bar'zak], Süßwein-Appellation des Bordeauxgebiets in Frankreich mit A. C.-Status, dessen Anbaugebiet mit seinen knapp 600 ha (2002) Rebfläche im Nordwesten an das berühmtere Sauternesgebiet anschließt; die verwendeten Sorten sind wie beim Sauternes Sémillon und Sauvignon blanc. Die Süßweine aus Barsac dürfen wahlweise auch die A. C.-Bezeichnung Sauternes führen.

Basel, Doppelkanton im Nordwesten der Schweiz, der weingeographisch zur →Ostschweiz gehört; Baseler Weine sind über die Region hinaus kaum bekannt. Basel Land besitzt etwa 100 ha Rebfläche, Basel Stadt nur einen einzigen Weinberg von 5 ha. Kultiviert werden die Sorten Spätburgunder, Müller-Thurgau und Gutedel.

Basilicata, Weinbauregion im Süden Italiens; auf 10 800 ha (1998) Rebfläche werden v. a. einfache Rotweine erzeugt, die als Fassware nach Norditalien und ins Ausland verkauft werden. Die wichtigsten Rotwein-Rebsorten sind Aglianico, Malvasia nera, Montepulciano und Sangiovese; bei den weißen Sorten sind es Bombino bianco, Fiano, Trebbiano und Moscato bianco. Einziger DOC-Wein der Region ist der Aglianico del Vulture (→Aglianico); daneben wird ein Teil der Weinproduktion unter einer der beiden Igt-Bezeichnungen Basilicata bzw. Grottino di Roccanova vermarktet. – Abb. S. 60

basket pressed ['baːskɪt presd], englisch für mit der Korbkelter gepresst (→Presse).

Bastardo, portugiesisch für die Rebsorte →Trousseau.

Bastei, Weinbergslage des deutschen Anbaugebiets Nahe, Gemeinde Traisen; die
Fortsetzung S. 60

BARRIQUE

1) Ein schöner Barriquekeller ist der ganze Stolz vieler Erzeugerbetriebe; hier auf Château Gazin im französischen Pomerolgebiet.

Kaum ein anderes Hilfsmittel der Weinbereitung hat so zu Diskussionen angeregt wie das Barrique. Das kleine, ursprünglich im Bordeauxgebiet genutzte Holzfass wurde mit seinem Fassungsvermögen von 225 Litern im Jahre 1866 zur anerkannten Maßeinheit im Übersee-Weinhandel und verdrängte das unhandlichere Tonneau mit seinen 900 Litern vollständig. Es erwies sich mit seiner Größe nicht nur deshalb als ideal, weil es von einem einzelnen Arbeiter bewegt werden konnte, sondern auch, weil es sich besonders gut für den Ausbau von Weinen eignete. Nicht zufällig besitzen ja das burgundische Äquivalent, Pièce genannt, und das süddeutsche »Oxhoft« mit etwa 228 Litern fast identisches Fassungsvermögen.

Barriques werden aus dem Holz mindestens 100, idealerweise aber mehr als 150 Jahre alter Bäume hergestellt. Aus den der Länge nach viergeteilten Stämmen werden Fassdauben gesägt oder mit der Axt abgespalten und anschließend an der Luft oder in speziellen Trockenkammern getrocknet. Die auf die gewünschte Fasslänge und auf eine Dicke von etwa 20 mm zurechtgehobelten Dauben werden anschließend über Holzfeuer, seltener auch über einer Gasflamme oder über Wasserdampf in die gewünschte Form gebogen. Barriques werden weder geleimt noch genagelt, sondern nur durch Stahlreifen zusammengehalten. Zwei Spundlöcher sorgen dafür, dass sie befüllt und entleert werden können.

Geschmackliche Veränderungen

Durch das Biegen der Dauben über Holzfeuer erhält der Wein die für den Barriqueausbau typischen, bis zu einem gewissen Grad erwünschten, rauchig-würzigen Aromen – je intensiver und länger dieses Rösten oder Toasten ist, desto ausgeprägter sind sie. Darüber hinaus sorgt das Holz auch für geschmackliche Veränderungen. Aus den Fassdauben werden durch den Alkohol Tannine ausgelaugt, die den natürlichen Tanningehalt von Rotweinen ergänzen und bei den von Natur aus tanninarmen Weißweinen für mehr Biss und Struktur sorgen. Schließlich gibt das Holz auch Duft- und Geschmacksstoffe wie Vanillin ab, die sich als Zimt- oder Vanillenoten bemerkbar machen.

Der Wein entwickelt sich auch unter der Einwirkung des Luftsauerstoffs. Dieser dringt in minimalen Quantitäten durch die Poren des Holzes ein und sorgt für chemische Veränderungen bei einigen Komponenten, ohne dass der Wein oxidiert, wie es bei massivem Luftkontakt der Fall wäre. Alles in allem können Weine also durch die Kombination der Einflüsse von Holz und Luft erheblich an Vielschichtigkeit gewinnen, vorausgesetzt, sie bringen von Natur aus genügend eigene Geschmacksstoffe mit. Sonst besteht die Gefahr, dass sie vorwiegend »nach Holz« oder Vanille schmecken.

Allier oder Amerika

Bei der Herstellung von Barriques wird ausschließlich Eichenholz verwendet, da Kastanien-, Akazien-, Pappel- oder Kirschholz zu wenige oder unerwünschte Geschmacksstoffe abgeben. Dabei glaubt man, dass Eichenholz verschiedener Regionen dem Wein unterschiedliche geschmackliche Eigenschaften verleiht, weshalb jeder Weinmacher auf »sein«

2

3

Holz oder auf seine Mischung von Hölzern verschiedener Regionen schwört.

Lange Zeit bezog die Weinwelt ihr Eichenholz fast ausschließlich aus den französischen Bergwäldern von Allier, Limousin, Nevers, Tronçais oder den Vogesen. In Spanien dagegen, vor allem im Riojagebiet, bürgerte sich der Gebrauch amerikanischen Eichenholzes ein, das aufgrund seiner feineren Poren ergiebiger – aus einem Festmeter werden doppelt so viele Dauben gesägt – ist, allerdings den Wein auch stärker prägt als das französische. Spanische Weinmacher benutzen deshalb auch meist keine Fässer aus neuem Holz, sondern bis zu zehn Jahre alte Barriques, die kaum noch Geschmacksstoffe an den Wein abgeben.

Ausführliche Studien der jüngeren Zeit haben gezeigt, dass vor allem die Holzstruktur, weniger die geographische Herkunft des Holzes für die spezifischen Qualitäten von Barriques maßgebend ist. Diese Struktur hängt von der botanischen Spezies – von den über 250 Eichenarten sind nur drei für die Barriquefertigung geeignet – und vom Wachstumsverlauf der Bäume ab. Deshalb experimentieren mehr und mehr Weinmacher in aller Welt mit Barriques aus russischem, ungarischem oder auch österreichischem Holz und berichten über gute Ergebnisse.

Verschiedene Technik für Rot- und Weißwein

Während Rotweine meist erst nach der Gärung oder sogar erst nach dem Säureabbau ins Barriquefass gelegt und sechs, zwölf oder mehr Monate dort ausgebaut werden – der direkte Einfluss der Geschmacksstoffe des Holzes, insbesondere die adstringierende Wirkung seiner Tannine, nimmt übrigens nach den ersten sechs Monaten nicht weiter zu, sondern wieder ab –, werden Weißweine meist direkt im Barrique vergoren. Viele Weinmacher sind überzeugt, dass die Gärhefen allzu dominante Geschmackseinflüsse des Holzes neutralisieren und dem Wein bei der Lagerung mehr Körper verleihen, als dies beim Barriqueausbau von fertig vergorenen, von den Hefen abgezogenen Weinen der Fall wäre.

Seit dem Ende der 1970er-Jahre hat das Barrique von Frankreich aus – über den Umweg Kalifornien, dessen Winzer als Erste versuchten, die großen Rotweine Frankreichs zu imitieren – die gesamte Weinwelt erobert. Man kann ohne Übertreibung sagen, dass kaum ein großer Rotwein der Welt nicht im Barrique ausgebaut wird. Bei den Weißweinen hat sich das kleine Fass für Burgundersorten segensreich gezeigt, während aromatisch eigenständigere Weißwein-Rebsorten besser im Stahltank oder in großen, geschmacksneutralen Holzfässern ausgebaut werden.

Der Erfolg des Barriques hat allerdings auch Kritiker auf den Plan gerufen, die vor allem seinen übertriebenen Gebrauch für einfache Weine ohne ausreichenden eigenen geschmacklichen Ausdruck bemängeln. Dass auch Weinfreunde – oft sogar solche, die noch Anfang der 1990er-Jahre nur Weine tranken, deren Barriqueausbau deutlich erkennbar war – inzwischen die Nase rümpfen, sobald auch nur die geringste Spur von Holzausbau feststellbar ist, gehört zum normalen Verfallsprozess von Modeerscheinungen.

2) Erzeuger besonders hochwertiger Weine wie das Bordeauxweingut Château Margaux stellen ihre Barriques teilweise selbst her oder sie haben zumindest eine kleine Küferei für die notwendigsten Reparaturen.

3) Der Wein muss während der Ausbauphase im Barrique regelmäßig von einem Fass ins nächste umgezogen werden.

Fortsetzung von S. 57

mit 1,3 ha zu den kleinsten Lagen Deutschlands gehörende Bastei liegt unmittelbar unterhalb der 1200 m langen und 200 m hohen Porphyrfelswand des Traiser Rotenfels, der mächtigsten Steilwand Deutschlands nördlich der Alpen. Der Fels sorgt durch seine Fähigkeit, Wärme zu speichern, für ein ausgesprochen heißes Mikroklima des unter ihm liegenden, nach Süden ausgerichteten Weinbergs, der ausschließlich mit Riesling bestockt ist.

Bâtard-Montrachet [baˈtar mɔ̃traˈʃɛ], Grand-Cru-Appellation für Weine der gleichnamigen Lage in den Gemeinden Puligny-Montrachet und Chassagne-Montrachet (→Montrachet).

BATF, Abk. für →Bureau of Alcohol, Tobacco and Firearms.

Bâtonnage [batɔˈnaʒ, zu franzÖs. bâton »Stab«], das →Aufrühren des Hefesatzes.

Batterieberg, Riesling-Spitzenlage der Gemeinde Enkirch bei Traben-Trarbach im deutschen Anbaugebiet Mosel-Saar-Ruwer, Bereich Bernkastel; die Lage im Alleinbesitz des gleichnamigen Weinguts ist eingebettet in die Rebzeilen des Enkircher Zeppwingert in einem kleinen Seitental der Mosel und wurde im 19. Jh. vom damaligen Eigner des Weinguts mithilfe zahlreicher Sprengungen aus einem Schiefermassiv geformt. Dabei entstand eine Art Hohlspiegel, in dem sich die direkte Sonneneinstrahlung und die Reflexion von der Oberfläche des Flusslaufs treffen – ideale Bedingungen für das Reifen der Trauben. Die Lage ist ausschließlich mit der Weißwein-Rebsorte Riesling bestockt.

Baumé, Grad Baumé [boˈmeː; nach dem franzÖs. Pharmazeuten Antoine Baumé; *1728, †1804], in Frankreich und Australien gebräuchliche Maßeinheit für das →Mostgewicht; Einheitenzeichen °Bé.

Beaujolais. Der markante Kalksteinfels von Solutré im französischen Burgund markiert die nördliche Einfahrt ins Beaujolais.

Basilicata. Trotz des großen Weinbaupotenzials und der Qualitäten ihrer meistkultivierten Rebsorte, des roten Aglianico, gehört die bergige Basilicata zu den am wenigsten entwickelten Weinbauregionen Italiens. Der Grund: die generelle Armut, die in Städten wie Rivella unübersehbar ist.

Baumkelter, Baumpresse, eine Art →Presse.

Baux de Provence, eigentlich Les Baux-de-Provence [lɛ bo də proˈvãs], A. C.-Herkunftsbezeichnung für Weine aus dem Bergmassiv der Alpilles südlich der Stadt Avignon; das 380 ha (2003) große Anbaugebiet bildet den westlichen Abschluss der Weinbauregion Provence und wird von nur 14 Weinbaubetrieben genutzt. Rund 80 % der Rebfläche werden nach den Regeln des biologischen Weinbaus bewirtschaftet. Neben den klassischen Rebsorten des südlichen Rhônetals (Côtes-du-Rhône) wird auch Cabernet Sauvignon kultiviert, der häufig im Verschnitt mit Syrah oder Grenache gefüllt wird.

Bayerischer Bodensee, Bereich des deutschen Anbaugebiets Württemberg am Ufer des →Bodensees.

Beaujolais [boʒoˈlɛː], Herkunftsbezeichnung mit A. C.-Status für Weine des südlichsten Anbaugebiets im französischen Burgund; im Gegensatz zur Côte d'Or, wo fast ausschließlich Chardonnay und Spätburgunder kultiviert werden, dominiert in den Weinbergen der Monts du Beaujolais mit ihren insgesamt 22 000 ha (2001) Rebfläche die Rebsorte Gamay.

BEAUJOLAIS. *Eine umstrittene Karriere*

Als in den 1970er-Jahren die ersten Flaschen Beaujolais Nouveau oder Beaujolais Primeur auf die Tische der Pariser Gastronomie kamen, war ihr Erfolg überwältigend. Schon bald hatte der fruchtige, frische und jung zu trinkende Rotwein ganz Frankreich, Europa und viele Überseeländer erobert. Vor allem in den USA und in Japan brach in den 1980er-Jahren ein wahres Beaujolais-Nouveau-Fieber aus, sehr zum Gefallen der großen Weinhandelshäuser der Region. Für den Qualitätsweinbau des Beaujolaisgebietes kam die Modewelle, die Jahr für Jahr größere Mengen verlangte, dagegen in den Augen vieler Kritiker fast einer Katastrophe gleich. Die einst ungemein intensiven, charaktervollen Weine der besten Beaujolaislagen, die Morgon, Moulin-à-Vent oder Juliénas, waren über dem Erfolg ihres jüngeren Bruders fast vollständig in Vergessenheit geraten und hatten auch qualitativ gelitten. Erst gegen Ende der 1990er-Jahre besannen sich einige wieder der Qualitäten dieser inzwischen zehn Crus und unternahmen verstärkt Anstrengungen zur Rettung des Prestiges dieser einst hoch respektierten Appellation.

Aus ihr werden v.a. jung zu trinkende, mittels Kohlensäuregärung und verkürzter Standzeit gekelterte Weine erzeugt, die unter dem Namen **Beaujolais Nouveau** (Beaujolais Primeur) bereits am dritten Novemberdonnerstag (ursprünglich: am 15. November) des Erntejahres vermarktet werden.

Durch den Erfolg des →Nouveau, auf den zeitweise mehr als die Hälfte der gesamten Beaujolaisproduktion entfiel, wurden die klassischen Gewächse des Gebiets fast vollständig in den Hintergrund gedrängt – die leichteren, gefälligen trockenen Roten der Appellation **Beaujolais Villages** (5800 ha Rebfläche) ebenso wie die der zehn einst sehr renommierten Crus (Brouilly, Chénas, Chiroubles, Côte de Brouilly, Fleurie, Juliénas, Morgon, Moulin-à-Vent, Régnié und Saint-Amour, insgesamt 6200 ha Rebfläche), von deren Weinbergen sehr komplexe und sogar recht alterungsfähige Weine kommen können.

Das Beaujolaisgebiet produziert auch Weißweine, die aber kaum ins Gewicht fallen und unter der Herkunftsbezeichnung →Saint-Véran vermarktet werden.

Beaumes-de-Venise [bo:m də vəˈniz], eigenständige Herkunftsbezeichnung innerhalb der A.C. Côtes-du-Rhône-Villages für Weine der gleichnamigen Gemeinde des südfranzösischen Départements Vaucluse; auf 555 ha Rebfläche werden v.a. dichte, harmonische Rotweine aus den klassischen Rhônesorten Grenache, Syrah und Mourvèdre erzeugt.

Die Böden am Südhang der Dents de Montmirail sind sandig-schottrig, kalkhaltig und relativ leicht. Das warme Klima wird vom Einfluss des Mittelmeers geprägt und ist durch die Berge vom kalten Mistral geschützt. Auf 460 ha Rebfläche wird in den Gemeinden der Appellation darüber hinaus Weißer Muskateller (Muscat à petits grains) kultiviert, aus denen der →Vin Doux Naturel **Muscat de Beaumes-de-Venise** erzeugt wird, der noch bekannter ist als die Rotweine. Der Weinbau in Beaumes-de-Venise wird von einer starken Winzergenossenschaft dominiert.

Beaune [bo:n], Weinbaustadt in dem nach ihr benannten Bereich des französischen Burgund, Côte de Beaune, deren Weinberge mit einer Gesamtfläche von etwa 320 ha (2002) die größte Kommunalappellation des Burgund bilden.

Beaune gilt als Zentrum des burgundischen Weinbaus und ist die Heimat zahlreicher renommierter Kellereien sowie Sitz der berühmten, 1884 gegründeten Weinbauschule Lycée Viticole de Beaune, einer der größten Weinbau-Lehranstalten der Welt.

An den Hängen im Westen der Stadt finden sich zahlreiche exzellente Weinbergslagen, von denen viele als Premiers Crus klassifiziert sind; unter ihnen Les Ursules, Sur Les Grèves, Les Cras, Les Vignes Franches,

Ihr Weinbergsbesitz stammt aus Schenkungen, ihre Versteigerungen dienen wohltätigen Zwecken – die Hospices de Beaune, die selbst im 13. Jahrhundert aus einer Schenkung entstanden, gehören zu den bedeutendsten Institutionen der Weinwelt. Alljährlich am dritten Novembersonntag trifft sich hier der internationale Weinhandel, um die 37 Weine von den Trauben der insgesamt 61 ha Rebfläche, die dem Hospiz im Laufe der Jahrhunderte vermacht wurden, Fass für Fass zu ersteigern. Der Erlös dieses Verkaufs, der immer von einer Persönlichkeit aus Politik oder Showbusiness geleitet wird, kommt wie ehedem der Kranken- und Altenpflege des Hospizes zu. Natürlich findet diese eigentliche Arbeit des Hospizes nicht mehr in den historischen Sälen des Hôtel-Dieu aus dem 15. Jahrhundert statt, das mit seinem Ehrenhof als eines der faszinierendsten historischen Gebäude Frankreichs gilt. Hier beherrschen inzwischen Touristen die Szene. Sie lauschen mit großen Augen den Erklärungen der Reiseführer, in denen davon die Rede ist, dass die Kranken im Mittelalter das Recht auf eine tägliche Ration von sage und schreibe fünf Litern Wein hatten.

Champs Pimont, Les Teurons, Clos des Fèves und Clos des Mouches. Das Hospiz der Stadt im Hôtel-Dieu (1443–51 erbaut) ist im Besitz einer großen Zahl bester Parzellen in Premier-Cru-Lagen und versteigert deren Weine alljährlich im November, im Rahmen einer der bedeutendsten Weinauktionen der Welt, für wohltätige Zwecke.

Beere, runde bis leicht elliptische Frucht der Weinrebe.

Sie besteht aus der **Beerenschale,** d.h. der **Beerenhaut** mit dem darunter liegenden Gewebe, dem **Fruchtfleisch** und den **Kernen.** Die Schale ist je nach Rebsorte unterschiedlich dick und mit einer Wachsschicht überzogen. Während das Fruchtfleisch den Saft und den Zucker enthält, sind in der Beerenschale Farb-, Geruchs- und Geschmacksstoffe gelagert. Die maximal vier **Traubenkerne** bestehen aus der Samenschale, die u.a. Tannine enthält, dem Nährgewebe und dem Keimling.

Die Ausbildung der Beeren bildet den Abschluss der geschlechtlichen Entwicklung der Rebe und ihrer →Traube. Während der Reife, nach dem Beginn der Einlagerung von Zucker, verändert sich ihre Farbe bei Weißwein-Rebsorten von Grün zu Gelb und Braungelb bis hin zu einem mehr oder weniger intensiven rötlichen Ton. Bei Rotwein-Rebsorten werden während des Reifeprozesses Farbstoffe in die Beerenhaut eingelagert, sodass die Farbe von Grün zu mehr oder weniger intensivem Rot oder Blau wechselt. Nur bei wenigen Rebsorten besitzt auch das **Fruchtfleisch** rote Farbstoffe. Zur Extraktion der Farbe aus der Beerenhaut ist deshalb meist eine Maischegärung oder Maischeerhitzung erforderlich.

Beeren|aromen, bestimmte →Aromen des Weins.

Beeren|auslese, Abk. **BA,** deutsche und österreichische Qualitätsstufe für meist süße

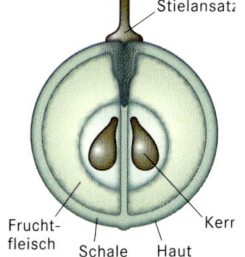

Stielansatz

Kern

Frucht-
fleisch · Schale · Haut

Beere. Aufbau

→Prädikatsweine aus überreifen bzw. edelfaulen Trauben mit einem Mindestmostgewicht von – je nach Anbaugebiet – 110–128 °Oe in Deutschland und von 25 °KMW, d. h. etwa 127 °Oe in Österreich.

Im Schweizer Wallis entspricht der Beerenauslese die Kategorie Grain noble, im französischen Elsass die der Sélection de grains nobles. Auch die Süßweine des französischen Sauternesgebiets entsprechen dem Weintyp der Beerenauslese oder der höherwertigen →Trockenbeerenauslese.

Beerenauslesen zeigen im Duft nur noch selten sortentypische Primäraromen, dafür aber oft ansprechende Honignoten und den Duft von exotischen Früchten, der dem Einfluss der Edelfäule geschuldet ist. Der Geschmack von Beerenauslesen ist meist von üppiger Süße geprägt, die aber im Idealfall von viel Säure oder von Tanninen aus einem eventuellen Barriqueausbau gestützt wird.

■ **Sorten:** Für die Produktion eignet sich in Deutschland v. a. der Riesling, aber auch Scheurebe, Rieslaner oder Müller-Thurgau können herrliche Beerenauslesen hervorbringen. In Österreich ist die Bandbreite an geeigneten Sorten etwas breiter: Neben Welschriesling, Scheurebe (Sämling 88) und Riesling gibt es hier auch sehr gute Beerenauslesen aus Bouvier, Zierfandler oder Chardonnay.

■ **Geschichte:** Wein aus rosinierten Trauben wurde bereits in der römischen Antike erzeugt, wobei das Antrocknen der Trauben meist durch Abknicken oder Anschneiden der Stiele gefördert wurde. Die Traditionen der heutigen Süßweine vom Typ der Beerenauslese reichen jedoch in den meisten Fällen nur bis ins 17. oder 18. Jh. zurück.

Beerenhaut, die äußerste Hülle der →Beere.

Beerliwein, in der →Ostschweiz produzierter Spätburgunder, für den die Trauben vor dem Keltern →abgebeert werden; der Begriff wird jedoch v. a. für nicht im Barrique ausgebaute, fruchtbetonte Spätburgunderweine verwendet.

Begrünung, Maßnahme der Bodenpflege im Weinbau, die in der Bedeckung des Bodens zwischen den Rebzeilen durch angesäten oder natürlichen Bewuchs besteht; Ziele der Begrünung sind die Verhinderung der Erosion des Weinbergsbodens, der Aufbau und Schutz der Bodenfruchtbarkeit und die bessere Befahrbarkeit der Weinberge. Die Begrünung kann dauerhaft oder saisonal (über Winter) angelegt sein. Angesäte Dauerbegrünungen basieren in der Regel auf relativ artenarmen, pflegeleichten Grasmischungen, z. T. mit geringen Kleeanteilen.

Im →biologischen Weinbau werden artenreiche Mischungen mit hohen Klee- und Kräuteranteilen bevorzugt. Die allgemeinen Ziele der Begrünung werden hierbei um die Aspekte Stickstoffbindung aus der Luft mithilfe von Leguminosen und Nützlingsattraktion durch Blütenpflanzen ergänzt.

Teilzeitbegrünungen zur Produktion von Nährhumus werden in der Regel mit Winterroggen und Winterwicken durchgeführt. Das Einarbeiten erfolgt im April oder Mai. Je nach Niederschlagssituation und Bodenart werden Dauerbegrünungen in Kombination mit offener Bodenbearbeitung eingesetzt, um die Wasserkonkurrenz zur Rebe besser steuern zu können. In niederschlagsarmen, skelettreichen, d. h. mit Gestein durchsetzten, flachgründigen Standorten – in der Regel Steillagen – wird in der Vegetationszeit der Rebe aus Qualitätsgründen auf Dauerbegrünung meist verzichtet.

Bei|auge, kleine Rebknospe, die neben der Hauptknospe, dem Auge der →Rebe 2) sitzt; Beiaugen können austreiben, wenn das Hauptauge durch Frost oder Hagel geschädigt wurde.

beifüllen, →auffüllen.

Beira Interior ['beirɐ ĩntɔ'rjor], DOC-Herkunftsbezeichnung für Weine aus dem Nordosten Portugals, deren Anbaugebiet an Spanien grenzt; Beira Interior wurde aus den drei ehemaligen Landweinappellationen Castelo Rodrigo, Cova da Beira und Pinhel gebildet, die als Bereiche innerhalb des DOC-Gebiets fortbestehen. Das Gebiet bringt interessante Weißweine hervor, während die wenigen modern gemachten, meist reinsortigen Rotweine für den raschen Konsum ausgelegt sind.

Beiras ['beirɐʃ, zu portugies. beira »Flussufer«], Landweinappellation (Vinho regional) des nördlichen Zentralportugal für Weine aus einem Anbaugebiet, das sich südlich des Douro von der Atlantikküste bis an die spanische Grenze erstreckt.

Beiras wurde aus den drei Appellationen Beira Litoral, Beira Alta und Terras de Sicó gebildet, eingeschlossen sind die DOC-Gebiete Távora-Varosa, →Bairrada, →Dão und →Beira Interior sowie das IPR-Gebiet Lafões. Unter insgesamt gemäßigten klimatischen Verhältnissen werden vorwiegend frische und säurebetonte Weißweine erzeugt, im Gebiet von Lafões dagegen leichte, einfache Rote. Die Gegend um Varosa liefert gute Sektgrundweine und schlanke, mineralische Rotweine.

beißend, im Mund aggressiv oder scharf wirkend; der Begriff der Weinansprache wird v. a. für Weine verwendet, die aufgrund eines Überschusses an Säure, Alkohol und/oder Tanninen im Geschmack stark unharmonisch wirken.

Beka, Bekaa, Herkunftsbezeichnung für Weine des Bekatals, einer fruchtbaren Hochebene des Libanon, die das größte und berühmteste Anbaugebiet des Landes bildet; Reben werden hier in Höhen von bis zu 1000 Metern kultiviert, was für ideale klimatische Bedingungen mit warmen Tages- und kühlen Nachttemperaturen sorgt. Die Rebsortenpalette und die vorherrschenden Ausbaumethoden verraten starken französischen Einfluss. Mit einem roten Château Musar, einem Verschnitt aus Cabernet Sauvignon und Cinsaut, brachte das Bekatal in den 1950er-Jahren einen Wein hervor, der zu den wenigen Kultweinen der Welt gezählt wird.

Bereich. Besonders verwirrend sind Bereichsnamen dort, wo sie Lagennamen zum Verwechseln ähneln wie im Falle des Rheingauer Bereichs Johannisberg.

belegen, füllen, in Bezug auf Fässer gebräuchlicher Ausdruck; diese sollten ständig mit Wein oder mit schwach schwefelhaltigem Wasser belegt sein, um ein Austrocknen der Fassdauben zu verhindern. Barriques werden je nach Anbaugebiet und Erzeuger einmal oder mehrmals belegt.

Bellet [be'ɛ], A. C.-Herkunftsbezeichnung für Weine von den Hängen oberhalb der Stadt Nizza in der französischen Provence; auf 45–50 ha (2000) Rebfläche werden die Weißwein-Rebsorten Chardonnay und Trebbiano (Rolle) sowie die Rotwein-Rebsorten Brachetto (Braquet), Folle noire, Grenache und Cinsaut kultiviert, aus denen relativ leichte, fruchtbetonte Weine gekeltert werden.

belüften, den Wein während des Ausbaus dem Einfluss des Luftsauerstoffs (→Lufteinfluss) aussetzen.

Bendigo ['bendɪgəʊ], GI-Herkunftsbezeichnung für Weine aus dem australischen Bundesstaat Victoria; das Anbaugebiet liegt knapp 100 km nordwestlich der Stadt Melbourne und umfasst etwa 500 ha (2000) Rebfläche. Kultiviert werden in erster Linie Rotwein-Rebsorten (80 %), vorwiegend Syrah (Shiraz), Cabernet Sauvignon und Merlot. Bei den weißen Sorten dominiert Chardonnay. Der früher zu Bendigo gehörende Bereich Heathcote genießt seit Anfang des 21. Jh. den Status eines eigenständigen GI-Anbaugebiets.

Bentonitschönung [zu Fort Benton (Mont.)], eine Art der →Schönung.

Beregnung, eine Form der →Bewässerung; in Österreich wird der Begriff gelegentlich auch für Bewässerung schlechthin verwendet.

Bereich, Teileinheit deutscher Anbaugebiete, meist eine Zusammenfassung mehrerer Lagen oder Großlagen, die eine Herkunftsbezeichnung (→Herkunft) für Qualitätsweine darstellt.

Bereiche wurden erstmals mit dem Weingesetz von 1971 eingerichtet, um dem Weinhandel die Möglichkeit zu geben, größere Weinmengen unter einheitlichen Bezeichnungen zu vermarkten. Dass sie oft Namen tragen, die von denen einer Groß- oder Einzellage nicht zu unterscheiden sind – so heißt beispielsweise der einzige Bereich des Rheingaus Johannisberg wie eine der berühmtesten Einzellagen desselben Anbaugebiets –, wird von vielen Kommentatoren des deutschen Weingesetzes kritisiert.

Insgesamt gibt es in den deutschen Anbaugebieten 41 Bereiche: Badische Bergstraße, Bayerischer Bodensee, Bernkastel, Bingen, Bodensee, Breisgau, Elstertal, Johannisberg, Kaiserstuhl, Kocher-Jagst-Tauber, Kraichgau, Loreley, Maindreieck, Mainviereck, Markgräfler Land, Meißen, Mittelhaardt-Deutsche Weinstraße, Moseltor, Nahetal, Nierstein, Oberer Neckar, Obermosel, Ortenau, Remstal-Stuttgart, Ruwertal, Saar, Schloss Neuenburg, Siebengebirge, Starkenburg, Steigerwald, Südliche Weinstraße, Tauberfranken, Thüringen, Tuniberg, Umstadt, Walporzheim/Ahrtal, Weinbau in der Mark Brandenburg, Wonnegau, Württembergischer Bodensee, Württembergisch Unterland und Zell/Mosel.

BEREICH. *Wozu sind Bereiche gut?*

Bereiche sind, wie auch die umstrittenen Großlagen, eine »Erfindung« des deutschen Weingesetzes von 1971. Sie wurden eingerichtet, um großen Weinvermarktern die Möglichkeit zu geben, große Mengen Wein unter einheitlichen Namen zu vermarkten und dabei anstelle der wenig imageträchtigen Namen des jeweiligen Anbaugebiets lagenähnliche Bezeichnungen verwenden zu können.

Dass dies einer Täuschung des Verbrauchers Vorschub leistete, der allein durch die Lektüre des Etiketts nicht mehr zwischen dem Wein kleinerer Einzellagen mit ausgeprägtem Terroircharakter und einem anonymeren Massenprodukt unterscheiden konnte, ist eine Sache. Die Einrichtung von Bereichen und Großlagen wurde aber erst recht fragwürdig, wo ihre Grenzen mit denen des Anbaugebiets deckungsgleich sind wie etwa an der Ahr – der Bereich Walporzheim/Ahrtal und die Großlage Klosterberg sind identisch mit dem Anbaugebiet – oder im Rheingau. Dort ist der einzige Bereich, Johannisberg, mit dem Anbaugebiet identisch, trägt aber (fast) den Namen der berühmtesten Einzellage, Schloss Johannisberg. Qualitätsbewusste Winzer weigern sich deshalb, Bereichs- oder Großlagennamen auf ihren Etiketten zu führen.

Bergstraße. Sanfte Hänge wie hier bei Zwingenberg in Südhessen findet man an der Bergstraße nur selten. Oft sind die Lagen so steil, dass sich ihre aufwendige Pflege für den Winzer kaum noch lohnt.

Bergerac [bɛrʒə'rak], bedeutende A. C.-Herkunftsbezeichnung für Weine des größten Anbaugebiets im französischen →Südwesten; auf knapp 6000 ha Rebfläche (2001) entlang der Dordogne östlich von Bordeaux werden v. a. Rotweine oder Rosés der Appellation **Bergerac rosé** aus den Sorten Cabernet Sauvignon, Cabernet franc, Merlot und Malbec gekeltert.

Daneben werden vereinzelt Rotwein-Rebsorten von nur lokaler Bedeutung und die weißen Sorten Sémillon, Sauvignon blanc, Ugni blanc und Chenin blanc kultiviert. Die Weißweine werden unter der Bezeichnung **Bergerac sec** vermarktet. Die Rotweine können sehr konzentriert und strukturiert ausfallen und eignen sich für den Ausbau im Barrique. Bei den Weißweinen dominieren fruchtige, frische Produkte.

Das Anbaugebiet umfasst auch die Appellationen →Côtes de Bergerac und Côtes de Bergerac moelleux; darüber hinaus bezeichnet man über das eigentliche A. C.-Gebiet hinaus eine Weinbauzone als Bergerac, zu der die Rotwein-Appellation Pécharmant und die Weiß- bzw. Süßwein-Appellationen →Montravel, Côtes de Montravel, Haut Montravel, →Monbazillac, Rosette und Saussignac gehören.

Bergland, Herkunftsbezeichnung in Österreich für Weine, deren Anbaugebiet sich über die Bundesländer Kärnten, Oberösterreich, Salzburg, Tirol und Vorarlberg erstreckt; insgesamt bewirtschaften in diesen Ländern etwa 130 Betriebe nur knapp 21 ha Rebfläche.

Berg Roseneck, Roseneck [zu »Rosenhecke«], eine der besten Steillagen mit durchschnittlich 33 % Hangneigung des deutschen Anbaugebiets Rheingau, Gemeinde Rüdesheim; die Lage, in der ausschließlich Riesling kultiviert wird, gliedert sich in einen östlichen, flacheren Teil mit tiefgründigen Lösslehmböden und einen westlichen, teilweise sehr steilen und steinigen mit mittelgründigen, trockenen Taunusquarzitböden. Die Weine sind feingliedrig und zeigen kräftige Säurestruktur.

Berg Rottland, Rottland [zu althochdeutsch rotten »roden«], eine der besten Lagen des deutschen Anbaugebiets Rheingau,

Gemeinde Rüdesheim; auf den rund 37 ha Rebfläche der bis zu 100 m ü. M. aufsteigenden Lage wird ausschließlich die Weißwein-Rebsorte Riesling kultiviert. Die Böden werden von einem sehr steinigen Gemisch aus Schiefer, Quarzit und Kies gebildet, das z. T. leicht mit Löss bedeckt ist. Die Sonnenstrahlung des nach Süden ausgerichteten und in Teilen bis zum Rheinufer abfallenden Weinbergs erreicht die höchsten Werte des Rheingaus.

Berg Schlossberg, Schlossberg, die mit einer Hangneigung von bis zu 70 % steilste Weinbergslage des deutschen Anbaugebiets Rheingau, Gemeinde Rüdesheim; von den mittel- und tiefgründigen Böden aus verwittertem Quarzitschiefer, die hervorragende Eigenschaften als Wärmespeicher besitzen, kommen einige der komplexesten und langlebigsten Rheingauer Weine. Sie zeichnen sich durch rassige Säure und große Länge im Abgang aus. Die von Spätfrösten ungefährdete und gut belüftete Lage bringt nicht immer Trauben mit den höchsten Mostgewichten hervor, dafür aber Weine mit umso mehr Charakter und Würze.

Bergstraße, altes deutsches Anbaugebiet, dessen nördliche Hälfte seit der Verabschiedung des Weingesetzes von 1971 das eigenständige Anbaugebiet →Hessische Bergstraße bildet, während der Südteil zunächst als Teil des ehemaligen Bereichs Badische Bergstraße/Kraichgau, später als eigenständiger Bereich Badische Bergstraße dem Anbaugebiet →Baden zugeschlagen wurde.

Bergwein, vom österreichischen Weingesetz vorgesehene Bezeichnung für Tafel-, Land- oder Qualitätsweine, die aus Trauben von Terrassen- oder →Steillagen mit einer Hangneigung von mindestens 26 % erzeugt wurden; Bergwein kann auch als Qualitätswein deklariert werden, wenn der Alkoholgehalt niedriger ist als sonst vorgeschrieben.

Bern, Weinbaukanton der Schweiz mit der gleichnamigen Bundeshauptstadt, dessen Anbaugebiet →Bielersee zur Westschweiz gerechnet wird, während das Gebiet um den Thunersee zur Ostschweiz gehört; am Thunersee, im Umkreis der Gemeinde Spiez, werden auf rund 260 ha Rebfläche v. a. die Rebsorten Müller-Thurgau (zwei Drittel der Flächen) und Spätburgunder kultiviert.

Bernkastel, nach der gleichnamigen Weinbaugemeinde (heute zu Bernkastel-Kues) an der Mittelmosel benannter Bereich des Anbaugebiets Mosel-Saar-Ruwer; der Bereich erstreckt sich von Zell aus moselaufwärts bis Longuich. Die besten Lagen sind Graben und Doctor in Bernkastel selbst, →Batterieberg in Enkirch, Treppchen in Erden, Würzgarten in Ürzig, Sonnenuhr in Wehlen und Zeltingen, Domprobst in Graach, Niederberg-Helden in Lieser, Juffer Sonnenuhr in Brauneberg, Paulinshofer in Kesten und →Apotheke in Trittenheim.

Bernkasteler Ring e.V., Vereinigung von Winzern des deutschen Anbaugebiets Mosel-Saar-Ruwer, die 1899 als Weinversteigerungsgesellschaft (→Auktionen) ins Leben gerufen wurde, »mit dem Ziel ihre selbstbezogenen und selbstgekelterten naturreinen Weine in Berncastel im Casinosaale zur Versteigerung zu bringen« – sozusagen als Antwort auf die Gründung der Rheingauer Versteigerungsweingüter (→Verband Deutscher Prädikats- und Qualitätsweingüter); auch heute noch steht die Vereinigung, die 1978 mit dem Trierer Ring fusionierte, in direkter und offener Konkurrenz zum regionalen VDP-Verband.

Die meisten der 35 Mitgliedsbetriebe sind Familienweingüter, die überwiegend Riesling kultivieren. Die Aktivität der Vereinigung umfasst neben den alljährlich stattfindenden Versteigerungen auch Marketingmaßnahmen wie z. B. die Teilnahme an Weinmessen.

Bernstein, gute Weinbergslage des deutschen Anbaugebiets Mittelrhein, Gemeinde Oberwesel-Engehöll; auf den Böden aus Schieferschutt, der von Lehm und Löss bedeckt ist, wird überwiegend Riesling kultiviert.

bernsteinfarben, goldgelb-bräunlich; Begriff der Weinansprache für die Beschreibung der →Farbe gereifter Süßweine.

Bernsteinsäure, eine im Wein vorkommende Art der →Säure.

Besenwirtschaft, →Straußwirtschaft.

Be|urteilung, →Weinbeurteilung.

beverino, italienisch für die Geschmacksbezeichnungen süffig bzw. harmonisch; Begriff der Weinansprache, der meist für einfachere Weine Verwendung findet.

Bewässerung, Maßnahme zur Versorgung der Reben mit Wasser, die besonders in heißen und trockenen Klimazonen systematisch ergriffen wird.

Ziel der Bewässerung ist die Erhöhung der Traubenqualität durch die Aufrechterhaltung der Zuckerproduktion bei beginnender Trockenheit. Dieses Ziel kann nur durch einen genau geplanten Einsatz in der optimalen Phase des Beerenwachstums bzw. bei Reifebeginn erzielt werden. Die Bewässerung muss in Kenntnis der aktuellen Bodenwasserwerte sowie der Versorgungssituation der Rebe selbst erfolgen. An effizienten Steuerungsmodellen hierfür wird intensiv gearbeitet. Entgegen der landläufigen Meinung ist das Ziel der Bewässerung nicht primär die Steigerung der Mengenproduktion, obwohl diese eine Folge falscher Bewässerung sein kann.

In vielen europäischen Ländern ist Weinbergsbewässerung nur bei jungen Rebanlagen oder zu eng begrenzten Zeiten des Jahres erlaubt. Diese Beschränkungen sollen jedoch gelockert werden. In Deutschland wird der Einsatz durch Landesverordnungen geregelt und ist in steinigen oder flachgründigen Standorten mit einer Hangneigung von mindestens 30 % und mangelnder Niederschlagsversorgung erlaubt.

■ **Techniken:** Die wichtigste Form der Bewässerung ist die **Tröpfchenbewässerung,** bei der aus einer oberirdisch oder unterirdisch verlegten Zuleitung tröpfchenweise Wasser ins Erdreich sickert. Sie hat den Vorteil sehr sparsamen Wasserverbrauchs aufgrund von geringen Verdunstungsverlusten.

Bewässerung. Anders als in vielen europäischen Anbaugebieten ist Bewässerung in den Ländern der Neuen Welt ein fester Bestandteil der Weinbergsarbeit. Wie im Anbaugebiet von Walla Walla des US-Bundesstaats Washington erfolgt sie meist in Form der sparsamen und sehr effizienten Tröpfchenbewässerung.

BINISSALEM

Weinbau auf der Ferieninsel

Wie überall in Spanien werden auch auf der Ferieninsel Mallorca Reben kultiviert. Neben der Appellation Binissalem, deren Anbaugebiet im Nordosten der Hauptstadt Palma am Fuß der Sierra de Tramuntana liegt, und dem zweiten, kleineren DO-Anbaugebiet der Insel, Pla i Llevant, das die Rebflächen im Osten Palmas umfasst, werden gut zwei Drittel der Trauben zu Landwein verarbeitet. In jüngerer Zeit hat der Weinbau der Insel qualitativ Fortschritte gemacht. Vom Schaumwein bis zum Dessertwein kann man inzwischen eine komplette Palette guter Produkte finden. Der größte Teil der Produktion wird direkt im Weingut oder über die Tapasbars von Palma di Mallorca abgesetzt.

Die **Sprinklerbewässerung** (Beregnung), die in vielen großflächigen Rebanlagen der Neuen Welt eingesetzt wird, kann neben der direkten Anfeuchtung des Bodens auch klimaregulierend wirken, indem das innerhalb des Rebenbestands herrschende Mikroklima durch kurze Beregnung verändert wird. Ziel dieser Maßnahme ist die Senkung der Blatttemperatur und die Erhöhung der Luftfeuchtigkeit. In einigen Ländern wie beispielsweise Chile wird auch noch die traditionelle Form der **Überflutungsbewässerung** praktiziert, bei der Wasser aus Kanälen auf die meist ebenen Rebanlagen geleitet wird.

Bewertung, Aspekt der →Weinbeurteilung.

Bianca, ungarische Weißwein-Rebsorte, die aus Bouvier und Eger, einem Sämling der Hybride Seyve-Villard 12375 gezüchtet wurde; sie steht in Ungarn auf knapp 450 ha Rebfläche und ist in Österreich zugelassen, besitzt aber in beiden Ländern praktisch keine Bedeutung in der Weinerzeugung.

Bianchello [bjaŋ'kellɔ], **Biancame,** Weißwein-Rebsorte, die v.a. in der italienischen Region Marken kultiviert wird; aus ihren Trauben werden im Gebiet um die Stadt Pesaro unter der DOC-Herkunftsbezeichnung **Bianchello del Metauro** einfache, frische Weißweine erzeugt.

bianco [-k-], italienisch für weiß; auch Kurzwort für vino bianco (Weißwein).

Bianco di Alcamo, →Alcamo.

Bianco di Custoza ['bɪaŋko di kus'toza], DOC-Herkunftsbezeichnung für Weißweine vom Südostufer des Gardasees in der italienischen Region Venetien; auf über 1390 ha (1999) Weinbergsfläche werden die Rebsorten Trebbiano toscano, Garganega, Tocai friulano, Cortese, Welschriesling (Riesling italico), Weißburgunder (Pinot bianco), Char-

donnay und Malvasia toscana kultiviert und aus ihnen ein leichter, fruchtiger und jung zu trinkender Weißweinverschnitt gekeltert. Die DOC-Statuten sehen auch eine Spumante-Version vor.

Bianco di Pitigliano ['bɪaŋko di pɪti'ljano], DOC-Herkunftsbezeichnung für Weißweine aus dem Süden der italienischen Region Toskana; auf 1020 ha (1999) Rebfläche werden die Rebsorten Trebbiano toscano, Greco, Malvasia bianca toscana, Verdello, Grechetto, Chardonnay, Sauvignon blanc, Weißburgunder (Pinot bianco) und Welschriesling (Riesling italico) kultiviert, aus denen ein fruchtbetonter Weißwein erzeugt wird. Wenn der Wein mindestens 12 Vol.-% Alkohol besitzt, darf er als Superiore vermarktet werden. Zugelassen ist auch eine Spumante-Version.

Biancolella [bjaŋko'lella], Weißwein-Rebsorte der italienischen Region Kampanien; aus ihr werden v.a. auf den Inseln Ischia und Capri unter den dortigen, gleichnamigen DOC-Herkunftsbezeichnungen frische, saftige Weißweine erzeugt.

BiB, Abk. für →Bag-in-Box.

Bielersee, nach dem gleichnamigen See benanntes Schweizer Gebiet im Kanton Bern, das weinbaupolitisch zur →Westschweiz gehört; auf den stark kalkhaltigen Böden der knapp 250 ha Rebfläche zwischen dem Jura und dem See werden überwiegend trockene, leichte Weißweine aus Gutedel (Chasselas) erzeugt. Daneben findet man Spätburgunder, Müller-Thurgau, Chardonnay, Grau- und Weißburgunder sowie Sauvignon blanc. Die Weine werden unter den Appellationen Bielersee oder Jolimont vermarktet.

Bienvenues-Bâtard-Montrachet [bjɛ̃v(ə)ny bɑ'tar mɔ̃tra'ʃɛ], Grand-Cru-Appellation für Weine der gleichnamigen Lage in den

Gemeinden Puligny-Montrachet und Chassagne-Montrachet (→Montrachet).

Bierzo ['bĭɛrzo], D.O.-Herkunftsbezeichnung für Weine der spanischen Gebirgslandschaft El Bierzo im Nordwesten Kastilien-Leóns; auf etwa 4000 ha (2001) Rebfläche wird v.a. die Rotwein-Rebsorte Mencía kultiviert, die vermutlich von Cabernet franc abstammt und fruchtige, meist jung zu trinkende Weine hervorbringt. Ihr weißes Gegenstück ist der aromatische Godello. Daneben werden v.a. die Rotwein-Rebsorte Grenache (Garnacha) sowie die weißen Sorten Doña blanca und Chardonnay kultiviert. Klimatisch gesehen liegt das Gebiet von El Bierzo am Schnittpunkt zwischen der trockenen kastilischen Hochebene mit ihrem kontinentalen Klima und dem feuchten, vom Atlantik beeinflussten Galicien.

Biferno, DOC-Herkunftsbezeichnung für Weine eines kleinen Anbaugebiets der süditalienischen Region Molise; die Weißweine werden aus Trebbiano toscano, Bombino bianco und Malvasia bianca, die Roten aus Montepulciano und Aglianico erzeugt.

Bikavér ['bɪkɒveːr], **Stierblut,** berühmtester Rotwein Ungarns, der v.a. aus Trauben der Anbaugebiete →Eger und Szekszárd gekeltert und unter den Herkunftsbezeichnungen **Egri Bikavér** bzw. Szekszárd Bikavér vermarktet wird; Bikavér ist mindestens seit der Belagerung der Burg von Eger durch die Türken im Jahre 1552 bekannt. Bis ins 19. Jh. war Kadarka die Hauptsorte des Bikavér, sie wurde dann durch Blaufränkisch abgelöst; darüber hinaus werden Zweigelt, die Cabernetsorten und Merlot verwendet. Durch den Egri-Bikavér-Kodex wurde 1997 die erste geschützte Herkunftsbezeichnung Ungarns geschaffen.

bin, englisch für Behälter; der Begriff wird als Markenname in Kombination mit unterschiedlichen Zahlen für zahlreiche australische Markenweine verwendet (Bin 65, Bin 707). Ursprünglich wurden Kellerfächer für die Aufbewahrung von Weinflaschen, in anderen Fällen Gär- oder Lagerbehälter mit einer Bin-Nummer gekennzeichnet.

Binissalem, die bedeutendere der beiden DO-Herkunftsbezeichnungen für Weine der spanischen Baleareninsel Mallorca; auf etwa 380 ha Rebfläche des Anbaugebiets werden vorwiegend Rotwein-Rebsorten kultiviert. Die Weine müssen zu mindestens 50 % aus der einheimischen Rebsorte Manto negro gekeltert sein.

Weitere einheimische Rebsorten sind Callet (rot) sowie Prensal blanc und Moll (weiß); daneben werden in geringem Umfang Sorten kultiviert, die vom spanischen Festland oder aus Frankreich eingeführt wurden, wie Macabeo, Chardonnay, Merlot oder Cabernet Sauvignon. Die kräftigen, alkoholreichen Rot-

weine und die fest strukturierten Weißen zeigen teilweise gute Qualität, erreichen aber nur in wenigen Ausnahmefällen das Niveau der Spitzenproduktion des spanischen Festlands.

Bío-Bío, eigentlich Valle del Bío-Bío, Anbaugebiet Chiles, Subregion der Región del Sur, knapp 400 km südlich der Hauptstadt Santiago gelegen und damit südlichstes Qualitätsweinbaugebiet des Landes; das kühle und feuchte Klima von Bío-Bío eignet sich nur bedingt für die Erzeugung von wirklichen Spitzenweinen. Kultiviert wird v.a. die Rotwein-Rebsorte País.

biodynamischer Weinbau, eigentlich **biologisch-dynamischer Weinbau,** Sonderform des →biologischen Weinbaus nach den Regeln des deutschen Anthroposophen Rudolf Steiner (*1861, †1925) und seiner Vorträge zum Gedeihen der Landwirtschaft aus dem Jahre 1924. Steiner stellte die These auf, dass die Krankheit einer Pflanze Zeichen eines gestörten natürlichen Gleichgewichts sei; sol-

biodynamischer Weinbau. Loirewinzer Nicolas Joly, der Pionier des biodynamischen Weinbaus in Frankreich, bearbeitet die Rebzeilen seiner Spitzenlagen La Roche-aux-Moines und Coulée de Serrant mit einer einzigen Pferdestärke.

BIODYNAMISCHER WEINBAU.   *Pionier der Biodynamie*

Er gilt als der Papst des biodynamischen Weinbaus: Nicolas Joly (* 1945), der vielleicht bekannteste Winzer von der Loire, wollte eigentlich einen ganz anderen Berufsweg einschlagen. Erst nach dem Studium zum Master of Business Administration in New York und London kehrte er 1977 ins heimatliche Loiretal zurück und übernahm das Weingut Château La Roche-aux-Moines mit der bereits von Zisterziensermönchen im 12. Jahrhundert angelegten Einzellage Coulée de Serrant. Zunächst arbeitete Joly konventionell, er musste aber feststellen, dass sich die Böden und die Weine im Laufe weniger Jahre rapide verschlechterten. Durch Zufall stieß er auf Rudolf Steiners Schriften. Mitte der 1980er-Jahre begann er umzustellen. Joly lehnt den Großteil der modernen önologischen Hilfsmittel ab und setzt ganz auf die Beobachtung der natürlichen Gleichgewichtsprozesse des Weinbaus und der Rebe sowie auf den Respekt kosmischer Konstellationen. Das Resultat sind Weißweine, die nicht dem stromlinienförmigen, internationalen Geschmacksbild entsprechen, aber zu den ausdrucksstärksten der Loire gehören.

che Störungen könnten beispielsweise auf den Einsatz von chemischen Hilfsmitteln zurückzuführen sein.

■ **Methoden:** Neben den Methoden des biologischen Weinbaus schreibt der biodynamische Weinbau zur Stärkung der Naturkräfte der Rebe den Einsatz speziell hergestellter Hornmist- und Hornkieselpräparate vor. Mit ihnen sollen die Lebensvorgänge im Boden und in den Reben aktiviert und intensiviert werden. Weiterhin werden Kompostpräparate zur Aktivierung der Rotte, d.h. des Abbaus organischer Materialien während der Kompostierung verwendet.

Biodynamisch arbeitende Winzer sind von der Bedeutung kosmischer Einwirkungen wie beispielsweise der Mondphasen auf die Pflanzen und auf die Wirksamkeit ihrer Pflanzenschutzmittel überzeugt. Insbesondere hat die Herstellung und Anwendung der Präparate (Dynamisierung) nach genau festgelegten Vorschriften zu erfolgen, zu denen auch die Beachtung der Mond- und Gestirnskonstellationen bei der Terminierung der Arbeiten in Weinberg und Keller gehört. In Frankreich folgen einige der renommiertesten Weinbaubetriebe dieser Methode.

Bioland. Siegel

BIOLOGISCHER WEINBAU. *Zur Geschichte*

Der biologische Weinbau als »alternatives« weinbauliches Anbausystem und Gegengewicht zur zunehmenden Intensivierung des Pflanzenschutz- und Düngemitteleinsatzes wurde in den 1960er- und 1970er-Jahren entwickelt und ist seit 1985 in Deutschland durch nationale Richtlinien auf privatwirtschaftlicher Basis geregelt. Seit 1991 existieren auch EU-Richtlinien (EU-VO 2092/91), die den biologischen oder ökologischen Landbau generell und damit auch den Weinbau einheitlich regeln. In Deutschland ist der biologische Weinbau weitgehend über private Verbände organisiert, deren Verarbeitungsstandards oft strenger gefasst sind als die EU-Richtlinien. Nach schwierigen Anfangsjahren, in denen die Qualität der Produkte kaum mit der des konventionellen Weinbaus vergleichbar war, stellten ab Mitte der 1990er-Jahre mehr und mehr Spitzenerzeuger vor allem in Deutschland, Österreich und Frankreich auf biologischen Weinbau um. Seither kommen einige der besten und renommiertesten Weine der Welt aus biologischem oder biodynamischem Weinbau.

Bio Ernte Austria®, früher **Ernte für das Leben,** 1979 gegründeter Verband österreichischer Landwirte, der mit 11 500 Mitgliedern – sie bewirtschaften insgesamt 200 000 ha Ertragsfläche – als größter europäischer Bioverband gilt; Ziel der Vereinigung, die auch zahlreiche Weinbaubetriebe zu ihren Mitgliedern zählt, sind die Erstellung und Weiterentwicklung von Produktionsrichtlinien für den biologischen Weinbau sowie die Beratung der Mitgliedsbetriebe.

biogene Amine, eine Reihe organischer Verbindungen, z.B. Bestandteile von Vitaminen, Gewebshormonen oder Sperma, zu denen auch die →Histamine gehören.

Bioland®, eigentlich **Bioland Verband für organisch-biologischen Landbau e.V.,** größte deutsche und Südtiroler Vereinigung von landwirtschaftlichen Betrieben, die nach den Regeln des biologischen Landbaus arbeiten, darunter auch zahlreiche Weinbaubetriebe; die Vereinigung hat 4400 Mitglieder (Landwirte, Gärtner, Winzer und Imker), die eine Fläche von 168 000 ha nach Bioland-Richtlinien bewirtschaften.

In Deutschland gehören dem Verband 73, in Südtirol 19 Winzer an. Markenzeichen für ihre Produkte ist ein Logo mit dem Schriftzug »Bioland – ökologischer Landbau«. Im Unterschied zu den gültigen EU-Vorschriften für biologischen Landbau erlaubt die Vereinigung keine Teilumstellung von Betrieben, setzt engere Grenzen bei der Zufuhr von Düngemitteln, verbietet die Verwendung vieler Produkte und Derivate aus der konventionellen Landwirtschaft und fordert die Überprüfung der Standorte auf Altlasten oder Kontaminationsquellen.

biologischer Säureabbau, eine Form des →Säureabbaus.

biologischer Weinbau, biologisch-organischer Weinbau, eigentlich **ökologischer Weinbau,** Sonderform des Weinbaus, bei der der Schutz der Natur und des Ökosystems im Vordergrund der Bemühungen stehen.

Ziel des biologischen Weinbaus ist die Produktion von qualitativ hochwertigen Trauben ohne den Einsatz von Mitteln, die die Umwelt oder den Menschen schädigen könnten, in Abgrenzung zum teilweise intensiven Pflanzenschutz- und Düngemitteleinsatz des konventionellen Weinbaus. Gegenüber dem →integrierten Weinbau und dem z.T. etwas strengeren, kontrollierten →umweltschonenden Weinbau ist der biologische Weinbau die umweltfreundlichste und am besten kontrollierte Produktionsweise im Weinbau. Eine Sonderform des biologischen ist der →biodynamische Weinbau.

■ **Methoden:** Im Vordergrund der Arbeit stehen die Erhaltung und Steigerung der Bodenfruchtbarkeit durch geeignete Kulturmaßnahmen, wobei auf das Erzielen von Höchsterträgen durch schnell wirksame, leicht lösliche Stickstoff-Mineraldünger sowie auf den Einsatz von Herbiziden verzichtet wird. Stattdessen wird beispielsweise artenreiche Begrünung eingesetzt, durch die der notwendige Stickstoff aus der Luft in den Boden überführt wird. Weiterhin sind organische Dünger in Form von Kompost oder Stallmist wichtige Elemente der aktiven Bodenpflege.

Der Bereich unter und zwischen den Rebstöcken wird in der Regel mechanisch, oft sogar von Hand bearbeitet. Neben der Bodenverbesserung ist die Blütenvielfalt der Begrünungen ein wichtiger Aspekt, denn mit einer umfangreichen Flora geht eine formenreiche Fauna mit vielartigen Nützlingen (Schlupfwespen, Florfliegen, Raub- und Blumenwanzen) einher. Diese Nützlinge stärken die Selbstregulierungsmechanismen des Ökosystems Weinberg entscheidend. Tierische Schädlinge, wie der Traubenwickler, dürfen im Bedarfsfall ergänzend mit →Bacillus thuringiensis oder →Pheromonen bekämpft werden.

Zur Bekämpfung von Pilzkrankheiten wie Falschem und Echtem Mehltau (→Rebkrankheiten) dürfen Pflanzenpflegemittel wie Gesteinsmehle, Pflanzenextrakte oder Algenpräparate sowie Schwefel und in geringem Umfang Kupferpräparate bis zu einer Höchstmenge von 3 kg Reinkupfer/ha und Jahr eingesetzt werden. Der zunehmende Anbau von widerstandskräftigen →Hybriden könnte in naher Zukunft einen Verzicht auf Kupferwirkstoffe möglich machen.

Während Kritiker des biologischen Weinbaus diesem vorwerfen, ökonomisch sinnvolles Arbeiten sei nach dessen Methoden nicht möglich, verweisen die Verteidiger darauf, dass das naturnahe Arbeiten eine erhebliche Steigerung der Trauben- und damit der Weinqualität ermöglicht. Insbesondere der Terroir-Charakter der Weine könne nur durch ein intaktes Ökosystem mit einem reichhaltigen mikrobiologischen Leben zur Geltung gebracht werden.

Die wichtigsten Verbände bzw. Markenzeichen des biologischen bzw. biodynamischen oder umweltschonenden, integrierten Weinbaus im deutschen Sprachraum bzw. Mitteleuropa sind: →Bioland®, →Bundesverband ökologischer Weinbau bzw. →EcoVin®, →Demeter®, →Ecocert®, →Bio Ernte Austria® und →Naturland®. In Deutschland sind sieben der insgesamt neun Vereinigungen des biologischen Landbaus zur →Arbeitsgemeinschaft Ökologischer Landbau zusammengeschlossen.

Biondi Santi [ˈbiɔndi: ˈsantɪ], Ferruccio, italienischer Weingutsbesitzer, *1848, †1916; er war der Erzeuger des ersten →Brunello di Montalcino, eines der berühmtesten italienischen Rotweine. Der Sohn von Caterina Santi und Jacopo Biondi hatte die Bemühungen seines Großvaters Clemente Santi (*1795, †1885) wieder aufgenommen, eine hochwertige Selektion aus den Sangiovese-Rebstöcken des Weinguts Greppo in Montalcino zu isolieren. 1880 erzielte er erste befriedigende Resultate und 1888 konnte er den ersten offiziellen Jahrgang dieses nach der Methode des →Barolo, d.h. trocken ausgebauten, kräftigen Rotweins vorstellen. Das Weingut Greppo ist noch immer im Besitz der Familie Biondi Santi.

Biosiegel, 2001 in Deutschland eingeführte Kennzeichnung für Produkte des bio-

logischen Landbaus (und damit auch des biologischen Weinbaus) bzw. nach ökologischen Kriterien erzeugte Lebensmittel, die den geltenden EU-Richtlinien entsprechen.

Ziel der Einführung des Siegels ist die Vereinheitlichung der fast 180 verschiedenen Marken- und Garantiezeichen, darunter viele Eigenmarken von Produzenten und Händlern, im Sinne des Verbraucherschutzes. Das Biosiegel kann von allen geprüften Erzeugern, Verarbeitern und Händlern genutzt werden, wobei Verbands- und Markenzeichen mit teilweise strengeren Produktionsvorgaben ihre Gültigkeit behalten und weiterhin genutzt werden können. Ein entsprechendes Biosiegel existiert auch in Österreich.

Bioveritas, eigentlich Weingüter Bioveritas, Vereinigung von 13 österreichischen Weingütern, die nach den Methoden des biologischen Weinbaus arbeiten; sämtliche Mitglieder sind anerkannte Biobetriebe und werden staatlich kontrolliert. Sie sind verpflichtet, auf ihren Etiketten die betriebseigene Bio-Kontrollnummer zu führen. Einige der Mitglieder sind zusätzlich in Verbänden wie Bio Ernte Austria® oder Demeter® organisiert.

Biowein, gemeinsprachlich Wein aus →biologischem Weinbau.

Biowinzer, gemeinsprachlich Winzer, der nach den Regeln des →biologischen Weinbaus arbeitet.

Biozide, gelegentlich für →Pestizide verwendete Bezeichnung.

Biss, Festigkeit und Struktur im Geschmack; Begriff der Weinansprache für von Tanninen und Säure geprägten, aber gleichzeitig ausgewogenen Geschmack.

Bitscherl, österreichisch für →Fassgeschmack.

bitter, am Zungengrund unangenehm wirkend; deutlich wahrnehmbare Bitterkeit ist einer der störendsten geschmacklichen Fehler von Weinen. Sie kann von fehlerhaftem Säureabbau oder von unreifen Tanninen und Säuren der Trauben stammen. Hoher Alkoholgehalt des Weins kann den bitteren Geschmack des Tannins noch verstärken. Bitterkeit tritt v.a. dann geschmacklich in den Vordergrund, wenn sie nicht von Frucht oder Süße kompensiert wird.

Im Gegensatz zum eindeutigen Bittergeschmack sind Aromen und Geschmacksnoten von **Bittermandeln** (österreichisch **Bitterl**) in manchen Weinen durchaus erwünscht. Das **Bitterwerden** dagegen ist eine →Weinkrankheit, die insbesondere bei Rotweinen auftritt und durch Milchsäurebakterien entsteht. Diese bauen dann Glyzerin zu Substanzen ab, die mit Tanninen zu bitterschmeckenden Stoffen reagieren.

Bize-Leroy [biːz ləˈrwa], Lalou, französische Winzerin, * Paris 3. 3. 1932; Bize-Leroy ist

Biosiegel

Lalou Bize-Leroy ist eine der bekanntesten Verfechterinnen des biodynamischen Weinbaus in Frankreich.

Besitzerin des bereits 1868 von ihrem Urgroßvater François gegründeten Weinhauses Leroy in Meursault (Burgund), in das sie bereits 1955 eintrat.

In den 1980er-Jahren stellte sie die Weinbergsarbeit des Hauses, dem zahlreiche Parzellen in Spitzenlagen wie Corton-Charlemagne, Romanée-Saint-Vivant, Richebourg, Clos de la Roche und Clos de Vougeot gehören, nach den Richtlinien des →biodynamischen Weinbaus um. Sie gilt als eine der prominentesten Vertreterinnen dieser Art der Weinbergsbearbeitung. Bize-Leroy ist darüber hinaus Besitzerin des Weinguts Domaine d'Auvenay in Meursault, dessen Weinberge ebenfalls nach biodynamischen Methoden bewirtschaftet werden.

blanc [blã], französisch für weiß; auch Kurzwort für vin blanc (Weißwein).

Blanc de blancs [blã də blã, französ., »Weißer aus weißen (Trauben)«], aus Weißwein-Rebsorten gekelterter Schaumwein; ursprünglich aus der französischen Champagne stammende Bezeichnung, wo sie im Unterschied zu den aus roten und weißen Sorten gekelterten Standardprodukten für reinsortig aus Chardonnay erzeugten Champagner verwendet wurde.

Blanc de Morgex [blã də mɔr'gɛ], Weißwein-Rebsorte der italienischen Region →Aostatal.

Blanc de noirs [blã də nwar, französ., »Weißer aus schwarzen (Trauben)«], ausschließlich aus Rotwein-Rebsorten gekelterter (→weißgepresster) Schaumwein; ursprünglich aus der französischen Champagne stammende Bezeichnung, die gelegentlich auch für weißgepresste Stillweine Verwendung findet.

Blanc fumé, →Sauvignon blanc.

blanco, spanisch für weiß; auch Kurzwort für vino blanco (Weißwein).

Blandy, englisch für →Madeira.

Blanquette [blã'kɛt], gemeinsprachliches Synonym für zahlreiche Weißwein-Rebsorten in Südfrankreich, darunter →Bourboulenc und →Clairette 1) sowie die nur wenig verbreiteten Spezialitäten Mauzac oder Ondenc. Der einzige A. C.-Wein, der die Bezeichnung Blanquette im Namen trägt, ist Blanquette de →Limoux.

Blattdüngung, eine Art des →Düngens.

Blätter, Grundorgane der →Rebe 2).

Blattgallmilbe, ein →Schädling der Weinrebe.

Blattherbizide, über die Blätter aufgenommene und wirkende Herbizide (→Pflanzenschutz).

Blattrollkrankheit, Rollkrankheit, Viruskrankheit der Rebe (→Rebkrankheiten).

Blattspreite, ein Teil des Blatts der →Rebe 2).

Blauburger, österreichische Rotwein-Rebsorte, die 1923 von Fritz Zweigelt als Kreuzung aus Portugieser und Blaufränkisch gezüchtet wurde; die früh bis mittelspät reifende Sorte belegt knapp 2% der österreichischen Rebfläche und wird in Deutschland versuchsweise kultiviert.

Blauburger bringt gleichmäßig hohe Erträge, ist wenig botrytisgefährdet und stellt geringe Ansprüche an die Lage; dagegen ist er frostgefährdet und anfällig für Rebkrankheiten wie Stielfäule und Echten Mehltau. Die farbintensiven Weine werden oft als Deckwein für farbschwächere Rotwein-Rebsorten verwendet, sind aber bei zu hohen Erträgen oder von zu schlechten Lagen nicht sehr ausdruckstark.

■ **Verbreitung:** Von den gut 880 ha Rebfläche, die in Österreich mit Blauburger bestockt sind, liegen gut drei Viertel in Niederösterreich und fast ein Viertel im Burgenland. In der Steiermark, in Wien und in Deutschland belegt die Sorte nur jeweils wenige Hektar Weinbergsfläche.

Blauburgunder, Blauer Burgunder, →Spätburgunder.

Blauer Arbst, Rotwein-Rebsorte aus der Gruppe der →Burgundersorten, die auch unter dem Namen Affenthaler oder Rother bekannt, mit dem früher in Württemberg verbreiteten Blauen Affenthaler allerdings nicht verwandt ist. Blauer Arbst ist nur noch marginal verbreitet – v. a. im deutschen Anbaugebiet Baden – und gilt als spontane Mutation des Spätburgunders. Der Name Weißer Arbst wird gelegentlich als Synonym für Weißburgunder verwendet.

Blauer Frühburgunder, →Frühburgunder.

Blauer Kracher, →Blauer Wildbacher.

Blauer Limberger, →Blaufränkisch.

Blauer Portugieser, →Portugieser.

Blauer Silvaner, Weißwein-Rebsorte, wahrscheinlich die Mutterrebe des →Silvaners; Blauer Silvaner wird nur noch in sehr geringem Umfang in Württemberg kultiviert.

Blauer Spätburgunder, →Spätburgunder.

Blauer Trollinger, →Trollinger.

Blauer Wildbacher, Wildbacher, Blauer Kracher, Kracher, alte österreichische Rotwein-Rebsorte, deren Name auf die ehemalige Herrschaft Wildbach bei Deutschlandsberg in der →Steiermark verweist; die robuste Sorte gedeiht bis in Höhen von etwa 600 m ü. M. und stellt keine besonderen Ansprüche an die Böden, bringt aber auf Gneis- oder Schiefer-Urgesteinsböden ein charakteristisches Sortenbukett hervor.

Wegen erhöhter Fäulnisgefahr empfiehlt sich das Auspflanzen in warmen, gut belüfteten Lagen. Die Rebe ist blüteempfindlich und aufgrund ihres relativ frühen Austriebs auch frostanfällig; der Reifezeitpunkt liegt dagegen eher spät. Bemerkenswert ist, dass die Sorte von der Reblauskatastrophe des 19. Jahrhunderts nicht vollständig vernichtet werden konnte.

■ **Geschichte und Verbreitung:** Der Blaue Wildbacher wurde wahrscheinlich bereits in keltischer Zeit im 4. Jh. kultiviert; seine Existenz ist seit dem 16. Jh. urkundlich belegt. Neben der Heimat Steiermark, v. a. der Weststeiermark, wo er etwa 460 ha Rebfläche belegt und zum Keltern von →Schilcher verwendet wird, findet man ihn auch in der italienischen Region Friaul-Julisch Venetien.

Blauer Zweigelt, →Zweigelt.

Blaufränkisch, Lemberger, Limberger, Blauer Limberger, Rotwein-Rebsorte, wahrscheinlich Abkömmling einer Kreuzung aus →Heunisch mit einem unbekannten, zweiten Elternteil.

Die Rebsorte ist v. a. in denjenigen mitteleuropäischen Ländern verbreitet, die einst zur Habsburger Monarchie gehörten. Das Zentrum des Verbreitungsgebiets ist das österreichische Burgenland, von dem ein Teil, das Mittelburgenland, auch Blaufränkischland genannt wird. Ihr Anteil an der Gesamtrebfläche Österreichs beträgt knapp 5,5 %, womit sie auf Platz zwei der meistkultivierten Rotwein-Rebsorten des Landes liegt.

■ **Eigenschaften:** Die spät reifende Sorte stellt mittlere Ansprüche an die Böden und bevorzugt südliche, windgeschützte Hanglagen. Sie wird als eine der besten roten Sorten Österreichs betrachtet und bringt in guten Lagen fruchtige Weine von dichter Farbe hervor, die sich durch gute Tanninstruktur und ausgewogenen Säuregehalt auszeichnen. Blaufränkisch ist auch ein idealer Verschnittpartner verschiedener österreichischer Neuzüchtungen wie Blauburger und Zweigelt.

■ **Geschichte:** Von Österreich aus gelangte Blaufränkisch vor etwa 300 Jahren nach Württemberg, wo er als Lemberger, Limberger oder Blauer Limberger bekannt ist. In den Ländern Osteuropas wird er **Kékfrankos** (Ungarn) oder **Frankovka** (Tschechien, Slowakei, Kroatien), im italienischen Friaul Franconia genannt.

Blauschönung, eine Art der →Schönung.

Blaye [blaj], **Blayais** [bla'jɛ], Regionalappellation für Weine des Bereichs →Bourg-Blaye im französischen Bordeauxgebiet.

Blei, latein. **Plumbum,** chemisches Symbol Pb, blaugraues, weiches, für den Menschen toxisches Schwermetall, das im Wein selbst nur in Spuren enthalten ist; Blei kann einerseits über die Umwelt – durch Autoabgase und bleihaltige Insektizide –, andererseits durch Weinbehandlungsmittel, Geräte und Lacke bei der Kellerarbeit in den Wein gelangen. Karaffen und Gläser aus Bleikristallglas dagegen

scheinen unbedenklich, da ihr Bleianteil nur bei sehr langem Kontakt in den Wein diffundieren könnte.

Seit der Einführung bleifreien Benzins, dem Verbot von bleihaltigen Insektiziden und von Bleikapseln auf Weinflaschen liegt der Bleigehalt bei Weinen deutlich unter der gesetzlich zugelassenen Höchstgrenze von 0,3 mg/l. Durch die Gärung, durch Abstiche und Schönungen werden eventuelle Spurengehalte weiter reduziert. Anfang der 1990er-Jahre durchgeführte Untersuchungen ergaben in Handelsweinen einen durchschnittlichen Bleigehalt von 0,13 mg/l.

■ **Geschichte:** Die konservierende und süßende Eigenschaft von Bleioxid wurde v. a. von den Römern genutzt, um ihre Weine haltbarer und lieblicher zu machen. Die teilweise hohen Beimengungen hatten jedoch manifeste Vergiftungserscheinungen zur Folge. Erst im 17. Jh. entdeckte ein deutscher Arzt die Giftigkeit bleihaltiger Weine.

Bleichert, traditionelle Bezeichnung für sehr helle, weißgepresste Weine aus Rotwein-Rebsorten, die heute meist als →Blanc de noirs bezeichnet werden. Im deutschen Anbaugebiet ist die Bezeichnung →Ahrbleichert gebräuchlich.

blend, englisch für →Verschnitt.

Blaufränkisch hat zum Ruhm Österreichs als Rotweinland beigetragen.

BLAUFRÄNKISCH. *In Österreich hui, in Deutschland pfui?*

Warum der Blaufränkische in Österreich, insbesondere im Burgenland so herrlich intensive und teilweise sogar recht langlebige trockene Weine hervorbringt, während er im deutschen Anbaugebiet Württemberg unter seinem Pseudonym Lemberger oder Limberger viel zu oft zu blassroten, dünnen oder gar lieblichen Massenprodukten verarbeitet wird, kann sicher nur teilweise mit den unterschiedlichen Terroirs der beiden Anbaugebiete erklärt werden. Vorrangig sind die Gründe dafür eher in der jüngeren Weinbaugeschichte zu suchen, die zur Entwicklung unterschiedlicher Mentalitäten in der jeweiligen Winzerschaft führte. Während man sich am österreichischen Neusiedlersee nach dem Glykolskandal der 1980er-Jahre besonders anstrengen musste, um wieder auf den internationalen Märkten Fuß zu fassen, scheint vielen Württembergern der sichere Absatz auf dem heimischen Markt der »Vierteleschlotzer«, die an »ihren« Lemberger gewohnt sind, offenbar rentabler und bequemer.

Bleniotal, Anbaugebiet im Bereich Sopraceneri des Kantons Tessin in der →Südschweiz; in der alpinen Landschaft herrscht noch die traditionelle Pergolaerziehung vor. Die Rebflächen bestehen aus kleinen, stark fraktionierten Parzellen. Aufgrund des im Vergleich zum restlichen Kanton kühleren Klimas gedeihen hier auch Weißwein-Rebsorten gut, der Großteil der Flächen ist allerdings mit dem roten Merlot bestockt.

blind, trüb, nicht klar; Begriff der Weinansprache für das Aussehen von Weinen, die einen →Schleier haben.

urteilung von Weinqualitäten. Von den Flaschen werden dabei alle Erkennungsmerkmale wie Etiketten, Kapseln und Korken entfernt oder sie werden unter Kartonhüllen oder Stoffhüllen versteckt bzw. in Aluminiumfolie eingeschlagen. Identifizierbar sind sie für den Weinverkoster nur über Nummern; erst am Ende einer solchen Probe werden die Erzeuger, gegebenenfalls weitere Details wie Wein- oder Lagennamen bekannt gegeben. Der Sinn dieser Methode der Qualitätsprüfung besteht darin, ein möglichst unvoreingenommenes, objektives Urteil zu ermöglichen, da Geschmackswahrnehmungen entscheidend von Vorurteilen, Einbildungen und Stimmungen beeinflussbar sind. Meist kennen der oder die Verkoster bei Blindproben allerdings die Sorte bzw. Herkunft und den Jahrgang der Weine, die sie beurteilen müssen, um zum Beispiel Parameter wie die Typizität des Weins korrekt bewerten zu können.

Zwar werden niemandem die Augen verbunden, aber ein gewöhnungsbedürftiges Bild ist sie doch: die Blindprobe zur Be-

---

Blindprobe, Blindverkostung, Methode der →Verkostung von Weinen in Unkenntnis des Erzeugers, seltener auch der Rebsorte, der Herkunft oder des Jahrgangs. Die Weine werden durch Entfernen von Etiketten, Kapseln und Korken oder durch Verhüllen unkenntlich gemacht.

Blue Nun® [blu: nʌn, engl.], bekannteste deutsche Weinmarke, die sich v. a. in Großbritannien großer Beliebtheit erfreut – dort gehört sie mit jährlich mehr als 5 Mio. Flaschen (2002) zu den meistverkauften Weinmarken. Noch in den 1980er-Jahren wurde unter der Marke Blue Nun® fast ausschließlich →Liebfrauenmilch verkauft, seit Ende der 1990er-Jahre tragen auch Rot- und Schaumweine den bekannten Namen.

Blume, Duft, angenehmer Geruch von Weinen; der Begriff der Weinansprache wird vorwiegend für leicht aromatische Weißweine verwendet und kann fruchtige, würzige, mineralische wie auch florale Aromen bezeichnen. Als **blumig** werden dagegen einerseits Weine bezeichnet, deren Aromen an Blumen- und Obstblüten erinnern, andererseits solche, deren Blume besonders üppig und markant wirkt.

Blush [blʌʃ, zu engl. to blush »erröten«], meist lieblicher, sehr heller und oft mit Kohlensäure angereicherter, früher sehr populärer Roséwein aus Kalifornien, der traditionell aus der Rebsorte →Zinfandel gekeltert wird. Die Beliebtheit des Blush ist mit dem Aufkommen einer breiteren Weinkultur in den USA in den 1990er-Jahren stark zurückgegangen.

Blüte, Organ der →Rebe 2), das der geschlechtlichen Fortpflanzung dient und aus dem sich die Beerenfrucht entwickelt.

Blütenstand, Sprossverband aus zahlreichen Blüten der Rebe, dessen Früchte die →Traube bilden.

Boal [bu'al], große portugiesische Rebsortenfamilie, zu der die Weiß- und Rotwein-Rebsorten Boal de Alicante-Moscatel, Boal Barreiro, Boal branco (auf →Madeira auch Boal na Madera oder Bual genannt), Boal branco do Algarve, Boal Cachudo, Boal de Calhariz, Boal Espinho, Boal de Natura, Boal Preto de Santarém, Boal Ratinho, Boal rosado, Boal roxo, Boal de Santarém und Boal Vencedor gehören; nicht zu dieser Gruppe zählen einige Sorten, deren Namen den Bestandteil Boal enthalten, wie Boal de Alicante (eigentlich Alicante branco), Boal de Praça (Valenci blanco), Boal Babosa (Ahmer Bou'amer), Boal Bonifacio (Vital blanc), Boal Carrasquenho (Alicante branco) und Boal Prior (Tamarez).

Bobal, stark färbende spanische Rotwein-Rebsorte, die auf etwa 91 000 ha (1999) Rebfläche kultiviert wird und damit an siebter Stelle der weltweit meistverbreiteten Sorten steht; sie ist sehr genügsam, neigt aber bei feuchtem Klima zur Fäule. Bobal ist die Hauptsorte im Anbaugebiet Utiel-Requena (→Levante), findet sich aber auch im Osten des spanischen Zentralgebiets, in den Provinzen Cuenca und Albacete. Früher v. a. für →Mostkonzentrat und Verschnittweine verwendet, liefert sie vorzüglichen Roséwein und wird inzwischen auch zur

Produktion von rotem Qualitätswein eingesetzt.

Boberg, südafrikanische Herkunftsbezeichnung mit dem Status einer Weinbauregion; sie wird ausschließlich für aufgespritete Likörweine der Weinbaudistrikte Paarl und Tulbagh der Region →Coastal Region verwendet. Die sherry- und portweinähnlichen Weine sind überwiegend aus Chenin blanc, Palomino und Muskat Alexandrien gekeltert. Mit der Modernisierung des südafrikanischen Weinbaus und der schwindenden Rolle der Likörweine, insbesondere auf den Exportmärkten, geht auch die Bedeutung der Herkunftsbezeichnung Boberg zurück.

Boca, DOC-Herkunftsbezeichnung für Weine aus dem Norden der italienischen Region Piemont; trotz der nur noch knapp 15 ha umfassenden Rebfläche genießt Boca immer noch ein gewisses Renommee. Die Weine werden hauptsächlich aus Nebbiolo (Spanna) mit kleineren Anteilen Vespolina und Uva rara (Bonarda) gekeltert. Ihre kräftige Tanninstruktur verleiht ihnen gute Alterungsfähigkeit. Die Weine müssen mindestens zwei Jahre im Holzfass reifen und dürfen erst drei Jahre nach der Ernte in den Verkauf gelangen.

Bocksbeutel, in der Vorderansicht bauchig-runde, im Profil flache Flasche mit aufgesetztem Röhrenhals; Bocksbeutelflaschen dürfen in Deutschland ausschließlich für Weine aus dem Anbaugebiet Franken aus dem württembergischen Bereich Kocher-Jagst-Tauber sowie aus dem Bereich Tauberfranken bzw. einigen Gemeinden des Bereichs Ortenau in Baden verwendet werden.

Der Bocksbeutel gilt als Weiterentwicklung eines als Reiseflasche verwendeten, flach gedrückten Kugelgefäßes aus keltischer Zeit und wurde bereits 1726 vom Rat der Stadt Würzburg im Kampf gegen die weit verbreitete Panscherei für das Abfüllen des Steinweins vorgeschrieben. Sein Name ist von ungeklärter Herkunft: Er könnte von Bugsbeutel »am Leib getragene Flasche«, vom niederdeutschen Bookesbeutel »Gebetsbeutel« stammen oder als Anspielung auf den Hodensack von Ziegenböcken entstanden sein.

Bocksbeutelähnliche Flaschen werden für Vinho verde und Roséweine aus Portugal, für die französischen Weinbrände Armagnac und Cognac sowie für südafrikanische Markenweine verwendet.

Böckser, weit verbreiteter Weinfehler, eigentlich Gruppe von Weinfehlern, die sich im Geruch, gelegentlich auch im Geschmack von Weinen bemerkbar machen; man unterscheidet zwischen Schwefelwasserstoffbecksern, Mercaptanböcksern, **Hefeböcksern** und **Aromaböcksern,** wobei es sich bei den beiden letztgenannten Arten eigentlich nur um böckserähnliche Fehlaromen handelt, die unterschiedlichsten Ursachen haben können.

Bestimmte Rebsorten zeigen darüber hinaus v.a. im Jungweinstadium und bei hohen Ernteerträgen böckserähnliche Aromen, die nur schwer vom eigentlichen Böckser zu unterscheiden sind. Nach dem Moment des Auftretens von Böcksern unterscheidet man auch nach Gärungs-, Lager- oder Flaschenböcksern.

■ **Entstehung:** Böckser im strengen Sinne des Wortes, d.h. Schwefelwasserstoff- oder Mercaptanböckser, entstehen immer im Zusammenhang mit →Schwefel. Die häufigste Böckserart, der **Schwefelwasserstoffböckser** oder Geruch nach **faulen Eiern,** wird von Schwefelwasserstoff (chemisch H_2S) hervorgerufen. Es entsteht v.a. in den Frühphasen der Gärung und wird zum Großteil durch das gleichzeitig gebildete Kohlendioxid aus dem Wein ausgewaschen. In diesem Stadium lassen sich Böckser durch einfaches Belüften entfernen, wobei der Schwefelwasserstoff zu Wasser und freiem Schwefel oxidiert wird.

Wird der einfache Schwefelwasserstoffböckser jedoch nicht behandelt, so kann bei der Lagerung im Fass oder in der Flasche durch die Reaktion des Schwefelwasserstoffs mit Äthanol oder Acetaldehyd das berüchtigte Äthylmercaptan entstehen, das allerdings auch durch andere chemische Prozesse im Wein gebildet wird. Dabei gilt: Je mehr Schwefelwasserstoff während der Gärung entsteht, desto höher kann auch die Konzentration anderer Böckservorstufen sein, die teilweise noch Monate nach der Gärung während der Fasslagerung oder in der Flasche zu Böcksern führen können und nicht mehr reparabel sind.

Bocksbeutel. Gelegentlich bringen fränkische Erzeugerbetriebe auch besonders aufwendig gestaltete Bocksbeutel auf den Markt.

BÖCKSER. *Ein verzeihlicher Fehler?*

Manche Winzer nehmen ihn selbst dann nicht mehr wahr, wenn er längst über die Primär- und Sekundäraromen des Weins dominiert. So sehr gehört der Böckser zum Aromaprofil ihrer Weine. Dennoch gilt: Echte Böckser im Wein sind schwerwiegende Weinfehler, weil sie im Laufe der Alterung in der Flasche zu unangenehm an Knoblauch oder Zwiebeln erinnernden Mercaptanböcksern werden können. Dabei ist es so einfach, die Böckserbildung während der Gärung und Lagerung des Weins zu kontrollieren und gegebenenfalls zu beheben. Ist der Wein erst einmal in der Flasche, so ist meist nicht mehr viel zu retten. Gelegentlich mag es reichen, den Wein vor dem Ausschenken zu Dekantieren, aber das hilft eher bei so genannten Hefeböcksern, eigentlich hefigen Gärnoten, als bei echten Schwefelwasserstoffböcksern. Gegen Mercaptan dagegen hilft kein Lüften, sondern nur noch eine risikoreiche chemische Behandlung des Weins.

■ **Behandlung:** Winzer und Weinmacher können die Entstehung von Böcksern weitestgehend beeinflussen und damit verhindern. Als böckserfördernd kommen unter bestimmten Bedingungen eventuelle Spritzmittelrückstände, übermäßige Traubenschwefelung vor der Gärung, das Vorhandensein von elementarem Schwefel aus nicht sorgfältig durchgeführter Fasskonservierung, der Gebrauch bestimmter Hefen, wenn Stickstoffmangel vorliegt, hohe Gärtemperaturen, die Benutzung sehr großer Gebinde, das Liegenlassen von Jungweinen auf dem Geläger, der Kontakt mit Metallen und eine sehr reduktive Gärführung, v. a. im Zusammenhang mit dem Gebrauch von Reinzuchthefen infrage.

Böcksermindernd sind dagegen geringes Anschwefeln der Trauben oder des Mosts, gründliches Klären des Mosts, kühle Gärung und rasches Abziehen des Jungweins. Böckser, die durch einfaches Lüften nicht mehr entfernt werden können, sind eventuell noch durch Zugabe von Kupfer- und Silberverbindungen zu retten, wobei diese allerdings nicht gegen die erwähnten Böckservorstufen helfen, die erst im Laufe der Zeit Böckser verursachen.

Boden. Von den schottrigen Schwemmlandböden des Gebiets von Pauillac im französischen Bordeauxgebiet kommen einige der feinsten Weine der Welt.

Bockstein, Spitzenlage der Gemeinde Ockfen im deutschen Anbaugebiet Mosel-Saar-Ruwer, Bereich Saar; auf dem nach Süden ausgerichteten Hang mit Böden aus verwittertem Devonschiefer und gelbem Lehm wird ausschließlich die Weißwein-Rebsorte Riesling kultiviert. Die Reben sind in traditioneller Art an Einzelpfählen erzogen (→Erziehungsformen).

Bodega [letztlich von griech. apotheke »Abstellraum«], spanisch für Weingut oder Weinkellerei, seltener auch Weinlager; traditionell war Bodega die Bezeichnung für eine einfache Schankstube, in der offene Weine aus Tonbehältern und Holzfässern verkauft wurden, aber auch für den Ort, an dem Wein gekeltert und gelagert wurde.

Boden, die durch physikalische, chemische und biologische Prozesse entstandene Materialschicht von 0,5–2 m Dichte auf den Gesteinen der Erdkruste, welche mit ihrer chemischen Zusammensetzung die Grundlage der Bodenentstehung bilden; der Boden besteht aus mineralischen und organischen Bestandteilen und ist mit Wasser und Luft durchsetzt.

Mineralische Bestandteile sind v. a. Quarz, Silikate, Tonminerale und Kalk, während die organischen Bestandteile, die etwa 2 bis 20% der Bodenmasse ausmachen, aus pflanzlichen oder tierischen Rückständen sowie abgestorbenen Tieren bestehen. Ein wesentlicher Bestandteil des Bodens sind Mikroorganismen (Bodenorganismen) wie Pilze, Hefen, Algen und Bakterien, die den Abbau des pflanzlichen und tierischen Materials im Boden besorgen. Diese Bodenorganismen beeinflussen einerseits durch ihre Stoffwechselprozesse die chemische und physikalische Bodenzusammensetzung selbst, andererseits den Austausch von Nährstoffen zwischen Boden und Rebe. Im Falle von Hefen und Bakterien beeinflussen sie sogar die Gärung und den Ausbau und damit direkt den Weincharakter.

■ **Weinbau:** Der Boden ist neben der Rebsorte, dem Klima und der Arbeit des Menschen der vierte wesentliche Faktor, der die Herausbildung bestimmter Weintypen und -qualitäten beeinflusst (→Terroir). Dabei sind seine Zusammensetzung wie auch die in ihm lebenden Mikroorganismen von Bedeutung; die meisten Rebsorten bringen nur auf bestimmten Bodenarten große Weine hervor. Auch die chemischen und physikalischen Eigenschaften des **Unterbodens,** d.h. der humusarmen Schicht, die unterhalb der regelmäßig bearbeiteten Krume direkt auf den Gesteinen der Erdkruste aufliegt, tragen zur Ausbildung des Weincharakters bei, wenn sie beispielsweise ein Vordringen der Wurzeln in größere Tiefen erlauben.

■ **Zusammensetzung:** Was die chemische Zusammensetzung der Böden betrifft, so sind v. a. Stickstoffverbindungen und Mineralien für das Wachstum der Rebe und die Ausbildung ihrer Früchte relevant. Basische Böden, d.h. Böden mit relativ hohem pH-Wert, bringen normalerweise Weine mit höherem Säuregehalt hervor, saure Böden Weine mit niedrigem Säuregehalt. Stickstoff, Kalzium, Magnesium, Phosphor und Spurenelemente dienen der Rebe als Nährstoffe und prägen über vielfältige Prozesse in der Traube selbst sowie bei Gärung und Ausbau des Weins den Charakter des fertigen Produkts.

Die physikalische Zusammensetzung des Bodens – seine Dichte und die **Bodenstruktur** – entscheidet über ausreichende Wasser- und Wärmeversorgung der Rebe. Gute Böden haben sowohl wasser- als auch wärmespeichernde Eigenschaften, sie sind locker und porös und bieten den Wurzeln sowohl mechanischen Halt als auch die Möglichkeit, zu tiefer liegenden mineralreichen Schichten des Bodens und Unterbodens vorzudringen. Wird der Boden durch Befahren mit schweren Maschinen verdichtet, können sich seine physikalischen Eigenschaften negativ verändern. →Erosion, meist durch die Zerstörung der Pflanzendecke in bestimmten topographischen Situationen ausgelöst, kann dazu führen, dass der Boden seine Nährstoffe verliert.

Boden|abdeckung, Abdeckung des Pflanzstreifens im Weinberg durch Stroh, Mist, Häcksel, Folien oder andere Materialien im Rahmen der →Weinbergsarbeit.

Bodenarten, Sonderartikel S. 76/77.

Bodenbearbeitung, Bestandteil der →Weinbergsarbeit.

Bodendüngung, eine Art des →Düngens.

Bodensatz, 1) →Weinstein.

2) →Depot.

Bodensee, Bereich des deutschen Anbaugebiets Baden am westlichen und nördlichen Ufer des gleichnamigen, großen Alpenrandsees; hier werden v.a. die Rebsorten Müller-Thurgau und Spätburgunder kultiviert. Die benachbarten Gebiete Bayerischer Bodensee und Württembergischer Bodensee gehören zum Anbaugebiet Württemberg. Von österreichischer bzw. Schweizer Seite grenzen Vorarlberg sowie die beiden Weinbaukantone St. Gallen und Thurgau an den See.

Bodenstruktur, die räumliche Anordnung der festen Bodenbestandteile, das Bodengefüge; die Bodenstruktur ist ein wesentliches Qualitätsmerkmal der physikalischen Beschaffenheit des →Bodens.

Bodensee. An den Ufern des Bodensees wachsen Trauben auf fünf Anbaugebieten. In Deutschland sind es Baden und Württemberg, in der Schweiz Gallen und Thurgau und in Österreich Vorarlberg.

Bog|rebe, fruchttragende Rute des Rebstocks, die beim →Rebschnitt nicht entfernt wird.

boisé [bwaze:, zu französ. bois »Holz«], französisch für →Holzgeschmack zeigend; meist im positiven Sinne benutzter Begriff der Weinansprache.

Bolgheri ['bolgeri], DOC-Herkunftsbezeichnung für Weine von den Hängen der Küstengebirge der italienischen Region Toskana; lange Zeit wurde unter der DOC-Bezeichnung lediglich ein Rosé gefüllt.

Bolgheri. Wein, Oliven und Lavendel finden im warmen Mikroklima von Bolgheri ideale Wachstumsbedingungen wie hier auf der Tenuta Ornellaia.

Bodentrauben, Erdtrauben, von der Rebe abgeworfene, auf dem Boden liegende Trauben. Bodentrauben fallen aus zweierlei Gründen an: zum einen durch Stiellähme, ein in der Rebe vorhandenes Missverhältnis der Elemente Kalium, Kalzium und Magnesium, zum anderen durch Stielfäule (→Botrytis). Das Auftreten von Bodentrauben ist sorten- und witterungsabhängig und wird durch intensive Stickstoffdüngung gefördert.

Erst nach der Neugestaltung der italienischen Herkunftsbezeichnungen Mitte der 1990er-Jahre wurde es möglich, einige der berühmtesten italienischen Weine, die roten →Super-Tuscans wie →Sassicaia, Ornellaia oder Grattamacco unter diesem Namen zu vermarkten; Sassicaia wurde zum Namen für einen eigenständigen Bereich innerhalb des Anbaugebiets. Neben den Rotweinen werden *Fortsetzung S. 78*

BODENARTEN

Typischer gelber Kiesel, »galet«, von Châteauneuf-du-Pape im südlichen Rhônetal

Die für den Weinbau relevanten Bodenarten gehören den unterschiedlichsten Entstehungsperioden an und sind von einer fast unüberschaubaren Vielfalt. Ihre Benennung orientiert sich teilweise am Entstehungszeitpunkt, dann wieder an ihrer chemischen Zusammensetzung oder an der Art der Bodenstruktur, wobei einige Bodennamen mehrere dieser Aspekte aufgreifen.

Deutschland und Österreich

Wie in allen Ländern Mitteleuropas ist auch in Deutschland und Österreich fruchtbare Braunerde die am meisten verbreitete Bodenart. Sie entsteht auf kalkarmen, silikathaltigen Gesteinen unter Laub- und Mischwäldern. Vor allem in den österreichischen Anbaugebieten Thermenregion, Kamptal, Südsteiermark und am Neusiedlersee wachsen auf ihr Weiß- und Rotwein-Rebsorten, deren Weine viel Stoff und ausgeglichene Säure mitbringen.

Granit ist ein hellgraues, körniges Tiefengestein, das durch Umwandlung von Sedimentsgesteinen in der Erdkruste entstand und mineralische, säurereiche Böden bildet. Granit- bzw. Granitverwitterungsböden findet man vor allem in der Pfalz und der Ortenau.

Kalkstein ist ein weit verbreitetes Sedimentgestein, das meist im Meerwasser entstanden ist. In Deutschland wachsen an der rheinhessischen Rheinfront und in der Pfalz hervorragende Rieslinge auf Kalkstein, in Österreich findet man Kalkschotter vor allem in der Thermenregion in Verbindung mit Braunerdeauflagen.

Keuper ist ein nach der erdgeschichtlichen oberen Abteilung des Trias benanntes, kalkhaltiges Sedimentgestein. Keuperböden gibt es in Franken und Württemberg, teilweise auch im nördlichen Baden, und sie eignen sich vor allem für Weißwein-Rebsorten wie Silvaner und Riesling, gelegentlich auch für Lemberger.

Lehm gehört zu den wertvollsten Bodenarten der Landwirtschaft. Die durch Eisenverbindungen gelblich oder rötlich gefärbte Mischung aus Tonmineralen und Quarzsand entsteht durch die Verwitterung von Kalkstein. Auf Lösslehmböden oder sandigem bis kiesigem Lehm wachsen einige der besten Rieslinge von Rheingau, Mittelrhein und Nahe, in der Pfalz zusätzlich auch weiße Burgundersorten.

Löss ist aus Wüsten angewehtes, sehr feines Sediment aus Quarz, Kalk und Silikaten. Er bedeckt etwa 10 % der Landoberfläche der Erde und kann in Europa bis zu zehn, am Kaiserstuhl sogar bis zu 40 m mächtige Schichten bilden. Lösslehm eignet sich sowohl für weiße und rote Burgundersorten wie für Riesling. In Österreich findet man Löss vor allem entlang der Donau (Wachau, Kamptal, Donauland), wo er kräftigen, harmonischen Grünen Veltliner hervorbringt.

Mergel ist eine Sammelbezeichnung für schwere, kalkhaltige Sedimentgesteine oder kalkhaltige Tone. Man unterscheidet zwischen Tonmergel und Kalkmergel. Auf Mergelböden steht zum Beispiel ein Teil des Rheingauer und Pfälzer Rieslings.

Moränenschotter wurde während der Eiszeiten von den Gletschern vor allem am nördlichen und südlichen Alpenrand abgelagert. Man findet ihn am Bodensee, am Gardasee und in der italienischen Lombardei. Weine, die auf Mo-

ränenboden wachsen, sind oft von leichterer Art.

Muschelkalk ist eine dem Keuper vorangehende Zeitspanne des Trias. Die nach ihm benannten Böden bestehen aus muschel- und fossilienreichen Ablagerungen. Man findet ihn vor allem in Franken, wo auf den kalkhaltigen Böden herrliche Silvaner wachsen. Auch in der österreichischen Steiermark kommen einige der besten Weine von Muschelkalkböden.

Porphyr ist eine Sammelbezeichnung für feinkörnige vulkanische Gesteine mit eingestreuten Kristallen, wie sie vor allem im deutschen Anbaugebiet Nahe vorkommen. Auf diesen Gesteinsböden wächst guter Riesling.

Sand ist ein Verwitterungsprodukt vor allem von Gesteinen wie Granit, Gneis, Quarzporphyr oder Sandstein und bildet in zahlreichen Anbaugebieten den Weinbergsboden. Weinberge, die auf reinen Sandböden angelegt sind, sind fast vollständig gegen die Reblaus geschützt. Vor allem Lehmböden können sandige Beimengungen haben, die meist für etwas leichtere und luftigere Weine sorgen.

Schiefer sind in dünne, ebene Platten spaltbare, durch tektonischen Druck entstandene Gesteine. Sie haben eine exzellente Wärmespeicherkapazität und bilden die Basis für die besten Weine der nördlichen Anbaugebiete Mosel-Saar-Ruwer, Ahr, Mittelrhein und Rheingau, wo exzellente, terroirgeprägte Rieslinge und Spätburgunder auf ihnen wachsen.

Urgesteinsböden oder Urgesteinsverwitterungsböden sind aus magmatischem, an der Erdoberfläche erstarrtem Gestein entstanden. Die Begriffe werden in Österreich für Böden aus Granit, Basalt oder Porphyr verwendet. Rieslinge und Grüne Veltliner von Urgesteinsböden gelten als die besten Österreichs.

Vulkanische Böden kommen in Deutschland vor allem am Kaiserstuhl vor, wo sie mit Lössböden abwechseln. Sie bringen herrliche Weine aus den Burgundersorten hervor.

Berühmte Weinbergsböden der Welt

Viele Weine verdanken ihren besonderen Charakter der jeweiligen Bodenformation des Anbaugebiets. Der Feuerstein oder Flint, eine Gesteinsformation, die bei der Umbildung lockerer Sedimente zu festem Gestein entstand soll vor allem für den eigenartigen Duft der Weine von Pouilly-sur-Loire verantwortlich sein. Auch von den Granitböden der nördlichen Loire sagt man, dass sie den dortigen Syrah- und Viognier-Weinen ihre mineralische Art verleihen.

Kreideböden und Kreidefelsen sind verantwortlich für zwei sehr unterschiedliche Weintypen: Einerseits bilden sie die Grundlage für die besten Champagner, andererseits wachsen in Südspanien die Trauben für exzellenten Sherry auf ihnen. Aus der Periode des Kimmeridgiums, einer Stufe des Jura, stammen dagegen die kalkhaltigen Tonböden des Gebiets von Chablis, denen die Weine auf Chardonnay-Basis ihren mineralischen, festen Charakter verdanken. Berühmt ist die mineralreiche rote Erde, Terra rossa genannt, von der die besten Weine des australischen Anbaugebiets Coonawarra kommen. Last but not least entstehen auch auf Schwemmlandböden herrliche Weine, wie es die Anbaugebiete links der Gironde im Bordeauxgebiet beweisen.

2) Granitfelsen im Gebiet der Côte-Rôtie an der nördlichen Rhône

3) Tiefe Schotterböden im chilenischen Valle Central

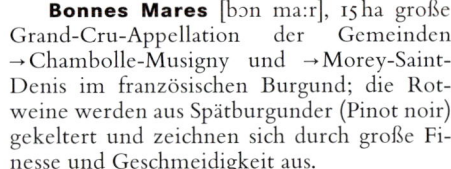

Fortsetzung von S. 75

unter der DOC Bolgheri auch Weißweine aus den Sorten Trebbiano toscano, Vermentino und Sauvignon blanc gefüllt, während für die Rosés und die Rotweine die Sorten Cabernet Sauvignon, Merlot und Sangiovese zugelassen sind. Aus Sangiovese und Malvasia nera wird der Dessertwein des Gebiets, der Vin santo Occhio di Pernice gekeltert.

Bolivien, kleine Weinbaunation in Südamerika; das Land besitzt nur knapp 3 000 ha (1999, 1997: 4 000 ha) Rebfläche und weist eine Jahresproduktion von 24 000 hl Wein aus. Die am häufigsten kultivierte Rebsorte ist Muskat Alexandrien. Rebkulturen wurden bereits im 16. Jh. von Augustinermönchen in dem damals noch zu Peru gehörenden Land angelegt. Mit Weinbergen bis in mehr als 3 200 m ü. M. besitzt Bolivien die höchstgelegenen Weinberge der Welt.

Bombino bianco, Weißwein-Rebsorte Süditaliens; Bombino bianco ist wahrscheinlich mit Trebbiano d'Abruzzo (→ Trebbiano) identisch und wird auf etwa 3 700 ha, rechnet man die Flächen des Trebbiano d'Abruzzo hinzu sogar auf 15 600 ha kultiviert. Wichtige DOC-Weine, die zumindest teilweise aus Bombino gekeltert werden, sind → Castel del Monte und → Locorotondo. Die rote Variante Bombino nero, die in der Region Apulien auf etwa 2 000 ha steht, ist nicht mit Bombino bianco verwandt.

bombona, spanisch für eine große Bauchflasche (→ Flaschen).

Bonarda, 1) alte Rotwein-Rebsorte der italienischen Region Piemont, die in ihrer Heimat nur noch auf 1 900 ha, in Argentinien aber fast 12 100 ha und weltweit sogar auf fast 14 500 ha Rebfläche kultiviert wird. Allerdings ist umstritten, ob die argentinische Bonarda wirklich mit der des Piemont identisch oder verwandt ist; einige Theorien sprechen davon, dass sie von der französischen Corbeau Francesa oder von der in Kalifornien verbreiteten Sorte Charbono abstammen könne oder dass es sich um eine Unterart der italienischen Rotwein-Rebsorte Barbera handelt.

2) → Croatina.

3) im Piemont z. T. für → Uva rara.

Bondola, einheimische Rotwein-Rebsorte des Schweizer Kantons → Tessin; die Sorte wird nur noch auf knapp 30 ha Rebfläche kultiviert und ergibt rustikale und leicht säurebetonte, aber aufgrund ihres Kirschdufts charmante Weine. Sie ist wegen ihrer Anfälligkeit gegen Fäulnis bei den Winzern nicht sehr beliebt und wurde weitgehend von Merlot verdrängt. Es existiert noch eine rote Variante namens Bondoletta. Die noch zu Anfang des 20. Jahrhunderts kultivierte weiße Bondoletta bianca ist dagegen vollständig verschwunden.

Bordeaux. Blick vom alten Ortskern Saint-Émilions am rechten Dordogneufer aufs Entre-deux-Mers.

Bonnes Mares [bɔn maːr], 15 ha große Grand-Cru-Appellation der Gemeinden → Chambolle-Musigny und → Morey-Saint-Denis im französischen Burgund; die Rotweine werden aus Spätburgunder (Pinot noir) gekeltert und zeichnen sich durch große Finesse und Geschmeidigkeit aus.

Bonnezeaux [bɔnzoː], A. C.-Herkunftsbezeichnung für Weine eines kleinen Anbaugebiets im Bereich Anjou-Saumur des französischen Loiretals; auf nur gut 100 ha Rebfläche wird wie im Fall der umliegenden Gebiete → Coteaux du Layon, → Quarts de Chaume oder Coteaux de l'Aubance ausschließlich Chenin blanc (Pineau de la Loire) kultiviert. Die halbtrockenen bis edelsüßen Weißweine können 30, 50 oder sogar mehr als 100 Jahre reifen.

Bonvillars [bõviˈlar], Herkunftsbezeichnung für Weine aus dem Nordteil des Schweizer Kantons Waadt, am westlichen Ende des Neuenburgersees; auf überwiegend kalkhaltigen Sand- und Kiesböden wachsen die Trauben für charaktervolle Weine der Rotwein-Rebsorte Spätburgunder (Pinot noir). Zu internationaler Bekanntheit hat es der Weinbauort Champagne gebracht, der mit dem Weinbauverband der gleichnamigen französischen Appellation einen langen Rechtsstreit darüber führte, ob seine Weine den berühmten Ortsnamen als Herkunftsbezeichnung auf dem Etikett führen dürfen, in dem die französische Champagne letztlich aber obsiegte.

Bopparder Hamm [zu latein. hamus »Haken«], 75 ha große Weinbergslage des deutschen Anbaugebiets → Mittelrhein, die wie beispielsweise Schloss Johannisberg oder Schloss Vollrads im Rheingau den Status eines eigenständigen Ortsteils genießt; sie umfasst auch die Einzellagen Engelstein, Ohlenberg, → Feuerlay, Weingrube, Fässerlay, Elfenley und → Mandelstein.

Die Reben stehen auf einem der steilsten Südhänge Deutschlands, durch den der Rhein zu einer lang gestreckten s-förmigen Schleife gezwungen wird. Auf den dominierenden Kieselgallenschiefern, d. h. grau-grünlichen Tonschiefern mit linsenförmigen, blauschwarzen Einschlüssen, wächst hervorragender Riesling; zunehmend werden aber auch Rotwein-Rebsorten wie Spätburgunder kultiviert.

Bordeaux [bɔrˈdo], **Bordelais** [bɔrdəˈlɛː], Weinbauregion und größtes Anbaugebiet im Südwesten Frankreichs – gleichzeitig eines der größten der Welt und mit dem Département Gironde identisch; auf knapp 125 000 ha (2001) Rebfläche werden mehr als 6,5 Mio. hl Wein im Jahr erzeugt. Von der Gesamtfläche sind 119 000 ha unter insgesamt 57 A. C.-Herkunftsbezeichnungen klassifiziert, der Rest bringt Tafelwein hervor.

Das Bordeauxgebiet ist in drei Bereiche unterteilt, die sich v. a. durch ihre Böden unterscheiden. Der erste Bereich umfasst die Schwemmlandebenen am linken Ufer, der so genannten Rive gauche, von Garonne und dem Zusammenfluss von Garonne und Dordogne, der Gironde. Seine Böden bestehen aus tiefem, gut entwässertem Schotter, der im südlichen Teil mit Sand vermischt ist und die Wurzeln der Reben zwingt, auf der Suche nach Nährstoffen in große Tiefen vorzudringen, was für reichhaltige Mineralzufuhr und gleichmäßige Wasserversorgung auch in trockenen Jahren sorgt.

Zwischen Garonne und Dordogne liegt das so genannte Entre-deux-Mers (»Zwischen zwei Meeren«, gemeint sind die beiden Flüsse), dessen schwere, tonhaltige Böden frische Weißweine und weiche, harmonische Rote liefern. Am rechten Ufer von Dordogne und Gironde schließlich, der so genannten Rive droite, findet man eine große Bandbreite verschiedener Bodenarten, von den kalkhaltigen Kiesböden des Pomerolgebiets bis zum Tonkalk von Saint-Émilion und Fronsac. Entsprechend unterschiedlich fallen die Weine des Bereichs aus.

■ **Klima:** Das Klima des Départements Gironde wird vom nahen Atlantik und von den zahlreichen Flussläufen bestimmt, die dafür sorgen, dass trotz südlicher Lage die Sommer nicht zu heiß werden und keine allzu großen Temperaturschwankungen auftreten. Warme, meist trockene Herbsttage, milde Winter und kaum Frostgefahr im Frühjahr runden das Idealklima v. a. für die anspruchsvollen Rotwein-Rebsorten ab. Innerhalb dieses recht gleichmäßigen Gesamtklimas genie-

ßen einige Gebiete spezielle mikroklimatische Bedingungen, die – wie beispielsweise im Sauternesgebiet – die Produktion gefragter Weinspezialitäten erlauben.

■ **Rebsorten:** Der Rebsortenspiegel des Départements wird zu mehr als 85 % von Rotwein-Rebsorten dominiert. Am meisten verbreitet (64 000 ha, 2001) ist Merlot, gefolgt von Cabernet Sauvignon (29 600 ha), Cabernet franc (14 000 ha) und Malbec. Bei den Weißwein-Rebsorten führt Sémillon die Liste an (8 600 ha); auf den weiteren Plätzen folgen Sauvignon blanc (5 000 ha), Muscadelle, Ugni blanc und Colombard. Die Rebsortenverteilung ist allerdings in den einzelnen Bereichen sehr unterschiedlich. Während auf der Rive gauche Cabernet Sauvignon überwiegt, bildet die Rive droite eine Hochburg des Merlot. Im Entre-deux-Mers werden relativ viel, im Gebiet von Sauternes fast ausschließlich Weißwein-Rebsorten kultiviert.

■ **Appellationen:** Wie alle bedeutenden Weinbauregionen Frankreichs ist auch Bordeaux durch ein hierarchisches System von Appellationen gegliedert, das allerdings in den einzelnen Bereichen unterschiedlich ausgestaltet ist. Auf der untersten Stufe findet man die regionalen Appellationen, für die der Höchstertrag auf 66 hl/ha festgesetzt ist und deren Anbaugebiete fast 80 % der Gesamtfläche einnehmen. Zu ihnen gehören Bordeaux, **Bordeaux Supérieur,** Crémant de Bordeaux und **Bordeaux Rosé** (Bordeaux Clairet), deren Weine aus Trauben der gesamten Gironde erzeugt werden dürfen, sowie Blaye oder Entre-deux-Mers.

Eine Stufe darüber sind die Bereiche wie Premières Côtes de Bordeaux, Médoc, Haut-Médoc, Pessac-Léognan, Graves oder Côtes de Castillon angesiedelt. Ihr erlaubter

Bordeaux. Die Schlösser des Haut-Médoc – hier Château Pichon-Longueville in Pauillac – begründeten bereits gegen Ende des 18. Jahrhunderts das Prestige des Bordeauxgebiets, dessen renommierteste Repräsentanten sie noch sind.

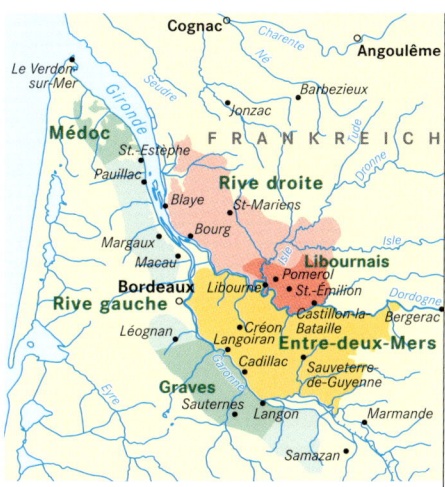

Bordeaux. Das Bordeauxgebiet an den Flüssen Garonne und Dordogne und ihrem Mündungstrichter Gironde an der französischen Atlantikküste.

Es mutet wie eine Ironie der Geschichte an, aber ausgerechnet zwei Nationen, die sich kaum eigener Weinbautraditionen rühmen können, sind für den Aufstieg der vielleicht berühmtesten Weinbauregion der Welt verantwortlich. Die Heirat Eleonores von Aquitanien (* um 1122, † 1204) mit Henri Plantagenet (* 1133, † 1189), dem späteren König Heinrich II. von England, im Jahre 1152 bescherte der Region aufgrund großzügiger Steuerprivilegien auf dem Londoner Markt den ersten Aufschwung. Bis weit ins 14. Jahrhundert kam fast der gesamte, in England konsumierte Wein aus der Gascogne, Eleonores Heimat. Die nächste Etappe der Entwicklung wurde zu Anfang des 17. Jahrhunderts von den inzwischen zur Weltmacht aufgestiegenen Holländern eingeleitet. Sie begannen damit, die Sümpfe des Médoc durch ein ausgeklügeltes Kanalsystem zu entwässern und schufen so die Grundlagen für Weingüter, die zu den berühmtesten der Welt zählen, wie Château Latour, Château Lafite oder Château Margaux. Nach dem Ende des holländischen Weltreichs traten wieder Engländer auf den Plan: Im 18. und 19. Jahrhundert gründeten sie eine Reihe jener Handelshäuser, die bis heute maßgeblich die Geschicke des Bordeauxgebiets bestimmen.

Höchstertrag liegt bei 50–55 hl/ha. Wiederum eine Stufe darüber findet man kommunale Appellationen, zu denen beispielsweise Saint-Émilion, Fronsac oder Pomerol auf der Rive droite und Margaux, Saint-Julien, Pauillac oder Saint-Estèphe sowie Sauternes und Barsac auf der Rive gauche und schließlich die Süßwein-Appellationen Loupiac, Cadillac oder Sainte-Croix-du-Mont im Entre-deux-Mers gehören.

Den Abschluss der Pyramide bilden die klassifizierten Gewächse, die fast für das gesamte Renommee der Region verantwortlich sind, aber nur 5% ihrer Produktionsmengen ausmachen und nicht in allen Anbaugebieten existieren. Es sind auf der Seite der Rive gauche die Crus Bourgeois und die fünf Stufen der Crus Classés sowie auf der Seite der Rive droite die Crus Classés und Premiers Crus Classés von Saint-Émilion.

■ **Geschichte:** Der Weinbau von Bordeaux geht zurück auf die Zeit des römischen Imperiums. Bereits im 3. und 4. Jh. unserer Zeitrechnung wurden in der Gegend von Bordeaux, dem damaligen Burdigala, Reben kultiviert. Nach den dunklen Jahren des Mittelalters, in denen die Region immer wieder von fremden Volksstämmen erobert und geplündert wurde, verlagerte sich der Schwerpunkt des Weinbaus zunächst an die stromaufwärts gelegenen Ufer von Garonne und Dordogne.

Erst mit dem 17. und 18. Jh. erlebte der Weinbau in den heute bekannten Gebieten seinen endgültigen Aufstieg, und im 19. Jh., dem so genannten »goldenen Zeitalter«, entwickelten die Handelshäuser von Bordeaux ihre noch gültige Klassifizierung. Nach der Reblauskatastrophe Ende des 19. Jahrhunderts

Botrytis-befallene Trauben. Greift der Pilz unreife Trauben an, entsteht Roh- oder Sauerfäule, befällt er ausgereifte Trauben, entsteht die begehrte Edelfäule.

war Bordeaux die erste Region, die geschützte Herkunftsbezeichnungen einführte.

■ SIEHE AUCH

→ Barsac · Bourg-Blaye · Cadillac · Côtes de Castillon · Côtes de Francs · Entre-deux-Mers · Fronsac · Graves · Graves de Vayres · Haut-Médoc · Klassifizierung · Libournais · Listrac-Médoc · Loupiac · Margaux 1) · Margaux 2) · Médoc · Moulis-en-Médoc · Pauillac · Pessac-Léognan · Pomerol · Premières Côtes de Bordeaux · Rive droite · Rive gauche · Saint-Émilion · Saint-Estèphe · Saint-Julien · Sauternes · Sauvignon blanc · Sémillon · Zweitwein

Bordeauxbrühe, Bordelaiser Brühe, das →Pflanzenschutzmittel Kupferkalkbrühe. Sie wurde nach Einschleppung des Falschen Mehltaus im Jahr 1878 von Alexis Millardet an der Universität Bordeaux entwickelt und basiert auf Kupfervitriol (chemisch Kupfersulfat, $CuSO_4 \cdot 5H_2O$), das mit Kalkmilch (chemisch Calciumhydroxid, $Ca(OH)_2$) neutralisiert wird; die vorbeugende Wirkung wird durch freie Kupferionen der Lösung ausgeübt. Bordeauxbrühe ist das einzige Fungizid, gegen das der Falsche Mehltau noch keine Resistenz entwickelt hat.

Bordeauxflasche, ursprünglich im französischen Bordeauxgebiet gebräuchliche Flaschenform (→Flaschen).

Bordeauxklassifizierung, im französischen Bordeauxgebiet entwickelte Form der →Klassifizierung für Weinbergslagen und Weine.

Bordeauxverschnitt, gemeinsprachlich für Weine, die aus den Rebsorten Cabernet Sauvignon mit Cabernet franc und/oder Merlot, eventuell auch mit Petit Verdot und Malbec verschnitten (→Verschnitt) wurden, wobei die Zusammensetzung stark variieren kann; der Begriff bezieht sich auf den vorherrschenden Rotweintyp des französischen Bordeauxgebiets, wurde aber zuerst in den Ländern der Neuen Welt populär, von wo aus er dann andere europäische Länder erreichte; in Italien beispielsweise wird ein Wein im Bordeauxverschnitt als »taglio bordelese« bezeichnet.

Bordelais, →Bordeaux.

Bordelaiser Brühe, →Bordeauxbrühe.

Bosnien und Herzegowina, Land der Balkanhalbinsel, ehemalige Teilrepublik Jugoslawiens, die von zwei weiteren ehemaligen Teilrepubliken, Kroatien und Serbien-Montenegro, vollständig umschlossen wird; auf etwa 4000 ha (2000) Rebfläche im Süden des Landes werden v. a. die Sorten Žilavka (weiß) und Blatina (rot) kultiviert. Die Reben stehen auf einem steinigen, karstigen Hochplateau in der Nähe von Mostar und am Mittellauf des Flusses Neretva.

botella [bo'teʎa], spanisch für Flasche.

Botrytis [zu griech. botrys »Traube«], gemeinsprachlich für **Graufäule, Grauschimmel,** Art der Beerenfäule mit grauem Schimmelrasen, die durch den **Botrytispilz** [botanisch Botrytis cinerea, zu lateinisch cinereus »aschgrau«], eine Nebenform der Gattung der Schlauchpilze (botanisch Botryotinia fuckeliana) verursacht wird.

Botrytis kann im Verlauf fast der gesamten Vegetationsperiode auftreten und befällt v. a. die Beeren. Beim Befall unreifer Beeren entsteht die so genannte **Rohfäule** oder **Sauerfäule:** Der Pilz greift mit seinen Enzymen die Beerenschale an, durchlöchert sie, und die Beeren verfaulen durch die austretende Feuchtigkeit. Infiziert er die Traubenstiele, was bei feuchter und warmer Witterung vorkommen kann, entsteht Stielfäule, als deren Folge die Trauben abfallen.

■ **Süßweine:** Werden dagegen reife Weißweinbeeren unter günstigen äußeren Bedingungen vom Botrytispilz befallen, entsteht die so genannte **Edelfäule.** Dazu müssen einerseits das Wachstum des Pilzes durch feuchte Luft, andererseits das Verdunsten des Wassers aus den Beeren gefördert werden. Edelfäule entsteht deshalb v. a. da, wo das herbstliche Wetter durch Frühnebel einerseits und durch Wärme und Trockenheit während des Tages andererseits gekennzeichnet ist. Durch das Verdunsten der Feuchtigkeit werden alle Inhaltsstoffe der Beere wie Zucker, Säuren, Aromen und Geschmacksstoffe konzentriert, das Mostgewicht steigt deutlich an und die Aromen des Mosts bzw. des späteren Weins verändern sich infolge der Zerstörung eines großen Teils der Primäraromen in der Traube. Gleichzeitig reduziert der Pilz die für die Vergärung notwendigen Stickstoffverbindungen, ein Großteil des in hoher Konzentration vorliegenden Zuckers bleibt dadurch unvergoren. Das Resultat dieser Prozesse sind →edelsüße Weine, die sich durch ihre üppige Süße und oft auch durch den Duft exotischer Früchte auszeichnen.

Bei Rotweinen ist das Auftreten von Botrytis in der Regel unerwünscht, da der Pilz bei der Zersetzung der Beerenschale auch die Farbstoffe zerstört; Süßweine aus Botrytis-befallenen Rotwein-Rebsorten sind deshalb extrem selten.

Böttcher, →Küfer.

botte, italienisch für in der Regel großes Holzfass; in Abgrenzung zum Begriff Barrique verwendet.

Bottich, großes, offenes Holzgefäß, im Weinbau meist in Form eines stehenden, oft nach oben verjüngten Zylinders für die →Gärung genutzt.

bottiglia [bot'tiʎʎa], italienisch für Flasche.

Bouchet, Bouchy, →Cabernet franc.

bouquet [bu'ke], französisch für Bukett.

Bourboulenc [burbu'lɑ̃], Weißwein-Rebsorte Südfrankreichs, die eventuell bereits in der Antike aus Griechenland (dort soll sie

noch unter dem Namen Asprokondura bekannt sein) nach Frankreich kam und in verschiedenen Regionen mit einer Vielzahl regionaler Synonyme benannt wird, beispielsweise Oundenc, Clairette dorée, Mourterille, Doucillon, Roussette oder Clairette rousse; nachdem die Sorte in den 1950er-Jahren noch auf fast 1 600 ha Rebfläche kultiviert wurde, steht sie nur noch auf etwa 770 ha (1998). Die spät reifende Bourboulenc besitzt auch bei hoher Reife noch ein gutes Säureniveau. Sie geht insbesondere in weißen →Châteauneuf-du-Pape, →Minervois und →Corbières als Verschnittanteil ein.

Bourg-Blaye. Es muss nicht immer eine großartige Schlossanlage sein: In den bescheidenen Kellern von Château Roc des Cambes im Bereich der Côtes de Bourg entsteht einer der besten Bordeauxroten außerhalb der renommierten Appellationen wie Pauillac, Pomerol, Saint-Émilion oder Margaux.

Bourg-Blaye [bur'blaj], Bereich des französischen Bordeauxgebiets am rechten Ufer der Gironde, der aus dem Bourgeais um den Ort Bourg sur Gironde und dem Blayais um die Stadt Blaye besteht und insgesamt etwa 8 800 ha (2002) Rebfläche besitzt.

Unter den Appellationen Blaye, Côtes de Blaye und Premières Côtes de Blaye im Blayais sowie Côtes de Bourg im Bourgeais werden v. a. Rotweine aus den im gesamten Bordeauxgebiet verbreiteten Rebsorten Cabernet Sauvignon, Cabernet franc, Merlot und Malbec sowie aus kleinen Anteilen Prolongeau, Cahors, Béquignol und Petit Verdot gekeltert. Die Weine sind meist etwas einfacher und zugänglicher als die der renommierteren Appellationen des Bordelais in Médoc, Graves, Saint-Émilion oder Pomerol. Unter den Appellationen Blaye und Côtes de Blaye werden auch Weißweine aus Sauvignon blanc, Sémillon, Muscadelle, Merlot blanc, Colombard und Ugni blanc erzeugt.

Bourgogne [bur'gɔɲ], **1)** französisch für die Weinbauregion →Burgund.

2) A. C.-Herkunftsbezeichnung für Weine der französischen Weinbauregion

BOURGOGNE

Grand Cru neben Alltagswein

Echte Weinfreunde würden wahrscheinlich die Nase rümpfen, wenn man ihnen statt eines Grand Crus aus Chassagne, Morey oder Chambolle einen einfachen Wein der Appellation Bourgogne vorsetzen würde. Dabei sind unter den Gewächsen der untersten Appellationsstufe des Burgund durchaus angenehm zu trinkende Weine zu finden, vor allem seit in jüngster Zeit große Handelshäuser und kleine Winzerbetriebe ihren einfachen Bourgogne ein wenig nach der Art der Neuen Welt vinifizieren und vermarkten und die Herkunftsbezeichnung durch ein Pinot noir oder ein Chardonnay ergänzen. Oft wachsen die Trauben für diese Weine ja unmittelbar neben den prestigeträchtigen Premiers und Grands Crus, genießen also zumindest dasselbe Klima wie ihre berühmten und teuren Nachbarn. Wer genau hinschaut, kann so auch im als teuer verschrienen Burgund preiswerte, harmonische Alltagsweine finden.

→Burgund, unterste Stufe der Appellationshierarchie für Weine aus Trauben aller vier Départements der Region.

Mit verschiedenen Namenszusätzen findet der Name bei einer ganzen Gruppe von Herkunftsbezeichnungen Anwendung, die auch als Regionalappellationen bezeichnet werden. Zu diesen gehören Bourgogne, **Bourgogne ordinaire** oder **Bourgogne grand ordinaire,** wobei die beiden letzten Appellationen für Weine mit etwas geringerem Mindestalkoholgehalt stehen, **Bourgogne Rosé** oder **Bourgogne Clairet,** Crémant de Bourgogne für flaschenvergorene Schaumweine, **Bourgogne Aligoté** für Weine aus der gleichnamigen Rebsorte und schließlich **Bourgogne Passe-Tout-Grains** für Rotweine aus mindestens einem Drittel Spätburgunder (Pinot noir) und höchstens zwei Dritteln Gamay.

Ebenfalls als Regionalappellationen gelten die Bezeichnungen Bourgogne Hautes-Côtes du Beaune, Bourgogne Hautes-Côtes de Nuits, Bourgogne Côte Chalonnaise, Bourgogne Côtes d'Auxerre, Bourgogne Irancy, Bourgogne Vézelay, Bourgogne Chitry, Bourgogne Coulanges-La-Vineuse, Bourgogne Épineul, Bourgogne Côte Saint-Jacques, Bourgogne Montrecul, Bourgogne Le Chapitre, Bourgogne La Chapelle Notre-Dame. Sie können für Weiß- und Rotweine verwendet werden, die den Anforderungen der A. C. Bourgogne genügen und aus der im Namen genannten Stadt oder Gegend stammen.

Bourgueil [bur'gœj], A. C.-Herkunftsbezeichnung für Rotweine aus Cabernet franc mit einem Anteil von maximal 10 % Cabernet Sauvignon im Bereich →Touraine der französischen Weinbauregion Loire; Bourgueil und die Zwillings-Appellation **Saint-Nicolas-de-Bourgueil** besitzen zusammen etwa 2200 ha Rebfläche mit sehr unterschiedlichen Böden. Auf den sandigeren und schottrigen Lagen entstehen elegante, feine und fruchtige Weine, während die der Tonmergelböden kräftiger und tanninbetonter ausfallen.

Bouteille [bu'tɛj, französ. »Flasche«], in Österreich für Flasche, v.a. die 0,75-l-Normflasche.

Boutique Winery [bu'tik 'waɪnərɪ, zu französ. boutique »Laden«, »Geschäft« und engl. winery »Weingut«], kleines Weingut; die Bezeichnung ist v.a. in Kalifornien und Australien gebräuchlich und bezieht sich auf Weingüter, die auf die Produktion kleiner Mengen hochwertiger Weine spezialisiert sind.

Bouvier [bu'vie], Weißwein-Rebsorte, die ursprünglich aus der Schweiz stammt und in Österreich auf insgesamt 365 ha Rebfläche kultiviert wird; um 1900 wurde die Sorte von dem steirischen Bankier Clotar Bouvier (*1853, †1930) auf seinem Besitz im heutigen slowenischen Hercegovščak entdeckt. Bouvier ist neueren genetischen Forschungen zufolge eine Kreuzung aus einem Burgundersämling mit einer bislang unbekannten zweiten Elternsorte.

Eigenschaften: Die Sorte bevorzugt nährstoffreiche, tiefgründige Böden mit entsprechender Wasserversorgung und ist auch für kühlere Lagen geeignet. Sie ist gegen Frost und Fäulnis widerstandsfähig, neigt aber zur so genannten Chlorose, der Vergilbungskrankheit der Rebe. Ihre Erträge sind unsicher und relativ niedrig, wobei die Reife sehr früh einsetzt und die Trauben bereits ab Mitte August gelesen werden können. Bouvier wird als Tafeltraube oder für Traubenmost und Sturm verwendet, eignet sich aber auch für die Erzeugung von Prädikatsweinen mit hohem Mostgewicht, was in Österreich v. a. im Gebiet um den →Neusiedlersee genutzt wird. Bouvier-Weine sind mild und säurearm im Geschmack und zeigen im Duft ein zartes Muskataroma.

Bouzy [bu'zi], Weinbaugemeinde der Montagne de Reims in der französischen Champagne, deren Weinberge als Grand Cru klassifiziert sind und als die besten ihres Bereichs gelten; die insgesamt knapp 360 ha Rebfläche des Ortes sind zu mehr als 85 % mit Spätburgunder (Pinot noir) bestockt, der Rest mit Chardonnay. Die Weine von Bouzy sind kräftig strukturiert und gelten als besonders alterungsfähig; die besten kommen aus den nördlichen, bis zu 220 m ü. M. hoch gelegenen Parzellen des Ortes.

BÖW, Abk. für →Bundesverband ökologischer Weinbau e. V.

Bowle ['bo:lǝ, zu altengl. bolla »Napf«], **Maiwein,** mit Früchten (z. B. Erdbeeren, Pfirsichen) oder Kräutern (z. B. Waldmeister) und Schaumwein oder Mineralwasser versetztes weinhaltiges Getränk.

Bozner Leiten, italien. **Colli di Bolzano,** eigenständige DOC-Bezeichnung innerhalb der italienischen Appellation →Südtirol 2) für meist leichte Rotweine von den Hängen um die Stadt Bozen aus der Rebsorte Trollinger (Vernatsch).

Brachetto [bra'ketto], französ. **Braquet** [bra'kɛː], Rotwein-Rebsorte der italienischen Region Piemont, die auch in Südfrankreich in geringem Umfang kultiviert wird. Unter der DOCG-Herkunftsbezeichnung **Brachetto d'Aqui** werden aus der Sorte rote, süße Still- und Schaumweine gekeltert, die in Duft und Geschmack →Asti 2) ähneln können und bei nur 5–6 Vol.-% Alkohol sehr viel Restsüße besitzen.

Bramaterra, DOC-Herkunftsbezeichnung für Rotweine aus dem Norden der italienischen Region Piemont; die Weine werden aus den Sorten Nebbiolo, Croatina, Bonarda und Vespolina gekeltert.

Brand, Grand-Cru-Lage der französischen Weinbauregion Elsass; von 56 ha Rebfläche in der Gemeinde Turckheim, die sich bis in Höhen von 380 m ü. M. ziehen, kommen sehr gute Weine aus Riesling, Gewürztraminer und Grauburgunder (Tokay Pinot gris). Der Name bezieht sich auf das heiße Mikroklima der Lage, die Böden bestehen aus Sand und Kies auf Granit.

brandig, brennend; Begriff der Weinansprache für unharmonische Weine mit aggressivem →Alkoholgeschmack.

Brandy ['brændɪ], englisch für Weinbrand (→Branntwein).

Branntwein, ursprünglich ein durch Destillation von Wein gewonnenes alkoholisches Getränk mit erhöhtem Alkoholgehalt, heute gemeinsprachlich jede Flüssigkeit mit hohem Alkoholgehalt, unabhängig von der Art der Gewinnung des Alkohols; im engeren Sinne gilt als Branntwein ein durch Destillation gewonnener Alkohol, der neben Wasser auch vielfältige Geschmacks- und Geruchsstoffe enthält, insbesondere Weinbrand.

Als **Weinbrand,** amtlich Qualitätsbranntwein aus Wein, englisch **Brandy,** gilt in der EU ein durch Destillation von Wein gewonnenes Destillat mit einem Alkoholgehalt von mindestens 38 Vol.-%, das vor dem Abfüllen mindestens sechs Monate in Holzfässern gelagert wurde. Deutscher Weinbrand muss zu mindestens 90 % aus deutschen Weinen gebrannt worden und vor dem Verkauf in einer sensorischen Prüfung begutachtet worden sein. Alter Weinbrand muss mindestens zwölf Monate im Holzfass reifen. Die höchstwertigen und bekanntesten Weinbrände Europas sind französischer →Armagnac und →Cognac, →Jerez-Brandy sowie andere spanische, amerikanische und italienische Brandys. Bis 1919 wurde Weinbrand generell Cognac genannt.

Brasilien, Weinbauland Südamerikas mit einer Rebfläche von knapp 60000 ha (1999), die durchschnittliche Produktionsmenge beträgt 3,5 Mio. hl.

Trotz seiner großen Rebfläche und einer Weinproduktion, mit der das Land zu den 15 größten Erzeugerländern der Welt gehört, genießen brasilianische Weine außerhalb des Landes nur geringe Bekanntheit, obwohl die ersten Rebstöcke bereits im 16. Jh. eingeführt wurden. Einer der Gründe dafür ist in der

Bozner Leiten. Die steilen Hänge oberhalb von Südtirols Hauptstadt Bozen gehören zu den spektakulärsten Weinbergslagen der Region. Hier wachsen vorwiegend Vernatschreben für süffige Rotweine, die unter den Herkunftsbezeichnungen Bozner Leiten oder Sankt Magdalener vermarktet werden können.

Tatsache zu suchen, dass nur etwa 20 % der Rebfläche mit Viniferasorten bestockt sind, der Rest mit Labrusca oder Hybriden, deren geschmackliche Qualitäten nicht den internationalen Standards entsprechen. Auch der Pro-Kopf-Verbrauch im Land selbst ist mit nur 2,5 l/Jahr sehr niedrig und liegt weit unter dem der Nachbarländer Argentinien und Uruguay. Die wichtigste Weinbauprovinz des Landes ist Rio Grande do Sul an der Grenze zu Uruguay.

Braune Kupp, Spitzenlage der Gemeinde Wiltingen im deutschen Anbaugebiet Mosel-Saar-Ruwer, Bereich Saar; die knapp 4 ha große Lage ist im Alleinbesitz des Weinguts →Egon Müller-Scharzhof. Auf tiefgründigen Schieferverwitterungsböden wird fast ausschließlich die Weißwein-Rebsorte Riesling kultiviert. Die Weine der Lage sind von deutlich konsistenterer Qualität als die der größeren Wiltinger bzw. Ayler Einzellage Kupp.

brauner Bruch, ein →Weinfehler.

Braunwerden, farbliche Veränderung von Weinen infolge von →Oxidation der Gerbstoffe; Braunwerden im Verlauf des Alterungsprozesses kann ein Indiz dafür sein, dass der Wein untrinkbar wird oder bereits geworden ist. Wird der Wein dagegen bereits kurz nach der Gärung braun, so handelt es sich um einen durch Enzyme verursachten →Weinfehler.

Breede River Valley [briːd ˈrɪvə(r) ˈvælɪ], Weinbauregion in Südafrika, zu der neben dem Distrikt →Robertson auch Swellendam und Worcester gehören; mit knapp 30 000 ha besitzt das Breede River Valley fast ein Drittel der südafrikanischen Weinbergsfläche und ist die größte Weinbauregion des Landes. Kultiviert werden überwiegend Weißwein-Rebsorten, allen voran Chenin blanc, Colombard, Chardonnay und Sauvignon blanc. Bei den Rotwein-Rebsorten, die seit den 1990er-Jahren verstärkt ausgepflanzt wurden, dominieren Cabernet Sauvignon, Syrah (Shiraz), Merlot, Ruby Cabernet und Pinotage.

Breganze [breˈɡandzə], DOC-Herkunftsbezeichnung für Weine der gleichnamigen Gemeinde in der italienischen Region Venetien (Provinz Vicenza), unter der eine Reihe von Sorten- und Verschnittweinen erzeugt wird; auf knapp 800 ha Rebfläche werden v. a. Tocai friulano und Merlot, darüber hinaus auch Chardonnay, Sauvignon blanc, Grauburgunder (Pinot grigio), Cabernet Sauvignon und Spätburgunder (Pinot nero) sowie die einheimischen Sorten Vespaiolo (weiß) und Marzemino (rot) kultiviert.

Unter dem Namen Torcolato wird aus Trauben, die teilweise am Rebstock eintrocknen, nachdem ihr Stiel geknickt wurde, eine Süßweinversion erzeugt. Sie reift zwischen eineinhalb und vier Jahren im Holzfass, bevor sie abgefüllt wird.

Breisgau, Bereich des deutschen Anbaugebiets Baden; auf den etwa 1700 ha Rebfläche am Hang des Schwarzwalds nördlich der Stadt Freiburg werden v. a. Spätburgunder und Müller-Thurgau kultiviert; gute Qualitäten liefern auch Grau- und Weißburgunder.

breit, ohne geschmackliche Finesse und Frische; Ausdruck der Weinansprache für Weine, die alkoholisch und dick schmecken und zu wenig Säure oder Struktur besitzen. Auch Weine aus überreifen Trauben und mit zu viel Restsüße sowie oxidierte Weine können breit wirken.

Brenndraht, Vorrichtung zum Einbringen von elementarem →Schwefel in Holzfässer, die aus einem Draht und einem kleinen Behältnis für den Schwefel besteht; durch Abbrennen des Schwefels werden die Holzfässer konserviert, die Methode hat allerdings zu Gunsten der Nasskonservierung mit schwefliger Säure an Bedeutung verloren.

Brennen, →Destillation.

brennend, durch aggressiven →Alkoholgeschmack unharmonisch wirkend; Ausdruck der Weinansprache.

Brennwein, Wein, der zur Herstellung von Weinbrand, d. h. von Branntwein aus Wein, mittels →Destillation verwendet wird; häufig wird aus einem durchgegorenen Grundwein durch Zugabe hochprozentigen Weindestillats Brennwein mit einem Alkoholgehalt von 18 bis 24 Vol.-% hergestellt. In den Produktionsgebieten hochwertiger Weinbrände wie beispielsweise dem französischen Cognac oder Armagnac werden dagegen Brennweine aus früh gelesenen Trauben mit nur 7–10 Vol.-% Alkohol verarbeitet, da nur so die notwendige Finesse für das Endprodukt gewährleistet ist.

Breton, →Cabernet franc.

Brettanomyces, Brettanomyceshefen, umgangssprachl. **Brett,** Gruppe von spontan auftretenden Hefestämmen, auch als Dekkera bezeichnet, die bei der Gärung und beim Ausbau von Weinen in Erscheinung treten.

Brettanomyceshefen produzieren verstärkt flüchtige Säure, Äthylazetat und Essigsäureester-Verbindungen und verändern dadurch Geruch und Geschmack. Bei geringen Konzentrationen und in Weinen von großer Aroma- und Geschmacksintensität können sich die Veränderungen durch Brettanomyces harmonisch in das Gesamtbild des Weins einfügen, treten die Hefen jedoch zu massiv auf, kommt es zu aufdringlich animalischen Veränderungen wie Stall- oder Pferdeschweißgeruch bzw. zum →Mäuseln, die als →Weinkrankheiten gelten. Verstärktes Auftreten von Brettanomyces kann durch gründliche Fasshygiene und richtige Gärführung vermieden werden. Vereinzelt infizieren Winzer ihre

Weine gezielt mit den Hefen, um den Geschmack ihrer Weine durch leichte →animalische Noten zu bereichern.

bricco [-kk-], italienisch für spitze Hügelkuppe; im Piemont gebräuchliche Bezeichnung, die häufig für Markennamen von Weinen verwendet wird.

brilhante [briˈʎɐ̃ntə], portugiesisch für die Farbbezeichnung brillant.

brillant, glänzend, strahlend, von leuchtender →Farbe, Ausdruck der Weinansprache zur Beschreibung der Reflexionsintensität an der Oberfläche von Weinen; die Brillanz eines Weines ist ein Hinweis auf seinen guten Gesundheitszustand, matte oder stumpfe Weine können dagegen fehlerhaft sein.

brillante [briˈʎante], spanisch für die Farbbezeichnung brillant.

brillante [brilˈlante], italienisch für die Farbbezeichnung brillant.

Brindelbach, Brindlbach, sehr gute Weinbergslage im österreichischen Anbaugebiet Thermenregion, Gemeinde Gumpoldskirchen; auf nach Süden ausgerichteten Böden aus sandigem Lehm, Schotter und Kalksteinbraunerde wachsen v. a. die Weißwein-Rebsorten Chardonnay, Neuburger, Rotgipfler und Riesling. Eine Besonderheit der Lage sind ihre vielen Quellen, die eine gute Wasserversorgung signalisieren.

Brindisi, DOC-Herkunftsbezeichnung für Weine der gleichnamigen Provinz der süditalienischen Region Apulien; auf den etwa 600 ha Rebfläche des Anbaugebiets werden aus den Sorten Negroamaro, Montepulciano und Sangiovese sowie den regionalen Spezialitäten Malvasia nera di Brindisi und Sussumaniello Rotweine und Rosés erzeugt. Rotweine können nach zweijährigem Ausbau die Bezeichnung Riserva tragen. Erst seit eine Reihe von Erzeugern mit Höchsterträgen von deutlich unterhalb der erlaubten 15 t/ha arbeitet, findet man unter der Herkunftsbezeichnung auch qualitativ hochwertige Produkte.

Brindlbach, →Brindelbach.

British Columbia [ˈbrɪtɪʃ kəˈlʌmbɪə], zweitgrößte Weinbauprovinz von Kanada im Westen des Landes; ihre Anbaugebiete schließen im Norden an das Columbia Valley im US-Bundesstaat Washington an. Die insgesamt etwas mehr als 2000 ha (2003) Rebfläche verteilen sich auf die Anbaugebiete Okanagan und Similkameen, die beiden ältesten und größten der Provinz, sowie Vancouver Island und Fraser Valley.

Das Klima wird durch extreme Schwankungen zwischen Tages- und Nachttemperaturen charakterisiert. Früher wurden vorwiegend Hybride kultiviert, die aber nur noch marginal vorhanden sind. Die am weitesten verbreiteten Rebsorten sind die weißen Chardonnay, Gewürztraminer, Grauburgunder (Pinot gris), Weißburgunder (Pinot blanc), Riesling und Sauvignon blanc sowie die roten Merlot, Spätburgunder (Pinot noir), Cabernet Sauvignon, Cabernet franc, Gamay, Foch und Syrah.

Brix, Grad Brix [nach dem deutschen Erfinder Adolf F. W. Brix; *1798, †1870], in den USA gebräuchliche, mit →Balling identische Maßeinheit für das →Mostgewicht; Einheitenzeichen °Brix.

Broadbent [ˈbrɔːdbent], Michael, britischer Weinhändler, Wein-Auktionator und Weinbuch-Autor, * Yorkshire 2. 5. 1927; er begann zunächst eine Ausbildung als Architekt, entschied sich aber im Alter von 25 Jahren für eine Laufbahn im Weinhandel. Broadbent ist seit 1966 Wein-Auktionator bei Christie's und verfasste eine Reihe von Weinbüchern, darunter »Das große Buch der Weinjahrgänge« und »Weine prüfen, kennen, genießen«. Als Leiter des Institute of →Masters of Wine war Broadbent lange Zeit für die Ausbildung von Weinhändlern verantwortlich.

Brouilly [bruˈji], mit etwa 1200 ha Rebfläche größte Gemeindeappellation – auch als →Cru bezeichnet – innerhalb des Beaujolaisgebiets im französischen Burgund; aus den Gamaytrauben von Granit- und Schieferböden am Abgang des Mont Brouilly werden Weine mit guter Struktur und einem fruchtbetonten Bukett erzeugt. Die höher gelegenen Lagen derselben Gemeinde besitzen eine eigene Appellation, →Côte-de-Brouilly.

Bruderschaften, →Weinbruderschaften.

Brunello, →Sangiovese.

Brunello di Montalcino [-montalˈtʃiːno], DOCG-Herkunftsbezeichnung der Gemeinde Montalcino im Südteil der italieni-

Brunello di Montalcino. Reben und Zypressen prägen, wie überall in der Toskana, das Bild der Hänge unterhalb der Stadt Montalcino, auf denen die Trauben für den berühmten Brunello di Montalcino wachsen.

schen Toskana für einen der renommiertesten Rotweine des Landes; auf 1450 (2002) der insgesamt 2800 ha Rebfläche der Gemeinde wächst der →Sangiovese für etwa 5 Mio. Flaschen eines der renommiertesten, reinsortigen Rotweine Italiens.

Montalcino, das auf der bis zu 600 m hohen Wasserscheide zwischen den Tälern des Ombrone und des Arbia liegt, genießt im Schatten des bis zu 1700 m hohen Monte Amiata ein besonderes Mikroklima: Von Unwettern abgeschirmt, profitieren die Trauben von den in dieser Höhenlage beachtlichen Unterschieden zwischen Tages- und Nachttemperatur und gewinnen aromatische Fülle und Finesse wie in fast keinem anderen Teil der Toskana.

Zur Qualität der Weine trägt auch die Vielfalt der Böden bei, die aus tonhaltigem Kalkstein, steinigem Lehm, Sand und vulkanischen Einlagerungen bestehen. Nach ausreichender Reifezeit entwickeln die besten Weine der Appellation ein Bukett, das an Gewürze, Wild, Fell und süßen Tabak erinnert, und wirken durch ihre Tanninstruktur gleichzeitig fest und lebendig im Geschmack.

Die Produktionsvorschriften des Brunello sahen noch bis in die 1990er-Jahre einen obligatorischen Fassausbau von teilweise mehr als fünf Jahren vor. Dadurch wirkten viele Weine, v.a. in schlechteren Jahren, bei ihrer Freigabe für den Verkauf bereits überaltert und ausgezehrt. Seit der Anpassung dieser obligatorischen Fassreife auf zwei Jahre (zuzüglich zwei Monate Reifezeit in der Flasche, bei Riserva-Qualitäten sechs) hat sich die Qualität der Weine deutlich verbessert. Dazu beigetragen haben auch verbesserte önologische Verfahren und eine Senkung der Ernteerträge in vielen Erzeugerbetrieben unter das gesetzlich erlaubte Niveau.

■ **Geschichte:** Entstehung und Renommee der Appellation sind eng mit dem Namen der Familie Biondi Santi verknüpft. Sie entwickelte den Brunello Ende des 19. Jahrhunderts und blieb bis zum Zweiten Weltkrieg sein einziger Erzeuger. Seit den 1960er-Jahren ist die für Brunello-Trauben zugelassene Rebfläche allerdings v.a. aufgrund des enormen wirtschaftlichen Erfolgs von 65 auf 2100 ha förmlich explodiert. Kritiker dieser Entwicklung befürchten, dass dabei auch minderwertige Lagen für die Produktion von Brunello zugelassen wurden.

brut [bryt, französ. »unbearbeitet«, »roh«], herb; nach EU-Weingesetz Geschmacksbezeichnung für Schaumwein mit einem Restzuckergehalt von weniger als 15 g/l. **Brut nature** (»naturherb«, auch brut zéro, dosage zéro, pas dosé) steht für Weine mit einem Restzuckergehalt von weniger als 3 g/l.

BSA, Abk. für biologischen Säureabbau (→Säureabbau).

Bucelas [buˈsɛlɐʃ], kleines historisches DOC-Gebiet Portugals, nördlich von Lissabon gelegen; in Bucelas wird vorwiegend die Weißwein-Rebsorte Arinto, in geringerem Umfang auch Cerceal (Esgana Cão) kultiviert, deren Trauben dank moderner Kellertechnik immer komplexere, dabei finessenreiche und säurebetonte Weine hervorbringen, die sogar z.T. gutes Alterungspotenzial besitzen.

Buchberg und Rüdlingen, kleines Anbaugebiet im Ostschweizer Kanton Schaffhausen; auf lehmigen Sandböden wird v.a. die Rotwein-Rebsorte Spätburgunder (Blauburgunder) kultiviert; daneben spielt der weiße Müller-Thurgau eine gewisse Rolle.

Bugey, eigentlich Vin(s) du Bugey [vɛ̃ dy byˈʒɛ], A.C.-Herkunftsbezeichnungen für Weine aus der gleichnamigen Landschaft am Rande des französischen Rhônetals zwischen Lyon und der Schweizer Grenze; das Anbaugebiet um die Stadt Belley umfasst 480 ha (2000) Rebfläche, die zu 60 % mit Weißwein-Rebsorten wie Chardonnay, Altesse oder Aligoté bestockt sind. Bei den Rotwein-Rebsorten dominieren Gamay, Spätburgunder (Pinot noir) und Poulsard. Von den kalkhaltigen und lehmigen Böden kommen fruchtige, jung zu trinkende Weine.

Bukett [zu französ. bouquet »Strauß«, von altfranzös. boschet »Wäldchen«], Gesamtheit der angenehmen und anregenden Duftnoten von guten, komplexen Weinen, Begriff der Weinansprache; das Bukett setzt sich idealerweise aus vielschichtigen primären, sekundären und tertiären Aromen zusammen.

Bukettsorten, Rebsorten mit markantem, ausgeprägt blumigem oder würzigem Primäraroma; zu den Bukettsorten werden Gewürztraminer, Muskateller, Scheurebe,

---

BUKETT. Weine mit Pokerface

Sie zeigen ein herrliches Bukett, aber kaum hat man einen Schluck genommen, enttäuschen sie auf der ganzen Linie. Blufferweine, wie man sie auch unelegant nennt, verraten auf den ersten Blick nicht, dass sie den Zenit ihrer Entwicklung schon lange überschritten haben. Weißweine, die zu dieser Kategorie zu zählen sind, zeigen oft noch würzige, fast fruchtige Aromen, überlagert vielleicht von feiner Firne, aber im Mund sind von ihrer einstigen Geschmacksfülle nur noch Säure und ein mageres Skelett übrig geblieben.

Rotweine bluffen sogar noch unverfrorener. Sie schmeicheln mit dem Duft von süßem Tabak, von frisch gegerbtem Leder und Teer und gaukeln dem Weinfreund eine Frische vor, die sie am Gaumen schon lange verloren haben, wo sie kratzig, dünn und müde wirken. Viele Weine leiden am Problem sehr ungleichmäßiger Entwicklung von Duft und Geschmack. Zeigt bei den einen der Duft schon deutliche Alterungserscheinungen, während im Mund noch fast jugendlich hart und unzugänglich sind, so schaffen es andere, die Blufferweine eben, im Bukett noch frisch zu wirken, während sie am Gaumen schon auszehren. Wer unliebsame Überraschungen vermeiden will, sollte seine Weine regelmäßig verkosten, um sie auf ihre Entwicklung hin zu kontrollieren.

Muskat Ottonel und Huxelrebe, gelegentlich auch Bouvier gezählt.

Bulgarien, eines der wichtigsten Weinbauländer Südosteuropas mit einer Rebfläche von etwa 111 000 ha (2001); der Weinbau zählt zu den bedeutenden Wirtschaftsfaktoren des Landes, das von seiner Jahresproduktion von 0,8–2,2 Mio. hl bis zu 20 % exportiert. Der Pro-Kopf-Verbrauch im Land liegt bei 22 l/Jahr.

vitza, das Strumatal (Dolinata na Struma) mit Melnik sowie die Unterbalkanregion (Pod Balkanski Rayon) mit Rosental und Sungurlare.

■ **Geschichte:** Der Weinbau Bulgariens lässt sich bis ins frühe Altertum zurückverfolgen. Thrakische Stämme besiedelten damals das Land, kultivierten die wild wachsenden Reben und entwickelten eine erste Weinwirtschaft. Wein aus Thrakien gelangte bis nach

Bulgarien. Melnik ist der Name einer Weinbaugemeinde des bulgarischen Struma-tals, nach der die interessanteste einheimische Rotwein-Rebsorte benannt wurde.

Das gemäßigte Kontinentalklima mit warmen Sommern, trockenen Herbsten und relativ kalten Wintern sowie ausreichenden Niederschlägen ist v. a. in den Tälern und in der Nähe des Schwarzen Meeres für Weinbau ideal. Kultiviert werden zu etwa gleichen Teilen Rot- und Weißwein-Rebsorten. Bei den Rotwein-Rebsorten dominieren Cabernet Sauvignon und Merlot, gefolgt von Spätburgunder und den lokalen Spezialitäten Pamid, Gamza (→ Kadarka), → Mavrud und → Melnik. Bei den weißen Sorten werden die Klassiker →Rkaziteli, Misket, Muskat Ottonel, Dimiat, Welschriesling, Aligoté und Mädchentraube zunehmend von Chardonnay, Sauvignon blanc und Gewürztraminer verdrängt.

■ **Anbaugebiete:** Bulgarien besitzt fünf Weinbauregionen mit teilweise mehreren Unterregionen für Weine mit garantierter Herkunftsbezeichnung (vina ot declariran geografski rayon). In so genannten Untergebieten werden Weine der höchsten Güteklasse mit kontrollierter Herkunft (vina s controlirano naimenovanjie sa proißchod) erzeugt, die allerdings nur für den Verkauf in Bulgarien selbst entsprechend gekennzeichnet werden (ein Pferd im runden Siegel).

Die fünf Weinbauregionen sind die Donauebene (Dunavska Ravnina) mit den Unterregionen Suhindol, Svischtov und Liaskovetz, die Schwarzmeerregion (Chernomorski Rayon) mit Khan Krum, Preslav und Varna, die Thrakische Niederung (Trakiiska Nizina) mit Assenovgrad, Stambolovo und Oriacho-

Griechenland, Sizilien, Kleinasien und Ägypten. Die vom 6. Jh. an ins Land eindringenden Slawen und Bulgaren übernahmen die Erfahrungen und Traditionen der Thraker.

Im Mittelalter besaßen die Klöster große Ländereien mit bedeutenden Rebkulturen. Auch während der 500-jährigen Türkenherrschaft waren Weinbau und Weinerzeugung gestattet, im 19. Jh. aber richtete die Reblaus verheerende Schäden an. Nach dem Zweiten Weltkrieg und in den 1990er-Jahren erfuhren Weinbau und Weinherstellung eine intensive Entwicklung. 1978 wurde das erste Weingesetz erlassen und 1999 aktualisiert, mit dem u. a. auch die Kategorien Tafelwein (trapesno vino) und Qualitätswein (visokokatschestveno vino) geschaffen wurden.

Bundesverband ökologischer Weinbau e. V., Abk. **BÖW,** auch »EcoVin® Bundesverband ökologischer Weinbau« genannter, 1985 gegründeter und damit ältester Interessenverband von Winzern, die nach den Regeln des →biologischen Weinbaus arbeiten; derzeit gehören dem BÖW etwa 200 Mitgliedsbetriebe an, die insgesamt 870 ha Rebfläche in zehn deutschen Anbaugebieten bewirtschaften.

Mit seinen EcoVin®-Richtlinien hat der Verband für seine Mitglieder mit die strengsten Produktionsvorschriften des biologischen Weinbaus erlassen. Ziele der Arbeit des Winzers sollen u. a. die Erhaltung und Steigerung der natürlichen Bodenfruchtbarkeit sein, die Erziehung gesunder,

Bündner Herrschaft. Fläsch mit der Weinbergslage Halde ist eine der bekanntesten Weinbaugemeinden der Bündner Herrschaft.

widerstandsfähiger Pflanzen ohne Einsatz von Herbiziden, chemisch-synthetischen Insektiziden und organischen Fungiziden, die Förderung und Mehrung der Artenvielfalt, die Verwendung schadstoffarmer Rohstoffe und Abfälle und die Reduzierung der Gewässer- und Bodenbelastung. Das Auspflanzen genmanipulierter Pflanzen wird abgelehnt. 1990 wurde das Markenzeichen →Eco-Vin® geschaffen.

Bündner Herrschaft, Bündnerland, Anbaugebiet des Schweizer Kantons Graubünden, das weingeographisch zur →Ostschweiz gehört; auf der Rebfläche von etwa 400 ha wird v. a. Spätburgunder kultiviert, der 85 % der Flächen belegt. Die oft im Barrique ausgebauten Rotweine gehören zu den besten der Schweiz. Daneben existieren verschiedene weiße Spezialitäten wie der →Completer von →Malans.

Bureau of Alcohol, Tobacco and Firearms [ˈbjurəu ɔf ˈælkəhɔl, təˈbækkəu ænd ˈfaɪəɑ:mz], engl. »Büro für Alkohol, Tabak und Feuerwaffen«], Abk. **BATF,** dem US-amerikanischen Justizministerium unterstellte Bundesbehörde, deren Aufgaben die Verringerung von Kriminalität und der Schutz der Öffentlichkeit sind; insbesondere soll sie Schmuggel und Fälschung bzw. Panscherei bekämpfen und den Warenverkehr von Tabak und Alkohol zwischen den Staaten regeln. Das BATF ist für die Ausführung der gesetzlichen Vorschriften im Weinsektor und für die Kontrolle ihrer Beachtung durch die Weinindustrie zuständig.

Burgenland, zweitgrößte Weinbauregion Österreichs im Osten des Landes mit einer Rebfläche von etwa 14 500 ha; das Burgenland ist weinbaurechtlich in die Anbaugebiete →Neusiedlersee, →Neusiedlersee-Hügelland, →Mittelburgenland und →Südburgenland ge-

Burgenland. Auf den Hügeln des Mittelburgenlands wachsen die Trauben für einige der besten Rotweine Österreichs.

gliedert. Das heiße, so genannte pannonische Klima am Rande der ungarischen Tiefebene, der einstigen römischen Provinz Pannonien, wird von der großen Wasserfläche des Neusiedlersees gemildert.

Die Region erzeugt eine Vielzahl von Weintypen, von den süßen Prädikatsweinen des Anbaugebiets Neusiedlersee über die trockenen Weißen und extraktreichen Roten aus einheimischen und internationalen Sorten am Westufer des Sees bis zum Blaufränkisch des Mittel- und Südburgenlands. Wichtigste Weißwein-Rebsorten sind Grüner Veltliner, Welschriesling, Weißburgunder und Chardonnay. Bei den Rotwein-Rebsorten dominieren Blaufränkisch und Zweigelt.

Burggräfler, italien. **Burgraviato,** auch Del Burgraviato genannte Herkunftsbezeichnung für Weine der italienischen Herkunftsbezeichnung →Südtirol 2), Bereich Meran, aus dem Gebiet der einstigen Grafschaft Tirol; hier werden vorwiegend leichte Rotweine aus Trollinger (Vernatsch) erzeugt.

Burgund, französ. **Bourgogne** [burˈgɔɲ], eine der bedeutendsten Weinbauregionen Frankreichs im Osten des Landes mit insgesamt knapp 52 000 ha (2001) Rebfläche.

Die Region besteht aus vier Départements: Côte d'Or (9 600 ha), Saône et Loire (12 900 ha), Yonne (6 000 ha) und Rhône

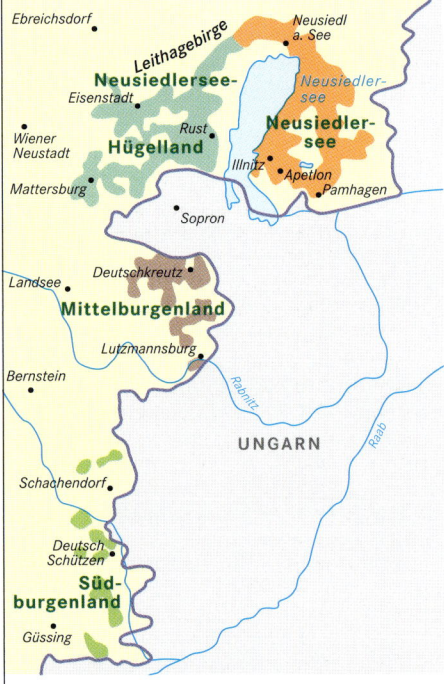

Burgenland. Die österreichische Weinbauregion Burgenland mit den Anbaugebieten Neusiedlersee, Neusiedlersee-Hügelland, Mittelburgenland und Südburgenland

(22 000 ha). Das eigentliche Kernburgund (La Bourgogne Viticole) ohne das Beaujolaisgebiet umfasst 29 800 ha Rebfläche und erzeugt durchschnittlich etwa 1,6 Mio. hl oder 180 Mio. Flaschen Wein im Jahr – das entspricht 3 % des französischen Gesamtproduktion, aber 6 % des A. C.-Weinausstoßes.

Eine der in gesellschaftlicher wie wirtschaftlicher Hinsicht bedeutendsten Institutionen des Burgund sind die Hospize von →Beaune, Beaujeu und Nuits, deren jährlichen Auktionen eine wirtschaftliche Standortbestimmung der regionalen Weinindustrie und einen Ausblick auf die voraussichtliche Preisentwicklung erlauben.

■ **Klima und Böden:** Im Unterschied zu anderen Weinbauregionen liegen die verschiedenen Anbaugebiete des Burgund teilweise weit auseinander und bieten der Rebe sehr unterschiedliche Wachstumsbedingungen. Während sich das Gebiet von Chablis im Norden, das fast an die Champagne grenzt, mit seinem kühlen, im Frühjahr massiv frostgefährdeten Klima v. a. für die Produktion nerviger, feiner und mineralischer Weißweine aus Chardonnay eignet, bringt das südlicher gelegene, deutlich wärmere Meursault aus derselben Rebsorte kräftige, alkoholbetonte Weine hervor, die auch durch intensiven Holzkontakt nichts von ihrem Eigencharakter verlieren. Die Hügelflächen des Beaujolais, die noch südlicher liegen, genießen aufgrund ihrer teilweise großen Höhenlage ein milderes Klima mit starken Temperaturunterschieden zwischen Tag und Nacht.

Auch bei den Böden herrscht enorme Vielfalt. Die besten Weine von Chablis stammen aus Lagen mit Kalkmergelböden aus dem so genannten Kimmeridgium, einer Epoche des späten Jura, in der sich aus Muschelablagerungen massive, helle Kalkriffe bildeten. An der Côte d'Or, deren Weinberge am Bruchrand der Hochebene des Morvan v. a. aus Tonkalk und Silikaten bestehen, ändert sich die Bodenzusammensetzung praktisch mit jedem Schritt, was die unterschiedlichen Weincharaktere erklärt, die hier auf kleinstem Raum entstehen. Die Weißweingebiete von Meursault, Chassagne und Puligny wiederum zeichnen sich durch Mergelböden aus, die für kräftigen Chardonnay ideal sind, während das Beaujolais im Süden von Granit- und Schieferschichten durchzogen ist.

■ **Rebsorten:** Das Burgund ist die Heimat der nach ihm benannten Burgundersorten, und trotz der Vielfalt seiner Terroirs werden nur drei Mitglieder dieser Sortenfamilie in relevantem Umfang kultiviert: Spätburgunder (Pinot noir), Chardonnay und Gamay, zu denen sich noch kleinere Flächen Aligoté und Sauvignon blanc sowie wenige Hektar Weißburgunder (Pinot blanc) gesellen. Von der Gesamtrebfläche entfallen 14 200 ha auf Rotwein-

Rebsorten, davon 10 500 auf Spätburgunder, und 16 400 ha auf Weißwein-Rebsorten, davon 13 300 auf Chardonnay.

■ **Appellationen:** Das Burgund ist in fünf Bereiche unterteilt: Chablis, das Auxerrois und das Tonnerois im Nordwesten, die Côte d'Or mit der Côte de Nuits und der Côte de Beaune sowie ihren zwei Pendants, den Hautes Côtes de Nuits und Hautes Côtes de Beaune, im Zentrum, die im Süden daran anschließende Côte Chalonnaise, das Mâconnais und das Beaujolais. Die Vielfalt der Terroirs

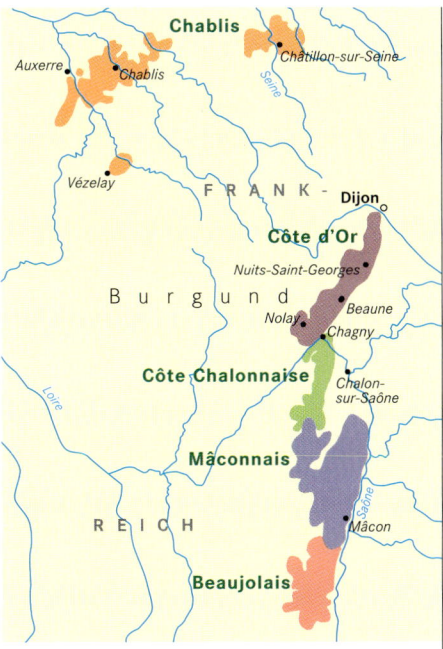

Burgund. Das Burgund, im Osten Frankreichs, liegt etwa auf der Höhe der Schweiz.

drückt sich in der Vielfalt verschiedener Appellationen aus, die nach der Aufwertung von Saint-Bris mit seinen Sauvignon-Weinen zur A. C.-Herkunftsbezeichnung die stolze Zahl von 100 erreicht haben. Das mehr als dreimal so große Bordeauxgebiet besitzt beispielsweise nur 57 Appellations contrôlées.

Das Burgund ist Heimat eines der ausgefeiltesten Systeme geographischer Klassifizierungen der Welt, mithilfe dessen v. a. die beiden Bereiche der Côte d'Or hierarchisch gegliedert sind. Premiers Crus und Grands Crus der Côte d'Or sind für das große Prestige der Burgunderweine verantwortlich, obwohl beispielsweise die Grands Crus von Côte de Beaune, Côte de Nuits und Chablis zusammen nicht einmal 2 % des Weinausstoßes der Region hervorbringen.

■ **Geschichte:** Weinbau wird im Burgund seit der Zeit der Kelten, sicher aber seit der römischen Besetzung Galliens im 2. Jh.

Burgund. La Saint-Vincent Tournante, das Fest des Weinheiligen Sankt Vinzenz, wird an der Côte d'Or jedes Jahr im Januar in einer anderen Gemeinde gefeiert – daher der Beiname Tournante, »die Rotierende«. Nach der morgendlichen Prozession wird bis in die späte Nacht in riesigen Festzelten getafelt und getrunken.

n. Chr. betrieben. Entscheidenden Einfluss auf die Entwicklung hatten die Klöster der Benediktiner und Zisterzienser, die zwischen dem 6. und dem 11. Jh. gegründet wurden und die Grundlagen für den heutigen Sortenspiegel der Weinberge und die Klassifizierung legten.

In den 1970er- und 1980er-Jahren schlug das Burgund eine fragwürdige Richtung ein: Im Bemühen, effizienter zu produzieren, wurden die Ertragsmengen drastisch gesteigert – zwischen 1979 und 2000 verdoppelte sich der Weinausstoß der Region, was nur zum Teil auf Weinbergsneuanlagen zurückzuführen war –, und die Weine wurden in der Konsequenz dünner und ausdrucksloser. Erst Anfang der 1990er-Jahre wurde das Ruder wieder herumgerissen, und die Tendenz scheint zu Beginn des 21. Jahrhunderts dahin zu gehen, Weine mit einem Höchstmaß an Fruchtkonzentration zu keltern, wobei die klassische Eleganz leider etwas in den Hintergrund ge-

treten ist. Dennoch sind große, rote Burgunder aus Premier- und Grand-Cru-Lagen noch immer einzigartige Gewächse.

■ SIEHE AUCH
→ Aloxe-Corton · Beaujolais · Bonnes Mares · Bourgogne 2) · Burgundersorten · Chablis · Chambertin · Chambolle-Musigny · Chassagne-Montrachet · Clos de Vougeot · Corton · Côte Chalonnaise · Côte de Beaune · Côte de Nuits · Côte d'Or · Échezaux · Gevrey-Chambertin · Ladoix-Serrigny · Mâcon · Meursault · Montrachet · Morey-Saint-Denis · Pommard · Pouilly-Fuissé · Puligny-Montrachet · Romanée · Santenay · Volnay · Vosne-Romanée

Burgunderflasche, ursprünglich im französischen Burgund gebräuchliche Flaschenform (→Flaschen).

Burgunder-Klassifizierung, im französischen Burgund entwickelte Form der →Klassifizierung von Weinbergslagen.

Burgundersorten, Pinotsorten [pi-'no-], eine Reihe von Rebsorten, die auf die Kerngruppe aus Spätburgunder (Pinot noir), Grauburgunder (Pinot gris) und Weißburgunder (Pinot blanc) zurückgehen.

Ursprung der Burgundersorten ist neueren Forschungen zufolge eine Kreuzung aus der Muttersorte Gewürztraminer und der Vatersorte Schwarzriesling. Spät-, Grau- und Weißburgunder scheinen sich dann später durch Mutationen und eine Aufspaltung in die Farben der Elternsorten gebildet zu haben.

Weitere Rebsorten der Burgundergruppe sind Aligoté, Auxerrois, Melon de Bourgogne und Chardonnay, alle drei Kreuzungen aus einem Pinotsämling mit Heunisch, Morillon und Sankt Laurent, die aus Kreuzungen eines Pinotsämlings mit unbekannten Partnern entstanden, und die weniger bekannten Rotwein-Rebsorten Blauer Arbst, Frühburgunder, Pinot Liébault und Samtrot, allesamt Mutatio-

---

BURGUND. *Das Erbe der Zisterzienser*

Citeaux bei Nuits-Saint-Georges, dem Kloster der Zisterzienser oder Bernhardiner – nach Bernhard von Clairvaux (* um 1090, † 1153) –, kam bei der Entwicklung des Weinbaus im Burgund eine besondere Rolle zu. Die Mönche des aus der benediktinischen Reformbewegung hervorgegangenen Ordens zeichneten sich durch besonderen Fleiß bei der Analyse und Katalogisierung der unzähligen Terroirs des burgundischen Weinbaus aus. Man sagt, sie hätten sogar die Erde der einzelnen Weinbergsparzellen gekostet, um deren besondere Charakteristika aufzuspüren. Die aktuelle Klassifizierung der Premiers und Grands Crus geht in ihrer Substanz auf sie zurück. Zisterzienser waren es auch, die dem Weinbau im Rheingau durch Gründung von Kloster Eberbach im Jahre 1135 entscheidende Impulse gaben. Sie gründeten ebenfalls bereits im 12. Jahrhundert Kloster Heiligenkreuz im österreichischen Wienerwald sowie sein Freigut Thallern in der Thermenregion und prägten im selben Jahrhundert die Weinlandschaft im schweizerischen Dézaley.

nen des Spätburgunders, sowie die Weißwein-Rebsorte Fromenteau, ein Vorfahre des Grauburgunders.

Buschenschank, österreichisch für →Straußwirtschaft.

Busch|erziehung, eine →Erziehungsform der Weinrebe.

bush pruning [bʊʃ ˈpruːnɪŋ], englisch für Buscherziehung (→Erziehungsformen).

bush vine [bʊʃ vaɪn], englisch für Buschrebe, Buscherziehung (→Erziehungsformen).

Bütte, Butte, sich nach unten verjüngender Behälter, z.T. auch Logel oder Hotte genannt, der bei der Weinernte für den Transport der Trauben aus dem Weinberg zum Fahrzeug verwendet wird; Bütten waren früher aus Holz, sind aber heute meist aus Kunststoff.

Buttersäure, eine in geringen Mengen im Wein vorkommende Säureart (chemisch Butansäure), die bei Säure- oder Schwefelmangel im Wein und schlechter Kellerhygiene durch Buttersäurebakterien gebildet werden kann; sie ist schon in niedrigen Konzentrationen geruchlich wahrnehmbar. Der so genannte **Buttersäurestich** wird allerdings nicht von Buttersäure hervorgerufen, sondern ist auf die von Milchsäurebakterien gebildete Substanz →Diacetyl zurückzuführen und wird deshalb korrekt auch →Milchsäurestich genannt.

buttrig, nach Butter riechend oder schmeckend, Begriff der Weinansprache; buttrige Aromen entstehen im Wein durch die Substanz Diacetyl (Biacetyl), eine Flüssigkeit, die auch als Aromastoff Verwendung findet und im Verlauf des biologischen →Säureabbaus durch Milchsäurebakterien produziert wird, v.a. bei Weinen, die einen biologischen Säureabbau durchlaufen haben. Tritt Diacetyl in höheren Konzentrationen auf, bezeichnet man den Geruch als →Milchsäurestich.

Buzet [byˈzɛ], früher Côtes de Buzet genannte A.C.-Herkunftsbezeichnung der französischen Weinbauregion →Südwesten; auf den vorherrschenden Kalk-Lehm-Böden werden v.a. die Rotwein-Rebsorten Cabernet Sauvignon, Cabernet franc, Merlot und Malbec (Cot) kultiviert. Die Weine sind in der Mehrzahl deutlich einfacher und früher trinkreif als die anderer Appellationen des Südwestens wie Bergerac oder Gaillac, nur gelegentlich findet man konzentrierte, fest strukturierte Gewächse.

BYO [biː waɪ əʊ, Abk. für engl. bring your own »bring deinen eigenen (Wein)«], in der australischen Gastronomie aufgrund komplizierter Alkoholsteuern entstandene Möglichkeit, die eigene Weinflasche ins Restaurant mitzunehmen, die dort gegen ein so genanntes Korkgeld geöffnet und ausgeschenkt wird. In den USA, wo das System **BYOB** (Abk. für bring your own bottle) genannt wird, fand es zahlreiche Nachahmer, in Europa dagegen wird BYO nur vereinzelt praktiziert. Der Vorteil für den Verbraucher besteht darin, dass er die teilweise erheblichen Preisaufschläge auf Wein, die in der Gastronomie häufig üblich sind, umgehen kann.

C

Cabardès [kabarˈdɛz], A. C.-Herkunftsbezeichnung für Weine aus dem Nordwesten der Stadt Carcassonne im südfranzösischen →Languedoc; auf 330 ha (2000) Rebfläche werden nicht nur die üblichen Sorten des französischen Midi wie Grenache, Cinsaut oder Carignan kultiviert, sondern auch Cabernet Sauvignon, Merlot, Malbec (Cot) etc., die ansonsten eher im Südwesten verbreitet sind. Ungewöhnlich niedrige Hektarerträge sind die Basis für sehr gute Weinqualitäten; die Weine werden fast überwiegend als Erzeugerfüllungen vermarktet.

Cabernet [kabɛrˈnɛ], Sammelbezeichnung für verschiedene Rebsorten, die zum größten Teil der Familie um →Cabernet franc und →Cabernet Sauvignon angehören, teilweise aber auch nicht verwandt sind.

Dabei herrscht selbst bei diesen beiden meistverbreiteten, anerkannten Stammsorten häufig Namensverwirrung, v. a. was die Synonyme betrifft. Bouchet ist beispielsweise ein Synonym sowohl für Cabernet franc als auch für Cabernet Sauvignon, das Gleiche gilt für Bidure.

Zu den Sorten, die mit Cabernet nicht verwandt sind, aber den Namen tragen, gehören z. B. **Cabernet boudable** (Cabernet goudable), eine Rotwein-Rebsorte aus dem Bereich der Premières Côtes de Bordeaux, **Cabernet Gros** (auch **Gros Cabernet** genannt), die australische Bezeichnung für den portugiesischen Bastardo, der im französischen Jura Trousseau genannt wird, und **Cabernet Pfeffer** (Pfeffer Cabernet), der in den USA vorkommt, aber eventuell mit →Fer identisch ist. **Cabernet Severny** (Cabernet Severnyi) schließlich ist eine russische Züchtung in mehreren Kreuzungsschritten aus verschiedenen Sorten der Arten Vitis vinifera und Vitis amurensis.

Cabernet franc

Echte Cabernet-Abkömmlinge sind dagegen **Cabernet Handia**, eine Mutation des Cabernet franc, die erstmals in den 1970er-Jahren in Frankreich beobachtet wurde, und **Cabernet blanc** (White Cabernet, Shalistin), eine Mutation des Cabernet Sauvignon. Eine seit langem bekannte Kreuzung mit Cabernet-Beteiligung ist →Ruby Cabernet.

■ **Neuzüchtungen:** Eine Reihe dieser Sorten wurde erst in den letzten Jahrzehnten des 20. Jahrhunderts durch Kreuzung von Cabernet franc oder Cabernet Sauvignon mit anderen Sorten erzielt. Dabei haben sich v. a. die Weinbauinstitute Baden-Württembergs (Weinsberg, Freiburg im Breisgau) hervorgetan. Zu diesen Neuzüchtungen zählen **Cabernet Carbon** (in mehreren Kreuzungsschritten u. a. aus Cabernet Sauvignon, Saperavi Severnyi und Sankt Laurent), **Cabernet Carol** (wie Cabernet Carbon, aber mit Muskat Ottonel anstelle des Sankt Laurent), **Cabernet Cortis** (wie Cabernet Carol), **Cabernet Cubin** (aus Blaufränkisch und Cabernet Sauvignon), **Cabernet Dorio** (aus Dornfelder und Cabernet Sauvignon) und **Cabernet Dorsa** (wie Cabernet Dorio, aber mit vertauschten Vater- und Muttersorten).

Das Ziel dieser züchterischen Bemühungen waren neue, ertragreiche und qualitativ hochwertige Rotwein-Rebsorten, die gegen Rebkrankheiten und Schädlinge widerstandsfähig sind. Ihren wirtschaftlichen Nutzen und die Qualität ihrer Weine müssen sie allerdings erst noch unter Beweis stellen. Einzig →Cabernet Mitos hat in Deutschland bereits eine relevante Verbreitung gefunden.

Cabernet d'Anjou [kabɛrˈnɛ dˈãʒu], A. C.-Herkunftsbezeichnung für Weine des →Anjou in der französischen Weinbauregion Loire, in deren Anbaugebiet auf etwa 2300 ha Rebfläche die Sorten Cabernet Sauvignon und Cabernet franc kultiviert werden; die Weine sind meist als säurebetonte Rosés ausgebaut. Die kräftigen Rotweine aus denselben Sorten werden unter der A. C.-Bezeichnung Anjou rouge vermarktet.

Cabernet de Saumur [kabɛrˈnɛ də soˈmyːr], A. C.-Herkunftsbezeichnung der französischen Weinbauregion Loire im Gebiet von →Saumur für Weine aus Cabernet franc und Cabernet Sauvignon, die als trockene oder halbtrockene Rosés vinifiziert werden; der Name Cabernet de Saumur kann durch den Zusatz Val de Loire ergänzt werden.

Cabernet franc [kabɛrˈnɛ frã], französ. auch **Bouchet** [buˈʃe], **Bouchy** [buˈʃi], **Breton** [brəˈtõ], **Carmenet** [karmeˈnɛ], eine der besten Rotwein-Rebsorten der Welt; vermutlich entstand Cabernet franc durch eine Selektion von Wildreben und Einkreuzen einer Viniferasorte.

Die unter mehr als 30 Synonymen bekannte Sorte wird allein in Frankreich auf 37 500 ha Rebfläche kultiviert und steht in Italien auf 5 800 ha Fläche, hier allerdings gemischt mit Carmenère, mit dem die Sorte hier lange Zeit verwechselt worden war. Von den Ländern der Neuen Welt ist Cabernet franc v. a. in Kalifornien (860 ha) und in Australien heimisch geworden. Neuesten genetischen Forschungen zufolge gilt er als Vater- oder Muttersorte des renommierteren →Cabernet Sauvignon.

■ **Eigenschaften:** Der kleintraubige und kleinbeerige Cabernet franc ist ertragreicher als Cabernet Sauvignon und reift früher, er ist allerdings relativ anfällig gegenüber Fäulnis und Mehltau. Die Weine sind aufgrund der recht dünnen Beerenhaut heller und nicht so tanninbetont wie die von Cabernet Sauvignon. Im Duft zeichnen sie sich durch erdige und fruchtige Noten aus. Wird Cabernet franc nicht vollständig reif, zeigen seine Weine oft vegetabile Noten, die an grüne Paprikaschoten erinnern.

Guten Cabernet franc findet man auf den kühlen Tonböden von Saint-Émilion und Pomerol im Bordeauxgebiet, auf denen Cabernet Sauvignon nur in den allerbesten Jahren wirklich ausreift. Hervorragende Weine kommen auch von der Loire, wo Cabernet franc die meistkultivierte Sorte ist und wo unter den Herkunftsbezeichnungen Saumur-Champigny, Bourgueil, Chinon oder Anjou-Villages tieffarbige, fruchtbetonte, in guten Fällen aber auch alterungsfähige Weine gekeltert werden.

Cabernet Mitos, Rotwein-Rebsorte, die 1970 an der Staatlichen Lehr- und Versuchsanstalt in Weinsberg aus Blaufränkisch (Lemberger) und Cabernet Sauvignon gezüchtet und 2001 zugelassen wurde; die spät reifende Sorte ergibt farbintensive, fest strukturierte Weine und wird in Deutschland auf gut 160 ha (2002) Rebfläche kultiviert, vorwiegend im Anbaugebiet Württemberg.

Cabernet Sauvignon [kabɛrˈnɛ soviˈɲõ], eine der renommiertesten und besten Rotwein-Rebsorten, die weltweit auf insgesamt weit über 100 000 ha (2000) kultiviert wird und zusammen mit Chardonnay an siebter Stelle der meistverbreiteten Rebsorten steht; Frankreich besitzt mit etwa 55 600 ha gut die Hälfte der gesamten Cabernet-Sauvignon-Bestände.

Lange Zeit glaubte man, die Sorte stamme direkt von der römischen Sorte Biturica ab, tatsächlich aber handelt es sich um eine Kreuzung aus →Cabernet franc und →Sauvignon blanc, was auch ihren Namen erklären würde.

■ **Eigenschaften:** Cabernet-Sauvignon-Trauben sind von mittlerer Größe, haben aber kleine Beeren mit dicker, fester Beerenhaut, die sich für lange Standzeiten auf der Maische eignet. Die relativ spät reifende Sorte bringt farbintensive, extraktreiche und tanninbetonte Weine hervor, die an ihrem typischen Duft nach Zedernholz, Cassis und blauen Beeren erkennbar sind. Da die Weine meist im Barrique ausgebaut werden, kommt noch eine würzige Vanillenote hinzu. Ausgereift zeigt das Bukett Noten von süßem Tabak, Jod, Leder und Teer, im Mund werden die Weine dann rund und fast süß, obwohl sie meist keinen Restzucker enthalten.

■ **Verbreitung:** Cabernet Sauvignon ist eine der am meisten verbreiteten Qualitätssorten. Von Frankreich aus führte sie ihr Siegeszug, nur noch vergleichbar mit dem des Chardonnay, über Kalifornien, Australien und Chile zurück in die Alte Welt, nach Italien und Spanien, und von hier aus wieder in so verschiedene Länder wie Südafrika, Neuseeland, Österreich und sogar Deutschland. In Kalifornien hatte die Starsorte des Bordeauxgebiets zum ersten Mal bewiesen, dass sie sich an die verschiedensten Terroirs und auch an unterschiedliche klimatische Bedingungen anpassen kann.

CABERNET SAUVIGNON. *Großer Bruder, kleiner Bruder*

Lange Zeit glaubte man, Cabernet franc sei so etwas wie der kleine Bruder des Cabernet Sauvignon. Dafür sprach vor allem die Tatsache, dass Cabernet Sauvignon robuster ist, die extraktreicheren Weine hervorbringt und vielen Beschreibungen zufolge der römischen Sorte Biturica ähnelt. Nicht umsonst, so glaubte man, lautete eines der Synonyme für die Sorte Bidure oder Vidure, wobei dieser Name sowohl von Biturica wie auch von »bois dur«, hartes Holz, abstammen konnte. Erst eine genaue Genanalyse brachte an den Tag, dass der »kleine Bruder« in Wahrheit der Vater oder die Mutter ist. Seinem genetischen Material nach zu urteilen stammt Cabernet Sauvignon von Cabernet franc und Sauvignon blanc ab und ist wahrscheinlich das Resultat einer spontanen, das heißt ohne menschliches Zutun erfolgten Kreuzung.

Dabei wird die Sorte, anders als beispielsweise ihr berühmter Gegenspieler Spätburgunder (Pinot noir) oder auch als der weiße Chardonnay, nur in den wenigsten Fällen reinsortig ausgebaut. In Italien verschneidet man sie mit Sangiovese oder Barbera, in Australien mit Syrah (Shiraz), in Südafrika mit Pinotage und in Chile mit Carmenère. Fast überall spielt sie in Weinen im so genannten →Bordeauxverschnitt die erste Geige.

Cabinet, ursprünglich besonderer Weinkeller, Aufbewahrungsort der besten Weine, die auch **Cabinetweine** genannt wurden; die historische Bezeichnung entstand im 18. Jh. im Rheingau und bezog sich auf den so genannten Cabinetkeller in Kloster →Eberbach. Sie lebt im Weingesetz Deutschlands und Österreichs im Begriff →Kabinett für die niedrigste Stufe der Prädikatsweine fort.

Cachapoal [katʃaˈpwal], eigentlich Valle de Cachapoal, kleines Anbaugebiet (zona) im chilenischen Valle Central, das die nördliche Hälfte der Subregion Valle del Rapel bildet und erst in jüngster Zeit eine gewisse Be-

Cabernet Sauvignon

Cachapoal. Im Anbaugebiet von Cachapoal südlich der chilenischen Hauptstadt Santiago findet man noch die traditionelle Form der Überflutungsbewässerung, bei der das Schmelzwasser der nahen Anden mithilfe eines ausgeklügelten Systems von Gräben aus den Flüssen über die Rebfelder geleitet wird.

kanntheit erlangt hat; auf den schottrigen und kiesigen, sehr kargen Böden, die fast ständig bewässert werden müssen, geraten sowohl Cabernet Sauvignon als auch die Weißwein-Rebsorten Chardonnay und Sémillon sehr gut.

Cairanne. Auf den Schotterböden des Anbaugebiets Cairanne wachsen die Reben, die einen der besten Villages-Weine der südlichen Côtes-du-Rhône hervorbringen.

Cadillac [kadiˈjak], A. C.-Herkunftsbezeichnung für Süßweine der gleichnamigen Gemeinde im Bereich Entre-deux-Mers des französischen Bordeauxgebiets; die Weine des kleinen Anbaugebiets mit nur 220 ha (2002) Rebfläche werden aus Sémillon und Sauvignon blanc gekeltert und ähneln denen von →Sauternes, zeigen aber nicht deren Vielschichtigkeit und Tiefe. Die Rotweine der Gemeinde werden unter der Bezeichnung →Premières Côtes de Bordeaux vermarktet.

Cafayate [kafaˈjate], Anbaugebiet der argentinischen Weinbauregion La Salta, in dem Reben bis in Höhenlagen von 2000 m ü. M., in Ausnahmefällen auch darüber, kultiviert werden. Die meistverbreitete Rebsorte ist der weiße Torontés, aus dem relativ frucht- und bukettbetonte Weine gekeltert werden. Zunehmend werden auch so genannte internationale Rebsorten kultiviert.

Cahors [kaˈɔr], A. C.-Herkunftsbezeichnung für Weine des gleichnamigen Anbaugebiets im französischen →Südwesten; auf den 4100 ha Rebfläche im Osten von Bordeaux an den Ufern des Lot werden die Rebsorten Auxerrois (Malbec), Tannat und Merlot kultiviert.

Die farbintensiven, kräftigen Rotweine genossen im 19. Jh. einen guten Ruf und wurden oft mit Bordeauxgewächsen verschnitten. Cahors besteht zu mindestens 70 % aus Auxerrois und zu höchstens 30 % aus Merlot und/oder Tannat. Wein wurde in der Gegend von Cahors bereits unter dem römischen Kaiser Domitian (*51 n.Chr., †96 n.Chr.) angebaut. Nach einer langen Krise erlebte Cahors in den 1990er-Jahren dank verbesserter Kellertechniken einen deutlichen qualitativen Aufschwung.

Cairanne [keˈran], eigenständige Herkunftsbezeichnung für Weine der A. C. Côtes-du-Rhône-Villages aus dem Gebiet der gleichnamigen Gemeinde im südfranzösischen Département Vaucluse; die Weinberge liegen an einer Hügelkette, die sich aus dem Alpenvorland in Richtung Rhône erstreckt. Die Böden der knapp 800 ha Rebfläche bestehen aus rotem Lehm auf Sandstein und sandigem Schotter.

Rotweine und Rosés müssen zu mindestens 50 % aus Grenache gekeltert sein, für den Rest kommen Syrah, Mourvèdre, bei den Rosés auch bis zu 20 % weiße Rebsorten infrage. Die Weißweine bestehen aus Grenache blanc, Clairette, Marsanne, Roussanne, Bourboulenc und Viognier. Die Weinberge Cairannes wurden im Mittelalter zuerst vom Orden der Templer und später von dem der Hospitaliter entwickelt. Bereits 1967 erhielt Cairanne den Status einer eigenständigen Villages-Appellation mit dem Recht auf Nennung des Gemeindenamens.

Calabrese, →Nero d'Avola.

Calabria, italienisch für →Kalabrien.

Caladoc, Caladoc de Languedoc [kalaˈdɔk də lãˈɡdɔk], ursprünglich Galadoc genannte französische Rotwein-Rebsorte, die vom französischen Institut National de la Recherche Agronomique (INRA) aus Grenache und Malbec (Cot) gezüchtet wurde; anfänglich nur zögerlich ausgepflanzt, belegt die Sorte v.a. in Südfrankreich inzwischen knapp 1250 ha (1999) Rebfläche. Die Weine sind farbintensiv und tanninbetont.

Calamin [kalaˈmẽ], berühmte Herkunftsbezeichnung des Westschweizer Anbaugebiets Lavaux im Kanton Waadt; von der Lage in unmittelbarer Nachbarschaft von →Dézaley kommen rassige, sehr terroirgeprägte Weißweine aus der Rebsorte Chasselas.

Calatayud, D.O.-Herkunftsbezeichnung für Rotweine aus der nordspanischen Region Aragonien, die zu 60 % aus Grenache (Garnacha) gekeltert werden; das Anbaugebiet ist mit 7300 ha Rebfläche das zweitgrößte der Region. Die früher recht einfachen Rotweine wurden meist nicht im Holzfass ausgebaut. In den 1990er-Jahren entstanden kräftige, fruchtige und modern vinifizierte Weine, die relativ jung vermarktet werden. Die anspruchslosen Weißweine werden hauptsächlich aus der Rebsorte Macabeo gekeltert.

cali|ente, spanisch für die Geschmacksbezeichnung warm, feurig.

California [kælɪˈfɔːnɪə], Appellation für Weine des US-Bundesstaats →Kalifornien; die Weine können aus beliebigen Anbaugebieten des Staates kommen, müssen aber, in Abweichung von den üblichen AVA-Bestimmungen, zu 100 % aus Trauben des Staates gekeltert werden.

Campania, italienisch für →Kampanien.

campo, altes norditalienisches Flächenmaß, das in Venetien noch gebräuchlich ist; es entspricht 0,333 ha.

Campo de Borja [-'bɔrxa], traditionsreiche D. O.-Herkunftsbezeichnung für Weine aus dem Gebiet zwischen dem über 2000 m hohen Moncayomassiv und dem Ebro in der nordspanischen Region Aragonien; über 70 % der insgesamt 6000 ha Rebfläche sind mit Grenache (Garnacha) bestockt, die reinsortig oder im Verschnitt mit anderen Rotwein-Rebsorten ausgebaut wird. Vor allem die alten Rebanlagen der höher gelegenen Weinberge bringen konzentrierte und kraftvolle Weine hervor.

Canaiolo, Rotwein-Rebsorte Mittelitaliens und Sardiniens, die v. a. in der Toskana kultiviert wird und hier früher sogar weiter verbreitet war als der dominierende →Sangiovese; die recht rustikale Rebsorte ist in insgesamt 17 DOC-Weinen Mittelitaliens und Sardiniens zugelassen, ihre Bedeutung geht allerdings zurück. So wurde ihr erlaubter Anteil im →Chianti von früher 30 auf 10 % gesenkt.

Canberra District ['kænbərə 'dɪstrɪkt], kleines Anbaugebiet mit GI-Status im und um das Australian Capital Territory der Hauptstadt Canberra; auf etwa 1250 ha (2000) Rebfläche werden v. a. die Rebsorten Chardonnay, Cabernet Sauvignon und Syrah (Shiraz) kultiviert. Die ersten Weinberge des Gebiets wurden Anfang der 1970er-Jahre angelegt, zu Beginn des 21. Jahrhunderts arbeiten hier etwa 20 Erzeugerbetriebe.

Cannonau, Cannonao, auf Sardinien die Rotwein-Rebsorte →Grenache.

Cannonau di Sardegna [-sar'dɛɲɲa], DOC-Herkunftsbezeichnung für Weine der italienischen Insel Sardinien; auf etwa 1600 ha (1997) Rebfläche werden kräftige Rotweine mit einem Alkoholgehalt von mindestens 12,5 Vol.-% sowie trockene und süße Likörweine gekeltert. Die Rotweine können nach einer Ausbauzeit von zwei Jahren die Bezeichnung Riserva tragen. Die Zusatzbestimmungen Oliena, Nepente di Oliena, Capo Ferrato und Jerzu gelten für Gewächse aus besonderen Bereichen des Anbaugebiets.

Canon-Fronsac [ka'nɔ̃ frɔ̃'sak], Teilgebiet der Appellation →Fronsac.

Canterbury ['kæntəbəri], berühmte Weinbauregion auf der Südinsel Neuseelands; das Gebiet besteht aus den Schwemmlandebenen um die Stadt Christchurch sowie aus dem erst in jüngster Zeit entwickelten Waipara mit seinen Kalksteinböden. Das Klima ist relativ kühl, aber die Sommer sind lang und warm, ideale Bedingungen für Chardonnay und Spätburgunder (Pinot noir), die fast 60 % der insgesamt 485 ha (2002) Rebfläche belegen. Daneben werden v. a. Riesling und Sauvignon blanc kultiviert.

cantina, italienisch für (Wein-)Keller, auch für Kellerei.

cantina cooperativa, cantina produttori, italienisch für Genossenschaft.

capa [span. »Umhang«], spanisch für Brillanz, Farbintensität und Leuchtkraft der Farbe, insbesondere von Rotweinen.

Cape Riesling, →Crouchen.

capitel, eigentlich **capitello** [zu latein. capitellum, capitulum »Köpfchen«], italienisch für Hügelkuppe; im Dialekt der italienischen Region Venetien Weinbergslagen auf dem Gipfel von Hügeln oder Bergen.

Capitolare, seit 1993 gültiger Name für die italienische Markenbezeichnung Predicato.

Capri, DOC-Herkunftsbezeichnung für Weine der gleichnamigen Insel vor der Küste der italienischen Region Kampanien; die Weißweine werden aus den Rebsorten Falanghina, Greco und Biancolella, die Roten aus Piedirosso erzeugt.

caraffa, italienisch für Karaffe.

caratello [zu italien. carro »Karren«], italienisch für kleines Fass von einer Größe, die man früher mit dem Pferdekarren transportieren konnte, fälschlich auch **carato** genannt; der Begriff wird als Synonym für →Barrique verwendet.

carattere, italienisch für Charakter.

carbonic maceration [ka:'bɔnɪk mæse'reɪʃn], englisch für Kohlensäuregärung.

Carcavelos [karka'veluʃ], DOC-Herkunftsbezeichnung für Weine aus dem Süden der portugiesischen Hauptstadt Lissabon; das nur knapp 20 ha große Anbaugebiet ist auf die Erzeugung aufgespriteter, meist trockener Aperitif- und Dessertweine aus der weißen Rebsorte Arinto und der roten Castelão francés (Periquita) spezialisiert.

Cardinal [kɑ:dɪnəl], 1939 in Fresno (Calif.) aus Ahmer Bou'amer (Flame Tokay) und Alphonse-Lavallée (Ribier) gezüchtete Rotwein-Rebsorte, die v. a. als Tafeltraube Verwendung findet; weltweit wird sie auf 28000 ha (2000) Rebfläche kultiviert, v. a. in Spanien (5800 ha), Italien und Rumänien (je 3800 ha), Mexiko (3500 ha), Bulgarien (2000 ha) und Kalifornien (1400 ha), aber auch in Ländern wie Vietnam und Thailand.

Carema, DOC-Herkunftsbezeichnung der italienischen Region Piemont für meist reinsortige Rotweine aus Nebbiolo, die aber laut Weingesetz bis zu 15 % anderer Rebsorten enthalten können; das kleine Anbaugebiet in der Nähe der Industriestadt Ivrea mit seinen nur 15 ha Rebfläche bringt Weine mittlerer Kraft und Fülle hervor, die erst nach über vier Jahren Fassreife abgefüllt werden dürfen.

Carignan [karɪɲɛã], französ. auch **Carignane** [karɪɲ'jan], italien. **Carignano** [karɪɲ-'jano], **Cariñena** [karɪ'ɲɛna], **Mazuela** [maθu'ɛla], **Mazuelo** [maθu'ɛlo], eine v. a. in den Weinbauländern des Mittelmeers verbreitete

Cariñena 2).
Weinbergspflege und
Traubenernte in den
niedrig bestockten
Gobelet-Weinbergen
des Cariñenagebiets
sind eine mühsame
Angelegenheit.

Carignan wird u.a. in den Weinen der Herkunftsbezeichnungen Bandol und Cassis, in den Appellationen der Côtes-du-Rhône, des Languedoc und des Roussillon sowie in den spanischen Anbaugebieten Navarra und Rioja verarbeitet. Der weiße **Carignan blanc,** eine Mutation des roten Carignan, ist seit etwa 1900 bekannt und wird in Südfrankreich auf gut 1000 ha Rebfläche kultiviert. Seine Weine sind alkoholisch und recht neutral.

Cariñena [karɪˈɲɛna], 1) → Carignan.

2) bekanntestes der vier D. O.-Gebiete der nordspanischen Region →Aragonien; auf über 16000 ha Rebfläche wachsen v.a. die Rotwein-Rebsorten Grenache (Garnacha) und Tempranillo sowie die weiße Macabeo (Viura). Das Gebiet ist durch seine gereiften Rotweine bekannt geworden, die als Reserva- oder Gran-Reserva-Qualitäten ein gutes Preis-Leistungs-Verhältnis bieten.

Carmel Valley [kaˈmel ˈvælɪ], AVA-Herkunftsbezeichnung für Weine aus dem gleichnamigen Tal des kalifornischen Monterey County (→Monterey); das warme, nebelfreie Klima der meist recht hoch gelegenen Weinberge eignet sich für ein großes Spektrum weißer und roter Rebsorten.

Carmenère [karmɔˈnɛr], alte Rotwein-Rebsorte des französischen Bordeauxgebiets, die seit der Reblauskatastrophe hier allerdings nur noch selten kultiviert wird, dafür steht sie in Chile auf über 4700 ha Rebfläche.

Carmenère ist eine relativ spät reifende, kleintraubige Rebsorte, deren Weine sehr farbintensiv und körperreich, aber nicht so tanninbetont wie die Cabernet-Varianten sind. Sie wurde mancherorts lange mit Merlot, Cabernet franc oder anderen Sorten verwechselt. Insbesondere in Chile glaubte man bis vor kurzem, große Carmenère-Flächen seien eigentlich mit Merlot bestockt. Nachdem die Winzer und Weinmacher den Unterschied zwischen den beiden Sorten erkannt hatten, brachten zahlreiche Erzeugerbetriebe hervorragende reinsortige Carmenère-Weine auf den Markt. In den Weinbergen der norditalienischen Region Friaul-Julisch Venetien ist Carmenère oft im gemischten Satz mit Cabernet franc zu finden, mit dem man die Sorte noch oft verwechselt.

Carmenet, →Cabernet franc.

Carmignano [karmiˈɲano], DOCG- und DOC-Herkunftsbezeichnung der nördlichen Toskana für Weine eines Anbaugebiets in den Hügeln westlich von Florenz mit wenig mehr als 110 ha Rebfläche; während die Rotweine des Gebiets DOCG-Status besitzen, sind Rosés und die verschiedenen Vin-santo-Arten als DOC-Weine klassifiziert.

Carmignano, dessen Herkunftsbezeichnung bereits durch ein Dekret des Mediciherrschers Cosimo III. (*1639, †1723) aus dem Jahre 1716 geschützt wurde, war auch einer der

Rotwein-Rebsorte; mit einer Gesamtrebfläche von 191000 ha (1999, ohne Asien und Osteuropa, insgesamt eventuell bis zu 250000 ha) steht Carignan an dritter Stelle der meistverbreiteten Sorten der Welt, wobei allein in Frankreich knapp 100000 ha (2000) mit ihr bestockt sind.

Außerhalb Frankreichs wird die Sorte v.a. in Spanien (8000 ha), Portugal, Italien, Tunesien, Algerien, Marokko, Libyen, Südafrika, den USA, Mexiko (13500 ha), Chile und anderen Ländern Südamerikas sowie in Australien, China und Indien kultiviert. Ihre Weine sind farbintensiv, relativ neutral im Duft, aber säure- und tanninbetont am Gaumen. Aufgrund ihrer hohen Erträge wird die Sorte meist zur Produktion einfacher Tafelweine verwendet, alte Rebstöcke können aber sehr charaktervolle Weine hervorbringen, wie die Spitzengewächse der spanischen Appellation →Priorat beweisen; Voraussetzung ist, dass die Reben auf trockenen, nicht zu fruchtbaren Böden stehen und die Erträge niedrig gehalten werden.

CARMENÈRE. *Verwechslung in großem Stil*

Es kommt zwar immer wieder vor, dass Winzer oder Rebschulen Rebsorten miteinander verwechseln, aber eine Verwechslung von den Dimensionen, wie sie Chile in den letzten Jahrzehnten erlebte, hat die Weinwelt zuvor wohl noch nicht gesehen. Fast 13000 ha Rebfläche, so glaubte man lange Zeit, seien hier mit Merlot bestockt, bei dem allenfalls aufmerksame Winzer unterschiedlichen Blatt- und Traubenwuchs und ein auffällig verschiedenartiges Reifeverhalten – Merlot ist einen Monat vor Carmenère reif – notierten. Erst in den 1990er-Jahren fand man dann durch genauere ampelographische Untersuchungen heraus, dass es sich bei einem Großteil der angeblichen Merlot-Stöcke in Wahrheit um Carmenère handelt. Für insgesamt 4700 ha Rebfläche ist die wahre Sortenidentität inzwischen nachgewiesen, man schätzt aber, dass die Hälfte der früher dem Merlot zugerechneten Fläche mit Carmenère bestockt sein könnte. Nach der Entdeckung des Irrtums verstehen es Chiles Winzer selbst nicht mehr, wie sie zwei doch recht unterschiedliche Rebsorten so lange verwechseln konnten.

ersten toskanischen Weine, in denen bereits vor mehr als 100 Jahren offiziell Cabernet Sauvignon verarbeitet werden durfte. Die farbintensiven, komplexen Weine, die in guten Jahren kräftig und alterungsfähig ausfallen können, sind zwar nicht so bekannt wie die Gewächse des benachbarten Chiantigebiets, stehen aber in qualitativer Hinsicht nicht hinter diesen zurück.

■ **Klima und Böden:** In den Hügeln zwischen Florenz und Empoli mit ihren gut entwässerten Kalksteinböden herrscht kühleres Klima als in der Arnoebene, wobei die Winde vom Apennin für große Unterschiede zwischen Tages- und Nachttemperaturen sorgen, was dem aromatischen Reichtum der Weine zugute kommt. Im Anbaugebiet des Carmignano existiert eine weitere Rotweinappellation mit DOC-Status, der **Barco Reale di Carmignano,** der ohne Cabernet-Anteil gekeltert wird. Außerdem überschneidet sich das Gebiet teilweise mit dem des Chianti Montalbano (→Chianti), der von zahlreichen Erzeugern als eine Art Zweitwein gefüllt wird.

Carneros [kaːˈnɛrəs], **Los Carneros,** AVA-Herkunftsbezeichnung für Weine aus einem Anbaugebiet der kalifornischen →North Coast, am Südrand des →Napa Valley und von →Sonoma gelegen; die Weine werden häufig auch unter der übergeordneten Bezeichnung Napa Valley vermarktet, mit deren Anbaugebiet sich zwei Drittel der Fläche von Carneros überschneiden.

Das Carnerosgebiet mit seinen mehr als 2500 ha (2001) Rebfläche eignet sich v. a. wegen der fast täglich von der Bay Area aufziehenden kühlen Nebel für die Produktion von Schaumweinen aus den flächenmäßig dominierenden Sorten Chardonnay (1200 ha) und Spätburgunder (Pinot noir) (850 ha). Aus beiden werden auch hervorragende, finessenreiche Stillweine mit guter Säurestruktur gekeltert.

Carnuntum, österreichisches Anbaugebiet in der Nähe von Wien, dessen Name an einen römischen Hauptstützpunkt an der pannonischen Donaugrenze erinnert; auf 890 ha Rebfläche werden zu rund zwei Dritteln weiße Rebsorten kultiviert – an ihrer Spitze der Grüne Veltliner (320 ha), gefolgt von Welschriesling, Weißburgunder und Char-

Carnuntum. Höflein ist eines der Weinbauzentren des kleinen österreichischen Anbaugebiets Carnuntum zwischen Wien und dem Neusiedler See, das seit dem Ende der 1990er-Jahre mit hervorragenden Rotweinen von sich reden macht.

donnay –, die kraftvolle Weine mit guter Struktur ergeben.

Auch der →Gemischte Satz hat hier noch relativ große Bedeutung. Auffallend sind die körperreichen, dichten Rotweine, wobei sich v. a. Zweigelt und Blaufränkisch in warmen Jahren durch ausgeprägte Frucht und reife Tannine auszeichnen, aber auch Cabernet Sauvignon und Sankt Laurent setzen positive Akzente.

Das Klima wird von der Nähe zum →Neusiedlersee mit seinem warmen, pannonischen Klima und von den kühlen Winden aus den Donauauen geprägt. Die Böden sind kräftig und bestehen aus Sand, Lehm, Schotter und Löss. Mit »Rubin Carnuntum«, einer Cuvée, in der eine der beiden roten Leitsorten, Zweigelt oder Blaufränkisch, dominieren muss, besitzt Carnuntum eine viel versprechende Gebietsmarke.

Cartizze, kleiner Bereich innerhalb des Anbaugebiets des Prosecco di Conegliano-Valdobbiadene (→Prosecco).

Portugal für verschiedene weiße und rote Sorten, die wahrscheinlich nicht miteinander verwandt sind; bedeutendster Vertreter der Castelão-Gruppe ist der **Castelão francés** (Periquita), eine der wichtigsten und wertvollsten Rotwein-Rebsorten Portugals, die auf etwa 1800 ha Rebfläche kultiviert wird. Ihre alterungsfähigen Weine zeichnen sich durch typische Beerenfrucht und markantes Tannin aus. **Castelão nacional,** auch Camerate genannt, wird v. a. im Ribatejo, in der Extremadura und in Bairrada kultiviert. Die Sorte bringt bei reduziertem Ernteertrag elegante, harmonische Rotweine hervor.

Castel del Monte, nach einem Schloss des Stauferkaisers Friedrich II. (*1194, †1250) benannte DOC-Herkunftsbezeichnung für Weine eines Anbaugebiets der süditalienischen Region Apulien; auf mehr als 4200 ha Rebfläche der so genannten Murge, des karstigen Kreidekalkplateaus Apuliens, werden v. a. Rotweintrauben kultiviert, darunter Aglianico und Uva di Troia.

CASTEL DEL MONTE

Das Jagdschloss des Staufers

Die Italiener nannten ihn Federico Secondo: Friedrich II. (*1194, †1250), der 1220 zum Kaiser gekrönte Staufer, ließ sich zwischen 1240 und 1250 das monumentale, oktogonale Jagdschloss errichten, das mehr als 700 Jahre später zum Symbol für die apulische Herkunftsbezeichnung Castel del Monte (»Bergschloss«) wurde. Der hoch über dem Karstplateau der Murge in der Nähe des apulischen Weinbaustädtchens Andria gelegene Bau lässt antike, byzantinische, orientalische und gotisch-zisterziensische Einflüsse erkennen, was die UNESCO dazu veranlasste, die Anlage in ihre Liste des Weltkulturerbes aufzunehmen.

Casablanca, →Valle de Casablanca.

cascina [kaˈʃina, italien., »Bauernhof« oder »Stall für Milchvieh«, »Meierei«], im Piemont gebräuchlicher Begriff für außerhalb der Ortschaften gelegene Weingüter in den Gebäuden früherer Bauernhöfe.

Cassis [kassɪs], A. C.-Herkunftsbezeichnung für Weine aus einem kleinen Anbaugebiet der französischen →Provence; auf knapp 170 ha Rebfläche werden Rot- und Weißwein-Rebsorten kultiviert. Die Rebsorten sind die der französischen Mittelmeerküste: Grenache, Carignan, Mourvèdre und Cinsaut bei den roten, Ugni blanc, Sauvignon blanc, Clairette, Marsanne bei den weißen. Aus ihnen werden einfache Weiß- oder Rotweine und frische Rosés gekeltert.

Castelão, Castellão [kastəˈlãu, zu portugies. »Burgherr«], beliebter Rebsortenname in

Casteller, DOC-Herkunftsbezeichnung der italienischen Region →Trentino-Südtirol für leichte, einfache Rotweine; auf etwa 410 ha (1997) Rebfläche in der autonomen Provinz Trento werden v. a. verschiedene Vernatschvarianten, Merlot und Lambrusco kultiviert. Die Weine können auch lieblich ausgebaut sein.

Castelli Romani, DOC-Herkunftsbezeichnung für Weine aus der Umgebung Roms in der mittelitalienischen Region Latium; auf den Weinbergen der Stadt Rom selbst sowie einiger Gemeinden der benachbarten Provinz Latina werden Weiß- und Rotwein-Rebsorten (Malvasia, Trebbiano, Cesanese, Merlot, Montepulciano, Sangiovese etc.) für einfache Weiß-, Rosé- und Rotweine kultiviert.

Castilla-La Mancha, spanisch für →Kastilien-La Mancha.

Castilla y León, spanisch für →Kastilien-León.

Cataluña, spanisch für →Katalonien.

Catalunya, katalanisch für →Katalonien.

Catarratto, Weißwein-Rebsorte der italienischen Insel Sizilien, deren zwei Varianten, der **Catarratto bianco comune** und der **Catarratto bianco lucido,** zusammen knapp 75 000 ha Rebfläche belegen. Catarratto bianco comune nimmt davon 60 000 ha ein und steht mit dieser Fläche an elfter Stelle der meistkultivierten Rebsorten der Welt. Weine aus Catarratto-Trauben sind meist neutral und recht leicht.

Cava, 1) geschützte Bezeichnung (Denominación Cava) für spanische Qualitätsschaumweine, die nach der Methode der Flaschengärung produziert werden; Anbaugebiete und Rebsorten sind per Gesetz festgelegt, insgesamt sind in Spanien 33 000 ha Rebfläche für die Produktion klassifiziert.

Traditionell ist Cava ein Verschnitt aus den drei autochthonen Weißwein-Rebsorten Macabeo, Xarel.Lo und Parellada, aus denen auch fast die gesamte Produktion gekeltert wird, obwohl auch die Rotwein-Rebsorten Trepat, Spätburgunder (Pinot noir), Grenache (Garnacha) und Mourvèdre (Monastrell) zugelassen sind. Eine Anreicherung der Grundweine ist nicht gestattet. Zwar werden kleinere Mengen in Regionen wie Extremadura, La Rioja, Valencia oder Zaragoza erzeugt, aber 98 % der Gesamtmenge im Jahr stammen aus der Region →Katalonien.

■ **Machart:** Cava muss mindestens neun Monate auf der Hefe reifen, trägt er die Bezeichnung Gran Reserva, so sind es 30 Monate; der Begriff Reserva darf zwar verwendet werden, ist aber nicht gesetzlich definiert. Cava sollte bald nach dem Degorgieren getrunken werden, da er nicht sehr alterungsfähig ist.

2) katalanisch für Weingut oder Weinkellerei.

cavatappo, italienisch für Korkenzieher.

cave [ka:v], französisch für (Fass- oder Flaschen-)Keller, auch Kellerei; eine cave coopérative ist eine Genossenschaft.

caveau [ka'vo], französisch für kleiner Kellerraum; meist der Verkaufsraum für den Ab-Hof-Verkauf von Weingütern oder Kellereien.

cellardoor ['selə(r)dɔ:(r)], englisch für Kellertür; v.a. in Australien der Verkostungs- und Verkaufsraum von Weingütern und Kellereien.

Cencibel, →Tempranillo.

Centgrafenberg, eine der besten Weinbergslagen im Bereich Mainviereck des deutschen Anbaugebiets Franken, Gemeinde Bürgstadt (Kreis Miltenberg). Auf steinigen, tonhaltigen Buntsandsteinverwitterungsböden wachsen v. a. weiße und rote Burgun-

Cava 1). Wie beim französischen Champagner findet die zweite Gärung des Cava in der Flasche statt. Der Wein lagert monatelang auf seinen Gärhefen und gewinnt dadurch größere geschmackliche Komplexität.

dersorten (Spät-, Früh- und Grauburgunder). Die Reben stehen in einer Höhenlage durchschnittlich 200 m ü. M. und sind nach Süden ausgerichtet. Die Stockdichte der besten Parzellen liegt bei etwa 5000 Reben pro Hektar.

Central Coast ['sentrl kəʊst], Weinbauzone Kaliforniens, die sich von den südlichen Vororten San Franciscos bis nach Los Angeles erstreckt; der Name hat auch den Status einer AVA-Herkunftsbezeichnung, die in der Regel für Verschnitte aus Trauben verschiedener Countys verwendet wird. Zur Central Coast mit ihren insgesamt fast 25 000 ha (2000) Rebfläche gehört eine Reihe sehr bekannter Anbaugebiete wie →Livermore Valley, Santa Cruz Mountains (→Santa Cruz), Santa Clara Valley (→Santa Clara), →Chalone, →Arroyo Seco, →Carmel Valley, →Edna Valley, →Arroyo Grande Val-

---

CAVA. *Überwältigender Erfolg für Prickler aus Spanien*

Das Nationalgetränk der spanischen Katalanen entstand Mitte des 19. Jahrhunderts nach dem Vorbild des französischen Champagners. Der erste Erzeuger war ein gewisser Josep Raventós, der auf seinem damals bereits traditionsreichen Weingut Can Codorníu den ersten flaschenvergorenen Schaumwein aus einheimischen Rebsorten schuf. Zu Beginn des 21. Jahrhunderts wird Cava von insgesamt 300 Erzeugern produziert, und von den jährlich vermarkteten über 200 Mio. Flaschen geht mehr als die Hälfte in den Export. Der größte Cava-Erzeuger Spaniens ist auf der Welle dieses Erfolgs auch zur größten Schaumweinkellerei der Welt geworden. Das Erfolgsgeheimnis liegt für seine Hersteller auf der Hand: Da die Grundweine grundsätzlich nicht angereichert sind, übersteigt der Alkoholgehalt des Endprodukts fast nie 12 Vol.-%, und auch der niedrige Säuregehalt trägt zu seiner Bekömmlichkeit bei.

Central Coast. An der kalifornischen Central Coast ist der Weintourismus noch lange nicht so entwickelt wie im Napa Valley und in Sonoma, aber in Dörfern wie Los Olivos findet der Besucher dennoch Möglichkeiten, die Weine der Region zu verkosten.

ley, →Paso Robles, →Santa Maria Valley und →Santa Ynez Valley.

Central Otago [ˈsentrl əʊˈtaːgəʊ], südlichstes Anbaugebiet Neuseelands und der Welt; auf 433 ha Rebfläche werden vorwiegend Spätburgunder (Pinot noir), Chardonnay, Sauvignon blanc und Riesling kultiviert. Die Weinberge im Umkreis der Stadt Queenstown auf Neuseelands Südinsel bringen fruchtbetonte, finessenreiche Weine mit klarem Sortencharakter hervor.

Central Valley [ˈsentrl ˈvælɪ], Weinbauzone Kaliforniens, die dem großen kalifornischen Längstal (Great Valley of California) entspricht und in das Sacramento Valley im Norden sowie das San Joaquin Valley im Süden unterteilt ist.

Insgesamt stehen im Central Valley 220 000 ha unter Reben, das entspricht etwa 55 % der gesamten kalifornischen Rebfläche. Der Weinbau ist extrem großflächig organisiert, und die Mehrheit der traubenerzeugenden Betriebe beliefert die riesigen Kellereien des Tales wie beispielsweise Gallo in Modesto, die größte Kellerei der Welt. Im Bereich des

Central Valley liegen auch die Anbaugebiete einer Reihe eigenständiger Appellationen wie Solano County & Green Valley, Madera, Clarksburg und →Lodi.

cep [sɛp], französisch für Rebstock (→Rebe 2).

cepa [ˈθepa], spanisch für Rebstock (→Rebe 2); der Begriff wird gelegentlich auch für Rebsorte verwendet.

cépage [seˈpaːʃ], französisch für →Rebsorte.

ceppo [ˈtʃeppo], italienisch für Rebstock (→Rebe 2).

Cerasuolo [tʃeraˈswɔlo, italien., »kirschrot«], Rosé- oder heller Rotwein Süditaliens; die Bezeichnung ist in die Namen einer DOC-Appellation der Abruzzen, Montepulciano d'Abruzzo Cerasuolo (→Montepulciano d'Abruzzo), und einer Siziliens, **Cerasuolo di Vittoria**, eingegangen.

Cerceal [sɛrsjal], Name oder Namensbestandteil verschiedener portugiesischer Weißwein-Rebsorten, deren wichtigste, besser unter dem anglisierten Namen Sercial bekannt, auf der Insel →Madeira kultiviert wird.

Cérons [seˈrɔ̃], A. C.-Herkunftsbezeichnung für Süßweine der gleichnamigen Gemeinde im französischen Bordeauxgebiet (Bereich →Graves) aus Sémillon, Sauvignon blanc und Muscadelle; das kleine Anbaugebiet mit nur etwa 70 ha (2002) Rebfläche liegt nordwestlich von →Barsac und →Sauternes.

Certified-Gesertifiseer [sɜːtɪfaɪd xɛsɜrtɪfɪˈsiər, engl.-afrikaans »beglaubigt«], Vermerk auf dem Kontrollsiegel südafrikanischer Weine, deren Herkunft vom nationalen Weininstitut geprüft wurde.

Cerveteri [tʃɛrˈveteri], DOC-Herkunftsbezeichnung für Weine der mittelitalienischen Region Latium; auf den etwas mehr als 700 ha (1997) Rebfläche des Anbaugebiets an den Hängen der tyrrhenischen Küste werden zahlreiche Weiß- und Rotwein-Rebsorten wie Trebbiano und Malvasia (beide in verschiedenen Varianten), Verdicchio, Bombino, Sangiovese, Montepulciano, Cesanese, Canaiolo, Carignan (Carignano) und Barbera kultiviert. Die Weißweine können auch als Frizzante oder lieblich, die Roten als Novello (→Nouveau) oder lieblich ausgebaut werden.

Cesanese [tʃesaˈnese], Rotwein-Rebsorte, die in der italienischen Region Latium zur Produktion von einfachen, süffigen Alltagsweinen verwendet wird, aber mehr und mehr aus den Weinbergen verschwindet; die Sorte existiert in zwei Varianten, **Cesanese d'Affile** und **Cesanese Comune**, die auf 1 300 bzw. 900 ha Rebfläche kultiviert werden. Die Weine werden unter den Herkunftsbezeichnungen **Cesanese del Piglio** (oder Piglio), Cesanese di Affile (oder Affile) und **Cesanese di Olevano Romano** (oder Olevano Romano) vermarktet.

CENTRAL COAST. *Die besten Lagen*

Kaliforniens Weinwirtschaft hat erst in den 1990er-Jahren damit begonnen, besonders hochwertige Weinbergslagen zu identifizieren und ihre Weine getrennt auszubauen bzw. unter ihrem Lagennamen zu vermarkten. Dennoch gibt es eine ganze Reihe von Lagen, die schon vorher zumindest bei Insidern in hohem Ansehen standen und von denen zahlreiche Erzeuger ihre besten Traubenpartien bezogen. Zu ihnen gehören Montebello (Cabernet Sauvignon in den Santa Cruz Mountains), Chalone (eigenständige AVA in Monterey, besonders geeignet für Burgundersorten wie Weißburgunder und Chardonnay), Sanford & Benedict (AVA Santa Ynez Valley, besonders geeignet für Spätburgunder), Steinbeck und James Berry Vineyard (AVA Paso Robles, besonders geeignet für Syrah und Mourvèdre), Bien Nacido Vineyard (AVA Santa Maria Valley, besonders geeignet für Spätburgunder und Chardonnay) und Fralich Vineyard (AVA Edna Valley, besonders geeignet für Viognier).

Chablais [ʃaˈblɛ], Schweizer Weinbauregion im Rhônetal, die aus einem Waadtländer Teil am rechten Flussufer und einem Walliser Teil am linken besteht. Bekannt sind v.a. die kräftigen, mineralischen Weiß- und Rotweine des Waadtländer Chablais aus den Gemeinden Villeneuve, →Yvorne, →Aigle, Ollon und Bex, wo die Reben auf kalkhaltigem Mergel wachsen und vom häufig wehenden, warmen und trockenen Föhn profitieren.

Chablis. Der oft ein wenig verschlafen wirkende Ort Chablis in der französischen Champagne bringt einen der berühmtesten Weine der Welt aus Chardonnaytrauben hervor. Vor allem in den USA wird der Name der Stadt deshalb gern auch für Produkte verwendet, die nicht von hier stammen.

Chablis [ʃaˈbli], A. C.-Herkunftsbezeichnung für Weißweine des nördlichen Burgund; das Anbaugebiet in der Umgebung der gleichnamigen Stadt (Département Yonne) ist insgesamt 6800 ha (2001) groß, von denen etwa 4200 mit Reben bestockt sind. Kultiviert wird ausschließlich die Rebsorte Chardonnay.

■ **Klassifizierung:** Wie alle bedeutenden Anbaugebiete des Burgund ist auch Chablis in ein hierarchisches System von Appellationen gegliedert, die sich durch ihre Böden, ihr Klima und die erlaubten Hektarerträge unterscheiden.

Die einfachsten Weine tragen die Appellation Petit Chablis, deren knapp 400 ha Weinbergsfläche zum großen Teil auf den Hochplateaus am Rande der Appellation liegen. Hier sind die Böden leichter, das Klima ist rauer und die erlaubten Hektarerträge liegen bei 50 hl. Eine Stufe darüber sind die gut 2400 ha der eigentlichen Appellation Chablis angesiedelt, auf deren Weinbergen immer noch Erträge von 50 hl/ha erzeugt werden dürfen, die aber meist bessere Böden und günstigere klimatische Bedingungen aufweisen.

Die Spitzenweine des Chablisgebiets kommen aus den so genannten Premier- und Grand-Cru-Lagen, deren Böden aus dem berühmten kalkhaltigen Tonmergel aus dem Kimmeridgium, einer Epoche des späten Jura

stammen und mit unzähligen, für diese Bodenformation charakteristischen Austernfossilien durchsetzt sind.

Insgesamt gibt es 40 Premier-Cru-Lagen mit einer Gesamtrebfläche von mehr als 700 ha, deren bekannteste Les Beauregards, Beauroy, Berdiot, Chaume de Talvet, Côte de Jouan, Côte de Léchet, Côte de Vaubarousse, Fourchaume, Les Fourneaux, Mont de Milieu, Montée de Tonnerre, Montmains, Vaillons, Vau de Vey, Vaucoupin und Vau Ligneau sind. Die acht Grands Crus mit den Namen Blanchot, Bougros, Les Clos, Grenouilles, La Moutonne, Preuses, Valmur und Vaudésir belegen insgesamt etwa 100 ha und bilden die absolute Qualitätsspitze des Anbaugebiets. Sämtliche Grand-Cru-Weinberge liegen in den Gemeinden Chablis und Fyé am rechten Ufer des Flusses Serein.

■ **Weinstile:** Obwohl die Weine des Chablisgebiets ausschließlich aus Chardonnay gekeltert werden, unterscheiden sie sich in Ausdruckskraft und Machart erheblich voneinander. Zwischen den leichten, frischen Petits Chablis und den mineralischen, gehaltvollen Grands Crus, deren Struktur schon in der Jugend gute Alterungsfähigkeit verrät, scheint es geschmacklich kaum Berührungspunkte zu geben. Hinzu kommt, dass ein Teil der Erzeuger von Chablis die Weine ausschließlich im Stahltank vergärt und ausbaut, während andere, nach dem Beispiel der Côte d'Or, neue oder gebrauchte Barriques benutzen, um den Weinen mehr Struktur und aromatische Dichte zu geben, worunter aber gelegentlich ihr mineralischer Charakter leidet.

CHABLIS. *Chablis versus Chardonnay?*

Dass die einst so beliebten trockenen Weißweine von Chablis aus der Rebsorte Chardonnay gekeltert werden, wusste früher und weiß noch immer kaum ein Verbraucher. Zu sehr ist der Name Chardonnay mit den Weinen aus Anbaugebieten der Neuen Welt, vielleicht noch Italien, Spanien oder Südfrankreich verknüpft. Dabei besitzen die Chardonnayweine der Premier- und Grand-Cru-Lagen von Chablis eine in der Welt einzigartige Mineralität, gepaart mit Frucht und frischer Säure. Nicht viel Sinn machen deshalb auch Vergleichsverkostungen, wie sie immer wieder organisiert werden, bei denen kräftige, alkoholbetonte und im Barrique vergorene Chardonnays gegen die mineralischeren und filigraneren Weine aus Chablis und von der Côte d'Or antreten müssen. Es ist, als ob ein Schwergewichtsboxer auf ein Fliegengewicht losgelassen würde. Selbst Profis unter den Weinverkostern schenken ihre Gunst in solchen Proben häufig dem schwereren, kräftigeren Wein, denn es bedarf einiger Erfahrung, um die Finesse und Alterungsfähigkeit der eleganteren Chardonnays korrekt zu werten.

Die Weine aus Chablis feierten in den Jahrzehnten nach dem Zweiten Weltkrieg so große Erfolge, dass ihr Name fast zum Synonym für trockenen Weißwein schlechthin wurde. Der Erfolg brachte jedoch zahlreiche Nachahmer ins Spiel, und in den USA werden riesige Mengen einfachster Massenweine unter dem Namen Chablis verkauft. Auch im Chablisgebiet selbst setzten – wie im gesamten Burgund – die Winzer in den 1970er- und 1980er-Jahren v. a. auf Masse, nicht so sehr auf Qualität. Das Renommee des Chablis nahm dabei erheblichen Schaden. Erst Mitte der 1990er-Jahre gab es so etwas wie eine Qualitätsrenaissance, und der Name Chablis wurde wieder zum Prestigeträger.

chai [ʃɛ], französisch für Weinkeller, v. a. für Fasslagerkeller (z. B. chai à barriques »Barriquekeller«).

Chalkidikis, Herkunftsbezeichnung für Landweine (Topikos Oinos) der griechischen Halbinseln Chalkidiki vor der Küste Makedoniens; das Anbaugebiet umfasst die Rebflächen des O. P. A. P.-Anbaugebiets Meliton (450 ha im Alleinbesitz der Domaine Carras) auf dem mittleren der drei fingerartigen Fortsätze Chalkidikis, der Sithonia oder Longos genannt wird.

Chalone [ʃɔˈləʊn], AVA-Herkunftsbezeichnung für Weine eines kleinen, aber sehr renommierten Anbaugebiets im kalifornischen Monterey County (→ Monterey); vom einzigen Erzeugerbetrieb werden auf gut 80 ha Rebfläche, die sich bis in eine Höhe von 600 Metern ziehen, v. a. Chardonnay, Spätburgunder (Pinot noir) und Weißburgunder (Pinot blanc) kultiviert.

Chambertin [ʃãbɔrˈtɛ̃], Grand-Cru-Herkunftsbezeichnung und Namensbestandteil einer Gruppe von sieben weiteren Grand-Cru-Appellationen für Weine bestimmter Lagen der Gemeinde → Gevrey-Chambertin an der burgundischen Côte de Nuits.

Neben Chambertin selbst sind dies **Chambertin-Clos de Bèze, Chapelle-Chambertin, Charmes-Chambertin** (auch Mazoyères-Chambertin genannt, mit 30 ha die größte der acht Lagen), **Griotte-Chambertin, Latricières-Chambertin, Mazis-Chambertin** und **Ruchottes-Chambertin.**

Auf den kalkhaltigen und Tonmergelböden der insgesamt 84 ha Rebfläche dieser Grand-Cru-Lagen steht ausschließlich Spätburgunder (Pinot noir), aus dem einige der faszinierendsten Rotweine des Burgund gekeltert werden.

Chambolle-Musigny [ʃãˈbɔl myzɪˈɲi], A. C.-Herkunftsbezeichnung für Weine bestimmter Lagen der gleichnamigen Gemeinde an der burgundischen → Côte de Nuits; die Gemeinde besitzt mit Le Musigny und Bonnes Mares zwei Grand-Cru-Lagen, deren Rebfläche insgesamt 26 ha groß ist, bei Bonnes Mares aber teilweise im Gebiet der Nachbargemeinde Morey-Saint-Denis liegt. Daneben existieren Premier-Cru-Lagen, die etwas mehr als 60 der insgesamt 206 ha Rebfläche der Gemeinde einnehmen. Kultiviert wird fast ausschließlich Spätburgunder (Pinot noir), le-

diglich in Le Musigny stehen auf 0,5 ha Weißweinreben der Sorte Chardonnay.

chambrieren [ʃã-, zu französ. chambre »Zimmer«], in Bezug auf Wein auf Zimmertemperatur erwärmen (→ Temperatur).

Champagne [ʃãˈpaɲ], Weinbauregion [offiziell »Région délimitée de la Champagne viticole«] und A. C.-Herkunftsbezeichnung des nordöstlichen Frankreich für den berühmtesten Schaumwein der Welt, den **Champagner.**

Auf den insgesamt etwa 30 000 ha (2002, von 34 000 offiziell zugelassenen) Rebfläche werden nur drei Rebsorten kultiviert: Spätburgunder (Pinot noir, 11 500 ha), Schwarzriesling (Pinot Meunier, 10 500 ha) und Chardonnay (8 000 ha). In den Jahren vor Ende des 20. Jahrhunderts wurden bis zu 300 Mio. Flaschen jährlich produziert. Im selben Anbaugebiet werden unter der A. C.-Bezeichnung **Coteaux Champenois** auch jung zu trinkende Rotweine erzeugt.

Die Champagne ist in einen großen, nördlichen Bereich um die Städte Reims und Épernay mit den Départements Aisne, Seine-et-Marne und Marne sowie einen kleinen, oft vergessenen südlichen Bereich im Département Aube geteilt, die Côte du Bar.

Das eigentliche Produktionszentrum im Norden, wo die prestigereichsten Champagner entstehen, ist unterteilt in die **Montagne de Reims,** wo v. a. Spätburgunder kultiviert wird, die **Vallée de la Marne** (das Marnetal), wo Schwarzriesling dominiert, und die **Côte de Blancs** im Süden der Stadt Épernay, wo v. a. Chardonnay wächst. Etwas abseits schließlich, aber noch zum Norden gehörend, liegt zwischen der namensgebenden Stadt und der Seine die Côte de Sézanne.

■ **Klima und Böden:** Das Klima wird v. a. von der für Frankreich extrem nördlichen geographischen Lage bestimmt. Mit ihren niedrigen Durchschnittstemperaturen – weit niedriger als in der deutschen Pfalz, die in etwa auf demselben Breitengrad wie Épernay liegt – gehört die Champagne zu den Grenzgebieten des europäischen Weinbaus. Entsprechend gering ist die durchschnittliche Alkoholausbeute und entsprechend hoch sind die Säurewerte. Was die Böden betrifft, so liegen die besten Weinberge der Champagne auf Kreidefelsen, über die Sand und Ton, aber auch Mergel und Lehm geschichtet sind. Spektakulär sind die zahlreichen Gewölbekeller in den Kreidefelsen unter den Städten Reims und Épernay.

■ **Klassifizierung:** Ähnlich dem Burgund sind die Weinbergslagen in der Champagne hierarchisch klassifiziert, wobei diese Klassifizierung allerdings nur in den seltensten Fällen auf dem Etikett der Produkte aufscheint, die meist aus den Trauben verschiedener Lagen und Jahrgänge verschnitten sind.

Die Weinberge von insgesamt 17 Gemeinden sind als Grands Crus klassifiziert; neun von ihnen liegen an der Montagne de Reims (Ambonnay, Beaumont, →Bouzy, Louvois, Mailly, Puisieux, Sillery, Verzenay und Verzy), vier an der Côte de Blancs (→Avize, →Cramant, →Mesnil-sur-Oger und →Oger) und vier im Marnetal (→Aÿ, Chouilly, Oiry und Tours). In einigen Gemeinden genießen lediglich Weinberge mit Weiß- bzw. mit Rotwein-Rebsorten Grand-Cru-Status. Als Premiers Crus gelten 38 Gemeinden mit insgesamt knapp 5 000 ha Rebfläche.

Champagne. Die Kellerei Bollinger in Aÿ wurde, ganz wie die Champagnerhäuser Krug, Roederer oder Mumm, im 18. und 19. Jahrhundert von deutschen Auswanderern gegründet.

■ **Organisation:** Die Weinlagen-Klassifizierung der Champagne hat v. a. eine wirtschaftliche, regulierende Bedeutung, die vor dem Hintergrund der Betriebsstrukturen verständlich wird. Wie in keiner anderen französischen Region sind hier Trauben- und Weinerzeugung voneinander getrennt. Traubenerzeuger sind meist kleine oder mittlere Winzerbetriebe, die ihre Trauben oder Grundweine oft nicht selbst verarbeiten, sondern an Genossenschaften oder Kellereien weiterverkaufen.

Jahrzehntelang wurden die Preise dafür einvernehmlich zwischen den Interessenvertretern der beiden Gruppen ausgehandelt, und dabei diente die Weinbergsklassifizierung als Grundlage für die Preisfestsetzung. Grand-Cru-Trauben wurden jeweils mit 100 % des festgesetzten Traubenpreises bezahlt, Premier-Cru-Trauben oder solche von nicht klassifizierten Lagen mit teilweise deutlichen Abschlägen. Zwar ist das System der einvernehmlichen Preisfestsetzung seit einigen Jahren offiziell aufgehoben, aber die Klassifizierung bestimmt nach wie vor die tatsächlichen Traubenpreise.

Die wirtschaftliche Struktur der Champagne hat zur Herausbildung einer ganzen Reihe unterschiedlicher Betriebsformen geführt, wobei auf dem Etikett die des jeweiligen Abfüllers in abgekürzter Form genannt werden muss.

Es bedeuten: »NM« négociant-manipulant (Kellerei, die fremde Grundweine zu Schaumwein verarbeitet und füllt), »RM« récoltant-manipulant (Erzeugerbetrieb, der eigene Trauben verarbeitet), »RC« récoltant-coopérateur (Winzer und Selbstvermarkter, dessen Trauben von einer Genossenschaft verarbeitet wurden), »CM« coopérative de manipulation (Genossenschaft, die Trauben und Weine zu Champagner verarbeitet), »SR« société de récoltants (Winzervereinigung, die die Produkte ihrer Mitglieder verarbeitet), »ND« négociant-distributeur (Kellerei, die fertigen Champagner aufkauft), »R« récoltant (Winzer, der seinen Champagner von Kellereien verarbeiten lässt, aber selbst vermarktet) und »MA« marque auxiliaire (Handelsmarke, im Auftrag externer Käufer erzeugt und gefüllt).

■ **Herstellung:** Champagner wird im Flaschengärverfahren (→Schaumwein) erzeugt. Die Grundweine werden aus manuell gelesenen Trauben gekeltert, wobei aus 150 kg Trauben in drei Stufen nur 100 l Most (die so genannte Cuvée von etwa 75, die »première taille« von 16 und die »deuxième taille« von neun Litern) gepresst werden dürfen. Je nach der Qualität des Traubenmaterials und der Ausbauart bzw. der Reifezeit auf den Hefen der zweiten Gärung können Champagner außerordentlich finessenreich, strukturiert und sogar alterungsfähig sein. Die Mindestreifezeit auf der Hefe beträgt 15 Monate.

Die Geschmackskategorien entsprechen denen europäischer →Schaumweine generell. Die besten Weine werden zu Prestige-Cuvées oder zu **Jahrgangschampagnern** (Champagne millésime) verarbeitet. Letztere werden nur in sehr guten Jahren aus maximal 80 % des geernteten Traubenguts – der Rest geht in die Produktion der Standardcuvées ein – erzeugt und müssen nach der zweiten Gärung mindestens 36 Monate lang auf der Hefe reifen.

CHAMPAGNE. *Richtiger und falscher Champagner*

Wie Chablis gehört der Name Champagne zu den am häufigsten kopierten Weinnamen. Vor allem in der Neuen Welt versuchte man, an den Erfolg der bekanntesten europäischen Weine anzuknüpfen, indem man nicht nur deren Rebsorten importierte, sondern auch ihre Namen kopierte. Erst in den 1990er-Jahren gelang es durch den Abschluss internationaler Handelsabkommen, den Respekt vor europäischen Herkunftsbezeichnungen zumindest teilweise auch in Übersee durchzusetzen. Zuwiderhandlungen wurden von den Weinbauverbänden der Champagne mit besonderem Eifer verfolgt. Selbst der Begriff Champagnermethode musste von den Etiketten nicht aus ihrer Region stammender Schaumweine verschwinden. Merkwürdig mutet allerdings an, dass es die Champagnerhäuser selbst waren und sind, die Schaumweine ihrer Tochterfirmen in Argentinien, Kalifornien oder Australien zumindest auf den außereuropäischen Märkten ungeniert unter dem werbewirksamen Namen Champagne vermarkten.

CHARDONNAY. *Modesorte par excellence*

Während in Deutschland in den 1990er-Jahren vor allem Grauburgunder (unter der italienischen Bezeichnung Pinot grigio) und Prosecco (in Form des gleichnamigen Perl- oder Schaumweins) zu Moderebsorten avancierten, übernahm in vielen Ländern der Neuen Welt Chardonnay diese Rolle. Dass sich die Sorte besonders gut dazu eignete, erklärt sich nicht nur aus ihrer Anpassungsfähigkeit an die unterschiedlichsten Terroirs. Vor allem in Kalifornien bestockte man im Bemühen, es dem Vorbild Frankreich gleichzutun, wo Chardonnay einige der größten Weißweine hervorbringt, Tausende Hektar Weinland damit. Auch bezüglich des Weinstils lag Chardonnay im Trend, der in Richtung im Barrique ausgebauter, alkoholbetonter Weine ging. Aber Chardonnay wurde nicht nur zur Modesorte, sondern polarisierte die Weinwelt. Den Anhängern des schweren, holzbetonten Chardonnays standen Weinfreunde gegenüber, die beim geringsten Verdacht auf Barriqueausbau ablehnend reagierten. In den USA entstand schließlich eine Bewegung der so genannten ABC-Trinker, die alles tranken, nur keinen Chardonnay. Was letztlich nichts anderes war als eine neue Modebewegung, nur dieses Mal negativ definiert.

Chardonnay gilt als eine der besten Weißwein-Rebsorten der Welt.

■ **Geschichte:** Bereits im 4. Jh. wurde in der Champagne Wein erzeugt, der v.a. deshalb über die Grenzen der Region hinaus bekannt wurde, weil Reims zwischen 898 und 1825 Krönungsort der französischen Könige war. Der Abt des Klosters von Hautvillers nördlich von Épernay, der berühmte Dom Pérignon, verbesserte die Weine der Region im 17. Jh. entscheidend, indem er Weine verschiedener Rebsorten und Lagen miteinander verschneiden ließ, wobei insbesondere weißgepresste Rotwein-Rebsorten eingesetzt wurden.

Aus einem weißen Still- zu einem Schaumwein wurde der Wein der Champagne aber erst gegen Ende desselben Jahrhunderts. Das war v.a. der Entwicklung von Weinflaschen zu verdanken, die dem Innendruck standhielten, der bei der zweiten Gärung entsteht. Dadurch war man in der Lage, die zuvor sehr unsicher und unregelmäßig eintretende Kohlensäurebildung bewusst und gezielt herbeizuführen. Im 18. Jh. entwickelte sich die Champagnererzeugung zu einem bedeutenden Wirtschaftszweig, dessen Produkte in alle Welt exportiert wurden.

Champagnermethode, das Flaschengärverfahren (→Schaumwein).

Champagnerzange, eine Korkenzange (→Korkenzieher).

Changins [ʃãˈʒɛ̃], Weinbaugemeinde am Genfersee, in der Nähe des Anbaugebiets La Côte im Kanton Waadt, und Sitz einer bekannten Weinbau-Forschungsanstalt und Ingenieurschule (Abteilung der Haute École Spécialisée de Suisse occidentale) mit den Lehrfächern Önologie und Agrarwissenschaft; die Anstalt in Changins hat die Nachfolge der einst in →Wädenswil ansässigen bekannten Schweizer Weinbauschule angetreten.

chapeau [ʃaˈpo], französisch im Weinbau für Tresterhut.

Chapelle-Chambertin [ʃaˈpɛl ʃãbərˈtɛ̃], Grand-Cru-Appellation der Gemeinde Gevrey-Chambertin (→Chambertin).

Chaptal [ʃapˈtal], Jean-Antoine Claude, französischer Chemiker, *Nojaret (heute zu Vialas, Département Lozère) 4.6.1756, †Paris 30.7.1832; Chaptal war in den Jahren 1800–04 Minister des Inneren unter Napoleon. Er führte das metrische System in Frankreich ein und erfand die Methode des →Anreicherns mit Trockenzucker aus Zuckerrüben, die nach ihm auch chaptalisieren genannt wurde.

chaptalisieren, →anreichern.

Charakter, die Gesamtheit der geruchlichen und geschmacklichen Eigenschaften von guten, vielschichtigen Weinen; Weine mit Charakter zeigen nicht nur viel →Ausdruck, sondern sind auch deutlich von der Art der Rebsorte und/oder vom Terroir geprägt. Darüber hinaus weisen sie ausgeprägte individuelle Aroma- und Geschmacksnoten auf, die aus ihnen unverwechselbare Produkte machen.

charakteristisch, dem typischen Geruchs- und Geschmacksbild einer Rebsorte oder eines Terroirs entsprechend (→Typizität).

Chardonnay [ʃardɔnɛ], Weißwein-Rebsorte, die zusammen mit dem Riesling als eine der vielseitigsten und besten der Welt gilt.

Der aus dem französischen Burgund stammende und wahrscheinlich nach dem gleichnamigen Ort im Département Saône-et-Loire benannte Chardonnay gehört nach neuester wissenschaftlicher Lesart zur Gruppe der →Burgundersorten und stammt vermutlich aus einer spontanen Kreuzung zwischen einer der ursprünglichen Burgundersorten und →Heunisch.

Weltweit sind fast 100 000 ha (2000) Rebfläche mit der Sorte bestockt, davon in Kalifornien, dem inzwischen größten Chardonnayerzeuger, allein 39 200 und in Frankreich 38 200 ha. Darüber hinaus wird Chardonnay in relevantem Umfang in Österreich, Spanien, Italien, Bulgarien, Moldawien, Argentinien, Chile, Südafrika, Australien und Neuseeland kultiviert, in Deutschland steht sie auf 820 ha (2002) Rebfläche. In Frankreich trifft man vereinzelt auf Stöcke mit rot gefärbten Beeren, bei denen man von **Chardonnay rosé** spricht, und auf einen Klon, dessen Weine einen leichten Muskatton zeigen, **Chardonnay blanc musqué** genannt.

■ **Eigenschaften:** Chardonnay wird gelegentlich als halbaromatische Sorte bezeichnet, in seinen besten Gewächsen dominiert aber nicht die primäre, an Äpfel und Pfirsiche erinnernde Sortenfrucht, sondern der mineralische Ton des Terroirs oder das buttrig-würzige, von Vanillenoten geprägte Bukett vom Barriqueausbau. Neben den großen Weißwei-

Chardonnay. Dass Chardonnayreben nicht am Spalier, sondern im Gobelet oder Becher erzogen sind wie hier im südafrikanischen Stellenboschgebiet, ist eher eine Seltenheit. Der Qualität der erzeugten Weine tut es keinen Abbruch.

nen des Burgund wie Chablis, Meursault, Montrachet oder Charlemagne werden aus der Sorte auch einige der besten Champagner gekeltert. Chardonnay gehört zu den Rebsorten, deren Weine geschmacklich durch Gärung und/oder Ausbau im Barrique gewinnen, eine Eigenschaft, die v.a. die Länder der Neuen Welt ausgiebig nutzen.

■ **Weltsorte:** Seinen Siegeszug durch die Weinbauländer der Welt trat Chardonnay in den 1980er-Jahren an. Von Frankreich kommend, eroberte die Sorte zunächst Kalifornien, später dann auch Australien und die übrigen Länder der Neuen Welt. Dabei kam ihr die große Anpassungsfähigkeit an verschiedenste Bodenarten und klimatische Bedingungen zugute.

Obwohl die Sorte in alpennahen Anbaugebieten Österreichs – hier wird sie oft als →Morillon bezeichnet – und Norditaliens schon seit der Reblauskatastrophe heimisch geworden war, konnten auch deren Chardonnayweine erst unter dem Einfluss des Erfolgs in der Neuen Welt auf sich aufmerksam machen. In den 1990er-Jahren wurde Chardonnay zur Moderebsorte par excellence, es bildete sich aber auch eine Gegenströmung heraus, die der so genannten →ABC-Trinker.

Charentais [ʃarɑ̃'tɛ], nach dem Fluss Charente benannte Landschaft der französischen Region Poitou-Charente, die den beiden Départements Charente und Charente-Maritime entspricht; sie ist u.a. die Heimat des Likörweins →Pineau des Charentes und des Weinbrands →Cognac. Daneben werden unter der Landweinappellation Vin de pays Charentais weiße und rote Stillweine erzeugt.

Charlemagne [ʃarlə'maɲ, französ., »Karl der Große«], Grand-Cru-Appellation für Weißweine aus Chardonnay einer kleinen Lage der Gemeinden Aloxe-Corton und Pernand-Vergelesses der burgundischen →Côte

de Beaune, deren 63 ha großes Anbaugebiet ein Teil von →Corton-Charlemagne ist. Die Weine können wahlweise als Charlemagne oder unter der populäreren Appellation Corton-Charlemagne vermarktet werden; die Bezeichnung Charlemagne wird deshalb aktuell kaum genutzt.

Charmatverfahren, Charmatmethode [ʃar'mat-], das Tankgärverfahren (→Schaumwein).

Charmes-Chambertin [ʃarmʃɑ̃bɛr'tɛ̃], Grand-Cru-Appellation der Gemeinde Gevrey-Chambertin (→Chambertin).

charnu [ʃar'ny], französisch für die Geschmacksbezeichnungen körperreich bzw. fleischig.

charpenté [ʃarpɑ̃'te], französisch für die Geschmacksbezeichnung (fest bzw. gut) strukturiert; man spricht von Weinen mit **charpente** (deutsch: Gerüst).

Charta, 1984 gegründete Vereinigung von etwa 50 Erzeugerbetrieben des deutschen Anbaugebiets Rheingau; ihr Ziel war die Pflege des klassischen Rheingauer Rieslings, wobei die Meinungen darüber auseinander gingen, ob dieser trocken oder halbtrocken sein müsse. Nach einer vereinsinternen Qualitätskontrolle konnten die Weine ein entsprechendes Markensiegel tragen. Die Charta-Vereinigung wurde Ende der 1990er-Jahre in den Rheingau VDP integriert und damit faktisch aufgelöst; das Markenzeichen kann von dessen Mitgliedsbetrieben weitergeführt werden.

Chassagne-Montrachet [ʃa'saɲmɔ̃tra'ʃɛ], A. C.-Herkunftsbezeichnung für Weine der gleichnamigen Gemeinde am südlichen Ende der burgundischen →Côte de Beaune; auf insgesamt 332 ha Rebfläche wird zu knapp 60% Chardonnay kultiviert, die restliche Fläche ist mit Spätburgunder (Pinot noir) bestockt.

Das größte Renommee besitzen die kräftigen, fülligen Weißweine, deren Aromen an Mandeln, Blüten und Honig erinnern. Sie

CHARLEMAGNE. *Ein Weinberg für Karl den Großen*

Karl der Große (* 747, † 814) gehörte zu den bedeutendsten Förderern des europäischen Weinbaus und initiierte dessen Neubeginn nach den schwarzen Jahren des frühen Mittelalters. Er ließ an den besten Hängen des Rheingaus Reben setzen, förderte die Selektion von Qualitätsrebsorten, erließ heute noch modern wirkende Bestimmungen zur Kellerarbeit und gab den Winzern das Recht, den eigenen Wein auszuschenken. Im Burgund sorgte er mit Schenkungen an die Klöster dafür, dass die Mönchsorden in den Besitz der Weinbergsflächen kamen, die es ihnen erlaubten, ihre Studien von Rebsorten und Terroirs durchzuführen. Die Legende sagt, dass er 775 dem Kloster Saulieu größere Flächen eines markanten Hügels übereignete, der als Corton weltbekannt ist. Aus Dankbarkeit sollen die Mönche einen Teil der Rebflächen nach ihm benannt haben: Charlemagne ist der französische Name für Karl den Großen.

Zwar gilt Châteauneuf-du-Pape als einer der renommiertesten Weine Frankreichs, aber das Wissen vieler Verbraucher darüber ist

gering. Häufig wird vermutet, er stamme aus dem Burgund, tatsächlich aber liegt die Appellation Châteuneuf-du-Pape an der Rhône. Noch weniger bekannt ist die Tatsache, dass unter derselben Appellationsbezeichnung auch Weißweine gekeltert und vermarktet werden.

Weißer Châteauneuf-du-Pape besitzt enorme Kraft und Würzigkeit, gepaart mit einer guten Alterungsfähigkeit. Während die großen Rotweine der nördlichen Rhône nur aus einer oder zwei Rebsorten gekeltert werden, können in den weißen Châteauneuf-du-Pape sämtliche der 13 zugelassenen Weiß- und Rotwein-Rebsorten eingehen, was den Weinen eine besondere aromatische Vielschichtigkeit verleiht. Die hohe Qualität der Weißweine drückt sich auch darin aus, dass sie in vielen Erzeugerbetrieben teurer verkauft werden als ihre roten Pendants.

werden häufig im Barrique vergoren oder ausgebaut. Die Rotweine der Appellation können auch unter der Bezeichnung Côte de Beaune-Villages gefüllt werden.

Neben zahlreichen Premier-Cru-Lagen, die insgesamt 159 ha der Gesamtfläche belegen, besitzt Chassagne zusammen mit der Nachbargemeinde Puligny-Montrachet auch drei der fünf Grand-Cru-Appellationen der Montrachet-Gruppe (→ Montrachet): Montrachet selbst, Bâtard-Montrachet und Criots-Bâtard-Montrachet.

Chasselas, französisch für → Gutedel.

Château [ʃaˈto, französ. »Schloss«], in Frankreichs Weinbauregionen Weingut, Erzeugerbetrieb, wobei die Bezeichnung Schloss

im Unterschied zu Deutschland (Schlossabfüllung) eher weit gefasst ist und oft auch für unscheinbare Gutsgebäude benutzt wird; eine **Château-Abfüllung** (französisch »mise en bouteille au château«) entspricht im Sinne des Weingesetzes einer → Gutsabfüllung.

Château-Chalon [ʃaˈto ʃaˈlɔ̃], renommierteste A. C.-Herkunftsbezeichnung für → Vin jaune aus dem Gebiet der gleichnamigen Stadt im französischen Jura; das Anbaugebiet umfasst nur 39 ha Rebfläche, auf denen ausschließlich die Weißwein-Rebsorte Savagnin blanc kultiviert wird.

Château Grillet, → Grillet.

Châteauneuf-du-Pape [ʃatoˈnœf dy pap], bedeutende A. C.-Herkunftsbezeichnung für Weine aus dem Anbaugebiet um die gleichnamige Gemeinde der südlichen Côtes-du-Rhône, auch als → Cru bezeichnet; auf insgesamt etwa 3200 ha Rebfläche der Gemeinden Châteauneuf, Courthézon, Bédarrides, Orange und Sorgues werden zu 95 % Rotwein-Rebsorten, v.a. Grenache, Syrah, Mourvèdre und Cinsaut, kultiviert.

Gegen Ende des 20. Jahrhunderts hat sich die Sortenzusammensetzung des roten Châteauneuf-du-Pape zu verstärkten Anteilen von Syrah und Mourvèdre hin entwickelt. Weißer Châteauneuf-du-Pape wird vorwiegend aus den Sorten Grenache blanc, Counoise, Clairette, Roussanne und Bourboulenc gekeltert, es können aber auch weißgepresste Rotwein-Rebsorten verwendet werden. Insgesamt sind 13 Rebsorten zugelassen, einige davon belegen aber nur marginale Rebflächen.

■ **Klima und Böden:** Das sehr warme Klima sorgt für optimale Reifebedingungen, während der kühlende Mistral, der von Nor-

CHENIN BLANC. *Sorte mit Zukunft*

Dass Südafrikas Spitzenwinzer der Rebsorte Chenin blanc oft wenig abgewinnen können, hat handfeste Gründe. Die von Natur aus sehr ertragreiche Sorte muss stark zurückgeschnitten werden, um wirklich hochwertige Trauben zu liefern. Nun hatten sich Südafrikas Winzer allerdings in der Vergangenheit vor allem in den heißen Gebieten des Landesinneren eher auf das Gegenteil kapriziert und den Ertragsrekord auf über 80 t/ha geschraubt, etwa das Achtfache dessen, was im Hinblick auf qualitativ akzeptable Weine gerade noch für vertretbar gilt. Was Chenin wirklich kann, haben in den letzten Jahren einige Winzer gezeigt, die ihre Erträge auf 4 oder 5 t/ha reduzierten, die Weine sorgfältig vinifizierten und gegebenenfalls im Barrique ausbauten. An der Loire sind unter den Spitzenwinzern solche Erträge schon lange die Regel, und die Qualität der Weine ist entsprechend hoch. Allein die Tatsache, dass Loireweine traditionell fast vollständig vom Pariser Markt absorbiert werden, hat verhindert, dass Chenin blanc internationales Prestige entwickeln konnte. Das könnte sich jedoch mit freundlicher Unterstützung der Südafrikaner in Zukunft ändern.

den her durch das Rhônetal weht, durch die von ihm verursachten Temperatursprünge für aromatischen Reichtum der Trauben sorgt. Eine Besonderheit von Châteauneuf-du-Pape sind die steinigen Böden mit ihren teilweise kopfgroßen, rötlichen Rundkieseln (französisch »galets«), Überbleibsel der Rhônegletscher, die die Sonnenwärme reflektieren und dadurch die Reifebedingungen weiter optimieren.

■ **Geschichte:** Am Schauplatz der Entscheidungsschlacht zwischen Römern und Allobrogern im Jahre 121 v.Chr., einer der wichtigsten Etappen bei der Eroberung Galliens durch die Römer, ließ sich 1157 der Templerorden nieder, der den Ort Castrum novum taufte. Papst Johannes XXII. (*1245, †1334) ließ das Schloss zur päpstlichen Residenz ausbauen und gab dem Weinbau entscheidende Impulse. Seinen heutigen Namen – mit dem Zusatz »du Pape« – erhielt Châteauneuf erst im 19. Jh. Trotz der langen Geschichte ist das Renommee der Appellation eher jüngeren Datums, denn noch bis zum Zweiten Weltkrieg wurde ein Großteil der Weine zum Verschnitt ins Burgund verkauft.

Chatus [ʃa'tys], autochthone Rotwein-Rebsorte des französischen Départements Ardèche, aus der ein farbintensiver, kräftiger und leicht rustikaler Wein gekeltert wird; Ende der 1990er-Jahre waren nur noch 10 ha mit der Sorte bestockt, aufgrund des steigenden Interesses an den Weinen sind jedoch neue Chatus-Weinberge geplant.

chemische Hilfsmittel, Sonderartikel S. 108/109.

Chénas [ʃə'na], A.C.-Herkunftsbezeichnung für Weine der gleichnamigen Gemeinde des französischen Beaujolaisgebiets, auch als →Cru bezeichnet; auf 270 ha Rebfläche wird die Rebsorte Gamay kultiviert, die hier im Duft florale, am Gaumen von weichen Tanninen geprägte Weine hervorbringt.

Chenin blanc, Chenin [ʃə'nĩ (blã)], französ. auch **Pineau de la Loire** [pi'no də la lwa:r], in Südafrika **Steen** [sti:n], Weißwein-Rebsorte, die ursprünglich aus dem →Anjou im französischen Loiretal stammt, wo sie nach Meinung einiger Ampelographen bereits im 9. Jh. kultiviert wurde.

Chenin steht weltweit auf knapp 54 000 ha (1999) Rebfläche, wobei die Sorte in Frankreich nur noch 9 500 der früher bis zu 17 000 ha belegt, während in Südafrika knapp 28 000 ha mit ihr bestockt sind. Auch Kalifornien (6 400 ha) und Argentinien (4 000 ha) besitzen beachtliche Cheninkulturen.

Die Rebsorte, die außerhalb Frankreichs oft Chenin blanc (in Australien fälschlicherweise auch Sémillon), im Loiretal traditionell dagegen Pineau de la Loire und in Südafrika noch teilweise Steen genannt wird, besitzt ein weithin unterschätztes Qualitätspotenzial und

steht im Hinblick auf ihre Vielseitigkeit auf einer Stufe mit Riesling oder Chardonnay. Aus ihr können trockene, frische Weißweine, üppige Süßweine, aufgespritete Likörweine und Schaumweine gekeltert werden.

Vor allem in ihrem Heimatgebiet, dem Anjou, bringt Chenin blanc unter Appellationsbezeichnungen wie →Savennières, →Coteaux du Layon, →Bonnezeaux und →Quarts de Chaume komplexe und alterungsfähige Weine hervor. Auch Südafrika hat seit Ende der 1990er-Jahre mit im Barrique vergorenen Cheninweinen für Aufmerksamkeit gesorgt.

Cheval-Blanc [ʃə'val blã], **Château C.-B.,** Spitzenweingut der Appellation →Saint-Émilion im französischen Bordeauxgebiet, das als Premier Grand Cru Classé A klassifiziert ist; auf insgesamt 37 ha Weinbergsfläche stehen zu 60 % Cabernet franc, zu 37 % Merlot und zu 3 % Cabernet Sauvignon sowie Malbec. Die Böden sind sandig-kiesig mit hohen Anteilen des berühmten blauen Tons der Gegend. Der Zweitwein des Gutes heißt Le Petit Cheval.

Château Cheval-Blanc ist eines der berühmtesten Weingüter des Bordeaux-gebiets, wenn nicht der Welt. Seine Weine werden zu fast zwei Dritteln aus der Rebsorte Cabernet franc gekeltert.

Chevalier-Montrachet [ʃəval'je:mõtra'ʃε], Grand-Cru-Appellation für Weine der gleichnamigen Lage in der Gemeinde Puligny-Montrachet (→Montrachet).

Cheverny [ʃəver'ni], A.C.-Herkunftsbezeichnung des Bereichs Touraine im französischen Loiretal; das Anbaugebiet zwischen den Flüssen Loire und Sologne Blésoise umfasst etwa 400 ha Rebfläche. Kultiviert werden die Weißwein-Rebsorten Chenin blanc und Chardonnay sowie die roten Gamay und Spätburgunder (Pinot noir). Von den mageren Kalklehm- oder Lehm-Kies-Böden kommen fruchtige, jung zu trinkende Weine. Unter der

Fortsetzung S. 110

CHEMISCHE HILFSMITTEL

Chemische Hilfsmittel sind aus der modernen Weinbereitung nicht mehr wegzudenken. Über die Art dieser Mittel und ihre sinnvolle Verwendung wird jedoch auch in Fachkreisen kontrovers diskutiert. Generell wird der Einsatz dieser Hilfsmittel durch die Weingesetzgebung der Weinbau treibenden Länder reglementiert; in der Europäischen Union geschieht dies einheitlich durch den »Gemeinschaftskodex der önologischen Verfahren und Behandlungen«. Dabei ist mit Ausnahme des Schwefels keines der erlaubten Mittel unverzichtbar, guter Wein entsteht auch ohne den Rückgriff auf sie.

Die für die Weinbereitung zugelassenen chemischen Hilfsmittel werden gewöhnlich in fünf Gruppen eingeteilt: Schönungsmittel, Mittel zur Korrektur von Weinfehlern, Hefenährstoffe und Enzyme zur Verbesserung der Gäreigenschaften, Gase, die u. a. zum Auffrischen dienen, und schließlich Stabilisierungs- und Konservierungsmittel.

Mittel zur Korrektur von Mosten und Weinen

Schönungsmittel dienen dazu, Moste und Weine in Farbe, Geruch und Geschmack sauberer und ansprechender zu machen, und gehören bereits seit Jahrtausenden zum Handwerkszeug der Weinerzeuger. Sie unterstützen nicht nur die Klärung, sondern erlauben auch kleinere Geschmackskorrekturen und tragen zur Stabilisierung der Weine bei, erfüllen also auch Aufgaben von Substanzen der anderen Gruppen chemischer Hilfsmittel.

Klassische Schönungsmittel sind meist natürlichen Ursprungs. Gemeinsam ist ihnen,

dass sie zusammen mit ihren Reaktionspartnern aus dem Wein zu entfernen sind und im Idealfall keine Rückstände hinterlassen. Zu ihnen gehören Substanzen wie Bentonit, Eiweiß, Gelatine, Hausenblase, Siliziumoxyd, Kasein, Tannin etc., das heißt Substanzen animalischer, pflanzlicher und mineralischer Natur. Der geschmacklichen Verbesserung dienen auch kohlensaurer Kalk ($CaCO_3$) und artverwandte Verbindungen, die zur chemischen Entsäuerung eingesetzt werden, und Weinsäure für die Ansäuerung.

Als chemische Produkte können dagegen diejenigen Weinbehandlungsmittel bezeichnet werden, die beim Auftreten von Weinfehlern und bei sensorischen Mängeln eingesetzt werden. PVPP (Polyvinylpolypyrrolidon), ein (Kunststoff-)Polymer, mit dessen Hilfe phenolische Substanzen und deren Oxidationsprodukte entfernt werden. PVPP wird oft in Kombination mit einem der oben genannten Schönungsmittel eingesetzt. Kupfersulfat dient im Rahmen der so genannten Kupferschönung zur Entfernung des Schwefelwasserstoffböcksers (H_2S). Mit Kaliumhexacyanoferrat (II), dem Gelben Blutlaugensalz, werden Eisen, Kupfer und andere Metalle aus dem Wein entfernt, die Trübungen verursachen.

Notwendige oder überflüssige Mittel?

Zur dritten Gruppe der erlaubten Hilfsmittel gehören alle Stoffe, die mangelnde Ernährung der Hefen während der Gärung ausgleichen sollen (Ammoniumsalze oder Nährsalze) bzw. das Hefewachstum fördern (Vitamin B). Ein solcher Mangel an natürlichen Hefenährstoffen wird

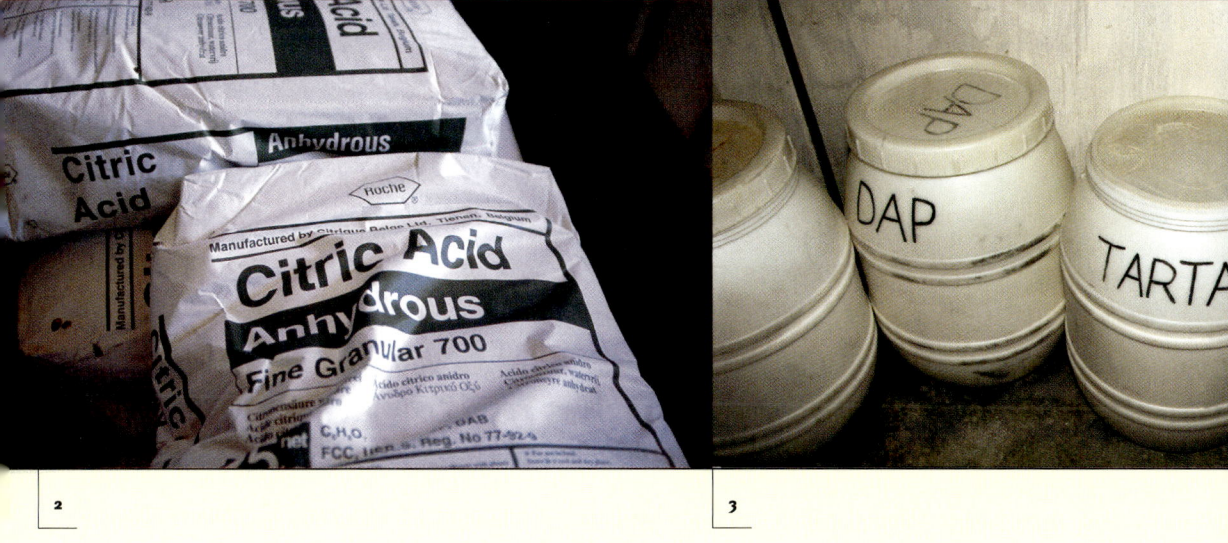

2

3

beispielsweise durch Trockenstress der Rebe, durch Nährstoffmangel oder durch zu hohe Traubenerträge hervorgerufen. Außerdem kommen spezielle Hefezellwandpräparate zum Neutralisieren gärungshemmender Substanzen zum Einsatz. Diese Präparate werden auch in Kombination miteinander verwendet.

Durch den Einsatz von Enzympräparaten sollen die technische Verarbeitungsfähigkeit der Trauben, Moste und Weine verbessert und das Verarbeitungsrisiko gesenkt werden. Zu ihnen gehören vor allem bestimmte Enzyme für die Verbesserung von Farbausbeute (bei Rotweinen), Pressbarkeit, Vorklärungseigenschaften und Filtrierbarkeit. Die so genannte Glucanase führt beispielsweise zu einer erheblichen Verbesserung der Filtrationseigenschaften, die bei (edel-)faulem Lesegut durch den Botrytispilz beeinträchtigt werden, die Urease wird zur Verringerung des Harnstoffgehalts und Lysozym zur Unterdrückung bestimmter Milchsäurebakterien eingesetzt.

Bei der Weinbereitung ist auch die Verwendung der inerten, das heißt reaktionsträgen Gase Stickstoff, Argon und Kohlensäure erlaubt. Ihre Haupteinsatzgebiete sind das Auffrischen von Weißwein und Rosé (durch Kohlensäure), das Auswaschen von physikalisch gelöstem Sauerstoff und eventuellen Fremdaromen, der Oxidationsschutz bei Anbruchweinen und der Gebrauch als Fördergas. Sauerstoff wird in Form von Luft oder als Reingas bei der so genannten Mostoxidation zum Ausfällen von phenolischen Substanzen verwendet. Mit komprimierter Luft oder Stickstoffgas wird ein spezielles Vorklärverfahren, die Flotation, durchgeführt.

Der Wein wird konserviert und geschützt

Die Stabilisierungs- und Konservierungsmittel sind bei der Weinbereitung von besonderem Interesse, haben sie doch oft interessante Nebeneffekte. Voraussetzung ist jedoch sachgerechte Verwendung. Neben der schwefligen Säure dürfen Sorbinsäure (in Form von Kaliumsorbat) und L-Askorbinsäure (Vitamin C) als Konservierungsmittel eingesetzt werden. Die Sorbinsäure, eine ungesättigte Fettsäure, die häufig in der Lebensmittelindustrie Verwendung findet – bis zu 200 mg/l sind deklarationsfrei zugelassen –, soll die Nachgärung des Weins verhindern. Ihr Geschmacksschwellenwert liegt allerdings oft unterhalb der zugelassenen Dosierung. Unsachgemäße Handhabung kann zum so genannten Geranienton, einem Weinfehler, führen. Die L-Askorbinsäure wird in der Nahrungsmittelindustrie wegen ihrer sauerstoffabbindenden Wirkung eingesetzt. Die erlaubte Dosierung beträgt 150 mg/l. Beim Zutritt von Sauerstoff zerfällt die Askorbinsäure und es entsteht Wasserstoffperoxid, das den Wein entschwefelt und damit zu beschleunigter Alterung führt. Zitronensäure verhindert Metalltrübungen und dient zum Auffrischen der Weine. Gummiarabikum, aus speziell aufbereitetem arabischem Gummi, wird zum Schutz gegen Kupfer und Eisentrübungen eingesetzt, wirkt unterstützend gegen Kristallausscheidungen und lässt die Weine etwas fülliger wirken. Metaweinsäure schließlich schützt bei frühem Abfüllen vor unerwünschtem Weinsteinausfall.

2) Die Anwendung der chemischen Hilfsmittel bei der Weinbereitung erfolgt in der Regel nach genauer Laboranalyse von Trauben, Mosten oder Weinen.

3) Auch wenn die Benutzung vieler Hilfsmittel vollkommen legal ist, werden sie in den meisten Weingütern vor den neugierigen Blicken von Besuchern abgeschirmt, um das Idealbild von Wein als reinem Naturprodukt nicht zu gefährden.

Fortsetzung von S. 107

A.C.-Herkunftsbezeichnung Cour-Cheverny, deren Rebfläche etwa 40 ha umfasst, werden die etwas lagerfähigeren Weine aus der Rotwein-Rebsorte Romorantin vermarktet, die zwar ursprünglich aus dem Burgund stammt, heute aber nur noch im Chevernygebiet kultiviert wird.

Chianti ['kjanti], DOCG-Herkunftsbezeichnung und Weinbauzone der italienischen Region Toskana, die aus sieben eigenständigen Bereichen mit DOCG-Status besteht: **Chianti Colli Fiorentini**, **Chianti Rufina**, **Chianti Montalbano**, **Chianti Colli Senesi**, **Chianti Colli Aretini**, **Chianti Colline Pisane** und, als jüngstes der Reihe, **Chianti Montespertoli**. Mit insgesamt 24 000 ha Rebfläche und einer durchschnittlichen Jahresproduktion von 1,3 Mio. l ist Chianti die mengenmäßig bedeutendste italienische

vasia sind aus modernem Chianti fast vollständig verschwunden.

■ **Anbaugebiete:** Chianti Classico ist die bedeutendste Herkunftsbezeichnung der Chianti-Familie. Ihr Anbaugebiet umfasst etwa 7200 ha Rebfläche in der Hügellandschaft zwischen Florenz und Siena. Gegenüber den anderen Chiantigebieten genießt es deutliche Vorteile: Seine vielen Hügellagen erlauben optimale Ausrichtung der Reben in Höhen zwischen 250 und 500 Metern, und die trockenen, warmen Böden bieten gute Reifebedingungen. Die vorherrschenden Bodenformationen Galestro – ein lockerer, blaugrauer Kalkmergel – und Alberese – verwitterter Sandstein – sorgen mit guter Drainage dafür, dass die Weinberge auch nach kräftigeren Regenfällen nicht zu feucht sind.

Außerhalb des Chianti-Classico-Gebiets stammen die interessantesten Weine aus dem

CHIANTI	*Verwechslungsgefahr*

Verwechslungsgefahr

Selbst unter Fachleuten kommt es immer wieder vor, dass die Namen Chianti, Chianti Classico oder einer der anderen Chianti-Herkunftsbezeichnungen miteinander verwechselt werden. Da wird einfach von Chianti gesprochen, obwohl vielleicht Chianti Classico gemeint war, und es ist von Chianti Classico die Rede, obwohl der Wein vielleicht gar nicht aus dem Herzen der Toskana – dort liegen auch die beiden Weingüter Castello di Vicchiomaggio und Castello di Verrazzano –, sondern aus einem der Randgebiete stammt. Wenn es einst Absicht gewesen sein sollte, eine Vielzahl toskanischer Weinbaugebiete vom Glanz und Prestige des Chianti (Classico) profitieren zu lassen, so rächte sich das sehr bald. Der Classico litt und leidet unter seinen »armen Vettern« und schaffte es trotz der Einrichtung einer eigenständigen DOCG-Appellation nicht, sich deutlich von ihnen abzusetzen.

Herkunftsbezeichnung. Ebenfalls zur Weinbauzone Chianti gehört die unabhängige DOCG-Herkunftsbezeichnung Chianti Classico.

Zwar besitzen alle Chiantiweine gemeinsame Charakteristika – es sind mittelschwere, recht kräftig strukturierte Rote –, aber die Gewächse der einzelnen Gebiete können aufgrund unterschiedlicher Böden und klimatischer Bedingungen recht verschiedenartig ausfallen.

■ **Rebsorten:** Alle Chiantiweine werden vorwiegend aus Sangiovese mit kleineren Anteilen Canaiolo oder internationaler Rebsorten wie Cabernet Sauvignon, Merlot und Syrah gekeltert, die bis zu 20 % des Verschnitts ausmachen können. Die früher üblichen weißen Rebsorten Trebbiano toscano oder Mal-

Bereich des Chianti Rufina, der an den Hängen des Apennin oberhalb der Stadt Pontassieve liegt und Teil des alten Pomino – seit 1983 ein eigenständiges DOC-Anbaugebiet – war. Die Reben ziehen sich bis in Höhenlagen von 900 m ü. M., und das kühle Klima, zusammen mit den vorherrschenden Kalkmergelböden, sorgt für feingliedrige, sehr alterungsfähige Weine.

Einfacher in ihrer Struktur und aromatischen Vielfalt sind die Weine des Chianti Colli Fiorentini aus dem Gebiet zwischen Florenz, dem Arnotal und dem Chianti Classico. Dasselbe gilt für Chianti Colli Aretini im Umfeld der Stadt Arezzo und für Chianti Colli Senesi im toskanischen Süden. Letzterer muss sein Anbaugebiet z. T. mit denen der weit prestigereicheren →Brunello di Montalcino und

→Nobile di Montepulciano teilen. Die Gebiete des Chianti Montespertoli – zwischen Siena und Empoli –, des Chianti Montalbano – eine Art Zweitwein im Gebiet des DOC/DOCG-Weins →Carmignano – und Chianti Colline Pisane im Nordwesten der Region runden das Chiantigebiet ab; auch ihre Weine stehen im Schatten des Chianti Classico.

■ **Geschichte:** Der Name Chianti ist seit dem 13. Jh. bekannt und bezeichnete seinerzeit die Hügelzone um die Gemeinden Radda, Gaiole und Castellina im Herzen des heutigen Chianti-Classico-Gebiets. Die Weine dieses Gebiets waren ursprünglich überwiegend weiß. Im Laufe der Jahrhunderte wurde die Bezeichnung auf immer weitere Landstriche ausgeweitet, bis sie fast die gesamte Fläche der heutigen Zentraltoskana bedeckte.

Bis ins 19. Jh. wurde der inzwischen mehrheitlich rote Chianti v. a. aus Canaiolo gekeltert, während sich Sangiovese erst gegen Ende des Jahrhunderts als Hauptsorte durchsetzte. Bettino Ricasoli (*1809, †1880) formulierte zu jener Zeit das damals gängige Verfahren, den Wein vorwiegend aus Sangiovese, mit Anteilen von Canaiolo sowie Trebbiano toscano und Malvasia, im →Governoverfahren zu erzeugen, als feste Regel. Chianti erhielt 1984 als eine der ersten italienischen Herkunftsbezeichnungen DOCG-Status; 1996 wurde die Classico-Zone aus dem Verband der anderen ausgegliedert.

Chiantiflasche, typische Flaschenform des Chiantigebiets (→Flaschen).

Chiaretto [kja'rɛtto, zu italien. chiaro »hell«], italienisch für bestimmte Roséweine, insbesondere die Rosévariante von →Bardolino.

Chiavennasca, →Nebbiolo.

Chile, der Rebfläche nach hinter Argentinien zweitgrößtes, aber in Hinblick auf sein internationales Prestige bedeutendstes Weinbauland Südamerikas; die Gesamtrebfläche beträgt 171 000 ha (2003), davon liefern allerdings nur 109 000 ha Trauben für die Erzeugung der durchschnittlich 5–6 Mio. hl Wein. Die restlichen Flächen sind der Produktion von Tafeltrauben und von Trauben für Pisco, den typisch chilenischen Weinbrand, vorbehalten.

Von dem in Nord-Süd-Richtung fast 5 000 km langen Land, das maximal 180 km breit ist, eignet sich nur das Zentrum zwischen dem 32. und dem 38. Breitengrad für Qualitätsweinbau, ein Gebiet von 500 km Länge, das sich von San Felipe im Norden bis Los Ángeles im Süden erstreckt. Der Norden ist bei weitem zu heiß, der Süden zu feucht und zu kalt dafür.

■ **Klima und Böden:** Fast in allen Qualitätsanbaugebieten der gemäßigten Klimazone ist intensive Bewässerung notwendig, da es in der Vegetationsperiode von Oktober bis Mai wenig oder überhaupt nicht regnet. Dennoch stellt die Wasserversorgung kein Problem dar,

denn die Zuflüsse von den bis zu 6 000 m aufragenden Anden führen ständig genügend Schmelzwasser.

Bewässert wird häufig noch mittels der althergebrachten Überflutungsbewässerung, die als einer der Gründe dafür gilt, dass sich die Reblaus in Chile nicht ausbreiten konnte. Die Rebkulturen ziehen sich bis in Höhenlagen von 1 000 m, was die Aromabildung in den Trauben aufgrund der starken Schwankungen zwischen Tages- und Nachttemperaturen begünstigt.

Bei den Böden herrscht große Vielfalt: Von Schwemmland mit Kies und Geröll reicht das Spektrum bis hin zu schweren Lehm- und Tonböden, Tuffstein, vulkanischen und sogar schlammigen, sehr feuchten Böden.

■ **Rebsorten:** Das chilenische Sortenspektrum wird dominiert von Cabernet Sauvignon (36 000 ha), gefolgt von der Rotwein-Rebsorte País (15 200 ha), Merlot, Carmenère, Chardonnay, Sauvignon blanc, Syrah, Sémillon, Spätburgunder (Pinot noir), Cabernet franc, Riesling und Chenin blanc. Eine Besonderheit Chiles sind die großen Bestände der alten Rotwein-Rebsorte Carmenère, die man allerdings lange mit Merlot verwechselte.

Chiles Weinbauregionen

CHILE

20. Jahrhunderts einen fast schwindelerregenden Aufschwung erlebt. Er fing mit massiven Investitionen europäischer und amerikanischer Kellereigruppen an, die auf die idealen natürlichen Bedingungen und das niedrige Lohnniveau des Landes setzten, fand seine Fortsetzung in der Weinbergs- und Kellerarbeit – im Bild der Kellerneubau von La Estampa im Colchagua Valley – und führte schließlich zu einer steilen Karriere chilenischer Weine auf den wichtigsten globalen Weinmärkten: In Großbritannien und Deutschland wurden sie zu den am zweit häufigsten importierten Weinen aus den Ländern der Neuen Welt. Chile bietet inzwischen eine ganze Reihe von Weinen an, die auch Vergleichsverkostungen mit den renommiertesten Gewächsen Europas, Australiens oder Kaliforniens nicht mehr scheuen müssen und die zusätzlich ein fast unschlagbares Preis-Leistungs-Verhältnis besitzen.

Nach Jahrhunderten der Stagnation, in denen fast ausschließlich oxidierte, dickliche und süße Weine für den lokalen Konsum gekeltert wurden, hat Chiles Weinbau zum Ende des

■ **Anbaugebiete:** Das Land ist aufgeteilt in die Weinbauregionen Atacama, Coquimbo, Aconcagua, Valle Central und Sur, die ihrerseits wiederum in Subregionen, in »areas« und »zonas« gegliedert sind. Qualitätsweinbau wird nur in Aconcagua und dem Valle Central getrieben, die bedeutendsten Anbaugebiete sind Valle del Aconcagua, Valle de Casablanca, Maipo, Valle del Rapel mit Cachapoal und Colchagua, Valle de Curicó und schließlich Valle del Maule.

■ **Geschichte:** Bereits Mitte des 16. Jh. entstanden im heutigen Chile, damals noch Teil von Peru, die ersten Rebflächen. Andauernde, oft blutige Auseinandersetzungen mit den Indianern und die isolierte Lage des Landes setzten der Entwicklung des Weinbaus jedoch lange Zeit enge Grenzen. Er erlebte im 19. Jh. einen ersten Aufschwung, als das Land als eines der wenigen der Welt vollständig von der Reblausplage verschont blieb. In den 1980er- und 1990er-Jahren investierten kalifornische, französische und spanische Weinerzeuger massiv in die Anlage neuer Rebflächen und moderner Kellereien. Zu Beginn des 21. Jahrhunderts gilt Chiles Weinbau als einer der dynamischsten und viel versprechendsten der Neuen Welt.

■ SIEHE AUCH
→ Aconcagua 1) · Aconcagua 2) · Bío-Bío · Cachapoal · Carmenère · Colchagua · Maipo · Neue Welt · Région del Sur · Valle Central · Valle de Casablanca · Valle de Curicó · Valle del Maule · Valle del Rapel

China, junges, mit seiner Rebfläche von 240 000 ha (1999) drittgrößtes Weinbauland Asiens; die chinesische Weinindustrie hat sich seit dem Ende des 20. Jahrhunderts rapide ent-wickelt, und das Land gilt als einer der am schnellsten wachsenden Weinmärkte der Welt.

Zwar beträgt der Pro-Kopf-Verbrauch erst 0,27 l/Jahr, aufgrund seiner Milliardenbevölkerung steht China damit dennoch an achter Stelle der Verbraucherländer der Welt. Die eigene Jahresproduktion beträgt etwa 3 Mio. hl (2001), wobei drei der insgesamt etwa 600 Erzeugerbetriebe für 80 % der Gesamtproduktion verantwortlich sind.

■ **Anbaugebiete:** Die wichtigsten Anbaugebiete Chinas sind 1. die Küstenstriche um die Bucht von Bo Hai im Nordosten, den früheren Golf von Chihli, mit Changli, Jilin, Tianjin und der Halbinsel Shandong, 2. der weinbaumäßig noch junge Nordwesten mit den Schwemmlandebenen von Yinchuan, mit Wuwei an der Seidenstraße und dem autonomen Gebiet Sinkiang, 3. der Shacheng Distrikt im Norden der Chinesischen Mauer, 4. das Einzugsgebiet des Gelben Flusses in Mittelchina mit Henan und Anhui sowie kleinere Gebiete in Südchina (Yunnan). Kultiviert werden v.a. europäische Qualitätsrebsorten wie Cabernet Sauvignon, Merlot, Chardonnay oder Welschriesling. Lediglich in Nordostchina und zur koreanischen Grenze hin dominieren kälteresistente, so genannte Bergrebsorten der Art Vitis amurensis und Hybride.

■ **Geschichte:** Wahrscheinlich wurden bereits in der Zeit der Han-Dynastie von 202 v. Chr. bis 220 n. Chr. Weinreben nach China importiert, aber noch 2000 Jahre später trank Chinas Bevölkerung fast ausschließlich Reiswein. Erst den massiven Investitionen französischer Wein- und Spirituosenerzeuger in den

1970er- und 1980er-Jahren war es zu verdanken, dass sich eine moderne Weinindustrie entwickeln konnte.

Chinato [ki'nato, italien. zu chìna »China-rinde« vom indianischen quina-quina], italienisch wörtlich »mit Chinin versetzt«; Bezeichnung für einen aromatisierten, aufgespriteten Wein, der z. B. im Anbaugebiet des →Barolo noch vereinzelt erzeugt wird.

Chinon [ʃi'nɔ̃], A. C.-Herkunftsbezeichnung für Weine aus einem Gebiet zwischen Saumur und Tours in der französischen →Touraine; auf etwa 2 000 ha Rebfläche werden fast ausschließlich die Rotwein-Rebsorten Cabernet franc und Cabernet Sauvignon kultiviert. Die Weine der besten Erzeuger sind von dichter Farbe, fruchtbetont und würzig im Duft, am Gaumen stoffig, von runden und harmonischen Tanninen geprägt.

Chiroubles [ʃi'rubl], Gemeindeappellation für Weine des französischen Beaujolais-gebiets, auch als →Cru bezeichnet; auf 360 ha Rebfläche wird die Rebsorte Gamay kultiviert, die hier relativ helle, tanninarme Weine mit intensivem Blütenaroma hervorbringt.

chiuso ['kiu:so], italienisch für die Geschmacksbezeichnung verschlossen.

Chlorose, eine →Rebkrankheit.

Chouilly [ʃu'ji], Weinbaugemeinde des Bereichs Vallée de la Marne (Marnetal) in der französischen Champagne, deren Weinberge als Grand Cru klassifiziert sind; die insgesamt fast 500 ha Rebfläche auf den Ausläufern der Côte de Blancs sind zu 98 % mit Chardonnay bestockt. Spätburgunder (Pinot

Chile. In Chile herrschen aufgrund der geographischen Ausdehnung des Landes und seiner Lage im schmalen Küstenstreifen zwischen Anden und Pazifik sehr unterschiedliche klimatische Bedingungen. Das Valle de Casablanca beispielsweise genießt trotz seiner nördlichen und damit relativ äquatornahen Lage durch den Einfluss kalter Pazifikluft sehr mildes Klima und eignet sich deshalb gut für Weißwein-Rebsorten.

noir) und Schwarzriesling (Pinot Meunier) spielen nur eine marginale Rolle und ihre jeweiligen Flächen sind nur als Premiers Crus klassifiziert.

Chromatographie, Gruppe physikalisch-chemischer Analyseverfahren, von denen insbesondere die Papier-, die Dünnschicht- und die Gaschromatographie in der Weinwirtschaft Anwendung finden; die Verfahren bestehen darin, Stoffgemische durch Einleiten in eine Apparatur in ihre Bestandteile zu zerlegen.

Dies wird durch Adsorptionsvorgänge, d. h. Anlagerung, und Lösungsvorgänge zwischen einer stationären und einer mobilen (fließenden) Phase desselben Stoffes bewerkstelligt. Dabei bewegen sich die einzelnen Bestandteile entweder zur mobilen oder zur stationären Phase hin und werden dadurch voneinander getrennt. Im Weinbau können mittels Chromatographie z. B. der Extrakt, die verschiedenen Säuren oder die Aromastoffe analysiert werden.

Chusclan [ʃys'klɑ̃], eigenständige Herkunftsbezeichnung der A. C. Côtes-du-Rhône-Villages für Weine der Gemeinden Chusclan, Codolet, Orsan, Saint-Etienne-des-Sorts und Bagnols-sur-Cèze des südfranzösischen Départements Gard; von etwa 150 ha Rebfläche kommen v. a. Rotweine, die zu mindestens 50 % aus Grenache, zu 20 % aus Syrah und Mourvèdre sowie zu kleineren Anteilen aus anderen Sorten gekeltert werden. Die früher dominierenden Roséweine haben stark an Bedeutung verloren, Weißweine – aus den Sor-

CHILES MEISTKULTIVIERTE REBSORTEN	
Rebsorte	**Rebfläche**
Cabernet Sauvignon	35 967 ha
País	15 180 ha
Merlot*	12 824 ha
Chardonnay	7 672 ha
Sauvignon blanc	6 662 ha
Muskat Alexandrien	5 978 ha
Carmenère*	4 719 ha
Syrah	2 039 ha
Sémillon	1 892 ha
Spätburgunder (Pinot noir)	1 613 ha
Torontés (Torontel)	1 067 ha
Malbec (Cot)	929 ha
Cabernet franc	689 ha
Carignan	641 ha
Gutedel (Chasselas)	404 ha
Zinfandel	362 ha

Quelle: Servicio Agricola y Ganadero SAG
* Zahlen geschätzt, Stand: 2001

ten Grenache blanc, Marsanne, Roussanne etc. – werden nur vereinzelt erzeugt.

Cialla [ˈtʃalla], früherer Bereich innerhalb der DOC-Herkunftsbezeichnung im norditalienischen Friaul-Julisch Venetien, dessen Weine aus vorwiegend einheimischen Weiß- und Rotwein-Rebsorten (darunter Picolit, Verduzzo, Ribolla gialla, Schioppettino und Refosco dal peduncolo rosso) seit 2001 den Charakter einer eigenständigen DOCG-Herkunftsbezeichnung genießen. Die Rebfläche beträgt nur knapp 15 ha (2001).

Ciliegiolo [tʃiljeˈdʒɔːlo], Rotwein-Rebsorte Mittelitaliens, die v.a. in den Regionen Toskana, Umbrien, Ligurien und Sardinien verbreitet ist; der farbintensive, fruchtbetonte Ciliegiolo eignet sich besonders zum Verschnitt mit Sangiovese und ist Bestandteil einiger DOC-Weine wie Colli Perugini, Controguerra oder Torgiano, wird aber nur selten reinsortig gefüllt.

Cinque Terre [tʃiŋkuə-], Herkunftsbezeichnung für Weine der gleichnamigen Küstenlandschaft in der italienischen Region Ligurien; auf den steilen Terrassenweinbergen in der Nähe der Stadt La Spezia werden v.a.

die Weißwein-Rebsorten Bosco, Albarolo und Vermentino kultiviert. Unter dem Namen **Cinque Terre Sciacchetrà** wird aus mindestens einen Monat lang getrockneten Trauben derselben Rebsorten ein kräftiger, halbtrockener bis süßer Weißwein mit einem Mindestalkoholgehalt von 13,5 Vol.-% und einem unvergorenen potenziellen Alkohol von 3,5 Vol.-% erzeugt, von dem es auch eine aufgespritete Version gibt. Sciacchetrà muss vor dem Füllen mindestens ein Jahr im Fass reifen.

Cinsaut, Cinsault [sɪˈso], Rotwein-Rebsorte, die im Süden Frankreichs seit Jahrhunderten weit verbreitet ist, aber auch in Marokko, Südafrika und Italien – hier wird sie Ottavianello genannt – in relevantem Umfang kultiviert wird; weltweit steht Cinsaut nach den Statistiken des internationalen Weinamts an zwölfter Stelle der meistverbreiteten Sorten, aber der Bestand ist von 60 000 ha in den 1980er-Jahren auf etwa 45 000 ha geschrumpft, wobei allein Frankreich von den seinerzeit 48 000 ha mehr als 17 000 verloren hat. Vor der Unabhängigkeit Algeriens (1962) stand Cinsaut hier auf 60 000 ha Weinbergsfläche.

Die Sorte ist spät reifend und sehr empfindlich gegenüber Rebkrankheiten. Sie bringt nur gute Resultate, wenn die Erträge sehr niedrig gehalten werden, wobei die farbkräftigen und alkoholbetonten, fruchtig-weichen Weine denen der Sorte Grenache ähneln können. In Südafrika existiert eine Mutation des Cinsaut mit dem Namen **Cinsaut blanc,** die dort auf 170 ha Rebfläche kultiviert wird.

Cirò, DOC-Herkunftsbezeichnung für Weine aus der Umgebung der gleichnamigen Gemeinde in der italienischen Region Kalabrien; auf den etwa 2 500 ha Rebfläche des Anbaugebiets, das die Gemeinden Cirò, Cirò Marina, Melissa und Crucoli umfasst, wird v.a. die Rotwein-Rebsorte Gaglioppo kultiviert, die reinsortig oder mit höchstens 5% Greco bianco und Trebbiano toscano die Basis für den Cirò rosso bildet. Die Weißwein- und Roséversionen haben fast keine wirtschaftliche Bedeutung. Cirò Marina liegt an derselben Stelle wie die einstige griechische Kolonie Cremissa, deren gleichnamiger Wein als einer der berühmtesten der antiken Welt galt.

Clairet [klæ're, ursprünglich zu französ. clair »hell«, Rückübertragung vom engl. →Claret], Roséweine der Appellation →Bordeaux; in Österreich wurde der Begriff früher gelegentlich für →Gleichgepressten verwendet.

Clairette [klæ'rɛt, zu französ. clair »hell«], 1) Namensbestandteil einer Reihe südfranzösischer Appellationen, deren Weine zum großen Teil oder ausschließlich aus der gleichnamigen Rebsorte gekeltert werden; dazu gehören die Clairette de Die (→Die) aus einem Randgebiet der Côtes-du-Rhône, die **Clairette de Bellegarde** aus der Gegend von Nîmes sowie die **Clairette du Languedoc** aus dem kleinsten Anbaugebiet des Languedoc, etwa 30 km flussaufwärts von der Mündung des Hérault ins Mittelmeer gelegen.

2) Clairette blanche [-blãʃ], Weißwein-Rebsorte Südfrankreichs, die auf etwa 4600 ha (1958 14100 ha) kultiviert wird; außerhalb Frankreichs findet man Clairette auf kleineren Flächen in Italien, Marokko und Algerien, Portugal, Rumänien, Australien, Israel und im US-Bundesstaat Kalifornien. Die anspruchslose, aber windempfindliche Sorte bringt sehr alkoholreiche, im Charakter eher neutrale Weine hervor, die eine Tendenz zu rascher Oxidation zeigen. Außer in den reinsortigen Weinen der Appellationen Clairette de Bellegarde und Clairette du Languedoc findet man die Sorte als Verschnittbestandteil in zahlreichen Weißweinen der französischen Mittelmeerküste.

3) gemeinsprachliches Synonym für verschiedene Weißwein-Rebsorten Südfrankreichs wie →Trebbiano (Ugni blanc) oder →Bourboulenc.

Clare Riesling, →Crouchen.

Claret ['klærət, engl., »roter Bordeaux« zu französ. clair »hell«], die früher sehr hellen Rotweine des Bordeauxgebiets, die im Deutschen als Klaret oder Klarettweine bezeichnet wurden.

clarete [kla'rete], spanisch für hellen Rotwein; im Anbaugebiet des Ribera del Duero ist statt clarete die Bezeichnung claro gebräuchlich.

Clare Valley ['kleə(r) 'væli], GI-Herkunftsbezeichnung für ein Anbaugebiet in Südaustralien, das etwa 120 bis 150 km nördlich der Hauptstadt Adelaide liegt; es ist in die Bereiche Auburn, Clare, Hill River, Polish River, Sevenhill und Waterwale unterteilt.

Auf gut 2500 ha Rebfläche werden v.a. die Rotwein-Rebsorten Syrah (Shiraz) und Cabernet Sauvignon sowie die weißen Sorten Riesling, Chardonnay und Sémillon kultiviert.

Das Clare Valley gilt als eines der heißesten Anbaugebiete des Bundesstaates und eignet sich deshalb v.a. für die Erzeugung kräftiger, tanninbetonter Rotweine aus Cabernet Sauvignon und Syrah. In einigen Bereichen herrschen aber auch ideale Bedingungen für Riesling, während Chardonnay nur durchschnittliche Qualitäten zeigt. Die Entwicklung des Weinbaus im Clare Valley geht auf die Mitte des 19.Jahrhunderts zurück, nur wenige Jahre nach der erstmaligen Besiedlung Südaustraliens durch Europäer. – Infokasten S. 116

Cirò. Der Weinbau Kalabriens wird über große Strecken noch so archaisch betrieben, wie es dieses Bild des Winzers von Cirò auf seinem Maultier zeigt. Moderne, auf internationalem Qualitätsniveau arbeitende Betriebe sind immer noch die Ausnahme.

Classic, neue Weinkategorie des deutschen Weingesetzes, die mit dem Jahrgang 2000 – zusammen mit →Selection – offiziell eingeführt wurde und die bereits existierenden Qualitätsstufen ergänzt.

Classic-Weine sollen gehaltvoll und trocken sein. Sie werden aus gebietstypischen Rebsorten gekeltert, wobei für jedes Anbaugebiet zwischen einer und acht Sorten festgelegt wurden, deren Weine die neue Bezeichnung tragen können. Insgesamt sind 18 Sorten zugelassen: Riesling, Spätburgunder, Frühburgunder, Müller-Thurgau (Rivaner), Silvaner, Gutedel, Grauburgunder, Weißburgunder, Domina, Elbling, Scheurebe, Dornfelder, Portugieser, Gewürztraminer, Trollinger, Blaufränkisch (Lemberger), Schwarzriesling und Kerner.

Der Restzuckergehalt darf bei Classic-Weinen das Doppelte des Säuregehalts, höchstens aber 15 g/l, nicht überschreiten. Ihr Alkoholgehalt muss 1 Vol.-% höher liegen, als dies für die entsprechende Qualitätsstufe im jewei-

CLARE VALLEY

Riesling in heißem Klima?

Selbst wenn das, was man lange Zeit im australischen Clare Valley als Riesling verkaufte, in Wahrheit aus der Rebsorte Crouchen gekeltert war, so ist in den letzten Jahren und Jahrzehnten des 20. Jahrhunderts dort auch der echte Riesling heimisch geworden und bringt sogar die interessantesten Resultate außerhalb Mitteleuropas hervor. Das scheint auf den ersten Blick paradox, gilt das Clare Valley doch als ausgesprochen heißes Anbaugebiet, Riesling dagegen als Rebsorte für kühle Klimata. Allerdings besitzt das Clare Valley auch einige Bereiche wie beispielsweise Polish River, in denen starke Schwankungen zwischen Tages- und Nachttemperaturen für eine ideale Entwicklung der delikaten Rieslingaromen sorgen.

ligen Anbaugebiet verlangt wird. Mit dieser neuen Weinkategorie soll eine Bezeichnung etabliert werden, die Verbraucher v. a. auf den Exportmärkten direkt mit einem bestimmten Geschmackstyp in Verbindung bringen können.

Classico [»klassisch«], italienische Bezeichnung für einen Teil eines Anbaugebiets, meist die historische Kernzone oder das Gebiet mit den besten Rebflächen; Classicogebiete existieren für zahlreiche Herkunftsbezeichnungen wie →Chianti, →Valpolicella, →Bardolino, →Kalterersee, →Cirò, →Soave, →Orvieto oder Verdicchio dei Castelli di Jesi (→Verdicchio).

Clevner, 1) →Frühburgunder.
2) →Spätburgunder.
3) →Klevner.

Clicquot-Ponsardin [kliˈkopɔ̃sarˈdɛ̃], Nicole Barbe, Champagner-Erzeugerin, *Reims 1777, †Boursault bei Épernay 1866; sie war Besitzerin des Champagnerhauses Clicquot in Reims und eine Pionierin der Champagnerherstellung. Die Witwe von François Clicquot († 1805) musste nach dem plötzlichen Tode ihres Mannes im Alter von 27 Jahren die Leitung der Firma übernehmen. Zusammen mit ihrem deutschstämmigen Kellermeister entwickelte sie die gezielte und kontrollierte zweite Gärung und erfand 1818 das Rüttelpult (→rütteln). Ihr Name lebt in der Champagnermarke Veuve Cliquot, »Witwe Cliquot«, fort.

climat [kliˈma], französisch für Klima; in der Weinbauregion Burgund wird der Begriff als Synonym für Lage bzw. Terroir verwendet.

Clos [klo, zu franzos. »Einfriedung«, »Umzäunung«], Weinbergsparzelle, die durch eine Mauer, durch Hecken oder Wege klar gegen die umliegenden Rebflächen abgegrenzt ist.

Der Begriff stammt aus dem französischen Burgund, wo einige der berühmtesten Grand-Cru-Lagen in Form eines Clos angelegt sind. Zu ihnen gehören die vier Grands Crus der Gemeinde →Morey-Saint-Denis (**Clos de la Roche, Clos de Tart, Clos Saint-Denis** und **Clos des Lambrays**) sowie der Clos de Vougeot in Vougeot. Von ihnen stammen einige der besten Rotweine des Burgund aus Spätburgunder (Pinot noir). Auch in der Schweiz ist die Bezeichnung Clos für besondere, umfriedete Weinberge bekannt; in anderen Teilen Frankreichs, wie im Bordeauxgebiet, an der Rhône und an der Loire, ja sogar in Spanien und in einigen Ländern der Neuen Welt ist sie zum Namensbestandteil von Weingütern geworden.

Clos de Vougeot [klo də vuˈʒo:], die größte der vier Grand-Cru-Appellationen der Gemeinde Vougeot an der burgundischen →Côte de Nuits; auf knapp 50 ha Rebfläche wird ausschließlich Spätburgunder (Pinot noir) kultiviert. Der vollständig von einer

Mauer umgebene Clos de Vougeot wurde bereits im 14. Jh. von den Zisterziensern angelegt und gilt als einer der bekanntesten →Crus des Burgund.

Die Größe der Appellation hat zur Folge, dass sowohl in Bezug auf die Bodenzusammensetzung als auch hinsichtlich der klimatischen Bedingungen deutliche Unterschiede zwischen den Weinen der einzelnen Parzellen bestehen. So sind die Böden in den unteren Bereichen aus tiefem Lehm, in den mittleren aus Lehm und Kalkkieseln und in den oberen, bis zu 255 m ü. M. hoch gelegenen aus feinem Kalkschotter. Hinzu kommt die jeweilige Handschrift der 77 Winzer, die sich den Besitz des Clos de Vougeot teilen – zusammen führt dies zu einer enormen Bandbreite unterschiedlicher Weinqualitäten innerhalb derselben Appellation. Die alten Gutsgebäude der Zisterzienser dienen einer der berühmtesten Weinbruderschaften der Welt, der Confrérie des Chevaliers du Tastevin, als Domizil und Veranstaltungsort.

coarse [kɔːs], englisch für die Geschmacksbezeichnungen grobschlächtig bzw. rau.

Coastal Region [kɔʊstl riːdʒn], Herkunftsbezeichnung der Weinbauregion Südafrikas am Kap der Guten Hoffnung; die Coastal Region ist mit 32 000 ha (2002) Rebfläche die größte weinerzeugende Region des Landes und umfasst eine Reihe der wichtigsten Anbaugebiete wie →Stellenbosch, →Paarl, →Franschhoek, →Constantia, →Durbanville, →Swartland oder →Wellington 2).

Coda di Volpe, Coda di Volpe bianca, [italien. »(weißer) Fuchsschwanz«], Weißwein-Rebsorte der süditalienischen Region Kampanien, die auf etwa 1200 ha kultiviert und als Ergänzungssorte in einer Reihe von DOC-Weinen verwendet wird, darunter auch Fiano di Avellino (→Fiano) und Greco di Tufo (→Greco). In derselben Region kennt man noch eine weiße **Coda di Volpe Labico** und eine rote **Coda di Volpe nera,** über deren Verwandtschaft mit Coda di Volpe aber nichts bekannt ist.

Cognac [kɔˈɲak], nach der gleichnamigen Stadt benannter, berühmter Weinbrand mit A. C.-Herkunftsbezeichnung aus dem französischen Charentais; das Anbaugebiet der Trauben für die Brennweine ist in die Bereiche Grande Champagne, die beste Zone im Zentrum, Petite Champagne, Borderies und Fins Bois gegliedert. Der Name Champagne leitet sich von den Kreideböden der Grande Champagne her, die denen des gleichnamigen Schaumwein-Anbaugebiets ähneln.

Die Brennweine für Cognac, der mittels zweier, gelegentlich dreier Brennvorgänge in diskontinuierlicher Destillation erzeugt wird – die Brennblasen müssen dabei nach jeder Charge neu beladen werden –, entstehen fast ausschließlich aus der Weißwein-Rebsorte Trebbiano (Ugni blanc). Cognac wird zunächst auf einen Alkoholgehalt von 70 Vol.-% destilliert, der aber während der Fassreife deutlich sinken kann; vor dem Füllen wird die endgültige Gradation dann durch Verdünnen mit destilliertem Wasser auf 40 Vol.-% eingestellt.

Das Eichenholz für die bei der zuweilen langen Fasslagerung verwendeten Barriques kommt vorwiegend aus dem Tronçais oder dem Limousin. Im Unterschied zu Armagnac verbessert sich Cognac, je nach Qualität des Ausgangsprodukts, geschmacklich nur bis zu vier Jahrzehnte lang. Die Mindestlagerzeit beträgt drei Jahre. Cognac wird häufig durch Zugabe von Karamell farblich und von Zuckersirup geschmacklich dem Publikumsgeschmack angepasst.

Colares, Collares [koˈlarɪʃ], kleines, aber renommiertes portugiesisches DOC-Gebiet der Weinbauregion Estremadura westlich von Lissabon; die Reben wachsen wurzelecht auf tiefen Sandböden direkt an der Atlantikküste. Kultiviert wird v. a. die einheimische Rotwein-Rebsorte Ramisco, die farbintensive, tannin- und säurereiche Weine hervorbringt. Die oft noch etwas altmodisch wirkenden Weine besitzen große Alterungsfähigkeit. Weißwein wird nur noch in sehr geringen Mengen erzeugt.

Colchagua [kɔlˈtʃaɣŭa], eigentlich Valle de Colchagua, Anbaugebiet (zona) im chilenischen Valle Central, das die südliche und größere Hälfte der Subregion Valle del Rapel bildet; v. a. im Dreieck Santa Cruz–Palmilla–Nancagua westlich von San Fernando haben sich einige der renommiertesten Erzeugerbetriebe des Landes niedergelassen.

Nicole Barbe Clicquot-Ponsardin (Ausschnitt aus einem Porträt von Léon Cogniet, zwischen 1851 und 1861).

Clos de Vougeot – hier eines der vielen Portale in der Mauer, die den berühmten Weinberg umgibt – und das nach dem Clos benannte Château: Obwohl die ganze Lage als Grand Cru klassifiziert ist, liefern ihre einzelnen Parzellen doch Weine recht unterschiedlicher Qualität.

Im Gegensatz zu seinem nördlichen Nachbarn Cachapoal gehört Colchagua zu den Anbaugebieten, in denen der Qualitätsweinbau bereits eine lange Tradition hat. Hier wird kräftiger Chardonnay, würziger Carmenère, Syrah oder Cabernet Sauvignon und erstaunlich guter Malbec erzeugt, wobei einige der besten Weine des Gebiets aus zwei oder mehreren der roten Spitzensorten verschnitten sind. Colchagua gilt als ernsthaftester Konkurrent des Valle del Maipo (→Maipo) um das Primat der Spitzenregionen Chiles.

Colchagua. Die Inspektion der Weinberge auf dem Pferderücken gehört im chilenischen Valle de Colchagua zum festen Bestandteil der Arbeit vieler Weinbauern.

cold soak [kəuld səuk], englisch für Kaltmazeration.

colheita [kuˈʎeɪtɐ], portugiesisch für Ernte, übertragen auch für Jahrgang.

collage [kɔˈlaʃ], französisch für Schönung; coller bedeutet schönen.

Collares, →Colares.

colle, italienisch für Hügel(-Lage), im Plural (colli) ein häufiger Namensbestandteil italienischer Herkunftsbezeichnungen und ein Hinweis darauf, dass deren Anbaugebiet in Hügel- oder Bergland liegt.

Colli Albani, DOC-Herkunftsbezeichnung für Weine der gleichnamigen Vulkanlandschaft in der mittelitalienischen Region Latium; auf etwa 1500 ha Rebfläche werden verschiedene Rebsorten der Malvasia- und der

---

COLLI DI PARMA. *Schweinefleisch und Prickler*

Dass aus Lambrusco-Trauben in der italienischen Region Emilia-Romagna vorwiegend lieblicher Massenperlwein, gelegentlich aber auch trockener, hochwertiger Schaumwein erzeugt wird, ist bekannt. Weniger bekannt aber ist, dass zwischen Bologna und Reggio Emilia noch zahlreiche andere Weine als Frizzante erzeugt oder zumindest leicht schäumend ausgebaut werden. Wer nach dem Sinn dieser regionalen Besonderheit sucht, die in Italien nicht ihresgleichen kennt, stößt schnell auf die typisch emilianische Küche, deren beste Gerichte aus Schweinefleisch bestehen und sehr fettreich und schwer sind. Ob es wissenschaftlich begründbar ist oder nicht, sei einmal dahingestellt: Tatsache ist, dass die Bewohner der Region davon überzeugt sind, dass nur ein mehr oder weniger stark prickelnder Wein beim Verdauen der schweren Speisen hilft.

Trebbiano-Familie für einfache Weißweine kultiviert, die v. a. aufgrund der erlaubten hohen Hektarerträge von bis zu 16,5 t und des niedrigen Mindestalkoholgehalts von 10,5 Vol.-% nur selten große Dichte und Konzentration besitzen.

Colli Berici [- ˈbeːrɪtʃi], DOC-Herkunftsbezeichnung für Weine der gleichnamigen Hügellandschaft der norditalienischen Region Venetien; auf einer Rebfläche von etwa 1350 ha werden meist einfache Weiß- und Rotweine aus den Sorten Chardonnay, Garganega, Sauvignon blanc, Tocai italico, Tocai rosso, Merlot, Cabernet franc und Cabernet Sauvignon erzeugt. Unter der DOC-Bezeichnung kann auch ein Schaumwein aus den Weißwein-Rebsorten der Appellation vermarktet werden.

Colli Bolognesi [- boloɲˈɲeːsi], DOC-Herkunftsbezeichnung für Weine des Gebiets um die Stadt Bologna in der italienischen Region Emilia-Romagna; auf knapp 1000 ha Rebfläche werden mehr als 50 verschiedene Weiß- und Rotweintypen erzeugt, darüber hinaus Perl- und Schaumweine.

Das Gebiet ist in eine Reihe eigenständiger Bereiche mit teilweise unterschiedlichen Produktionsvorschriften aufgeteilt: Colline di Riosto, Colline Marconiane, Monte San Pietro, Terre di Montebudello, Zola Predosa, Serravalle und Colline di Oliveto. Kultiviert werden die Rebsorten Barbera, Cabernet Sauvignon, Chardonnay, Merlot, Pignoletto, Weißburgunder (Pinot bianco), Welschriesling (Riesling italico) und Sauvignon blanc. Weißweine der Sorte Pignoletto, die aus der so genannten Classico-Zone stammen, können unter der eigenständigen DOC-Bezeichnung **Colli Bolognesi Classico Pignoletto** vermarktet werden.

Colli dell'Etruria Centrale [- tʃenˈtraːle], DOC-Herkunftsbezeichnung für Weine aus den Provinzen Siena und Florenz in der mittelitalienischen Region Toskana; auf knapp 650 ha (1997) Rebfläche werden zahlreiche Rebsorten wie Trebbiano toscano, Malvasia del Chianti, Weißburgunder (Pinot bianco), Chardonnay, Sauvignon blanc, Sangiovese oder Canaiolo kultiviert, die zu weißen und roten Verschnitten gekeltert werden. Erzeugt werden auch zwei Vin-santo-Versionen aus Weißwein- bzw. Rotwein-Rebsorten (Occhio di pernice).

Colli del Trasimeno, Trasimeno, DOC-Herkunftsbezeichnung für Weine aus dem Gebiet des Trasimenischen Sees in der mittelitalienischen Region Umbrien; auf gut 1300 ha (1997) Rebfläche des Anbaugebiets wird eine große Zahl von Weiß- und Rotwein-Rebsorten kultiviert: Trebbiano toscano, Malvasia del Chianti, Verdicchio, Grechetto, Vermentino, Chardonnay, Grauburgunder (Pinot grigio), Sauvignon blanc, Weißburgunder (Pinot bianco), Riesling, Sangiovese, Gamay, Ciliegiolo, Merlot und Cabernet Sauvignon. Die Weine müssen einen Mindestalkoholgehalt von 11 bzw. 11,5 Vol.-% aufweisen. Aus den weißen Sorten wird auch Vin santo erzeugt.

Colli di Bolzano, italienisch für →Bozner Leiten.

Colli di Parma, DOC-Herkunftsbezeichnung für Weine im Bereich der Stadt Parma in der italienischen Region Emilia-Romagna, deren kleines Anbaugebiet etwa 250 ha Rebfläche umfasst; die Weiß- und Rotweine aus den Sorten Malvasia, Sauvignon blanc, Barbera, Bonarda und Croatina werden häufig leicht perlend ausgebaut.

Colli Euganei, DOC-Herkunftsbezeichnung für Weine der gleichnamigen Hügellandschaft in der italienischen Region Venetien; auf den etwa 1600 ha Weinbergsfläche in der Nähe der Stadt Padua werden zahlreiche sortenreine und Verschnittweine erzeugt. Die kultivierten Sorten sind Garganega, Prosecco, Tocai friulano, Sauvignon blanc, Pinella (Pinello), Weißburgunder (Pinot bianco), Welschriesling (Riesling italico), Chardonnay, Serprino, Muskateller (Moscato), Merlot, Cabernet Sauvignon, Cabernet franc, Barbera und Raboso.

Collio. Neu angelegte Weinberge des Anbaugebiets Collio in der norditalienischen Region Friaul-Julisch Venetien.

Collio [zu italien. colle »Hügel«], eigentlich **Collio Goriziano,** DOC-Herkunftsbezeichnung für eine breite Palette von Sortenweinen und weißen wie roten Verschnittweinen aus dem Ostteil der italienischen Region Friaul-Julisch Venetien; v.a. die Weine aus Sauvignon blanc und Chardonnay von optimal ausgerichteten Hügellagen mit ihren charakteristischen »Flysch«-Böden aus Ton- und Sandschichten gehören zu den besten Italiens.

Kultiviert werden zu 85% Weißwein-Rebsorten; neben den erwähnten noch Malva-

sia istriana, Müller-Thurgau, Ribolla gialla, Riesling, Welschriesling (Riesling italico) und Tocai friulano. Die Palette der Rotwein-Rebsorten umfasst Cabernet Sauvignon, Cabernet franc, Blaufränkisch (Franconia), Merlot, Pignolo, Spätburgunder (Pinot nero), Refosco dal peduncolo rosso, Schioppettino und Tazzelenghe. Dank ihres guten Säuregehalts bleiben v.a. die Weißweine auch beim Barriqueausbau lebendig-fruchtig und frisch.

Colli Orientali del Friuli, Colli Orientali [zu italien. »östliche Hügel«, bezogen auf das alte Herrschaftsgebiet Venedigs], DOC-Herkunftsbezeichnung für eine breite Palette von Sortenweinen und Verschnitten der nordostitalienischen Region Friaul-Julisch Venetien.

Die etwa 1900 ha große, halbmondartig um die Stadt Udine angeordnete Appellation bildet den nordwestlichen Teil eines Hügelmassivs, zu dem auch das Anbaugebiet des →Collio gehört und das sich durch seine charakteristischen »Flysch«-Böden aus Ton- und Sandschichten auszeichnet. Die Bereiche **Ramandolo,** Rosazzo und Cialla genießen den Status eigenständiger DOC(DOCG)-Appellationen.

■ **Rebsorten:** Kultiviert werden die Rebsorten Chardonnay, Malvasia istriana, Goldmuskateller (Moscato giallo), Rosenmuskateller (Moscato rosa), Müller-Thurgau, Picolit, Weißburgunder (Pinot bianco), Grauburgunder (Pinot grigio), Ribolla gialla, Riesling, Welschriesling (Riesling italico), Sauvignon blanc, Tocai friulano, Gewürztraminer (Traminer aromatico), Verduzzo friulano, Cabernet Sauvignon, Cabernet franc, Blaufränkisch (Franconia), Merlot, Pignolo, Spätburgunder (Pinot nero), Refosco dal peduncolo rosso, Schioppettino und Tazzelenghe.

■ **Anbauzonen:** Vor allem die Rotweine verfügen über hohes Qualitätspotenzial, wobei neben den Weinen aus internationalen Rebsorten in jüngerer Zeit auch solche aus den einheimischen Sorten Schioppettino, Refosco oder Pignolo auf sich aufmerksam machen

Colli Orientali del Friuli. Die nach Süden, zur Adria hin ausgerichteten Weinberge des Klosters Abbazia di Rosazzo gehören zu den besten der Colli Orientali del Friuli. Die Lage Rosazzo genießt innerhalb des Anbaugebiets den Status einer eigenständigen DOC-Herkunftsbezeichnung.

konnten. Auf den zur Adria hin ausgerichteten Südhängen der Hügel – Ronchi oder Ronc genannt – wachsen die Trauben für Weine, die Kraft und Eleganz, Tanninstruktur und saftige Frucht vereinen.

Die Nordhänge sind deutlich kühler und eignen sich für besonders finessenreiche, aber dennoch kräftige Weiße mit gutem Alkoholgehalt, die nicht selten durch Barriqueausbau zusätzliche Komplexität gewinnen. Eine Spezialität stellt der süß ausgebaute Picolit dar, der in der Qualität allerdings oft von Süßweinen aus Verduzzotrauben übertroffen wird, insbesondere dann, wenn diese aus dem inzwischen eigenständigen DOCG-Gebiet Ramandolo im Norden der Colli Orientali stammen.

Collioure [kɔl'ju:r], A. C.-Herkunftsbezeichnung für Weine eines kleinen Anbaugebiets im südfranzösischen →Roussillon, das in seinen Grenzen mit dem des →Banyuls deckungsgleich ist, aber nur etwa 310 ha (2000) Rebfläche umfasst; aus den Rebsorten Mourvèdre und Grenache werden dichte und alkoholreiche Rotweine und trockene Rosés gekeltert. Bei der Vinifikation der Roten ist eine Maischestandzeit von mindestens fünf Tagen vorgeschrieben, die Rosés werden per Saignée oder durch direktes Abpressen gekeltert.

Colli Perugini [- peru'dʒi:nɪ], DOC-Herkunftsbezeichnung für Weine im Gebiet der Stadt Perugia in der italienischen Region Umbrien, deren Anbaugebiet etwa 300 ha Rebfläche umfasst; kultiviert werden die Weißwein-Rebsorten Trebbiano toscano, Verdicchio, Grechetto, Garganega und Malvasia del Chianti sowie die Rotwein-Rebsorten Sangiovese, Montepulciano, Ciliegiolo, Barbera und Merlot, die allerdings nur selten reinsortig ausgebaut werden. Die DOC-Vorschriften sehen nur einen weißen, einen roten und einen Rosé-Verschnitt vor, die mindestens 11 Vol.-% Alkohol aufweisen müssen.

Colli Piacentini [- piatʃɛn'ti:nɪ], DOC-Herkunftsbezeichnung für Weine aus dem Gebiet der Stadt Piacenza in der italienischen Region Emilia-Romagna; mit etwa 5800 ha Rebfläche gehören die Colli Piacentini zu den größeren DOC-Gebieten Italiens und haben in den letzten Jahren zunehmend interessante Weine hervorgebracht.

Kultiviert werden verschiedene Rebsorten der Malvasia-Familie sowie Ortrugo, Sauvignon blanc, Chardonnay, Grauburgunder (Pinot grigio), Trebbiano romagnolo, Bervedino, Marsanne, Cabernet Sauvignon, Spätburgunder (Pinot nero), Barbera und Croatina. Die Weine der Bereiche Val Nure, Val Trebbia, Monterosso Val d'Arda und Vigoleno können den jeweiligen Bereichsnamen zusätzlich zur DOC-Bezeichnung tragen. Unter dem Namen Gutturnio können Rotweine der Rebsorten Barbera und Croatina aus höher gelegenen Weinbergen vermarktet werden.

Colli Tortonesi, DOC-Herkunftsbezeichnung für Weine der Provinz Alessandria in der norditalienischen Region Piemont; auf gut 1500 ha (1997) Rebfläche werden vor allem die Rebsorten Cortese, Barbera und Dolcetto kultiviert, die als Sortenweine oder im Verschnitt ausgebaut werden können. Unter der Herkunftsbezeichnung können auch ein Rosé sowie ein Perl- und ein Schaumwein aus denselben Rebsorten vermarktet werden.

Colombard, Colombar [kɔlɔ̃'bar], engl. **French Colombard** [frɛntʃ-], Weißwein-Rebsorte, die ursprünglich aus der französischen Region Charente stammt, wo sie vorwiegend zur Destillation verwendet wird; Colombard wird in Frankreich auf insgesamt 6700 ha (1998) kultiviert. Als French Colombard steht sie in Kalifornien auf insgesamt 14200 ha (2002) Rebfläche und nimmt dort den fünften Platz der meistverbreiteten Rebsorten ein. Darüber hinaus ist sie in relevantem Umfang in Südafrika (8630 ha, 2002), in Mexiko und Australien verbreitet. In diesen Ländern wird Colombard meist für die Herstellung einfacher Alltagsweine verwendet.

Colorino [zu italien. colore »Farbe«], italienische Rotwein-Rebsorte, die in der Region Toskana auf etwa 400 ha Rebfläche kultiviert wird und v. a., insbesondere im Anbaugebiet des Chianti, als →Deckwein Verwendung findet; ihre aufgrund der dicken Beerenschalen farbintensiven und tanninreichen Weine sind aromatisch und geschmacklich so neutral, dass sie den Charakter anderer Rebsorten beim Verschnitt nicht verfälschen. Die Herkunft von Colorino ist umstritten, zumal nicht gesichert ist, ob es sich bei den vorhandenen Reben tatsächlich immer um dieselbe, genetisch identifizierbare Sorte handelt.

Columbia Valley [kə'lʌmbiə 'vælɪ], AVA-Herkunftsbezeichnung für Weine aus dem größten Anbaugebiet des US-Bundesstaats Washington, dessen südlicher Teil mit etwa 8% der Gesamtrebfläche im benachbarten Oregon liegt.

Das große, mehr als 250 km lange Gebiet erzeugt fast 98% der Trauben von Washington; es umfasst zahlreiche kleinere Appellationen, deren Weine entweder unter eigenem Namen oder unter dem des Columbia Valley vermarktet werden können: →Walla Walla Valley und →Red Mountain wurden bereits von 1984 an eingerichtet, für eine Reihe weiterer Appellationen wie Horse Heaven, Columbia Gorge, Alder Ridge, Canoe Ridge, Zephyr Ridge, Wahluke Slope & Mattawa, Cold Creek, Columbia Basin & Snake River und Wallula Area erfolgte die Anerkennung erst gegen Ende des 20. Jahrhunderts oder ist noch geplant.

■ **Weinbau:** Das Klima des Columbia Valley wird durch sehr heiße, trockene Sommer und kalte Winter mit teilweise extremen Frösten charakterisiert. Lange glaubte man, europäische Qualitätsrebsorten könnten hier nicht überwintern. In den 1970er- und 1980er-Jahren begann man v. a. Weißwein-Rebsorten auszupflanzen, musste aber feststellen, dass die Qualität der Weine hinter den Erwartungen zurückblieb. Viele Weinmacher und Beobachter sind davon überzeugt, dass das Columbia Valley großes Potenzial v. a. für Rotwein-Rebsorten, insbesondere für Syrah besitzt.

Comité interprofessionnel [komi'te ɛ̃tɛrprɔfesjɔnɛl, französ.], Berufsverband der Winzer in zahlreichen französischen Weinbauregionen und Anbaugebieten; zu den Aufgaben der Comités interprofessionnels gehören u. a. das regionale Marketing und die Kontrolle der Weine auf ihre Konformität mit den jeweiligen gesetzlichen Vorschriften.

compañia vinícola [kɔmpa'ɲia-], spanisch für Kellerei.

complet [kɔ̃'plɛ], französisch für die Geschmacksbezeichnung komplett, vielschichtig.

Completer, einheimische Weißwein-Rebsorte der →Bündner Herrschaft in der Schweiz; die Sorte wurde bereits im Jahre 926 urkundlich erwähnt, wird heute aber nur noch im Gebiet von →Malans, auf der so genannten Completerhalde, als Rarität gepflegt und auch Malansertraube genannt. Completer bringt aromatische, alkoholreiche und säurebetonte Weine hervor, die charaktervoll und alterungsfähig sind. Der Name geht auf die Verwendung der Weine als Schlummertrunk zurück, den die Chorherren des nahe gelegenen Churer Stifts nach dem letzten Stundengebet, der Complet, einzunehmen pflegten.

Columbia Valley. Das riesige Anbaugebiet des Columbia Valley ist erst in den 1990er-Jahren vom Obst- zum vollwertigen und dynamischen Anbaugebiet geworden. Es erstreckt sich über die zwei US-Bundesstaaten Washington und Oregon und findet seine Fortsetzung in den kanadischen Rebflächen von British Columbia.

Concord ['kɔnkɔːd], Rotwein-Rebsorte der Art Vitis labrusca; Sämling einer Wildrebe aus dem gleichnamigen Tal im US-Bundesstaat Massachusets, die 1843 durch Zufall entdeckt und in den darauf folgenden Jahren auf der Basis eines einzigen Rebstocks vermehrt wurde.

Man schätzt, dass die Sorte in den USA und Kanada auf insgesamt 26000 ha Rebfläche steht. In gewissem Umfang wird sie in Brasilien und Argentinien kultiviert und ist im österreichischen Südburgenland für die Produktion von Tafelwein (→Uhudler) zugelassen. Weltweit sind etwa 30000 ha (2000) Rebfläche mit ihr bestockt. Die sehr wuchskräftige Sorte findet v. a. als Tafeltraube und in der Traubensaftproduktion Verwendung, wird aber auch zu Wein verarbeitet.

Condado de Huelva [kɔn'dadɔ de 'ŭelva], D. O.-Herkunftsbezeichnung für Weiß- und Likörweine aus dem äußersten Westen Andalusiens; das Anbaugebiet umfasst etwa 5900 ha Rebfläche (2001). Kultiviert werden neben der dominierenden einheimischen Weißwein-Rebsorte Zalema (85% der Flächen) auch Palomino, Garrido Fino, Weißer Muskateller (Moscatel) und Pedro Ximénez.

Die Bezeichnung Condado de Huelva steht für zwei verschiedene Weinarten: Zum einen werden die Weine als Likörweine im traditionellen Criadera-Solera-Verfahren (→Sherry) ausgebaut, wobei Weine vom Typ eines Fino als **Condado pálido,** die vom Typ des Oloroso als **Condado viejo** bezeichnet werden. Daneben werden aus Zalema seit einiger Zeit auch frische Weißweine erzeugt.

Condrieu. In Condrieu, dem beschaulichen Zentrum der Appellation gleichen Namens am rechten Rhôneufer, wachsen die Viognierreben direkt am Stadtrand. Der würzige Condrieu gilt als einer der besten Weißweine Frankreichs.

Condrieu [kɔ̃dri'ø], A. C.-Herkunftsbezeichnung für Weißweine aus dem Anbaugebiet um die gleichnamige Gemeinde der nördlichen Côtes-du-Rhône, auch als →Cru bezeichnet; eingebettet ist das A. C.-Gebiet Château Grillet (→Grillet). Auf etwa 100 ha Rebfläche wird ausschließlich die Rebsorte Viognier kultiviert, die auf den steilen Basalthängen des rechten Rhôneufers reiche und vielschichtige Weine mit leicht nussigem Geschmack hervorbringt. Die Weine zeigen ihre charakteristische Würze v.a. in ihrer Jugend, sind aber auch in begrenztem Umfang alterungsfähig.

Conegliano Veneto [kone'ʎa:no vɛneto], Weinbaugemeinde der norditalienischen Region Venetien im DOC-Gebiet des Prosecco di Conegliano-Valdobbiadene, die Sitz einer der renommiertesten Forschungsanstalten und Weinbauschulen des Landes ist. Das 1923 gegründete Istituto Sperimentale per la Viticoltura hat sich vor allem bei der Rebzüchtung und -veredelung einen Namen gemacht.

Consejo regulador [kɔn'sɛxo-, span.], Kontrollrat spanischer Qualitätsweingebiete mit D. O.-Status (→Denominación de Origen), der der zentralen spanischen Weinbaubehörde unterstellt ist; er sorgt für die Einhaltung der Produktionsvorschriften des jeweiligen Gebiets durch die Winzer und kümmert sich um das Marketing. Er setzt sich in der Regel aus gewählten Mitgliedern der Winzerschaft, Vertretern der Kellereien und einem Beamten zusammen. Der erste Kontrollrat wurde 1927 im Riojagebiet gegründet.

Consorzio di tutela, Weinbauverband italienischer DOC- und DOCG-Anbaugebiete (→Denominazione di origine controllata); obwohl die Consorzi Selbstorganisationen der Winzer und Abfüller sind, können ihnen vom Staat im Rahmen der Qualitätsweinproduktion Kontrollfunktionen übertragen werden. Daneben sind sie für die Gemeinschaftswerbung des jeweiligen Gebiets verantwortlich. Die jüngst erfolgte Neuregelung der italienischen Weinindustrie hat dazu geführt, dass in einigen Regionen vorübergehend zwei konkurrierende Consorzi entstanden: eines, dem die Winzer angehören müssen, für die Kontrollfunktionen, und eines auf freiwilliger Basis für Marketingaufgaben.

Constantia [kɔn'stænsiə], kleines südafrikanisches Anbaugebiet (Ward) im Südosten Kapstadts am Fuße des Tafelbergs und der Bergkette des Kaps der Guten Hoffnung; unter idealen klimatischen Bedingungen wachsen auf den Lehmböden, die sich an den Hängen emporziehen, internationale Weiß- und Rotweintrauben wie Chardonnay, Sémillon, Sauvignon blanc, Cabernet Sauvignon und Merlot.

■ **Geschichte:** Bereits Mitte des 17. Jahrhunderts wurden im Gebiet von Constantia Rebkulturen angelegt; 1659 wurde hier der erste Kapwein gekeltert. Im 18. Jh. waren v.a. die aufgespriteten Süßweine mit dem Namen »Vin de Constance« weltberühmt und wurden an den Höfen Europas ausgeschenkt. In den Jahren der Reblauskatastrophe (ab 1885) und des anschließenden Burenkriegs (1899–1902) kam der Weinbau der Gegend fast zum Erliegen.

Contessa Entellina, DOC-Herkunftsbezeichnung für Weißweine der Provinz Palermo auf der italienischen Insel Sizilien; kultiviert werden die Sorten Ansonica, Catarratto bianco lucido, Grecanico, Chardonnay, Müller-Thurgau und Sauvignon blanc.

Controguerra [kɔntrɔ'gŭɛrra], junge DOC-Herkunftsbezeichnung für Weine aus dem Norden der mittelitalienischen Region Abruzzen; die kleine Appellation wurde erst in den 1990er-Jahren auf dem Gebiet des →Montepulciano d'Abruzzo eingerichtet. Aus den Rebsorten Trebbiano toscano, Passerina, Malvasia, Riesling, Chardonnay, Montepulciano, Merlot und Cabernet Sauvignon wird eine Reihe reinsortiger Weiß-, Rot- und Süßweine erzeugt.

Cool Climate Viticulture [ku:l 'klaɪmət 'vɪtɪkʌtʃə(r), engl.], Weinbau in kühlen Klimazonen; der Begriff entstand in den 1990er-Jahren in den Weinbauländern der Neuen Welt, deren Klima in den meisten Fällen deutlich heißer und trockener als das europäische ist.

Um Weine mit größerer aromatischer Finesse und niedrigerem Alkoholgehalt erzeugen zu können, entwickelte man in diesen Ländern bevorzugt neue Anbaugebiete mit kühlerem Klima. Dazu gehören in Südafrika beispielsweise →Elgin und →Walker Bay, in Australien die →Adelaide Hills oder Hilltops, in Chile das →Valle de Casablanca, in Neuseeland die gesamte Südinsel und in Kalifornien einige Landstriche des Santa Barbara County (→Santa Barbara). Die meisten dieser Cool-Climate-Zonen sind allerdings im Vergleich zu europäischen Anbaugebieten wie der Champagne oder der Mosel immer noch recht warm, ihre Weine erreichen trotz aller Bemühungen meist nicht die Finesse und Vielschichtigkeit ihrer europäischen Pendants.

Cooler [ku:lə(r), 1) röhrenförmiger, oft doppelwandiger Behälter, meist aus Kunststoff oder gebranntem Ton, der zum Kühlhalten von Weinflaschen verwendet wird.

2) →Wine Cooler.

Coonawarra ['ku:nəwɔrrə], bekannte GI-Herkunftsbezeichnung für Weine aus dem Südteil des australischen Bundesstaats Südaustralien; auf etwa 5000 ha (2000) Rebfläche gedeihen in gemäßigtem Klima in der Nähe des südlichen Pazifiks v.a. rote Sorten wie der dominierende Cabernet Sauvignon (2700 ha) oder Syrah (Shiraz, 990 ha). An dritter Stelle des Rebsortenspiegels steht Chardonnay (400 ha), dicht gefolgt von Merlot (390 ha). Spätburgunder (Pinot noir), Sauvignon blanc, Cabernet franc und andere Sorten belegen kleinere Flächen.

Die besten Weine stammen aus einem schmalen Landstreifen im Zentrum des Gebiets, dessen Böden aus mineralreicher, roter Erde bestehen, der so genannten Terra rossa. Die Gewächse sind kräftig, besitzen aber aufgrund des relativ milden Klimas genügend Finesse. Weine aus Coonawarra können wie die der benachbarten Gebiete auch unter der Herkunftsbezeichnung →Limestone Coast vermarktet werden.

co|operativa, italienisch für Genossenschaft.

coopérative de manipulation [kɔɔperativ dɛ manipylasjɔ̃, französ.], Genossenschaft der →Champagne, die Trauben und Grundweine ihrer Mitglieder zu Champagner verarbeitet.

Copertino, DOC-Herkunftsbezeichnung für Rotweine aus der gleichnamigen Gemeinde im Süden der italienischen Region Apulien; auf 750 ha Rebfläche wächst v. a. die Sorte Negroamaro, bei der Produktion des Copertino dürfen aber auch Malvasia nera, Montepulciano und Sangiovese bis zu einem Anteil von höchstens 30% verwendet werden.

Corbières ist die flächenmäßig größte Appellation an der französischen Mittelmeerküste. Die Berge zwischen Narbonne und Carcassonne stellen eine natürliche Barriere zwischen dem mediterranen und dem atlantischen Klima dar.

Corbières [kɔrˈbjɛːr], A. C.-Herkunftsbezeichnung für Weiß-, Rosé- und Rotweine aus der Umgebung der südfranzösischen Städte Narbonne und Carcassonne im südfranzösischen →Languedoc; auf 14 000 ha Rebfläche werden die Rebsorten Carignan, Grenache, Lladoner, Mourvèdre, Picpoul, Terret, Syrah, Cinsaut, Macabeo, Bourboulenc, Grenache blanc, Clairette, Roussanne, Marsanne und Vermentino kultiviert, wobei zur Produktion der Rotweine auch die beiden weißen Sorten Macabeo und Bourboulenc mitverwendet werden dürfen. Böden und klimatische Bedingungen sind sehr vielfältig, was sich im Charakter der Weine widerspiegelt.

Corinthe noir, →Korinthiaki.

corked [kɔːkt], **corky** [ˈkɔːkɪ], englisch für korkig (→Korkschmecker).

corkscrew [ˈkɔːkskruː], englisch für Korkenzieher.

Cornalin [kɔrnaˈlɛ̃], alte, einheimische Rotwein-Rebsorte des Schweizer Wallis; eine der interessantesten Spezialitäten des Landes, die allerdings nur noch auf 35 ha Rebfläche kultiviert wird. Die anspruchsvolle, spät reifende Sorte, die nur in besten, sonnigen Hanglagen gedeiht, bringt dunkle, kräftige Weine mit komplexem, würzigem Bukett hervor. Diese werden meist im Barrique ausgebaut und sind relativ alterungsfähig.

Cornas [kɔrˈnɑ], A. C.-Herkunftsbezeichnung für Rotweine der nördlichen →Côtes-du-Rhône; das nur etwa 100 ha große Anbaugebiet südlich der Stadt Tournon bringt saftige, harmonische Syrah-Weine hervor, die jedoch etwas weniger Komplexität besitzen als die der Nachbarappellationen →Côte-Rôtie und →Hermitage.

corposo, italienisch für die Geschmacksbezeichnung körperreich, mit viel Körper.

corsé [kɔrˈse], französisch für die Geschmacksbezeichnungen vollmundig, kräftig.

Corse, französisch für →Korsika.

Cortese, Weißwein-Rebsorte, die auf etwa 3 000 ha Rebfläche v. a. in den norditalienischen Regionen Piemont, Lombardei und Venetien kultiviert wird; der von Natur aus sehr produktive Cortese bringt relativ neutrale Weine hervor, die nur bei starker Ertragsbegrenzung qualitativ hochwertig sind. Der bekannteste DOC-Wein aus Cortese ist der →Gavi; daneben existiert im Piemont auch eine Herkunftsbezeichnung mit dem Namen **Cortese dell'Alto Monferrato.**

Cortese di Gavi, →Gavi.

corto, italienisch für die Geschmacksbezeichnung kurz im Abgang.

Corton [kɔrˈtɔ̃], Grand-Cru-Appellation für Weine der Gemeinden Aloxe-Corton, Ladoix-Serrigny und Pernand-Vergelesses an der →Côte de Beaune im französischen Burgund; insgesamt sind 98 ha Rebfläche für Rotweine aus Spätburgunder (Pinot noir) klassifiziert, eine kleine Fläche (2,40 ha) ist mit Chardonnay bestockt. Roter Corton zeigt in der Jugend charakteristische Aromen von frischen, roten Früchten, wenn er reif ist eher von Trüffeln und Leder. Am Gaumen überzeugen Harmonie und ein langer Abgang. Die Weißweine bestimmter Parzellen des Corton können unter der A. C.-Bezeichnung Corton-Charlemagne vermarktet werden.

Corton-Charlemagne [kɔrˈtɔ̃ʃarləˈmaɲ, französ. Charlemagne »Karl der Große«], Grand-Cru-Lage der Gemeinden Aloxe-Corton, Ladoix-Serrigny und Pernand-Vergelesses der burgundischen →Côte de Beaune; auf insgesamt 72 ha Rebfläche wird ausschließlich Chardonnay kultiviert.

CORTON
Spitzenterroir für Weiß- und Rotwein

Es gibt kaum eine andere Weinbergslage der burgundischen Côte de Beaune, die schon von weitem so gut zu erkennen ist wie Corton, der flächenmäßig größte Grand Cru im Burgund oberhalb des Dorfes Aloxe-Corton. Corton ist nicht nur der größte, sondern auch der einzige Grand Cru, der hochwertige Rot- wie Weißweine hervorbringt, wobei die Weißen meist unter der Appellationsbezeichnung Corton-Charlemagne oder Charlemagne vermarktet werden. Der Name Corton darf durch den Namen der jeweiligen Parzelle ergänzt werden, aus der die Trauben stammen, wie beispielsweise Les Bressandes, Le Clos du Roi, Les Combes,

Hautes Mourottes, Les Perrières, Les Pougets, Les Renardes, La Toppe au Vert oder Les Vergennes.

Corton-Charlemagne genießt eine Sonderstellung unter den Appellationen der Côte d'Or, da sie auf ihrem Gebiet eine zweite Grand-Cru-Lage einschließt, →Charlemagne. Beide zusammen bilden den nordwestlichen Teil des Hügels von →Corton, der von weitem an seiner charakteristischen Waldkuppe erkennbar ist. Auf einigen Parzellen der Appellation Corton-Charlemagne kann auch Spätburgunder (Pinot noir) kultiviert werden; die Weine tragen dann die A. C.-Bezeichnung Corton.

Corvina, Corvina Veronese, Rotwein-Rebsorte, die auf insgesamt etwa 4500 ha Rebfläche fast ausschließlich in der italienischen Region Venetien kultiviert wird; Corvina ist die Basis für leichte und mittelschwere Rotweine wie →Bardolino oder →Valpolicella, eignet sich aber auch für die Produktion des Strohweins →Amarone. Sie steht häufig gemischt mit ihrer ertragreicheren, aber qualitativ nicht gleichwertigen Variante **Corvinone,** die an den größeren, schweren Trauben zu erkennen ist.

COS, Abk. zu lateinisch color (»Farbe«), odor (»Geruch«), sapor (»Geschmack«), die drei Stufen der →Weinbeurteilung.

Cos-d'Estournel [kɔs destur'nel], **Château C.,** Spitzenweingut der Appellation Saint-Estèphe im französischen Bordeauxgebiet, von Eingeweihten kurz Cos genannt, das als Deuxième Grand Cru klassifiziert ist; auf etwa 100 ha Rebfläche werden zu 60 % Cabernet Sauvignon und zu 38 % Merlot kultiviert. Die restliche Fläche ist mit Cabernet franc bestockt. Das Château ist durch seinen pagodenförmigen Gebäudestil bekannt geworden. Der Zweitwein des Gutes heißt Les Pagodes de Cos.

cosecha [ko'sɛtʃa], spanisch für Ernte, übertragen auch für →Jahrgang.

Costers del Segre [katalan. »Ufer des Segre«], D. O.-Herkunftsbezeichnung für Weine aus dem Gebiet des Flusses Segre in der spanischen Region Katalonien; das karge, teilweise sehr trockene Anbaugebiet mit seinen etwa 4000 ha (2001) Rebfläche besteht aus vier weit auseinander liegenden Bereichen (Garrigues, Valls de Riu Corb, Artesa, Raimat), deren bekanntester Raimat ist. Kultiviert werden einheimische und internationale Rebsorten, darunter v.a. Tempranillo, Macabeo, Parellada, Cabernet Sauvignon, Merlot und Chardonnay. Aufgrund der großen Schwankungen zwischen Tages- und Nachttemperaturen können aus ihnen aromabetonte und finessenreiche Weine gekeltert werden.

Cot, Côt, Côt noir, →Malbec.

Côte. Das Paradebeispiel dessen, was Franzosen als Côte bezeichnen, sind die lang gestreckten, rebenbestandenen Hänge der Côte d'Or im Burgund.

Côte [koːt], **Coteau** [kɔ'to, französ., »Hügel, Hang«], Hanglage, Hügellage; Namensbestandteil zahlreicher französischer Herkunftsbezeichnungen wie Côtes-du-Rhône, Côte-Rôtie, Coteaux du Tricastin.

Coteaux Champenois [kɔ'to ʃãpənwa], Rotwein-Appellation im Gebiet der Champagne.

Coteaux d'Aix-en-Provence [kɔ'to dɛksãpro'vãs], A. C.-Herkunftsbezeichnung für Weine der südfranzösischen →Provence.

Coteaux de l'Ardèche [kɔ'to də lar'dɛʃ], Landweinappellation der →Ardèche.

Coteaux de l'Aubance [kɔ'to də lo'bɑ̃s], A.C.-Herkunftsbezeichnung für halbtrockene und süße Weißweine des französischen Loiretals im Bereich Anjou-Saumur; auf den knapp 170 ha Rebfläche des Anbaugebiets wird ausschließlich Chenin blanc kultiviert. Die Weine ähneln denen der benachbarten Appellationen →Coteaux du Layon oder →Bonnezeaux.

Coteaux de Saumur [kɔ'to də so'myr], A.C.-Herkunftsbezeichnung aus dem Bereich von →Saumur.

Côte de Nuits. Das malerische Nuits ist Zentrum der burgundischen Côte de Nuits. Hier haben einige der bedeutenden Kellereien der Gegend ihren Sitz. Wie im benachbarten Beaune finden auch hier alljährlich Versteigerungen des örtlichen Hospizes statt, die zu den wichtigsten Veranstaltungen der Weinwirtschaft des Burgund gehören.

Coteaux du Languedoc [kɔ'to dy lãg-'dɔk], A.C.-Herkunftsbezeichnung für Weine des südfranzösischen →Languedoc.

Coteaux du Layon [kɔ'to dy lɛ'jɔ̃], A.C.-Herkunftsbezeichnung für halbtrockene und süße Weißweine des französischen Loiretals im Bereich Anjou-Saumur; auf den 1700 ha Rebfläche des Anbaugebiets wird ausschließlich die Rebsorte Chenin blanc (Pineau de la Loire) kultiviert. Ausgewählte Gemeinden können die Herkunftsbezeichnung durch ihren Ortsnamen ergänzen. Die Weine der Appellation **Coteaux du Layon-Chaume,** deren knapp 80 ha große Anbaufläche ein Teil der Coteaux du Layon ist, gelten als gehaltvoller und alterungsfähiger.

Coteaux du Loir [kɔ'to dy lwa], A.C.-Herkunftsbezeichnung für Weiß-, Rosé- und Rotweine des französischen Loiretals im Be-

reich →Touraine; auf knapp 60 ha (2000) Rebfläche werden die Weißwein-Rebsorten Chenin blanc (Pineau de la Loire) und die roten Pineau d'Aunis, Cabernet franc, Gamay sowie Malbec (Côt) kultiviert. Die Weine sind in der Regel relativ leicht und werden jung getrunken.

Coteaux du Lyonnais [kɔ'to dy ljɔ'nɛ], A.C.-Herkunftsbezeichnung für Weine aus den Hügeln zwischen →Côtes-du-Rhône und Burgund, deren 350 ha großes Anbaugebiet im Norden an das →Beaujolais anschließt. Neben der dominierenden Rotwein-Rebsorte Gamay werden in geringem Umfang auch Chardonnay und Weißburgunder (Pinot blanc) kultiviert.

Coteaux du Tricastin [kɔ'to dy trikastɛ̃], A.C.-Herkunftsbezeichnung für Rosés und Rotweine aus dem Gebiet der südlichen →Côtes-du-Rhône, deren 2500 ha große Rebfläche sich von Montélimar im Norden bis Avignon im Süden erstreckt. Die Weine aus dem einstigen Siedlungsgebiet des Gallierstamms der Tricastini, das auch für seine Trüffeln berühmt ist, werden aus denselben Rebsorten gekeltert wie roter Côtes-du-Rhône, können aber nur in den besten Fällen qualitativ mit guten Rhônegewächsen konkurrieren.

Côte Blonde [ko:t blɔ̃d], Bereich der →Côte-Rôtie.

Côte Brune [ko:t bryn], Bereich der →Côte-Rôtie.

Côte Chalonnaise [ko:t ʃalɔ'nɛs], Regionalappellation für Weine aus der Umgebung der Stadt Chalon-sur-Saône (Département Saône-et-Loire) im französischen Burgund, gemeinsprachlich auch als Chalonnais bezeichnet; die Côte Chalonnaise zieht sich über eine Länge von 25 km von Chagny im Norden bis Saint-Vallerin im Süden und umfasst etwa 1500 ha (1995) Rebfläche. Klimatische Bedingungen und Böden ähneln denen der Côte d'Or, aber die Rebflächen sind hier häufiger von Weide- oder Ackerflächen unterbrochen. Neben den Weinen der Regionalappellation Bourgogne Côte Chalonnaise existieren fünf Gemeindeappellationen: Es sind, von Norden nach Süden, Bouzeron, →Rully, →Mercurey, →Givry und Montagny.

Côte de Beaune [ko:t də bo:n], südliche Hälfte der Côte d'Or im französischen Burgund, in der von etwa 3700 ha (1995) Rebfläche Weiß- und Rotwein-Rebsorten kultiviert werden; die Côte de Beaune erstreckt sich von Ladoix im Norden bis Cheilly-les-Maranges im Süden und umfasst u. a. die prestigereichen Gemeindeappellationen →Aloxe-Corton, →Savigny-lès-Beaune, →Beaune, →Pommard, →Volnay, →Meursault, →Puligny-Montrachet, →Chassagne-Montrachet sowie →Santenay.

Die gleichnamige Kommunalappellation mit nur 52 ha Rebfläche hat praktisch keine

CÔTE-RÔTIE

Große Syrah von steilem Schiefer

Wie kaum ein anderes Anbaugebiet Frankreichs ähnelt die Côte-Rôtie mit ihren steilen, in den Granit geschlagenen Terrassen deutschen oder auch Schweizer Weinbaulandschaften. Der Lohn für die Mühe bei Anlage und Bewirtschaftung der steilen Hanglagen ist die ideale Nutzung des Sonnenlichts durch Blätter und Trauben, wobei die Sonnenwärme zusätzlich vom felsigen Boden gespeichert und in den kühlen Nächten wieder an die Rebstöcke abgegeben wird. Eine Besonderheit des Gebiets ist die Pfahlerziehung der Syrahreben, die vor Fäulnis und Krankheitsbefall schützt, da die fast ständig vorherrschenden Winde des Rhônetals die Trauben nach Regenfällen schnell wieder trocknen.

Bedeutung. Ebenfalls nur kleinere Rebflächen sind unter der Appellation **Côte de Beaune-Villages** klassifiziert, deren Weine – ausschließlich Spätburgunder (Pinot noir) – aus einer der 14 Gemeindeappellationen der Côte de Beaune stammen müssen und auch unter deren jeweiligem Namen, eventuell mit dem Zusatz Côte de Beaune, vermarktet werden können. Die Rebflächen auf den Hügeln oberhalb der Côte de Beaune gehören zur etwa 640 ha großen Regionalappellation **Hautes Côtes de Beaune,** unter der einfachere, gefälligere Rotweine, Rosés und Weißweine aus Spätburgunder und Chardonnay erzeugt werden.

 Côte de Blancs [koːt də blã], Bereich der →Champagne.

 Côte de Brouilly [koːt də bruˈji], eigenständige Appellation für Weine der Gemeinde →Brouilly im französischen Beaujolaisgebiet, auch als →Cru bezeichnet; auf etwa 290 ha bis zu 480 m ü.M. hoch gelegener Weinberge werden kräftige, mineralische Rotweine aus der Rebsorte Gamay erzeugt.

 Côte de Nuits [koːt də nyi], nördliche Hälfte der Côte d'Or im französischen Burgund, in der von etwa 1550 ha (1995) Rebfläche überwiegend Rotweine aus Spätburgunder (Pinot noir) erzeugt werden; die Côte de Nuits erstreckt sich von Dijon im Norden bis nach Corgoloin bei Beaune im Süden und umfasst u. a. die prestigereichen Gemeindeappellationen →Gevrey-Chambertin, →Morey-Saint-Denis, →Chambolle-Musigny und →Vosne-Romanée.

 Insgesamt 310 ha Rebfläche der Gemeinden Fixin, Brochon, Premeaux, Comblanchien und Corgoloin sind unter der kommunalen Appellation **Côte de Nuits-Villages** klassifiziert. Die Rebflächen auf den Hügeln oberhalb der Côte de Nuits gehören zur etwa

570 ha großen Regionalappellation **Hautes Côtes de Nuits,** unter der einfachere Rotweine, Rosés und Weißweine aus Spätburgunder (Pinot noir) und Chardonnay erzeugt werden.

 Côte d'Or [koːt dɔːr, französ. »goldener Hang«], Höhenzug im gleichnamigen Département des französischen Burgund, dessen nach Osten hin bis zu 200 m steil zur Saône abfallender Hang zwischen den Städten Dijon und Santenay eine der schönsten und renommiertesten Weinlandschaften der Welt bildet. Die Côte d'Or ist in die Bereiche →Côte de Beaune im Süden und →Côte de Nuits im Norden unterteilt, wobei Erstere v.a. durch ihre Weißweine aus der Rebsorte Chardonnay, Letztere durch ihre Roten aus Spätburgunder (Pinot noir) berühmt wurde.

 Côte-Rôtie [koːt rɔˈtiː], A. C.-Herkunftsbezeichnung, auch als →Cru bezeichnet, für Rotweine der nördlichen →Côtes-du-Rhône; das nur knapp 200 ha große Anbaugebiet am rechten Rhôneufer im Umkreis der Stadt Ampuis gilt als eines der renommiertesten Frankreichs.

 Die Weine werden reinsortig aus der Rebsorte Syrah gekeltert, die auf den steilen Basalthängen des Gebiets einige ihrer weltweit besten Weine hervorbringt. Generell unterscheidet man zwei Bereiche, die **Côte Brune** mit eisenhaltigen Lehmschichten über dem Basaltunterboden, deren Weine fester strukturiert sind, und die **Côte Blonde,** deren Böden silizium- und kalkhaltig sind und elegantere Weine hervorbringen.

 ■ **Geschichte:** Die Reblauskatastrophe, Kriege und der wirtschaftliche Niedergang des Rhôneweinbaus nach dem Zweiten Weltkrieg bedrohten den Weinbau an der Côte-Rôtie weit mehr als den anderer Teile Frankreichs. Erst in den 1970er-Jahren begann eine Erfolgsgeschichte, im Verlauf derer die Weine der Appellation auch international Anerkennung erfuhren.

Côtes d'Auxerrois [ko:t dosɛ:ˈrwa], Appellation im Gebiet des →Auxerrois 3).

Côtes de Bergerac [ko:t də berʒəˈrak], A. C.-Herkunftsbezeichnung für Weiß- und Rotweine aus dem Bereich →Bergerac; zur Appellation Côtes de Bergerac gehört eine Rebfläche von gut 1700 ha (2000). Die Rebsorten sind mit denen der Appellation Bergerac identisch, die Weine gelten als kräftiger, bukettbetonter und finessenreicher. Im selben Anbaugebiet und aus denselben Rebsorten

Côtes de Saint-Mont. Château Sabazan ist eines der besten Weingüter der Côtes de Saint-Mont. Die Weine werden, wie fast die gesamte Produktion der Appellation, von der Winzergenossenschaft Plaimont gekeltert und vermarktet.

werden auch die halbtrockenen oder lieblichen Weißweine der Appellation Côtes de Bergerac moelleux gekeltert, die gute Alterungsfähigkeit besitzen.

Côtes de Blaye [ko:t də blaj], Appellation im Gebiet von →Bourg-Blaye.

Côtes de Bourg [ko:t də bur], Appellation im Gebiet von →Bourg-Blaye.

Côtes de Castillon [ko:t də kastiˈjɔ̃], Anbaugebiet des →Libournais im französischen Bordeauxgebiet.

Côtes de Duras [ko:t də dyˈra], A. C.-Herkunftsbezeichnung für trockene und süße Weißweine, Rosés und Rotweine des französischen Südwestens; das Anbaugebiet auf halbem Wege zwischen den Flüssen Garonne und Dordogne, auf der Höhe der Städte Marmande und Bergerac, umfasst etwas mehr als 1700 ha (2000) Rebfläche, von denen knapp 800 mit weißen, der Rest mit roten Sorten bestockt sind. Kultiviert werden v.a. Sauvignon blanc, Sémillon, Muscadelle, Mauzac, Chenin blanc (Rouchelein) und Ondenc aufseiten der weißen Rebsorten, Cabernet Sauvignon, Cabernet franc, Merlot und Malbec (Cot) aufseiten der roten. Die Rebsorte →Duras wird hier nicht kultiviert.

Côtes de Francs, Bordeaux Côtes de Francs [(bɔrˈdo:) ko:t də frɑ̃], A. C.-Herkunftsbezeichnung für Rot- und Weißweine

vom Ostrand des →Libournais im französischen Bordeauxgebiet; auf einer Rebfläche von etwa 470 ha (2000) werden zu fast 90% die traditionellen Rotwein-Rebsorten des Bordeauxgebiets kultiviert. Die Weine sind deutlich einfacher und schneller trinkreif als die der renommierten Nachbarappellationen wie Saint-Émilion, bieten aber nicht selten ein gutes Preis-Leistungs-Verhältnis.

Côtes de Gascogne [ko:t də gasˈkɔɲ], Landwein-Appellation der französischen →Gascogne.

Côtes de Provence [ko:t də proˈvɑ̃s], A. C.-Herkunftsbezeichnung für Weine der südfranzösischen →Provence.

Côtes de Saint-Mont [ko:t də sɛ̃mɔ̃], A. O. V. D. Q. S.-Herkunftsbezeichnung für Weiß-, Rosé- und Rotweine des französischen Südwestens; auf knapp 800 ha (2000) Rebfläche zwischen dem Anbaugebiet des →Madiran und dem Produktionsgebiet des Weinbrands Armagnac in den Départements Gers und Landes werden auf schottrigen, teilweise kalkhaltigen Böden sowohl einheimische Rebsorten wie die roten Tannat und Fer oder die weißen Arrufiac und Petit Courbu als auch die im gesamten französischen Südwesten verbreiteten Cabernet Sauvignon, Cabernet franc und Manseng kultiviert.

Die Weine müssen aus mindestens zwei oder drei dieser Sorten verschnitten sein, reinsortige Weine sind nicht zugelassen. Dank der dominierenden Winzergenossenschaft, die fast die gesamte Weinproduktion der Appellation vermarktet, haben v.a. die Rotweine in den letzten Jahren ein beachtliches Niveau erreicht.

Côtes du Frontonnais [ko:t dy frɔ̃toˈnɛ], **Frontonnais,** A. C.-Herkunftsbezeichnung für Rotweine und Rosés des französischen →Südwestens; das Anbaugebiet unmittelbar nördlich der Stadt Toulouse am rechten Ufer der Garonne umfasst gut 1750 ha (2000) Rebfläche. Kultiviert werden die einheimischen Rebsorten Négrette, Malbec (Côt), Mérille, Fer sowie Syrah, Cabernet Sauvignon und Cabernet franc; in geringem Umfang auch Gamay, Cinsaut und Mauzac. Als Zusatzbezeichnungen für Weine aus den entsprechenden Gemeinden sind die Ortsnamen Fronton und Villaudric zugelassen. Die Weine sind fruchtig und werden überwiegend jung getrunken.

Côtes du Jura [ko:t dy ʒyra], A. C.-Herkunftsbezeichnung des französischen →Jura.

Côtes-du-Rhône [ko:t dy ro:n], A. C.-Regionalappellation für Weine des französischen Rhônetals, umgangssprachlich für die Gesamtheit aller Appellationen der Weinbauregion Vallée du Rhône (Rhônetal) verwendet.

Insgesamt umfasst das französische Rhônetal etwas mehr als 80000 ha (2001) Rebfläche, die von etwa 8000 Weinbaubetrieben bewirtschaftet werden und zwischen 3,5 und

4 Mio. hl Wein im Jahr hervorbringen. Das Gebiet zieht sich in fast direkter Nord-Süd-Linie knapp 200 km weit von Vienne im Norden bis Avignon im Süden und wird im Osten von den Alpenausläufern, im Westen vom Zentralmassiv flankiert.

Von der Gesamtfläche ist etwa die Hälfte, ausschließlich im Südteil der Region gelegen, unter der generischen Appellation Côtes-du-Rhône klassifiziert, unter der etwa 2 Mio. hl Wein vermarktet werden; zu den Côtes-du-Rhône im weiteren Sinne gehören aber auch die ebenfalls im Süden zu findenden Anbauflächen der **Côtes-du-Rhône-Villages** (12 % der Gesamtfläche) sowie die so genannten Cru-Appellationen (→Cru), die etwa 13 % der Gesamtrebfläche belegen.

Seit einigen Jahren werden unter dem Oberbegriff »Nouvelle École de la Vallée du Rhône« (deutsch: Neue Schule des Rhônetals) auch die peripheren Appellationen Costières de Nîmes, →Côtes du Ventoux, →Coteaux du Tricastin und Côtes du Luberon offiziell zum Bereich der Côtes-du-Rhône gerechnet, und auch im Gebiet der →Côtes du Vivarais existieren entsprechende Bestrebungen.

Die Rebflächen der Nouvelle École machen zusammen mit denen des Diois (→Die) etwa 25 % der Gesamtfläche der Vallée du Rhône aus. Gut 90 % der gesamten Weinproduktion der Region (96 % der Regionalappellation Côtes-du-Rhône und 99 % der Côtes-du-Rhône-Villages) entfallen auf Rotweine, der Rest auf Weißweine und Rosés.

■ **Klima und Böden:** Das französische Rhônetal ist von klimatischen Gegensätzen geprägt wie keine zweite europäische Weinbauregion. Während der vergleichsweise kühlere Norden zur europäischen Weinbauzone B gehört, fallen die südlichen Lagen zwischen Montélimar und Avignon in den Bereich der deutlich wärmeren Klimazone C II.

Die Weinberge liegen im Norden an den Steilhängen des relativ engen Tals dicht am Fluss. Nach einer kurzen Strecke fast gänzlich ohne Rebkulturen südlich von Valence verbreitern sich die Weinbergsflächen südlich von Montélimar links, später auch rechts der Rhône auf viele Kilometer. Während die Reben im Norden auf Granitunterböden stehen, die die Sonnenwärme speichern und nachts wieder an die Reben abgeben – eine Ausnahme stellen die Schwemmlandböden der Appellation Crozes-Hermitage dar –, dominieren im Süden schottrig-kiesige Schwemmland- und Sandböden sowie flachere Hügelketten mit Lehmböden.

■ **Rebsorten und Weine:** Die Vielfalt der klimatischen Bedingungen und Böden führen zu einer großen Bandbreite sehr unterschiedlicher Weine: von den finessenreichen, fest strukturierten Gewächsen des Nordens über die Schaumweine des Diois, die süßen Likörweine von Rasteau oder Beaumes-de-Venise bis zu den alkoholreichen, generösen Weiß- und Rotweinen des südlichen Rhônetals.

Die wichtigsten Rebsorten der nördlichen Rhône sind die Rotwein-Rebsorte Syrah und

---

CÔTES-DU-RHÔNE. *Die Hierarchie der Côtes-du-Rhône*

Über der generischen Regionalappellation Côtes-du-Rhône und der etwas exklusiveren Bezeichnung Côtes-du-Rhône-Villages existieren im Rhônetal zwei weitere Stufen von Herkunftsbezeichnungen: die der Côtes-du-Rhône-Villages mit dem Recht auf Nennung des Gemeindenamens und die der 13 so genannten Crus.

Insgesamt 16 Gemeinden der südlichen Rhône besitzen das Recht, zusätzlich zur Bezeichnung Côtes-du-Rhône-Villages ihren eigenen Namen als Herkunftsbezeichnung zu verwenden. Es sind: Beaumes-de-Venise, Cairanne, Rasteau, Roaix, Rochegude, Sablet, Saint-Pantaléon-les-Vignes/Rousset-les-Vignes, Séguret, Valréas, Vinsobres und Visan am linken Rhôneufer sowie Chusclan, Laudun, Saint-Gervais und Saint Maurice am rechten.

Von den insgesamt 13 Crus, der Spitze der Appellationshierarchie an der Rhône, liegen acht im Bereich der nördlichen Rhône (Côte-Rôtie, Condrieu, Château Grillet, Saint-Joseph, Hermitage, Crozes-Hermitage, Cornas und Saint-Péray) und fünf an der südlichen (Châteauneuf-du-Pape, Gigondas, Vacqueyras, Lirac und Tavel).

die weißen Viognier, Roussanne und Marsanne. An der südlichen Rhône dagegen dominieren die typischen Sorten der französischen Mittelmeerküste wie Grenache, Mourvèdre, Cinsaut, Carignan, Clairette oder Grenache blanc. Die Weine in diesem Teil der Region können aus bis zu 13 verschiedenen Sorten verschnitten sein, es gibt aber zahlreiche Winzer, die ihre besten Selektionen aus Grenache keltern. Mit erlaubten 30–60 hl/ha, je nach Appellation, gehören die Erträge im Rhônetal zu den niedrigsten in ganz Frankreich.

■ **Anbaugebiete und Klassifizierung:** Das System der Herkunftsbezeichnungen des Rhônetals ist in drei Stufen hierarchisch gegliedert. An der Basis findet man die Regionalappellation Côtes-du-Rhône, darüber die der Côtes-du-Rhône-Villages, einer Appellation für Weine aus insgesamt 95 Gemeinden, von denen 16 ihren Gemeindenamen zusätzlich zu dieser Appellationsbezeichnung verwenden dürfen. An der Spitze stehen die Crus – insgesamt 13 Anbaugebiete wie Châteauneuf-du-Pape oder Côte-Rôtie, in deren Herkunftsbezeichnung keine Erwähnung des Namens Côtes-du-Rhône mehr aufscheint.

■ **Geschichte:** Bereits um 1600 v. Chr. besiedelten Ligurer das südliche Rhônetal, aber wahrscheinlich führten erst die Griechen die Weinrebe hier ein, als sie 600 v. Chr. das heutige Marseille gründeten. Der römische Schriftsteller Plinius (*23 oder 24 n. Chr., †79) berichtet, dass bereits im Jahre 71 v. Chr. keltische Gallier, die die Kunst des Weinmachens von den Griechen erlernt hatten, im Gebiet von Ampuis und Tain-l'Hermitage Reben kultivierten.

Vom 9. Jh. an erlebte der Weinbau des Tales durch den Einfluss der Klöster neuen Aufschwung, und in der Zeit des päpstlichen Exils (1309–1376) erlangten die Weine der südlichen Rhône auch über die Region hinaus erste Bekanntheit. Vom 14. bis zum 16. Jh. blockierte das mächtige Herzogtum Burgund im Norden einen möglichen Absatz der Rhôneweine auf den damals wichtigsten Weinmärkten Paris und London, und erst mit dem Bau der Eisenbahnen im 19. Jh. begann die Entwicklung des Rhôneweinbaus zu seiner heutigen Blüte, eine Entwicklung, die allerdings mehrfach unterbrochen wurde, nicht zuletzt durch die Reblauskatastrophe, die 1863 im heutigen Cru-Anbaugebiet von Lirac zum ersten Mal auf dem europäischen Kontinent in Erscheinung trat.

Côtes du Roussillon [koːt dy rusiˈjõ], A. C.-Herkunftsbezeichnung für Weiß-, Rosé- und Rotweine aus einem Anbaugebiet zwischen der südfranzösischen Stadt Perpignan und der spanischen Grenze in der Weinbauregion →Languedoc-Roussillon.

Auf insgesamt etwa 5800 ha Rebfläche (2000) werden die typischen Rotwein-Rebsorten der französischen Mittelmeerküste wie Carignan, Grenache, Syrah, Mourvèdre, Macabeo, Marsanne oder Grenache blanc kultiviert und meist im Verschnitt verarbeitet. Die überwiegend trockenen, kargen Böden bestehen aus braunem oder schwarzem Schiefer, Granitverwitterung, Kiesel und kalkhaltigem Lehm. Die Weiß- und Roséweine sind meist recht kräftig und alkoholbetont, die roten vollmundig und rund, gelegentlich auch mit guter Tanninstruktur.

Von den insgesamt 118 Gemeinden des Gebietes haben 32 das Recht, ihre Rotweine unter der A. C.-Bezeichnung **Côtes du Roussillon Villages** zu vermarkten, drei von diesen können diese Bezeichnung um den eigenen Gemeindenamen erweitern: **Côtes du Roussillon-Villages-Caramancy, Côtes du Roussillon-Villages-Lesquerde** und **Côtes du Roussillon-Villages Latour-de-France.**

Côtes du Ventoux [koːt dy vãˈtu], A. C.-Herkunftsbezeichnung für Weiß-, Rosé- und Rotweine von den Hängen des Mont Ventoux im südfranzösischen Département Vaucluse; auf 7400 ha (2000) Rebfläche werden die typischen weißen und roten Rebsorten Südfrankreichs wie Grenache, Syrah, Cinsaut, Mourvèdre, Grenache blanc, Clairette, Bourboulenc oder Roussanne kultiviert. Das Gebiet liegt zwar außerhalb des Bereichs der eigentlichen →Côtes-du-Rhône, wird aber seit einigen Jahren offiziell zu den Anbaugebieten der Rhône, zur so genannten »Nouvelle École de la Vallée du Rhône« (deutsch: Neue Schule des Rhônetals) gerechnet, und auch die Weine ähneln denen des südlichen Rhônetals.

Côtes du Vivarais [koːt dy vivaˈrɛ], A. C.-Herkunftsbezeichnung (bis Mai 1999 A. O. V. D. Q. S.) für Weine der südfranzösischen Départements →Ardèche und Gard; das etwa 850 ha große Anbaugebiet liegt am Westrand der südlichen →Côtes-du-Rhône und bringt Weine hervor, die denen der großen Nachbarregion auch hinsichtlich der verwendeten Rebsorten ähneln. Kultiviert werden die Rotwein-Rebsorten Syrah, Grenache und Cinsaut sowie die weißen Grenache blanc, Marsanne und Clairette.

Cotnari [kɔtˈnaːrj], nordöstlichstes Anbaugebiet Rumäniens mit Spitzenlagen in Höhen zwischen 100 und 300 m ü. M.; das milde Klima, die Böden aus Kalkschwarzerde und die regelmäßig auftretende Botrytis stellen ideale Ausgangsbedingungen für die Erzeugung von edelsüßen Weißweinen dar, die bereits seit dem Mittelalter bekannt sind. Kultiviert werden v. a. die Rebsorten Grasă, Fetească albă, Frâncușă und Tămâioasă românească.

cotto, italienisch für die Geschmacksbezeichnung gekocht.

Coulée de Serrant [kuˈle də sɛrˈrã], eigenständige Herkunftsbezeichnung innerhalb der Appellation →Savennières.

Counoise [ku'nwas], französische Rotwein-Rebsorte, die auf knapp 600 ha (1999) Rebfläche an der südlichen Rhône und in der Provence kultiviert wird; die spät reifende Sorte bringt v.a. im Gebiet von →Châteauneuf-du-Pape interessante Resultate hervor.

coupage [ku'pa:ʒ], französisch für →Verschnitt; im Unterschied zu →assemblage wird der Begriff meist bei einfacheren oder minderwertigen Produkten verwendet.

court [kur], französisch für die Geschmacksbeschreibung kurz im Abgang.

gelten auch die Weinberge an der Grenze zur Nachbargemeinde Chouilly und auf der so genannten Butte de Saran. Cramant-Champagner gelten als die reintönigsten und typischsten aus der Rebsorte Chardonnay.

Crémant [kre'mã], französischer, nach dem Flaschengärverfahren (→Schaumwein) erzeugter A. C.-Schaumwein bestimmter Weinbauregionen außerhalb der Champagne; die besten Crémants stammen aus dem Burgund, dem Bordeauxgebiet, dem Elsass und von der Loire.

CRÉMANT — Eine starke Alternative

Während sich die Welt noch darum stritt, ob sich auch flaschenvergorene Schaumweine anderer Länder und Anbaugebiete des prestigeträchtigen französischen Names Champagne oder zumindest der Bezeichnung Champagnermethode bedienen dürfen, hatten die Franzosen selbst bereits eine überzeugende und starke Alternative entwickelt: die Bezeichnung Crémant, die sie sich natürlich umgehend ebenso schützen ließen, wie den Namen ihrer bekanntesten Schaumweinappellation. Die verschiedenen Crémants des Burgund, des Elsass – im Bild – oder der Loire stellen heute eine wirkliche Marktmacht dar und ihr Name ist den meisten Verbrauchern geläufig. Dagegen taten sich die Italiener mit ihren Bezeichnungen Spumante oder Talento ebenso schwer wie die englischsprachigen Länder mit ihren Sparkling wines oder selbst die Spanier mit der Bezeichnung Cava, trotz dessen enormen kommerziellen Erfolgs. Allenfalls der Name Prosecco schaffte es, auf ungleich niedrigerem Qualitäts- und

Prestigeniveau allerdings, vom Markennamen zur Bezeichnung für ein ganzes Produktgenre zu werden.

Cowra ['kaʊrə], GI-Herkunftsbezeichnung eines der heißesten australischen Anbaugebiete im Bundesstaat →New South Wales, etwa 300 km westlich von Sydney; auf mehr als 1600 ha Rebfläche (2000) werden je etwa zur Hälfte Weiß- und Rotwein-Rebsorten kultiviert, v.a. Chardonnay, Syrah (Shiraz), Cabernet Sauvignon und Sémillon. Ein Großteil der Trauben wird von den wichtigsten Kellereigruppen des Landes verarbeitet; daneben führt eine Anzahl Spitzenkellereien des Hunter Valley hervorragenden Chardonnay aus Cowra in ihrem Programm.

Cramant [kra'mã], Weinbaugemeinde der Côte de Blancs in der französischen →Champagne, deren Weinberge als Grand Cru klassifiziert sind; die insgesamt gut 320 ha Rebfläche liegen auf den typischen weißen Kreideböden der Côte de Blancs. Die besten Weine kommen aus einem schmalen, nach Ost-Südost ausgerichteten Hangstreifen unterhalb des Château de Saran; als Spitzenlagen

Ursprünglich wurde der Begriff Crémant in der Champagne für Schaumweine mit etwa der Hälfte des normalen Flaschendrucks von normalem Champagner (nur zwei bis drei Atmosphären) verwendet. Er fand in den 1980er-Jahren, als die Champagnerindustrie den Gebrauch der Bezeichnung »méthode champenoise« (Champagnermethode) für nicht aus der Champagne stammende Produkte verbieten ließ, Eingang als Herkunftsbezeichnung für flaschenvergorene Weine des restlichen Frankreich. Die ersten Weine, die die Bezeichnung Crémant nutzten, waren Crémant de Saumur und Crémant de Vouvray, zwei Appellationen, die nicht mehr existieren.

■ **Herkunftsbezeichnungen:** Insgesamt gibt es sieben anerkannte A. C.-Herkunftsbezeichnungen für Crémants: Crémant d'Alsace (→Elsass), Crémant de Bordeaux (→Bordeaux), Crémant de Bourgogne (→Bourgogne 2), Crémant de Die (→Die), Crémant de Limoux (→Limoux), Crémant de Loire

Cru. Im französischen Bordeauxgebiet werden im Unterschied zum Burgund die Weinberge einzelner Weingüter als Crus klassifiziert wie im Falle des Deuxième Grand Cru Classé Château Pichon-Longueville.

(→Loire) und Crémant du Jura (→Jura). Die Weine müssen aus Grundweinen der jeweiligen A. C.-Regionalappellation gekeltert sein und ähneln in Machart und Produkttypus dem Champagner, werden aber, je nach Region, auch aus Rebsorten erzeugt, die in der Champagne nicht zugelassen sind, wie Riesling, Chenin blanc, Muskateller oder Clairette. Gemäß einer 1996 erlassenen Richtlinie der Europäischen Union ist der Gebrauch der Bezeichnung Crémant auch für nichtfranzösische Schaumweine wie deutschen Sekt gestattet.

Criadera-Solera-Verfahren [zu span. criadero »Zucht«, »Baum- oder Rebschule« und solera »Unterlage«], ein Ausbauverfahren (→Sherry) für oxidativ ausgebaute Likörweine.

Crianza [kriˈanθa, zu span. »Aufzucht«], Ausbau von Weinen; der Begriff bezeichnet im spanischen Weingesetz die erste Qualitätsstufe von in Holzfässern ausgebauten, nicht aufgespriteten Weinen und wird umgangssprachlich für alle Weine verwendet, die längere Zeit im Holzfass reiften.

Ein D. O.-Wein der Qualitätsstufe Crianza muss je nach Anbaugebiet mindestens

sechs bzw. zwölf Monate in Eichenholzfässern von maximal 600 l Fassungsvermögen und anschließend noch bis zu zwei Jahre in der Flasche gereift sein, wird also erst mit dem Beginn des dritten Jahres nach der Ernte vermarktet.

Während beispielsweise für Crianzaweine aus dem Riojagebiet zwölf Monate Fassreife vorgeschrieben sind, gilt für die D. O.-Herkunftsbezeichnung Alicante eine Mindestlagerzeit von sechs Monaten. Ein Wein »sin crianza« wird schon früh gefüllt und jung getrunken. Noch länger im Fass und in der Flasche gereifte Weine tragen die Bezeichnung →Reserva oder →Gran Reserva.

Criots-Bâtard-Montrachet [kriˈobɑˈtarmɜtraˈʃɛ], Grand-Cru-Appellation der Gemeinde Chassagne-Montrachet (→Montrachet).

Croatina, Bonarda, italienische Rotwein-Rebsorte, die im Piemont, in der Lombardei und der Emilia-Romagna kultiviert wird. In einigen Anbaugebieten der Lombardei wird sie Bonarda genannt, wobei die Sorte mit der echten →Bonarda 1) weder identisch noch verwandt ist. Obwohl Croatina insgesamt knapp 4500 ha (1999) Rebfläche belegt, bildet sie lediglich in einem einzigen DOC-Wein, dem Oltrepò Pavese Bonarda (→Oltrepò Pavese) aus der Lombardei, den Hauptbestandteil.

Cross-Flow-Filter [krɔs floʊ-], Gerät zum →Filtrieren von Weinen.

Crouchen [kruˈʃã], französ. auch **Cruchen** [kryˈʃã], in Südafrika **Cape Riesling** [keɪp-], **Paarl Riesling,** in Australien **Clare Riesling** [ˈkleə(r)-], ursprünglich französische Weißwein-Rebsorte, die in ihrer Heimat jedoch kaum noch kultiviert wird; weltweit belegt Crouchen allerdings etwa 4600 ha Rebfläche (1999), von denen 3500 in Südafrika und etwa 1100 im australischen Clare Valley zu finden sind.

Dass Crouchen in Australien und Südafrika als Riesling – in Australien teilweise auch als Sémillon – bezeichnet wird, kann wohl auf den häufig leicht aromatischen Charakter seiner neutralen Weine zurückgeführt werden; in ihrer neutralen Struktur und ihrem sehr niedrigen Säuregehalt unterscheiden sich diese jedoch entscheidend von Rieslingen.

Crozes-Hermitage [kroːz ɛrmiˈtaːʒ], A. C.-Herkunftsbezeichnung, auch als →Cru bezeichnet, für Rotweine der nördlichen →Côtes-du-Rhône; auf den Schotterböden der etwa 1200 ha Rebfläche im Umkreis der Stadt Tain-l'Hermitage und in unmittelbarer Nachbarschaft der renommierten Appellation →Hermitage wird zu über 90 % Syrah kultiviert, wobei die Weine nicht so strukturiert und komplex ausfallen wie die des Hermitage. Die Weißweine werden aus Marsanne und Roussanne gekeltert.

CUVÉE. *Reinsortig oder Verschnitt – eine Nord-Süd-Frage*

Die Frage, ob reinsortige Weine besser als Verschnittweine sind oder umgekehrt, lässt sich pauschal nicht beantworten. Traditionell ist es in Europa so, dass vor allem in den nördlicheren Anbaugebieten die reinsortigen, in den südlicheren und wärmeren die Verschnittweine dominieren. Der Grund liegt darin, dass die Weinrebe, eigentlich eine Pflanze der gemäßigten Klimazonen, unter kühleren Bedingungen finessenreichere und vielschichtigere Weine hervorbringen kann als in heißen Klimaten. Deshalb nutzt man dort die geschmacklich unterschiedlichen Eigenschaften mehrerer Sorten, um ein Gesamtprodukt zu erzielen, das ein Maximum an Komplexität besitzt. Von den klassischen Spitzenweinen der Alten Welt sind beispielsweise die von Mosel und Rhein, aus dem Burgund, dem Piemont und der Wachau reinsortig, die aus Bordeaux, von der Rhône, aus der Toskana oder dem Riojagebiet dagegen traditionell aus verschiedenen Sorten verschnitten.

Cru [ˈkry, zu französ. »Wuchs, Gewächs«], besondere Weinbergslage (→Lage) und ihre Weine, meist Spitzenappellation im System der hierarchischen →Klassifizierung bestimmter französischer Weinbauregionen.

Die Bezeichnung Cru wird in Frankreich immer für qualitativ hochwertige Terroirs verwendet, wobei sie je nach Weinbauregion eine unterschiedliche Bedeutung erhält. Außerhalb Frankreichs wird sie seit geraumer Zeit v. a. in Italien als Synonym für qualitativ hochwertige Weinbergslagen und ihre Weine verwendet und hat sich auch in anderen Ländern in geringem Umfang eingebürgert.

■ **Burgund:** Im Burgund, wo der Begriff des Cru ursprünglich entstand, bezeichnet er besonders gute Weinbergslagen, die die Spitze des Appellationssystems bilden: Man unterscheidet hier zwischen **Premiers Crus** und **Grands Crus,** die als qualitativ höherwertiger gelten als die Regional- und die Kommunalappellationen. An der Côte d'Or und im Chablisgebiet bilden insgesamt 49 Grand-Cru-Lagen mit ihren insgesamt etwa 580 ha Rebfläche die Qualitätsspitze des Weinbaus.

Im Beaujolais dagegen werden zehn eigenständige Gemeindeappellationen ohne weitere Differenzierung als Crus bezeichnet.

■ **Bordeaux:** Im Bordeauxgebiet wird der Begriff Cru für das Terroir und die Spitzenweine einzelner Weingüter verwendet: Man unterscheidet im Bereich des Médoc beispielsweise fünf Stufen von so genannten Grands Crus Classés (Cinquième Grand Cru Classé bis Premier Grand Cru Classé), unterhalb derer drei Stufen von **Crus Bourgeois** (Crus Bourgeois, Crus Bourgeois supérieurs, Crus Bourgeois exceptionnels), darunter wieder die **Crus artisans** und **Crus paysans** angesiedelt sind. Im Gebiet von Saint-Émilion lautet die Reihung dagegen: Saint-Émilion Grand Cru, Saint-Émilion **Premier Grand Cru** Classé B und schließlich Saint-Émilion Premier Grand Cru Classé A.

■ **Rhône:** Im Rhônetal wird die Bezeichnung Cru für die 13 Spitzenappellationen der Region verwendet, die hierarchisch über den Regionalappellationen Côtes-du-Rhône und Côtes-du-Rhône-Villages angesiedelt sind.

Cruchen, →Crouchen.

Crusted, Crusted Port [ˈkrʌstɪd (pɔːt)], eine Art des →Portweins.

cultivar [ˈkʌltɪvə], englisch für Rebsorte; in Südafrika übliche Bezeichnung.

Curicó, Abk. für →Valle de Curicó.

Cuve close [kyv kloz, französ. »geschlossener Bottich«], französisch für das Tankgärverfahren (→Schaumwein).

Cuvée [ky've, zu französ. cuve »Bottich«], ursprünglich bestimmte Weinmenge aus einem Gefäß (cuve), übertragen →Verschnitt von Trauben, Mosten oder fertig vergorenen Weinen.

Die auch außerhalb Frankreichs häufig verwendete Bezeichnung besitzt die verschiedensten Bedeutungen. Im Bordeauxgebiet und anderen Anbaugebieten, so auch in Italien oder Deutschland, bezeichnet man als Cuvée den Verschnitt, genauer das vom jeweiligen Erzeuger privilegierte Verschnittrezept verschiedener Rebsorten, aus denen der Wein gekeltert wird.

Cuvée. Traditionelle Korbpresse in der Champagne; solche oder ähnliche Geräte werden noch weithin verwendet. Der erste, sanfteste Pressgang liefert die so genannte Cuvée.

In der Champagne dagegen versteht man unter Cuvée den Mostertrag des ersten und sanftesten Pressvorgangs im Unterschied zur »taille«, dem Saft des zweiten und dritten Pressens. Häufig werden die Begriffe Cuvée, Cuvée de Prestige oder Tête de Cuvée auch einfach im Sinne von Selektion oder Sonderfüllung genutzt, wobei es sich durchaus um reinsortige Selektionen – z. B. das beste Fass oder die besten Partien bestimmter Weine eines Erzeugerbetriebs – handeln kann.

Czamillonberg, eine der besten Weinbergslagen des österreichischen Anbaugebiets Südsteiermark (→Steiermark), Gemeinde Leutschach; die Böden der etwa 13 ha großen Lage bestehen aus Erosionsmaterial und lockerer Braunerde und eignen sich für die Rebsorten Morillon, Muskateller und Sauvignon blanc.

D

DAC, Abk. für →Districtus Austria Controllatus.

damigiana [damiˈdʒaːna], italienisch für eine große Bauchflasche (→Flaschen).

Dão [dãu], eine der renommiertesten portugiesischen DOC-Herkunftsbezeichnungen für Rot- und Weißweine aus dem Gebiet um die Stadt Viseu; das in die Landweinappellation (Vinho regional) Ribera Alta eingebettete Anbaugebiet ist mit oft sehr alten Reben bestockt, die auf den kargen Böden der zerklüfteten, von großen Granitformationen durchsetzten Landschaft nördlich des Gebirgszuges der Serra da Estrela buchstäblich um ihr Überleben kämpfen müssen. Die Erträge sind dementsprechend niedrig.

Die klimatischen Bedingungen mit hohen Niederschlägen in Winter und Frühjahr, heißen, trockenen Sommern und kühlen Herbsten sorgen dafür, dass hier gehaltvolle, kräftige Rotweine aus den Rebsorten Touriga nacional, Tempranillo (Tinta Roriz), Jaen und Alfrocheiro erzeugt werden können. Die charaktervollen Weißweine aus Bical und anderen Sorten bestechen mit Zitronen- und Honigaromen. Leider hatte das Gebiet Ende der 1980er-Jahre damit begonnen, einfachere und kommerziellere Weine zu produzieren, besinnt sich aber zunehmend wieder seiner einstigen Stärken.

Dão. Einige der besten Rotweine Portugals stammen von den kargen Böden des DOC-Gebiets Dão in der Nähe der Stadt Viseu.

Daube, Bauteil eines →Fasses.

Dealu Mare [deˈʌːlʊ ˈmʌrə, rumän. »Großberg«], nördlich von Bukarest über eine Länge von mehr als 60 km an die Hänge der Südkarpaten geschmiegtes rumänisches Anbaugebiet, dessen Reben in Höhenlagen zwischen 130 und 600 m ü. M. wachsen.

Von den kalk- und stark eisenhaltigen Böden kommen Rotweine aus den Sorten Cabernet Sauvignon, Spätburgunder, Merlot und Fetească neagră sowie Weißweine aus Grasă, Tămâioasă românească, Fetească regală sowie Fetească albă.

Dechant, 60 ha große Weinbergslage des österreichischen Anbaugebiets Kamptal, Gemeinde Langenlois; v. a. von den schweren Braunerdeböden mit Lössauflage – in den höheren Bereichen ist der Lössanteil größer, im

Südosten der Kalkgehalt – der nach Südosten ausgerichteten Kernlage von etwa 15 ha kommen hervorragende Weißweine der Sorte Grüner Veltliner und Rotweine, insbesondere aus Spätburgunder (Blauburgunder) und Merlot.

Deckrot, deutsche Rotwein-Rebsorte, die 1939 aus Grauburgunder und Färbertraube gezüchtet wurde; Deckrot stellt hohe Ansprüche an die Lage und bringt nur mittlere Erträge, besitzt aber gute Resistenz gegen Krankheiten. Sie kann für die Produktion von Deckweinen verwendet werden – von daher ihr Name –, hat sich aber in der Praxis kaum durchgesetzt.

Deckwein, Wein, der zur Verstärkung farblich schwächerer Produkte eingesetzt wird; man benutzt dazu v. a. eigens gezüchtete, so genannte **Decksorten** wie →Färbertraube oder →Deckrot. Bis 1984 war es in Deutschland erlaubt, Deckweine aus dem Ausland heimischen Produkten zuzusetzen. In Frankreich werden Decksorten als teinturier bezeichnet (z. B. Gamay teinturier, Grenache teinturier, andere Decksorten sind Alicante Bouschet, Alicante Ganzin, Baco noir etc.), die bekannteste italienische Decksorte ist der toskanische →Colorino.

degorgieren [zu französ. dégorger »(in etwas) fließen«], Arbeitsschritt des Flaschengärverfahrens (→Schaumwein).

degustación [degustaˈθion], spanisch für Verkostung.

dégustation [degystaˈsjɔ̃], französisch für Verkostung.

Degustation, →Verkostung.

degustazione [degustatˈtsioːne], italienisch für Verkostung.

Dekanter, Karaffe zum →Dekantieren von Wein.

dekantieren, karaffieren, Wein vor dem Einschenken aus der Flasche in eine **Karaffe** (einen Dekanter) umgießen; man dekantiert Weine hauptsächlich, um sie von ihrem →Depot zu trennen.

Bei leichten Weinfehlern wie z. B. schwachen Böcksern kann Dekantieren hilfreich sein. Umstritten ist dagegen, ob es dem Bukett des Weins durch längeres Offenstehen in der Karaffe zur Entfaltung verhelfen kann. Ausgiebige Untersuchungen in den USA und England kamen zu dem Ergebnis, dass dieses Vorgehen keinen nennenswerten positiven Einfluss auf die Weinqualität hat. Viele Weinfreunde schwören aber darauf und dekantieren ihre besten Weine mehrere Stunden oder sogar einen ganzen Tag vor dem Trinken.

■ **Verdunstung:** Tatsache ist, dass sich die Verdunstung der Aromakomponenten des Weins – und darum geht es bei der so genannten Entfaltung des Buketts – im Glas deutlich schneller vollzieht als in der Karaffe, da das

Verhältnis Oberfläche:Volumen größer ist und sich in der Karaffe aufgrund der meist nur kleinen Öffnung im Laufe der Verdunstung relativ schnell ein höherer Innen- oder Partialdruck einstellt, der die weitere Verdunstung erschwert.

Gelegentlich gewinnen junge, noch sehr tanninbetonte Weine durch Dekantieren und längeres Offenstehen in der Karaffe größere geschmackliche Harmonie durch die zumindest teilweise Oxidation ihrer Tannine, aber auch dieser Effekt gilt nicht als gesichert. Altweine dagegen sollte man auf keinen Fall längere Zeit vor dem Verzehr dekantieren, denn es erhöht das Risiko, dass sie oxidieren und umkippen.

Luft sorgen. Ihre Wirksamkeit ist allerdings noch umstrittener als das Dekantieren selbst. Das gilt besonders für neuartige Objekte, die in das fertig eingeschenkte Weinglas gestellt werden und dort den energetischen Zustand des Weins verändern sollen, was angeblich den gleichen Effekt wie Dekantieren hat.

delicado, spanisch für die Geschmacksbezeichnung delikat, fein.

delicato, italienisch für die Geschmacksbezeichnung delikat, fein.

delikat, von verhaltener Finesse; Begriff der Weinansprache für Weine, deren Aroma- und Geschmackskomponenten vielschichtig und finessenreich sind, ohne dominant zu wirken.

DEKANTIEREN

Wie dekantiert man richtig?

Wein dekantieren, um ihn zu »lüften«, ihn also kurzfristigem Luftkontakt auszusetzen, ist nicht sehr schwierig. Der Wein sollte nur auf möglichst breiter Fläche über die Glaswand in die Karaffe fließen, wobei er sich umso intensiver mit Luft vermischt, je kräftiger er beim Eingießen gurgelt und plätschert.

Schwieriger ist es, Wein von feinpulvrigem Bodensatz zu trennen, wie er besonders bei alten roten Burgundern häufig auftritt. Vor dem Dekantieren sollte die Flasche längere Zeit aufrecht stehen, damit sich das Depot am Flaschenboden sammeln kann. Anschließend wird sie vorsichtig in ein Dekantierkörbchen oder eine spezielle Dekantiervorrichtung gelegt, und der Korken wird in langsamen, behutsamen Bewegungen gezogen, ohne die Flasche dabei zu bewegen. Jetzt kann der Wein langsam und vorsichtig ausgegossen werden, wobei der Flaschenhals über eine Lichtquelle – eine kleine Kerze wirkt am stilvollsten, aber sie darf den Flaschenhals nicht erwärmen – gehalten wird. Sobald der erste, schmale Streifen des Bodensatzes im Gegenlicht sichtbar wird, sollte man das Eingießen abbrechen.

Zur Erleichterung des Dekantiervorgangs werden meist **Dekantierkörbchen,** Weinwiegen oder auch aufwendige Dekantiervorrichtungen benutzt, deren Kurbelmechanik es erlaubt, die Weinflasche so langsam zu neigen, dass der Wein schonend und behutsam herausfließt.

Verstärkt werden Dekantierhilfen angeboten, die die Belüftung beim Umgießen in die Karaffe fördern oder das Dekantieren gänzlich überflüssig machen sollen. Sie bestehen meist aus Aufsätzen für den Flaschenhals, in dem Spiralen, Kugeln, Luftklappen etc. für einen intensiveren Kontakt des Weins mit der

Demeter® [nach dem Namen Demeter der griechischen Göttin des Wachstums und der Fruchtbarkeit, besonders des Ackerbaus und des Getreides], 1928 geschaffenes Markenzeichen für landwirtschaftliche Produkte, die nach den in den 1920er-Jahren entwickelten Ideen des →biodynamischen Weinbaus erzeugt werden.

Betriebe, die nach Demeter®-Richtlinien arbeiten, sind in Deutschland im so genannten Demeter®-Marktforum zusammengeschlossen; dieses ist in elf regionale Arbeitsgemeinschaften gegliedert. Weltweit gehören zahlreiche Organisationen zu Demeter®, die insge-

Demeter. Siegel

samt 3500 verschiedene Produkte herstellen und vermarkten. Die meisten Weinbaubetriebe, die nach Demeter®-Richtlinien arbeiten, gibt es in Frankreich (28), gefolgt von Deutschland (12), Italien (9), der Schweiz und Österreich (je 3) sowie den USA und Australien.

■ **Geschichte:** 1932 wurde in Deutschland ein erster Demeter®-Wirtschaftsbund gegründet, der 1941 von den Nationalsozialisten verboten und 1946 als Forschungsring für Biologisch-Dynamische Wirtschaftsweise reaktiviert wurde. 1958 übernahm eine Arbeitsgemeinschaft für Verarbeitung und Vertrieb von Demeter®-Erzeugnissen (AVV) die Kontrolle und Vermarktung der Produkte, sie wurde 1996 vom Demeter®-Marktforum abgelöst.

nung«], Abk. **D.O.,** zweithöchste Kategorie für Qualitätsweine im spanischen Weingesetz, die der französischen Appellation contrôlée entspricht; in detaillierten Reglements sind für jedes D.O.-Gebiet die geographischen Grenzen, die zugelassenen Rebsorten, die maximal erlaubten Ernteerträge sowie Methoden der Vinifizierung und des Ausbaus der Weine festgelegt, deren Einhaltung von einem Kontrollrat (→Consejo regulador) überwacht wird.

Das erste Gebiet, das D.O.-Status erlangte, war 1933 das des Sherry, gefolgt von Málaga im Jahre 1937 und von Montilla-Moriles 1944. Zwar war bereits 1927 im Riojagebiet ein erster Kontrollrat gegründet worden, die Anerkennung als D.O. erfolgte aber erst 1945. 2002 gab es in Spanien 61 D.O.-Gebiete.

DENOMINAZIONE ...	*Nicht alle sind der DOCG würdig*

Nicht alle sind der DOCG würdig

Eigentlich war die Kategorie der DOCG-Weine Italiens für die besten und renommiertesten, nach den strengsten Produktionsvorschriften erzeugten Weine des Landes bestimmt. Aber bereits einer der ersten DOC-Weine, dem diese Ehre zuteil wurde, der Vernaccia di San Gimignano, ließ Zweifel an einer ernsthaften Verwirklichung dieser Idee aufkommen. Unter den 23 DOCG-Weinen finden sich deshalb renommierte Gewächse wie Barolo, Brunello di Montalcino, Chianti Classico – im Bild das Gebiet um die Gemeinde Panzano – oder Nobile di Montepulciano, aber auch so unbedeutende wie Ghemme, Albana di Romagna oder Valtellina Superiore und sogar der Massenschaumwein Asti Spumante. Die Idee einer gesetzlich definierten Klasse von absoluten Spitzenweinen wurde vom gesetzgeberischen Alltag und vom politischen Klientelismus Italiens in der Praxis ad absurdum geführt.

---

demijon ['demɪdʒɔn], englisch für eine große Bauchflasche (→Flaschen).

demi sec [də'mi sɛk, franzöz.], **medium dry** ['miːdrəm draɪ, engl.], halbtrocken; nach EU-Weingesetz Geschmacksbezeichnung für Schaumweine mit einem Restzuckergehalt von 33 bis 50 g∕l.

Denominação de origem controlada [dənuminɛ'sãu də u'riʒəm-, portugies. »kontrollierte Herkunftsbezeichnung«], Abk. **DOC,** höchste Herkunftskategorie für Qualitätsweine im portugiesischen Weingesetz; sie entspricht etwa der französischen Appellation contrôlée. Es gibt derzeit 26 DOC-Herkunftsbezeichnungen; künftig soll auch den sechs Weinen mit →Indicação de Proveniencia regulamentada DOC-Status verliehen werden.

Denominación de Origen [denominaθ'ïɔn de o'rixen, span. »Herkunftsbezeich-

■ **Höhere Qualitätsstufe:** Um Spitzenappellationen wie Rioja gerecht zu werden, wurde 1991 über der Kategorie der Denominación de Origen eine gehobenere Form der geschützten Herkunftsbezeichnung geschaffen, die **Denominación de Origen Calificada** (Abk. D.O.Ca., qualifizierte Herkunftsbezeichnung). Sie stellt besondere Qualitätsanforderungen an Winzer und Erzeugerbetriebe.

D.O.Ca.-Weine dürfen nicht als Fassware vermarktet werden und die Kontrolle der Ernteerträge ist äußerst streng: Bei erwiesenem Überschreiten der erlaubten Höchstmengen droht den Weinen des Betriebs die Degradierung. Den D.O.Ca.-Status erhalten nur Anbaugebiete, in denen die Traubenpreise mindestens 200% über dem Landesdurchschnitt liegen und in denen 90% der Erzeuger sich für das D. O. Ca.-System registrieren lassen. Nach Rioja stieg vor wenigen Jahren auch das katalonische Priorat zum D. O. Ca.-Gebiet auf.

Denominazione di origine controllata [denɔminatˈdzjoːne di oˈriːdʒine -, italien., »kontrollierte Herkunftsbezeichnung«], Abk. **DOC,** die niedrigere der beiden Herkunftskategorien für Qualitätsweine im italienischen Weingesetz.

Das erste DOC-Gesetz stammt aus dem Jahre 1963 und teilte die Weinproduktion entsprechend der EU-Weinverordnung in zwei Klassen: Tafel- und Qualitätsweine mit geschützter oder kontrollierter Herkunftsbezeichnung. Im Unterschied zur französischen Appellation contrôlée gibt es im italienischen DOC-System nicht nur Vorschriften zu den geographischen Grenzen des Anbaugebiets, zu den erlaubten Sorten und den zulässigen Ernteerträgen, sondern auch bezüglich der kellertechnischen Methoden sowie der Art und der Dauer des Ausbaus der Weine. Der toskanische Weißwein Vernaccia di San Gimignano erhielt 1966 als Erster die DOC-Anerkennung, später folgten über 300 weitere Gewächse.

■ **Höhere Qualitätsstufe:** Mit der wachsenden Zahl von DOC-Herkunftsbezeichnungen wuchs auch die Kritik an deren teilweise niedrigem Qualitätsniveau und an den unzureichenden Differenzierungsmöglichkeiten des Systems. Deshalb wurde Anfang der 1980er-Jahre eine höhere Qualitätsstufe geschaffen, die **Denominazione di origine controllata e garantita** (Abk. DOCG, kontrollierte und garantierte Herkunftsbezeichnung). Für diese Weine gelten strengere Produktionsvorschriften, die erlaubten Höchsterträge liegen niedriger und die vorgeschriebenen Ausbauzeiten sind meist länger.

Es gibt insgesamt 23 Weine mit DOCG- und 345 mit DOC-Status, was unter Berücksichtigung sämtlicher Zusatzbezeichnungen mehr als 1800 verschiedene Qualitätsweintypen ergibt.

Depot [deˈpo, zu französ. dépôt »absetzen«], **Bodensatz,** dunkelfarbige, pulvrige Ablagerung in der Weinflasche; ein Depot kann sich insbesondere bei Rotweinen im Laufe der Alterung bilden, v.a. wenn die Weine vor dem Abfüllen nicht filtriert wurden. Es besteht aus abgestorbenen Mikroorganismen wie Hefen oder Polyphenolen, die Farbstoff angenommen haben und deshalb sichtbar sind.

Vor allem die Tannine verbinden sich im Laufe der Alterung zu immer größeren Molekülen, die von einem bestimmten Punkt an zu schwer sind, um weiter in Schwebe zu bleiben: Sie sinken auf den Flaschenboden ab. Um zu verhindern, dass das in seiner Konsistenz kaffeesatzartige Depot den Weingenuss beeinträchtigt, werden solche Weine vor dem Ein-

---

DEPOT. *Kein Fehler, sondern Zeichen für Qualität*

Eigentlich sind Fremdkörper, Schlieren oder Trübungen im Wein immer ein Anzeichen für das Vorliegen von Weinfehlern oder Weinkrankheiten und nicht selten ein Hinweis darauf, dass der Wein untrinkbar geworden ist. Ausnahmen von dieser Regel sind verschiedene Formen des Bodensatzes: das dunkle Depot von Rotweinen und die weißlichen Kristalle des Weinsteins. Während die vor allem in Weißweinen auftretenden, absolut geschmacklosen Weinsteinkristalle beim Ausgießen meist am Flaschenboden zurückbleiben, erfordert das Depot älterer Rotweine gewisse Vorsichtsmaßnahmen, will man sich den Weingenuss nicht durch die kaffeesatzartige Substanz verderben. Besonders bei alten Burgundern empfiehlt es sich auf jeden Fall, den Wein vorher zu dekantieren, da das Depot so feinpulvrig ist, dass es auch bei vorsichtigstem Ausgießen unweigerlich ins Weinglas gelangt. Ob man dem Beispiel einiger Weingourmets folgen sollte, die das Depot großer Rotweine auf ihren Nudeln oder auf dem Frühstücksei verspeisen, sei dahingestellt.

---

schenken →dekantiert. Eine andere Art von Ablagerung, die vorwiegend bei Weißweinen auftritt, ist der →Weinstein.

despojado [despɔˈxado, zu span. despojar »berauben, ausziehen«], spanisch für farblich aufgehellt, ausgezehrt, v.a. in Bezug auf überalterte Rotweine.

Dessertwein, Wein, der sich aufgrund seiner geschmacklichen Eigenschaften besonders als Begleiter zu Süßspeisen eignet; infrage kommen Süßweine, gewisse Schaumweine und Likörweine.

DESTILLATION. *Zwangsdestillation gegen Überproduktion*

Durch behördlicherseits festgesetzte Zwangsdestillationen werden Überproduktionsmengen aus dem Weinbau in Alkohol für industrielle Zwecke umgewandelt. Das deutsche Weingesetz sieht vor, dass die Erntemenge eines Weinbaubetriebs den gesetzlich zulässigen Gesamthektarertrag nur um höchstens 20 % übersteigen darf. Darüber hinausgehende Mengen dürfen nicht mehr in die Weinerzeugung eingehen, sondern müssen destilliert werden, wobei die Kosten vom Winzer zu tragen sind. Eine zweite Form der Zwangsdestillation wird in den europäischen Weinbaurichtlinien definiert. Sie geben der EU-Kommission die Möglichkeit, überhöhte Tafelweinmengen vom Markt zu nehmen, um einen zu starken Verfall der Preise zu verhindern. Von dieser subventionierten Form der Destillation können je nach Jahrgang bis zu mehreren Millionen Hektoliter Tafelwein betroffen sein.

Destillation [zu latein. destillatio »Herabträufeln«], **Brennen,** Verfahren zum Trennen des Alkohols und eines Teils der Geschmacksträger von Wasser und den eventuellen Festbestandteilen des Weins oder Tresters; das Ausgangsprodukt wird dabei erhitzt, bis seine leichter flüchtigen Bestandteile – v.a. der Alkohol und bestimmte Aromastoffe – verdunsten.

Im Destillat ist das leichter Siedende angereichert, im Destillationsrückstand das schwerer Siedende, in diesem Fall das Wasser. Der

Gemischdampf wird in einem Kühler kondensiert und als flüssiges Kondensat (Destillat) aufgefangen. Da die Trennung von Flüssigkeitsgemischen nur im Wege der Anreicherung vonstatten geht, muss für eine befriedigende Trennung des Alkohols vom Wasser mindestens zwei Mal destilliert werden.

Die Destillation spielt im Weinbau in sehr unterschiedlicher Hinsicht eine wichtige Rolle. Zum einen werden Destillate zum →Aufspriten von Likörweinen benötigt, zum anderen dient die staatlich subventionierte, so genannte Zwangsdestillation zur Beseitigung der Überschussproduktion in bestimmten Weinbauländern oder -regionen.

Destillation. Armagnac, einer der edelsten Weinbrände der Welt, wird in einem kontinuierlichen Brennverfahren hergestellt.

Deutsche Landwirtschaftsgesellschaft e. V., Abk. **DLG,** 1885 gegründete gemeinnützige Selbsthilfeorganisation mit etwa (2003) 15 000 Mitgliedern, die sich aus Mitgliedsbeiträgen, Einnahmen für Dienstleistungen und öffentlichen Zuschüssen finanziert und politisch ungebunden ist. Sie hat das Ziel, wissenschaftliche Erkenntnisse und Problemlösungen in den Bereichen Markt und Ernährung, Landwirtschaft und Landtechnik in die Praxis umzusetzen. Im Weinbereich tritt sie insbesondere durch die alljährliche Bundesausscheidung der offiziellen Weinprämierungen und mit dem von ihr verliehenen Deutschen Weinsiegel in Erscheinung.

Deutscher Sekt, geschützte Bezeichnung für eine bestimmte Art von →Sekt.

Deutscher Tafelwein, geschützte Bezeichnung für eine bestimmte Art von →Tafelwein.

Deutscher Weinfonds, Abk. **DWF,** 1961 gegründete Anstalt des öffentlichen Rechts, die laut §37 des deutschen Weingesetzes die Aufgabe hat, die Qualität des Weines sowie durch Erschließung und Pflege des Marktes den Absatz des Weines zu fördern und auf den Schutz der durch Rechtsvorschriften für inländischen Wein festgelegten Bezeichnungen im In- und Ausland hinzuwirken.

Der Deutsche Weinfonds bedient sich zur Erfüllung dieser Aufgaben der Einrichtungen der Weinwirtschaft, insbesondere des →Deutschen Weininstituts und der Deutschen Weinakademie, und steht unter der Rechtsaufsicht des Bundesministeriums für Verbraucherschutz, Ernährung und Landwirtschaft. Seine Finanzierung erfolgt durch eine Zwangsabgabe der deutschen Erzeugerbetriebe in Höhe von (2004) € 66,47/ha Rebfläche und des Weinhandels in Höhe von € 66,47/100 l eingekauften Mosts oder Weins. Der Vorstand des DWF ist gleichzeitig Geschäftsführer des DWI.

Deutsches Barrique-Forum, 1991 gegründeter Zusammenschluss von derzeit mehr als 30 deutschen Erzeugerbetrieben, die sich die Pflege und Entwicklung des Barriqueausbaus zum Ziel gesetzt haben; zu den Mitgliedern gehören einige der renommiertesten Rotweinerzeuger Deutschlands aus den Anbaugebieten Ahr, Baden, Pfalz, Württemberg etc. Gelegentlich werden gemeinsame Weinpräsentationen und Imageveranstaltungen organisiert. Das Pfälzer Barrique-Forum e. V. mit seinen 26 Mitgliedern hat nur regionale Bedeutung und ist institutionell nicht mit dem Deutschen Barrique-Forum verbunden.

Deutsches Weininstitut GmbH, Abk. **DWI,** 1949 unter dem Namen Deutsche Weinwerbung GmbH gegründete Vermarktungsorganisation der deutschen Weinwirtschaft; ihre Gesellschafter sind der →Deutsche Weinfonds (DWF), der Weinbau- und der Weinkellereienverband sowie der Deutsche Raiffeisenverband.

Zu den Aufgaben des DWI gehören Inlands- und Auslandsmarketing für deutschen Wein, Marktforschung, Organisation von Veranstaltungen und Messen, Schulungen und Seminaren sowie Verkaufsförderung und Presse- und Öffentlichkeitsarbeit. Seine Finanzierung erfolgt durch den Deutschen Weinfonds. Geschäftsführer des DWI ist der Vorstand des Deutschen Weinfonds; auf den wichtigsten Auslandsmärkten unterhält das DWI so genannte Informationsbüros, im Inland gehört die Deutsche Weinakademie zur Gruppe DWI-DWF.

Deutsche Weinstraße, Nordteil des Bereichs →Mittelhaardt-Deutsche Weinstraße im deutschen Anbaugebiet Pfalz.

Deutschland, eines der ältesten und bedeutendsten Weinbauländer Mitteleuropas; auf knapp 102 500 ha Rebfläche (2001, 1990: 95 000 ha) werden im Schnitt etwas mehr als 10 Mio. hl Wein im Jahr erzeugt, von denen 2–2,3 Mio. exportiert werden.

Damit steht Deutschland in Bezug auf die Rebfläche nur an 17., bei den Produktionsmengen aufgrund seiner hohen Hektarerträge von durchschnittlich etwa 100 hl – in den an-

Schwerwiegende Standortnachteile

Wenn in Deutschland über Standortnachteile diskutiert wird, denkt man meist an Großindustrie und Lohnnebenkosten. Die Standortnachteile des deutschen Weinbaus sind weit handfester und leichter auszumachen. Es sind zum einen die überhohen Hektarerträge, die noch immer erlaubt sind, und es ist die Tatsache, dass deutsche Weinetiketten vor allem für ausländische Weinfreunde nur schwer verständlich sind.

Das liegt nicht einmal an den besonders kuriosen und gelegentlich unaussprechlichen Lagennamen – an einem »Klostergut Fremersberger Feigenwäldchen«, »Eitelsbacher Karthäuserhofberg«, »Detzemer Maximiner Klosterlay« oder »Königschaffhauser Steingrüble« dürften allerdings viele amerikanische oder japanische Zungen scheitern –, sondern vor allem daran, dass das deutsche Weingesetz keine echten Qualitätsmerkmale auf den Etiketten zulässt, wie sie etwa die Franzosen in Form ihrer verschiedenen Klassifizierungen besitzen. Wer einmal aus Versehen einen anonymen

Großlagenwein statt der erhofften, ausdrucksvollen Einzellage ähnlichen Namens getrunken hat, wird diese Unterscheidungsmöglichkeit schmerzlich vermisst haben.

deren führenden Weinbaunationen liegen sie nur zwischen 55 und 65 hl – dagegen an sechster und im Export an siebter Stelle der weinerzeugenden Nationen, wobei die Weinausfuhren in den letzten Jahren leicht nachgaben. Mit 12–13 Mio. hl im Jahr ist Deutschland allerdings der größte Weinimporteur der Welt, obwohl das Land mit seinem Pro-Kopf-Verbrauch von etwa 24 l/Jahr (2000) nur an 13. Stelle steht.

Insgesamt gibt es in Deutschland knapp 60 500 (1999) Winzerbetriebe, was einer durchschnittlichen Betriebsgröße von nur 1,5 ha entspricht; weniger als 6000 Betriebe bewirtschaften eine Rebfläche von mehr als 5 ha. Fast die gesamte Produktionsmenge fällt unter die Kategorie der Qualitätsweine, während die Gruppe der Tafelweine mit einer durchschnittlichen Gesamtproduktion von weniger als 1 Mio. hl im Jahr nur eine marginale Rolle spielt und Landweine praktisch nicht erzeugt werden.

■ **Klima und Böden:** Mit Ausnahme Badens fallen alle deutschen Anbaugebiete unter die in klimatischer Hinsicht kühlste europäische Weinbauzone A, Baden dagegen gehört zur wärmeren Zone B. Die nördliche Lage der meisten deutschen Anbaugebiete hat zur Folge, dass Rebkulturen vorwiegend an den Steilhängen enger Flusstäler angelegt wurden, um die einzelnen Stöcken auch bei tief stehender Sonne größtmögliche Licht- und Wärmeausbeute zu sichern und zusätzlich das Wärmespeicherpotenzial der Wasserflächen zu nutzen.

Der durch die niedrigen Durchschnittstemperaturen bewirkte lange Vegetationszyklus der Reben sorgt nach Ansicht vieler Fachleute dafür, dass v.a. die Spitzensorte Deutschlands, der Riesling, genügend Nähr- und Extraktstoffe aus dem Boden aufnehmen kann und eine sehr harmonische Reife erreicht. Auch die Qualität der edelsüßen Spezialitäten wie Beerenauslese und Eiswein ist diesem speziellen Klima mit seinen Temperaturschwankungen geschuldet.

Der Einfluss der Klimaerwärmung v.a. des letzten Jahrzehnts vor der Jahrtausendwende ist noch umstritten, festzustellen ist

DEUTSCHLAND. *Deutschlands Weine in der Welt*

Noch in den 1920er-Jahren, vor der Weltwirtschaftskrise und dem Zweiten Weltkrieg, wurden Rieslinge vom Rhein und von der Nahe auf den internationalen Märkten zu Preisen gehandelt, die teilweise deutlich über denen für Champagner oder die großen Bordeauxweine lagen. Nachdem das Land nach dem Zweiten Weltkrieg mehrere Jahrzehnte lang sein Heil in der Vermarktung mehr oder weniger süßer Weine fragwürdiger Qualität zu Niedrigstpreisen gesucht hatte – vor allem die Marke Liebfrauenmilch spielte dabei eine unrühmliche Rolle –, scheint sich das Bild wieder zu wandeln. In den ersten Jahren des neuen Jahrtausends sind die Exporte leicht zurückgegangen – von 2,32–2,72 Mio. hl in der ersten Hälfte der 1990er-Jahre auf 2,14–2,31 Mio. hl zwischen 1997 und 2002 –, der Erlös aber hat sich nach einem Tiefststand Mitte der 1990er-Jahre mit 166 €/hl wieder auf befriedigendem Niveau eingependelt, auch wenn man vom Rekord des Jahres 1985 (184 €/hl) noch ein Stück weit entfernt ist. Vor allem in den USA, wo die Erlöse/hl seit 2000 steigen, scheint sich das Renommee des deutschen Weins von den Jahren der Liebfrauenmilch erholt zu haben.

aber, dass in jüngster Zeit mehr und mehr Winzer zumindest auf experimentellem Wege auch Rotwein-Rebsorten wärmerer Klimazonen wie Cabernet Sauvignon, Merlot oder Syrah auspflanzen.

Hinsichtlich der Böden weist Deutschland eine fast unüberschaubare Bandbreite verschiedenster Formationen auf: Von den Tonschiefern der Mosel und des Mittelrheins reicht das Spektrum über die Basaltformationen der Ahr, Sand, Löss und Kiesschotter im Rheingau, Rotschieferformationen, Löss und kalkhaltige Mergel in Rheinhessen oder den fränkischen Muschelkalk bis zu den gewaltigen Lössformationen des badischen Kaiserstuhls.

■ **Rebsorten und Weintypen:** Obwohl bis ins 17. Jh. der rote Spätburgunder auf deutschen Weinbergen dominierte, gilt das Land schon seit langem als ausgesprochenes Weiß-

weinland. Die Rebsortenstatistik wird mit 21000 ha (2002, 20,4% der Gesamtrebfläche) von der Spitzensorte Riesling angeführt, der allerdings seit Ende der 1990er-Jahre mehr als 1000 ha verlor. Auf dem zweiten Platz folgt der Müller-Thurgau (17300 ha, 17%), für den der Rückgang noch deutlicher ausfiel und schon seit einiger Zeit anhält.

Mit deutlichem Abstand folgen dann die beiden Rotwein-Rebsorten Spätburgunder (10600 ha, 10,3%) und Dornfelder (6600 ha, 6,5%) sowie die weißen Sorten Silvaner (6100 ha, 5,9%) und Kerner (5600 ha, 5,4%). Einen deutlichen Rückgang gegenüber den so genannten klassischen Sorten verzeichnen Neuzüchtungen wie Huxelrebe, Faberrebe oder Scheurebe.

Die starke Nachfrage nach Rotweinen hat dazu geführt, dass in den 1990er-Jahren verstärkt Rotwein-Rebsorten ausgepflanzt wur-

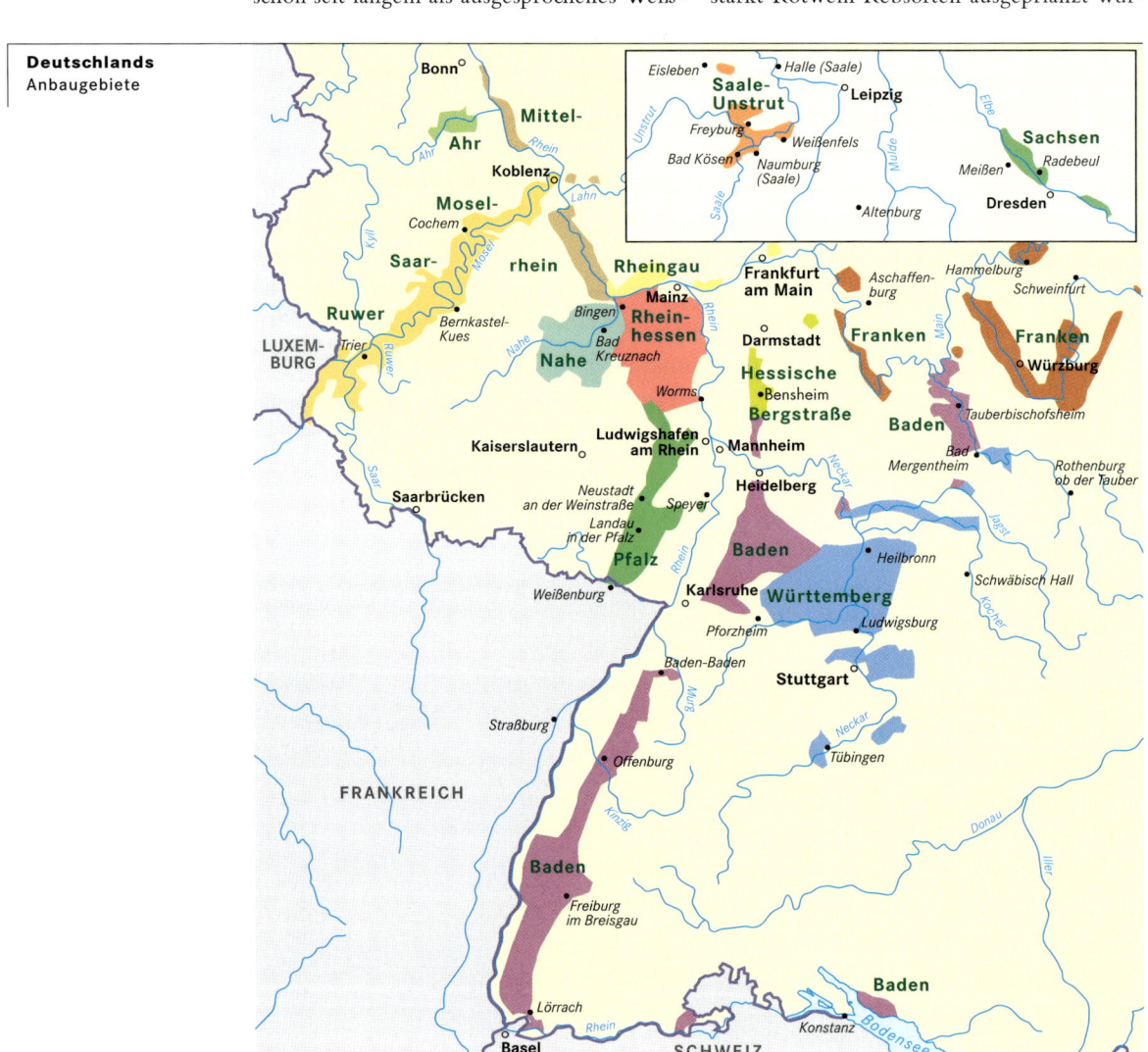

Deutschlands Anbaugebiete

DEUTSCHLANDS MEISTKULTIVIERTE REBSORTEN	
Rebsorte	**Rebfläche**
Riesling	21050 ha
Müller-Thurgau	17280 ha
Spätburgunder	10635 ha
Dornfelder	6661 ha
Silvaner	6101 ha
Kerner	5557 ha
Portugieser	4980 ha
Grauburgunder	3144 ha
Weißburgunder	2982 ha
Bacchus	2756 ha
Schwarzriesling	2517 ha
Scheurebe	2436 ha
Lemberger	1358 ha
Gutedel	1164 ha
Faberrebe	1134 ha

Quelle: DWI, Stand 2002

den. So schob sich Dornfelder in wenigen Jahren bis auf den vierten Platz der Sortenliste vor, und selbst Portugieser und Schwarzriesling konnten Anteile hinzugewinnen. Insgesamt nehmen die Rotwein-Rebsorten fast ein Drittel der Gesamtrebfläche ein.

Deutschlands Spezialitäten sind einerseits seine aromatischen, fruchtbetonten Rieslinge, ganz gleich, ob sie trocken oder restsüß ausgebaut sind, andererseits die edelsüßen Beeren- und Trockenbeerenauslesen sowie Eisweine. Daneben haben sich in den wärmeren Gebieten Badens und der Pfalz kräftige, qualitativ hochwertige Gewächse aus Burgundersorten etabliert. Versuche, mit trockenen, in aromatischer Hinsicht neutralen Weißweinen im so genannten internationalen Stil neue Verbraucherschichten und Auslandsmärkte zu erobern, können noch nicht abschließend bewertet werden.

■ **Anbaugebiete:** Der deutsche Weinbau konzentriert sich mit Ausnahme der Anbaugebiete Sachsen und Saale-Unstrut und marginaler Flächen im Norden auf den Südwesten des Landes, wobei Rheinland-Pfalz die mit Abstand größte Rebfläche besitzt. Insgesamt gibt es seit der deutsch-deutschen Vereinigung 13 (vorher elf) Qualitätsanbaugebiete: Ahr, Baden, Franken, Hessische Bergstraße, Mittelrhein, Mosel-Saar-Ruwer, Nahe, Pfalz, Rheingau, Rheinhessen, Saale-Unstrut, Sachsen und Württemberg. Rheinhessen ist mit mehr als 26000 ha Rebfläche und einer durchschnittlichen Produktion von 2,55 Mio. hl Wein mit geringem Abstand vor der Pfalz das bedeutendste der 13, Sachsen (450 ha, 13300 hl) hinter der Hessischen Bergstraße das kleinste.

Daneben sind in Deutschland noch fünf Tafelweingebiete (Rhein-Mosel mit den Untergebieten Rhein, Mosel und Saar, Oberrhein mit den Untergebieten Römertor und Burgengau, Neckar, Bayern mit den Untergebieten Main, Donau und Lindau sowie Albrechtsburg) und die 21 Landweingebiete Ahrtal, Mosel, Ruwer, Saar, Saarland, Rheinburgen, Nahegau, Altrheingau, Starkenburg, Rhein, Pfalz, Südbaden, Unterbaden, Taubertal, Schwaben, Franken, Regensburg, Bayrischer Bodensee, Sachsen sowie Mitteldeutschland und Stargarder Land (ab 2004) ausgewiesen, die aber in der Praxis nur wenig Bedeutung besitzen, weil der Großteil der deutschen Weine als Qualitätswein klassifiziert ist.

■ **Weingesetz:** Obwohl bereits das Reichsstrafgesetzbuch von 1871 Bestimmungen gegen das Fälschen oder Anbieten von verdorbenen Weinen enthielt, gibt es ein eigenes Weingesetz erst seit 1892 (»Gesetz, betreffend den Verkehr mit Wein, weinhaltigen und weinähnlichen Getränken«). Ein zweites Weingesetz trat 1901, ein drittes 1909 und ein viertes 1930 in Kraft. Die Grundlagen der aktuellen Bestimmungen wurden mit dem Weingesetz von 1971 gelegt, dessen »zweite Änderung« von Mai 2000 die heute gültige Fassung darstellt.

DEUTSCHLAND: REBFLÄCHEN	
Anbaugebiet	**Rebfläche**
Rheinhessen	26296 ha
Pfalz	23257 ha
Baden	15917 ha
Württemberg	11418 ha
Mosel-Saar-Ruwer	9828 ha
Franken	6041 ha
Nahe	4297 ha
Rheingau	3193 ha
Saale-Unstrut	648 ha
Ahr	525 ha
Mittelrhein	505 ha
Hessische Bergstraße	452 ha
Sachsen	449 ha
gesamt	**102826 ha**

Quelle: DWI, Stand 2002

■ **Geschichte:** Die ersten deutschen Rebkulturen wurden von den Römern an Rhein und Mosel angelegt. Kaiser Diokletian (*240, †316) ließ Trier, das damalige Augusta Trevorum, als Zwischenlager (»emporium«) für den Weinhandel mit England ausbauen, nachdem Probus (*232, †282), einer seiner Vorgänger, das Auspflanzen von Weinreben auch in den entfernten Provinzen des Reichs an Rhein und Donau initiiert

Deutschland. Die Moselschleife bei Bremm gehört zu den wahrscheinlich meist-fotografierten Weinlandschaften der Welt. Moselweine dagegen haben nicht immer so viel Bewunderung erfahren: Nachdem in der Nachkriegszeit lange Massenproduktion dominierte, gilt das Anbaugebiet seit den 1990er-Jahren wieder als eines der besten in Deutschland.

hatte. Schon im 4. Jh. waren die Hänge von Rhein, Mosel, Main und Neckar mit Rebkulturen bedeckt.

Karl der Große (*747, †814) förderte die Selektion hochwertiger Rebsorten und verschaffte dem Weinbau durch entsprechende Gesetze sichere wirtschaftliche Grundlagen. Nach Jahren der Stagnation verhalfen Benediktiner und Zisterzienser dem Weinbau im 12. Jh. mit der Gründung ihrer Klöster im Rheingau zu neuem Aufschwung. Im 16. Jh. standen in Deutschland gut 300 000 ha unter Reben – das Dreifache der heutigen Fläche – und der Pro-Kopf-Verbrauch betrug 120 l im Jahr.

Die drastische Verschlechterung des Klimas in Mitteleuropa sorgte in den folgenden Jahrhunderten für einen dramatischen Niedergang des deutschen Weinbaus, und erst Ende des 17. Jahrhunderts setzte ein neuer Aufschwung ein, der allerdings durch die Reblauskatastrophe in der zweiten Hälfte des 19. sowie durch Weltkriege und Krisen im 20. Jh. erneut unterbrochen wurde. Nachdem die 1960er- und 1970er-Jahre v.a. der Erzeugung großer Mengen einfacher, meist süßer Weißweine gewidmet waren, setzte mit dem Ende der 1980er-Jahre eine neue Qualitätsbewegung ein, die dem deutschen Wein auch international wieder große Anerkennung verschaffte.

■ SIEHE AUCH
→ Ahr · Auslese · Baden · Beerenauslese · Bereich · Classic · Eiswein · Erstes Gewächs · Franken · Hessische Bergstraße · Kabinett · Lage · Liebfrauenmilch · Mittelhaardt-Deutsche Weinstraße · Mittelrhein · Mosel-Saar-Ruwer · Nahe · Pfalz · Portugieser · Prädikatswein · Prämierungen · Preismünzen · Prüfnummer · Qualitätswein · Rheingau · Rheinhessen · Saale-Unstrut · Sachsen · Schlossabfüllung · Schloss Johannisberg · Selection · Spätlese 2) · Trockenbeerenauslese · Weingesetze · Württemberg

Devon Valley [devn 'væli], Bereich (Ward) des südafrikanischen Weinbaudistrikts Stellenbosch; das nur nach Süden hin geöffnete Tal im Westen der Stadt Stellenbosch genießt wesentlich kühleres Mikroklima als der Rest des Distrikts. Kultiviert werden fast ausschließlich Rotwein-Rebsorten wie Cabernet Sauvignon, Pinotage und Syrah (Shiraz). Die Weine zeichnen sich durch finessenreiche Aromen und elegante, von guter Frucht unterlegte Struktur aus.

Dézaley [deza'lɛ], Herkunftsbezeichnung für Weine einer terrassierten Steillage im Herzen des Waadtländer Anbaugebiets Lavaux in der →Westschweiz; die Lage wurde bereits im 12. Jh. von Zisterziensermönchen urbar gemacht und mit der Weißwein-Rebsorte Gutedel (Chasselas) bestockt. Der bedingt alterungsfähige Dézaley gilt mit seinem mineralischen, terroirgeprägten Charakter als bekanntester Schweizer Wein und als ideale Verkörperung des Qualitätspotenzials der Sorte Gutedel.

Diabetikerwein, für Zuckerkranke verträglicher Wein; Diabetikerwein durfte bis 1995 einen Restzuckergehalt (→Restzucker) von höchstens 4 g/l, einen Alkoholgehalt von maximal 12 Vol.-%, höchstens 150 mg/l Gesamtschwefel und höchstens 40 mg/l freien Schwefel aufweisen. Da für Zuckerkranke v.a. Glukose (Traubenzucker) schädlich ist, nicht aber Fruktose (Fruchtzucker), darf der Restzuckergehalt nach geltendem Weinrecht 20 g/l betragen, vorausgesetzt der Glukoseanteil liegt nicht höher als 4 g/l.

■ **Vorgeschriebene Angaben:** Auf dem Etikett müssen der Gesamtzuckergehalt – wenn dieser mehr als 4 g/l beträgt auch der Gehalt an Glukose und Fruktose –, der Brennwert des Alkohols und der physiologische Gesamtbrennwert des Weins angegeben sein.

Diacetyl, eigentlich Biacetyl, wissenschaftlich 2,3-Butandion, gelbgrüne Flüssigkeit mit butterartigem Geruch; es kommt in Butter, Kaffee, Kakao, Bier und Honig vor. In Weinen wird Diacetyl durch bestimmte Bakterienstämme gebildet und sorgt in geringen Konzentrationen für angenehm nussige Aromen, in höheren für den so genannten Buttersäure- oder →Milchsäurestich.

dicht, intensiv und kräftig; Begriff der Weinansprache, der für die Beschreibung der Farbe, gelegentlich aber auch des Aromas oder des Geschmacks verwendet wird. Die Farbe eines dichten Weins lässt diesen im Extremfall opak, d.h. undurchsichtig erscheinen. In Bezug auf Aroma oder Geschmack wird mit Dichte die Intensität der organoleptischen Eindrücke bezeichnet.

dick, übertrieben breit und im Extremfall zähflüssig; Begriff der Weinansprache für Weine, die zwar kräftig sein können, denen es aber an der nötigen Finesse und Eleganz mangelt, oder für krankhaft veränderte Weine mit zu hoher Viskosität.

Die [di:], **Diois** [di'wa], Anbaugebiet am Rande der französischen Weinbauregion Vallée du Rhône (Rhônetal, →Côtes-du-Rhône); auf etwa 1400 ha Rebfläche wachsen die Trauben für weiße Still- und Schaumweine. Die Stillweine werden unter der Appellation Coteaux de Die vermarktet. Wesentlich bekannter sind die beiden Schaumweine des Gebiets: der nach der so genannten →méthode ancestrale erzeugte, traditionelle Clairette de Die, dessen Grundweine allerdings zum überwiegenden Teil nicht aus der Weißwein-Rebsorte →Clairette1), sondern aus Muskateller gekeltert werden, und der nach dem Flaschengärverfahren zu mindestens 75 % aus Clairette erzeugte Crémant de Die.

Dindarella, auch Bindarella oder Pelara veronese genannte Rotwein-Rebsorte der norditalienischen Region Venetien; sie wird v.a. in den Anbaugebieten Valdadige und Valpolicella kultiviert und ergibt farbintensive, aromabetonte Weine mit mittlerer Struktur. Die Sorte ist im Zuge der Bemühungen um eine Verbesserung des Sortenspiegels im Valpolicellagebiet wieder verstärkt ins Blickfeld der Winzer gerückt.

Diolinoir [dioli'nwar], 1970 im Schweizer Kanton Waadt aus Rouge de Diolly und Spätburgunder (Pinot noir) gezüchtete Rotwein-Rebsorte; kultiviert wird Diolinoir v.a. im Kanton Wallis, wo aus ihm tanninbetonte, aber harmonische Rotweine mit guter aromatischer Komplexität und Alterungsfähigkeit gekeltert werden. Die relativ früh reifende Sorte eignet sich v.a. zur Verwendung in Verschnitten.

Dionysos, griechischer Gott der Vegetation, der Baumzucht und des Weines, der Ekstase und der Fruchtbarkeit; dem mythologischen Göttersohn des Zeus und der Semele waren zwei Kultzyklen gewidmet, die ländli-

chen (Dezember/Januar) und die städtischen (Februar/März) Dionysien. In ihnen überlagerte der Kult des Weingottes einen alten Fruchtbarkeitskult. Während der ländlichen Dionysien zogen Anhänger des Gottes in Rausch und Orgiasmus durch die Bergwälder, die städtischen Dionysien waren von Theateraufführungen begleitet, die mit der Entstehung des griechischen Dramas untrennbar verbunden sind.

DIONYSOS. *Dionysien und Bacchanalien*

Die Festzyklen zu Ehren ihrer Weingötter Dionysos und Bacchus, die Griechen und Römer alljährlich veranstalteten, waren fast von Anbeginn an von einer Tendenz zum Exzess, zu übertriebener Ausschweifung, geprägt. Bei den ländlichen Dionysien Griechenlands zogen die Anhänger des Gottes mit Rehfellen bekleidet und mit Efeu bekränzt, unter üppigem Konsum von Rauschmitteln aller Art, durch die Wälder, zerfleischten junge Tiere und verzehrten deren Fleisch roh. Mänaden, die ekstatischen Frauen im Gefolge des Dionysos, bei den Römern später Bacchantinnen genannt, zeichneten sich durch ihr besonders ausschweifendes orgiastisches Treiben aus. Im römischen Reich nahmen die Bacchanalien, die sich seit dem 6. oder 5. Jahrhundert v. Chr. als mystische Geheimriten über ganz Italien verbreitet hatten, dermaßen überhand, dass sie im Jahre 186 v. Chr. vom römischen Senat vorübergehend verboten wurden. Sie wurden erst mit der endgültigen Durchsetzung des Christentums als römischer Staatsreligion im 2. Jahrhundert n. Chr. endgültig in den Hintergrund gedrängt.

Direktträger, Selbstträger, Rebstock, der nicht auf reblausresistente Unterlagen aufgepfropft, sondern mit seinen eigenen Wurzeln, d.h. **wurzelecht** ausgepflanzt ist.

Vor der Reblauskatastrophe wurden die Weinberge ausschließlich mit Direktträgern bestockt; erst nach dem Vordringen des Schädlings war man gezwungen, die europäischen Edelrebsorten auf amerikanische Unterlagen zu →pfropfen. Noch heute sind die Weinberge zahlreicher Anbaugebiete in Südfrankreich, Australien oder Chile mit Direktträgern bestockt, und selbst an der Mosel gibt es noch Weinberge mit direkttragenden Reben. In der Ampelographie werden auch direkttragende Rebsorten, →Hybride oder →Amerikanerreben, als Direktträger bezeichnet.

disarmonico, italienisch für die Geschmacksbezeichnung unharmonisch.

Districtus Austria Controllatus, Abk. **DAC,** neue Herkunftskategorie für regionaltypische Qualitätsweine in Österreich; in Abgrenzung vom Begriff des Qualitätsweins der deutschsprachigen Anbaugebiete, der neben der Herkunfts- und Sortenangabe ausschließlich vom Zuckergehalt der Trauben geprägt wird, soll die neue, nach dem Beispiel der Länder des romanischen Sprachraums gestaltete und erst Ende der 1990er-Jahre eingeführte Bezeichnungsart dem Konsumenten die Orientierung anhand eindeutig definier-

Districtus Austria Controllatus. Das Weinviertel – hier die Weinberge von Mannersdorf mit der berühmten Rochuskapelle – war Österreichs erstes Anbaugebiet, in dem die neue Herkunftsbezeichnung Districtus Austria Controllatus eingeführt wurde.

ter, gebietstypischer Weincharaktere erleichtern.

Mit der DAC Weinviertel wurde 2003 der erste dieser Weintypen offiziell zugelassen. Sein Anforderungsprofil ist definiert als »hellgelb bis gelbgrün; im Duft elegant und sortentypisch; fruchtig, würzig und pfeffrig, trocken, nicht im Holzfass ausgebaut und mit mindestens 12 Volumenprozent Alkohol«. DAC-Weine müssen neben solchen geschmacklichen Anforderungen auch sämtliche Bedingungen für Qualitätsweine erfüllen. Eine auf den jeweiligen Weintypus geschulte Kommission ist im Rahmen der Verkostungen für die Staatliche Prüfnummer (Qualitätsweine) auch für die Erteilung des DAC-Status zuständig.

Das Ziel der Einführung dieser neuen Weinkategorie war, analog zu den Appellationssystemen internationaler Anbaugebiete wie Chianti oder Soave in Italien, Bordeaux und Chablis in Frankreich oder Rioja in Spanien, verbindliche Geschmackstypen zu entwickeln, an denen der Verbraucher sich orientieren kann. Kritiker weisen jedoch darauf hin, dass auch die Herkunftsbezeichnungen des ro-

manischen Modells nicht verhindern konnten, dass sich innerhalb einzelner Appellationen sehr unterschiedliche Geschmackstypen entwickelten.

DLG, Abk. für →Deutsche Landwirtschaftsgesellschaft e. V.

D. O., Abk. für →Denominación de Origen.

DOC, 1) Abk. für →Denominação de origem controlada.

2) Abk. für →Denominazione di origine controllata.

D. O. Ca., Abk. für Denominación de Origen Calificada (→Denominación de Origen).

doce ['dosə], portugiesisch für die Geschmacksangabe süß.

DOCG, Abk. für Denominazione di origine controllata e garantita (→Denominazione di origine controllata).

Doctnerin, Doktnerin, Weinbergslage im österreichischen Anbaugebiet Thermenregion, Gemeinde Gumpoldskirchen; auf schweren Lehmböden mit oder ohne Kalkschotter sowie Kalksteinbraunerde werden v. a. die typischen Weißwein-Rebsorten des Gebiets wie Neuburger, Rotgipfler oder Zierfandler kultiviert.

Doctor, Spitzenlage der Gemeinde Bernkastel-Kues im deutschen Anbaugebiet Mosel-Saar-Ruwer; auf 3,25 ha Rebfläche am Doctorberg wird ausschließlich Riesling kultiviert. Die nach Süden ausgerichtete Steillage mit ihren tiefgründigen Devonschiefer-Verwitterungsböden ist noch in Pfahlerziehung bestockt. Ebenfalls am Doctorberg liegt die ausgezeichnete kleine Parzelle Alte Badstube am Doctorberg, die jedoch keinen Lagenstatus genießt.

Doktnerin, →Doctnerin.

dolce ['dɔltʃe], italienisch für die Geschmacksangabe süß.

Dolcetto [dɔl'tʃetto, zu italien. dolce »süß«], **Ormeasco,** italienische Rotwein-Rebsorte, die auf mehr als 10 000 ha Rebfläche in den italienischen Regionen Piemont und Ligurien – hier wird die Sorte Ormeasco genannt – kultiviert wird.

Dolcetto liefert relativ säurearme, fruchtbetonte und jung zu trinkende Rotweine, die an ihrem charakteristischen Kirsch- und Pfefferaroma zu erkennen sind. Lediglich in den Anbaugebieten des Dolcetto di Dogliani und des Dolcetto di Diano d'Alba geraten die Weine tanninbetonter und sind kräftiger strukturiert. Dolcetto-Weine werden im Piemont unter den sieben DOC-Bezeichnungen **Dolcetto d'Acqui, Dolcetto di Alba, Dolcetto d'Asti, Dolcetto delle Langhe Monregalesi, Dolcetto di Diano d'Alba, Dolcetto di Dogliani** und **Dolcetto di Ovada** vermarktet, in Ligurien unter der DOC-Bezeichnung Riviera Ligure di Ponente.

DOLCETTO. *Alles andere als süß*

Zwar stammt der Name Dolcetto vom italienischen »dolce«, süß, aber Dolcetto-Weine sind keineswegs süß, wie oft vermutet wird, sondern vollkommen trocken. Der Name bezieht sich vielmehr auf die bei der Ernte meist sehr süßen Beeren der Rebsorte. Trotz ihres trockenen Geschmacks wirken Dolcetto-Weine allerdings nie hart oder unzugänglich, denn ihr Säure- und Tanningehalt ist sehr viel geringer als der der beiden anderen Piemonteser Hauptsorten, Barbera und Nebbiolo.

Wegen des unproblematischen Vegetationsverhaltens und der raschen Trinkbarkeit der fruchtigen, süffigen Weine gilt Dolcetto im Piemont als erste Wahl für einfache Alltagsweine. Guter Dolcetto kann zwar hinsichtlich seiner aromatischen und geschmacklichen Qualitäten nicht mit Barbera- oder Nebbiolo-Weinen konkurrieren, stellt aber von Zeit zu Zeit eine willkommene, unkomplizierte und dennoch wohlschmeckende Abwechslung dar.

Dôle [do:l], eine der bekanntesten Herkunftsbezeichnungen für Rotweine des Schweizer Wallis; der meist geschmeidige und harmonische, fruchtbetonte Dôle ist nach dem Weingesetz ein Verschnitt aus mindestens 85% Spätburgunder (Pinot noir) und Gamay, wobei der Spätburgunder überwiegen muss, sowie maximal 15% beliebiger, im Wallis zugelassener Sorten. **Dôle blanche** ist die Herkunftsbezeichnung für leicht zwiebelschalenfarbene, weißgepresste Weine, die aus denselben Rebsorten gekeltert werden.

Domdechaney, Weinbergslage der Gemeinde Hochheim im Ostteil des deutschen Anbaugebiets Rheingau; die Lage zu Füßen der Kirche St. Peter und Paul gehörte früher dem Mainzer Domkapitel und erhielt ihren Namen, weil die Mainzer Domdechanten unmittelbar am Weinberg, im so genannten Schlösschen, ihre Sommerresidenz hatten. Von den nach Süden zum Main hin ausgerichteten, unterschiedlich schweren und kalkhaltigen Lehmböden aus Molassemergeln, die in heißen und trockenen Jahren gute Wasserversorgung garantieren, kommen einige der besten Rieslinge des Anbaugebiets.

Domina, Rotwein-Rebsorte, die vom deutschen Rebzüchter Peter Morio (*1887, †1960) an der Forschungsanstalt Geilweilerhof bei Siebeldingen (Kreis Südliche Weinstraße) als Kreuzung aus Portugieser und Spätburgunder gezüchtet wurde; die Sorte ergibt farbintensive, kräftige Weine mit guter Säure und wird in Deutschland auf knapp 260 ha (2002) Rebfläche kultiviert, v.a. im Anbaugebiet Franken.

Dominus [ˈdɔmɪnəs], berühmter Rotwein aus dem kalifornischen Napa Valley, der das Resultat eines Jointventures zwischen den Eigentümern von Château Pétrus im französischen Bordeauxgebiet und der Familie John Daniel, den Eignern des historischen Napanook Vineyard, war.

Dominus gilt als Kultwein, obwohl er von der Weinkritik nur selten mit Höchstbewertungen ausgezeichnet wurde. Er wird in Abhängigkeit vom jeweiligen Jahrgang aus etwa 70–80% Cabernet Sauvignon und kleineren Anteilen Cabernet franc, Merlot sowie Petit Verdot gekeltert. Der erste Dominus-Jahrgang war 1983. 1995 schied die Familie John Daniel aus dem Jointventure aus. Napanook ist eine etwa 50 ha große Weinbergslage am Fuße der Mayacamas Mountains auf der Westseite des Tales in der Nähe der Stadt Yountville.

Dom Pérignon, Pierre →Pérignon.

Domprobst, Riesling-Spitzenlage der Gemeinde Graach im deutschen Anbaugebiet Mosel-Saar-Ruwer, Bereich Bernkastel; die nach Süd-Südwest ausgerichteten Steilhänge liegen in einer Höhenlage zwischen 120 und 190 m ü. M. und zeichnen sich durch gute Was-

serversorgung auch in Trockenzeiten aus. Die Reben sind in der Regel an Einzelpfählen erzogen, und die Stockdichte erreicht 8000 Pflanzen/ha. Von den Devonschieferböden kommen einige der besten Weine des Bereichs, die sowohl rassig als auch stoffig und saftig sind.

Donauland, österreichisches Anbaugebiet, das in seiner jetzigen Ausdehnung in den 1990er-Jahren durch die Aufteilung des damaligen Donauland-Carnuntum in die drei Gebiete Donauland, Traisental und Carnuntum entstanden ist; auf etwa 2700 ha Rebfläche, hauptsächlich am Südhang des Wagrams, einer parallel zur Donau verlaufenden und durch eiszeitliche Gletscher geschaffenen Geländestufe gelegen, werden v. a. Grüner Veltliner,

Müller-Thurgau und Zweigelt kultiviert. Eine Spezialität des Gebiets ist der seltene Rote Veltliner. Im Osten des Anbaugebiets liegt →Klosterneuburg, der Sitz der bekanntesten österreichischen Weinbauschule und Forschungsanstalt.

Donauland. Von den breiten Lössterrassen der Hänge des Donaulands kommen einige der interessantesten österreichischen Weine aus Grünem Veltliner.

Donauriesling, →Riesling.

Doosberg, eine der besten Weinbergslagen des deutschen Anbaugebiets Rheingau im Ortsteil Oestrich der Gemeinde Oestrich-Winkel; die Böden bestehen aus mittelschwerem Ton-Löss-Gemisch. Im Unterschied zu den eher feuchten Lagen der Umgebung, deren Wasserversorgung durch einen hohen Grundwasserspiegel geprägt ist, gilt der Doosberg als trockener. Die Rieslinge, die hier geerntet werden, zeichnen sich durch mineralischeren Charakter aus; neben Zitrus- und Steinfruchtaromen zeigen sie auch Duftspuren von Feuerstein.

Doppelmagnum, eine Weinflasche (→Flaschen).

Doppelstreckbogen, eine Form der Fruchtrute beim →Rebschnitt.

Doppelzentner, Einheitenzeichen **dz,** im Weinbau übliche Einheit der Masse; ein Doppelzentner entspricht 100 kg.

Doppler, österreichisch für Zweiliterflasche, die meist für das Abfüllen einfacher Tafel- oder Landweinqualitäten verwendet wird; der Doppler wird abfällig auch als »Austro-Magnum« bezeichnet. Er war in Österreich früher weit verbreitet, seine Bedeutung geht aber wie die der Literflasche seit dem Ende der 1980er-Jahre stark zurück.

Dornfeld, Weinbaulage im österreichischen Anbaugebiet Thermenregion, Gemeinde Tattendorf; mit ihren leichtgründigen, warmen Böden aus Schwemmsand und sandigem Lehm mit einem Kalkanteil von etwa 65% eignet sich das Dornfeld für Rotwein-Rebsorten, insbesondere für Zweigelt.

Dornfelder, ursprünglich als Decksorte (→Deckwein) gezüchtete, nach dem deutschen Rebenspezialisten Imanuel Dornfeld (* 1796, † 1869) benannte Rotwein-Rebsorte, eine Kreuzung aus Helfensteiner und Heroldrebe durch den deutschen Rebenzüchter August Herold (* 1902, † 1973) aus dem Jahr 1955.

Die seit 1980 offiziell zugelassene, früh bis mittelspät reifende Sorte eignet sich zum eigenständigen, reinsortigen Ausbau und bringt farbkräftige Weine mit fruchtigem, gehaltvollem Charakter, allerdings ohne große Finesse und Eleganz hervor. In den 1990er-Jahren hat der unkomplizierte Dornfelder große Beliebtheit errungen und liegt mit mehr als 6 700 ha (2002) Rebfläche auf dem zweiten Platz der meistkultivierten Rotwein-Rebsorten Deutschlands. In der Schweiz wird er in geringem Umfang als Decksorte kultiviert, ist aber stark von Neuzüchtungen wie Gamaret bedrängt.

Dosage [do'sa:ʒ, französ. »Dosierung«], bei der Schaumweinbereitung übliches Versetzen von Grundweinen oder bereits schäu-

Dornfelder ist heute eine der populärsten deutschen Rotwein-Rebsorten.

menden Weinen mit Lösungen aus Wein, Zucker, Hefe, gelegentlich auch Weinbrand und Säure; auch für den Restzuckergehalt des fertigen Schaumweins verwendeter Begriff.

Man unterscheidet zwischen der Fülldosage und der Versanddosage. Bei der **Fülldosage** wird dem fertig vergorenen Grundwein eine meist aus Wein, Zucker und Hefe bestehende Lösung, der so genannte Tiragelikör (französisch »liqueur de tirage«) zugefügt, um die für die Kohlensäurebildung notwendige zweite Gärung in Gang zu setzen.

Nach Beendigung dieser zweiten Gärung und der anschließenden Lagerzeit im Drucktank – beim Tankgärverfahren – oder in der Flasche – beim Flaschengärverfahren – wird dem fast fertigen Schaumwein im Rahmen der **Versanddosage** noch der so genannte Versandlikör (französisch »liqueur d'expédition«) zugesetzt, ein Gemisch aus Wein, Zucker und eventuell einer geringen Menge Weinbrand, mithilfe dessen der endgültige Restzuckergehalt und damit der Geschmackstypus des fertigen Produkts festgelegt wird.

dosage zéro [do'sa:ʒ ze'ro, zu französ. »Nulldosierung«], extra herb; Geschmacksbezeichnung für Schaumweine (→brut).

Douro ['doru], DOC-Herkunftsbezeichnung für Rot- und Weißweine von den Ufern des gleichnamigen Flusses im Norden Portugals; das Anbaugebiet ist identisch mit dem des →Portweins und wurde 1982 in den Stand einer eigenständigen Appellation für nicht aufgespriteten Tischwein erhoben.

Die Trauben wachsen in teilweise geradezu schwindelerregender Höhe über dem Fluss auf steilen, terrassierten Schieferhängen, die eine der spektakulärsten Weinlandschaften der Welt bilden. Die meistkultivierten Rebsorten sind die roten Bastardo, Tinta barroca, Tinto Cão, Tempranillo (Tinta Roriz) und Touriga nacional. Da die Tischweine im Gegensatz zum Portwein mehr Säure aufweisen müssen, stammen sie meist aus höher gelegenen Weinbergen, v. a. vom mittleren Dourolauf.

■ **Potenzial:** Trotz seiner Jugend hat das Anbaugebiet schon ein immenses Potenzial für Spitzenweine unter Beweis gestellt. Die Roten besitzen Frucht, Rasse und Kraft sowie eine außergewöhnliche Tanninstruktur, die Weißweine erstaunlich viel Kraft und Dichte. Viele der alteingesessenen Portweinhäuser haben inzwischen eigene Weingüter für die Erzeugung von Tischweinen erworben oder gegründet.

doux [du], französisch für die Geschmacksangabe lieblich, süß.

dpw, Abk. für →Vereinigung Deutscher Prädikatswinzergenossenschaften.

Drahtrahmen, zwischen Pfählen gespannte Drähte zum Anbinden der Reben bei bestimmten →Erziehungsformen.

DORNFELDER. *Der Weg zur Modesorte*

Fast klammheimlich und unbemerkt hat sich Dornfelder in Deutschland zu einer regelrechten Moderebsorte entwickelt. Dies ist allerdings nur zum geringeren Teil auf die geschmacklichen Qualitäten der Weine zurückzuführen. Eher schon sind die Gründe im allgemeinen Rotweinboom zu suchen, der den gesamten Weinmarkt auch außerhalb Deutschlands seit geraumer Zeit dominiert. Um die rapide steigende Nachfrage nach farbkräftigen, extraktreichen Roten befriedigen zu können, suchten die Winzer nach einer relativ anspruchslosen, ertragsstabilen Sorte und fanden sie im Dornfelder. Da dessen farbliche Intensität auch geschmackliche Verwandtschaft mit den erfolgreichen Rotweinen des Mittelmeerraums und der Neuen Welt suggeriert, war der Erfolg beim Verbraucher programmiert. Leider aber halten die geschmacklichen Qualitäten des Dornfelders mit seiner Farbintensität und seiner Beliebtheit nur selten Schritt, was dazu führen könnte, dass die Sorte ebenso rasch wieder unpopulär wird, wie sie die Position einer Modesorte erklomm.

Douro. Die Steilhänge des mittleren und oberen Dourotals, wo die Trauben für Portwein wachsen, sind die Heimat der »Quintas«. In ihnen werden die Weine gekeltert, bevor sie zum Ausbau und Reifen nach Vila Nova de Gaia an der Mündung des Flusses verschifft werden.

Drainage, Entwässerung (→ Weinberg).

Driesche, bestockte Rebfläche, die mindestens zwei Jahre lang nicht bewirtschaftet und gepflegt wurde; Drieschen gefährden den umliegenden Weinbergsbestand, da sich in ihnen Rebschädlinge und Rebkrankheiten vermehren können.

Druckbehälter, Drucktank, für relativ hohen Innendruck ausgelegte Stahltanks, die vorwiegend bei der Schaum- und Perlweinbereitung nach dem Tankgärverfahren zur Anwendung kommen. Gelegentlich werden auch weiße Stillweine in Drucktanks vergoren, wenn man dafür sorgen will, dass möglichst viel Kohlendioxid aus der Gärung gebunden bleibt, um den Weinen prickelnde Frische zu verleihen.

dry [draɪ, engl.], trocken; nach EU-Weingesetz Geschmacksbezeichnung für Schaumweine mit einem Restzuckergehalt von 17 bis 35 g/l.

Dry Creek Valley [draɪ kriːk ˈvælɪ], AVA-Herkunftsbezeichnung für Weine aus dem Zentrum des kalifornischen Sonoma County (→ Sonoma); auf etwa 3 700 ha Rebfläche nordwestlich der Stadt Healdsburg werden traditionell v. a. Zinfandel und Petite Sirah kultiviert. In den 1990er-Jahren kamen zahlreiche Weinbergsanlagen mit Cabernet Sauvignon, Merlot, Syrah und Sauvignon blanc im wärmeren Norden sowie Chardonnay und Gewürztraminer im Süden dazu. – Abb. S. 148

dry-farming [draɪ fɑːmɪŋ], englisch für eine Weinbergsanlage und -bewirtschaftung ohne Bewässerung.

Duft, → Aroma.

duftig, delikat fruchtig oder blumig; Begriff der Weinansprache für angenehm duftende, manchmal leicht aromatische Weine.

dulce [ˈdulθe], spanisch für die Geschmacksangabe süß.

dumpf, ohne Finesse, eventuell leicht muffig; Begriff der Weinansprache für Weine, die wie ein altes Fass oder ein ungelüfteter Keller riechen.

düngen, Reben mit organischen und mineralischen Nährstoffen versorgen; dies dient zum einen der Versorgung der Böden mit organischer Substanz (Humusnachschub), zum anderen der direkten Versorgung der Pflanzen mit den Hauptnährstoffen Stickstoff, Phosphor, Kalium und Magnesium sowie den Spurenelementen Bor, Eisen, Mangan, Zink, Schwefel und Molybdän.

Generell erfolgt das Ausbringen der **Düngemittel** (Dünger) in Form der so genannten **Bodendüngung.** Nur in akuten Mangelsituationen, wenn die Nährstoffaufnahme über die Wurzeln aufgrund von Wassermangel gestört ist, kann eine **Blattdüngung** von Vorteil sein.

DOURO. *Ein großer europäischer Weinstrom*

Der Duero oder Douro, wie er im Spanischen bzw. Portugiesischen genannt wird, ist mit seinen 900 km Länge der iberische Weinstrom par excellence. Er entspringt im Iberischen Randgebirge, das die raue kastilische Hochebene vom fruchtbaren Norden Spaniens trennt, und durchfließt die Nordmeseta, bis er im Westen der altkastilischen Provinz Soria zum »Weinstrom« wird. Auf 130 km Länge wird er vom Anbaugebiet des legendären Ribera del Duero gesäumt. In der Provinz Valladolid sorgen seine Kiesablagerungen für Böden, auf denen ein Teil des fruchtigen weißen Ruedas wächst. Anschließend, in der Provinz Toro, dem heißesten Fleck Kastiliens, ist er als mäßigender Klimafaktor für die Komplexität der Tinta de Toro-Trauben verantwortlich. Über die Arribes del Duero zwischen Zamora und Salamanca, einer der wildesten Landschaften der Iberischen Halbinsel, entsteht eine neue D. O.-Appellation. Die wohl berühmtesten Rebgärten des Flusses sind die Schieferlagen des Portweingebiets an seinem Unterlauf. Hier windet sich der Douro mit majestätischer Kraft durch atemberaubende Schluchten und bildet mit seinen Terrassen sowie den malerisch gelegenen Quintas eine der schönsten Weinkulturlandschaften der Welt.

Dry Creek Valley.
Frei Ranch im Dry Creek Valley ist eine der besten und bekanntesten Lagen des Sonoma County. Von hier kommen exzellenter Zinfandel und Cabernet Sauvignon.

oder auch organischen Handelsdüngern (Rizinusschrot, Malzkeime, Hühnermist) zur Verfügung. Sie liefern den Bodenorganismen Nahrung, stabilisieren die Bodenstruktur und sorgen für die Erhöhung der Wasserspeicherkapazität. Beim Ausbringen organischer Dünger ist auch ihr Gehalt an Stickstoff, Phosphor, Kalium, Magnesium etc. zu beachten; die Verfügbarkeit dieser Nährstoffe muss aufgrund unterschiedlicher Abbauraten in der Regel für einen Zeitraum von mehreren Jahren berechnet werden.

Eine schnellere und für die Pflanzen direkt verfügbare Nährstoffzufuhr ist mithilfe von **Mineraldüngern** möglich. Man unterscheidet dabei zwischen Einzelnährstoffdüngern und **Volldüngern** (Mehrnährstoffdünger, NPK-Dünger). Die in ihnen enthaltenen Nährstoffe sind, sobald sie in Lösung gehen, pflanzenverfügbar. Gemäß ihrer Hauptnährstoffe wird zwischen Stickstoffdüngern, Phosphordüngern, Kaliumdüngern und Magnesiumdüngern unterschieden. Kritiker bemängeln an Volldüngern, dass ihre einzelnen Komponenten nicht immer präzise auf den genauen Bedarf des Bodens und der Rebe abgestimmt sind. Nachdem bis zum Ende der 1980er-Jahre generell hohe Gaben Stickstoff, Phosphor und Kalium ausgebracht wurden, orientiert sich das Düngen heute weitgehend an der Idee eines Rebenwachstums unter Entzugsbedingungen und wird sehr sparsam gehandhabt.

Dabei werden die Nährstoffe direkt auf die Blätter gespritzt. Man unterscheidet zwischen der **Erhaltungsdüngung,** die in bestehenden Rebanlagen zum Einsatz kommt, und der **Vorratsdüngung,** die in der Regel vor der Anpflanzung durchgeführt wird und die Möglichkeit bietet, den tieferen Bodenschichten fehlende Nährstoffe zuzuführen.

Stickstoff, Phosphor, Kalium und Magnesium sind zentrale Elemente im pflanzlichen Stoffwechsel, ihr Gehalt im Boden bestimmt maßgeblich Wachstum, Ertrag und Qualität der Trauben. Stickstoff ist ein Baustein für Aminosäuren und hat den stärksten Einfluss auf das Wachstum der Reben, Phosphor ist in zahlreichen Stoffwechselvorgängen zur Energieübertragung notwendig, Kalium steuert den Wasserhaushalt der Rebe und Magnesium ist das Zentralatom von Chlorophyll und damit für die Photosynthese wichtig. Auch Düngen mit Kalzium (Kalken) ist von Bedeutung; dabei werden die so genannte Bodenreaktion, d.h. der pH-Wert des Bodens, und damit die Verfügbarkeit der Nährstoffe beeinflusst.

■ **Düngemittel: Organische Düngemittel** stehen in Form von Stallmist, Stroh, Komposten und Ernterückständen, pflanzlichem Material aus der Weinbergsbegrünung

■ **Verfahren:** Dem Düngen sollte eine Bodenanalyse vorausgehen, bei der der Gehalt des Bodens an Nährstoffen und an organischer Substanz (Humus) bestimmt wird. Der konkrete Düngebedarf ergibt sich dann aus der Berechnung der Nährstoffentnahme durch die Rebe einerseits und aus Nährstoffverlusten – diese treten beispielsweise durch Stickstoffaustrag in tiefere Bodenschichten oder in die Atmosphäre auf – sowie der Fähigkeit des Bodens, Nährstoffe nachzuliefern andererseits. Die Zufuhr der einzelnen Substanzen muss harmonisch und zeitlich abgestimmt erfolgen, damit ein größtmöglicher Effekt gewährleistet ist. Darüber hinaus ist das Ausbringen von Düngemitteln durch gesetzliche Vorschriften geregelt.

Dunkelfelder, Rotwein-Rebsorte, Kreuzung aus ungeklärten Elternsorten, eventuell Färbertraube und Blauer Portugieser, durch den Winzer und Rebenzüchter Gustav Adolf Froelich (*1847, †1912); die Sorte war lange unter dem Namen Froelich V.4.4 bekannt und erhielt ihren heutigen Namen erst in den 1930er-Jahren. Sie wird in Deutschland auf fast 350 ha (2002) Rebfläche kultiviert und eignet sich v.a. für →Deckweine.

dünn, mager, wässrig, geschmacksarm; Begriff der Weinansprache für Weine, die wenig geschmacksbildende Extrakte besitzen.

DURCHGEGOREN. *Vollkommen durchgegorene Weine?*

Wenn von vollständig durchgegorenen, vollkommen trockenen oder, wie es umgangssprachlich heißt, knochentrockenen Weinen die Rede ist, weiß meist nur der Fachmann, dass diese Aussage nie hundertprozentig zutrifft. Weine mit 0,0 g/l Restzucker, ohne jegliche Restsüße also, gibt es nicht, da die Hefen immer vor der endgültigen Umwandlung des letzten Zuckerrests absterben. Da der verbleibende marginale Zuckerrest aber erst ab einem Schwellenwert von 1–1,5 g/l, bei entsprechend hohem Säuregehalt auch erst ab 2 g/l geschmacklich wahrnehmbar ist, gelten Weine bis zu diesem Wert durchaus zu Recht als durchgegoren.

Durbanville. Das Klima des südafrikanischen Anbaugebiets Durbanville wird vom Einfluss des nahen Atlantischen Ozeans und seinem kalten Benguelastrom bestimmt.

dur [dyr], französisch für die Geschmacksbezeichnungen hart, säure- oder tanninbetont.

Duras [dy'ra], Rotwein-Rebsorte, die fast ausschließlich in Zentralfrankreich zu finden ist, wo sie auf knapp 1000 ha (1999) Rebfläche kultiviert wird; die farbintensiven und alkoholreichen Weine bilden einen Hauptbestandteil des roten →Gaillac. Im Anbaugebiet der →Côtes de Duras wird die Sorte allerdings nicht kultiviert.

Durbanville ['dɔ:bənvɪl], traditionsreiches, aber noch relativ unbekanntes Anbaugebiet der südafrikanischen Weinbauregion →Coastal Region im Osten und Nordosten von Kapstadt; aus den Trauben von roten Granit-Verwitterungsböden im klimatischen Einflussbereich des kühlen Atlantischen Ozeans werden noch überwiegend einfachere, kommerzielle Weinqualitäten erzeugt.

durchgegoren, bis zur fast vollständigen Umwandlung des Zuckers in Alkohol und zum spontanen Gärstopp vergoren; die Bezeichnung wird umgangssprachlich v. a. für →trockene 1) Weine verwendet, die keinen geschmacklich wahrnehmbaren →Restzucker mehr enthalten.

durchrieseln, →verrieseln.

Durello, Durella, →Nosiola.

Durif, in Australien für →Petite Sirah.

duro, italienisch für die Geschmacksbezeichnungen hart, säure- oder tanninbetont.

DWF, Abk. für →Deutscher Weinfonds.

DWI, Abk. für →Deutsches Weininstitut.

e, Normzeichen für das →Nennvolumen von Flaschen nach EU-Norm.

Eberbach, Kloster E., 1135 gegründetes Zisterzienserkloster im deutschen Anbaugebiet Rheingau, das dem Weinbau der Region entscheidende Impulse gab und als Staatsweingut im Besitz des Landes Hessen zu den bedeutendsten Erzeugerbetrieben Deutschlands gehört. Der bekannteste Weinberg des Klosters ist der gänzlich von einer Mauer umgebene Steinberg. Kloster Eberbach ist auch mit seinen alljährlich stattfindenden →Auktionen bekannt geworden.

Échezaux [eʃˈzo], gelegentlich **Echézaux,** Grand-Cru-Appellation für Rotweine der Gemeinde Flagey-Échezaux an der →Côte de Nuits im französischen Burgund; zusammen mit dem benachbarten, kleineren Grand Cru **Grands-Échezaux** wird auf knapp 47 ha Kalkstein- und Lehmböden ausschließlich Spätburgunder (Pinot noir) kultiviert, aus dem außerordentlich vielschichtige, samtige Weine mit sehr langem Abgang gekeltert werden können. Ursprünglich sollte im Jahre 1936 nur eine Parzelle namens Échezaux-du-Dessus als Grand Cru klassifiziert werden. Kritiker behaupten deshalb, ein Teil der Échezaux-Flächen verdiene nur Premier-Cru-Status.

Ecocert®, eigentlich **Ecocert® SARL,** Organisation zur Kontrolle von landwirtschaftlichen Betrieben, die nach den Methoden des biologischen Landbaus (→biologischer Weinbau) arbeiten.

Ecocert® ging 1991 aus der 1978 gegründeten Association des Conseillers en Agriculture Biologique hervor und wurde 1992 in Belgien, 1995 in Deutschland und Portugal ins Leben gerufen. 15000 landwirtschaftliche und 5000 Produktionsbetriebe in sechs europäischen Staaten, Frankreich, Spanien, Italien, Portugal, Belgien und Deutschland (zehn Betriebe) sind Ecocert® angeschlossen und lassen sich von der Organisation in regelmäßigen Abständen von zwölf oder 18 Monaten kontrollieren. Nach bestandener Prüfung erhalten sie eine Ecocert®-Lizenz und können das Garantiesiegel der Organisation führen.

Eberbach. Versteckt in einem kleinen Seitental des Rheins an den Taunushängen haben die Zisterzienser im 13. Jahrhundert Kloster Eberbach angelegt und unweit davon seine berühmteste Rebanlage, den Steinberg.

EcoVin®, geschütztes Marken- und Kontrollzeichen des →Bundesverbands ökologischer Weinbau e. V., das 1990 geschaffen wurde; es garantiert dem Verbraucher die Einhaltung der EcoVin®-Richtlinien des Bundesverbandes durch dessen Mitgliedsbetriebe, die von staatlichen Kontrollstellen überwacht werden.

Zur Vermarktung der Marke und der mit ihr gekennzeichneten Weine wurde die EcoVin® Weinwerbe GmbH gegründet, die in Form von Veröffentlichungen, Seminaren und Kongressen die Ziele des Verbandes in die Öffentlichkeit trägt.

Edelfäule, eine Form der Graufäule (→Botrytis).

Edelfirne, erwünschte, geschmacklich positive Art der →Firne.

Edelreis, in der Regel nur wenige Zentimeter langer Teil des einjährigen Rebtriebs einer Ertragsrebsorte mit mindestens einem Auge bzw. einer Knospe, das beim Veredeln auf eine reblausresistente →Unterlage aufgepfropft wird. Das Edelreis bildet den oberirdischen Teil und bestimmt die Rebsorte des fertigen Rebstocks, d.h. die eigentliche Ertragsrebsorte. Wenn die Pfropfrebe zu tief gepflanzt wird und das Edelreis aus anderen Gründen mit dem Boden in Kontakt kommt, können sich **Edelreiswurzeln** bilden, die es der Reblaus ermöglichen, die Rebe zu befallen.

edelsüß, von →Botrytis geprägt süß; Geschmacksbezeichnung für Süßweine, die aus botrytisbefallenen Trauben gekeltert wurden.

Grob lassen sich bei edelsüßen Weinen zwei Stil- und Ausbaurichtungen unterscheiden. Auf der einen Seite finden sich fruchtige und aromabetonte Weine mit teilweise recht niedrigem Alkoholgehalt, dafür aber sehr ho-

---

EBERBACH. *Im Namen der Rose*

Kloster Eberbach ist nicht nur durch seine Weine und seine Auktionen bekannt geworden. Sein um 1200 erbautes Laienrefektorium, das nach dem Rheingauer Bauernaufstand des Jahres 1525 zum Weinkeller umfunktioniert wurde, bildete auch die Kulisse für den Speisesaal in dem berühmten Spielfilm »Der Name der Rose« (1986). Der nach dem gleichnamigen Roman (italienisch »Il nome della rosa«) von Umberto Eco (* 1932) mit dem Filmschauspieler Sean Connery (* 1930) in der Hauptrolle gedrehte Film erzählt die Geschichte des englischen Franziskaners William von Baskerville, der während des Besuchs in einer Benediktinerabtei im nördlichen Apennin fünf Morde aufklärt. Er entstand hauptsächlich in Roms Filmstadt Cinecittà, die Innenaufnahmen aber wurden zumindest zum Teil im Rheingau gedreht.

hen Restzuckerwerten von 200 oder 300 g/l wie im Fall vieler deutscher Beerenauslesen und Trockenbeerenauslesen. Sie werden meist nur im Stahltank oder im traditionellen Holzfass ausgebaut.

Auf der anderen Seite stehen Weine wie der französische Sauternes mit höherem Alkohol- dafür aber niedrigerem Restzuckergehalt, die häufig im Barriquefass reifen und ihre große aromatische Komplexität auf diese Art erreichen. Österreichische Beeren- und Trockenbeerenauslesen werden in beiden Stilrichtungen erzeugt. In den Mittelmeerländern werden Süßweine dagegen meist nach vorherigem →Trocknen der Beeren gekeltert und sind nicht edelsüß.

In manchen Anbaugebieten wird zur Verstärkung des Zuckergehalts das Verfahren der Kryoextraktion (→konzentrieren) eingesetzt, insbesondere in Jahren, in denen nur geringer Botrytisbefall auftritt. Edelsüße Weine wirken geschmacklich süßer als Weine mit demselben Restzuckergehalt aus Trauben, die nicht von Botrytis befallen wurden, da sie einen höheren Fruktoseanteil, weniger Säure und mehr Glyzerin enthalten. Allerdings weisen sie auch einen erhöhten Gehalt flüchtiger Säure auf.

Edelvernatsch, Spielart der Rebsorte Vernatsch (→Trollinger).

Edelzwicker, weißer Qualitäts-Verschnittwein aus zwei oder mehr Sorten der französischen Region Elsass, Zusatzbezeichnung für Weine der A. C.-Herkunftsbezeichnung Alsace; zum Ursprung des Wortes gibt es verschiedene Theorien. Eine davon führt den Namen auf den »Wein, der zwickt«, d. h. säurebetont ist, zurück, eine andere auf »abzwicken« im Sinne von Teile verwenden.

Edelzwicker darf aus Riesling, Gewürztraminer, Grauburgunder (Tokay d'Alsace), Weißburgunder (Pinot blanc), Silvaner (Sylvaner) und Gutedel (Chasselas) verschnitten werden, in der Praxis besteht er meist nur aus Gutedel und Silvaner. Die früher übliche Unterscheidung zwischen Edelzwicker für Weine aus den so genannten noblen Sorten Riesling, Gewürztraminer oder Grauburgunder und Zwicker für die aus den rustikaleren Sorten Gutedel und Silvaner wird nicht mehr gemacht; der Name Zwicker ist praktisch vom Markt verschwunden.

Eden Valley [ˈiːdən ˈvælɪ], GI-Herkunftsbezeichnung für Weine aus den Hügeln der Mount Lofty Ranges oberhalb des →Barossa Valley in Südaustralien; hier werden zu zwei Dritteln Rotwein-Rebsorten kultiviert, v. a. Syrah (Shiraz), Cabernet Sauvignon, Grenache, Merlot und Spätburgunder (Pinot noir).

Bei den Weißweinen dominieren Sémillon, Riesling und Chardonnay. Auf einigen Weinbergen des Gebiets stehen noch Syrah- und Grenachestöcke aus der Zeit vor der europäischen Reblauskatastrophe. Obwohl die Rotwein-Rebsorten dominieren, stellen relativ feingliedrige Weißweine die eigentliche Spezialität des Eden Valley dar, das aufgrund seiner Hügellagen ein deutlich kühleres Klima aufweist als das des benachbarten Barossa Valley. Weine des Eden Valley können auch unter der übergreifenden Appellation Barossa vermarktet werden. – Abb. S. 152

Edna Valley [ˈɛdnə ˈvælɪ], AVA-Herkunftsbezeichnung für Weine aus dem San Luis Obispo County (→San Luis Obispo) in Kalifornien, das zusammen mit dem benachbarten Arroyo Grande Valley knapp 5500 ha Rebfläche besitzt; das Klima ist aufgrund der von der Morro Bay einfließenden kalten Pazifikluft, gemessen an der südlichen Lage des Gebiets, sehr kühl. Deshalb gehört Chardonnay zu den populärsten und auch besten Sorten des Edna Valley. Daneben werden Spätburgunder (Pinot noir), Cabernet Sauvignon, Sauvignon blanc und Sémillon kultiviert.

Eger, Anbaugebiet im Norden Ungarns an den südwestlichen Hängen des Bükkgebirges mit 4400 ha (2000) Rebfläche; auf wärmespeicherndem Tuff und Kalkstein sowie Tonmergel, Kies und Lehm wachsen v. a. die Rebsorten Fetească albă (Leányka), Welschriesling (Olaszrizling), Gewürztraminer (Tramini), Muskat Ottonel (Ottonel Muskotály) und Hárslevelű, die für sortenreine Weißweine verwendet, während die roten meist zu Egri Bikavér (→Bikavér) verschnitten werden.

EcoVin. Siegel

EDELZWICKER. *Schicksal eines Modeweins*

In den 1970er-Jahren war der elsässische Edelzwicker der bei deutschen Weinfreunden mit Abstand beliebteste trockene Weißwein. Wer der vielfach übertrieben süßen Tropfen aus deutschen Anbaugebieten überdrüssig war, griff fast automatisch nach dem trockenen, relativ leichten Elsässer, der oft auch in qualitativer Hinsicht überzeugte. Ab Mitte des Jahrzehnts, vor allem aber in den 1980er-Jahren, besannen sich mehr und mehr deutsche Winzer darauf, dass man auch an Mosel und Saar, Rhein und Main hochwertige trockene Gewächse erzeugen kann. Zumindest zum Teil war dies auf den Erfolg des Edelzwickers zurückzuführen. Mit dem Ende der 1980er-Jahre entstand dann mit dem italienischen Pinot grigio eine neue Weinmode. Der edle Zwicker, dem Deutschland viele überzeugte Weinfreunde zu verdanken hatte, geriet in Vergessenheit, nicht zuletzt, weil seine Erzeuger in den Jahren des wirtschaftlichen Erfolgs die Qualität oft sträflich vernachlässigt hatten.

Egon Müller-Scharzhof, legendärer Erzeuger edelsüßer Weine im deutschen Anbaugebiet Mosel-Saar-Ruwer, Gemeinde Wiltingen; die Familie besitzt Parzellen auf zwei besten Lagen des Anbaugebiets, dem →Scharzhofberg und der →Braunen Kupp, Letztere sogar im Alleinbesitz.

Das Geheimnis der Weine des Scharzhofes liegt in der strengen Südausrichtung der Steilhänge, in den enormen Temperaturunterschieden zwischen Tag und Nacht, die Komplexität und Aromafülle fördern, sowie in der Bestockung mit bis zu 10000 alten Rebstöcken pro Hektar. Vinifizierung und Ausbau sind eher unspektakulär, die Gärung erfolgt im traditionellen großen Holzfass. Die Weine des Scharzhofbergs sind ausschließlich edelsüß und erzielen auf Versteigerungen des →Großen Rings regelmäßig Flaschenpreise von mehreren tausend Euro. Für trockene oder restsüße Weine verwendet man Trauben von der Braunen Kupp, die unter dem Namen Le Gallais vermarktet werden, des zweiten Weinguts der Familie.

Eden Valley. Im Eden Valley stehen mehr als 130 Jahre alte Syrahstöcke im Ertrag wie hier auf dem berühmten Hill-of-Grace-Weinberg im einst von deutschen Auswanderern gegründeten Weiler Gnadenthal.

Ehrenfels, kleine Steillage des österreichischen Anbaugebiets Kremstal, Gemeinde Senftenberg; auf den nach Süden geneigten kristallinen Gesteinsböden wachsen die Trauben für hervorragende Weine aus den Weißwein-Rebsorten Grüner Veltliner und Riesling.

Ehrenfelser, Weißwein-Rebsorte, die 1929 von Heinrich Birk (*1898, †1973) im Rheingauer Geisenheim aus Riesling und Silvaner gezüchtet und nach Burg Ehrenfels in Rüdesheim benannt wurde; die Sorte ist in ihrem Vegetationszyklus mit dem Riesling vergleichbar und stellt mittlere bis hohe Ansprüche an die Lage. Ehrenfelser wird in Deutschland auf weniger als 200 ha (2002) Rebfläche kultiviert und ist in seiner Verbreitung stark rückläufig. Außerhalb Deutschlands sind kleinere Flächen in den USA und in Kanada mit der Sorte bestockt.

ehrlich, unverfälscht; Begriff der Weinansprache für Weine, die sauber und bis zu einem gewissen Grad sortentypisch sind, ohne jedoch Vielschichtigkeit oder Charakter zu zeigen.

Eichberg, populärer Lagenname in Anbaugebieten des deutschen Sprachraums; die beiden renommiertesten Lagen des Namens sind die der Gemeinde Vogtsburg-Oberrotweil im deutschen Anbaugebiet Baden, Bereich Kaiserstuhl, und die Grand-Cru-Lage der Elsässer Gemeinde Eguisheim bei Colmar. Während auf den schwarzen Vulkanverwitterungsböden (Aschen und Tuffe) des Kaiserstühler Eichbergs v.a. die Grau-, Weiß- und Spätburgunder gedeihen, eignet sich der Elsässer Eichberg mit seinen knapp 60 ha Rebfläche auf Kalkfelsen und Mergeln für Riesling, Gewürztraminer und ebenfalls Grauburgunder (Tokay Pinot gris).

Eichengeschmack, eine Art des →Holzgeschmacks.

Eichenholz, Holz der Baumgattung Eiche, latein. Quercus [zu kelt. kaerquez, »schöner Baum«], eine der bevorzugten Holzarten im Fassbau, v.a. bei kleineren Gebindegrößen wie dem Barrique; diese besondere Eignung ist auf seine Feinporigkeit, seine Elastizität, seine Dichtigkeit und die geschmacklichen Komponenten zurückzuführen, die es an den Wein abgibt, insbesondere seine harmonischen Tannine und Aroma- bzw. Geschmacksstoffe wie Vanillin (→Vanillegeschmack). Im Fass-, insbesondere im Barriquebau werden ausschließlich Bäume eines gewissen Alters und Stammdurchmessers (mindestens 80–100 Jahre, 50 cm Stammdurchmesser) verwendet.

■ **Herkunft:** Traditionell gilt die Herkunft des Holzes als wichtigstes Kriterium bei der Auswahl von Eichenholz bzw. der aus ihm gefertigten Fässer für die Lagerung bestimmter Weine. Während beispielsweise das Holz amerikanischer Eichen traditionell besonders im spanischen Riojagebiet und Australien gefragt ist, werden die großen Gewächse Frankreichs, Italiens, Kaliforniens und anderer führender Weinbaunationen fast ausschließlich in Fässern aus französischer Eiche ausgebaut. Die weltweit größten Vorkommen an Fasseiche gibt es im mittleren Osten der USA und den Ländern der GUS, es folgen Frankreich, die Länder des ehemaligen Jugoslawien und Ungarn. Die bedeutendsten Herkunftsregionen französischer Eiche sind Allier, Limousin, Nevers, Tronçais und Vogesen.

■ **Holzarten:** Zunehmend setzt sich jedoch die Erkenntnis durch, dass andere Faktoren weit bedeutender sind als die bloße Herkunft des Holzes. Insbesondere die botanische Spezies steht dabei im Blickpunkt, die entscheidend für Art und Dichte der Poren und Fasern ist. Dabei ist die Unterscheidung von Eichenarten nicht ganz einfach, da die Spezies leicht mutiert und insgesamt mehr als 400 verschiedene Varianten bekannt sind. Insbesondere in Frankreich herrscht große Unsicherheit bezüglich der botanischen Spezies, weshalb hier auch die Herkunft eine große Bedeutung eingenommen hat, die auf die gesamte Weinwelt abfärbte.

Grundsätzlich unterscheidet man zwischen drei im Fassbau relevanten Arten: der amerikanischen Eiche (Quercus alba) sowie den europäischen Arten der Stein-, Trauben- oder Wintereiche (Quercus petraea bzw. Quercus sessiliflora) bzw. der Stiel- oder Sommereiche (Quercus robur bzw. Quercus peduculata).

Von erheblicher Bedeutung für die geschmacksbildenden Eigenschaften des Eichenholzes sind aber weitere Faktoren wie Art und Alter des einzelnen Baums, die Höhe der Entnahmestelle am Stamm und natürlich die Verarbeitung – Art und Dauer des Ablagerns, das Zerteilen der Stämme (sägen oder spalten) sowie die Intensität des Holzfeuers zum Biegen der Fassdauben, von der die Ausprägung bestimmter Aromen (→Aroma) beeinflusst wird.

Es kann davon ausgegangen werden, dass die aromatischen und geschmacklichen Unterschiede zwischen Hölzern einer Herkunft bzw. Spezies weitaus größer sein können als die zwischen Hölzern unterschiedlicher Art oder Herkunft.

Eimer, altes Hohlmaß, im Allgemeinen zwischen 56,6 und 70 l, in Württemberg zwischen 294 und 307 l. Der Eimer galt in Österreich früher als Normmaß für Wein; Fassgrößen wurden als Vielfaches eines Eimers bis hin zum Tausendeimerfass angegeben.

einbrennen, elementaren →Schwefel zur Konservierung von Holzfässern verbrennen; dabei wird aus dem Schwefel durch die Aufnahme von Sauerstoff Schwefeldioxid gebildet, das gegen schädliche Mikroorganismen schützt. Früher wurden auch Moste und Weine auf diese Weise geschwefelt; da der Schwefelgehalt bei dieser Methode allerdings nicht genau vorherzubestimmen ist, wird inzwischen flüssiges Schwefeldioxid verwendet.

eindicken, veraltet für →konzentrieren.

einfach, ohne geschmackliche Nuancen; Begriff der Weinansprache für Weine, denen Vielschichtigkeit und Ausdruck fehlen.

Einkellerer, Verarbeiter eigener wie auch zugekaufter Trauben zu Wein; schweizerische Bezeichnung in Abgrenzung zum Begriff des Selbstkelterers (→Gutsabfüllung).

einmaischen, Trauben zu →Maische verarbeiten.

Einzellage, eine Art der →Lage.

Einzelpfahlerziehung, eine →Erziehungsform der Weinrebe.

Eisacktal, Eisacktaler, italien. **Valle d'Isarco,** eigenständiger DOC-Bereich der Herkunftsbezeichnung →Südtirol 2); in dem engen Tal nördlich der Landeshauptstadt Bozen stehen knapp 220 ha (1997) unter Reben. Weine aus den Gemeinden Brixen und Vahrn können auch mit der Zusatzbezeichnung Brixner (italienisch di Bressanone) vermarktet werden. Rotweine aus der Umgebung der Stadt Klausen (italienisch Chiusa) können die Zusatzbezeichnung Klausner Leitacher tragen.

Eiswein, deutsche und österreichische Qualitätsstufe für eine bestimmte Art süßer

EISWEIN

Eine Renaissance

Nicht alles ist Eiswein, was sich so nennt. Das meiste, was in der Neuen Welt als »ice wine« erzeugt wird, hätte in Deutschland und Österreich nicht das Recht, sich Eiswein zu nennen, weil es nicht am Rebstock, sondern in der Kühlkammer entstand. Echte Eisweine, wie sie vor allem an Mosel, Rhein, Main oder auch in Niederösterreich erzeugt werden, haben in den letzten Jahren insbesondere auf den Exportmärkten der Deutschen und Österreicher eine überraschende Renaissance erlebt. Selbst Weinfreunde in Italien, Spanien oder auch Frankreich, die sonst wahrscheinlich kaum zu einem deutschen Wein greifen würden, bekommen bei der Erwähnung des magischen Wortes Eiswein leuchtende Augen. Dabei sind die Produktionsmengen naturgemäß extrem begrenzt und vom Witterungsverlauf in den Monaten Oktober bis Dezember abhängig. Der Faszination des Produkts tun diese Unwägbarkeiten und die knappe Verfügbarkeit jedoch keinen Abbruch – im Gegenteil!

Prädikatsweine. Sie werden aus gefrorenen Trauben gekeltert.

Für die Eisweinbereitung gelten präzise Vorschriften: In Deutschland müssen die Trauben bei mindestens –8°C (in einigen Gebieten mindestens –7°C) gelesen werden und beim Keltern noch vollständig gefroren sein. Das vorgeschriebene Mindestmostgewicht liegt je nach Anbaugebiet bei 110–128°Oe, der vorhandene Mindestalkoholgehalt bei 5,5 Vol.-%. In Österreich müssen die Trauben ein Mostgewicht von mindestens 25°KMW aufweisen.

Eisweine sind vom Charakter her meist fruchtbetont, sortentypisch und reintönig und zeigen nur in Ausnahmefällen die Aromen der Edelfäule. In ihnen verbinden sich extrem hohe Säurewerte mit einem enormen Restzuckergehalt, was ihnen ihre legendäre Alterungsfähigkeit verleiht.

■ **Alternative Verfahren:** In einigen Ländern der Neuen Welt werden so genannte Eisweine (englisch ice wine) aus Trauben gekeltert, die nicht am Stock, sondern in Kühlhäusern gefroren wurden. Ihnen fehlt jedoch meist die dem Frost vorangegangene, ungewöhnlich lange Reifezeit am Stock, die gutem Eiswein erst seine fruchtige Finesse und Komplexität verleiht. Süßweine wie der französische Sauternes, die systematisch oder gelegentlich mittels Kryoextraktion (→konzentrieren) erzeugt werden, dürfen nicht unter der Bezeichnung Eiswein vermarktet werden.

ELEGANT. *Eleganz oder Konzentration – keine Alternative*

Die Qualitätsrevolution im Weltweinbau, die in den 1970er- und 1980er-Jahren begann, stand vor allem unter dem Motto: Guter Wein muss konzentriert und kräftig sein. Verständlich war dies vor allem dadurch, dass in den vorhergehenden Jahrzehnten fast ausschließlich auf Produktion möglichst großer Mengen gesetzt wurde, was zumeist dünne, wässrige und nichtssagende Weine zur Folge hatte. Nicht zuletzt aufgrund des großen Einflusses des amerikanischen Weinpapstes Robert Parker scheinen dagegen zu Beginn des 21. Jahrhunderts nur noch üppige, oft zu massive Weine gefragt. Eleganz und Finesse bleiben dabei auf der Strecke. Ein großer Wein aber zeigt Konzentration und Eleganz zugleich, besitzt geschmackliche Finesse und einen langen, aromatischen Abgang. Seine Komponenten wirken immer ausgewogen, und er füllt nicht nur den Mund, sondern betört auch die Sinne.

Eiweiß, gemeinsprachlich für Proteine pflanzlicher Herkunft, die in der Traubenbeere enthalten sind und beim Einmaischen und Pressen freigesetzt werden. Proteine bestehen aus Aminosäuren, d.h. Säuren mit der Aminogruppe NH_2, und sind daher stickstoffhaltig. Zur Stoffgruppe der Proteine gehören auch die →Enzyme.

Bereits beim Einmaischen und Pressen geht ein Teil der nicht enzymatisch wirksamen Proteine unlösliche Verbindungen mit Tanninen ein und fällt aus. Die restlichen, gelösten Proteine gehen in den Wein über und können später **Eiweißtrübungen** verursachen. Die Möglichkeit solcher Trübungen bei bereits gefüllten Weinen ist eine große Belastung für die Weinerzeuger. Deshalb wird Eiweiß durch eine →Schönung entfernt.

■ **Eiweißgehalt:** Die Menge der im Wein enthaltenen Proteine schwankt je nach Jahrgang, Düngung, Gesundheitszustand und Verarbeitungsweise der Trauben; in trockenen, heißen Jahrgängen wird mehr Eiweiß gebildet, Edelfäule dagegen verringert den Eiweißgehalt. Bei der Traubenverarbeitung ist die Intensität der mechanischen Belastung von Bedeutung. In der Rotweinbereitung wird in der Regel durch die erhöhte Aufnahme von Tannin eine natürliche **Eiweißstabilisierung** erreicht.

Eiweißschönung, eine Art der →Schönung.

elaborado, spanisch für erzeugt im Sinne von vinifiziert und ausgebaut.

Elba, DOC-Herkunftsbezeichnung für Weine der zur italienischen Toskana gehörenden gleichnamigen Insel; in dem nur 120 ha (1997) großen Anbaugebiet werden aus den typischen Rebsorten der →Toskana wie Trebbiano, Malvasia bianca, Ansonica, Canaiolo und Sangiovese Weiß-, Rosé- und Rotweine sowie Vin santo, aus Aleatico oder Ansonica auch Vin santo und »passito« erzeugt. Es existiert eine rote Vin-santo-Version (Occhio di pernice) aus Sangiovese und Malvasia nera.

Elbling, Alben, Kleinberger, Weißer Elbling, eine der ältesten Weißwein-Rebsorten Deutschlands, die wahrscheinlich bereits von den Römern eingeführt wurde und auf knapp 800 ha (2002, 1998: 1070 ha) Rebfläche kultiviert wird.

Elblingweine sind blassgelb, neutral im Aroma, relativ alkoholarm und zeichnen sich durch sehr hohe Säurewerte zwischen 12 und 18 g/l aus. Sie eignen sich deshalb hervorragend als Sektgrundwein. In früheren Jahrhunderten war die Sorte in Deutschland weit verbreitet, wurde jedoch vom 17. Jh. an durch Silvaner verdrängt. Vor der Reblauskatastrophe war auch ein großer Teil der Schweizer Rebfläche mit Elbling bestockt, heute findet man ihn nur noch als Rarität bei wenigen Ostschweizer Winzern. Lediglich an der oberen Mosel (→Mosel-Saar-Ruwer) belegt Elbling noch etwa 80% der Rebflächen.

El Dorado, AVA-Herkunftsbezeichnung der kalifornischen Weinbauzone Sierra Foothills; der Großteil der nur etwa 400 ha Rebfläche liegt auf einer Höhe von etwa 500 m ü. M. und genießt deutlich kühlere klimatische Bedingungen als Nachbargebiete wie →Amador. Während dort Zinfandel und Rhône-Rebsorten dominieren, werden in El Dorado die typischen Weiß- und Rotwein-Rebsorten des Bordeauxgebiets, aber auch die italienischen Arten Barbera und Sangiovese kultiviert.

elegant, fein und ausgewogen; Begriff der Weinansprache für vielschichtige Weine, deren geruchliche und geschmackliche Komponenten markant sind, aber dennoch ausgewogen wirken.

elegante, italienisch für die Geschmacksbezeichnung elegant.

élevage [elə'vaʒ], französisch für Ausbau (→ausbauen); als **éleveur** oder négociant-éleveur (→négociant) wird eine bestimmte Art von Kellereibetrieb bezeichnet.

élevé [el(ə)'ve], französisch für ausgebaut; oft im Zusammenhang mit Barriqueausbau verwendet (z. B. élevé en fûts de chêne »in Eichenfässern ausgebaut«).

Elgin [ˈɛlgɪn], Bereich (Ward) der südafrikanischen Weinbauregion Overberg, der zu keinem der offiziellen Weinbaudistrikte gehört.

Das Gebiet auf dem Bergrücken zwischen der False Bay bzw. →Stellenbosch einerseits und →Walker Bay andererseits war bis in die 1990er-Jahre ein Zentrum des südafrikani-

Elsass. Erntezeit im Elsass: Zuerst werden die Trauben für die zahlreichen Sortenweine gelesen, anschließend die edelfaulen Qualitäten für Vendanges tardives und Sélections de grains nobles.

schen Obstbaus und der Apfelindustrie. Seit diese unter einer tiefen Krise leidet, wachsen die Anstrengungen, die Apfelkulturen durch Weinberge zu ersetzen. Aufgrund seines im Vergleich zum Rest des Landes kühlen Klimas gilt Elgin als ein mögliches zukünftiges Zentrum der Cool Climate Viticulture. Zwar existiert im Gebiet selbst nur ein einziger relevanter Erzeugerbetrieb, aber einige der bekanntesten Kellereien von Stellenbosch führen Weine der Herkunftsbezeichnung Elgin in ihrem Sortiment.

Elsass, französ. **Alsace** [al'zas], französische Weinbauregion zwischen dem linken Ufer des Oberrheins und den Vogesen; das knapp 15 000 ha (2002) große Anbaugebiet erstreckt sich über eine Länge von 120 km und insgesamt 119 Gemeinden südlich, zum kleineren Teil auch nördlich der Stadt Straßburg.

Die Region erzeugt durchschnittlich etwa 1,2 Mio. hl A. C.-Wein im Jahr oder 19 % der französischen Qualitätsweinproduktion, das entspricht 160 Mio. Flaschen, von denen ein Viertel exportiert wird. Etwa 13 % der Weinproduktion werden zu Crémant d'Alsace verarbeitet, einem flaschenvergorenen Schaumwein, dessen Grundweine vorwiegend aus Grau- und Spätburgunder sowie Riesling und Chardonnay gekeltert werden.

■ **Böden und Klima:** Durch die Vogesen vor atlantischen Einflüssen geschützt, genießt das Elsass halbkontinentales, relativ warmes Klima mit den niedrigsten Niederschlagsmengen aller französischen Weinbauregionen. Die Böden stellen ein Mosaik aus Granit, Kalkstein, Mergel, Gneis, Schiefer und Sandstein dar, die die Grundlage für unterschiedlichste Weinbergsterroirs bilden. Bei den besten Lagen, den Grands Crus, überwiegen Ton- und Kalkmergel sowie Granit.

■ **Rebsorten und Weintypen:** Zu knapp 91 % werden in der Region Weißwein-Rebsorten kultiviert, allen voran Riesling mit 22,5 und Weißburgunder (Pinot blanc,

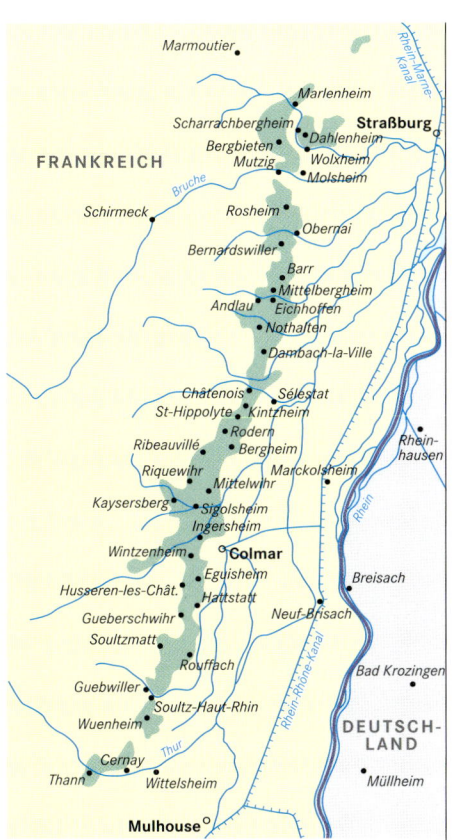

Elsass. Das östlichste Anbaugebiet Frankreichs liegt westlich des Oberrheins.

Dem Fremdenverkehr geht es gut

nomie ist eines der beliebtesten Reise- und Ausflugsziele Mitteleuropas. Der ununterbrochene Zufluss von Besuchern hat aber gerade im Weinbau nicht nur Gutes bewirkt.

Zwar sichert er den meisten Winzern ein anständiges Auskommen, er sorgt aber auch dafür, dass viele angesichts des Jahrzehnte lang sicheren Absatzes großer Weinmengen kaum Anstrengungen in Richtung höherer Qualität unternehmen. Der Weinexport der Region, insbesondere nach Deutschland, hat indes seit Mitte der 1990er-Jahre unter diesem Phänomen deutlich gelitten. Da auch in der Gastronomie jenseits der wenigen Spitzenbetriebe Mittelmaß herrscht, besteht die Gefahr, dass die Besucher eines Tages ausbleiben könnten – abgeschreckt von so viel Laissez-faire und Laissez-aller.

Das französische Elsass mit seinen malerischen Weinbergen, seinen romantischen Fachwerkdörfern und seiner Spitzengastro-

---

Klevner) mit 21 %. Dahinter folgen Gewürztraminer, Grauburgunder (Tokay Pinot gris), Silvaner (Sylvaner) und Spätburgunder (Pinot noir).

Der Großteil der Weine wird reinsortig ausgebaut; eine Ausnahme stellt v. a. der →Edelzwicker dar. In Anlehnung an die Systematik des deutschen Qualitätsweinsystems ist der Name der Rebsorte bei Elsässer A. C.-Weinen in Kombination mit dem generischen A. C.-Namen →Alsace 2) Bestandteil der Herkunftsbezeichnung. Vom französischen Weinbau jenseits der Vogesen haben die Elsässer dagegen das System einer Lagenklassifizierung, die Grands Crus übernommen.

Hinsichtlich der erzeugten Weintypen steht das Elsass derzeit im Widerstreit der Anforderungen verschiedener Märkte, von denen ein Teil eher trockene, der andere restsüße Weine verlangt. Dies führt zu einer gewissen stilistischen Unsicherheit: einerseits zu übermäßig süßen Weinen der A. C.-Alsace und andererseits zu gelegentlich verblüffend trockenen Weinen der eigentlich rest- bis edelsüßen Weintypen →Vendange tardive und →Sélection de grains nobles.

embotellado [imbuteˈʎaðɔ], portugiesisch für abgefüllt.

Emilia-Romagna, Weinbauregion des nördlichen Italien, die mit 58 300 ha (1998) Rebfläche und etwa 6–7 Mio. hl. im Jahr an vierter Stelle der Weinbauregionen des Landes liegt; davon besitzen aber nur wenig mehr als zehn Prozent DOC-Status. 45 % der Rebflächen sind mit weißen Rebsorten wie Albana oder Trebbiano bestockt, der Rest mit roten, allen voran →Lambrusco in seinen verschiedenen Varianten und Sangiovese.

Die wichtigsten DOC-Herkunftsbezeichnungen der Emilia-Romagna sind Albana di Romagna, Colli Bolognesi, Colli di Parma, Colli Piacentini sowie die drei Lambrusco-Appellationen Lambrusco di Sorbara, Lambrusco Grasparossa di Castelvetro und Lambrusco Salamino di Santa Croce. Die interessantesten Weine kommen seit Ende der 1990er-Jahre aus den Gebieten von Colli Piacentini, Sangiovese di Romagna und Colli Bolognesi.

empyreumatisch, brenzlig, an Rauch, Verbranntes, Geröstetes oder Teer erinnernd; Begriff der Weinansprache für eine Gruppe von Weinaromen, die v. a. dann in Erscheinung treten, wenn die Weine in stark getoasteten →Barriques ausgebaut wurden. Teergeruch ist eine Eigenschaft gereifter Rotweine.

encépagement [ɑ̃sepaʒɔˈmɑ̃], französisch für Rebsortenspiegel in Bezug auf die Zusammensetzung einzelner Weinberge, ganzer Appellationen oder auch bestimmter Weine (→Verschnitt).

encorpado [inkurˈpaðu], portugiesisch für die Geschmacksbezeichnung körperreich.

engarrafado [ingɐrɐˈfaˈðu], portugiesisch für abgefüllt.

England, Weinbau treibender Landesteil von →Großbritannien.

enologia [enoloˈdʒiːa], italienisch für Önologie; der enologo ist ein Önologe.

enología [enolɔˈxia], spanisch für Önologie; der enólogo ist ein Önologe.

enology [ɪˈnɔlədʒi], englisch für Önologie; der enologist ist ein Önologe.

Enoteca [italien.], Weinfachhandelsgeschäft, ursprünglich eine Sammlung wertvoller Weine. – Abb. S. 158

Enotria, von →Oinotria abgeleiteter Name für das Weinbauland Italien.

en primeur [ã pri'mœr], französische Bezeichnung für eine spezielle Art und Weise der →Subskription von noch nicht gefüllten Weinen des jeweils jüngsten Jahrgangs, die ursprünglich aus dem französischen Bordeauxgebiet stammt. Zum En-primeur-Verkauf gehört eine groß angelegte Verkostung von Fassproben des jungen Weins, die meist im März oder April stattfindet. Anschließend legen die Châteaux ihre so genannten Primeur-Preise fest, die der Handel – und in Fortsetzung der Kette der Endverbraucher, der diese Weine subskribiert – bereits bei der Bestellung bezahlt, während die Weine erst nach der Flaschenfüllung im folgenden Jahr ausgeliefert werden.

entfärben, Mosten oder Weinen Farbe entziehen; das Entfärben findet bei der Erzeugung von Weißweinen und von weißgepressten Weinen aus Rotwein-Rebsorten bzw. von Blancs de noirs Anwendung.

Weißweine werden entfärbt, wenn sie aufgrund längerer Maischestandzeiten oder entsprechenden Leseguts eine zu intensive Farbprägung bekommen haben. Bei weißgepressten Weinen oder Blancs de noirs wird durch das Entfärben eine eventuelle, leicht rötliche Färbung entfernt, um die fertigen Produkte wie Weißweine bzw. weiße Schaumweine wirken zu lassen. Zum Entfärben wird häufig Aktivkohle verwendet, aber auch bestimmte Arten der Schönung, Schwefelung oder des Filtrierens haben entfärbende Wirkung. Die Anwendung von Aktivkohle ist bei weißgepressten Weinen bzw. Blancs de noirs verboten. In der Schweiz ist das Entfärben von Stillweinen generell verboten.

entrappen, →abbeeren.

Entre Arve et Lac [ãtrarv e lak], Schweizer Anbaugebiet im Kanton →Genf, nordöst-

ELSASS: GRAND-CRU-LAGEN			
Lage	**Ortschaften**	**Lage**	**Ortschaften**
Altenberg	Bergbieten	Moenchberg	Andlau und Eichhoffen
Altenberg	Bergheim	Muenchberg	Nothalten
Altenberg	Wolxheim	Ollwiller	Wuenheim
Brand	Turckheim	Osterberg	Ribeauvillé
Bruderthal	Molsheim	Pfersigberg	Eguisheim und Wettolsheim
Eichberg	Eguisheim		
Engelberg	Dahlenheim und Scharrachbergheim	Pfingstberg	Orschwihr
		Praelatenberg	Kintzheim
Florimont	Ingersheim und Katzenthal	Rangen	Thann und Vieux-Thann
		Rosacker	Hunawihr
Frankstein	Dambach la Ville	Saering	Guebwiller
Froehn	Zellenberg	Schlossberg	Kientzheim
Furstentum	Kientzheim und Sigolsheim	Schoenenbourg	Riquewihr und Zellenberg
Geisberg	Ribeauvillé	Sommerberg	Niedermorschwihr und Katzenthal
Gloeckelberg	Rodern und St. Hippolyte		
Goldert	Gueberschwihr	Sonnenglanz	Beblenheim
Hatschbourg	Hattstatt und Voegtlinshoffen	Spiegel	Bergholtz und Guebwiller
		Sporen	Riquewihr
Hengst	Wintzenheim	Steinert	Pfaffenheim und Westhalten
Kanzlerberg	Bergheim		
Kastelberg	Andlau	Steingrubler	Wettolsheim
Kessler	Guebwiller	Steinklotz	Marlenheim
Kirchberg	Barr	Vorbourg	Rouffach und Westhalten
Kirchberg	Ribeauvillé	Wiebelsberg	Andlau
Kitterlé	Guebwiller	Wineck-Schlossberg	Katzenthal und Ammerschwihr
Mambourg	Sigolsheim		
Mandelberg	Mittelwihr und Beblenheim	Winzenberg	Blienschwiller
		Zinnkoepflé	Soultzmatt und Westhalten
Marckrain	Bennwihr und Sigolsheim	Zotzenberg	Mittelbergheim

Enoteca. Weinlager bedeutet das italienische »Enoteca« ursprünglich – und dieser Definition entspricht der spektakuläre Keller des Restaurants Checchino in der Heiligen Stadt fast perfekt.

lich der Stadt Genf zwischen dem Fluss Arve und dem linken Ufer des Genfersees gelegen; das Gebiet wird von Mischkulturen mit vielen kleinen Rebflächen dominiert. Von den mittelschweren, kiesigen Böden kommen spritzige, angenehm herbe Weine.

Entre Arve et Rhône [ãtrarv e ro:n], Schweizer Anbaugebiet im Kanton →Genf, südwestlich der Stadt Genf zwischen den Flüssen Rhône und Arve gelegen; von den kiesigen, teilweise sehr kalkhaltigen Böden kommen Weine mit viel Finesse.

Entre-deux-Mers [ãtr dœ mɛr, französ., »zwischen zwei Meeren« zu latein. inter duo maria »zwischen zwei von den Gezeiten beeinflussten Flussläufen«], Bereich des französischen Bordeauxgebiets zwischen den Flüssen (Meeren) Dordogne und Garonne; mit einer Rebfläche von 25 000 ha (2002) besitzt das Entre-deux-Mers die größte Rebfläche im Département Gironde.

ENTWICKLUNG. *Schmecken große Weine schon jung?*

Noch vor wenigen Jahrzehnten galt in vielen Weinbaugebieten ein Wein nur dann als groß und alterungsfähig, wenn er sich in der Jugend hart und unnahbar gab und sein hoher Säure- oder Tanningehalt ihn fast untrinkbar machte. In Zeiten, in denen in Flaschen gefüllte Weine vorwiegend in den Kellern des europäischen Blut- und Geldadels landeten, um zum Bestandteil der Erbmasse für nachfolgende Generationen zu werden, war diese Haltung verständlich. Allerdings lag ihr schon damals der Irrglaube zugrunde, nur Weine mit sehr hohen Säure- oder Tanninkonzentrationen könnten altern. Die moderne Önologie hat dieses Vorurteil nicht nur widerlegt, sie hat den Weinmachern auch ein Instrumentarium an die Hand gegeben, den Säuregehalt und die Tanninextraktion so zu steuern, dass die Weine bereits in der Jugend Trinkvergnügen bereiten und gute Alterungsfähigkeit besitzen. Zwar stammen die ältesten Jahrgänge der neuen Schule des Weinmachens nur aus den 1980er-Jahren, aber sie zeigen mit ihrer Frische und Lebendigkeit, dass modern gemachte große Weine eine Lebenserwartung von mindestens zwei oder drei Jahrzehnten haben können.

Die Böden des Gebiets werden von einer dicken Kalksteinschicht gebildet, die im Süden, im Bereich der Appellation Premières Côtes de Bordeaux, von schottrigem Lehm bedeckt ist. Das bis zu 100 m hohe Plateau ist durch kleine, tief in die Landschaft eingeschnittene Wasserläufe gegliedert, deren steile Uferhänge von Höhlen durchsetzt sind.

■ **Appellationen:** Die wichtigste Herkunftsbezeichnung trägt den Namen des Gebiets und umfasst 1800 ha (2002) Rebfläche, die zum Großteil mit den Weißwein-Rebsorten Sémillon, Sauvignon blanc und Muscadelle bestockt sind. Rotweine aus dem Bereich der A. C. Entre-deux-Mers werden unter den Appellationen →Bordeaux oder Bordeaux Supérieur vermarktet.

Am Südrand, auf der Langon gegenüberliegenden Seite der Garonne, befindet sich das kleine Gebiet des **Entre-deux-Mers Haut-Bénauge,** ebenfalls eine Weißweinappellation, deren Weine ein etwas höheres Prestige als Entre-deux-Mers besitzen; sofern sie ausschließlich aus Sémillon, Sauvignon blanc und Muscadelle gekeltert sind, können sie auch als Bordeaux Haut-Bénauge firmieren.

Darüber hinaus findet man im Großbereich Entre-deux-Mers noch fünf Süßweinappellationen: Neben den renommierten von →Loupiac und →Cadillac sind dies **Sainte-Foy-Bordeaux** am Ostrand der Gironde sowie **Sainte-Croix du Mont** mit 465 ha (2002) und Côtes de Bordeaux-Saint-Macaire mit 60 ha (2002) in der Nähe der Stadt Langon.

entsäuern, Säure entziehen (→Säureabbau).

entschleimen, →klären.

entschwefeln, den Gehalt an schwefliger Säure (→Schwefel) bei Süßreserve vor dem Verschneiden mit Wein herabsetzen; da Süßreserve zwar einerseits mit hohen Schwefelkonzentrationen stumm gemacht werden muss, andererseits aber beim fertigen Wein strenge Grenzwerte eingehalten werden müssen, wird dem süßen Most in speziellen Entschwefelungsanlagen schweflige Säure entzogen. Dabei wird er erhitzt, das verdampfende Schwefelgas ausgetrieben und die schweflige Säure anschließend mit Kalkmilch neutralisiert.

Entwässerung, Drainage (→Weinberg).

Entwicklung, die Gesamtheit der Reife- und Alterungsprozesse beim Wein; von Entwicklung spricht man sowohl beim Ausbau des Weins im Holzfass, der zur Harmonisierung seiner Komponenten beitragen soll, wie auch bei der Reife in der Flasche. Große Weine entwickeln sich über Jahre oder Jahrzehnte zu ihrem organoleptischen Höhepunkt, an dem sie ein Maximum an aromatischer und geschmacklicher Komplexität erreicht haben.

■ SIEHE AUCH
→ altern · ausbauen · Bukett · Ernte · Farbe ·
Firne · Haltbarkeit · Kork · Lufteinfluss · Reife 3) · Rotwein · Temperatur · Weißwein

Enzyme [zu griech. en »in« und zýmē
»Sauerteig«], **Fermente,** organische Verbin-
dungen aus der Stoffgruppe der Proteine,
hochmolekulare Eiweißstoffe, die chemische
Reaktionen beschleunigen und deshalb auch
Biokatalysatoren genannt werden.

Alle für die Weinbereitung relevanten Enzyme sind bereits in der Natur vorhanden: in
den Beeren, in Pilzen, in der göräktiven Hefe
oder in Bakterien. Die wichtigsten enzymatisch gesteuerten Prozesse beim Weinmachen
sind die →Gärung und der biologische Säureabbau (→Säureabbau). Dabei beschleunigen
höhere Temperaturen die Wirksamkeit des
Enzyms auf das Substrat, die chemische Substanz, auf die das Enzym einwirkt, niedrigere
Temperaturen müssen durch längere Einwirk-
zeit kompensiert werden. Durch bestimmte
Eingriffe (Erhitzen, Schönung, Filtration)
kann die Wirksamkeit der Enzyme unterbunden, unterbrochen oder eingeschränkt werden.

■ **Anwendung:** Für die Weinbehandlung
ist die Zugabe bestimmter Enzyme zugelassen, so kann durch eine **Enzymbehandlung**
die **enzymatische Klärung** beschleunigt
werden; Klärschönungen (→Schönung) können danach oftmals unterbleiben. Auch in der
modernen Analytik werden die spezifischen
Eigenschaften von Enzymen genutzt. Durch
die so genannte **enzymatische Analyse** können wertbestimmende Inhaltsstoffe des Weines schneller und preisgünstiger als früher bestimmt werden.

Épesses [e'pɛs], Herkunftsbezeichnung
für Weißweine aus der Waadtländer Weinbauregion →Lavaux; aus der Rebsorte Gutedel
(Chasselas) werden fruchtige und würzige
Weine erzeugt, die zu den beliebtesten Weißen der Schweiz gehören.

equilibrato, italienisch für die Geschmacksbezeichnung harmonisch.

équilibré [ekili'bre], französisch für die
Geschmacksbezeichnung harmonisch.

erbaceo [er'baːtʃeɔ], italienisch für die
Geschmacksbezeichnungen grasig, vegetabil
oder krautig.

Erbaluce [ɛrba'luːtʃe], Weißwein-Rebsorte der italienischen Region Piemont, die auf
etwa 240 ha (1997) Rebfläche im Norden und
Nordwesten der Region kultiviert und als
Still-, Schaum- und Dessertwein ausgebaut
wird; die wichtigste Herkunftsbezeichnung ist
Erbaluce di Caluso.

erdig, leicht modrig; Begriff der Weinansprache für rustikale Aroma- oder Geschmacksnoten ohne fruchtige, blumige oder
mineralische Komponenten. Der Begriff wird
häufig, aber oft unpräzise v. a. für Silvaner ver-

wendet, gelegentlich auch kritisch für muffige, fehlerhafte Weine.

Erdtrauben, →Bodentrauben.

Erhaltungsdüngung, eine Art des
→Düngens.

Erhaltungszüchtung, eine Art der
→Rebzüchtung.

erhitzen, Maische, Most oder Wein in
der Regel kurzfristig und stark erwärmen, um
bestimmte Prozesse in Gang zu setzen oder ihren Ablauf zu begünstigen; durch Erhitzen
kann beispielsweise die Wirkung von →Enzy-
men oder die Farbausbeute bei →Rotweinen
gesteuert werden. Auch beim →Abstoppen,
beim →Pasteurisieren oder beim Herstellen
von →Süßreserve wird das Produkt gegebenenfalls erhitzt.

Ermitage, Ermitage blanc, →Marsanne.

Ernte. Erntearbeiter
versammeln sich nach
getaner Tagesarbeit im
Rheingauer Schloss
Vollrads.

Ernte, Lese, Weinlese, Einbringen der
reifen Weintrauben im Herbst; die Ernte findet auf der nördlichen Erdhalbkugel in der Regel zwischen Ende August und Ende November, auf der südlichen zwischen Februar und
Anfang Mai statt. Sie ist der wahrscheinlich
wichtigste Moment des Jahres in der Arbeit
des Winzers; ihr Zeitpunkt und die Art ihrer
Durchführung bestimmen maßgeblich die
Qualität des Weins.

Die Festlegung des **Erntezeitpunkts** ist
von mehreren Faktoren abhängig, v.a. aber
vom Reifegrad und vom Gesundheitszustand
der Trauben. Dabei spielen der Zucker- und
Säuregehalt, die Entwicklung der Aromen und
der Tannine sowie ein eventueller Befall der
Beeren durch Botrytis eine Rolle.

■ **Erntezeitpunkt:** In der Reifeperiode
erhöht sich der Zuckergehalt der Beeren
kontinuierlich. Parallel dazu wird Säure abgebaut, und es entsteht während eines relativ
kurzen Zeitraums ein für die jeweilige Rebsorte und das Anbaugebiet charakteristisches

Zucker-Säure-Verhältnis. Gleichzeitig können wesentliche Veränderungen in der Ausprägung der Aromen und im Geschmack der Tannine festgestellt werden, weshalb das Kosten der Beeren neben der Laboranalyse von Zucker- und Säurewerten für die Bestimmung des Erntezeitpunkts von großer Bedeutung ist.

Erstes Gewächs. Der Rheingauer Schlossberg gehört zu den berümtesten und besten Weinbergslagen Deutschlands.

Neben dem Reifeverhalten der Rebsorte und den allgemeinen Bedingungen im Anbaugebiet spielt das Wetter eine maßgebliche Rolle bei der Bestimmung des Erntetermins. Es stellt den größten Risikofaktor während der Weinlese dar, ist aber auch für die Entwicklung eines bestimmten Jahrgangstypus des fertigen Weins entscheidend, wobei die Jahrgangsunterschiede in kühleren Anbaugebieten witterungsbedingt größer ausfallen als in wärmeren.

■ **Etappen:** Mehr und mehr wird der Erntetermin in Abhängigkeit vom späteren Verwendungszweck der Trauben bestimmt. So werden zur Bereitung von Sektgrundweinen oder von Traubensaft frühere Erntetermine gewählt, um möglichst gesunde Trauben mit höherem Säuregehalt zu ernten. Man gliedert die gesamte Erntezeit daher in diese so genannte **Frühlese**, bei der früh reifende Traubensorten und bestimmte Traubenqualitäten geerntet werden, die anschließende, eigentliche **Hauptlese** und die →Spätlese I), bei der sehr spät reifende Rebsorten bzw. voll- und überreife oder sogar edelfaule Qualitäten geerntet werden. Zunehmend wird bei zu erwartenden hohen Erträgen und bei der Erzeugung von Spitzenweinen im Sommer eine zusätzliche, so genannte grüne Lese (→ausdünnen) durchgeführt.

Bei frühen Ernteterminen und bei gesundem Lesegut kommen häufig →Vollernter zum Einsatz, wobei sich das Lesegut in qualitativer Hinsicht meist nicht mehr von handgelesenen Trauben unterscheidet. Für die Erzeugung von hochwertigen Weinen findet die Ernte allerdings meist noch als Handlese statt; sie ist für →Prädikatsweine und in bestimmten Anbaugebieten (z. B. in der Champagne) sogar zwingend vorgeschrieben.

Nur bei Handlese können unreifes oder geschädigtes Lesegut verworfen (Negativlese) oder hochreife Edelbeeren separat geerntet werden (Positivlese). Im Rahmen einer so genannten **Vorlese**, d.h. eines separaten Arbeitsgangs vor der eigentlichen Weinlese, werden per Handlese z.B. angefaulte Trauben entfernt, damit mit der Lese der verbleibenden, gesunden Trauben bis zur Vollreife gewartet werden kann.

Ernte für das Leben, früherer Name für →Bio Ernte Austria®.

Erntemaschine, →Vollernter.

Erntezeitpunkt, der (richtige, ideale) Moment für die →Ernte.

Erosion, durch Wind und Wasser bewirkte Abtragung von Weinbergsboden; insbesondere nach starken Regenfällen und oberflächlichem Abfluss des Wassers kann es insbesondere in Hang- und Steillagen zu starker Erosion kommen. Als erosionsgefährdet gelten besonders feinerdehaltige Böden, die leicht verschlämmen. Die wichtigste Maßnahme zur Verhinderung von Erosion ist die →Begrünung, wobei die Wurzeln der Begrünungspflanzen die Erde vor dem Abschwemmen schützen. Auch Terrassen und rechtwinklig zur Hangneigung verlaufende Rebzeilen (Kleinterrassen) bieten einen gewissen Schutz.

Erstes Gewächs, Erste Lage, Großes Gewächs, qualitativ hochwertige Weinbergslage; in Deutschland und Österreich gebräuchliche Bezeichnung, die vom französischen Konzept des →Cru und der Lagenklassifizierung (→Klassifizierung) abgeleitet ist.

In den 1990er-Jahren gab es in beiden Ländern Bestrebungen, eine nach diesem Vorbild gestaltete Klassifizierung einzuführen, die allerdings nur in Deutschland breitere Anerkennung fand. Insbesondere der Verband Deutscher Prädikatsweingüter (VDP) förderte die Definition und Anerkennung solcher Spitzenlagen und verabschiedete im Jahr 2002 Statuten, mit denen die Begriffe Großes Gewächs bzw. Erstes Gewächs (Rheingau) oder Erste Lage (Mosel-Saar-Ruwer) zu offiziellen Markenzeichen des Verbands gemacht wurden, deren Führen auf dem Flaschenetikett auch vom Gesetzgeber erlaubt wurde.

Die Statuten sehen eine dreistufige Gliederung des Weinangebots der Mitglieder vor: an der Basis einfache Gutsweine, die ohne Lagenbezeichnung gefüllt werden, darüber Weine mit Lagenbezeichnung, wofür nur Gewächse infrage kommen, die tatsächlich Lagen-Charakteristika aufweisen. An der Spitze der Pyramide sollen Große Gewächse stehen, für die strengere Kontrollen und ein Höchstertrag von 50 hl/ha gelten. Ursprünglich war vorgesehen, dass nur trocken ausgebaute Weine diese Bezeichnungen führen dürfen, aber nach Protesten des VDP-Regionalverbands Mosel-Saar-Ruwer existiert diese Möglichkeit inzwischen auch für die edelsüßen Weine dieses Anbaugebietes.

Ertrag, Erntemenge bzw. Ernteausbeute, die im Weinbau als Gewicht der gelesenen Trauben oder als Volumen des daraus erzeugten Mosts bzw. Weins angegeben wird; der Ertrag ist eine auf eine Wirtschaftseinheit (Betrieb, Anbaugebiet, Region), eine Flächeneinheit (Hektar) oder einen Rebstock bezogene Größe, gelegentlich wird auch die Mostausbeute als Mostertrag bezeichnet.

■ **Qualitätsweinbau:** Der Ertrag im Sinne des Hektar- oder Stockertrags ist einer der wichtigsten Parameter, die bei der Erzeugung hochwertiger Trauben und Weine zu beachten sind. Auch im Weinbau gilt das so genannte Menge-Güte-Gesetz, nach dem innerhalb gewisser Grenzen eine niedrigere Ertragsmenge höhere Qualität des Produkts bedeutet. In zahlreichen Ländern wurden deshalb bereits früh entsprechende Gesetze zur **Ertragsbegrenzung** im Qualitätsweinbau erlassen, wobei meist die Möglichkeit existiert, gewisse Überproduktionsmengen zu tolerieren.

Eine der strengsten Regelungen dieser Art kennt das französische Appellationssystem, das mit Ausnahme des Elsass keine Erträge von mehr als 50 hl/ha zulässt, in Spitzenappellationen oft sogar nur von 35 hl/ha. Während der erlaubte Höchstertrag hier direkt in Form der erlaubten Weinmenge vorgeschrieben ist, kennen andere Länder wie Italien Ertragsregelungen in Form eines festgelegten Traubengewichts (dz/ha oder t/ha) bei der Ernte, die durch Vorschriften über die Mostausbeute ergänzt werden können.

In Deutschland und Österreich sind die Erträge erst seit wenigen Jahren und sehr viel allgemeiner reguliert. Das deutsche Weingesetz sieht seit 1989 Höchsterträge vor, überlässt es aber den einzelnen Landesregierungen, für die verschiedenen Qualitätsstufen Werte festzulegen, die zwischen 75 und 150 hl/ha liegen können, d.h. wesentlich höher angesetzt sind als die in Frankreich geltenden. Während die durchschnittlichen Erträge vor der Einführung der Höchsterträge in einigen Anbaugebieten bei 160 hl/ha lagen, schwanken sie seither zwischen 80 und 140 hl/ha, was von Kritikern immer noch als viel zu hoch erachtet wird.

Das österreichische Weingesetz sieht für Tafelweine keine, für Land- und Qualitätsweine eine Ertragsbegrenzung auf 90 dz/ha Trauben bzw. 67,5 hl/ha Wein vor. In der Schweiz gelten bundesweit folgende Höchsterträge: 140 dz/ha für Rotwein- und 120 dz/ha für Weißwein-Rebsorten. Die einzelnen Kantone können allerdings strengere Richtlinien erlassen.

■ **Ertragsregulierung:** Die Frage, ob der Hektar- oder der Stockertrag als relevantere Größe hinsichtlich der Weinqualität zu gelten habe, ist in der Fachwelt umstritten. Viele Winzer schwören auf einen Stockertrag, der ein Kilogramm nicht überschreitet, aber bei Weinbergen mit einer Pflanzdichte von 10 000 Rebstöcken pro Hektar ergäbe dies einen sehr hohen Hektarertrag von 100 dz. Erfahrene Winzer regulieren ihren Ernteertrag deshalb nicht in Abhängigkeit von festen numerischen Größen, sondern durch genaue Beobachtung der Traubenzahl pro Stock, der Traubengröße und -form sowie des Witterungsverlaufs aufgrund von langjährigen Erfahrungswerten für die jeweilige Rebsorte und Weinbergslage.

Der Ertrag wird durch eine Reihe von Entscheidungen grundsätzlicher Art und von Maßnahmen bei der Weinbergsarbeit beeinflusst: Dazu gehört v.a. die Wahl der richtigen Unterlage, die an die jeweilige Rebsorte sowie an Böden und klimatische Bedingungen angepasst sein muss. Auch die Wahl einer speziellen Erziehungsform beeinflusst die späteren Erntemengen. Die direkte Regulierung des jeweiligen Jahresertrages findet dann v.a. durch einen entsprechenden Winterschnitt und durch eventuelles Ausdünnen im Sommer statt. Last but not least wird der Ertrag durch bestimmte Auslesepraktiken bei der Lese be-

---

ERTRAG. *Weniger ist mehr!*

Kaum eine Frage ist im Weinbau umstrittener als die der erlaubten und sinnvollen Erträge. Vor allem die Verantwortlichen des deutschen Weinbaus haben dabei lange die Augen vor den Erfahrungen der wichtigsten anderen Weinbauländer verschlossen, in denen die Ertragsmengen für Spitzenappellationen schon seit Jahrzehnten teilweise drastisch begrenzt sind.

Während man in Bordeaux, im Burgund, im Barologebiet oder in der Toskana davon überzeugt ist, dass wirklich große Weine nur dort zu erzeugen sind, wo die tatsächlichen Ernteerträge sogar noch unterhalb des gesetzlich erlaubten Limits gehalten werden, herrschte in vielen deutschen Anbaugebieten lange Zeit die Meinung vor, man könne auch bei hohen oder höchsten Erträgen Spitzenweine erzeugen. Das führte dazu, dass eine gesetzliche Regulierung hier erst spät und nur auf massiven Druck der Europäischen Union zustande kam. Dass diese immer noch von viel zu hohen Grenzwerten ausgeht, beweisen einerseits die sehr viel strengeren Bestimmungen für die neue Qualitätsstufe »Selection«, andererseits verbandsinterne Regelungen wie die des Verbands Deutscher Prädikatsweingüter, in denen die Ertragsgrenze für Weine der Kategorie »Großes Gewächs« auf 50 hl/ha festgelegt ist.

stimmt, wie sie v.a. bei der Erzeugung von Spezialitäten aus edelfaulen Trauben zum Zuge kommen.

■ SIEHE AUCH
→ Appellation · Ausbeute · ausdünnen · Deutschland · düngen · Erstes Gewächs · Erziehungsformen · Frankreich · Italien · Mostausbeute · Nährstoffe · Rebkrankheiten · Rebschnitt · Rebzüchtung · Stockdichte · Stress · Unterlage · verrieseln · Weinbergsarbeit

Erzeuger, Erzeugerbetrieb, im Sinne des Weingesetzes ein Weinbaubetrieb oder Zusammenschluss von Weingütern (→Genossenschaft), der Trauben von eigenen Weinbergen verarbeitet und seine Weine selbst abfüllt;

die fertigen Produkte werden als **Erzeugerabfüllung** bezeichnet, ein Begriff, der weiter gefasst ist als der der →Gutsabfüllung. Der Begriff des Erzeugers ist in Abgrenzung zu dem des Abfüllers (→abfüllen) definiert. Ein Erzeuger, der seine Weine selbst an den Handel oder an Endverbraucher verkauft, wird als **Selbstvermarkter** bezeichnet.

Erziehungsformen, Erziehungssysteme, Art der Gestaltung von Rebstöcken bzw. ihrer Wachstumsform, die v.a. in der Wahl eines bestimmten Stützsystems für die Rebstämme und das einjährige Holz (Fruchtruten) sowie einer bestimmten Art des →Rebschnitts besteht.

Das Ziel dieser Maßnahmen ist es, ein harmonisches Verhältnis von Altholz, Fruchtholz, Blättern und Trauben zu erreichen und die Belichtung der **Laubwand** zu optimieren. Hierdurch werden Ertrag und Qualität gesteuert; dem Auftreten von Rebkrankheiten wird vorgebeugt. Erziehungsformen mit hoher Luftdurchlässigkeit der Blattwand wie beispielsweise die Spaliererziehung fördern schnelles Abtrocknen von Blättern und Trauben nach Niederschlägen, sodass sich insbesondere Pilzkrankheiten nur schwer ausbreiten können.

Die Wahl der Erziehungsform bestimmt weitgehend den Arbeitsaufwand im Weinberg sowie die Möglichkeit der Mechanisierung von Weinbergsarbeit und Ernte. Sie ist abhängig vom Standort, d.h. von den klimatischen Bedingungen und den Böden, und von der Wuchskraft der Reben, wobei Letztere von der Art der gewählten →Unterlage beeinflusst wird.

ERZIEHUNGSFORMEN   *Pfahlerziehung*

Die am weitesten verbreiteten Erziehungsformen für Kulturreben sind das Spalier oder der Drahtrahmen, in südlichen Anbaugebieten auch die Pergola und der so genannte Gobelet. Die Pfahlerziehung oder Einzelpfahlerziehung dagegen ist ein archaisches Überbleibsel aus Zeiten, in denen der Drahtrahmen noch nicht erfunden war.

Dennoch gibt es Anbaugebiete, in denen die Winzer nach wie vor auf diese alte Erziehungsform setzen. An der nördlichen Rhône beispielsweise wachsen die Syrahreben vorwiegend an Pfählen, wobei hier für jeden Rebstock zwei oder drei von ihnen zusammengestellt werden, wie dies auch in der italienischen Region Basilicata üblich ist. An der Mosel werden auch neue Weinberge noch mit wurzelechten Rebstöcken angelegt, die an Einzelpfählen erzogen sind.

Buscherziehung

Gobelet (deutsch: Becher) nennen die Franzosen ihre Erziehungsform für heiße Klima. In den englischsprachigen Weinbauländern heißt sie »bush vine« (Buschrebe), in Italien »alberello« (Bäumchen), und in Spanien »en vaso« (Becher). Im Unterschied zur Spalieroder Pfahlerziehung wachsen die Reben hierbei strauchartig, das heißt frei stehend, ohne Unterstützung. Geeignet ist diese uralte Erziehungsform des Mittelmeerraums, die in Südfrankreich, Süditalien und Spanien noch heute weit verbreitet und auch in den Ländern der Neuen Welt beliebt ist, vor allem für trockene Anbaugebiete, in denen nicht bewässert wird. Durch die kompakte Form kommt es nur zu geringer Wasserverdunstung.

Wegen des zunehmenden Kostendrucks im Weinbau und dem damit verbundenen Zwang zur Mechanisierung von Rebschnitt, Heftarbeiten, Laubschnitt oder Ernte ist weltweit eine Angleichung der Erziehungssysteme mit nur noch geringen Abweichungen festzustellen.

■ **Gestaltungsformen:** Die wichtigsten Erziehungsformen sind die **Drahtrahmenerziehung** (Spaliererziehung), die **Einzelpfahlerziehung** (Pfahlerziehung, süddeutsch und schweizerisch Stickelbau, zu Stickel »Pfahl«), die **Pergolaerziehung** und die **Buscherziehung** (Becher, Gobelet, englisch bush vine).

Die Drahtrahmenerziehung ist die weltweit am weitesten verbreitete Erziehungsform. Bei ihr werden die Reben in mehr oder weniger aufwendig konstruierten Spalieren, d.h. Gerüsten aus Holz- oder Stahlpfählen und Spanndrähten, erzogen. Die Höhe dieser Spaliere beträgt bis zu 2 m, wobei der Stamm in der Regel bis in eine Höhe von 60 oder 70 cm geführt wird.

In Anbaugebieten mit mehr Sonnenscheinstunden werden Spaliere aber auch deutlich niedriger gehalten. Oberhalb von Stamm und einjährigem Fruchtholz beginnt eine bis zu 1,40 m hohe Laubwand. Die traubentragenden Triebe werden im Frühsommer mithilfe von so genannten Heftdrähten fixiert. Ist das Tragholz bis auf eine Höhe von etwa 1,8 m gezogen, und fallen die Sommertriebe nach unten, spricht man von einer so genannten **Umkehrerziehung;** sie ist wegen der Gefahr der Laubglockenbildung nicht sehr verbreitet.

Eine aufwendigere Form des Spaliers ist die **Lyra-Erziehung,** bei der über dem Stamm zwei y-förmig auseinander strebende Laubwände formiert werden. Dadurch wird die belichtete Laubfläche erheblich vergrößert und eine schnellere Reife erzielt. Die Lyra-Erziehung wird zunehmend zur Produktion von Spitzenweinen eingesetzt.

Die von dem Österreicher Lenz (eigentlich Laurenz) Moser III. (*1905, †1978) entwickelte **Hochkultur** verfolgt ähnliche Ziele. Ihre Charakteristika sind Stammhöhen von bis zu 1,40 m und große Zeilenbreiten von bis zu 3,50 m (**Weitraumerziehung**). Der Drahtrahmen ist so gestaltet, dass sich eine dreigeteilte Laubwand ergibt. Vorteile dieser Erziehungsform sind geringere Arbeits- und Anlagekosten, Nachteile eine mögliche Laubglockenbildung und das verstärkte Auftreten von Botrytis.

■ **Regionale Formen:** Bei der **Pfahlerziehung,** die insbesondere noch an den Steillagen der Mosel praktiziert wird, wird jeder Rebstock an einem Pfahl von etwa 2 m Höhe erzogen, an dem sowohl das Fruchtholz als auch die jungen Rebtriebe festgebunden sind. Von Vorteil ist dabei, dass der Weinberg noch quer zur Hangneigung zu begehen ist, nachteilig sind das oft ungünstige Blatt-Frucht-Verhältnis und der extrem hohe Arbeitsaufwand.

Ähnliche Vor- und Nachteile bringt auch die so genannte **Vertikoerziehung** mit sich, einer Einzelpfahlerziehung mit spezifischem Rebschnitt, bei der die Fruchtruten in Form von kurzen Streckern angeschnitten sind.

Die **Buscherziehung** verzichtet gänzlich auf Drahtrahmen oder Pfähle. In der Regel wird sie nur auf kargen, trockenen Standorten Südeuropas und bei wuchsschwachen Rebsorten eingesetzt. Ihr Charakteristikum sind wenige und relativ kurze Triebe, die aus einem niedrigen Rebstamm (Rebkopf) herauswachsen.

Die Pergola- oder Dachlaubenerziehung gehört zu den hohen Erziehungsformen. Ihr Bau und die Instandhaltung sind besonders

Einzelpfahlerziehung
(mit Rundbogen)

Buscherziehung

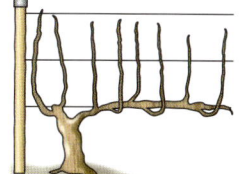

Drahtrahmen
(mit Guyotschnitt)

Erziehungsformen.

ERZIEHUNGSFORMEN   *Hochkultur*

Der Österreicher Lenz Moser III. entwickelte in den 1930er-Jahren ein Erziehungssystem, bei dem die Rebstöcke in Abständen von 3

bis 3,5 m gesetzt und 1,20 bis 1,40 m hoch an Drahtrahmen gezogen wurden: die Hochkultur. Das neue System hatte viele Vorteile: bessere Belüftung und Sonnenbestrahlung, die Möglichkeit, maschinell zu arbeiten, extensives Bewirtschaften und niedrige Anlagekosten.

Diese Argumente wurden jedoch erst aufgegriffen, als 1955 in fast ganz Europa Bodenfrost Rebkulturen zerstört hatte. Bei der anschließenden Neuanlage folgten viele Winzer Mosers Ratschlägen. Seit den 1990er-Jahren geht man wieder weitgehend von der Hochkultur ab. Insbesondere das Aufkommen kleinerer, für die Weinbergsarbeit spezialisierter Traktoren erlaubt Pflanzdichten von bis zu 7 000 Rebstöcken/ha. Das bedeutet zwar niedrigere Erträge pro Stock – in der Fläche jedoch nur geringe Mengeneinbußen –, dafür aber höhere Qualität des Traubenguts.

---

aufwendig. Wie die Pfahlerziehung und die Buscherziehung ist sie nur regional (z. B. in den italienischen Regionen Trentino-Südtirol und Aostatal) von Bedeutung und kommt im Tafeltraubenanbau zum Einsatz.

Esca, eigentlich **Esca|syndrom,** eine →Rebkrankheit.

Escolha [iʃˈkoʎɐ, portugies. »Wahl, Auswahl«], Selektion, Auslese; die Zusatzbezeichnung für portugiesische Qualitätsweine hat im Prinzip dieselbe Bedeutung wie →Superior und ist auch mit dem Zusatz »grande« gebräuchlich. Die Anforderungen an Weine mit den Bezeichnungen Escolha oder Grande Escolha variieren von Anbaugebiet zu Anbaugebiet, meist müssen die Weine jedoch einen höheren Alkoholgehalt als die Normalversion der jeweiligen Herkunftsbezeichnung aufweisen.

espumante [iʃpuˈmɐ̃tə], portugiesisch für schäumend, perlend. Portugiesischer vinho espumante kann im Unterschied zum spanischen vino espumoso seine Kohlensäure sowohl durch eine zweite Gärung (vinho espumante natural) wie auch durch Zusatz als Gas (vinho espumante gaseificado) erhalten. Trägt er den Zusatz »de qualidade produzido em região determinada«, so handelt es sich um Qualitätsschaumwein aus den Regionen Douro, Bairrada, Dão oder Varosa.

espumoso, spanisch für schäumend, perlend. Spanischer vino espumoso ist Schaumwein, dessen Kohlensäure nicht zugesetzt wurde und der, wenn er mit dem Zusatz »natural« oder »método tradicional« gekennzeichnet ist, nach der Methode der Flaschengärung produziert wurde.

Essenz, österreichisch gelegentlich für edelsüßer Wein; die Bezeichnung geht auf das ungarische Eszencia (→Tokajer) zurück.

Essigbakterien, Essigsäurebakterien, Essigbildner, eine Gruppe von Bakterien, die zu den Gattungen **Acetobacter** und Acetomonas gehören; sie entwickeln sich unter Einfluss von Sauerstoff und produzieren aus Alkohol durch Oxidation Essigsäure, gelten deshalb in der Weinbereitung als gefährliche Auslöser von Weinkrankheiten wie →Essigstich.

Der Befall mit Essigbakterien kann auf beschädigten und faulen Beeren bereits im Weinberg erfolgen; bereits dort werden z. T. erhebliche Mengen Essigsäure produziert, die auch geruchlich wahrnehmbar sind. Bei der Traubenverarbeitung muss auf ein Eindämmen der Bakterientätigkeit hingearbeitet werden. Das geschieht durch Einschwefeln der Trauben, durch sehr gute Vorklärung und durch reduktiven Ausbau mit frühem Abstich und Schwefelung.

Im Keller bildet der Traubenmost besonders bei wärmeren Temperaturen ein ideales Nährmedium für Essigbakterien, die v. a. durch Fruchtfliegen (botanisch Drosophila melanogaster) übertragen werden, die man deshalb auch als Essigfliegen bezeichnet. Besonders bei Gärstockungen sind die Weine gefährdet. Die im Keller verwendeten Gerätschaften müssen deshalb nach jedem Gebrauch intensiv gereinigt und täglich desinfiziert werden.

Essigester, →Äthylazetat.

Essigsäure, eine der Säurearten (→Säure) in Weinen.

Essigstich, in Aroma und Geschmack festzustellende krankhafte Veränderung von Weinen aufgrund überhöhter Produktion flüchtiger Säure, genauer Essigsäure (→ Säure); man sagt, die Weine sind stichig, d. h. sie riechen stechend nach Essig und wirken am Gaumen kratzig.

Hauptverursacher des Essigstichs sind Essigbakterien, aber auch verschiedene Arten von Milchsäurebakterien und so genannte wilde Hefen können aus Zucker Essigsäure bilden. Die Gefahr einer überhöhten Bildung flüchtiger Säure ist in extraktarmen Weinen und bei Gärunterbrechungen besonders groß. Essigsäure ist bereits ab einer Konzentration von 0,6 g/l sensorisch wahrnehmbar.

Die betroffenen Weine sind nach dem Weingesetz also nicht mehr verkehrsfähig, obwohl die gesetzlich festgelegte Höchstgrenze (1,08 g/l bei Weißweinen, 1,20 g/l bei Rotweinen, bis 2,1 g/l bei Eisweinen), ab der Weine als verdorben gelten, höher liegt. Mit dem Entstehen von Essigsäure geht meist auch die Bildung weiterer unerwünschter Nebenprodukte einher, die den Essigstich noch verstärken können.

■ **Schutzmaßnahmen:** Den wirksamsten Schutz gegen Essigstich bildet peinlich genaue Hygiene bei der Kellerarbeit, das Vermeiden von übermäßigem Sauerstoffzutritt zu Most oder Wein und das Schwefeln der Maische. Im fertigen Wein ist der Essigstich nur noch schwer zu beseitigen; versucht wird dies durch Umkehrosmose und mit Ionenaustauschern, d. h. anorganischen oder organischen Feststoffen, die die Fähigkeit besitzen, ihre Ionen gegen die der Essigsäure auszutauschen und sie dadurch umzuwandeln.

estate bottled [ɪsˈteɪt bɔtld], englisch für »auf dem Weingut gefüllt«; Äquivalent der Angabe »Gutsabfüllung« auf Etiketten.

estate grown [ɪsˈteɪt ɡrəʊn; »auf dem Gut gewachsen«], englisch für Gutsabfüllung.

Ester [Kurzwort aus Essigäther], chemische Verbindung aus Alkohol und Säure; Ester gehören zu den Aromastoffen mit z. T. sehr niedrigen Geruchsschwellen, sind also bereits in kleinsten Konzentrationen wahrnehmbar.

Im Wein findet man überwiegend Ester aus organischen Säuren, die durch die Enzyme von Hefen und Bakterien – so genannte Esterasen – gebildet werden, wobei die Ausbildung der typischen, oft fruchtig wirkenden Aromen, der so genannte Estergeschmack, v. a. während der Gärung und beim biologischen Säureabbau stattfindet. Bei Weinen einiger Rebsorten sind Ester bereits im Most ausgebildet, bei anderen wiederum entstehen sie erst im Zuge der so genannten Veresterung, eines Prozesses, der im gefüllten Wein zunächst langsam, mit zunehmender Alterung dann immer schneller fortschreitet und sich in der Ausbildung der so genannten Reifearomen (→ altern) bemerkbar macht.

Mit den heutigen Analysemethoden können im Wein mehrere Hundert verschiedene Ester nachgewiesen werden. Rebsorten lassen sich anhand ihres spezifischen Ester-Aromagramms identifizieren. Der im Wein am häufigsten vorkommende Ester ist das →Äthylazetat.

Est! Est!! Est!!! di Montefiascone, DOC-Herkunftsbezeichnung für Weißweine der italienischen Region Latium; auf den knapp 600 ha (1997) Rebfläche des Anbaugebiets im Bereich des Lago di Bolsena wird v. a. die Rebsorte Trebbiano, in geringerem Umfang auch Malvasia kultiviert.

Estremadura, Landweinappellation (Vinho regional) für Weine aus dem gleichnamigen Anbaugebiet im äußersten Westen

---

EST! EST!! EST!!! DI MONTEFIASCONE. *Prälat Weinfreund*

Est! Est!! Est!!! di Montefiascone ist eine der ungewöhnlichsten Herkunftsbezeichnungen der Weinwelt. Der Name soll laut Überlieferung auf den Prälaten eines deutschen Bischofs auf Romreise zurückgehen, der zum Quartiermachen vorgeschickt wurde und die Anweisung hatte, an die Tür von Wirtschaften, die besonders guten Wein ausschenkten, mit Kreide das lateinische »est« (ist) zu schreiben, versehen mit einem Ausrufezeichen. Der Weißwein von Montefiascone im nördlichen Latium soll dem braven Prälaten so gut geschmeckt haben, dass er ihm reichlich zusprach.

Den Ort seiner Erbauung kennzeichnete er anschließend nicht nur mit einem, sondern gleich mit drei »est«, wobei er die Anzahl der Ausrufezeichen zur Unterstützung seiner wichtigen Botschaft von »est« zu »est« erhöhte: Est! Est!! Est!!! Anders als die Legende verspricht, präsentierte sich der DOC-Wein über lange Jahrzehnte aber in eher traurigem Zustand, und die Begeisterung des Prälaten war angesichts kärglicher Qualitäten nur schwer nachvollziehbar. Erst seit den 1990er-Jahren unternehmen vereinzelte Erzeuger Versuche, aus dem früher sehr populären Weißen wieder ein qualitativ ansprechendes Produkt zu machen.

Portugals; von insgesamt fast 40 000 ha (2000) Rebfläche kommen modern gemachte, fruchtbetonte Weiß- und Rotweine. In die Estremadura eingebettet sind sieben weitere Appellationen: die Klassiker →Bucelas, →Carcavelos und →Colares sowie die erst in den 1990er-Jahren eingerichteten DOC-Gebiete →Alenquer, Arruda, Óbidos und Torres Vedras.

estufagem [ɪʃtuˈfaʒəm, zu portugies. estufa »Ofen«], portugiesisch für ein Produktionsverfahren bei der Herstellung von →Madeira, bei dem der Wein wärmebehandelt wird. – Abb. S. 166

Eszencia [ˈɔsəntsɪ, zu ungar. »Geist«], eine Qualitätsstufe des →Tokajers.

Etikett [zu altfranzös. estiqu(i)er »feststecken«], Warenkennzeichnung in Form eines aufgeklebten bzw. angehängten Zettels oder

estufagem. Eines der Geheimnisse des Madeira liegt in der Wärmebehandlung der Weine nach der Gärung bzw. während des Ausbaus im Holzfass.

Flaschenaufdrucks, die in Inhalt und Aussehen gesetzlich definiert ist.

Das Etikett ist bei abgefüllten Weinen ein obligatorischer Bestandteil der Ausstattung und wird oft direkt nach dem Abfüllen in automatischen **Etikettiermaschinen,** nur sehr selten noch in Handarbeit angebracht. Aufgrund unterschiedlicher Anforderungen der einzelnen Länder an Etiketten werden Weine zunehmend erst kurz vor dem Versand etikettiert.

■ **Gesetzliche Vorschriften:** Weinetiketten müssen in der Europäischen Union eine Reihe von Angaben enthalten, die der Information und dem Schutz des Verbrauchers dienen. Dazu gehören die Herkunftsbezeichnung, der Name und Firmensitz des Abfüllers bzw. Erzeugers, das Nennvolumen, der Alkoholgehalt und das Erzeugerland. Für diese Angaben wird durch entsprechende Vorschriften sogar die Darstellungsweise wie beispielsweise die Schriftgröße geregelt. Das Bezeichnungsrecht war lange Zeit vom absoluten Verbotsprinzip beherrscht, d. h. sämtliche Angaben, die nicht durch EU-Vorschriften oder nationales Recht ausdrücklich vorgeschrieben waren, galten als verboten.

■ **Freiwillige Angaben:** Neben den obligatorischen Angaben können Etiketten noch eine Reihe fakultativer, freiwilliger Angaben enthalten, dazu gehören Angaben über Geschmack, Art und Herstellung des Weins sowie über Weinbereitungsverfahren, die in einigen EU-Ländern z. T. bereits vorher erlaubt waren, vorausgesetzt, sie sind nicht irreführend und ihr Wahrheitsgehalt kann vom Abfüller nachgewiesen werden. Diese Angaben werden seit 1996 toleriert und sie sind seit August 2003 EU-weit zugelassen.

Ansonsten gelten für die unterschiedlichen Qualitätsstufen verschiedene Vorschriften. So dürfen bei Tafel- und Landweinen keine Lagen- oder Bereichsangaben gemacht werden, bei Tafelweinen nur unter gewissen Bedingungen Jahrgangsangaben. In außereuropäischen Ländern gelten teilweise abweichende Vorschriften. In den USA dürfen eine

ETIKETT	*Urvater der Künstleretiketten*

Was in vielen Ländern eine Selbstverständlichkeit ist, sorgte in den 1920er- und von den 1940er-Jahren an für Aufsehen. 1924 bereits entschied sich Baron Philippe de Rothschild, Eigner des Bordeaux-Château Mouton-Rothschild, seine gesamte Weinproduktion selbst auf Flaschen zu füllen und ließ dafür von dem französischen Plakatmaler Jean Carlu (*1900, †1997) das vermutlich erste Künstleretikett der Neuzeit entwerfen. Von 1945 an gestalteten Jahr für Jahr namhafte Künstler das Jahrgangsetikett des 1973 in den Rang eines Premier Grand Cru Classé aufgestiegenen Weins, unter ihnen Pablo Picasso, Salvador Dalí, Marc Chagall, Wassily Kandinsky, Andy Warhol, Joan Miró und Georg Baselitz. Eine Ausnahme wurde mit dem Jahrgang 2000 gemacht, dessen Flasche insgesamt als Kunstobjekt gestaltet und mit einem goldenen Emaillerelief des so genannten Augsburger Widders verziert wurde, dem Wappentier von Château Mouton-Rothschild.

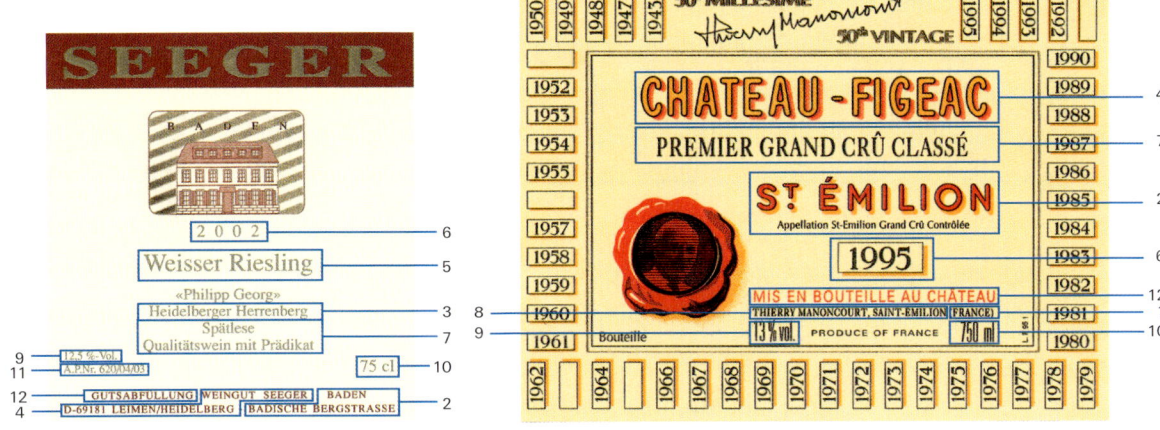

Etiketten haben Angaben zu enthalten zu 1. Herkunftsland, 2. Herkunftsbezeichnung, Anbaugebiet, 3. Herkunftsbezeichnung, Bereich/Lage, 4. Name des Weinguts, 5. Rebsorte, 6. Jahrgang, 7. Qualitätsstufe, Prädikat oder Klassifizierung, 8. Erzeuger/Abfüller und Ortsangabe, 9. Alkoholgehalt, 10. Nennvolumen, 11. Amtliche Prüf- und Kontrollnummern, 12. Hinweis auf Erzeuger- oder Gutsabfüllung

allgemeine Gesundheitswarnung und der Hinweis auf den Schwefel im Wein nicht fehlen, in Australien müssen Zusatzstoffe und seit kurzem auch allergene Substanzen angeführt werden. Sobald Weine dieser Länder nach Europa importiert werden, greifen allerdings die europäischen Vorschriften.

■ **Sonderformen:** In den letzten Jahrzehnten wurden zunehmend Anstrengungen in Richtung ästhetisch anspruchsvollerer Ausstattungen unternommen, wobei die Gestaltung der Etiketten häufig Künstlern übertragen wird. Einer der ersten Erzeuger, die ihre Produkte mit solchen **Künstleretiketten** aufwerteten, war nach dem Zweiten Weltkrieg das Château Mouton-Rothschild. Dabei werden die gesetzlich vorgeschriebenen Angaben oft auf ein kleineres, sachlich gehaltenes Rückenetikett verbannt, das allerdings dadurch im Sinne des Weingesetzes zum Hauptetikett wird.

Etna, DOC-Herkunftsbezeichnung für Weiß-, Rosé- und Rotweine von den Hängen des sizilianischen Vulkans Ätna; auf insgesamt 1800 ha (1997) Rebfläche werden die Weißwein-Rebsorten Carricante, Catarratto, Trebbiano sowie Minnella und die roten Sorten Nerello Mascalese und Nerello Mantellato kultiviert. Die Weine sind meist einfach und rustikal, nur wenige Erzeuger konnten sich bislang mit qualitativ hochwertigen Produkten profilieren.

Eutypiose, Eutypakrankheit [zu latein. eutypa lata, botan. Name eines Schlauchpilzes], eine →Rebkrankheit.

Évangile [evaˈʒil], **Château L'É.,** Spitzenweingut der Appellation Pomerol im französischen Bordeauxgebiet; zwar existiert im Gebiet von Pomerol keine offizielle Klassifi-

zierung, gemeinhin wird der Hauptwein von Château L'Évangile jedoch mit den höchst klassifizierten Weinen von Médoc oder Saint-Émilion gleichgestellt. Er wird in der Regel zu zwei Dritteln aus Merlot und zu einem Drittel aus Cabernet franc gekeltert. Der Zweitwein des Gutes heißt Blason de l'Évangile.

Évora [ˈɛvurɐ], einstiges portugiesisches IPR-Gebiet, das 1991 ein eigenständiger Bereich der DOC →Alentejo wurde; das Gebiet um die gleichnamige Stadt ist v. a. für seine saftigen und eleganten Rotweine aus den Rebsorten Castelão francés (Periquita), Trincadeira und Tempranillo (Aragonez) bekannt. Die Weißweine werden aus den Sorten Roupeiro, Arinto und Tamarez gekeltert.

extra brut [- bryt], extra herb, nach EU-Weingesetz Geschmacksbezeichnung für

---

EXTRA DRY. *Verkehrte Welt – dry ist süß!*

Geschmacksbezeichnungen für Schaumweine haben mit denen von Stillweinen nichts zu tun und wirken auf den ersten Blick widersprüchlich. Als dry, also trocken, gelten Produkte, die 17–35 g/l Restzucker aufweisen, solche mit 12–20 g/l sogar als extra dry, besonders trocken. Wollte man weiße oder rote Stillweine mit einer solchen Restsüße als trocken oder besonders trocken verkaufen, liefe man wahrscheinlich Gefahr, als Weinfälscher angezeigt zu werden, lassen doch bereits Restzuckermengen von mehr als sechs oder acht Gramm den Wein oft deutlich süß wirken. Es ist zwar richtig, dass die Kohlensäure des Schaumweins das Geschmacksempfinden drastisch verändert, sodass die höhere Restsüße geschmacklich nicht immer wahrnehmbar ist. Aber wenn schon bei manchem Schaumwein mit der Geschmacksbezeichnung brut, dessen Restzuckergehalt bei weniger als 15 g/l liegen muss, die Süße überdeutlich zu schmecken ist, dann muss die Frage erlaubt sein, welchen Sinn Geschmacksbezeichnungen wie dry und extra dry haben. Sie können den Verbraucher vor allem verwirren.

Schaumweine mit einem Restzuckergehalt von weniger als 6 g/l.

extra dry [- draɪ], extra trocken, nach EU-Weingesetz Geschmacksbezeichnung für Schaumweine mit einem Restzuckergehalt von mindestens 12 und höchstens 20 g/l.

Extrakt [zu latein. extrahere, extractum »herausziehen«], die Summe aller nichtflüchtigen Inhaltsstoffe des Weins, die in g/l angegeben wird; zu den Extrakten gehören Zucker, Tannine, Farbstoffe, bestimmte Säuren, Glyzerin, Mineralstoffe und Eiweiß etc., nicht dagegen Wasser, Alkohol und flüchtige Säuren.

Der Extraktgehalt von Weinen ist abhängig von der Rebsorte und vom Anbaugebiet, aber auch vom Witterungsverlauf in der Reifeperiode der Trauben und von der Art des Ausbaus der Weine. Weine aus regenreichen Jahren und im Barrique ausgebaute Gewächse zeigen meist höhere Extraktwerte. Rotweine haben aufgrund der langen **Extraktion** während der Maischestandzeit oft höhere Extraktwerte als Weiße.

Der Extraktgehalt gilt in gewissem Umfang als Indikator der Weinqualität. **Extraktreiche Weine** gelten als höherwertiger als extraktarme, wobei ein solcher Vergleich jedoch nur bei Betrachtung von Weinen derselben Rebsorte, derselben Herkunftsbezeichnung, desselben Jahrgangs und derselben Machart

sinnvoll ist. Als Parameter für die Beurteilung der Weinqualität wird oft der so genannte **Trockenextrakt** (zuckerfreie Extrakt) herangezogen, die Summe aller Extrakte abzüglich des nicht vergorenen Restzuckers. Ein definierter Mindestgehalt an Trockenextrakt bildet in manchen Ländern wie beispielsweise Italien die Voraussetzung für die Anerkennung von Weinen im Rahmen bestimmter Herkunftsbezeichnungen. Zieht man zusätzlich zum Restzucker auch das Gewicht der Säure vom Gesamtextrakt ab, erhält man den so genannten **Restextrakt.**

extra trocken, →extra dry.

Extremadura, Weinbauregion im mittleren Südwesten Spaniens, die sich über die beiden Provinzen Cáceres und Badajoz erstreckt; auf etwa 89 000 ha (2001) Rebfläche werden insgesamt 20 Rebsorten kultiviert. Zentrum der Region ist die Stadt Almendralejo im Landweingebiet Tierra de Barros. Die einzige D. O.-Herkunftsbezeichnung der Extremadura ist →Ribera del Guadiana.

Eyholzer Roter, alte, autochthone Rotwein-Rebsorte des Schweizer Weinbaukantons Wallis; die Sorte, die nur noch auf wenigen Hektar Rebfläche im deutschsprachigen Oberwallis kultiviert wird und leichte, sehr farbschwache, oft sogar säurebetonte Weine hervorbringt, gilt als absolute Rarität.

Faberrebe, Faber, Weißwein-Rebsorte, die nach allgemeiner Überzeugung 1929 von Georg Scheu aus Weißburgunder und Müller-Thurgau gezüchtet wurde, obwohl gelegentlich auch behauptet wird, es handele sich um eine Kreuzung aus Silvaner und Weißburgunder. Faberrebe wird in Deutschland auf 1100 ha (2002) Rebfläche in Rheinhessen, der Pfalz und an der Nahe kultiviert. Sie ergibt Weine von hellgelber Farbe, die in der Nase leicht fruchtbetont und am Gaumen rassig sind. Spätlesen können auch rieslingähnlichen Charakter zeigen.

fade, fad [zu latein. fatuus »albern, blödsinnig«], langweilig, ohne geschmackliche Frische und Spannung; Begriff der Weinansprache, der gelegentlich für müde, überalterte und oxidierte Weine verwendet wird.

fahl, ohne Brillanz und farbliche Frische; Begriff der Weinansprache für Weine mit glanzloser →Farbe, die ein Indiz für eventuelle Weinfehler oder für ein Überaltern des Weins sein kann.

Falerner, italien. **Falerno** [zu latein. Falernum, nach dem von den Römern Falernus ager genannten Gebiet im Norden der Region Kampanien], berühmtester Wein der römischen Antike; unter dem Namen wurde Rot- und Weißwein in trockenen und süßen Varianten verkauft. Der Name stand in jüngerer Zeit Pate für eine DOC-Herkunftsbezeichnung für Weine aus dem Nordteil der Region Kampanien, **Falerno del Massico,** unter der Weißweine aus der Rebsorte Falanghina und

Rote aus Aglianico, Piedirosso, Primitivo und Barbera gefüllt werden.

Falkenstein, nach einem niederösterreichischen Ort nahe der Grenze zu Tschechien benanntes ehemaliges österreichisches Anbaugebiet, dessen Zentrum die Stadt Poysdorf war; es wurde mit der Neufassung des Weingesetzes 1985 in das neu geschaffene Anbaugebiet Weinviertel integriert.

Falset, früherer Bereich des spanischen D. O.-Gebiets Tarragona, der 2001 unter dem Namen →Montsant den Status einer eigenständigen D. O. erhielt.

Farbe, der Eindruck, den das von Weinen reflektierte Licht im menschlichen Auge erzeugt, gemeinsprachlich auch die Gesamtheit der mit dem Auge wahrnehmbaren Eigenschaften des Weins, zu denen auch Viskosität, eventuelles Perlen oder Klarheit bzw. Trübung gehören.

Die Farbe des Weins ist von zahlreichen Faktoren abhängig, v.a. von der jeweiligen Rebsorte, der Art der Gärführung und des Ausbaus, insbesondere der Intensität des Kontakts mit Sauerstoff, vom pH-Wert, der Schwefelung und dem Reifezustand des Weins.

■ **Rote und weiße Sorten:** Die **Farbstoffe,** genauer die Pigmente der Traube und des Weines sind von zweierlei Art. Rotweine erhalten ihre Farbe von **Anthozyanen.** Das sind Substanzen aus der Gruppe der Flavonoide, die in die Beerenschalen eingelagert sind, aus denen sie durch Maischegärung oder Maischeerhitzung herausgelöst werden. An-

---

FARBE

Es ist unbestreitbar, dass die Farbe eines Weins zum Gesamteindruck beiträgt. Selbst professionelle Weinverkoster lassen sich gelegentlich schon beim Blick in das Verkostungsglas zu begeisterten Kommentaren hinreißen. Wer allerdings zu schnell von der Farbe auf die Qualität des Weins schließt, wird nicht nur Enttäuschungen erleben, sondern auch auf manch großartigen Genuss verzichten müssen. Zum einen sind dichte, brillante und lebendige Weinfarben mit den Mitteln der modernen Önologie fast selbstverständlich geworden und sagen über die tatsächliche Qualität des Weins leider nur noch wenig aus. Zum anderen können überalterte und ausgezehrte Weine noch ein durchaus ansehnliches Bild abgeben. Man sollte auch aus etwas helleren oder vielleicht schon gereift wirkenden Färbungen keine voreiligen Schlüsse ziehen. So kann das Rot großer Spätburgunderweine im Laufe der Entwicklung und Alterung phasenweise recht hell wirken, später wieder dunkler. Auch bei manch großem Nebbiolo wirkt die Farbe bereits nach zwei oder drei Jahren so

Farben können täuschen

reif wie bei Cabernet Sauvignon nach 25 oder 30 Jahren. Wer aufgrund einer solchen Farbe automatisch auch weniger geschmackliche Klasse vermutet, wird diesen Weinen nicht gerecht.

thozyane unterscheiden sich voneinander durch unterschiedliche Seitengruppen ihres Moleküls, die Anthozyanidine. Sie enthalten mindestens ein Zuckermolekül (Glukose, d. h. Traubenzucker) und können mit Fruchtsäuren verestert sein.

Die anteilige Zusammensetzung der Anthozyane und entsprechenden Ester ist rebsortenspezifisch und wird zum Nachweis von Fälschungen herangezogen. Anthozyane können mit anderen Weininhaltsstoffen Verbindungen eingehen. Man spricht dann von Komplexbildung oder Polymerisation. Die Farbstärke und die Farbausprägung des Weins werden von der Anthozyanzusammensetzung und den Reaktionsprodukten bestimmt.

Weißweine, deren Schalen nur selten Anthozyane enthalten und bei denen kein Maischen stattfindet, erhalten ihre gelbliche Farbe vermutlich entweder von Quercetin, einer Substanz aus der Gruppe der **Flavone,** deren chemische Struktur mit der der Anthozyane verwandt ist, oder von Xanthophyll, einem Pigment aus der Gruppe der Carotinoide. Die grünen Noten, die besonders bei jungen Weinen auftreten, sind wahrscheinlich auf Chlorophyll oder Blattgrün zurückzuführen, das wichtigste Pigment grüner Pflanzen.

Obwohl die Farbstoffe des Rotweins aus der Beerenschale stammen, lässt sich nicht automatisch von der Trauben- auf die Weinfarbe schließen. Die Weißwein-Rebsorten Grauburgunder und Gewürztraminer haben z. B. mehr oder weniger intensiv rot-blau gefärbte Schalen, es wird aber Weißwein aus ihnen gekeltert. Generell sind Weißweintrauben auch nicht weiß, sondern gelb, grün, rosa oder bernsteinfarben, Rotweintrauben nicht rot, sondern blau, violett oder schwarz.

■ **Qualitätsmerkmal:** Weine unterscheiden sich hinsichtlich der Farbe durch unterschiedliche Farbdichte, Farbmischung, Farbtönung und Farbreinheit.

Die Farbe kann in positiver wie in negativer Hinsicht erste Hinweise auf die Weinqualität geben: Undurchdringliches Schwarzoder Purpurrot bei Rotweinen lässt u. U. auf hohen Extraktgehalt schließen, die Brillanz von Rot- wie Weißweinen auf einen gesunden Säuregehalt bzw. die fehlende Brillanz auf diesbezügliche Probleme. Hohe Viskosität gibt Hinweise darauf, dass es sich um einen besonders extraktreichen oder einen edelsüßen Wein handelt. Unzweideutig sind die Hinweise, die der Verkoster durch Schlieren oder Flocken im Wein erhält: Sie zeigen, dass der Wein fehlerhaft oder krank und wahrscheinlich bereits ungenießbar ist. Nicht zur Beanstandung führen dagegen das →Depot oder der →Weinstein.

■ **Farbveränderungen:** Auch hinsichtlich des Weinalters erlaubt die Farbe dem geübten Verkoster eine Einschätzung, vorausge-

setzt, er kennt die Rebsorte und Herkunft des Weins. Im Prinzip durchlaufen alle Weine eine ähnliche Entwicklung ihres **Farbspektrums,** sie vollzieht sich, je nach Rebsorte, nur unterschiedlich schnell oder mit unterschiedlicher Intensität der einzelnen Etappen.

Bei Weißweinen verliert die stroh- bis goldgelbe Farbe zunächst ihren grünlichen Schimmer, sie nimmt eine intensiver goldene, später bräunliche Tönung an. In der Endphase der Entwicklung, wenn der Wein seinen Höhepunkt überschritten hat, wird die Farbe stumpfer, immer dunkler und schließlich vollkommen braun.

Bei Rotweinen beginnt die Farbentwicklung meist mit intensivem Purpur oder blau getöntem Rot, das dann in leuchtendes Rubinoder Kirschrot übergeht, sich mehr und mehr ins Granatrote verfärbt und über immer ausgeprägtere Orange- und Brauntöne schließlich ebenfalls in dunklem Braun endet.

■ **Weinbereitung:** Der Einfluss, den bestimmte Techniken der Gärführung oder des Ausbaus haben, betrifft nicht die in der Rebsorte angelegten Farbstoffe selbst, sondern nur ihre Ausprägung und Entwicklung. Insbesondere der Fassausbau hat dabei direkte Auswirkungen: Anthozyane und Tannine können Molekülketten bilden, durch die neue Pigmente entstehen – eine intensivere und stabilere Weinfarbe bei Rotweinen ist die Konsequenz.

Färbertraube, alte, ursprünglich französische Rotwein-Rebsorte mit gefärbtem Fruchtfleisch, die in Deutschland nur auf 15 ha Rebfläche kultiviert wird, aber ein Kreuzungspartner in zahlreichen Rebzüchtungen der letzten Jahrzehnte wie Deckrot, Dunkelfelder, Kolor etc. war. Gelegentlich wird der Name auch für Decksorten (→Deckwein) allgemein verwendet.

Farbspektrum, die Summe der →Farben und Farbtönungen, die ein Wein zeigt oder im Laufe seiner Entwicklung annehmen kann.

Farbstoffe, färbende Substanzen (→Farbe) im Wein.

Fass [zu althochdeutsch vaz »geflochtenes, umwundenes Behältnis«], bauchige, meist liegende Tonne, aus hölzernen **Fassdauben** (Dauben), gebogenen Seitenbrettern, gefertigter Behälter, der zur Gärung und Lagerung von Weinen dient, früher auch zum Transport von Weinen benutzt wurde.

Fässer wurden in den letzten Jahrzehnten des 20. Jahrhunderts v. a. wegen des relativ hohen Arbeitsaufwands und des Risikos der Entwicklung von Fassgeschmack mehr und mehr durch Stahl- oder Kunststofftanks ersetzt, gelten aber für den Ausbau, teilweise auch für die Gärung bestimmter höherwertiger Weine immer noch als unverzichtbar.

■ **Holzarten:** Nicht alle Hölzer eignen sich zum Fassbau, sei es, weil sie unerwünschte

Aroma- und Geschmacksstoffe an den Wein abgeben, sei es, weil sie keine dauerhafte Dichtigkeit des Fasses garantieren. Die gebräuchlichsten Hölzer stammen von verschiedenen Arten der Gattung Eiche (v. a. Stieleiche, botanisch Quercus robur, Traubeneiche, Quercus petraea, und amerikanische Weißeiche, Quercus alba).

Traditionelle Großfässer werden auch aus dem Holz der Kastanie (Gattung Castanea), der Falschen Akazie (Robinia pseudacacia), des Kirschbaums (Prunus cerasus) sowie des Eukalyptusbaums (v. a. Eucalyptus marginata) und des amerikanischen Küstenmammutbaums (Sequoia sempervivens) gefertigt.

Weinalkohol zahlreiche Aroma- und Geschmacksstoffe (Vanillin, Tannine) aus dem Holz, die den Geschmack des Weins ergänzen. Hinzu kommt der Einfluss des Luftsauerstoffs, der in geringen Mengen durch die Fassdauben eintritt und für eine Veränderung der Molekülstruktur und damit der sensorischen Wirkung von Aroma- und Geschmacksstoffen sorgt.

Je größer das Fass und je länger es in Gebrauch ist, umso geringer werden diese Einflüsse auf den Wein. Die moderne Önologie hat Verfahren entwickelt, diese Effekte des Fassausbaus durch technische Verfahren wie die Mikrooxidation oder den Gebrauch von

FASS

Groß oder klein?

In den 1990er-Jahren galt die Wahl des richtigen Fasses als Glaubensfrage unter Winzern und Weinmachern. Qualitätsorientierte, meist jüngere Winzer griffen für die Gärung oder den Ausbau ihrer besten Gewächse zum kleinen Barriquefass aus französischem Eichenholz. In Deutschland entstanden sogar eigene Interessengruppen, so genannte Barrique-Foren. Eher traditionell orientierte Winzer dagegen, vor allem in renommierten Rotweingebieten wie denen von Barolo und Brunello di Montalcino in Italien, setzten auf große, 100, 200 hl oder mehr fassende Fässer aus slowenischer Eiche oder Kastanienholz, und viele deutsche Winzer schworen, sofern sie ihre Kellerarbeit nicht auf Stahltanks umgestellt hatten, auf ihre Halbstück- und Stückfässer, die vor dem ersten Gebrauch weingrün gemacht und dann lange Jahre benutzt wurden. Der anfänglich fast religiöse Eifer beider Lager bei der Verteidigung ihrer jeweiligen Methoden hat inzwischen pragmatischerem Vorgehen Platz gemacht. Man findet zunehmend unter-

schiedlichste Gebindegrößen und -arten in ein und demselben Keller, und oft absolvieren Weine ihre Reifezeit sogar abwechselnd in den verschiedenen Fassarten.

■ **Fassgrößen:** Die bekanntesten und gebräuchlichsten Fasstypen sind das Barrique (225 l, ursprünglich Bordeauxgebiet), das Bota (etwa 500 l, Andalusien, für Sherry), das **Fuder** (1000 l, Mosel), das Pièce (228 l an der Côte d'Or, 216 l im Beaujolaisgebiet oder 205 l in der Champagne), die Pipa oder Pipe (522 bzw. 534 l, Portugal, für Portwein), das Tonneau (500–900 l, Frankreich) und die verschiedenen Untergrößen des Stückfasses (**Viertelstück** 300 l, **Halbstück** 600 l, **Stück** 1200 l) der rheinischen Anbaugebiete, v. a. des Rheingaus.

■ **Wirkungsweise:** Der Einfluss des **Fassausbaus** (Holzausbaus) oder **Fasslagers** (Fasslagerung) auf den Wein hängt von der gewählten Fass- bzw. Holzart und von der Gebrauchsdauer des Fasses ab. Bei erstmalig benutzten, kleinformatigen und nicht weingrün gemachten Fässern wie z. B. Barriques löst der

Wood-Chips zu imitieren und zu ersetzen, ohne dabei aber Weine von ähnlich perfekter Vielschichtigkeit und Ausgewogenheit zu erzeugen wie beim Fassausbau.

■ **Fassbehandlung:** Holzfässer zu nutzen und gebrauchsfähig zu halten, verlangt relativ hohen Arbeitseinsatz. Während des Ausbaus muss der Schwund durch Verdunstung regelmäßig ausgeglichen werden, sind die Fässer nicht belegt, müssen sie mit schwefelhaltigem Wasser gefüllt und konserviert werden. Bei längerem Gebrauch lagern sich an den Innenwänden dickere Tartratschichten ab, die regelmäßig entfernt werden müssen, um nicht zur Brutstätte für Bakterien zu werden.

■ SIEHE AUCH

→ abfüllen · Aroma · auffrischen · ausbauen · Barrique · belegen · Böckser · Crianza · Cuvée · Entwicklung · Fassgeschmack · Fassriegel · Fass-

Fassware. Auch in den Ländern der Neuen Welt werden – wie hier in Australien – große Mengen Wein als Fassware gehandelt.

gelagert worden zu sein. Fassgeschmack wird gelegentlich mit dem →Korkschmecker verwechselt.

Fassriegel, Holz- oder Metallriegel, der das so genannte **Fasstürchen,** das an der Vorderseite größerer Fässer zum Entleeren und für die Reinigung des Fasses dient, gegen den Innendruck sichert, der durch die Flüssigkeitsmenge ausgeübt wird. Wie die Fassfront selbst werden auch Fassriegel aus Holz häufig durch Schnitzereien verziert.

Fassware, Fasswein, nicht abgefüllter Wein, der in großen Gebinden an den Weinhandel sowie an Wein- und Sektkellereien verkauft wird; in Deutschland vermarkten mehr als 70 % (2001) der Erzeugerbetriebe ihren Wein ganz oder teilweise als Fassware, in Österreich betrifft der Fassweinhandel v.a. den Export nach Osteuropa.

In der Schweiz kommen immerhin 55 % des importierten Weins als Fassware ins Land und Deutschland setzt etwa 14 % seiner Exporte auf diesem Weg ab. Auch in Italien und Spanien nimmt der **Fassweinhandel** eine mengenmäßig überragende Rolle ein: Ein großer Teil der Exporte beider Länder ist zur Weiterverarbeitung oder Abfüllung im Ausland bestimmt.

Die als Fassware verkauften Mengen sind in Deutschland in den letzten Jahren leicht gesunken, und die Preise fielen gegenüber den 1980er-Jahren um bis zu 80 %.

Fattoria, italienisch für landwirtschaftlicher Betrieb, übertragen auch für Weingut.

ware · Faulgeschmack · Geschmackstypen · Holzgeschmack · Küfer · lagern · Lufteinfluss · Mikrooxidation · Oxidation · Reife 2) · Rotwein · Schwund · Sherry · Tannine · Weinbereitung · weingrün · Weißwein · Wood-Chips

Fassbinder, →Küfer.

Fassgeschmack, muffige, gelegentlich faulige Geschmacksnote; ein Weinfehler, der v.a. durch unsaubere oder lange nicht benutzte Fässer verursacht wird; davon betroffene Weine werden auch als **fassig** bezeichnet. Weine können auch aufgrund anderer, meist chemischer Ursachen muffig oder fassig riechen bzw. schmecken, d.h. ohne im Holzfass

FÄULE

Gelobte Fäulnis

Dass man aus faulen Trauben nur schwer reintönige, geschmacklich überzeugende Weine keltern kann, ist eine leicht verständliche und einleuchtende Tatsache. Aber es gibt auch Winzer, die erwarten nichts sehnlicher, als dass ihre Trauben von Fäule befallen werden. Von einer bestimmten Fäule natürlich, der so genannten Edelfäule, die durch den Botrytispilz ausgelöst wird. Befällt dieser Pilz unreife Trauben, werden sie unbrauchbar. Auf vollreifen Weißweintrauben dagegen sorgt er im Spätherbst dafür, dass die Inhaltsstoffe der Beeren enorm konzentriert werden und sich ihre relative Zusammensetzung ändert. Die enorme Zuckerlast, die daraus resultiert, kann nicht mehr vollständig vergoren werden und bleibt dem Wein als natürliche Restsüße erhalten. Edelsüße Weine, das heißt von Edelfäule betroffene Süßweine, sind in der Regel von dichter, fast öliger Konsistenz, zeigen ausgeprägte Tränen, wenn man sie im Glas schwenkt, und entfalten ein unvergessliches Bukett von exotischen Früchten, Nüssen, Honig, Blüten oder Gewürzen. Ihre Alterungsfähigkeit ist legendär.

Faugères [foˈʒɛr], A. C.-Herkunftsbezeichnung des südfranzösischen →Languedoc für Rosés und Rotweine aus den Rebsorten Grenache, Cinsaut, Mourvèdre und Carignan; das Anbaugebiet im Département Hérault umfasst 1700 ha (2000) Rebfläche. Die Weine sind rustikal und würzig, in jüngster Zeit werden sie zunehmend mittels →Kohlensäuregärung verarbeitet und bekommen dabei einen sehr fruchtbetonten Charakter.

Fäule, Fäulnis, durch Pilzbefall verursachte Erscheinung, die Trauben, Blätter, den Rebstamm oder die Wurzeln befallen und schädigen kann; dabei kann es zum Absterben einzelner Organe der Reben oder ganzer Stöcke kommen.

Die größte Bedeutung für den Weinbau hat der Grauschimmel verursachende Botrytispilz (→Botrytis), der aber im Hinblick auf die Erzeugung bestimmter Weine erwünscht sein kann. Einige Pilzkrankheiten wie Echter und Falscher Mehltau werden nicht als Fäulen, sondern als Rebkrankheiten betrachtet.

Zu den Pilzen, die Trauben befallen, gehört der Erreger Penicillium expansum, der die Grün- oder Speckfäule auslöst. Dabei werden beschädigte, noch unreife oder durch Botrytisbefall geschädigte reife Beeren mit einem grünlichen Schimmelrasen überzogen. Der Pilz bildet neben verschiedenen Säuren auch giftige Stoffwechselprodukte, die befallene Beeren dumpf und unangenehm schmecken lassen. Sie müssen bei der Lese unbedingt aussortiert werden. Gleiches gilt für Trauben, die von der so genannten Rosafäule (Trichothecium roseum), der Weißfäule (Coniothyrium diplodiella) oder von so genannten Alternariapilzen befallen wurden.

Neben diesen Traubenfäulen kann an staunassen, d.h. durch stagnierendes Sickerwasser nassen Standorten auch **Wurzelfäule** bzw. Wurzelschimmel auftreten. Sie wird durch den Pilz Dematophora necatrix verursacht. Befallene Wurzeln sind mit einem weißen Pilzgeflecht überzogen. Zunehmend an Bedeutung gewinnt in Deutschland die **Schwarzfäule.** Sie wird durch den Pilz Guignardia bidwellii hervorgerufen und befällt Triebe, Blätter und Trauben. Schwarzfäule trat in den kühleren mitteleuropäischen Anbaugebieten früher nur selten auf, wird aber aufgrund der Klimaerwärmung immer häufiger festgestellt.

faule Eier, ein unangenehmer Geruchseindruck, der durch den →Böckser hervorgerufen wird.

Faulgeschmack, Fäulnisgeschmack, Faulton, modrig-muffiger Geschmack oder Geruch, dessen Ursache verschiedene →Weinfehler sein können; Faulgeschmack kann bereits im Weinberg entstehen, dann sind meist Fäulnisbefall der Traube oder Spritzmittelrückstände verantwortlich. Oft entsteht Faul-geschmack aber auch durch Gärung oder Lagerung des Weins in unsauberen oder lange nicht benutzten Holzfässern; man nennt diesen Fehlton auch →Fassgeschmack.

Favorita, einheimische Weißwein-Rebsorte der norditalienischen Region Piemont, die nur noch marginal kultiviert wird; aus den Trauben werden zumeist einfache, fruchtige Weine gekeltert und unter der Herkunftsbezeichnung Langa vermarktet. Einige Erzeuger sind allerdings davon überzeugt, dass Favorita, von der man glaubt, dass sie eine Spielart oder Verwandte des Vermentino ist, ein exzellenter Verschnittpartner für andere Weißwein-Rebsorten sei und diese geschmacklich bereichern könne.

Féchy [feˈʃi], eine der bekanntesten Appellationen des Anbaugebiets →La Côte im Schweizer Kanton Waadt; von den kalkhaltigen Böden des Anbaugebiets kommen stoffige, strukturierte, aber auch elegante Weiß- und Rotweine aus den Rebsorten Gutedel (Chasselas) und Gamay.

Federspiel. Die österreichische Wachau ist das einzige Anbaugebiet Europas, das seine Weine mit eigenen Qualitätsstufen auszeichnet: Steinfeder, Federspiel und Smaragd.

Federspiel, geschützte Bezeichnung für trockene Weißweine von Mitgliedern der Wachauer Winzervereinigung Vinea Wachau Nobilis Districtus im Rang einer Qualitätsstufe (→Wachau); die Weine werden aus Trauben mit einem Mostgewicht von mindestens 17°KMW gekeltert – das entspricht der Qualitätsstufe Kabinett. Sie dürfen einen Alkoholgehalt von höchstens 12,5 Vol.-% sowie maximal 4 g/l Restzucker aufweisen. Der Name geht auf ein Trainingsgerät bei der Falkenjagd zurück, die in der Wachau früher sehr beliebt war.

Federweißer, österreich. **Staubiger, Rauscher,** nur teilweise vergorener, noch kohlensäure- und hefehaltiger, süßer Most, landschaftlich auch als Neuer Wein bezeichnet, der in vielen Anbaugebieten während und unmittelbar nach der Erntezeit ein sehr populäres Ausschankgetränk ist.

Fehler, Fehlton, →Weinfehler.

Bei der Etikettierung von Weinen galt lange Zeit das Verbotsprinzip: Es durften keine Angaben gemacht, keine Begriffe verwendet werden, die nicht ausdrücklich durch das Weingesetz definiert und damit zugelassen waren. Dieses Prinzip galt in Deutschland uneingeschränkt, und noch in jüngerer Zeit mussten ihm zumindest zeitweise Versuche einer Lagenklassifizierung und Bezeichnungen wie Erstes Gewächs Tribut zollen.

Erst dem unscheinbaren Wörtchen »feinherb« sollte es in der Folge einer gerichtlichen Entscheidung vergönnt sein, dieses Verbotsprinzip endgültig zu brechen. Moselwinzer, denen die Bezeichnung halbtrocken zu prosaisch oder nicht mehr marktgerecht erschien, hatten stattdessen »feinherb« auf ihre Etiketten geschrieben, was prompt dazu führte, dass die Behörden Anklage erhoben. Das Gericht entschied jedoch, dass die Bezeichnung »feinherb«, obwohl durch das Gesetz nicht definiert, den Verbraucher nicht täuschen könne und deshalb zu tolerieren sei. Kritiker werfen dieser Entscheidung vor, realitätsblind zu sein, da in der Praxis oft deutlich restsüße Weine als »feinherb« bezeichnet würden: Dies sei eindeutig irreführend.

fein, von sehr guter, ausgewogener Qualität, ohne grobe oder unangenehm hervorstechende Eigenschaften; Begriff der Weinansprache. Man sagt, die Weine zeigen Finesse, wenn ihre Aroma- und Geschmackskomponenten vielschichtig und harmonisch sind, ohne dass einzelne Komponenten vordergründig wirken.

Feinburgunder, zeitweise im österreichischen Anbaugebiet gebräuchliches Synonym für Chardonnay, das aufgrund des EU-Beitritts des Landes seit 2001 nicht mehr verwendet werden darf.

Fendant. Aus Gutedel (Chasselas) wird im Wallis – hier bei der Gemeinde Vetroz – der berühmte Fendant gekeltert.

feinherb, im Geschmack halbtrocken, oft deutlich restsüß; vom Weingesetz nicht vorgesehene, aber nach neuester Rechtsprechung tolerierte Geschmacksangabe von Weinen.

Feinschmeckerter, österreichisch für →Muskat Ottonel.

Fendant [fã'dã], Appellation des Westschweizer Kantons Wallis für Weißweine aus der Rebsorte Gutedel (Chasselas); die Trauben müssen ein Mostgewicht von mindestens 68,1 °Oe aufweisen. Dieser Wert ist nach Meinung vieler qualitätsbewusster Winzer aber zu niedrig angesetzt, weshalb sie ihre Weine häufig unter einem Gemeindenamen und unter Verzicht auf die Bezeichnung Fendant vermarkten.

Fer, Fer Servadou [fɛr serva'du], Rotwein-Rebsorte, die im Süden und Südwesten Frankreichs auf knapp 1250 ha (1998) kultiviert wird und v. a. in Weine der Appellationen Madiran und Gaillac eingeht; Weine aus Fer sind relativ farbschwach und nicht sehr alkoholreich. Sie werden meist mit tanninreichen Sorten wie Tannat verschnitten, um deren Weine zugänglicher und weicher zu machen. Der in Argentinien kultivierte Fer ist wahrscheinlich eine Variante des Malbec.

fermentación [-θion], spanisch für Gärung.

fermentation [fɜ:men'teɪʃn], englisch für Gärung.

fermentation [fɛrmãtas'jɔ̃], französisch für Gärung.

Fermentation, →Gärung.

fermentazione [fermentat'tsio:ne], italienisch für Gärung.

Fermente, →Enzyme.

Fernão pires [fɔr'nãu 'piriʃ], meistkultivierte Weißwein-Rebsorte Portugals, die auf etwa 23000 ha (1999) Rebfläche steht; die spät reifende Sorte wird v. a. in den Gebieten Bairrada, Trás-os-Montes, Ribatejo und Alentejo kultiviert, in geringerem Umfang auch in Douro, Minho und Beira Interior. Außerhalb Portugals steht die Sorte in nennenswertem Umfang nur in Südafrika (290 ha). Die Weine sind aroma- und säurebetont, können aber auch sehr rustikal wirken.

fest, stark und kräftig strukturiert; Begriff der Weinansprache für Weine, die viel Säure oder Tannin und gleichzeitig hohe Extrakt- und Alkoholwerte aufweisen.

Fetească [fete'ʌ:skə], **Feteaska, Fetjaska, Mädchentraube,** Rebsortengruppe mit weißen und roten Varianten, die v. a. in Rumänien und seinen Nachbarstaaten verbreitet sind.

Die bekannteste der Gruppe ist die Weißwein-Rebsorte **Fetească albă** (Weiße Mädchentraube, ungarisch Leányka), die in Rumänien auf 10600 ha (1998) und in Bulgarien auf 1000 ha (1998) Rebfläche, darüber hinaus auch in Moldawien, der Ukraine, Russland, Ungarn und der Slowakei kultiviert wird. Die ebenfalls weiße **Fetască regală** (Königliche Mädchentraube) ist in Rumänien mit 25600 ha Rebfläche sogar die meistkultivierte Rebe. Die in Moldawien verbreitete **Fetjaska muskatnaja** ist eine Kreuzung aus Fetească albă und Muskat Ottonel. Einzige Rotwein-Rebsorte der Gruppe ist **Fetească neagrǎ**

(Schwarze Mädchentraube), die ausschließlich in Rumänien existiert.

fett, übermäßig üppig und voll; Bezeichnung der Weinansprache für Weine, die sehr viel Alkohol und Glyzerin, eventuell auch Restsüße, aber nur relativ wenig strukturierende Geschmackskomponenten wie Säure oder Tannin aufweisen.

Feuchtigkeit, entscheidender Parameter beim →Lagern von Weinen.

Feuerlay, Feuerley, sehr gute Weinbergslage des deutschen Anbaugebiets Mittelrhein, Gemeinde Boppard, die zum eigenständigen Ortsteil →Bopparder Hamm gehört; zusammen mit Mandelstein, Ohlenberg und Weingrube bildet Feuerlay das Kernstück des markanten Steilhangs mit grau-grünlichen Kieselgallenschiefern – das sind Tonschiefer mit linsenförmigen, blauschwarzen Einschlüssen – nördlich von Boppard, auf dem vorwiegend Riesling kultiviert wird.

Feuerstein, an den Geruch von angeschlagenen Feuersteinen erinnernd; sowohl mineralisch wie auch →empyreumatisch wirkendes Weinaroma, das v.a. in Weißweinen aus der Rebsorte Sauvignon blanc wie beispielsweise Pouilly-Fumé wahrzunehmen ist.

feurig, alkoholisch; Begriff der Weinsprache für schwere und alkoholbetonte Weine, mit dem überwiegend Rotweine charakterisiert werden.

Filano, süditalienische Weißwein-Rebsorte, wahrscheinlich griechischer Herkunft, deren Name eventuell auf die Rebsorte Apiano oder Apianae der Römer zurückgeht; die Sorte, die auf insgesamt etwa 200 ha (1999) Rebfläche kultiviert wird, bildet den Hauptbestandteil für die Weißweine der DOC-Herkunftsbezeichnung **Fiano di Avellino,** in deren Verschnitt auch Greco, Coda di Volpe und Trebbiano eingehen können. Der trockene und relativ leichte, im Geschmack saftige und würzige Fiano di Avellino ist einer der qualitativ höherwertigen DOC-Weine Kampaniens.

fiasco, italienisch für eine typische Flaschenform des Chiantigebiets (→Flaschen).

Figeac [fiˈʒak], **Château de F.,** Spitzenweingut der Appellation Saint-Émilion im französischen Bordeauxgebiet, das als Premier Grand Cru Classé B klassifiziert ist; als eines der wenigen Châteaux von Saint-Émilion weist Figeac einen fast ausgewogenen Rebsortenspiegel von 35 % Cabernet Sauvignon, 35 % Cabernet franc und 30 % Merlot auf. Im Laufe der Geschichte wurden zahlreiche Weinbergsparzellen vom Besitz Château Figeacs abgespalten, auf denen neue Grands Crus Classés entstanden wie beispielsweise Château Cheval-Blanc. Der Zweitwein von Figeac heißt La Grange Neuve de Figeac.

filtrieren, Moste und Weine von unerwünschten Trubstoffen (Klärfiltration) und Mikroorganismen (Entkeimungsfiltration) trennen; durch die klassische Filtration werden nur feste Teilchen abgetrennt, moderne Filtrationstechniken dagegen können auch zum Entfernen gelöster Substanzen eingesetzt werden.

■ **Klassische Filter:** Bei den klassischen Verfahren unterscheidet man zwischen den so genannten statischen und den dynamischen. Bei der statischen Filtration durchströmt der Wein eine Filterschicht von der Trub- zur Klarseite. Diese Filterschicht kann vorgefertigt sein **(Schichtenfilter)** oder sie wird als so genannter Anschwemmfilter **(Kieselgurfilter)** durch Zugabe von Kieselgur, Perlit oder Zellulose in den Flüssigkeitsstrom als Filterhilfsschicht aufgebaut. Die vorgenannten Verfahren gehören zum Bereich der Tiefbettfiltration, bei der Trubstoffe an der Oberfläche oder in den Hohlräumen der Schichten festgehalten werden.

Daneben gibt es reine Siebfilter, mit deren Hilfe Trubstoffe, die größer als die Poren des Filters sind, zurückgehalten werden. Diese so genannten **Membranfilter,** wegen ihres Aussehens auch **Kerzenfilter** genannt, werden in der Regel kurz vor dem Abfüllen eingesetzt. Schichtenfilter und Membranfilter sind für die Sterilfiltration geeignet. Die Filtration ist bei ihnen beendet, wenn die Poren der Filterschicht keine Flüssigkeit mehr durchlassen und die Schichten »blockieren« oder wenn der Kieselgurfilter vollständig mit Filterhilfsmittel gefüllt ist.

In ähnlicher Weise wie Schichten-, Anschwemm- oder Membranfilter arbeiten auch die so genannten **Vakuumfilter** (Vakuum-Drehfilter), bei denen in einer großen Trommel Unterdruck erzeugt und dadurch Flüssigkeit angesaugt wird, sowie Trubfilter, **Hefefilter** und **Tuchfilter** für die Mostklärung und die Aufbereitung des Trubs. Die Trubabscheidung mittels **Zentrifuge** (Separator, Zentrifugalfilter) oder Dekanter gehört streng genommen nicht in den Bereich der Filtration, da ihre Technik eine beschleunigte Sedimentation, im Absetzen darstellt. Bei diesen Geräten wird eine Trommel so stark beschleunigt, dass die Trubteilchen nach außen geschleudert und anschließend abgesondert werden.

■ **Moderne Filter:** Eine relativ neue Entwicklung stellt die so genannte dynamische Filtration dar. In **Cross-Flow-Filtern,** bei der eigentlichen **Mikrofiltration,** bei der feinste Trubstoffe abgetrennt werden – der Begriff wird gemeinsprachlich oft unpräzise verwendet –, überströmt der Wein unter hohem Druck eine Membran. Ein Teil des Weins fließt durch die Membran, der Rest wird so lange in den Kreislauf zurückgepumpt, bis nur noch ein kleiner Teil, das so genannte Konzentrat, mit den Trubstoffen zurückbleibt. Durch das ständige Überfluten reinigt sich die Membran selbst; steigt der Innendruck allerdings zu stark an, droht sie irreparabel zu »verblocken«. Das Gerät muss deshalb periodisch gereinigt werden.

Neuere Membranverfahren wie die Ultrafiltration oder die Umkehrosmose (→konzentrieren) sind in der Lage, über ihre Membran sämtliche Substanzen einer bestimmten Molekülgröße abzutrennen.

Da jedes Filtrieren auch einen gewissen Verlust an Geschmacksstoffen im Wein bedeutet, werden besonders hochwertige Gewächse →unfiltriert gefüllt und vermarktet.

fin [fɛ̃], französisch für die Geschmacksbezeichnung fein.

Finale, →Abgang.

fin di bocca, italienisch für Abgang, gelegentlich auch für Nachgeschmack.

Findling, deutsche Weißwein-Rebsorte, die aus einer spontanen Mutation von Müller-Thurgau entstanden ist; sie wurde 1971 offiziell als eigenständig anerkannt. Die früh reifende Sorte ist relativ ertragsschwach und liefert Trauben mit höherem Mostgewicht als Müller-Thurgau. Ihre Weine sind im Charakter neutral und altern rasch.

fine, italienisch für die Geschmacksbezeichnung fein.

Fine Old Tawny [faɪn ɔʊld 'tɔːnɪ], eine besondere Art →Portwein.

Finesse, eine Eigenschaft bestimmter Weine (→fein).

finish ['fɪnɪʃ], englisch für die Länge des Abgangs.

Fino, eine Art →Sherry.

fiore, eigentlich mosto fiore bzw. vino fiore, italienisch für Vorlaufmost bzw. Vorlaufwein (→Vorlauf).

Firne [zu Firn, von althochdeutsch firni »vorjährig«, »alt«], die Gesamtheit bestimmter Geruchs-, gelegentlich auch Geschmacksnoten, die v. a. bei gealterten Weißweinen auftreten; Begriff der Weinansprache für Weine, die den Höhepunkt ihrer Entwicklung erreicht oder überschritten haben.

Diese Weine werden auch als **firn** bezeichnet. Die Firne ist das Resultat verschiedener Alterungsprozesse des Weins wie der →Veresterung oder der →Oxidation. Sie drückt sich zunächst durch nussigen, mit der Zeit immer schärfer wirkenden Duft aus, durch den die primären und sekundären Aromen in den Hintergrund gedrängt werden. Das Stadium der Entwicklung, in dem sich diese Altersnoten und die ursprünglichen Aromen des Weins noch die Waage halten und zu einem komplexen Bukett ergänzen, bezeichnet man als **Edelfirne.** Später zeigen firne Weine einen unangenehmer werdenden →Petrolton oder ein aggressives →Sherrybukett; am Gaumen wirken sie zunehmend kratzig.

Fitou [fɪ'tu], A. C.-Herkunftsbezeichnung für würzig-fruchtige Rotweine des südfranzösischen →Roussillon; auf der etwa 2500 ha großen, in zwei voneinander getrennte Bereiche (Fitou Maritime und Fitou Montagneux) geteilten Rebfläche südlich der Stadt Narbonne im Département Aude wird vorwie-

FLASCHEN	Der »fiasco«

Ein »fiasco« ist im Italienischen kein Unglücksfall. Es ist die typische, kugelige, meist mit Korbgeflecht umwickelte Flasche des Chiantigebiets. Mit dem »fiasco« lernten viele Urlauber italienischen Wein kennen, und als die italienische Gastronomie in Deutschland große Verbreitung fand, sorgte dies dafür, dass man den Urlaubs-»fiasco« auch in der Heimat finden konnte. Eine Flasche wurde so zum Symbol für die Urlaubsfreuden ganzer Generationen der Vor-Mallorca-Zeit. Mit dem Aufkommen wirklichen Qualitätsweinbaus in den 1970er- und 1980er-Jahren kam auch das Ende des »fiasco«. Dem hochwertigen Image der Produkte war die populäre Urlaubsflasche nicht mehr angemessen.

Wer heute in die Toskana reist, sucht viel eher nach qualitativ anspruchsvollen Rotweinen der Appellationen Chianti Classico, Brunello, Nobile di Montepulciano oder Bolgheri. Selbst einfache, preiswerte Weine werden heute nicht mehr im »fiasco«, sondern in aufwendig gestalteten Bordeauxflaschen mit kunstvollen Etiketten vermarktet.

FLASCHEN	 *Designerflaschen*

Man behauptet oft, die Italiener hätten damit angefangen, aber die ersten Weinflaschen mit Künstleretikett kamen bereits in den 1940er-Jahren aus Frankreich, sieht man einmal von den reich verzierten Glasbläser-Kunstwerken früherer Jahrhunderte ab. Allerdings war es tatsächlich die italienische Weinindustrie, die in den 1980er-Jahren aus den vereinzelten Anfängen ein regelrechtes Massenphänomen machten.

Designerflaschen und kunstvoll gestaltete Etiketten zierten bald nicht mehr nur Spitzengewächse, sondern auch durchschnittliche Weine. Beim Verbraucher hatten die schicken Flaschen mit ihren bunten Klebern zwar großen Erfolg, aber so richtig verbraucherfreundlich sind sie nicht. Denn die Wiedererkennbarkeit der Produkte ist auf der Strecke geblieben. Wo man früher bereits auf den ersten Blick sagen konnte: »Das ist ein Rheingauer Riesling, ein Bordeauxgewächs, ein weißer Burgunder«, muss man inzwischen schon sehr genau hinschauen, um den Weintyp, ja sogar die Weinfarbe herauszufinden, denn deren dunkles Glas erlaubt oft nicht einmal mehr die Unterscheidung zwischen Weiß- und Rotwein.

gend die Rotwein-Rebsorte Carignan kultiviert. Daneben finden sich Grenache, Lladoner pelut, Mourvèdre, Syrah, Macabeo, Cinsaut und Terret noir, wobei Syrah zunehmend an Bedeutung gewinnt. In guten Jahren besitzen v. a. die Weine aus den trockeneren, höher gelegenen Schieferlagen eine gewisse Alterungsfähigkeit.

flach, ohne Struktur und geschmacklichen Ausdruck; Begriff der Weinansprache für qualitativ einfache oder überalterte Weine.

Flachbogen, eine Form der Fruchtrute beim →Rebschnitt.

Flaschen [zu althochdeutsch flaska, eigentlich »umflochtenes Gefäß«]. Weinflaschen werden fast ausschließlich aus Glas hergestellt. Plastikflaschen, wie sie für andere Getränkearten verwendet werden, haben im Weinbereich noch nicht Einzug gehalten, Ton oder Keramikflaschen sind seltene Ausnahmen.

■ **Typen:** Hinsichtlich der **Flaschenformen** gab es bis noch vor wenigen Jahrzehnten nur wenige Varianten, die meist mit den Weinen bestimmter Anbaugebiete identifiziert werden konnten. Rieslinge von Rhein und Mosel wurden in der schlanken und hohen **Schlegelflasche,** Bordeauxweine in der **Bordeauxflasche,** einem Zylinder mit deutlich abgesetztem, engem Hals, und Burgunder in der **Burgunderflasche** verkauft, einer etwas dickbauchigeren Flasche, die sich langsam zum Hals hin verjüngt. Viele Anbaugebiete

besaßen ihre typische, teilweise sogar geschützte Flaschenform, wie beispielsweise Franken mit dem Bocksbeutel oder das italienische Chiantigebiet mit der **Chiantiflasche,** dem **Fiasco,** einer bauchigen, meist mit Korbgeflecht umwickelten Flasche.

Da früher ein Großteil des Weins nicht fertig abgefüllt, sondern »offen« verkauft, d. h. in mitgebrachte Behältnisse gefüllt wurde, waren die große **Bauchflasche** und die etwas kleinere **Korbflasche** sehr populär. Letztere war mit einem Korbgeflecht umwickelt, in das oft sogar noch ein Henkel eingearbeitet wurde. Bauchflaschen werden noch heute gelegentlich als Reservebehälter zum Auffüllen von Barriques oder sogar für das Vinifizieren von Kleinstmengen bei der Kellerarbeit verwendet.

Seit mehr als einem Jahrzehnt sind die Flaschenformen deutlich variationsreicher geworden, viele Weine werden in so genannte Designerflaschen abgefüllt. Das Phänomen tauchte fast zeitgleich mit dem der Künstleretiketten (→Etikett) auf.

■ **Größen:** Bei weitem nicht so vielfältig wie die Flaschenformen, v. a. aber streng genormt sind die kommerziell genutzten und zugelassenen **Flaschengrößen.** Die europäische Normalflasche hat ein Nennvolumen von 0,75 l, die halbe Flasche von 0,375 l. Tafelweine werden häufig in Literflaschen (1 l) gefüllt, in Österreich auch noch in den so genannten Doppler (2 l). Das Normvolumen der

Magnumflasche beträgt 1,5 l, das der Doppel-magnum-Flasche (Jeroboam) 3 l, wobei Jeroboam außerhalb der Champagne auch für ein Fassungsvermögen von 4,5–6 l steht. Der Rehoboam fasst in der Regel 4 oder 5, der Methusalem (Impériale) 6 l.

In der Champagne gibt es noch größere Formate: den Salmanasar mit 9 l, den Balthasar mit 12 l und den Nebukadnezar mit 15 l. Die größte genormte Weinflasche fasst 98,5 l.

■ **Geschichte:** Die Glasflasche wurde bereits um 200 v. Chr. erfunden, jedoch erst seit der Erfindung des Verschlusses aus Korkeichenrinde im 17. Jh. systematisch und massenhaft für Wein verwendet. Noch im 19. und Anfang des 20. Jahrhunderts wurden ausschließlich hochwertige Weine in Flaschen gefüllt; der Großteil der Produktion wurde dagegen offen und als Fassware verkauft. In den letzten drei Jahrzehnten des 20. Jahrhunderts jedoch explodierte die Zahl der in Flaschen gefüllten Weine auf jährlich 18 Mrd.

Fleurie. Die Weinberge von Fleurie im Beaujolaisgebiet vor dem Austrieb im Frühjahr.

Flaschengärverfahren, eine Methode zur Herstellung von →Schaumweinen.

Flaschenkrankheit, →Füllschock.

Flaschenreife, eine wichtige Etappe der →Reife 3) von Weinen.

Fläscher Rebhalde, eine der bekanntesten Weinbergslagen des Schweizer Kantons Graubünden, im Bereich der Bündner Herrschaft; die etwa 50 ha große Lage wurde 1996 im Zuge einer Flurbereinigungsmaßnahme geschaffen und ist überwiegend mit Spätburgunder (Blauburgunder) bestockt.

Flavonoide [zu latein. flavus »gelb«], eine Gruppe von Farb- und Geschmacksstoffen, die zu den in der Nahrung am häufigsten vorkommenden →Polyphenolen zählen; zu den Flavonoiden gehören **Flavonole** und **Flavone** – das sind hellgelbe Pigmente (→Farbe) –, **Flavanole** und **Flavanone** – adstringierende und Bitterstoffe – sowie die Anthocyane.

flavor ['fleɪvə], englisch für Aroma, Geschmack.

fleischig, sehr üppig und kräftig im Geschmack; Begriff der Weinansprache.

flétry [fle'tri, zu französ. flétri »welk«], spät gelesen und leicht eingetrocknet; Bezeichnung für überreife, leicht eingetrocknete Trauben für süße und halbsüße Weine, die im Schweizer Wallis, im französischen Savoyen und im italienischen Aostatal verwendet wird.

Fleurie [flœ'ri], Gemeindeappellation, auch als →Cru bezeichnet, innerhalb des Beaujolaisgebiets im französischen Burgund mit mehr als 800 ha Rebfläche; von den Granitböden kommen florale und fruchtige, volle Weine aus der Rebsorte Gamay, die als relativ alterungsfähig gelten.

Fleurieu Peninsula ['flɔrɪuː pɪn'ɪnsjʊlə(r)], eine der fünf Weinbauzonen des australischen Staates Südaustralien, die nach der Fleurieu Peninsula im Süden der Hauptstadt Adelaide benannt wurde; der Bereich, zu dem das traditionsreiche Anbaugebiet →McLaren Vale und die Insel Kangaroo Island gehören, hat in den letzten Jahrzehnten durch den Aufschwung im →Langhorne Creek und das neu geschaffene Anbaugebiet Currency Creek an Bedeutung gewonnen.

Flor [zu niederländ. floers, wohl von französ. velours »Samt«], **Florhefe,** Schicht aus hefeähnlichen Pilzen, die sich an der Oberfläche von Weinen in nicht vollständig gefüllten Gebinden entwickeln kann; der Flor schützt den Wein vor Sauerstoffkontakt und damit vor Oxidation. Er zerfällt zwei Mal im Jahr und löst sich im Wein auf; anschließend bildet sich eine neue Schicht. Von der Dicke der Schicht ist das Ausmaß der eventuellen Oxidation des Weins abhängig. In den Anbaugebieten von Weinen wie →Sherry oder →Vin jaune wird der Flor zur Erzeugung bestimmter Geschmackstypen genutzt.

flüchtige Säure, gemeinsprachlich für Essigsäure, eine der Säurearten (→Säure) von Weinen.

Flurbereinigung, gesetzlich geregeltes Verfahren der Weinbergsneuordnung, d. h. der Weinbergszusammenlegung und -umlegung; ihr Ziel ist die Schaffung rentabler Bewirtschaftungseinheiten und die Erleichterung der Weinbergsarbeiten zur Senkung der Arbeitskosten, insbesondere in Gebieten mit sehr kleinflächigen Besitzstrukturen. Unter Zuständigkeit und mit fachlicher Unterstützung der regionalen Kulturämter werden Teilnehmergemeinschaften gegründet, die als Körperschaften des öffentlichen Rechts gelten und die oft langjährigen Verfahren begleiten und durchführen.

In Deutschland wird die Flurbereinigung durch das Flurbereinigungsgesetz (FlurbG) in der Fassung vom 16. 3. 1976, zuletzt geändert durch Gesetz vom 23. 8. 1994 geregelt. Nachdem zahlreiche Flurbereinigungen der 1960er- und 1970er-Jahre zur naturfremden Schaffung oft riesiger Monokulturareale führte, mit erheblichen Problemen hinsicht-

FLURBEREINIGUNG   *Das Beispiel Kaiserstuhl*

FLURBEREINIGUNG   *Das Beispiel Kaiserstuhl*

Der südbadische Kaiserstuhl, eine markante Erhebung vulkanischen Ursprungs zwischen Schwarzwald und Oberrhein mit dicken Lössauflagen, ist nicht nur eine der beeindruckendsten Weinlandschaften Deutschlands, sondern auch ein Paradebeispiel für die Umwälzungen, die mit der Flurbereinigung verbunden sein können. Die mächtigen, breiten Terrassen, die dabei in die Lössschichten gegraben wurden, vermitteln dem Besucher gelegentlich eher den Eindruck einer Tagebau- als einer Weinbaulandschaft. Sie wurden auch rein unter dem Gesichtspunkt der Rationalisierung und Mechanisierung der Weinbergsarbeit angelegt. Die Qualität der Trauben und Weine spielte dabei vor allem in den Anfangsjahren nur eine untergeordnete Rolle. Nicht wenige der Terrassen wurden sogar mit einer Neigung zum Hang hin – also entgegen der natürlichen Falllinie –

angelegt, was dazu führte, dass die Kälte im Frühjahr nicht abfließen konnte und es regelmäßig zu Frostschäden kam.

lich Erosion und Schädlingsbefall, werden moderne Flurbereinigungen meist wesentlich naturnäher durchgeführt.

Flying Winemaker ['flaɪɪŋ 'waɪnmeɪkə(r), engl., »fliegender Weinmacher«], önologischer Berater oder Weinmacher; Bezeichnung für Önologen, die für mehrere Weingüter oder Kellereien arbeiten und deshalb häufig zwischen den verschiedenen Betriebsstätten unterwegs sind; der Name entstand in Australien unter Anlehnung an die »Flying Doctors«, eine Organisation, mit deren Hilfe die medizinische Versorgung der ländlichen Bevölkerung des Kontinents sichergestellt wird.

follatura, italienisch für das Unterstoßen des Tresterhuts.

Folle blanche [fɔl blãʃ], **Gros Plant** [gro plã], Weißwein-Rebsorte, die vor der Reblauskatastrophe im 19. Jh. im westlichen Frankreich weit verbreitet war; sie wurde u. a. für die Erzeugung der Weinbrände Cognac und Armagnac verwendet.

Heute wird Folle blanche fast nur noch am unteren Lauf der →Loire kultiviert; insgesamt sind noch annähernd 3500 ha Rebfläche mit ihr bestockt. Im französischen Département Loire-Atlantique werden aus Folle blanche die trockenen, leichten Weißweine der V. D. Q. S.-Herkunftsbezeichnung Gros Plant du Pays Nantais gekeltert.

Außerhalb Frankreichs steht die Sorte auf kleineren Flächen in Kalifornien, Argentinien, Südafrika, Griechenland, Spanien und Rumänien.

Fortana, wenig bekannte Rotwein-Rebsorte Norditaliens, die jedoch auf fast 2200 ha (1999) Rebfläche v. a. in den Regionen Lombardei und Emilia-Romagna kultiviert wird;

die auch Brugnola, Prugnola, Uva d'Oro etc. genannte Sorte ergibt farbintensive, tanninbetonte, aber zu rustikale und einfache Weine.

fortified ['fɔːtɪfaɪd], englisch für aufgespritet (→aufspriten).

Fortifikation, das Verfahren des →Aufspritens.

Fox-Ton, Geruchsnote von Weinen, die als →fuchsig bezeichnet werden.

Fragolino, in Italien beliebte, in Qualitätsanbaugebieten aber nicht zugelassene →Hybride, deren Weine an ihrem auffälligen Erdbeeraroma zu erkennen sind.

fragrance ['freɪgrəns], englisch für angenehmer, blumiger bzw. fruchtiger Duft.

fragranza, italienisch für angenehmer, blumiger bzw. fruchtiger Duft.

frais [frɛ], französisch für die Geschmacksbezeichnung frisch.

FRANCIACORTA. *Prickelnde Konkurrenz*

David gegen Goliath, durch diesen Vergleich mit der französischen Champagne demonstrieren Franciacorta-Erzeuger gern Selbstbewusstsein. Was die Qualität der Produkte betrifft, ist dieser Vergleich durchaus angebracht: In zahlreichen Vergleichsverkostungen haben Franciacorta-Schaumweine ihre renommierten Vettern aus Nordfrankreich das Fürchten gelehrt. Was die Mengen und damit den Stellenwert der Produkte auf dem Weltmarkt betrifft, kommt das kleine lombardische Gebiet mit seinen 4 Mio. Flaschen jährlich nur auf wenig mehr als 1 % der gigantischen Verkaufsmenge von bis zu 300 Mio. Flaschen, die die Champagne auf die Waage bringt. Diese Marktbedeutung schlägt sich auch in den Preisen für die Spitzenprodukte beider Gebiete nieder, die im Falle von Spitzencuvées aus der Champagne um bis zu 200 % höher liegen können als bei Erzeugnissen aus Franciacorta.

Franken. Escherndorf und seine Lage Lump ist zusammen mit dem Würzburger Stein und dem Iphöfer Julius-Echter-Berg eine der bekanntesten Frankens. Auf Muschelkalkböden mit Lattenkeupereinlagen wachsen in idealem Klima sowohl einige der schönsten Silvaner der Region als auch exzellente Rieslinge.

Franciacorta [frantʃaˈkɔrta], DOCG-Herkunftsbezeichnung für flaschenvergorene Schaumweine aus einem Gebiet zwischen den Städten Bergamo und Brescia in der norditalienischen Region Lombardei.

Das Anbaugebiet in der Moränenlandschaft am Südrand des Lago d'Iseo bringt auf etwas mehr als 1000 ha (1999) Rebfläche knapp 4 Mio. (1999) Flaschen jährlich hervor. Der Name Franciacorta geht wahrscheinlich auf die Bezeichnung »francae curtes« zurück, die sich auf die Steuerfreiheit bezog, die den hier ansässigen Benediktinermönchen im Mittelalter gewährt wurde. Die Grundweine werden aus den Rebsorten Chardonnay, Spätburgunder (Pinot nero) und Weißburgunder (Pinot bianco) gekeltert und müssen nach der zweiten Gärung mindestens 18 Monate, Jahrgangsqualitäten sogar 30 Monate auf der Flaschenhefe reifen, bevor sie degorgiert und vermarktet werden.

■ **Weinarten:** Neben den üblichen Geschmackstypen für Schaumweine werden zwei zusätzliche Arten Franciacorta erzeugt: Franciacorta Satèn brut oder Crémant mit geringerem Flaschendruck von höchstens 4,5 Atmosphären und Franciacorta Rosato oder Rosé, der mindestens 15 % Spätburgunder enthalten muss und beim Degorgieren mit altem Spätburgunderwein nachgefärbt werden kann. Neben den Schaumweinen werden im selben Anbaugebiet aus den Trauben von etwa 400 ha Rebfläche auch weiße und rote Stillweine erzeugt, die unter der DOC-Herkunftsbezeichnung **Terre di Franciacorta** firmieren. – Infokasten S. 179

franco, italienisch für die Geschmacksbezeichnungen reintönig, sortentypisch.

Franken, sechstgrößtes Anbaugebiet Deutschlands, das sich von Aschaffenburg am Rande des Rhein-Main-Gebiets bis hin zum Steigerwald zieht; auf 6040 ha (2002) Rebfläche werden überwiegend Weißwein-Rebsorten kultiviert, aus denen insgesamt etwa 95 % der regionalen Weinmengen erzeugt werden – allen voran Müller-Thurgau mit fast 38 % der Flächen, gefolgt von Silvaner (21 %) und Bacchus (12 %).

■ **Böden und Klima:** An Bodenformationen ist Franken vergleichsweise arm, nimmt man die Vielfalt der Pfalz oder Badens zum Maßstab. Das Mainviereck, der westlichste Bereich, wird von Urgesteinsverwitterungsböden und Buntsandstein geprägt, das Maindreieck weiter östlich dagegen von Lehm, Löss und Muschelkalk. Im Steigerwald wiederum beherrscht Keuper das Bild. Was das Klima betrifft, so dominiert der kontinentale Einfluss mit seinen kalten, vom Main und seinen kleineren Zuflüssen kaum gemilderten Wintern und den warmen, relativ trockenen Sommern.

■ **Geschichte:** Bereits im 4. Jh. wurden die ersten Rebkulturen in Franken angelegt, und im Mittelalter erreichte die Rebfläche der Region eine Ausdehnung von fast 100 000 ha. Franken war damals das größte Anbaugebiet des Kaiserreichs. Zu Beginn des 21. Jahrhunderts ist die wirtschaftliche Lage weit weniger rosig. Nicht einmal 10 % der 7000 Winzer der Region vermarkten ihre Weine selbst, der Rest liefert die Trauben an die mächtigen Genossenschaften.

Frankenriesling, →Silvaner.

fränkisch trocken, →trocken 1).

Frankland River [ˈfræŋklənd ˈrɪvə(r)], GI-Herkunftsbezeichnung für Weine aus der Weinbauzone Great Southern in →Westaustralien; im vergleichsweise kühlen Klima, das durch den nur 75 km entfernten Indischen Ozean geprägt ist, werden sehr elegante Rotweine aus Syrah (Shiraz) und fruchtige Weiße aus Riesling und Chardonnay erzeugt.

Frankovka, tschechisch, slowakisch und kroatisch für →Blaufränkisch.

Frankreich, eines der ältesten und renommiertesten Weinbauländer der Welt; mit einer Rebfläche von 914 000 ha (2001, 1990: 939 000 ha), von denen geschätzte 860 000 ha in Produktion sind, liegt Frankreich an zweiter Stelle der Weinbauländer, hinsichtlich der

Weinerzeugung von etwa 55–60 Mio. hl/Jahr hält es zusammen mit Italien die Spitzenposition. Frankreich ist mit gut 15 Mio. hl zweitgrößter Weinexporteur hinter Italien, importiert aber auch fast 5,6 Mio. hl und steht damit an dritter Stelle der Importländer. Mit seinem Pro-Kopf-Verbrauch von 57 l/Jahr liegt Frankreich hinter Luxemburg an zweiter Stelle in der Welt.

Insgesamt gibt es in Frankreich 212 000 (2001) Winzerbetriebe, von denen allein 41 600 (1992: 81 600) in der Region Languedoc-Roussillon beheimatet sind. Das ergibt eine Rebfläche von 4,3 ha pro Betrieb, etwa drei Mal so viel wie in Deutschland. Von der gesamten Produktionsmenge entfallen 57 % auf die verschiedenen Qualitätsweinkategorien, 35 % auf Land- und Tafelwein und gut 8 % gehen in die Destillation (Cognac etc.). Die A. C.-Herkunftsbezeichnungen allein umfassen etwa 52 % der französischen Rebfläche, die von insgesamt gut 75 000 Weinbaubetrieben bewirtschaftet wird. In dieser Kategorie beträgt das Verhältnis der Weißweine zu Rosés und Roten etwa 1:2.

■ **Klima:** Frankreichs Weinbau profitiert von einer enormen Bandbreite unterschiedlicher klimatischer Bedingungen. Von der kühlen Champagne, dicht an der nördlichen Weinbaugrenze Europas, wo die Trauben oft nur knapp Vollreife erreichen, bis zu den heißen Rebfeldern des Languedoc-Roussillon, vom milden Atlantikklima von Bordeaux bis zu den regengeschützten Vogesenhängen des Elsass kann man fast alle für den Weinbau geeigneten Klimata finden.

Franken. Das Anbaugebiet am Main mit den Bereichen Mainviereck, Maindreieck und Steigerwald. Tauberfranken gehört zu Baden.

Die verschiedenen Anbaugebiete werden dabei im Westen des Landes von atlantischem, im Osten von kontinentalem und im Süden von mediterranem Klima geprägt, wobei viele der wichtigen Gebiete in Übergangszonen liegen. Was die Einteilung der europäischen →Weinbauzonen betrifft, so fällt der Norden des Landes unter die Zone B, das Zentrum wird unter C I und der Süden unter der Klimazone C II geführt.

■ **Böden:** Was für das Klima gilt, trifft auch bezüglich der geologischen Vielseitigkeit zu. Zwischen dem Elsass und Bordeaux, der Champagne und dem Languedoc findet sich eine unübersehbare Vielfalt von Boden- und Unterbodenarten, die dem Charakter der jeweiligen Weine ihren Stempel aufdrücken; ein

Das Prestige Frankreichs

Die großen Châteaux, die Grands Crus Classés des Médoc im Bordeauxgebiet wie Margaux, Latour, Mouton, Lagrange, Léoville, Pichon (im Bild), Talbot, Haut-Brion oder wie sie alle heißen, verkörpern mehr als die Weingüter jeder anderen Region das gesamte Prestige der Weinbaunation Frankreichs. Das galt bereits im so genannten goldenen Zeitalter des französischen Weinbaus im 19. Jahrhundert und es gilt auch in einer Zeit, in der die ganze Welt versucht, Stil und Qualität der Grands Crus zu imitieren und in der die klassischen Rebsorten des Bordelais, Cabernet Sauvignon und Merlot, die gesamte Weinwelt erobert haben. Dabei war der Weinbau rund um Bordeaux über Jahrhunderte alles andere als eine rein französische Angelegenheit. Für die Rebe urbar gemacht wurde das Médoc durch die Kanalbaumaßnahmen der Holländer und die Gründung der wichtigsten Handelshäuser war das Werk von Engländern, in geringem Maße auch von

Deutschen, deren Namen noch in den Besitzurkunden einiger der wichtigsten Châteaux auftauchen.

FRANKREICH: A.C.-REBFLÄCHEN		
Region	A.C.-Rebfläche	Anteil an der regionalen Rebfläche
Aquitaine (mit Bordeauxgebiet)	139 200 ha	94%
Languedoc-Roussillon	90 800 ha	31%
Provence-Côte d'Azur	69 800 ha	72%
Rhône-Alpes (mit Savoyen)	42 800 ha	74%
Champagne	29 400 ha	98%
Burgund (mit Beaujolais)	29 100 ha	98%
Zentrum	16 800 ha	73%
Pays de Loire (mit Vendée)	16 800 ha	42%
Elsass	14 700 ha	99%
Midi-Pyrénées	11 100 ha	27%
Korsika	2 800 ha	41%
Poitou-Charente (ohne Cognac)	2 600 ha	28%
Sonstige (mit Jura)	2 000 ha	44%
A.C.-Rebflächen in Frankreich gesamt	480 100 ha	61%

Quelle: Onivins, Stand: 2001

Grund dafür, dass die Franzosen dem Konzept des →Terroirs solche Bedeutung beimessen.

Einige der berühmtesten Formationen des Landes sind die Kalkfelsen der Champagne, das Kimmeridgium – das sind die nach der gleichnamigen Epoche des Jura benannten kalkhaltigen Tonböden von Chablis –, die Granitfelsen und Mergel des Elsass, das Abbruchplateau der burgundischen Côte d'Or, Granitfelsen und rötliche oder gelbe Kiesel an der Rhône und schließlich die Graves, die Schwemmlandschotter oder auch die Tonkalk-Plateaus im Bordeauxgebiet.

■ **Rebsorten und Weintypen:** Frankreich ist die Heimat einiger der renommiertesten europäischen Edelrebsorten wie Chardonnay, Cabernet Sauvignon, Syrah oder Spätburgunder (Pinot noir). Daneben besitzt jede Region ihr Spektrum einheimischer Rebsorten. Allerdings hat die in Frankreich im Unterschied zu Ländern wie Italien oder Portugal bereits seit Jahrhunderten systematisch betriebene Rebenselektion dazu geführt, dass nur ein Dutzend Sorten fast drei Viertel der Rebflächen belegt.

Die französischen Edelsorten haben sowohl im Zeitalter des Kolonialismus als auch während des jüngsten Aufschwungs im Weinbau der Neuen Welt unzählige Weinbauländer und Anbaugebiete erobert. Nicht zufällig sind sämtliche der so genannten →internationalen Rebsorten französischen Ursprungs. Die französische Sortenpalette wird angeführt von Merlot (106 100 ha, 2002), dahinter folgen Grenache (97 100 ha), Carignan (93 500 ha), Trebbiano alias Ugni blanc (89 500 ha), Cabernet Sauvignon (55 600 ha), Syrah (55 000 ha),

Frankreich. Wein ist für die Franzosen fester Bestandteil der Ernährung und der Alltagskultur: 57 l trinken sie durchschnittlich pro Kopf und Jahr.

Chardonnay (38 200 ha), Cabernet franc (37 300 ha), Gamay (36 700 ha), Cinsaut (30 500 ha), Pinot noir (26 900 ha) und Sauvignon blanc (21 200 ha).

Da der Rebsortenspiegel Frankreichs über Jahrhunderte gewachsen und durch die Produktionsvorschriften der einzelnen Appellationen gesetzlich verankert ist, treten Veränderungen nur gelegentlich und nur über längere Zeiträume hinweg auf. So waren die einzig nennenswerten Sortenbewegungen der letzten Jahrzehnte die der enormen Zunahme von Merlotflächen sowie der Ausbreitung von Chardonnay und Syrah aus ihren jeweiligen Ursprungsgebieten auf die Weinberge der Mittelmeerküste, des Languedoc-Roussillon.

Die Vielfalt der Rebsorten spiegelt sich in einer ebenso großen Vielfalt der Weintypen wider: Die Nation erzeugt Schaumweine wie den Champagner oder die verschiedenen →Crémants, trockene, aromatische Weiße wie im Elsass, finessenreiche, kräftige Weiße wie im Burgund, süffige, fruchtbetonte Rotweine, Rosés, →Nouveaux oder Primeurs, üppige weiße und rote Süßweine oder die seltenen →Vins jaunes des Jura und schließlich die vielschichtigen, großartigen Rotweine aus dem Burgund, von der Rhône, der Loire und aus dem Bordelais.

Frankreich hat im Laufe der Jahrhunderte nicht nur Rebsorten selektiert, die die Welt eroberten, sondern auch mit seinen Weintypen Modelle gesetzt, denen viele Weinbaugebiete nacheifern. Dazu gehören die flaschenvergorenen Schaumweine ebenso wie der →Bordeauxverschnitt, im →Barrique ausgebauter Chardonnay oder die üppigen Rotweine der heißen Anbaugebiete.

FRANKREICH: REBFLÄCHEN	
Region	Rebfläche
Languedoc-Roussillon	291 400 ha
Aquitaine (mit Bordeauxgebiet)	147 500 ha
Provence-Côte d'Azur	97 200 ha
Rhône-Alpes (mit Savoyen)	57 700 ha
Midi-Pyrénées	41 000 ha
Pays de Loire (mit Vendée)	39 900 ha
Champagne	30 000 ha
Burgund (mit Beaujolais)	29 800 ha
Zentrum	23 000 ha
Elsass	14 900 ha
Poitou-Charente (ohne Cognac)	9 300 ha
Korsika	6 900 ha
Sonstige (mit Jura)	4 600 ha
gesamt	793 200 ha

Quelle: Onivins, Stand: 2001

Historischer Vorsprung

Dass Frankreich und seine Weine spätestens seit den 1970er-Jahren zum Vorbild für zahlreiche Weinmacher der Alten und der Neuen Welt geworden sind – wobei unbestreitbar ist, dass die »Lehrlinge« den Meister teilweise überrundet haben –, hat lang zurückreichende historische Gründe. Kaum eine Weinbaunation der Welt setzte schon vor mehr als 200 Jahren so konsequent auf die Entwicklung und Vermarktung von Spitzenweinen, keine andere hat so rigide ihren Weinbergsbestand durchorganisiert und klassifiziert, keine hat auch so systematisch Rebsorten bzw. ihre besten Varianten selektiert und vervielfältigt. Hinzu kommt die lange Tradition in der Weinbergspflege und in der Kellerwirtschaft – auch der Guyotschnitt und das Barrique stammen nicht zufällig aus Frankreich. Dass vor allem einige Länder der Neuen Welt diesen Vorsprung teilweise aufgeholt haben, ist dabei eine Sache, eine andere wird es sein, den Weinen und vor allem den Weintypen der Grande Nation

wirklich eigenständige, einzigartige Produkte entgegenzustellen und nicht mehr nur gelungene oder weniger gelungene Imitate des großen Vorbilds.

■ **Weinbauregionen:** Frankreich ist in zehn Weinbauregionen gegliedert, von denen nur das Bordelais und das Elsass mit politischen Gliederungen zusammenfallen. Von Norden aus und im Uhrzeigersinn gesehen sind es die Champagne, das Elsass, das Burgund, Jura und Savoyen, das Rhônetal, die Provence und Korsika, das Languedoc-Roussillon, der Südwesten, das Bordelais und das Loiretal. Sozusagen zwischen diesen Regionen liegen das Lyonnais im Südosten, das Zentrum und die Region Poitou-Charente im Westen Frankreichs. Flächenmäßig größte Weinbauregion ist Languedoc-Roussillon mit 291000 ha (2001) Rebfläche, gefolgt vom Bordelais mit 125000 ha. Die kleinsten Regionen sind Jura-Savoyen mit nur 6000 und das Elsass mit knapp 15000 ha.

■ **Weingesetz:** Auch mit seinem Weingesetz hat Frankreich Maßstäbe gesetzt. Die Idee einer hierarchischen Einstufung der Weinbergsflächen, einer Klassifikation von Weinbergslagen, wurde bereits im 19. Jh. entwickelt und Mitte des 20. Jahrhunderts zu einem wesentlichen Bestandteil des Gesetzes über die Herkunftsbezeichnungen für Qualitätsweine (→Appellationen). Auch hinsichtlich der Ertragsbegrenzungen für Spitzenweine, hinsichtlich der präzisen geographischen Abgrenzung der Anbaugebiete und der zugelassenen Rebsorten kam dem französischen Weingesetz eine Vorreiterrolle zu.

■ **Geschichte:** Marseille und Narbonne bzw. ihre Umgebung waren die Orte der frühesten Rebkulturen in Frankreich. Bereits um

600 v. Chr. brachten Griechen, die den Hafen Marseille gründeten, Weinreben mit und legten die ersten Weinberge an. Auch Etrusker, Phönizier und Ligurer förderten Weinhandel und Weinbau an der französischen Mittelmeerküste. Schon bald dehnten sich die Kulturen rhôneaufwärts bis Vienne aus. Gleichzeitig erreichten sie Gaillac im Südwesten, und Bordeaux, ein wichtiger römischer Umschlagplatz für den Handel mit England, wurde zum

FRANKREICHS MEISTKULTIVIERTE REBSORTEN	
Rebsorte	**Rebfläche**
Merlot	106 100 ha
Grenache	97 100 ha
Carignan	93 500 ha
Trebbiano (Ugni blanc)	89 500 ha
Cabernet Sauvignon	55 600 ha
Syrah	55 000 ha
Chardonnay	38 200 ha
Cabernet franc	37 300 ha
Gamay	36 700 ha
Cinsaut	30 500 ha
Spätburgunder (Pinot noir)	26 900 ha
Sauvignon blanc	21 200 ha
Sémillon	13 400 ha
Melon	13 300 ha
Pinot Meunier	10 700 ha

Stand: 2002

zweiten Großschauplatz der Weinbauentwicklung. Im 3. Jh. standen sowohl im Bordeauxgebiet als auch im Burgund größere Flächen unter Reben, bis zum 6. Jh. folgten die Loire, die Champagne und sogar die Bretagne.

Die nächste bedeutende Etappe begann in der Zeit der Karolinger, unter denen die Klöster ersten Weinbergsbestand erwarben. Benediktiner und Zisterzienser des Burgund perfektionierten die Sorten- und Lagenwahl und verbreiteten ihre Kenntnisse in ganz Mitteleuropa. Vom 15. Jh. an wurde der Weinhandel mit England, den Niederlanden und Belgien zum Motor einer Entwicklung, die vom 17. Jh. an dem großen Höhepunkt zustrebte, dem »age d'or«, dem goldenen Zeitalter des 19. Jahrhunderts. Die zweite Hälfte des 19. Jahrhunderts wurde dann allerdings von der größten Katastrophe des französischen Weinbaus geprägt, dem Eindringen der Reblaus, die in Südfrankreich 1863 zum ersten Male europäische Reben angriff.

Die Schwierigkeiten in der Folge dieser Katastrophe wie auch der politischen Wirren des späten 19. und frühen 20. Jh. führten in Frankreich zur Entstehung zahlreicher Winzergenossenschaften und zur Verabschiedung erster Schutzgesetze gegen die gängigen Weinfälschungen. Mit dem Weingesetz von 1936 und der Einführung von Appellations contrôlées erhielt der französische Weinbau dann Strukturen, die auch zu Beginn des 21. Jahrhunderts noch gültig sind. Die letzten beiden Jahrzehnte waren geprägt von einer rasanten wissenschaftlichen und technologischen Entwicklung, bei der sich Frankreich besonders durch die Erfindung neuer Methoden der Vinifizierung wie dem Gebrauch von Konzentratoren und der Mikrooxidation auszeichnete.

■ SIEHE AUCH
→ Alsace 2) · Appellation · Beaujolais · Bergerac · Bordeaux · Burgund · Cahors · Chablis · Champagne · Châteauneuf-du-Pape · Chenin blanc · Cinsaut · Clos · Comité interprofessionnel · Corbières · Côte-Rôtie · Côtes-du-Rhône · Crémant · Cru · Elsass · Gaillac · Grand vin · Herkunft · Hermitage · Jura · Klassifizierung · Kohlensäuregärung · Korsika · Lage · Landwein · Languedoc-Roussillon · Loire · Provence · Roussillon · Sancerre · Sauternes · Südwesten · Süßwein · Touraine · Villages · Vin jaune

Frankreichs
Weinbauregionen

Frankstein, Grand-Cru-Lage der französischen Weinbauregion Elsass, Gemeinde Dambach-la-Villa; die etwa 56 ha große Rebfläche, die nach Osten und Südosten ausgerichtet ist, eignet sich mit ihren gut entwässerten Granitunterböden v.a. für die Weißwein-Rebsorten Riesling und Gewürztraminer und bringt Weine mit markanten, blumigen Aromen hervor.

Franschhoek [ˈfranʃhuːk, afrikaans »Franzosenecke«], Bereich (Ward) des südafrikanischen Weinbaudistrikts →Paarl; von den Weinbergen des lang gestreckten, von hohen Bergketten geschützten Tals mit dem Ort Franschhoek im Zentrum kommen gute Weiß- und Rotweine aus Cabernet Sauvignon, Chardonnay, Sauvignon blanc und Sémillon. Franschhoek wurde 1688 von französischen Hugenotten gegründet und gilt als eines der touristischen und gastronomischen Zentren der Kapprovinz.

Franzhauser, eine der besten Weinbergslagen des österreichischen Anbaugebiets Donauland, Gemeinde Klosterneuburg; auf den Kalksandsteinverwitterungs- und Lössböden des Steilhangs am Südostabfall des Buchbergs wächst hauptsächlich Riesling.

Französisches Paradoxon, Anfang der 1990er-Jahre unter dem Titel **French Paradox** von US-Medien unter Berufung auf medizinische Untersuchungen aufgestellte These, dass Franzosen, obwohl sie deutlich kalorien- und fettreicher essen als Amerikaner, seltener an Herz-Kreislauf-Erkrankungen sterben. Als Grund dafür wurde der höhere Wein-, insbesondere Rotweinkonsum der Franzosen vermutet. Die daran anschließende Debatte über die Problematik →Gesundheit und Wein führte zu einem abrupten Ende prohibitionistischer Tendenzen, die in den USA gegen Ende der 1980er-Jahre wieder aufgekommen waren, und zu einer generell größeren gesellschaftlichen Akzeptanz von Wein.

Frascati, DOC-Herkunftsbezeichnung für meist trockene, seltener auch liebliche Weiß- oder Schaumweine aus dem Anbaugebiet um die gleichnamige Stadt südlich von Rom; das Anbaugebiet an den Hängen der Colli Albani liegt z.T. noch auf dem Gebiet der italienischen Hauptstadt. Auf 2600 ha Rebfläche werden v.a. die Weißwein-Rebsorten Malvasia, Trebbiano und Greco kultiviert. Aus ihnen wurden früher liebliche Weine gekeltert, heute dagegen ist der Großteil der Produktion trocken. Die süße Variante des Frascati, die unter dem Namen Cannellino (zu italienisch cannella »Zimt«) bekannt ist, spielt praktisch keine Rolle mehr.

free run juice [friː rʌn dʒuːs], englisch für Vorlaufmost (→Vorlauf).

freie Säure, Zustandsbeschreibung für bestimmte Säurearten (→Säure) in Weinen.

Freilauf, →Vorlauf.

Freisa, Rotwein-Rebsorte der italienischen Region Piemont, die v.a. in der Landschaft des Monferrato kultiviert wird; Freisa wird meist zu hellen, leichten, fruchtbetonten und perlenden Weinen verarbeitet und unter zwei Herkunftsbezeichnungen vermarktet, **Freisa d'Asti** und **Freisa di Chieri,** deren Anbaugebiete insgesamt etwa 600 ha Rebfläche umfassen.

Freisamer, deutsche Weißwein-Rebsorte, die 1916 am Staatlichen Weinbauinstitut Freiburg im Breisgau durch Kreuzen von Silvaner und Grauburgunder (Ruländer) gezüchtet wurde; die Sorte konnte jedoch keine kommerzielle Bedeutung erlangen und wird lediglich auf einer Rebfläche von etwa 25 ha im Anbaugebiet Baden sowie im geringen Umfang in der Schweiz kultiviert.

French Colombard, englisch für →Colombard.

French Paradox [frenʃ ˈpærədɔks], englisch für →Französisches Paradoxon.

fresco, italienisch für die Geschmacksbezeichnung frisch.

Frescobaldi, Vittorio, italienischer Agronom, * Florenz 30. 11. 1928; er ist Chef des toskanischen Weinhauses Marchesi Frescobaldi, das er zusammen mit seinen beiden Brüdern Leonardo und Ferdinando führt.

Noch während des Studiums trat Frescobaldi in die Firma ein, deren Leitung er nach dem Tode des Vaters übernahm und die er 1980 in eine Aktiengesellschaft umwandelte. Die Gruppe, deren Präsident er ist, gehört zu den größten privaten Weingutsbesitzern und Weinerzeugern Italiens. Von 1986 bis 1990 war Frescobaldi auch Präsident des italienischen Bauernverbands Confagricoltura. 1995 sorgte er durch die Unterzeichnung eines weit reichenden Jointventures mit der kalifornischen

Franschhoek ist eines der touristisch best entwickelten Anbaugebiete Südafrikas. In den abgelegeneren Seitentälern, fernab von den Touristenströmen, arbeiten in aller Stille Spitzenerzeuger wie das Weingut Boekenhoutskloof.

Vittorio Frescobaldi

FRESCOBALDI. *California meets Tuscany*

Eine der spektakulärsten Kooperationen der letzten Jahrzehnte brachte zwei Ikonen des Weltweinbaus zusammen, den Kalifornier Robert Mondavi und das toskanische Geschlecht der Marchesi Frescobaldi. Für Mondavi war die Zusammenarbeit mit den Italienern nur ein weiteres Kettenglied in seiner langen Geschichte von Jointventures: Die chilenische Kellerei Viña Errazuriz gehörte ebenso zu den Mondavi-Partnern wie Baron Philippe de Rothschild, mit dem er die aufsehenerregende Kellerei Opus One in Kalifornien gründete, und in jüngerer Zeit der australische Kellereiriese Southcorp.

Durch die Kooperation mit den Toskanern konnte Mondavi in großem Stil auf den alten Kontinent vordringen. Zunächst wurden von den Trauben der Frescobaldi-Besitzungen in Montalcino die Weine der Linie Luce della Vita (deutsch: Licht des Lebens) produziert, dann kamen Weine aus dem Friaul und den Marken hinzu, und schließlich kaufte man im Rahmen der Kooperation gemeinsam das renommierte Weingut Ornellaia an der toskanischen Küste, das von der Weindynastie der Marchesi Antinori gegründet worden war.

Kellereigruppe Robert Mondavi für Aufsehen.

friand [frɪˈã], französisch für die Geschmacksbezeichnung süffig.

Friaul-Julisch Venetien, italien. **Friuli-Venezia Giulia** [- ˈdʒuːlia], Weinbauregion im Nordosten Italiens; die 15500 ha (2001, 1998: 19000 ha) Rebfläche der Region liegen eingebettet zwischen den östlichen Alpen bzw. ihren Ausläufern und der Adria. Von ihnen kommen 1,2–1,6 Mio. hl Wein jährlich, von denen 58% DOC-Status genießen.

Friaul-Julisch Venetien. In den 1980er-Jahren wurde das Friaul zunächst durch seine fruchtigen, saftigen Weißweine bekannt. Inzwischen kommen aus der Region aber auch einige der besten Rotweine Italiens.

Das Klima im Friaul eignet sich ideal für Weinbau. Die Jahresdurchschnittstemperatur liegt mit 15°C deutlich über deutschen Anbaugebieten, andererseits sorgen permanente Luftbewegungen zwischen Bergen und Meer für Schwankungen zwischen Tages-

und Nachttemperaturen, die die Ausbildung der Aromen begünstigen. Weinbau wird in den großen Flussebenen und den Hügelketten im Osten der Region getrieben. Hinsichtlich der Böden findet man Moränenschotter, Vulkanablagerungen, Schwemmland und den so genannten Flysch aus Ton- und Sandschichten.

■ **Sorten und Weine:** Der Rebsortenspiegel der Region wird zu 58% von weißen Sorten beherrscht. Neben den so genannten internationalen Sorten Merlot, Chardonnay, Cabernet Sauvignon, Cabernet franc (in Wirklichkeit wohl überwiegend Carmenère) oder Sauvignon blanc werden auch zahlreiche einheimische Rebsorten gepflegt, darunter die weißen Ribolla gialla, Tocai friulano, Malvasia, Picolit und Verduzzo und die roten Refosco, Pignolo, Schioppettino und Tazzelenghe. Die DOC-Gebiete der Region sind →Annia, →Aquileia, Carso, →Collio, →Colli Orientali del Friuli, →Grave del Friuli und →Latisana. Ähnlich wie im deutschsprachigen Südtirol sind Rebsortennamen im Friaul systematischer Bestandteil der DOC-Bezeichnungen, die Weine heißen also Chardonnay Collio DOC oder Merlot Grave DOC.

Fribourg [friˈbur], kleinster Weinbaukanton der →Westschweiz; auf nicht einmal 120 ha Rebfläche wächst v. a. Gutedel (Chasselas), aus dessen Trauben leichte, süffige Weine gekeltert werden.

Frische, Qualitätseigenschaft von Weinen mit anregendem Duft und Geschmack; der Eindruck von Frische entsteht in der Nase durch markante, fruchtbetonte Primäraromen, am Gaumen v. a. durch gelöstes Kohlendioxid und hohen Säuregehalt. Auch gereifte Weine sollten noch ausreichend Frische und Lebendigkeit zeigen, sie dürfen am Gaumen nicht flach oder müde wirken.

Friuli Annia, →Annia.
Friuli Aquileia, →Aquileia.
Friuli Grave, →Grave del Friuli.
Friuli Isonzo, →Isonzo.
Friuli Latisana, →Latisana.
Friuli-Venezia Giulia, italienisch für →Friaul-Julisch Venetien.
Frizzante [friˈdzantə], italien. »perlend«], italienisch für →Perlwein.
Fronsac [frɔ̃ˈsak], **Fronsadais** [frɔ̃saˈdɛ] nach der Stadt Fronsac benannter Weinbaubereich im französischen Bordeauxgebiet, auch Name einer A.C.-Herkunftsbezeichnung für Rotweine aus dem Anbaugebiet westlich der Stadt Libourne; auf gut 820 ha Rebfläche werden v. a. die klassischen Rotwein-Rebsorten des Bordelais, Cabernet Sauvignon, Cabernet franc, Merlot und Malbec, kultiviert und Weine mit mittlerer Kraft und Alterungsfähigkeit erzeugt. Die Weine des Gebiets der etwa 300 ha großen Côte de Canon, die kräftiger

und komplexer ausfallen als der normale Fronsac, werden unter der eigenständigen A. C.-Herkunftsbezeichnung **Canon-Fronsac** (eigentlich Côtes-Canon-Fronsac) vermarktet.

Frontonnais, →Côtes du Frontonnais.

Frost, Temperatur unter 0°C, die den Weinbau vor erhebliche Probleme stellen kann, in Ausnahmefällen aber auch positive Auswirkungen hat.

chen, den Schaden zu verhindern oder in Grenzen zu halten.

Im Herbst können so genannte Frühfröste mit Temperaturen unter −4°C Schäden an Blättern und Trauben hervorrufen. Sind die Beeren noch nicht vollständig ausgereift, wird die Zuckerbildung durch den Frost gestoppt, die Beerenhäute werden porös und die Weine aus solchen Trauben zeigen **Frost-**

Frost. Die Weinrebe übersteht in ihrer vegetativen Ruhephase im Winter auch scharfen Frost, wie er in deutschen Anbaugebieten häufig auftritt. Wenn dann, wie hier in Württemberg, eine dicke Schneeschicht Wurzeln und Stamm vor der Kälte schützt, besteht kaum noch Gefahr für das Absterben der Pflanze.

Die Weinrebe ist eine Kulturpflanze mit je nach Rebsorte mittlerer bis großer Frosthärte und übersteht in ihrer Ruhephase im Winter auch Temperaturen von bis zu −22°C. Dazu lagert sie im Herbst Frostschutzstoffe wie Zucker und Proteine in die frostgefährdeten Zellstrukturen ein (Frosthärtung). Erst bei schärferen Frösten, insbesondere bei Bodenfrösten, besteht die Gefahr des Absterbens, was selbst in südlichen Weinbaugebieten wie beispielsweise Mittelitalien (1985) gelegentlich vorkommt. Durch geeignete Standorte und Sortenwahl kann der Winzer dieses Risiko bis zu einem gewissen Punkt steuern – im Nordosten der USA wurden so lange Zeit keine europäischen Edelsorten, sondern nur Amerikanerreben und Hybride mit größerer Frosthärte ausgepflanzt.

■ **Spät- und Frühfröste:** Frost tritt in vielen Anbaugebieten allerdings auch im Frühjahr auf, also nach dem Beginn des Austriebs. Diese so genannten Spätfröste können bereits bei Temperaturen unter −4°C **Frostschäden** an den Knospen, Trieben und jungen Blättern hervorrufen, die im Extremfall die gesamte Jahresernte infrage stellen. Durch geeignete Wahl der Weinbergslage (Ausschluss von ausgesprochenen **Frostlagen**), durch Befeuerung mit kleinen Öfen, Aufwirbeln der sich am Boden sammelnden Kaltluft mit riesigen Ventilatoren oder Sprühen von Wasser, das auf den Pflanzen gefriert und dabei eine Schutzschicht bildet, kann der Winzer versu-

geschmack, grasige oder süßliche Aromen und Geschmacksnoten, die bei der Weinbereitung kaum wieder zu beseitigen sind. Bei voll- oder überreifen Trauben und Frösten von mindestens −7°C ist Frost im Spätherbst dagegen die Voraussetzung für das Keltern von →Eiswein.

Frucht, Fruchtgeschmack, eine bestimmte Aroma- oder Geschmacksrichtung in Weinen; Begriff der Weinansprache, der sowohl für primäre Fruchtaromen (→Aroma) als auch für einen bestimmten Geschmackseindruck verwendet wird – man sagt, ein Wein sei

---

FRIAUL-JULISCH VENETIEN. *Österreich oder Venedig?*

Die Systematik der friaulischen Herkunftsbezeichnungen erinnert an die des deutschen Sprachraums, in dem der Akzent bei der Namensbildung für Weine auf dem Rebsortennamen liegt und die Weine reinsortig ausgebaut sind. Dies ist nicht zufällig so. Bis Anfang des 20. Jahrhunderts gehörte der östliche Teil des Friaul zum Habsburger Reich, der Weinbau war am österreichischen Modell orientiert. Der Westteil dagegen gehörte zu Venedig. In Kombination mit den klimatischen Bedingungen der einzelnen Bereiche des Friaul führte dieses historisch-kulturelle Erbe auch dazu, dass sich im Osten, in den Anbaugebieten Collio oder auch Colli Orientali, eine stärkere Weißweinkultur herausgebildet hatte, während im Westteil der Region Rotwein-Rebsorten vorherrschten, allen voran Merlot. Zwar hat die Entwicklung der letzten Jahrzehnte diese Weingrenze etwas verschwimmen lassen – im Collio entstehen einige der besten Rotweine Italiens –, aber die alte Zweiteilung des Friaul in einen venezianischen und einen österreichischen Teil ist nach wie vor spürbar.

fruchtig oder zeige Frucht. Im deutschen Weinbau werden auch restsüße, liebliche Weine noch häufig als fruchtig bezeichnet.

Füllniveau. Auch bei sehr alten Weinen sollte das Füllniveau mindestens die Flaschenschulter erreichen. Sonst besteht das Risiko, dass der Wein bereits verdorben ist.

Fruchtbetonte Weine sind im Gegensatz zu säure- oder tanninbetonten weich, rund, füllig und saftig. Die Geschmackskomponenten eines eventuellen Ausbaus im Holzfass sind nicht oder nur im Hintergrund wahrnehmbar. Meist werden solche Weine nur im Stahl- oder Kunststofftank ausgebaut. Man geht davon aus, dass sie geringere Alterungsfähigkeit besitzen als Weine mit fester Tannin- oder Säurestruktur.

Fruchtaromen, an Früchte erinnernde Aromen (→ Aroma).

Fruchtfleisch, ein Bestandteil der → Beere.

Fruchtholz, eine fruchttragende Rute der → Rebe 2).

fruchtig, nach Früchten duftend oder schmeckend; der Begriff wird in Deutschland häufig zur Beschreibung des Geschmacks halbtrockener oder lieblicher Weine verwendet.

Fruchtrute, einjähriges Organ der → Rebe 2).

Fruchtwein, ein → Obstwein.

Fruchtzucker, eine Art des → Zuckers.

Frühburgunder, in Württemberg **Clevner,** Rotwein-Rebsorte aus der Gruppe der → Burgundersorten, vermutlich durch eine spontane Mutation entstandene Variante des Spätburgunders, die in Deutschland seit den 1970er-Jahren als eigenständige Sorte anerkannt ist. Frühburgunder wird nach starkem Zuwachs in den 1990er-Jahren auf mehr als 140 ha (2002) Rebfläche (1998: 78) v. a. an der Ahr, in Baden, Franken und Württemberg kultiviert.

Frühlese, 1) Lese vor der Hauptlese (→ Ernte).

2) → ausdünnen.

früh reifend, eine Eigenschaft bestimmter → Rebsorten.

Frühroter Veltliner, Rote Babotraube, Frühroter Malvasier, Malvasier, Roter Malvasier, Weißwein-Rebsorte aus der Gruppe der Malvasia-Sorten (→ Malvasia 2), mit der in Österreich 1,3 % der Rebfläche bestockt sind; die Sorte ist vermutlich österreichischer Herkunft und entstammt einer Zufallskreuzung aus Rotem Veltliner und Silvaner. Sie ist frostempfindlich, bringt mittlere Erträge und eignet sich für die Anpflanzung auf mageren, kalkhaltigen Böden. Aufgrund ihres niedrigen Säuregehalts verwendet man sie v. a. für Tafeltrauben und Primeurweine.

fruité [frɥi'te], französisch für die Geschmacksbezeichnung fruchtig.

Fruktose, eine Art des → Zuckers.

fruttato, italienisch für die Geschmacksbezeichnung fruchtig.

fuchsig, aufdringlich an nasses Fell erinnernd, gelegentlich auch an Himbeeren; der durch bestimmte Ester verursachte Geruch und Geschmack, der auch als Fox-Ton bezeichnet wird, ist für Weine aus Amerikanerreben charakteristisch.

Fuder, ein Fasstyp (→ Fass).

Fülldosage, erste → Dosage bei der Produktion von Schaumweinen.

Fülle, → Körper.

füllen, → abfüllen.

füllfertig, für das → Abfüllen vorbereitet.

füllig, mit viel Körper, üppig; Begriff der Weinansprache für Weine, die zwar Fülle, d. h. Körper zeigen, denen aber meist Finesse und Struktur fehlen.

füllkrank, in Aroma und Geschmack aufgrund eines → Füllschocks gestört.

Füllniveau, Füllstand, Höhe des Flüssigkeitsstands in der Weinflasche; das Füllniveau ist insbesondere bei alten Weinen ein maßgebliches Kriterium für die Einschätzung des wahrscheinlichen Reifezustands, damit aber auch des Verkaufswerts.

Im Verlauf der Alterung (→ altern) kann der Flüssigkeitspegel in der Flasche aufgrund der Verdunstung durch immer poröser werdende Korken sinken. Durch den im Gegenzug einströmenden Luftsauerstoff wird die Oxidation des Weins beschleunigt. Besonders edle, alte Weine werden deshalb gelegentlich entkorkt, mit Wein desselben Jahrgangs aus anderen Flaschen aufgefüllt und mit neuen Korken verschlossen, wobei diese Operation zur Vermeidung von Weinfälschungen immer beim Erzeuger stattfinden muss.

Füllschock, Flaschenkrankheit, die Gesamtheit der Veränderungen in Aroma und Geschmack, denen viele Weine nach dem → Abfüllen unterliegen; der Füllschock kann sich in vorübergehenden Fehlaromen aufgrund des Kontakts mit Sauerstoff oder einer frischen Schwefelung äußern, meist aber wird der Wein nur Aromen, die er vor dem Füllen gezeigt hat, für eine gewisse Zeit verlieren, wobei delikate Weine erfahrungsgemäß stärker von diesem Phänomen betroffen sind. Man sagt auch, die Weine sind **füllkrank.**

Gelegentlich wird der Begriff der Flaschenkrankheit auch bei Weinen verwendet, die aufgrund der Erschütterungen und des Temperaturstresses bei längeren Transporten unter Symptomen leiden, die denen des Füllschocks ähneln.

Füllstand, →Füllniveau.

Fully [fy'ji], Herkunftsbezeichnung für Weine aus der gleichnamigen Gemeinde des Schweizer Kantons Wallis; von den spektakulären Steillagen der lang gestreckten Gemeinde in der Nähe der Stadt Martigny kommen teilweise sehr komplexe Weißweine aus Marsanne (Ermitage) und Petite Arvine sowie süffiger Fendant. Außerdem werden fruchtige Rotweine aus Gamay erzeugt.

Füllzeitpunkt, der gewählte Moment für das →Abfüllen von Weinen.

Fumé, Fumé blanc, →Sauvignon blanc.

Fungizide [zu latein. fungus »Pilz« und caedere »töten«], Mittel des →Pflanzenschutzes gegen Pilzkrankheiten.

Furmint, Gelber Furmint, Mosler, Weißwein-Rebsorte, die v. a. in Ungarn und in angrenzenden Anbaugebieten wie dem österreichischen Neusiedlersee kultiviert wird, Hauptsorte des berühmten →Tokajers.

Furmint ist vermutlich eine spontane Kreuzung aus einem Heunischsämling mit einem zweiten Elternteil, in dem man eine andere, einheimische ungarische Sorte vermutet. Er wird weltweit auf etwa 2000 ha (1998) Rebfläche kultiviert, von denen vier

Fünftel in Ungarn liegen. Die Slowakei, Rumänien, Österreich, Russland und Südafrika besitzen ebenfalls kleinere Furmint-Flächen. Die Sorte bringt hohe, aber unregelmäßige Erträge und braucht sehr gute Weinbergslagen. Ihre Weine zeigen ausgeprägte Säure und guten Alkoholgehalt, sie sind füllig im Geschmack.

Furstentum, Fürstentum, Grand-Cru-Lage der französischen Weinbauregion Elsass, Gemeinden Kaysersberg und Sigolsheim; die etwa 30 ha große, nach Südwesten ausgerichtete Steillage mit 37 % Hangneigung verfügt über kalkhaltige, schottrige und felsige Böden. Von ihr kommen aromatische und finessenreiche Weißweine aus Riesling, Gewürztraminer und Grauburgunder (Tokay Pinot gris). Die Lage wurde bereits 1330 zum ersten Mal urkundlich erwähnt.

fusto, italienisch für Fass, meist für kleinere Fässer wie z. B. Barriques verwendet.

FÜLLNIVEAU. *Nie unter der Schulter!*

Wer alte Weine kauft, kann diese nur in seltenen Fällen vorher verkosten. Oft werden die wertvollen Gewächse als Einzelflaschen gehandelt, oder die Versteigerungslose auf Auktionen bestehen nur aus wenigen Flaschen. Daher muss die voraussichtliche Qualität des Weins durch bloßen Augenschein geschätzt werden. Als relevanter Pegel dabei gilt die Flaschenschulter, das heißt der Übergangsbereich zwischen Flaschenkörper und Flaschenhals. Man beschreibt den Füllstand mit »obere Schulter«, »mittlere Schulter« oder »untere Schulter«, wobei »obere Schulter« den Wein im besten Zustand vermuten lässt. »Untere Schulter« oder ein noch tiefer gesunkener Füllstand bedeutet mit recht großer Sicherheit, dass der Wein oxidiert oder umgekippt ist.

G

Gabarinza, eine der besten Lagen der Weinbaugemeinde Gols im österreichischen Anbaugebiet Neusiedlersee; die verhältnismäßig steile, nach Süd-Südwesten ausgerichtete Lage besteht aus sandigen Lehmböden, die in den flacheren Teilen einen hohen Kalkanteil aufweisen. Von hier kommen die Trauben für einige der besten Rotweine des Anbaugebiets.

Gaglioppo, Gaglioppo nero [ga'ʎɔppo], **Montonico nero,** Rotwein-Rebsorte der italienischen Region Kalabrien; sie wird auf mehr als 7000 ha Rebfläche kultiviert und bildet den Hauptbestandteil des DOC-Weins →Cirò. Ihre Weine sind relativ säurebetont und robust bis rustikal.

Gaillac [ga'jʌk], A. C.-Herkunftsbezeichnung für Weiß- und Rotweine aus einem Anbaugebiet des Départements Tarn nordöstlich der französischen Stadt Toulouse; auf etwa 2300 ha Rebfläche werden zahlreiche, nur im →Südwesten Frankreichs verbreitete Sorten wie die roten Duras und Fer oder die weißen Len de l'el, Mauzac oder Ondenc kultiviert, aber auch die klassischen Edelsorten Syrah, Cabernet Sauvignon, Merlot und Sauvignon blanc.

Ein Viertel der Produktion besteht aus Weißwein, der Rest aus Rotwein und kleineren Mengen Rosé. Außerdem werden weiße Perl- und Schaumweine erzeugt. Seit dem Ende der 1980er-Jahre hat sich die Kohlensäuregärung für rote Nouveau-Weine durchgesetzt, und der weiße Gaillac zählt zu den wenigen Weißweinen Frankreichs, die als Nouveau verkauft werden dürfen.

Angelo Gaja

Gaisberg, Weinbergslage im österreichischen Anbaugebiet Kamptal, die u.a. aufgrund ihrer malerischen Kellergasse bekannt wurde; die Lage auf den östlichen Ausläufern des Bergmassivs Heiligenstein ist nach Süd-Südost ausgerichtet und besitzt Böden aus Verwitterungsgestein mit einer Braunerdeauflage, teilweise auch aus sandigem Löss. Beste Resultate bringen die Weißwein-Rebsorten Riesling, Neuburger und Grüner Veltliner.

Gaja, Angelo, italienischer Winzer und Kellereibesitzer; *Alba 1940; er gilt als einer der renommiertesten Protagonisten des italienischen Weinbaus. Nach dem Studium der Önologie in Alba übernahm Gaja 1969 die Leitung der väterlichen Kellerei in Barbaresco.

In den 1970er- und 1980er-Jahren gehörte er zu den Wegbereitern der modernen Önologie in Italien und lernte auf Studienreisen ins französische Burgund eine Reihe von Kellertechniken kennen, die er zur Verbesserung der Piemonteser Weine einsetzte. Nachdem er in den 1990er-Jahren zwei Weingüter in der Toskana erworben hatte, sorgte er für Aufsehen, weil er bei seinen Spitzenrotweinen freiwillig auf die prestigeträchtige Herkunftsbezeichnung Barbaresco verzichtete, um nicht durch zu eng gefasste Produktionsvorschriften gebunden zu werden.

Galicilen, span. Galicia [ga'liθia], Weinbauregion im Nordwesten Spaniens; die Region, die im Süden an Portugal grenzt, ist Teil des so genannten »grünen Spanien« und wird durch fruchtbare Böden und sehr hohe Niederschläge charakterisiert, die bis zu 1800 mm/Jahr betragen können.

Das durch den Atlantik bestimmte Klima ist mild, aber ausgeglichen. Insgesamt umfasst die Rebfläche der Region etwa 100000 ha (2000), von denen knapp ein Zehntel zu den fünf D. O.-Gebieten Monterrei, →Rías Baixas, Ribeira Sacra, Ribeiro und Valdeorras gehört. Die bekannteste Qualitätsrebsorte Galiciens ist Albariño; daneben werden v.a. Godello und Loureiro kultiviert.

■ **Geschichte:** Galicien gehört zusammen mit Andalusien zu den traditionsreichsten Weinbauregionen des Landes. Reben der Spezies Vitis vinifera wurden vermutlich bereits vor mehr als 6000 Jahren kultiviert. Der eigentliche Aufschwung des Weinbaus in der Region fiel mit der Entwicklung des Jakobswegs nach Santiago de Compostela im Mittelalter zusammen.

Gallo ['gæləʊ], Ernest, amerikanischer Kellereibesitzer, *Jackson (Calif.) 18. 3. 1909; zusammen mit seinem Bruder Julio Gallo (*1910, †1993) gründete er im kalifornischen Modesto die Kellerei Ernest & Julio Gallo, die als größte der Welt gilt.

Die beiden Söhne italienischer Einwanderer sahen schon vor dem Ende der Prohibition in den USA im Jahre 1933 die Chancen, die sich aus dem sich öffnenden Markt für alkoholische Getränke ergaben. Aus zugekauften Trauben kelterten sie einfache, preiswerte Weine. Von 1991 an entwickelten sie dann eine eigene Linie für Spitzenweine und bauten im Sonoma County einen beachtlichen Weinbergsbestand auf. Die Gruppe erzeugt zu Beginn des 21. Jahrhunderts 600 Mio. Flaschen

GALLO. *Sogar die Glasfabrik gehört dazu*

Das Imperium der Gallo-Brüder ist schon auf den ersten Blick beeindruckend. Ein ganzes Stadtviertel von Modesto im kalifornischen Central Valley ist mit Kelterhäusern, Lagern, Büros, Fabriken und Labors vollgestopft. Dass der Welt größte Kellerei riesige Gäranlagen, Lagerkeller, Abfüllanlagen und Büros besitzt, muss dabei nicht überraschen. Erstaunlicher ist die eigene Glasfabrik, die eine Million Flaschen am Tag liefert – zu einem guten Teil aus Recyclingglas, für das man sogar eine eigene, patentierte Fertigungsprozedur entwickelt hat. Auch das Laborgebäude ist weltweit einmalig und würde jeder größeren US-Universität Ehre machen. In ihm können bis zu vier verschiedene Klimazonen gleichzeitig imitiert werden, um die Eignung von Rebsorten zu untersuchen. Last but not least ist auch die noch relativ neue Kelteranlage in Sonoma, wo die Gallos ihre Gutsweine erzeugen, mit allem ausgestattet, das ein Önologenherz höher schlagen lässt – jeweils in vieldutzendfacher Ausführung.

Wein jährlich und eine wahrscheinlich ebenso große Menge weinhaltiger Getränke.

gallon ['gælən, englisch »Gallone«], im Weinbau übliches britisches bzw. amerikanisches Hohlmaß; die britische gallon, Einheitenzeichen gal, entspricht 0,04546 hl, die amerikanische gallon, Einheitenzeichen US gal, 0,03785 hl.

Gallo Nero® [italien. »schwarzer Hahn«], Markenzeichen des toskanischen Weinbauverbands Consorzio del Marchio Storico Chianti Classico (»Schutzkonsortium der historischen Marke Chianti Classico«).

Die Vereinigung, der ein Großteil der Erzeuger von Chianti Classico angehört, ist hauptsächlich in Marketing und Werbung tätig und nicht mit dem halbstaatlichen Schutzkonsortium für die Kontrolle und Durchführung der DOCG-Produktionsvorschriften des Chianti Classico identisch. Es gibt aber Bestrebungen nach einer Vereinigung der beiden Organisationen. Damit würde auch dem Phänomen ein Ende bereitet, dass eine Reihe der besten und renommiertesten Erzeuger des Anbaugebiets aus Unzufriedenheit mit der Politik des Gallo Nero® nicht zu dessen Mitgliedern gehörten.

Gamaret [gamaˈre], Rotwein-Rebsorte, die 1970 im Waadtland als Kreuzung aus Gamay und Reichensteiner gezüchtet wurde; ursprünglich als Decksorte (→ Deckwein) gedacht, ergibt Gamaret aber auch interessante, dunkle, strukturierte und kraftvolle Weine mit würzigen Aromen. Die früh reifende Sorte ist weitgehend fäulnisresistent und eignet sich sowohl zum Verschnitt mit Gamay als auch zum reinsortigen Ausbau im Barrique.

Gamay, eigentlich **Gamay noir à jus blanc** [gaˈme nwar a jy blã], französische Rotwein-Rebsorte, die ursprünglich wahrscheinlich von der Côte d'Or im französischen Burgund stammt; von den weltweit 40 000 ha, die mit der Sorte bestockt sind, findet man 25 000 ha im Burgund bzw. dem Beaujolais, 5 500 ha an der Loire, weitere 4 800 ha im restlichen Frankreich und etwa 2 300 ha in der → Westschweiz.

Darüber hinaus wird Gamay in zahlreichen anderen europäischen Ländern sowie in den USA, in Kanada und Südafrika kultiviert. Aus den schwarz-violetten, kompakten Trauben werden kirschrote, fruchtbetonte Weine gekeltert, die meist jung getrunken werden und nur bedingt alterungsfähig sind. Der Großteil des französischen Gamay wird mittels Kohlensäuregärung zu so genannten Nouveau- oder Primeurweinen verarbeitet.

Unter den zahlreichen Varianten und Selektionen gibt es auch einige mit rotem Fruchtfleisch. Eine eigenständige Sorte namens Gamay blanc existiert dagegen wahrscheinlich nicht; die Bezeichnung taucht nur als regionales Synonym für verschiedenste

Weißwein-Rebsorten (Chenin blanc, Gutedel, Melon etc.) auf.

Gambellạra, DOC-Herkunftsbezeichnung für Weißweine der norditalienischen Region Venetien; die Weine gleichen denen des im Westen anschließenden Soavegebiets (→ Soave) und werden aus denselben Rebsorten gekeltert. Das gilt auch für die Süßweinversion Recioto di Gambellara (→ Recioto).

Ernest Gallo (links) mit seinem 1993 verstorbenen Bruder Julio.

Ganzbogen, eine Form der Fruchtrute beim → Rebschnitt.

Ganztraubenpressung, ein besonderes Kelterverfahren, bei dem die Trauben vor dem Pressen (→ Presse) nicht von den Stielen getrennt werden; der Vorteil dieser Methode, die in den letzten Jahren besonders in der Weißweinbereitung und bei der Herstellung von weißem Schaumwein aus Rotwein-Rebsorten populär geworden ist, liegt in verbessertem Filtrationsverhalten sowie in größerer Reintönigkeit und Fruchtigkeit der Weine, der Nachteil in einem etwas geringeren Gehalt an Extrakten und Farbstoffen als bei traditionellen Kelterverfahren.

Garagenwein, in geringen Mengen erzeugter Wein meist kleiner Weingüter, die nicht auf eine lange weinbauliche Tradition zurückblicken können; modische Bezeichnung, die in den 1990er-Jahren aufkam.

GARAGENWEIN. *Die Geburt eines Modebegriffs*

Kein Garagenwein wurde wohl jemals in einer Garage erzeugt, auch wenn so manches Kelterhaus wirkt, als arbeiteten dort nicht Weinmacher, sondern schlampige Automechaniker. Der Ausdruck Garagenwein geht auf einen französischen Weinjournalisten zurück, der die Rotweine eines Erzeugers im Gebiet von Saint-Émilion so bezeichnete. Dieser hatte einen Teil seiner Keller vom Besitzer einer benachbarten Autowerkstatt gekauft. Kaum geschaffen, verselbstständigte sich der Ausdruck auch schon: Bald nannte man sämtliche Weine aus jungen, kleinen Erzeugerbetrieben, die in geringer Stückzahl gefüllt wurden und dem im Trend liegenden fruchtbetonten, konzentrierten Rotweinstil entsprachen, Garagenweine.

Garanoir [garan'war], Schweizer Rotwein-Rebsorte, die wie →Gamaret als Kreuzung aus Gamay und Reichensteiner gezüchtet wurde und v. a. in der Westschweiz in kurzer Zeit große Beliebtheit erlangte; sie ergibt farbintensive, säurearme Weine mit gutem Körper und Schmelz, aber nicht sehr ausgeprägter Struktur und eignet sich vor allem zum Verschnitt mit anderen Rebsorten.

Gäraufsatz, in der Regel ein mehrfach gebogenes Glas- oder Plastikrohr, das auf dem Spundloch von Fässern bzw. auf Gärtanks angebracht wird; mit ihm wird gewährleistet, dass bei der Gärung entstehendes Kohlendioxid aus dem Gärbehälter entweichen kann, ohne dass gleichzeitig schädlicher Luftsauerstoff eindringt. Dabei bewirkt der Gäraufsatz gleichzeitig einen Druckausgleich, der eine Beschädigung des Gärbehälters verhindert.

Gärbehälter, ein Tank, Bottich oder Fass, der für die Gärung verwendet wird.

Gärbukett, eine Art sekundärer Aromen (→Aroma).

Garda, DOC-Herkunftsbezeichnung für Weine vom Süd- und Westufer des norditalienischen Gardasees; auf den Moränenhügeln des Anbaugebiets mit seinen knapp 1900 ha (1997) Rebfläche werden zahlreiche Weiß- und Rotwein-Rebsorten wie Garganega, Weißburgunder (Pinot bianco), Grauburgunder (Pinot grigio), Chardonnay, Tocai friulano, Cabernet Sauvignon, Merlot, Barbera oder Corvina kultiviert. Wie die kleine Nachbarappellation **Garda Colli Mantovani** mit ihren nur gut 100 ha Rebfläche, wurde die DOC Garda erst 1998 eingerichtet.

Gärfehler, ein →Weinfehler, der während der Gärung entstanden ist.

Gärführung, die kontrollierte Steuerung der einzelnen Gärschritte (→Gärung).

Garganega, Weißwein-Rebsorte, die auf etwa 13 000 ha (1998) Rebfläche vorwiegend in der norditalienischen Region Venetien, in kleinerem Umfang auch in der Lombardei, in Friaul-Julisch Venetien und Umbrien kultiviert wird; die spät reifende, sehr ertragreiche Sorte bringt bei drastischer Ertragsbegrenzung dichte, füllige Weißweine von aromatisch neutralem Charakter hervor. Sie bildet den Hauptbestandteil der DOC-Weine Soave und Gambellara und eignet sich auch für die Produktion von deren süßen Recioto-Versionen (→Recioto).

Garnacha, Garnacha tinta, spanisch für →Grenache.

garrafeira [gɐrɐ'feirɐ, zu portugies. »Flaschenkeller«], Reserva-Qualität (→Reserva) meist sehr traditionell gemachter portugiesischer Rot- und Weißweine, die vor der Vermarktung eine obligatorische Fass- und Flaschenreife absolviert haben. Bei Rotweinen beträgt die Dauer der Fassreife zwei Jahre, bei Weißweinen ein Jahr. Insbesondere die Roten benötigen wegen ihres hohen Tanningehalts aufgrund langer Maischestandzeiten eine lange Reifezeit.

Gärstopp, spontane oder bewusst herbeigeführte Unterbrechung der Gärung (→abstoppen).

GÄRUNG

Traditionelle und moderne Gärbehälter

Fast drei Jahrzehnte galt es als selbstverständlich, dass Weine am besten im Stahltank zu vergären seien. Das garan-

tierte die optimale Kontrolle des Gärverlaufs sowie einfaches Befüllen, Leeren und Reinigen des Gärbehälters. Ende der 1980er-Jahre entdeckten die Weinmacher jedoch, dass Holzfässer – ungeachtet ihrer Größe oder Holzart – bei zahlreichen, komplexen Weißweinen viel bessere Dienste leisteten. In den 1990er-Jahren dann kehrte man auch bei der Rotweinbereitung wieder zu hölzernen Gärbottichen zurück, in denen der Tresterhut regelmäßig untergestoßen statt mit dem entstehenden Wein berieselt wird. Am Ausgang des neuen Jahrtausends gibt es keine Standardlösung oder allgemein gültige Empfehlung mehr: Vom offenen Plastik- oder Zementtrog über den klassischen Holzbottich und den Stahltank bis hin zu aufwendigen, horizontal gelagerten Roto- oder Drehtanks gibt es in den Spitzenweingütern der Welt fast alle nur denkbaren Varianten des Gärbehälters.

GÄRUNG

Auch die Gärung unterliegt Moden

Ende der 1970er- und in den 1980er-Jahren galt es als besonders schick, von Weinen zu schwärmen, die »einfach nur durchgelaufen« waren, will heißen, die nach dem Keltern ohne größeres Zutun des Winzers oder Kellermeisters gärten. Die Erkenntnis, dass die Resultate dieses »Durchlaufens« nicht selten untrinkbar sind, hat sich inzwischen durchgesetzt, auch wenn die minimale Intervention immer noch das Ideal vieler Weinfreunde und auch Weinmacher ist.

Tatsache ist, dass im Keller heute fast überall weit aufwendiger und unter Einsatz enormer technischer bzw. chemischer Mittel gearbeitet wird. Die Wahl dieser Mittel aber ist Strömungen und Moden unterworfen. Galt lange Zeit die gekühlte Gärung des rasch abgepressten Mosts im temperaturkontrollierten Stahltank als das Nonplusultra der Weißweinbereitung, so drängte sich in den 1990er-Jahren die Gärung (und der Ausbau) im Barriquefass, bei den Roten im Holzbottich in den Vordergrund. Dann wiederum schwor die Weinwelt auf Ganztraubenpressung, nur um

sehr rasch wieder über den Sinn gewisser Maischestandzeiten auch bei vielen Weißwein-Rebsorten zu diskutieren.

Gärung, Fermentation, durch Enzyme gesteuerter Prozess des Abbaus organischer Verbindungen, der unter reduktiven, d.h. anaeroben Bedingungen abläuft.

Bei der **alkoholischen Gärung,** deren Endprodukt der Alkohol ist, stammen diese Enzyme von Hefen. Sie bauen das Kohlenhydrat Zucker (Glukose, d.h. Traubenzucker, und Fruktose, Fruchtzucker) zu Alkohol und Kohlendioxid ab, wobei der tatsächliche Ablauf dieses Abbaus aus mindestens zwölf einzelnen chemischen Vorgängen besteht. Das bei der Gärung entstehende Kohlendioxid ist für den Menschen gefährlich und muss kontrolliert abgeleitet werden. Man unterscheidet zwischen drei **Gärstadien:** dem Angären, der Hauptgärung und der nachlassenden oder abklingenden Gärung.

Die Hefen vergären zunächst Glukose, dann Fruktose; andere Zuckerarten wie beispielsweise Saccharose, d.h. Rohr- oder Rübenzucker, können nicht direkt vergoren, sondern müssen zunächst von dem hefeeigenen Enzym Saccharase in Glukose und Fruktose aufgespalten werden. So genannte Pentosen, die wie Glukose und Fruktose zu den einfachen Zuckern (chemisch Monosaccharide) gehören, werden nicht vergoren und verbleiben im Wein.

■ **Gärprodukte:** Rein rechnerisch entstehen bei der Gärung aus 100 g Zucker 51,1 g Äthanol und 48,9 g Kohlendioxid. Aufgrund der Bildung zahlreicher Nebenprodukte werden in der Praxis allerdings nur etwa 46–48 g

Äthanol gebildet; gängige Umrechnungstabellen gehen daher von einer Alkoholausbeute von 46,5 g aus.

Die wichtigsten Gärungsnebenprodukte sind Glyzerin, Brenztraubensäure, Acetaldehyd, Bernsteinsäure, höhere Alkohole (Fuselöle), Essigsäure und verschiedene Ester. Teilweise können diese Nebenprodukte im Laufe der Gärung wiederum zu anderen Stoffen umgesetzt werden, die dann nicht mehr direkt aus der Gärungskette stammen. Der Gehalt an Gärungsnebenprodukten und ihre genaue Zusammensetzung sind von der Hefeart, der Rebsorte und den Gärbedingungen abhängig. Diese sind deshalb für die Qualität des Weins und die Ausprägung seiner Aromen von zentraler Bedeutung.

Die Gärung wird durch die Zugabe von speziellen Reinzuchthefen **(Reingärung)** oder durch freie Hefen, die im Weinberg bzw. im Keller vorkommen **(spontane Gärung,** Spontangärung), eingeleitet. Die Reingärung verspricht normalerweise reintönigere Weine, die spontane Gärung größere Vielfalt der Aromen.

■ **Gärverlauf:** Von großer Bedeutung ist die während der Gärung entstehende Energie. Man geht davon aus, dass pro Gramm Zucker etwa 0,13 kcal Wärmeenergie freigesetzt werden. Bei einem Most mit 180 g Zucker bedeutet das eine potenzielle Temperaturerhöhung um 23,4 °C. Nach Abzug der normalen Wärmeabstrahlung von etwa 20 % kann sich ein solcher Most also um 18–20 °C erwärmen.

Besonders bei einer **stürmischen Gärung,** die innerhalb von wenigen Stunden abläuft, ist die Temperaturerhöhung erheblich. Da bei **Gärtemperaturen** ab 24 °C verstärkt Böckser entstehen können, sind **Temperaturkontrolle** und **Gärführung,** d. h. das kontrollierte Steuern der einzelnen Gärschritte, von großer Bedeutung für die spätere Weinqualität.

Moderne **Gärbehälter** sind deshalb mit Kühlvorrichtungen und Temperatursensoren ausgerüstet; die Temperatursteuerung wird mit ihrer Hilfe so optimiert, dass rasches Angären und im weiteren Gärverlauf kontinuierliche Zuckerabnahme gewährleistet sind. Dabei kommt es zu einer Verlängerung der Gärdauer, was die Ausprägung der Weinaromen fördert, ohne dass **Gärstörungen** infolge zu starker Abkühlung auftreten können.

Moste, die während der Gärung zu stark gekühlt werden, sind, wenn überhaupt, nur schwer wieder zum Gären zu bringen und hinsichtlich der Bildung von Essigsäure und anderer Gärfehler stark gefährdet. Deshalb stellt die Kaltgärung, d. h. die Gärung bei Temperaturen unterhalb 18 °C, mithilfe derer besonders fruchtbetonte Weine erzielt werden, hohe fachliche Anforderungen.

Während die Kaltgärung besonders bei Weißweinen praktiziert wird, muss bei Rotwein-Rebsorten die Extraktion der Farbe aus der Beerenschale durch Maischeerhitzung oder Maischegärung erfolgen. Zur Erhaltung eines natürlichen Restzuckergehaltes wird dagegen mithilfe von Kälte, Druck oder der Zugabe von Schwefel eine gezielte **Gärunterbrechung** vorgenommen. Zahlreiche Süßweine werden durch eine solche Gärunterbrechung erzeugt.

Bei mangelnder Sterilität in der Flasche kann es v. a. bei halbtrockenen und süßen Weinen zu unerwünschter **Nachgärung** kommen. Bei der Schaumweinherstellung dagegen ist eine solche Nachgärung in der Flasche oder im Drucktank, die so genannte **zweite Gärung,** ausdrücklich erwünscht, da in ihr Kohlendioxid erzeugt wird, das im Wein gelöst bleibt.

■ SIEHE AUCH
→ abstoppen · Alkohol · Alkoholgehalt · Alkoholzusatz · Barrique · Druckbehälter · Enzyme · Ester · Farbe · Fass · Gäraufsatz · Glyzerin · Hefen · Kaltgärung · Kohlendioxid · Kohlensäuregärung · Kühlung · Maische · Maischeerhitzung · Maischegärung · Säureabbau · Schaumwein · Schwefel · Stahltank · stecken bleiben · Süßreserve · Temperatur · Tresterhut · Trub · umpumpen · unterstoßen · Weinbereitung

Gär|unterbrechung, spontane oder bewusst herbeigeführte Unterbrechung der Gärung (→abstoppen).

Gascogne [gasˈkɔɲ], Landschaft des französischen →Südwestens, die als Geburtsstätte des französischen Qualitätsweinbaus gilt; bereits 1152 wurden hier unter der Herrschaft des englischen Königs Heinrich II. (*1133, †1189) der Weinbau und v. a. der Weinexport nach England systematisch entwickelt.

Heute wird im größten Teil der Gascogne fast ausschließlich Weinbau für die Produktion des Weinbrands →Armagnac getrieben. Einzige A. C.-Anbaugebiete von überregionaler Bedeutung sind Madiran und Jurançon; daneben genießen seit den 1990er-Jahren auch Weine des A. O. V. D. Q. S.-Gebiets Côtes de Saint-Mont gewisse Popularität. Unter der Landweinappellation (Vin de pays) Côtes de Gascogne werden Weiß-, Rosé- und Rotweine aus den typischen Rebsorten des Südwestens gekeltert, darunter Trebbiano (Ugni blanc), Gros Manseng, Colombard, Sauvignon blanc, Cabernet Sauvignon, Merlot und Tannat.

Gasse, Zwischenraum zwischen den Rebzeilen im Weinberg, auch Fahrgassen genannt; die Gassenbreite ist mit dem →Zeilenabstand identisch.

Gattinara, DOCG-Herkunftsbezeichnung für Rotweine aus dem Norden der italienischen Region Piemont; das nur knapp 100 ha große Anbaugebiet besaß nach dem Zweiten Weltkrieg zeitweise größeres Renommee als Barolo oder Barbaresco, aber der Erfolg verführte die Winzer zu übertriebener, qualitätsmindernder Massenproduktion, als deren Folge der Name Gattinara zeitweise fast in Vergessenheit geriet. Die Weine werden überwiegend aus Nebbiolo, hier Spanna genannt, und zum kleineren Teil aus →Bonarda I) gekeltert. Sie müssen drei, Riserva-Qualitäten vier Jahre im Holzfass reifen.

Gaumen, in der Weinansprache bedeutet »am Gaumen« so viel wie im →Geschmack, geschmacklich.

Gavi, Cortese di Gavi, DOCG-Herkunftsbezeichnung für Weißweine aus dem Ostteil der italienischen Region Piemont; auf den knapp 1000 ha Rebfläche des Gebiets in der Provinz Alessandria wird fast ausschließlich die Weißwein-Rebsorte Cortese kultiviert, aus der füllige Weine mit charakteristischem fruchtig-buttrigem oder auch leicht vegetabilem Geschmack erzeugt werden. Die Weine werden gelegentlich im Barrique vergoren oder ausgebaut. Gavi war in den 1990er-Jahren einer der populärsten Weißweine Italiens.

Gebietswinzergenossenschaft, Gebietsgenossenschaft, Zusammenschluss mehrerer →Genossenschaften.

Gebinde [zu »(Fässer) binden« wie in »Fassbinder«], Fass, übertragen (Wein-)Behälter. Man spricht hinsichtlich des Volumens von Lagerbehältern von der Gebindegröße.

Geelong [giːˈlɔŋ], GI-Herkunftsbezeichnung für Weine aus dem Umkreis der gleichnamigen Stadt im Süden des australischen

Bundesstaats Victoria; mit seinen nur gut 350 ha (2000) Rebfläche gehört Geelong zu den kleinsten Anbaugebieten des Staates. Unter dem Einfluss des kalten Ozeans herrscht hier ein verhältnismäßig kühles Klima, vergleichbar dem der Mornington Peninsula auf der anderen Seite der Port Philip Bay. Kultiviert werden deshalb auch Sorten wie Chardonnay und Spätburgunder (Pinot noir), erst mit einigem Abstand folgen Syrah (Shiraz) und Cabernet Sauvignon.

gefällig, harmonisch, aber ohne Komplexität; Begriff der Weinansprache für einfache, aber angenehm schmeckende Weine.

gehaltvoll, intensiv und kräftig im Geschmack; Begriff der Weinansprache für extrakt- bzw. alkoholreiche Weine.

Geisenheim, Weinbaugemeinde im deutschen Anbaugebiet Rheingau und Sitz der 1872 gegründeten, bekanntesten deutschen Forschungs- und Lehranstalt für Weinbau und Kellertechnik.

Hier schuf Hermann Müller 1892 die später nach ihm benannte Weißwein-Rebsorte Müller-Thurgau. Sozusagen unter einem Dach vereint finden sich hier zwei Institutionen mit Bezug zu Weinbau und Önologie: die Forschungsanstalt Geisenheim und eine Außenstelle der Fachhochschule Wiesbaden, den Fachbereich Weinbau und Getränketechnologie.

Die Forschungsanstalt führt anwendungs- und grundlagenorientierte Forschung in den Gebieten Weinbau, Gartenbau, Önologie und Getränkeforschung durch. Sie betreut im Rahmen einer institutionellen Zusammenarbeit etwa 800 Studierende der Fachhochschule Wiesbaden in den Fachrichtungen Weinbau und Önologie, Getränketechnologie, Gartenbau sowie Landespflege.

Organisatorisch ist die Forschungsanstalt in fünf Institute gegliedert: Institut für Weinbau und Rebenzüchtung (Fachgebiete: Rebenzüchtung und Rebenveredlung, Weinbau und Kellerwirtschaft), Institut für Oenologie und Getränkeforschung (Fachgebiete: Weinanalytik und Getränkeforschung, Mikrobiologie und Biochemie), Institut für Gartenbau und Landschaftsbau, Institut für Biologie und Institut für Betriebswirtschaft und Technik.

Die Forschungsanstalt Geisenheim betreibt zahlreiche Forschungs- und Studienprojekte mit in- und ausländischen Forschungsinstitutionen wie z. B. der Eidgenössischen Forschungsanstalt Wädenswil und der University of California, Davis.

Geize, eigentlich **Geiztriebe,** Nebentriebe der →Rebe ().

gekocht, süßlich und überreif; Begriff der Weinansprache für Weine mit einem →Kochton.

Geläger, Sediment abgestorbener →Hefen und anderer Trubstoffe im Weinfass.

Gelatineschönung, eine Art der →Schönung.

Gelber Muskateller, Spielart des →Muskatellers.

Gemärk, Gmärk, sehr gute Weinbergslage des österreichischen Anbaugebiets Neusiedlersee-Hügelland, Gemeinde Rust; die Böden der nach Südosten ausgerichteten Lage bestehen im oberen Teil aus Gneisböden mit kalkhaltigem Sand und Lehm, im unteren aus tiefgründigem Lehm und Humus. Insbesondere die Rotwein-Rebsorte Blaufränkisch bringt hier einige ihrer besten Resultate des Burgenlands hervor.

Gemeinschaft unabhängiger Staaten, Abk. **GUS,** aus der Sowjetunion hervorgegangene Staatengemeinschaft mit mehreren Weinbau treibenden Mitgliedern: Es sind →Moldawien, →Russland, →Ukraine und →Weißrussland im europäischen, →Armenien, →Aserbaidschan und →Georgien im transkaukasischen und →Kasachstan, →Kirgistan, →Tadschikistan, →Turkmenistan und →Usbekistan im mittelasiatischen Teil der Gemeinschaft.

Gemeinschaft unabhängiger Staaten. Die einzelnen Weinbaustaaten der Gemeinschaft unabhängiger Staaten

Während im europäischen Teil vorwiegend Weine nach mittel- und westeuropäischen Vorbildern, wenn auch aus anderen Rebsorten, gekeltert werden, erzeugen die transkaukasische und die mittelasiatische Region traditionell große Mengen Tafeltrauben und Rosinen. An die Seite der früher sehr beliebten aufgespriteten und süßen Verschnittweine treten aber auch hier mehr und mehr trockene, leichtere sortenreine Erzeugnisse.

■ **Geschichte:** Der Weinbau der transkaukasischen Region kann fast sechs Jahrtausende zurückverfolgt werden, und auch Russland ist ein sehr altes Weinbauland. Zur Zeit der Zaren wurden bedeutende Anbauflächen auf der Krim und in Georgien entwickelt, und die Rebfläche nahm noch zu Zeiten der Sowjetunion stetig zu: Anfang der 1980er-Jahre betrug sie 1,3 Mio. ha, aufgrund der staatlichen Kampagnen gegen den Alkoholkonsum in den 1980er-Jahren ging sie allerdings stark zurück.

Gemischter Satz, Weinbergsanlage mit verschiedenen Rebsorten, die zusammen gelesen und gekeltert werden; der Begriff wird in Abgrenzung zu dem des →Verschnitts auch für die von solchen Weinbergen stammenden Weine verwendet. Das gemischte Aussetzen kann Risiken ausgleichen, die durch das Reifeverhalten einzelner Sorten bei bestimmten Witterungsverhältnissen auftreten. Während der Gemischte Satz in Deutschland nur noch gelegentlich zu finden ist, geht man in Österreich davon aus, dass noch mehr als 1300 ha in dieser Form bestockt sind.

die Umwelt. Auf der anderen Seite stehen die Befürworter der GMO, die sich vom Einsatz der Gentechnik neue, schädlings- und krankheitsresistente Rebsorten mit guten Geschmackseigenschaften erhoffen. Im Keller bieten solche Organismen (Hefen, Enzyme, Bakterien) ihrer Ansicht nach die Möglichkeit, sämtliche Stoffwechsel- und Umwandlungsprozesse z. B. bei Gärung und Säureabbau kontrolliert zu steuern und so absolut vorhersagbare Ergebnisse zu erzielen.

Genf. Die Ufer des Genfer Sees gehören zu den schönsten Weinlandschaften der Welt.

generoso [xeneˈroso, span. »großzügig«], spanisch für aufgespritet, vino generoso ist süßer Likörwein.

generoso [dʒeneˈroːzo], italienisch für die Geschmacksbezeichnung üppig und rund, harmonisch.

genetisch modifizierte Organismen, Abk. **GMO,** mit den Mitteln der Gentechnik, d. h. durch gezielte Veränderung von Erbgut und dessen Einbringen in lebende Zellen (Wirtszellen) erzeugte Organismen; wie in allen Bereichen der Landwirtschaft und der Lebensmittelproduktion gibt es auch im Weinbau und in der Kellertechnik Bestrebungen zum Einsatz von GMO.

Dies betrifft sowohl genetisch veränderte Reben selbst als auch Hefen, Enzyme und Bakterien, die bei der Vinifizierung zum Einsatz kommen. Wie in keinem anderen Zweig der Landwirtschaft hat sich aber eine breite Front von Kritikern des Einsatzes von GMO herausgebildet, die weit über den biologischen oder biodynamischen Weinbau, die klassischen Gegner von GMO, hinausreicht.

Ihre Befürchtungen betreffen insbesondere das mögliche, unkontrollierte Auswildern unerwünschter genetischer Eigenschaften und deren nicht vorhersehbare Auswirkungen auf die menschliche Gesundheit und

Genf, drittgrößter Weinbaukanton der Schweiz; auf knapp 1350 ha (2002) Rebfläche rund um das westliche Ende des Genfersees wurden früher fast ausschließlich Gutedel (Chasselas) und Gamay kultiviert.

Das Gebiet ist zum Eldorado für innovative Winzer geworden, und die Rebsortenpalette hat sich um Aligoté, Sauvignon blanc, Chardonnay, Grauburgunder (Pinot gris), Weißburgunder (Pinot blanc), Cabernet Sauvignon, Cabernet franc und Gamaret erweitert. Zugenommen hat auch die Zahl der nach internationalem Vorbild gekelterten und im Barrique ausgebauten Verschnittweine. Das Gebiet, dessen sanfte Lagen zur Mechanisierung der Weinbergsarbeit einladen, ist in die Bereiche →Mandement, Satigny, →Entre Arve et Lac und →Entre Arve et Rhône untergliedert.

Genossenschaft, Genossenschaftskellerei, Kellereigenossenschaft, Kooperative, Winzergenossenschaft, Zusammenschluss von Winzern unter dem Dach einer Kellerei, die den Mitgliedern gehört und die deren Trauben gemeinsam verarbeitet sowie die Weine vermarktet.

Genossenschaften gelten als →Erzeuger im Sinne des Weingesetzes und sind meist auf Gemeindeebene organisiert. Zusätzlich existieren in zahlreichen deutschen Anbaugebieten so genannte **Gebietswinzergenossenschaften** (Gebietsgenossenschaften, Zentralkellereien), Zusammenschlüsse von Genossenschaften, die deren Moste oder fertige Weine übernehmen, ausbauen und vermarkten. Diese Gebietswinzergenossenschaften nennt man auch Genossenschaften zweiten Grades.

■ **Geschichte:** Die Genossenschaftsbewegung in Europa entstand ab 1830, und von Mitte des 19. Jahrhunderts datieren auch die ersten Winzergenossenschaften. Bis in die Anfangsjahre des 20. Jahrhunderts entstanden, gefördert durch die wirtschaftliche Krise im Gefolge der Reblauskatastrophe, bereits mehr als 100 Nachahmer. Die 1868 gegründete Winzergenossenschaft Mayschoss-Ahr gilt als älteste existierende genossenschaftliche Kellerei Deutschlands. Zu Beginn des 21. Jahrhunderts gibt es 246 (2002) mit über 60 000 Mitgliedern, die insgesamt 31 300 ha Rebfläche bewirtschaften. 148 verfügen über eigene Kellerwirtschaft und verarbeiten etwa 31 % der deutschen Traubenproduktion.

Auch in anderen europäischen Ländern wie Frankreich (v. a. in Südfrankreich) oder Italien (besonders in Südtirol) entwickelten sich Genossenschaften zu einem bedeutenden Element der Weinwirtschaft. In Österreich wurde die erste im Jahre 1822 gegründet, nach einer Gründungswelle zur Zeit des Nationalsozialismus nahm ihre Zahl allerdings wieder ab. Außerhalb Europas konnte die Genossenschaftsbewegung nur vereinzelt Fuß fassen, so z. B. in Südafrika.

Nach dem Zweiten Weltkrieg sahen viele Genossenschaften ihr Heil in der Massenproduktion preiswerter Erzeugnisse. In die 1950er-Jahre fiel auch die Gründung der ersten Gebietswinzergenossenschaften in Baden und Franken. Erst Ende der 1980er-Jahre machte sich der Qualitätsgedanke langsam wieder breit. Wegbereiter dieser neuen Orientierung waren dabei italienische, v. a. Südtiroler Genossenschaften. Seit Mitte der 1990er-Jahre vermarkten auch die meisten deutschen Genossenschaften zumindest eine Produktlinie, die es hinsichtlich der Weinqualität mit den Erzeugnissen guter →Selbstvermarkter aufnehmen kann.

Geographe [ˈdʒɪːəgrəf], kleines, noch relativ junges Anbaugebiet des australischen Bundesstaats Westaustralien, etwa auf halbem Wege zwischen der Hauptstadt Perth und dem Traditions-Anbaugebiet Margaret River an der Geographe Bay gelegen; unter sehr ausgeglichenen klimatischen Bedingungen entsteht hier u. a. ausgezeichneter Rotwein aus Syrah (Shiraz); die Sorte belegt knapp ein Drittel der insgesamt 550 ha (2000) großen Rebfläche.

Geographical Indication [dʒiːəʊˈgrfɪkl ɪndɪˈkeɪʃn, engl. »geographische Angabe«], Abk. **GI,** Kategorie von Herkunftsbezeichnungen australischer Weine, durch die Anbaugebiete (wine zones »Weinbauzonen«, regions »Weinbauregionen«, sub-regions »Subregionen« oder »Weinbaubereiche«) definiert werden.

Das australische System von Herkunftsbezeichnungen wurde erst in der Folge wachsender Weinexporte in die Länder der EU eingerichtet und ist dem Vorbild der europäischen Appellationen nachempfunden; allerdings gibt es keine mit den teilweise strengen europäischen Produktionsvorschriften vergleichbaren Regelungen. Die ersten von der Weinindustrie vorgeschlagenen Geographical Indications wurden 1993 offiziell anerkannt. Bei Angabe eines Gebiets und/oder einer Rebsorte müssen 85 % der Trauben aus dem Gebiet bzw. von der genannten Sorte, bei Angabe von zwei Gebieten/Rebsorten 60 % aus dem bzw. der jeweils zuerst genannten stammen.

Georgi|en, nordöstlich der Türkei zwischen Schwarzem Meer und Kaukasus gelegenes Weinbauland, Mitglied der GUS; die insgesamt etwa 67 000 ha (2000) große Rebfläche verteilt sich auf die Anbaugebiete Kachetien, Kartli, Imeretien, Ratscha-Letschchumi und die Küstenzone. Die starke landschaftliche Gliederung und die damit verbundenen, unterschiedlichen Klimata haben im Laufe der Jahrtausende zu einer enormen Diversifizierung der einheimischen Rebsorten geführt, von denen mehr als 500 bekannt sind. Eine Vielzahl archäologischer Funde beweist, dass in Georgien bereits im 5. Jahrtausend v. Chr. Reben für die Weinherstellung kultiviert wurden.

Geranienton, Geruch nach Geranien (Pelargonien), der in extrem geringen Konzentrationen das Weinaroma positiv beeinflusst, in höheren dagegen als heimtückischer und irreversibler Weinfehler gilt; er entsteht

---

GENOSSENSCHAFT. *Spitzenweine von Genossen?*

Den Anfang machten Genossenschaften in Südtirol. Bereits Ende der 1980er-Jahre brachten sie Weine auf den Markt, die mit den besten Erzeugnissen von Winzern und Handelskellereien konkurrieren konnten, im Laufe der 1990er-Jahre verbesserte sich dann auch die Qualität ihrer Standardfüllungen. Die wenigen verbliebenen österreichischen Genossenschaften gingen nach 1990 auf Qualitätskurs, und einige von ihnen änderten auch ihre Organisationsstruktur dahingehend, dass sie fast wie große Privatbetriebe geführt werden. Im Laufe der 1990er-Jahre hellte sich dann bei vielen deutschen Gemeinschaftskellereien das Bild deutlich auf. Wo vorher fast ausnahmslos auf Massenproduktion gesetzt worden war, kamen jetzt erste Prestigelinien auf den Markt, und auch die Qualität der preiswerten Normalfüllungen lag deutlich über dem Niveau vorangegangener Jahrzehnte. Noch werden Genossenschaften und ihre Produkte zwar von vielen Weinfreunden und Weinkritikern misstrauisch beäugt, aber den Anfang für einen gleichberechtigten Part im Konzert der Spitzenerzeuger haben sie gemacht.

Geruch. Bei der Kellerarbeit gehört die ständige Geruchsprüfung zu den unverzichtbaren Arbeitsschritten. Drohende Weinfehler kündigen sich meist zuerst im Duft an und können dann oft noch beseitigt werden.

belegt und kommt überwiegend bei Geruchsfehlern (→Weinfehler) zur Anwendung. Angenehme Gerüche werden dagegen als Duft, Aroma oder Bukett bezeichnet.

Geruchsfehler, geruchlich wahrnehmbarer →Weinfehler.

Geruchssinn, ein primärer Sinn zur Wahrnehmung von →Geruch.

Gesamtalkohol, die Summe aus tatsächlichem Alkohol und dem nicht vergorenen Teil des potenziellen Alkohols (→Alkoholgehalt).

Geschein, Blütenstand der Rebe, eine Entwicklungsform der →Traube.

geschliffen, perfekt gemacht, aber ohne individuellen Charakter; Begriff der Weinansprache für Weine, die →glatt sind, aber auch eine gewisse geschmackliche Eleganz zeigen.

zunächst durch die Arbeit von Milchsäurebakterien, die im Wein enthaltene Sorbinsäure (wissenschaftlich Kaliumsorbat) über Zwischenstufen in Ester umbilden.

Gerbstoffe, Gerbsäuren, →Tannine.

gerten, die Ruten der Weinrebe nach dem Winterschnitt (→Rebschnitt) an den Drahtrahmen binden.

Geruch, Summe der sinnlichen Wahrnehmungen von Geruchsstoffen durch die Nase; der **Geruchssinn** ist ein primärer Sinn, dessen Eindrücke direkt im Stammhirn verarbeitet werden und deshalb nur schwer verbal zu fassen sind; Geruchsbeschreibungen müssen sich daher bekannter Assoziationen (»Der Wein riecht nach Äpfeln, wie Himbeeren«) bedienen. Stammesgeschichtlich hatten Geruchswahrnehmungen die Funktion, vor Gefahren zu warnen (verdorbene Nahrung) oder Emotionen auszulösen (sexuelle Anziehung, Abneigung).

Der Mensch kann etwa 4000 Gerüche voneinander unterscheiden, wobei Geruchsschwellenwerte für jedes Individiuum verschieden sind. Bestimmte Gerüche, die von einem als sehr intensiv empfunden werden, kann ein anderer oft kaum wahrnehmen. Bei Weinen ist der Begriff Geruch meist negativ

Geschmack, die spezifischen, chemischen Wahrnehmungen von Geschmacksknospen der Zunge, gemeinsprachlich die Summe der Eindrücke, die Weine am Gaumen hinterlassen, d.h. auch taktile Empfindungen wie Temperatur, Oberflächenbeschaffenheit, Dichte etc.; entwicklungsgeschichtlich diente der Geschmackssinn der Nahrungsprüfung.

Wie alle Wirbeltiere können Menschen süß, sauer, bitter und salzig unterscheiden. Süß wird v.a. an der Zungenspitze wahrgenommen, salzig am vorderen Rand, sauer am hinteren Rand und bitter am Zungengrund. **Geschmacksstoffe** oder **Geschmacksbildner** im Wein sind v.a. Alkohol, Säuren, Tannine und Glyzerin.

Der **Geschmackssinn** spricht auf gelöste Substanzen an, wobei **Geschmacksschwellenwerte** meist sehr viel höher liegen als **Geruchsschwellenwerte.** Verschiedene Substanzen wie Kaliumchlorid können außerdem je nach Konzentration unterschiedliche **Geschmackswahrnehmungen** auslösen.

Viele Eindrücke, die als Geschmacksempfindungen wahrgenommen werden, sind in Wahrheit Wahrnehmungen per Retro-Olfaktion, d.h. Geruchswahrnehmungen. Auch wenn von der **Geschmacksentfaltung** gesprochen wird, ist meist die Entfaltung der Aromen bzw. des Buketts gemeint.

Geschmacksangaben auf Etiketten beziehen sich vorwiegend auf den Restzuckergehalt des Weins. Sie sind in ihrer Bedeutung insbesondere in Deutschland und Österreich, in Bezug auf Schaumwein EU-weit gesetzlich festgelegt. Die wichtigsten dieser Geschmacksangaben sind trocken, halbtrocken, lieblich und süß für Stillweine bzw. extra brut, brut, extra dry, medium dry und dry bei Schaumweinen.

■ SIEHE AUCH

→ adstringierend · auszehren · Biss · dicht · dünn · fest · Geschmackstypen · geschmeidig · halbsüß · halbtrocken · Harmonie · harmonisch · hart · Körper · Kraft · leicht · lieblich · metal

Geruchssinn. Rund 10 Mio. Riechzellen in der gerade mal 2,5 cm² großen Riechschleimhaut des Menschen sorgen für eine differenzierte Wahrnehmung von angenehmen Düften und unangenehmen Gerüchen.

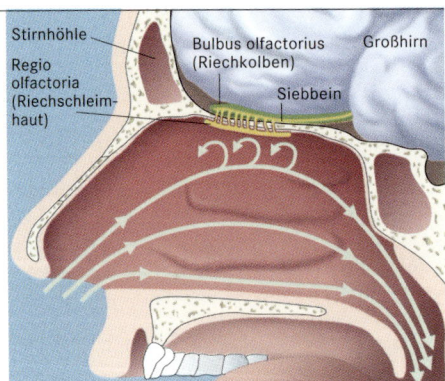

Stirnhöhle

Regio olfactoria (Riechschleimhaut)

Bulbus olfactorius (Riechkolben)

Großhirn

Siebbein

lisch · rund · saftig · Schärfe · Schmelz · schwer · spitz · stahlig · Stoff · Struktur · süffig · süß · tanninbetont · trocken 1) · unausgewogen

Geschmackstypen, Sonderartikel S. 200/201.

geschmeidig, weich und harmonisch; Begriff der Weinansprache für kräftige, volle Weine, die aufgrund ihrer Reife schmelziger und runder geworden sind.

Gespritzter, süddeutsch und österreichisch für →Schorle.

Gesundheit und Wein, Sonderartikel S. 204/205.

getrocknete Trauben, für die Produktion von Süß- und Likörweinen vorgesehene Trauben (→trocknen).

Gevrey-Chambertin [ʒəvˈrɛʃãbərˈtɛ̃], A. C.-Herkunftsbezeichnung für Weine der gleichnamigen Gemeinde an der burgundischen →Côte de Nuits; auf knapp 450 ha (1998) Rebfläche, von denen 86 ha für insgesamt 26 Premiers Crus klassifiziert sind, wird ausschließlich Spätburgunder (Pinot noir) kultiviert. Zusätzlich zu den Flächen der Gemeindeappellation und Premiers Crus besitzt Gevrey-Chambertin noch die gut 84 ha Rebfläche der Chambertin-Lagen (→Chambertin). Die Weine sind farbintensiv, aromatisch ausdrucksvoll und kräftig im Geschmack.

Gewächs, Kreszenz, gemeinsprachlich hochwertiger Wein; die auf den französischen Ausdruck →Cru zurückgehende Bezeichnung wird auch für qualitativ hochwertige Weinbergslagen verwendet (→Erstes Gewächs).

Geschmacksporus

Sinneszelle

Stützzelle

Synapsen

Basalzelle

Nervenfasern

Geschmack. Die Geschmacksknospen, genauer deren Sinneszellen, ermöglichen das differenzierte Schmecken. Sie finden sich vor allem auf der Zunge, aber auch in den Schleimhäuten des Gaumens.

GESCHMACK. *Aspekte der Geschmacksbeschreibung*

Geschmacksbeschreibung sollte immer fünf Aspekte umfassen: die Frische, den Süß-Bitter-Komplex, die Adstringenz, die Struktur und Textur sowie den Körper. Weine sollten nicht fade und flach, sondern lebhaft, vielleicht sogar etwas nervös sein, ohne dabei spitz oder sauer zu wirken. Die Süße muss den Angaben auf dem Etikett entsprechen – ein trockener Wein sollte auch wirklich trocken schmecken – und im Konzert mit den übrigen Geschmackseindrücken harmonisch wirken. Bitter darf ein Wein nie sein, allenfalls darf er eine kleine Bittermandelnote im Aroma zeigen. In Bezug auf die Adstringenz können junge Weine mit Alterungspotenzial durchaus hart oder adstringierend, vielleicht auch rau schmecken, nie aber ausgetrocknet, das heißt, es muss immer genügend Frucht vorhanden sein. Gute Weine sind fest strukturiert und elegant, sie haben Biss, geben dem Gaumen Halt und wirken nie schwach oder grobschlächtig. Ihre Textur ist samtig oder geschmeidig; der Körper ist nicht mager oder hohl, sondern voll, dicht, konzentriert, ohne dabei fleischig oder gar fett, dick oder schwer zu wirken.

Gewürztraminer, Traminer, in Baden **Klevner,** sehr alte Weißwein-Rebsorte, die vermutlich aus einer spontanen Kreuzung von Wildreben entstanden ist und aus Ägypten oder dem antiken Griechenland stammen soll. Umstritten ist, ob Traminer (eigentlich Gelber oder Weißer Traminer) und Gewürztraminer ein und dieselbe Rebsorte sind oder ob es sich um durch spontane Mutation entstandene Varianten handelt. Auch bezüglich des **Roten Traminers** (Großer Traminer), einer v. a. in Österreich kultivierten Spielart, ist dies nicht gesichert. Als Spielart und damit Mitglied der Traminerfamilie gilt auch Savagnin blanc (→Savagnin).
Gewürztraminer ist eine relativ früh reifende Rebsorte mit mehr oder weniger intensiv rötlich gefärbten Beeren, deren Saft bereits das charakteristische, muskatartige und würzige Primäraroma aufweist, das auch die Weine auszeichnet. Er eignet sich aufgrund seiner üppigen Aromen v. a. für die Erzeugung dichter, fülliger, auch restsüßer Weine.
■ **Verbreitung:** Die Sorte steht in Deutschland, wo sie nachweislich seit 1546 kultiviert wird, auf knapp 850 ha (2001) Rebfläche, in Österreich auf etwas mehr als 350 ha, im französischen Elsass auf fast 2700 ha (1998) und in Italien (v. a. in Südtirol) auf knapp 500 ha. Darüber hinaus wird die Sorte in Tschechien, in Rumänien und zahlreichen anderen südosteuropäischen Ländern sowie in Übersee (Australien 600 ha, Südafrika 300 ha) kultiviert. Weltweit sind etwa 8000 ha (1998) Rebfläche mit Gewürztraminer bestockt. – Abb. S. 202

Gfanger, größte, unter qualitativen Gesichtspunkten allerdings nicht einheitliche Lage der Gemeinde Horitschon im österreichischen Anbaugebiet Mittelburgenland; auf feuchtigkeitsspeichernden, leichten Lehmbö-

Fortsetzung S. 202

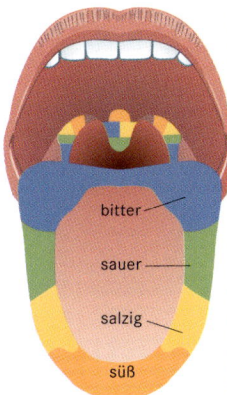

Geschmack. Die dominierenden Geschmacksempfindungen in verschiedenen Bereichen der Zunge: süß, salzig, sauer und bitter

GESCHMACKSTYPEN

1) Aromen von exotischen Früchten findet man in vielen Weinen, vor allem aber in Süßweinen aus edelfaulen Trauben.

Wenn behauptet wird, zum Weingenuss gehöre Kennerschaft, so hat diese Aussage einen richtigen Kern. Es bedarf eines Grundwissens, um Weine so auswählen zu können, dass sie dem gewünschten Geschmackstyp entsprechen. Die Gefahr, einen süßen Wein zu kaufen, wenn ein trockener gefragt, einen schweren, wenn ein leichter angebracht war, ist bei der fast unüberschaubaren Vielfalt der Namen sehr groß.

Selbst dann, wenn Geschmacksangaben auf dem Etikett zu finden sind, geben diese nicht unmittelbar Aufschluss über den Geschmack des Weins. Das fängt schon bei Begriffen wie trocken an, bei denen man wissen muss, dass sie »nicht süß« bedeuten; halbtrocken und feinherb, noch mehr aber dry bei süßen Schaumweinen, sind weitere Beispiele. Was fehlt, sind verbindliche Geschmackskategorien, mit deren Hilfe der Verbraucher erkennt, welcher Weingeschmack ihn erwartet. Mit einer solchen Liste wäre jeder Erzeuger in der Lage, seinen Weinen einen eindeutigen »Geschmackspass« mitzugeben, der die Wahl erleichtert.

Verbindliche Geschmackskategorien fehlen

Um das Spektrum Geschmacksrichtungen abzudecken, reichte eine Einteilung in zwölf Kategorien, von denen einige weiter differenziert sind, etwa in trockene und liebliche Varianten: Insgesamt ergeben sich so nicht mehr als 25 Geschmacksprofile. Dabei sind neben den eigentlichen Geschmackswahrnehmungen auch aromatische Eigenschaften und Struktur oder Textur berücksichtigt.

1. Leichte, nicht aromatische Weißweine, a) ohne Restsüße, b) mit Restsüße: In dieser Gruppe findet man einen Großteil der trockenen Weißweine kühlerer Anbaugebiete, vor allem aus dem Qualitätswein- oder Kabinettbereich, wie fränkischen Silvaner, einfachere Soave-Qualitäten, Chablis, Grünen Veltliner in Federspiel-Qualität oder italienischen Grauburgunder (Pinot grigio). Auch französischer Muscadet und Entre-deux-Mers, der italienische Vernaccia di San Gimignano, steirischer Welschriesling und Sauvignon blanc oder Schweizer Gutedel (Chasselas) gehören dazu. Zu den Versionen mit Restsüße zählen viele Weine von Elsass, Mosel und Rhein ebenso wie beispielsweise liebliche Varianten des italienischen Frascati oder ein Teil der Loireweine aus Chenin blanc.

2. Aromatische oder aromabetonte Weißweine, a) ohne Restsüße, b) mit Restsüße: Im Prinzip handelt es sich hier um dieselben Weintypen wie unter Punkt 1, aber aus aromatischen oder halbaromatischen Rebsorten wie Muskateller, Gewürztraminer, Morio-Muskat, einigen Malvasiatypen oder Riesling. Von vielen dieser Weine gibt es trockene Varianten und solche mit wahrnehmbarer Restsüße.

3. Kräftige bis schwere Weißweine, a) im Stahltank, b) im traditionellen Holzfass oder c) im Barrique ausgebaut: Zu dieser Gruppe gehören sowohl die weißen Burgunder als auch viele Chardonnays der Neuen Welt, kräftigere Grauburgunder, Chenin blanc oder Sémillon aus Südafrika und Australien wie auch trockene Riesling- oder Grüner-Veltliner-Auslesen bzw. Smaragd-Qualitäten der Wachau.

2

3

4. Roséweine, a) leicht oder b) kräftig: Von deutschen oder österreichischen Weißherbsten über Roséversionen italienischer DOC-Weine bis zum Montepulciano d'Abruzzo Cerasuolo, Tavel aus dem Rhônetal oder kräftigen Rosés aus der französischen Provence findet sich unter dieser Kategorie eine breite Palette von meist frisch und jung zu trinkenden Weinen.

Rot-, Schaum- und Dessertweine

5. Leichte, trockene Rotweine: viele deutsche Rotweine gehören in diese Kategorie, württembergischer Trollinger oder Blaufränkisch (Lemberger) genauso wie ein Großteil der Spätburgunder. In Italien müsste man Kalterersee und Bardolino dazu zählen, in Frankreich einen Großteil des Beaujolais Nouveau.

6. Mittlere und kräftige Rotweine, a) im Tank, b) im traditionellen Holzfass oder c) im Barrique ausgebaut: Dies ist die wahrscheinlich größte Weingruppe überhaupt. Zu ihr gehören österreichischer Blaufränkisch oder Zweigelt, roter Burgunder, einfachere Bordeauxqualitäten und Côtes-du-Rhône, ein Großteil des Rioja, Valdepeñas, die Mehrzahl der Piemonteser Barbera, Chianti, Valpolicella und kalifornischer Zinfandel, Spätburgunder (Pinot noir) aus Oregon oder Weine aus den Rhônesorten von Weinbergen in Südkalifornien.

7. Kräftige und alterungsfähige, auch schwere Rotweine, a) tanninbetont, b) alkoholbetont: die »S-Klasse« des Weltweinbaus, zu der die fest strukturierten Bordeauxgewächse sowie Châteauneuf-du-Pape, Barolo, Brunello di Montalcino, Amarone, Cabernet Sauvignon aus Kalifornien und australische Syrah gehören.

8. Liebliche oder süße Rosés und Rotweine, a) leicht oder b) kräftig bis schwer: In dieser Gruppe findet man heutzutage immer weniger Vertreter; bis vor wenigen Jahren gehörte ihr ein Teil des deutschen Rotweins an.

9. Süß- und Dessertweine, a) mit Sortenfrucht, b) edelsüß oder c) im Barrique ausgebaut: Dies ist die Gruppe der Weine mit üppiger Restsüße, in der man deutsche und österreichische Beeren- und Trockenbeerenauslesen oder Eisweine findet. Italiens Reciotovarianten und der berühmte Sauternes aus dem Bordeauxgebiet, der österreichische Ausbruch und der ungarische Tokajer dürfen in dieser Aufzählung nicht fehlen.

10. Aufgespritete (Likör-)Weine, a) trocken oder b) süß: Sherry und Portwein sind die Klassiker, Madeira und Marsala ein wenig in Vergessenheit geraten; Australiens Muskatellerspezialitäten gehören ebenso dazu wie der südfranzösische Banyuls.

11. Weiße, rote oder Rosé-Schaumweine (auch Perlweine): Das Spektrum reicht vom leichten Prosecco bis zum kräftigen Champagner, vom lieblichen Asti bis zum rassigen deutschen Winzersekt und zu den seltenen trockenen roten Sekten Australiens oder dem versekteten, süßen Recioto aus Venetien. Die unterschiedlichen Geschmackstypen sind durch Geschmacksangaben wie brut oder dry auf dem Etikett ausgewiesen.

12. Spezialitäten: Weine außerhalb der gängigen Geschmackskategorien, die nur in bestimmten Gebieten erzeugt werden, zum Beispiel Retsina aus Griechenland, Uhudler aus Österreich oder Fragolino und Chinato aus Italien.

2) Der Duft von Blumen und Baumblüten macht viele Weißweine attraktiv und bereichert ihre fruchtigen Noten.

3) Der Duft unterschiedlichster Gewürze macht vor allem Rotweinaromen vielschichtig und verleiht dem Wein Lebendigkeit und geschmackliche Tiefe.

Fortsetzung von S. 199

den mit hohem Kalkanteil in den unteren Schichten gedeihen Rotwein-Rebsorten sehr gut, insbesondere die einheimischen Blaufränkisch und Zweigelt, aber auch die internationale Sorte Merlot.

Ghemme, DOCG-Herkunftsbezeichnung für Rotweine aus dem Norden der italienischen Region Piemont; auf den nur knapp 70 ha Rebfläche des Anbaugebiets werden vorwiegend Nebbiolo (Spanna), in geringerem Umfang Vespolina und Uva rara kultiviert. Die Weine ähneln dem →Gattinara, weisen aber weniger Struktur und Alterungsfähigkeit auf.

GI, Abk. für →Geographical Indication.

Gigondas [ʒigɔ̃ˈdʌ], A. C.-Herkunftsbezeichnung für Rotweine der gleichnamigen Gemeinde im Gebiet der südlichen →Côtes-du-Rhône, auch als →Cru bezeichnet; auf etwa 1200 ha (2000) Rebfläche wächst v. a. die Rotwein-Rebsorte Grenache, die den Gigondas-Verschnitt zu 80 % dominiert. In geringerem Umfang werden Syrah, Mourvèdre und weitere Sorten der südlichen Rhône kultiviert.

Gigondas gehört zu den renommiertesten Appellationen des Rhônetals, auch wenn die Qualitäten bis in die 1990er-Jahre nicht immer vollständig überzeugten. Von den schotterigen Böden im Schatten des Bergmassivs Dentelles du Montmirail kommen aber wieder farbintensive, kräftige Rotweine mit fruchtigen und animalischen Aromen, die moderat alterungsfähig sind.

Gewürztraminer. Trotz seiner markant roten Färbung zählt der aromatische Gewürztraminer zu den Weißwein-Rebsorten.

Gigondas. Im Caveau von Gigondas können fast alle Weine von Erzeugern der Gemeinde verkostet und erworben werden.

gipfeln, wipfeln, Rebtriebe abschneiden, die über den Drahtrahmen hinausgewachsen sind; es bildet den Abschluss der Laubarbeiten und wird je nach Wüchsigkeit bis zu drei Mal jährlich durchgeführt. Ziel der Maßnahme ist es, das Längenwachstum der Triebe zu stoppen und die Ausbildung und Reife der Trauben zu unterstützen; das Blatt-Frucht-Verhältnis wird beeinflusst und die Selbstbeschat-

tung der Rebe unterbunden. Außerdem verhindert man durch richtiges Gipfeln die Bildung von so genannten Laubglocken und beugt damit dem Befall der Rebe durch Pilzkrankheiten vor.

Gips, eine der besten Lagen des deutschen Anbaugebiets Württemberg, Gemeinde Stuttgart-Untertürkheim; die etwa 10 ha große Lage entstand erst Anfang der 1970er-Jahre als hier eine Gipsgrube mit Gipskeuper aufgefüllt und an einen ortsansässigen Weinbaubetrieb verpachtet wurde. Vom Gips kommen einige der besten Weine des Gebiets aus den Rebsorten Riesling und Spätburgunder.

girato [dʒiˈrato], italienisch für umgekippt (→umkippen).

Girò [ʒiˈrɔ], Rotwein-Rebsorte der italienischen Region Sardinien, die auf etwa 920 ha (1998) kultiviert wird; die Trauben eignen sich sowohl zur Produktion von Rot- wie von Likörwein. Die einzige Herkunftsbezeichnung für Weine der Sorte ist **Girò di Cagliari.**

Gisborne [ˈdʒizbɔːn], Anbaugebiet auf der Nordinsel Neuseelands; das drittgrößte Anbaugebiet des Landes umfasst knapp 2000 ha (2002) Rebfläche und gilt als östlichstes der Welt. In mildem, durch eine hohe Bergkette geschütztem Küstenklima wachsen auf vulkanischen Böden und Schwemmlandschottern zu 90 % Weißweinreben; fast die Hälfte der Gesamtfläche ist mit Chardonnay bestockt.

Givry [ʒiˈvri], A. C.-Herkunftsbezeichnung für Weine der gleichnamigen Gemeinde an der →Côte Chalonnaise im französischen Burgund; von den 220 ha (1998) Rebfläche sind 85 % mit Spätburgunder (Pinot noir) und anderen Pinot-Varianten, der Rest mit Chardonnay (Pinot Chardonnay) und Weißburgunder (Pinot blanc) bestockt; insgesamt 66 ha sind als Premiers Crus klassifiziert.

glänzend, →brillant.

glanzhell, hell und brillant; Begriff der Weinansprache für die Farbe von Weißweinen.

Gläser, →Weingläser.

Glasform, für den Weingenuss entscheidendes Merkmal von →Weingläsern.

glatt, ohne auffallende Geschmackseigenschaften; Begriff der Weinansprache für Weine, die perfekt gemacht sind, aber nur wenig individuelle Geschmacksnuancen besitzen.

Gleichgepresster, österreichisch für →Rosé.

Gleichgewicht, →Harmonie.

Gletscherwein, traditioneller Weißwein des Val d'Anniviers im Schweizer Wallis, der traditionell aus der Sorte →Resi gekeltert wurde; heute wird jedoch meist auf andere Sorten, u. a. Marsanne (Ermitage) zurückgegriffen. Gletscherwein wird viele Jahre lang in großen Lärchenholzfässern im Criadera-Solera-Verfahren (→Sherry) ausgebaut.

Glühwein, mit Zimt und Nelken, eventuell auch Zucker und Zitronenschale versetzter Wein (→versetzen), der heiß getrunken wird.

Glukose, eine Art des →Zuckers.

Glycose, veraltete Bezeichnung für Glukose (→Zucker).

Glykol [Kurzbildung aus griechisch glykýs »süß« und Alkohol], eigentlich Äthylenglykol, wissenschaftlich **Ethylenglykol, 1,2-Äthandiol,** eine zähflüssige, süße und mit Wasser mischbare Substanz aus der Gruppe der so genannten Glykole, zweiwertigen →Alkoholen und ihren Reaktionsprodukten; es wird gemeinhin als Frostschutzmittel verwendet.

Die Beimischung von Glykol zu angeblichen österreichischen →Prädikatsweinen löste 1985 den so genannten **Glykolskandal** aus. Die Beimischungen wurden zuerst in deutschen Produkten entdeckt, die illegalerweise mit österreichischem Wein verschnitten worden waren. Der Skandal verursachte v.a. in Österreich erheblichen wirtschaftlichen Schaden und führte dort zur Verabschiedung eines neuen, deutlich strengeren Weingesetzes.

Glyzerin [zu griechisch glykerós »süß«], ein dreiwertiger →Alkohol und das bedeutendste Nebenprodukt der Gärung; die gebildete Glyzerinmenge ist von der gewählten Hefeart, vom Zuckergehalt des Mosts und von den Gärbedingungen abhängig; auf 100 g Reinalkohol kommen unter normalen Umständen 8–10 g Glyzerin. Bei kühlen Gärtemperaturen entsteht deutlich mehr Glyzerin als bei höheren; auch durch den Botrytispilz (→Botrytis) können bereits auf der Traube erhöhte Mengen gebildet werden. Die Zugabe synthetischen Glyzerins, bei vielen Nahrungsmitteln erlaubt, ist bei der Weinbereitung verboten. Glyzerin hat einen süßen Geschmack, verleiht dem Wein Körper und erhöht die Viskosität.

Gmärk, →Gemärk.

GMO, Abk. für →genetisch modifizierte Organismen.

Gobelet [gɔb'lɛ, zu franzöс. gobelet »Becher«], die Buscherziehung (→Erziehungsformen).

Goldberg, sehr gute Weinbergslage der Gemeinde Gols im österreichischen Anbaugebiet Neusiedlersee; auf den teilweise nach Norden ausgerichteten Hängen mit ihren schottrigen Böden wird vorwiegend die Weißwein-Rebsorte Neuburger kultiviert.

Goldburger, österreichische Weißwein-Rebsorte, die 1922 von Fritz Zweigelt aus Welschriesling und Orangetraube gekreuzt wurde; sie wird deshalb gelegentlich auch Orangeriesling genannt. Die Sorte wird nach anfänglicher Beliebtheit nur noch auf 300 ha kultiviert.

Goldeck, gute Weinbergslage im österreichischen Anbaugebiet Thermenregion, Gemeinden Baden und Bad Vöslau; auf ihren kalkhaltigen, schottrigen Böden werden traditionell Rotwein-Rebsorten kultiviert.

Goldert, Grand-Cru-Lage der französischen Weinbauregion Elsass, Gemeinde Gueberschwihr; auf etwa 46 ha Rebfläche in einer Höhenlage zwischen 230 und 330 m ü.M. mit schottrigen Kalk-Lehm- bzw. Kalksteinböden gedeiht besonders die Weißwein-Rebsorte Gewürztraminer. Die Weine, deren goldener Farbton der Lage zu ihrem Namen verhalf, werden gelegentlich als die besten dieser Sorte im Elsass bezeichnet.

Goldkapsel, goldfarbene Flaschenkapsel, die in deutschen Anbaugebieten, v.a. im Rheingau und an der Mosel, traditionell zur Kennzeichnung besonders hochwertiger Füllungen von Prädikatsweinen bzw. →Versteigerungsweinen verwendet wird.

Goldloch, sehr gute Weinbergslage des deutschen Anbaugebiets Nahe, Gemeinde Dorsheim; an dem Steilhang mit einer Neigung von bis zu 70 % steht auf relativ flachgründigen, schottrigen Lehmböden mit felsigem Untergrund v.a. die Weißwein-Rebsorte Riesling, die hier auch exzellente süße und edelsüße Qualitäten hervorbringt.

Goldmuskateller, Weißwein-Rebsorte aus der Gruppe der →Muskateller.

Goldwand, beeindruckende Weinbergs-Steillage in der Nähe der Schweizer Stadt Baden im Ostschweizer Kanton Aargau; auf relativ schweren Böden mit hohem Kalkgehalt steht v.a. die Rebsorte Spätburgunder (Blauburgunder).

Goriška Brda [ˈgɔriʃkʌ ˈbirdʌ, slowen., »Hügel von Görz«], Anbaugebiet im Westen Sloweniens an der Grenze zu Italien, aus dem die renommiertesten Weine des Landes stammen; es stellt die Fortsetzung des größeren italienischen →Collio dar, zu dem es unter der Habsburger Monarchie bis 1918 noch gehörte. Böden, klimatische Bedingungen und kultivierte Rebsorten entsprechen denen des Collio.

gosto a rolha [ˈguʃtu ɐ ˈroʎɐ], portugiesisch für Korkschmecker.

Goudron [guˈdrɔ̃, franzöс., »Teer«], **Teergeruch,** bestimmte →empyreumatische Aromen alter Rotweine, insbesondere aus dem Bordeauxgebiet.

Goulburn Valley [ˈgɔulbən ˈvælɪ], GI-Herkunftsbezeichnung für Weine aus dem australischen Bundesstaat Victoria; das ausgedehnte Anbaugebiet, das etwa 100 km nördlich der Hauptstadt Melbourne beginnt und am Murray River, der Grenze zu New South Wales, endet, umfasst nur knapp 750 ha Rebfläche, auf denen v.a. Chardonnay, Shiraz und Cabernet Sauvignon, in geringerem Umfang auch Merlot und Riesling kultiviert werden. Die besten Gewächse stammen aus der Rotwein-Rebsorte Cabernet Sauvignon, aber auch Shiraz und Chardonnay können sehr

Fortsetzung S. 206

Goldkapsel. Bei vielen deutschen Erzeugern hochwertiger Qualitätsweine gehört die Goldkapsel zum Ausstattungsmerkmal der Besten des Jahrgangs.

GESUNDHEIT UND WEIN

1) Kalorien- und fettreiche Nahrung, aber wenig Herzerkrankungen – das ist das Französische Paradoxon. Des Rätsels Lösung: immer ein Glas Rotwein zum Mahl.

Wein galt in der antiken und mittelalterlichen Medizin als Heilmittel. Der griechische Arzt Hippokrates (* um 460 v. Chr., † um 370 v. Chr.) empfahl Wein zur Kräftigung, zur Beruhigung und zur Bekämpfung von bakteriellen oder Vergiftungserkrankungen des Magen-Darm-Trakts. Auch im jüdischen Talmud finden sich entsprechende Hinweise, und die Römer applizierten sogar Weinumschläge auf offene Wunden. Im Mittelalter war Wein das einzige gegen bakterielle Verseuchung nicht anfällige Getränk.

Dagegen wurden im 20. Jahrhundert lange Zeit die mit Alkoholkonsum verbundenen Gesundheitsrisiken in den Vordergrund gestellt. Zwei Aspekte spielten dabei eine Rolle: Suchtgefahr, die in Alkoholismus enden kann, und direkte körperliche Schäden. Alkoholismus wird als regelmäßiges, übermäßiges Trinken alkoholischer Getränke definiert. Laut Deutscher Hauptstelle für Suchtgefahren sind 10 % der Bevölkerung stark suchtgefährdet, zwei bis 2,5 Mio. Deutsche gelten als alkoholkrank.

Gefährdung durch Alkohol

Körperliche Schäden entstehen vor allem durch das Alkohol-Abbauprodukt Acetaldehyd, ein Zellgift, das Leberschäden, Bauchspeicheldrüsen- oder Magenschleimhautentzündungen, Magen- und Darmgeschwüre, Schädigungen der Lungenzellen, Herzmuskelerkrankungen, neurologische Schäden, Hirnschrumpfung und epileptische Anfälle, bei Schwangeren Fehlgeburten und Missbildungen des Neugeborenen hervorrufen kann.

Alkohol ist zwar nicht selbst Krebs erregend, wird aber vor allem im Zusammenspiel mit Nikotin als Krebs fördernde Substanz bezeichnet, da es die Zellen der Schleimhäute schädigt. Wenn diese versuchen, den Schaden durch verstärkte Zellneubildung aufzufangen, sind sie anfällig für krebserregende Stoffe. Dies betrifft vor allem Mund und Rachen.

Was Leberschädigungen betrifft, so ist die Zahl der Zirrhosetoten in Europa seit den 1970er-Jahren von 13 auf 10/10 000 Einwohner gesunken. Entgegen der früher herrschenden Meinung wird geringer Alkoholkonsum heute nach vollständig ausgeheilter Hepatitis toleriert, nur bei Fettleber-Hepatitis ist absolute Abstinenz angesagt.

Insgesamt geht man in Deutschland von etwa 40 000 Alkoholtoten im Jahr aus – das sind 5 % aller Sterbefälle. Damit steht Alkohol nach Rauchen und falscher Ernährung bzw. Bewegungsmangel an dritter Stelle der so genannten vermeidbaren Todesursachen. In diesen Statistiken ist allerdings nicht berücksichtigt, ob die positiven Auswirkungen von Alkoholkonsum nicht eine noch höhere Sterblichkeit infolge von Herz-Kreislauf-Erkrankungen – fast die Hälfte der jährlichen Rate – verhindern. Eine australische Studie kommt beispielsweise zu dem Ergebnis, dass regelmäßiger Konsum von 20–40 g Reinalkohol/Tag eine signifikant höhere Lebenserwartung zur Folge hat.

Wein fördert die Gesundheit

Seit knapp 20 Jahren orientiert sich die medizinische Forschung wieder in Richtung der positiven Wirkungen von Alkohol- bzw. Weinkonsum. Weltweit wurden dazu mehr als 120 Stu-

2

3

dien durchgeführt, von denen etwa 35 als in jeder Hinsicht wissenschaftlich gesichert gelten. Ihre Resultate zeigen eine gemeinsame Tendenz: Moderater Alkohol- bzw. Weinkonsum kann als Form der Risikominderung (Prävention) für viele Krankheiten gelten.

Als gesichert gilt der Einfluss von moderatem Alkoholkonsum auf das Risiko von Herz-Kreislauf-Erkrankungen, das er um 20–60 % senken kann: Er verringert die Menge des schädlichen, cholesterinhaltigen Eiweißstoffs LDL (Low density Lipoproteins) im Blut und erhöht die Werte des »guten« HDL (High density Lipoproteins), das vor Arteriosklerose schützt, fördert den Fettstoffwechsel und sorgt für Entspannung und Erweiterung der Blutgefäße, was die Ablagerung von Cholesterin an den Gefäßwänden verhindert. Das hat die amerikanische Kardiologenvereinigung bereits Mitte der 1990er-Jahre veranlasst, Alkoholabstinenz auf die Liste der Risikofaktoren zu setzen. Vor allem bei Zuckerkranken wird das sehr hohe Herzinfarktrisiko durch mäßigen Alkoholkonsum deutlich gesenkt. Da Alkohol den Zuckerstoffwechsel verbessert, verringert sich auch das Diabetes-2-Risiko.

Deutlich positive Auswirkungen hat moderater Alkoholkonsum auf die Möglichkeit eines ischämischen, das heißt durch Blutgerinnsel ausgelösten Schlaganfalls, auf die Thrombosebildung – Alkohol beeinflusst die Gerinnung des Blutes – und auf die Auflösung von Blutgerinnseln. Auch das Osteoporoserisiko bei Frauen sinkt. Andere positive Effekte betreffen die Lungenfunktion und die Bildung von Gallen- und Nierensteinen.

Neben Alkohol weist Wein eine Reihe weiterer gesundheitsfördernder Substanzen auf. Polyphenole sind Antioxidantien, das heißt sie neutralisieren aggressive Sauerstoffradikale und verhindern so Zellschädigungen. Andere phenolische Substanzen hemmen Entzündungen, wieder andere verhindern das Verfetten der Arterien. Bei Weinfarbstoffen, den Flavonoiden, hat man in Labor- und Tierversuchen antikanzerogene Wirkung insbesondere hinsichtlich Dickdarm-, Brust- und Hautkrebses festgestellt.

Die richtige Dosis

Welche Auswirkungen Alkoholkonsum hat, hängt vor allem von den konsumierten Mengen ab. Nur höhere Dosen sind nach dem derzeitigen medizinischen Konsens gesundheitsschädlich, und nur bei moderaten Mengen entfaltet Wein seine gesundheitsfördernde Wirkung. Dauerhafter Konsum von mehr als 40 g Reinalkohol / Tag bei Frauen und 70 g / Tag bei Männern gilt als unbedingt gesundheitsschädlich. Die absolute Harmlosigkeitsgrenze für Gesunde wird andererseits auch von Alkoholgegnern mit 10–16 g Reinalkohol / Tag für Frauen und 20–24 g für Männer angegeben. Gesundheitsförderliche Auswirkungen von Weinkonsum sind offenbar bis zu einer Menge von 30 g Reinalkohol / Tag bei Frauen und 40 g bei Männern zu erwarten. Das entspricht bei 12%igen Weinen einer Menge von etwas über 0,3 l bzw. 0,4 l. Die Mengen für Frauen liegen wegen ihres geringeren Körpergewichts und höheren Körperfetts sowie ihrer um 15 % geringeren Fähigkeit zum Abbau von Alkohol niedriger.

2) Ob Wein der Gesundheit förderlich ist oder ihr schadet, ist umstritten. Die positiven Wirkungen vieler Weininhaltsstoffe und des Alkohols scheinen jedoch zu überwiegen.

3) Auch Wein und Sport schließen sich nicht aus: Der alljährliche Bordeauxmarathon wird von Ärzten organisiert. Die Verpflegungsstellen sind in berühmten Châteaux untergebracht – ausgeschenkt wird nicht nur Wasser, sondern auch Rotwein, dem die Läufer eifrig zusprechen.

Fortsetzung von S. 203

gute Qualitäten hervorbringen. Vereinzelt werden edelsüße oder aufgespritete Weine erzeugt.

gouleyant [gule'ijã], französisch für die Geschmacksbezeichnung süffig.

Goumenissa, griechisches Anbaugebiet der Region Makedonien (Mazedonien), das nördlich von →Naoussa liegt und milderes Klima aufweist; auf etwa 180 ha Rebfläche stehen die Rotwein-Rebsorten →Xynómavro und Negóska. Die nur hier kultivierte Negóska muss zu mindestens 20 % in den Ver-

Goulburn Valley. Das Weingut Mitchelton im Goulburn Valley bewirtschaftet riesige Weinbergsflächen, die mit Sprinkleranlagen bewässert werden.

schnitt eingehen.

goût [gu], französisch für Geschmack.

goût de bouchon [gudbu'ʃɔ̃], französisch für Korkschmecker.

Governoverfahren [zu italien. governo »Leitung«, »Steuerung«], traditionelle Methode der Rotweinbereitung v. a. in Mittelitalien, bei der dem fertig vergorenen Wein teilgetrocknete Trauben zugegeben werden, deren Zucker eine erneute Gärung auslöst. Der fertige Wein enthält dadurch mehr Alkohol, aber auch Kohlensäure, die ihm Frische verleiht. Bis vor wenigen Jahrzehnten wurde auch →Chianti nach dieser Methode hergestellt.

Graben, eine der besten Weinbergslagen des deutschen Anbaugebiets Mosel-Saar-Ruwer, Bereich Bernkastel; die besten Parzellen sind hinsichtlich der Böden und der Ausrichtung mit der Nachbarlage →Doctor vergleichbar. Allerdings gilt der Bernkasteler Graben in Bezug auf sein Qualitätspotenzial als relativ uneinheitlich. Ein Großteil der Rieslingreben ist noch als Direktträger an Einzelstöcken erzogen.

Graciano [grʌ'θiano], **Graciana,** Rotwein-Rebsorte, die im spanischen Anbaugebiet →Rioja I) zu Hause ist; man vermutet, dass sie vor der Reblauskatastrophe zu den wichtigsten Sorten des Ebrotals zählte. Die

Sorte gilt als empfindlich, neigt zum Verrieseln und bringt keine hohen Erträge. Ihre großen Vorzüge liegen in der markanten Säure, der dichten, stabilen Farbe und den festen Tanninen. Aus diesem Grunde gilt sie auch als wichtiger Verschnittbestandteil des klassischen Rioja. Nach einer Renaissance in den letzten Jahren steht Graciano wieder auf etwa 1000 ha Rebfläche.

Gradation, →Alkoholgehalt.

gradevole, italienisch für die Geschmacksbezeichnung angenehm, harmonisch.

Grad KMW, eine Maßeinheit für das →Mostgewicht; Einheitenzeichen °KMW.

Grad Oechsle, Oechslegrad, eine Maßeinheit für das →Mostgewicht; Einheitenzeichen °Oe.

Gräfenberg, sehr gute Weinbergslage der Gemeinde Kiedrich im deutschen Anbaugebiet Rheingau; auf den nach Südwesten geneigten Phyllitböden wächst in Höhenlagen zwischen 120 und 180 m ü. M. fast ausschließlich die Weißwein-Rebsorte Riesling, aus der mit großer Regelmäßigkeit edelsüße Weine erzeugt werden können. Sie gehören zu den besten Deutschlands.

grain noble [grɛ̃ nɔbl, französ. »edle Beere«], französisch für edelsüßer Wein; die Bezeichnung ist v. a. im französischen Elsass (→Sélection de grains nobles) und im Schweizer Wallis verbreitet. Das Recht zum Führen der Bezeichnung grain noble haben im Wallis ausschließlich die Unterzeichner der Qualitätscharta »Grain noble confidentiel«. Ihre Weine müssen aus mindestens 15 Jahre alten Rebanlagen stammen und zwölf Monate im Fass ausgebaut sein, Anreicherung ist nicht gestattet.

Grampians ['græmpɪəns], GI-Herkunftsbezeichnung für Weine aus dem Westen des australischen Bundesstaats Victoria; das Anbaugebiet etwa 200 km westlich der Hauptstadt Melbourne umfasst gut 650 ha (2000) Rebfläche. Kultiviert werden v. a. Rotwein-Rebsorten, allen voran Syrah (Shiraz), gefolgt von Cabernet Sauvignon. Bei den Weißwein-Rebsorten dominieren Chardonnay, Riesling und Sauvignon blanc.

Grand Cru [grã kry, französ., »großes Gewächs«], eine Qualitätsstufe der Appellationshierarchie in Frankreich (→Cru).

Grands Échezaux [grãzeʃ'zo:], Nachbarappellation von →Échezaux.

Grand Vin [grã vɛ̃, französ., »großer Wein«], Haupt- oder Erstwein eines Weinguts; v. a. in Weingütern des Bordeauxgebiets zur Unterscheidung vom →Zweitwein gebräuchliche Bezeichnung.

Grange [greɪndʒ; engl.], ursprünglich **Grange Hermitage** [nach der Rhône-Appellation »Hermitage«], bekanntester Rotwein Australiens und einer der renommiertesten

Graubünden. Die Gemeinde Malans in Graubünden. Hier wird überwiegend Rotwein aus Spätburgunder erzeugt.

sprache für Aromakomponenten, die gelegentlich sortentypisch sind wie beispielsweise bei Weinen aus Sauvignon blanc bestimmter Anbaugebiete, meist aber auf unreifes oder zu stark ausgepresstes Traubengut zurückzuführen sind.

Grassnitzberg, Großlage des österreichischen Anbaugebiets Südsteiermark, Gemeinde Spielfeld, und eine der seltenen Großlagenbezeichnungen, die sich auch im Bereich qualitativ hochwertiger Weine durchsetzen konnten; zu ihr gehört auch die Einzellage →Hochgrassnitzberg, die als einzige im Bereich des Grassnitzbergs eigenständiges Renommee besitzt.

Die Böden bestehen aus Meeeresand auf sandig-lehmigen marinen Ablagerungen und Muschelkalk, die als Gamlitzer Schlier bekannt sind. Vor allem in den begünstigten, windgeschützten kleinen Talkesseln herrscht ungewöhnlich warmes Mikroklima. Kultiviert werden fast alle in der Südsteiermark verbreiteten Weißwein-Rebsorten; die besten Resultate bringen Sauvignon blanc, Morillon bzw. Chardonnay und Weißburgunder.

grasso, italienisch für die Geschmacksbezeichnung dicht und schmelzig, fett.

Graubünden, Weinbaukanton der →Ostschweiz mit etwa 410 ha (2002) Rebfläche, dessen bedeutendstes Anbaugebiet die so genannte →Bündner Herrschaft ist.

Grauburgunder, Grauer Burgunder, Ruländer, französ. **Pinot gris** [pi'no gri], italien. **Pinot grigio** [pi'no gridʒo], ungar. **Szürkebarát** ['syrkə|bʊrʌt], weiße →Burgundersorte, die im Elsass auch **Tokay d'Alsace** genannt wird; sie ist wahrscheinlich durch eine spontane Mutation des Spätburgunders entstanden und wurde bereits im 14. Jh. im Burgund kultiviert.

Zisterziensermönche verbreiteten sie schon früh in den mitteleuropäischen Weinbauländern, der Legende nach wurde die Sorte

Grauburgunder. Die Weißwein-Rebsorte Grauburgunder alias Pinot gris oder Pinot grigio hat bei Vollreife tiefdunkle Beeren.

der Welt; der von Max Schubert in den 1950er-Jahren entwickelte Wein aus Syrah (Shiraz) mit kleineren Anteilen Cabernet Sauvignon, der ursprünglich von den Weinbergen in Magill, einem Vorort von Südaustraliens Hauptstadt Adelaide kam, seit einigen Jahrzehnten aber zum Großteil aus Trauben sehr alter Reben des Barossa Valley erzeugt wird, erregte zum ersten Mal in den 1970er-Jahren Aufsehen, als er bei einer Vergleichsverkostung in Frankreich europäische Spitzenweine schlug. Grange gilt als einer der wenigen →Kultweine der Welt.

Gran Reserva, höchste Qualitätsstufe für D. O.- und D. O. Ca.-Weine Spaniens; rote Gran-Reserva-Weine werden in besonders guten Jahrgängen erzeugt und müssen vor der Vermarktung mindestens fünf Jahre lang reifen, davon 24 Monate im Barrique, die restliche Zeit in der Flasche. Für die sehr seltenen Weißweine und Rosés dieser Qualitätsstufe sind sechs Monate Barrique- und 42 Monate Flaschenlager vorgeschrieben.

Grappa, italienisch für →Tresterbrand.

grappolo, italienisch für Traube, Traubenstand.

gras [gra], französisch für die Geschmacksbezeichnung dicht und schmelzig, fett.

Graševina, kroatisch für →Welschriesling.

grasig, an Gras, grüne Pflanzenteile oder unreifes Obst erinnernd; Begriff der Weinan-

aber erst 1711 von einem Speyerer Kaufmann namens Ruland nach Deutschland eingeführt. Grauburgunder wird in Frankreich auf fast 1900 ha (1999), in Deutschland auf 3100 ha (2002) sowie in Österreich, der Schweiz, Norditalien und Osteuropa (Rumänien, 2900 ha und Ungarn, 500 ha) kultiviert. In der Neuen Welt konnte er v. a. in Argentinien, in geringerem Umfang auch in Südafrika Fuß fassen. Weltweit belegt die Sorte geschätzte 15000 ha Rebfläche.

■ **Eigenschaften:** Grauburgunder ist anspruchsvoll hinsichtlich der Böden und bevorzugt warme Hanglagen mit ausreichender Wasserversorgung. Die rot gefärbten Trauben können extrakt- und alkoholreiche, dichte und würzige Weine hervorbringen, die in der Nase den Duft von Mandeln und Honig und am Gaumen milde Säure zeigen.

grauer Bruch, ein →Weinfehler.

Graufäule, Grauschimmel, →Botrytis.

Grauvernatsch, eine Variante der Rebsorte Vernatsch (→Trollinger).

Grave del Friuli, Friuli Grave [zu italien. grava, »große Schotterebene ohne Vegetation«], DOC-Herkunftsbezeichnung der nordostitalienischen Region Friaul-Julisch Venetien; das Gebiet in den weiten Ebenen links und rechts des Flusses Tagliamento umfasst etwa 6700 ha Rebfläche, die sehr großflächig angelegt sind und überwiegend maschinell bearbeitet werden. Die meistkultivierte Rebsorte ist Merlot mit fast einem Drittel der Gesamtfläche, dahinter folgen Grauburgunder (Pinot grigio), Tocai friulano und Chardonnay.

Graves [gra:v, französ. zu graveleux »kiesig«], A. C.-Herkunftsbezeichnung des französischen Bordeauxgebiets für Weiß-, Rot- und Süßweine aus dem Gebiet zwischen Bordeaux und Langon; der Name Graves bezeichnet über das A. C.-Gebiet hinaus den gesamten Weinbaubereich links der Garonne, zu dem auch Appellationen wie Pessac-Léognan, Sauternes, Barsac etc. gehören.

Das eigentliche Anbaugebiet Graves umfasst gut 4600 ha (2002) Rebfläche, von denen etwas weniger als ein Drittel mit weißen, der Rest mit roten Sorten bestockt ist. Weißer Graves wird aus Sémillon, Sauvignon blanc und Muscadelle verschnitten und in der Regel im Barrique vergoren, roter im klassischen →Bordeauxverschnitt gekeltert. Die Süßweine des Gravesgebiets werden unter der Bezeichnung **Graves Supérieur** vermarktet.

Durch das Abtrennen der Appellation Pessac-Léognan im Jahre 1987, deren Anbaugebiet die berühmtesten der einstigen Graves-Weingüter wie etwa Château Haut-Brion zugeschlagen wurden, verlor die Herkunftsbezeichnung viel von ihrem einstigen Renommee. Trotz der mengenmäßig geringeren Bedeutung genießen heute die Weißweine aus Graves größere Beachtung als die roten.

Grenache. Australien bringt einige der schönsten Weine aus der Rotwein-Rebsorte Grenache hervor.

Graves de Vayres [gra:v də vɛr], A. C.-Herkunftsbezeichnung für Weiß- und Rotweine aus einer Enklave innerhalb des Bereichs →Entre-deux-Mers im französischen Bordeauxgebiet; von den insgesamt knapp 600 ha Rebfläche sind drei Viertel mit den typischen Rotwein-Rebsorten von Bordeaux bestockt.

greaneln, österreichisch für grasig duften oder schmecken.

Great Southern [greɪt 'sʌðən], GI-Herkunftsbezeichnung (wine zone) für Weine von der Südküste Westaustraliens; das selbst für australische Verhältnisse ausgedehnte Anbaugebiet in der Umgebung der Städte Mount Barker, Denmark und Albany umfasst etwa 1720 ha (2000) Rebfläche, die zu fast zwei Dritteln mit Rotwein-Rebsorten – überwiegend Cabernet Sauvignon und Syrah (Shiraz) – bestockt ist. Bei den Weißwein-Rebsorten dominieren Chardonnay, Riesling und Sauvignon blanc. Die Weine werden meist unter den Herkunftsbezeichnungen der eigenständigen Anbaugebiete Albany, Denmark, →Frankland River, →Mount Barker und Porongurup vermarktet.

Grecanico, Grecanico dorato, Weißwein-Rebsorte Siziliens, die auf etwa 4500 ha (1997) kultiviert wird; die Sorte besitzt das Potenzial für hochwertige, fruchtige Weine. Unter den DOC-Bezeichnungen Alcamo, Contessa Entellina, Contea di Sclafani, Menfi, Sambuca di Sicilia und Santa Margherita di Belice wird Grecanico reinsortig oder als Bestandteil eines Weißweinverschnitts vermarktet.

Grechetto [gre'ketto], italienische Weißwein-Rebsorte, die in Mittelitalien auf etwa 800 ha (1999) Rebfläche kultiviert wird; die Sorte ist vermutlich griechischen Ursprungs, über eine eventuelle Verwandtschaft zu →Greco gibt es keine schlüssigen Hinweise. Grechetto ist u. a. Bestandteil der DOC-Weine Bianco di Pitigliano, Colli del Trasimeno, Colli Perugini und Orvieto (bzw. Orvieto Classico).

Greco, Gruppe von Weiß- und Rotwein-Rebsorten Mittel- und Süditaliens; die wichtigste Sorte der Gruppe ist Greco bianco, daneben gibt es u. a. einen Greco bianco degli Abruzzi, den Greco bianco di Novara, der in der Region Piemont auf etwa 900 ha (1999) Rebfläche kultiviert wird, und sogar einen roten Greco nero, der in Italien auf mehr als 3000 ha (1999) und in Argentinien auf fast 800 ha steht. Über eine Verwandtschaft der einzelnen Sorten der Greco-Gruppe untereinander ist nichts Genaues bekannt.

Zahlreiche weitere Rebsorten werden in Italien gemeinsprachlich als Greco bezeichnet, darunter Aleatico, Verdicchio und andere. Die wichtigsten DOC-Weine auf der Basis von Greco bianco sind **Greco di Tufo** aus Kampanien, der kalabrische **Greco di Bianco,** Fiano di Avellino (→Fiano) und →Frascati.

Greiner, sanfte Hanglage im österreichischen Anbaugebiet Neusiedlersee-Hügelland, Gemeinde Rust; die nach Ost-Südosten ausgerichteten, leichten Gneisverwitterungsböden mit lehmigem Sand eignen sich aufgrund ihrer Nähe zum Wasserspiegel des Neusiedlersees v.a. für die Produktion von Weinen der Qualitätsstufe Ausbruch.

Grenache, eigentlich **Grenache noir** [grə'nʌʃ (nwar)], span. **Garnacha, Garnacha tinta** [gar'natʃa], italien. z.T. **Cannonau, Cannonao, Cannonadu, Cannonatu, Alicante,** Rotwein-Rebsorte, die v.a. im westlichen Mittelmeerraum, in Kalifornien und Australien kultiviert wird, weltweit etwa 240 000 ha (1999) Rebfläche belegt und damit an zweiter Stelle der meistkultivierten Rebsorten steht.

Die ursprünglich aus der spanischen Provinz Aragón stammende, oft im Gobelet erzogene, ertragreiche Sorte ergibt nicht allzu farbintensive, aber alkoholbetonte Weine, die als oxidationsanfällig gelten. Oft wird Grenache deshalb mit anderen Sorten verschnitten. In alten Rebanlagen, deren Erträge niedrig gehalten werden, bringt die Sorte aber auch reinsortig volle, dichte und würzige Weine hervor, wie beispielsweise im spanischen Anbaugebiet Priorat, im französischen Châteauneuf-du-Pape oder in einigen Gegenden Australiens.

In Italien ist Grenache auf der Insel Sardinien unter den Synonymen Cannonau (Cannonao, Cannonadu, Cannonatu) bekannt, während in der Maremma toscana, wo die Sorte erlaubter Bestandteil des Morellino di Scansano ist, Alicante genannt wird.

Der besonders in Spanien weit verbreitete **Grenache teinturier** (Garnacha Tintorera) ist eine Variante, die häufig als Decksorte (→Deckwein) Verwendung findet. **Grenache blanc** ist eine weiße Variante des Grenache, die weltweit auf 15 000 ha (1999) Rebfläche kultiviert wird, deren Verbreitung aber rückgängig ist.

Griechenland, südosteuropäisches Weinbauland mit einer der ältesten Weinkulturen der Welt; Griechenland besitzt etwa 130 000 ha (2001, 1990: 150 000 ha) Rebfläche, von der allerdings etwa die Hälfte der Erzeugung von Tafeltrauben gewidmet ist. Mit dieser Rebfläche steht das Land an 13., mit seiner Weinproduktion von 3,5–3,6 Mio. hl an zwölfter Stelle der weinproduzierenden Nationen. Im Weltweinhandel spielt Griechenland nur eine untergeordnete Rolle, allerdings steht es auf dem deutschen Markt an achter Stelle der Lieferländer. Der jährliche Weinkonsum liegt mit 25,2 l/Kopf (2000) etwa auf dem Niveau des deutschen.

■ **Klima und Böden:** Aufgrund seiner geographischen Lage gehört Griechenland zu den heißeren Weinbauländern des Mittelmeerraums mit kurzen, milden Wintern und sehr heißen Sommern. Allerdings ist ein Großteil der Weinberge in Meeresnähe angelegt, wo kühlende Winde für ein moderateres Klima sorgen, oder sie ziehen sich bis in Höhen von über 1000 m ü.M., wo es ausgesprochen kalt sein kann und sogar Frostgefahr besteht.

Griechenland. Traditionelle Weinbergsarbeit im Gebiet von Rapsani in Griechenland – die griechische Weinwirtschaft hat erst gegen Ende des 20. Jahrhunderts den Anschluss an die Entwicklung in Europa und der Neuen Welt geschafft.

Bei sehr geringen Niederschlagsmengen stellt die Wasserversorgung eines der größten Probleme des Weinbaus dar, und nicht selten findet man noch sehr archaische Buscherziehung, bei der die Ranken auf dem Boden liegen, anstatt in die Höhe erzogen zu sein. Moderne griechische Weinberge werden allerdings fast ausnahmslos in Spaliererziehung angelegt. Die Böden der meisten Anbaugebiete sind nicht sehr fruchtbar. Auf den Inseln dominieren vulkanische Formationen, auf dem Festland findet man Kalkstein mit Lehm-, Schiefer- und Mergelauflagen.

■ **Rebsorten und Weintypen:** Griechenland besitzt über 300 verschiedene, vorwiegend einheimische Rebsorten, aus denen zu 60 % Weißwein und zu 40 % Rotwein erzeugt werden. Die wichtigsten Weißwein-Rebsorten sind Assyrtiko, Athiri, Debina, Malagousiam, Moscato, Moscofilero, Robola, Roditis, Savatiano und Vilana, die roten Sorten heißen Agiorgitiko, Kotsifali, Krasato, Limnio, Mandilari, →Mavrodaphne und →Xynómavro. Hinzu kommen in jüngerer Zeit verstärkt internationale Sorten wie Cabernet Sauvignon, Merlot oder Chardonnay.

Der Großteil der Produktion besteht aus rustikalen, einfachen Weinen für den Binnenmarkt. Erst im letzten Jahrzehnt des 20. Jahrhunderts konnten griechische Weine auf den Auslandsmärkten in qualitativer Hinsicht überzeugen. Der bekannteste Weintyp Griechenlands ist →Retsina, beliebt sind auch die verschiedenen Muskateller-Varianten der Inseln Samos, Rhodos oder Lemnos sowie von der Halbinsel Peloponnes. Sie werden als Likörwein bzw. →Vin Doux Naturel ausgebaut, auf Samos auch als eine Art Strohwein, wobei die Trauben an der Sonne getrocknet werden.

Griechenlands
Weinbauflächen

■ **Anbaugebiete und Weingesetz:** Griechenland kennt seit 1971 kontrollierte Herkunftsbezeichnungen. Derzeit gibt es 19 Qualitätsweine (Onomasía Proléfseos Anotéras Piótitos, Abk. **O. P. A. P.**), sechs Qualitätslikörweine (Onomasía Proléfseos Elegchomeni, Abk. **O. P. E.**), zu denen die Muskateller gehören, 29 Landweine (Topikos Oinos) und die Kategorie der Tafelweine (Epitrapezeos Oinos). Für Weine, die im Holzfass ausgebaut wurden, sind die Bezeichnungen Réserve und Grande Réserve vorgesehen.

Die wichtigsten Anbaugebiete sind Epirus und Ionische Inseln im Nordwesten (O. P. A. P.-Weine Zitsa, Zakinthos, Zephalonia und Korfu), die Peloponnes-Halbinsel im Südwesten (O. P. A. P.-Weine →Nemea, Mantinia und →Patras), Makedonien (Mazedonien) im Norden (O. P. A. P.-Weine →Naoussa, →Goumenissa, Amindeo und Meliton), Thessalien im Zentrum (O. P. A. P.-Weine Rapsani, Anchialos und Mesenikola), Attika

im Südosten des Festlands, die →Ägäischen Inseln (O. P. A. P.-Weine →Santorin, Paros, →Lemnos, →Rhodos und →Samos) und schließlich Kreta (O. P. A. P.-Weine Archanes, Daphne, Peza und Sitia).

■ **Geschichte:** Bereits im 2. Jahrtausend v. Chr. wurden in Griechenland Reben kultiviert. Das Land gilt als Einfalltor der Weinrebe nach Europa. Aus der Blütezeit der minoischen Kultur Kretas sind Funde von Trauben und Pressen gesichert. Wahrscheinlich übernahmen die Griechen die Kunst der Weinbereitung aus Mesopotamien und Ägypten. In der Zeit der mykenischen Kultur (1600–1150 v. Chr.) spielte Wein bereits eine bedeutende Rolle im wirtschaftlichen und sozialen Leben. In der klassischen Zeit (etwa 500–336 v. Chr.) wurde fast im gesamten Land Weinbau getrieben. Beliebt waren v. a. mit Honig, Harz oder Aromastoffen versetzte Weine, die fast ausschließlich verdünnt getrunken wurden; unverdünnte Weine zu trinken galt als barbarisch. Mithilfe ihrer Kolonien in Sizilien und Südfrankreich sowie ihrer Handelsbeziehungen mit den Etruskern Mittelitaliens sorgten die Griechen für die weitere Ausbreitung der Weinrebe.

Grignolino [griɲɔ'lino], Rotwein-Rebsorte der norditalienischen Region Piemont, die auf insgesamt 1350 ha Rebfläche kultiviert wird; aus ihr werden helle, leichte Weine mit ausgeprägten Frucht- und Muskataromen gekeltert, die unter den DOC-Herkunftsbezeichnungen **Grignolino d'Asti** und **Grignolino del Monferrato Casalese** vermarktet werden.

Grillet [gri'jɛ], **Château G.,** kleines A. C.-Herkunftsgebiet für Weißweine im Bereich der Appellation →Condrieu mit nur 3,85 ha Rebfläche; die Weine des →Monopols werden wie Condrieu reinsortig aus Viognier gekeltert. Die Einstufung von Château Grillet als eigenständige Appellation ist umstritten, der einst legendäre Ruf der Weine verblasst.

Grillo, Weißwein-Rebsorte der italienischen Region Sizilien, die auf etwa 2200 ha (1997) Rebfläche kultiviert und v. a. für die Produktion von →Marsala verwendet wird.

Griotte-Chambertin [grɪ'ɔtʃãbər'tɛ̃], Grand-Cru-Appellation der Gemeinde Gevrey-Chambertin (→Chambertin).

grobschlächtig, ohne Finesse; Begriff der Weinansprache für den Duft oder den Geschmack von Weinen, in denen →rustikale Noten dominieren.

Grobschmeckender, Grobschmeckerter, österreichisch für Weißen Muskateller (→Muskateller).

Grolleau, Groslot [grɔ'lo, zu altfranzös. grolle »schwarzer Rabe«], Rotwein-Rebsorte, die auf etwa 4000 ha Rebfläche im französischen Loiretal kultiviert wird; die Sorte ergibt helle, sehr einfache Alltagsweine, wird aber zunehmend von Gamay und Cabernet franc verdrängt.

Groppello, alte Rotwein-Rebsorte von regionaler Bedeutung v.a. in der norditalienischen Region Lombardei; häufig wird zwischen den Varianten Groppello gentile (Groppello comune), Groppello di Mocasina und Groppello di Santo Stefano unterschieden.

Über ihre Verwandtschaft untereinander – vielleicht sogar ihre Identität – gibt es jedoch ebenso wenig gesicherte Erkenntnisse wie über das Verhältnis zur Weißwein-Rebsorte Groppello bianco. Sämtliche roten Groppello-Varianten sind in der lombardischen Provinz Brescia zu Hause, die weiße in der Provinz Treviso (Venetien). Darüber hinaus wird Groppello gentile auch in der Provinz Vicenza (Venetien) sowie der Toskana und Groppello di Santo Stefano in der Toskana kultiviert. Insgesamt belegen die verschiedenen Varianten wenig mehr als 500 ha Rebfläche.

Gros Manseng [gro mã'sɛ̃], Spielart der Weißwein-Rebsorte →Manseng.

Gros Plant, →Folle blanche.

Gros Rhin, (west-)schweizerisch für →Silvaner.

Großbritannien, Weinbauland an der nördlichen Weinbaugrenze Europas; von etwa 800 ha Rebfläche in **England** und Wales werden wenig mehr als 4 Mio. Flaschen Wein im Jahr erzeugt. Der Pro-Kopf-Verbrauch der Briten von 15,5 l/Jahr (2000, 1990: 11,6 l) wird fast vollständig durch Importware gedeckt; Großbritannien ist nach Deutschland der zweitgrößte Weinimporteur der Welt.

Ermöglicht wird der Weinbau v.a. durch den Einfluss des Golfstroms, wobei sowohl das Klima als auch die kalkhaltigen Böden der britischen Anbaugebiete denen der französischen Champagne ähneln. Die größten Rebflächen liegen in den Grafschaften Surrey, Sussex, Hampshire und im Südwesten (Kent).

■ **Bezeichnungen und Sorten:** Weine aus Trauben britischer Weinberge werden unter den Bezeichnungen English Wine oder Welsh Wine vermarktet; sie müssen aus Viniferasorten gekeltert sein, um als Qualitätswein zu gelten. Unter der Bezeichnung British Wine wird dagegen Wein aus importiertem Mostkonzentrat angeboten. Kultiviert werden überwiegend Weißwein-Rebsorten, allen voran Müller-Thurgau, gefolgt von Bacchus, Morio-Muskat, Silvaner und Hybriden.

■ **Geschichte:** Bereits unter römischer Herrschaft wurden in Südengland Weinreben kultiviert. Mit der Auflösung der katholischen Klöster im Jahre 1530 verfielen die meisten der noch existierenden Weinberge. Erst in den 1950er-Jahren kam es zu einer zaghaften Renaissance des Weinbaus.

Großer Ring, eigentlich **Grosser Ring-VDP Mosel-Saar-Ruwer e. V.,** 1908 als Trierer Verein von Weingutsbesitzern der Mosel-Saar-Ruwer e. V. gegründete Organisation von Naturwein-Versteigerern des heutigen deutschen Anbaugebiets Mosel-Saar-Ruwer; Mitglied konnte nur werden, wer über ausgewiesene Spitzenlagen verfügte. Der Große Ring veranstaltet jährlich eine der bedeutendsten →Auktionen der Weinwelt.

Großes Gewächs, →Erstes Gewächs.

grossier [grɔ'sje], französisch für die Geschmacksbeschreibung grobschlächtig, ohne Finesse.

Großlage, eine Art der →Lage.

grossolano, italienisch für die Geschmacksbeschreibung grobschlächtig, ohne Finesse.

Großvernatsch, eine Variante der Rebsorte Vernatsch (→Trollinger).

grün, unreif, grasig oder spitz; Begriff der Weinansprache für das Aroma und den Geschmack von Weinen aus nicht vollständig ausgereiften Trauben mit grasigen Aromen, unreifen Säuren oder bitteren Tanninen.

Grundwein, fertig vergorener Wein, aus dem in einer zweiten Gärung Schaumwein erzeugt wird. Gelegentlich wird die Bezeichnung auch für die einzelnen Komponenten von →Verschnitten benutzt.

Grüner, →Grüner Veltliner.

Grüner Silvaner, Grüner Sylvaner, →Silvaner.

Grüner Veltliner, Grüner, Weißgipfler, Weißwein-Rebsorte, die in Österreich und seinen Nachbarländern Ungarn, Slowakei und Tschechien kultiviert wird; in Österreich steht die Sorte auf rund 17 500 ha (2002), d.h. 36% der Gesamtrebfläche, in Niederösterreich liegt ihr Anteil noch deutlich höher.

Die sehr fruchtbare Sorte liefert verlässliche Erträge und gedeiht am besten auf Löss- oder Verwitterungsböden. Die Bandbreite der

Grillet. Château Grillet im Bereich der nördlichen Côtes-du-Rhône ist eines der kleinsten eigenständigen A. C.-Anbaugebiete Frankreichs.

Grüner Veltliner ist Österreichs wichtigste Rebsorte.

GRÜNER VELTLINER. *Besser als weißer Burgunder?*

Die Geschichte des Grünen Veltliner liest sich wie das Märchen vom Aschenputtel. Einst als blasse, anspruchs- und ausdruckslose Alltagssorte geschmäht, hat er in den 1990er-Jahren die Titelseiten der Weinmagazine in aller Welt erobert. Nicht zu Unrecht, wie jeder bestätigen kann, der die besten Weine aus der Rebsorte verkosten konnte. Vom Erfolg beflügelt, wollen die österreichischen Erzeuger und Fachmedien seit einigen Jahren nun offenbar der Welt beweisen, dass ihr Grüner Veltliner sogar besser ist als die sündhaft teuren weißen Grand-Cru-Weine aus dem französischen Burgund.

In aufwendigen Vergleichsproben werden deshalb immer wieder Veltliner und Burgunder nebeneinander und gegeneinander verkostet. Dabei muss es allerdings fragwürdig scheinen, Weine, deren wichtigste Attribute Saft, Schmelz und Frucht sind, mit solchen zu vergleichen, die sich – im besten Falle – durch Struktur und Mineralität auszeichnen. Es ist ein wenig, als wolle man die Bibel und Marxens »Das Kapital« gegeneinander antreten lassen, um herauszufinden, welches das bessere Buch ist.

Weine reicht von leichten, spritzigen Produkten, wie man sie v.a. in Straußwirtschaften (Heurigenlokalen) findet, bis hin zu körperreichen, alterungsfähigen Gewächsen. Gemeinsam ist den Weinen eine pfeffrige Würze, die bei höheren Prädikaten durch rauchig-mineralische Noten oder reife Fruchtaromen überlagert werden kann.

Die genaue Herkunft der Sorte ist nicht bekannt, unter den Elternsorten wird jedoch Traminer vermutet. Die ältesten urkundlichen Erwähnungen des Grünen Veltliners stammen aus dem 18. Jh., in Österreich verbreitete er sich jedoch erst nach dem Zweiten Weltkrieg, begünstigt durch seine Eignung für die Hochkultur (→ Erziehungsformen).

Grüner Zierfandl, →Silvaner.

Grünschnitt, der Arbeitsvorgang des →Ausdünnens.

Gumpoldskirchen, alter Name des heutigen österreichischen Anbaugebiets →Thermenregion; die Stadt, die dem Gebiet vor 1985

Gutedel wird in Deutschland fast ausschließlich im Markgräfler Land kultiviert. In der Schweiz ist er dagegen die meistverbreitete Rebsorte.

seinen Namen gab, ist nach wie vor eines seiner bedeutendsten Weinbauzentren.

GUS, Abk. für →Gemeinschaft unabhängiger Staaten.

gusto, italienisch für Geschmack.

gusto a corcho [- ˈkɔrtʃo], spanisch für Korkschmecker.

gusto di tappo, italienisch für Korkschmecker.

Gutedel, Weißer Gutedel, Gelber Moster, französ. **Chasselas** [ʃasˈla], Weißwein-Rebsorte, die weltweit auf etwa 35000 ha (1999) Rebfläche kultiviert wird; Gutedel hat große, süße Beeren und eignet sich auch als Tafeltraube. Die Weine sind hell, relativ neutral im Aroma, mild und leicht am Gaumen, sie nehmen auf guten Lagen deutlichen Terroircharakter an.

Die wichtigsten Weinbauländer, in denen Gutedel kultiviert wird, sind Rumänien (13000 ha), Ungarn (6000 ha), die Schweiz (5600 ha), Frankreich (4000 ha) und Deutschland (1200 ha, 2000), wo die Verbreitung allerdings rückläufig ist. Interessante Gutedelweine kommen aus dem deutschen Markgräfler Land, dem Schweizer Waadtland sowie aus dem Wallis, wo die Weine Fendant genannt werden. Gutedel gilt als eine der ältesten Rebsorten der Welt und wurde vermutlich bereits vor 5000 Jahren in Ägypten kultiviert.

Gutsabfüllung, eine Erzeugerabfüllung (→Erzeuger), wobei der abfüllende Betrieb, in der Schweiz als **Selbstkelterer** (Vigneron-encaveur) bezeichnet, von einem ausgebildeten Önologen geleitet werden, eine eigene Steuerbuchhaltung führen und seine Weinberge selbst bewirtschaften muss; ausgeschlossen sind dadurch Genossenschaften, obwohl sie nach dem Weingesetz als Erzeuger gelten.

Guyot [gɥiˈjo], eine Art der Reberziehung mit spezifischem →Rebschnitt.

Gyropalette, Stahlgitterbox zum Rütteln von Schaumweinen.

ha, Einheitenzeichen für →Hektar.

Hades, 1986 als »Studiengruppe Neues Eichenfass« gegründeter Zusammenschluss von fünf Weinbaubetrieben des deutschen Anbaugebiets Württemberg; der später gewählte Name setzt sich aus den Initialen der Mitgliedsbetriebe zusammen. Ziel der Vereinigung war es, dem in Deutschland verpönten Barrique – lange Zeit wurden die typischen Holzaromen barriquegereifter Weine von der Weinkontrolle als Weinfehler moniert – zum Durchbruch zu verhelfen. Die Studien wurden von der Weinbauschule Weinsberg wissenschaftlich begleitet. Das Hades-Siegel dürfen jeweils nur die besten Weine guter Jahrgänge tragen; die Entscheidung darüber wird im Rahmen einer sensorischen Prüfung durch die Mitglieder gefällt.

HANDELSMARKEN: DIE WICHTIGSTEN WEINMARKEN IM DEUTSCHEN LEBENSMITTELEINZELHANDEL	
Marke	**Verkaufte Flaschen**
Amselkeller	8 989 000
Blanchet	6 562 000
Himmlisches Tröpfchen weiß	5 717 000
Erben Spätlese	4 746 000
Bongeronde	4 550 000
Medinet rot	4 297 000
Viala rot	3 138 000
Edler vom Mornag rot	3 049 000
Le Filou rouge	2 969 000
J. P. Chenet rouge	2 848 000

Quelle: LZ/GFK, Stand: 2000

Hahn, eine der besten Lagen des deutschen Anbaugebiets Mittelrhein, Gemeinde Bacharach; die insgesamt 5 ha große, nach Süden und Südosten ausgerichtete Steillage mit einer Hangneigung von bis zu 65 % liegt nördlich des Ortes und zieht sich vom Rhein aus in ein Seitental hinein. Auf hartem Hunsrück- bzw. Devonschiefer wächst ausgezeichneter, mineralisch-stahliger Riesling mit gutem Alterungspotenzial. Die wärmespeichernden Böden und die Nähe zum Wasserspiegel des Rheins verstärken den Effekt der Sonneneinstrahlung in die Steillage und sorgen für gute Reifebedingungen.

Halbbogen, eine Form der Fruchtrute beim →Rebschnitt.

Halbstück, ein Fasstyp (→Fass).

halbsüß, von deutlich wahrnehmbarer Süße geprägt; die nicht sehr häufig verwendete Geschmacksangabe bezieht sich auf Weine mit einem Restzuckergehalt, der über dem von halbtrockenen (max. 12 bzw. 18 g/l) und unter dem von süßen Weinen (mindestens 45 g/l) liegt.

halbtrocken, nicht ganz trocken, von leichter Restsüße geprägt; Geschmacksangabe für Weine mit einem Restzuckergehalt, der über dem von trockenen Weinen (max. 4 bzw. 9 g/l) liegt und höchstens 12 g/l beträgt. Der Restzuckergehalt kann bis auf 18 g/l steigen, wenn er nicht mehr als 10 g/l über dem Säuregehalt liegt. Halbtrockene Weine können bei entsprechend hohem Säuregehalt einen fast trockenen Geschmackseindruck hinterlassen, bei niedrigen Säurewerten schmecken sie teilweise deutlich süß. Bei Schaumweinen gilt die Bezeichnung halbtrocken (demi sec, medium dry) für Produkte mit einem Restzuckergehalt zwischen 33 und 50 g/l.

Hallebühl, die beste Weinbergslage der Gemeinde Frauenkirchen im österreichischen Anbaugebiet Neusiedlersee; die kiesigen und sandigen, warmen, aber dennoch nicht zu trockenen Böden sind sehr mineralreich und eignen sich besonders für Rotwein-Rebsorten, insbesondere Spätburgunder (Blauburgunder).

Haltbarkeit, Zeitspanne, während der Wein genießbar ist, gemeinsprachlich oft für Alterungsfähigkeit (→altern) verwendet; im Unterschied zu Alterungsfähigkeit umfasst die Haltbarkeit allerdings nicht nur die positive geschmackliche Entwicklung des Weins, sondern auch die Phase, in der er geschmacklich abbaut, aber noch genießbar ist.

Auch bei angebrochenen Flaschen ist die Haltbarkeit von Bedeutung. Ein guter Wein sollte unter optimalen Bedingungen mehrere Tage genießbar bleiben.

Handelsmarke, Hausmarke, französ. **marque auxiliaire** [markɔksil'jɛr, zu französ. marque »Marke« und auxiliaire »Hilfs...«], ursprünglich v.a. in der französischen Champagne übliche Bezeichnungsform für Pro-

---

HALTBARKEIT. *Wohin mit der angebrochenen Flasche?*

Fast jeder, der zu Hause Wein trinkt, kennt die Frage: »Was tun mit Wein aus angebrochenen Flaschen?« Was früher nur bei wirklich guten Weinen möglich war, ist dank der Leistungen der Önologie kein Problem mehr: Moderne Weine können auch nach einem, ja sogar nach zwei oder mehr Tagen noch mit vollem Genuss getrunken werden. Allerdings sollte man die Flaschen verschließen und im Kühlschrank aufbewahren. In der kalten Umgebung verlangsamen sich sämtliche chemischen Prozesse, der Wein bleibt frisch und lebendig. Auch Rotweine gehören in den Kühlschrank, sollten dann allerdings einige Stunden vor dem Ausschenken auf Trinktemperatur gebracht werden. Wer ganz sicher gehen will, dass Weine aus geöffneten Flaschen keinem unerwünschten Sauerstoffeinfluss ausgesetzt sind, kann so genannte Vakuumstöpsel verwenden. Das sind Gummistöpsel mit einem Rückschlagventil durch die Flaschen mit einer kleinen Handpumpe luftleer gepumpt werden, und deren Ventil das Eindringen neuer Luft verhindert. Wenn offen aufbewahrte Weine nach einigen Tagen zu starke Ermüdungserscheinungen zeigen, kann man sie immer noch zum Kochen verwenden.

Hanglage. Die Grand-Cru-Lage Kitterlé bei Guebwiller ist eine der steilsten Lagen im Elsass. Sie bringt herrliche Rieslinge, Gewürztraminer und Grauburgunder hervor.

dukte, die nicht unter dem Namen des Erzeugers oder Abfüllers, sondern unter einer Eigenmarke des Handelsunternehmens (Wiederverkäufers) vertrieben werden. Der Abfüller und sein Firmensitz müssen auf jeden Fall auf dem Etikett genannt werden, tauchen aber meist nur in Form chiffrierter Abkürzungen auf wie beispielsweise »Abgefüllt für X.Y.Z. von A.B.C. in F – 44444«. Vor allem im Massenweinbereich und bei einfachen Schaumweinen sind Handelsmarken weit verbreitet.

Hanepoot, südafrikanischer Name für die Rebsorte Muskat Alexandrien (→Muskateller), der v.a. im Gebiet von Constantia in der Kapregion gebräuchlich ist.

Haut-Brion. Das berühmte Château Haut-Brion, einst vor den Toren von Bordeaux gegründet, liegt heute mitten im Stadtgebiet.

Hanglage, gemeinsprachlich Weinbergslage mit einer deutlichen Hangneigung; der Begriff Hanglage ist im deutschen Weingesetz nicht vorgesehen, es kennt nur Flachlagen – das sind sämtliche Lagen mit einer **Hangneigung** von weniger als 30 % – und →Steillagen. Das österreichische Weingesetz definiert Weinberge mit mehr als 16 und weniger als 26 % Gefälle als Hanglagen. Vor allem in küh-

leren Anbaugebieten wie den deutschen ist der Großteil der Rebflächen in Hanglagen zu finden, da Blätter und Trauben nur dort optimale Sonnenbestrahlung erhalten. Bei der Anlage von Weinbergen sind sowohl die Hangneigung (Inklination), die in Prozent angegeben wird, als auch die **Hangrichtung** (Exposition) zu beachten, die für die →Ausrichtung der Rebzeilen maßgeblich ist.

Haraszthy [ˈhɒrɒstj], Agoston, ungarischer Chemiker und Apotheker, *Pest (heute zu Budapest) 30. 8. 1812, † Nicaragua 6. 7. 1869; er gilt als Vater des kalifornischen Weinbaus.

Haraszthy wanderte 1840 in die USA aus. Nach einem kurzen Aufenthalt in Wisconsin ließ er sich 1849 in Kalifornien nieder, wo er erste Rebkulturen anlegte. 1857 erwarb er Land im Sonoma County, nannte das Gut Buena Vista und pflanzte auf etwa 10 ha Reben, was die damalige Rebfläche des Countys auf einen Schlag verdoppelte. 1861 bereiste Haraszthy im Auftrag des kalifornischen Parlaments Europa und brachte über 100 000 Setzlinge von 350 Rebsorten mit. Außerdem versuchte er, höhere Pflanzdichten einzuführen. Die Experimente waren allerdings nicht erfolgreich, da europäische Sorten nicht reblausresistent waren. 1868 reiste Haraszthy nach Nicaragua, um eine Zuckerplantage aufzubauen, und verschwand hier im Jahr darauf während eines Ausritts mit dem Maultier.

Harmonie, Balance, Gleichgewicht, Eigenschaft von Weinen, deren geschmackliche Qualitäten sich zu einem angenehmen Gesamtbild ergänzen und nicht in ihren negativen Aspekten verstärken; geschmackliche Harmonie herrscht z.B. dann, wenn die Geschmackspaare Süße-Säure und Süße-Bitterkeit ausbalanciert sind, wenn kräftige oder raue Tannine durch ausreichend Alkohol oder Glyzerin kompensiert werden und wenn hoher Alkoholgehalt durch eine gute Säure- oder Tanninstruktur gepuffert wird.

harmonisch, abgerundet, ausgeglichen, geschmacklich angenehm, ohne unangenehm hervorstechende Geschmackskomponenten (→Geschmack); Begriff der Weinansprache für Weine, die →Harmonie zeigen.

harsh [hɑːʃ], englisch für die Geschmacksbezeichnung übertrieben herb.

Hárslevelü [ˈhaːrʃləvəly], ungar., »Lindenblättriger«], alte ungarische Weißwein-Rebsorte, deren Name sich von ihrer lindenähnlichen Blattform ableitet; Hárslevelü wird in fast allen Anbaugebieten Ungarns, unter dem Synonym Lipovina auch in Tschechien und in der Slowakei kultiviert. Die Weine werden mit Ausnahme des Tokajers reinsortig ausgebaut. Besondere Popularität genießt der Debrői Hárslevelü aus dem Anbaugebiet →Eger.

hart, von übertrieben festem Geschmack; Begriff der Weinansprache für Weine mit sehr hohem Säure- oder Tanningehalt, der nicht durch ausreichend Alkohol, Glyzerin oder Restsüße gemildert wird.

Harz, eigentlich Baumharz, bei Verletzungen der Rinde aus dem Holz von Bäumen austretende, zähflüssig-klebrige Absonderung; Harz der Aleppokiefer wurde in der Antike zum Konservieren und Aromatisieren von Weinen benutzt. Die Amphoren wurden damit ausgestrichen oder der Wein mit einer Schicht aus Öl und Harz versiegelt. Zum Aromatisieren wurde es während der Gärung zugegeben; diese Technik wird im Falle des →Retsina bis in die heutige Zeit praktiziert.

Hasenberg, sehr gute Weinbergslage im Ostschweizer Anbaugebiet Aarau, Gemeinde Küttigen; auf kieshaltigen, nicht allzu tiefgründigen Juraböden wächst v. a. die Rotwein-Rebsorte Spätburgunder (Blauburgunder).

Hasensprung, eine der besten Lagen des deutschen Anbaugebiets Rheingau, Gemeinde Östrich-Winkel; die Berglage in einer Höhe von 120–160 m ü. M. ist nach Südwesten bis Südosten ausgerichtet. Auf tiefgründigen und humusreichen Lösslehmböden mit Schieferanteilen sowie flachgründigen Kiesböden mit tertiärem Meeressand wachsen einige der besten Rieslinge des opulenten, körperreichen und fruchtbetonten Typs.

Hauptlese, wichtigster Abschnitt der →Ernte.

Hausmarke, →Handelsmarke.

Haut-Brion ['oː briɔ̃], **Château H.-B.,** Spitzenweingut der Appellation Pessac-Léognan im französischen Bordeauxgebiet, das als Premier Grand Cru Classé eingestuft ist; die Weine werden in der Regel zu 45 % aus Cabernet Sauvignon, zu 37 % aus Merlot und zu 18 % aus Cabernet franc gekeltert. Der Zweitwein des Gutes heißt Bahans du Château Haut-Brion, ein Weißwein wird unter der Appellation Graves vermarktet.

Hautes Côtes de Beaune [oːt koːt də boːn], Regionalappellation für Weine von den Hügeln über der →Côte de Beaune.

Hautes Côtes de Nuits [oːt koːt də nyi], Regionalappellation für Weine von den Hügeln über der →Côte de Nuits.

Haut-Médoc [oː medɔk], A. C.-Herkunftsbezeichnung für Weine aus dem südlichen Teil des Bereichs Médoc im französischen Bordeauxgebiet; die Appellation umfasst insgesamt 4800 ha (2002) Rebfläche, auf denen die Rebsorte Cabernet Sauvignon dominiert. Unter der Bezeichnung Haut-Médoc werden einige ausgezeichnete Crus Classés und Crus Bourgeois vermarktet. Eingebettet in das Gebiet sind die prestigereichen Gemeindeappellationen Margaux, Listrac-Médoc, Moulis, Saint-Julien, Pauillac und Saint-Estèphe.

Hawke's Bay [hɔːks beɪ], Anbaugebiet im Zentrum der Nordinsel Neuseelands; das mit

Hawke's Bay. Das Weingut Te Mata im Anbaugebiet Hawke's Bay gilt als das älteste in Neuseeland.

über 3000 ha (2002) Rebfläche zweitgrößte Anbaugebiet des Landes weist eine große Bandbreite an Bodentypen auf und eignet sich für zahlreiche Rebsorten; die meistkultivierte Sorte ist Chardonnay, gefolgt von Cabernet Sauvignon, Merlot, Cabernet franc, Syrah und Spätburgunder (Pinot noir).

Heathcote ['hiːðkəʊt], GI-Herkunftsbezeichnung für Weine aus dem australischen Bundesstaat Victoria, die bis in die 1990er-Jahre zur Appellation Bendigo gehörte; die etwa 1200 ha (2000) Rebfläche des Anbaugebiets rund 100 km nordwestlich von Melbourne sind zu mehr als 90 % mit Rotwein-Rebsorten bestockt, allen voran Syrah (Shiraz, 770 ha) und Cabernet Sauvignon. Aus Heathcote kommen einige der besten australischen Roten aus Syrah.

Heber, →Probenheber.

Hedwighof, Hedwigshof, sehr gute Weinbergslage im österreichischen Anbauge-

---

HAUT-BRION. *Der älteste Grand Cru*

Es gibt in Mittel- und Westeuropa eine ganze Reihe von Weingütern, die auf eine vielhundertjährige Geschichte zurückblicken können. Dazu gehört der Nikolaihof in der österreichischen Wachau, der bereits mehr als 1000 Jahre alt ist. Auch das 1135 gegründete Kloster Eberbach ist seit Jahrhunderten einer der bedeutendsten Weinbaubetriebe Deutschlands. Im Bordeauxgebiet gilt das um das Jahr 1300 gegründete Weingut Bertrand de Gots (* ?, †1314), des späteren Papstes Klemens V., das unter dem Namen Château Pape Clément weltbekannt ist, als ältester noch existierender Weinbaubetrieb. Eines ganz anderen Primats darf sich dagegen Château Haut-Brion rühmen: Ende des 17. Jahrhunderts ging sein Gründer und Besitzer, Arnaud III. de Pontac (* 1599, †1681), erstmals direkt mit seinen Weinen auf den Londoner Markt und verkaufte sie unter dem Weingutsnamen, während Claret zuvor meist anonym von Handelshäusern vertrieben worden war. Der Rote von Château Haut-Brion wurde schnell zum gesuchtesten und teuersten Wein seiner Zeit und seine erfolgreiche Direktvermarktung schuf die Grundlage für die eineinhalb Jahrhunderte später verabschiedete Klassifizierung der Grand-Cru-Weine des Bordeauxgebiets.

biet Neusiedlersee, Gemeinde Apetlon; die Reben stehen auf den Tonschotterböden einer ehemaligen, ausgewaschenen Salzsteppe. Unter dem Einfluss pannonischen Klimas wachsen hier Trauben für kräftige, körperreiche Weine. Das Kernstück der Lage, eine Parzelle namens Tiglat, ist durch fest strukturierte, alterungsfähige Weine der Weißwein-Rebsorte Chardonnay bekannt geworden.

Hefeabzug, Methode des Abfüllens von Weinen direkt vom Hefelager; durch den Kontakt mit den Gärhefen nimmt der Wein einen mehr oder weniger starken →Hefeton an, bleibt aber gleichzeitig frisch und spritzig, da die Hefen das Oxidieren verhindern.

Hefeböckser, böckserartige Gäraromen, die hinsichtlich ihrer Entstehung und ihrer Behandlung nicht mit →Böckser verwechselt werden dürfen; sie entstehen oft durch ungewolltes Nachgären des Weins in der Flasche und machen sich durch leicht fauligen Hefegeruch bemerkbar. Sie können oft durch Lüften, d. h. Umfüllen oder Dekantieren des Weins, entfernt werden.

Hefefilter, Gerät zum →Filtrieren von Weinen.

Hefen [althochdeutsch hevo, zu »heben«], einzellige, kugelförmige, ellipsoide oder fast zylindrische Pilze mit einem Durchmesser von 4–11 μm, die sich meist ungeschlechtlich durch Sprossung fortpflanzen, d. h. durch Ausstülpungen der Zellwand, aus denen Tochterzellen entstehen; mithilfe der von ihnen produzierten →Enzyme bilden sie aus Kohlenhydraten (Zucker) Alkohol.

In der Natur existieren zahlreiche Hefegattungen mit unterschiedlichen biochemischen Eigenschaften, die im Weinberg durch Regen, Wind und Insekten auf die reifenden Trauben übertragen werden und sich bei der Verarbeitung der Trauben spontan vermehren **(Spontanhefen).** Dabei sind das Vorhandensein bzw. die Dominanz einzelner Stämme standortabhängig – dies ist eine der Grundlagen für die Ausprägung des Terroircharakters von Weinen.

■ **Hefearten:** Die wichtigsten, beim Gären von Mosten aktiven Hefen gehören zur Gattung **Saccharomyces** der Art Cerevisiae. Neben ihnen kommen in der Natur allerdings auch eine große Zahl so genannter wilder, aufgrund ihrer geschmacksbildenden Eigenschaften unerwünschter Hefen vor, die mit Saccharomyces konkurrieren und den Wein verderben können. Bei Beginn der Spontangärung dominieren zunächst diese wilden Hefen, während die Saccharomycesstämme bei einem Alkoholgehalt von 20–30 g/l die weitere Gärung übernehmen.

Um das Risiko hefebedingter Weinfehler zu minimieren, werden aus selektierten **Hefestämmen** in Einzelkulturen so genannte **Reinzuchthefen** vermehrt, die dem Wein-

macher in Form von **Trockenhefen** zur Verfügung stehen. Die Wahl der richtigen Reinzuchthefe erfolgt dabei nach deren Eigenschaften hinsichtlich des Gärvermögens, der Alkoholtoleranz, der Osmotoleranz, der Schwefelempfindlichkeit, der Sedimentationsfähigkeit und der Schaumbildung. Reinzuchthefen sollten vorzugsweise wertvolle Nebenprodukte wie Glyzerin und möglichst wenig unerwünschte Stoffe wie Schwefelwasserstoff, flüchtige Säure, Acetaldehyd oder schweflige Säure bilden.

■ **Wirkungsweise:** Hefen sind eine Art hoch spezialisierter Enzymfabriken. Zum Aufbau ihrer Zellen, zur Vermehrung und zur Produktion der Enzyme benötigen sie spezifische **Hefenährstoffe** wie Kohlenhydrate, Stickstoffverbindungen, Vitamine und Mineralstoffe. Sauerstoff fördert ihre Vermehrung. Bei guter Weinbergsarbeit sind diese Hefenährstoffe in ausreichender Menge im Most verfügbar. Nach der Gärung setzt sich die Hefe zum so genannten **Hefelager** (Geläger) ab. Durch das Einlagern von Reservestoffen bleibt sie allerdings auch dann noch enzymatisch aktiv. Bestimmte Methoden der Weinbereitung wie Barriqueausbau oder Hefeabzug nutzen ihre Fähigkeiten, den Wein vor Oxidation zu schützen. Außerdem reduzieren Hefen einen Teil des Gärungsnebenprodukts Acetaldehyd zu Alkohol, was den Schwefelbedarf senkt.

Das Abziehen des Weins vom Hefelager soll im Normalfall vor der so genannten **Autolyse** (Hefezerfall), eine Art Selbstverdauung absterbender Hefen, erfolgen. Diese Autolyse ist allerdings bei der Schaumweinbereitung ein erwünschter Prozess, der den Wein geschmacklich bereichert.

Hefeschönung, eine Art der →Schönung.

Hefestämme, bestimmte Arten →Hefe.

Hefeton, im Unterschied zum →Hefeböckser bei gewissen Weintypen erwünschtes Aroma; der angenehme Hefeduft wird durch den so genannten (späten) →Hefeabzug oder durch eine lange Lagerzeit auf abgestorbenen Hefen wie bei der Schaumweinproduktion gefördert. Tritt der Hefeton in den Vordergrund, sagt man, der Wein ist **hefig.**

Hefetrub, Hefetrübung, aus Hefezellen gebildeter →Trub.

Hefezerfall, Prozess des Absterbens von →Hefen.

hefig, nach Hefe riechend (→Hefeton).

heften, Sommertriebe der Weinrebe an den beweglichen **Heftdrähten** des Drahtrahmens befestigen.

Heida, franzsös. **Païen,** die Rebsorte Savagnin blanc (→Savagnin) im Schweizer Wallis und aus ihr gekelterte Weine von Visperterminen, einer Gemeinde, deren Weinberge mit über 1000 m ü. M. zu den höchst gelegenen Europas zählen.

Heiligenstein, eine der Spitzenlagen Niederösterreichs im Anbaugebiet Kamptal, Gemeinden Langenlois, Kammern und Zöbing; die Südhänge des 360 m ü. M. hohen Gipfels des Manhartsbergs, der bereits 1280 unter dem Namen Hellenstein (Höllenstein) urkundlich erwähnt wurde, gelten als ausgesprochenes Riesling-Terroir.

Der alte Name weist auf das heiße, sehr trockene Klima hin, das hier herrscht. Die 300 Mio. Jahre alten Sedimentgesteine bildeten sich auch unter ausgesprochenem Wüstenklima in einer Zwischeneiszeit. Im Unterschied zum restlichen Kamptal konnte sich auf den kargen Böden auch kein Löss ablagern. Das Resultat dieser Konstellation sind kräftige, fest strukturierte Rieslinge, die in ihrer mineralischen Art viel mehr den Wachauer Weinen ähneln als denen anderer Lagen des Kamptals. Sie besitzen enormes Alterungspotenzial. Neben Riesling werden in geringem Umfang auch andere Weiß- und Rotwein-Rebsorten kultiviert, darunter Sauvignon blanc und Cabernet Sauvignon.

Hektar, Einheitenzeichen **ha,** im Weinbau übliches Flächenmaß, ein Hektar entspricht 100 Ar bzw. 10 000 m².

Hektoliter, Einheitenzeichen **hl,** im Weinbau v. a. im Zusammenhang mit Erträgen und Produktionsmengen übliches Hohlmaß; 1 hl entspricht 100 l.

heften. Im französischen Rhônetal werden die Sommertriebe noch traditionell mit getrocknetem Schilf an den Drahtrahmen geheftet.

Helderberg, Bereich (Ward) des südafrikanischen Weinbaudistrikts Stellenbosch an dessen Südflanke; das Gebiet in der Nähe der Stadt Somerset West liegt unter dem klimatischen Einfluss der kalten Gewässer des Indischen Ozeans (False Bay), wird aber in der Regel nicht als ausgesprochenes Gebiet für Cool Climate Viticulture betrachtet. Es eignet sich gleichermaßen für Rotweine aus Cabernet Sauvignon, Pinotage und Merlot wie für Weiße aus Chardonnay oder Sauvignon blanc.

Helfensteiner, deutsche Rotwein-Rebsorte, die bereits 1929 von dem Rebenzüchter August Herold (*1902, †1973) aus Frühbur-

gunder und Trollinger gekreuzt, aber erst 1960 offiziell anerkannt wurde. Aufgrund mangelnder Qualität ihrer Weine konnte sich Helfensteiner nicht durchsetzen und wird nur auf knapp 30 ha Rebfläche kultiviert. Er diente aber seinerseits als Muttersorte bei der Züchtung der erfolgreichen Sorte Dornfelder.

Hengst, Grand-Cru-Lage der französischen Weinbauregion Elsass, Gemeinde Wintzenheim; die 76 ha Rebfläche umfassende Lage liegt in einer Höhe von 270–360 m ü. M. Auf ihren Kalkmergelböden gedeiht v. a. die Weißwein-Rebsorte Gewürztraminer, aber auch Riesling und Grauburgunder (Tokay Pinot gris) bringen gute Resultate. Die Weine sind fest strukturiert und besitzen große Alterungsfähigkeit.

Henkenberg, sehr gute Weinbergslage der Gemeinde Oberrotweil-Vogtsburg im deutschen Anbaugebiet Baden, Bereich Kaiserstuhl; die Reben stehen in einer Höhe von bis zu 280 m ü. M. auf Vulkanverwitterungsböden mit Basaltschichten und sind nach Südosten ausgerichtet. Kultiviert werden rote und weiße Burgundersorten, wobei Grauburgunder die besten Ergebnisse liefert.

herb, ohne Süße oder Schmelz; Begriff der Weinansprache, der häufig für sehr trockene, gelegentlich auch für tanninbetonte, raue oder gar bittere Weine verwendet wird.

herbal ['hɜːbl], englisch für die Geschmacksbezeichnung vegetabil, grasig.

Herbizide [zu lateinisch herba »Pflanze« und caedere »töten«], Mittel des →Pflanzenschutzes gegen Unkraut.

Herbstordnung, bereits aus dem Mittelalter bekannte und bis 1993 im deutschen Weingesetz enthaltenes Regelwerk, durch das der Beginn der →Ernte (Hauptlese und Spätlese) geregelt wurde; das Datum des Erntebeginns wurde jahrgangsabhängig von der jeweiligen Gemeindeverwaltung festgesetzt. Vor dem offiziellen Lesebeginn galt der so genannte Weinbergsbann (→Bann).

herdade [ir'daðə], portugiesisch für ein großes Weingut.

Herkunft, geographischer Ursprung eines Weins bzw. der Trauben, aus denen er gekeltert wurde; die Herkunft ist ein wesentliches Element im Bezeichnungsrecht des europäischen und teilweise auch des außereuropäischen Weinbaus. Man unterscheidet zwischen Herkunftsbezeichnungen für Qualitäts-, Land- und Tafelweine.

Um Weinerzeuger und Verbraucher vor Fälschungen und Imitaten zu schützen, wurden in Europa vereinzelt bereits vom 18. Jh. an **Herkunftsbezeichnungen** (schweizerisch Ursprungsbezeichnungen) eingeführt. Sie bestanden ursprünglich nur aus einer geographischen Definition des Gebiets, aus dem die Trauben für die jeweiligen Weine stammen mussten. Heute beinhalten sie nicht nur eine

Die älteste Herkunftsbezeichnung

Wer die älteste, geschützte Herkunftsbezeichnung der Welt sein Eigen nennen kann,
ist eine Frage, mit der sich die Verantwort-

lichen vieler Weinbauregionen gern zu
beschäftigen scheinen – der Häufigkeit nach
zu urteilen jedenfalls, mit der dieses Prädikat
für die jeweils eigene Appellation reklamiert
wird. In römischen Zeiten kannte man zwar
bereits geographische Herkunftsbezeichnungen wie die des Falerners, aber sie waren
noch nicht per Gesetz gegen Fälschungen
geschützt.

Erst der Medici-Herrscher Cosimo III.
(*1639, †1723) erließ 1716 ein Dekret, mit dem
die Bezeichnung Carmignano (im Bild die
Medici-Villa Artimino im Carmignanogebiet)
geschützt und das Fälschen der Weine unter
Strafe gestellt wurden.

1756 unternahmen die Portugiesen den
Versuch einer Einteilung und hierarchischen
Klassifizierung des Portweingebiets in sechs
Stufen (A bis F), aber diese Vorschriften
beinhalteten keine gesetzlich geschützte
Appellation. Systematische Versuche, solche
Appellationen einzurichten, wurden erst mit
dem Beginn des 20. Jahrhunderts unter-
nommen, und Frankreich war ihr Pionier.

genaue Definition des Weinstils, der für das jeweilige Anbaugebiet typisch ist, sondern auch
mehr oder weniger detaillierte Produktionsvorschriften, die die Arbeit im Weinberg
(Rebsorten, Hektarerträge) und im Keller (Vinifizierung, Ausbauart und -dauer) betreffen.
Zahlreiche europäische Herkunftsbezeichnungen beinhalten auch analytische Mindestanforderungen an die Weine, z. B. hinsichtlich
des Alkoholgehalts oder des Restzuckers.

■ **Geschichte:** Die ältesten, gesetzlich geschützten Herkunftsbezeichnungen stammen
wahrscheinlich aus der italienischen Toskana,

wo bereits 1716 der Medici-Herrscher Cosimo
III. (*1639, †1723) eine geographische Definition des Chiantigebiets versuchte und Carmignano als erste gesetzlich anerkannte Appellation einrichtete.

Systematisch wurden Herkunftsbezeichnungen für Qualitätsweine vom 19. Jh. an entwickelt. In den 1930er- bis 1960er-, teilweise
auch erst in den 1980er- und 1990er-Jahren
wurden sie als Ordnungsprinzip zum Bestandteil der Weingesetzgebung fast aller bedeutenden Weinbaunationen.

In Frankreich entstand nach der Reblausplage des 19. Jahrhunderts Knappheit an
hochwertigen Weinen, und verschiedene südfranzösische Regionen versuchten, diesen
Markt unter Nutzung der renommiertesten
Namen mit ihren eigenen Produkten zu erobern. 1935 wurde daher das Institut National
des Appellations d'Origine (INAO) gegründet, das zur Aufgabe hatte, verbindliche Herkunftsbezeichnungen für geographisch festgelegte Anbaugebiete zu schaffen. In den beiden folgenden Jahren wurde der Großteil der
renommiertesten Appellationen Frankreichs
geschaffen, deren Schutz und Vermarktung
lokalen Weinbauverbänden, den Comités interprofessionnels, anvertraut war.

Spanien folgte 1933 mit einer ersten Herkunftsbezeichnung für Sherry, und in Italien
wurde 1963 die Denominazione di origine
controllata geschaffen. In Deutschland wurden mit dem Weingesetz von 1971 die bestimmten Anbaugebiete für Qualitätsweine
eingerichtet, und in den USA erlangten im

Für den Weinfreund ist die Namengebung von Weinen oft ein Verwirr-
spiel. Nur wenige wissen, dass beispielsweise Prosecco keine Weinart
und keine Weinmarke, sondern der Name einer uralten Rebsorte ist,
die einer Herkunftsbezeichnung für norditalienische Perl- und
Schaumweine ihren Namen gab. Während vor allem in den nördlichen
Weinbauländern und Anbaugebieten meist der Name der Rebsorte zur
Identifikation der Weine benutzt wird, haben sich in südlicheren
Gebieten, in denen Weine oft im Verschnitt verschiedener Sorten
erzeugt werden, geographische Herkunftsbezeichnungen wie Chianti,
Barolo, Châteauneuf-du-Pape oder Margaux durchgesetzt. Ausnahmen
sind beispielsweise das nördliche Burgund, wo die Weine zwar
reinsortig gekeltert werden, aber geographische Namen besitzen, und
so südliche Appellationen wie Fiano di Avellino, die den Namen einer
Rebsorte tragen, obwohl sie aus mehreren Sorten bestehen können.
Bei Erzeugnissen der industriellen Massenproduktion treten
Rebsorten- und Herkunftsbezeichnungen meist gegenüber Markenbe-
zeichnungen wie Mouton Cadet (Frankreich), Viala (Deutschland),
Turning Leaf (USA) oder Servus (Österreich) zurück.

Jahre 1983 American Viticultural Areas Gesetzeskraft. Als eines der letzten bedeutenden Weinbauländer richtete Australien von 1993 an seine Geographical Indications ein.

■ SIEHE AUCH
→ American Viticultural Area · Anbaugebiet · Appellation · Certified-Gesertifiseer · Cru · Denominação de origem controlada · Denominación de Origen · Denominazione di origine controllata · Districtus Austria Controllatus · Geographical Indication · Klassifizierung · Lage · Qualitätswein · Terroir · Weingesetze

Hermannschachern, eine der ältesten Weinbergslagen des österreichischen Anbaugebiets Weinviertel, Gemeinde Poysdorf; die bereits 1338 urkundlich erwähnte, nach Süden ausgerichtete und etwa 250 m ü. M. hohe Lage besteht aus schottrigen, kalkhaltigen Böden bzw. Lössböden mit hohem Kalkanteil; die besten Resultate bringt die weiße Rebsorte Grüner Veltliner.

Hermannshöhle, eine der besten und bekanntesten Weinbergslagen des deutschen Anbaugebiets Nahe, Gemeinde Niederhausen; von dem Steilhang mit Böden aus Grauschiefer und Porphyr kommen einige der finessenreichsten und komplexesten Rieslinge Deutschlands.

Hermitage [ɛrmi'taːʒ], A. C.-Herkunftsbezeichnung, auch als →Cru bezeichnet, für Rot- und Weißweine der nördlichen →Côtes-du-Rhône; an den nach Süden und Südosten ausgerichteten Granitschieferhängen des gleichnamigen Hügels der Stadt Tain-l'Hermitage am linken Rhôneufer wachsen auf 80 % der insgesamt etwa 130 ha (2000) Rebfläche Syrahtrauben für vielschichtige, kräftige und alterungsfähige Rotweine, die auf einer Stufe mit denen von Côte-Rôtie oder Châteauneuf-du-Pape stehen.

Der Rest der Flächen ist mit den Sorten Marsanne und Roussanne bestockt, aus denen würzige, dichte Weißweine gekeltert werden, die ebenfalls gute Alterungsfähigkeit besitzen und zu den besten des Rhônetals gehören. Rote wie weiße Hermitageweine werden fast immer in Barrique ausgebaut bzw. vergoren.

Heroldrebe, deutsche Rotwein-Rebsorte, die 1929 von dem bekannten Rebenzüchter August Herold (*1902, †1973) durch eine Kreuzung von Portugieser und Blaufränkisch (Lemberger) gezüchtet wurde. Sie steht in Deutschland auf knapp 200 ha (2002) Rebfläche und wird v.a. in der Pfalz, in Rheinhessen und in Württemberg kultiviert. Die spät reifende Sorte bringt hohe Erträge und Weine mit festen Tanninen, aber ohne Komplexität und Tiefe.

Herrmannsberg, sehr gute Weinbergslage des deutschen Anbaugebiets Nahe, Gemeinde Niederhausen; die etwa 6 ha große, reine Südlage weist Schieferböden mit einer Lössbedeckung auf und ist mit der Weißwein-

Hermitage. Die kleine Kapelle, die den Hermitagehügel bei Tain-l'Hermitage im französischen Rhônetal krönt, hat einem der berühmtesten Markenweine des Gebiets ihren Namen gegeben: La Chapelle.

Rebsorte Riesling bestockt. Aufgrund ihres Mikroklimas eignet sie sich besonders zur Produktion von Eiswein.

Herrnbaumgarten, eine der besten Weinbergslagen des österreichischen Anbaugebiets Weinviertel, die bereits 1043 urkundlich erwähnt wurde; auf den lehmigen Lössböden gedeihen v.a. die Weißwein-Rebsorten Grüner Veltliner und Welschriesling. Ein Teil der Produktie wird von der österreichischen Sektindustrie verarbeitet.

Herzogenberg, sehr gute Monopollage im deutschen Anbaugebiet Württemberg, Gemeinde Stuttgart-Untertürkheim; auf den Gips-Keuperböden wächst v.a. die Weißwein-Rebsorte Riesling, aus der die besten Weine gekeltert werden; darüber hinaus werden Weißburgunder, Müller-Thurgau und Spätburgunder kultiviert.

HERMITAGE. *Vorbild für die Neue Welt*

Der Name des Hermitagehügels bei Tain gehört schon seit langem zu den berühmtesten des französischen Weinbaus: Nicht zufällig wurde er in den Ländern der Neuen Welt vielfach kopiert und für die unterschiedlichsten Rebsorten und Weine benutzt. So wurden Rotweine aus Syrah (Shiraz) in Australien lange Zeit Hermitage genannt, und auch der renommierteste australische Rotwein, der südaustralische Grange, hieß ursprünglich Grange Hermitage. In Südafrika wurde die französische Rotwein-Rebsorte Cinsaut unter dem Namen bekannt, und als es hier gelang, eine interessante Kreuzung aus Spätburgunder (Pinot noir) und Cinsaut zu züchten, stand diese irreführende Bezeichnung auch bei der Wahl der zweiten Namenshälfte der neuen Sorte Pate: Pinotage.

Hessische Bergstraße, kleines deutsches Anbaugebiet am westlichen und nördlichen Rand des Odenwalds; es wurde 1971 aus dem Anbaugebiet Bergstraße durch Abtrennen der →Badischen Bergstraße gebildet. Auf gut 450 ha (2002) werden vorwiegend Weißwein-Rebsorten kultiviert, allen voran Riesling mit 52 % der Flächen, Müller-Thurgau und Grauburgunder. Die Reben wachsen meist in schwer zu bearbeitenden Steillagen. Der Großteil der Winzer arbeitet im Nebenerwerb und fast 90 % liefern Trauben oder

Moste an die größte Genossenschaft. Das Anbaugebiet besteht aus den beiden Bereichen →Starkenburg und Umstadt, von denen allerdings nur Ersterer wirtschaftliche Bedeutung genießt.

Hessische Bergstraße. Das Anbaugebiet im Süden Hessens

Heunisch, alte Weißwein-Rebsorte, die ungarischen, eventuell hunnischen Ursprungs ist; es gilt als erwiesen, dass Heunisch zu den Elternsorten zumindest zweier prominenter Weißwein-Rebsorten gehört: Riesling und Chardonnay, aber auch Aligoté, Auxerrois und Muscadet gehen offenbar auf Kreuzungen zwischen Heunisch und Spätburgunder (Pinot noir) zurück. Die Sorte galt allgemeiner Lehrmeinung nach als ausgestorben, soll aber nach einigen Quellen in Gestalt der Schweizer Rebsorte Gwäss (französisch Gouais) weiterleben. Auch im deutschen Anbaugebiet Baden wurden Rebstöcke entdeckt, von denen man glaubt, es könne sich um Heunisch handeln.

Heurigenlokal, österreichisch für →Straußwirtschaft.

Heuriger, 1) österreichisch für den Wein der letzten Ernte, der vom 11. November des Lesejahres an ausgeschenkt wird; Weine dürfen bis zum Ende des Jahres nach der Ernte als Heuriger bezeichnet werden, danach heißen sie »Alter«.

2) österreichisch für →Straußwirtschaft.

Heyles'en Werth, Heylesen Werth, eigentlich **Bacharacher Insel Heyles'en Werth,** kleine Weinbergslage auf einer der Gemeinde Bacharach vorgelagerten Rheininsel im deutschen Anbaugebiet Mittelrhein; auf sandigen Lössböden wird die Weißwein-Rebsorte Riesling kultiviert.

Hill of Grace [hɪləf grəɪs], einer der renommiertesten Rotweine Australiens von einem 140 Jahre alten Weinberg des gleichnamigen Weilers (vormals Gnadenberg) im südaustralischen Anbaugebiet Eden Valley; die Syrah(Shiraz-)Stöcke wurden bereits in den 1860er-Jahren von deutschen Auswanderern gesetzt und gehören zu den ältesten der Welt. Der Wein zeigt nach entsprechender Reifezeit enorme Struktur und geschmackliche Tiefe.

Hilltops ['hɪltɔps], GI-Herkunftsbezeichnung für Weine eines der jüngeren Weinbaugebiete Australiens im Staat New South Wales; auf den knapp 400 ha (2000) Rebfläche im Süden der Stadt Cowra, etwa 400 km südöstlich von Sydney, werden v.a. die Rotwein-Rebsorten Syrah (Shiraz) und Cabernet Sauvignon kultiviert, in geringerem Umfang auch Merlot sowie die weißen Sorten Chardonnay und Sémillon. Hilltops gilt als ausgesprochenes Gebiet für Cool Climate Viticulture und ist seit dem Ende der 1990er-Jahre das Ziel verstärkter Investitionen und Anstrengungen der australischen Weinindustrie.

Hipping, sehr gute Weinbergslage des deutschen Anbaugebiets Rheinhessen, Gemeinde Nierstein; die nach Süd-Südosten ausgerichtete Lage ist Teil des so genannten →Roten Hangs. Sein stabiles Kleinklima wird von der Nähe des Rheins und von seiner gegen feuchte Westwinde geschützten Lage bestimmt. Auf sandigem Lehm mit Kalksteinuntergrund wird v.a. Riesling und etwas Weißburgunder kultiviert.

Histamin [Kurzwort aus Histidin und Amin], Gewebshormon, organische Verbindung aus der Reihe der so genannten biogenen Amine, die sich chemisch vom Ammoniak ableiten; Histamin gilt nach neueren Forschungen als Hauptverantwortlicher für Unverträglichkeitsreaktionen (→Kopfschmerzen) nach dem Genuss bestimmter Weine. Es handelt sich dabei nicht um allergische Reaktionen (→Allergien), sondern um pseudoallergische Intoleranzreaktionen, bei denen das Immunsystem nicht involviert ist. Histamin wird wie andere biogene Amine während des biologischen Säureabbaus durch den Abbau von Aminosäuren gebildet; durch richtige Gärführung kann ihre Produktion jedoch innerhalb enger Grenzen gehalten werden.

hl, Einheitenzeichen für →Hektoliter.

Hochäcker, eine der besten Lagen des österreichischen Anbaugebiets Mittelburgenland, Gemeinde Horitschon; die schweren und leicht schottrigen Lehm- und Lössböden, die im unteren Bereich von einer dickeren Humusschicht bedeckt sind, eignen sich v.a. für die typischen Rotwein-Rebsorten des Burgenlands: Blaufränkisch, Zweigelt und auch Cabernet Sauvignon.

Hochberg, eine der besten Weinbergslagen des österreichischen Anbaugebiets Mittelburgenland, Gemeinde Deutschkreutz; auf den nach Süden ausgerichteten, etwa 200 m ü. M. gelegenen Weinbergen mit ihren kargen, lehmig-sandigen Böden dominiert die im ganzen Anbaugebiet vorherrschende Rotwein-Rebsorte Blaufränkisch, aus der gut strukturierte, saftige Weine gekeltert werden.

hochfarbig, dunkel und fahl; Begriff der Weinansprache für Weißweine, die rasch gealtert sind oder zu oxidieren begonnen haben.

Hochgewächs, Zusatzbezeichnung für Rieslinge aller deutschen Anbaugebiete, die aus Trauben gekeltert wurden, deren natürlicher Alkoholgehalt um mindestens 1,5 Vol.-% über dem für das jeweilige Anbaugebiet vorgeschriebenen Mindestalkoholgehalt bei Qualitätsweinen liegt; die Weine müssen außerdem bei der amtlichen Sinnenprüfung mindestens drei von fünf möglichen Punkten erhalten haben. Die Bezeichnung findet nur gelegentlich Verwendung, v. a. im Anbaugebiet Mosel-Saar-Ruwer.

Hochgrail, gute Weinbergslage im österreichischen Anbaugebiet Weststeiermark (→Steiermark), Gemeinde Greisdorf; die Reben wachsen an Steilhängen bis in Höhen von 600 m ü. M., die in Form der landestypischen Weingartstreifenflur angelegt sind, d. h. in Form von teilweise weniger als 20 m breiten Parzellen hinter einer langen, schmalen Häuserzeile. Kultiviert wird ausschließlich die Rotwein-Rebsorte Blauer Wildbacher.

Hochgrassnitzberg, eine der besten Lagen des österreichischen Anbaugebiets Südsteiermark (→Steiermark), Gemeinde Spielfeld, die Teil der Gemarkung und Großlage Grassnitzberg ist; in einem etwa 380 m ü. M. hoch gelegenen, nach Süd-Südwesten ausgerichteten und geschützten Talkessel mit bis zu 1 m tiefen, sandigen Lehmböden auf Muschelkalk, Spielfelder Kalk genannt, gedeihen die Weißwein-Rebsorten Morillon und Sauvignon blanc sehr gut.

Hochkultur, eine →Erziehungsform der Weinrebe.

Hochrain, sehr gute Weinbergslage im österreichischen Anbaugebiet Wachau, Gemeinde Weißenkirchen; die nach Süd-Südwesten ausgerichtete Lage mit ihren warmen Urgesteinsverwitterungsböden mit sandiger Lössauflage eignet sich besonders für die Weißwein-Rebsorte Grüner Veltliner, die hier einige ihrer besten Resultate hervorbringt.

Höchstertrag, die in Qualitätsweingebieten erlaubte maximale Trauben- oder Weinmenge (→Ertrag).

Hock, englische, umgangssprachliche Bezeichnung für deutsche Weißweine; der Begriff leitet sich von der Gemeinde Hochheim im deutschen Anbaugebiet Rheingau her und geht der Legende nach auf die englische Königin Victoria (*1819, †1901) zurück, die nach einem Besuch vom Hochheimer Wein schwärmte. Nach ihr wurde in der Gemeinde später auch ein Weinberg Hochheimer Königin Victoriaberg benannt. Tatsächlich war der Begriff aber bereits im 17. Jh. gebräuchlich und bezog sich u. a. auf leichte, helle Rote sowie auf Weine vom Mittelrhein.

Hohenrain, sehr gute Weinbergslage des deutschen Anbaugebiets Rheingau, Gemeinde Eltville-Erbach; die Südhanglage mit einer Neigung von 10 % ist auf der Westseite durch eine hohe Mauer gegen den Wind geschützt. Der Hohenrain wurde 1519 zum ersten Mal urkundlich erwähnt. Auf den tiefgründigen Lösslehmböden und tertiären Mergeln wird v. a. Riesling, in geringem Umfang auch Spätburgunder kultiviert.

hohl, geschmacksarm, ohne geschmackliche Dichte und Tiefe; Begriff der Weinansprache für sehr dünne, einfache Weine.

Hölle, Name von zwei der besten Weinbergslagen des deutschen Anbaugebiets Rheingau in den Gemeinden Geisenheim-Johannisberg und Hochheim am Main; beide gelten als ausgesprochene Riesling-Spitzenlagen. Die nach Süden ausgerichteten Parzellen in Hochheim weisen Lehm-Tonböden auf. In Johannisberg sind die mittel- bis tiefgründigen, steinig-kiesigen Böden nach Süd-Südwesten ausgerichtet.

Höllenberg, eine der besten und bekanntesten Rotweinlagen Deutschlands im Anbaugebiet Rheingau, Gemeinde Rüdesheim-Assmannshausen; die nach Süden ausgerichtete Steillage zieht sich vom Rhein aus in ein Seitental und weist mittel- bis tiefgründige Quarzit- und Schieferböden auf. Hier wird fast ausschließlich die Rebsorte Spätburgunder kultiviert. In guten Jahren können trockene Spät- oder Auslesequalitäten vom Höllenberg zu den besten Rotweinen Deutschlands gehören.

Hollerin, bereits im 9. Jh. urkundlich erwähnte Weinbergslage des österreichischen Anbaugebiets Wachau, Gemeinde Dürnstein; von den tiefgründigen, mit Schwemmland vermischten, warmen Böden, die nach Süden ausgerichtet sind, kommen hervorragende Weißweine aus den Rebsorten Grüner Veltliner und Riesling.

Holzaromen, →Holzgeschmack.

Holzausbau, der Ausbau von Weinen im Holzfass (→Fass).

holzbetont, starken oder zu starken →Holzgeschmack zeigend.

Holzfass, →Fass.

Holzgeschmack, Holzaromen, Holznoten, Summe der Aromen und Geschmacksnoten, die beim Ausbau von Weinen in Holzfässern, insbesondere in erstmals benutzten und nicht weingrün gemachten Kleingebinden wie dem →Barrique auftreten; hinsichtlich der Aromen handelt es sich dabei meist um Vanille- oder Zimtaromen, der Geschmack wird von den Tanninen des Fassholzes geprägt.

Sofern der Holzgeschmack mit dem Fruchtcharakter sowie den Primär- und Sekundäraromen des Weins harmoniert, spricht man davon, der Wein zeige **boisé** (zu französisch bois »Holz«) oder **Eichengeschmack** (→Eichenholz). Wirken die Holznoten dominanter, wird man den Wein als **holzbetont** beschreiben. Riecht und schmeckt der Wein dagegen übertrieben nach Holz, ist er **holzig.** Holzgeschmack darf nicht mit Fassgeschmack verwechselt werden.

Howell Mountain.
Der berühmte Candle-stick-Weinberg von Duckhorn Vineyards im Gebiet von Howell Mountain.

Holzreife, der Entwicklungszustand der unteren Internodien der Sommertriebe der →Rebe 2) beim Eintritt in die Winterruhe; sie beginnt bereits im August mit einer Braunfärbung der Triebe und ist gekennzeichnet durch die gute Ausbildung der Winterknospen sowie durch die Entwicklung eines kräftigen Holzkörpers (Verholzung), seiner Rinde und des Stärkegehalts. Gute Holzreife ist maßgeblich für die Winterfestigkeit (Frostfestigkeit) der Rebe und für die Qualität des Fruchtansatzes im Folgejahr.

Honifogl, bis 1986 Name der heutigen Wachauer Qualitätsstufe →Smaragd.

Honignote, honigartige Aromen und Geschmacksnoten; Begriff der Weinansprache für Weiß- und Süßweine aus sehr reifen Trauben. Honignoten treten insbesondere bei →edelsüßen Weinen auf.

Horizontalpresse, eine Bauform der →Presse.

Howell Mountain ['haʊəl 'maʊntin], älteste eigenständige AVA-Herkunftsbezeichnung des kalifornischen →Napa Valley, die bereits 1983 anerkannt wurde; auf etwa 250 ha (2002) Rebfläche wachsen in bis zu 500 m ü. M., wohin die kühlen Morgennebel des Napa Valley nicht vordringen, vorwiegend klassische rote Bordeauxsorten wie Cabernet Sauvignon und Merlot. Von den vulkanischen Böden kommen kräftige, sehr vielschichtige Weine.

Hubacker, sehr gute Weinbergslage im deutschen Anbaugebiet Rheinhessen, Gemeinde Flörsheim-Dalsheim; die 4 ha große, nach Süd-Südosten ausgerichtete Hanglage ist zu 95% mit der Weißwein-Rebsorte Riesling bestockt. Die geschützte Lage sorgt für gute Reifebedingungen. Die Böden bestehen aus Lehm und Löss auf einem Kalksteinuntergrund mit Mergelschichten.

Hudson River Valley [hʌdsən 'rɪvə(r) 'vælɪ], AVA-Herkunftsbezeichnung für Weine des US-Bundesstaats New York; es ist eine der ältesten Weinbaugegenden der USA. Hier wurden lange Zeit v. a. die französischen Hybriden Baco noir und Seyval blanc kultiviert. In den letzten Jahrzehnten haben sich auch europäische Kultursorten wie Chardonnay, Riesling und Cabernet franc durchgesetzt. Bereits 1677 wurde hier von ausgewanderten französischen Hugenotten Wein aus einheimischen Wildreben gekeltert.

Humagne [y'maɲ], sehr seltene, einheimische Weißwein-Rebsorte des Schweizer Weinbaukantons Wallis, deren Weine aufgrund ihrer kräftigenden Eigenschaften Wöchnerinnen gereicht wurden und deshalb auch Hebammenweine hießen. Die Sorte ist mit der roten Humagne rouge, im italienischen Aostatal unter dem Namen Petit rouge bekannt, nicht verwandt.

Humus, abgestorbene organische Substanz in und auf dem Boden; man unterscheidet zwischen Nährhumus, einer von den Bodenlebewesen leicht zersetzbaren organischen Masse, und dem Dauerhumus, der schwer zersetzbar ist. Der Humusgehalt von Weinbergen sollte etwa 2–3 % betragen, um eine gute Bodenstruktur und hohe biologische Aktivität zu gewährleisten. Humus verbessert auch die Wasseraufnahmekapazität der Böden und beugt der Erosion vor. Durch →Begrünung kann insbesondere der Gehalt an Nährhumus gesteigert werden.

Hundschupfen, eine der besten Weinbergslagen des österreichischen Anbaugebiets Weinviertel, Gemeinde Mailberg; auf nach Süden ausgericheteten, leichten und durchlässigen Sandböden gedeihen vor allem die Weißwein-Rebsorten Grüner Veltliner und Riesling. Das Klima wird von teilweise extremen Temperaturunterschieden zwischen Sommer und Winter geprägt.

Hunter Valley ['hʌntə(r) 'vælɪ], GI-Herkunftsbezeichnung für Weine eines der ältesten Anbaugebiete Australiens im Staat New South Wales, knapp 250 km nördlich der Hauptstadt Sydney gelegen; das Anbaugebiet

HUNTER VALLEY

Neue Heimat für Sémillon

In ihrer Heimat Frankreich führt die Weißwein-Rebsorte Sémillon eher eine Art Schattendasein. Zwar verdanken ihr so herrliche Weine wie die edelsüßen Sauternes Körper, Fülle und vor allem den von der Edelfäule geprägten geschmacklichen Ausdruck, aber unter ihrem eigenen Namen ist sie kaum bekannt, ganz im Gegenteil zu ihrem Pendant Sauvignon blanc.

Es bedurfte des »Exils« im australischen Hunter Valley, um daran etwas zu ändern. Zwar versteckte sich Sémillon auch hier zunächst hinter einem in die Irre führenden Namen – die Weine wurden lange als »Hunter Riesling« vermarktet.

Aber bereits seit dem Ende der 1980er-Jahre haben Winzer gezeigt, dass Sémillon hier ein eigenständiges Charakterprofil besitzt, und dass seine Weine, die trocken und oft im Barrique ausgebaut werden, sogar vielschichtiger und auf jeden Fall

alterungsfähiger ausfallen als in anderen Anbaugebieten – der Heimat Bordeaux inklusive.

ist in das größere Lower-Hunter- und das kleinere Upper-Hunter-Gebiet unterteilt. Insgesamt umfasst das Hunter Valley gut 4000 ha (2000) Rebfläche, auf denen v. a. Chardonnay, Syrah (Shiraz), Sémillon, Verdelho und Cabernet Sauvignon kultiviert werden. Es zählt zu den touristisch bestentwickelten Anbaugebieten Australiens und ist v. a. durch seine sehr alterungsfähigen trockenen Weißen aus Sémillon bekannt geworden.

Hut, →Tresterhut.

Huxelrebe [nach dem rheinhessischen Weingutsbesitzer Fritz Huxel, *1892, †1972], Weißwein-Rebsorte, die 1927 von Georg Scheu aus Gutedel und Courtiller musqué gezüchtet wurde; die Sorte bringt sehr hohe Erträge, dabei aber Weine ohne geschmacklichen Ausdruck. Werden die Erträge drastisch reduziert, können die Weine einen schönen Muskatton zeigen. Huxelrebe wird in Deutschland auf 990 ha (2002, 1998: 1332 ha) Rebfläche kultiviert, v. a. in Rheinhessen, in der Pfalz und an der Nahe, ihre Verbreitung ist aber stark rückläufig.

Hybride, Hybridsorte, Rebsorte, die durch Kreuzung von Sorten verschiedener Spezies gezüchtet wurde; das Ziel solcher Züchtungen, die auch als **interspezifische Sorten** oder Kreuzungen bezeichnet werden, ist es v. a., schädlingsresistente Pflanzen zu bekommen. Werden amerikanische Sorten der Spezies Vitis berlandieri, Vitis labrusca, Vitis riparia, Vitis rupestris oder Vitis aestivalis miteinander gekreuzt, spricht man von amerikanischen Hybriden, ist einer der Kreuzungspartner eine europäische Sorte der Spezies Vitis vinifera, spricht man von französischen Hybriden. Gelegentlich werden Hybriden

auch unter Beteiligung asiatischer Sorten gezüchtet.

hydraulische Presse, eine Bauform der →Presse.

Hygiene, Summe der kellerwirtschaftlichen Maßnahmen, die der Vermeidung von Weinkrankheiten und Weinfehlern dienen; Hygiene ist bei der Weinbereitung unverzichtbar. Insbesondere muss auf peinliche Sauberkeit aller verwendeten Geräte geachtet werden, was durch mechanische Reinigung und den Gebrauch von viel Wasser erreicht wird. Der Gebrauch von chemischen Reinigungs- und Desinfektionsmitteln kann so auf ein unbedingt notwendiges Maß reduziert werden. Bei der Reinigung müssen v. a. organische Rückstände entfernt werden, da diese von Mikroorganismen befallen werden können. Das Resultat mangelnder Hygiene können Mufftöne oder Essigstich sein.

HYGIENE. Kellerromantik und Hygiene

Wer je seinen Fuß in ein altes Weingut setzt, in dem die Weine noch unter historischen Gewölben lagern, gelegentlich sogar erzeugt werden, schwärmt lange vom romantischen Flair. Auch die beeindruckendste Kellerromantik aber sollte den kritischen Blick – weder den des Weinmachers, noch den des Besuchers – für die notwendige Hygiene und für strikte Sauberkeit der Gerätschaften trüben. Sie werden vom echten Kellerschimmel an den Wänden nicht beeinträchtigt, der für einen Großteil der romantischen Stimmung verantwortlich ist. Aber Schläuche, Filter, Fassstutzen, Pumpen und Probenheber sollten trotz des »schimmeligen« Ambientes von untadeliger Sauberkeit sein. Wo man noch Wochen nach der Ernte Tresterreste in den Ecken findet, wo schlecht ausgespülte Schläuche vor sich hin modern, wo es muffig oder faulig riecht, da ist meist auch der Wein von fragwürdiger Qualität.

Iași [ˈjaʃʲ], Anbaugebiet im Gebiet der gleichnamigen Stadt im Nordosten Rumäniens, entlang der Grenze zu Moldawien, das auch als Dealurile Moldovei (Moldauhügel) bekannt ist; die wichtigsten Weinbauzentren des Gebiets sind Iași selbst, Copou, Bucium, Uricani und Tomești. Kultiviert werden die Sorten Aligoté, Fetească regală, Fetească albă und Fetească neagră, Muskat Ottonel, Merlot, Sauvignon blanc, Cabernet Sauvignon und Băbească neagră.

icon wine [ˈaɪkən waɪn, zu icon »Ikone« und wine »Wein«], englisch für →Kultwein.

Idaho [ˈaɪdəhəu], US-amerikanischer Weinbaustaat, der zusammen mit Washington und Oregon den so genannten Pazifischen Nordwesten bildet; Reben werden v. a. im Snake River Valley im Südwesten des Staates kultiviert, unweit der Grenze zu Oregon. Das Klima ähnelt dem des →Columbia Valley: Die Tage sind mild und lang, die Nächte aber deutlich kühler. Viele Rebsorten reifen deshalb nur schwer oder unvollständig aus. Kultiviert werden vor allem die Weißwein-Rebsorten Chardonnay, Riesling und Chenin blanc, gelegentlich auch der rote Spätburgunder (Pinot noir). Weinbau wird in Idaho seit 1864 getrieben. Derzeit gibt es noch keine anerkannten AVA-Herkunftsbezeichnungen.

Indicazione geografica tipica. Im Arnotal, nur wenige Kilometer außerhalb des Anbaugebiets Chianti Classico, wachsen die Trauben für den roten Galatrona, einen der besten toskanischen Weine, die unter der Igt-Herkunftsbezeichnung Toscana vermarktet werden.

Igt, Abk. für →Indicazione geografica tipica.

imbottigliato [ɪmbɔttiʎˈʎato], italienisch für abgefüllt; auf Weinetiketten gesetzlich vorgeschriebener Hinweis auf den Abfüller (imbottigliato da) oder auf eine Erzeugerabfüllung (imbottigliato all'origine).

Impériale [ɛ̃perˈjal, französ.], eine Weinflasche (→Flaschen).

Imprägnierverfahren, Methode des Auffrischens von Weinen und Verfahren der Herstellung bestimmter →Perlweine durch Zugabe von Kohlendioxid.

Im Sonnenschein, eine der besten Weinbergslagen des Bereichs Südliche Weinstraße, Gemeinde Siebeldingen, im deutschen Anbaugebiet Pfalz; auf den Hanglagen mit schottrigen und kiesigen Böden werden v. a. die Weißwein-Rebsorte Riesling und die rote Sorte Spätburgunder kultiviert.

INAO, Abk. für →Institut National des Appellations d'Origine.

Incrocio Manzoni [iɲˈkroːtʃo -], Sammelname für eine Reihe von Rebzüchtungen des italienischen Rebenzüchters Luigi Manzoni (*1888, †1968), die dieser an den Forschungsanstalten von Conegliano Veneto und San Michele all'Adige realisierte; am weitesten verbreitet ist die weiße Incrocio Manzoni 6.0.13, eine Kreuzung aus Weißburgunder (Pinot bianco) und Riesling. Eher geringe Bedeutung genießen die rote Manzoni 2.15, eine Kreuzung aus Prosecco und Cabernet Sauvignon, Manzoni 1.50 (Trebbiano und Gewürztraminer) und Manzoni 3.25 (Regina und Luglienca), auch Augusta genannt.

Indicação de Proveniencia regulamentada [ĩdikaˈsãu də pruvəˈnjẽsa -], portugies. »gesetzlich geregelte Herkunftsangabe«], Abk. **IPR,** die unterste der beiden Kategorien von Herkunftsbezeichnungen für portugiesische Qualitätsweine, die als Vorstufe zur →Denominação de origem controlada gilt. Die Anforderungen für IPR-Weine entsprechen denen von DOC-Gewächsen, die sechs existierenden IPR-Gebiete (Chaves, Valpaços, Planalto, Mirandês, Lafões, Encostas de Aire und Alcobaça) können bei weiterer Qualitätsentwicklung Anspruch auf die Einstufung als DOC erheben.

Indicazione geografica tipica [italien. »typische geographische Angabe«], Abk. **Igt,** mit der Neufassung des italienischen Weingesetzes im Jahre 1992 eingeführte Kategorie von Herkunftsbezeichnungen für italienische Weine unterhalb der →Denominazione di origine controllata, die der Kategorie des →Landweins entspricht.

Der Herkunftsname kann durch andere Bezeichnungen wie den Namen der Rebsorte ergänzt werden. Igt-Anbaugebiete sind oft deutlich größer als DOC-Gebiete, sie umfassen meist ein breites Spektrum verschiedener weißer oder roter Sortenweine und Verschnitte. Die neue Kategorie erlaubte es, einen Großteil der zuvor als Tafelwein gefüllten hochwertigen Gewächse (→Super-Tuscan) unter einer gesetzlich geschützten Herkunftsbezeichnung zu vermarkten, die auch Angaben über Rebsorte, Jahrgang etc. auf dem Etikett zuließ.

Indien, Weinbauland in Südasien, das knapp 43 000 ha (2000) Rebfläche besitzt; allerdings ist nur etwa 1 % dieser Fläche der

Weinerzeugung gewidmet, der Rest dient der Tafeltrauben- und Rosinenproduktion. Auch der Weinverbrauch ist angesichts einer Einwohnerzahl von mehr als 1 Mrd. Menschen verschwindend klein: Neben den im Land erzeugten etwa 3000 hl werden noch etwa 5400 hl ausländischer Produkte konsumiert.

Allerdings stieg der Pro-Kopf-Verbrauch in den ersten Jahren des neuen Millenniums um 20–50 % jährlich. Indiens Weinbau ist im Hochland der Provinz Maharashtra östlich und nordöstlich von Bombay konzentriert, wo das Klima mild genug ist. Kultiviert werden zunehmend europäische Qualitätssorten wie Chardonnay, Spätburgunder (Pinot noir), Merlot oder Cabernet Sauvignon.

Innere Leiste, eine der besten Weinbergslagen der Gemeinde Würzburg im deutschen Anbaugebiet Franken; die Steillage in einem kleinen Tal auf der Südseite der Festung Marienberg weist steinige, leicht tonhaltige Lehmböden auf Muschelkalk, d. h. Sedimentsschichten aus Kalkalgen und Muscheln auf. Ihre wärmespeichernden Eigenschaften sorgen im Zusammenspiel mit der gegen kalte Nordwinde geschützten Lage für ein sehr gutes Mikroklima. Von der Inneren Leiste kommen deshalb ausgezeichnete Weißweine aus Riesling und Silvaner.

Insektenvernichtungsmittel, Insektizide [zu latein. caedere »töten«], Mittel des →Pflanzenschutzes gegen Schädlinge.

Institut National des Appellations d'Origine [ɛ̃sti'ty nasjo'nal dezapɔla'sjɔ̃ dori-'ʒiŋ], Abk. **INAO,** 1935 im Zusammenhang mit der Einrichtung von Appellationen gegründete halbstaatliche französische Organisation, die dem Landwirtschaftsministerium untersteht und zu deren Aufgaben es gehört, neue Appellationen vorzuschlagen, sie einzurichten und die Einhaltung der Produktionsbestimmungen für Qualitätsweine durch die Erzeuger und Abfüller zu überwachen.

Der Aufgabenbereich des Instituts wurde in den 1990er-Jahren von seiner Kernkompetenz für Weine und Weinbrände auf sämtliche durch Herkunftsbezeichnungen geschützte landwirtschaftliche Produkte und Lebensmittel ausgeweitet. Das Budget von knapp 20 Mio. Euro wird z. T. aus dem Staatshaushalt, z. T. durch eine Zwangsumlage der Erzeuger aufgebracht. Den Namen des Instituts trägt auch ein besonderes →Kostglas für Weinproben.

integrierter Weinbau, integrierter Rebschutz, naturnaher Weinbau, Kombination weinbaulicher Verfahren mit biologischen, biotechnischen und chemischen Pflanzenschutzmethoden; Ziel des integrierten Weinbaus ist es, den Einsatz von chemischen Substanzen beim Pflanzenschutz auf ein Minimum zu reduzieren. Dabei wird biologischen Methoden (→Bacillus thuringiensis, →Pheromone) der Vorzug eingeräumt.

Der integrierte Pflanzenschutz gilt seit den 1990er-Jahren im Weinbau weitgehend als Standard. Wesentlich strenger reguliert ist der →biologische Weinbau.

internationale Rebsorten, Sonderartikel S. 226/227.

interspezifische Sorten, →Hybriden.

invaiatura, italienisch für den Beginn der Reifephase (→Reife 1) von Trauben.

invecchiato [invek'kia:to], italienisch für gereift, gealtert; in der Regel in Bezug auf die Fasslagerzeit von Weinen vor der Flaschenfüllung verwendeter Begriff.

Inzolia, →Ansonica.

IPR, Abk. für →Indicaçᾶo de Proveniencia regulamentada.

Iran, Staat in Vorderasien, der mit 270 000 ha (2000) die sechstgrößte Rebfläche der Welt besitzt; es werden jedoch fast ausschließlich Tafeltrauben oder Rosinen erzeugt. Das einstige Persien gehört zu den ältesten Weinbaukulturen der Welt.

Irouléguy [irule'gyi], A. C.-Herkunftsbezeichnung für Rotweine aus dem französischen Baskenland; auf knapp 200 ha (2000) Rebfläche an der Grenze zu Spanien werden Weiß-, Rosé- und Rotweine erzeugt. Interessant sind v. a. die dunklen, tanninbetonten Roten aus den Rebsorten Tannat, Cabernet Sauvignon und Cabernet franc.

Irsai Olivér, Irsay Oliver [ˈɪrʃɒɪ ˈɔliveːr], ungarische Weißwein-Rebsorte, die 1930 aus den einheimischen Sorten Pozsony und Csaba gyöngye (»Perle von Csaba«) als Tafeltraubensorte gezüchtet wurde; die milde Säure und das feine Muskataroma der früh reifenden Sorte führten jedoch dazu, dass sie schon bald für die Weißweinerzeugung genutzt wurde. Irsai Olivér wird auch in der Slowakei und im deutschen Anbaugebiet Saale-Unstrut kultiviert.

Isabella, Hybride aus Vitis labrusca und Vitis vinifera, die 1816 zum ersten Mal in Nordamerika auftauchte; die Rotwein-Rebsorte reift selbst unter tropischen Bedingungen und wird deshalb in Ländern wie Brasilien, Uruguay, Indien oder Japan kultiviert. In Europa ist sie in einigen Ländern der GUS, auf der portugiesischen Insel Madeira und im österreichischen Südburgenland (→Uhudler) verbreitet. Das Aroma der hellroten Weine erinnert an künstlichen Erdbeersaft.

Ischia [isk'ja], DOC-Herkunftsbezeichnung für Weiß- und Rotweine der gleichnamigen Insel im Golf von Neapel in der italienischen Region Kampanien; die Weine werden aus den einheimischen Rebsorten Forastera, Biancolella, Greco, Guarnaccia und Piedirosso gekeltert.

I

INTERNATIONALE REBSORTEN

1) Das kalifornische Napa Valley im Frühjahr. Hier begann Cabernet Sauvignon seine erfolgreiche Karriere als internationale Rebsorte.

Streng genommen gibt es internationale Rebsorten seit den Anfängen des Weinbaus. Die ältesten europäischen Reben kamen aus Vorderasien und vom Kaukasus, nachdem sie zunächst Ägypten und dann Griechenland erobert hatten und schließlich mit Italien und Frankreich die beiden wichtigsten Weinbaunationen der Neuzeit erreichten. Vom 12. Jahrhundert an sorgten Zisterzienser für eine erfolgreiche Ausbreitung der französischen Burgundersorten in Mitteleuropa, und vom 16. Jahrhundert an nahmen spanische und portugiesische Eroberer, später auch Engländer, Holländer, Deutsche und Franzosen, die den Alten Kontinent in Richtung der Überseekolonien verließen, auf ihren Schiffen eine Auswahl Rebsetzlinge mit, um sie in der neuen Heimat auszupflanzen.

Europas Rebsorten erobern die Welt

Gegen Ende des 19. Jahrhunderts kam es zu einer erneuten Internationalisierung von Rebsorten. Amerikanische, reblausresistente Sorten tauchten in Europa, Australien oder Südafrika auf, wo man sie als Unterlage für die von der Reblaus dezimierten Edelsorten benutzte. Diese Edelsorten wiederum wurden im Gefolge der Katastrophe weit über ihre Ursprungsgebiete hinaus verbreitet, da sie zuerst ihre Eignung für die neuen Unterlagen bewiesen hatten oder man sich von ihnen bessere Weine erhoffte und die Weinberge ohnehin neu bestockt werden mussten: Cabernet Sauvignon, Merlot und Chardonnay gelangten dabei beispielsweise aus Frankreich ins italienische Friaul und in die österreichische Steiermark.

Der aktuelle Begriff der internationalen Rebsorten bezieht sich auf eine überschaubare Anzahl vorwiegend französischer Rebsorten wie Cabernet Sauvignon, Chardonnay, Merlot, Syrah oder Sauvignon blanc und hat seinen Ursprung in der jüngeren Geschichte des amerikanischen Weinbaus. Als in den 1960er-Jahren Weinbaupioniere wie Robert Mondavi begannen, ihre Idee von Qualitätsweinbau im Napa Valley, später auch in Sonoma, Carneros und anderen Teilen Kaliforniens zu realisieren, setzten sie ganz bewusst nicht auf die damals populären und weit verbreiteten Rebsorten wie Zinfandel, Ruby Cabernet oder Petite Sirah, sondern orientierten sich am damals wie heute renommiertesten Weinbauland der Welt: Frankreich.

Insbesondere die im Barrique ausgebauten Weine von Bordeaux und Burgund mit ihrer Kraft und Langlebigkeit hatten es ihnen angetan. Cabernet & Co. wurden zu Modellen und im Laufe der Jahrzehnte zu den meistkultivierten Rebsorten Kaliforniens; einige der aus ihnen gekelterten Weine zählen zu den besten der Welt.

Cabernet und Company

Die Paradesorte des Bordeauxgebiets, Cabernet Sauvignon, machte aber nicht nur im Napa Valley Karriere. Sie eroberte in den 1970er- und 1980er-Jahren weite Teile Kaliforniens und Washingtons, brachte in Chile herrliche Gewächse hervor, verdrängte zeitweise Syrah (Shiraz) als Starsorte in Australien und rückte, im Sog der Entwicklung in der Neuen Welt, sogar in klassischen Weinbaunationen wie Italien und Spanien ins Zentrum der Aufmerksamkeit.

2

3

Während die Winzer der Überseeländer mit ihren Cabernet-Sauvignon-Weinen direkt in Konkurrenz zu den großen Gewächsen des Bordeauxgebiets zu treten suchten, war die Motivation beispielsweise in Italien eine andere. Auch hier wollte man mit Cabernet und Chardonnay der internationalen Weinwelt beweisen, dass man Spitzenweine erzeugen konnte. Über diesen Umweg wollte man aber vor allem auf einheimische Gewächse wie Brunello di Montalcino und Barolo, Chianti oder Barbaresco aufmerksam machen.

Während Cabernet dabei aufgrund des starken Typencharakters der Sorte fast überall relativ vergleichbare Weine hervorbrachte, kreierte die Neue Welt im Falle des Chardonnay einen ganz eigenen Weintyp. Er hatte nicht mehr viel vom mineralischen, manchmal sogar strengen Charakter seiner Heimat, sondern geriet alkoholreich und üppig, zeigte markante Vanille- und Butternoten vom Ausbau in Barriques und schien mehr auf Kraft als auf Finesse zu setzen – dies war zumindest das Bild, das Chardonnays aus Übersee in den Anfangsjahren abgaben. Auch Merlot, die zweitwichtigste Rotwein-Rebsorte des Bordeauxgebiets, machte international Karriere, was vor allem am deutlich fruchtbetonten, weichen und runden Charakter ihrer Weine liegt; Sauvignon blanc, Cabernet franc und sogar in Frankreich inzwischen marginale Sorten wie Petit Verdot runden das Bild ab.

Gewinn oder Verlust?

Mit dem wachsenden Erfolg des Überseeweinbaus wuchs auch die Lust der dortigen Winzer

und Weinmacher, andere Sorten aus den Mutterländern des Qualitätsweinbaus zu erproben und zu kultivieren. Sorten des französischen Südens wie Marsanne, Roussanne oder Grenache, der noble Spätburgunder (Pinot noir) aus dem Burgund, der spanische Tempranillo, Sangiovese, Barbera und sogar Nebbiolo aus Italien, und schließlich auch portugiesische Varietäten wie Verdelho oder Touriga nacional eroberten die Weinberge zwischen Sydney und San Francisco, ganz zu schweigen vom Klassiker Syrah (Shiraz), der bereits während und nach der Reblauskatastrophe Australien erobert hatte. Dabei konnten einige Sorten wie beispielsweise Sémillon (in Australien) oder Carmenère (in Chile) ein Profil entwickeln, das sie in ihrer französischen Heimat nie besessen hatten.

Der Gewinn aus dieser Entwicklung für die Verbraucher war zunächst einmal immens: Die Weine wurden nicht nur vergleichbar, sondern unter dem Druck der gewachsenen Konkurrenz auch besser. Allerdings hat die Internationalisierung der Sorten in den Augen zahlreicher Kritiker auch negative Seiten. Winzer in Ländern wie Italien und Portugal, vielleicht auch Spanien oder Griechenland, vernachlässigten aufgrund des schnellen Erfolgs, den sie mit Cabernet & Co. erzielen konnten, die eigentlich anstehende Arbeit, aus ihren einheimischen Sorten wie Pignolo oder Macabeo, Nero d'Avola und Xynómavro international konkurrenzfähige Varianten oder Klone zu selektieren. Und die genetische Vielfalt der Gattung Vitis insgesamt könnte unter andauernder und umfassender Internationalisierung leiden.

2) Zu den beliebtesten internationalen Rotwein-Rebsorten gehören Merlot und Syrah – in Australien und Südafrika Shiraz genannt – aus denen kräftige, gehaltvolle Weine gekeltert werden.

3) Die ältesten internationalen Rebsorten gab es bereits in der Antike. Heute wird mit diesem Begriff eine Gruppe populärer Rebsorten französischen Ursprungs bezeichnet.

Isonzo, eigentlich **Isonzo del Friuli, Friuli Isonzo,** DOC-Herkunftsbezeichnung für Weine aus dem Gebiet des gleichnamigen Flusses in der nordostitalienischen Region Friaul-Julisch Venetien; auf mehr als 1300 ha (1997) Rebfläche werden zahlreiche Weiß- und Rotwein-Rebsorten kultiviert, allen voran Merlot und Tocai friulano.

Italien. Herbst im Barologebiet. Hier wird aus Nebbiolotrauben Italiens »König der Weine und Wein der Könige« erzeugt.

Israel, Weinbauland in Vorderasien, das etwa 6000 ha (2000) Rebfläche besitzt, von denen die Hälfte der Weinerzeugung gewidmet ist; die Jahresproduktion beträgt 80000 hl (2000) und stammt aus den Anbaugebieten Galiläa/Golan im Norden, Shomron/Shamaria im nördlichen Zentrum, den Hügeln von Judäa im östlichen Zentrum, Samson im Westen und Negev im südlichen Zentrum des Landes, wobei Shomron/Shamaria und die Hügel von Judäa teilweise auf 1967 annektiertem, unter palästinensischer Selbstverwaltung stehendem Gebiet liegen.

Israel, das zu den ältesten Weinbaunationen der Welt zählt, erzeugte noch in den 1970er-Jahren zu mehr als 80 % Süßweine. Das Spektrum hat sich in Richtung trockener Weiß- und Rotweine verschoben, die zum überwiegenden Teil nach den Regeln der jüdischen Religionsgesetze →koscher sind. Der moderne israelische Weinbau verdankt seine Entstehung einer Initiative der Eigner von Château Lafite-Rothschild aus dem französischen Bordeauxgebiet im 19. Jh.

Italia, italienische Tafeltraubensorte, die auf großen Rebflächen v. a. im Süden des Landes kultiviert wird; illegalerweise werden aus Italia gelegentlich auch Weine gekeltert.

Italien, eines der ältesten und bedeutendsten Weinbauländer der Welt; mit einer Rebfläche von 870 000 ha (2001, OIV: 908 000 ha, 1990: 939 000 ha) steht das Land weltweit an dritter Stelle hinter Spanien und Frankreich, hinsichtlich der Jahresproduktion von 50–56 Mio. hl an zweiter Stelle. 49 % der Produktion entfallen auf Weißwein, der Rest auf Rosé und Rotwein. Mit einer Ausfuhrmenge von 17–18 Mio. hl/Jahr führt Italien die Liste der exportierenden Weinbaunationen vor Frankreich und Spanien an.

Italiens Weinberge werden von insgesamt fast 1 Mio. (2001) Weinbaubetrieben bewirtschaftet – das sind fast fünf Mal so viel wie in Frankreich –, was eine durchschnittliche Ertragsfläche von weniger als 1 ha pro Betrieb ergibt und die sehr klein strukturierte Organisation des italienischen Weinbaus verdeutlicht: Nur 7000 Betriebe bearbeiten mehr als 10 ha Land und lediglich 30000 vermarkten ihre Weine selbst.

Der durchschnittliche Hektarertrag liegt bei 60 hl/ha, in der Region Venetien, dem Produktivitätsspitzenreiter, allerdings bei über 100 hl/ha. Italiens Bevölkerung trinkt etwa 55 l Wein/Kopf (2000) im Jahr. Diese Zahl ist aber umstritten, und einige Statistiken weisen niedrigere Werte aus. Bis in die 1970er-Jahre lag der jährliche Weinkonsum noch bei über 100 l/Kopf.

Beim Weinkonsum – in Venetien und im Piemont wird fast drei Mal so viel Wein getrunken wie in Sizilien – ist dabei ein genauso deutliches Nord-Süd-Gefälle erkennbar wie hinsichtlich des Anteils der Qualitätsweine an der jeweiligen regionalen Produktion. Von den insgesamt etwa 10 Mio. hl Qualitätswein mit DOC- oder DOCG-Status – das ist etwas weniger als ein Fünftel der Gesamtproduktion, gegenüber 47 % in Frankreich – werden 86 % im Norden und im Zentrum des Landes erzeugt, nur 14 % im Süden und auf den Inseln. Während Venetien und das Piemont 18,7 bzw. 18 % der gesamten Qualitätsweinmenge hervorbringen, sind es in Molise nur 0,1 %, in Kalabrien 0,3 %.

■ **Klima:** Italien liegt vollständig im Bereich der europäischen Weinbauzone C (C I bis C III). Dennoch kontrastieren die klimatischen Bedingungen zwischen Alpenregionen wie Südtirol einerseits, dem süditalienischen Apulien oder den Inseln andererseits oft stärker als zwischen italienischen und mitteleuropäischen Anbaugebieten. Insbesondere der bergige Charakter der italienischen Halbinsel sorgt fast überall für besondere Kleinklimata.

Im Nordosten des Landes herrscht aufgrund der von den Seealpen gegen das Mittelmeer abgeschirmten Lage fast kontinentales Klima mit heißen Sommern und teilweise sehr kalten Wintern. Die große Poebene, in deren Einflussbereich die meisten Anbaugebiete der

Lombardei, der Emilia-Romagna und Venetiens liegen, ist durch Wärme und hohe Luftfeuchtigkeit gekennzeichnet und deutlich mediterraner geprägt.

Der Weinbau Mittelitaliens genießt durch die Höhenlage vieler Anbaugebiete gemäßigtes Klima, das für facettenreiche Weine sorgt. In den Küstenstrichen des Tyrrhenischen und des Adriatischen Meers wird die südliche Hitze durch die Wassernähe und durch kühlende Winde gemildert.

In Süditalien findet man innerhalb der einzelnen Regionen die vielleicht größten Kontraste. Auf Sizilien beispielsweise herrschen an der Küste teilweise fast subtropische Bedingungen, während es in den Bergen im Sommer empfindlich kühl und im Winter sogar ausgesprochen kalt werden kann.

■ **Böden:** Noch variationsreicher als die klimatischen Bedingungen sind die Bodenfor-

mationen Italiens. Vom Verwitterungsgeröll der Dolomiten im Norden über die mineralreichen Moränenschotter des Voralpengebiets, den Mergel im Piemont, Schwemmlandschotter in den großen Flussebenen des Po und der Alpenabflüsse des Friaul bis hin zu den Kalkmergeln der Zentraltoskana oder den vulkanischen Formationen der Basilicata fehlt fast kein denkbarer Bodentyp mit Ausnahme vielleicht größerer Lössformationen oder mineralischer Schiefer. Wo die Kombination bestimmter Rebsorten mit dem vorherrschenden Boden- und Klimatyp sich über die Jahrhunderte am besten entwickeln konnte, entstehen die größten Weine des Landes wie Barolo oder Brunello di Montalcino.

■ **Rebsorten und Weintypen:** Zusammen mit Portugal und Griechenland gilt Italien als das Land mit der größten Vielfalt autochthoner Rebsorten, von denen einige

Italiens Weinbauregionen

einen direkten Stammbaum bis zurück in die griechische Antike aufweisen. Zu den renommiertesten Rotwein-Rebsorten gehören der piemontesische Nebbiolo und der toskanische Sangiovese, aber auch Barbera, Aglianico und Nero d'Avola gelten als Spitzensorten. Sangiovese und Barbera sind darüber hinaus die beiden meistkultivierten Rebsorten Italiens.

Daneben gibt es eine Vielzahl von Rotwein-Rebsorten mit hohem Qualitätspotenzial, die oft aber nur auf wenigen Hektar Rebfläche kultiviert werden oder aber ihr Potenzial aufgrund zu produktiver Rebanlagen nicht richtig unter Beweis stellen können. Zu ihnen gehören beispielsweise Pignolo, Lagrein, Teroldego, aber auch Uva di Troia, Primitivo, Montepulciano oder Nerello Mascalese.

Bei den Weißwein-Rebsorten ist das Spektrum zwar fast ebenso vielfältig wie bei den roten, aber die Qualitätsspitze ist deutlich dünner. Abgesehen von Tocai friulano, Greco, Fiano, vielleicht noch Garganega oder Verdicchio, werden die meisten weißen Spitzenweine aus ursprünglich französischen Sorten wie Chardonnay oder Sauvignon blanc gekeltert. Auch der populäre Grauburgunder (Pinot grigio) ist französischen Ursprungs. Die meistkultivierten weißen Sorten Italiens sind Trebbiano und Catarratto; aus ihnen werden allerdings in erster Linie einfache, neutrale Weine erzeugt.

■ **Weinbauregionen und Anbaugebiete:** Weinbau gibt es in allen 20 Regionen Italiens. Sizilien (131 000 ha, 1998) und Apulien (107 400 ha) besitzen mit Abstand die größten Rebflächen, dahinter folgen Venetien, Toskana, Emilia-Romagna, Piemont, Latium, Sardinien und Kampanien. Während in den Abruzzen, der Lombardei, den Marken und Kalabrien jeweils zwischen 20 000 und 40 000 ha im Ertrag stehen, bilden Friaul-Julisch Venetien, Umbrien, Trentino-Südtirol, die Basilicata, Molise, Ligurien und das Aostatal die Gruppe der Regionen mit den kleinsten Rebflächen.

Insgesamt gibt es in Italien 367 DOCG- bzw. DOC-Herkunftsnamen mit mehr als 1 800 Unterbezeichnungen, hinzu kommt eine ständig wachsende Zahl von Igt-Gebieten. Die 23 DOCG-Weine, die für das italienische Weingesetz die Spitze der Qualitätspyramide bilden, sind Albana di Romagna, Asti, Barbaresco, Bardolino Superiore, Barolo, Brachetto d'Aqui, Brunello di Montalcino, Carmignano, Chianti, Chianti Classico, Franciacorta, Gattinara, Gavi, Ghemme, Montefalco Sagrantino, Nobile di Montepulciano, Ramandolo, Recioto di Soave, Taurasi, Torgiano Riserva, Val-

ITALIEN: DOC- UND DOCG-REBFLÄCHEN	
Region	**Rebfläche**
Piemont	35 380 ha
Toskana	28 078 ha
Venetien*	26 016 ha
Emilia-Romagna	18 604 ha
Lombardei	14 705 ha
Abruzzen	12 021 ha
Trentino-Südtirol	11 517 ha
Friaul-Julisch Venetien	11 459 ha
Latium	8 625 ha
Marken	6 492 ha
Apulien*	5 820 ha
Sardinien	4 660 ha
Sizilien	4 509 ha
Umbrien	3 882 ha
Kampanien	3 208 ha
Kalabrien	1 304 ha
Molise	577 ha
Ligurien	547 ha
Basilicata	404 ha
Aostatal	182 ha
gesamt	**197 990 ha**

Stand: 2001, * Zahlen geschätzt

ITALIEN: TRAUBENPRODUKTION	
Region	**Erntedurchschnitt 2000 und 2001**
Venetien	11 585 907 dz
Apulien	10 123 114 dz
Emilia-Romagna	9 371 913 dz
Sizilien	9 209 954 dz
Abruzzen	4 612 346 dz
Latium	4 527 297 dz
Piemont	4 384 827 dz
Toskana	3 418 800 dz
Kampanien	2 657 720 dz
Marken	2 174 117 dz
Lombardei	1 904 777 dz
Trentino-Südtirol	1 734 277 dz
Friaul-Julisch Venetien	1 560 504 dz
Umbrien	1 322 880 dz
Sardinien	1 202 634 dz
Kalabrien	1 097 923 dz
Basilicata	643 423 dz
Molise	458 650 dz
Ligurien	194 310 dz
Aostatal	31 500 dz
gesamt	**71 014 235 dz**

Quelle: Italien. Landwirtschaftsministerium

tellina Superiore, Vermentino di Gallura, Vernaccia di San Gimignano.

■ **Weingesetz:** Das italienische Weingesetz stammt in seinen Grundzügen aus dem Jahre 1963 und wurde in den 1990er-Jahren in zwei Anläufen reformiert. Es sieht vier Kategorien von Herkunftsbezeichnungen vor: Tafelwein (Vino da Tavola), Landwein (Indicazione geografica tipica) sowie die beiden Qualitätsweinstufen DOC und DOCG (Denominazione di origine controllata und Denominazione di origine controllata e garantita), von denen ursprünglich nur Tafelwein und DOC vorgesehen waren. Das Gesetz wurde zu einem wichtigen Instrument der italienischen Weinwirtschaft bei der Eroberung der Exportmärkte, da es ihre Gewächse zumindest formell auf eine Stufe mit französischen oder deutschen Erzeugnissen stellte.

■ **Geschichte:** Bereits Phönizier und Griechen, die Süditalien und Sizilien um 800 v. Chr. besiedelten, legten erste Rebkulturen an. Pompeji, die Hafenstadt am Vesuv, wurde um die Zeitenwende zum bedeutendsten Weinhandelszentrum der antiken Welt. Mit dem Niedergang des Römischen Reiches verfiel auch der Weinbau. Zwar konnten Handelsstädte wie Venedig oder Genua im 13. und 14. Jh. eine herausragende Position im europäischen Weinhandel erringen, aber das Zentrum des kontinentalen Weinbaus hatte sich nach Frankreich und Deutschland verlagert.

Erst im 19. Jh. erlebte der Weinbau einen tief greifenden Aufschwung. Unter dem Einfluss französischer Vorbilder entstanden Renommierweine wie Barolo, Brunello oder Chianti. Gleichzeitig wurde eine Reihe von Kellereien gegründet, die immer noch zu den wichtigsten des Landes gehören. Die Reblauskatastrophe und zwei Weltkriege setzten den positiven Ansätzen jedoch ein vorläufiges Ende, und es dauerte bis in die 1970er-Jahre, bevor Italien endgültig den Übergang zum Qualitätsweinbau und damit einen erneuten Aufschwung schaffte.

■ SIEHE AUCH

→ Abruzzen · Aostatal · Apulien · Basilicata · Consorzio di tutela · Denominazione di origine controllata · Emilia-Romagna · Friaul-Julisch Venetien · Frizzante · Indicazione geografica tipica · Kalabrien · Kampanien · Latium · Ligurien · Lombardei · Marken · Molise · passito · Piemont · Riserva · Sardinien · Sizilien · Südtirol 1) · Tafelwein · Toskana · Trentino · Umbrien · Venetien · Vino da Tavola · Vin santo

J

Jacquère [ʒa'kɛr], französische Weiß-wein-Rebsorte, die aus Savoyen stammt; in Frankreich wird sie auf 1363 ha (1999) Rebflä-che kultiviert, darüber hinaus nur noch in Por-tugal. Die relativ spät reifende Sorte bringt leichte, säurebetonte Weine hervor.

Jaen, Jaen do Dão [xa'en (du dãu)], por-tugiesische Rotwein-Rebsorte, die auf etwas mehr als 1700 ha (1999) Rebfläche, v.a. in den Anbaugebieten der DOC-Weine Bairrada und Dão in den Beiras sowie im Gebiet der Regio-nalappellation Trás-os-Montes kultiviert wird; Jaen ist nach Ansicht von Ampelogra-phen nicht identisch mit den beiden spani-schen Sorten Jaén blanco und Jaén negro, die v.a. in Andalusien kultiviert werden.

Jahrgang, engl. **vintage,** französ. **millé-sime,** italien. **annata,** span. **cosecha,** das Erntejahr der Trauben, aus denen ein Wein gekeltert wurde; v.a. hinsichtlich des Wetters in der Vegetations- und Reifeperiode der Trauben hat der Jahrgang entscheidenden Einfluss auf die Qualität des Weins. Dabei spielen sowohl die Temperaturen als auch die Niederschlagsmengen und ihre Verteilung eine Rolle.

JAHRGANG. *Sinn und Unsinn von Jahrgangstabellen*

Jahrgangstabellen mit einer vergleichenden Bewertung aufeinander folgender Jahrgänge eines oder mehrerer Weinbauländer oder Anbau-gebiete erfreuen sich bei Weinliebhabern seit jeher großer Popularität. Ganz gleich, ob sie ein 20-Punkte-Schema, fünf Sterne oder 100 Punkte, drei, vier oder fünf Flaschen bzw. Gläser benutzen, gemeinsam ist ihnen die Aussage: Die Weine aus dem Land oder Gebiet »xy« sind im Jahr »yz« schlecht, mäßig, gut, sehr gut oder herausragend. Wenn diese Tabellen sich auf ganze Länder beziehen, liegen ihre Schwächen auf der Hand, denn niemand würde ernsthaft behaupten, an der Mosel fielen die Jahrgänge immer so aus wie in Südbaden, im Piemont wie auf Sizilien. Aber selbst auf einzelne Regionen bezogen, besitzen die Tabellen nur begrenzte Aussagekraft: Obwohl beispiels-weise im Bordeauxgebiet der Jahrgang 2000 höher eingeschätzt wurde als der darauf folgende, gab es zahlreiche Erzeuger, die ihren Wein des Jahres 2001 für den besseren hielten. Und der katastrophale Jahrgang 1987 im italienischen Piemont hat unter all den verregneten Weinen auch einige großartige Gewächse hervorgebracht: Eine Reihe Winzer hatte einfach Glück, vor dem einsetzenden Dauerregen geerntet zu haben.

Große Weine werden v.a. in warmen Jahrgängen mit ausreichenden Niederschlä-gen erzeugt. Ist die Witterung in der Vegeta-tionsperiode der Rebe zu kühl und zu feucht, entwickeln die Trauben nicht genügend Zu-cker und die Weine geraten alkoholarm und mager; bei zu großer Hitze und lang anhalten-der Trockenheit dagegen kommt es zu Tro-ckenschäden und die Trauben bleiben extrakt-arm oder reifen physiologisch nicht aus. Wenn Weine einen spezifischen **Jahrgangston** in Aroma oder Geschmack zeigen, handelt es sich häufig um ein unerwünschtes Phänomen:

Die Weine können z.B. grün wirken, Frostge-schmack oder einen untypischen Alterungston zeigen.

■ **Jahrgangsunterschiede:** Im Rahmen der Weinbergsarbeit kann der Winzer den Einfluss der Jahrgangsfaktoren durch entspre-chenden Winterschnitt, Ausdünnen im Som-mer, die richtige Wahl des Erntezeitpunkts, sorgfältiges Auslesen des Traubenguts etc. teilweise korrigieren. Ein guter Winzer, so sagt man, beweist sein Können in schlechten Jahren.

Generell gelten die Jahrgangsunter-schiede in heißen Weinbauländern als nicht so ausgeprägt wie in kühleren Zonen. Dies ist nur bedingt richtig, denn die Qualität der Weine in heißen Klimata hängt weniger von der Sonnenwärme als vielmehr von den Nie-derschlägen ab: Große Weine entstehen hier nur in Jahren mit vergleichsweise viel Regen. Durch Anreichern, Aufsäuern oder den Ein-satz mechanischer Konzentratoren (→kon-zentrieren) werden Jahrgangsunterschiede tendenziell ausgeglichen. **Jahrgangsver-schnitte,** d.h. das Verschneiden von Quali-tätsweinen verschiedener Jahrgänge, ist in ei-nigen Weinbauländern in gewissem Umfang erlaubt.

Jahrgangschampagner, eine Spielart des Champagners (→Champagne).

Jahrgangston, Aroma- oder Ge-schmacksnote, die für Weine eines bestimm-ten →Jahrgangs typisch ist.

Jahrgangsverschnitt, Verschnitt aus Weinen verschiedener →Jahrgänge.

Janus, eigentlich Tinto Pesquera Gran Reserva Janus, Selektionswein der spanischen D.O.-Herkunftsbezeichnung Ribera del Duero, der nur in guten Jahrgängen erzeugt wird; der kräftige, reinsortige Wein aus der Rotwein-Rebsorte Tempranillo besitzt außer-gewöhnliches Alterungspotenzial und genießt den Status eines Kultweins.

Japan, Weinbauland in Ostasien, das knapp 22 000 ha (2000) Rebfläche besitzt und jährlich 1,3 Mio. hl Wein erzeugt; Reben wer-den in zahlreichen Teilen der Hauptinsel Honshu und der Insel Hokkaido kultiviert, das wichtigste Anbaugebiet aber sind die Hügel bei Kofu (Provinz Yamanashi) östlich der Hauptstadt Tokio.

Das feuchte Klima Japans eignet sich fast nur für Hybride; erst in den letzten Jahren des 20. Jahrhunderts wurden verstärkt euro-päische Qualitätssorten ausgepflanzt. Zwar beträgt der Pro-Kopf-Konsum in Japan nur knapp 2,5 l/Jahr, mit einer Bevölkerung von über 126 Mio. Menschen steht das Land aber dennoch an 15. Stelle der Weinverbraucher-länder – noch vor klassischen Weinbaunatio-nen wie Österreich, Bulgarien oder Chile. Es gilt deshalb als einer der bedeutendsten Weinmärkte der Welt. Trotzdem ist →Reiswein nach wie vor das populärste weinartige Getränk des Landes.

Jasnières [ʒɑnˈjɛr], AC-Herkunftsbezeichnung für Weißweine des französischen Loiretals im Bereich Touraine; von knapp 50 ha (2000) Rebfläche kommen ausschließlich Weißweine aus der Rebsorte Chenin blanc (Pineau de la Loire). Weine aus vollreifen Trauben können die gesamte aromatische und geschmackliche Fülle der Sorte zeigen: exotische Fruchtaromen und Schmelz.

Jenins [ʒɔnɛ̃], bekanntes Weinbaudorf der Bündner Herrschaft im Ostschweizer Kanton Graubünden; mit 630 m ü. M. ist es die höchst gelegene Herrschäftler Weinbaugemeinde. Auf tonhaltigen, fruchtbaren Schieferböden wächst vor allem die Rotwein-Rebsorte Spätburgunder (Blauburgunder).

Jerez, spanisch für →Sherry.

Jerez-Brandy [xɛˈreθ -], eigentlich Brandy de Jerez, Weinbrand aus dem spanischen Sherrygebiet, der als renommiertester und bester der spanischen Weinbrände gilt; destilliert wird auf vier Arten in kontinuierlichen oder diskontinuierlichen Verfahren. Die Besonderheit des Brandy de Jerez ist seine Fassreifezeit nach dem Criadera-Solera-Verfahren (→Sherry), das für schnellere Trinkreife sorgt als die lange Lagerung in einem einzigen Fass. Der Geschmack wird wesentlich von der Art der Sherryfässer geprägt, in denen er reift. Großer Jerez-Brandy zeichnet sich durch üppige, fast süße Fülle aus.

Jeroboam [dʒeroˈbwʌm, französ., nach dem Namen israelischer Könige], eine Weinflasche (→Flaschen).

Jesuitengarten, Name von zwei Weinbergslagen in den deutschen Anbaugebieten Pfalz, Gemeinde Forst an der Weinstraße, und Rheingau, Gemeinde Oestrich-Winkel; beide eignen sich für die Weißwein-Rebsorte Riesling und bringen sehr gute Weine höherer Prädikatsstufen hervor. Während der nach Südosten ausgerichtete Forster Jesuitengarten Sandsteinerosionsböden mit Basaltschotter aufweist, findet man im Rheingau tiefgründige, kalkhaltige Lössböden, die in der Regel Weine von fruchtigem Spiel und markanter Säure hervorbringen.

Joch, altes österreichisches Feld- oder Flächenmaß, das so viel Land umfasste, wie mit einem Gespann (oder Joch) Ochsen an einem Tag gepflügt werden konnte; das so genannte Wiener Joch entspricht einer Fläche von 0,57546 ha.

Jodgeruch, Aroma bestimmter Weine, das auch als →medizinisch bezeichnet wird.

Johannisberg, 1) Bereich des deutschen Anbaugebiets →Rheingau.

2) →Schloss Johannisberg.

3) **Johannisberg Riesling**, schweizerisch für →Silvaner.

Johnson [ˈdʒɔnsən], Hugh, britischer Weinexperte, * London 10. 3. 1939; er gilt als einer der einflussreichsten Weinbuchautoren der Welt.

Nach dem Anglistikstudium in Cambridge wurde Johnson 1961 Redakteur bei den Zeitschriften Vogue und House & Garden, wo er auch Weinkolumnen schrieb. 1966 erschien sein erstes Buch, »Wine« (deutsch Wein), und 1971 der in zahlreiche Sprachen übersetzte »World Atlas of Wine« (deutsch Der Große Weinatlas). In den 1980er-Jahren folgten zwei weitere Standardwerke, »Hugh Johnson's Wine Companion« (deutsch Der große Johnson) und »Vintage: A History of Wine«, (deutsch Hugh Johnsons Weingeschichte). Seit 1996 handelt Johnson, der zeitweise im Verwaltungsrat von Château Latour im Bordeauxgebiet saß, auch mit Weinaccessoires.

JOHNSON. *Der kleine Johnson*

Es gibt weltweit kein erfolgreicheres Weinbuch! »Der kleine Johnson für Weinkenner«, ein schmales, knapp 400 Seiten starkes Nachschlagewerk, ist bereits in der 25. Auflage erschienen und hat dabei allein mit seiner deutschen Ausgabe eine Gesamtauflage von insgesamt mehr als 1 Million Exemplaren erreicht. Insgesamt wurde das Buch im Laufe der Jahre in zwölf Sprachen übersetzt. Sein Konzept ist dabei so einfach wie erfolgreich: In 15 Gebietskapiteln werden – alphabetisch geordnet – die wichtigsten Herkunftsbezeichnungen, Rebsorten und Erzeuger erklärt, wobei die Texte sehr knapp gehalten sind. Weine und Erzeuger werden darüber hinaus nach einem Fünf-Sterne-Schema bewertet. Kritiker werfen dem Buch vor, dass es trotz der jährlichen Aktualisierung nicht immer auf der Höhe der Entwicklung sei und die Texte gelegentlich sehr unpräzise ausfielen. Dem Erfolg des Buches tat dies bisher keinen Abbruch.

Jonkershoek Valley [ˈjɔnkəshuk ˈvælɪ], Bereich (Ward) des südafrikanischen Weinbaudistrikts Stellenbosch; das enge, als Naturpark geschützte Tal gräbt sich im Osten der Stadt Stellenbosch tief in die Berge. Es genießt die höchsten Regenmengen ganz Südafrikas. Von den tiefgründigen, roten, kalkhaltigen Granitverwitterungsböden kommen exzellente Rotweine aus Syrah (Shiraz) und Cabernet Sauvignon.

Jubiläumsrebe, Weißwein-Rebsorte, die 1922 von Fritz Zweigelt im österreichischen Klosterneuburg aus Grauer Portugieser und Frühroter Veltliner gekreuzt wurde; die Sorte stellt geringe Ansprüche an den Boden, ist aber empfindlich gegen Winterfröste. Auf guten Lagen erreicht Jubiläumsrebe hohe Mostgewichte. Die Sorte konnte sich trotz ihrer Eignung für Prädikatsweine nicht durchsetzen und wird in Österreich lediglich auf etwa 30 ha, in Deutschland nur versuchsweise kultiviert.

Juffer Sonnenuhr, eine der besten Weinbergslagen des Bereichs Bernkastel,

Gemeinde Brauneberg, im deutschen Anbaugebiet Mosel-Saar-Ruwer; die nach Süden ausgerichtete Parzelle mit einer Hangneigung von 80 % weist flachgründige, steinige und lehmige Devonschieferböden auf und ist Teil der größeren Lage Brauneberger Juffer.

Jugoslawi|en, nach dem Ersten Weltkrieg entstandener Bundesstaat in Südosteuropa, der in die selbstständigen (Weinbau-)Nationen →Bosnien und Herzegowina, →Kroatien, →Makedonien, →Serbien und Montenegro sowie →Slowenien zerfiel.

Juliénas [ʒyljeˈna], eigenständige Gemeindeappellation des Beaujolaisgebiets im französischen Burgund mit etwa 580 ha Rebfläche; aus der Rotwein-Rebsorte Gamay werden farbintensive, relativ gut strukturierte und alterungsfähige Weine gekeltert.

Julius-Echter-Berg, eine der besten Lagen des Bereichs Steigerwald, Gemeinde Iphofen, im deutschen Anbaugebiet Franken; auf den nach Süden geneigten Keuperböden mit Schilfsandstein-Einlagerungen etwa 260 m ü. M. bringen v.a. die Weißwein-Rebsorten Silvaner und Riesling hervorragende Resultate.

Jumilla [xuˈmiʎʎ], zur spanischen →Levante gehörendes D.O.-Anbaugebiet; die über 42 000 ha (2000) Rebfläche von Jumilla sind zu 80 % mit der Rotwein-Rebsorte Mourvèdre (Monastrell) bestockt. Daneben werden Grenache teinturier (Garnacha Tintorera), Cabernet Sauvignon, Merlot und Syrah kultiviert. Der Großteil der Rebflächen liegt auf einer Hochebene mit kargen Kalk- und Lehmböden, umgeben von schroffen Bergketten. Das Klima ist sehr trocken, mit langen, heißen Sommern und kurzen, aber sehr kalten Wintern.

Jung|anlage, neu bestockter, d. h. mit Reben bepflanzter Weinberg in der Phase bis zum ersten Vollertrag; dieser Zeitraum umfasst drei bis vier Jahre. Bereits im dritten oder vierten Jahr können kleinere Ernten eingebracht werden, wobei der erste Jahrgang den so genannten **Jungfernwein** ergibt. Aus pflanzenbaulichen Gründen werden Junganlagen in den ersten Jahren nur mit kleineren Ernteerträgen belastet, um die Reben nicht nachhaltig zu schwächen.

junger Wein, noch nicht lange gefüllter bzw. noch nicht gereifter oder gealterter (→altern) Wein; wie lange ein Wein als jung bezeichnet wird, hängt von seiner Alterungsfähigkeit ab. Ein großer Bordeauxrotwein gilt auch nach zwei oder drei Jahren noch als Jungwein, ein Beaujolais Nouveau dagegen nur in den ersten Monaten nach dem Abfüllen.

Jungfernwein, Wein des ersten Jahrgangs einer →Junganlage.

Jungwein, noch trüber Wein, dessen alkoholische Gärung abgeschlossen ist, der aber noch nicht von der Hefe abgezogen wurde; gemeinsprachlich wird auch →junger Wein gelegentlich als Jungwein bezeichnet.

Junker, Kurzwort für →Steirischer Junker.

Jura [französ. ʒyˈra], kleine französische Weinbauregion am Fuße des Französisch-Schweizerischen Jura zwischen Savoyen, dem Elsass und dem Burgund; auf Mergelböden, die über Kalk und Sandstein liegen, werden überwiegend Weißwein-Rebsorten kultiviert.

JUNGANLAGE | *Besonderer Schutz nötig*

Wie alle jungen Pflanzen sind frisch gesetzte Rebstöcke besonders empfindlich. Das betrifft nicht nur die Gefahr zu hoher Erträge bei der Jungfernernte, durch die Reben auf Dauer geschwächt werden können. Auch Wassermangel, zum Beispiel durch die Wasserkonkurrenz zu früher Weinbergsbegrünung, bedeutet für die Jungreben Stress, von dem sie sich unter Umständen nie mehr richtig erholen. Die direkteste und größte Gefahr geht jedoch von Tieren aus, denen die jungen Triebe und Blätter besonders und die auch die empfindlichen Pfropfstellen verletzen. Dagegen schützen Winzer wie hier an der kalifornischen Central Coast ihre Reben durch Plastik- oder Strohmanschetten, die oft den gesamten Stamm des Rebstocks umhüllen.

Jura. Das malerische Château-Chalon ist das Zentrum eines Anbaugebiets für einen der ungewöhnlichsten Weine Frankreichs, Vin jaune.

Die wichtigsten Appellationen sind Arbois, →Château-Chalon und Côtes du Jura. Zu den Spezialitäten der Region zählen →Vin de paille und →Vin jaune. Unter der Bezeichnung **Côtes-du-Jura** werden vorwiegend einfache, leichtere Weiß- und Rotweine aus Poulsard, Trousseau, Spätburgunder (Pinot noir), Savagnin, Chardonnay etc. erzeugt. Von beachtlicher Qualität können die flaschenvergorenen Schaumweine des Gebiets sein, die als **Crémant du Jura** vermarktet werden.

Jurançon [ʒyrãˈsɔ̃], A. C.-Herkunftsbezeichnung für liebliche bis süße Weißweine aus überreifen Trauben des französischen →Südwestens, die in guten Jahren die Zusatzbezeichnung →Vendange tardive tragen können; auf etwa 800 ha (1999) Rebfläche am Fuße der Pyrenäen werden v. a. die einheimischen Sorten Manseng, Courbu, Camarlet und Lauzet kultiviert. Die trockenen Weißweine, die etwa 40 % der Produktion des Gebiets ausmachen, werden unter der Bezeichnung **Jurançon sec** vermarktet.

Jurançon noir [ʒyrãˈsɔ̃ nwar], französische Rotwein-Rebsorte, die v. a. im Südwesten und an der Mittelmeerküste angebaut wird; sie steht in Frankreich auf insgesamt etwa 1800 ha (1999, 1958: 12300 ha), vorwiegend in den Départements Tarn, Gers, Haute-Garonne und Tarn-et-Garonne, und wird darüber hinaus noch auf etwa 500 ha in Uruguay kultiviert. Der spät reifende Jurançon noir besitzt dunkelschwarze Beeren, bringt aber nur recht farbschwache, einfache Weine hervor.

Kabinett [ursprünglich zu Cabinettkeller des Rheingauer Klosters Eberbach], zweitniedrigste Kategorie deutscher und österreichischer Qualitätsweine, in Deutschland unterste Stufe der →Prädikatsweine; unter der Bezeichnung Kabinett werden Weine aller Geschmacksrichtungen vermarktet, die nicht aufgebessert sein dürfen. Das Mindestmostgewicht liegt in Deutschland je nach Anbaugebiet bei 67–82°Oe, in Österreich bei 17°KMW; dort dürfen die Weine höchstens 13 Vol.-% Gesamtalkohol und 9g Restzucker/l aufweisen.

Kadarka, Rotwein-Rebsorte Südosteuropas; ihr Ursprung wird am Skadarskosee an der Grenze zwischen Montenegro und Albanien vermutet. Kadarka wird v.a. in Serbien, Makedonien, Bulgarien, Ungarn, Rumänien und Österreich kultiviert und ergibt tanninbetonte, körperreiche Weine. Die ungarische Weißwein-Rebsorte Fehér kadarka ist nicht mit der roten Kadarka verwandt. Die Gesamtrebfläche wird auf etwa 30000 ha (1999) geschätzt, ist aber rückläufig.

Kaliforniens Weinbaubereiche

Kaiserstuhl.
Oberbergen im Herzen des Kaiserstuhls ist eine der kulinarischen und önologischen Hochburgen Badens.

Kahm, Kahmhefen, wilde Hefen der Gattungen Hansenula, Pichia und Candida; Kahmhefen gelten als Weinschädlinge. Beim Vorhandensein einer Luftblase im Fass oder im Tank vermehren sie sich auf der Oberfläche des Weins und bilden eine dichte Haut. Kahmhefen nähren sich von Alkohol, wobei sie Acetaldehyd, Essigsäure und Äthylazetat bilden. Die Weine nehmen einen Sherry- oder Lufton an; gleichzeitig steigt ihr Schwefelbedarf. Die wirksamste Vorbeugung gegen die Entwicklung von Kahm ist das Vollhalten der Lagerbehälter.

Kaiserstuhl, Bereich des deutschen Anbaugebiets Baden an den Hängen eines im Miozän entstandenen Vulkans in der Oberrheinischen Tiefebene; die Vulkan- und Lössböden eignen sich v.a. für Burgundersorten, aber auch Müller-Thurgau (hier meist Rivaner

genannt), Silvaner, gelegentlich auch Riesling bringen gute Resultate hervor. Der Kaiserstuhl war v.a. in den 1970er-Jahren Objekt einer umfassenden, häufig kritisierten Flurbereinigung. In vielen Gemeinden liefert die große Mehrheit der Winzer Trauben an große, monopolartig herrschende Winzergenossenschaften, von denen allerdings einige mit ihren besten Produktlinien beachtliches Niveau erreicht haben.

Kalabrien, italien. **Calabria,** Weinbauregion an der Südspitze des italienischen »Stiefels«; von den insgesamt 28500 ha (1998) Rebfläche der Region sind nur 3000 für die Produktion von Qualitätsweinen klassifiziert. Trotz der südlichen Lage ist das Klima der bergigen Region in vielen der höher gelegenen Bereichen relativ mild.

Die dominierende Rebsorte ist Gaglioppo, gefolgt von Magliocco canino, Greco nero, Nerello Mascalese, Nero d'Avola, Cabernet Sauvignon, Merlot und Syrah, was die roten, Greco, Montonico bianco, Trebbiano toscano, Malvasia bianca und Chardonnay, was die weißen Sorten betrifft. Es gibt insgesamt zwölf DOC- und 13 Igt-Gebiete: Die wichtigsten sind →Cirò, Donnici, Melissa, →Pollino, Savuto, Scavigna und Greco di Bianco (→Greco); von diesen stellt Cirò fast 90% der gesamten Produktionsmenge. Die Weine Kalabriens genießen im restlichen Italien nur in Ausnahmefällen guten Ruf und sind außerhalb der Landesgrenzen weithin unbekannt. Der Großteil der Produktion wird vor Ort konsumiert oder geht als Fassware zum Verschnitt nach Norditalien bzw. ins Ausland.

Kalb, sehr gute Weinbergslage im Bereich Steigerwald, Gemeinde Iphofen, des deutschen Anbaugebiets Franken; die Hanglage mit einer Neigung von 60% in einer Höhe von etwa 320 m ü. M. ist nach Süden ausgerichtet und weist leichte Gipskeuperböden auf. Kalb gilt als eine der großen, klassischen Silvanerlagen.

Kalifornien, engl. **California** [kæliˈfɔːjɔ, ursprünglich wahrscheinlich zu span. Califa, Sirene andalusischer Legenden, später zu California, an Gold und sonstigen Schätzen reiches, sagenhaftes Land aus dem Ritterroman »Amadís de Gaula« von Garci Rodríguez de Montalvo (*1450, †um 1505)], bedeutendster Weinbaustaat der USA.

Insgesamt stehen zwischen Mexiko und Oregon fast 196 000 ha – Schätzungen zufolge sind es sogar bis zu 225 000 ha – unter Reben; Kalifornien besitzt damit etwa 50 % der Rebfläche der USA, erzeugt aber mit etwa 20–25 Mio. hl gut 90 % der nationalen Weinmenge. Die kalifornische Weinindustrie mit ihren mehr als 4000 Winzern und über 1000 Kellereien und Erzeugerbetrieben gilt als eine der dynamischsten der Welt und bildet mit etwa 150 000 Vollzeitbeschäftigten und einem Jahresumsatz von 33 Mrd. US-$ (1999) den bedeutendsten Zweig der kalifornischen Landwirtschaft.

■ **Klimazonen:** Aufgrund seiner geographischen Ausdehnung und der sehr vielfältigen Topographie besitzt Kalifornien eine Vielzahl unterschiedlicher Klimazonen. Bei der Ausprägung des Klimas in den einzelnen Anbaugebieten spielen die Nähe zum Pazifik und die Möglichkeit des Zuflusses kalter Luftströmungen eine weit entscheidendere Rolle als eine nördlichere oder südlichere Lage. Zen-

KALIFORNIENS GRÖSSTE WEINBAU-COUNTYS	
County	**Rebfläche**
San Joaquin	22 390 ha
Madera	17 764 ha
Fresno	17 482 ha
Sonoma	16 394 ha
Napa	14 615 ha
Monterey	13 192 ha
Kern	12 896 ha
Merced	6 295 ha
Stanislaus	5 720 ha
Mendocino	5 472 ha

Quelle: Wine Institute of California, Stand: 2002

tralkalifornische Gebiete wie das Santa Barbara County sind teilweise deutlich kühler als das Napa Valley an der North Coast.

Seit 1944 ist der Staat offiziell in fünf Klimazonen unterteilt, die durch die Summe der durchschnittlichen Tagestemperaturgrade über 10 °C aus den Monaten April bis Oktober definiert sind. Zu den kühleren Zonen I–III gehören Gebiete wie Anderson Valley, Carneros, Mendocino, Napa, Santa Clara oder Sonoma. Zu den heißeren Zonen IV und V zählen dagegen große Teile des Central Valley oder San Diego.

■ **Rebsorten und Weintypen:** Kaliforniens meistkultivierte Rebsorte ist Chardonnay (39 900 ha, 2002), gefolgt von Cabernet

KALIFORNIEN — *Konkurrent von Konkurrenz bedroht*

In den 1980er-Jahren war Kalifornien der erste ernst zu nehmende Konkurrent der Weinbaunationen der Alten Welt. Der Neustart nach den langen Jahren der Prohibition hatte schnell zu überzeugenden Ergebnissen geführt, und kalifornische Weine erregten durch Siege in Vergleichsproben gegen hochkarätige französische Gewächse Aufsehen.

Die starke amerikanische Binnennachfrage sorgte aber dafür, dass die Preise rasch stiegen. Kalifornische Weine erreichten vor allem auf den europäischen Märkten ein Preisniveau, das ihre Absatzchancen deutlich minderte. So konnte es nicht ausbleiben, dass Mitbewerber aus anderen Ländern der Neuen Welt auftauchten. Chile etwa erreichte in wenigen Jahren auf dem deutschen Markt eine den Kaliforniern fast ebenbürtige Position. In den USA selbst griffen Australier mit sehr guten, preisgünstigen Weinen die starke Position der kalifornischen Gewächse an. Argentinien und Südafrika haben ihren

Eroberungszug auf dem Weltmarkt eben erst begonnen. Aus dem Jäger Kalifornien könnte so schon bald ein Gejagter werden.

Kalifornien. Das Sonoma County ist zwar nicht so bekannt wie das benachbarte Napa Valley, bietet aber die größeren landschaftlichen Reize. In der faszinierenden Hügellandschaft des Russian River Valley formieren sich die Reben zu immer neuen Mustern.

Sauvignon (30 700 ha), Merlot (21 100 ha) und Zinfandel (20 300 ha). Auf dem fünften Platz folgt mit Colombard eine weitere Weißwein-Rebsorte, dahinter dann Syrah, Chenin blanc, Sauvignon blanc und die nur auf kleineren Flächen kultivierten Sorten Rubired, Barbera, Grenache, Ruby Cabernet, Spätburgunder (Pinot noir), Carignan, Muskat Alexandrien (Muscat of Alexandria), Petite Sirah, Grauburgunder (Pinot gris), Cabernet franc, Sangiovese, Malvasia bianca, Viognier, Riesling, Burger, Gewürztraminer, Sémillon, Alicante Bouschet, Weißer Muskateller (Muscat blanc), Weißburgunder (Pinot blanc), Nebbiolo und Roussanne.

Während in Kalifornien noch bis in die 1980er-Jahre überwiegend Blush aus der Rebsorte Zinfandel erzeugt wurde, hat sich die Sortenpalette in den letzten beiden Jahrzehnten des 20. Jahrhunderts fast vollständig in Richtung der europäischen Qualitätsweinsorten verschoben, und auch Zinfandel wird inzwischen für die Produktion kräftiger, im Barrique ausgebauter Rotweine verwendet. Mit der Betonung der Rebsorte bei der Bezeichnung und Vermarktung der Weine – im Unterschied zu vielen traditionellen Herkunftsbezeichnungen Europas – schuf Kalifornien ein Modell, das weltweit Schule machte.

■ **Anbaugebiete:** Das Land ist in fünf Weinbauzonen unterteilt: North Coast, Central Coast, South Coast, Sierra Foothills und Central Valley. Die größten Rebflächen finden sich in den Countys (Bezirken) San Joaquin (22 400 ha, 2002), Madera (17 700 ha) und Fresno (17 500 ha), die alle zum Central Valley gehören. Erst dahinter folgen die beiden renommierten Weinbau-Countys der North Coast Sonoma (16 400 ha) und Napa (14 600 ha) sowie Monterey (13 200 ha). Die Weine werden unter insgesamt 86 AVA-Herkunftsbezeichnungen vermarktet, wobei die Namen der Region, der Countys, der verschiedenen

Anbaugebiete sowie ausgewählter Bereiche innerhalb der Anbaugebiete eigenständige AVA-Bezeichnungen darstellen.

■ **Geschichte:** Die ersten Rebkulturen Kaliforniens wurden Ende des 18. Jahrhunderts von Franziskanermönchen angelegt, die aus Mexiko nach Norden gezogen waren, um hier ihre Missionen zu gründen. Nach verhaltenem Aufschwung im 19. Jh. erlitt der Weinbau durch die Prohibition im ersten Drittel des 20. Jahrhunderts einen schweren Rückschlag. Den entscheidenden Schritt in Richtung Qualitätsweinbau vollzog Kalifornien erst in den 1960er- und 1970er-Jahren, als eine kleine Gruppe Weinbaupioniere um Robert Mondavi und den Önologen André Tschelistcheff im Napa Valley damit begann, trockene Qualitätsweine nach europäischem Vorbild zu keltern.

■ SIEHE AUCH
→ Alexander Valley · Anderson Valley · Arroyo Grande Valley · Arroyo Seco · California · Carmel Valley · Carneros · Central Coast · Central Valley · Chalone · Dry Creek Valley · Edna Valley · Lake · Livermore Valley · Mendocino · Monterey · Mount Veeder · Napa Valley · North Coast · Paso Robles · Russian River Valley · San Luis Obispo · Santa Barbara · Santa Clara · Santa Cruz · Santa Maria Valley · Santa Ynez Valley · Sierra Foothills · Sonoma · South Coast

KALIFORNIENS MEISTKULTIVIERTE REBSORTEN	
Rebsorte	**Rebfläche**
Chardonnay	39 959 ha
Cabernet Sauvignon	30 753 ha
Merlot	21 120 ha
Zinfandel	20 388 ha
Colombard	14 234 ha
Syrah	6 497 ha
Chenin blanc	6 394 ha
Sauvignon blanc	5 884 ha
Rubired	5 345 ha
Barbera	4 017 ha
Grenache	3 923 ha
Ruby Cabernet	3 277 ha
Carignan	2 445 ha
Muskat Alexandrien	1 782 ha
Petite Sirah	1 780 ha
Grauburgunder	1 637 ha
Cabernet franc	1 427 ha
Sangiovese	1 104 ha
Malvasia	903 ha
Viognier	810 ha
Riesling	747 ha

Quelle: Wine Institute of California, Stand: 2002

Kalk, gemeinsprachlich verschiedene Calciumverbindungen, v. a. kohlensaurer Kalk (Calciumcarbonat, $CaCO_3$), der im Weinbau und in der Kellertechnik große Bedeutung hat. Kalkhaltige, d. h. meist relativ magere, frische Böden (→Bodenarten) sind oft an der Stelle einstiger Meere zu finden.

In Deutschland und Österreich wachsen auf ihnen einige der besten Weißweine, im französischen Pomerolgebiet kommt von kalkhaltigen Böden ausgezeichneter Rotwein aus Merlot. Um eventuellen Kalkmangel im Boden auszugleichen, wird mit Calciumverbindungen gedüngt (gekalkt), um den pH-Wert und damit die Verfügbarkeit von Nährstoffen zu verbessern. Im Keller dient kohlensaurer Kalk in reiner Form zum Entsäuern von Weinen. Dabei werden die Säuren neutralisiert, Kohlendioxid entweicht und das Calcium wird in Form unlöslicher Verbindungen abgeschieden.

Kalkofen, gute Weinbergslage des deutschen Anbaugebiets Pfalz, Gemeinden Deidesheim und Leistadt (zu Bad Dürkheim); die etwa 5 ha große, 1513 zum ersten Mal urkundlich erwähnte Lage weist Lehm- und Tonmergelböden aus Kalkgeröllen, d. h. verwittertem Muschelkalk, auf. Kultiviert wird v. a. die Weißwein-Rebsorte Riesling.

Kältebehandlung, Kühlen von Most oder Wein; Ziel der Behandlung ist einerseits das Abkühlen gärender Moste auf die gewünschte Gärtemperatur, andererseits das Kaltstabilisieren füllfertiger Weine durch beschleunigtes Ausfällen von Weinstein und kältelabilen Weininhaltsstoffen wie Eiweiß. Zwecks Energieeinsparung kann dem Wein dabei im so genannten →Kontaktverfahren gemahlener Weinstein zugesetzt werden.

Kalterersee, italien. **Lago di Caldaro,** DOC-Herkunftsbezeichnung für Rotweine der norditalienischen Weinbauprovinz Südtirol; das Anbaugebiet mit seinen fast 1500 ha (1997) Rebfläche liegt im Gebiet des Überetsch südlich der Hauptstadt Bozen. Die leichten, gelegentlich auch restsüß ausgebauten Weine werden aus den verschiedenen Varianten der Rotwein-Rebsorte Trollinger (Vernatsch) gekeltert – bis zu 15 % Spätburgunder (Pinot nero) und Lagrein sind erlaubt – und müssen einen Mindestalkoholgehalt von 10,5 Vol.-% aufweisen. Liegt der Alkoholgehalt um 1 % höher, können die Weine die Zusatzbezeichnung Auslese (italienisch **scelto**) tragen.

Kaltgärung, gesteuerte, langsam ablaufende Gärung bei Temperaturen unter 18 °C; dabei wird der Most auf die gewünschte Gärtemperatur gekühlt und bei der Gärung entstehende Wärme durch Wärmetauscher abgeführt. Kaltgärung erhöht das Aromapotenzial von Weinen, insbesondere was die primären Aromen, d. h. die Fruchtaromen betrifft. Umstritten ist, ob kalt vergorene Weine auch ein

Kalterersee. Pergolen mit Vernatschtrauben vor dem kleinen, aber berühmten Kalterer See. Im Hintergrund die mächtigen Dolomiten jenseits des Etschtals.

komplexes Bukett mit sekundären und tertiären Aromen entwickeln können. Um Gärstörungen zu vermeiden, wird die Kaltgärung mit speziellen, kältetoleranten Hefen (Kaltgärhefen) durchgeführt.

Kaltmazeration, Kryomazeration, bei der Rotweinbereitung das Kühlen der Maische während der Mazeration auf unter 18 °C. Die Kaltmazeration verhindert die Gärung und dient der besseren Extraktion von Aromen, Farbstoffen und Tanninen. Sie kann von wenigen Stunden bis zu mehreren Tagen dauern.

kaltstabilisieren, Weine einer →Kältebehandlung unterziehen.

Kämme, Bestandteile der →Traube.

Kampanien, italien. **Campania,** süditalienische Weinbauregion mit der Hauptstadt Neapel, die sich fast 350 km entlang der Tyrrhenischen Küste erstreckt; mit etwa 42 000 ha Rebfläche liegt Kampanien hinter Sardinien an neunter Stelle der Weinbau treibenden Regionen Italiens. Von durchschnittlich erzeugten 2,2 Mio. hl Wein genießen jedoch nur 3 % DOC- oder DOCG-Status.

Das Klima Kampaniens wird vom mildernden Einfluss des nahen Mittelmeers und

---

KALTERERSEE. *Ein Symbol im Wandel der Zeit*

Kalterersee galt bis in die 1980er-Jahre als Musterbeispiel anspruchsloser, deshalb aber nicht weniger kommerziell erfolgreicher Weine, und sein Image war im Guten wie im Schlechten mit dem von Liebfrauenmilch oder von Markenweinen wie Amselfelder vergleichbar – ein Symbol für den noch hauptsächlich auf Massenproduktion ausgerichteten Südtiroler Weinbau. Wenn in jener Zeit vom Südtiroler Weinsee die Rede war, dann waren meist doppelsinnig sowohl der kleine See an der Weinstraße als auch die enorme Überproduktion der Provinz gemeint. Mit der Hinwendung zum Qualitätsweinbau, die Südtirols Weingüter, Kellereien und Genossenschaften in den 1990er-Jahren vollzogen, gelangte auch der in Verruf gekommene Kalterersee wieder zu Ehren. Die Weine wurden farbintensiver, kräftiger und vielschichtiger und zeigen in Ausnahmefällen sogar gewisse Alterungsfähigkeit.

von den Bergen geprägt, die ein Drittel der Region bedeckt. Qualitätsweinbau wird v. a. in den Provinzen Avellino und Benevento getrieben.

Kampanien besitzt mit den Weißwein-Rebsorten Fiano und Greco sowie mit dem roten Aglianico drei der interessantesten autochthonen Rebsorten Italiens.

■ **Anbaugebiete:** Von den insgesamt 19 DOC- und DOCG-Herkunftsbezeichnungen sind Taurasi (DOCG), Taburno, Fiano di Avellino, Greco di Tufo und Sannio die bedeutendsten und interessantesten. Daneben existieren noch acht Igt-Anbaugebiete. Zur Zeit der Blüte Pompejis war Kampanien das Herz des römischen Weinbaus und Weinhandels. Der kampanische →Falerner galt als einer der berühmtesten Weine des Imperiums.

Kamptal. Langenlois mit seinen bekannten Barockfassaden ist der Hauptort des Anbaugebiets Kamptal und besitzt einige seiner besten Weinbergslagen.

Kamptal, nach dem Fluss Kamp benanntes österreichisches Anbaugebiet, nördlich der Donau und im Hinterland der Stadt Krems gelegen; knapp 3 900 ha (2001) Rebfläche werden von 1 490 Winzerbetrieben bewirtschaftet.

Das Klima ist vom heißen pannonischen Becken an der Ostgrenze Österreichs einerseits und dem im Nordwesten angrenzenden, kühlen Waldviertel andererseits bestimmt, wobei die Schwankungen zwischen heißen Tages- und kühlen Nachttemperaturen für die Finesse und den Säuregehalt der Weine verantwortlich sind.

Reben stehen sowohl auf den breiten Löss- und Lehmterrassen in Donaunähe als auch auf den Urgesteinsböden des Heiligensteins oberhalb des Hauptortes Langenlois, der Weinbaugemeinde mit der größten Rebfläche Österreichs. Weitere bekannte Weinbauorte sind Gobelsburg, Zöbing, Kammern und Strass. Die meistkultivierte Rebsorte ist Grüner Veltliner (2 000 ha), gefolgt von Riesling und Weißburgunder. Bei den Rotwein-Rebsorten dominiert Zweigelt mit 315 ha Reb-

fläche. Grüner Veltliner und Riesling der besten Lagen besitzen in guten Jahren Struktur, Vielschichtigkeit und Alterungsfähigkeit, die den Weinen der benachbarten Wachau nicht nachstehen.

Kanada, Weinbauland Nordamerikas, das mit knapp 10 000 ha (2003) Rebfläche und einer Jahresproduktion von 300 000–500 000 hl zu den kleineren Erzeugerländern gehört; Rebkulturen findet man in den Provinzen Nova Scotia, Québec und Ontario im Osten sowie in British Columbia im Westen des Landes.

Die wichtigsten Weinbauprovinzen des Landes sind →British Columbia und →Ontario, auf das knapp 70 % der Gesamtrebfläche des Landes entfallen. Das trotz der im Vergleich zu Europa sehr südlichen Lage v. a. im Winter teilweise extrem kalte Klima bietet nur in der Nähe der Küsten oder der temperaturregulierenden Wasserflächen im Gebiet der Großen Seen geeignete Bedingungen für Weinbau. Es sorgte dafür, dass lange Zeit fast ausschließlich Hybride kultiviert wurden (Concord, Vidal, Seyval blanc, Baco noir etc.), die gegen Winterfröste resistenter waren als europäische Viniferasorten.

Erzeugt wurden vorwiegend Sherry- und Portwein-ähnliche Süßweine. Erst in den 1980er-Jahren wandte man sich verstärkt den europäischen Rebsorten zu und pflanzte v. a. Riesling, Bacchus, Chardonnay, Gamay und Pinot noir, aus denen heute modern gemachte weiße und rote Stillweine gekeltert werden. Seit Mitte der 1990er-Jahre hat sich das Land v. a. mit Eisweinen international einen Namen gemacht.

Kanarische Inseln, spanische Weinbauregion auf der gleichnamigen Inselgruppe, die aus insgesamt 13 Inseln besteht und etwa 100 km vor der Küste Nordafrikas liegt; Weinbau wird v. a. auf den Inseln Teneriffa, La Palma, El Hierro und Lanzarote getrieben.

Insgesamt gibt es auf den Kanarischen Inseln acht D. O.-Herkunftsbezeichnungen: La Palma, El Hierro und Lanzarote sowie Valle de Güímar, →Tacoronte-Acentejo, Yocoden-Daute-Isora, Valle de la Orotava und Abona auf Teneriffa. Darüber hinaus existieren die beiden Landweinappellationen Gran Canaria-El Monte und Gomera.

Auf Teneriffa werden v. a. Rotweine aus einheimischen Rebsorten wie Listán negro, Negramoll etc. erzeugt, El Hierro und La Palma dagegen sind überwiegend mit Weißwein-Rebsorten bestockt; auf Lanzarote wiederum, der Insel mit den charakteristischen schwarzen Vulkanascheböden, sind wie auf Gran Canaria zahlreiche Weiß- wie Rotwein-Rebsorten vertreten. Aus den weißen werden auf Lanzarote z. T. süße Likörweine erzeugt.

Kanzler, deutsche Weißwein-Rebsorte, die 1927 von Georg Scheu als Kreuzung aus

Müller-Thurgau und Silvaner gezüchtet wurde; Kanzler wird auf knapp 60 ha, vorwiegend im Anbaugebiet Rheinhessen kultiviert. Seine Sorteneigenschaften ähneln denen der Elternsorten.

Karaffe, bauchige Glasflasche zum Servieren oder →Dekantieren von Wein.

karaffieren, →dekantieren.

karbonische Gärung, →Kohlensäuregärung.

Kasachstan, zweitgrößter Staat der Gemeinschaft unabhängiger Staaten, zwischen Kaspischem Meer und China; von insgesamt etwa 12 000 ha (2000) Rebfläche im Süden und Südosten des Landes kommen Tisch-, Dessert- und Sektgrundweine. Weinberge findet man in Höhen zwischen 300 und 900 m ü. M. an den Ausläufern der Mittel- und Hochgebirge und auf den Hochebenen; sie liegen unter dem Einfluss kontinentalen Klimas.

käsig, nach Käse riechend; Begriff der Weinansprache für den Geruch von Weinen mit einem starken →Milchsäurestich.

Kastanienbusch, eine der besten Weinbergslagen im Bereich Südliche Weinstraße, Gemeinde Birkweiler, des deutschen Anbaugebiets Pfalz; auf den Sandsteinverwitterungsböden der Hanglage mit Süd-Südostausrichtung stehen v. a. die Rebsorten Riesling und Spätburgunder.

Kastelberg, Grand-Cru-Lage der französischen Weinbauregion Elsass, Gemeinde Andlau; die etwa 6 ha große Lage, die sich bis in Höhen von 300 m ü. M. zieht, weist sehr schottrige, gut entwässerte Schiefer- und Granitböden auf, die sich hervorragend für die Weißwein-Rebsorte Riesling eignen.

Kastilien-La Mancha, span. **Castilla-La Mancha** [kas'tiʎa la 'mantʃa], autonome Region in Spanien, die mit 550 000 ha Rebfläche gut die Hälfte des gesamten spanischen Weinbergsbestands umfasst und für etwa die Hälfte der spanischen Weinerzeugung aufkommt; das Zentralgebiet, wie Kastilien-La Mancha auch genannt wird, besteht aus einer riesigen Hochebene, die mit Ausnahme des Nordens an allen Seiten von Gebirgszügen begrenzt ist. Das Klima ist kontinentalen Typs, mit extrem heißen Sommern und kalten Wintern, und sehr trocken.

■ **Sorten und Weine:** Der Anteil der Weißwein-Rebsorten beträgt noch über zwei Drittel, aber seit den 1990er-Jahren verändert sich der Sortenspiegel in Richtung von Rotweintrauben: Airén wird mit Abstand am meisten kultiviert, dahinter folgt Tempranillo (Cencibel). Die Region besitzt sieben D. O.-Gebiete: La Mancha im Zentrum, Méntrida, Mondéjar, Manchuela, Almansa, Valdepeñas und die erst 2003 anerkannte Ribera del Júcar im Osten. Kastilien-La Mancha produziert im großen Stil Sektgrundweine, und etwa 70 000 hl dienen der Brandweinherstellung im Sher-

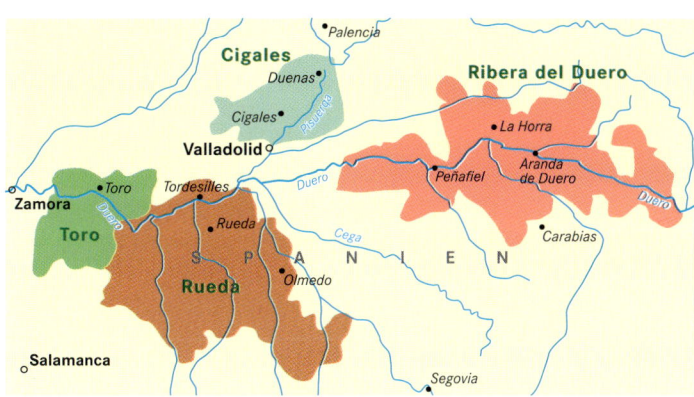

rygebiet. Große Teile der Produktion werden darüber hinaus per Zwangsdestillation vom Markt genommen.

Kastilien-León, span. **Castilla y León** [kas'tiʎa i le'ɔn], autonome Region in Spanien, in der etwa 70 000 ha (2000) Land unter Reben stehen; das historische Zentrum Spaniens, das in etwa Altkastilien entspricht, liegt auf einer großen Hochebene und besitzt die meisten Weinberge in Höhenlage aller europäischen Weinbauregionen. Weinbau wird bis in 1 000 m ü. M. getrieben. Das Klima ist aufgrund der Höhenlage trocken und rau, mit kalten Wintern und relativ kurzen Sommern. Die Böden sind infolge ständiger Erosion karg und arm an organischer Materie.

In der Region gibt es fünf D. O.-Herkunftsbezeichnungen: Bierzo, das weit abseits von den anderen Gebieten im Nordwesten liegt, Cigales, Ribera del Duero, Rueda und Toro; zwei weitere stehen vor der Anerkennung (2003). Kastilien-León war Vorreiter einer Entwicklung, im Rahmen derer auch außerhalb von D. O.-Gebieten Spitzenweingüter entstanden.

Kastilien-León. Die spanische Weinbauprovinz Kastilien-León liegt in etwa auf der Höhe der Städte Porto (Portugal) und Barcelona.

Katalonien. Die Weinberge von Castellvi de la Marca im Gebiet des katalonischen Penedés. Ein großer Teil der Weinberge dient der Produktion des Schaumweins Cava.

Katalonien, span. **Cataluña,** katalan. **Catalunya** [katalu'ɲa], spanische Weinbauregion im Nordosten des Landes; hier wird der Großteil des →Cava 1) erzeugt. Darüber hi-

KELLERGASSE

Kellergassen in Niederösterreich

Kellergassen mit ihren kleinen, fast unscheinbar wirkenden Kelterhäusern. Der beeindruckendste Teil dieser Anlagen – das Wort ist in Orten wie dem Weinviertler Mannersdorf durchaus wörtlich zu nehmen, wo die kleinen Gebäude, die zum Teil auch beliebte Heurigenlokale beherbergen, in regelrechte Parkanlagen eingebettet sind – ist dabei von ebener Erde gar nicht sichtbar: Es sind vielfach miteinander verbundene, unterirdische Gewölbelabyrinthe, die ein beliebtes Besuchsziel für Weinreisende bilden.

Wo die unterirdischen Anlagen noch intakt, die oberirdischen Häuser aber verfallen waren, haben gelegentlich besonders wagemutige Winzer auf die historischen Anlagen sogar ausgeprochen futuristisch wirkende Betriebsgebäude gesetzt.

Auch im benachbarten Burgenland findet der Besucher zahlreiche solche Kellergassen.

Kaum ein anderes Bild verkörpert so gut Österreichs Weinbautraditionen wie das der zahlreichen niederösterreichischen

naus besitzt die Region eine Reihe renommierter Herkunftsbezeichnungen, allen voran die D. O. Ca. →Priorat und D. O.-Appellationen wie →Ampurdán-Costa Brava, →Costers del Segre, →Penedés oder →Tarragona.

Kater, körperliches Unwohlsein, eine Nachwirkung meist übermäßigen Alkoholgenusses, deren unangenehmste Erscheinungsform →Kopfschmerzen sind.

Kékfrankos [ˈkeːkfrɒŋkɔʃ], ungarisch für die Rebsorte →Blaufränkisch.

Kéknyelű [ˈkeːklɲɔlyː, ungar., »Blaustengler«], ungarische Weißwein-Rebsorte, deren Name auf die bläuliche Färbung der Blattstiele zurückgeht; sie wird fast nur noch am Nordufer des Plattensees kultiviert, ist aber auch dort auf dem Rückzug. Die Weine sind meist trocken und zeigen lebhaftes Säurespiel.

Keller, Weinkeller, meist unterirdischer Raum zum →Lagern von Weinen, gemeinsprachliche Bezeichnung für Kellereien oder Weingüter.

Kellerberg, 1) eine der besten Weinbergslagen des österreichischen Anbaugebiets Wachau, Gemeinde Dürnstein; die nach Südosten ausgerichtete, teilweise terrassierte extreme Steillage zieht sich bis in Höhen von 350 m ü. M. und weist sehr karge Urgesteinsböden mit viel Gneis auf. Sie eignet sich v. a. für die Weißwein-Rebsorten Grüner Veltliner und Riesling.

2) österreichisch für meist außerhalb der Ortschaften gelegene →Kellergassen; die Bezeichnung ist v. a. im Anbaugebiet Weinviertel gebräuchlich. Kellerberge werden oft auch als Dörfer ohne Rauchfänge bezeichnet. Tief in Lössterrassen gegraben, wurden solche meist mehrgeschossigen Anlagen früher v. a. als Lagerraum für Wein genutzt.

Kellerbuch, in Deutschland und Österreich gesetzlich vorgeschriebenes Dokument für die Aufzeichnung sämtlicher Arbeits- und Geschäftsvorgänge von Weinerzeugebetrieben; es muss Angaben zu den verarbeiteten Trauben- und Mostmengen, den jeweiligen Herkunftsbezeichnungen inkl. der Qualitätsstufen, zu Arbeitsschritten wie Anreichern, Entsäuern etc., die Daten des Ein- und Ausgangs von Trauben, Mosten oder Weinen, zur Entnahme von Weinmengen für Füllung oder Destillation, die Losnummern der gefüllten Produkte etc. enthalten. Das Kellerbuch muss gegebenenfalls der Weinkontrolle vorgelegt werden.

Der Begriff wird auch für private Listen bzw. Weinbücher verwendet, die viele Weinfreunde anlegen, um die Bestände bzw. die Zu- und Abgänge oder auch die geschmackliche Entwicklung der einzelnen Weine, die Harmonie zwischen bestimmten Weinen und Speisen, persönliche Präferenzen etc. protokollieren und nachverfolgen zu können.

Kellerei, eigentlich **Weinkellerei,** Verarbeitungs- und Abfüllbetrieb, der im Unterschied zum Erzeugerbetrieb (→Erzeuger) Trauben, Moste oder Grundweine kauft, sie zu vermarktungsfähigen Weinen weiterverarbeitet und →abfüllt. In der Schweiz werden auch Weingüter häufig als Kellereien bezeichnet.

Kellereigenossenschaft, →Genossenschaft.

Kellerfeuchtigkeit, entscheidender Parameter beim →Lagern von Weinen.

Kellergasse, in Österreich traditionelle Kelleranlage außerhalb der Weinbauorte, v. a. in Niederösterreich und im Burgenland verbreitet; von den kleinen oberirdischen Gebäudeteilen, die meist noch bis vor wenigen Jahrzehnten als Press- oder Kelterhäuser genutzt wurden, führt der so genannte Kellerhals unter die Erde in die eigentlichen Kellergewölbe, wo er sich oft in mehrere labyrinthartig miteinander verbundene Gänge verzweigt.

Kellermeister, Aus- bzw. Fortbildungsberuf der Weinwirtschaft und des Weinhandels für Betriebsleiter von Weingütern und Kellereien; in Österreich lautet die vollständige Berufsbezeichnung »Weinbau- und Kellermeister«. Kellermeister übernehmen im Prinzip alle Tätigkeiten in Kellerwirtschaft, Weinbau und Vermarktung der Weine. Im Unterschied zur Rolle des →Weinmachers gehört dazu oft auch die betriebswirtschaftliche Führung des Betriebs. In Deutschland gilt die Ausbildung zum Kellermeister als berufliche Fortbildung nach dem Berufsbildungsgesetz, die eine vorhergegangene Ausbildung zum Winzer oder Weinküfer voraussetzt.

Kellerschimmel, Kellertuch [latein. Cladosporium cellare zu griech. klados »Zweig« und latein. cella »Keller«], graugrüner bis fast schwarzer Schimmelpilz (Schlauchpilz), der in Weinkellern mit hoher Luftfeuchtigkeit wächst. Er ernährt sich von flüchtigen Weininhaltsstoffen wie Alkohol, flüchtigen Säuren und Estern. Das Vorhandensein dieses Kellerpilzes lässt nicht auf mangelnde Hygiene schließen und führt nicht zur Bildung von unerwünschten Geruchsnoten im Wein. Das Wachstum des feuchtigkeitsregulierenden Pilzes zeugt vielmehr von optimalen Raumverhältnissen für Fassausbau und Fasslagerung sowie für die Lagerung von Weinflaschen.

Kellertechnik, die Gesamtheit der Einrichtungen, die beim Vinifizieren, Ausbau und Abfüllen von Weinen Verwendung finden; dazu gehören die Traubenannahme, Traubenmühle und Abbeermaschine, Pressen, Vorklär- und Gärtanks, Filter, Kältemaschinen und Leitungssysteme, die Computer für die Kontrolle der einzelnen Vorgänge und schließlich die Abfüll- und Verpackungsanlagen.

Seit den 1970er-Jahren hat die Entwicklung der Kellertechnik große Fortschritte gemacht. Pressen wurden so konstruiert, dass sie immer sanfter arbeiteten, Computersysteme entwickelt, die den Vinifizierungsprozess immer feiner steuerten, Abfüllanlagen, die den Wein immer geringeren Belastungen aussetzten. Der Optimierung der Kellertechnik wurde v. a. in den 1980er-Jahren solche Bedeutung zugemessen, dass darüber nach Ansicht von Kritikern notwendige Forschungs- und Entwicklungsarbeiten im Weinberg ins Hintertreffen gerieten.

Kellnerbesteck, Kellnermesser, eine Art →Korkenzieher.

Kelter, →Presse.

Kelterhaus, Raum oder Gebäude, in dem Most aus Trauben gepresst oder Trauben gemaischt werden; traditionell das Haus, in dem die Kelter (→Presse) stand; umgangssprachlich werden Kelterhäuser auch als Keller oder Kellereien bezeichnet.

Kelterhaus. In den Weinbauländern der Neuen Welt, in denen die Weingüter oft nicht über echte Keller verfügen, findet der Begriff des Kelterhauses seine volle Berechtigung, vor allem, wenn es sich um Schmuckstücke im kolonialen Stil wie hier im südaustralischen McLaren Vale handelt.

keltern [zu latein. calcare »mit den Füßen stampfen«], Weintrauben zu Most pressen, gemeinsprachlich die Summe der Arbeitsschritte bei der Weinbereitung.

Kerne, die Samen der →Beere.

Kerner, deutsche Weißwein-Rebsorte, die 1929 durch den Rebenzüchter August Herold (*1902, †1973) aus Trollinger und Riesling gekreuzt wurde; Kerner wurde zu einer der erfolgreichsten Neuzüchtungen Deutschlands und eroberte hier in wenigen Jahrzehnten mit einer Rebfläche von fast 7000 ha den vierten Platz der meistkultivierten Weißwein-Rebsorten; inzwischen steht er nur noch auf etwa 5600 ha (2002).

Außer in Deutschland – v. a. in Rheinhessen und der Pfalz mit jeweils fast 2000 ha Rebfläche – ist die Sorte marginal in Österreich, der Schweiz und Südtirol verbreitet. Sie gilt als robust und liefert sichere Erträge bei relativ hohen Mostgewichten. Ihre Weine sind strohgelb, fruchtig oder würzig im Duft und zeigen oft markante Bonbonaromen. Sie sind deutlich weniger säurebetont als Riesling bei mittlerem bis kräftigem Körper.

kernig, fest und mit →Biss; Begriff der Weinansprache für Gewächse mit guter Säurestruktur.

Kerzenfilter, Gerät zum →Filtrieren von Weinen.

Kieselgur [-gur, zu gären], Süßwassersediment, das zu über 70 % aus den Kieselschalen von Kieselalgen besteht; das hochporöse, leichte Material wird im Bereich der Kellertechnik als Filterschicht in so genannten Anschwemmfiltern (→ filtrieren) verwendet. Die Trubstoffe des Weins werden dabei in den Poren des Kieselgurs festgehalten.

Kieselgurfilter, Gerät zum → Filtrieren von Weinen.

King Valley [- 'vælɪ], GI-Herkunftsbezeichnung für Weine aus dem Norden des australischen Bundesstaats Victoria; auf etwa 1500 ha (2000) Rebfläche werden überwiegend Rotwein-Rebsorten kultiviert, v. a. Cabernet Sauvignon, Syrah (Shiraz) und Merlot. Bei den weißen Sorten führt Chardonnay vor Riesling und Sauvignon blanc. Das King Valley ist eines der noch wenig bekannten australischen Anbaugebiete, in denen seit den 1990er-Jahren ausgiebig v. a. mit Rebsorten italienischen Ursprungs experimentiert wird.

Kir, ursprünglich aus dem französischen Burgund stammendes Mischgetränk aus Weißwein und Likör von schwarzen Johannisbeeren; beim **Kir royal** wird der Wein durch Sekt ersetzt.

Kirchberg, beliebter Lagenname in Anbaugebieten des deutschen Sprachraums; allein in Deutschland gibt es 47 Einzellagen des Namens. In der französischen Weinbauregion Elsass heißen zwei der insgesamt 50 Grand-Cru-Lagen Kirchberg. Die Lage in Barr, in der Nordhälfte des Gebiets, ist 41 ha groß und zieht sich bis in Höhen von 330 m ü. M. Auf kalkhaltigem Boden und Kalkmergen geraten die Weißwein-Rebsorten Riesling, Gewürztraminer und Grauburgunder (Tokay Pinot gris) besonders gut. Der Kirchberg von Ribeauvillé in der Nähe von Colmar ist nur gut 11 ha groß und eignet sich v. a. für Gewürztraminer und Grauburgunder. Die Reben stehen hier auf verschiedenen Mergelarten und Muschelkalk.

Kirchenfenster, → Tränen.

Kirchenstück, beliebter Lagenname in Deutschland und insbesondere Name von zwei Spitzenlagen der deutschen Anbaugebiete Rheingau, Gemeinde Hochheim am Main, und Pfalz, Gemeinde Forst an der Weinstraße.

Die etwa 4 ha große Lage in Forst weist tiefgründige, schwere Böden mit hohem Basaltanteil auf und gilt als eine der besten des Anbaugebiets. Sie ist zu 100 % mit der Weißwein-Rebsorte Riesling bestockt.

Die nicht sehr steile Hochheimer Lage ist nach Süden ausgerichtet und wird von der städtischen Bebauung vor kalten Nordwinden geschützt. Sie weist unterschiedliche Böden

KLASSIFIZIERUNG: GRANDS CRUS DES BURGUND		
Bereich	**Gemeinde**	**Appellation**
Chablis	Chablis (98 ha Grand-Cru-Rebfläche)	Blanchot, Bougros, Les Clos, Grenouilles, Preuses, Valmur, Vaudésir
Côte de Nuits	Gevrey-Chambertin (84 ha Grand-Cru-Rebfläche)	Chambertin, Chambertin-Clos de Bèze, Chapelle-Chambertin, Charmes-Chambertin, Mazoyères-Chambertin, Griotte-Chambertin, Latricières-Chambertin, Mazis-Chambertin, Ruchottes-Chambertin
	Morey-Saint-Denis (38 ha Grand-Cru-Rebfläche)	Clos Saint-Denis, Clos de la Roche, Clos des Lambrays, Clos de Tart
	Chambolle-Musigny (26 ha Grand-Cru-Rebfläche, teilweise in Morey-Saint-Denis)	Musigny, Bonnes Mares
	Vougeot (47,30 ha Grand-Cru-Rebfläche)	Clos de Vougeot
	Flagey-Échezaux (47 ha Grand-Cru-Rebfläche)	Échezaux, Grands Échezaux
	Vosne-Romanée (26 ha Grand-Cru-Rebfläche)	Romanée-Conti, La Romanée, Romanée-Saint-Vivant, Richebourg, La Tâche, La Grande Rue
Côte de Beaune	Aloxe-Corton, Pernand-Vergelesses, Ladoix-Serrigny (zusammen 232 ha Grand-Cru-Rebfläche)	Corton, Corton-Charlemagne, Charlemagne
	Chassagne-Montrachet, Puligny-Montrachet (32 ha Grand-Cru-Rebfläche)	Montrachet, Chevalier-Montrachet, Bâtard-Montrachet, Bienvenues-Bâtard-Montrachet und Criots-Bâtard-Montrachet

auf, wobei die Spanne von schweren Kalkschichten über Löss bis zu leichteren Sandböden reicht, und ist ebenfalls mit Riesling bestockt.

Kirgistan, Kirgisien, Weinbaustaat in Mittelasien, der zwischen Kasachstan im Norden und China im Osten liegt, Mitglied der GUS; auf etwa 8 000 ha (2000) Rebfläche werden in Höhen zwischen 500 und 2 000 m ü. M. unter kontinentalen Klimabedingungen v. a. Tafeltrauben, Rosinen sowie geringe Mengen Tisch-, Dessert- und Sektgrundwein erzeugt.

Kittenberg, gute, frostgeschützte Weinbergslage im österreichischen Anbaugebiet Südsteiermark (→Steiermark), Gemeinde Heimschuh; die nach Süd-Südwesten ausgerichtete Lage im östlichen Teil des Sausalgebirges erstreckt sich zwischen 360 und 485 m ü. M. und weist im oberen Bereich reine Schieferböden, im unteren Lehmböden auf. Sie ist v. a. mit den Weißwein-Rebsorten Welschriesling, Weißburgunder und Sauvignon blanc bestockt.

Kitterlé, Grand-Cru-Lage der französischen Weinbauregion Elsass, Gemeinde Guebwiller; die 26 ha große Steillage im Tal der Lauch weist leicht sandige Böden mit Buntsandstein und Lehm auf. Sie eignet sich insbesondere für die Weißwein-Rebsorten Riesling, Gewürztraminer und Grauburgunder (Tokay Pinot gris).

klar, ohne →Trub; Begriff der Weinansprache für Weine, deren Farbe keine Zeichen fehlerhafter oder krankhafter Trübungen zeigt.

klären, absetzen, entschleimen, vorklären, Trubteilchen (→Trub) auf statische oder mechanische Weise v. a. aus Weißweinmosten entfernen; Ziel der Klärung sind die problemlosere Gärung und reintönigere Weine. Beim statischen Klären lässt man den trüben Most über einen gewissen Zeitraum bei kühlen Temperaturen ruhen, wodurch sich die Trubteilchen am Boden des Behälters absetzen. Beim mechanischen Klären kommen v. a. Zentrifugen oder Filter zum Einsatz.

Klaret, Klarettwein, selten verwendete deutsche Bezeichnung für →Claret.

Klassifizierung, ursprünglich aus Frankreich stammende Ordnung von Herkunftsbezeichnungen innerhalb eines hierarchisch gegliederten Systems; neben der Systematik des europäischen Weinrechts, das Anbaugebiete und ihre Produkte in drei Klassen (→Tafelwein, →Landwein und →Qualitätswein) untergliedert, kennen einige der wichtigsten französischen Weinbauregionen vielstufige, untereinander recht unterschiedliche Klassifizierungssysteme.

Gemeinsam ist ihnen das Prinzip, dass die erlaubten Höchsterträge umso niedriger sind, je höher eine bestimmte Herkunftsbezeichnung eingestuft ist; werden sie überschritten,

---

KLASSIFIZIERUNG: WICHTIGE GRANDS CRUS CLASSÉS IM BORDEAUXGEBIET	
Klassifikation Médoc-Graves von 1855	
Premiers Grands Crus Classés	Haut-Brion, Lafite-Rothschild, Latour, Margaux, Mouton-Rothschild (seit 1973)
Deuxièmes Grands Crus Classés	Brane-Cantenac, Boyd-Cantenac, Cantenac-Brown, Calon-Segur, Desmirail, Durfort-Vivens, Ferrière, Giscours, D'Issan, Kirwan, Lagrange, La Lagune, Langoa-Barton, Malescot St.-Exupéry, Marquis d'Alesme-Becker, Palmer
Klassifikation Sauternes-Barsac von 1855	
Premier Cru Supérieur Classé	D'Yquem
Premiers Crus Classés	Clos Haut-Peyraguey, Climens, Coutet, Guiraud, Lafaurie-Peyraguey, De Rayne-Vigneau, Rabaud-Promis, Rieussec, Sigalas-Rabaud, Suduiraut, La Tour-Blanche
Klassifikation Saint-Émilion von 1955 (neu von 1996)	
Premiers Grands Crus Classés A	Ausone, Cheval Blanc
Premiers Grands Crus Classés B	Beauséjour-Duffau La Garrosse, Belair, Canon, Clos Fourtet, Figeac, La Gaffelière, Magdelaine, Pavie, Trottevieille

---

müssen die Weine auf ein niedrigeres Niveau zurückgestuft werden.

■ **Burgund und Bordeaux:** Das wahrscheinlich älteste dieser Systeme wurde bereits seit dem Mittelalter von den Mönchsorden des Burgund erfunden und im Laufe der Jahrhunderte zu einem komplexen System von hierarchisch gestaffelten Bereichs- und Lagenbezeichnungen ausgebaut. An der Côte d'Or und im Chablisgebiet ist das unterschiedliche Qualitätspotenzial jeder einzelnen Weinbergsparzelle in einer Qualitätspyramide erfasst, deren Spitze von den so genannten Grands Crus (→Cru) gebildet wird. Eine Stufe darunter stehen die Premiers Crus, wieder eine Stufe tiefer die kommunalen und schließlich die regionalen →Appellationen. Das Prinzip der Burgunder-Klassifizierung ist eng mit dem Konzept des →Terroirs verbunden.

Im Bordeauxgebiet wurde das vielleicht bekannteste Klassifizierungssystem der Welt 1855, anlässlich der Weltausstellung in Paris, für den Bereich Médoc – teilweise auch für die Graves – eingeführt. Hier betrifft die Bewertung nicht nur das Qualitätspotenzial des Terroirs, sondern auch die Leistung der einzelnen Erzeugerbetriebe über einen längeren Zeitraum. Der originären und nur in einem einzigen Fall – Château →Mouton-Rothschild – geänderten Klassifizierung lagen die Durchschnittspreise der Weine in den Jahrzehnten vor 1855 zugrunde.

Das System des Médoc kennt insgesamt fünf Klassen so genannter Grands Crus Classés, drei Klassen Crus Bourgeois sowie die Crus artisans und die Crus paysans. Im Bereich von Saint-Émilion, wo Mitte des 20. Jahrhunderts eine vergleichbare Systematik eingeführt wurde, gibt es drei Klassen: Grands Crus, Premiers Grands Crus Classés B und an der Spitze Premiers Grands Crus Classés A.

Klassifizierung. Das berühmte Weinbergsportal von Château Léoville Las Cases im französischen Bordeauxgebiet. Zwischen den Ortschaften Saint-Julien und Pauillac reiht sich ein klassifiziertes Château ans andere.

Darüber hinaus wird das Bordeauxgebiet insgesamt durch eine Art territorialer Hierarchie strukturiert, wobei Regionalappellationen wie Bordeaux und Bordeaux Supérieur die Basis bilden, über der Weinbauzonen wie Médoc, Graves oder Bourg-Blaye und darüber wieder regional begrenzte oder Kommunalappellationen wie Margaux, Pauillac, Pomerol und Sauternes angesiedelt sind.

Mit Anleihen an das Bordeauxgebiet und das Burgund wurde das System der Côtes-du-Rhône ausgestaltet, wo die Regionalappellation die Basis der Pyramide bildet, über der Côtes-du-Rhône-Villages ohne und darüber solche mit dem Zusatz des eigenen Gemeindenamens stehen. Die Spitze der Hierarchie wird hier von einer kleinen Anzahl prestigeträchtiger Appellationen gebildet, die als Crus bezeichnet werden. Auch in der Champagne unterscheidet man zwischen normalen Weinbergslagen einerseits sowie Premier- und Grand-Cru-Lagen andererseits. Da der Großteil des fertigen Champagners allerdings ohne Lagenbezeichnungen vermarktet wird, kommen diese Bezeichnungen in der Praxis fast ausschließlich bei der Festlegung der Traubenpreise zum Tragen, die Jahr für Jahr zwischen Winzern und Kellereien ausgehandelt werden.

■ **Europa und Übersee:** Außerhalb Frankreichs haben nur wenige Länder ver-

gleichbare Klassifizierungen entwickelt. In Italien unterscheidet man zwischen DOC- und DOCG-Herkunftsbezeichnungen, wobei Letztere laut Weingesetz die höhere Stufe darstellen sollen, in der Praxis aber keineswegs immer auch höherwertige Weine hervorbringen. Spanien und Portugal haben ein vergleichbares System entwickelt.

In Deutschland wurde seit den 1990er-Jahren versucht, Weinbergslagen nach ihrem Qualitätspotenzial zu klassifizieren, obwohl das Weingesetz von 1971 eine solche Unterscheidung weder vorsieht noch zulässt. Mit dem Beginn des 21. Jahrhunderts gestand der Gesetzgeber den Winzern – insbesondere dem Verband Deutscher Prädikats- und Qualitätsweingüter – die Möglichkeit zu, auf privatrechtlicher Basis eine Lagenklassifikation einzurichten (→Erstes Gewächs). In Österreich wurden ähnliche Versuche unternommen, sie blieben aber auf eine sehr kleine Gruppe von Erzeugerbetrieben beschränkt. In den Weinbauländern der Neuen Welt existieren keinerlei Herkunftsklassen.

klassisch, gemeinsprachlich im Stahltank oder im großen Holzfass, nicht jedoch im Barrique vergoren oder ausgebaut; der gelegentlich auf Weinetiketten zu findende Begriff darf nicht mit der deutschen Weinbezeichnung →Classic oder dem italienischen →Classico verwechselt werden.

Klaus, Name von zwei sehr guten Weinbergslagen im deutschen Anbaugebiet Rheingau, Gemeinde Johannisberg (zu Geisenheim), und im österreichischen Anbaugebiet Wachau, Gemeinde Weißenkirchen. Die bereits 1386 urkundlich erwähnte, terrassierte Wachauer Steillage mit ihren Böden aus Gneis-Schieferverwitterung ist nach Süd-Südosten ausgerichtet und erstreckt sich zwischen 130 und 250 m ü. M. Sie gilt als besonders geeignet für die Weißwein-Rebsorten Grüner Veltliner und Riesling. Die nach Süden ausgerichtete Rheingauer Lage weist Lösslehmböden mit Kies auf und ist mit Riesling bestockt.

Kläuserweg, sehr gute Weinbergslage im deutschen Anbaugebiet Rheingau, Gemeinde Geisenheim; auf tiefgründigen Lösslehm- und Mergelböden wird v. a. die Weißwein-Rebsorte Riesling kultiviert.

Kleinberger, →Elbling.

Klein Karoo [afrikaans], engl. **Little Karoo** [litl kʌˈruː], südafrikanische Weinbauregion im so genannten Karrubecken östlich der Coastal Region, zu der ein Distrikt (District), Calitzdorp, und zwei Bereiche (Wards), Montagu und Tradouw, gehören; auf gut 2800 ha (2002) Rebfläche wird in sehr heißem, trockenem Klima vorwiegend Chenin blanc kultiviert. Klein Karoo bringt einige der bekanntesten Likörweine des Landes hervor.

Kleinklima, das →Klima bestimmter Weinbergslagen oder Parzellen.

Klettgau, bedeutendstes Anbaugebiet des Ostschweizer Kantons Schaffhausen; von vorwiegend tiefgründigen, im oberen Klettgau auch kalkreichen Böden kommen elegante, gut strukturierte Rotweine aus der Rebsorte Spätburgunder (Blauburgunder). Hallau, die größte Weinbaugemeinde der Ostschweiz, besitzt mit ihren etwa 150 ha Rebfläche eine der homogensten Rebflächen des Landes.

Klevener de Heiligenstein, Savagnin rosé (→Savagnin).

Klevner, Clevner, traditionelle Rebsortenbezeichnung, die in bestimmten Anbaugebieten für unterschiedliche, v. a. →Burgundersorten verwendet wird; im deutschen Anbaugebiet Baden wird →Gewürztraminer als Klevner bezeichnet, in der Ostschweiz als →Spätburgunder. Verschiedentlich wird auch Weißburgunder Klevner oder Weißer Klevner genannt.

Klima [zu griech. klíma, klímatos »Neigung« (des Einstrahlungswinkels der Sonne)], die Summe der wetterbildenden Elemente (Sonnenschein, Temperatur, Niederschläge etc.), die über einen längeren Zeitraum – nach vorherrschender Meinung mindestens 30 Jahre lang – erfasst und betrachtet wurden, im Unterschied zum Wetter (Betrachtungsdauer: Stunden oder Tage), das die einzelnen Arbeitsschritte im Weinberg beeinflusst, oder zur Witterung (Betrachtungsdauer: Tage, Wochen oder Monate), die den Vegetationsverlauf bestimmt.

Das Klima entscheidet über die Eignung einer bestimmten Landschaft für Weinbau ganz allgemein sowie über die Eignung für bestimmte Rebsorten, über Techniken der Weinbergsarbeit und Weinstile. In der Regel geht man davon aus, dass eine mittlere Jahrestemperatur von 9 °C in Weinbaugebieten nicht unterschritten werden und Winterfröste von mehr als −15 °C nicht auftreten sollten. Früh- und Spätfröste engen die infrage kommenden Gebiete weiterhin ein.

■ **Klimaarten:** Man unterscheidet zwischen dem **Makroklima** großer Klimazonen, dem **Mesoklima** einzelner Länder oder Regionen und schließlich dem **Kleinklima** (Mikroklima), das einzelne Weinberge, Weinbergsparzellen oder sogar nur wenige Rebzeilen betreffen kann. Zu den Makroklimata, die im europäischen Weinbau relevant sind, gehören das feuchte **atlantische Klima** mit relativ geringen Temperaturschwankungen zwischen Sommer und Winter, das trockenere **kontinentale Klima** (Kontinentalklima), in dem die Extreme zwischen warmer und kalter Temperatur deutlich stärker ausgeprägt sind, und das **mediterrane Klima** mit sehr heißen Sommern und milden, nur selten kalten Wintern.

Was z. B. das Mesoklima Deutschlands betrifft, so liegt das Land an der nördlichen Grenze der europäischen Weinbauzone überwiegend im Einflussgebiet kontinentalen Klimas. Frankreich dagegen wird von drei Klimazonen, der atlantischen, der kontinentalen und der mediterranen geprägt, Italien vorwiegend von der mediterranen und nur in den nördlichen Regionen von der kontinentalen des Alpenraums.

Um bestimmte Praktiken der Weinbergs- und Kellerarbeit zu regulieren (z. B. das Anreichern), hat man in Europa fünf verschiedene →Weinbauzonen definiert. In →Kalifornien gibt es seit den 1940er-Jahren ein Modell mit ebenfalls fünf Klimazonen, das den vielfältigen klimatischen Bedingungen der einzelnen Anbaugebiete Rechnung trägt.

■ **Weinbergsarbeit:** Das Kleinklima ist für den einzelnen Winzer die entscheidende, seine Weinbergsarbeit prägende Bezugsgröße. Es bestimmt die Wahl der Rebsorte und ihrer Unterlage, der Erziehungsform und der Ausrichtung der Rebzeilen für jede Weinbergslage, es beeinflusst die Möglichkeit der Erzeugung von edelsüßen oder Eisweinen, es diktiert die notwendige Weinbergsarbeit während der Vegetationsperiode und es prägt zusammen mit dem Boden und der Rebsorte den geschmacklichen Ausdruck des Weins. In Deutschland beispielsweise, wo das Klima für die Weinrebe teilweise schon zu kühl zu sein scheint, bieten die Steilhänge der zahlreichen Flusstäler optimale Reifebedingungen, wobei die Hangneigung die Sonnenbestrahlung begünstigt und die Wasserläufe als Wärmespeicher fungieren.

Bestimmte Aspekte des Kleinklimas, genauer des Bestandsklimas, einzelner Rebanlagen können vom Winzer durch die Anzahl Rebstöcke pro Hektar, die Höhe und Art der Erziehung, durch Bewässerung, Begrünung, den Rebschnitt und die Laubarbeit beeinflusst werden.

■ **Klimaentwicklung:** Seit den 1990er-Jahren wird der Einfluss einer vermutlich anthropogenen, d. h. vom Menschen verursachten langfristigen Klimaveränderung (Klimakatastrophe) auf den Weinbau kontrovers diskutiert. Einige Beobachter glauben, dass in Ländern wie Deutschland in absehbarer Zeit typische Rebsorten heißerer Klimazonen wie Cabernet Sauvignon, Chardonnay, Syrah oder Merlot mit Erfolg kultiviert werden könnten. In den vorwiegend heißen Klimata der Weinbauländer der Neuen Welt findet eine Umorientierung in Richtung kühlerer Anbaugebiete statt – eine Tendenz, die unter dem Namen →Cool Climate Viticulture bekannt geworden ist.

Klimaschrank, spezieller Weintemperierschrank, der erschütterungsfreies Kühlen und Lagern von Wein erlaubt; Klimaschränke können meist so reguliert werden, dass unterschiedliche Temperaturzonen für Rot-, Weiß-

oder Schaumweine entstehen. Dadurch können die Weine bei idealen Temperaturen gelagert und gegebenenfalls serviert werden; häufig dienen Klimaschränke als Ersatz für Weinlagerkeller.

Klimaschrank. Klimaschränke für Weine – und Zigarren – findet man heute in praktisch allen Betrieben der gehobenen Gastronomie. Sie erlauben es, jeden Wein mit idealer Temperatur zu servieren.

Klimazonen, großräumige Gebiete der Erde, in denen das Klima gleichartig oder relativ einheitlich ist; sie können nach der Sonnenstrahlung, nach Durchschnittstemperaturen oder anderen Parametern festgelegt werden. Im Weinbau besitzen v. a. die Klimazonen →Kaliforniens und die europäischen →Weinbauzonen, die beide nach klimatischen Gesichtspunkten festgelegt wurden, Relevanz, und zwar insbesondere hinsichtlich der erlaubten bzw. empfohlenen Rebsorten und hinsichtlich erlaubter Vinifizierungspraktiken wie beispielsweise dem Anreichern.

Klingelberger, →Riesling.

Klöchberg, sehr trockene, heiße Großlage im österreichischen Anbaugebiet Südsteiermark (→Steiermark), Gemeinde Klöch; auf Basalt und Tuff vulkanischen Ursprungs mit einer sandigen Braunlehmauflage gelingt v. a. die Weißwein-Rebsorte Gewürztraminer.

Klon [zu griech. »Sprössling«], durch wiederholte Zellteilungen aus einer Elternzelle entstandene Ansammlung genetisch identischer Zellen, im Weinbau ein Rebstock, der vegetativ, d. h. ungeschlechtlich gezogen wurde.

Rebklone werden im Rahmen der →klonalen Selektion aus dem Material einer einzigen Pflanze (z. B. Augen von einjährigen Ruten, Teile des Wurzelstocks) vervielfältigt und sind im Unterschied zu Züchtungen durch Mutation, durch geschlechtliche Fortpflanzung mithilfe von →Sämlingen oder durch Kreuzung (→Rebzüchtung) aus zwei Rebsorten mit der Mutterpflanze genetisch identisch. →Absenker sind ebenfalls genetisch mit der Mutterpflanze identisch, werden aber durch das Weingesetz nicht als Klone anerkannt, da ihre Reproduzierbarkeit und ihre Virosefreiheit nicht garantiert sind. Auch Klone unterliegen im Laufe der Zeit und bei wiederholter Reproduktion gegebenenfalls durch Mutation bedingten Veränderungen ihres genetischen Erbmaterials.

klonale Selektion, Klonenselektion, Klonenzüchtung, Herstellung einer größeren Anzahl gleichartiger, genetisch identischer Nachkommen (→Klone) aus dem Material eines einzelnen Rebstocks durch vegetative, d. h. ungeschlechtliche Vermehrung.

Das Ziel dieser Art der Selektion und Vermehrung ist die Gewinnung von virenfreien Rebstöcken mit den erwünschten Eigenschaften ausgewählter, hochwertiger Mutterpflanzen. Im Unterschied zur →Massenselektion wird dabei im Laufe eines mehrjährigen Selektionsprozesses letztlich jeweils nur das Material einer einzigen Mutterpflanze vermehrt. Der Prozess beginnt mit der Auswahl bestimmter Rebstöcke aus guten Weinbergslagen. Reben und Trauben dieser Stöcke müssen gesund und augenscheinlich virenfrei sein. Das von ihnen gewonnene Rebmaterial wird durch Pfropfen auf sortenverträgliche Unterlagen vermehrt, und die neuen Pflanzen werden mehrere Jahre lang auf ihre Eigenschaften hin kontrolliert, wobei jeweils die ungenügenden eliminiert, die hochwertigen erneut vegetativ vermehrt werden.

Am Ende des Selektionsprozesses steht das Bepflanzen einer neuen Rebanlage (der Basis- oder Vermehrungsanlage) mit den Nachkommen der besten Mutterpflanze. Das gesamte Verfahren dauert mindestens zwölf, gelegentlich bis zu 20 Jahre. Es wird durch die amtliche Anerkennung des Klons und seine Eintragung in die Sortenliste abgeschlossen. – Infokasten S. 250

Klostergarten, beliebter deutscher Lagenname, insbesondere von zwei guten Weinbergslagen der deutschen Anbaugebiete Pfalz, Gemeinde Niederkirchen, und Mosel-Saar-Ruwer, Gemeinde Leiwen; in der Pfalz wird auf den lehmigen und sandigen Böden vorwiegend Riesling kultiviert, in Leiwen wächst den leichten bis mittelschweren Sand-Kies- bzw. Lehmböden in einem nach Süden geöffneten Moselbogen ebenfalls vorwiegend Riesling, darüber hinaus auch Spätburgunder und Müller-Thurgau.

Klosterneuburg, Stadt im Osten des österreichischen Anbaugebiets Donauland, die Sitz der bekanntesten Weinbauschule und Forschungsanstalt des Landes, offiziell Höhere Bundeslehranstalt und Bundesamt für Wein und Obstbau genannt, sowie des größten privaten Erzeugerbetriebs ist. In der Forschungsanstalt wurde von ihrem Gründer August Wilhelm Freiherr von Babo u. a. die nach der Stadt benannte Klosterneuburger Mostwaage (→Mostgewicht) entwickelt. Das Insti-

Klimazonen. Der Weinbau ist nur in bestimmten Klimazonen möglich.

tut ist in die Fachbereiche Weinbau, Kellerwirtschaft und Rebenzüchtung gegliedert und verfügt über zwei eigene Weinbau-Versuchsgüter. In den 1990er-Jahren hat es sich u. a. in der genetischen Rebsortenforschung profiliert.

Klosterneuburger Mostwaage, Abk. **KMW,** Waage zur Bestimmung des →Mostgewichts.

Kloster Sion [- sjɔ̃], Rotweinlage des gleichnamigen Wilhelmitenklosters bei Klingnau in der →Ostschweiz.

KMW, Abk. für →Klosterneuburger Mostwaage.

Knospe, unentfaltete Sprossanlage der →Rebe 2).

Kober, nach dem österreichischen Agronomen Franz Kober (*1864, †1943) benannte Gruppe von Unterlagsreben; die bekanntesten und meistverbreiteten sind Kober 5 BB und Kober 125 AA, zwei Kreuzungen aus Vitis berlandieri mit Vitis riparia. Kober 5 BB ist sehr wuchskräftig und eignet sich deshalb für schwachtriebige Böden, nicht aber für Edelsorten mit einer Tendenz zur Starkwüchsigkeit, da die Erträge sonst zu hoch werden. Kober 125 AA eignet sich besonders für Weitraumanlagen und ein breites Spektrum von Edelsorten.

Kocher-Jagst-Tauber, Bereich im Norden des deutschen Anbaugebiets Württemberg; der kleinste der sechs württembergischen Bereiche genießt wie das benachbarte Anbaugebiet Franken das Privileg, seine Weine im →Bocksbeutel verkaufen zu dürfen.

An den Hängen der steilen Muschelkalkhänge werden v.a. Silvaner, Kerner und Müller-Thurgau kultiviert.

Kochton, Kochgeschmack, Weinfehler, der sich in Form von Geruchs- und Geschmackseindrücken äußert, die an gekochtes Obst oder Gemüse erinnern; man sagt, die Weine wirken **gekocht.** Ein Kochton kann verschiedene Ursachen haben wie Oxidation, Überreife des Traubenguts, misslungene Maischeerhitzung oder falsches Pasteurisieren der Weine.

Kögl, eine der besten Lagen des österreichischen Anbaugebiets Kremstal, Gemeinde Krems; die etwa 20 ha große, nach Süden aus-

KLONALE SELEKTION. *Begriffsverwirrung beim Klonen*

In Italien streiten sich Weinfachleute gern über die Frage, ob die Sangiovesereben im Gebiet des Brunello di Montalcino einen eigenständigen Klon darstellen oder nicht. Einmal abgesehen davon, dass gerade bei Neuanlagen in den 1990er-Jahren oft sogar Setzlinge aus dem Chianti-Classico-Gebiet und nicht etwa aus Montalcino ausgepflanzt wurden, leidet die Theorie vom besonderen Brunelloklon auch daran, dass die Rebselektionen, die Ende des 19. Jahrhunderts von Ferruccio Biondi Santi durchgeführt wurden und die Basis für die meisten historischen Brunelloweinberge bildeten, keine klonalen Selektionen, sondern Massenselektionen waren. Auch im angelsächsischen Raum kann man häufig lesen, die Weinberge eines Gutes oder einer Gegend seien mit bestimmten Klonen bestockt. Oft handelt es sich dabei aber nicht um Klone, sondern um durch Mutation oder Massenselektion entstandene Varianten der entsprechenden Rebsorte. Genetisch identisch sind die einzelnen Pflanzen dieser Varianten jedenfalls meist nicht.

Die Suche nach dem perfekten Klon, der
Ertragsstärke, geschmackliche Qualitäten
und möglichst auch Krankheits- und Schäd-

lingsresistenz in sich vereint, ist so etwas
wie die alchemistische Hoffnung der
Rebzüchter. In vielen Ländern wurden in den
letzten Jahrzehnten Weinberge mit den
besten Klonen bestockt, meist allerdings nur
mit einer oder zwei Varianten. Da natürlich
alle Winzer »den besten Klon« auspflanzen
möchten, kann dies im Laufe der Zeit zu einer
erheblichen genetischen Verarmung des
Rebenbestands führen. Die so genannte
Massenselektion, bei der mehrere Pflanzen
mit ungleicher genetischer Erbsubstanz
vermehrt und ausgepflanzt werden, sorgt für
ein Weiterbestehen der über Jahrtausende
entstandenen Sortenvielfalt. Da die Rebe
eine genetisch instabile Pflanze ist, besteht
ohnehin auch bei rigider klonaler Selektion
keine Garantie, dass sich das Rebmaterial
durch spontane Mutation im Laufe der Zeit
nicht wieder verändert und die erwünschten
positiven Eigenschaften verliert.

gerichtete und terrassierte Lage mit einer
Hangneigung von bis zu 50 % am Kremser
Kreuzberg genießt ein besonders geschütztes
Mikroklima. Auf kargen Böden aus kristalli-
nem Schiefer mit einer dünnen, kalkhaltigen
Lössauflage bringt v. a. die Weißwein-Reb-
sorte Riesling gute Resultate.

Kohlendioxid, gemeinsprachlich **Kohlensäure,** in großen Mengen bei der alkoholischen Gärung und beim Säureabbau entstehendes, farbloses Gas; theoretisch werden bei
der Gärung 48,9 % des Zuckers in Kohlendioxid umgewandelt. Es bleibt v. a. bei kühler
Gärführung z. T. im Wein gebunden und verleiht ihm Frische; deshalb wird das Gas Weißweinen beim Abfüllen häufig zugefügt. Bei
der Schaumweinbereitung entsteht Kohlendioxid während der zweiten Gärung und sorgt
für das charakteristische Perlen.

Kohlendioxid ist in geringen Konzentrationen ungefährlich, ab einem Anteil von
4–5 % in der Atemluft wirkt es betäubend und
8 % führen innerhalb weniger Minuten zum
Tod durch Ersticken. Da das Gas schwerer ist
als Luft, sammelt es sich am Boden; in nicht
ausreichend entlüfteten Gärkellern besteht
deshalb Lebensgefahr.

**Kohlensäuregärung, Kohlenstoffgä-
rung, karbonische Gärung, Kohlenstoff-
mazeration,** eigentlich **Kohlensäuremaze-
ration,** Verfahren der Rotweinbereitung, das
traditionell zur Erzeugung von Primeur- oder
Nouveauweinen im Beaujolaisgebiet, im Rhônetal und in der Region Languedoc-Roussillon praktiziert wird, in den 1980er- und
1990er-Jahren aber auch über die Grenzen
Frankreichs hinaus Verbreitung fand.

Die Kohlensäuregärung besteht im Wesentlichen aus einem enzymatischen Umset-
zungsprozess, der innerhalb der Zellen von
ganzen, unverletzten Beeren in sauerstoff-
freier, d. h. reduktiver Kohlendioxidatmo-
sphäre abläuft. Dabei entstehen dieselben Abbauprodukte wie bei der alkoholischen Gärung, allerdings ohne die Arbeit von
(Wein-)Hefen; es handelt sich also streng genommen nicht um eine Gärung.

■ **Abbauprodukte:** Bei der Kohlensäuregärung werden wie bei der Gärung Alkohol
und Kohlensäure gebildet, die Apfelsäure wird
zu Milchsäure degradiert und es entstehen Ester, die dem Wein den gewünschten, fruchtigen Geruch und Geschmack verleihen. Die Intensität der enzymatischen Reaktion und die
Menge der gebildeten Produkte sind von der
Rebsorte und der gewählten Prozesstempera-
tur abhängig; höhere Temperaturen bewirken
einen höheren Stoffumsatz. In der Regel wird
eine Temperatur zwischen 25 und 35 °C eingehalten. Das Verfahren wird gegebenenfalls in
Kombination mit der →Maischegärung angewandt. Gefährlich ist der Zutritt von Sauerstoff, da im oxidativen Milieu statt Alkohol Essigsäure gebildet wird. Der Wein ist dann verdorben.

Kohleschönung, eine Art der →Schö-
nung.

**Kombinationsschönung, Kombischö-
nung,** ein Verfahren zum Schönen von Weinen (→Schönung).

Kommissionär, nach deutschem und ös-
terreichischem Recht ein Kaufmann, der auf
Provisionsbasis im Auftrag von Kellereien,
Weinhändlern oder auch Endverbrauchern tä-

tig wird und Trauben, Moste oder Weine auf fremde Rechnung aufkauft bzw. verkauft.

Kommissionäre vermitteln im Fassweinhandel zwischen Winzern und Kellereien und werden auf →Auktionen für Weinsammler tätig. Die etwa 200 deutschen Kommissionäre, im Hauptberuf teilweise Winzer oder Weinhändler, sind im Bundesverband der Deutschen Weinkommissionäre e. V. zusammengeschlossen. In der Schweiz muss ein Kommissionär kein Kaufmann sein; im französischen Bordeauxgebiet spielen Kommissionäre (französisch courtier »Makler«) eine bedeutende Rolle bei der Vermarktung von Weinen der renommiertesten Erzeugerbetriebe.

komplett, geschmacklich vielschichtig und abgerundet; Begriff der Weinansprache für Gewächse, die typische Aromen und Geschmackscharakteristika ihrer Rebsorte und/oder ihrer Herkunftsbezeichnung zeigen, und bei denen die Eindrücke von Nase und von Gaumen ein harmonisches Gesamtbild ergeben.

komplex, →vielschichtig.

Konservierungsmittel, der Konservierung von Weinen dienende →chemische Hilfsmittel, die Oxidation, vorschnelles Altern und mikrobiellen Verderb verhindern sollen; wichtigstes Konservierungsmittel ist →Schwefel; daneben werden Sorbinsäure (Kaliumsorbat) und L-Askorbinsäure (Vitamin C) eingesetzt.

Kontaktverfahren, Verfahren zur Stabilisierung von Weinen und Schaumweinen; ihnen werden gemahlene Weinsteinkristalle (→Weinstein) zugesetzt, die als Kristallisationskeim dienen und die Ausscheidung weiteren Weinsteins beschleunigen.

kontinentales Klima, eine Art des →Klimas.

Konzentrat, →Mostkonzentrat.

Konzentration, 1) *Kellertechnik:* →konzentrieren.

2) *Weinansprache:* geschmackliche Eigenschaft von Weinen mit hohem Extraktgehalt (→Extrakt), Bezeichnung für Weine mit geschmacklicher Intensität; konzentrierte Weine entstehen sowohl auf natürlichem Wege – durch Jahrgangseinflüsse – wie auch durch die Arbeit des Winzers oder Weinmachers. Zu den Möglichkeiten, die Konzentration zu beeinflussen, gehören in der Weinbergsarbeit die Ertragsbegrenzung und während bzw. nach der Ernte die Auslese besonders hochwertiger Trauben sowie die verschiedenen Formen des →Trocknens von Trauben wie z.B. bei der Strohweinbereitung. Im Keller schließlich bietet sich die Möglichkeit des maschinellen →Konzentrierens.

konzentrieren, veraltet auch **eindicken,** den natürlichen Alkoholgehalt bzw. den Gehalt an geschmacksbildenden Inhalts-

stoffen von Mosten und Weinen durch Wasserentzug erhöhen.

Das mechanische Konzentrieren mithilfe verschiedener Apparate wurde in den 1990er-Jahren sowohl zur Erhöhung des Alkoholgehalts als auch zur Steigerung der geschmacklichen →Konzentration 2) von Weinen eingeführt, ist aber nach wie vor umstritten. Seine Auswirkungen, insbesondere was die Harmonie und die Alterungsfähigkeit der Weine betrifft, gelten als noch nicht sicher geklärt.

■ **Verfahren:** Eine traditionelle Methode des Konzentrierens, die insbesondere zur Erhöhung der Farbintensität von Rotweinen eingesetzt wird, ist der so genannte →Mostabzug. Darüber hinaus kommen drei technische Verfahren zur Anwendung: die **Kryoextraktion,** die **Vakuumverdampfung** und die **Umkehrosmose.**

konzentrieren. Konzentratoren wie diese Maschine für die Umkehrosmose kommen seit Mitte der 1990er-Jahre in vielen Ländern Europas zum Einsatz.

Bei der Kryoextraktion wird mithilfe von Kälte konzentriert. In Kältekammern, in speziellen Kühltanks oder unter Verwendung von flüssigem Stickstoff werden Trauben oder Moste gefroren und die entstehenden Eiskristalle abgetrennt. Die dadurch zu erzielende Zuckerkonzentration kann über die Temperatur und damit die Menge des abgetrennten Eises geregelt werden. Zur Anwendung kommt die Kryoextraktion v.a. bei der Herstellung von künstlichen Eisweinen in Anbaugebieten, deren Klima keine natürlichen Eisweine zulässt. Auch im französischen Sauternesgebiet werden teilweise Süßweine per Kryoextraktion erzeugt.

Die Vakuumverdampfung wurde bereits 1906 für die Produktion von alkoholfreiem Wein patentiert. Sie beruht auf dem Prinzip, dass sich der Siedepunkt einer Flüssigkeit in Abhängigkeit des Luftdruckes ändert; bei geringerem Luftdruck sinkt er. Das Konzentrieren findet in modernen Anlagen bei Temperaturen von 25–30 °C statt, bei denen der Most und damit der spätere Wein anders als bei starkem Erhitzen geschmacklich nicht beeinträchtigt werden. Neben Wasser werden dabei auch andere flüchtige Mostbestandteile, z. B. flüchtige Säure und Alkohol, abgetrennt.

Die Umkehrosmose ist v. a. durch ihren Einsatz in Entsalzungsanlagen zur Gewinnung von Trinkwasser bekannt geworden und wird ebenfalls zur Erzeugung alkoholfreier Weine eingesetzt. In geschlossenen Systemen werden Moste oder Weine unter hohem Druck über eine halbdurchlässige Membran geleitet, die nur Moleküle bis zu einem bestimmten Molekulargewicht passieren lässt; bei der Behandlung von Mosten wird eine Membran verwendet, die nur für Wasser durchlässig ist. Der Most wird so lange über diese Membran gepumpt, bis der gewünschte Entwässerungsgrad erreicht ist. Nachteile der Umkehrosmose sind v. a. der hohe Energieaufwand und die Tendenz zum so genannten Verblocken der Membran, deren Poren sich mit Trub oder Weinstein zusetzen können.

In der Neuen Welt wird die Umkehrosmose gelegentlich auch bei Weinen eingesetzt, um Weinfehler wie flüchtige Säure etc. zu entfernen. In Europa ist das Konzentrieren gesetzlich geregelt: Das Volumen des Mosts oder Weins darf um maximal 20 % vermindert, der Alkoholgehalt um höchstens 2 Vol.-% erhöht werden.

konzentriert, geschmacklich intensiv, dicht, d. h. von einem hohen Gehalt an Geschmacksstoffen geprägt; Begriff der Weinansprache für Weine, deren hoher Extraktgehalt einen intensiven Geschmackseindruck hervorruft. Er wird nicht für Produkte verwendet, deren Geschmacksintensität vorwiegend durch Alkohol oder Zucker gebildet wird.

Kooperative, →Genossenschaft.

KORK. *Alternativen zur Korkeiche gesucht*

Das Problem der Korkschmecker, die Weine unwiderbringlich ruinieren, hat sich in den beiden letzten Jahrzehnten des 20. Jahrhunderts so verschärft, dass die Suche nach möglichen Alternativen zu einer vordringlichen Aufgabe der Weinwirtschaft geworden ist. Dabei herrscht weitgehend Konsens darüber, dass einfache oder rasch zu trinkende Weine auch mit Schraubverschluss, Plastikstopfen oder Kronkorken verschlossen werden können. Umstritten ist, ob große, lagerfähige Weine die geringen Mengen Luftsauerstoff, die durch den Naturkork in die Flasche eindringen können, zum Reifen und Altern benötigen, was der berühmte französische Önologe Émile Peynaud bereits 1980 in seinem Buch »Le goût du vin« (deutsch: Die hohe Schule für Weinkenner) energisch bestritt. Zahlreiche Versuche, bei denen auch mit alterungsfähigen Rotweinen experimentiert wurde, zeigen, dass Weine mit hermetischen Verschlüssen langsamer reifen und ihren Fruchtcharakter länger bewahren. In einigen Ländern wie der Schweiz und Australien werden Alternativen von den Verbrauchern bereits weitgehend akzeptiert. Viele Weinfreunde wollen den Naturkork aber wegen des lieb gewonnenen Zeremoniells beim Öffnen der Flasche nicht aufgeben.

Kopfschmerzen, gelegentliche Folgeerscheinungen von Wein- bzw. Alkoholgenuss, für deren Ursache es verschiedene Erklärungen gibt; sie können durch das beim Abbau von Alkohol im Körper entstehende Acetaldehyd, durch starkes Dehydrieren infolge übermäßigen Alkoholgenusses und damit verbundene Gefäßveränderungen im Schädelinneren, durch im Wein enthaltenes Methanol und höherwertige Fuselalkohole, v. a. aber durch →Histamin hervorgerufen werden. Bei Menschen, die unter →Allergien leiden, können auch bestimmte Weininhaltsstoffe oder Hilfsmittel wie Schwefel zu Kopfschmerzen führen.

Korbflaschen, traditionelle Art von →Flaschen.

Korbkelter, Korbpresse, traditionelle Art der →Presse.

Kordon [zu französ. corde »Schnur«, »Seil«], eine Art der Reberziehung mit spezifischem →Rebschnitt.

Korinthiaki [korınθiaki], französ. **Corinthe noir** [kɔˈrɛ̃t nwar], griechische Rotwein-Rebsorte, die v. a. als Tafeltraube und zur Rosinenproduktion (Korinthen) Verwendung findet; die Sorte mit den zum großen Teil kernlosen Beeren wird weltweit auf gut guten 50 000 ha (1999) Rebfläche kultiviert, v. a. in Griechenland (44 000 ha), der Türkei, Australien und den USA.

Kork [über niederländisch-spanisch, von lateinisch cortex »Baumrinde«], Rinde, Abschlussgewebe von **Korkeichen** (botanisch Quercus suber), einer v. a. im Mittelmeerraum verbreiteten Eichenart.

Das Korkgewebe besteht aus miteinander verbundenen toten Zellen, den Korkzellen, die durch Einlagerung von Suberin – das sind aus Stoffwechselprodukten entstandene Ester – in die Zellwand eine Schutzschicht gegen Verdunstung aufweisen und mit ihren Gerbstoffen Pilze und Bakterien abweisende Eigenschaften besitzen. Ein gewisser Gasaustausch mit der Umgebung wird durch die Korkporen, d. h. kanalartige Durchbrechungen des Korkgewebes, ermöglicht, die mit einem Mehl aus losen Korkzellen gefüllt sind.

Kork eignet sich aufgrund seiner Festigkeit bei gleichzeitiger Elastizität hervorragend zum Verschließen von Flaschen, wofür ein formgestanzter Zylinder, der **Korken,** verwendet wird. Ob Flaschenverschlüsse aus Naturkork darüber hinaus auch positive Auswirkungen auf das Reifen und Altern von Weinen haben, ist umstritten. Befürworter von Naturkork vertreten die These, dass sich Weine nur dann entwickeln, wenn sie dem eindringenden Luftsauerstoff ausgesetzt sind; Kritiker dieser These weisen darauf hin, dass Korken senkrecht zum Verlauf der natürlichen Poren gestanzt werden und der Luftaustausch deshalb unbedeutend sei. Außerdem sei die geschmackliche Entwicklung von Weinen ein im Wesentlichen anaerober Prozess.

■ **Fehlerhafter Kork:** Ein mit der industriellen Produktion von Korken einhergehendes Problem stellt das verstärkte Auftreten von →Korkschmeckern dar, für das die Korkindustrie noch keine anerkannte und in der Praxis bewährte Lösung gefunden hat. Alternative Verschlussarten (→Verschlüsse) leiden allerdings an Imageproblemen, weil sie in der Vergangenheit v.a. für einfache Weine der niedrigsten Preiskategorien verwendet wurden. Unter Qualitäts- und Imageproblemen leiden auch **Agglomeratkorken** aus **Presskork,** die aus den Abfällen der Korkproduktion gepresst und mit Leim oder Kunststoff gefestigt werden; der Leim, der für den Zusammenhalt des gepressten Granulats notwendig ist, kann Geschmacksveränderungen im Wein verursachen.

Guter Naturkork ist daran zu erkennen, dass er auch nach längerer Lagerung nur an der dem Wein zugewandten Seite, dem **Korkspiegel,** feucht oder verfärbt ist, dass weder durch seine Poren noch an den Rändern Wein aus der Flasche austritt und dass er nach Wein und nicht nach Schimmel, Fäulnis oder Moder riecht. Die meisten Weingüter benutzen einen in die Rundung des Korks eingebrannten Schriftzug oder ein Firmenlogo, den so genannten **Korkbrand,** um ihre Flaschen zumindest ansatzweise fälschungssicher zu machen.

■ **Produktion:** Der Großteil des in der Weinindustrie verwendeten Naturkorks kommt aus dem westlichen Mittelmeerraum; Portugal ist das weltgrößte Erzeugerland, gefolgt von Spanien und der italienischen Insel Sardinien. Seit den 1990er-Jahren werden aufgrund der gestiegenen Nachfrage auch alte Korkeichenwälder in Nordafrika wieder systematisch ausgebeutet.

Die Eichenrinde sollte möglichst langsam gewachsen sein, weil sie dadurch eine festere und kleinporigere Struktur erhält; die in dieser Hinsicht besten Naturkorken stammen nach allgemeiner Überzeugung aus Sardinien. Nach dem periodischen, idealerweise nur alle fünf bis zehn Jahre stattfindenden Schälen der Eichen müssen die anfänglich noch stark gebogenen und gewellten Korkplatten bis zu einem Jahr im Freien trocknen. Sie werden dabei – vom Eigengewicht gepresst – flacher und glatter. Das anschließende Kochen in Wasser soll sie wieder weicher und elastischer machen und von unerwünschten Tanninen befreien.

Die behandelten Platten werden schließlich in mehreren Durchgängen in produktionsgerechte Stücke geschnitten, aus denen die Korken gestanzt werden können. Nach der Qualitätskontrolle folgt das Sterilisieren und

Kork. Abgeschälte Korkeichen in Portugal: Hier wird der Rohstoff für Weinkorken gewonnen. Kritikern, die das gehäufte Auftreten von Korkschmeckern anprangern, antwortet die Korkindustrie, indem sie die positiven Auswirkungen ihrer »landschaftspflegerischen« Arbeit anpreist.

oft ein Bleichen der fertigen Korken, wobei das früher verwendete Chlor, das zum verstärkten Auftreten des Korkschmeckers führte, seit Mitte der 1990er-Jahre durch Ozon, Mikrowellentechnik und andere Verfahren ersetzt wird.

■ **Geschichte:** Obwohl schon in der Antike als Verschlussmittel für Weinbehältnisse bekannt, lösten Stopfen aus Korkeichenrinde erst im 17. Jh. als Folge der Entwicklung von Glasflaschen Holz, Stoff, Pech und Wachs als Verschlussmaterial für Weine dauerhaft ab. Die Korkindustrie entstand im Zusammenhang mit dem Erfolg des Champagners im 19. Jh. Zu Beginn des 21. Jahrhunderts wurden etwa 18 Mrd. Glasflaschen jährlich gefüllt, von denen gut 40% mit Naturkork verschlossen sind.

Korkbrand, Kennzeichnung von Weinen durch auf den Korken (→Kork) eingebrannte Namen oder Markenzeichen von Abfüllern oder Erzeugern; der Korkbrand gilt traditionell als Beweis für die Echtheit einer Erzeuger- oder Gutsabfüllung.

Korkenzieher, Korkenheber, Gerät zum Entfernen des Korkens von Weinflaschen; Korkenzieher bestehen meist aus einer Spindel oder Spirale, die in den Korken gedreht wird, und einem Griff, einer Hebelvorrichtung oder einer Drehmechanik zum Heben des Korkens.

■ **Modelle:** Das gebräuchlichste Korkenziehermodell ist die klassische T-Form, die nur aus der Spirale bzw. Spindel und einem rechtwinklig dazu angebrachten Griff besteht; es erfordert allerdings bei fest sitzenden Korken viel Kraftaufwand. Wesentlich leichter zu bedienen sind Flügelnockenkorkenzieher, die auf den Flaschenhals aufgesetzt und anschließend mit einer kontinuierlichen Drehbewegung bedient werden, durch die zunächst die Spindel oder Spirale in den Korken und anschließend der Kork aus der Flasche befördert werden.

Eigentlich ist ein Korkenzieher ein ganz einfach aufgebautes Instrument: Er besteht aus einer Spindel bzw. Spirale und einem Griff. Die Variationen, die von diesem simplen Gerät in den vergangenen 300 Jahren entwickelt wurden, gehen jedoch in die Hunderte. Von der schlichten T-Form bis zum stilvollen Jugendstilmodell oder dem kunstvoll geschmiedeten Schlüssel mit eingebetteter Spirale, vom aufwendigen Flügelnockenkorkenzieher bis zum modernen Lamellen- oder Druckluftgerät haben findige Weinfreunde fast keine Möglichkeit unberücksichtigt gelassen, ihre wertvollen Flaschen zu öffnen.

Ganz gleich, für welches Modell man sich entscheidet, beachten sollte man zwei Dinge: Die Spirale – von Spindeln, zumal scharfkantigen, ist generell abzuraten – sollte große, offene Windungen haben und

stabil genug sein, dass sie sich bei fest sitzenden Korken nicht verbiegt. Der Griff sollte nicht scharfkantig, sondern auch bei größerer Kraftanstrengung noch schmerzfrei zu betätigen sein.

Unter dem Namen Screwpull® wird eine moderne Version dieses Geräts angeboten, dessen Bedienung problemlos ist, aber etwas mehr Zeit erfordert als der Klassiker unter den Öffnern, das **Kellnerbesteck** (Kellnermesser, Sommelierheber) mit ausklappbarer Spirale. Mithilfe eines Stützhebels, der am Flaschenhals angesetzt wird, hebelt man bei diesem Modell den Korken aus der Flasche. Die Methode erfordert allerdings ein wenig Übung.

Keinerlei Kraftaufwand verlangen elektrische Korkenzieher der verschiedensten Art, moderne Druckluftkorkenzieher, bei denen Druckluft mittels einer Nadel durch den Korken in die Flasche gepresst wird, bis dieser aus der Flasche gleitet, und die recht aufwendige Hebelversion des erwähnten Screwpull®. Für sehr alte Korken, die beim Heben zu zerbrechen drohen, empfiehlt sich ein Lamellenkorkenzieher, dessen zwei Stahllamellen vorsichtig zwischen Korken und Glaswand der Flasche eingeführt werden. Anschließend kann der Korken durch sanftes Drehen unbeschädigt aus der Flasche befördert werden.

Bei allen Wein- und Schaumweinflaschen, deren Korken über den Flaschenhals hinausragt, kommt statt des Korkenziehers meist eine **Korkenzange** (Champagnerzange) zum Einsatz. Diese hat zwei halbrunde Backen, die mit leichtem Druck um den Korken gelegt werden; unter vorsichtigem Drehen kann dieser dann entfernt werden, auch wenn er sehr fest sitzt.

■ **Geschichte:** Vermutlich wurden Korkenzieher im England des 17. Jahrhunderts erfunden, als man damit begann, Bier-, Apfelwein- und schließlich auch Weinflaschen sys-tematisch mit Naturkork zu verschließen. Die ältesten Patente datieren aus den Jahren 1795 (England), 1828 (Frankreich), 1860 (USA) und 1877 (Deutschland).

Korkschmecker, Korkgeschmack, durch fehlerhafte Korken (→Kork) ausgelöster Weinfehler, der sich in muffigem, modrigem Geruch und bitter-scharfem Geschmack manifestiert; Auslöser ist die Substanz **Trichloranisol** (eigentlich 2,4,6-Trichloranisol, Abk. TCA). Sie wird durch einen Schimmelpilz produziert, der die Rinde der Korkeiche befallen kann.

Oft ist der Korkschmecker allerdings nur schwer von anderen Weinfehlern wie Mufftönen vom Ausbau in unsauberen Holzfässern zu unterscheiden. Gelegentlich sind auch nicht nur einzelne Korken, sondern ganze Fässer oder gar Keller mit TCA oder verwandten Substanzen wie 2,4,6-Tribromanisol (TBA) oder 2,3,4,6-Tetrachloranisol (TeCA) infiziert.

Mit der in den letzten drei Jahrzehnten des 20. Jahrhunderts sprunghaft gestiegenen Weinmenge, die in Flaschen gefüllt vermarktet wird, sank die Qualität der Korken dramatisch. Kritiker gehen davon aus, dass der Inhalt von 5–10 % der jährlich gefüllten, mit Naturkork verschlossenen Weinflaschen durch mehr oder weniger auffälligen Korkschmecker beeinträchtigt wird; die Korkindustrie selbst spricht von 1–3 %. Bei weltweit acht Mrd. Flaschen bedeutet dies, dass zwischen 80 und 800 Mio. fehlerhaften Wein enthalten könnten.

Bei Vergleichsproben zwischen Weinen in verkorkten Flaschen mit solchen, die mit anderen Verschlüssen versehen waren, zeigte sich darüber hinaus, dass ausnahmslos sämtliche mit Naturkork verschlossenen Weine gegenüber denen aus Flaschen mit neutralen Verschlüssen gewisse, oft allerdings nur minimale geruchliche und geschmackliche Abweichungen zeigten, was sich besonders in delikaten Weißweinen, weniger in kräftigen, geschmacksintensiven Roten manifestiert.

Um die Verursachersubstanz TCA aus Korken zu entfernen, hat die Korkindustrie seit den 1980er-Jahren mit einer Reihe von Verfahren experimentiert. So wird zum Bleichen der Korken heute in der Regel statt chlorhaltiger Mittel Wasserstoffperoxid eingesetzt. Außerdem wurde versucht, durch Bestrahlung mit Mikrowellen und mit diversen Verfahren zum Sterilisieren die Korken TCA-frei zu machen. Als modernstes, bislang aber noch nicht industriell praktiziertes Verfahren gilt die Behandlung mit Kohlendioxid, das unter Druck einen so genannten superkritischen, d. h. flüssigen und gasförmigen Zustand zugleich annimmt.

Leider zeigen diese Bemühungen noch keine verifizierbaren und quantifizierbaren Resultate. Stattdessen hat ein in Australien entwickeltes Verfahren Aufsehen erregt, mit dem Korken angeblich vor dem Abfüllen zuverlässig auf kleinste TCA-Spuren untersucht werden können; Korkproduzenten, die es anwenden, berichten, dass sie bis zu einem Drittel der Produktion eliminieren müssen, weil es

die selbst gesetzten Höchstwerte für TCA überschreitet.

Korkspiegel, die zum Flascheninneren zeigende Fläche des Korkens (→ Kork).

Körper, Fülle, geschmacklich prägender Alkohol-, Süße- und Extraktgehalt; Begriff der Weinansprache für die geschmackliche Dichte, d. h. die Intensität der nicht flüchtigen Bestandteile. Ein Wein mit großem Körper wird auch als **voll** oder **vollmundig** bezeichnet.

Korsika, französ. **Corse** [kɔrs], Bereich der französischen Weinbauregion Provence-Corse auf der gleichnamigen Mittelmeerinsel; insgesamt stehen 6900 ha (2000) Land unter Reben, wobei nur ein knappes Drittel dieser Flächen A. C.-Status besitzt.

Die wichtigsten Rebsorten sind Sangiovese (Nielluccio), Vermentino und Weißer Muskateller (Muscat). Der interessanteste A. C.-Wein ist der → Patrimonio, die größten Rebflächen umfasst das A. C.-Gebiet des **Vin de Corse** (1400 ha), dessen Weiß-, Rosé- und Rotweine auch unter den Zusatzbezeichnungen Calvi, Coteaux du Cap Corse, Figari, Porto Vecchio und Sartène vermarktet werden können. Weitere A. C.-Herkunftsbezeichnungen sind Ajaccio und Muscat du Cap Corse.

koscherer Wein [jiddisch koscher, kauscher von hebräisch kaser »rituell einwandfrei«], in Übereinstimmung mit den jüdischen

KORKSCHMECKER

Immer gleich?

Neuere Untersuchungen eines Weinlabors im Bordeauxgebiet ergaben, dass vermutlich nicht nur die Substanz 2,4,6-Trichloranisol, kurz TCA genannt, für Korkschmecker verantwortlich ist. Auch das verwandte 2,4,6-Tribromanisol, TBA, das nicht nur im Korken, sondern auch auf Holzfässern und Plastikgeräten im Keller vorkommen kann, soll den typisch muffig-stechenden Korkschmecker verursachen können.

Unklar ist, ob die neu entdeckte Substanz aber ein auch in der Praxis relevanter Verursacher dieses Weinfehlers sein kann. Immerhin müssten, wenn nicht der einzelne Korken, sondern das gesamte Kellerambiente befallen ist, sämtliche Weine des Kellers oder zumindest die gesamte Charge eines Fasses betroffen sein, was sehr selten vorkommt. Wenn also eine Flasche fehlerhaft ist, die nächste aber reintönig, dann handelt es sich mit einiger Sicherheit um einen echten Korkschmecker. Um ihn zu entdecken, reicht es meist nicht, am gezogenen Korken zu riechen. Oft riechen Korken fehlerhaft, aber der Wein ist noch intakt und umgekehrt. Erst der typische

bittere, vielleicht sogar kratzige, den Gaumen austrocknende Geschmack ist ein sicheres Indiz für korkigen Wein.

Religionsvorschriften erzeugter Wein; er darf nicht mit Gerätschaften in Berührung kommen, die für die Produktion nicht koscherer Weine verwendet wurden.

Von der Traubenernte bis zum Abfüllen dürfen nur Männer mit ihm in Kontakt kommen, die die Sabbatruhe respektieren. Außerdem sind nur bestimmte Hilfsmittel wie Filter, Schönungsmittel, Schläuche etc. zugelassen. Anreichern und Süßen ist gestattet, die Benutzung von Reinzuchthefen bei der Gärung dagegen nicht. Die Einhaltung dieser Regeln muss von einem Rabbi überwacht und bestätigt werden; außerhalb Israels kann die Herstellung koscheren Weins allerdings auch an Nichtjuden delegiert werden.

kosten, Aroma und Geschmack von Wein prüfen (→Verkostung).

Kraichgau, Bereich des deutschen Anbaugebiets →Baden; v.a. Weine aus Burgundersorten können hier sehr gute Qualitäten erreichen.

Kranzwirtschaft, →Straußwirtschaft.

kratzig, am hinteren Gaumen unharmonisch, rau und aggressiv; Begriff der Weinansprache für Weine mit einem zu hohen Gehalt an flüchtiger →Säure.

krautig, aufdringlich vegetabil im Duft, gelegentlich auch im Geschmack, erinnert an Liebstöckel oder gekochtes Gemüse (Kohl); Begriff der Weinansprache für fehlerhafte Weine, bei denen häufig der Säureabbau nicht richtig durchgeführt wurde. Gelegentlich werden auch grasige, nach Kräutern oder nach grünem Holz duftende Weine als krautig bezeichnet.

KOSTGLAS	*Verkostungsgläser für jeden Wein*

Auch wenn Glashersteller inzwischen für fast jeden denkbaren Weintyp besondere Glasformen kreiert haben, benutzt man für Weinverkostungen meist einheitliche, standardisierte Gläser. Die Form des INAO-Glases ist die bei Weinverkostungen in aller Welt meist genutzte, allerdings ziehen viele Weinkoster größere Gläser vor, in denen sich die Aromen besser entfalten können. Für Verkostungen, bei denen es darauf ankommt, auch noch den kleinsten Weinfehler aufzuspüren, eignet sich ein eigentümliches Glas, das keinen Stiel, dafür aber am Glasboden und in der Glaswand jeweils eine Einbuchtung für Mittelfinger und Daumen aufweist. Durch den Kontakt mit den Fingern wird der Wein rasch angewärmt und entfaltet so auf besonders effiziente Weise sowohl sein Bukett als auch eventuelle fehlerhafte Aromen.

Kostglas, Probenglas, Verkostungsglas, ein spezielles Glas für die →Verkostung von Weinen; meist ist es relativ kleinvolumig und tulpenförmig und erlaubt maximale Entwicklung der Aromen bei geringer Füllmenge. Das französische Institut National des Appellations d'Origine (INAO) hat in den 1950er-Jahren für Weinverkostungen ein Standard-Kristallglas mit einem Fassungsvermögen von 21–22,5 cl entwickelt, das zum weltweit meistverwendeten Kostglas wurde. Auf einem relativ kurzen Stiel sitzt ein schlanker, eiförmiger Glaskörper, der für die Verkostung nur zu einem Drittel (7–8 cl) gefüllt wird.

Kracher, →Blauer Wildbacher.

Kraft, geschmackliche Kombination von großem Körper und fester Struktur; Begriff der Weinansprache für Weine mit hohem Alkohol- und Tanningehalt.

Kremstal, bekanntes Anbaugebiet in →Niederösterreich im Gebiet um die Stadt Krems, rechts und links der Donau; die rund 2200 ha (2001) Rebfläche werden von etwa 1400 Winzerbetrieben bewirtschaftet.

Während die Urgesteinsverwitterungsböden im Bereich der Stadt Krems denen der benachbarten Wachau ähneln, findet man in den Randzonen des Gebiets vorwiegend Löss- und Schotterböden. Das Klima ist vom kühlen Einfluss des nahen Waldviertels einerseits und von der Wärme der pannonischen Tiefebene in Ungarn andererseits geprägt. Etwa 85 % der Rebfläche sind mit Weißwein-Rebsorten bestockt, allen voran Grüner Veltliner (1200 ha), gefolgt von Müller-Thurgau und Riesling; eine Spezialität des Gebiets sind Weißweine aus der Sorte Roter Veltliner. Bei den Rotwein-Rebsorten dominiert Zweigelt (180 ha).

KREMSTAL   *Löss und Urgestein an der Donau*

Wäre es nach den Kremsern gegangen, hätte man bei der Festlegung der österreichischen Anbaugebiete 1985 ihr Kremstal zumindest teilweise der benachbarten, weit prestigereicheren Wachau zugeschlagen. Immerhin weist der westliche Teil des Anbaugebietes die gleichen Urgesteinsböden auf, und Weine von den Lagen Pfaffenberg oder Steiner Hund sind von Wachauer Spitzengewächsen nicht zu unterscheiden. Die Bestrebungen scheiterten jedoch am erbitterten politischen Widerstand der Wachauer Winzer, die unter sich bleiben und ihre bekannte Herkunftsbezeichnung nicht teilen wollten. So kommt es, dass das Kremstal zwei völlig verschiedene Weintypen hervorbringt, die eleganten, fest strukturierten von den Urgesteinslagen im Westen und die runden, üppigen von den Lössböden im Osten der Stadt Krems.

Kres|zenz, →Gewächs.

Kretzer, österreichisch für →Rosé.

Kreuznach, bis in die 1990er-Jahre Name eines Bereichs im deutschen Anbaugebiet Nahe, der im neu geschaffenen Großbereich →Nahetal aufging.

Kreuzung, Kreuzungszüchtung, Methode der →Rebzüchtung.

Krim, autonome Teilrepublik der →Ukraine auf der gleichnamigen Halbinsel im Schwarzen Meer; sie bietet besonders günstige klimatische Bedingungen für den Weinbau. Erzeugt werden v.a. natursüßer Dessertwein, trockener Rot- und Weißwein sowie der bekannte **Krimsekt.**

Kristalle, →Weinstein.

Kroati|en, Weinbauland Südosteuropas, zwischen Ungarn und der Adriaküste gelegen; von etwa 59 000 ha (2000) Rebfläche kommen durchschnittlich 2,5 Mio. hl Wein im Jahr.

Bis zum Zusammenbruch der Republik Jugoslawien wurden in staatlichen Kellereien fast ausschließlich Massenprodukte für den Export in das östliche und westliche Ausland erzeugt, seit der Unabhängigkeit (1991) entwickelt sich jedoch privater Qualitätsweinbau. Der Pro-Kopf-Konsum liegt bei 38 l/Jahr.

■ **Anbaugebiete und Rebsorten:** Der Weinbau des Landes konzentriert sich v.a. im Norden, in den Anbaugebieten Zagorje-Međimurje, Plešivica, Kupa-Gebiet, Prigorje-Bilogora, Moslavina und Slawonien sowie dem Donau-Gebiet, wo die klimatischen Bedingungen vom kontinentalen Klima der Alpen und der ungarischen Steppe beeinflusst werden, und im kroatischen Küstenland, in den Gebieten Istrien und Dalmatien.

Kultiviert werden zu 55 % weiße Rebsorten, v.a. Welschriesling (Graševina), Riesling, Grau- und Weißburgunder, Sauvignon blanc, Chardonnay, Gewürztraminer, Malvasier, Furmint (Šipon), Pošip, Gelber Muskateller und Žlahtina; die Rotwein-Rebsorten sind Plavac mali, Babic, Plavina, Merlot, Spätburgunder, Cabernet Sauvignon, Blaufränkisch (Frankovka) und Refosco.

Kronenkorken, **Kronenverschluss, Kronkorken,** Art des Flaschenverschlusses (→Verschlüsse).

Kryoextraktion [zu griech. krýos »Kälte«, »Frost« und latein. extrahere, extractum »herausziehen«], Verfahren zum →Konzentrieren von Mosten und Weinen, das auch bei der Produktion von edelsüßen und Eisweinen zur Anwendung kommt.

Kryomazeration, →Kaltmazeration.

Küchenmeister, sehr gute Weinbergslage im Bereich Steigerwald, Gemeinde Rödelsee, des deutschen Anbaugebiets Franken; auf den typischen Keuperböden des Steigerwalds gelingen sowohl Weißweine aus Silvaner als auch Rote aus Dornfelder.

Küfer, Böttcher, süddeutsch und österreich. **Fassbinder,** Hersteller von Weinfässern.

Kühlung, ein wichtiger Arbeitsschritt im Rahmen der Gärung, der Weinsteinstabilisierung oder der Gärunterbrechung; zum Kühlen von Trauben, Mosten und Wein kommen spezielle Kühlkammern, kühlbare Doppelmanteltanks oder aufgeschweißte Kühlflächen, Kühlrippen in Gär- oder Lagerbehältern sowie diverse Arten Durchlaufkühler zum Einsatz, in denen kaltes Wasser oder andere Kälteträger als Kühlmedium dienen. Gärtanks

Kühlung. Besonders in der Gluthitze Australiens ist ausreichende Kühlung bei der Weinbereitung eine unabdingbare Voraussetzung für feine, fehlerfreie Weine. Bei neu angelegten Göranlagen wie der im südaustralischen Barossa Valley sind die Tanks deshalb nicht nur mehrfach isoliert, sondern sie besitzen auch alle Anschluss an einen Kältegenerator.

werden häufig auch durch Überfluten oder Besprühen mit Wasser gekühlt.

Kultwein, ein besonderer, meist in kleinen Mengen gekelterter und hochwertiger Wein renommierter Erzeuger, für den Weinfreunde oft hohe Summen zu zahlen bereit sind; nicht mit Modewein zu verwechseln, der sehr einfach sein kann.

Kunság [ˈkʊnʃʌg], größtes Anbaugebiet Ungarns, früher Kiskunság genannt, das sich im Westteil des Großen Ungarischen Tieflands südlich der Hauptstadt Budapest zwischen Donau und Theiß ausbreitet; es umfasst knapp 30 000 ha (2002) und damit fast ein Drittel der gesamten ungarischen Rebfläche. Auf kalkhaltigen, nährstoffarmen Sandböden wachsen zu drei Viertel weiße, v. a. einheimische Rebsorten sowie Welschriesling (Olaszrizling), Grüner Veltliner (Zöld Veltelini) und Muskateller (Sárga Muskotály); bei den Rot-

wein-Rebsorten dominieren Kadarka, Portugieser (Oportó), Blaufränkisch (Kékfrankos) und Zweigelt. Die Weine des Gebiets sind meist leicht und besitzen nicht viel Körper.

Künstleretikett, eine besondere Art des →Etiketts.

Kunstwein, gemeinsprachlich ein Weinimitat, das nicht aus Trauben, sondern aus Chemikalien und Wasser hergestellt wird; Kunstwein darf nicht unter Bezeichnungen vermarktet werden, die das Wort oder den Wortbestandteil Wein enthalten.

Kupfer [zu althochdeutsch kupfar, über spätlateinisch cuprum von latein. (aes) cyprium, eigentlich »von Zypern stammend(es) Erz)«], hellrotes, glänzendes, verhältnismäßig weiches Schwermetall, das in Form verschiedener Kupferpräparate sowohl im Weinbau als auch in der Kellerwirtschaft zum Einsatz kommt; in Form von Kupfersalzen (Kupfersulfat, Kupferhydroxid, Kupferoxichlorid u. a.) wird Kupfer gegen Falschen Mehltau gespritzt – ein Verfahren, das auch im biologischen Weinbau zugelassen ist. Im Keller wird Kupfersulfat als Schönungsmittel zur Behandlung von Böcksern eingesetzt und muss anschließend mit einer Blauschönung wieder aus dem Wein entfernt werden.

Kupferschönung, eine Art der →Schönung.

Kupp, Name verschiedener Weinbergslagen des Bereichs Saar im deutschen Anbaugebiet Mosel-Saar-Ruwer; wirkliche Spitzenweine kommen vorwiegend von der →Braunen Kupp in Wiltingen, während die Weine der Wiltinger und Ayler Kupp aufgrund mangelnder Homogenität der Lage und unterschiedlicher Qualitätsanstrengungen der Winzer nur in Ausnahmefällen zu den großen Gewächsen des Anbaugebiets gehören.

kurz, ungenügend lang im →Abgang.

Kurzzeiterhitzung, Methode zur Verhinderung oder Beseitigung von →Weinfehlern, seltener auch zum →Sterilisieren von Weinbehältern und Gerätschaften; sie ist nicht mit der →Maischeerhitzung identisch.

Labrusca, gemeinsprachlich für Rebsorten der Spezies →Vitis labrusca, die v.a. im Nordosten und Mittelwesten der USA kultiviert werden; die Weine fallen durch ihren fuchsigen Geschmack auf. Nach der erfolgreichen Einführung europäischer Edelsorten seit den 1960er-Jahren sind die Labruscareben in weiten Teilen des Landes auf dem Rückzug.

Lackgeruch, Lacknote, strenger, scharfer Geruch, der an Farbe und Lacke erinnert; Begriff der Weinansprache für Weinfehler, die sich geruchlich bemerkbar machen. Oft entsteht Lackgeruch durch die Verwendung ungeeigneter, nicht säure- oder alkoholfester Lacke für Anstricharbeiten im Keller oder bei zu kurzer Wartezeit vor der Wiederverwendung frisch lackierter Geräte. Die Bezeichnung wird häufig auch für den sehr ähnlichen →Lösungsmittelgeruch verwendet.

La Côte [la ˈkoːt], größtes Anbaugebiet des Schweizer Kantons Waadt, am Nordufer des Genfersees zwischen Genf und Lausanne gelegen; die sanfte, hügelige Landschaft macht seit den 1990er-Jahren durch interessante Weine aus Gutedel (Chasselas), Spätburgunder (Pinot noir) und Gamay auf sich aufmerksam.

Ladoix-Serrigny [laˈdwa sɛrɪˈɲi], A. C.-Herkunftsbezeichnung für Weine der gleichnamigen Gemeinde an der →Côte de Nuits im französischen Burgund; auf 132 ha Rebfläche, von denen 14 als Premier Cru klassifiziert sind, werden zu 85 % Spätburgunder (Pinot noir) und zu 15 % Chardonnay kultiviert. Auf dem Gebiet der Gemeinde liegen auch Teile der Grand-Cru-Lagen →Corton und →Corton-Charlemagne.

Lafite Rothschild, Château L. R., Spitzenweingut der Appellation →Pauillac im französischen Bordeauxgebiet, das als Premier Grand Cru Classé klassifiziert ist; die Weinbergsfläche des Gutes umfasst 90 ha. Der Hauptwein wird in der Regel aus 70 % Cabernet Sauvignon, 20 % Merlot und 10 % Cabernet franc gekeltert. Der Zweitwein von Château Lafite Rothschild, ursprünglich Moulin des Carruades genannt, heißt seit den 1980er-Jahren Les Carruades de Lafite.

Lage, österreich. **Ried, Riede** [zu althochdeutsch riod, riuti »Rodung«], eine abgegrenzte Weinbergsfläche **(Einzellage)** oder die Zusammenfassung mehrerer, benachbarter Flächen **(Großlage)** innerhalb eines Anbaugebiets oder einer Gemeinde, die Weine gleichartigen Charakters hervorbringen können.

In Deutschland sind Einzel- und Großlagen als Herkunftsbezeichnungen für Qualitätsweine gesetzlich definiert, in Österreich gibt es keine offiziellen, vom Weingesetz festgelegten Riedennamen, sondern nur allgemeine Katastralbezeichnungen und Flurnamen, die auf Weinetiketten geführt werden dürfen.

Während viele Einzellagen bereits seit Hunderten von Jahren existieren, sind Großlagen ein Produkt der Jahrzehnte nach dem Zweiten Weltkrieg. In Deutschland wurden sie mit dem Weingesetz von 1971 geschaffen, womit der Gesetzgeber dem Wunsch von Weinvermarktern entgegenkam, größere Mengen Weins mit identischem Namen und unter dem gleichen Etikett in den Handel bringen zu können. Sie sind in Deutschland wie in Österreich umstritten, da sie oft Parzellen bzw. Einzellagen sehr unterschiedlicher Charakteristik und v.a. Qualität unter einem Namen vereinen. Kritisiert wird insbesondere, dass die existierenden Lagenbezeichnungen dem Verbraucher keinerlei Möglichkeit geben, zwischen Einzel- oder Großlagen und ihren Produkten zu unterscheiden.

Auch in Frankreich sind Lagennamen in bestimmten Regionen bereits seit langem als Herkunftsbezeichnungen anerkannt, so beispielsweise im Burgund mit seinen Crus. Dort bilden sie die Basis für ein ausgefeiltes System von Klassifizierungen, das in den 1990er-Jahren als Vorbild für entsprechende deutsche Versuche diente, die gegen Ende des Jahrzehnts zur Einführung eines so genannten Ersten Gewächses führten.

In Italien sind Lagen mit dem Status von Herkunftsbezeichnungen eine noch sehr junge Erscheinung. Ein offizieller, nationaler Weinbergskataster existiert dort nicht. Erst mit der Neufassung des Weingesetzes in den 1990er-Jahren wurde für das Führen von Lagennamen auf Weinetiketten eine legale Basis geschaffen. In Spanien und Kalifornien sind Lagen seit Anfang der 1990er-Jahre als qualitätsrelevante Gegebenheiten anerkannt, in Australien spielen sie noch keine Rolle. In

La Côte am Ufer des Genfer Sees bringt finessenreiche, spritzige Weißweine und elegante Rote hervor.

LAGERN. *Der perfekte Weinkeller*

Ein Wein, der über Jahre lagern und reifen soll, braucht ein Ambiente, in dem er nicht vorzeitig altert: Helles Licht, trockene Wärme und anhaltende Erschütterungen gehören zu seinen Todfeinden. Weinlager sollten deshalb nicht wärmer als 13 oder 14 °C sein, wobei auch unter Fachleuten umstritten ist, ob eine ganzjährig konstante Temperatur günstiger ist als leichte, jahreszeitlich bedingte Temperaturschwankungen. Wichtig sind – zumindest so lange Weinflaschen noch mit Naturkork verschlossen werden – eine Luftfeuchtigkeit von mindestens 70–78 % und liegende Aufbewahrung. Sie sorgen dafür, dass die Korken nicht austrocknen und kein Wein ausläuft oder in der Flasche oxidiert. Wer Weine über einen längeren Zeitraum lagern will, sollte eine gewisse Systematik in seinen Vorrat bringen und dafür sorgen, dass die Etiketten gut einzusehen sind, um Verwechslungen oder unnötiges Ein- und Ausräumen der Flaschen zu vermeiden; ein Kellerbuch tut dabei gute Dienste. Auch im bestausgestatteten Weinkeller ist es wichtig, längere Zeit reifende Weine in regelmäßigen Abständen zu verkosten, um den Höhepunkt ihrer geschmacklichen Entwicklung nicht zu verpassen.

Südafrika durften Lagennamen laut Gesetz bis 2003 nicht auf Etiketten vermerkt werden; dieses Verbot soll aber gelockert werden.

■ SIEHE AUCH

→ Appellation · Bereich · Clos · Cru · Erstes Gewächs · Hanglage · Klassifizierung · Steillage · Terroir

Lagerbukett, das tertiäre →Aroma von Weinen.

lagern, Weine bis zum Erreichen der Füll-, Verkaufs- oder Trinkreife (→Reife 2,

→Reife 3) aufbewahren; mit Ausnahme der Zeit des →Ausbaus werden Weine fast ausschließlich in Flaschen gelagert. Dabei muss der Erzeuger zunächst die Zeitspanne einschätzen, die der Wein benötigt, um geschmacklich so harmonisch zu sein, dass er als verkaufsfähig gelten kann.

Nach dem Erwerb durch den Händler oder Endverbraucher sollte Wein bis zum Erreichen der Trinkreife gelagert werden, wofür allerdings seine voraussichtliche **Lagerfähigkeit** zumindest annäherungsweise bekannt sein muss. Weine werden am besten in dunklen, kühlen und nicht zu trockenen Kellerräumen gelagert; seit Ende der 1980er-Jahre existieren aber auch verschiedene Arten so genannter →Klimaschränke, die sich für die Lagerung eignen.

Lagertemperatur, die →Temperatur beim Lagern von Weinen.

Lago di Caldaro, italienisch für →Kalterersee.

La Grande Rue [la gräd ry], Grand-Cru-Appellation der Gemeinde Vosne-Romanée an der →Côte de Nuits im französischen Burgund; die Lage ist nur 1,65 ha groß, kultiviert wird ausschließlich Spätburgunder (Pinot noir).

Lagrein, einheimische Rotwein-Rebsorte der italienischen Provinz Südtirol, die auf knapp 400 ha Rebfläche kultiviert wird; sie soll nach Meinung einiger Ampelographen mit den Sorten Teroldego und Marzemino,

LAGERN   *Im Fass überlagert*

Weine können durch längeres Lagern an aromatischer und geschmacklicher Komplexität gewinnen, aber auch verlieren.

Insbesondere bei zu langer Fasslagerung von Produkten, die nicht die notwendige Kraft und Struktur besitzen, kann es zu vorzeitigem Oxidieren oder zum Auszehren kommen. Die Weine wirken dann bereits beim Abfüllen müde und überaltert.

Das Problem betraf bis in die 1990er-Jahre zahlreiche italienische DOC- und DOCG-Herkunftsbezeichnungen, deren Produktionsrichtlinien eine lange, obligatorische Fasslagerung vorsahen, ganz gleich, ob die Weine aus guten oder weniger guten Lagen, aus guten oder schlechten Jahrgängen stammten. Viele dieser Vorschriften wurden zwischenzeitlich geändert und abgeschwächt, so zum Beispiel beim Brunello di Montalcino oder beim Barolo. Selbst dort, wo vor der Vermarktung der Weine nach wie vor lange Lagerzeiten vorgeschrieben sind, ist es den Winzern heute meist erlaubt, die Weine in Stahltanks oder sogar auf Flaschen gefüllt lagern zu lassen, was für mehr Frucht sorgt und größere Frische im Moment der Abgabe an den Endverbraucher garantiert.

lagern. Uralte Flaschen auf dem Weingut Selvapiana in der italienischen Toskana. Die Weine des Chianti-Rufina-Gebiets besitzen große Alterungsfähigkeit, aber die Flaschen müssen unter perfekten Bedingungen gelagert werden, vor allem was Temperatur und Feuchtigkeit betrifft.

größte spanische D. O.- und gleichzeitig größte Qualitätsweingebiet der Welt nimmt mit seinen 193 000 ha Rebfläche fast die gesamte südliche Hälfte des Hochplateaus der so genannten Meseta ein.

Knapp 22 000 Winzern stehen nur 295 Abfüllbetriebe (Bodegas) gegenüber. In kontinentalem Klima mit Temperaturschwankungen von –15 bis 45 °C wird v. a. die Weißwein-Rebsorte Airén kultiviert; kleinere Flächen belegen weiße Sorten wie Macabeo (Viura), Chardonnay und Sauvignon blanc sowie die roten Tempranillo (Cencibel), Grenache (Garnacha), Moravia, Cabernet Sauvignon, Merlot und Syrah. Das Gebiet bringt überwiegend einfache Weine hervor, besitzt aber Potenzial für anspruchsvollere Produkte.

Lambrusco [zu latein. labrusca (uva) »wild(e Rebe)«], Sammelbezeichnung für eine Gruppe von bis zu 60 norditalienischen Rotwein-Rebsorten, die auf etwa 16 000 ha Rebfläche v. a. in der Region Emilia-Romagna, in geringerem Umfang auch in der Lombardei, in Apulien und in Trentino-Südtirol kultiviert werden.

Die bekanntesten Lambrusco-Sorten sind Lambrusco salamino, Lambrusco marani, Lambrusco Maestri, Lambrusco a foglia frastagliata, Lambrusco grasparossa, Lambrusco di Sorbara, Lambrusco Montericco, Lambrusco viadanese und Lambrusco di Alessandria. Der Name Lambrusco (labrusca), der bei den Schriftstellern der römischen Antike zum ersten Mal auftauchte und sich bis in die Zeit vor der etruskischen und der keltischen Herrschaft zurückführen lässt, deutet darauf hin, dass es sich um uralte Abkömmlinge von Wildreben der Spezies Vitis vinifera silvestris

Lagrein ist eine Spezialität der italienischen Provinz Südtirol.

mit denen sie vermutlich auch die Herkunft aus dem Trentiner Lagarinatal teilt, eventuell sogar mit der französischen Sorte Syrah verwandt sein. Aus Lagrein wurde bis in die 1980er-Jahre überwiegend ausdrucksloser Rosé (Kretzer) gekeltert; seither haben zahlreiche Winzer gezeigt, dass die Sorte sich für farbintensive, fruchtbetonte Weine eignet, denen ein Ausbau im Barrique zusätzliche Komplexität verleihen kann.

Lake [leɪk], Weinbaubezirk (County) an der kalifornischen →North Coast mit insgesamt 3 000 ha (2002) Rebfläche und den Herkunftsbezeichnungen Clear Lake, Benmore Valley und Guenoc Valley; der Bezirk steht trotz idealer Bedingungen für Weinbau im Schatten seiner südlichen Nachbarn Napa und Sonoma.

Lake Erie [leɪk ˈɪəri], einer der fünf Großen Seen Nordamerikas, an dessen Ufern ausgedehnte Weinbaugebiete liegen; am kanadischen Ufer des Sees trägt ein Anbaugebiet der Provinz Ontario den Namen des Sees **(Lake Erie North Shore)**, am US-amerikanischen Ufer teilen sich die drei Bundesstaaten New York, Ohio und Pennsylvania das Gebiet der AVA-Herkunftsbezeichnung Lake Erie.

laktisch, nach Milch, Butter oder Käse riechend bzw. schmeckend; Begriff der Weinansprache für Weine mit einem →Milchsäurestich.

Lalande de Pomerol [laˈlɑ̃d də pɔmeˈrɔl], so genannte Satellitenappellation von →Pomerol im französischen Bordeauxgebiet.

La Mancha [la ˈmantʃa], D. O.-Herkunftsbezeichnung für Weine der autonomen spanischen Region →Kastilien-La Mancha; das

LAGERN. *Was gehört in den Keller?*

Leichte Weißweine wie Silvaner oder Grüner Veltliner brauchen keine lange Reifezeit und können spontan gekauft werden. Anders die kräftigeren, im Barrique ausgebauten Gewächse aus Chardonnay oder Grauburgunder oder auch restsüße Rieslingauslesen: Sie altern sehr gut, sollten also auf Vorrat gelagert werden. Alltagsrotweine – am besten gut strukturierte, aber nicht zu schwere wie österreichischer Blaufränkisch, Merlot aus dem Friaul, Valpolicella oder kalifornischer Zinfandel – können mindestens zwei bis drei Jahre reifen. Sie stellen sinnvollerweise bis zur Hälfte des privaten Vorrats.
Zu festlichen Anlässen und schwereren Mahlzeiten gehört unbedingt ein großer Roter: ein Bordeaux, ein Burgunder, ein kalifornischer Cabernet Sauvignon oder eine australische Syrah (Shiraz), die viele Jahre lagern können. Hier ist Strategie nötig, da solche Weine in ihrer Jugend meist preisgünstiger sind. Bei regelmäßiger Entnahme zur Kontrolle der Entwicklung muss der Anfangsbestand groß genug sein, damit beim Erreichen des geschmacklichen Höhepunkts noch genug da ist. Abgerundet wird das Sortiment durch einige Flaschen sehr guten Schaumweins – auch er kann ein bis zwei Jahre reifen – und durch eine kleine Auswahl von Dessert- und Likörweinen wie Beeren- oder Trockenbeerenauslesen, Sherry oder Portwein.

handelt. Lambrusco a foglia frastagliata dagegen zeigt nach neueren Forschungen eher Verwandtschaft mit autochthonen Sorten des Lagarinatals im Trentino wie Teroldego oder Lagrein.

LAMBRUSCO. *Angriff auf Colagetränke*

In den 1960er- und 1970er-Jahren galt Lambrusco als Inbegriff des unkomplizierten, italienischen Lebensgefühls. Der meist süß ausgebaute Perlwein beherrschte die Strände zwischen Rimini und Cattolica an der Adriaküste und wurde millionenfach exportiert. In den USA galt er als mit Abstand erfolgreichster italienischer oder sogar europäischer Wein. Seine Erzeuger, meist riesige Genossenschafts- oder Abfüllkellereien, überboten sich in immer niedrigeren Preisen und immer gewagteren Marketingmanövern. Schließlich versuchten einige sogar, Amerikas Colagetränke auf ihrem eigenen Terrain zu schlagen: Sie füllten Lambrusco mit niedrigem Alkoholgehalt in Dosen und hofften, damit den US-Markt überschwemmen zu können. Der Aufwand lohnte sich nicht: Statt den Colagetränken Konkurrenz zu machen, läutete der Lambrusco aus der Dose den rapiden Untergang des vormals so populären Getränks ein.

Lambrusco ist der Hauptbestandteil von vier nach der Sorte benannten DOC-Weinen, in die häufig auch die Rotwein-Rebsorten Ancellotta oder Fortana eingehen: **Lambrusco di Sorbara, Lambrusco Grasparossa di Castelvetro, Lambrusco Salamino di Santa Croce** und **Lambrusco Mantovano:** Die Anbaugebiete der drei erstgenannten liegen in der emilianischen Provinz Modena, das der letztgenannten in der lombardischen Provinz Mantova (Mantua). Darüber hinaus geht Lambrusco in den Verschnitt von DOC-Weinen wie Orta Nova (Apulien), Reggiano, Valdadige, Casteller sowie Colli di Scandiano e di Canossa ein. Nachdem Lambruscoweine bis zum Beginn der 1990er-Jahre fast ausschließlich mehr oder weniger stark schäumend und süß vinifiziert wurden, gibt es seither wieder qualitativ anspruchsvollere, trockene Füllungen.

LANDWEIN. *Kaum Bedeutung in Deutschland*

Der deutsche Weinbau klagt oft darüber, dass die Marktpreise für seine Qualitätsweine im Vergleich mit denen ausländischer Produkte nicht hoch genug seien. Dabei wird oft auf die ersten Jahrzehnte des 20. Jahrhunderts verwiesen, als Gewächse aus Rheingau und Nahe noch höhere Erlöse erzielten als Champagner oder Premier-Grand-Cru-Weine aus dem Bordeauxgebiet. Das Problem ist hausgemacht: Während die wichtigen europäischen Erzeugerländer einen Großteil ihrer Weinproduktion als Landwein – Vin de pays oder Indicazione geografica tipica heißt das in Frankreich bzw. Italien – oder gar als einfachen Tafelwein absetzen und damit den Preisdruck auf ihre Qualitätsweine mindern, versucht der deutsche Weinbau, fast seine gesamte Produktion als Qualitätswein an den Verbraucher zu bringen. Einen gewissen Teil des deutschen Weins als Landwein zu vermarkten, wäre in den Augen zahlreicher Marktbeobachter eine sinnvolle Alternative.

Landonne [lã'dɔn], die vielleicht berühmteste Einzellage der französischen Appellation Côte-Rôtie im Rhônetal; von den Granitböden des Steilhangs am rechten Rhôneufer kommt einer der weltbesten Rotweine aus der Rebsorte Syrah, der von der Kellerei E. Guigal in Ampuis (Département Rhône) vermarktet wird.

Landwein, Kategorie des europäischen Weinrechts für Herkunftsbezeichnungen eines Niveaus zwischen Tafel- und Qualitätsweinen, in Frankreich als Vin de pays, in Italien als Indicazione geografica tipica, in Spanien als Vino de la Tierra und in Portugal als Vinho regional bezeichnet; Landweine müssen aus Trauben bestimmter, gesetzlich definierter Anbaugebiete stammen und je nach Herkunftsland gewissen analytischen Mindestanforderungen entsprechen.

Deutscher Landwein stammt aus einem der bestimmten Landweingebiete – Ahrtal, Mosel, Ruwer, Saar, Saarland, Rheinburgen, Nahegau, Altrheingau, Starkenburg, Rhein, Pfalz, Südbaden, Unterbaden, Taubertal, Schwaben, Franken, Regensburg, Bayrischer Bodensee, Sachsen oder Mitteldeutschland – und weist ein Mindestmostgewicht von 47–56 °Oe sowie mindestens 8,5, höchstens aber 15 Vol.-% Alkohol auf.

In Österreich existiert seit 2003 nur noch die Landweinbezeichnung Weinland Österreich; die Weine müssen ein Mindestmostgewicht von 14 °KMW und einen Mindestalkoholgehalt von 8,5 Vol.-% aufweisen.

Länge, Eigenschaft des →Abgangs.

Langhe ['lange], in den 1990er-Jahren geschaffene DOC-Herkunftsbezeichnung für Weine der gleichnamigen Hügellandschaft der italienischen Region Piemont, aus der auch die berühmten DOCG-Weine Barolo und Barbaresco kommen.

Unter dem Namen der Appellation wird eine Reihe von Sortenweinen oder Verschnitten vermarktet, in die neben den traditionellen Piemonteser auch internationale Rebsorten eingehen wie Cabernet Sauvignon oder Chardonnay. Insgesamt sind 840 ha (2002) Rebfläche unter der Herkunftsbezeichnung klassifiziert, wobei auch Weine der Appellationen Barolo, Barbaresco und Roero sowie der verschiedenen Dolcetto-Gebiete unter dem Namen Langhe vermarktet werden können. Erlaubte Zusatzbezeichnung sind Rosso, Bianco, Nebbiolo, Freisa, Dolcetto, Arneis, Favorita und Chardonnay.

Langhorne Creek ['læŋhɔːn kriːk], eines der ältesten, aber erst seit den 1990er-Jahren systematisch für Qualitätsweinbau erschlossenes GI-Anbaugebiet in →Südaustralien; von den mehr als 4700 ha (2000) Rebfläche des Gebiets sind fast 90 % mit roten Rebsorten bestockt, allen voran Cabernet Sauvignon und

Syrah (Shiraz). Die wichtigste Weißwein-Rebsorte ist Chardonnay. Gewächse von Langhorne Creek werden häufig mit Weinen aus dem nahen McLaren Vale verschnitten und dann unter der Appellation South Australia vermarktet.

Langlebigkeit, die Alterungsfähigkeit (→ altern) von Weinen.

Languedoc [lãg'dɔk], nordöstliche Hälfte der südfranzösischen Weinbauregion → Languedoc-Roussillon; zwischen Nîmes im Osten und Narbonne im Westen werden unter einer Vielzahl von A. C.-Herkunftsbezeichnungen fast sämtliche Weintypen erzeugt.

Die bedeutendste Appellation, **Coteaux du Languedoc,** umfasst etwa 12 000 ha (2000) Rebfläche und erstreckt sich fast 130 km weit und 50 km tief am Südrand des französischen Zentralmassivs. Kultiviert werden die typischen Rebsorten des französischen Südens wie Grenache, Carignan, Mourvèdre, Bourboulenc, Clairette, Macabeo oder Picpoul. Die Weine aus insgesamt 50 Gemeinden dürfen zusätzlich zur Appellation Coteaux du Languedoc ihren Ortsnamen als Herkunftsbezeichnung führen.

Daneben existiert eine Reihe weniger bekannter A. C.-Gebiete wie Cabrières, Coteaux de la Méjanelle, Coteaux de Saint-Christol, Coteaux de Vérargues, La Clape, Montpeyroux, Picpoul-de-Pinet, Pic-Saint-Loup, Quatourze, Saint-Drézéry, Saint-Georges-d'Orques, Saint-Saturnin und Vérargues. Größere wirtschaftliche Bedeutung besitzen die Appellationen → Corbières, → Saint-Chinian, → Minervois und → Faugères im Westen des Gebiets sowie das Schaumweingebiet Clairette du Languedoc (→ Clairette 3).

Seit den 1980er-Jahren sind im Weinbau des einstigen Massenweingebiets Languedoc deutliche Qualitätsanstrengungen sichtbar geworden. Investitionen aus dem Bordeauxgebiet und anderen Regionen Frankreichs unterstützten die notwendige Restrukturierung des Weinbergsbestands, der durch Rebsorten von Gironde und Rhône wie Syrah, Cabernet Sauvignon oder Merlot bereichert wurde. Darüber hinaus entwickelte sich das Gebiet zu einer der Hochburgen des biologischen Weinbaus in Frankreich.

Languedoc-Roussillon [lãg'dɔk rusi'jõ], große Weinbauregion an der französischen Mittelmeerküste, die sich von Nîmes im Osten bis an die spanische Grenze erstreckt; die mit 291 000 ha (2001) größte Weinbauregion Frankreichs ist nach Kastilien-La Mancha im benachbarten Spanien und vor Kalifornien die zweitgrößte Weinbauregion der Welt. Ein Großteil der regionalen Produktion wird unter der Landweinbezeichnung Vin de pays d'Oc vermarktet. Daneben umfassen die beiden Bereiche → Languedoc und → Roussillon

Langhe. Wie Zungen schieben sich die Hügelketten der Langhe von den Seealpen zur Poebene vor. In den Tälern werden, wie hier in Barolo, die schönsten Weine des Piemont erzeugt.

eine Vielzahl von A. C.-Herkunftsbezeichnungen.

L@ški Rizling, slowenisch für → Welschriesling.

La Tâche [la taʃ], berühmte Grand-Cru-Appellation der Gemeinde Vosne-Romanée an der Côte de Nuits im französischen Burgund; auf 6,10 ha Rebfläche wird ausschließlich Spätburgunder (Pinot noir) kultiviert, der kräftige und sehr alterungsfähige Weine ergibt.

Late bottled Vintage [leɪt bɔtld 'vɪntidʒ], Abk. **LBV,** eine besondere Art → Portwein.

late harvest [leɪt 'ha:vɪst], englisch für → Spätlese 1).

Languedoc-Roussillon. Auf den spektakulären Terrassen des französischen Languedoc-Roussillon in der Nähe der spanischen Grenze wachsen die Trauben für den roten Süßwein Banyuls.

Latisana, eigentlich **Friuli Latisana,** DOC-Herkunftsbezeichnung für Weine aus dem Süden der Provinz Udine im nordostitalienischen →Friaul-Julisch Venetien; auf gut 270 ha (1997) Rebfläche werden vorwiegend Merlot, Cabernet franc, Tocai friulano und Refosco kultiviert.

Latour. Der Taubenschlag, das kleine Château und das moderne Kelterhaus bilden die Kulisse, in der einer der berühmtesten und besten Weine der Welt entsteht: der Grand Vin von Château Latour.

Latium, italien. **Lazio,** Weinbauregion Süditaliens mit insgesamt 47 500 ha (1998) Rebfläche, von denen etwa 4–5 Mio. hl Wein kommen; zwar besitzt die Region einige sehr populäre Herkunftsbezeichnungen, insbesondere für Weißweine, wie →Frascati, →Est! Est!! Est!!! di Montefiascone, →Castelli Romani, →Marino oder →Orvieto – der größere Teil dieses Anbaugebiets gehört zum benachbarten Umbrien –, qualitativ hochwertige Weine aber findet man nur vereinzelt.

Die Region erzeugt zu 85 % Weißwein, der v. a. aus Trebbiano und Malvasia verschnitten wird. Bei den Rotwein-Rebsorten dominieren Sangiovese, Montepulciano und Ciliegiolo. Die 24 DOC-Gebiete der Region sind: Aleatico di Gradoli, Aprilia, Atina, Bianco Capena, Castelli Romani, Cerveteri, Cesanese del Piglio, Cesanese d'Affile, Circeo, Colli Albani, Colli della Sabina, Colli Etruschi Viterbesi, Colli Lanuvini, Cori, Est! Est!! Est!!! di Montefiascone, Frascati, Genazzano, Marino, Montecompatri Colonna, Orvieto, Tarquinia, Velletri, Vignanello und Zagarolo. Daneben gibt es die fünf Igt-Gebiete Civitella d'Agliano, Colli Cimini, Frusinate, Lazio und Nettuno.

Latour [la'tur], **Château L.,** Spitzenweingut der Appellation →Pauillac im französischen Bordeauxgebiet, das als Premier Grand Cru klassifiziert ist; auf den 65 ha klassifizierter Rebfläche werden zu 75 % Cabernet Sauvignon, zu 20 % Merlot, zu 4 % Cabernet franc und zu 1 % Petit Verdot kultiviert. Der Zweit-

wein des Gutes heißt Les Forts de Latour. Das Wahrzeichen des fast direkt am Girondeufer liegenden Gutes ist ein frei stehender, mächtiger Taubenturm.

Latricières-Chambertin [latri'sjɛr ʃãbər'tɛ̃], Grand-Cru-Appellation der Gemeinde Gevrey-Chambertin (→Chambertin).

Laub|arbeit, Arbeitsschritt im Rahmen der →Weinbergsarbeit.

Laubglocke, gehäuft in die Rebzeile hängende Triebe, die die Belüftung und das Abtrocknen von Blättern und Trauben behindern; dadurch entsteht Fäulnisgefahr.

Laubwand, wichtiges Gestaltungselement der →Erziehungsform.

Laudun [lo'dœ̃], eigenständige Herkunftsbezeichnung der A. C. Côtes-du-Rhône-Villages für Weiß-, Rosé- und Rotweine aus den Gemeinden Laudun, Saint Victor-la-Coste und Tresques im südfranzösischen Département Gard; das Anbaugebiet ist etwa 350 ha groß und weist trockene, schottrige Böden auf. Kultiviert werden v. a. die Rotwein-Rebsorten Grenache, Syrah, Mourvèdre und die weißen Clairette, Grenache blanc, Marsanne, Roussanne, Bourboulenc und Viognier.

Lavaux [la'vo:], bekanntestes Anbaugebiet des schweizerischen Kantons Waadt zwischen Lausanne und Montreux am Ufer des Genfersees; von hier kommen gehaltvolle, gut strukturierte Weine aus Gutedel (Chasselas) wie der berühmte →Dézaley, aber auch einige Rotweine.

Lazio, italienisch für →Latium.

LBV, Abk. für Late bottled Vintage, eine besondere Art →Portwein.

Leányka [ˈlɔʌŋkɒ, »junges, weißes Mädchen«], ungarisch für die Rebsorte Fetească albă (→Fetească).

lebendig, lebhaft, frisch und anregend; Begriff der Weinansprache für harmonische Weine mit guter Säure- oder Tanninstruktur. Die Bezeichnung wird v. a. im Zusammenhang mit gereiften Weinen verwendet, die trotz ihres Alters geschmackliche Frische bewahrt haben.

leer, dünn und geschmacksarm; Begriff der Weinansprache für Weine, die wenig Geschmacksstoffe besitzen.

léger [le'ʒe], französisch für die Geschmacksbezeichnung leicht.

leggero [led'dʒe:ro], italienisch für die Geschmacksbezeichnung leicht.

leicht, niedrig im Alkoholgehalt; Begriff der Weinansprache, der fälschlicherweise auch für wenig geschmacksintensive Weine verwendet wird, selbst wenn diese viel Alkohol aufweisen.

Lemberger, →Blaufränkisch.

Lemnos, Limnos [ˈlɪmnɔs], Herkunftsbezeichnung (O. P. E.) für Qualitätslikörweine der gleichnamigen Ägäis-Insel in Griechenland; auf etwa 1000 ha (2002) Rebfläche wird v. a. Weißer Muskateller kultiviert.

Lenchen, eine der besten Einzellagen im deutschen Anbaugebiet Rheingau, Ortsteil Oestrich der Gemeinde Oestrich-Winkel; auf tiefgründigen, lehmigen und kiesigen Sand- und Löss-, teilweise auch schweren Mergelböden wächst in etwa 150 m ü. M. fast ausschließlich die Weißwein-Rebsorte Riesling. Der Name Lenchen stammt von der alten Bezeichnung Landflechterbrunnen.

Lenswood ['lenzwʊd], Bereich des südaustralischen GI-Anbaugebiets →Adelaide Hills, in dessen kühlem Klima sehr fruchtbetonte Weiß- und Rotweine entstehen.

Lenswood. Wenn es im Frühsommer im nahen Barossa Valley schon drückend heiß ist, leuchtet im Bereich von Lenswood in den kühlen Adelaide Hills noch sattes Grün.

Léoville Las Cases [leo'vɪl las kaz], **Château L.,** Spitzenweingut der Appellation Saint-Julien im französischen Bordeauxgebiet, das als Deuxième Cru klassifiziert ist; der rote Grand Vin des Betriebs wird in der Regel zu 65 % aus Cabernet Sauvignon, zu 20 % aus Merlot, zu 12 % aus Cabernet franc und zu 3 % aus Petit Verdot gekeltert. Von vielen Kritikern wird der Wein von Léoville Las Cases als den Premiers Crus ebenbürtig eingeschätzt, und die Eigner versuchen seit langem, eine solche Einstufung zu erwirken. Der Zweitwein des Gutes wird unter dem Namen Clos du Marquis vermarktet.

Lese, die Weinernte (→Ernte).

Lesegut, die Gesamtheit der bei der Ernte gelesenen Trauben; sein Gesundheitszustand, seine Qualität, seine schonende Behandlung und seine sorgfältige Selektion bestimmen maßgeblich die Qualität des Weins.

Lessini Durello, DOC-Herkunftsbezeichnung für Weine aus der norditalienischen Region Venetien; das kleine Anbaugebiet nordöstlich des Soavegebiets umfasst gut

500 ha (1997) Rebfläche. Kultiviert werden die Weißwein-Rebsorten Nosiola (Durello), Garganega, Trebbiano di Soave, Weißburgunder (Pinot bianco), Chardonnay sowie die rote Sorte Spätburgunder (Pinot nero). Die bekanntesten und besten Produkte des Gebiets sind tank- oder flaschenvergorene Schaumweine.

leuchtend, von intensiver, strahlender →Farbe; Begriff der Weinansprache für Weine, die lebendig und frisch wirken und deren Oberfläche das Licht gut reflektiert, was auf einen guten Gesundheitszustand des Weins hinweist.

Levante [span., zu levantar »sich erheben« (der Sonne), »Sonnenaufgang«], Weinbauregion Spaniens, die sich an der Ostküste des Landes von Valencia bis Murcia erstreckt; sie umfasst die Qualitätsanbaugebiete **Valencia,** Alicante, Utiel-Requena sowie in weiterem Sinne Jumilla, Bullas und Yecla. Die traditionellen Spezialitäten der küstennahen Gebiete sind süße Likörweine, Vinos rancios (→rancio) und →Mistela.

leve ['lɛvə], portugiesisch für die Geschmacksangabe leicht; als vinho leve werden Weine aus Qualitäts- und Landweingebieten bezeichnet, die den sonst vorgeschriebenen Mindestalkoholgehalt nicht erreichen. Sofern sie aber mindestens 9 Vol.-% Alkohol aufweisen, dürfen sie als Tafelwein mit der Bezeichnung vinho leve vermarktet werden.

Libanon, Weinbauland in Vorderasien, von dessen etwa 27 000 ha (2001) Rebfläche gut 3000 der Weinerzeugung gewidmet sind; die Jahresproduktion beträgt 4–6 Mio. Flaschen.

Während an der Küste mediterranes Klima herrscht, liegt das Hauptanbaugebiet →Beka im Einflussbereich kontinentalen Klimas. Neben einer kleinen Zahl einheimischer Arten werden v. a. französische Rebsorten wie Cabernet Sauvignon, Grenache, Cinsaut, Sauvignon blanc, Sémillon oder Chardonnay kultiviert.

Libanon gehört zu den ältesten Weinbauländern der Welt; von hier aus eroberte die Rebe auf den Handelsschiffen der Phönizier den mittleren und westlichen Mittelmeerraum. Durch den Bürgerkrieg der 1980er-Jahre wurde der Weinbau stark zurückgedrängt. Mit Beginn der 1990er-Jahre sorgten jedoch erhebliche Investitionen dafür, dass das Land an seine Weinbautraditionen anknüpfen konnte.

Libournais [libur'nɛ], Bereich des französischen Bordeauxgebiets am rechten Ufer der Dordogne vor ihrem Zusammenfluss mit der Garonne; das nach der Stadt Libourne benannte Gebiet umfasst die A. C.-Appellationen →Pomerol, →Saint-Émilion, →Fronsac, Canon-Fronsac, Lalande de Pomerol, Néac, Montagne Saint-Émilion, Saint-Georges

Saint-Émilion, Lussac Saint-Émilion, Puisseguin Saint-Émilion, die →Côtes de Francs sowie die →Côtes de Castillon.

Licht|empfindlichkeit, Anfälligkeit gegenüber chemischen Veränderungen, die durch Licht ausgelöst werden; sie ist eine oft unterschätzte Ursache für vorzeitiges →Altern von Weinen. Besonders augenfällig wird dies bei längerem Verweilen von einfachen Weinen in lichtdurchfluteten Verkaufsräumen. Für hochwertige Weine wählt man deshalb bevorzugt Flaschen aus dunklem Glas und lagert sie in dunklen Räumen.

Liebfrauenmilch, Liebfraumilch, weißer Qualitätswein der deutschen Anbaugebiete Nahe, Rheinhessen, Pfalz und/oder Rheingau, der zu mindestens 70 % aus den Rebsorten Riesling, Silvaner, Müller-Thurgau

mal 12 bzw. 18 g/l – liegt und 45 g/l nicht übersteigt.

Liguri|en, italien. **Liguria,** norditalienische Weinbauregion mit nur 4800 ha (1998) Rebfläche, deren Jahresproduktion von durchschnittlich 200 000 hl die viertkleinste der italienischen Regionen ist; kultiviert werden insgesamt 22 Rebsorten, von denen die bedeutendsten die Rotwein-Rebsorten Dolcetto (Ormeasco) und Rossese sowie die weißen Pigato, Vermentino und Albarola sind. Die wichtigsten DOC-Gebiete der Region sind →Cinque Terre, Colli di Luni, Colline di Levanto, Golfo del Tigullio, Riviera Ligure di Ponente und Rossese di Dolceacqua (→Rossese). Die beiden Igt-Gebiete der Region heißen Colline Savonesi und Val Polcevera.

LIEBFRAUENMILCH

Dass Liebfrauenmilch zum meistproduzierten und -exportierten, aber auch zum umstrittensten Produkt der deutschen Weinindustrie wurde, dem viele den schlechten Ruf ihrer Weine im Ausland

Original-Liebfrauenmilch

ankreiden, ist sicher nicht dem Original, dem Riesling der Wormser Lage Liebfrauenstift Kirchenstück anzukreiden. Hinter der Schaffung der Herkunftsbezeichnung – in Wirklichkeit handelt es sich eher um eine Marke für alles, was von der jährlichen Weinproduktion Rheinhessens, der Pfalz oder der Nahe nicht unter den klassischen Sorten- und Lagenbezeichnungen abzusetzen war – steckte das Bestreben der deutschen Weinindustrie, über riesige Mengen eines immer gleichen Produkts verfügen zu können, das zu kompetitiven Preisen auf den wichtigen Märkten zu platzieren war. Die eigentliche Liebfrauenmilch aus den Rebgärten des Wormser Klosters geriet darüber fast vollständig in Vergessenheit. Erst Mitte der 1990er-Jahre begann eine kleine Gruppe rheinhessischer Winzer, den Rebbestand zu erneuern und aus den Trauben Qualitätsweine zu keltern, die dem traditionsreichen Namen wieder Ehre machten.

und/oder Kerner gekeltert wird; die Weine tragen keine Rebsortenangabe und sind geschmacklich lieblich. Der Name Liebfrauenmilch geht ursprünglich auf die rheinhessische Lage **Liebfrauenstift Kirchenstück** im Bereich Liebfrauenmorgen zurück. Mitte der 1990er-Jahre wurden mehr als 12 % der gesamten deutschen Weinproduktion und mehr als die Hälfte des Weinexports unter der Bezeichnung Liebfrauenmilch vermarktet; 2001 waren es noch 7,6 % der Gesamtproduktion und 34 % des Exports.

lieblich, deutlich restsüß; vom deutschen Weingesetz vorgesehene Geschmacksangabe für Weine mit einem Restzuckergehalt, der über dem von halbtrockenen Weinen – maxi-

Likörwein, trockene oder süße Weine, die durch Zusatz von Alkohol (→aufspriten) einen besonders hohen Alkoholgehalt aufweisen; Likörweine bestimmter Anbaugebiete (Abk. Likörweine b. A.) müssen den Herkunftsbestimmungen für die Qualitätsweine dieser Gebiete genügen. Er hat in Europa einen natürlichen Alkoholgehalt von mindestens 12 Vol.-%, der tatsächliche Alkohol muss mindestens 15 und darf höchstens 22 Vol.-% betragen.

Likörwein kann aus ganz oder teilweise vergorenem Most hergestellt werden. Zugegeben werden darf entweder Reinalkohol mit einem Alkoholgehalt von mindestens 96 Vol.-% oder ein Weindestillat mit mindestens 52 und höchstens 86 Vol.-% Alkohol.

Umgangssprachlich werden häufig alkoholreiche Süßweine als Likörweine bezeichnet, dabei wird allerdings die begriffliche Abgrenzung zum ohnehin nur unklar definierten →Dessertwein noch stärker verwischt. Für das Weingesetz gehören nicht aufgespritete Süßweine wie Beeren- oder Trockenbeerenauslesen, Recioto, Vin santo, Tokajer, Sauternes etc. nicht zur Gruppe der Likörweine.

Limberger, →Blaufränkisch.

Limestone Coast [ˈlaɪmstəʊn kəʊst], GI-Herkunftsbezeichnung für Weine aus dem Süden Südaustraliens; die Herkunftsbezeichnung umfasst u.a. die Anbaugebiete von →Coonawarra, →Wrattonbully und →Padthaway.

Limmattal, zweigeteiltes Ostschweizer Anbaugebiet, dessen eine Hälfte zum Kanton Aargau, die andere, unbedeutendere zum Kanton Zürich gehört; von den mit Mergel vermischten Jurakalk- und Moränenböden der Aargauer Seite kommen kräftig strukturierte, tiefgründige Rotweine aus Spätburgunder (Blauburgunder).

Limnos, →Lemnos.

Limousin [limuˈsɛ̃], französisches Département der Region Auvergne, in dem Eichenholz für die Herstellung von Barriques geschlagen wird; Barriques aus Limousin-Eiche finden insbesondere in der Cognacproduktion Verwendung, da das grobporige Holz die Extraktion von Geschmacksstoffen durch den Alkohol fördert; es gilt als aromatisch arm, aber reich an Tanninen. Die vorherrschende Spezies ist die Stiel- oder Sommereiche, Quercus robur, auch Quercus pedunculata genannt.

Limoux [lɪˈmuː], A.C.-Herkunftsbezeichnung für Schaumweine aus dem Gebiet südlich der Stadt Carcassonne im südfranzösischen →Languedoc; auf knapp 1200 ha (2000) Rebfläche wachsen die Weißwein-Rebsorten Mauzac, Chardonnay und Chenin blanc. Insgesamt werden drei verschiedene Schaumweintypen erzeugt. Blanquette de Limoux und Crémant de Limoux sind flaschenvergorene Schaumweine aus den drei zugelassenen Sorten, wobei für Crémant ein höherer Chenin- und Chardonnayanteil vorgeschrieben ist, während Blanquette zu 90% aus Mauzac gekeltert wird. Blanquette de Limoux Ancestrale wird nach dem Verfahren der →méthode ancestrale reinsortig aus Mauzac erzeugt.

limpido, italienisch für die Farbbeschreibung klar bei Weinen.

lind, zäh, schleimig, von sehr hoher Viskosität, dickflüssig; Bezeichnung für eine Weinkrankheit, die in säure-, alkohol- und gerbstoffarmen Weinen während des Säureabbaus nach einem Gärstopp oder als Resultat eines biologischen Säureabbaus in der Flasche

Ligurien. Auch abseits der Küstenstriche wird in Ligurien gelegentlich guter Wein erzeugt wie hier in Pieve di Teco in der Provinz Imperia.

durch so genannte **Lindbakterien** oder Milchsäurebakterien hervorgerufen werden kann. Der Schleim wird aus Polysacchariden (hochmolekularen Kohlenwasserstoffen) verschiedener Zuckerarten sowie aus Ribonukleinsäuren, den Kernsäuren der pflanzlichen Zellen, und Proteinen gebildet.

Die Weine ziehen beim Ausschenken regelrechte Fäden. Eventuelle Kohlendioxidbläschen steigen nur noch ganz langsam oder überhaupt nicht mehr nach oben. Geschmacklich wirken sie fad, das Bukett dagegen ist selten in Mitleidenschaft gezogen. Linde Weine können auch einen Milchsäurestich entwickeln. Der Weinfehler ist relativ leicht zu beheben, z.B. durch starkes Schwefeln oder durch mechanisches »Zerschlagen« des Schleims mithilfe von Brausen oder dem so genannten Reissrohr.

liquoroso [likuoˈroso], eigentlich vino liquoroso, italienisch für →Likörwein.

Lirac [liˈrak], A.C.-Herkunftsbezeichnung für Weine der südlichen Côtes-du-

Lirac. Das Anbaugebiet von Lirac war einst der Ausgangspunkt der Reblausplage in Europa. Inzwischen werden hier einige der besten Rotweine des Rhônetals erzeugt.

Rhône, auch als →Cru bezeichnet, aus dem Gebiet um die gleichnamige Gemeinde im südfranzösischen Département Gard; auf etwa 550 ha (2000) in unmittelbarer Nachbarschaft von →Châteauneuf-du-Pape und Tavel werden zu 80 % Rotweine aus Grenache, Syrah, Mourvèdre, Cinsaut und Carignan erzeugt; der Rest der Produktion besteht aus Rosé und Weißwein. Guter Lirac ist dicht und saftig und besitzt mittlere Alterungsfähigkeit.

Livermore Valley.
Wie in vielen anderen Teilen Kaliforniens wurden auch im Livermore Valley in den 1990er-Jahren riesige Weinbergsflächen neu angelegt und mit Modesorten wie Chardonnay oder Merlot bestockt.

Lison-Pramaggiore [li'zɔn pramad'dʒɔːre], DOC-Herkunftsbezeichnung der nordostitalienischen Regionen →Venetien und →Friaul-Julisch Venetien; von den insgesamt gut 2300 ha (1997) Rebfläche kommen vorwiegend rote und weiße Sortenweine aus den Sorten Tocai bianco, Welschriesling (Riesling italico), Weißburgunder (Pinot bianco), Chardonnay, Verduzzo, Merlot, Cabernet Sauvignon, Cabernet franc und Refosco. Die erlaubten Höchsterträge liegen bei 120 hl/ha; der Weinbau ist überwiegend auf die Erzeugung großer Mengen hin orientiert.

Listán, →Palomino.

Listrac-Médoc [lis'trak me'dɔk], kleine kommunale A. C.-Appellation des →Haut-Médoc im französischen Bordeauxgebiet; von den 650 ha (2002) Rebfläche kommen etwas leichtere und einfachere Weine als aus den renommierteren Nachbargemeinden Margaux oder Saint-Julien. Sie werden überwiegend aus Cabernet Sauvignon und Merlot gekeltert, wobei gelegentlich Merlot den Hauptanteil der Cuvées stellt. Darüber hinaus werden Cabernet franc und Petit Verdot kultiviert. Versuche, die Appellation mit der des benachbarten Moulis zu einer neuen, größeren Herkunftsbezeichnung mit mehr wirtschaftlichem Gewicht zusammenzulegen, scheiterten wiederholt.

Little Karoo, englisch für →Klein Karoo.

Livermore Valley ['lıvərmɔː 'vælı], AVA-Herkunftsbezeichnung Kaliforniens für Weine aus dem Nordosten der →Central Coast; aus dem etwa 2000 ha großen Anbaugebiet im Alameda County auf der San Francisco gegenüber liegenden Seite der San Francisco Bay kommen v. a. gute Weißweine aus der Rebsorte Chardonnay. Daneben wird v. a. Merlot kultiviert, in geringerem Umfang sind auch Rebsorten des französischen Rhônetals, Italiens und Spaniens vertreten.

lleno ['ʎeno], spanisch für die Geschmacksbezeichnung voll.

Lo|azzolo, DOC-Herkunftsbezeichnungen für Süßweine aus dem Ostteil der Provinz Asti im italienischen Piemont; aus Moscatotrauben werden geringe Mengen süßer und edelsüßer Weißweine erzeugt. Die erlaubten Höchsterträge liegen bei 50 hl/ha, die Weine werden länger als zwei Jahre im Holzfass ausgebaut.

Locorotondo, DOC-Herkunftsbezeichnung für Weißweine aus der Provinz Bari in der süditalienischen Region →Apulien; aus den Rebsorten Verdeca, Bianco d'Alessano, Fiano, Bombino und Malvasia toscana werden populäre, jedoch selten hochwertige Weine erzeugt.

Lodi ['lɔʊdı], AVA-Herkunftsbezeichnung für Weine des kalifornischen Lodi Central Valley; das etwa 24 000 ha (2003) große Anbaugebiet im nördlichen San Joaquin County nahe der Hauptstadt Sacramento liefert v. a. Trauben für die großen kalifornischen Kellereien. Die meistkultivierten Rebsorten sind Cabernet Sauvignon, Zinfandel, Merlot, Sauvignon blanc und Chardonnay.

Loibenberg, sehr gute Weinbergslage der Gemeinde Dürnstein, Ortsteil Loiben, des österreichischen Anbaugebiets Wachau; auf den Urgesteinsböden mit Gneis, Schiefer und teilweiser Lössbedeckung, die nach Süden ausgerichtet sind und sich in Höhenlagen zwischen 320 und 350 m ü. M. erstrecken, gedeihen v. a. die Weißwein-Rebsorten Grüner Veltliner und Riesling.

Loire [lwaːr], die ausgedehnteste Weinbauregion Frankreichs im Einzugsgebiet des gleichnamigen Flusses; insgesamt stehen an der Loire knapp 40 000 ha (2001) unter Reben, wobei gelegentlich die Rebflächen des Zentrums (Centre, etwa 23 000 ha) zumindest teilweise hinzugerechnet werden.

Aufgrund ihrer großen Ausdehnung weist die Region eine Vielzahl sehr unterschiedlicher Klimazonen auf: vom kontinentalen, sehr kühlen Klima des Zentralmassivs bis zum milden, atlantischen Klima am Unterlauf. Auch bezüglich der Böden und der erzeugten Weintypen herrscht große Vielfalt: Die Weinpalette reicht vom einfachen Weißwein über kräftige, überraschend alterungsfähige und teilweise restsüße Weiße, Rosés und leichte Rotweine bis hin zu vielschichtigen, kräftigen roten Gewächsen und guten Schaumweinen.

Etwa 65 % der Flächen sind mit weißen Sorten bestockt; die wichtigsten sind Melon (13 000 ha, 2000) und Chenin blanc (5 500 ha). Bei den Rotwein-Rebsorten dominieren Cabernet franc (8 700 ha) und Gamay (2 400 ha). Eine Sonderstellung nimmt neben Cabernet franc und Chenin blanc, die an der Loire einige ihrer weltweit besten Weine hervorbringen, die Weißwein-Rebsorte Sauvignon blanc ein, aus der im Gebiet des Sancerre und des Pouilly-Fumé unverwechselbare trockene Weißweine erzeugt werden.

Die Region ist in insgesamt sieben Bereiche unterteilt: An der Mündung liegt das Land von Muscadet und Gros Plant, das →Pays Nantais. Weiter flussaufwärts folgen →Anjou-Saumur, die →Touraine, das Orléanais, →Sancerre und →Pouilly-Fumé und am Oberlauf schließlich eine kleine Gruppe von V. D. Q. S.-Gebieten (Saint-Pourçain, Côte Roânnaise, Côtes de Forez und Côtes d'Auvergne). Der siebte Bereich, das Poitou, liegt als einziger nicht direkt im Einzugsbereich des Flusses.

Loire. Die Weinbauflächen der Loire im französischen Nordwesten reichen bis an den Atlantik.

Loire. Auf einer Länge von fast 1000 km säumen malerische Weinbauorte wie hier Saumur den Lauf der Loire.

Lombardei, norditalienische Weinbauregion, die mit 26 700 ha (1998) zu den kleineren des Landes gehört, obwohl in fast allen Teilen der Region Weinbau getrieben wird; das Klima der Region ist von kontinental-alpinen wie auch mediterranen Einflüssen geprägt.

In der Poebene mit ihrer hohen Luftfeuchtigkeit ist Weinbau nur in Ausnahmefällen möglich; fast ideal dagegen sind die Bedingungen in den Hügeln des Oltrepò Pavese südlich der Metropole Mailand, in den Voralpen und in einigen Alpentälern wie der Valtellina an der Grenze zur Schweiz. Renommiertestes Anbaugebiet der Region ist Franciacorta, wo ausgezeichneter flaschenvergorener Schaumwein erzeugt wird.

Weitere DOC-Herkunftsbezeichnungen der Region von gewisser Bedeutung sind Lugana, Garda, Garda Colli Mantovani, Lambrusco Mantovano, Riviera del Garda Bresciano, Terre di Franciacorta – für Stillweine

des Franciacortagebiets –, Valcalepio und die Igt Sebino.

Long Island [lɔŋ ˈaɪlənd], Anbaugebiet und AVA-Herkunftsbezeichnung für Weine der gleichnamigen Insel im US-Bundesstaat New York; ausgehend von einem einzigen, kleinen Weinberg hat sich seit den 1970er-Jahren eine Weinindustrie mit insgesamt fast 1100 ha Rebfläche entwickelt. Das Anbaugebiet, das in die Bereiche North Fork, South Fork und The Hamptons gegliedert ist, genießt besonders mildes Seeklima und gilt als eines der vielversprechendsten der amerikanischen Ostküste. Kultiviert werden v.a. die Rebsorten Merlot, Chardonnay und Cabernet Sauvignon.

longueur [lɔ̃'gœr], französisch für Länge des Abgangs.

Loreley, einer der beiden Bereiche des deutschen Anbaugebiets Mittelrhein, früher Bacharach genannt; der südliche und größere der beiden zeichnet sich durch zahlreiche hervorragende Weinbergslagen aus, die meist nach Süden ausgerichtet in den Seitentälern des linken Rheinufers liegen und mit der Weißwein-Rebsorte Riesling bestockt sind. Die wichtigsten Weinbauorte sind Bacharach und Boppard. – Abb. S. 270

Lorenzitraube, →Sankt Laurent.

Los Carneros, →Carneros.

Lösungsmittelgeruch, Lösungsmittelton, Geruch nach Lösungsmitteln wie →Aceton, nach Nagellack oder nach Klebstoff (→Äthylazetat); Sammelbezeichnung der Weinansprache für Weinfehler oder Wein-

---

LOIRE. *Vom Zentralmassiv zum Atlantik*

Fast 1000 km weit erstrecken sich die Weinregion Loire und ihre Randgebiete am gleichnamigen Fluss von den Vulkankegeln des Zentralmassivs bis zur Mündung in den Atlantik. An seinen Ufern liegen die Anbaugebiete von insgesamt 58 A. C.-Herkunftsbezeichnungen. Die bekanntesten und prestigereichsten sind Anjou, Bonnezeaux, Bourgueil, Chinon, Coteaux d'Ancenis, Coteaux du Layon, Coteaux du Layon-Chaume, Crémant de Loire, Gros Plant du Pays Nantais, Muscadet-Sèvre et Maine, Pouilly-Fumé, Quarts de Chaume, Quincy, Saint-Nicolas-de-Bourgueil, Sancerre, Saumur, Saumur-Champigny, Savennières, Touraine, Touraine-Azay-le-Rideau, Touraine-Mesland und Vouvray.

krankheiten, die meist durch wilde Hefen oder Bakterienbefall hervorgerufen werden.

Lotten, Lottentriebe, Sommertriebe der Rebe, an denen sich Blätter und Blüten entwickeln.

Loupiac [lup'jak], A. C.-Herkunftsbezeichnung für Süßweine des französischen Bordeauxgebiets; auf knapp 420 ha Rebfläche im Bereich des Entre-deux-Mers am rechten Ufer der Garonne werden aus den Rebsorten Sauvignon blanc und Sémillon von Botrytis geprägte Weine erzeugt, die denen der Appellationen →Sauternes und →Barsac am gegenüberliegenden Flussufer ähneln.

Loreley. An den steilen, für den Winzer mühevoll zu bearbeitenden Hängen der Lage Wolfshöhle bei Schloss Stahleck in Bacharach wachsen die Trauben für kernige, stahlige Rieslinge.

lourd [lur], französisch für die Geschmacksbezeichnung schwer.

Loureiro [lo'reɪru, zu portugies. »Lorbeer«], Weißwein-Rebsorte des portugiesischen DOC-Gebiets →Vinho verde und der spanischen Weinbauregion →Galicien, wo sie in den Anbaugebieten Rías Baixas und Ribeira Sacra kultiviert wird; sie liefert nur sehr niedrige Mostgewichte und wird deshalb in Galicien im Unterschied zum Vinho-verde-Gebiet selten reinsortig ausgebaut. Loureiro-Weine sind blumig und bukettreich – der Name weist auf das sortentypische Lorbeeraroma hin – und zeigen feine Säure. Am besten kommen ihre Qualitäten in Verschnitten mit Treixadura und Albariño zur Geltung.

Luft|einfluss, Auswirkung des Luftsauerstoffs während der Gärung, des Ausbaus und der Lagerung sowie beim Öffnen und Servieren von Weinen; dabei agiert der Sauerstoff, indem er bestimmte Komponenten des Weins direkt oxidiert und andere Umwandlungsprozesse in Gang setzt oder beschleunigt.

Der Kontakt von Most mit Luftsauerstoff beim Pressen der Trauben oder beim Klären fördert die störungsfreie Gärung. Während des Ausbaus von Weinen wird Sauerstoff zum Korrigieren leichter Weinfehler wie →Böck-

ser eingesetzt, die oft durch **Belüften,** d.h. durch Umpumpen oder frühzeitiges Abziehen, beseitigt werden können.

Beim Ausbau im Holzfass, insbesondere in →Barriques, sorgt Sauerstoff für erwünschte aromatische und geschmackliche Veränderungen des Weins. Umgekehrt kann ein so genannter reduktiver Ausbau im Stahltank zu verstärkter Böckserbildung und zu strengen, harten Weinen führen.

Bei bestimmten Weintypen wie →Vin jaune oder →Sherry ist der Kontakt des Weins mit Luftsauerstoff erwünscht, da deren besonderen Geschmackskomponenten z. T. durch Oxidation entstehen. Unkontrollierter Luftkontakt führt dagegen bei den meisten Weinen zur Vermehrung von Bakterien und zum Auftreten von Weinfehlern oder Weinkrankheiten.

■ **Flaschenreife und Service:** Ob Sauerstoff eine bedeutende Rolle während der Flaschenlagerung und beim Öffnen und Servieren von Weinen spielt, ist umstritten. Während viele Weinfreunde davon ausgehen, dass Weine durch die Poren des Flaschenkorkens **atmen,** d.h. Luftsauerstoff aufnehmen, und durch mehr oder weniger ausgiebiges **Lüften** beim Servieren – z.B. durch →Dekantieren – ihre geschmackliche Vielschichtigkeit und Harmonie besser entfalten, gibt es zahlreiche Fachleute, die den Einfluss des Luftsauerstoffs auf den Reifeprozess ordnungsgemäß verschlossener Weine für einen zu vernachlässigenden Faktor halten. Viele von ihnen betonen auch, dass kräftige, alterungsfähige Weine auf der Höhe ihrer Entwicklung durch die relativ kurzfristige Sauerstoffzufuhr beim Dekantieren keiner nennenswerten Oxidation und damit keiner durch Sauerstoff verursachten geschmacklichen Veränderung unterliegen. Zu alte, instabile Weine dagegen können durch den massiven Lufteinfluss ihre geschmacklichen Qualitäten verlieren und sogar umkippen.

lüften, Wein dem Einfluss der Luft, insbesondere des Luftsauerstoffs aussetzen (→Lufteinfluss).

Luft|ton, brotartiger, oft unangenehm strenger Geruch oder Geschmack, ein →Weinfehler, der durch die Oxidation von Alkohol zu Acetaldehyd entsteht; die Hauptursache des Lufttons ist längeres Lagern von Wein in nicht randvollen Gebinden und unzureichende oder zu späte Schwefelung. →Kahm kann die Bildung des Lufttons beschleunigen.

Lugana, DOC-Herkunftsbezeichnung für Weißweine der italienischen Regionen Lombardei und Venetien vom Südufer des Gardasees, deren Anbaugebiet etwa 500 ha Rebfläche umfasst; die Weine werden überwiegend aus einer lokalen Spielart von →Trebbiano gekeltert und können bei guten Erzeugern sehr fruchtig und dicht ausfallen.

Lump, sehr gute Weinbergslage im Bereich Maindreieck des deutschen Anbaugebiets Franken, Gemeinde Escherndorf; die Lage zieht sich in weitem Bogen um Escherndorf und ist nach Süden zum Main hin ausgerichtet, der im Zentrum des Kessels fließt. Dadurch genießt der Lump ein außergewöhnlich warmes Mikroklima. Auf Muschelkalkböden wachsen hervorragende Weißweine aus Silvaner und Riesling; in geringem Umfang wird auch die Rotwein-Rebsorte Spätburgunder kultiviert.

lunghezza [luŋ'gettsa], italienisch für Länge des Abgangs.

Lussac Saint-Émilion [ly'sak sɛ̃temi'ljɔ̃], so genannte Satellitenappellation von →Saint-Émilion.

Luxemburg, kleines mitteleuropäisches Weinbauland mit knapp 1000 ha Rebfläche; die Weine aus Müller-Thurgau (Rivaner), Elbling, Riesling, Auxerrois und den Burgundersorten ähneln teilweise denen der benachbarten deutschen →Obermosel. Reben werden fast ausschließlich im Moseltal, entlang der Grenze zu Deutschland, in sehr kühlem und niederschlagsreichem Klima kultiviert. Während im Norden Muschelkalkböden vorherrschen, stehen die Reben im Süden auf Keuper und Tonmergeln. Seit 1980 kennt das luxemburgische Weingesetz eine der französischen A. C. vergleichbare Systematik: Neben Tafelweinen (Vin de table) existieren vier Stufen von Qualitätsweinen: Vin de Qualité VdQ, VdQ-Vin Classé, VdQ-Premier Cru und VdQ-Grand Premier Cru. Die Einstufung in die verschiedenen Qualitätsklassen erfolgt ausschließlich nach Verkostung der Weine durch eine Expertenkommission – Herkunft und Mostgewicht spielen dabei keine Rolle.

Die meistkultivierten Rebsorten sind Riesling, Elbling, Müller-Thurgau (Rivaner), Auxerrois sowie Grau- und Weißburgunder, von diesen können Elbling und Müller-Thurgau nicht als Grand Premier Cru klassifiziert werden.

Lyra-Erziehung, eine →Erziehungsform der Weinrebe.

M

Macabẹo, Maccabéo, Maccabẹu, im Riojagebiet **Viura** [ˈbïura], Weißwein-Rebsorte, die v. a. im nördlichen Spanien und in der französischen Weinbauregion →Languedoc-Roussillon verbreitet ist, aber auch in Griechenland und Nordafrika kultiviert wird; weltweit steht sie auf etwa 47 000 ha (1999) Rebfläche. Macabeo bildet die Basis für Weißweine aus dem Riojagebiet und dem Penedés und geht in die Produktion von Cava ein. Die großtraubige, spät reifende Sorte wird häufig verwendet, um die schweren Rotweine Spaniens und Südfrankreichs leichter zu machen.

Macedon Ranges [ˈmæsədn ˈreɪndʒɪs], GI-Herkunftsbezeichnung aus dem Gebiet um die Stadt Kyneton im australischen Bundesstaat Victoria; das Anbaugebiet nordwestlich der Stadt Melbourne gilt als für australische Verhältnisse kühl, ist aber immer noch deutlich wärmer als Gebiete wie die Mornington Peninsula, Hilltops oder auch die Adelaide Hills. Auf vulkanischen und Granitböden gedeihen die Rotwein-Rebsorten Syrah (Shiraz) und Cabernet Sauvignon sowie die weißen Riesling und Chardonnay.

Madeira. Nur ein schmaler Küstenstreifen bleibt auf der gebirgigen Insel Madeira Landwirtschaft und Weinbau. Fast überall stehen die Reben deshalb auf schmalen Terrassen direkt über dem Meer.

macération carbonique [maseraˈsjɔ̃ karboˈnɪk], französisch für Kohlensäuregärung.

macerazione carbonica [matʃeraˈdtsioːne karboːnika], italienisch für Kohlensäuregärung.

mâche [maʃ], französisch für die Geschmacksbezeichnung Biss.

Mâcon [maˈkɔ̃], **Mâconnais** [makɔˈnɛ], nach der Stadt Mâcon im französischen Burgund benannter Weinbaubereich südlich der Côte Chalonnaise; insgesamt stehen hier etwa 1 400 ha (2003) unter Reben, zum größten Teil mit Chardonnay bestockt. Neben den Regionalappellationen Mâcon, **Mâcon Supérieur** und **Mâcon Villages** existieren fünf Gemeindeappellationen: →Pouilly-Fuissé, →Pouilly-

Vinzelles, Pouilly-Loché, Viré-Clessé und →Saint-Véran. Der geringe Rotweinanteil des Gebiets wird vorwiegend aus Gamay gekeltert und unter den Herkunftsbezeichnungen Mâcon, Mâcon Supérieur oder Mâcon Villages vermarktet.

Mädchentraube, →Fetească.

Madeira [maˈdeːra], engl. **Blandy** [ˈblændɪ], DOC-Herkunftsbezeichnung für →Likörweine der gleichnamigen portugiesischen Insel vor der Küste Nordafrikas; das Anbaugebiet umfasst 2 000 ha (2002) Rebfläche, von denen 100 ha auf der Nachbarinsel Porto Santo liegen. Sie wird von insgesamt 2 500 Winzern bewirtschaftet, wobei 80 % von ihnen nicht mehr als 0,2 ha Weinbergsfläche bearbeiten; aus den Trauben werden etwa 50 000 hl Wein im Jahr erzeugt.

Trotz ihrer äquatornahen Lage genießt die sehr bergige Insel relativ gemäßigtes Klima, in den höheren Lagen kann es sogar ausgesprochen kalt werden; Weinbau wird deshalb v. a. an der wärmeren Südküste getrieben. Die Reben sind noch vorwiegend an archaisch wirkenden, sehr niedrigen Pergolagerüsten erzogen, unter denen nur in gebückter Haltung oder auf Knien gearbeitet werden kann. Kultiviert werden v. a. die einheimischen Sorten Tinta negra mole, die fast 80 % der Rebflächen belegt, Cerceal (Sercial), Boal (Bual), Malvasia (Malvazia), Terrantez und Verdelho.

■ **Produktionsmethoden:** Madeira wird in zahlreichen Varianten erzeugt, deren Gemeinsamkeit in einer Wärmebehandlung des Jungweins besteht, **estufagem** genannt; dabei werden die Weine innerhalb weniger Monate künstlich gealtert, nehmen eine bernsteinfarbene oder braune Tönung an und zeigen im Duft deutlich oxidative Noten. Diese Wärmebehandlung findet vorwiegend in doppelwandigen Tanks statt, durch deren äußere Hülle warmes Wasser zirkuliert. Bessere Qualitäten werden noch in der eigentlichen, traditionellen »estufa« ausgebaut, einem mit Wasserdampf aufgeheizten Raum, in dem der Wein in so genannten →Pipas lagert. Alternativ dazu liegen die Fässer auf dem Dachboden (canteiro) der Kellereien, wo sie den jahreszeitlichen Temperaturschwankungen ausgesetzt sind.

■ **Qualitätsstufen:** Je nach Art und Dauer des Fassausbaus wird Madeira unter verschiedenen Qualitätsbezeichnungen vermarktet wie Reserva (mindestens fünf Jahre alter Verschnitt), Reserva especial (mindestens zehn Jahre alter Verschnitt), Extra (15 Jahre alter Verschnitt) und Extra millésimé oder Vintage (mindestens 20 Jahre alter Wein eines einzelnen Jahrgangs). Weine mit Sortenbezeichnung wie **Sercial, Malmsey** (Malvazia), Boal (Bual), Verdelho oder Terrantez müssen zu mindestens 85 % aus der angegebenen Rebsorte gekeltert worden sein. Dabei zeigen die

Madiran. Die Gascogne in Südwestfrankreich ist die Heimat des Madiran, eines kräftigen, tanninbetonten Rotweins.

relativ trockenen Sercials meist feine Fruchtsäure, Verdelhos sind restsüßer und Boals oft schon schwer und traubig süß. Malmsey ist die süßeste Qualität, ihr Restzucker wird aber vom sehr hohen Säuregehalt balanciert.

Madeleine Royale [madə'lɛn -], Weißwein-Rebsorte, die 1845 in Frankreich vermutlich aus einem Sämling der Sorte Schwarzriesling gezüchtet wurde; aus ihr wurde wenige Jahre später durch Kreuzung mit der Sorte Précoce de Malingre die ebenfalls früh reifende **Madeleine Angevine**. Beide sind nur marginal verbreitet, dienten aber bei zahlreichen weiteren Züchtungen, auch von Hybriden, als Elternsorten.

madérisé [maderi'ze], französisch für die Geschmacksbezeichnung maderisiert.

maderisiert, überaltert; Begriff der Weinansprache für Weine, die ihren geschmacklichen Höhepunkt weit überschritten haben; ihre Farbe weist einen deutlichen Braunton auf, im Geruch wirken sie gekocht oder oxidiert, im Geschmack oft ausgezehrt.

maderizzato [maderit'tsato], italienisch für die Geschmacksbezeichnung maderisiert.

Madiran [madi'rã], A. C.-Herkunftsbezeichnung für Rotweine aus dem französischen →Südwesten; das Anbaugebiet, aus dem auch der weiße →Pacherenc du Vic-Bilh stammt, umfasst gut 1600 ha (2002) Rebfläche. Madiran wird vorwiegend aus der Rebsorte Tannat gekeltert, die je nach Erzeugerbetrieb 40–70 % des Verschnitts stellt; der Rest besteht aus Cabernet Sauvignon und Cabernet franc. Es ist ein tiefdunkler, in der Jugend durch den Tannatanteil oft sehr harter und unzugänglicher Wein, der sehr gute Alterungsfähigkeit besitzt.

maduro [mɐ'ðuru], portugiesisch für reif; vinho maduro ist ein Begriff, der v. a. bei Vinho verde für reifere, weniger säurehaltige Weine verwendet wird.

mager, →dünn.

Magnum, eine Weinflasche (→Flaschen).

magro, italienisch für die Geschmacksbezeichnung mager, dünn.

mahlen, gemeinsprachlich Trauben in →Traubenmühlen zu →Maische verarbeiten; dabei werden die Trauben lediglich angequetscht, also nicht wirklich zermahlen.

maigre [mɛgr], französisch für die Geschmacksbezeichnung mager, dünn.

Maindreieck, mittlerer der drei Bereiche des deutschen Anbaugebiets Franken; zu ihm gehören einige der berühmtesten Lagen des Anbaugebiets. Von den sehr vielfältigen Böden aus Lehm, Löss und Muschelkalk kommen hervorragende Weißweine aus der Rebsorte Silvaner. Die Sorte Domina liefert hier auch interessante Rotweine. Meistkultivierte Rebsorte ist der weiße Müller-Thurgau.

Mainriesling, →Rieslaner.

Mainviereck, westlichster der drei Bereiche des deutschen Anbaugebiets Franken; im Unterschied zum Maindreieck gibt es hier nur wenige ausgesprochene Spitzenlagen. Auf den vorherrschenden Urgesteinsverwitterungsböden und Buntsandstein gedeihen die Weißwein-Rebsorte Silvaner und die roten Früh- und Spätburgunder besonders gut.

MADEIRA. *Darf es ein 1795er sein?*

Uralter Portwein oder Sherry lässt jedes Herz höher schlagen. Madeira genießt vielleicht nicht dasselbe Renommee, aber seine Alterungsfähigkeit ist mindestens ebenso legendär. Viel wichtiger aber: Alten, ja sogar sehr alten Madeira gibt es tatsächlich zu kaufen, und das noch zu vergleichsweise erschwinglichen Preisen. Der Grund dafür liegt vor allem in der seit Jahrzehnten anhaltenden chronischen Überproduktion. Beim Besuch auf der Insel oder von Fachveranstaltungen in aller Welt kann man deshalb gelegentlich beeindruckende Jahrgangsreihen verkosten: Sie beginnen meist mit Produkten der 1970er- oder 1950er-Jahre und setzen sich mit Jahrgängen wie 1929, 1922, 1910, 1900, 1880, 1875, 1850, 1834 bis hin zu seltenen Flaschen aus dem 18. Jahrhundert fort wie beispielsweise einem 1795er Terrantez, der noch immer sein feines, nussiges Bukett verströmt und am Gaumen bei großer Dichte und markanter Süße ungemein frisch wirkt.

Maipo, eigentlich **Valle del Maipo,** nach einem Andenvulkan benannte Subregion der chilenischen Région del Valle Central und renommiertestes Anbaugebiet des Landes; auf etwa 6000 ha (2001) Rebfläche werden je zur Hälfte Weiß- und Rotwein-Rebsorten kultiviert. Die am weitesten verbreiteten sind Cabernet Sauvignon und Sémillon, aber auch Carmenère, Chardonnay und Merlot bringen hervorragende Resultate.

Das Klima der zwischen 500 und 1000 m ü. M. hoch gelegenen Region ist von mediterranem Typ mit warmen, trockenen Sommern und einer jährlichen Niederschlagsmenge von nur 300 mm, was regelmäßiges Bewässern notwendig macht. Maipo ist unterteilt in die Bereiche (areas) Santiago (mit Peñalolén und La Florida), Pirque, Puente Alto, Buin (mit Paine und San Bernardo Huelquén), Isla de Maipo, Talagante (mit Peñaflor und El Monte) sowie Melipilla. Ein großer Teil der Trauben wird von Kellereien außerhalb des Anbaugebiets verarbeitet.

Maische [zu mittelhochdeutsch meisch, ursprünglich wohl »Brei«], Masse aus meist in der →Traubenmühle gequetschten, traditionell auch mit den Füßen gestampften Beeren; wenn zuvor nicht →abgebeert wurde, sind auch die Stiele Bestandteil der Maische. Durch das **Maischen** (Einmaischen) werden Enzyme, Aromastoffe und Mineralstoffe (→Extrakte) freigesetzt sowie die Trennung des Safts von den Beerenschalen erleichtert.

Fast alle Rotweine – eine Ausnahme bilden Produkte, die →weißgepresst oder per →Kohlensäuregärung erzeugt werden – und ein Großteil der Weißweine – hier stellt die →Ganztraubenpressung die Ausnahme dar – werden vor dem Pressen oder Gären eingemaischt. Allerdings unterscheidet sich ihre →Maischestandzeit vor dem Abpressen des Mosts oder des vergorenen Weins deutlich je nach gewünschtem Weintyp: Während Weißweine meist nach kurzer Zeit und Rosés nach wenigen Stunden abgepresst werden, können Rotweine bis zu mehreren Wochen auf den Schalen stehen, um das Auslaugen aller Farbstoffe und Tannine durch den Alkohol zu gewährleisten.

Maische|erhitzung, Methode der Gärführung von Rotweinen, bei der die Maische auf 67–85 °C erhitzt und nach einer Standzeit gepresst wird; anschließend wird der Most in der Regel auf etwa 20 °C abgekühlt und die Gärung findet unter den Bedingungen einer Weißweingärung statt.

Das Verfahren wird v. a. dann angewandt, wenn einfache, süffige und rasch trinkfertige Weine erzielt werden sollen. Es eignet sich nicht zum Keltern hochwertiger, tanninhaltiger und alterungsfähiger Weine. Bei mangelhafter Rückkühlung kann es zu extrem stürmischer Gärung unter starkem Schäumen und mit hohen Gärtemperaturen kommen, was zum so genannten Versieden führt: Die Hefen degenerieren, Essigsäurebakterien entwickeln sich, es kommt zu Essigsäurebildung und zum Braunwerden des Weins.

Maischegärung, Methode der Gärführung von Rotweinen, bei der die Gärung des Mosts auf der Maische, d. h. im Kontakt mit den Beerenschalen stattfindet; dabei kommt es zur Extraktion von Tanninen und Farbstoffen.

Je nach Rebsorte und erwünschtem Weintyp kann die Maischegärung zwischen wenigen Tagen und sechs oder acht Wochen dauern. Dabei wird von vielen Winzern vor bzw. nach der Maischegärung eine weitere Standzeit eingeschaltet. Die Gesamtdauer von Maischegär- und Standzeit wurde im Verlauf der 1980er- und 1990er-Jahre in vielen Anbaugebieten stark verkürzt, weil sie bei zahlreichen

MAISCHEGÄRUNG   *Im offenen Bottich am besten?*

seien, dass hochwertige Weine aus ihnen entstehen. Fast überall wurden Betonzisternen, Holzbottiche und sonstige Gärbehälter durch die glitzernden Stahlkolosse ersetzt, deren Innentemperatur mithilfe eines Flüssigkeitsmantels geregelt wurde. In den 1990er-Jahren setzte dann eine Bewegung zurück zu traditionelleren Gärbehältern ein. Im Bordeauxgebiet experimentierten einige der renommiertesten Önologen mit offenen Holzbottichen, und die Resultate waren fast immer so positiv – die Weine wurden komplexer und eleganter als aus dem Stahltank –, dass das Beispiel Schule machte. Selbst in Teilen der Neuen Welt, der man oft Technologiehörigkeit nachsagt, wurden Stahltanks wieder durch große, offene Bottiche ersetzt. Andernorts – auch hier waren Betriebe des Bordeauxgebiets Vorreiter – nutzte man wieder Betontanks, die zwar schwieriger zu reinigen sind als Stahl, aber dafür unnachahmliche thermische Eigenschaften besitzen: Große Temperatursprünge sind in ihnen unmöglich.

In den 1970er- und 1980er-Jahren war man davon überzeugt, dass Rotweinmoste nur in Stahltanks so kontrolliert zu vergären

Rotwein-Rebsorten zur Extraktion harter und bitterer Tannine führen kann.

Im Unterschied zur →Maischeerhitzung werden durch Maischegärung fest strukturierte, vielschichtige und langlebige Weine erzeugt; Gärtemperaturen von mehr als 30 °C fördern dabei die Farbextraktion, niedrigere die Ausprägung der Sortenaromen.

■ **Gärbehälter:** Maischegärungen können in unterschiedlichen Behältertypen stattfinden, die man in drei Gruppen unterteilen kann: offene **Bottiche** aus Holz, Beton oder Stahl, bei denen der Tresterhut in regelmäßigen Abständen manuell oder maschinell untergestoßen wird, **Überfluter,** d.h. Stahltanks, bei denen der Most von Zeit zu Zeit unten abgezogen und oben wieder zugegeben, d.h. umgepumpt wird, und schließlich Gärtanks mit maschineller Maischeumwälzung (**Rotofermenter,** Stahltanks mit Drehschaufeln etc.).

maischen, Trauben zu →Maische verarbeiten.

Maischeschwefelung, Verfahren zum Schutz der Maische vor unerwünschter Essigsäurebildung (→Schwefel).

Maischestandzeit, Standzeit, insbesondere bei der Rotweinbereitung zur Farb- und Tanninextraktion notwendige Dauer des Kontakts zwischen dem Most und den Beerenschalen auf der →Maische; sie betrug früher häufig bis zu einem Monat und länger, wurde aber im Verlauf der 1980er- und 1990er-Jahre in vielen Anbaugebieten stark verkürzt, weil sie bei zahlreichen Rotwein-Rebsorten zur Extraktion harter und bitterer Tannine führen kann.

Maischewagen, offene Wannen auf Rädern, die dem Abtransport der Trauben aus dem Weinberg dienen und mithilfe einer meist zapfwellengetriebenen Pumpe direkt in die Presse oder die Abbeermaschine entleert werden; früher wurde mit der Pumpe dieses Traubenwagens auch gemaischt; aufgrund der dabei auftretenden mechanischen Belastung des Leseguts, die die Weinqualität beeinträchtigen kann, werden Maischewagen jedoch zunehmend durch Wagen mit einfachen Kippvorrichtungen oder durch so genannte Scherenhubwagen ersetzt.

maître de chai [mɛtr də ʃɛ], französisch für Kellermeister.

Maiwein, →Bowle.

Makedonien, Mazedonien, südosteuropäischer Binnenstaat der Balkanhalbinsel, der an Albanien, Serbien-Montenegro und Bulgarien grenzt, ehemals eine Teilrepublik Jugoslawiens; es ist eine landschaftliche Fortsetzung der gleichnamigen Region in Griechenland; von etwa 31000 ha (2000) Rebfläche wird knapp 1 Mio. hl Wein erzeugt, der Rest wird als Tafeltrauben vermarktet. Die Weinerzeugung liegt in den Händen weniger staat-

licher Großkellereien, etwa die Hälfte der Produktion wird als Fassware nach Deutschland verkauft.

■ **Anbaugebiete und Rebsorten:** Der makedonische Weinbau konzentriert sich auf die drei Regionen Pčinja-Osogovo, Pelagonija-Polog und Povardarje, die zusammen etwa drei Viertel der gesamten Rebfläche umfassen. Jede dieser Regionen ist in mehrere Anbaugebiete mit geschützten geografischen Herkunftsbezeichnungen unterteilt. In kontinental geprägtem Klima und auf fruchtbaren Böden finden Rotwein-Rebsorten wie Merlot, Spätburgunder, Cabernet Sauvignon, Kadarka sowie die einheimischen Vranac, Prokupac und Kratošija gute Wachstumsbedingungen. Daneben werden die Weißwein-Rebsorten Riesling, Sauvignon blanc, Chardonnay sowie die einheimischen Smederevka und Žilavka kultiviert, deren Weine aber das Qualitätsniveau der roten noch nicht erreicht haben.

Makroklima, das →Klima bestimmter Klimazonen.

Málaga, D. O.-Herkunftsbezeichnung für Süß- und Likörweine der spanischen Region →Andalusien, die bereits 1933 eingerichtet wurde; auf etwa 1200 ha (2001) Rebfläche werden v.a. Weißer Muskateller (Moscatel) und Pedro Ximénez (Pero Ximén) kultiviert. Das Anbaugebiet ist in drei Bereiche untergliedert, von denen Axarquía im schroffen Nordosten der Provinz für seine Weine von alten Moscatelreben auf Schieferböden bekannt ist. Unter der D. O.-Bezeichnung **Málaga y Sierras de Málaga** werden seit 2001 v.a. im Bereich von Ronda weiße, rote und Rosé-Qualitätsweine mit einem Alkoholgehalt von weniger als 15 Vol.-% erzeugt.

Malans, Weinbaudorf der →Bündner Herrschaft in der Ostschweiz; auf knapp 80 ha

Maischewagen. An der Transportschnecke unter dem offenen Wagen und am Schlauch, durch den der Most abgepumpt wird, erkennt man den Maischewagen, der hier zusammen mit einem Vollernter eingesetzt wird.

(2000) Rebfläche werden →Completer, Müller-Thurgau, Freisamer sowie Grau- und Weißburgunder kultiviert.

Malbec [mʌl'bɛk], französ. auch **Auxerrois** [oksɛ:'rwa], **Cot, Côt, Côt noir** [ko:t nwar], österreich. **Malbeck,** ursprünglich französische Rotwein-Rebsorte, die im Bordeauxgebiet weit verbreitet war, heute aber von Merlot verdrängt wurde; Malbec wird in Frankreich noch im Gebiet von Cahors, im Südwesten, im Loiretal und im Languedoc-Roussillon kultiviert.

Weltweit steht er auf etwa 18 000 ha (1999) Rebfläche, wobei Argentinien mit mehr als 10 000 ha den Großteil davon besitzt. Die relativ früh reifende Sorte bringt in Frankreich farbintensive, sehr tanninbetonte und auch rustikale Weine hervor, die sich v. a. für den Verschnitt eignen. Die in Argentinien durch Mutation entstandenen Spielarten sind ebenso dicht und kräftig, aber ihre Tannine sind runder und zugänglicher; hier wird Malbec vorwiegend reinsortig ausgebaut.

Malmsey ['ma:mzɪ, engl.], eine Art →Madeira.

malolaktische Gärung, malolaktischer Säureabbau, eine Art des →Säureabbaus.

Malta, Inselstaat im zentralen Mittelmeer, in dem seit der Antike Weinbau getrieben wird; die Rebfläche umfasst nach offiziellen Angaben etwa 800 ha (2000), andere Quellen gehen von nur 200 ha aus. Kultiviert wird v. a. Muskateller für die Süßweinproduktion; daneben wachsen internationale Sorten wie Chardonnay und Cabernet Sauvignon sowie die einheimische Weißwein-Rebsorte Girgentina (vermutlich eine Spielart der sizilianischen Ansonica) und die rote Gellewza (eventuell eine Spielart des italienischen Mammolo).

Malvasia, 1) [zu Monemvassia, später Malfasia, Inselstadt vor der Küste des Peloponnes in Griechenland], Familie von Weiß- und Rotwein-Rebsorten, die zu den ältesten der Welt zählt und ursprünglich aus Griechenland stammt.

Die eigentliche Malvasia ist eine muskatellerähnliche, aromatische Sorte. Unter den Dutzenden von weißen und roten Varianten finden sich aber viele, die in Aroma und Geschmack kaum noch an sie erinnern. Vor allem in Italien, wo weiße und rote Varianten auf insgesamt fast 48 000 ha (1997) Rebfläche kultiviert werden – weltweit sind es schätzungsweise 60 000 ha (1999) –, spielt die Sorte eine bedeutende Rolle.

Zu den bekanntesten weißen Malvasiasorten gehören die Malvasia del Chianti (Malvasia toscana), Malvasia bianca di Candia, Malvasia di Sardegna, Malvasia del Lazio, Malvasia di Lipari und Malvasia istriana. Bei den roten Sorten genießen Malvasia nera di Brindisi,

Malvasia di Casorzo und Malvasia nera di Candia eine gewisse Bedeutung.

DOC-Weine, die aus einer dieser Varianten gekeltert werden, sind **Malvasia delle Lipari** (Sizilien, aus Malvasia di Lipari), **Malvasia di Bosa** (Sardinien, aus Malvasia di Sardegna), **Malvasia di Cagliari** (Sardinien, aus Malvasia di Sardegna), **Malvasia di Casorzo d'Asti** (Piemont, aus Malvasia di Casorzo) und **Malvasia di Castelnuovo Don Bosco** (Piemont, aus Malvasia di Schierano). Außerhalb Italiens hat v. a. die Malvasia von Madeira Berühmtheit erlangt.

2) span. **Malvagia** [malva'xija], gemeinsprachliches Synonym für zahlreiche Rebsorten des Mittelmeerraums wie Macabeo oder Bourboulenc.

Malvasier, →Frühroter Veltliner.

Malvoisie [malvwa'zi:, französ.], gemeinsprachliches Synonym v. a. des französischen Sprachraums für verschiedenste Rebsorten; am bekanntesten ist die Malvoisie des italienischen Aostatals und des Schweizer Wallis, bei der es sich um →Grauburgunder handelt.

Mammolo, italienische, recht aromatische Rotwein-Rebsorte, die nur noch auf etwa 60 ha Rebfläche in der Region Toskana kultiviert wird; sie geht in den DOC-Wein Nobile di Montepulciano ein, dem sie seinen typischen Veilchenduft verleiht.

Mandelberg, beliebter deutscher Lagenname; im Anbaugebiet Pfalz tragen ihn drei sehr gute Weinbergslagen der Gemeinden Kirrweiler, Birkweiler und Duttweiler. Von den sandigen Lehmböden in etwa 120 m ü. M. des Kirrweiler Mandelbergs kommen ausgezeichnete Weißweine aus der Rebsorte Weißburgunder; dieselbe Sorte bringt auch die besten Resultate auf dem Birkweiler Mandelberg, einem nach Süd-Südosten ausgerichteten Muschelkalkhang mit etwa 15–20 % Hangneigung, sowie auf dem Duttweiler Mandelberg mit seinen Lössböden auf Kalksteinfelsen, von dem aber auch exzellente Rieslinge kommen.

Mandelhöhe, Mandlhöh, eine der besten Weinbergslagen des österreichischen Anbaugebiets Thermenregion, Gemeinde Traiskirchen; von der nach Süd-Südosten ausgerichteten, bis zu 25 % abfallenden Hanglage mit ihren kalkhaltigen, tiefgründigen Braunerdeböden mit Kalkschotter und sandigem Lehm kommen hervorragende Weine aus den beiden autochthonen Weißwein-Rebsorten Neuburger und Zierfandler.

Mandelstein, sehr gute Weinbergslage des deutschen Anbaugebiets Mittelrhein, Gemeinde Boppard, die zum eigenständigen Ortsteil →Bopparder Hamm gehört; zusammen mit Feuerlay, Ohlenberg und Weingrube bildet Mandelstein das Kernstück eines markanten Steilhangs mit grau-grünlichen Kieselgallenschiefern – das sind Tonschiefer mit linsenförmigen, blauschwarzen Einschlüssen – nördlich von Boppard, auf dem vorwiegend Riesling kultiviert wird.

Mandement [mãdə'mã], größtes Anbaugebiet des Schweizer Weinbaukantons →Genf; kultiviert werden die Weißwein-Rebsorten Gutedel (Chasselas), Riesling und Silvaner (Johannisberg) sowie die roten Sorten Spätburgunder (Pinot noir) und Gamay. Drei Viertel der Produktion werden von der Genossenschaft des Gebiets verarbeitet und vermarktet.

Mandlhöh, →Mandelhöhe.

Manseng [mã'sẽ], Weißwein-Rebsorte des französischen →Südwestens, die v. a. in den Anbaugebieten Jurançon und Pacherenc du Vic-Bilh kultiviert wird; sie existiert in zwei Varianten: **Gros Manseng,** der meist zu trockenen Weißweinen verarbeitet wird, und **Petit Manseng,** aus dem vorwiegend Süßweine gekeltert werden.

Manzanilla [manθa'niʎa, zu span. »Kamillentee«], eine besondere Art →Sherry.

wird ausschließlich Riesling, der hier einige der extraktreichsten, gehaltvollsten Resultate Deutschlands hervorbringt. Leider ließen einige Weinbaubetriebe mit Besitz im Marcobrunn in der Vergangenheit häufig den Willen zu konsistenten Qualitätsanstrengungen vermissen.

Maréchal Foch [mare'ʃal fɔʃ], nach dem französischen Marschall Ferdinand Foch (*1851, †1929) benannte Hybride, deren wissenschaftlicher Name Kuhlmann 1882 lautet; die Sorte wurde aus Goldriesling und einer Kreuzung aus Vitis riparia und Vitis rupestris gezüchtet. Sie wird vorwiegend im Osten der USA und in Kanada kultiviert. Die Weine sind farbschwach und werden gelegentlich mit Beaujolais verglichen.

Maremma toscana, ein Küstenstrich im Süden der italienischen Region Toskana, Provinz Grosseto, und sein Hinterland; die Bezeichnung wird häufig auch auf die Küste der Provinz Livorno ausgedehnt, die jedoch eigentlich den Namen Val di Cornia trägt.

MAREMMA TOSCANA | Investitions-Eldorado

Wer glaubte, der Weinbau der Alten Welt sei in seiner geographischen Grundstruktur kaum noch zu verändern, muss angesichts der rasanten Entwicklung des Weinbaus der toskanischen Maremma umdenken. Seit Mitte der 1990er-Jahre haben hier Weingüter und Kellereigruppen aus der Zentral- und Nordtoskana, aus Venetien, dem Trentino, ja sogar aus dem fernen Kalifornien in neue Weinbergsflächen und ultramoderne Kellereien investiert.

Dabei wurden entweder vorhandene Weinberge reaktiviert oder es wurden Pflanzrechte für stillgelegte Flächen Süditaliens für die Neuanlage riesiger Rebflächen genutzt. Die beliebteste Rebsorte bei den Neuanlagen war und ist der rote Merlot, aus dem fruchtbetonte, harmonische Weine gekeltert werden. Vom Zug der Investoren an die tyrrhenischen Gestade profitierten auch Gebiete wie das

des Montescudaio im nördlichen Küstenbereich, der fälschlich oft zur Maremma gezählt wird.

Marc [mar], französisch für →Tresterbrand.

Marche, italienisch für die Weinbauregion →Marken.

Marcobrunn, eine der renommiertesten Weinbergslagen des deutschen Anbaugebiets Rheingau, Gemeinde Eltville-Erbach; der flache Hang ist nach Süden, zum Rhein hin ausgerichtet und weist mittelschwere, glimmerführende Mergel-Lehmböden auf. Der Namensbestandteil »brunn« deutet auf einen relativ hohen Grundwasserspiegel hin, der gute Wasserversorgung sichert. Kultiviert

Bis Mitte der 1990er-Jahre war die Maremma fast ausschließlich durch ihren DOC-Wein →Morellino di Scansano, in geringerem Umfang auch durch den →Bianco di Pitigliano und durch vereinzelte →Super-Tuscans bekannt; seit 1995 existiert eine eigenständige Igt-Herkunftsbezeichnung mit dem Namen Maremma toscana. Im selben Jahrzehnt begannen zahlreiche Investoren aus Italien und dem Ausland damit, riesige Rebflächen zu entwickeln, die vorwiegend mit Sangiovese und Merlot bestockt sind. Die Maremma toscana gilt daher als eine der dy-

Margaret River in Westaustralien gehört zu den touristisch bestentwickelten Anbaugebieten des fünften Kontinents.

namischsten und vielversprechendsten Weinlandschaften Italiens im beginnenden 21. Jahrhundert.

Margaret River [ˈmaːgərɪt ˈrɪvə(r)], GI-Herkunftsbezeichnung für Weine des gleichnamigen Anbaugebiets in →Westaustralien; auf etwas mehr als 2200 ha Rebfläche zwischen der Geographe Bay und der Südküste des Kontinents werden zu 60% Rotwein-Rebsorten, v. a. Cabernet Sauvignon und Syrah (Shiraz) kultiviert, bei den Weißwein-Rebsorten belegen Chardonnay, Sémillon und Sauvignon blanc die größten Flächen.

Margaret River eignet sich mit seinem Klima, das dem des französischen Bordeauxgebiets ähnlich ist, v. a. für kräftige Rotweine aus Cabernet Sauvignon, die das Renommee des Gebiets begründeten, aber auch Chardon-

nay von hier kann außergewöhnliche Qualitäten zeigen.

Hinsichtlich des Weinstils unterscheiden sich die Gewächse aus Margaret River deutlich von denen der meisten anderen Gebiete Australiens: Sie besitzen zwar auch viel Kraft und Dichte, zeigen aber gleichzeitig große Eleganz und Finesse. Margaret River hat sich in den 1990er-Jahren zusammen mit dem Hunter Valley und dem Barossa Valley zu einem der beliebtesten australischen Weinreiseziele entwickelt und besitzt eine gut ausgebaute touristische Infrastruktur.

Margaux [marˈgo], **1)** südlichste und ausgedehnteste A. C.-Kommunalappellation des →Haut-Médoc im französischen Bordeauxgebiet; von 1360 ha (2000) Rebfläche kommen 21 klassifizierte Grand-Cru-Gewächse, darunter der berühmte Premier Grand Cru Château Margaux (→Margaux 2), 25 Crus Bourgeois und 38 Crus artisans. Die Weine von Margaux gelten als finessenreichste und eleganteste des Médoc. In die Cuvée der Gewächse geht überwiegend Cabernet Sauvignon ein, gefolgt von Merlot, Cabernet franc und Petit Verdot. Nur in wenigen Ausnahmefällen stellt Merlot mehr als 50% des Verschnitts.

2) Château M., Spitzenweingut der gleichnamigen Appellation (→Margaux 1) des französischen Bordeauxgebiets, das 1855 als Premier Grand Cru klassifiziert wurde; von den insgesamt 99 ha Rebfläche sind 87 mit Rotwein-Rebsorten bestockt. Der Grand Vin wird in der Regel zu 75% aus Cabernet Sauvignon, zu 20% aus Merlot und zu kleineren Teilen aus Cabernet franc sowie Petit Verdot

MARGAUX	*Die berühmteste Fassade der Weinwelt*

Fassade als bekanntester Weingutsbau der Weinwelt. Der Besitz, der im 12. Jahrhundert unter dem Namen La Mothe bekannt war, wurde im 14. Jahrhundert zu einer der Residenzen des englischen Königs Edward III. (* 1312, † 1377). Zwar gibt es im Bordeauxgebiet noch andere, großartige Schlossanlagen wie die von Château Palmer, Château Phélan-Segur, Château Lagrange oder die asiatisch inspirierten Pagodentürme von Château Cos d'Estournel. Nicht jedes Château ist jedoch wirklich ein Schloss. Die Gebäude weltberühmter Güter wie Château Pétrus oder Château Le Pin im Gebiet von Pomerol wirken eher wie bescheidene Bauernhäuser oder Vorstadtbungalows. In den letzten Jahren des 20. Jahrhunderts haben zunehmend moderne, gelegentlich fast futuristisch wirkende Kelterhäuser und Lagergebäude die Landschaft an Garonne, Dordogne und Gironde bereichert wie auf Château Pichon-Longueville oder Château Ducru-Beaucaillou.

Das 1802 erbaute Hauptgebäude von Château Margaux, des einzigen Premier Grand Cru Classé der gleichnamigen Appellation, gilt mit seiner klassizistischen

gekeltert; der Zweitwein heißt Pavillon Rouge du Château Margaux. Daneben wird unter dem Namen Pavillon blanc du Château Margaux und der Appellationsbezeichnung Bordeaux auch ein reinsortiger Weißwein aus Sauvignon blanc erzeugt.

Mariensteiner, nach der Festung Marienstein in Würzburg benannte deutsche Weißwein-Rebsorte; die Kreuzung der Bayerischen Landesanstalt für Wein- und Gartenbau in Würzburg aus Silvaner und Rieslaner wird nur auf wenigen Hektar Rebfläche kultiviert.

Mariental, eine der besten Weinbergslagen im österreichischen Anbaugebiet Neusiedlersee-Hügelland, Gemeinden Rust und Oggau; die Böden bestehen im oberen Teil aus Kalksand mit Korallen, Mergelschichten, etwas Lehm und einer Humusauflage, im südöstlichen unteren Teil aus Schwemmmlandböden. Die 160 bis 220 m ü. M. hohe Lage ist nach Osten ausgerichtet und gilt als ideales Terroir für ausdrucksvolle, sehr fest strukturierte Rotweine der Rebsorte Blaufränkisch.

Marino, DOC-Herkunftsbezeichnung für Weißweine der mittelitalienischen Region Latium; auf insgesamt 1600 ha (1997) Rebfläche werden die Rebsorten Malvasia bianca di Candia, Malvasia del Lazio, Trebbiano toscano, Trebbiano romagnolo, Trebbiano giallo und Trebbiano di Soave kultiviert. Bei den erlaubten Höchsterträgen von 165 hl/ha – das entspricht mehr als 200 dz Trauben pro Hektar – ist Qualitätsweinbau kaum denkbar und wird auch nur in wenigen Ausnahmefällen praktiziert.

Mark Brandenburg, eigentlich Weinbau in der Mark Brandenburg, Bereich des deutschen Anbaugebiets Saale-Unstrut; Weinbau wird ausschließlich in der Gemeinde Werder (Havel) getrieben.

Marken, italien. **Marche** ['markə], mittelitalienische Weinbauregion an der Adriaküste, in der von 24 100 ha (1998) Rebfläche etwa 1,8 Mio. hl Wein im Jahr kommen; nur etwa 3,5 % dieser Mengen tragen allerdings DOC-Status.

Die Weinbauflächen der Region bedecken große Teile des Hügellands zwischen der Adria und den Gipfeln des Apennins bzw. der Abruzzen. Dadurch entstehen sehr unterschiedliche Kleinklimata, die sich in einer großen Typenvielfalt niederschlagen. Wichtigste Rebsorte der Marken ist der weiße Verdicchio, der etwa 80 % der Rebfläche belegt. Daneben werden auch Chardonnay, Sauvignon blanc, Cabernet Sauvignon, Merlot und die einheimischen Sorten Vernaccia nera sowie Lacrima nera kultiviert.

In den 1990er-Jahren machten v.a. Rotweine aus den Rebsorten Montepulciano und Sangiovese von sich reden, die unter den Herkunftsbezeichnungen Rosso Conero und Rosso Piceno gefüllt werden. Darüber hinaus wird eine kleine Zahl mehr oder weniger bedeutender DOC-Weine erzeugt wie Bianchello del Metauro, Colli Maceratesi, Colli Pesaresi, Esino, Falerio dei Colli Ascolani, Lacrima di Morro d'Alba, Offida oder Vernaccia di Serrapetrona.

Markenweine, meist in großen Stückzahlen erzeugte Weine, bei deren Vermarktung die Rebsorte oder die Herkunftsbezeichnung gegenüber einem vom Erzeuger frei gewählten Markennamen, der **Weinmarke,** in den Hintergrund treten; auch der Name des Erzeugers oder Abfüllers kann in diesem Sinne zur Marke werden. Solche Produkte sind in allen bedeutenden Weinbauländern zu finden und meist im unteren Preissegment positioniert. Sie zeigen oft ein jahrgangsunabhängiges Geschmacksprofil, das nach präzise analysierten Verbraucherwünschen konzipiert wird.

MARKENWEINE. *Erfolgreiche Weinmarken*

Zwar wird oft behauptet, vor allem die Länder der Neuen Welt seien mit Markenweinen erfolgreich, aber einige der meistverkauften stammen aus Europa. Zu ihnen gehören der französische Rotwein Mouton Cadet, dessen Jahresproduktion auf 17 Mio. Flaschen geschätzt wird, die italienischen Marken Corvo und Santa Cristina – Letzterer firmierte bis Anfang der 1990er-Jahre als DOCG-Wein der Appellation Chianti Classico – und die deutschen Klassiker Amselkeller (9 Mio. Flaschen), Himmlisches Tröpfchen (5,7 Mio. Flaschen) oder Blanchet (6,5 Mio. Flaschen). Aus den USA kommen zum Beispiel die millionenfach abgefüllten Marken der größten Kellerei der Welt, der kalifornischen E. & J. Gallo Winery, und die Woodbridge-Linie des Konkurrenten Robert Mondavi. Australien bringt einen der erfolgreichsten Markenweine der Welt hervor: den Chardonnay Bin 65 der Kellerei Lindemans, von dem jährlich fast 20 Mio. Flaschen gefüllt werden.

Häufig werden Markenweine deshalb aus verschiedenen Rebsorten und Herkunftsgebieten verschnitten. Gelegentlich nehmen auch Herkunftsbezeichnungen den Charakter von Marken an wie beispielsweise die der deutschen →Liebfrauenmilch, des Südtiroler →Kalterersees oder des →Prosecco aus Venetien.

Markgräfler Land, Bereich des deutschen Anbaugebiets Baden im Dreiländereck südlich der Stadt Freiburg im Breisgau; es ist die einzige Weinlandschaft Deutschlands, in der die Weißwein-Rebsorte Gutedel große Bedeutung hat. – Abb. S. 280

Marlborough ['mɔːlbərə], Weinbaugebiet an der Nordspitze der Südinsel Neuseelands; auf der mit 5200 ha (2002) Rebfläche mit Abstand größten Weinbergsfläche des Landes werden erst seit 1973 Reben kultiviert. Warmes Tages- und kühles Nachtklima schaffen zusammen mit den gut entwässerten Schwemmlandböden ideale Wachstumsbedingungen für Weißwein-Rebsorten: Hinter

Markgräfler Land.
Das Markgräfler Land – hier Efringen im Süden des Gebiets – ist zusammen mit Teilen der Schweiz die Heimat der Rebsorte Gutedel.

Sauvignon blanc und Chardonnay folgt an dritter Stelle der meistkultivierten Sorten allerdings der rote Spätburgunder (Pinot noir), Riesling belegt Rang vier.

Marokko, Weinbauland des nördlichen Afrika, in dem nach einem Höhepunkt der Entwicklung in den 1950er-Jahren zu Beginn des 21. Jahrhunderts nur noch etwa 13 000 ha unter Reben stehen; die dominierenden Rebsorten sind Carignan, Grenache und Cinsaut, die Anbaugebiete heißen Meknès-Fez, Rabat-Casablanca, Oujda-Berkane und Marrakech.

marque auxiliaire, französisch für →Handelsmarke.

Marsala. Gute Marsalaqualitäten reifen oft jahrelang in großen oder kleinen Holzfässern, bevor sie gefüllt und verkauft werden.

Marsala, DOC-Herkunftsbezeichnung für Likörweine der italienischen Inselregion Sizilien; auf mehr als 5100 ha (1997) Rebfläche der Provinz Trapani im Osten der Region werden die Weißwein-Rebsorten Grillo, Catarratto, Ansonica (Inzolia) und Damaschino, in geringerem Umfang die roten Sorten Nero d'Avola, Perricone und Nerello Mascalese kultiviert.

Der 1770 von einem britischen Weinhändler entdeckte und entwickelte Marsala wird durch Aufspriten hergestellt und weist bis zu 18 Vol.-% Alkohol auf. Die Weine müssen im

Herkunftsgebiet vinifiziert und ausgebaut werden; sie werden aus teilweise vergorenen und aufgespriteten oder durch Kochen abgestoppten Mosten hergestellt und müssen je nach Weintyp bis zu zehn Jahre im Fass ausgebaut werden. Auch nach Beendigung des Fassausbaus kann der Alkoholgehalt durch Zugabe von Trauben- oder Weindestillat erhöht werden.

■ **Varianten:** Marsala wird unter zahlreichen Zusatzbezeichnungen vermarktet. Marsala Fine hat mindestens 17 Vol.-% Alkohol und ist mindestens ein Jahr im Fass gereift. Bei Marsala Superiore liegt der erforderliche Alkoholgehalt um 1% höher und er muss zwei Jahre reifen, als Superiore Riserva sogar vier Jahre. Bei Marsala Vergine oder Soleras (→Sherry) beträgt die vorgeschriebene Reifezeit fünf, mit der Zusatzbezeichnung Stravecchio oder Riserva zehn Jahre.

Darüber hinaus sind beschreibende Zusatzbezeichnungen wie »oro« (goldfarben), »ambra« (dunkelgelb) oder »rubino« (rubinrot gefärbt, wenn die Weine aus Rotwein-Rebsorten gekeltert wurden) und die Geschmacksbezeichnungen »secco« (weniger als 40 g/l Restzucker), »semisecco« (40–100 g/l Restzucker) oder »dolce« (über 100 g/l Restzucker) zugelassen. Die besten Qualitäten werden unter den Bezeichnungen Fine, Superiore, Vergine oder Vergine Stravecchio vermarktet. Sie sind von bernsteingelber oder leuchtend brauner Farbe und zeigen meist üppige Honigaromen oder das typische rancio sherryähnlicher Weine.

Lange Zeit wurde Marsala v. a. in aromatisierter oder versetzter Form produziert, z. B. als Marsala all'Uovo, mit Eiweiß versetzter Marsala, was den Ruf des bekanntesten Weins Siziliens über Jahrzehnte ruinierte. Dieser Praxis wurde 1984 ein Ende gesetzt.

Marsanne, Marsanne blanche [marˈsan (blãʃ)], schweizer. **Ermitage, Ermitage blanc** [ɛrmiˈtaːʒ blã], französische Weißwein-Rebsorte des Rhônetals, die im Bereich der nördlichen →Côtes-du-Rhône in Frankreich wie auch im Schweizer Wallis kultiviert wird; seit den 1990er-Jahren erfreut sie sich in Teilen der Neuen Welt wie Australien oder Kalifornien steigender Beliebtheit.

Insgesamt steht Marsanne weltweit auf etwa 2000 ha (2000) Rebfläche. Die relativ spät reifende Sorte bringt von Natur aus niedrige Erträge; ihre Weine sind meist trocken und kräftig und zeichnen sich durch markant nussige Aromen aus. Im Wallis werden auch edelsüße Qualitäten gekeltert. Die berühmtesten Weine aus Marsanne sind die der französischen Appellation Hermitage, wo sie mit Roussanne verschnitten wird.

Martha's Vineyard [ˈmɑːθəs ˈvɪnjɑːd], Name eines Einzellagenweins aus dem kalifornischen Napa Valley; der reinsortige Rotwein aus Cabernet-Sauvignon-Trauben des Bereichs Rutherford wurde von dem Weinpionier Joe Heitz (* 1919, † 2000) 1968 zum ersten Mal erzeugt und unter dem Lagennamen vermarktet. Martha's Vineyard Cabernet Sauvignon galt und gilt als einer der Kultweine Kaliforniens. Die Weine der gleichnamigen AVA-Herkunftsbezeichnung stammen dagegen aus dem Staat Massachusetts im Osten der USA.

Martinborough [ˈmɑːtɪnbərə], nach der gleichnamigen Stadt benannter Bereich des Anbaugebiets Wairarapa innerhalb der neuseeländischen Weinbauregion Wellington; insbesondere die teilweise bemerkenswerten Rotweine aus Spätburgunder (Pinot noir) haben wesentlich zur Entstehung des guten Rufs des Weinbaulands Neuseeland beigetragen.

Maryland [ˈmærɪlənd], Weinbaustaat der USA; die Rebfläche beträgt nur rund 100 ha (2003), deren Produkt etwa zur Hälfte von den zwölf Erzeugerbetrieben verarbeitet wird. Der Rest der Trauben wird zum größten Teil an Hobbyweinmacher verkauft, was die Weinbaubetriebe zwingt, in großem Umfang auf Trauben von außerhalb des Staates zurückzugreifen. Das insgesamt relativ moderate, aber auch von sehr niedrigen Wintertemperaturen sowie Früh- und Spätfrösten bestimmte Klima zwischen dem Atlantik und dem Gebirgszug der Appalachen eignet sich für die wichtigsten europäischen Kultursorten wie Cabernet Sauvignon, Cabernet franc, Chardonnay, Merlot oder Riesling.

Marzemino [mardzeˈmino], Rotwein-Rebsorte der norditalienischen Region Trentino-Südtirol, die unter zahlreichen Synonymen wie z. B. **Marzemino dei Ziresi** oder **Marzemino gentile** bekannt ist; sie wird in geringem Umfang auch in der Lombardei und Venetien kultiviert. Die spät reifende, unproblematische Sorte, die eventuell mit Lagrein und Teroldego verwandt ist, kann gehaltvolle, recht aromatische Weine liefern, wird jedoch häufig als Massenträger missbraucht.

maschinelle Weinbergsarbeit, eine Form der →Weinbergsarbeit.

Massenselektion, massale Selektion, Verfahren der Rebenselektion durch ungeschlechtliche Vermehrung, bei dem im Unterschied zur →klonalen Selektion nicht das genetische Material einer einzigen Pflanze, sondern eine größere Anzahl qualitativ hochwertiger Stöcke eines Weinbergs vervielfältigt werden; der Vorteil dieser Methode liegt darin, dass die Gefahr einer genetischen Verarmung des Rebenbestands verringert wird.

massiv, übermäßig schwer und kräftig; Begriff der Weinansprache für Produkte mit sehr hohem Alkohol- und Extraktgehalt, denen oft Finesse und Eleganz fehlen.

Master of Wine [ˈmaːstə(r) ɔf waɪn], Abk. **MW,** pseudo-akademischer Grad, der nach mehrjähriger Ausbildung in Weinkunde vom Londoner Institute of Masters of Wine verliehen wird, einer privaten Fortbildungsstätte des britischen Weinhandels.

Mataro, →Mourvèdre.

Mátraalja [ˈmʌtrɒˈɒljɒ], zweitgrößtes Anbaugebiet Ungarns im Norden des Landes an den Südausläufern des Mátragebirges; es umfasst eine Rebfläche von knapp 7600 ha (2002). Auf nährstoffreichen Böden vulkanischen Ursprungs werden v. a. Welschriesling (Olaszrizling), Müller-Thurgau (Rizlingszilváni), Muskat Ottonel (Ottonel Muskotály), Feteascǎ albǎ (Leányka), Traminer (Tramini), Hárslevelű und Chardonnay sowie in geringem Umfang Rotwein-Rebsorten wie Blaufränkisch (Kékfrankos), Zweigelt, Cabernet Sauvignon und Cabernet franc kultiviert.

matt, ohne Frische; Begriff der Weinansprache für die Farbe von überalterten und müden bzw. fehlerhaften Weinen, deren Oberfläche oft sogar →stumpf wirkt. Matte Weine können noch genießbar sein, besitzen aber meist keine Alterungsfähigkeit mehr.

mature [məˈtʃuː(r)], englisch für reif im Sinne von trinkreif.

maturità, italienisch für →Reife 3); das Adjektiv maturo (»reif«) findet in Bezug auf die Traubenreife (→Reife 1) Verwendung.

maturité [matyriˈte], französisch für Reife im Sinne von Trauben- oder Trinkreife.

Maule, Kurzwort für →Valle del Maule.

mäuseln, wie Mäuseharn riechend, unangenehm, kratzig im Geschmack; Begriff der Weinansprache für eine Weinkrankheit, die von Milchsäurebakterien und Hefen der Gattung Brettanomyces verursacht werden kann und besonders säurearme (Rot-)Weine betrifft. Die Bakterien bzw. Hefen bilden aus der Aminosäure Lysin und aus Äthanol eine Substanz mit der chemischen Bezeichnung 2-Acetyltetrahydropyridin, die für den Fehlton verantwortlich ist. Zwar ist die Vermehrung der klassischen Verursacher des Mäuselns nicht von Sauerstoffpräsenz abhängig, sie hat aber einen deutlichen Einfluss auf deren Intensität.

Mauzac [moˈzak], Weißwein-Rebsorte des französischen →Südwestens; die relativ spät reifende Sorte wird auf insgesamt etwa 3500 ha (1999, 1958: 8500 ha) Rebfläche kultiviert und geht in Weine wie etwa die Schaumweinversion des weißen Gaillac oder die Blanquette de Limoux ein. Außerhalb Frankreichs ist sie praktisch unbekannt. Die Weine sind aufgrund des üblichen sehr frühen Lesezeitpunkts meist säurebetont. Von der Sorte Mauzac existieren zahlreiche, teilweise rötlich gefärbte Varianten (Mauzac blanc, Mauzac roux, Mauzac vert, Mauzac Brumaïre etc.); die Rotwein-Rebsorte Mauzac noir ist mit Mauzac nicht verwandt.

Mavrodaphne [griech., »schwarzer Lorbeer«], griechische Rotwein-Rebsorte, die v. a.

Marsanne. Die Weißwein-Rebsorte aus dem französischen und Schweizer Rhônetal liefert komplexe und alterungsfähige Weine.

auf dem Peloponnes kultiviert wird und in Weinen der beiden Herkunftsbezeichnungen Cephalonia und →Patras reinsortig Verwendung findet.

Mavrud, alte bulgarische Rotwein-Rebsorte, die im Gebiet von Assenovgrad in Thrakien die besten Resultate bringt, dort aber zunehmend von internationalen Rebsorten verdrängt wird; die robusten Weine sind dunkel, tannin- und alkoholbetont und zeigen Pflaumenaroma im Duft.

Mazeration [zu spätlatein. maceratio »das Mürbemachen«], das Ziehenlassen der Beerenschalen im Most während der →Maischestandzeit.

Mazis-Chambertin [maˈziʃɑbərˈtɛ̃], Grand-Cru-Appellation der französischen Gemeinde Gevrey-Chambertin (→Chambertin).

Mazoyères-Chambertin [mazwaˈjɛrʃɑbərˈtɛ̃], Grand-Cru-Appellation der französischen Gemeinde Gevrey-Chambertin (→Chambertin).

Mazuela, Mazuelo, spanisch für →Carignan.

McLaren Vale.
Eukalyptus und Reben im McLaren Vale, einem der besten Anbaugebiete Südaustraliens.

McLaren Vale [məkˈlærən ˈveɪl], GI-Herkunftsbezeichnung für Weine aus Südaustralien; das Anbaugebiet direkt im Süden der Staatshauptstadt Adelaide umfasst etwa 4700 ha (2000) Rebfläche, von denen mehr als drei Viertel mit Rotwein-Rebsorten bestockt sind.

Meistkultivierte Rebsorte ist Syrah (Shiraz), die fast 40 % der Flächen belegt und die besten Weine hervorbringt, vor Cabernet Sauvignon, Chardonnay, Grenache und Merlot. Das McLaren Vale liegt klimatisch unter dem mildernden Einfluss des nahen Ozeans und besitzt aufgrund seiner Hügelstruktur eine Vielzahl verschiedener Mikroklimata und Bodentypen, wobei sandiger Lehm und reine Sandböden dominieren. Die ersten Reben

wurden bereits 1938, wenige Jahre nach Gründung der Kolonie, in Reynella gesetzt, das heute ein Vorort von Adelaide ist.

mediterranes Klima, eine Art des →Klimas.

medium dry [ˈmiːdɪəm draɪ, engl.], halbtrocken, 1) nach EU-Weingesetz Geschmacksbezeichnung für Sherry mit einem Restzuckergehalt von fünf bis 45 g/l.
2) Geschmacksbezeichnung für Schaumwein (→demi sec).

medium sweet [ˈmiːdɪəm swiːt], englisch für die Geschmacksangabe halbsüß.

medizinisch, nach Jod, Äther oder anderen chemischen Substanzen riechend; Begriff der Weinansprache, der für Weine mit Lösungsmittelgeruch, einem Weinfehler, verwendet wird sowie für angenehme, in ein komplexes Bukett eingebettete Jod- oder Äthernoten mancher Rotweine, etwa einiger Bordeauxgewächse.

Médoc [meˈdɔk], A. C.-Herkunftsbezeichnung des französischen Bordeauxgebiets für Weine vom linken Ufer der Gironde im Bereich der Mündung in den Atlantik; auf 4800 ha Rebfläche werden die klassischen Rotwein-Rebsorten des Bordeauxgebietes, Cabernet Sauvignon, Cabernet franc, Merlot, Petit Verdot, geringfügig auch Carmenère und Malbec kultiviert. Die Weine sind kräftig und tanninbetont, erreichen aber nur in Ausnahmefällen die Komplexität und Langlebigkeit der großen Gewächse von Pauillac oder Margaux; die besten sind als Crus Bourgeois (→Cru) klassifiziert.

Der Name Médoc bezeichnet über das Anbaugebiet hinaus den gesamten Bereich links der Gironde zwischen der Stadtgrenze von Bordeaux im Süden und dem Atlantik im Norden, zu dem auch die Appellation →Haut-Médoc mit ihren eingegliederten Kommunalappellationen gehören. Der gesamte Bereich umfasst etwa 16 000 ha Rebfläche.

Mehltau, Sammelbezeichnung für zwei verschiedene →Rebkrankheiten.

meio doce [ˈmeju ˈdosɐ], portugiesisch für die Geschmacksangabe halbsüß.

meio seco [ˈmeju ˈseku], portugiesisch für die Geschmacksangabe halbtrocken.

Meißen, größter Bereich des deutschen Anbaugebiets Sachsen im Umfeld der gleichnamigen Stadt an der Elbe; er ist in die Großlagen Elbhänge, Lössnitz, Schlossweinberg und Spaargebirge unterteilt. Die bekannteste Einzellage ist Schloss Proschwitz im Alleinbesitz des gleichnamigen Erzeugerbetriebs.

Melnik, eigentlich Schiroka Melnischka Loza (»Breitblättrige Melniker Rebe«), nach der gleichnamigen bulgarischen Weinbaugemeinde benannte Rotwein-Rebsorte, die ausschließlich im bulgarischen Strumatal kultiviert wird; Melnik bringt sehr dunkle, konzentrierte und tannin- wie alkoholreiche

Mendoza ist nicht nur das größte Anbaugebiet Argentiniens, es bringt auch die qualitativ höchstwertigen Weine des Landes hervor.

Weine mit einem an Tabak erinnernden Duft hervor, die gut lagerfähig sind.

Melon, Melon de Bourgogne [məˈlɔ̃ (də burˈgɔɲ)], **Muscadet** [myskaˈdɛ], französische Weißwein-Rebsorte, die ursprünglich aus dem Burgund stammt und zur Gruppe der →Burgundersorten gehört, aber fast ausschließlich in der Weinbauregion Loire auf insgesamt über 13 000 ha (1999, 1988: 11 300 ha) kultiviert wird; darüber hinaus existieren kleinere Flächen (800 ha) in Kalifornien. Melon ergibt frische, geradlinige Weine mit guter Säure und wird unter den Herkunftsbezeichnungen Muscadet, Muscadet-de-Sèvre-et-Maine, Muscadet Côtes de Grand Lieu und Muscadet des Coteaux de la Loire vermarktet.

Membranfilter, Gerät zum →Filtrieren von Weinen.

Membranpresse, eine Art →Presse.

Mendocino [mendəʊˈsiːnə], AVA-Herkunftsbezeichnung für Weine des nördlichsten Weinbaudistrikts (County) der kalifornischen →North Coast; insgesamt beträgt die Rebfläche 6 500 ha (2002) und umfasst die Anbaugebiete →Anderson Valley, Cole Ranch, McDowell Valley, **Mendocino Ridge,** Potter Valley, Redwood Valley und Yorkville Highlands. Das Klima ist kühl bis mäßig warm (Klimazonen I–III, →Kalifornien). Die meistkultivierte Rebsorte ist Chardonnay, gefolgt von Zinfandel, Cabernet Sauvignon, Carignan und Sauvignon blanc.

Mendoza [menˈdɔsa], größte und bedeutendste Weinbauregion Argentiniens am Osthang der Anden; von insgesamt 75 500 ha (2003) Rebfläche, die der Weinerzeugung gewidmet sind – zählt man die Flächen für Tafeltrauben, Rosinen oder die Destillation

hinzu, ergibt sich eine Gesamtfläche von bis zu 150 000 ha –, kommen fast zwei Drittel der Weine des Landes.

Die Weinberge liegen in Höhen zwischen 550 und 1 400 m ü. M. und genießen relative kühle Durchschnittstemperaturen, wobei die Höchsttemperaturen im Sommer auch 40 °C erreichen können; auf den zumeist bewässerten Rebflächen werden v. a. Malbec, Chenin blanc, Pedro Ximénez (Pedro Giménez), Trebbiano (Ugni blanc), Torrontés, Sémillon, Sauvignon blanc, Chardonnay, Merlot und Syrah kultiviert.

■ **Anbaugebiete:** Die Region ist in fünf Bereiche gegliedert: Zona Alta del Rio Mendoza, Región del Norte Mendocino, Región del Este Mendocino, Región del Sur Mendocino und Región del Valle de Uco. In den Anbaugebieten der Zona Alta del Rio Mendoza (Lavalle, Las Heras, Guaymallén, San Martin und Maipú) wachsen die Trauben für einige der besten Malbec-Weine des Landes.

Menetou-Salon [mənˈtusalɔ̃], A. C.-Herkunftsbezeichnung für Weine eines kleinen Gebiets im französischen Loiretal, westlich von →Sancerre; von den knapp 340 ha (1999) Rebfläche sind etwa 60 % mit Sauvignon blanc bestockt, der Rest mit Spätburgunder (Pinot noir). Insbesondere die Weißweine zeichnen sich durch interessante, mit Sancerre vergleichbare Qualitäten aus.

Menfi, 1995 eingerichtete DOC-Herkunftsbezeichnung für Weine aus dem Gebiet um die gleichnamige Stadt im Südwesten der italienischen Inselregion Sizilien; das etwa 6 100 ha große Anbaugebiet weist zwei Unterzonen auf, Feudo dei Fiori und Bonera. Neben weißen und roten Verschnittweinen sind in den Produktionsstatuten der Appellation auch reinsortige Weine aus Chardonnay, Grecanico, Ansonica (Inzolia), Nero d'Avola, Sangiovese, Cabernet Sauvignon, Syrah und Merlot vorgesehen. Fast die gesamte Produktion wird von der ortsansässigen Genossenschaft verarbeitet, die v. a. in den 1990er-Jahren mit guten Produktqualitäten und einer gewissen Experimentierfreudigkeit auf sich aufmerksam gemacht hat.

Méntrida, D. O.-Herkunftsbezeichnung für Weine der spanischen Region →Kastilien-La Mancha; das Anbaugebiet im Norden der Provinz Toledo umfasst 13 000 ha (2000) Rebfläche in leicht gewelltem Hügelland. Die Rotwein-Rebsorte Grenache (Garnacha tinta) steht auf etwa 80 % der Fläche; daneben werden Tempranillo (Cencibel) und die Weißwein-Rebsorten Albillo und Macabeo kultiviert. Die Produktion wird überwiegend in Form von Fasswein vermarktet. Seit dem Ende der 1990er-Jahre haben große Erzeugergruppen in dem Gebiet investiert und bringen zunehmend interessante Rotweine aus Grenache und Tempranillo auf den Markt.

Meraner, Meraner Hügel, italien. **Meranese, Meranese di Collina,** eigenständige DOC-Zusatzbezeichnung zur italienischen Herkunftsbezeichnung →Südtirol 2) für Rotweine der Rebsorte Trollinger (Vernatsch) aus dem Bereich um die Stadt Meran; bestimmte Weine können unter der Zusatzbezeichnung →Burggräfler vermarktet werden.

Mercaptane [zu mittellateinisch mercurium captans »Quecksilber ergreifend«], **Thiole,** die Halbester des Schwefelwasserstoffs, die im Wein in Form von **Äthylmercaptan** (chemisch 1,1-Ethandithiol) vorkommen und durch die Reaktion von Schwefelwasserstoff mit Äthanol oder Acetaldehyd entstehen; sie sind für den Weinfehler Mercaptanböckser (→Böckser) verantwortlich.

Mercurey [mɛrky're], A.C.-Herkunftsbezeichnung für Weiß- und Rotweine der gleichnamigen Gemeinde an der →Côte Chalonnaise im französischen Burgund mit Premier-Cru-Lagen; auf 630 ha (2000) Rebfläche werden Spätburgunder (Pinot noir), Pinot Liébault und Chardonnay (Pinot Chardonnay) kultiviert.

Meritage® ['merɪtɪdʒ, zu engl. merit »Verdienst« und heritage »Erbe«], amerikanische Markenbezeichnung für Rotweine im →Bordeauxverschnitt und Weißweine aus Sauvignon blanc, Sémillon und Tocai friulano (Sauvignon vert); der 1988 gegründeten Meritage®-Vereinigung gehören 62 Betriebe aus Kalifornien und Erzeuger aus einem Dutzend weiterer US-Bundesstaaten an.

Merlot, Merlot noir [mer'lo (nwar), zu französ. merle »Amsel«, mit Bezug darauf, dass die Vögel die reifen Beeren gern fressen], eine der populärsten und besten Rotwein-Rebsorten der Welt; sie stammt ursprünglich aus dem französischen Bordeauxgebiet und ist wahrscheinlich das Resultat der Kreuzung von

Merlot. Die Rotwein-Rebsorte ist in den 1990er-Jahren zu einer der weltweit beliebtesten Rebsorten geworden.

Cabernet franc mit einer zweiten, unbekannten Elternsorte.

Nach starkem Flächenzuwachs in den 1990er-Jahren wird Merlot in Frankreich auf mehr als 100 000, weltweit auf etwa 190 000 ha (2002) Rebfläche kultiviert und steht zusammen mit Trebbiano an vierter Stelle der meistverbreiteten Sorten. In Chile wurde die Sorte lange Zeit mit →Carmenère verwechselt, obwohl beide zu verschiedenen Zeiten reifen und sich auch unter ampelographischen Gesichtspunkten unterscheiden.

■ **Weintypen:** Merlot ist eine relativ früh reifende Sorte und gilt deshalb im Bordeauxgebiet als ideale Ergänzung der in kühlen Jahren schlecht reifenden Cabernetsorten. Er bringt Weine von intensiver Farbe hervor, die sich durch gelegentlich marmeladige Fruchtnoten und ihre runden, harmonischen Tannine auszeichnen. Auf kalkreichen Böden kann Merlot auch fest strukturierte, tanninbetonte Weine hervorbringen wie in den besten Lagen von Pomerol, wo er gelegentlich fast reinsortig verarbeitet wird.

Merlot bianco [mer'lo 'bɪaŋko, italien.], →weißgepresster Merlot, eine Spezialität der Schweizer Weinbauregion Tessin.

Mesnil-sur-Oger [mɛ'nil syr ɔ'ʒe], Weinbaugemeinde der Côte de Blancs in der französischen Champagne, deren Weinberge als Grand Cru klassifiziert sind; die mehr als 410 ha Rebfläche des Ortes sind zu 100 % mit der Weißwein-Rebsorte Chardonnay bestockt. Als beste Lage gilt der vollständig von den Häusern des Ortes umgebene Clos du Mesnil im Alleinbesitz des berühmten Champagnerhauses Krug. Die Weine von Mesnil gelten als finessenreichste der Côte de Blancs, besaßen aber lange Zeit nur Premier-Cru-Status.

Mesoklima, das →Klima bestimmter geographischer Regionen.

Messwein, in den christlichen Kirchen während der Eucharistiefeier bzw. für das Abendmahl verwendeter Wein; in der katholischen Kirche ist Qualitätswein vorgeschrieben, der entsprechend dem Codex Iuris Canonici naturrein sein muss und nicht verdorben sein darf. In der Regel ist Messwein nicht frei verkäuflich, der Verkauf von Mengen, die über den kirchlichen Gebrauch hinausgehen, wird jedoch oft toleriert. In der evangelischen Kirche ist als Alternative Traubensaft zugelassen.

metallisch, unangenehm bitter, aggressiv und hart auf der Zunge; Begriff der Weinansprache für den Geschmack von Weinen mit einem erhöhten Gehalt an gelöstem Eisen, Kupfer, Zink oder Aluminium – diese Metalle stammen aus den Weinbergsböden oder werden durch die Wirkung von Säuren und Alkohol aus Lagerbehältern herausgelöst. Sie lassen sich mit Ausnahme des Aluminiums mithilfe

---

MERLOT. *Modesorte der Neuen Welt*

Bis in die 1970er-Jahre war die Rotwein-Rebsorte Merlot nur Eingeweihten ein Begriff. Im Bereich Médoc des französischen Bordeauxgebiets ergänzte sie die beiden Cabernetsorten, im Libournais bildete sie die Basis für einige der großen Gewächse aus Pomerol und Saint-Émilion.

Seit den 1980er-Jahren hat sich die Popularität der Sorte aber schlagartig vergrößert. In den Ländern der Neuen Welt, insbesondere in Kalifornien, wurden riesige Flächen mit ihr bestockt, und Merlot steht heute auf dem vierten Rang der meistkultivierten Rebsorten der Welt. Allerdings haben die Weinqualitäten, die aus Merlot gewonnen wurden, mit der steigenden Popularität nur selten Schritt gehalten. Zwar sind die Weine oft angenehm fruchtbetont, bereits in der Jugend recht weich und zugänglich, aber es fehlt ihnen sehr oft an der nötigen Tiefe, Komplexität und Alterungsfähigkeit. Der Grund dafür ist, dass Merlot nur auf besonders geeigneten Terroirs wirklich eigenständige, große Weine hervorbringt. Von den übrigen Flächen kommt im besten Fall ein idealer Verschnittpartner für andere Sorten.

einer Blauschönung (→Schönung) entfernen.
Auch Weine aus Traubengut, das von bestimmten Pilzen befallen war, können metallisch schmecken.

Methanol, ein →Alkohol.

méthode ancestrale [me'tɔːd ãsɛs'tral], **méthode rurale** [me'tɔːd ry'ral], französisch für eine alte, ländliche Methode zur Herstellung von Schaumwein, Bezeichnung für eine in den französischen Gebieten von →Limoux und →Die verbreitete Produktionsweise, auch méthode dioise ancestrale genannt; dabei wird der nicht vollständig vergorene Most in Flaschen gefüllt und gärt dort ohne Zugabe von Hefen und Zucker spontan weiter.

méthode champenoise [me'tɔːd ʃãpə'nwaz, »Champagnermethode«], **méthode classique** [me'tɔːd kla'sɪk, »klassische Methode«], **méthode traditionnelle** [me'tɔːd tradɪsjɔ'nɛl, »traditionelle Methode«], französisch für das Flaschengärverfahren (→Schaumwein).

méthode rurale, →méthode ancestrale.

méthode traditionnelle, französisch für das Flaschengärverfahren (→Schaumwein).

Methusalem, eine Weinflasche (→Flaschen).

Methylalkohol, ein →Alkohol, der in geringen Mengen in Weinen vorkommt.

metodo Charmat, italienisch für das Charmatverfahren (→Schaumwein).

metodo classico, metodo tradizionale, italienisch für das Flaschengärverfahren (→Schaumwein).

método tradicional ['mɛtɔdo tradiθio'nal, »traditionelle Methode«], spanisch für das Flaschengärverfahren (→Schaumwein).

Meunier, französisch für →Schwarzriesling.

Meursault [mœr'so], A.C.-Kommunalappellation für Weiß- und Rotweine der →Côte de Beaune im französischen Burgund; von 470 ha (2000) Rebfläche kommen fast ausschließlich Weißweine aus der Rebsorte Chardonnay, nur 16 ha sind mit Spätburgunder (Pinot noir) bestockt. Die Weißweine zeigen ein Bukett von Mandeln und Brotkruste und wirken am Gaumen reich, manchmal fast ölig, sind aber dennoch fest und strukturiert. Meursault ist v. a. durch seine Premier-Cru-Lagen berühmt geworden, die knapp 30 % der Gesamtrebfläche umfassen. Zu den bekanntesten gehören Charmes, Genevrières, Narvaux, Perrières und Rougeots.

Mexiko, das älteste Weinbauland Amerikas – bereits 1522 wurden hier von spanischen Eroberern erste Reben gesetzt – erzeugt auf dem größeren Teil seiner 39 000 ha (2001) Rebfläche Tafeltrauben, Rosinen und Weinbrand; die Anbaugebiete liegen im Norden, an der Grenze zu den USA, und im Zentrum des Landes in den Regionen Sonora, Baja California Norte, Aguascalientes, Zacatecas, Coahuila, Querétaro und Durango.

Bis ins 19. Jh. wurde v. a. die Weißwein-Rebsorte País (Mission) kultiviert, heute umfasst das Sortenspektrum die bekanntesten europäischen Kultursorten wie Cabernet Sauvignon, Chardonnay und sogar Spätburgunder (Pinot noir). Die im internationalen Vergleich interessantesten Weine werden in Baja California Norte aus den Sorten Cabernet Sauvignon und Petite Sirah gekeltert.

Meursault. Die Gemeinde Meursault an der Côte de Beaune verfügt zwar nicht über Grand-Cru-Lagen, aber ihre weißen Premiers Crus genießen Weltruf.

Michelsberg, Name verschiedener deutscher Weinbergslagen; besonderes Qualitätspotenzial besitzen der Mettenheimer und der Bad Dürkheimer Michelsberg im Anbaugebiet Pfalz; die tonhaltigen Lehmböden des Dürkheimer Michelsberg sind überwiegend mit der Weißwein-Rebsorte Riesling bestockt, marginal wird auch Rieslaner kultiviert.

Midi [mi'di, zu französisch midi »Mittag«, »Süden«], gemeinsprachlich für die südfranzösischen Weinbauregionen →Languedoc-Roussillon und →Provence.

Mikrofiltration, Technik des →Filtrierens von Weinen.

Mikroklima, das →Klima bestimmter Weinbergslagen oder Parzellen.

Mikro|oxidation, Methode der Sauerstoffzufuhr (→Sauerstoff) beim Ausbau von Weinen. – Abb. S. 286

mikrooxigénation [mikrɔɔksifena'sjɔ̃], französisch für Mikrooxidation (→Sauerstoff).

Milchsäure, eine der →Säuren in Weinen.

Milchsäurebakterien, in eine Familie gestellte, uneinheitliche Gruppe von stäbchen- oder kokkenförmigen Bakterien, die in ihren physiologischen Eigenschaften weitgehend übereinstimmen; sie sind im Wein sowohl für den →Säureabbau als auch für bestimmte →Weinkrankheiten verantwortlich.

Man unterscheidet eine Reihe von Gattungen (Lactobacillus, Streptococcus, Pediococcus, Leuconostoc, Bifidobacterium) mit einer Vielzahl von Spezies. Milchsäurebakterien entfalten ihre Wirkung v.a. unter anaeroben Bedingungen, vertragen aber auch Luftsauerstoff.

Bestimmte Milchsäurebakterien wandeln während des Säureabbaus Apfelsäure unter Freisetzung von Kohlendioxid in die harmonischere Milchsäure um, was zur geschmacklichen Abrundung und Bereicherung vieler Weine beiträgt. Andere sind in der Lage Glyzerin abzubauen, wodurch unerwünschte Bittertöne entstehen können. Bei Weinen mit hohem pH-Wert können sie während des Säureabbaus den so genannten Sauerkrautton verursachen, und in Weinen mit Restzucker besteht die Gefahr der Bildung von Essigsäure.

Andere Weinfehler, die durch Milchsäurebakterien verursacht werden können, sind der →Geranienton, das →Mäuseln und der so genannte →Milchsäurestich. Schutz vor Milchsäurebakterien bieten Hygiene bei der Kellerarbeit und ausreichendes Schwefeln der Weine.

Mikrooxidation. Viele Weingüter in Frankreich wenden die Mikrooxidation bei Weinen an, die bereits im Barriquefass liegen.

Milchsäurestich, eine Weinkrankheit, die sich durch einen Geruch nach Milch, Butter oder Joghurt bemerkbar macht, solche Weine werden auch als **laktisch** oder käsig bezeichnet; er entsteht infolge einer Infektion des Weins durch →Milchsäurebakterien im Zusammenhang mit unkontrolliertem →Säureabbau. Dabei werden Substanzen mit den wissenschaftlichen Namen Diacetyl (Biacetyl) und Dimethylglyoxal gebildet, die für das typische Butter- oder Käsearoma verantwortlich sind.

mild, mit niedrigem Säuregehalt bzw. süß; Begriff der Weinansprache für Weine, deren Restsüße die Säure geschmacklich in den Hintergrund treten lässt.

millésime [mileˈzim], französisch für →Jahrgang; ein Wein mit Jahrgangsangabe wird als vin millésimé bezeichnet.

Mindestmostgewicht, vom Weingesetz verlangtes →Mostgewicht für Weine bestimmter Herkunftsbezeichnungen oder Qualitätsstufen.

Mineraldünger, eine Art Düngemittel (→düngen).

Minerale, Mineralstoffe [zu mittellateinisch minera »Erzgrube«], Sammelbezeichnung für chemische Elemente oder anorganische Substanzen, die Bestandteile des →Bodens sind und meist in Gemengeform vorliegen; Minerale sind neben den organischen Bestandteilen des Bodens Nährstoffe für die Rebe. Je nach chemischer Zusammensetzung des Ausgangsgesteins für die Bodenbildung liegen sie in unterschiedlichen Mengen und Zusammensetzungen vor. Neben den klimatischen Bedingungen bestimmen Minerale maßgeblich die Typizität der Rebsorte und den Herkunfts- oder Terroircharakter, d.h. das Geschmacksbild der Weine.

mineralisch, an Minerale erinnernd, gegebenenfalls leicht salzig; ein viel verwendeter, aber nur schwer zu fassender Begriff der Weinansprache für den Duft und/oder den Geschmack von Weinen, die Assoziationen an Granit, Schiefer oder Vulkangestein hervorrufen. Man spricht von der Mineralität von Weinen; sie wird meist als Abwesenheit eines markanten Fruchtcharakters oder ausgeprägt tertiärer Aromen (Leder, Teer etc.) definiert. In Abgrenzung von üppigen, schweren Weinen, wie sie v.a. aus den Ländern der Neuen Welt kommen, gilt sie auch als Synonym für geschmackliche Eleganz und Feingliedrigkeit.

Mineralstoffe, →Minerale.

Minervois [minɛrˈvwa], A.C.-Herkunftsbezeichnung für Weiß- und Rotweine des südfranzösischen →Languedoc; das Anbaugebiet nordöstlich der Stadt Carcassonne umfasst etwa 4700 ha (1999) Rebfläche in den Départements Aude und Hérault.

Kultiviert werden Grenache, Syrah, Mourvèdre, Carignan, Cinsaut und eine Reihe weiterer Rotwein-Rebsorten sowie die weißen Sorten Marsanne, Bourboulenc (Malvoisie), Macabeo (Maccabeu), Roussanne, Grenache blanc und Vermentino (Rolle). Die Weine sind fruchtig, aber meist recht einfach. Unter der A.C.-Kommunalappellation **Minervois-La Livinière** wird in einem kleinen Teilgebiet des Minervois ausschließlich Rotwein erzeugt. Der süße Muskateller der Gegend wird unter der Herkunftsbezeichnung Muscat de Saint-Jean-de-Minervois vermarktet.

Minho ['miɲu], portugiesische Landwein-appellation (Vinho regional) für Weine aus dem Nordwesten des Landes; das Anbauge-biet ist in seinen Grenzen identisch mit dem DOC-Gebiet Vinho verde und umfasst etwa 60 000 ha Rebfläche. Kultiviert werden u. a. die einheimischen Rebsorten Albariño (Alva-rinho), Arinto, Azal branco und Loureiro so-wie die internationalen Sorten Cabernet Sau-vignon, Chardonnay, Merlot.

Minimalschnitt, eine Art der Reberzie-hung mit spezifischem →Rebschnitt.

mis en bouteilles [miz ã bu'tεj], franzö-sisch für abgefüllt; »mis en bouteilles par ...« ist die französische Etikettenbezeichnung für Abfüller (→abfüllen), »mis en bouteilles au do-maine« für die →Gutsabfüllung.

Mission, →País.

Missouri [mɪ'suːrɪ], Weinbaustaat im Mittleren Westen der USA; insgesamt stehen etwa 400 ha (2002) Land unter Reben. Die meistkultivierten Rebsorten sind die Hybride Norton, Chardonel white, Concord, Vidal blanc, Catawba, Vignoles, Chambourcin red und Seyval white. Europäische Kultursorten spielen aufgrund des v. a. im Winter harten, kalten Klimas nur eine marginale Rolle. Die AVA-Herkunftsbezeichnungen des Staates heißen Augusta, Hermann, Ozark Highlands, Ozark Mountain (das Anbaugebiet erstreckt sich bis nach Arkansas und Oklahoma).

Mistela [span., zu misa »Messe«], französ.
mistelle [mis'tεl], aufgespriteter Trauben-most, der meist aus Muskateller gewonnen und mit Weinalkohol versetzt wird. Als Hei-mat gilt die Stadt Valencia. Mistela findet häu-fig als Messwein Verwendung, wodurch sich der Name erklärt. Übersteigt der Alkohol-gehalt 15 Vol.-%, muss Mistela als Likörwein deklariert werden.

Mittelburgenland, Anbaugebiet des ös-terreichischen Burgenlands am Südufer des Neusiedlersees; auf 1870 ha (2001) Rebfläche werden überwiegend Rotwein-Rebsorten kultiviert, wobei Blaufränkisch mit einer Flä-che von 1000 ha dominiert; das Gebiet trägt deshalb auch den Namen Blaufränkischland. Seit den 1990er-Jahren hat das Mittelburgen-land neben den reinsortigen Weinen auch mit hervorragenden Cuvées auf sich aufmerksam gemacht, meist mit Verschnitten von Blau-fränkisch mit Cabernet Sauvignon oder Zwei-gelt. Der Einfluss des warmen, pannonischen Klimas und die tiefgründigen Sand- und Lehmböden sind eine gute Basis für kräftige Gewächse.

Mittelhaardt-Deutsche Weinstraße, Bereich des deutschen Anbaugebiets →Pfalz, mit der **Deutschen Weinstraße** im Norden und der **Mittelhaardt** im Süden; kultiviert werden hier v. a. Riesling und die Burgunder-sorten. Die besten Lagen sind Ruppertsberger Reiterpfad, Niederkircher Klostergarten,

Dürkheimer Spielberg und Michelsberg, Dei-desheimer Kalkofen und Grainhübel sowie Forster Ungeheuer, Kirchenstück und Jesui-tengarten.

Mittelmosel, gemeinsprachlich der Be-reich →Bernkastel im deutschen Anbaugebiet Mosel-Saar-Ruwer.

Mittelrhein, deutsches Anbaugebiet im Rheintal zwischen Bingen und Bad Honnef bei Bonn; auf knapp 530 ha (2001) Rebfläche werden v. a. die Weißwein-Rebsorten Riesling (370 ha) und Müller-Thurgau sowie der rote Spätburgunder kultiviert.

Der Mittelrhein schließt rheinabwärts am rechten Ufer an den Rheingau an, aber der Großteil seiner Weinberge liegt am linken Ufer des Flusses, der nach der Ost-West-Pas-sage zwischen Mainz und Bingen wieder seine nordwestliche Grundrichtung eingeschla-gen hat. Das Gebiet, auch Burgenrhein oder Tal der Loreley genannt, gehört zu den spektaku-lärsten Weinlandschaften Europas und wurde 2003 von der UNESCO in die Liste des Welt-kulturerbes aufgenommen.

Mittelburgenland. Österreichs einhei-mische Rotwein-Reb-sorte Blaufränkisch dominiert fast die gesamte Rebfläche des Anbaugebiets Mittel-burgenland. Von hier kommen einige der besten Rotweine des Landes.

MITTELRHEIN. *Die besten Lagen*

Obwohl sich das Anbaugebiet Mittelrhein bis weit über Koblenz hinaus nach Norden ausdehnt, sind die besten Weinbergslagen ausnahmslos im südlichen seiner beiden Bereiche, Loreley, versammelt. Es sind der Bopparder Hamm, Ohlenberg, Feuerlay und Mandelstein in Boppard, Bernstein in Oberwesel-Engehöll sowie St. Jost, Hahn, Wolfshöhle, Posten und Kloster Fürstental in Bacharach und seinen Ortsteilen Steeg, Medenscheid und Neurath. Sie sind überwiegend in Flussbögen oder Seitentälern des linken Rheinufers zu finden, die mit ihren nach Süden ausgerichteten Steillagen optimale klimatische Vorausset-zungen für das Entstehen großer Rieslingweine bieten.

Das enge Tal mit seinen schützenden Wäldern, der Wasserspiegel des Flusses und die Schieferböden, die die Wärme des Tages speichern, sorgen für geeignete klimatische Bedingungen, aber es bedarf eindeutiger Südlagen, um hier Spitzenweine produzieren zu können. Nicht zufällig sind mehr als 80 % der Reben am Steilhang ausgepflanzt, der besonders dem Riesling ideale Reifebedingungen bietet. Das Gebiet ist in die Bereiche Siebengebirge und Loreley gegliedert.

■ **Geschichte:** In früheren Jahrhunderten war der Mittelrhein als Anbaugebiet weitaus bedeutender als in der Neuzeit. Noch 1900 standen auf insgesamt 2000 ha Land Reben. Noch bedeutender war die historische Rolle des Gebiets im Weinhandel, da Weine aus dem Rheingau seit dem Mittelalter oft auf dem Landweg rheinabwärts transportiert und erst bei Bacharach mit Ziel Köln, England oder Skandinavien verschifft wurden.

Mittelrhein. An den Steilhängen der Seitentäler des Burgenrheins wachsen die Trauben für rassige, mineralische Rieslinge.

Mitterberg, Igt-Herkunftsbezeichnung für Weiß- und Rotweine →Südtirols 1).

moelleux [mwɛˈlø], französisch für die Geschmacksbezeichnung lieblich bzw. süß in Bezug auf Süßweine.

Moenchberg, Grand-Cru-Lage der französischen Weinbauregion Elsass, Gemeinden Andlau und Eichhoffen; auf insgesamt etwa 12 ha Rebfläche wird auf feinen, gelegentlich sandigen Lehmböden, die in größeren Höhenlagen kalkhaltig sind, v. a. Riesling kultiviert.

Moldawilen, westlichster Staat der GUS; auf etwa 130 000 ha (2000) Rebfläche zwischen den Flüssen Pruth und Dnjestr wachsen unter gemäßigt kontinental klimatischen Bedingungen und auf meist sehr fruchtbaren Schwarzerdeböden im Prinzip dieselben Rebsorten wie im benachbarten Rumänien. Auch die meist trockenen oder halbtrockenen Weine entsprechen denen des Nachbarlands. Obwohl das Land gutes Weinbaupotenzial besitzt, ist der Qualitätsweinbau noch unentwickelt.

Molinara, einheimische Rotwein-Rebsorte der italienischen Region →Venetien, die auf gut 1600 ha (1997) Rebfläche kultiviert wird und v. a. in die Herstellung der DOC-Weine Valpolicella, Amarone und Bardolino eingeht, denen sie Säurestruktur verleiht.

Molise, kleine süditalienische Weinbauregion, deren Gesamtrebfläche nur 7700 ha (1998) umfasst; Klima und Sortenspiegel entsprechen zum großen Teil denen der benachbarten →Abruzzen. Kultiviert werden die Weißwein-Rebsorten Bombino bianco, Trebbiano und Malvasia sowie die roten Montepulciano, Sangiovese und Aglianico. Die Region, die noch bis in die 1980er-Jahre kein Qualitätsweingebiet besaß, vermarktet unter den DOC-Bezeichnungen Biferno und Pentro di Isernia geringe Mengen teilweise ansprechender Weiß- und Rotweine.

molle, italienisch für die Geschmacksbezeichnung weich im Sinne von flach, ohne Struktur.

Monastrell, spanisch für →Mourvèdre.

Monbazillac [mɔ̃baziˈjʌk], A. C.-Herkunftsbezeichnung für edelsüße Weißweine der Gemeinden Colombier, Monbazillac, Pomport, Rouffignac de Sigoulès und Saint Laurent des Vignes aus dem Bereich →Bergerac im französischen Südwesten; das Anbaugebiet umfasst etwa 2000 ha (2000) Rebfläche. Die Weine werden in der Regel aus etwa 70 % Sémillon, 20 % Sauvignon blanc und 10 % Muscadelle gekeltert, wobei die edelfaulen, manuell gelesenen Trauben ein Mostgewicht aufweisen müssen, das einem Alkoholgehalt von 14,5 Vol.-% entspricht. Der tatsächliche Alkoholgehalt des fertig vergorenen Weins muss mindestens 12,5 Vol.-% betragen. Jegliches Aufkonzentrieren des Mosts ist verboten.

Mönchberg, beliebter deutscher Lagenname; insbesondere die Lagen der Gemeinden Mayschoss im Anbaugebiet Ahr, der Gemeinde Bad Kreuznach im Anbaugebiet Nahe und der Gemeinden Stuttgart-Untertürkheim und Stetten im Anbaugebiet Württemberg genießen den Ruf ausgesprochener Spitzenlagen. Kultiviert werden Spätburgunder (an der Ahr), Trollinger (Stetten und Untertürkheim), Gewürztraminer und Riesling (Untertürkheim). Im Elsass gehört der →Moenchberg zu den besten Grand-Cru-Lagen.

Mondavi, Robert, *Virginia (Minn.) 18.6. 1913, amerikanischer Betriebswirt und Weinbaupionier; der Sohn italienischer Einwanderer studierte an der kalifornischen Stanford University und trat 1936 in die Sunnyhill Winery in St. Helena (Napa) ein, in der sein Vater arbeitete.

Nach dem Erwerb der Charles Krug Winery durch die Familie arbeitete er hier bis 1966 und schuf nach der Trennung von seinem Bruder die Robert Mondavi Winery, eine der ersten Neugründungen des Napa Valley nach dem Ende der Prohibition. Mit Baron Philippe de Rothschild von Château Mouton-Rothschild im Bordeauxgebiet gründete er 1979 die Kellerei Opus One im Napa Valley. In den

1990er-Jahren ging Mondavi eine Reihe weiterer Jointventures mit Partnern in Chile, Italien und Australien ein. Seit 1993 ist die Robert Mondavi Winery eine Aktiengesellschaft, die von Roberts Sohn Michael geleitet wird.

Mondeuse, Mondeuse noire [mɔ̃'døz (nwar)], Rotwein-Rebsorte der französischen Départements Savoie und Haute-Savoie, die nach Meinung einiger Ampelographen mit dem italienischen →Refosco identisch ist; sie wird nur auf knapp 250 ha (1999) Rebfläche kultiviert und bringt bei strenger Ertragsbegrenzung dichte und alkoholreiche, meist aber rustikale Weine hervor.

Monferrato, DOC-Herkunftsbezeichnung für Weine der gleichnamigen Hügellandschaft in der Umgebung der Stadt Asti im italienischen Piemont; von den 440 ha (1997) Rebfläche der Appellation kommen sowohl Sorten- als auch Verschnittweine aus den Rebsorten Barbera, Cabernet Sauvignon, Dolcetto, Freisa, Grignolino, Spätburgunder (Pinot nero), Nebbiolo etc. Der erlaubte Traubenhöchstertrag liegt je nach Sorte bei 90–110 dz/ha, der Mindestalkoholgehalt bei 9,5–10,5 Vol.-%. Als Zusatzbezeichnungen sind Lagenangaben (italienisch vigna) erlaubt. Weine aus der Weißwein-Rebsorte Cortese können die Bezeichnung Monferrato Casalese tragen.

Monica, Rotwein-Rebsorte der italienischen Region Sardinien, wo sie auf fast 6300 ha (1999) Rebfläche kultiviert wird; kleinere Flächen existieren auch in Südfrankreich und Tunesien. Monica ergibt farbintensive, aber nicht sehr komplexe Weine, die auf Sardinien unter den DOC-Herkunftsbezeichnungen **Monica di Cagliari** und **Monica di Sardegna** vermarktet werden.

Monopol, eigentlich **Monopollage,** →Lage, in Frankreich →Appellation im Besitz eines einzigen Weinguts oder Erzeugerbetriebs; berühmte Monopollagen sind der Steinberg im deutschen Anbaugebiet Rheingau, Château Grillet im Bereich der Côtes-du-Rhône oder Romanée-Conti an der burgundischen Côte de Nuits.

Montagne de Reims [mɔ̃'taɲ də rɛ̃s], ein Bereich der →Champagne.

Montagne Saint-Émilion [mɔ̃'taɲ sɛ̃temi'ljɔ̃], so genannte Satellitenappellation von →Saint-Émilion.

Montalcino [montal't ʃino], Gemeinde im Südteil der italienischen Toskana mit insgesamt 2800 ha (2002) Weinbergsfläche, in der die Weine der Herkunftsbezeichnungen →Brunello di Montalcino, →Rosso di Montalcino, →Moscadello di Montalcino und →Sant' Antimo erzeugt werden.

Montecarlo, DOC-Herkunftsbezeichnung für Weiß- und Rotweine der Provinz Lucca in der italienischen Region Toskana; von gut 200 ha (1997) Rebfläche kommen v. a.

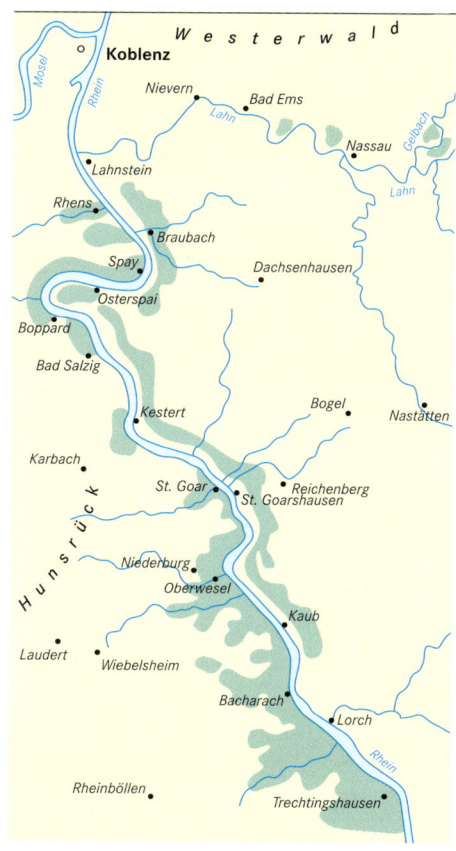

ansprechende, fruchtige Weißweine aus den Rebsorten Trebbiano, Vermentino, Grauburgunder (Pinot grigio), Sauvignon blanc, Sémillon und Roussanne.

Montefalco, DOC-Herkunftsbezeichnung für Weiß- und Rotweine der Provinz Perugia in der mittelitalienischen Region Umbrien; auf 175 ha (1997) Rebfläche werden v. a. die Rotwein-Rebsorten Sangiovese und Sagrantino kultiviert. Die DOCG-Version der Herkunftsbezeichnung, **Montefalco Sagrantino,** wird reinsortig aus Sagrantino gekeltert und kann trocken oder süß ausgebaut sein. Montefalco Sagrantino gilt als qualitativ höchstwertiger Rotwein der Region.

Montello e Colli Asolani, DOC-Herkunftsbezeichnung für Weine aus dem Nordosten der italienischen Region Venetien; auf etwa 350 ha (1997) Rebfläche werden die Weißwein-Rebsorten Weißburgunder (Pinot bianco), Grauburgunder (Pinot grigio), Prosecco und Chardonnay sowie die roten Merlot, Cabernet Sauvignon und Cabernet franc zu Sortenweinen ausgebaut. Die erlaubten Höchsterträge liegen bei 110–120 hl/ha, was Qualitätsweinbau nur in Ausnahmefällen bei drastisch reduzierten Erträgen zulässt.

Montepulciano [montepul't ʃa:no], **1)** italienische Rotwein-Rebsorte, die auf 31 000 ha

Mittelrhein. Das Anbaugebiet verläuft, im Süden angrenzend an die Nahe, im Wesentlichen flussabwärts im Rheintal.

Robert Mondavi

Montepulciano d'Abruzzo. Italienische Kontraste: In der rauen Landschaft der Abruzzen wachsen die Trauben für weiche, harmonische Rotweine der Appellation Montepulciano d'Abruzzo.

(1999) Rebfläche v. a. in den Regionen Abruzzen, Marken, Umbrien, Latium, Molise und Apulien kultiviert wird; ihr Ursprung und eine eventuelle Verwandtschaft mit →Sangiovese sind unklar und umstritten. Die Weine sind farbintensiv, angenehm fruchtig bis balsamisch im Duft und harmonisch, rund und voll am Gaumen. Montepulciano wird in den Abruzzen reinsortig unter der Herkunftsbezeichnung →Montepulciano d'Abruzzo vermarktet; in den Marken bildet er einen Bestandteil von Rosso Piceno und Rosso Conero, in Apulien von San Severo und von Brindisi, im Molise von Biferno.

2) Stadt im Südosten der italienischen Region Toskana, die das Zentrum der Anbaugebiete des DOCG-Weins →Nobile di Montepulciano und →Rosso di Montepulciano ist.

Montepulciano d'Abruzzo [mɔntepul'-tʃaːno -], DOC-Herkunftsbezeichnung für Weine der italienischen Region Abruzzen, die aus der Rebsorte →Montepulciano 1) gekeltert werden; das Anbaugebiet umfasst etwa 9400 ha (1997) Rebfläche und gehört mit einer durchschnittlichen Produktionsmenge von 500 000 hl zu den produktivsten DOC-Gebieten des Landes. Die populären Weine zeichnen sich durch dichte Farbe, relativ hohen Alkoholgehalt und weichen, runden Geschmack aus; die besten zeigen mit zunehmender Reife

ein angenehm animalisches Bukett. Unter der Zusatzbezeichnung →Cerasuolo wird süffiger, fruchtiger Roséwein erzeugt.

Monteregio di Massa Marittima [monte're:dʒo -], DOC-Herkunftsbezeichnung für Weine aus dem Bereich der nördlichen Maremma in der mittelitalienischen Region Toskana; auf etwa 320 ha (1997) Rebfläche werden v. a. die Weißwein-Rebsorten Trebbiano und Vermentino sowie die roten Sangiovese und Malvasia nera kultiviert. Das Produktionsstatut sieht die Möglichkeit zur Produktion eines Novello (→Nouveau), einer Riservaversion, eines trockenen und eines lieblichen Vin santo sowie eines Vin santo aus Rotweinsorten (Occhio di pernice) vor.

Monterey ['mɔntereɪ], AVA-Herkunftsbezeichnung für Weine eines Weinbaudistrikts (Countys) im Norden der kalifornischen Central Coast; die Rebfläche von insgesamt 16300 ha (2002) umfasst u. a. die Anbaugebiete →Arroyo Seco, →Carmel Valley, →Chalone, Hames Valley, San Lucas und Santa Lucia Highlands. Aufgrund der klimatischen Unterschiede zwischen den Gebieten in Küstennähe wie Carmel Valley und den wärmeren Inlandregionen wie Chalone wird ein breites Spektrum an Rebsorten kultiviert.

Montescudaio, DOC-Herkunftsbezeichnung für Weine der toskanischen Mittelmeerküste nördlich von →Bolgheri; auf 230 ha (1997) Rebfläche werden die Weißwein-Rebsorten Trebbiano toscano, Malvasia del Chianti und Vermentino sowie die Rotwein-Rebsorte Sangiovese kultiviert. Unter der Herkunftsbezeichnung wird auch →Vin santo gefüllt.

Montilla-Moriles [mɔn'tiʎa mɔ'riles], D. O.-Herkunftsbezeichnung für Weine der andalusischen Provinz Córdoba; auf 9500 ha Rebfläche wird zu 80 % die Rebsorte →Pedro Ximénez kultiviert. Die besten Lagen der Appellation in den Teilgebieten Moriles Alto und Sierra de Montilla weisen Albarizaböden wie das Sherrygebiet auf. Neben den klassischen Likörweinen – Ruedo, ein aufgespriteter Jungwein, Fino, Amontillado, Oloroso und die

---

MONTEPULCIANO. *Verwechslungsgefahr*

Montepulciano und Montepulciano – selten hat ein Weingesetz so viel Verwirrung beim Verbraucher gestiftet wie das italienische, indem es zwei Herkunftsbezeichnungen mit demselben einprägsamen Namen versah. Dass es sich bei den beiden nicht um denselben Wein handelt, stellt der Weinfreund meist erst nach der Ernüchterung des ersten Schlucks fest. Dabei ist es nicht schwer, sich den Unterschied zu merken: Der Wein aus Montepulcianotrauben stammt aus den Abruzzen, er trägt deshalb das »Abruzzo« im Namen. Der renommierte Wein aus der toskanischen Stadt Montepulciano dagegen, der überwiegend aus der Rebsorte Sangiovese gekeltert wird – hier als Prugnolo gentile bezeichnet –, wird häufig »Nobile« oder auch »Vino Nobile« genannt, eine Abkürzung seiner vollständigen DOC-Bezeichnung Vino Nobile di Montepulciano.

legendären Pedro-Ximénez-Qualitäten, die aus getrockneten Trauben gekeltert werden und bis zu 450 g/l Restzucker enthalten können – werden seit dem Beginn der 1990er-Jahre auch jung zu trinkende, trockene Weißweine erzeugt.

Montlouis [mɔ̃'lʋi], A. C.-Herkunftsbezeichnung für trockene und restsüße Weißweine der →Touraine im französischen Loiretal; auf etwa 350 ha (1999) Rebfläche wird ausschließlich die Weißwein-Rebsorte Chenin blanc kultiviert. Unter den Bezeichnungen **Montlouis pétillant** und **Montlouis mousseux** werden Schaumweine erzeugt.

Montonico nero, →Gaglioppo.

Montrachet [mɔ̃tra'ʃɛ], berühmte Grand-Cru-Appellation der Gemeinden Puligny-Montrachet und Chassagne-Montrachet an der →Côte de Beaune im französischen Burgund; von den insgesamt 8 ha (2000) Rebfläche der Appellation liegt jeweils die Hälfte auf dem Gebiet einer der beiden Gemeinden. Kultiviert wird ausschließlich die Weißwein-Rebsorte Chardonnay, aus der dichte, konzentrierte und alterungsfähige Weine entstehen, die fester strukturiert und weniger opulent wirken als →Meursault.

Um die Kernlage herum sind weitere vier Grand-Cru-Lagen gruppiert, die den Namen Montrachet tragen: **Chevalier-Montrachet, Bâtard-Montrachet, Bienvenues-Bâtard-Montrachet** und **Criots-Bâtard-Montrachet** mit insgesamt knapp 25 ha (2000) Rebfläche, von denen sich nur Bâtard-Montrachet über beide Gemeinden erstreckt. Ihre Weine zeigen ähnlichen Charakter wie Montrachet.

Montravel [mɔ̃ra'vɛl], A. C.-Herkunftsbezeichnung für Weißweine aus dem Westen des Bereichs Bergerac, nahe der Grenze zum Bordeauxgebiet, mit einer Rebfläche von etwa 320 ha (2000); aus den Rebsorten Sémillon, Sauvignon blanc und Muscadelle werden trockene Weißweine gekeltert. Von den höheren Lagen des Gebiets kommen Weine mit höherem Restzucker und Alkoholgehalt, die unter den Appellationen Côtes de Montravel und Haut-Montravel vermarktet werden.

Montsant, 2001 eingerichtete D. O.-Herkunftsbezeichnung für Weine des einstigen Bereichs Falset der D. O.-Tarragona im spanischen Katalonien; das Anbaugebiet umschließt das der D. O. Ca.-Appellation Priorat. Auf den Weinbergen in Höhenlagen zwischen 200 und 700 m ü. M. werden die Weißwein-Rebsorten Grenache (Garnatxa blanca) und Maccabeo (Maccabeu) sowie die roten Carignan (Carinyena), Grenache (Garnatxa negra) und Tempranillo (Ull de Llebre) kultiviert.

morbido, italienisch für die Geschmacksbezeichnung weich.

Morellino, →Sangiovese.

Morellino di Scansano, DOC-Herkunftsbezeichnung für Weine aus dem Süden der italienischen Region Toskana; das Anbaugebiet in der so genannten →Maremma toscana umfasst knapp 500 ha (1997) Rebfläche, nach massiven Investitionen soll die Ertragsfläche jedoch bis ins Jahr 2010 auf 1400 ha ansteigen. Die Weine werden zu mindestens 85 % aus der Rotwein-Rebsorte Sangiovese gekeltert, darüber hinaus können kleinere Anteile Ciliegiolo, Grenache (Alicante), Colorino, Merlot oder Cabernet Sauvignon verarbeitet werden.

Morey-Saint-Denis [mɔ're sɛ̃ dɔ'ni], A. C.-Herkunftsbezeichnung für Weine der gleichnamigen Gemeinde an der →Côte de Nuits im französischen Burgund; auf 148 ha (1999) Rebfläche wird fast ausschließlich die Rotwein-Rebsorte Spätburgunder (Pinot noir) kultiviert. Morey-Saint-Denis besitzt fünf Grands Crus (Clos Saint-Denis, Clos de la Roche, Clos des Lambrays, Clos de Tart und z. T. Bonnes Mares) sowie 25 Premier-Cru-Lagen.

Morges [mɔrʒ], größter und heterogenster Bereich des Anbaugebiets →La Côte im Schweizerischen Waadtland; die unterschiedlichen Terroirs sorgen für eine große Vielfalt weißer und roter Weinspezialitäten, darunter auch Weine des erst 2002 offiziell vorgestellten Spätburgunderklons Servagnin.

Morgon [mɔr'gɔ̃], zweitgrößte A. C.-Gemeindeappellation, auch als →Cru bezeichnet, innerhalb des Beaujolaisgebiets im französischen Burgund mit etwa 1100 ha (2003) Rebfläche; aus der Rotwein-Rebsorte Gamay entstehen Weine, die für Beaujolaisverhältnisse ungewöhnlich dicht und komplex ausfallen und bis zu zehn Jahre altern können.

Morillon [mɔri'jɔ̃], ursprünglich französische Weißwein-Rebsorte, die als Kreuzung aus →Burgundersorten mit einem noch unbekannten zweiten Elternteil gilt.

Morillon wird v. a. in der österreichischen Steiermark kultiviert, wo auch Chardonnay fälschlicherweise oft unter diesem Namen vermarktet wird. Die mit Morillon bestockte Fläche ist nicht bekannt, da die österreichische Sortenstatistik ihn in Fortführung der Verwechslung nicht gesondert ausweist. Die Weine ähneln in Frucht und Struktur denen aus Chardonnay. Morillon gelangte Ende des 19. Jahrhunderts nach Österreich, als steirische Winzer, die in Frankreich nach reblausresistentem Rebenmaterial gesucht hatten, ihn vermutlich aus dem Ort Morion in der Champagne mitbrachten.

Morio-Muskat, deutsche Weißwein-Rebsorte, die 1928 von dem deutschen Rebenzüchter Peter Morio (*1887, †1960) aus Silvaner und Weißburgunder gezüchtet wurde; sie wird auf 780 ha (2002), v. a. in den Anbaugebieten Pfalz und Rheinhessen kultiviert, wobei ihre Verbreitung seit 1979 stark rückläufig ist.

Morio-Muskat war vor allem in den 1970er-Jahren in Deutschland aufgrund seines Muskataromas sehr beliebt.

Mosel-Saar-Ruwer.
Das westlichste
Anbaugebiet Deutsch-
lands erstreckt sich
vor allem entlang der
Mosel, aber auch auf
die Oberläufe ihrer
südlichen Nebenflüsse
Saar und Ruwer.

Die ertragreiche Sorte bringt Weine mit einem aromatischen Muskatton und mittlerem
Körper hervor, die oft halbtrocken oder lieblich ausgebaut werden.

Moscadello di Montalcino [- mɔntal'-
tʃino], DOC-Herkunftsbezeichnung für Süßweine der italienischen Gemeinde →Montal-
cino aus der Rebsorte Weißer Muskateller.

Moscatel, spanisch und portugiesisch für
→Muskateller.

Moscato, italienisch für →Muskateller.

Moscato bianco, italienisch für Weißer
Muskateller (→Muskateller).

Moscato d'Asti, eine Variante des
Schaumweins →Asti 2).

Moscato di Pantelleria, DOC-Herkunftsbezeichnung für Süß- und Likörweine
der zur italienischen Region Sizilien gehörenden Insel Pantelleria; auf etwa 570 ha (1997)
Rebfläche wird die Rebsorte Muskat Alexandrien (→Muskateller) kultiviert, hier Zibibbo
genannt, aus der gold- bis bernsteingelbe,
dichte Weine entstehen. Daneben werden
kleine Mengen eines leichten, trockenen
Weißweins erzeugt.

Moscato giallo [- dʒallo], italienisch für
die Rebsorte Gelber Muskateller (→Muskatel-
ler).

Moscato rosa, italienisch für die Rebsorte Rosenmuskateller (→Muskateller).

Mosel-Saar-Ruwer, eines der ältesten
und bekanntesten Anbaugebiete Deutschlands; es erstreckt sich von Koblenz an der
Mündung der Mosel in den Rhein im Nordosten bis nach Trier bzw. zur luxemburgischen
Grenze über eine Strecke von 150 km Luftli-
nie, was aber aufgrund der unzähligen engen
Flussbiegungen einem Vielfachen an tatsächlicher Ausdehnung entspricht.

Mit einer Rebfläche von etwa 9300 ha
(2003, 2002: 9800 ha) ist Mosel-Saar-Ruwer
das viertgrößte Anbaugebiet Deutschlands,
liegt aber bezüglich der Produktionsmengen
mit durchschnittlich 1,5 Mio. hl an dritter
Stelle.

■ **Hektarerträge:** Die hohen Durchschnittserträge pro Hektar Weinbergsfläche –
nach Württemberg und der Pfalz die dritt-
höchsten in Deutschland – werden erzielt,
obwohl ein Großteil der Reben an schwer zu
bewirtschaftenden Steilhängen steht. Oft
wachsen sie noch als Direktträger am Einzel-
pfahl, und trotz erheblicher Investitionen in
Flurbereinigung und Infrastruktur – dazu gehören beispielsweise Einschienenbahnen zum
Transport von Menschen und Material, die in
den 1990er-Jahren in den steilsten Weinbergslagen entstanden – beträgt der Arbeitsaufwand
hier das Fünf- oder gar Zehnfache von dem in
Flachlagen.

Die hohen Erträge sind einer der Gründe
dafür, warum Moselwinzer Deutschlands
niedrigste Durchschnittspreise für ihre Weine
erzielen. Ein weiterer Grund sind die historisch gewachsenen wirtschaftlichen Verhältnisse der Region. Sie wird von einigen der
größten Kellereien Deutschlands dominiert,
die dafür sorgten, dass v. a. mengenorientierter
Weinbau gefördert wurde. Auch einige der
größten Sektkellereien des Landes haben hier
ihren Sitz.

■ **Klima und Böden:** Das Klima der Mosel und ihrer Seitentäler ist geprägt von der extrem nördlichen Lage des Gebiets einerseits
und den vielen Steilhängen andererseits, die
für optimale Sonneneinstrahlung sorgen. Sie
wird verstärkt durch die Reflexionsfläche des
nahen Flusses, dessen Wassermassen darüber

Mosel-Saar-Ruwer. Der Lauf der Mosel bietet immer wieder – wie hier bei
Kröv – faszinierende Panoramen. In dem engen Flusstal herrschen klimatische
Bedingungen, die auch in dieser nördlichen Lage Weinbau ermöglichen.

hinaus als Wärmespeicher fungieren. Die Sonnenwärme wird auch von den Devon- und Tonschieferböden gespeichert, die über weite Strecken den mittleren und unteren Lauf der Mosel begleiten, während an der oberen Mosel Muschelkalkböden vorherrschen.

■ **Rebsorten:** Obwohl der Riesling im Unterschied zu Rheingau und Nahe hier nur etwa 56 % der Rebflächen belegt – Müller-Thurgau und Elbling folgen mit 17 bzw. knapp 8 % –, hat er dem Anbaugebiet seinen Stempel aufgedrückt. Er bringt hier unnachahmlich

römischen Kaiser in der Nähe von Trier angelegt, und noch heute werden bei Weinbergsarbeiten gelegentlich antike Kelleranlagen ausgegraben. Im Mittelalter war ein Großteil der Flächen mit rotem Spätburgunder bestockt, der erst im 17. und 18. Jh. von Riesling verdrängt wurde. Nachdem die großen kirchlichen Domänen im Verlauf der Säkularisierung des 18. Jahrhunderts aufgelöst worden waren, entwickelte sich hier der noch heute ganz Deutschland dominierende Weinhandel mit seinen Großkellereien.

MOSEL-SAAR-RUWER	*Rückläufige Weinbergsfläche*

Wie vergänglich Zahlen und Statistiken im Weinbau sein können, belegt die Entwicklung des deutschen Anbaugebiets Mosel-Saar-Ruwer. Noch vor wenigen Jahren wurde dessen Rebfläche offiziell mit über 11 000 ha angegeben. Dann sank sie mal langsam, mal schneller, wobei die jeweils von den Weinbauverbänden publizierten Zahlen meist schon im Moment der Veröffentlichung überholt waren. So begehrt die besten Gewächse der Mosel auf nationaler und internationaler Ebene auch sein mögen – die Spitzenwinzer des Gebiets sind ständige, gern gesehene Gäste auf Weinpräsentationen zwischen San Francisco, New York, Berlin, Hongkong und Tokio –, dieser Ruhm hat nichts daran geändert, dass der Weinbau zwischen Trier und Koblenz immer noch am schlechten Image des vorherrschenden Massenweinbaus leidet. Flächenstilllegungen sind eine Konsequenz dieser Tatsache.

rassige und zugleich leichte, von lebhaftem Säurespiel unterstützte Weine hervor, wobei die Bandbreite des Sortiments von trockenen, filigranen bis hin zu üppig-edelsüßen Gewächsen reicht. Müller-Thurgau wird v.a. allem in den Flachlagen erzeugt und sorgt für einen Gutteil der gewaltigen Ertragsmengen, Elbling ist vorwiegend an der Obermosel zu finden. Obwohl das Bild des Moselweins von süßen und edelsüßen Qualitäten geprägt ist, werden rund 50 % der Weine trocken, weitere 30 % halbtrocken gefüllt.

■ **Bereiche und Lagen:** Das Anbaugebiet ist untergliedert in die Bereiche →Zell/Mosel an der unteren Mosel – mit der so genannten →Terrassenmosel –, →Bernkastel an der Mittelmosel sowie →Ruwertal, →Saar – beide gehörten bis zum Ende der 1990er-Jahre unter dem Namen Saar-Ruwer zusammen –, →Moseltor und →Obermosel. Insgesamt sind in diesen Bereichen 19 Groß- und 500 Einzellagen ausgewiesen.

■ **Geschichte:** Die ersten Weinberge des Moseltals wurden bereits von Statthaltern der

Moseltaler, deutscher Qualitätswein des Anbaugebiets Mosel-Saar-Ruwer; er muss aus den Weißwein-Rebsorten Riesling, Müller-Thurgau, Elbling und/oder Kerner gekeltert sein und darf einen Restzuckergehalt von 15–30 g/l sowie eine Gesamtsäure von 7 g/l aufweisen.

Moseltor, südlichster Bereich des deutschen Anbaugebiets Mosel-Saar-Ruwer an der Grenze zu Luxemburg; er besteht nur aus wenigen Einzellagen und ist mit der Großlage Schloss Bübingen deckungsgleich. Auf den Muschelkalkböden der etwa 130 ha großen Rebfläche steht überwiegend die Weißwein-Rebsorte Elbling. Darüber hinaus werden in geringem Umfang Müller-Thurgau, Auxerrois und Grauburgunder kultiviert. Riesling, die Paradesorte der Mosel, ist nur marginal vertreten.

Mosler, →Furmint.

Most, der abgepresste Saft von Weintrauben, aus dem durch →Gärung Wein entsteht.

Most|abzug, Entnahme von bis zu 15 % der Saftmenge von Rotweinmaische mit dem

Ziel, die Farbintensität des Weins zu erhöhen; diese traditionelle Form des →Konzentrierens wird v.a. in Frankreich (unter der Bezeichnung saignée) praktiziert. Das Abziehen erfolgt vor dem Beginn der Gärung und der damit verbundenen Extraktion von Farbstoffen aus den Beerenschalen; der entzogene Most ist folglich fast klar oder leicht roséfarben und extraktarm. Häufig wird aus dem entnommenen Saft Roséwein hergestellt.

Most|ausbeute, Saftausbeute, prozentualer Anteil des Mosts am Gesamtgewicht der gepressten Trauben; sie hängt sowohl von der Rebsorte ab – der Größe ihrer Beeren, der Dicke der Schalen etc. – als auch von der Presstechnik und vom aufgewendeten Pressdruck.

Mostgewicht, spezifisches Gewicht von Traubenmost, d.h. das Gewicht des Mosts im Verhältnis zu seinem Volumen, das v.a. vom Zucker, in geringerem Maße auch vom Extraktgehalt abhängt; das Mostgewicht ist ein Indikator des zu erwartenden Alkoholgehalts, es wird deshalb umgangssprachlich gelegentlich auch als Gradation (→Alkoholgehalt) bezeichnet.

MOSTGEWICHT. *Wie viel Grad Oechsle sind ein Grad KMW?*

Wein kann eine richtig komplizierte Angelegenheit sein, vor allem, wenn es um Mostgewichte geht. Da existieren in den verschiedenen Weinbauländern gleich vier unterschiedliche Messsysteme und Maßeinheiten – Oechsle, KMW bzw. Babo, Baumé und schließlich Balling bzw. Brix –, die nur durch recht komplizierte Umrechnungsformeln miteinander vergleichbar sind. Zwischen Oechsle und KMW beispielsweise, den Maßeinheiten in Deutschland und Österreich, kann nur über die Formel °Oechsle = °KMW × (4,54 + 0,022 × °KMW) umgerechnet werden; das bedeutet, dass zwischen ihnen kein lineares Verhältnis besteht, sondern dass 1°KMW bei einem Mostgewicht von 8°KMW etwa 4,7°Oechsle, 15°KMW aber bereits 4,86°Oechsle und 20°KMW sogar 4,98°Oechsle entspricht.

In Deutschland wird das Mostgewicht mithilfe der so genannten **Oechslewaage** bestimmt, einer **Senkwaage,** die von dem Pforzheimer Christian Ferdinand Oechsle (*1774, †1852) Anfang des 19. Jahrhunderts entwickelt wurde. Die Oechslewaage ist ein so genanntes **Aräometer,** das anzeigt, um wie viel Gramm pro Kubikzentimeter die Dichte des Mosts über der von Wasser liegt. Sie wird dazu in die Flüssigkeit getaucht und schwimmt in Abhängigkeit von deren Dichte (von ihrem spezifischen Gewicht) höher oder tiefer.

Ein Grad auf der Oechsleskala (1°Oe) entspricht einem spezifischen Gewicht, das um ein Gramm höher liegt als das eines Kilogramms Wasser, anders gesagt, einer Dichte von 1,001 g/cm³; eine Dichte von 1,075 g/cm³ entspricht 75°Oe. Das Mostgewicht ist in Deutschland und Österreich das wichtigste Kriterium für die Einteilung der Weine in die verschiedenen Qualitätsklassen (Qualitätswein, Kabinett etc.): Jede dieser Klassen setzt ein gewisses →Mindestmostgewicht voraus.

In Österreich wird das Mostgewicht mit der **Klosterneuburger Mostwaage** ermittelt: Das ist ebenfalls eine Senkwaage, deren Maßeinheit, 1°KMW, einem Gewichtsprozent Zucker entspricht. Sie wurde 1861 durch August Wilhelm Freiherr von Babo entwickelt, weshalb die Maßeinheit (z.B. in Italien) auch Grad Babo genannt wird.

In Frankreich und in Australien wird das Mostgewicht in Baumégraden (→Baumé) angegeben, in den USA in →Balling oder Brix.

Mostkonzentrat, Konzentrat, konzentrierter Traubenmost, der anstelle von Rübenzucker zum →Anreichern verwendet wird; in Spanien wird aus Mostkonzentrat darüber hinaus →Mistela, in Italien →Marsala erzeugt.

Das Anreichern mit Mostkonzentrat ist zwar in ganz Europa erlaubt, wird aber v.a. in südlichen Ländern und Regionen praktiziert, wo der Gebrauch von Rübenzucker verboten ist. Der Grund dafür liegt z.B. in Italien in der enormen Überproduktion von Trauben der Regionen im Süden des Landes, für die die Herstellung von Mostkonzentrat oft die einzig mögliche Verwendungsform ihrer Trauben darstellt.

Diese Praxis des Anreicherns ist jedoch umstritten, da die Weine geschmacklich verfälscht und oxidationsanfällig werden können. Wird beim Konzentrieren der Zuckergehalt im Most erhöht, der anderer Extraktstoffe aber reduziert, spricht man von Rektifiziertem Mostkonzentrat (Abk. RTK), das als geschmacklich neutraler gilt.

mosto, italienisch und spanisch für Most.

Mostoxidation, Verfahren der massiven Zufuhr von Sauerstoff zum unvergorenen Most zum Zweck des Ausfällens phenolischer, oxidationsanfälliger Substanzen vor der eigentlichen Weinbereitung. Das insbesondere bei Weißweinen praktizierte Verfahren dient dazu, diese weniger oxidationsanfällig und damit haltbarer zu machen, ist aber nicht unumstritten.

mou [mu], französisch für die Geschmacksbezeichnung weich im Sinne von flach, ohne Struktur.

Moulin-à-Vent [mulɛ̃a'vã], A. C.-Gemeindeappellation, auch als →Cru bezeichnet, innerhalb des Beaujolaisgebiets im französischen Burgund mit etwa 650 ha (2003) Rebfläche; die Weine aus der Rotwein-Rebsorte Gamay sind im Vergleich mit denen anderer Bereiche des Beaujolais relativ tanninbetont und bis zu zehn Jahren alterungsfähig.

Moulis-en-Médoc [mulisãme'dɔk], A.C.-Kommunalappellation für Rotweine des Bereichs Haut-Médoc im französischen Bordeauxgebiet; auf 560 ha (2000) Rebfläche werden v.a. Cabernet Sauvignon, Merlot,

MOUNT VEEDER

Nebelfrei

Das untere Napa Valley ist für seine dichten Nebel bekannt, die regelmäßig in den frühen Morgenstunden von der San Francisco Bay Area hereinziehen und sich erst am späten Vormittag unter dem Einfluss der oft unbarmherzig heißen Sonne auflösen. Obwohl Mount Veeder zum unteren Teil des Tales gehört, bleibt es aufgrund seiner Höhenlage vom kühl-feuchten Einfluss der Nebelschwaden verschont. Auf den Hängen herrschen niedrigere Tageshöchsttemperaturen als im Tal, dafür aber höhere Nachttemperaturen, und vor allem erreicht die Wärme die Rebstöcke bereits am frühen Morgen. Dies ist der Grund dafür, dass Mount Veeder besonders ausgeglichene Rot- und Weißweine hervorbringt.

Cabernet franc und Petit Verdot kultiviert. Die Weine sind fest strukturiert und bis zu 15 Jahren alterungsfähig. Moulis-en-Médoc bringt eine Reihe sehr guter Crus Bourgeois (→ Cru) hervor, besitzt aber keine Crus Classés.

Mount Barker [maʊnt ˈbɑːkə], GI-Herkunftsbezeichnung für Weine aus der Weinbauzone Great Southern in → Westaustralien; unter vergleichsweise kühlen klimatischen Bedingungen entstehen v. a. aus den Rotwein-Rebsorten Syrah (Shiraz) und Cabernet Sauvignon sowie aus dem weißen Riesling finessenreiche, komplexe Weine. Darüber hinaus werden Spätburgunder (Pinot noir), Chardonnay, Merlot etc. kultiviert.

Mount Veeder [maʊnt ˈviːdə(r)], AVA-Herkunftsbezeichnung für Weine eines Bereichs im kalifornischen → Napa Valley; das Gebiet liegt in den Mayacamas Mountains, die das Napa Valley von Sonoma trennen, und bringt finessenreichen Cabernet Sauvignon und fest strukturierten Chardonnay hervor.

Mourvèdre [murˈvɛdr], span. **Mataro, Monastrell,** Rotwein-Rebsorte, die v. a. in Südfrankreich, in Spanien und in einigen Ländern der Neuen Welt auf insgesamt 85 000 ha (1999) Rebfläche kultiviert wird, davon 74 000 in Spanien und 3 600 ha in Frankreich.

Die vermutlich aus Spanien stammende, spät reifende Sorte braucht viel Wärme und bringt bei entsprechender Ertragsbeschränkung alkohol- und tanninreiche Weine hervor. Sie ist als Verschnittsorte beliebt, wird aber gelegentlich auch mit gutem Erfolg reinsortig ausgebaut. Die besten Resultate bringt sie im Gebiet der französischen Appellation Bandol sowie in den südaustralischen Anbaugebieten Barossa und McLaren Vale – hier meist im Verschnitt mit Grenache und/oder Syrah (Shiraz) ausgebaut – und in bestimmten Gegenden Kaliforniens hervor.

Mousseux [muˈsø, zu französ. mousser »schäumen, perlen«], **1)** Schaumwein; Produktbezeichnung für französische Schaumweine, die im Unterschied zu → Crémant auch nach dem Tankgärverfahren erzeugt worden sein können.

2) Schaumkrone, die sich beim Eingießen von → Schaumweinen im Glas bildet.

Moussierpunkt [mu-, zu französ. mousser »schäumen, perlen«], angeraute Stelle oder kleine Erhöhung bzw. Vertiefung in Sektgläsern, die bewirken soll, dass Schaumweine regelmäßiges und anhaltendes → Perlage zeigen.

moût [mu], französisch für Most.

Mouton-Rothschild. Das Kelterhaus von Château Mouton-Rothschild, einem der renommiertesten Weingüter des Bordeauxgebiets.

Mouton-Rothschild [muˈtõ-], **Château M.-R.,** Spitzenweingut der Appellation → Pauillac im französischen Bordeauxgebiet, das seit 1973 als Premier Grand Cru klassifiziert ist; Mouton-Rothschild ist damit das bisher einzige Weingut, für das die → Klassifizierung von 1855 geändert wurde.

Der Wein wird in der Regel aus 77 % Cabernet Sauvignon, 12 % Merlot, 9 % Cabernet franc und 2 % Petit Verdot von durchschnittlich fast 50 Jahre alten Reben gekeltert. Der Name Mouton geht nicht auf das französische Wort für Hammel zurück, sondern auf mothon, was im Altfranzösischen eine kleine Anhöhe bezeichnet. Mouton-Rothschild hatte im Laufe der Jahrhunderte zahllose illustre Besitzer und wurde 1853 von der englischen Linie der Familie Rothschild erworben. Baron Philippe de Rothschild brachte es im 20. Jh. zu Weltruf und stattete seine Weine als Erster mit Künstleretiketten (→Etikett) aus.

müde, ohne Frische, ohne Duft, im Geschmack flach; Begriff der Weinansprache für Weine, die überaltert oder zu schnell gealtert sind. Der Begriff wird gelegentlich auch für die Beschreibung der Farbe verwendet.

Mudgee [ˈmʌdʒiː], GI-Herkunftsbezeichnung für Weine aus einem Anbaugebiet westlich von Sydney im australischen Bundesstaat →New South Wales; auf 2100 ha (2000) Rebfläche werden v. a. die Rotwein-Rebsorten Syrah (Shiraz) und Cabernet Sauvignon sowie der weiße Chardonnay kultiviert. Das Klima ist insgesamt deutlich kühler als im benachbarten →Hunter Valley, obwohl das Gebiet mehr Sonnenstunden genießt. Im Frühjahr kommt es häufig zu Spätfrösten, und der Erntebeginn liegt vier Wochen nach dem des Hunter Valley. Auf den gut entwässerten, sandigen Lehmböden wachsen finessenreiche Weine, die zum großen Teil von den großen Kellereien im Hunter Valley verarbeitet werden.

Muff, Muffton, ein →Weinfehler, der sich im Geruch bemerkbar macht und meist von faulem Traubengut, vom Ausbau in schlecht gereinigten Holzfässern oder von fehlerhaften Korken verursacht wird.

muffa, italienisch für Fäule; **muffa nobile** ist die Edelfäule.

mulchen, Arbeitsschritt im Rahmen der →Weinbergsarbeit.

Müller, Hermann, Schweizer Pflanzenphysiologe, *Tägerwilen 21. 10. 1850, †Wädenswil 18. 1. 1927; er studierte in Zürich Naturwissenschaften und promovierte 1874 an der Universität Würzburg. Von 1876 bis 1890 war er Direktor der Pflanzenphysiologischen Versuchsstation im Rheingauer Geisenheim und 1891 wurde er Gründungsdirektor der Deutsch-schweizerischen Versuchsstation und Schule (der heutigen Forschungsanstalt) für Obst-, Wein- und Gartenbau in Wädenswil. 1892 gelang ihm die Züchtung der später nach ihm benannten Rebsorte Müller-Thurgau. Darüber hinaus leistete er bedeutende Beiträge zur Erforschung zahlreicher Rebkrankheiten.

Müllerrebe, →Schwarzriesling.

Müller-Thurgau, Rivaner, irrtümlich **Riesling-Silvaner, Riesling x Sylvaner,** Weißwein-Rebsorte, die 1892 von Hermann Müller gezüchtet wurde; ursprünglich Sämling Nr. 58 (Riesling × Silvaner 1) genannt, erhielt die Sorte den Namen ihres Schöpfers im Jahre 1913, als sie von dem bayerischen Rebenzüchter August Dern (*1858, †1930) nach Deutschland eingeführt wurde.

1970 als Qualitätsrebsorte anerkannt, stand Müller-Thurgau bereits 1975 an der Spitze der meistverbreiteten Rebsorten Deutschlands; Mitte der 1990er-Jahre wurde sie durch Riesling wieder von dieser Position verdrängt und belegt mit einer Rebfläche von 17 300 ha (2002) – allein 9800 ha davon entfallen auf Rheinhessen und die Pfalz – den zweiten Platz der Sortenliste. Weltweit wird Müller-Thurgau auf etwa 45 000 ha (1999) kultiviert.

■ **Eigenschaften:** Der früh reifende Müller-Thurgau braucht nährstoffreiche Böden und kühle Lagen und bringt relativ hohe Erträge. Oft als Massenträger benutzt, kann er aber auch sehr schöne, meist recht milde Weine hervorbringen. Sie sind blass- bis hellgelb, im Aroma neutral oder leicht blumig und am Gaumen meist von einfacher Struktur. Nicht voll ausgereifter Müller-Thurgau kann einen aromatischen Muskatton zeigen.

Was die Elternsorten der Kreuzung betrifft, herrschte lange Zeit Verwirrung. Der Züchter selbst glaubte, es handele sich um Riesling und Silvaner – die Kurzform Rivaner breitete sich seit Ende der 1980er-Jahre von Luxemburg über das deutsche Anbaugebiet Mosel-Saar-Ruwer bis nach Baden aus –, später nahm man dann an, es könne sich bei der Sorte um eine Kreuzung zweier Rieslingvarianten handeln. Erst in den 1990er-Jahren wurde durch genetische Untersuchungen geklärt, dass Müller-Thurgau aus Riesling und Madeleine Royale (eventuell auch aus dem mit ihr fast identischen Chasselas de Courtiller) gezüchtet worden sein musste.

Münzberg, sehr gute Weinbergslage im deutschen Anbaugebiet Pfalz, Gemeinde Landau-Godramstein; auf den Keuperböden mit mehr oder weniger großen Anteilen Mu-

Müller-Thurgau

schelkalk, Sand oder Lehm gedeihen v.a. weiße und rote Burgundersorten. Auf den wärmeren Parzellen steht Riesling, auf den sandigen Müller-Thurgau und Silvaner.

Murcia ['murθia], spanische Weinbauregion im Südosten des Landes, die gelegentlich zusammen mit der Region Valencia zur →Levante gerechnet wird; die Region besitzt drei D. O.-Herkunftsbezeichnungen: Bullas, →Jumilla und →Yecla. Archäologische Funde weisen darauf hin, dass hier eventuell bereits in der Jungsteinzeit Wein gekeltert wurde. Kultiviert werden v.a. die Weißwein-Rebsorten Airén, Macabeo, Merseguera und Verdil sowie die roten Mourvèdre (Monastrell), Grenache (Garnacha tinta) und Cabernet Sauvignon.

Murfatlar [murfʌt'lʌ:r], bekanntes rumänisches Anbaugebiet an den Hängen des Carasu-Tales zwischen Donau und Schwarzem Meer; das milde Meeresklima, die Kalkböden und Höhenlagen zwischen 50 und 100 m ü. M. eignen sich für die Rebsorten Chardonnay, Grauburgunder, Muskat Ottonel, Sauvignon blanc, Merlot und Cabernet Sauvignon, aus denen trockene Weiß- und Rotweine sowie Süßweine beachtlicher Qualität erzeugt werden können.

Murray Darling ['mʌrɪ 'da:lɪŋ], GI-Herkunftsbezeichnung für Weine aus einem der größten australischen Anbaugebiete an der Grenze zwischen →Victoria und →New South Wales; mit 19 700 ha (2000) Rebfläche ist Murray Darling zusammen mit dem südaustralischen Riverland eines der beiden größten Anbaugebiete des Landes. Die meistkultivierte Rebsorte ist Sultana (6 800 ha), aus der v.a. Süßweine gekeltert werden; Chardonnay liegt mit 4 400 ha auf dem zweiten Platz, gefolgt von Cabernet Sauvignon und Syrah (Shiraz). Die Weine von Murray Darling sind oft sehr schwer und zeigen wenig Finesse. Sie gehen meist in den Verschnitt einfacher Markenweine ein.

Muscadelle [myska'dɛl], **Sauvignon vert,** Weißwein-Rebsorte des französischen Bordeauxgebiets, die in Frankreich auf 2 080 ha, weltweit auf etwa 5 000 ha (1999) Rebfläche kultiviert wird; die Sorte ist nach Meinung französischer Ampelographen kein Mitglied der Familie der →Muskateller, zeigt aber im Duft einen leichten Muskatton. Sie ist als Ergänzungssorte für Sémillon und Sauvignon blanc Bestandteil des Verschnitts zahlreicher Weißweine des Bordeauxgebiets. Eine in Australien kultivierte Sorte namens Muscadelle du Bordelais ist nicht mit ihr identisch.

Muscadet, →Melon.

Muscat, französisch für →Muskateller.

Muscat, englisch für →Muskateller.

Muscat blanc à petits grains [mys'ka blɑ̃ a pti grɛ̃], französisch für Weißer Muskateller (→Muskateller).

Muscat de Beaumes-de-Venise [mys'ka də bo:m də və'ni:z], ein Vin Doux Naturel der französischen Rhônegemeinde →Beaumes-de-Venise.

Muscat de Frontignan [mys'ka də frɔ̃ti'nã], A. C.-Herkunftsbezeichnung für Süß- und Likörweine des südfranzösischen →Languedoc; auf 800 ha (2000) Rebfläche wird Weißer Muskateller kultiviert, der in der Region auch als Muscat doré de Frontignan bezeichnet wird.

Muscat de Hambourg [mys'ka də ã'bur], französisch für die Rebsorte Muskat Hamburg (→Muskateller).

Muscat de Lunel [mys'ka də ly'nɛl], A. C.-Herkunftsbezeichnung für Likörweine des südfranzösischen →Languedoc; auf 300 ha (2000) Rebfläche wird Weißer Muskateller kultiviert.

Muscat de Rivesaltes [mys'ka də riv'zalt], eigenständige A. C.-Herkunftsbezeichnung für Weine aus dem Gebiet des →Rivesaltes.

Muscat gordo blanco ['mʌskət -], englisch für die Rebsorte Muskat Alexandrien (→Muskateller) in Australien.

Musigny [myzi'ɲi], Grand-Cru-Appellation für Weine der Gemeinde Chambolle-Musigny an der →Côte de Nuits im französischen Burgund; auf den knapp 11 ha Rebfläche wird zu über 90 % Spätburgunder (Pinot noir) kultiviert.

Muskat Alexandrien, Weißwein-Rebsorte aus der Familie der →Muskateller.

Muskateller [eventuell zu mittellatein. muscatus »nach Moschus duftend«], französ. und engl. **Muscat** [französ. mys'ka, engl. 'mʌskət], italien. **Moscato,** span. und portugies. **Moscatel,** Familie weißer und roter Rebsorten, die zu den ältesten des Weltweinbaus gehören und in zahlreichen Ländern auf insgesamt etwa 100 000–120 000 ha (1999) Rebfläche kultiviert werden.

Die Gruppe setzt sich aus drei Hauptsorten, **Muskat Alexandrien, Muskat Hamburg** und **Weißer Muskateller,** sowie einer unüberschaubaren Zahl von weniger bedeutenden, mit einer der drei verwandten oder durch Kreuzung aus ihr hervorgegangenen Sorten zusammen.

■ **Varianten:** Muskat Alexandrien (französisch Muscat d'Alexandrie, Muscat à gros grains, in Australien **Muscat gordo blanco,** in Italien auch **Zibibbo**) wird weltweit auf etwa 50 000 ha (1999) Rebfläche kultiviert, v.a. in Frankreich (3 000 ha), Spanien (2 500 ha), Griechenland (2 100 ha), Marokko (5 000 ha), Südafrika (5 200 ha) und Australien (3 600 ha). Der Name weist darauf hin, dass die Sorte über Nordafrika (Alexandrien) nach Europa gekommen sein könnte. Die spät reifende und wachstums- wie ertragsstarke Sorte bringt Weine hervor, die nicht dieselbe Kom-

Muskateller. Von der Sonne verbrannte Muskatellertrauben waren die Basis der großen Süßweintradition des südafrikanischen Constantiagebiets.

plexität besitzen wie die des Weißen Muskatellers.

Muskat Hamburg (französisch **Muscat de Hambourg**) ist eine Rotwein-Rebsorte (eigentlich eine Tafeltraubensorte), die als Kreuzung aus Muskat Alexandrien und Trollinger gilt; sie wird weltweit auf etwa 20 000 ha (1999) Rebfläche kultiviert, v.a. in Frankreich (4200 ha), Rumänien (2900 ha) und Griechenland (3800 ha).

Der Weiße Muskateller, auch Muskateller, **Gelber Muskateller**, Grüner Muskateller, in Österreich Gelber Weihrauch und **Grobschmeckender** (Grobschmeckerter) genannt, französisch **Muscat blanc à petits grains**, italienisch **Moscato bianco**, ist wahrscheinlich griechischen Ursprungs und gilt als qualitativ höchstwertige der Muskatellersorten. Er wird weltweit auf etwa 45 000 ha (1999) Rebfläche kultiviert, v.a. in Frankreich (6400 ha), Italien (13 500 ha), Griechenland (2200 ha), Spanien (2300 ha), Bulgarien (5000 ha) und sogar in Brasilien (1800 ha). In Deutschland steht er auf etwa 70 ha Fläche.

Aus Weißem Muskateller werden so bekannte Weine wie Asti, Elsässer Muscat, Moscadello di Montalcino oder Muscat de Frontignan gekeltert. In Norditalien, v.a. in der Provinz Südtirol, werden zwei Varianten des Weißen Muskatellers kultiviert, der **Goldmuskateller** (Moscato giallo) mit gelblichen und der **Rosenmuskateller** (Moscato rosa) mit rötlichen Beeren.

Muskat Hamburg, Rotwein-Rebsorte aus der Familie der →Muskateller.

Muskat Ottonel, österreich. **Feinschmeckerter,** Weißwein-Rebsorte, die Mitte des 19. Jahrhunderts in Frankreich vermutlich aus Muscat de Saumur, einer Spielart der Muskatellersorten, und Gutedel gekreuzt wurde; Muskat Ottonel wird v.a. im französischen Elsass, in Österreich, Ungarn (Ottonel Muskotály), Rumänien, den Ländern der GUS und Südafrika kultiviert und steht weltweit auf etwa 2000 ha (1999) Rebfläche.

Die empfindliche Sorte braucht windgeschützte, warme Lagen und fruchtbare, kräftige Böden mit guter Wasserversorgung. Typisch für die Weine sind das feine Muskataroma und die milde, geschmeidige Art.

Muskat-Silvaner, österreichisch für →Sauvignon blanc.

Muskat-Trollinger, rote Spielart des →Trollingers, die seit 1850 bekannt ist und in geringem Umfang im deutschen Anbaugebiet Württemberg kultiviert wird.

Mutation, Veränderung in der Erbsubstanz von Reben, die v.a. bei der geschlechtlichen Fortpflanzung spontan auftreten oder durch Fremdsubstanzen bzw. Strahlungen, so genannte Mutagene, verursacht werden kann; Mutationen können durch Kreuzungen, die ein gewünschtes Merkmal bedingen, oder durch Strahlung bzw. chemische Behandlung (→Rebzüchtung) gefördert werden.

Mithilfe der Gentechnik ist es inzwischen auch möglich, sie gewollt und gezielt zu erzeugen. Eine der bedeutendsten Mutationen europäischer Kulturreben war die Entwicklung von Grau- und Weißburgunder aus der ursprünglich dunklen Kreuzung von Traminer und Schwarzriesling (→Burgundersorten), bei der eine Aufspaltung in die Ursprungsfarben der Elternsorten stattfand. Mutationen durch gezielte genetische Eingriffe sind heute sowohl beim Rebenmaterial als auch bei Hefen und Pilzen bzw. Bakterien, die gewisse Enzyme produzieren, möglich, werden aber in der Weinwelt v.a. wegen ihrer eventuellen, nicht vorherzusehenden Konsequenzen noch weithin abgelehnt.

MW, Abk. für →Master of Wine.

Nahe. Das Anbaugebiet, das weit über die Hänge des Nahetals hinausreicht, grenzt im Südosten an Rheinhessen.

Nachgärung, unkontrollierte →Gärung in der Flasche.

Nachgeschmack, meist unangenehmer Geschmackseindruck, der nach dem Schlucken in Mund und Rachen verbleibt; Begriff der Weinansprache, der v. a. in Abgrenzung zu →Abgang verwendet wird.

Nachhall, →Abgang.

Nahe, durch das Weingesetz von 1971 geschaffenes deutsches Anbaugebiet, das im Süden fast nahtlos in die großen Rebfelder Rheinhessens übergeht und im Norden an Mittelrhein grenzt; auf knapp 4300 ha (2002) Rebfläche werden v. a. die Weißwein-Rebsorten Riesling – er belegt fast ein Viertel der Flächen –, Müller-Thurgau und Silvaner kultiviert, gefolgt von Kerner, Scheurebe und Grauburgunder. Aus ihren Trauben werden durchschnittlich etwa 360 000 hl Wein jährlich erzeugt.

■ **Klima und Böden:** Das milde Klima und die sehr unterschiedlichen Bodenformationen bilden ein ideales Terrain für Riesling, der im Gegensatz zu den anderen an der Nahe kultivierten Sorten Profil und Charakter zeigt. Während das Nahetal oberhalb von Bad Kreuznach durch steile Felswände und Porphyrböden geprägt ist, die für filigrane Weine sorgen, zeigen die Weine der Lagen in und um die Stadt mit ihren tiefgründigen, schweren Böden dichteren, kräftigeren Stil. Im Bereich der unteren Nahe und ihren Seitentälern bieten v. a. die sonnenbeschienenen Südlagen das richtige Terroir für rassige, fest strukturierte Weine.

Die in den Jahrzehnten nach dem Zweiten Weltkrieg entstandene Tendenz, auf Masse statt auf Qualität zu setzen, sorgte dafür, dass die Weine der Region lange nur wenig Eigen-ständigkeit zeigten. Viele Winzer suchten ihr Heil in der Produktion von Grundweinen für →Liebfrauenmilch. In den 1990er-Jahren besann sich jedoch eine Reihe von Erzeugern auf das Qualitätspotenzial der Region; sie wurden, zusammen mit ihren Kollegen im Rheingau, zu Vorreitern der Entwicklung des so genannten →Ersten Gewächses in Deutschland. – Abb. S. 300

Nahetal, einziger Bereich des deutschen Anbaugebiets Nahe, der Ende der 1990er-Jahre aus den früheren Bereichen Kreuznach und Schlossböckelheim gebildet wurde.

Nährstoffe, Substanzen, die der Ernährung der Reben dienen, unterschieden nach Hauptnährstoffen und Spurenelementen; Hauptnährstoffe (Makroelemente) sind Stickstoff, Phosphor, Kalium, Kalzium, Magnesium und Schwefel.

Von den Spurenelementen (Mikroelementen) sind im Weinbau insbesondere Bor, Eisen, Zink, Mangan, Kupfer und Molybdän von Bedeutung. Darüber hinaus stehen der Rebe die wichtigsten Bestandteile der pflanzlichen Biomasse wie Kohlenstoff, Wasserstoff und Sauerstoff in Form von Luft bzw. Wasser praktisch unbegrenzt zur Verfügung.

Die **Nährstoffaufnahme** erfolgt zum weitaus größten Teil über die Wurzeln, jedoch ist eine Aufnahme bestimmter Substanzen über die Blätter möglich. Der **Nährstoffbedarf** der Rebe ist in hohem Maße von der angestrebten oder verwirklichten Ertragsmenge abhängig. Unter der Voraussetzung, dass sowohl die Blätter als auch das Schnittholz der Rebe im Weinberg verbleiben und auch die Trester dem Weinberg nach dem Pressen wieder zugeführt werden, ist der Nährstoffentzug durch die Rebe gering. Deshalb hat sich die Düngepraxis in den letzten Jahrzehnten des 20. Jahrhunderts stark verändert: Sie orientiert sich heute nur am tatsächlichen Entzug, wobei

---

NAHE. *Die besten Lagen*

Während an der Mosel in den 1990er-Jahren der Bereich Saar-Ruwer in die neuen Bereiche Saar und Ruwertal aufgeteilt und ein Teil der Lagen dem Bereich Bernkastel zugeschlagen wurde, um die Terroiridee der einzelnen Bereiche zu stärken, ging man an der Nahe den umgekehrten Weg. Aus den zwei Bereichen Kreuznach und Schlossböckelheim wurde ein einziger, Nahetal, was für Großvermarkter den Vorteil hatte, noch größere Weinmengen unter einer einheitlichen Bezeichnung füllen zu können.

Die Unterschiede in Böden und klimatischen Bedingungen hätten es dagegen eigentlich nahe legen müssen, aus den zwei Bereichen mindestens drei zu machen, um die unterschiedlichen Terroirs der Nahe zu würdigen. Die besten Einzellagen sind Brücke in Oberhausen, Felsenberg in Schlossböckelheim, Hermannsberg und Hermannshöhle in Niederhausen, Bastei in Traisen, Brückes und Krötenpfuhl in Bad Kreuznach, Goldloch und Pittermännchen in Dorsheim sowie Pittersberg und Dautenpflänzer in Münster-Sarmsheim.

allerdings Verluste z.B. durch Auswaschen von Nährstoffen aus dem Boden nur schwer kalkulierbar sind.

Naoussa ['naussa], O. P. A. P.-Herkunftsbezeichnung für Weine aus dem Gebiet westlich der griechischen Stadt Saloniki; auf etwa 800 ha Rebfläche wächst v.a. die einheimische Rotwein-Rebsorte Xynómavro. Darüber hinaus werden internationale Rebsorten wie Merlot und Syrah kultiviert. In Höhen von bis zu 350 m ü. M. entstehen in relativ mildem Mikroklima einige der bemerkenswertesten Rotweine des Landes.

Napa Valley ['næpə 'vælɪ], eigentlich Napa, berühmter Weinbaudistrikt (County) an der kalifornischen →North Coast; auf 17 500 ha (2002) Rebfläche wachsen die Trauben einiger der berühmtesten Weine der USA. Drei Viertel der Flächen sind mit Rotwein-Rebsorten bestockt, allen voran Cabernet Sauvignon (6800 ha), Merlot (3000 ha), Pinot noir (2700 ha) und Zinfandel (760 ha), ein Drittel (4400 ha) trägt weiße Sorten, wobei Chardonnay allein 3200 ha belegt.

Der größte Teil der Rebflächen liegt auf dem Talgrund des eigentlichen Napa Valley. Erst in den 1990er-Jahren begannen die Erzeuger des Tals damit, die Vorteile der Hanglagen in den umgebenden Bergen zu nutzen, wohin die morgendlichen kalt-feuchten Nebel aus der San Francisco Bay Area nicht vordringen können. Diese Nebel sind der Hauptgrund dafür, dass aus dem Südteil des Napa County, dem Bereich der Herkunftsbezeichnung →Carneros, besonders finessenreiche und fruchtige Weine aus Chardonnay und Spätburgunder (Pinot noir) kommen, während im oberen Tal kräftige, alterungsfähige Rotweine erzeugt werden.

■ **Appellationen:** Napa ist in insgesamt 13 AVA-Herkunftsbezeichnungen gegliedert,

Nahe. Die Weinlagen im Schatten der charakteristischen Felsformationen des Nahetals oberhalb von Bad Kreuznach (hier die Lage Rotenfels bei Schlossböckelheim) bringen die feinsten, mineralischsten Rieslinge des Anbaugebiets hervor.

von denen die größte, Napa Valley, für Weine des gesamten County verwendet werden kann. Daneben umfasst das County die Anbaugebiete von Atlas Peak, Chiles Valley, Diamond Mountain, Howell Mountain, Los Carneros, Mount Veeder, Oakville, Rutherford, Saint Helena, Spring Mountain District, Stags Leap District, Wild Horse Valley, Yountville und schließlich Oak Knoll, eine Appellation, die noch nicht offiziell anerkannt ist (2003).

■ **Geschichte:** Das Napa Valley war in den 1960er-Jahren Schauplatz der Wiedergeburt des kalifornischen Weinbaus nach der Prohibition und dem Zweiten Weltkrieg. Spitzenweine des Tals schlugen in den 1970er-Jahren zum ersten Male die großen Gewächse des französischen Bordeauxgebiets in Vergleichsverkostungen. In den 1980er-Jahren wurde das Napa Valley zu einer perfekt durchorganisierten Weinbaulandschaft, in der die

NAPA VALLEY

Weinindustrie mit romantischem Flair

Das Napa Valley ist eines der am perfektesten durchorganisierten Anbaugebiete der Welt, sein Weinbau hat über große Strecken fast industrielle Dimensionen. Entlang der Hauptverkehrsader des Tals, dem berühmten Highway 29, reiht sich Kellereikomplex an Kellereikomplex, unterbrochen nur von den zahlreichen Restaurants für die Touristenströme, die das Tal ganzjährig besuchen. Nur wenige Kilometer abseits aber, am Silverado Trail, der parallel zum Highway 29 verläuft, findet man romantische Bauernhöfe, die typischen rot gestrichenen Schuppen des amerikanischen Westens und versteckte Rebflächen im Wald – das andere, menschlichere Gesicht der kalifornischen Weinindustrie.

Navarra. Castillo de Monjardin im Navarra-gebiet.

Weinindustrie und der mit ihr verbundene Tourismus eine gelungene Synthese eingegangen sind.

Nase, übertragen →Aroma; Begriff der Weinansprache für den Duft, die Aromen von Weinen. Man sagt beispielsweise, der Wein habe eine typische oder ausdrucksvolle Nase.

nasszuckern, nassverbessern, eine Art des →Anreicherns.

Nature et progrès [na'tyr e pro'grɛ, französ., »Natur und Fortschritt«], 1978 gegründete Vereinigung französischer Erzeuger und Endverbraucher, die im Umfeld der bereits 1964 gegründeten Zeitschrift gleichen Namens entstand und deren Zielsetzung die Förderung des biologischen Landbaus (Weinbaus) ist. Die Bezeichnung Nature et progrès kann als Zusatz zum Siegel →Ecocert® geführt werden.

naturherb, brut nature (→brut).

Naturland®, eigentlich Naturland® – Verband für naturgemäßen Landbau e. V., 1982 gegründeter Verband, der sich den Schutz der Umwelt und die Erhaltung der natürlichen Lebensgrundlagen durch eine naturgemäße Wirtschaftsweise zum Ziel gesetzt hat. In Deutschland zählt Naturland etwa 1800 Mitgliedsbetriebe. Im Weinbau sorgte der Verband 1993 durch ein Kooperationsabkommen mit dem VDP und die Gründung eines Naturland Fachverbands Wein für Aufsehen; die Zusammenarbeit führte aber bislang nur zu wenigen Mitgliedschaften aus dem Kreis der insgesamt gut 200 VDP-Weingüter bei Naturland.

naturnaher Weinbau, →integrierter Weinbau.

naturrein, ohne (künstliche) Zusätze gekeltert; der Begriff ist seit der Verabschiedung des Weingesetzes von 1971 auf Weinetiketten und in der Werbung für Wein nicht mehr zulässig, da der Gesetzgeber davon ausgeht, dass alle Weine Naturprodukte sind und die Verwendung des Begriffs Natur folglich eine Art irreführenden Wettbewerbs darstellt.

Naturschönung, eine Art der →Schönung.

Naturwein, nicht mit Zucker angereicherter Wein; historische Bezeichnung, die in Deutschland bis zur Verabschiedung des Weingesetzes von 1971 zulässig war, danach wurde sie durch die Bezeichnung Prädikatswein ersetzt. Aus dem Verband Deutscher Naturweinversteigerer wurde zum selben Zeitpunkt der Verband Deutscher Prädikats- und Qualitätsweingüter (VDP). So genannte →Kunstweine dürfen nicht unter Verwendung des Wortes oder Wortbestandteils Wein angepriesen werden.

Navarra, D. O.-Herkunftsbezeichnung für Weine aus der gleichnamigen nordspanischen Provinz, deren Anbaugebiet etwa 16000 ha (2000) Rebfläche umfasst; es besteht aus den drei nördlichen Teilgebieten Baja Montaña, Tierra Estella und Valdizarbe, die von atlantischem Klima beeinflusst sind, sowie aus den zwei südlichen Unterzonen Ribera Alta und Ribera Baja, die unter dem Einfluss von kontinentalem und mediterranem Klima stehen.

Meistkultivierte Rebsorte ist die rote Grenache (Garnacha tinta), die 40% der Rebflächen belegt. Darüber hinaus werden v. a. Tempranillo, Cabernet Sauvignon, Merlot, Carignan (Mazuelo) und Graciano kultiviert. Dabei sind die traditionellen Produkte im Stil des klassischen Rioja in den 1990er-Jahren von modernen, fruchtigen und häufig sortenreinen Gewächsen abgelöst worden. Navarra ist auch mit aromatischen Roséweinen und fruchtigen Weißen aus Viura und Chardonnay bekannt geworden, die v. a. im Norden aufgrund des kühlen Klimas gute Qualitäten erreichen. Zunehmend werden auch Süßweine aus Weißem Muskateller (Moscatel) erzeugt.

Nebbi|olo, Spanna [sp-], **Chiavennasca** [kjave'naska], eine der besten Rotwein-Rebsorten Italiens, die auf etwa 5250 ha (1999) im Piemont und in der Lombardei kultiviert wird und weltweit auf etwa 6000 ha Rebfläche steht.

Nebbiolo ist die Grundlage der berühmten DOCG-Gewächse Barolo und Barbaresco sowie einer Reihe von DOC-Weinen wie Valtellina, Gattinara, Roero oder **Nebbiolo d'Alba,** einer eigenständigen Herkunftsbezeichnung aus dem Bereich von Barolo, Bar-

Naturland. Siegel

baresco und Roero, unter der etwa 570 ha (2002) Rebfläche klassifiziert sind.

Die kleinbeerige, spät reifende Sorte eignet sich hervorragend für kühlere Anbaugebiete, verträgt aber keinerlei überhöhte Hektarerträge, da ihre Weine dann hart und säurebetont ausfallen. Nebbiolo reagiert ungewöhnlich feinfühlig auf Bodenvariationen und klimatische Unterschiede zwischen den einzelnen Weinbergslagen und Anbaugebieten. Seine Weine zeigen daher oft markanten Terroircharakter.

Nebbiolo. Herbstlicher Nebbioloweinberg

Unter günstigen Bedingungen liefert er farbintensive, tanninbetonte Weine von granatroter Farbe, die einen unverwechselbaren Duft nach Teeblättern, Gewürzen, Rosen und Teer verströmen. Sie sind in der Jugend oft übertrieben fest und hart, werden aber mit fortgeschrittener Alterung einschmeichelnd und zeigen große Extraktsüße. Um die Härte der Tannine zu mildern, haben viele Winzer des Piemont seit Mitte der 1980er-Jahre zu immer kürzeren Maischestandzeiten bei der Weinbereitung gegriffen.

■ **Geschichte:** Bereits der römische Schriftsteller Plinius der Ältere (*23 oder 24 n.Chr., †79 n.Chr.) beschreibt in seinen Werken eine Sorte, die im nebligen Piemont gedeiht, und 1268 wird zum ersten Mal eine Sorte namens »Nibiol«, der heutige Nebbiolo, urkundlich erwähnt. Wahrscheinlich stammt die Sorte aus dem nördlichen Piemont. Darauf deutet auch die Tatsache hin, dass sie noch bis in die jüngere Geschichte als Nebbiolo Canavesano, Nebbiolo aus dem Gebiet des Canavese nördlich von Turin, bekannt war.

Nebukadnezar [nach Nebukadnezar II., babylonischer Herrscher, *605 v.Chr., †562 v.Chr.], eine Weinflasche (→Flaschen).

négociant [negɔsjã], französisch für Händler, Kaufmann, auch für Abfüller, der Weine aus zugekauften Trauben verarbeitet und vermarktet; man unterscheidet zwischen dem négociant-éleveur, einem Handels- oder Kellereibetrieb, der Trauben, Moste oder Jungweine aufkauft, sie ausbaut und füllt, dem négociant-distributeur und dem négociant-manipulant (→Champagne). Der Figur des négociant-éleveur kommt v.a. im Burgund große Bedeutung zu, da es hier noch bis in die letzten Jahrzehnte des 20.Jahrhunderts Tradition war, dass Winzerbetriebe ihre Weine nicht selbst vermarkteten.

Negrara, italienische Rotwein-Rebsorte, die v.a. in den Regionen Venetien, Trentino-Südtirol und Lombardei kultiviert wird; sie ist ein bedeutender Bestandteil der Weine des Valpolicellagebiets und des Bardolino. Einige Ampelographen unterscheiden zwischen zwei Varianten, der Negrara trentina und der Negrara veronese, wobei deren Verhältnis zueinander ungeklärt ist. Insgesamt wird Negrara auf wahrscheinlich nicht mehr als 1000 ha (1999) Rebfläche kultiviert.

Négrette [neˈgrɛt], französische Rotwein-Rebsorte, die v.a. im Languedoc, dem Südwesten und im Charentais kultiviert wird, wo sie z.B. Bestandteil der Weine der Côtes du Frontonnais ist; insgesamt steht sie in Frankreich auf gut 1300 ha (1999) Rebfläche, außerhalb des Landes wird sie nur in geringem Umfang in Kalifornien kultiviert. Die relativ spät reifende Sorte bringt hochwertige, farbintensive Weine hervor. Mit der nur noch marginal kultivierten Négrette de Nice ist die Négrette nicht verwandt oder identisch.

Negroamaro, Negro Amaro, süditalienische Rotwein-Rebsorte, die fast ausschließlich in der Region Apulien kultiviert wird und dort auf etwa 31 400 ha (1999) Rebfläche steht; die Weine sind dicht und alkoholreich. Bei entsprechender Ertragsbegrenzung sind sie vielschichtig und alterungsfähig.

Nelson, achtgrößtes Anbaugebiet Neuseelands an der Nordspitze der Südinsel; auf knapp 300 ha (2002) Rebfläche werden v.a. Rebsorten kühlerer Klimata wie Chardonnay, Sauvignon blanc, Riesling und Spätburgunder (Pinot noir) kultiviert.

Nemea, 1971 eingerichtete O.P.A.P.-Herkunftsbezeichnung für Weine der griechischen Halbinsel Peloponnes; aus der Rotwein-Rebsorte Agiorgitiko, die als eine der besten des südlichen Griechenland gilt, werden kräftige, oft aber recht einfache Weine erzeugt.

Nennvolumen, Fassungsvermögen genormter Weinflaschen (→Flaschen). Das Nennvolumen muss nach EU-Recht auf dem Etikett (nach dem Normzeichen »e«) angegeben werden; laut Verpackungsverordnung muss es »hinreichend konstant« sein (Abweichungen von bis zu 6% gegenüber dem tatsächlichen Flascheninhalt sind toleriert).

nerbo, italienisch für die Geschmackseigenschaft Nerv.

Nerello, süditalienische Rotwein-Rebsorte, von der zwei Hauptvarianten existieren: **Nerello Cappuccio** und **Nerello Mascalese;** zusammen werden sie v. a. in den Regionen Kalabrien und Sizilien auf insgesamt 18 800 ha (1999) Rebfläche kultiviert. Die beiden Varianten gehen in die Weine der DOC-Herkunftsbezeichnungen Etna, Marsala, Cerasuolo di Vittoria und einiger weniger bedeutender Appellationen ein.

Nero d'Avola, Calabrese, Calabrese nero, Rotwein-Rebsorte der italienischen Inselregion Sizilien, die zu den vielversprechendsten Süditaliens gehört; die spät reifende, kleinbeerige Sorte eignet sich dank ihrer relativ dicken Beerenschalen zur Erzeugung tanninbetonter, alterungsfähiger Weine und wird häufig mit anderen einheimischen oder internationalen Rebsorten verschnitten. Insgesamt wird sie auf 14 200 ha (1999) Rebfläche kultiviert. Trotz ihres Synonyms Calabrese wird die Sorte in der Region Kalabrien kaum kultiviert; es wird vermutet, dass sie griechischen Ursprungs ist.

Nerv, Lebendigkeit und Biss; Begriff der Weinansprache für Weine mit guter Säurestruktur.

nerveux [nɛr'vœ, französ. »nervös«], französisch für die Geschmacksbeschreibung von Weinen mit Nerv.

nervoso [italien. »nervös«], italienisch für die Geschmacksbeschreibung von Weinen mit Nerv.

netto, italienisch für die Geschmacksbezeichnung sauber, reintönig.

Netzschwefel, eine Gebrauchsform von →Schwefel.

Neuburger, Weißwein-Rebsorte, die nach neuesten Erkenntnissen aus einer Kreuzung zwischen Rotem Veltliner und Silvaner entstanden ist; Neuburger wird in Österreich auf etwa 1100 ha (2001), weltweit auf etwa 2 500 ha kultiviert, wobei sein Verbreitungsgebiet fast ausschließlich in Ost- und Südosteuropa liegt. Er stellt nur geringe Ansprüche an den Standort und gedeiht auch auf schweren und kalkreichen, trockenen Böden, ist aber anfällig gegen Verrieseln und Fäulnisbefall. Auf Urgestein und in heißen Terrassenlagen entwickeln die Weine feine, nussige Würze, sonst ist ihr Charakter eher neutral und relativ mild.

Neuchâtel [nøʃa'tɛl], deutsch **Neuenburg,** Weinbaukanton der →Westschweiz mit etwa 600 ha Rebfläche; das Gebiet erstreckt sich von Vaumarcus am Nordufer des Neuenburgersees bis zum Bielersee. Zwar dominiert die Weißwein-Rebsorte Gutedel (Chasselas), bekannt geworden ist der Kanton jedoch für

Neuseelands
Weinbauflächen

seine Rotweine aus Spätburgunder (Pinot noir). Zunehmend werden auch andere Sorten wie Grauburgunder (Pinot gris), Chardonnay, Gewürztraminer oder Sauvignon blanc kultiviert.

Neue Welt, Sonderartikel S. 304/305.

Neuseeland, kleines und noch junges, aber sehr dynamisches Weinbauland Ozeaniens, dessen Weinbauindustrie erst in der zweiten Hälfte des 20. Jahrhunderts entstand, obwohl bereits lange vorher Hybride kultiviert worden waren.

NEUSEELAND: REBFLÄCHEN	
Anbaugebiet	**Rebfläche**
Marlborough	5 228 ha
Hawke's Bay	3 072 ha
Gisborne	1 963 ha
Canterbury	485 ha
Auckland	457 ha
Otago	433 ha
Wellington	430 ha
Nelson	297 ha
Waikato/Bay of Plenty	136 ha
Sonstige	321 ha
gesamt	**12 822 ha**

Quelle: New Zealand Wine, Stand: 2002

Insgesamt stehen 12 800 ha (2002, 1995: 6 100 ha) Land unter Reben, wobei sich diese Flächen je etwa zur Hälfte auf die Nord- und die Südinsel des Landes verteilen. Durchschnittlich werden 600 000–800 000 hl Wein im Jahr erzeugt, von denen zwei Drittel im Land selbst konsumiert werden. Der Pro-Kopf-Verbrauch liegt mit etwa 8,5 l/Jahr im Vergleich zu dem der wichtigsten Weinbauländer sehr niedrig.

Aufgrund seiner großen Ausdehnung von mehr als 1200 km liegt das Land unter dem
Fortsetzung S. 306

NEUE WELT

Auf den Weinbau bezogen schließt der Begriff der Neuen Welt sämtliche Weinbaustaaten ein, die nicht im Bereich des europäisch-mediterranen Weinbaugürtels liegen: die Weinbau treibenden Staaten Nord- und Südamerikas – vor allem Kanada, die USA, Mexiko, Brasilien, Uruguay, Argentinien und Chile –, Südafrika, Australien, Neuseeland und sogar China und Japan.

In Weinbaukreisen nimmt der Begriff Neue Welt häufig auch eine ökonomische Bedeutung an und bezeichnet dann diejenigen Weinbauländer, die durch ihre Exportanstrengungen in den 1980er- und 1990er-Jahren zu bedeutenden Konkurrenten europäischer Weinbaunationen wurden, allen voran die USA, Argentinien, Chile, Australien, Südafrika und Neuseeland. Allerdings bewirtschaften diese sechs trotz enormer Wachstumsraten zusammen nicht mehr als 14 % (2001) der weltweiten Rebflächen, während auf Europa 62 % entfallen, davon allein 45 % auf die Länder der EU. Hinsichtlich der erzeugten Mengen liegt ihr Anteil sogar bei 22 % (2001), aber auch der europäische ist mit 70 % (EU: 59 %) weit bedeutender.

Gemeinsamkeiten bei Klima und Rebsorten

Trotz vieler Unterschiede zwischen den einzelnen Überseeländern weisen sie eine Reihe von Gemeinsamkeiten auf, in denen sie sich deutlich von der Alten Welt unterscheiden. Dazu gehört vor allem ihr Klima. Bei der Besiedlung konnten die europäischen Eroberer des 16., 17. oder 18. Jahrhunderts ihre Reben genau dort auspflanzen, wo es ihnen am günstigsten er-

schien. Im Unterschied zu vielen europäischen Anbaugebieten, in denen etwa die Vollreife des Traubenguts eine in vielen Jahrgängen nur schwer zu erreichende Zielvorstellung ist, kämpfen die Winzer der Neuen Welt eher mit Überreife – aus der Sicht europäischer Winzer eine geradezu paradiesische Vorstellung.

Auch hinsichtlich der ausgepflanzten Rebsorten gibt es zahlreiche Gemeinsamkeiten. Im Unterschied zu Europa, wo Hunderte, wenn nicht Tausende Rebsorten auf oft kleinstem Raum kultiviert werden – viele dieser Sorten sind außerdem kaum für Qualitätsweinbau geeignet –, konnten sich die Überseesiedler in ihrer neuen Heimat der besten Sorten aus Europas Qualitätsweingebieten bedienen. Dass sie bevorzugt nach denen griffen, die bereits in Europa ihre Klasse bewiesen und diese nach der Reblauskatastrophe im Zusammenspiel mit Unterlagsreben erneut unter Beweis gestellt hatten, war selbstverständlich, und so sind die meisten Weinbaugebiete der Neuen Welt heute von einer Dominanz französischer Sorten wie Cabernet Sauvignon, Merlot, Chardonnay, Syrah, Sémillon oder Sauvignon blanc charakterisiert, da der französische Weinbau im 18. und 19. Jahrhundert der renommierteste, der fortgeschrittenste und kommerziell erfolgreichste der Welt war.

Industrielles Weinmachen

Vielleicht die entscheidendsten Gemeinsamkeiten der Überseeländer sind ihr zumeist großflächiger, über weite Strecken fast industriell betriebener Weinbau in Verbindung mit oft deutlich geringeren Lohnkosten sowie die

2

3

traditionelle Trennung zwischen Traubenproduktion und Weinerzeugung. Deshalb wurden
Trauben noch kostengünstiger erzeugt und
qualitätsbewusste Weinmacher konnten sich
die besten Partien aussuchen.

Natürlich war es deshalb auch einfacher,
gute oder sehr gute Weinqualitäten zu un-
schlagbaren Preisen auf den Weltmarkt zu bringen – ein Vorteil, von dem auch noch zu Beginn
des 21. Jahrhunderts vor allem stark exporto-
rientierte Länder wie Australien, Chile oder Südafrika profitieren. Die Dominanz großer Kellereien und die Möglichkeit, große Weinmengen
unter ein und demselben Etikett anbieten zu
können, führten darüber hinaus zu klaren Vor-
teilen hinsichtlich der Effizienz von Marketing
und Verkaufsorganisation.

Einer der meistdiskutierten Unterschiede
zwischen Alter und Neuer Welt, der gern von
Europas Erzeugern in den Vordergrund gestellt
wird, betrifft die kellerwirtschaftlichen Freihei-
ten, die Weinmacher der Neuen Welt angeblich
oder tatsächlich genießen. Während Weinmachen in Europa ein Hindernislauf zwischen unzähligen Vorschriften und Verboten sei, so die
Kritiker, könne der Neue-Welt-Önologe nach
Gutdünken seine auf den Verbraucher zuge-
schnittenen Designerprodukte erzeugen. Er
dürfe aufsäuern und Weine mit industriellem
Tannin verbessern, könne aromatisierende
Reinzuchthefen und Enzyme verwenden und
sich ungeniert in den Labors der chemischen In-
dustrie mit Hilfsmitteln und Zusatzstoffen versorgen, was seine Arbeit ungemein erleichtere.

Solcherart Vorurteile sind jedoch meist
mehr von Neid und Missgunst geprägt als von

Fakten. Auch in der Neuen Welt ist vieles verboten, und einige Vorschriften wirken sogar
strenger als in Europa, zum Beispiel was die De-
klarationspflichten für Schwefel oder Allergene
betrifft. Darüber hinaus sind den Europäern
Dinge erlaubt, die in Übersee auf der Verbots-
liste stehen, so das Aufbessern der Moste mit
Rübenzucker. Viele der Weinhilfsmittel und
technologischen Verfahren, die den Weinmachern der Neuen Welt zur Verfügung stehen,
wurden noch dazu in Europa entwickelt oder zumindest hier in den Weinbau eingeführt. Das
gilt für aromatische Reinzuchthefen und Enzyme ebenso wie für die viel diskutierten mechanischen Konzentratoren oder die Mikrooxidation.

Herkunftsbezeichnungen und Lagen

Bei der Diskussion über Unterschiede in Kellerwirtschaft und Weinchemie wird häufig das
wahrscheinlich bedeutendste Element des europäischen Qualitätsweinbaus vergessen: das
Terroirkonzept. Während in Europa traditionsreiche, populäre wie prestigereiche Appellationen und Lagen mitsamt den dazugehörigen
Weintypen den Markt strukturieren und dem
Verbraucher Orientierung bieten, hatte die
Neue Welt in dieser Hinsicht außer generischen
Rebsortennamen wenig zu bieten. Erst in den
1980er- und 1990er-Jahren begann man in Kalifornien, später auch in Australien, herausragende Weinbergslagen besonders zu kennzeichnen und ihre Weine separat abzufüllen:
ein klarer Wettbewerbsvorteil des Alten Europa, vor allem bei Produkten des mittleren und
höheren Preissegments.

2) Australien, hier das
Yarra Valley in der
Nähe Melbournes, ist
seit den 1990er-Jahren
zum dynamischsten
Weinbaustaat der
Neuen Welt geworden.

3) Seit dem Ende des
Apartheidregimes hat
sich auch Südafrika,
dessen bekanntestes
Anbaugebiet Stellen-
bosch ist, auf dem
Weltmarkt zurück-
gemeldet.

Fortsetzung von S. 303

Einfluss sehr unterschiedlicher Klimazonen. Während im Norden fast subtropische Bedingungen herrschen, ist es in der südlichsten Region, Central Otago, fast zu kühl für Weinbau. Ideale, gemäßigte Bedingungen für die europäischen Qualitätsrebsorten findet man v.a. im Zentrum des Landes. Im Kontext der anderen Weinbauländer der Neuen Welt gilt Neuseeland insgesamt als Land mit idealen Bedingungen für Cool Climate Viticulture.

■ **Rebsorten und Anbaugebiete:** Neuseeland ist zwar in den 1990er-Jahren fast ausschließlich für seine Weißweine aus Sauvignon blanc bekannt geworden, die Sortenpalette ist aber wesentlich umfangreicher und bringt aus anderen Rebsorten ebenso interessante Gewächse hervor. Die meistkultivierte Rebsorte ist Chardonnay mit 3400 ha (2002) Rebfläche, gefolgt von Sauvignon blanc mit 3100 ha. Danach folgt mit großem Abstand Spätburgunder (Pinot noir, 1700 ha), der teilweise beachtliche Ergebnisse hervorbringt, und erneut mit deutlichem Abstand Merlot, Cabernet Sauvignon sowie Riesling.

Das Land ist in zehn Weinbauregionen bzw. Anbaugebiete gegliedert – Northland, Auckland, Waikato/Bay of Plenty, Gisborne, Hawke's Bay, Wellington, Marlborough, Nelson, Canterbury und Central Otago (Otago) –, offizielle Statistiken gehen aber teilweise auch von nur neun aus.

■ SIEHE AUCH
→ Auckland · Canterbury · Central Otago · Cool Climate Viticulture · Gisborne · Hawke's Bay · Marlborough · Martinborough · Nelson · Neue Welt · Waikato-Bay of Plenty · Wairarapa · Wellington 2)

Neusiedlersee, gemeinsprachlich **Seewinkel,** österreichisches Anbaugebiet an der Grenze zu Ungarn, das nach dem gleichnamigen großen Steppensee im →Burgenland be-

Neusiedlersee. Die flachen Weingärten des Neusiedlersees bringen einige der besten und vielschichtigsten Süßweine der Welt hervor.

nannt ist; die Rebfläche von 8300 ha (2001) wird von knapp 3300 Winzerbetrieben bewirtschaftet.

Klimatisch ist das Gebiet vom pannonischen Raum der ungarischen Tiefebene mit ihren heißen, trockenen Sommern und kalten Wintern geprägt, aber auch kontinentale Einflüsse sind spürbar. Durch die temperaturregulierende Wirkung der Wasserfläche des Neusiedlersees kommen die Reben in den Genuss sehr langer Vegetationszeiten. Gleichzeitig schafft der See mit seiner Feuchtigkeit die klimatischen Bedingungen für das regelmäßige Auftreten von Botrytis und damit die Produktion edelsüßer Weine.

Etwa drei Viertel der Rebflächen mit sehr differenzierter Bodenstruktur – die Palette reicht von Löss und Schwarzerde bis hin zu Schotter und Sand – sind mit Weißwein-Rebsorten bestockt, allen voran Grüner Veltliner (1530 ha), gefolgt von Welschriesling (1400 ha), der aufgrund seiner Qualitäten als weiße

NEUSIEDLERSEE-HÜGELLAND

Herkunftsbezeichnung auf Abruf?

Für den Endverbraucher ist es nicht immer leicht, die beiden burgenländischen Anbaugebiete Neusiedlersee und Neusiedlersee-Hügelland auseinander zu halten, zumal die Weintypen beider Gebiete sich gleichen und die Spitzenwinzer sich in gemeinsamen Verbänden organisiert haben, in denen zumindest teilweise auch Erzeuger aus dem Mittel- und dem Südburgenland Mitglied sind. Da scheint es nur konsequent, dass sich immer mehr Winzer dazu entschließen, auf ihren Weinen keines der Qualitätsweingebiete mehr zu nennen, sondern als Herkunftsbezeichnung nur Burgenland anzugeben. Durch die neue Herkunftskategorie DAC könnte diese Tendenz in Zukunft noch verstärkt werden.

Leitsorte des Gebiets gilt. Darüber hinaus werden Weißburgunder, Müller-Thurgau, Bouvier, Scheurebe (Sämling 88) und Muskat Ottonel kultiviert.

Bei den Rotwein-Rebsorten steht Zweigelt (1150 ha) an der Spitze, gefolgt von Blaufränkisch, Sankt Laurent, Spätburgunder (Pinot noir) und Cabernet Sauvignon. In den 1990er-Jahren hat Neusiedlersee durch üppige, komplexe Süßweine von sich reden gemacht, die international Aufsehen erregten. Aber auch mit seinen kräftigen, häufig im Barrique ausgebauten Roten und einigen außergewöhnlichen Weißweinen gehört das Gebiet zur österreichischen Spitze.

Neusiedlersee-Hügelland, eines der vielfältigsten österreichischen Anbaugebiete, am Westufer des gleichnamigen großen Steppensees im →Burgenland gelegen; 3650 Weinbaubetriebe bewirtschaften rund 3900 ha (2001) Rebfläche.

Lössböden, Schwarzerde, Sand, Lehm und kleinere Urgesteinsinseln prägen die Böden; das Klima wird vom pannonischen Raum, d.h. der großen ungarischen Tiefebene mit ihren heißen, trockenen Sommern und sehr kalten Wintern bestimmt, wobei kontinentale Einflüsse spürbar sind.

Der Großteil der Rebflächen liegt an den Hängen des Leithagebirges zum See hin. Etwa zwei Drittel sind mit Weißwein-Rebsorten bestockt, allen voran Grüner Veltliner (960 ha), gefolgt von Welschriesling (410 ha), Müller-Thurgau, Weißburgunder und Neuburger. Auch der →Gemischte Satz hat hier noch eine gewisse Bedeutung. Bei den roten Sorten steht Blaufränkisch (890 ha) an der Spitze, ihm folgen Zweigelt (290 ha), Spätburgunder (Pinot noir) und Cabernet Sauvignon. Zu den interessantesten Spezialitäten des Gebiets gehören vielschichtige Rotweincuvées, kräftige, im Barrique ausgebaute Weiße und der so genannte Ruster →Ausbruch.

neutral, ohne besondere geruchlich oder geschmacklich hervorstechenden Eigenschaften; Begriff der Weinansprache, der u.a. für Rebsorten verwendet wird, die keinen auffälligen Sortencharakter zeigen. In der Weinkritik können auch Produkte aus Rebsorten mit an sich markanten Eigenschaften als neutral beschrieben werden, die nicht deren Sortencharakter zeigen.

neutro ['nɛ:utro], italienisch für die Geschmacksbeschreibung neutral.

Nevers [nə'vɛr], nach der gleichnamigen Stadt im französischen Département Nièvre benanntes Eichenholz, das bevorzugt für die Herstellung von Barriques und Pièces verwendet wird; die vorherrschende Spezies der Gattung Quercus (Eiche) ist Quercus petraea, die Trauben- oder Steineiche (→Eichenholz). Nevers-Eichenholz ist feinporig und bereichert den Wein um würzige Aromastoffe sowie feine Tannine. Es ist weniger bekannt und beliebt wie Allier-Eiche, gilt aber als ebenso hochwertig.

New Mexico [nju: 'meksɪkəʊ], ältester Weinbaustaat der USA, in dem gut 2000 ha (2002) Rebfläche bewirtschaftet werden; die Region ist in drei Bereiche gegliedert (Norden, Zentrum und Süden) und besitzt drei AVA-Herkunftsbezeichnungen: Middle Rio Grande Valley, Mimbres Valley und Mesilla Valley. Kultiviert werden sowohl Viniferasorten als auch Hybride.

New South Wales. Im Upper Hunter Valley ist Rosemount, eine der größten Kellereien Australiens, zu Hause. Ihre Tankanlagen fassen Tausende Hektoliter Wein.

New South Wales [nju: saʊθ weɪlz], Weinbaustaat an der Ostküste Australiens, dessen sechs Weinbauzonen Hunter Valley, Central Ranges, Big Rivers, Southern New South Wales, Northern Districts und South Coast insgesamt etwa 34 600 ha (2001) Rebfläche umfassen; die Jahresproduktion beträgt etwa 3 Mio. hl.

Der als Erster von europäischen Kolonialtruppen besetzte und besiedelte Teil des Landes war auch der Erste, in dem Weinbau getrieben wurde. Aufgrund der Unterschiede in den klimatischen Bedingungen zwischen Gebieten wie dem relativ kühlen Hilltop und den heißen Landstrichen von Riverina ist die Spanne der erzeugten Weintypen sehr groß.

Die wichtigsten Anbaugebiete sind das Upper und das Lower Hunter Valley (Zone: Hunter Valley), Mudgee, Cowra und Orange (Zone: Central Ranges), Riverina (Zone: Big Rivers) sowie der Canberra District – er liegt z.T. auf dem politisch eigenständigen Gebiet der australischen Hauptstadt – und Hilltop (Zone: Southern New South Wales).

New York [nju: jɔ:k], bekanntester Weinbaustaat an der Ostküste der USA mit den AVA-Anbaugebieten Cayuga Lake, Finger Lakes, Hudson River Region, →Lake Erie und →Long Island; kultiviert werden in teilweise sehr kühlem Klima mit strengen Frösten v.a. Labruscasorten (→Rebsorten), aber die europäischen Kultursorten sind seit dem Ende der

1950er-Jahre auf dem Vormarsch und belegen bereits etwa 2000 ha Rebfläche, v. a. in den Gebieten Finger Lakes und Long Island. Chardonnay, Riesling und Gewürztraminer genießen steigende Beliebtheit. Weinbau wird im Staat New York seit dem 19. Jh. getrieben.

Niederösterreich. Die Weinbauregion Niederösterreich mit den Anbaugebieten Weinviertel, Kamptal, Kremstal, Donauland, Wachau, Traisental, Carnuntum und Thermenregion

Niagara [naɪˈægərə], weiße amerikanische Hybride, die 1868 aus Concord und einer Labrusca-Vinifera-Kreuzung gezüchtet wurde; die Sorte ist v. a. in Brasilien weit verbreitet (knapp 4000 ha), da sie sich für die dortigen klimatischen Verhältnisse eignet. Darüber hinaus wird sie im US-Bundesstaat Ontario (knapp 400 ha), in Südkorea und in Paraguay kultiviert, in marginalem Umfang auch im US-Staat New York. Weltweit steht sie auf etwa 4500 ha (1999).

Niagara Peninsula [naɪˈægərə pɪnˈɪnsjʊlə], größtes und bedeutendstes Anbaugebiet der kanadischen Provinz Ontario, das fast 80 % der Rebflächen des Landes umfasst. Mit seinem im Prinzip sehr kühlen Klima, das allerdings von den großen Wasserflächen des Erie- und des Ontariosees gemildert wird, eignet sich das Gebiet v. a. für die Produktion fruchtbetonter Weißer.

Darüber hinaus kommen von hier regelmäßig einige der schönsten Eisweine außerhalb Mitteleuropas. Kultiviert werden v. a. die Rebsorten Riesling, Chardonnay, Gewürztraminer und Sauvignon blanc, in geringerem Umfang die Rotwein-Rebsorten Spätburgunder (Pinot noir), Gamay, Cabernet franc, Merlot und Cabernet Sauvignon. Auch zwei Hybride, Baco noir und Maréchal Foch, belegen große Flächen.

Niederberg-Helden, sehr gute Weinbergslage im Bereich Bernkastel des deutschen Anbaugebiets Mosel-Saar-Ruwer, Gemeinde Lieser; von den Schieferböden der Steillage kommen hervorragende Weiß- und Süßweine aus der Rebsorte Riesling. In geeig-

neten Jahren können die edelfaulen Trauben hier extrem hohe Mostgewichte erreichen.

Niederösterreich, größte Weinbauregion Österreichs mit den Anbaugebieten Wachau, Kremstal, Kamptal, Donauland, Traisental, Weinviertel, Carnuntum und Thermenregion; etwa 18000 Betriebe bewirtschaften rund 30000 ha (2001) Rebfläche, die Jahresproduktion liegt im Schnitt bei 1,5 Mio. hl Wein. Die Vielfalt der Böden und Klimata erlaubt es, ein breites Sortenspektrum zu kultivieren, das mit etwa 30 % vom Grünen Veltliner dominiert wird; dahinter folgen Portugieser, Müller-Thurgau, Zweigelt, Welschriesling, Riesling, Blauburger und Neuburger.

Nielluccio, →Sangiovese.

Nierstein, nach der gleichnamigen Stadt benannter Bereich des deutschen Anbaugebiets Rheinhessen; vor allem an den zum Rhein hin abfallenden Hängen des rheinhessischen Plateaus, der so genannten →Rheinfront, wachsen hervorragende Trauben.

Nies'chen, eine der besten Weinbergslagen im Bereich Ruwertal, Gemeinde Kasel, des deutschen Anbaugebiets Mosel-Saar-Ruwer; die nach Süden ausgerichtete Steillage mit einer Höhenlage von 140–200 m ü. M. weist die typischen Devonschieferböden des Bereichs auf und bringt hervorragende Weißweine der Rebsorte Riesling hervor.

Nobile di Montepulciano [ˈnɔbilə di mɔntepulˈtʃaːno], eigentlich **Vino Nobile di Montepulciano,** DOCG-Herkunftsbezeichnung für Rotweine aus dem Südosten der italienischen Region Toskana; von etwa 670 ha (2002) Rebfläche werden durchschnittlich 27000 hl Wein erzeugt.

Nobile di Montepulciano. Montepulciano, die Heimat des Vino Nobile, ist eine der toskanischen Weinstädte mit der ältesten Weinbautradition der Region. In und an vielen der Stadtpaläste findet man noch Spuren aus römischer und etruskischer Zeit.

Die Böden vulkanischen Ursprungs bestehen zum Großteil aus gelbem Sand und tonhaltigem Sandstein. Weinberge sind in Höhen zwischen 250 und 600 m ü. M. zu finden, wobei die tieferen und wärmeren Lagen gemeinhin als die besseren gelten. Das Klima ist erheblich wärmer als in der Zentraltoskana, die Sommer sind gelegentlich sogar deutlich zu trocken.

Hauptsorte des Gebiets ist Sangiovese – hier Prugnolo gentile genannt –, der in der Regel zu 50–70 % in den Verschnitt eingeht. Daneben können Canaiolo nero und die beiden Weißwein-Rebsorten Malvasia del Chianti und Trebbiano toscano, eventuell auch geringe Anteile Grechetto (Pulcinculo) verarbeitet werden. Da Nobile seit 1989 auch unter Verzicht auf weiße Sorten gekeltert werden darf, sind diese im Verlauf der 1990er-Jahre fast gänzlich zurückgedrängt worden.

Nobile di Montepulciano ist von intensiver, rubinroter Farbe und im Idealfall fester und voller als Chianti, erreicht aber nur selten die Komplexität der Spitzenweine von Chianti Classico oder Brunello di Montalcino. Für Nobile werden v. a. Trauben von Ost- und Südostlagen der Appellation verwendet; aus den anderen Lagen kommen der Zweitwein des Gebiets, →Rosso di Montepulciano, der in geringen Mengen erzeugte Vin santo sowie eine große Zahl von →Super-Tuscans, die heute unter Igt-Herkunftsbezeichnungen firmieren.

noble late harvest [ˈnəʊbl lɔɪt hɑːvəst, »edle Spätlese«], englische Bezeichnung für Süßweine aus edelfaulen Trauben.

noble rot [nəʊbl rɔt], englisch für Edelfäule (→Botrytis).

Nobling, deutsche Weißwein-Rebsorte, die 1939 am Staatlichen Weinbauinstitut Freiburg im Breisgau aus Silvaner und Gutedel gezüchtet wurde; sie ist nur im badischen Markgräfler Land in geringem Umfang verbreitet. Nobling bringt hohe Erträge bei mittlerem Mostgewicht und niedriger Säure.

nobre [ˈnɔβrə, portugies. »nobel«, »edel«], portugiesische Bezeichnung für Spitzenweine aus dem Dãogebiet.

non filtrato, italienisch für →unfiltriert.

non filtré [nõ fil'tre], französisch für →unfiltriert.

North Coast [nɔːθ kəʊst], AVA-Herkunftsbezeichnung für Weine aus dem nördlichsten der fünf Bereiche Kaliforniens; sie umfasst die Distrikte (Countys) →Mendocino, →Sonoma, →Lake und Napa (→Napa Valley). Insgesamt stehen hier 50 000 ha (2002) Land unter Reben, der Großteil davon in den renommierten Anbaugebieten des Sonoma und des Napa County, die nicht nur auf die längste Weinbaugeschichte des Staates zurückblicken können, sondern auch zu den Pioniergebieten der modernen kalifornischen Weinindustrie gehören. Die Appellation North Coast wird in der Regel für Weine verwendet, die aus Trauben verschiedener Countys verschnitten werden.

Nosiọla, Durello, Durella, Weißwein-Rebsorte der norditalienischen Regionen

Trentino-Südtirol und Venetien, gelegentlich auch Cagnina oder Rabiosa genannt; sie ergibt säurebetonte, kräftige Weine mit herbem Fruchtgeschmack, die sich hervorragend für die Schaumweinproduktion und für das Destillieren von Tresterbrand eignen. In Venetien geht Nosiola (Durello) in größerem Umfang in die Weine der DOC-Herkunftsbezeichnung →Lessini Durello ein, unter der neben Schaumweinen auch trockene Weiße und süßer Vin santo vermarktet werden.

Nostrano [italien. »der Unsrige«], Rotwein der Schweizer Weinbauregion Tessin aus alten, autochthonen Rebsorten wie Bondola oder Hybridsorten, die unter dem Sammelbegriff Francese bekannt sind.

Notreife, Vegetationsabschluss der Rebe unter ungünstigen Wachstumsbedingungen (→Reife 1).

Nouveau [nuˈvo:, zu französ. vin nouveau »neuer Wein«], **Primeur** [primœr], italien. **Novello,** neu(er Wein); Bezeichnung für Rotweine, die nach der Methode der →Kohlensäuregärung gekeltert wurden.

Nachdem die fruchtigen, jung zu trinkenden Weine seit den 1970er-Jahren durch das Vorbild des Beaujolais Nouveau, auch Beaujolais Primeur genannt, große Popularität erreichten, haben zahlreiche Anbaugebiete Süd-

North Coast. In den küstennahen Weinbergslagen der kalifornischen North Coast müssen die Winzer Vorkehrungen gegen Frühjahrsfröste treffen. Oft bauen sie große Ventilatoren auf wie hier im Sonoma County, mit denen die kalte Bodenluft aufgewirbelt und Bodenfrost vermieden wird.

NORTH COAST. *Die besten Lagen*

Kaliforniens Weinwirtschaft hat lange Zeit der Terroiridee keine Bedeutung beigemessen und erst in den 1980er-Jahren damit begonnen, besonders gute Weinbergslagen systematisch zu identifizieren und separat zu verarbeiten bzw. unter ihrem Lagennamen abzufüllen. Einer breiteren Öffentlichkeit bekannt sind heute die eigenständigen AVA-Bereiche des Napa Valley – Oakville, Rutherford, Stag's Leap District und Howell Mountain – sowie die Einzellagen Martha's Vineyard, Backus Vineyard, Bosché Vineyard, Diamond Mountain Ranch Vineyard, Trailside Vineyard und Beckstoffer Ranch. Im Sonoma County haben Einzellagen wie Cutrer Vineyard, Allen Vineyard, Frei Ranch Vineyard, Chiotti Vineyard, Hirsch Vineyard, Laguna Ranch Vineyard und Yulupa Estate Vineyard ein gewisses Renommee gewinnen können.

frankreichs und Italiens, in geringerem Umfang auch anderer Länder, damit begonnen, einen Teil ihrer Produktion in dieser Form auf den Markt zu bringen.

Französischer Nouveau wird bereits am dritten November-Donnerstag des Erntejahres in alle Welt verkauft. Zu den französischen Appellationen, die Nouveauversionen erzeugen, gehören neben Beaujolais auch Anjou Gamay, Cabernet de Saumur, Coteaux du Languedoc, Coteaux du Tricastin, Côtes-du-Rhône, Côtes du Ventoux, Gaillac, Mâcon und Touraine.

Nuragus [zu italien. nuraghi »Nuragen«, typische Turmbauten Sardiniens], Weißwein-Rebsorte der italienischen Inselregion Sardinien, die auf insgesamt fast 8700 ha (1997) Rebfläche kultiviert wird; die meist trockenen und leichten Weine der spät reifenden Sorte werden u.a. unter der DOC-Herkunftsbezeichnung **Nuragus di Cagliari** gefüllt, deren Anbaugebiet nur knapp 900 ha Rebfläche umfasst.

Nussberg, populärer Lagenname des deutschen Sprachraums, v.a. in Österreich; im Anbaugebiet Wien ist der Nussberg eine Großlage, die den besten Teil eines Südhangs bildet, der aus Resten eines ehemaligen Korallenriffs in Donaunähe besteht. Sie eignet sich für die Weißwein-Rebsorten Chardonnay, Riesling und Gewürztraminer. Im Anbaugebiet Südsteiermark (→Steiermark), Gemeinde Ratsch an der Weinstraße, weist die Einzellage Nussberg blaugraue, teilweise sandige und silikathaltige Mergelböden auf, die nach Süd-Südwesten ausgerichtet sind und sich für die Sorten Grauburgunder, Morillon, Muskateller, Sauvignon blanc, Weißburgunder und Welschriesling eignen.

Nußbrunnen, ausgezeichnete Weinbergslage des deutschen Anbaugebiets Rheingau, Gemeinde Eltville-Hattenheim; die nach Süd-Südost ausgerichtete Hanglage ist Teil des so genannten Hattenheimer Gewanns und wurde nach einer früher von Nussbäumen umstandenen Quelle benannt. In einer Höhenlage von knapp 90 m ü.M. wachsen auf ihren tiefgründigen Lössböden Trauben für ausdrucksstarke, extraktreiche Rieslinge. Der hohe Grundwasserspiegel und die Lössböden garantieren auch in trockenen Jahren einen ausgezeichneten Wasserhaushalt.

nussig, nach Haselnüssen oder Walnüssen riechend und schmeckend; Begriff der Weinansprache, der z.B. für Aromen gereifter Weine aus weißen →Burgundersorten verwendet wird.

Oakville [ˈɔʊkvɪl], eigenständige AVA-Herkunftsbezeichnung für Weine aus dem Gebiet der gleichnamigen Ortschaft im kalifornischen →Napa Valley; v. a. Rotweine aus Cabernet Sauvignon erreichen außergewöhnliche Komplexität und Alterungsfähigkeit.

Obegg, steile Hanglage des österreichischen Anbaugebiets Südsteiermark (→Steiermark), Gemeinde Spielfeld; die Böden bestehen im östlichen Teil der Lage vorwiegend aus Sand, ansonsten aus Kalkstein mit wasserführenden Schichten. Mit seiner Süd-Südostausrichtung und einer Höhenlage von 370 m ü. M. eignet sich Obegg besonders für die Weißwein-Rebsorten Morillon und Sauvignon blanc. Ein Teil der Lage ist auch im so genannten Altsteirischen Mischsatz bestockt, wie der →Gemischte Satz hier genannt wird.

Oberer Neckar, Bereich des deutschen Anbaugebiets Württemberg im Gebiet der Städte Reutlingen, Metzingen und Neuffen; auf vulkanischen und Juraböden bringen v. a. die Weißwein-Rebsorten Silvaner und Kerner gute Resultate. Erwähnenswert sind auch die Rotweine aus Spätburgunder.

radlinig, kommen aber an die Finesse der Gewächse aus den Bereichen Bernkastel, Saar, Ruwertal oder Zell/Mosel meist nicht heran.

Obstwein, weinähnliches Getränk aus vergorenem Apfel- oder Birnensaft, regional auch Most genannt; Obstwein muss in der EU mindestens 5 Vol.-% Alkohol aufweisen. Obstwein aus anderen Früchten als Äpfeln oder Birnen wird **Fruchtwein** genannt. Durch Zugabe von Kohlendioxid wird **Obstschaumwein** bzw. Fruchtschaumwein erzeugt, der mindestens 8 Vol.-% Alkohol enthalten muss.

Occhio di pernice [ɔkˈkjo di perˈnitʃe, zu italien. »Rebhuhnauge«], rötlich schillernd, Produktbezeichnung der italienischen Region Toskana für →Vin santo aus Rotwein-Rebsorten; als Zusatzbezeichnung ist Occhio di pernice für die DOC-Weine Vin santo del Chianti, Vin santo del Chianti Classico und Vin santo del Chianti di Montepulciano sowie für die Vin-santo-Versionen von Bolgheri, Carmignano, Elba, Montecarlo, San Gimignano und Sant'Antimo zugelassen.

Oakville und das benachbarte Rutherford gehören zu den ältesten und prestigereichsten Zonen des Napa Valley. Hier gründete Robert Mondavi seine Kellerei, hier wachsen die Trauben für Martha's Vineyard, einen berühmten Lagenwein, und hier gründete Gustave Niebaum sein berühmtes Inglenook Chateau, das jetzt dem Regisseur Francis Ford Coppola gehört.

oberflächlich, wenig Ausdruck und Charakter zeigend; Begriff der Weinansprache für Weine mit vordergründigen und auffälligen Aromen oder Geschmacksnoten, die aber keine Tiefe, d. h. keine Vielschichtigkeit aufweisen.

Obermosel, Bereich des deutschen Anbaugebiets →Mosel-Saar-Ruwer; hier wird v. a. die Weißwein-Rebsorte Elbling kultiviert. Die Weine sind frisch und ge-

Odobeşti [odoˈbeːʃtj], größtes geschlossenes Anbaugebiet Rumäniens in der Region Vrancea an der Ostseite des Karpatenbogens; das Gebiet umfasst bei einer Länge von 65 km etwa 30000 ha Rebflächen. Die Reben stehen in Hanglagen zwischen 200 und 600 m ü. M. unter dem Einfluss gemäßigt kontinentalen Klimas auf Kalksandsteinböden, in den Tälern auf fruchtbarer Schwarzerde und Waldböden. Die wichtigsten Weißwein-Rebsorten sind Fetească regală, Fetească albă, Galbenă, Aligoté, Welschriesling (Riesling italian), Sauvignon blanc, Muskat Ottonel und Gewürztraminer; bei den Rotwein-Rebsorten dominieren Merlot, Băbească neagră, Cabernet Sauvignon und Fetească neagră.

odore, italienisch für Duft, Geruch.

Oechslegrad, Grad Oechsle, eine Maßeinheit für das →Mostgewicht; Einheitenzeichen °Oe.

Oechslewaage, eine Senkwaage zur Bestimmung des →Mostgewichts.

Oinotria. Die griechischen Siedler, die lange vor der Zeitenwende Weinreben auf Sizilien, ihrem Oinotria, einführten, hinterließen auch einige der beeindruckendsten Theater- und Tempelkonstruktionen der Antike wie in Segesta im Westen der Insel.

Œil-de-perdrix [œjdəper'dri, französ., »Rebhuhnauge«], rötlich schillernd, Produktbezeichnung für hellrote oder Roséweine; in der Schweiz wird Rosé aus Spätburgunder (Pinot noir) so bezeichnet.

œnologie [œnolo'ʒi:], französisch für Önologie.

off-dry [ɔf draɪ], englisch für die Geschmacksbezeichnung halbtrocken.

Office International de la Vigne et du Vin, →Weinamt.

Oger [ɔ'ʒe], Weinbaugemeinde der Côte de Blancs in der französischen Champagne, deren Weinberge als Grand Cru klassifiziert sind; die Rebfläche umfasst etwa 380 ha, die zu 100 % mit der Weißwein-Rebsorte Chardonnay bestockt sind. Die besten Weine kommen von reinen Osthängen und besitzen Eigenschaften, die denen der Grands Crus Avize und Mesnil-sur-Oger ähneln.

Ohanes, weiße, ursprünglich spanische Tafeltraubensorte, die weltweit auf etwa 16 000 ha (1999) Rebfläche kultiviert wird, v. a. in Spanien (10 200 ha), Marokko (3 500 ha), Argentinien (1 400 ha), Kalifornien (440 ha), Australien und Südafrika.

Oidium, eigentlich **Oidium tuckeri,** die →Rebkrankheit Echter Mehltau.

oinos, griechisch für Wein.

Oinotria [griech. »Weinland«], in der Antike griechischer Name zunächst v. a. für Sizilien, wo Griechenland seine ersten Kolonien auf italienischem Boden errichtet und die Weinrebe eingeführt hatte, später für den Süden des italienischen Stiefels überhaupt. Unter den Römern bezog sich der daraus abgeleitete Name **Enotria** auf ganz Italien.

OIV, Abk. für Office International de la Vigne et du Vin (→Weinamt).

ökologischer Weinbau, →biologischer Weinbau.

Olaszrizling, Olasz Rizling, ungarisch für die Rebsorte →Welschriesling.

Ölberg, eine der besten Steillagen der so genannten →Rheinfront im deutschen Anbaugebiet Rheinhessen; von den nach Ost-Südost ausgerichteten, roten Tonschieferböden einer von der Saar bis an die Saale quer zum Rheingrabenbruch verlaufenden Tonschieferschicht, die sich nur bei Nierstein an der Oberfläche zeigt, kommen hervorragende, fast moselartig wirkende Weißweine aus der Rebsorte Riesling.

old vines [əʊld vaɪnz], englisch für alte Reben.

ölig, von hoher →Viskosität.

Oloroso, eine Art →Sherry.

Oltrepò Pavese, DOC-Herkunftsbezeichnung für Weine der italienischen Region Lombardei aus einem Anbaugebiet südlich von Mailand; die flächenmäßig bedeutendste Appellation der Region umfasst etwa 12 400 ha (1997) Rebfläche, auf denen zahlreiche Weiß- und Rotwein-Rebsorten kultiviert werden.

Bei den Weißwein-Rebsorten sind es Chardonnay, Cortese, Grauburgunder (Pinot grigio), Malvasia, Weißer Muskateller (Moscato bianco), Riesling und Welschriesling (Riesling italico), bei den roten Barbera, Bonarda (Croatina), Buttafuoco, Cabernet Sauvignon, Sangue di Giuda und Spätburgunder (Pinot nero). Ein Großteil der Trauben wird im Gebiet selbst oder in anderen Regionen zu Schaumwein verarbeitet. Der jahrzehntelange, problemlose Absatz einfacher Alltagsweine in der Metropole Mailand behindert das Entstehen wirklichen Qualitätsweinbaus.

onctueux [ɔktɥ'ø], französisch für die Geschmacksbezeichnung ölig, schmelzig (→Schmelz).

Ondenc [ɔdɑ̃], Weißwein-Rebsorte des französischen Südwestens und des Charentais; die spät reifende Sorte wird in Frankreich nur noch marginal kultiviert, ist aber offiziell nach wie vor Bestandteil verschiedener A. C.-Weine wie Bordeaux, Bergerac, Montravel, Gaillac oder Côtes de Duras. Außerhalb Frankreichs wächst sie in geringem Umfang in Portugal und Kalifornien, verschwindet aber auch hier zunehmend aus den

OREGON	*Pinotterroir im Willamette Valley*

Spätburgunder alias Pinot noir gilt als eine der anspruchsvollsten, weil schwierig zu kultivierenden Spitzensorten des Weltweinbaus. Umso mehr überraschten in den 1980er-Jahren erste Berichte von außergewöhnlichen Pinot-noir-Weinen aus einer Weinbauregion, von der bis dato nur die wenigsten gehört hatten. Oregon, und hier vor allem das Willamette Valley im Norden des Staates, hat seitdem seinen Ruf als Pinot-Hochburg zwar nur in wirklich guten Jahrgängen bestätigen können, aber es gibt zahlreiche Erzeugerbetriebe, die mit konstant hohen Qualitäten aufwarten.

Weinbergen. Die Weine mit mittlerem Alkoholgehalt und angenehmem Geschmack eignen sich vor allem zum Verschnitt mit anderen Sorten.

Önologie [zu griech. oinos »Wein«], Lehre, Wissenschaft vom Wein und von der Weinbereitung, ein Lehrfach an Universitäten und Fachhochschulen; als **Önologen** werden akademisch ausgebildete →Weinmacher bezeichnet.

Die Ausbildung zum Önologen wird insbesondere von der Justus-Liebig-Universität Gießen – in Zusammenarbeit mit der Forschungsanstalt Geisenheim –, von der Schweizer Haute École Spécialisée de Suisse occidentale (Außenstelle →Changins) sowie seit 2004 von der Wiener Universität für Bodenkultur in Zusammenarbeit mit der Weinbauschule Klosterneuburg angeboten. Das Studium der Önologie wird je nach ausbildender Institution als eigenständiges Grundstudium oder als Aufbaustudium für Absolventen von Weinbauschulen angeboten.

Ontario, größte Weinbauprovinz Kanadas; mit ihrer laut offizieller Statistik gut 4800 ha (2001), nach neueren Angaben für Kanada insgesamt inzwischen wahrscheinlich deutlich größeren Rebfläche besitzt sie fast 70 % der Weinberge des Landes, die jährliche Weinproduktion beträgt mehr als 400 000 hl. Die wichtigsten Gebiete der Provinz sind Lake Erie North Shore, Niagara Peninsula sowie Pelee Island; sie liegen fast ausnahmslos im Gebiet der Großen Seen, die mit ihrer Wasserfläche für einen Ausgleich der teilweise extremen Temperaturschwankungen sorgen. Die wichtigsten Rebsorten neben den immer noch bedeutenden Hybriden sind Chardonnay, Riesling, Cabernet franc, Merlot und Gewürztraminer.

O. P. A. P., Abk. zu Onomasía Proléfseos Anotéras Piótitos; eine Kategorie grie-chischer Herkunftsbezeichnungen (→Griechenland) für Qualitätsweine.

O. P. E., Abk. zu Onomasía Proléfseos Elegchomeni; eine Kategorie griechischer Herkunftsbezeichnungen (→Griechenland) für Likörweine.

Optima, deutsche Weißwein-Rebsorte, eine Züchtung aus Riesling × Silvaner und Müller-Thurgau, die in Rheinhessen und der Pfalz auf etwa 150 ha (2002, 1999: 240 ha) Rebfläche kultiviert wird.

Opus One [ˈɔʊpəs wʌn], einer der renommiertesten Rotweine des kalifornischen Napa Valley aus den Rebsorten Cabernet Sauvignon und Merlot, gleichzeitig auch Name des Erzeugerbetriebs; Opus One wurde 1979 als Jointventure zwischen der US-amerikanischen Kellerei Robert Mondavi und Baron Philippe de Rothschild aus dem französischen Bordeauxgebiet (Château Mouton-Rothschild) gegründet. Das moderne Kellergebäude gilt als eines der Wahrzeichen des Anbaugebiets.

Orange [ˈɔrɪndʒ], GI-Herkunftsbezeichnung für Weine des australischen Bundesstaats →New South Wales; auf knapp 1200 ha (2000) Rebfläche werden v.a. Rotwein-Rebsorten wie Syrah (Shiraz), Cabernet Sauvignon und Merlot, in geringerem Umfang auch weiße Sorten wie Chardonnay kultiviert. Orange gilt als eines der kühleren Anbaugebiete Australiens und bringt verhältnismäßig fruchtbetonte, finessenreiche Weine hervor.

Orange River [ɔrɪndʒ ˈrɪvə(r)], Weinbaugebiet im Zentrum Südafrikas, in dem 13 700 ha (2002) Land unter Reben stehen, deren Produkt allerdings nur z. T. der Weinerzeugung dient. Die Weine können unter der Herkunftsbezeichnung des Bereichs (Ward) Lower Orange vermarktet werden, der keinem Distrikt und keiner der offiziellen Weinbauregionen zugeordnet ist.

Orbel, eine der besten Steillagen der so genannten →Rheinfront im deutschen Anbaugebiet Rheinhessen; von den nach Süd-Südosten ausgerichteten, roten Tonschieferböden einer von der Saar bis an die Saale quer zum Rheingrabenbruch verlaufenden Tonschieferschicht, die sich nur bei Nierstein im so genannten Roten Hang an der Oberfläche zeigt, kommen hervorragende, fast moselartig wirkende Weißweine aus der Rebsorte Riesling.

Ortenau. Klingelberger wird der Riesling in der badischen Ortenau genannt, einer der schönsten Weinlandschaften Deutschlands.

ordinär, markant, aber fast unangenehm und aufdringlich im Aroma und im Geschmack; Begriff der Weinansprache für Weine, die keine Finesse und keinen Charme aufweisen.

Oregon [ˈɔrɪgən], Weinbaustaat im Nordwesten der USA, der im Süden an Kalifornien, im Norden an Washington grenzt; auf insgesamt 4900 ha (2002) Rebfläche im Besitz von fast 220 Erzeugerbetrieben wird überwiegend Spätburgunder (Pinot noir, 2650 ha) kultiviert; Grauburgunder (600 ha), Chardonnay (430 ha), Merlot, Riesling und Cabernet Sauvignon sowie 38 weitere Rebsorten runden das Sortenspektrum ab.

■ **Anbaugebiete:** Das Klima in Oregon ist deutlich kühler und unbeständiger als das seiner südlichen und nördlichen Nachbarn, da die Anbaugebiete im Einflussbereich des kalten Pazifiks liegen und sich die Täler zur Küste hin öffnen. Das erklärt, warum v.a. im nördlichen Teil des Staates die Burgundersorten ein solches Übergewicht haben – mehr als drei Viertel der Rebflächen sind mit ihnen bestockt. Wichtigstes AVA-Anbaugebiet Oregons ist das Willamette Valley, dessen Nordteil 2700 ha, der Südteil 650 ha Rebfläche umfasst. Von hier kommen auch mit Abstand die finessenreichsten und interessantesten Weine. Die übrigen AVA-Bezeichnungen sind Applegate Valley, Rogue Valley, Ump-qua Valley und schließlich das Columbia Valley mit Walla Walla, an dem Oregon einen kleinen Anteil von 400 ha hält (der größte Teil des Gebiets gehört zu Washington). – Infokasten S. 313

organische Düngemittel, eine Art Düngemittel (→düngen).

organoléptico, spanisch für organoleptisch.

organoleptique [ɔrganolɛpˈtik], französisch für organoleptisch.

organoleptisch [zu griech. órganon »Organ«, eigentlich »Werkzeug«, und leptikós »zum Nehmen gehörend«], die Sinneswahrnehmung betreffend; die organoleptische Prüfung ist die Sinnenprüfung (→Verkostung). Organoleptische Eigenschaften von Weinen betreffen Farbe, Geruch und Geschmack.

organolettico, italienisch für organoleptisch.

origen [ɔˈrixɛn], spanisch für →Herkunft.

origine [ɔˈridʒine], italienisch für →Herkunft.

Orléannais [ɔrleaˈnɛ], A. O. V. D. Q. S.-Herkunftsbezeichnung für Weiß- und Rotweine aus dem Gebiet um die Stadt Orléans im französischen Loiretal; auf gut 100 ha (2000) Rebfläche werden die Rebsorten Spätburgunder (Auvernat rouge), Schwarzriesling (Pinot Meunier), Cabernet franc, Chardonnay (Auvernat blanc) und Grauburgunder (Pinot gris) kultiviert. Die meist recht einfachen Weine werden jung getrunken; lediglich Rotweine mit hohem Cabernetanteil besitzen eine gewisse Reifefähigkeit.

Orme|asco, →Dolcetto.

Ortega, deutsche Weißwein-Rebsorte, die 1948 von Hans Breider (*1908, †2000) an der Bayerischen Landesanstalt für Wein-, Obst- und Gartenbau in Würzburg aus Müller-Thurgau und Siegerrebe gezüchtet wurde; sie wird auf knapp 880 ha (2002) Rebfläche kultiviert und ergibt hohe Mostgewichte bei niedrigem Säuregrad. Die Weine werden häufig restsüß oder edelsüß ausgebaut.

Ortenau, Bereich des deutschen Anbaugebiets Baden an den Hängen des Schwarzwalds südlich der Stadt Karlsruhe; von den knapp 2600 ha (2002) Rebfläche ist der Großteil mit Riesling bestockt, der hier – der Überlieferung zufolge nach der Weinbergslage Oberkircher Klingelberg – Klingelberger genannt wird. Die Böden des Bereichs Ortenau bestehen in der Regel aus verwittertem Granit.

Orvi|eto, DOC-Herkunftsbezeichnung für Weißweine aus dem Grenzgebiet der italienischen Regionen Umbrien und Latium; auf etwas mehr als 3000 ha (1997) Rebfläche werden die Weißwein-Rebsorten Trebbiano toscano (Procanico), Verdello, Grechetto,

Malvasia toscana und Canaiolo bianco (Drupeggio) kultiviert.

Die nach dem Frascati populärsten Weißweine Mittelitaliens wurden früher häufig lieblich ausgebaut, sind heute aber meist trocken, neutral im Aroma und rund sowie süffig im Geschmack; die besten kommen aus dem **Orvieto-Classico**-Gebiet um die Stadt Orvieto.

ossidazione, italienisch für Oxidation; vino ossidato ist oxidierter Wein.

Österreich, mitteleuropäisches Weinbauland, dessen gut 32 000 Weinbaubetriebe eine Rebfläche von insgesamt 48 500 ha (2001) bewirtschaften; das Land erzeugt durchschnittlich 2,5 Mio. hl Wein und liegt damit an 14. Stelle in der Welt.

Ein Großteil der Weinberge wird im Nebenerwerb bewirtschaftet – lediglich 2 500 Winzerbetriebe besitzen 5 ha Rebfläche oder mehr. Beim Pro-Kopf-Verbrauch belegt Österreich mit knapp 32 l/Jahr weltweit den neunten Rang. Mit mehr als 300 000 hl exportiert das Land etwa 12 % seiner Produktionsmengen, dem stehen Weinimporte in einer Größenordnung von 500 000–600 000 hl entgegen.

■ **Klima und Böden:** Österreich wird überwiegend von kontinentalen und pannonischen Klimaeinflüssen mit kalten Wintern, milden Herbsten und warmen Sommertagen bei ausgleichend kühlen Nächten geprägt. Großen Einfluss haben die Donau und der Neusiedlersee als Klimaregulatoren. Das pannonische Klima der ungarischen Tiefebene macht sich v. a. im Burgenland bemerkbar, sein Einfluss reicht jedoch bis an die Grenze der Anbaugebiete Wachau, Kremstal und Kamptal in Niederösterreich.

Die wichtigsten Bodenformationen der österreichischen Anbaugebiete sind Löss, der im Weinviertel und im Donautal vorherrscht, Urgestein in der Wachau sowie im Bereich der Städte Krems oder Langenlois, Schiefer, Lehm, Mergel und Sand wie im Burgenland und Braunerde oder Vulkanböden, wie sie in der Steiermark zu finden sind.

■ **Rebsorten und Weintypen:** Österreich ist traditionell ein Weißweinland, obwohl seit den 1990er-Jahren eine deutliche Tendenz zum Rotwein festzustellen ist. Die Lokalsorte Grüner Veltliner belegt etwa 36 % der Gesamtrebfläche. An zweiter Stelle hat sich mit Zweigelt (9 %) eine Rotwein-Rebsorte

Österreich. Ried Klaus ist eine der berühmtesten Weinbergslagen in Österreichs Vorzeigegebiet Wachau. Hier wachsen die Trauben für herrliche Weißweine aus Riesling und Grünem Veltliner.

etabliert, hinter der Welschriesling (knapp 9 %), Müller-Thurgau und die weißen Burgundersorten folgen. Steigenden Anteil an der Rebfläche besitzen die Rotwein-Rebsorten Blaufränkisch und Portugieser sowie der weiße Riesling.

■ **Anbaugebiete:** Österreich ist in vier Weinbauregionen gegliedert, das Weinland mit den Bundesländern Niederösterreich und Burgenland, das Steiererland, Wien und schließlich das Bergland mit den Bundeslän-

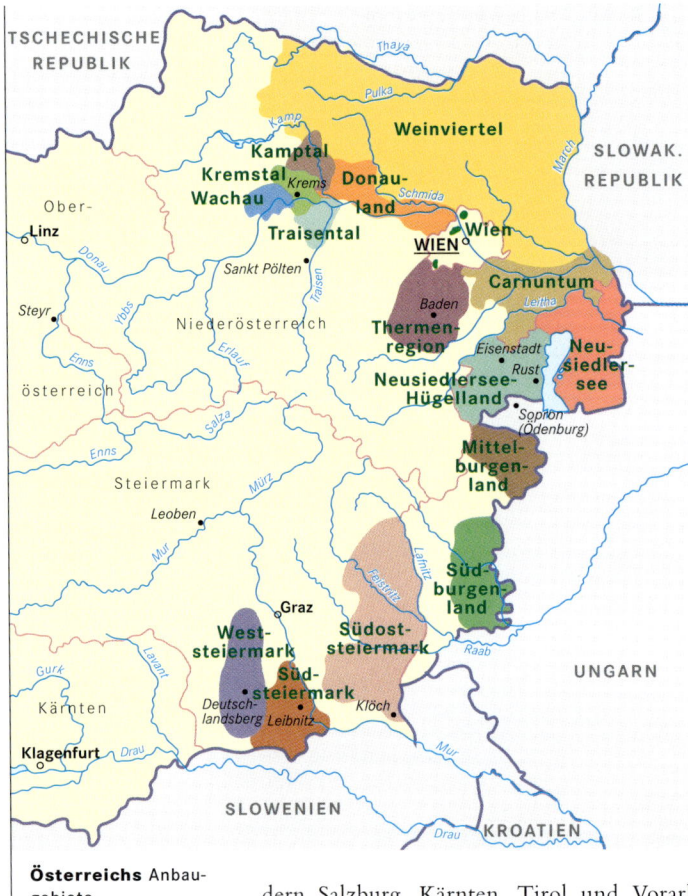

Österreichs Anbaugebiete

dern Salzburg, Kärnten, Tirol und Vorarlberg, in denen allerdings Weinbau nur eine marginale Rolle spielt.

Innerhalb dieser Weinbauregionen sind 19 Anbaugebiete ausgewiesen: Niederösterreich, das auch Weinviertel, Wachau, Kremstal, Kamptal, Traisental, Donauland, Carnuntum und Thermenregion umfasst, das Burgenland mit Neusiedlersee, Neusiedlersee-Hügelland, Mittelburgenland und Südburgenland, die Steiermark mit Südoststeiermark, Südsteiermark und Weststeiermark sowie schließlich Wien.

■ **Geschichte:** Die Ursprünge des österreichischen Weinbaus gehen eventuell bereits auf die keltische Besiedlung zurück, entschei-

denden Einfluss auf die Entwicklung aber hatte der römische Kaiser Probus (*232, †282), der in den römischen Provinzen Noricum und Pannonien Weinreben zur Versorgung seiner Truppen auspflanzen ließ. Nach dem Einbruch im Gefolge der Völkerwanderung brachten Benediktiner und Zisterzienser den Weinbau zu neuer Blüte. Im 14. Jh. gab es bereits eine detaillierte Weinbauordnung, im 16. Jh. umfasste die Rebfläche fast 100 000 ha.

Unter den Habsburgern, die dem Weinbau nach dem Dreißigjährigen Krieg zu einer neuen Blüte verhalfen, strahlte die österreichische Weinkultur auf viele Teile des Reiches aus. In der Folge des so genannten Glykolskandals (→Glykol) von 1985 kam es zur Verabschiedung eines im europäischen Vergleich sehr strengen Weingesetzes und zu erheblichen Qualitätsanstrengungen vonseiten der Winzerschaft.

■ SIEHE AUCH

→ Ausbruch · Auslese · Beerenauslese · Bergland · Bergwein · Burgenland · Carnuntum · Districtus Austria Controllatus · Donauland · Eiswein · Federspiel · Kamptal · Kremstal · Mittelburgenland · Neusiedlersee · Neusiedlersee-Hügelland · Niederösterreich · Schilcher · Smaragd · Spätlese 2) · Steiermark · Steinfeder · Strohwein · Südburgenland · Thermenregion · Traisental · Trockenbeerenauslese · Wachau · Weinviertel

Österreicher, →Silvaner.

Österreichische Weinmarketingservicegesellschaft mbH, Abk. **ÖWM,** Organisation der österreichischen Weinwirtschaft, zu deren Zielen die Vermarktung einheimischer Weine im In- und Ausland gehört. Die Gesellschaft mit Sitz in Wien arbeitet mit den Mitteln der klassischen Absatzförderung und der Öffentlichkeitsarbeit mit unterstützender Medienwerbung.

Ostschweiz, Weinbauregion der Schweiz, die den gesamten deutschsprachigen Landesteil umfasst, also auch das im Nordwesten gelegene Basel; die Rebfläche von knapp 2 600 ha (1999) verteilt sich auf sämtliche Kantone, deren wichtigste Zürich, Schaffhausen, Graubünden, Aargau, Thurgau, St. Gallen und Basel sind. Kultiviert werden zu 70 % Rotwein-Rebsorten – v. a. Spätburgunder – und zu 30 % Weißwein-Rebsorten, unter denen Müller-Thurgau dominiert.

Overberg, südafrikanisches Anbaugebiet (District) der Weinbauregion →Coastal Region; die Weine der insgesamt gut 900 ha (2002) Rebfläche werden überwiegend unter den Herkunftsbezeichnungen →Walker Bay und →Elgin vermarktet.

ÖWM, Abk. für →Österreichische Weinmarketingservicegesellschaft mbH.

Oxidation, die Reaktion von Most- oder Weininhaltsstoffen mit Sauerstoff; Oxidationsprozesse können gezielt herbeigeführt, aber auch unerwünscht sein. Veränderungen, die durch intensive Oxidationsvorgänge verursacht werden wie das →Braunwerden und das Entstehen eines →Kochtons oder →Lufttons, gelten als →Weinfehler.

Die Oxidationsgeschwindigkeit ist von der Temperatur und vom Vorhandensein sauerstoffübertragender Enzyme abhängig, den so genannten **Oxidasen.** Solche Oxidasen (Polyphenoloxidasen) finden sich insbesondere in faulem Lesegut. Der Sauerstoff, der zu diesen Reaktionen notwendig ist, lässt sich z. T. durch ein Reduktionsmittel (→Reduktion, →Schwefel), abfangen und unwirksam machen.

Kontrolliert und erwünscht ist die Oxidation einzelner Bestandteile des Weins dagegen beim Reifen und →Altern; durch die so genannte Mikrooxidation (→Sauerstoff) oder durch Lagerung im Holzfass wird sie zur Erzielung bestimmter Ergebnisse bewusst herbeigeführt. Man spricht in diesem Falle von **oxidativem Ausbau** der Weine im Unterschied zum reduktiven. Bestimmte Weine wie z. B. einige Sherryvarianten und andere spanische bzw. südfranzösische Likörweine werden gezielt einer intensiven Oxidation unterzogen, damit sich ihre typischen, oxidativen Aromen entwickeln.

P

Paarl, südafrikanischer Weinbaudistrikt (District) im Osten Kapstadts, der Teil der →Coastal Region ist.

Auf knapp 16 000 ha (2002) Rebfläche werden mehrheitlich Rotwein-Rebsorten kultiviert, v. a. Cabernet Sauvignon (2 800 ha), Syrah (Shiraz, 1500 ha), Pinotage (1300 ha), Cinsaut (1200 ha) und Merlot (1200 ha). Chardonnay und Sauvignon blanc (je 900 ha) sind die meistverbreiteten weißen Sorten. Das Klima ist hier deutlich heißer und trockener als im südlich anschließenden Stellenbosch, die Weine sind dementsprechend kräftiger und alkoholreicher.

Der Distrikt Paarl ist untergliedert in die drei Bereiche (Wards) →Franschhoek, →Wellington 2) und Simonsberg-Paarl an den Hängen des Paarlbergs (deutsch: Perlenberg). Das 1717 gegründete Paarl ist ein historisches Zentrum des südafrikanischen Weinbaus, hier hat die größte Kellerei ihren Sitz, die Ko-Operatieve Wijnbouwers Vereniging (KWV), die allein fast 40 % der südafrikanischen Traubenmengen verarbeitet. In den letzten Jahrzehnten des 20. Jahrhunderts wurde Paarl in seiner Bedeutung jedoch von Stellenbosch übertroffen.

Paarl. Das historische Weingut Nederburg ist weit über die Grenzen Paarls und sogar Südafrikas hinaus bekannt. Hier findet alljährlich die bedeutendste Weinauktion des Landes statt.

Paarl Riesling, →Crouchen.

Pacherenc du Vic-Bilh [paʃrã dy vɪk bil, zu Bi de Bits Pacherads, gascognischer Dialekt, »Wein von Reben am Pfahl«, und Vic-Bilh »altes Land«], A. C.-Herkunftsbezeichnung für aromatische Süßweine aus dem französischen →Südwesten, dessen Anbaugebiet mit dem des →Madiran identisch ist. Die Weine werden aus Trauben der einheimischen Sorten Ruffiat (Arrufiac), Petit Courbu und Gros Manseng mit Anteilen Sauvignon blanc und Sémillon gekeltert, die am Stock angetrocknet wurden. Die Jahresproduktion beträgt nur etwa 7 000 hl.

Padthaway [ˈpædθəweɪ], GI-Herkunftsbezeichnung für Weine aus dem australischen Bundesstaat Südaustralien; das Anbaugebiet im Norden des bekannteren →Coonawarra umfasst etwa 3 450 ha Rebfläche, die zu fast zwei Dritteln mit Rotwein-Rebsorten bestockt sind. Die meistkultivierte Sorte ist Syrah (Shiraz, 890 ha) vor Cabernet Sauvignon (860 ha) und Chardonnay (830 ha). Das Gebiet wurde erst von 1963 an für Weinbau erschlossen. Es zeichnet sich durch etwas wärmeres Klima als Coonawarra aus.

pago [ˈpago, »Flur«], spanisch für →Lage; die Angabe von Weinbergslagen auf Weinetiketten war in Spanien bis 2003 verboten. Weine, die aus Trauben einer einzelnen Lage gekeltert worden waren, konnten zwar die englische Bezeichnung single vineyard (»Einzellage«) führen, der Name der entsprechenden Lage durfte aber nicht genannt werden. Erst mit der Neufassung des Weingesetzes wurde die Kategorie »Vino de Pago« (Lagenwein) als eigenständige Qualitätsstufe anerkannt.

Païen [paˈjɛ̃], französisch für die Rebsorte →Heida.

Palis, Mission [ˈmɪʃn], Weißwein-Rebsorte mit rötlichen Beeren, die ursprünglich aus Spanien nach Mittel- und Südamerika kam und v. a. in Chile und Mexiko kultiviert wird. Weltweit steht sie auf 52 000 ha (1999) Rebfläche. Die Weine sind rustikal und werden häufig süß ausgebaut. Einige Ampelographen vermuten eine Verwandtschaft mit der Rotwein-Rebsorte →Monica der italienischen Insel Sardinien.

Pale cream [peɪl kriːm], eine Art →Sherry.

Palmer [palˈmɛr], **Château P.,** nach einem britischen Offizier, der sich 1814 an der Gironde niederließ, benanntes Spitzenweingut der Appellation Margaux im französischen Bordeauxgebiet, das als Troisième Cru klassifiziert ist, von vielen Kritikern aber wesentlich besser eingestuft wird. Der Grand Vin von Palmer wird zu etwa der Hälfte aus Cabernet Sauvignon, zu 40 % aus Merlot und zu 10 % aus Cabernet franc gekeltert. Der Zweitwein, Alter Ego de Palmer genannt, besteht aus bis zu 70 % Merlot und wird von vielen Kritikern in manchen Jahren als dem Grand Vin ebenbürtig betrachtet.

Palo Cortado, eine Art →Sherry.

Palomino, Listán blanco, spanische Weißwein-Rebsorte, die v. a. in Andalusien kultiviert wird, wo sie einen wichtigen Verschnittanteil von →Sherry bildet; weltweit steht sie auf etwa 35 000 ha (1999) Rebfläche, davon entfallen 25 500 ha auf Spanien, 4 000 ha auf Mexiko, 3 500 ha auf Südafrika, 800 ha auf Australien, knapp 500 ha auf Frankreich und 490 ha auf Argentinien.

Pamid, Rotwein-Rebsorte, die wahrscheinlich osteuropäischen Ursprungs ist; sie wird weltweit auf etwa 30 000 ha (1999) kultiviert, davon allein in Bulgarien auf 19 300 ha. Darüber hinaus steht sie in Griechenland, Rumänien, Ungarn, der Türkei, Makedonien und Albanien. Pamid ergibt in der Regel sehr einfache, farbschwache Weine.

Pandkräftn, →Bandkräftn.

Pannobile, Anfang der 1990er-Jahre gegründete Markenvereinigung von acht Winzerbetrieben des österreichischen Anbaugebiets Neusiedlersee; der Name leitet sich von Pannonien, der einstigen römischen Provinz an der Stelle des heutigen Ungarn, und dem italienischen nobile »edel« ab. Die Weine werden reinsortig oder im Verschnitt ausgebaut und reifen im Barriquefass. Bei den Weißweinen findet auch die Gärung im Barrique statt. Die bevorzugten Weißwein-Rebsorten für den weißen Pannobile sind Chardonnay, Neuburger sowie Grau- und Weißburgunder, für den roten Zweigelt, Blaufränkisch, Sankt Laurent, Cabernet Sauvignon und Spätburgunder (Pinot noir).

Pansá, →Xarel.Lo.

panschen, für den Verkauf bestimmten Wein fälschen oder verfälschen; dies kann durch Verdünnen, durch Zugabe von Fremdwein zu Gewächsen bestimmter Anbaugebiete oder Herkunftsbezeichnungen, durch Verarbeiten nicht zugelassener Rebsorten oder durch Zugabe weinfremder, nicht durch das Weingesetz autorisierter Substanzen geschehen. Weinpanscher waren für zwei der gravierendsten Skandale des europäischen Weinbaus in der zweiten Hälfte des 20. Jahrhunderts verantwortlich, den italienischen Methanolskandal (→Alkohol) und den österreichischen Glykolskandal (→Glykol).

Panzaun, eine der besten Weinbergslagen des österreichischen Anbaugebiets Kamptal, Gemeinde Langenlois; von den nach Süd-Südosten ausgerichteten Hängen mit ihren lehmigen und tiefgründigen Böden kommen sehr gute Weine aus der Weißwein-Rebsorte Grüner Veltliner sowie aus den weißen Burgundersorten.

Pape Clément [pap kle'mã], **Château P.,** Spitzenweingut der Appellation Pessac-Léognan im französischen Bordeauxgebiet, dessen roter Grand Vin als Grand Cru Classé eingestuft ist; der Wein wird zu 60 % aus Cabernet Sauvignon, zu 40 % aus Merlot gekeltert. Zweitwein ist Le Clémentin du Château Pape Clément; darüber hinaus wird ein Weißwein erzeugt, der allerdings nicht klassifiziert ist.

Papiergeschmack, ein Weinfehler, der durch Zellulosebestandteile von Filterschichten verursacht wird; der Geschmack haftet neuen Filterschichten grundsätzlich an. Diese müssen daher vor dem Gebrauch ausreichend gewässert oder mit Dampf behandelt werden. Aus dem fertigen Wein lässt sich Papiergeschmack nicht mehr entfernen.

pappig, ohne Biss und Struktur, in Geruch und Geschmack undefiniert; Begriff der Weinansprache für ausdruckslose Weine. Auch Süßweine werden als pappig oder klebrig bezeichnet, wenn sie zu viel Restsüße und keine ausreichende Säure- bzw. Tanninstruktur aufweisen.

PANSCHEN. *Vom Skandal zur Qualitätsrevolution*

Es gab im 20. Jahrhundert wohl keine gravierenderen, einschneidenderen Weinskandale als die, die Österreich und Italien in den Jahren 1985 und 1986 erschütterten. Trotz direkter, gravierender Folgen – in beiden Ländern erlitt zum Beispiel der Export enorme Verluste, die erst nach Jahren wieder ausgeglichen werden konnten – hatten beide auch positive Effekte. In Österreich führte der Glykolskandal nicht nur zur Verabschiedung eines der strengsten Weingesetze Europas. Es ging auch ein kollektiver Ruck durch die Winzerschaft, die definitiv den Weg echten Qualitätsweinbaus einschlug und mit ihren Weinen vom Anfang der 1990er-Jahre an weltweit für Furore sorgte. In Italien traf der Skandal auf eine ähnlich gelagerte Bewegung, die bereits vor 1986 begonnen hatte, aber nach dem Skandal enorm an Breite und Tiefe gewann. Nicht zufällig entstanden in den letzten 1980er-Jahren die wichtigsten Weinpublikationen des Landes. Anstatt die beginnende, weltweite Karriere der italienischen Weine zu stoppen, gab ihr der Skandal mehr Schwung und Durchschlagskraft.

Parellada [pare'ʎada], spanische Weißwein-Rebsorte, die fast ausschließlich in Katalonien kultiviert wird, wo sie auf gut 10 000 ha Rebfläche steht; Parellada ist eine der Rebsorten für Cavagrundwein (→Cava 1).

parfümiert, übertriebene aromatische Eigenschaften zeigend; Begriff der Weinansprache für Weine mit aufdringlichen Aromen, die ausgesprochen unangenehm wirken können.

Parker, Robert M., Anwalt und Weinpublizist, *Baltimore (Md.) 23. 7. 1947, er gilt als einer der einflussreichsten Weinkritiker der Welt.

Nach dem Geschichts- und Jurastudium arbeitete Parker bis 1984 als Rechtsanwalt in einer Bank seines Heimatstaates. Bereits von 1967 an interessierte er sich für Wein, und im August 1978 erschien die erste Ausgabe seines Informationsbriefs »The Wine Advocate«, der heute in einer Auflage von 40 000 Exemplaren in zahlreichen Ländern vertrieben wird. Nach dem Erscheinen der ersten Bücher, »Bordeaux« und »Parker's Wine Buyer's Guide«, begann der Einfluss Parkers Ende der 1980er-Jahre auch außerhalb der USA zu wachsen. Kritiker werfen ihm vor, dass er sich zu sehr auf die Weine des Bordeauxgebiets und des Rhônetals spezialisiert habe und nur einen einzigen Weinstil, den der üppigen, sehr fruchtbetonten und konzentrierten Rotweine, wirklich gelten lasse.

pas dosé, brut zéro (→brut).

Paso Robles [ˈpæsəʊ rɔʊblz], AVA-Herkunftsbezeichnung für Weine des Countys San Luis Obispo an der kalifornischen Central Coast; auf den 7500 ha (2002) Rebfläche des 1983 eingerichteten Anbaugebiets werden v.a. Cabernet Sauvignon, Chardonnay, Zinfandel

Paso Robles gehört zu den wärmsten Anbaugebieten der kalifornischen Central Coast. Reben überleben in den heißen, trockenen Sommern nur dank intensiver Bewässerung.

und Sauvignon blanc kultiviert, zunehmend allerdings auch Rebsorten von der Rhône und aus Südfrankreich wie Roussanne, Mourvèdre oder Grenache. Das Klima des Gebiets ist durch die heißesten Tages- und kühlsten Nachttemperaturen aller kalifornischen Anbaugebiete charakterisiert; diese Temperaturschwankungen sorgen für aromabetonte, komplexe Weine.

passato, italienisch für die Geschmacksbeschreibung überaltert.

passé, französisch für die Geschmacksbeschreibung überaltert, umgekippt.

Passe-Tout-Grains, Passetoutgrains [pastuˈgrɛ̃, eventuell zu französ. tout grain

»jede Beere(nsorte)«], Rotwein oder Rosé des französischen Burgund, der aus einem Traubenverschnitt von Gamay mit mindestens einem Drittel Spätburgunder (Pinot noir) gekeltert wird; die meist leichten, einfachen Weine werden unter der Regionalappellation Bourgogne Passe-Tout-Grains vermarktet; der Großteil kommt von der →Côte Chalonnaise.

passito, eigentlich **appassito** [zu italien. appassire »verwelken«, »trocknen«], italienisch für angetrocknet, teilweise rosiniert; Bezeichnung für italienische Weine, die aus getrockneten Trauben gekeltert werden. Sie können dabei nach Art von Trockenbeeren am Rebstock oder auf Stroh bzw. Holzlatten liegend bzw. an Holzgestellen aufgehängt trocknen. Die bekanntesten dieser Weine sind Amarone und Vin santo; andere Herkunftsbezeichnungen, die das Trocknen der Weine (italienisch **appassimento**) zumindest für bestimmte Varianten vorschreiben, sind z.B. Montefalco Sagrantino, Malvasia delle Lipari, Erbaluce di Caluso, Albana di Romagna oder Moscato Passito di Pantelleria.

pasteurisieren [pastœ-, nach dem französ. Mikrobiologen Louis Pasteur; *1822, †1895], haltbar machen von meist flüssigen Lebensmitteln durch Erhitzen auf eine Temperatur von unter 100°C; Moste werden bis 85°C erhitzt, bei Weinen genügen aufgrund ihres Alkoholgehalts 65°C. Ziel dieser Maßnahme ist das Inaktivieren von Enzymen und das Abtöten von Mikroorganismen wie Hefen, Schimmelpilzen oder Bakterien; dadurch werden die behandelten Produkte für kürzere Zeit haltbar und stabil gemacht.

pastoso, italienisch für die Geschmacksbezeichnung wuchtig, dicht, üppig.

Patras, griechische O.P.A.P.-Herkunftsbezeichnung für Weiß- und Rotweine aus dem Norden des Peloponnes; mit 4000 ha (2002) Rebfläche ist ihr Anbaugebiet das größte der Halbinsel. Aus den einheimischen Rebsorten Mavrodaphne, Roditis und Sideritis und aus internationalen Sorten wie Chardonnay oder Cabernet Sauvignon werden trockene Weine sowie süße, weiße und rote Likörweine mit O.P.E.-Status erzeugt.

Patrimonio, A.C.-Herkunftsbezeichnung der französischen Inselregion Korsika; auf etwa 260 ha (2000) Rebfläche werden die Rotwein-Rebsorten Sangiovese (Nielluccio), Grenache und Sciacarello sowie die Weißwein-Rebsorten Vermentino (Malvoisie) und Trebbiano (Ugni blanc) kultiviert. Während die Weißweine aromatisch und eher leicht ausfallen, sind die zu mindestens 90% aus Sangiovese gekelterten Roten dicht und kräftig, allerdings nicht sehr tanninbetont.

Pauillac [poˈjʌk], eine der renommiertesten A.C.-Kommunalappellationen des →Haut-Médoc im französischen Bordeauxge-

biet; von etwa 1200 ha (2000) Rebfläche kommen insgesamt 18 Grands Crus Classés, darunter die drei Premiers Grands Crus Château Latour, Château Lafite Rothschild und Château Mouton-Rothschild. Auch unter den zweit- und drittklassierten Weinen finden sich absolute Spitzenprodukte. Pauillac bringt die kräftigsten, tanninbetontesten und wahrscheinlich auch langlebigsten Rotweine der →Rive gauche hervor.

Paulinshofberger, Paulins-Hofberger, sehr gute Weinbergslage der Gemeinde Kesten im deutschen Anbaugebiet Mosel-Saar-Ruwer, Bereich Bernkastel; die Nachbarlage des sehr viel bekannteren und populäreren Brauneberger Juffer bringt typische, rassige Moselrieslinge hervor.

Pays Nantais [peɪ nãˈtɛ], Weinbaubereich am Unterlauf der →Loire, zu dem die Muscadet-Appellationen (→Melon) und der A. O. V. D. Q. S.-Wein Coteaux d'Ancenis gehören. Der Hauptwein des Gebiets aus der Weißwein-Rebsorte Folle blanche wird unter der Appellation Gros Plant du Pays Nantais vermarktet. Sein Anbaugebiet umfasst etwa 12800 ha (2000) Rebfläche und liegt südlich der Loire zwischen der Stadt Nantes und der Mündung des Flusses in den Atlantik.

Pécharmant [peʃarmã], A. C.-Herkunftsbezeichnung für Rotweine aus dem Bereich der Stadt Bergerac im französischen →Südwesten; auf 350 ha (2000) Rebfläche werden die typischen Bordeauxsorten Cabernet Sauvignon, Cabernet franc, Malbec (Côt) und Merlot kultiviert. Die kräftigen, strukturierten und alterungsfähigen Weine gehören zu den besten der Region.

Pedro Ximénez [- (k)sɪˈmenes], Abk. **PX, Pedro Jiménez, Pero Ximén, Ximen, Ximénez,** Weißwein-Rebsorte Südspaniens, die traditionell v. a. bei der Likörweinherstellung Verwendung findet.

Die größten Rebflächen finden sich in den Provinzen Córdoba (D. O. Montilla-Moriles) und Málaga (D. O. Málaga y Sierras de Málaga), aber auch im Sherrygebiet sowie in den Provinzen Badajoz und Valencia ist sie stark vertreten. Weltweit wird Pedro Ximénez auf knapp 21000 ha (2000) Rebfläche kultiviert, von denen allein 20500 in Andalusien liegen. Ob die gleichnamige, in Argentinien weit verbreitete Sorte (20500 ha) mit dem spanischen Pedro Ximénez identisch ist, ist nicht gesichert.

Die großbeerige Traube, die einen außerordentlich hohen Zuckergehalt erreicht und die süßesten Likörweine Spaniens hervorbringt, stammt der Legende nach vom Rhein. Ein flämischer Söldner namens Peter Siemens soll sie im 16. Jh. nach Spanien gebracht haben. Im Gebiet von Montilla-Moriles, wo sie fast 70% der Anbauflächen belegt, werden seit den 1990er-Jahren auch trockene Weißweine aus ihr erzeugt, die im Geschmack weich und mild wirken. Die Trauben für die konzentrierten, traditionellen Süßweine mit ihren typischen Aromen von Kaffee und Schokolade werden meist in der Sonne getrocknet und dann langsam gepresst.

Pendelbogen, eine Form der Fruchtrute beim →Rebschnitt.

Penedés, bedeutendste D. O.-Herkunftsbezeichnung der spanischen Region Katalonien; auf insgesamt 27500 ha (2000) Rebfläche wird einer der vielseitigsten Rebsortenspiegel Spaniens kultiviert.

Offiziell wird zwischen drei Bereichen unterschieden: dem unteren, dem zentralen und dem oberen Penedés. Auf einem Großteil des Anbaugebiets wachsen auch Trauben für den Schaumwein →Cava 1), dessen Produktion etwa 60% der jährlichen Erntemengen absorbiert.

Die Rebflächen ziehen sich von der Küste bis in Höhen von 750 m ü. M., wobei es trotz des mediterranen Klimas und der durchschnittlich 2700 Sonnenstunden pro Jahr in den höheren Bereichen im Winter zu strengen Frösten kommen kann. Die Böden sind überwiegend kalkhaltig.

Penedés. Auf den Weinbergen des katalonischen Penedés wachsen vor allem Trauben für Cava, den berühmtesten Schaumwein Spaniens.

Weiße Hauptsorten sind die für den Cava verwendeten Macabeo, Xarel.Lo, Parellada sowie Chardonnay. Daneben werden Subirat Parent, Riesling und Sauvignon blanc kultiviert. Bei den roten Sorten dominieren Tempranillo (Ull de Llebre), Cabernet Sauvignon und Merlot; daneben findet man Grenache (Garnacha), Mourvèdre (Monastrell) und Carignan (Cariñena).

Pennsylvania [pensl'veınıə], Weinbaustaat im Nordosten der USA; die Rebfläche des Staates beträgt etwas mehr als 5500 ha. Pennsylvania steht an vierter Stelle der US-Bundesstaaten, was die Traubenproduktion, aber nur an achter, was die Weinerzeugung betrifft.

Unter den kultivierten Rebsorten sind europäische Kultursorten wie Cabernet Sauvignon, Chardonnay, Gewürztraminer, Grauburgunder (Pinot gris), Spätburgunder (Pinot noir) und Riesling, aber auch Hybriden wie Catawba, Cayuga, Chambourcin, Seyval blanc, Vidal blanc und Vignoles. Die vier AVA-Herkunftsbezeichnungen heißen Lake Erie, Central Delaware Valley, Cumberland Valley und Lancaster Valley, wobei nur das Anbaugebiet der Letzteren ausschließlich auf dem Gebiet von Pennsylvania liegt.

perfumado [perfu'maðu], portugiesisch für die Geschmacksbezeichnung duftend.

Pergolaerziehung, süddeutsch **Pergelerziehung** [zu latein. pergula »Anbau«, »Vorbau«], eine →Erziehungsform von Weinreben.

Pérignon [perı'ɲɔ̃], Pierre, genannt Dom Pérignon, französischer Benediktinermönch, *Sainte-Menehould (Département Marne) 1638 (?), †Hautvillers (Département Marne) 1715; er trat 1668 als Schatz- und Kellermeister

in das Kloster Hautvillers nördlich von Épernay ein, dessen Abt er zum Ende seiner Lebenszeit wurde.

Dom Pérignon wird oft fälschlich als Erfinder des Champagners als Schaumwein bezeichnet. Der Überlieferung nach war ihm das mehr oder weniger häufige, leichte Nachgären und Perlen seiner Weine eher ein Gräuel. Aufgrund seiner profunden Kenntnisse der Champagner-Terroirs und der kultivierten Rebsorten konnte er aber eine Cuvée kreieren, in die neben dem weißen Chardonnay auch weißgepresster Wein aus den Rotwein-Rebsorten der Region einging, was den Weinen Struktur und Alterungsfähigkeit gab. Die eigentliche Entwicklung des Champagners zum Schaumwein begann erst nach der Wirkungszeit von Dom Pérignon.

Periquita, Castelão francés (→Castelão).

Perlage [pɛr'laʒ, zu französ. perler »perlen«], das Entweichen von Kohlendioxidbläschen (Perlen) bei →Schaumweinen.

Perle, deutsche Weißwein-Rebsorte, die 1927 von Georg Scheu an der Bayerischen Landesanstalt für Wein-, Obst- und Gartenbau in Würzburg aus Gewürztraminer und Müller-Thurgau gezüchtet wurde, aber nur noch auf weniger als 100 ha Rebfläche kultiviert wird und in ihrer Verbreitung rückläufig ist. Die Weine sind leicht, mild und blumig, zeigen aber häufig ungewöhnliche, gelegentlich sogar fehlerhaft wirkende Aromen.

Perlit, natürliches, wasserhaltiges Gesteinsglas, das aus vulkanischem Gestein entsteht; Perlit wird im Bereich der Kellertechnik als Filterschicht in so genannten Anschwemmfiltern (→filtrieren) verwendet.

Perlwein, schäumender Wein, der im Tankgärverfahren, in Ausnahmefällen auch im Flaschengärverfahren hergestellt wird, im Unterschied zu →Schaumwein jedoch nur einen Flaschendruck von mindestens 1,0 und höchstens 2,5 bar aufweist; alternativ dazu kann Perlwein auch im Imprägnierverfahren erzeugt werden. Für Qualitätsperlweine bestimmter Anbaugebiete darf ausschließlich Kohlendioxid verwendet werden, das bei der alkoholischen Gärung der Grundweine freigesetzt wurde. Sie müssen einen Alkoholgehalt von mindestens 7 Vol.-% aufweisen.

Pernand-Vergelesses [pɛrnã vɛrʒ'lɛs], A. C.-Herkunftsbezeichnung für Weine der gleichnamigen Gemeinde an der burgundischen →Côte de Beaune; auf 194 ha (2002) Rebfläche werden zu drei Vierteln Spätburgunder (Pinot noir) und zu einem Viertel Chardonnay kultiviert. Die Appellation umfasst insgesamt 57 ha Rebfläche, die als Premier Cru klassifiziert sind. Darüber hinaus besitzt die Gemeinde Teile der Grand-Cru-Lagen Corton, Corton-Charlemagne und Charlemagne.

Peronos|pora, die →Rebkrankheit Falscher Mehltau.

Persistenz, die Dauer des →Abgangs.

persistenza, italienisch für die Dauer des →Abgangs.

Peru, kleines Weinbauland Südamerikas; auf etwa 11 000 ha Rebfläche werden v. a. französische und italienische Rebsorten wie Alicante Bouschet, Barbera, Cabernet Sauvignon, Grenache, Sauvignon blanc etc. kultiviert. Das heiße, trockene Klima, in dem es aufgrund der äquatornahen Lage keinen Winter gibt, erlaubt das Einbringen von zwei Ernten im Jahr. Der Großteil der Trauben wird allerdings nicht zu Wein, sondern zu Pisco, einen landestypischen Weinbrand, verarbeitet.

Pessac-Léognan [pɛsˈsʌk leɔˈɲã], A. C.-Herkunftsbezeichnung, die 1987 innerhalb der Appellation →Graves für die qualitativ höchstwertigen Terroirs im Nordwesten des Gebiets, in unmittelbarer Nachbarschaft der Stadt Bordeaux, eingerichtet wurde; ihr Anbaugebiet umfasst etwa 1320 ha (2002) Rebfläche und ist zu einem Viertel mit Weißwein-, zu drei Vierteln mit Rotwein-Rebsorten bestockt.

Pessac-Léognan ist zwar eine der jüngsten Appellationen des Bordeauxgebiets, besitzt aber zahlreiche renommierte Weingüter wie die Domaine de Chevalier.

Kultiviert werden die klassischen Sorten des Bordeauxgebiets, wobei Cabernet Sauvignon nie mehr als 60 % der roten Cuvées stellt und in einigen der Spitzenweine des Gebiets sogar nur in sehr geringem Umfang vertreten ist. Mit Château Haut-Brion besitzt Pessac-Léognan einen der vier Premiers Grands Crus der →Rive gauche. Böden und Klima entsprechen weitgehend denen der Graves generell.

Pestizide [zu Pest und latein. caedere »töten«], Schädlingsbekämpfungsmittel, gelegentlich auch **Biozide** genannt, die im →Pflanzenschutz eingesetzt werden; auch Sammelbezeichnung für alle chemischen Pflanzenschutzmittel.

pétillant [petiˈjã], französisch für perlend, prickelnd; gemeinsprachlich für Perl- oder Schaumwein (vin pétillant).

Petit Chablis [p(ə)ˈtɪ ʃaˈbli], Bereich der französischen Appellation →Chablis.

Petite Arvine, →Arvine.

Petite Sirah, Sirah, Petite Syrah [p(ə)ˈtɪt siˈrʌ], in Australien **Durif** [djʊˈrif], Rotwein-Rebsorte, die um 1880 in Frankreich als Sämling oder Selektion der Rebsorte Peloursin gezüchtet wurde, dort aber heute fast verschwunden ist; Petite Sirah wird weltweit noch auf 3 000 ha (1999) Rebfläche kultiviert, v. a. in Australien, Brasilien, Chile, Israel, Kalifornien und Südafrika. Die Weine sind farbintensiv, aber sehr einfach in Aroma und Geschmack.

Petit Manseng [p(ə)ˈtɪ mãˈsɛ̃], Spielart der Weißwein-Rebsorte →Manseng.

Petit Rouge [p(ə)ˈti ruːʒ], Rotwein-Rebsorte der italienischen Region →Aostatal.

Petit Verdot [p(ə)ˈtɪ vɛrˈdo], Rotwein-Rebsorte, die ursprünglich aus dem französischen Bordeauxgebiet stammt; die spät reifende Sorte ergibt farbintensive, tanninreiche Weine und ist Bestandteil des so genannten →Bordeauxverschnitts. In zahlreichen Domänen des Médoc stellt sie 5–10 % des Rebenbestands. Insgesamt wird Petit Verdot in Frankreich auf knapp 400 ha (1999) Rebfläche kultiviert; weltweit kommen noch knapp 100 ha hinzu.

Petrolton, Petrolgeruch, Aroma von gereiften Weißweinen v. a. kühler Anbaugebiete, das an den Geruch von Kohlenwasserstoffen (Kerosin, Teer) erinnert.

Der Duft ist nach neuesten Forschungen einer Substanz mit dem chemischen Namen 1,1,6-Trimethyldihydronaphtalin geschuldet, die beim Abbau von Carotinoiden (→Farbe) entsteht. Er wird von vielen Weinfreunden in bukettbetonten Weinen wie beispielsweise Rieslingen als angenehm empfunden, so lange er mit den Fruchtnoten des Weins harmoniert. Der Petrolton gilt als »chemischer« Aromatyp und wird auf Aromarädern (→Aroma) häufig zwischen erdig und oxidiert dargestellt. Wenn er zu dominant wird oder unangenehm, fast schmutzig wirkt, ist dies ein Hinweis darauf, dass der Wein überaltert, eventuell bereits ungenießbar ist. Der Petrolton wird häufig mit →Firne verwechselt.

Pétrus [peˈtrys], **Château P.,** Spitzenweingut der Appellation →Pomerol im französischen Bordeauxgebiet; Weine aus Pomerol sind nicht offiziell klassifiziert, für Weinfreunde und Weinkritiker steht Pétrus aber auf einer Stufe mit den Premiers Grands Crus aus →Médoc und →Saint-Émilion.

Das Besondere an Pétrus sind seine Weinberge: Sie liegen auf der höchsten Kuppe des Pomerolgebiets, deren Böden aus grauschwarzem Lehmsand bestehen, während bei den Nachbarn bläulicher Lehm vorherrscht. Der Wein wird fast reinsortig aus Merlot ge-

Pétrus. Lange Zeit wurde Château Pétrus, der vielleicht berühmteste Einzelwein der Welt, in einem unscheinbaren Gutsgebäude von Pomerol erzeugt. Nur der goldene Schriftzug an einer Seitenwand des Hauses zeugte von der noblen Adresse. Erst Ende der 1990er-Jahre kam dann ein modernes Kelter- und Lagerhaus dazu.

keltert und gilt als einer der besten und alterungsfähigsten Vertreter dieser Sorte weltweit. Er zeigt in der Jugend konzentrierte Beerenaromen, später dann Kräuterwürze und wird am Gaumen mit zunehmender Reife samtiger und öliger.

Pettental, Pettenthal, eine der besten Weinbergslagen der so genannten →Rheinfront im deutschen Anbaugebiet Rheinhessen; an den nach Süd-Südosten ausgerichteten Hängen mit ihren sandigen Lehmböden und hohem Steinanteil wachsen die Trauben für gehaltvolle, ausdrucksstarke Weißweine der Sorte Riesling. Die zum so genannten →Roten Hang gehörende Lage genießt ein stabiles, von der Wasserfläche des Rheins geprägtes und gegen feuchte Westwinde geschütztes Mikroklima.

PÉTRUS. *Nicht mehr der Teuerste*

Jahrzehntelang galt, was Weinpreise betrifft, ein ehernes Gesetz: Der Bordeaux-Rote Château Pétrus und der Burgunder La Romanée Conti waren die teuersten Weine der Welt. Wer eine Flasche von ihnen erstehen wollte, musste bereit sein, Hunderte von Euros zu bezahlen. Seit Anfang der 1990er-Jahre ist die Preishierarchie ins Wanken gekommen. In Frankreich selbst, in Italien und Spanien, vor allem aber in den Ländern der Neuen Welt, drängte eine Reihe so genannter Kultweine ins Rampenlicht, deren Preise Pétrus und Romanée Conti fast wie Schnäppchen aussehen lassen. Le Pin oder Valandraud in Frankreich, Pingus und Gran Muralles in Spanien, Three Rivers in Australien heißen die neuen Stars der Szene. Mit Produktionsmengen von oft nur 2 000 oder 5 000 Flaschen setzen ihre Erzeuger ganz auf den Seltenheitswert ihrer Weine und erzielen Preise von mehr als 1 000 oder gar 1 500 Euro für den Jungwein – pro Flasche versteht sich. Eine 6-l-Flasche jüngeren Jahrgangs des kalifornischen Cabernet Sauvignon Screaming Eagle wurde auf einer Auktion im Napa Valley für stolze 500 000 US-$ versteigert, das entspricht mehr als 60 000 Euro für den Inhalt einer Normalflasche.

Peynaud [pe'no], Émile, französischer Önologe, *Bordeaux 29.6. 1912; er gilt als einer der bedeutendsten Önologen des 20. Jahrhunderts. Nach der Lehrzeit in einem Weinhandelshaus von Bordeaux studierte Peynaud Önologie und promovierte 1946. Anschließend arbeitete er im neu gegründeten Önologischen Institut der Stadt und beriet unzählige Weingüter im In- und Ausland. Bekannt wurde Peynaud v. a. durch seine populären Schriften »Le goût du vin«, 1980 (deutsch Die hohe Schule des Weinkenners), und »Connaissance et travail du vin«, 1982.

Pfaffenberg, bereits 1230 urkundlich erwähnte Lage des österreichischen Anbaugebiets Kremstal, Gemeinde Krems-Stein, an der Grenze zur Wachau; die Gneis-Verwitterungsböden mit ihren nach Südost bis Südwest ausgerichteten steilen Terrassen in 250–300 m ü. M. bringen Weißweine aus Riesling und Grüner Veltliner hervor, die denen der besten Wachauer Lagen ähneln.

Pfahlerziehung, eine →Erziehungsform der Weinrebe.

Pfalz, bis 1995 Rheinpfalz genanntes, nach Rheinhessen zweitgrößtes deutsches Anbaugebiet, im Südwesten Deutschlands; es zieht sich über eine Strecke von etwa 70 km an den Hängen des Pfälzer Waldes zur Rheinebene von Monsheim im Norden bis zur französischen Grenze im Süden und umfasst 23 360 ha (2002) Rebfläche, von deren Trauben durchschnittlich 2,4 Mio. hl Wein jährlich erzeugt werden.

Während im Norden und Zentrum traditionsreiche, große Weingüter das Bild bestimmen, wurde der Weinbau der Südpfalz lange Zeit durch übermächtige Genossenschaften dominiert; ein Bild, das sich erst seit Mitte der 1990er-Jahre ändert. Die Hektarerträge sind mit durchschnittlich etwa 110 hl/ha die zweithöchsten in Deutschland.

Das nach Baden sonnenreichste und wärmste Anbaugebiet Deutschlands besitzt eine Vielzahl unterschiedlicher Bodenformationen, die von Buntsandstein über Lehm, Mergel, Keuper, Muschelkalk, Porphyr und Granit bis zu Schiefer reichen. Trotz seiner Ausdehnung ist das Gebiet in nur zwei Bereiche gegliedert: Mittelhaardt-Deutsche Weinstraße und Südliche Weinstraße.

Der Rebsortenspiegel wird von Weißwein-Rebsorten beherrscht: An der Spitze steht Riesling (4 800 ha), gefolgt von Müller-Thurgau (3 200 ha). Auf den dritten Platz hat sich seit dem Ende der 1990er-Jahre mit 2 700 ha die Rotwein-Rebsorte Dornfelder geschoben, hinter der Kerner, Spätburgunder, Silvaner und Weißburgunder rangieren. Rieslinge fallen in der Pfalz nicht so filigran und leicht aus wie beispielsweise an der Mosel, zeigen aber wie die Weißburgunder viel Kraft und Dichte. Exzellente Rotweine werden aus Spätburgunder erzeugt, und in den letzten Jahren des 20. Jahrhunderts wurden zunehmend interessante Resultate mit Grauburgunder, Chardonnay, Cabernet Sauvignon oder Sankt Laurent erzielt. – Infokasten S. 326

Pfarrweingarten, Südkessellage im österreichischen Anbaugebiet Südsteiermark (→Steiermark), Gemeinde Gamlitz; auf lehmigen Böden mit Korallenuntergrund gedeihen v. a. die Weißwein-Rebsorten Morillon und Sauvignon blanc.

Pfarrwingert, eine der besten Weinbergslagen des deutschen Anbaugebiets Ahr, Gemeinde Dernau; auf den etwa 250 m ü. M. hoch gelegenen, nach Süden ausgerichteten Steilhängen mit Grauwacke- und Schieferverwitterungsböden wird v. a. die Rotwein-Rebsorte Spätburgunder kultiviert.

Pfefferl, landschaftlich für pfeffrige Aromen; die Bezeichnung wird v. a. in Österreich zur Beschreibung von Weinen der Rebsorte Grüner Veltliner verwendet.

pfeffrig, nach Pfeffer riechend oder schmeckend; Begriff der Weinansprache für Rotweine bestimmter Rebsorten wie Zweigelt oder Dolcetto, aber auch für Weißweine der Rebsorte Grüner Veltliner. Bei ihm gilt das so genannte **Pfefferl** sogar als typisches Charaktermerkmal. Bei Weinen aus voll ausgereiften Trauben wird die pfeffrige Geschmackskomponente häufig als Würze beschrieben, bei unreifen wirkt sie grasig oder grün.

Pfersigberg, Grand-Cru-Lage der französischen Weinbauregion Elsass, Gemeinden Eguisheim und Wettolsheim; die etwa 75 ha große, zweigeteilte Lage mit sehr unterschiedlich ausgerichteten Parzellen weist Muschelkalk und Kalkmergelböden mit teilweise hohem Kalkgehalt auf. Sie eignet sich vor allem für die Weißwein-Rebsorte Gewürztraminer.

Pflanzdichte, →Stockdichte.

Pflanzenschutz, die Verhütung und Bekämpfung von →Rebkrankheiten; der Begriff umfasst die Gesamtheit der Maßnahmen, die aufeinander abgestimmt zur Ertrags- und Qualitätssicherung notwendig sind – man spricht deshalb auch vom integrierten Pflanzenschutz.

Er besteht in der Regel aus einer Kombination von Verfahren, bei denen unter vorrangiger Berücksichtigung biologischer, biotechnischer, pflanzenzüchterischer und kulturtechnischer Maßnahmen die Anwendung chemischer Pflanzenschutzmittel **(Spritzmittel)** auf das absolut notwendige Maß beschränkt wird. Pflanzenschutz ist Gegenstand einer eigenen wissenschaftlichen Disziplin, der Phytomedizin – das ist die Lehre von Krankheiten und Schädigung sowie deren Ursachen bei Kulturpflanzen.

Aufgrund der aus Amerika eingeschleppten Reblaus und Pilzerkrankungen (Falscher

Pfalz. Eine der bekanntesten Weinbaugemeinden der Mittelhaardt ist Forst an der Weinstraße mit seinen Spitzenlagen Jesuitengarten, Kirchenstück und Ungeheuer.

und Echter Mehltau) ist Weinbau in Europa und großen Teilen der Neuen Welt ohne Pflanzenschutzmaßnahmen praktisch unmöglich; lediglich durch das Kultivieren schädlingsresistenter Rebsorten (→Hybride) könnten sie reduziert oder sogar gänzlich aufgegeben werden; dies erscheint angesichts der geringen Akzeptanz solcher Sorten bei Er-

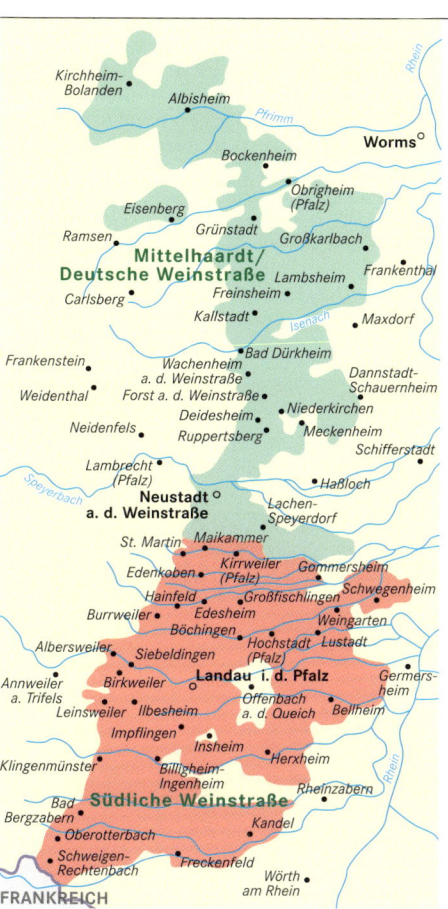

Pfalz. Das Anbaugebiet westlich des Oberrheins reicht vom nördlich angrenzenden Rheinhessen bis an die Grenze zu Frankreich im Süden.

PFALZ.   *Drei Bs und fünf Freunde*

Traditionell lag der Schwerpunkt – gleichzeitig auch das Qualitäts-zentrum – des Pfälzer Weinbaus lange Zeit im Bereich der Mittelhaardt. Die »drei Bs« – das sind die Weingüter Bassermann-Jordan, Bürklin-Wolf und von Buhl – hatten das Renommee des Gebiets im Ausland etabliert, während im Norden, an der Grenze zu Rheinhessen, und in der Südpfalz große Genossenschaften und Kellereien mit ihren Massenprodukten die Szene beherrschten. Die Krise des Pfälzer Weinbaus in den 1980er-Jahren ging aber auch an den Renommierbetrieben nicht spurlos vorüber. Die Aufgabe, das Ruder wieder herumzureißen, lösten andere – vor allem eine Südpfälzer Gruppe aus Godramstein, Siebeldingen, Birkweiler, Leinsweiler und Schweigen mit dem Namen Fünf Winzer – Fünf Freunde tat sich rühmend hervor. Dass sich der Sortenschwerpunkt im Spitzenbereich der Pfalz dadurch vom traditionellen Riesling ein Stück weit zu den in der Südpfalz viel kultivierten Burgundersorten verschob, war die unausweichliche Konsequenz dieser Entwicklung.

zeugern und Verbrauchern noch unrealistisch.

■ **Maßnahmen:** Zu den Maßnahmen des Pflanzenschutzes gehört zunächst die Wahl des Standorts sowie geeigneter Rebsorten und Unterlagsreben; die Verwendung reblausresistenter Unterlagsreben war eine der ersten biologischen Schutzmaßnahmen, die zur Sicherung des europäischen Weinbaus durchgeführt wurden. Die Wahl der Erziehungsform, durch die die Laubdichte und damit Luftdurchlässigkeit der Laubwand erhöht und das schnelle Abtrocknen nach Regenfällen begünstigt wird, gehört ebenfalls zur Gruppe der präventiven Maßnahmen, da sie einem eventuellen Pilzbefall vorbeugt. Auch die Verwendung von Sexuallockstoffen ist ein solches biotechnisches Verfahren, das den Verzicht auf Insektenvernichtungsmittel mit ihren negativen Auswirkungen auf die Umwelt ermöglicht.

■ **Pestizide:** Die chemischen Pflanzenschutzmittel umfassen eine breite Palette unterschiedlich wirksamer Substanzen zur Schädlingsbekämpfung. Sie werden nach ihren Zielorganismen unterteilt in **Pilzbekämpfungsmittel** (Pilzschutzmittel, Fungizide), **Insektenvernichtungsmittel** (Insektizide), Mittel gegen Milben (Akarizide) und gegen Nematoden, d.h. Fadenwürmer (Nematizide) sowie Mittel zur **Unkrautbekämpfung**, d.h. **Unkrautvernichtungsmittel** (Herbizide).

In der Regel handelt es sich bei den Pflanzenschutzmitteln um anorganische oder synthetisch hergestellte organische Präparate. So zählen Kupfer und Schwefel zu den anorganischen Fungiziden. Von weitaus größerer Bedeutung sind aber synthetisch organische Präparate mit einem breiten Wirkungsspektrum, die als Fungizide, Insektizide und Herbizide zum Einsatz kommen. Ihre Wirkung kann protektiv (vorbeugend) oder kurativ (heilend) sein. Auch pflanzliche Substanzen wie das früher verwendete Nikotin oder Pyrethrum, ein Chrysanthemenextrakt, zählen zu den Pflanzenschutzmitteln.

Pflanzenschutzmittel bedürfen in Deutschland grundsätzlich einer amtlichen Prüfung und Zulassung; zuständig dafür sind die Biologische Bundesanstalt (BBA), das Bundesamt für gesundheitlichen Verbraucherschutz und Veterinärmedizin (BgVV) sowie das Umweltbundesamt (UBA).

Die Applikation, d.h. die Anwendung von Pestiziden erfolgt meist durch →Spritzen auf die Oberfläche der Reben (Sprosse, Blätter, Blüten und Früchte). Herbizide und Nematizide werden auf den Boden (Bodenherbizide) oder auf die Blätter des Unkrauts **(Blattherbizide)** aufgebracht. Synthetische Pflanzenschutzmittel können als Kontaktmittel, d.h. direkt am Ort der Applikation wirken oder sich teilsystemisch bzw. vollsystemisch **(systemische Pflanzenschutzmittel)** in der Pflanze verbreiten. Die Applikation ist in

PFLANZENSCHUTZ   *Per Hand und mit dem Hubschrauber*

Die Zeiten, in denen Winzer mit einem kleinen Kanister auf dem Rücken, dem Hebel der Handpumpe in der einen und die Spritzdüse in der anderen Hand durch die Weinberge zogen und ihre Bordelaiser Brühe über die Rebzeilen sprühten, sind noch gar nicht so lange her. Heute wird großflächiger und damit zeitsparender gespritzt. Mit dem Hubschrauber sind auch Steilhänge und schwierig zu bearbeitende Terrassenlagen im Handumdrehen mit Pflanzenschutzmitteln zu versorgen. Der naturbewusste Weinbau ist schon wieder einen Schritt weiter und versucht, so weit wie möglich ohne chemische Spritzmittel auszukommen.

Deutschland nur Personen erlaubt, die über eine entsprechende Ausbildung verfügen; Geräte zu ihrer Ausbringung werden in regelmäßigen Abständen überprüft.

pfropfen, ein →Edelreis mit einer →Unterlage verbinden; Verfahren der Veredelung von Rebsorten mit dem Ziel, die Qualitätseigenschaften europäischer Kulturrebsorten mit der Reblausresistenz amerikanischer Sorten zu verbinden.

Man unterscheidet dabei zwischen der so genannten Standortveredelung am grünen Rebtrieb (Grünveredelung) oder am ein- bzw. mehrjährigen Trieb, die im Weinberg durchgeführt wird, und der Tischveredelung, bei der ein etwa 3 cm langes Edelreis und ein etwa 20 cm lange Unterlage durch einen spezialisierten Rebveredler zusammengeführt werden. Während die Grünveredelung bereits in der nächsten Vegetationsperiode zu Erträgen führt, erfordert die Tischveredelung das Vortreiben der **Pfropfrebe** im Treibhaus und das darauf folgende Einschulen in die Rebschule. Zwischen dem Zeitpunkt des Pfropfens und dem eigentlichen Pflanzen der Rebe vergeht in der Regel ein Jahr, Erträge liefert diese erst nach weiteren drei Jahren.

Das Pfropfen bzw. Veredeln war und ist im Weinbau die erste biologische Pflanzenschutzmaßnahme und war nach der Reblauskatastrophe des ausgehenden 19. Jahrhunderts der entscheidende Schritt zur Rettung des europäischen Weinbaus. Das Pfropfen hat jedoch weitere Ziele und Vorteile. So kann durch die entsprechend gewählte Kombination von Edelreis und Unterlage die Wuchskraft der Rebe gesteuert und den Bodenverhältnissen angepasst werden.

Nicht auf Unterlagen gepfropfte →Direktträger sind in der Regel nur in bestimmten, von der Reblaus nicht betroffenen Anbaugebieten zu finden.

Pfülben, eine der besten Weinbergslagen des Bereichs Maindreieck, Gemeinde Randersacker, im deutschen Anbaugebiet Franken; auf den steilen, nach Südwesten ausgerichteten Hängen mit ihren Muschelkalk-Verwitterungsböden wächst eine große Zahl verschiedener Rebsorten wie Müller-Thurgau, Silvaner, Riesling, Domina, Gewürztraminer und Rieslaner, wobei Riesling und Rieslaner die interessantesten Ergebnisse hervorbringen.

Phänologie, die Lehre vom jahreszeitlichen Ablauf der Lebenserscheinungen, d.h. den jahreszeitlichen Erscheinungsformen des Rebstocks innerhalb einer Vegetationsperiode. Es werden charakteristische, leicht erkennbare Phasen in der Entwicklung beobachtet und die Orte des Auftretens derselben Erscheinung zum gleichen Datum auf einer phänologischen Karte festgehalten. Solche Karten ermöglichen feine räumliche Differenzierun-

gen der lokalen Klimaverhältnisse, der Länge der Vegetationszeit und der pflanzengeographischen Verhältnisse.

Phenole [zu griech. phaínein »scheinen«, »leuchten«], feste, kristalline organische Verbindungen mit meist charakteristischem, auffälligem Geruch, die in Form von Glycosiden, d.h. mit Zuckermolekülen verknüpft, die maßgeblichen Bausteine der →Polyphenole von Trauben und Weinen bilden. Phenole bzw. Polyphenole kommen insbesondere in den Stielen, Kernen und Schalen von Weintrauben vor und können während der Weinbereitung im Wein gelöst werden. Bei falscher, d.h. nicht ausreichend schonender Behandlung können Weine einen **phenolischen,** einen strengen und leicht stechenden Geruch annehmen, der auch **Phenolton** genannt wird, und im Geschmack bitter werden.

pfropfen. Der Kallus, der sich nach dem Pfropfen an der Veredelungsstelle bildet, bleibt während der gesamten Lebensdauer eines Rebstocks dicht über der Erdoberfläche sichtbar.

Pheromone, Sexuallockstoffe, chemische Boten- oder Signalstoffe, die zwischen Individuen einer bestimmten Tierart sexuell wirksame Informationen übertragen können; in Form synthetischer, naturidentischer Lockstoffe werden sie insbesondere im naturnahen und biologischen Weinbau in **Pheromonfallen** (Sexfallen) zur Überwachung des Rebschädlings Traubenwickler oder im Rahmen der so genannten Verwirrungsmethode (Konfusionsmethode) zu seiner Bekämpfung eingesetzt.

Photosynthese, die grundlegende Stoffwechselreaktion chlorophyllhaltiger Organismen wie des Rebstocks; sie führt nach der Absorption von Licht zur Synthese einer energiereichen organischen Verbindung. Kohlendioxid wird aus der Luft aufgenommen und unter Energieverbrauch an Zuckermoleküle gebunden, sodass Glukose entsteht.

Die Photosynthese besteht aus zwei miteinander gekoppelten Prozessen, der so genannten Licht- und der Dunkelreaktion, wobei Letztere an Erstere gekoppelt sein oder unabhängig im Dunkeln ablaufen kann. Bei der Photosynthese wird Sauerstoff freigesetzt; sie ist die alleinige Quelle des Luftsauerstoffs der Erdatmosphäre.

Bei der Rebe spielt die Photosynthese insbesondere in der Reifeperiode eine herausragende Rolle, wenn der in den Blättern gebildete Zucker in die Beeren eingelagert wird. Die Wirksamkeit der Photosynthese kann vom Winzer durch eine entsprechend gestaltete bzw. ausgerichtete Laubwand und, soweit im Einzelfall möglich, durch ausreichende Wasserversorgung beeinflusst werden.

Piemont. Das berühmte Schloss von Barolo, in dem vor mehr als 150 Jahren der gleichnamige Wein »erfunden« wurde, ist eines der bekanntesten Wahrzeichen des Piemonteser Weinbaus.

pH-Wert [Abk. zu latein. potentia hydrogenii »Stärke (Konzentration) des Wasserstoffs«], gebräuchliche Maßzahl für den →Säuregrad von Weinen.

Phylloxera, →Reblaus.

physiologische Reife, eine Etappe der →Reife 1).

Piave, eigentlich **Vini del Piave,** DOC-Herkunftsbezeichnung für Weine aus dem Ostteil der italienischen Region →Venetien; auf etwa 5400 ha (1997) Rebfläche werden zahlreiche weiße und rote Rebsorten kultiviert. Die in industriellen Mengen erzeugten Sortenweine sind meist sehr einfach. Nur einige Ausnahmeerzeuger bieten hochwertige, dichte und vielschichtige Produkte an.

picado, spanisch für die Geschmacksbezeichnung stichig (→Stich).

piccante, italienisch für die Geschmacksbezeichnung scharf (→Schärfe).

Picolit [zu italien. piccolo »klein«, unter Bezug auf die meist kleinen Ernteerträge], Weißwein-Rebsorte der norditalienischen Region →Friaul-Julisch Venetien.

Die spät reifende, empfindliche Sorte, die zum Verrieseln neigt, wird auf knapp 300 ha (1999) Rebfläche kultiviert. Aus ihr wird einer der berühmtesten Süßweine Italiens gekeltert, der einen Duft von Blumen, Honig und Feigen sowie Anklänge an reife Äpfel und Birnen im Geschmack entfalten kann. Picolit war wahrscheinlich bereits in der römischen Antike bekannt. Obwohl die Weine, die unter den DOC-Herkunftsbezeichnungen Collio und Colli Orientali del Friuli vermarktet werden, begehrt und deshalb teuer sind, lässt die Qualität gelegentlich zu wünschen übrig.

Pièce [pɪɛs], eine Fassgröße (→Fass).

Piedirosso, Rotwein-Rebsorte der süditalienischen Region Kampanien, die auf knapp 1400 ha (1999) Rebfläche kultiviert wird; die Weine der spät reifenden Sorte sind farbintensiv und fruchtbetont und werden unter den DOC-Herkunftsbezeichnungen Capri, Ischia, Falerno del Massico, Penisola Sorrentina, Solopaca, Taburno und Vesuvio vermarktet.

Piemont, italien. **Piemonte,** Weinbauregion im Nordwesten Italiens; von den 56500 ha (1998) Rebfläche der Region, die zwischen dem nordwestlichen Alpenbogen und die Seealpen eingebettet ist, kommen durchschnittlich 3,2 Mio. hl Wein jährlich. 70% der Weinproduktion entfallen auf Rot-, der Rest auf Weiß- und Süßwein. Etwa 60% der Weine besitzen DOC- oder DOCG-Status, womit die Region etwa 18% des gesamten italienischen Qualitätsweins hervorbringt, obwohl ihr Anteil an der Weinproduktion insgesamt nur 6% ausmacht.

Anders als beispielsweise in der Toskana ist der Weinbergsbesitz im Piemont stark parzelliert. Viele Betriebe besaßen lange Zeit nicht die Kapitalkraft, um anspruchsvoll und qualitätsorientiert arbeiten zu können. Sie mussten ihr Produkt an einige wenige Kellereien verkaufen, die ihre Position noch bis in die 1980er-Jahre dazu ausnutzten, Trauben, Moste oder Jungweine zu Niedrigstpreisen zu beziehen. Erst die Dynamik der letzten beiden Jahrzehnte des 20. Jahrhunderts und der Erfolg der Piemonteser Spitzenweine haben das Gleichgewicht ein Stück weit zu Gunsten der Winzerbetriebe verschoben.

■ **Klima und Böden:** Obwohl das Weinbauzentrum des Piemont im Umkreis der Städte Alba und Asti auf demselben Breitengrad liegt wie das französische Bordeauxgebiet, herrscht hier ein gänzlich anderes Klima: Kurze, trockene Sommer, lange Herbste und für Italien ungewöhnlich kalte Winter sorgen

dafür, dass Weinreben nur dort wachsen können, wo Flussläufe für moderate Bedingungen sorgen oder geschützte Südhänge es erlauben, die Sonneneinstrahlung optimal zu nutzen.

Die Böden dieser zentralen Hügellandschaft wurden im Tertiär gebildet, als das Piemont noch eine Meeresbuchtung der Adria war. Maritime Sedimente – vorwiegend Mergel und Kalk – auf festem Sandsteinsockel bilden die vorherrschenden Formationen, die reich an Spurenelementen wie Eisen, Phosphor, Mangan und Magnesium sind. Während in der Langa graublaue bis gelbbraune Mergel vorherrschen, sind es im Roero, am linken Ufer des Flusses Tanaro, Schotterablagerungen auf felsigem Untergrund.

Piemont. Das Piemont im italienischen Nordwesten umfasst im Westen Ausläufer der Alpen und im Osten Teile der Poebene.

■ **Rebsorten:** Barbera ist nicht nur die meistkultivierte Rebsorte des Piemont, sondern hinter Sangiovese auch die meistkultivierte Rotwein-Rebsorte Italiens. Sie belegt rund die Hälfte der Rebflächen der Region. Sein Renommee bezieht der Piemonteser Weinbau aber v. a. aus einer Rebsorte, mit der nur 3 % der Flächen bestockt sind: aus Nebbiolo, aus dem Barolo und Barbaresco gekeltert werden. Daneben spielen Dolcetto, Grignolino, Freisa, Brachetto und Bonarda, in geringem Umfang auch französische Sorten wie Cabernet Sauvignon, Spätburgunder (Pinot nero) etc. eine gewisse Rolle.

Wichtigste Weißwein-Rebsorte nach dem Weißen Muskateller (Moscato), der fast ausschließlich zu Asti verarbeitet wird, ist Cortese, die Basis des Gavi. Außerdem werden in geringen Mengen Arneis, Erbaluce und Favorita kultiviert. In den letzten Jahren ist eine beträchtliche Zahl von Weinen aus Chardonnay und Sauvignon blanc entstanden, die oft unter der Herkunftsbezeichnung Langhe gefüllt werden.

■ **Bereiche und Anbaugebiete:** Reben werden v. a. im Zentralpiemont kultiviert, in den Hügellandschaften der Langa, des Roero und des Monferrato. Bedeutende Kulturen gibt es aber auch am Fuße der Alpen im Norden und Nordosten. Die bedeutendsten DOC- und DOCG-Herkunftsbezeichnungen sind Asti, Barbaresco, Barbera d'Alba, Barbera d'Asti, Barolo, Dolcetto d'Alba, Dolcetto d'Asti, Gattinara, Gavi, Ghemme, Langhe, Loazzolo, Monferrato, Nebbiolo d'Alba, Piemonte und Roero. Die mengenmäßig bedeutendste Produktion bringt dabei Asti mit knapp 500 000 hl hervor, gefolgt von den verschiedenen Barbera-Appellationen.

Eine der jüngeren Herkunftsbezeichnungen für Weine der gesamten Region ist die DOC Piemonte, unter der 2200 ha Rebfläche klassifiziert sind. Sie wurde zusammen mit den Appellationen Langhe und Monferrato Mitte der 1990er-Jahre eingeführt. Weine aus Barbera, Bonarda, Grignolino, Brachetto, Cortese und Chardonnay können den Rebsortennamen als Teil der DOC-Bezeichnung führen.

■ **Geschichte:** Wahrscheinlich waren es griechische Kaufleute, die den Weinbau im 4. oder 5. Jh. v. Chr. in die Region brachten, aber es gibt auch Hinweise darauf, dass zuvor bereits Etrusker hier Reben kultivierten. Die Römer schätzten die Weine des Piemont nicht sonderlich. In der Aufzählung der besten italienischen Gewächse durch Plinius den Älteren (*23/24 n. Chr., †79 n. Chr.) kamen sie nicht vor.

Nach dem Untergang des Römischen Reiches herrschten lange Zeit Unsicherheit und Not. Erst im 13. Jh. erlebte der piemontesische Weinbau einen neuen Aufschwung: Zum ersten Mal tauchte die Spitzensorte Nebbiolo, »Nibiol« genannt, in Urkunden auf. Die Geburt der trockenen Nebbioloweine erfolgte allerdings erst im Gefolge der nationalstaatlichen Bestrebungen des 19. Jahrhunderts und geht auf die Initiative Camillo Cavours, des Vaters der italienischen Einheit zurück.

■ SIEHE AUCH

→ Arneis · Asti 1) · Asti 2) · Barbaresco · Barbera · Barolo · Bonarda 1) · Brachetto · Bramaterra · Carema · cascina · Cortese · Croatina · Dolcetto · Erbaluce · Freisa · Gattinara · Gavi · Ghemme · Grignolino · Italien · Langhe · Loazzolo · Monferrato · Nebbiolo · Roero · Rotwein · sorí

pieno, italienisch für die Geschmacksbezeichnung voll, mit großem Körper.

Pierce's Disease ['pɪə(r)sɪs dɪ'zi:z], eine →Rebkrankheit.

Pigato, Weißwein-Rebsorte der italienischen Region Ligurien, die auf 210 ha (1997) Rebfläche kultiviert und unter der DOC-Bezeichnung Riviera Ligure di Ponente praktisch reinsortig gefüllt wird. Die Weine sind relativ leicht und zeigen gelegentlich Mandelaroma.

pigeage [pi'ʒaʒ], französisch für das →Unterstoßen des Tresterhuts.

pigiatura [pidʒa'tu:ra], italienisch für das Mahlen bzw. Einmaischen (→Maische) von Trauben.

Pigmente, in bestimmten Zellen von Lebewesen abgelagerte Farbkörperchen, die für deren Färbung verantwortlich sind.

Pignolo [piɲ'ɲolo], einheimische Rotwein-Rebsorte der norditalienischen Weinbauregion Friaul-Julisch Venetien; die Sorte galt in den 1970er- und 1980er-Jahren fast als ausgestorben, wurde aber dann von einer kleinen Zahl engagierter Erzeuger wiederbelebt und bringt farbintensive, frucht- und strukturbetonte Weine hervor, die zu den besten der Region gehören. Sie wird auf weniger als 50 ha Rebfläche kultiviert.

Pikkolo®, geschützte Bezeichnung eines deutschen Sektherstellers für Flaschen mit einem Nennvolumen von 0,2 l.

Pilzgeschmack, Aroma oder Geschmacksnote nach Waldpilzen, die in gereiften roten Burgundern sowie in südfranzösischen, spanischen oder italienischen Rotweinen auftreten.

Pilzkrankheiten, eine Art →Rebkrankheiten.

Pineau d'Aunis [pi'no do'nis], Rotwein-Rebsorte des französischen Loiretals, die gelegentlich auch Aunis, Chenin noir, Plant d'Aunis oder Pineau rouge genannt wird; sie wird in Frankreich auf etwa 540 ha (1999) Rebfläche kultiviert, ist aber außerhalb des Landes nicht verbreitet. Pineau d'Aunis ist offiziell Bestandteil von A. C.-Weinen wie Touraine, Anjou, Coteaux du Loir oder Coteaux de Saumur, ist aber in der Praxis nur noch in marginalem Umfang Bestandteil der Weine.

Pineau de la Loire, →Chenin blanc.

Pineau des Charentes [pi'no de ʃa'rät], gelegentlich auch Pineau de Charente genannter, weißer oder roter Likörwein der französischen Region Poitou-Charentes, aus der auch der Weinbrand Cognac stammt; auf etwa 1 500 ha (2002) Rebfläche werden die Rebsorten Cabernet franc, Cabernet Sauvignon, Colombard, Folle blanche, Jurançon blanc, Merlot, Meslier Saint François, Montils, Sauvignon blanc, Sémillon und Trebbiano (Ugni blanc) kultiviert. Die Weine werden aus teilweise vergorenem Most erzeugt, denen Cognac mit einem Alkoholgehalt von mindestens 60 Vol.-% zugesetzt wird; dadurch wird beim fertigen Produkt ein Alkoholgehalt von 16 bis 22 Vol.-% erzielt.

Pinotage [pino'taʒ], südafrikanische Rotwein-Rebsorte, die 1925 von Abraham Izak Perold (*1880, †1941) an der Universität von Stellenbosch aus Spätburgunder (Pinot noir) und Cinsaut gezüchtet wurde; sie wird auf gut 6900 ha (2002) Rebfläche kultiviert, davon je 1300–1400 ha in den Bereichen Stellenbosch und Paarl sowie etwa 500 ha im Swartland.

Der Name der Sorte setzt sich aus Pinot und Hermitage, der südafrikanischen Bezeichnung für Cinsaut, zusammen. Pinotage ergibt farbintensive Weine, die bei zu hohen Erträgen allerdings bittere Tannine zeigen und deshalb lange Zeit meist so vinifiziert wurden, dass sie wenig Struktur und Kraft besaßen. Bei guter Pflege und niedrigen Ertragsmengen kann die Sorte allerdings farbintensive und

Pinotage ist für Südafrika eine einzigartige Rotwein-Rebsorte, deren Potenzial noch nicht ausgeschöpft ist.

fruchtbetonte Weine hervorbringen, die zu den besten Südafrikas gehören und sich auch zum Verschnitt mit anderen Rebsorten eignen.

Nachdem Pinotage lange Zeit nur zögerlich Akzeptanz gefunden hatte, gilt er heute als Basis eines landestypischen Verschnitts, des so genannten Cape Blends, als eine der großen Exporthoffnungen des Landes.

Pinot bianco, italienisch für →Weißburgunder.

Pinot blanc, französisch für →Weißburgunder.

Pinot Chardonnay, französisch gelegentlich für →Chardonnay.

Pinot grigio, italienisch für →Grauburgunder.

Pinot gris, französisch für →Grauburgunder.

Pinot Liébault [pi'no lje'bo], französische Rotwein-Rebsorte, die durch Mutation aus Spätburgunder (Pinot noir) entstand und 1810 zum ersten Male in Gevrey-Chambertin an der burgundischen Côte de Nuits identifiziert wurde. Die Sorte bringt etwas gleichmäßigere Erträge als Spätburgunder, darf aber nicht in Grand-Cru-Lagen kultiviert werden.

Pinot Meunier, französisch für →Schwarzriesling.

Pinot nero, italienisch für →Spätburgunder.

Pinot noir, französisch für →Spätburgunder.

Pinotsorten, →Burgundersorten.

Pipa, engl. **pipe** [paɪp], Fass aus Eichenholz für den Ausbau von →Portwein und →Madeira; sein Fassungsvermögen beträgt in der Regel 500–600 l. Pipas werden vorwiegend aus amerikanischer Eiche gefertigt und bleiben oftmals viele Jahrzehnte im Gebrauch. Die Pipa galt in vergangenen Jahrhunderten als Handelsmaß und war auf 534 l Fassungsvermögen geeicht.

piquant [pikã], französisch für die Geschmacksbezeichnung scharf, gelegentlich auch lebendig.

piqué [pi'ke], französisch für die Geschmacksbezeichnung stichig (→Stich).

Piri, eine der besten Weinbergslagen des österreichischen Anbaugebiets Kremstal, Gemeinde Senftenberg; von den Urgesteinsböden in einer Höhenlage von etwa 270 m ü. M. kommen Weißweine aus den Rebsorten Grüner Veltliner und Riesling, die denen der nahen Wachau in Ausdruck und Qualität ähneln. Das trockene Klima mit großen Schwankungen zwischen Tages- und Nachttemperaturen sorgt für die Ausprägung komplexer, sortentypischer Aromen.

Pittermännchen, eine der besten Weinbergslagen des deutschen Anbaugebiets Nahe, Gemeinde Dorsheim; der in etwa 120 m ü. M. gelegene Steilhang mit seinen leh-

migen Schieferböden bringt exzellente Weißweine der Rebsorte Riesling hervor. In geeigneten Jahren können hier würzig-mineralische, sehr charakteristische Eisweine erzeugt werden.

Plant Robert [plã ro'bɛr], Rotwein-Rebsorte des Westschweizer Kantons Waadt, die auch Plant roba oder Plant robé genannt wird und fast ausschließlich um den Ort Cully im Anbaugebiet Lavaux kultiviert wird; die Sorte gilt als alte Gamayvariante, die hier bemerkenswert vielschichtige, von weichen, fruchtigen Tanninen geprägte und leicht pfeffrige Rotweine hervorbringt.

Plastikkorken, eine Art →Verschluss für Weinflaschen.

Plauelrain, ausgezeichnete Weinbergslage im Bereich Ortenau, Gemeinde Durbach, des deutschen Anbaugebiets Baden; die Steillage mit einer Hangneigung von bis zu 70 % auf der Südseite des Durbachtals, das sich vom Rheintal aus 15 km in den Schwarzwald zieht, ist nach Südosten bis Südwesten ausgerichtet und durch einen geschlossenen Waldsaum gegen kalte Nordwinde geschützt. Auf den sandigen Granitverwitterungsböden mit hohem Steinanteil, der für gute Wärmespeicherung sorgt, gedeihen Riesling, Scheurebe sowie weiße und rote Burgundersorten.

Plavac mali ['plʌvaz 'mʌli, kroat. zu plav »blau« und mali »klein«], eine der ältesten und angesehensten kroatischen Rotwein-Rebsorten, auch Mali Plavac genannt, die nach neuesten Forschungen aus einer Kreuzung der einheimischen Sorten Crljenak kaštelanski und Dobricic hervorgegangen sein soll. Ihre farbintensiven Weine sind alkoholreich und tanninbetont und gelten als langlebig. Aus Crljenak kaštelanski sollen auch die amerikanische Rebsorte →Zinfandel sowie der süditalienische →Primitivo hervorgegangen sein.

plein [plɛ̃], französisch für die Geschmacksbezeichnung voll, mit großem Körper.

Plousard, →Poulsard.

plump, ohne jegliche geschmackliche Finesse und Frische; Begriff der Weinsprache, der eine noch negativere Bedeutung hat als →breit.

pneumatische Presse, eine Art →Presse.

Pockenmilbe, ein →Schädling der Weinrebe.

Podere, italienisch für Landgut, Pachthof, übertragen Weingut oder Teil eines Weinguts, gelegentlich auch für Lage oder Einzellage.

Polish Hill River ['pəʊliʃ hɪl 'rɪvə(r)], Bereich der australischen GI-Herkunftsbezeichnung →Clare Valley; das Gebiet bringt mit seinen großen Temperaturunterschieden zwischen Tag und Nacht besonders finessenreiche Weißweine hervor. Aus Polish Hill River

Polish Hill River.
Hier wachsen am Rand eines der heißesten Anbaugebiete Australiens die Trauben für fruchtige delikate Rieslinge.

kommen einige der besten Rieslinge des Clare Valley.

Pollino, DOC-Herkunftsbezeichnung für Rotweine der italienischen Region Kalabrien; auf 250 ha Rebfläche werden v. a. die Rotwein-Rebsorten Gaglioppo und Greco nero, aber auch die weißen Malvasia bianca, Mantonico bianco und Guarnaccia bianca kultiviert.

Polymerisation [zu griech. polýs »viel« und méros »Teil«], die Anlagerung reaktionsfreudiger, ungesättigter Moleküle zu langkettigen Verbindungen, den Polymeren; durch diese chemische Reaktion verändern sich während des Ausbaus oder im Verlaufe der Alterung von Weinen die Molekülstruktur und -größe der →Polyphenole und als Konsequenz Farbe, Geruch und Geschmack des Weins.

Polyphenole [zu griech. polýs »viel« und phaínein »scheinen«, »leuchten«], sekundäre Pflanzenstoffe, chemische Verbindungen mit so genannten phenolischen Hydroxygruppen (→Phenole), in denen eine Sauerstoff-Wasserstoff-Gruppe an ein aromatisches System, d. h. an ein ringförmiges Molekül gebunden ist. Solche Hydroxygruppen kommen in den Trauben meist in Form von Glykosiden, d. h. an Zuckermoleküle geknüpft vor.

Man kennt insgesamt 8 000 verschiedene Substanzen dieser Gruppe; zu ihnen gehören die in Trauben und im Wein relevanten →Anthozyane, →Flavonoide und →Tannine.

Durch ihren Phenolbaustein besitzen Polyphenole desinfizierende und antiseptische Eigenschaften, v. a. in größerer Verdünnung. In hohen Konzentrationen sind sie toxisch. Unter dem Einfluss von Enzymen, den so genannten **Polyphenoloxidasen,** sind sie oxidationsanfällig, in Wasser und Alkohol löslich. Sie haben außerdem die Tendenz, zu polymerisieren (→Polymerisation) und mit zunehmendem Alter des Weins als Depot auszufallen.

Pomerol [pɔm(ə)ˈrɔl], A. C.-Gemeindeappellation des →Libournais im französischen Bordeauxgebiet; auf den knapp 800 ha (2000) Rebfläche des Anbaugebiets werden hauptsächlich die Rotwein-Rebsorten Cabernet franc und Merlot kultiviert.

Die schottrigen, teilweise kalkhaltigen Lehmböden bringen v. a. auf den flachen Hügelkuppen des Gebiets, auf denen auch die Weinberge des berühmtesten Erzeugers, Château →Pétrus, liegen, hervorragende Merlot hervor. Die Weine sind aufgrund ihres hohen Merlotanteils in Duft und Geschmack oft fruchtbetonter als Gewächse des Médoc, besitzen aber auch genügend Struktur, um hervorragend zu altern. Sie gelten als die »Burgunder« des Bordeauxgebiets.

Im Gebiet von Pomerol wurde schon zu Zeiten der Römer Weinbau getrieben; ihr Werk führten Mönche des Johanniter- und Malteserordens fort, die hier bedeutende Stationen auf dem Pilgerpfad nach Santiago de Compostela unterhielten. Im Nordosten des Pomerolgebiets schließt sich das der Appellation **Lalande de Pomerol** an, wo die Weine aus denselben Rebsorten insgesamt leichter und weniger alterungsfähig ausfallen.

Pomino, renommierte DOC-Herkunftsbezeichnung für Weine aus dem Nordosten der italienischen Region Toskana; auf nur 75 ha (1997) Rebfläche werden die Rebsorten Sangiovese, Merlot, Cabernet Sauvignon, Canaiolo, Spätburgunder (Pinot nero), Chardonnay, Weißburgunder (Pinot bianco) und Trebbiano kultiviert. Lediglich zwei Erzeuger vermarkten Weine der Appellation.

Pomerol. Der weithin sichtbare Kirchturm von Pomerol stellt den höchsten Punkt des flachen Hochplateaus in einem der berühmtesten Anbaugebiete des französischen Bordeauxgebiets dar.

Pommard [pɔ'mar], A. C.-Gemeindeappellation für Weine der →Côte de Beaune im französischen Burgund; auf knapp 340 ha (2000) Rebfläche mit recht kalkhaltigen Böden werden ausschließlich Rotwein-Rebsorten kultiviert, v. a. Spätburgunder (Pinot noir). 125 ha der Gesamtfläche sind als Premier Cru klassifiziert. Die Weine sind dunkelrot, zeigen ein intensives Aroma von Cassis, Moschus und Wild und sind im Geschmack von festen Tanninen geprägt. Nach einer gewissen Reifezeit werden sie geschmeidig und rund. Pommard gilt als einer der kräftigsten und am festesten strukturierten Rotweine des Burgund.

porte-greffe [pɔrt grɛf], französisch für Unterlagsrebe.

portinnesto, italienisch für Unterlagsrebe.

Porto, →Portwein.

Portugal, bedeutendes Weinbauland Südwesteuropas, das mit seinen 240 000 ha (2001) Rebfläche an achter – zieht man die Länder mit nur unbedeutender Weinproduktion ab, sogar an sechster – Stelle der Welt steht; es erzeugt durchschnittlich 6–7 Mio. hl

Rebsorten und Weintypen hervorgebracht. Eines der entscheidenden Elemente ist dabei die Variationsbreite der Bodentypen, die von Granit- über Schiefer- bis hin zu Kalkformationen reichen, aber alle eines gemeinsam haben: Sie sind fast immer karg und arm an organischem Material. Dies und der sehr alte Rebenbestand sorgten über Jahrzehnte für ungewöhnlich niedrige Hektarerträge.

■ **Rebsorten:** Portugal besitzt eine der vielfältigsten Sortenpaletten der Welt. Insgesamt werden 330 Weiß- und Rotwein-Rebsorten kultiviert, von denen die meisten autochthon sind. Zu diesen eigenständigen Rebsorten mit hohem Qualitätsprofil gehören z. B. Baga, Castelão nacional, Castelão francés, Jaen, Touriga nacional und Trincadeira. Das Land gilt deshalb zusammen mit Italien und Griechenland als eines der bedeutendsten Genreservoire im Weltweinbau.

Der Charakter und die Qualität der Weine haben sich in den 1990er-Jahren grundlegend gewandelt. Insbesondere die früher schwer zugänglichen Rotweine, denen man zwar legendäre Alterungsfähigkeit nachsagte, die

PORTUGAL   *Steile Karriere*

Jahrhundertelang war das portugiesische Tal des Douro im Unterschied zu seinem spanischen Oberlauf, dort Duero genannt, nur für die herrlichen Likörweine bekannt. Unter dem Namen der Stadt Porto hatten sie die Welt erobert. Es blieb der jüngsten Winzergeneration vorbehalten, zu beweisen, dass die terrassierten Steilhänge wie die Quinta de Napoles auch außergewöhnliche rote und weiße Stillweine hervorbringen können. Wahrscheinlich bedurfte es der schon in den 1970er- und 1980er-Jahren einsetzenden Krise des Markts für Likörweine, unter der auch der spanische Sherry, insbesondere aber Madeira und Marsala litten, um die Revolution am Douro einzuleiten. Sie fiel zusammen mit dem generellen Aufschwung von Portugals Weinindustrie. Sie brachte nach langem Dornröschenschlaf seit den 1990er-Jahren zahlreiche Gewächse aus einheimischen Rebsorten hervor, die international für Aufsehen sorgten.

Wein, steht damit aber aufgrund der relativ niedrigen Produktivität des Weinbaus nur an neunter Stelle. Beim Pro-Kopf-Verbrauch belegt Portugal mit knapp 50 l/Jahr den vierten Platz. Das Land exportiert zwischen 1,5 und 2 Mio. hl Wein im Jahr und importiert gleichzeitig 1,3–1,9 Mio. hl.

■ **Böden und Klima:** Die Kleinteiligkeit der Landesstruktur mit ihren zahlreichen, unterschiedlichen Bodenformationen und Klimata hat eine beeindruckende Vielfalt von

aber in der Jugend oft untrinkbar waren, werden heute moderner ausgebaut und sind deutlich früher trinkreif, ohne dabei ihren Sorten- und Terroircharakter verloren zu haben.

■ **Anbaugebiete:** Weinbau wird in allen Regionen Portugals getrieben, von der Algarve im Süden bis an die Grenze zur spanischen Region Galicien im Norden. Dabei zeigen in der Vergangenheit weitgehend unterschätzte Gebiete wie das Alentejo oder die Estremadura erst seit den 1990er-Jahren ihr

Portugal. Das Gebiet des Vinho verde – hier Mesao Frio an der Grenze zum Dourotal – gehört zu den größten und bekanntesten

eigentliches Qualitätspotenzial; einige Herkunftsbezeichnungen wurden gänzlich neu eingerichtet. In anderen Gebieten wie dem Dourotal sind neben den Traditionsweinen – hier der Portwein – neue, auch international konkurrenzfähige Weintypen entstanden. Barrada und Dão, die früher v. a. für minderwertige Weine bekannt waren, haben eine gewaltige Qualitätsrenaissance erlebt. Auch die Verminderung der Gesamtrebfläche hat, wie beispielsweise im Ribatejo zu beobachten ist, durchaus positive Auswirkungen gehabt.

■ **Weingesetz:** Einen wichtigen Beitrag zur Neuorientierung des portugiesischen Weinbaus haben die Modifikationen des Weingesetzes geleistet, die in der Folge des EU-Beitritts 1986 Ordnung in das zuvor existierende Chaos aus kaum definierten Weinbauregionen und Herkunftsbezeichnungen brachten. Nach dem Vorbild der französischen A. C.-Herkunftsbezeichnungen wurde eine Gruppe von inzwischen 26 (2003)Denominação de origem controlada (DOC) eingerichtet. Eine Stufe darunter wurden sechs so genannte Indicação de Proveniencia regulamentada (IPR) geschaffen. Darüber hinaus wurden acht riesige Landweingebiete (→Vinho regional) definiert, die praktisch die gesamte Fläche des Landes umfassen und in ihren Grenzen oft mit denen der DOC-Gebiete zusammenfallen, wobei jeweils unterschiedliche Rebflächen für die Produktion von Weinen der unterschiedlichen Qualitätsstufen zugelassen sind.

■ **Geschichte:** Die Weinbaugeschichte Portugals reicht bis zu den Phöniziern zurück, die Wurzeln der heutigen Weinkultur wurden aber von den Römern gelegt, die dem Weinbau in ihrer westlichsten Provinz, im so genannten Lusitanien, solide wirtschaftliche Grundlagen verschafften. Mit seinen Likörweinen Madeira und Portwein war Portugal eine der ersten Exportnationen der Welt. Insbesondere die Engländer spielten bei dieser Entwicklung eine bedeutende Rolle als Händler und Endverbraucher.

■ SIEHE AUCH
→ Alenquer · Alentejo · Algarve · Bairrada · Barca Velha · Beira Interior · Beiras · Bucelas · Castelão · Denominação de origem controlada · Douro · Estremadura · Indicação de Proveniencia regulamentada · Kork · Portwein · Quinta · Reserva · Ribatejo · Tinta barroca · Tinto Cão · Touriga nacional · Trás-os-Montes · Verdelho · Vinho verde

Portugieser, Blauer Portugieser, Badener, Vöslauer, Rotwein-Rebsorte, die vermutlich aus Portugal stammt und 1770 oder 1772 nach Österreich eingeführt wurde; von hieraus gelangte sie in weitere mittel- und osteuropäische Länder.

Portugals Anbaugebiete

ATLANTISCHER

OZEAN

Viana do Castelo
Vinho Verde
Chaves · Bragança
Porto
Vila Nova de Gaia
Vila Real
Mogadouro
Douro Porto
Ovar
Lamego
Aveiro
Pinhel
Mira
Viseu
Coimbra
Dão
Guarda
Pombal
Covilhã
Leiria
Fátima
Beiras
Castelo Branco
Peniche
Estremadura
Santarém
Ribatejo · Portalegre
Sintra
Teio
SPANIEN
LISSABON
Amadora · Barreiro
Almada
Setúbal
Évora
Bucht von Setúbal
Sines
Alentejo
Barrancos
Beja
Odemira
Mértola
Algarve
Lagos · Portimão
Albufeira · Tavira
Faro

Weltweit sind etwa 15000 ha (1999) Rebfläche mit ihr bestockt, davon in Deutschland
etwa 5000, in Ungarn 3800, in Österreich
knapp 2400 und in Rumänien 2000. Darüber
hinaus wird die Sorte in Tschechien, Kroatien,
der Ukraine, in Moldawien, Russland, Italien
und Portugal kultiviert. Da die Erträge meist
recht hoch liegen, werden aus Portugieser in
der Regel einfache, traubig-milde und tanninarme Weine gekeltert. Sie reifen rasch und
sollten jung getrunken werden. In guten Jahren und bei strenger Ertragsbegrenzung sind
allerdings auch dichte, extraktreiche Weine
mit viel Frucht möglich.

Portwein, Porto, Likörwein aus dem
portugiesischen Dourotal, der nach der Hafenstadt Porto benannt ist; sein Anbaugebiet erstreckt sich von der Ortschaft Barqueiros,
100 km östlich von Porto, fast 100 km weit bis
in die Nähe der Grenze zu Spanien. Die Nord-
Süd-Ausdehnung beträgt nicht mehr als 25 km.
Das Gebiet umfasst über 40000 Hektar Rebfläche, die sich auf weithin terrassierten Schie-
fersteillagen in Höhen bis weit über 600 m
ü. M. ziehen.

Klima und Böden sowie die Rebsortenpalette entsprechen denen des DOC-Anbau-
gebiets →Douro. Für die Produktion von
Portwein sind insgesamt 40 fast ausschließlich
autochthone Sorten zugelassen, darunter die
roten Tinta barroca, Tinto Cão, Tempranillo
(Tinta Roriz), Touriga francesa und Touriga
nacional sowie die weißen Malvasia fina und
Couveiro.

■ **Herstellungsweise:** Teilweise vergorener Most wird während der Gärung aufgespritet und behält so einen erheblichen Anteil
unvergorenen Restzuckers. Dadurch wird die
enorme Tanninstruktur der Grundweine abgerundet und geglättet. Seit Mitte des 19. Jahrhunderts wird vier Teilen Wein ein Teil
77 %iger Branntwein zugegeben, wodurch das
Endprodukt meist einen Alkoholgehalt von
etwa 20 Vol.-% erhält. Die Vinifizierung der
Weine findet auf den so genannten Quintas,
den Weingütern im Anbaugebiet statt. Der
fertige Wein musste früher an die Douromün-
dung nach Vila Nova de Gaia transportiert
werden, um dort in den so genannten Lodges,
den Lagerkellern der großen Portweinhäuser,
zu reifen. Infolge des EU-Beitritts Portugals
können die Weine seit 1986 auch im oberen
Dourotal lagern und von dort verschifft werden.

■ **Weinarten:** Je nach Restzuckergehalt
und Art sowie Dauer des Fassausbaus unterscheidet man zwischen elf verschiedenen
Weintypen. **White Port** ist meist junger Portwein aus weißen Rebsorten, der in verschiedenen Geschmacksrichtungen von trocken bis
süß ausgebaut wird und oft einen Alkoholgehalt von nur 15 Vol.-% aufweist. **Ruby** Port ist
ein roter, süßer und fruchtiger Wein, der ent-

Portwein. Seine Trauben wachsen im Bourotal, ausgebaut wird er in Vila
Nova de Gaia. Von den Kaiufern der Stadt, die als einzige Portwein auf Über-
seeschiffe verladen darf, bietet sich ein wunderschöner Blick auf die Altstadt
Portos. Die malerischen Boote, mit denen der Wein früher transportiert wurde,
liegen jetzt als Touristenattraktionen am Ufer vertäut.

weder ohne oder nach nur zwei- bis dreijähri-
ger Fassreife gefüllt wird.

Als **Tawny** bezeichnet man mindestens
dreijährigen, meist recht einfachen Wein, der
seine helle Farbe durch die Beigabe von helleren, leichten Rotweinen, gegebenenfalls auch
von kleinen Mengen weißer Grundweine erhält. **Aged Tawny** und **Fine Old Tawny,** früher auch Dated Port genannt, sind Tawnyver-
sionen mit längerer Ausbauzeit im Fass.

Ein **Colheita** Port wird aus Trauben eines
einzigen Jahrgangs gekeltert und reift mindestens sieben Jahre im Holzfass. **Crusted** Port
dagegen ist ein hochwertiges Produkt, das aus
verschiedenen Jahrgängen verschnitten und
ungefiltert in Flaschen gefüllt wird – der
Name bezieht sich auf das in der Flasche entstehende Depot (englisch: crust).

PORTWEIN. *Feuerzange für alten Portwein*

Alte Weinflaschen zu öffnen, kann eine knifflige Angelegenheit sein,
vor allem wenn die Korken bereits so bröselig sind, dass sie kaum noch
in einem Stück aus dem Flaschenhals zu entfernen sind. Die
Engländer, traditionell große Portweinliebhaber mit einem besonderen Faible für sehr alte Qualitäten, haben dafür ein konkurrenzlos
stilvolles Verfahren entwickelt. Im Kamin – vorzugsweise natürlich im
Kamin der Bibliothek eines stattlichen Schlosses – wird eine Metall-
zange mit zwei halbrunden Backen so lange erhitzt, bis die Backen rot
glühen. Damit wird der Flaschenhals unterhalb des Korkens einige
Sekunden fest umschlossen. Anschließend legt man ein kaltes, nasses
Tuch um den Hals, der an der erhitzten Stelle sauber und ohne zu
splittern bricht. Den Wein sollte man auf jeden Fall dekantieren –
schon wegen seines Depots.

Als König der Portweinvarianten gilt der **Vintage Port,** ein Wein eines einzelnen, sehr guten Jahrgangs, der seinen Namen erst nach einer Prüfung durch das Portweininstitut tragen darf. Bei Vintage Ports handelt es sich meist um Verschnitte von Weinen aus verschiedenen Spitzenlagen. **Single Quinta** Vintage Port dagegen stammt aus Grundweinen eines einzigen Weinguts. Die mächtigen, tanninreichen Weine werden bereits nach zwei Jahren in Flaschen gefüllt, können aber viele Jahre reifen. **Vintage Character** dagegen bezeichnet einen Weinverschnitt aus dunklen, konzentrierten Weinen mit vintageähnlichen Eigenschaften, der aber beim Abfüllen bereits trinkreif ist. Als einfachere Variante des Vintage Ports gilt der **Late bottled Vintage** (Abk. LBV), der vier bis sechs Jahre in Tank oder Fass reift.

PRÄMIERUNGEN. *Lametta oder ernsthafte Auszeichnung?*

Offizielle wie nichtoffizielle Weinwettbewerbe und Prämierungen haben ausnahmslos Vor- und Nachteile, wobei ausgerechnet einige offizielle Wettbewerbe bei Insidern zweifelhaften Ruf genießen. So wird kritisiert, dass die Goldmedaillengewinner häufig zahlreicher sind als Silber- und Bronzemedaillengewinner, was die natürliche Qualitätspyramide auf den Kopf stellt. Oft nehmen auch viele Spitzenerzeuger nicht teil, sei es, weil sie fürchten, schlecht abzuschneiden, sei es, weil sie die Durchführungsmodi für nicht seriös genug halten oder die verliehenen Medaillen für wertloses »Lametta«. Nichtoffizielle Wettbewerbe leiden dagegen häufig an mangelnder Transparenz ihrer Arbeitsweise und ihrer Bewertungskriterien. Oft werden die Verkostungen bei ihnen nicht in Form von Blindverkostungen abgehalten, was den Resultaten Glaubwürdigkeit und Verlässlichkeit nimmt. Deshalb gilt unter Weinfreunden die Regel: Keine Prämierung oder Bewertung kann das eigene Geschmacksurteil ersetzen.

---

possente, italienisch für die Geschmacksbezeichnung kräftig, alkoholreich.

Posten, eine der besten Weinbergslagen des Bereichs Loreley, Gemeinde Bacharach, im deutschen Anbaugebiet Mittelrhein; die steile Südostlage schiebt sich von Westen her bis an den Rhein vor. Von den Böden aus reinem Hunsrückschiefer kommen sehr reintönige, aromabetonte Weißweine aus der Rebsorte Riesling. Der Name der Lage geht auf einen Wachturm der alten Stadtmauer zurück, der bis heute erhalten ist.

potenzieller Alkohol, der aus dem Zuckergehalt der Trauben errechnete, maximal erreichbar →Alkoholgehalt.

Pouilly-Fuissé [puˈji fɥiˈse], A. C.-Gemeindeappellation für Weine des Mâconnais (→Mâcon) im französischen Burgund; auf den insgesamt 850 ha (2000) Rebfläche der Appellation wird ausschließlich die Weißwein-Rebsorte Chardonnay kultiviert. Die Weine sind fruchtbetont und vollmundig; sie zeigen im Alter sortentypische Aromen von Haselnüssen und gebrannten Mandeln.

Pouilly-Fumé [puˈji fyˈme], A. C.-Herkunftsbezeichnung für Weißweine der Gemeinde Pouilly-sur-Loire; auf den knapp 1 000 ha (2000) Rebfläche der Appellation wird ausschließlich die Weißwein-Rebsorte Sauvignon blanc kultiviert. Die besseren Qualitäten werden häufig im Barrique ausgebaut und zeigen starke Terroirprägung: Cassisaromen, wenn sie von kalkhaltigen Böden kommen, Pilzgeschmack bei Mergelböden und schließlich vegetabil oder mit dem berühmten Duft nach Feuerstein, wenn sie von Silexböden stammen. Unter der Herkunftsbezeichnung **Pouilly-sur-Loire** werden einfachere Weißweine vermarktet, in denen auch die Rebsorte Gutedel (Chasselas) verarbeitet werden darf.

Pouilly-Vinzelles [puˈji vɛ̃ˈsɛl], A. C.-Gemeindeappellation für Weine des Mâconnais (→Mâcon) im französischen Burgund; auf etwas mehr als 100 ha (2000) Rebfläche wird ausschließlich die Weißwein-Rebsorte Chardonnay kultiviert, aus der frische, relativ einfache Weine gekeltert werden. Das Anbaugebiet umfasst auch die 37 ha Rebfläche der eigenständigen A. C.-Gemeindeappellation **Pouilly-Loché,** deren Weine unter einer der beiden Bezeichnungen vermarktet werden können.

Poulsard [pulˈsar], **Plousard** [pluˈsar], **Arbois** [arbˈwa], alte Rotwein-Rebsorte des französischen →Jura; sie wird auf knapp 300 ha (1999) Rebfläche kultiviert und ist Bestandteil der A. C.-Weine Arbois und Côtes du Jura.

pourriture noble [puriˈtyr nɔbl], französisch für Edelfäule (→Botrytis).

Prädikatswein, Qualitätswein mit Prädikat, Weinkategorie des deutschen und österreichischen Weingesetzes für →Qualitätsweine, die aus Trauben gekeltert wurden, die besonderen Anforderungen, insbesondere an das Mostgewicht genügen; die einzelnen Prädikate sind →Kabinett (nur in Deutschland), →Spätlese 2), →Auslese, →Beerenauslese, →Trockenbeerenauslese und →Eiswein, in Österreich zusätzlich →Strohwein und →Ausbruch.

Prädikatsweine dürfen weder als Most noch als Wein aufgebessert worden sein, die Ernte mit Vollerntern ist ab der Auslesestufe verboten – Eisweine in Österreich ausgenommen. Die Restsüße von Prädikatsweinen darf in Österreich im Unterschied zu Deutschland ausschließlich durch Gärunterbrechung, nicht durch Zufügen von Süßreserve erzielt werden.

Prämierungen, meist offizielle oder halboffizielle Bewertungen von Weinen als Ergebnis von Verkostungen im Rahmen von Weinwettbewerben, bei denen Erzeuger eines Landes, einer Region oder einer Weinart ihre Produkte vorstellen können; sie existieren in Weinbauländern wie Deutschland, Frankreich oder Österreich, aber auch in Australien und werden meist durch staatliche Stellen oder Institutionen des Weinbaus organisiert.

■ **Offizielle Wettbewerbe:** In Deutschland finden solche Prämierungen auf Länder- und Bundesebene statt. Die Bundesausscheidung wird von der Deutschen Landwirtschaftsgesellschaft e. V. (DLG) durchgeführt; die besten Weine werden dabei mit goldenen, silbernen und bronzenen **Preismünzen** geehrt. In Österreich findet alljährlich der so genannte Salon Österreichischer Wein statt. In Frankreich existiert ein ausgeklügeltes System regionaler Wettbewerbe, die in den nationalen Pariser Concours Général Agricole münden. Auch in Australien hat sich ein System so genannter regionaler Weinshows etabliert, an deren Spitze allerdings kein nationaler Wettbewerb steht.

■ **Nichtoffizielle Wettbewerbe:** Daneben gibt es zahlreiche Wettbewerbe nichtoffizieller Art, wie die berühmte Londoner International Wine & Spirits Competition oder der französische Challenge International de Blaye Bourg. Auch zahlreiche Weinpublikationen organisieren solche öffentlich ausgeschriebenen Wettbewerbe. Darüber hinaus veranstalten diese Publikationen auch interne Verkostungen, deren Ergebnisse in Form von Punkten, Sternen, Gläsern etc. Gegenstand regulärer Veröffentlichungen sind.

Predicato [italien. »Prädikat«], in den 1980er- und 1990er-Jahren als Markenbezeichnung für toskanische Tafelweine aus der Gruppe der →Super-Tuscans verwendete Bezeichnung, die im italienischen Weingesetz nicht vorgesehen ist. Die Weiß- und Rotweine der Predicato-Kategorie (Predicato di Biturica, Predicato del Selvante, Predicato del Muschio, Predicato del Cardisco) gehörten zu den besten der Region. 1993 wurde der Name Predicato durch **Capitolare** ersetzt, eine Bezeichnung, die aber in der Praxis kaum noch Bedeutung hat, da die meisten Weine der Predicatogruppe in der Zwischenzeit unter neuen DOC- oder Igt-Bezeichnungen vermarktet werden.

Preismünzen, eine Art der →Prämierung von Weinen.

Premier Cru [prə'mjɛ kry], eine Klassifizierungsstufe (→Cru) des französischen Burgund.

Premières Côtes de Blaye [prə'mjɛr kot də blaj], A.C.-Herkunftsbezeichnung für Weine aus dem Bereich von →Bourg-Blaye im französischen Bordeauxgebiet.

Premières Côtes de Bordeaux [prə'mjɛr kot də bɔr'do], A.C.-Appellation für Rot- und restsüße Weißweine aus dem Nordwesten des Bereichs →Entre-deux-Mers im französischen Bordeauxgebiet, die auch das A. C.-Gebiet →Cadillac einschließt; auf insgesamt gut 4 000 ha Rebfläche, von denen nur knapp 400 mit weißen Sorten bestockt sind, werden die typischen Rebsorten des Bordeauxgebiets kultiviert. Premières Côtes de Bordeaux sind meist Alltagsweine ohne große Struktur und Alterungsfähigkeit; auch die süßen Weißweine reichen nicht an die Qualitäten von Appellationen wie Sauternes oder Barsac heran.

Premier Grand Cru [prə'mjɛ grã kry], eine Klassifizierungsstufe (→Cru) des französischen Bordeauxgebiets.

premium wines [pri:mɪəm waɪnz], englisch für Weine des mittleren bis gehobenen Preis- bzw. Qualitätssegments; Produkte des oberen Segments werden häufig als super premium wines bezeichnet.

Presse, Kelter [althochdeutsch calcture, zu lateinisch calcatura, zu calcare »mit den Füßen stampfen«], süddeutsch und österreich. **Torggel, Torkel** [zu latein. torculum, von torquere, »Tortur«], Gerät (ursprünglich Anlage) zum Auspressen von Weintrauben oder vergorener Maische.

Die ältesten Pressen sind so genannte **Baumkeltern** (Baumpressen), bei denen

Presse. Der Saft von Weißweintrauben aus einer modernen Membranpresse wird unterhalb der Presstrommel aufgefangen und kann hier gegebenenfalls bereits geschwefelt werden.

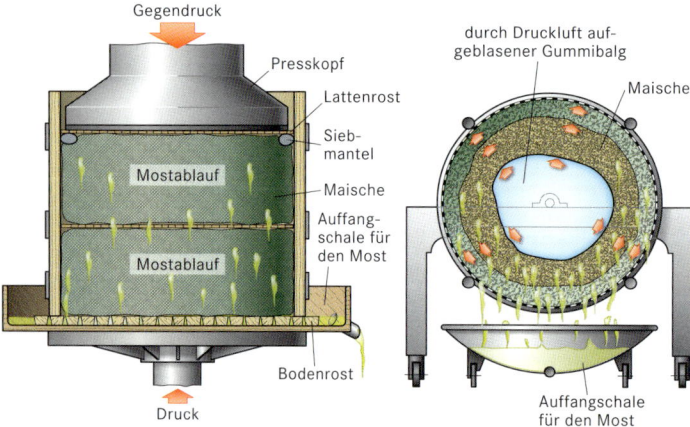

a) traditionelle Korbpresse

Gegendruck
Presskopf
Lattenrost
Siebmantel
Mostablauf
Maische
Auffangschale für den Most
Mostablauf
Bodenrost
Druck

b) pneumatische Horizontalpresse

durch Druckluft aufgeblasener Gummibalg
Maische
Maische
Auffangschale für den Most

Presse. Funktionsweise a) einer traditionellen Korbpresse und b) einer pneumatischen Horizontal-

Druck verstopften, musste der Tresterkuchen herausgenommen und aufgelockert (aufgescheitert) werden. Dann konnte ein weiterer Pressgang folgen. Vertikale Pressen sind in ihrer Arbeitsweise sehr schonend. Modernere Pressen gehören dagegen zur Gruppe der **Horizontalpressen.** Ihnen ist ihre längliche, liegende Bauform mit einem rotierenden Presskorb gemeinsam, der anfänglich aus Holz, später aus Stahl bzw. Edelstahl gefertigt wurde. Je nach Art des Druckwerks unterscheidet man zwischen mechanischen und pneumatischen Pressen. Bei mechanischen Pressen wird ein beweglicher Pressteller wie ein Kolben durch eine Spindel oder eine Hydraulikvorrichtung wie im Fall von **hydraulischen Pressen** (Kolbenpressen) in horizontaler Richtung gegen die Maische gepresst. Im Inneren des Presskorbs sorgen Stahlketten für kontinuierliches Aufscheitern des Tresters.

Pneumatische Pressen dagegen arbeiten mit Druckluft. Bei älteren Modellen, den so genannten **Schlauchpressen** oder **Balgpressen,** wird ein zentral angebrachter Gummibalg aufgeblasen und die Maische gegen den mit Schlitzen versehenen Presskorb gedrückt. Moderne Modelle, so genannte **Membranpressen,** arbeiten meist mit einer seitlich angeordneten, halbschaligen Membran, die aufgeblasen wird und den Most in den offenen Saftablauf drückt. Sie üben deutlich geringeren Druck aus als die alten Systeme und sind daher schonender. Weitere Vorteile der Membranpressen sind die große Automatisierbarkeit der Arbeitsschritte, die leichte Bedienbarkeit und die große Kapazität; ihr Nachteil sind deutlich längere Presszeiten.

Für Großbetriebe hat man kontinuierliche Pressen entwickelt, die nicht nach jedem

eine Platte durch den Hebeldruck eines langen Baumstammes auf die Maische gedrückt wurde. Sie wurden zunächst durch hölzerne **Spindelpressen,** anschließend durch **Korbkeltern** aus Metall mit einem hölzernen, runden Presskorb und einem mechanischen oder hydraulischen Druckwerk, einer Spindel oder Hydraulikvorrichtung ersetzt. Der Presskorb war zunächst vertikal, später horizontal angeordnet, hinzu kamen pneumatische Druckwerke und kontinuierliche Systeme für die großtechnische Anwendung.

■ **Bau- und Funktionsweisen:** Frühe Pressen gehörten zur Gruppe der **Vertikalpressen,** d.h. ihr Druckwerk lag oberhalb oder unterhalb des Presskorbs; der Druck wurde in vertikaler Richtung ausgeübt. Da bei ihnen die Ablaufkanäle für den Saft der Trauben bzw. den Wein mit steigendem

PRESSE

Sanfter Druck in alten Pressen

Wie viele Geräte der Kellerwirtschaft wurden auch die Pressen in den 1980er- und 1990er-Jahren revolutioniert. Statt der vertikalen oder mechanischen Systeme hielten horizontale, pneumatische Maschinen Einzug in die Keller. Sie waren nicht nur leicht zu bedienen, ihr Anpressdruck ließ sich auch so regulieren, dass das Traubengut oder die Maische möglichst geringen mechanischen Belastungen ausgesetzt waren. Die Weine wurden dadurch reintöniger und fruchtiger. Gegen Ende der 1990er-Jahre konnte man allerdings in vielen Kellern eine Rückkehr zu Pressen beobachten, die viele für endgültig ausrangiert gehalten hatten: Korbkeltern erfreuten und erfreuen sich wieder wachsender Beliebtheit, denn ihre Arbeitsweise ist schonender als die der sanftesten Membranpressen.

Pressgang entleert und neu beschickt werden müssen. Zu dieser Gruppe gehören die so genannten **Schneckenpressen, Schraubenpressen** und Schubkolbenpressen.

Presskork, ein Material für Flaschenkorken (→Kork).

Presswein, Wein, der durch die Gärung des Mosts aus der letzten Pressfraktion, dem so genannten **Pressmost,** entsteht und etwa 5–10% der Gesamtmenge umfasst, bzw. bei der →Maischegärung nicht durch →Abziehen, sondern durch Pressen des verbliebenen nassen Tresters gewonnen wird; aufgrund des dabei ausgeübten Drucks weist Presswein meist einen erhöhten Gehalt an Tanninen und Mineralstoffen sowie Farb- und Aromastoffen auf. Sein Extrakt ist wesentlich höher als bei Weinen aus frei ablaufendem Most oder bei abgezogenen Weinpartien.

Bei der Weinbereitung hat Presswein eine sehr unterschiedliche Bedeutung und Wertigkeit; für die Herstellung von Champagner beispielsweise ist seine Verwendung verboten, und auch bei vielen anderen Weinen ist er unerwünscht, da sie durch Zufügen von Presswein Eleganz und Frische verlieren. Bei kräftigen Rotweinen wird dagegen zumindest ein Teil des Presswein verwendet, da die Endprodukte so mehr Struktur bekommen und länger lagerfähig sind.

Preussen, nach Süden ausgerichtete, gute Weinbergslage des →Nussbergs im österreichischen Anbaugebiet Wien; die lehmigen und teilweise recht steinigen Böden eignen sich besonders für die Weißwein-Rebsorten Riesling und Weißburgunder.

primäre Aromen, Primäraromen, eine Art der Aromen (→Aroma) im Wein.

Primeur, →Nouveau.

Primitivo, süditalienische Rotwein-Rebsorte, die auf mehr als 17 000 ha (1997) Rebfläche in den Regionen Apulien und Kampanien kultiviert wird; sie ist neueren Forschungen zufolge ein Abkömmling der kroatischen Sorte Crljenak kaštelanski, aus der auch →Zinfandel und →Plavac mali hervorgingen.

Unter der DOC-Herkunftsbezeichnung **Primitivo di Manduria** werden die Weine von knapp 500 ha (1997) Rebfläche in der Region Brindisi reinsortig – z. T. als Süß- oder Likörwein mit bis zu 16,5 Vol.-% Alkohol – gekeltert, ansonsten geht die Sorte in Weine der Herkunftsbezeichnungen Cilento, Falerno del Massico, Aleatico di Puglia, Gioia del Colle und Salice Salentino ein. Die Produkte sind farbintensiv und kräftig, aber in Duft und Geschmack recht einfach.

Priorat, span. **Priorato,** Anbaugebiet der spanischen Region Katalonien, das mit Beginn des 21. Jahrhunderts D. O. Ca.-Status erhielt und etwa 1600 ha (2001) Rebfläche umfasst; das Anbaugebiet in der Provinz Tarragona, das vollständig von der neuen

D. O.-Appellation Montsant umschlossen ist, liegt in einem zerklüfteten Kessel, der fast vollständig von Bergketten eingeschlossen ist.

Die Reben stehen auf Terrassen und Steillagen in Höhenlagen zwischen 400 und 700 m ü. M. Kultiviert werden v. a. die Rotwein-Rebsorten Grenache (Garnacha) und Carignan (Cariñena), die hier einige ihrer weltweit höchstwertigen Weine hervorbringen, sowie Merlot, Cabernet Sauvignon und Syrah. Die Weine sind sehr konzentriert, mineralisch und von kräftigem, gelegentlich

Priorat. Das spanische Priorat wurde erst in den 1990er-Jahren weinbaulich entwickelt, gilt aber inzwischen als eines der besten Gebiete der Welt.

leicht trockenem Tannin geprägt. Ihren Charakter erhalten sie von den sehr kargen Schieferböden, Licorello genannt. Die geringe Weißweinproduktion des Gebiets bedient sich vorwiegend der Weißwein-Rebsorte Grenache blanc.

Der Weinbau im Priorat hat dank massiver Investitionen aus anderen spanischen Anbaugebieten und aus dem Ausland seit dem Ende der 1980er-Jahre eine enorme Entwicklung erlebt und gehört heute zu den wenigen des Landes, die hochwertige und sehr teure Weine in großer Zahl erzeugen.

private reserve [ˈpraɪvət rɪˈsɜːv], englische Markenbezeichnung ohne gesetzlich definierte Bedeutung, die v. a. in Kalifornien und Australien für besondere Selektionsweine (→Selektion) verwendet wird.

Probenglas, →Kostglas.

Probenheber, Heber, Stechheber, Gerät zur Entnahme von Most- oder Weinproben aus Gär- und Lagerbehältern; er besteht in der Regel aus einem im oberen Teil erweiterten, gelegentlich mit einer Maßskala versehenen Glas- oder auch Metallrohr, das durch Eintauchen in die Flüssigkeit oder durch Saugen mit dem Mund gefüllt wird. Anschließend wird die obere Öffnung mit dem Daumen verschlossen und die Flüssigkeit kann gehoben werden; dabei sorgt der

Umgebungsluftdruck dafür, dass sie nicht wieder ausläuft.

Gelegentlich werden auch dünne Schläuche zur Entnahme von Proben benutzt, deren physikalische Funktionsweise ähnlich ist. Sie sind v. a. dann zu empfehlen, wenn die Gebindeöffnung schwer zugänglich ist.

Probenheber.
Probenheber aus Stahl setzen sich mehr und mehr gegen die traditionellen, empfindlicheren Glasgeräte durch.

Probentasse, →Tastevin.
profumo, italienisch für Duft, Aroma.
Prohibition [zu latein. prohibitio »Verhinderung«, »Verbot«], das Verbot der Herstellung, der Einfuhr und des Verkaufs von alkoholischen Getränken, insbesondere in den Jahren zwischen 1919/20 und 1933 in den USA. Die Prohibition schwächte die amerikanische Weinindustrie außerordentlich, brachte sie allerdings nie vollständig zum Erliegen. Findige Erzeuger verlegten sich darauf, Trauben direkt an den Verbraucher zu verkaufen – versehen mit einer Anleitung zum nicht verbotenen Selbstkeltern von Wein.

Auch Ende der 1980er-Jahre gab es in den USA prohibitionistische Tendenzen. Ihnen wurde durch massiv publizierte Untersuchungsergebnisse der Boden entzogen, die die gesundheitsfördernde Wirkung moderaten Weinkonsums betonten.

pronta beva, di pronta beva, italienische Bezeichnung für jung zu trinkende, gelegentlich auch für gelagerte, trinkreife Weine.

proprietor grown [prə'praɪətə grəʊn, engl. »vom Eigner angebaut«], englische Bezeichnung für eine Erzeuger- bzw. Gutsabfüllung.

Pro Riesling GmbH, 1985 gegründete Gesellschaft zur Förderung der Rieslingkultur in Deutschland; ihr Eigner ist ein Förderverein, dem zahlreiche renommierte Rieslingerzeuger aus Deutschland angehören. Ziel der Organisation ist die Erforschung und Förderung der Sorte. Sie veranstaltet regelmäßig

Fachseminare, bringt eine kleine Schriftenreihe heraus und vergibt in Zusammenarbeit mit einer Weinfachzeitschrift alljährlich den deutschen Rieslingpreis.

Prosecco, Weißwein-Rebsorte der norditalienischen Region →Venetien, die in der Region etwa 7000 ha Rebfläche belegt und darüber hinaus auf kleinen Flächen in Süditalien und Argentinien kultiviert wird; der Ursprung der Sorte ist nicht bekannt.

Ihre große Verbreitung in der Region verdankt sie ihrer robusten Konstitution, die sie die schlimmen Frostjahre Ende des 18. Jahrhunderts überleben ließ, in denen andere Sorten fast vollständig vernichtet wurden. Prosecco wird nur in geringem Umfang zu weißem Stillwein verarbeitet; der Großteil der Trauben dient zur Erzeugung des Perl- oder Schaumweins, dem die Sorte ihren Namen gegeben hat.

Prosecco frizzante (Perlwein) oder spumante (Schaumwein) mit der DOC-Herkunftsbezeichnung **Prosecco di Conegliano-Valdobbiadene** (auch die Namen Prosecco di Conegliano oder Prosecco di Valdobbiadene sind zulässig) wird in einem Voralpental der Provinz Treviso erzeugt; hier stehen insgesamt 3500 ha Land unter Reben. Für diese Weine dürfen zusätzlich zur Rebsorte Prosecco bis zu 10 % der einheimischen Weißwein-Rebsorte Verdiso sowie bis zu 15 % Weißburgunder, Grauburgunder oder Chardonnay von außerhalb des Anbaugebiets verwendet werden. Bei Weinen aus Trauben der etwa 100 ha Rebfläche des Ortsteils **Cartizze** von Valdobbiadene können der Ortsname oder die Zusatzbezeichnung **Superiore di Cartizze** auf dem Etikett genannt werden, was sich allerdings nicht immer in einer höheren Qualität der meist von deutlicher Restsüße geprägten Produkte niederschlägt.

Provence [prɔ'vɑ̃s], Weinbauregion im Südosten Frankreichs, zwischen der Rhônemündung im Westen und Nizza im Osten; die Region umfasst 96 500 ha (2000) Rebfläche, deren Großteil im Département Vaucluse liegt, das auch einen beachtlichen Teil der →Côtes-du-Rhône beherbergt.

Die wichtigsten Appellationen des Gebiets, zu dem unter weinrechtlichen Gesichtspunkten auch die Insel →Korsika gehört (französisch: Provence-Corse), sind Bandol, Cassis und Coteaux Varois sowie die Côtes de Provence im Osten und die Coteaux d'Aix-en-Provence im Westen. Weniger Bedeutung haben die Appellationen →Bellet, Les →Baux de Provence, Palette und Coteaux de Pierrevert.

Die **Côtes de Provence** als flächenmäßig größte Appellation umfassen etwa 18 000 ha Rebfläche, auf denen die gängigen Rebsorten des französischen Südens kultiviert werden:

Prosecco. Weinlese im Anbaugebiet des Prosecco di Conegliano-Valdobbiadene in Norditalien. Aus den Proseccotrauben entsteht der populäre Perl- oder Schaumwein.

Cinsaut, Grenache, Mourvèdre und Syrah bei den Rotwein-Rebsorten, Clairette, Sémillon, Trebbiano (Ugni blanc) und Vermentino (Rolle) bei den weißen. Eine Reihe weiterer Rebsorten belegt kleinere Flächen. Erzeugt werden Weiß-, Rosé- und Rotweine. Das wesentlich kleinere Anbaugebiet der A. C. **Coteaux d'Aix-en-Provence** umfasst nur knapp 1600 ha Rebfläche. Rebsorten und erzeugte Weintypen ähneln denen der Côtes de Provence.

Prüfnummer, amtliche Kennzeichnung für Qualitätsweine; in Deutschland müssen Qualitätsweine eine **amtliche Prüfnummer** (Abk. AP-Nummer), in Österreich eine **staatliche Prüfnummer** tragen, die nach einer Prüfung des Mostgewichts der Trauben, nach einer chemischen Analyse und einer amtlichen Verkostung vergeben wird.

Bei der chemischen Analyse werden u. a. der Alkoholgehalt, der Restzucker und der Gesamtschwefel ermittelt; bei der organoleptischen Probe werden lediglich Sortenechtheit und Fehlerfreiheit, d. h. die Verkehrsfähigkeit, nicht aber das tatsächliche Qualitätsniveau des Weins festgestellt. Von jedem geprüften Wein werden Kontrollmuster aufbewahrt. Österreichische Qualitätsweine werden zum Zeichen der absolvierten Prüfung mit der →Banderole gekennzeichnet. In anderen Ländern wie Italien oder

Frankreich existieren analoge Systeme. Aus der Prüfnummer lassen sich der Abfüller des Weins, die Prüfstelle und der Jahrgang ablesen.

Prugnolo gentile, →Sangiovese.

puffern, geschmacklich ausgleichen; Begriff der Weinansprache für die Wirkung gegensätzlicher Geschmackseindrücke, die zusammen ein harmonisches Gesamtbild ergeben. So können ein hoher Säuregehalt durch Restsüße, harte Tannine durch Alkohol oder Glyzerin gepuffert werden.

Puglia, italienisch für →Apulien.

puissant [pɥiˈsã], französisch für die Geschmacksbezeichnung kräftig, alkoholbetont.

Puisseguin Saint-Émilion [pɥisˈgɛ̃ sɛ̃temiˈljɔ̃], eine so genannte Satellitenappellation von →Saint-Émilion.

Puligny-Montrachet [pylɪˈɲi mɔ̃traˈʃɛ], A. C.-Herkunftsbezeichnung der gleichnamigen Gemeinde am südlichen Ende der →Côte de Beaune im französischen Burgund; auf insgesamt 214 ha (2000) Rebfläche wird zu fast 97 % die Weißwein-Rebsorte Chardonnay kultiviert. Die Weine werden häufig im Barrique vergoren oder ausgebaut, sind geschmeidig und zeigen große Länge im Abgang. Neben den 17 Premier-Cru-Lagen, unter denen 100 der 214 ha Rebfläche klassifiziert sind, besitzt die Gemeinde ganz oder teilweise vier der fünf Grand-Cru-Appellationen der Montrachetgruppe (→Montrachet): Montrachet, Chevalier-Montrachet, Bâtard-Montrachet und Bienvenues-Bâtard-Montrachet.

pumpen, Maische, Most, Wein oder Nebenprodukte der Weinbereitung mithilfe verschiedener Systeme befördern; man unterscheidet bei ihnen zwischen Verdrängerpumpen (Stoßkolbenpumpen, Membrankolbenpumpen und umlaufende Verdränger wie Drehkolbenpumpen, Impellerpumpen, Excenterschneckenpumpen, Schlauchpumpen) sowie Kreiselpumpen (radiale Kreiselpumpen, so genannte Zentrifugalpumpen, Seitenkanalpumpen, Wasserringpumpen).

Pumpen kommen in praktisch allen Etappen der Weinbereitung und beim Abfüllen

PUMPEN. *Schwerkraft statt Pumpkraft*

Seit den 1980er-Jahren achten Erzeuger von hochwertigen Weinen beim Neubau von Kelleranlagen meist darauf, dass die Gebäude am Hang liegen oder zumindest so gebaut sind, dass die Traubenannahme im obersten Stockwerk erfolgen kann und der Most bzw. Wein per Schwerkraft von einer Etage zur nächst tiefergelegenen, von einer Etappe der Verarbeitung zur nächsten gelangt. Ziel und Zweck dieser oft sehr aufwendigen Maßnahme ist es, jegliches Pumpen zu vermeiden, um Trauben, Moste und Weine keiner mechanischen Belastung auszusetzen. Insbesondere beim Pumpen der Maische besteht die Gefahr, dass die Kerne der Beeren gequetscht und ihre sehr harten, bitteren Tannine freigegeben werden, die den Wein geschmacklich unattraktiv machen können.

Pyrenees. Mit den europäischen Pyrenäen ist das gleichnamige Anbaugebiet des australischen Bundesstaats Victoria sicher nicht vergleichbar, aber seine landschaftlichen Reize ziehen jeden Besucher in ihren Bann.

zum Einsatz. Dabei werden so genannte Dickstoffpumpen für den Transport der Maische, des Trubs oder der Hefe verwendet, Flüssigkeitspumpen, die gegen leichte Verschmutzungen unempfindlich sind, für den Abstich und die Feinfiltration. Abfüllpumpen

kommen beim fertigen, gefilterten Wein zum Einsatz.

Viele Erzeuger hochwertiger Weine verzichten auf den Einsatz von Pumpen in der Weinbereitung, da sie immer eine mechanische Belastung der Maische oder des Mosts zur Folge haben und damit die Weinqualität beeinträchtigen können. Stattdessen werden Förderbänder oder Plastikkisten für den Transport von Maische und Most eingesetzt, oder die Keller werden architektonisch so gestaltet, dass die Förderung per Schwerkraft bewerkstelligt wird.

punching [ˈpʌnʃɪŋ], englisch im Weinbau das Unterstoßen des Tresterhuts.

puttonyos [ˈpʊtɔɲɔʃ, ungar. zu puttony »Bütte«], büttig; Maßeinheit, die als Grundlage der Einteilung des →Tokajers in verschiedene Qualitätsstufen dient.

PX, →Pedro Ximénez.

Pyrenees [ˈpyrəniz], GI-Herkunftsbezeichnung für Weine aus dem Zentrum des australischen Bundesstaats Victoria; das kleine Anbaugebiet umfasst etwa 580 ha (2001) Rebfläche. Knapp zwei Drittel davon sind mit Rotwein-Rebsorten bestockt, wobei v. a. die Rebsorten Syrah (Shiraz), Cabernet Sauvignon und Merlot kultiviert werden. Bei den weißen Sorten sind es Chardonnay und Sauvignon blanc.

QbA, Abk. für Qualitätswein bestimmter Anbaugebiete (→ Qualitätswein).

Qualitätsschaumwein, geschützte Bezeichnung für → Schaumwein, der mithilfe einer zweiten Gärung hergestellt wurde. In Deutschland oder in Österreich hergestellter Qualitätsschaumwein darf als → Sekt bezeichnet werden.

Qualitätswein, 1996 im EU-Recht verankerte Kategorie für Wein, der höheren Qualitätsanforderungen genügt als Tafel- und Landwein; man unterscheidet in vielen Ländern zwischen zwei Stufen von Qualitätsweinen.

In Deutschland gibt es Qualitätswein bestimmter Anbaugebiete und Qualitätswein mit Prädikat, in Österreich Qualitätswein und Prädikatswein. In Frankreich wird zwischen Vins de qualité produits dans des régions délimitées und Weinen mit Appellation contrôlée unterschieden. Italien kennt die Denominazione di origine controllata und die Denominazione di origine controllata e garantita, Spanien hat seine Denominación de Origen und die Denominación de Origen Calificada, Portugal die Indicação de Proveniência regulamentada und die Denominação de origem controlada.

Qualitätsweine bestimmter Anbaugebiete (Abk. QbA) müssen in Deutschland folgende Bedingungen erfüllen: Sie müssen vollständig aus Trauben zugelassener Rebsorten eines der 13 bestimmten Anbaugebiete gekeltert worden sein und das Mindestmostgewicht aufweisen, das je nach Anbaugebiet zwischen 50 und 72 °Oe liegt. Sie dürfen bis zu maximal 28 g/l Alkohol mit Rübenzucker oder Mostkonzentrat angereichert sein. Auf dem Etikett können neben der Rebsorte und dem Anbaugebiet, aus dem die Trauben stammen, auch Bereich, Großlage, Einzellage, Gemeinde oder Ortsteil vermerkt werden. Qualitätsweine müssen eine amtliche Prüfnummer tragen. QbA-Weine dürfen auch als **Qualitätswein garantierten Ursprungs** (Abk. QgU) bezeichnet werden, wenn sie aus Trauben der Qualitätsstufe QbA einer für das Anbaugebiet oder die Teilregion typischen Rebsorte gekeltert wurden. In Österreich müssen die Trauben aus einem der gesetzlich definierten Anbaugebiete stammen, ein Mostgewicht von mindestens 15 °KMW, das sind 73 °Oe, sowie mindestens 9 Vol.-% Alkohol und eine Säure von mindestens 4,5 g/l aufweisen.

■ SIEHE AUCH
→ Anbaugebiet · Anbauregelung · Appellation · Auslese · Banderole · Beerenauslese · Bereich · Classic · Denominação de origem controlada · Denominación de Origen · Denominazione di origine controllata · Eiswein · Erstes Gewächs · Gutsabfüllung · Hochgewächs · Indicação de Proveniência regulamentada · Kabinett · Klassifizierung · Lage · Mostgewicht · Prädikatswein ·

Prüfnummer · Schlossabfüllung · Selection · selo de garantia · Spätlese 2) · Trockenbeerenauslese · Vin délimité de qualité supérieure · Vins de qualité produits dans des régions délimitées · Weinbezeichnung

Qualitätswein mit Prädikat, → Prädikatswein.

Quarts de Chaume [kar də ʃom, zu französ. quart »Viertel« und chaume »Brachland«], A. C.-Herkunftsbezeichnung des französischen Loiretals im Bereich → Anjou-Saumur; auf den knapp 40 ha Rebfläche des Anbaugebiets wird wie im Fall der umliegenden Anbaugebiete Coteaux du Layon, Bonnezeaux oder Coteaux de l'Aubance ausschließlich die Weißwein-Rebsorte Chenin blanc (Pineau de la Loire) kultiviert. Die halbtrockenen bis edelsüßen Weine können 30, 50 oder sogar mehr als 100 Jahre reifen. Der Name bezieht sich auf das mittelalterliche System der Teilpacht, unter dem der Pächter ein Viertel seiner Ernteerträge abliefern musste.

Queensland [ˈkwiːnzlənd], australischer Weinbaustaat im Nordosten des Kontinents; insgesamt stehen knapp 2500 ha Land unter Reben. Die Weinbaugebiete des zum größten Teil im Bereich tropischen und subtropischen Klimas liegenden Staates sind an der Grenze zu New South Wales im Süden und um die Staatshauptstadt Brisbane zentriert. Jenseits der Grenzen sind die Weine Queenslands praktisch unbekannt und besitzen kaum kommerzielle Bedeutung.

Quetschmühle, → Traubenmühle.

Quinta [ˈkintɐ], portugiesisch für (Wein-)Gut; der Begriff fällt in Portugal unter das Gewohnheitsrecht und darf im Widerspruch zu EU-Recht z. T. auch für Markenweine verwendet werden.

quintale, italienisch für die Maßeinheit Doppelzentner, Einheitenzeichen qq.

Quinta. Die Quintas im oberen Dourotal lieferten traditionell nur das Ausgangsprodukt für die Portweine der großen Handelshäuser nach Vilanova. Seit dem Ende des 20. Jahrhunderts keltern viele von ihnen auch Port- und Stillweine, die sie unter eigenem Namen vermarkten.

R

Raboso, Rotwein-Rebsorte der norditalienischen Region →Venetien, die auf insgesamt knapp 2700 ha (1997) Rebfläche kultiviert wird; die Weine werden v. a. unter den Herkunftsbezeichnungen →Piave und →Colli Euganei vermarktet.

raccolta, italienisch für Ernte, Weinlese; der Begriff wird auf Etiketten im Zusammenhang mit einer Jahreszahl auch im Sinne von Jahrgang verwendet.

rahn, braun gefärbt, oxidiert; Begriff der Weinansprache für einen Weinfehler, der auf unerwünschte Oxidation der Polyphenole zurückzuführen ist. Die Bräunungsreaktion und der brotartige Geruch oder Geschmack können durch schonende Traubenverarbeitung und ausreichendes Schwefeln verhindert werden.

raide [rɛd], französisch für die Geschmacksbezeichnungen hart und säurebetont.

Raịmạt, berühmtester Bereich des spanischen D. O.-Anbaugebiets →Costers del Segre; der Ruf des Gebiets wurde durch das gleichnamige Weingut eines der größten Cavaerzeuger begründet, das hier bereits in den 1980er-Jahren hochwertige rote Lagenweine aus der Rebsorte Cabernet Sauvignon erzeugte.

Ramạndolo, DOCG-Herkunftsbezeichnung für Süßweine aus der Rebsorte Verduzzo der nordostitalienischen Region Friaul-Julisch Venetien; die Weine des kleinen Anbaugebiets nordöstlich der Stadt Udine mit seinen nur gut 50 ha (2002) Rebfläche wurden bis 2001 als eigenständige Bereichsappellation im Rahmen der DOC →Colli Orientali del Friuli vermarktet.

rance [rɑ̃s, französ. »ranzig«], französisch für die Geschmacksbezeichnung oxidativ im Sinne des spanischen Begriffs →rancio.

rancio [rranθio, span. »ranzig«], oxidativ im Duft und im Geschmack; Begriff der Weinansprache für Weine heißer Anbaugebiete, die bewusst einem lang andauernden oxidativen Ausbau im Holzfass unterzogen wurden. Die Weine sind meist deutlich restsüß, es gibt aber auch trockene Varianten. Rancio ist eine Geschmackstypologie von Sherry, die man auch in der D. O. Ampurdán-Costa Brava bei hochwertigen Grenache(Garnacha)-Weinen und in Alicante findet, wo der berühmte Fondillón erzeugt wird. Ähnliche Geschmacksbilder gibt es beispielsweise auch bei einigen Likörweinen aus Südfrankreich, bei Vin jaune und bei italienischem Vin santo.

Rangen, Grand-Cru-Lage der französischen Weinbauregion Elsass, Gemeinden Thann und Vieux-Thann; der reine Südhang weist als einzige Elsässer Spitzenlage fruchtbare, silikatreiche Böden vulkanischen Ursprungs auf. Von den gut 22 ha Rebfläche kommen hervorragende Weißweine der Rebsorten Riesling, Grauburgunder (Tokay Pinot gris) und Gewürztraminer. Thann ist die einzige Gemeinde des Elsass, deren gesamte Rebfläche Grand-Cru-Status genießt.

Ranke, Teil des Hauptsprosses der →Rebe 2).

ranzig, fehlerhaft, oxidativ im Duft; selten verwendete Bezeichnung der Weinansprache, die vom spanischen →rancio abgeleitet ist.

Rapel, Kurzwort für →Valle del Rapel.

Rappen, Bestandteile der →Traube.

rassig, ausdrucks- und charakterstark mit fester (Säure)Struktur; Begriff der Weinansprache für Weine mit markanter, aber reifer Säure bei hohem Extrakt.

Rasteau [ras'to], eigenständige A. C.-Herkunftsbezeichnung der Appellation Côtes-du-Rhône-Villages für Weine aus dem Gebiet der gleichnamigen Gemeinde des südfranzösischen Départements Vaucluse; von gut 760 ha (2002) Rebfläche kommen Weiß-, Rosé- und Rotweine sowie ein →Vin Doux Naturel, der überregional am bekanntesten ist.

Kultiviert werden v. a. die Rotwein-Rebsorten Grenache, Syrah, Mourvèdre sowie die Weißwein-Rebsorten Grenache blanc, Clairette, Marsanne, Roussanne, Bourboulenc und Viognier.

Ratafịa, süßer französischer Likörwein, der v. a. in der Champagne und im Burgund aus angetrockneten Trauben gekeltert wird und mit Traubenmost, Weinbrand, Gewürzen

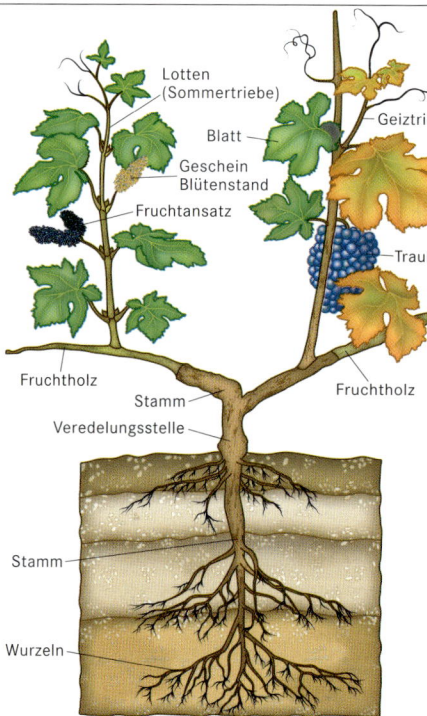

Rebe 2). Aufbau und Vegetationszyklus des Rebstocks

Lotten (Sommertriebe)

Geiztrieb

Blatt

Geschein Blütenstand

Fruchtansatz

Traube

Fruchtholz

Stamm

Fruchtholz

Veredelungsstelle

Stamm

Wurzeln

oder Früchten versetzt sein kann; er wird meist für den Hausgebrauch erzeugt.

Ratsherr, bekannte Spitzenlage des deutschen Anbaugebiets Franken, Gemeinde Volkach; die Hanglage mit einer Neigung von etwa 45 % ist nach Süden ausgerichtet und genießt ein besonders geschütztes, warmes Kleinklima. Die Böden bestehen aus Muschelkalk mit einer sandigen Lehmauflage; kultiviert werden die Rebsorten Riesling, Silvaner, Spätburgunder, Weißburgunder und Rieslaner.

Rebbauzone, in der Schweiz Bezeichnung für Gebiete, die durch den Rebbaukataster definiert sind und in denen Reben kultiviert werden dürfen (→Anbaugebiet).

Rebberg, →Weinberg.

Rebe, 1) Weinrebe, eine Gattung der Familie der Rebengewächse (→Rebsorten).

2) Rebstock, Pflanze der Gattung der Weinrebengewächse, deren morphologischer Aufbau in die Elemente **Wurzeln, Stamm,** Fruchtholz und **Sommertriebe** gegliedert werden kann.

REBE

Wein aus alten Reben

»Alte Reben« oder, auf französisch, »vieilles vignes«, auf englisch »old vines« und auf italienisch »vigne vecchie« – eine Angabe, die häufig auf Etiketten besonders wertvoller Weine zu finden ist. Was die Weine so begehrt macht, ist nicht nur die Tatsache, dass sehr alte Reben – 15 oder 20 Jahre sollten es mindestens sein, aber in Australien werden auch Weine aus den Trauben mehr als 130 Jahre alter Stöcke gekeltert – niedrige Erträge bringen und damit fast automatisch konzentrierte Weine. Dies wäre auch durch richtigen Anschnitt und Ausdünnen bei jungen Reben zu erreichen. Das Geheimnis der alten Reben ist, dass ihre Wurzeln oft metertief in den Boden vorgedrungen sind und deshalb besonders vielfältige Nährstoffe fördern, vor allem Mineralien. Darüber hinaus haben sie ein physiologisches Gleichgewicht und ihren optimalen Reife-

rhythmus gefunden, was sich in besonders ausgewogenen, vielschichtigen Weinen niederschlägt.

---

rau, pelzig und hart am Gaumen; Begriff der Weinansprache für Rotweine mit jungen, noch nicht harmonischen Tanninen.

Rauchgeschmack, rauchig wirkende Geruchs- und Geschmacksnote, die zu den empyreumatischen Aromen gehört; er entsteht meist beim Ausbau von Weinen in neuen, stark getoasteten Barriques (→Aroma).

Rausch, eine der besten Weinbergslagen des Bereichs Saar, Gemeinde Saarburg, im deutschen Anbaugebiet Mosel-Saar-Ruwer; auf den typischen Devonschieferböden des Bereichs wird ausschließlich die Weißwein-Rebsorte Riesling kultiviert, die hier einige der finessenreichsten und komplettesten Weine des Anbaugebiets hervorbringt.

Rauscher, →Federweißer.

Räuschling, alte Ostschweizer Weißwein-Rebsorte, die früher weit verbreitet war, in den letzten Jahrzehnten des 20. Jahrhunderts aber durch Müller-Thurgau verdrängt wurde; sie wird als Spezialität am Zürichsee und im Zürcher Limmattal gepflegt und bringt Weine mit rassiger Säure hervor.

RD, Abk. für →Região Demarcada.

■ **Wurzeln, Stamm und Fruchtholz:** Die unterirdischen Organe der Rebe dienen der Verankerung im Boden sowie der Wasser- und Nährstoffaufnahme. Sie liegen zum größten Teil 20–50 cm unter der Erdoberfläche (Nährstoffaufnahme), können aber in Ausnahmefällen, insbesondere zur Wasseraufnahme, auch Tiefen von mehreren Metern erreichen. In ihnen werden Reservestoffe gelagert und Phytohormone – das sind wachstums- und blütenfördernde Pflanzenhormone – gebildet.

Auch der mehrjährige Stamm dient neben dem Transport der Nährstoffe der Reservestoffspeicherung. Er wird vom Winzer je nach gewählter Erziehungsform gestaltet und ist dadurch mit entscheidend für den gesamten Stockaufbau. Das einjährige Fruchtholz, die **Fruchtrute,** aus der die Sommertriebe sprießen, ist in Internodien, zwischen zwei Blattansatzstellen (Knoten) liegende, blattfreie Sprossabschnitte, gegliedert und mit Knospen besetzt, unterhalb derer noch Ansatzstellen abgefallener Blätter zu erkennen sind.

■ **Knospen und Blätter:** Die Knospe der Weinrebe ist komplex aufgebaut und setzt sich aus einem **Auge** (Hauptauge) sowie zwei Nebenaugen **(Beiaugen)** zusammen. Die Nebenaugen sind einfacher gebaut als das Hauptauge und dienen als Ersatzknospen, die sich z. B. nach Frostschäden des Hauptauges entwickeln können. In der Hauptknospe sind die Anlagen für den Sommertrieb und die Blütenstände (Gescheine) in ihrer endgültigen Anzahl ausgebildet. Die Anlage der Blütenstände erfolgt bereits in den Sommermonaten des Vorjahres und ist von ausreichender Belichtung der Knospen abhängig. Mit dem **Austrieb** der Hauptknospen entwickelt sich dann der Sommertrieb mit den **Ranken** und kleineren Blattachseltrieben (→Geize und →Lotten), den Blättern und den Blütenständen.

Die **Blätter** sitzen in regelmäßigen Abständen an den **Trieben** und umgreifen diese. Man unterscheidet zwischen Blattstiel und Blattspreite. Blattstiele sind recht beweglich und haben die Fähigkeit, das Blatt optimal zur Sonne hin auszurichten. Als **Blattspreite** wird der dünne, flächige Teil des Blattes bezeichnet, in dem die Photosynthese abläuft und dessen Fläche und Belichtung für die Zuckerbildung, damit auch für die Qualität der reifenden Traube entscheidend ist. Die Blattspreite ist durch Größe, Form, Lappung (drei- bis siebenlappig) und Behaarung sowie durch die Form der **Stielbucht,** d. h. der Ansatzstelle des Stiels, und den Blattrand charakteristisch für die jeweilige Rebsorte.

Im unteren (basalen) Bereich des Sommertriebs finden sich je nach Rebsorte und Lichtverhältnissen im Jahr der Knospenbildung – d. h. im Jahr vor dem jeweiligen Fruchtzyklus – ein bis zwei, je nach Fruchtbarkeit der Sorte auch bis zu vier Blütenstände, die als Gescheine bezeichnet werden. Sie bilden nach der Ausbildung der Beeren die Fruchtstände und späteren →Trauben, die man botanisch als **Rispen** bezeichnet, als zusammengesetzte Blütenstände. Diese Rispen tragen eine Vielzahl von Einzelblüten (je nach Rebsorte 150–250), aus denen sich die →Beeren bilden.

■ **Blüten:** Die **Blüten** der europäischen Kultursorten sind zwittrig aufgebaut: Sie tragen sowohl den (weiblichen) Fruchtknoten mit insgesamt vier Samenanlagen als auch die fünf (männlichen) Staubblätter. Bestäubung und Befruchtung erfolgen daher automatisch. Sie werden von der Temperatur sowie von der Wasser- und Nährstoffversorgung beeinflusst. Bei bestimmten Witterungsbedingungen wird ein Teil der Einzelblüten bereits während oder kurz nach der Blüte wieder abgeworfen (→verrieseln). Werden unter günstigen Bedingungen alle vier Samenanlagen befruchtet, so entstehen vier Kerne bzw. Samen. Die potenzielle Größe der Einzelbeeren ist abhängig von der Anzahl der vorhandenen Samen – je mehr Samen gebildet werden, desto größer wird die Beere.

rebeln, →abbeeren.

Rebenpflanzgutverordnung, Bundesverordnung aus dem Jahre 1986, mit der bestimmte Mindestanforderungen für die Produktion und den Verkauf von anerkanntem Reben(Vermehrungs-)material festgelegt werden. Diese Anforderungen betreffen den Gesundheitszustand, v. a. Virusfreiheit, die Sortenreinheit, den Schädlingsbefall etc.

DIE WICHTIGSTEN WEINBAULÄNDER MIT IHREN DURCHSCHNITTLICHEN JÄHRLICHEN PRODUKTIONSMENGEN		
Rang	**Land**	**Hektoliter**
1.	Frankreich	55–60 Mio.
2.	Italien	50–56 Mio.
3.	Spanien	35 Mio.
4.	USA	25 Mio.
5.	Argentinien	12–16 Mio.
6.	Deutschland	10 Mio.
7.	Australien	8–11 Mio.
8.	Südafrika	7,5–8,5 Mio.
9.	Portugal	6–7 Mio.
10.	Chile	5–6 Mio.
11.	Rumänien	5,5 Mio.
12.	Griechenland	3,5 Mio.
13.	Ungarn	3–5 Mio.
14.	Österreich	2,5 Mio.
15.	Kroatien	2,5 Mio.

REBFLÄCHE: DIE GRÖSSTEN WEINBAULÄNDER DER WELT NACH REBFLÄCHEN		
Rang	**Land**	**Rebfläche**
1.	Spanien	1 200 000 ha
2.	Frankreich	914 000 ha
3.	Italien	870 000 ha
4.	Türkei	560 000 ha
5.	USA	415 000 ha
6.	Iran	270 000 ha
7.	Rumänien	248 000 ha
8.	Portugal	240 000 ha
9.	China	240 000 ha
10.	Argentinien	201 000 ha
11.	Chile	171 000 ha
12.	Australien	158 000 ha
13.	Griechenland	130 000 ha
14.	Ukraine	125 000 ha
15.	Bulgarien	110 000 ha
16.	Südafrika	108 000 ha
17.	Deutschland	102 500 ha

Rebenzucht, →Rebzüchtung.

Rebfläche, Weinbergsfläche, mit Reben bepflanzte, gelegentlich auch für das Auspflanzen von Reben vorgesehene bzw. zugelassene Fläche; die Gesamtrebfläche aller Weinbauländer der Erde beträgt etwa 7,95 Mio. ha, von denen allein 4,9 Mio. ha auf Europa entfallen.

Die Erfassung von Rebflächen ist von regionalen und nationalen Eigenheiten abhängig und unterliegt starken Schwankungen, weshalb statistische Angaben oft nur schlecht vergleichbar sind. So werden beispielsweise in bestimmten Ländern die für Rebkulturen geeigneten oder zugelassenen, in anderen nur die tatsächlich bestockten Flächen gezählt; eine andere Zählweise wiederum berücksichtigt nur die im Ertrag stehenden Rebflächen, also keine Junganlagen.

Rebgarten, österreichisch für →Weinberg.

Rebkrankheiten, durch Pilze, Viren, Bakterien, Nährstoffmangel oder tierische →Schädlinge verursachte unerwünschte Veränderungen des Vegetationsverhaltens oder der Traubenproduktion von Weinreben; Rebkrankheiten können zur quantitativen und qualitativen Minderung des Ertrags oder zum vollständigen Absterben des Rebstocks führen.

Trauben europäischer Kulturreben. Ernst zu nehmen sind auch der **Rote Brenner** (verursacht durch Pseudopezicula tracheiphila) und die **Schwarzfleckenkrankheit** (auch Exkoriose, durch Phomopsis viticola hervorgerufen). Ebenfalls zu den Pilzkrankheiten zählen die Graufäule (→Botrytis) und andere Arten der →Fäule.

Von geringerer Bedeutung sind dagegen die Pilzkrankheiten **Schwarzer Brenner** (verursacht durch Gloeosporium ampelophagum), **Eutypiose** (nach dem Schlauchpilz Eutypa lata) und **Esca,** beides Absterbeerscheinungen, die durch verschiedene im Holz der Rebe vorkommende Pilze hervorgerufen werden. Ist das Schadbild beim Escasyndrom nur auf die Trauben begrenzt, spricht man von Schwarzen Masern. Bei Eutypiose kommt es zu einer starken Stauchung der Rebtriebe mit kleinen gelblich aufgehellten Blättern; vorhandene Trauben verrieseln.

■ **Virosen:** Die verschiedenen Abbaukrankheiten der Rebe werden überwiegend durch Viren verursacht und deshalb als Virosen bezeichnet. Sie werden zum einen durch Fadenwürmer (wissenschaftlich Nematoden), zum anderen durch Schmierläuse übertragen. Erstgenannte werden auch als Nepoviren, die anderen als Closteroviren bezeichnet.

Rebkrankheiten. Anfänglich macht sich Virusbefall vielleicht nur durch ungewöhnlich frühes Verfärben einzelner Blätter bemerkbar wie hier auf dem Vriesenhof im südafrikanischen Stellenbosch. Einige Jahre später kann dann der gesamte Weinberg befallen sein und muss gerodet werden.

■ **Pilzkrankheiten:** Die wichtigsten Pilzkrankheiten sind der **Mehltau** mit seinen Unterformen Falscher Mehltau (**Peronospora,** durch Plasmopara viticola hervorgerufen) und Echter Mehltau (**Oidium,** eigentlich Oidium tuckeri, die ungeschlechtliche Form des Mehltaupilzes Uncinula necator). Beide wurden gegen Ende des 19. Jahrhunderts aus Übersee eingeschleppt und befallen sowohl die Blätter als auch die Blüten und

Die wichtigsten Virosen sind die Reisigkrankheit – ein Kümmerwuchs mit fächerartigen Blattdeformationen –, die infektiöse Buntblättrigkeit (französisch Panachure) und die Adernbänderung, bei der Haupt- und Nebenadern der Blätter vergilben und chromgelb werden. Die Enationenkrankheit, die sich in kammartig ausgebildeten Blattlappen manifestiert, wird durch einen oder mehrere Nepoviren ausgelöst. Die ebenfalls bedeutende

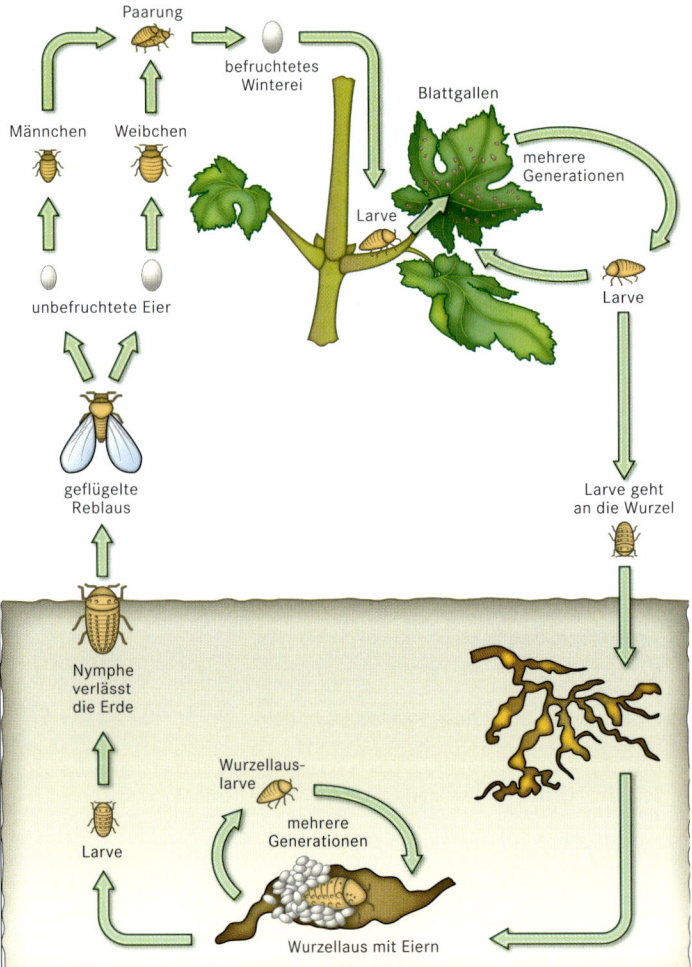

Paarung

befruchtetes
Winterei

Blattgallen

Männchen　Weibchen

mehrere
Generationen

Larve

Larve

unbefruchtete Eier

Larve geht
an die Wurzel

geflügelte
Reblaus

Nymphe
verlässt
die Erde

Wurzellaus-
larve

mehrere
Generationen

Larve

Wurzellaus mit Eiern

Reblaus. Der
Entwicklungszyklus
der Reblaus

Blattrollkrankheit (Rollkrankheit) wird durch Closteroviren ausgelöst und führt zu einem Einrollen der Blattspitzen und Blattränder zur Blattunterseite hin.

■ **Bakterielle Rebkrankheiten:** Unter den bakteriell verursachten Rebkrankheiten sind die Mauke, eine krebsartige Wucherung des Stammes, die durch Agrobakterium tumefaciens verursacht wird, und **Pierce's Disease** (Piercesche Krankheit) von Bedeutung. Diese Krankheit tritt v. a. in Nordamerika auf, wird von einem durch Zwergzikaden (wissenschaftlich Cicadellidae) übertragenen Bakterium (Xylella fastidiosa) ausgelöst und äußert sich zunächst im Austrocknen und Gelbwerden der Blätter.

Neben Viren und Bakterien sind so genannte Phytoplasmen, bakterienähnliche Mikroorganismen, als Erreger verschiedener Krankheiten bekannt wie beispielsweise der so genannten goldgelben Vergilbung (französisch Flavescence dorée) und der Vergilbungskrankheit der Rebe (französisch Bois noir).

■ **Nährstoffmangel:** Zwei häufig auftretende Rebkrankheiten sind auf Missverhältnisse in der Nährstoffversorgung zurückzuführen, Chlorose und Stiellähme. Chlorose, auch Gelb- oder Bleichsucht genannt, äußert sich in kurzen, dünnen Trieben und kleinen, gelblich verfärbten Blättern. Sie tritt vorwiegend bei stark verdichteten und schlecht durchlüfteten Böden auf und wird auch durch anhaltende Staunässe verursacht, die zum Absterben der Wurzeln führt. Auch zu hoher Kalkgehalt, der eine verminderte Verfügbarkeit von Eisen zur Folge hat, kann zu Chlorose führen.

Stiellähme wird durch ein Missverhältnis zwischen Kalium, Kalzium und Magnesium im Gewebe der Stiele hervorgerufen, das bei unharmonischer Nährstoffverfügbarkeit oder bei bestimmten Witterungsbedingungen entstehen kann und bei einigen Rebsorten verstärkt auftreten kann. Die Stiele werden zerstört und die Trauben fallen vorzeitig ab. Stiellähme darf nicht mit Stielfäule (→Fäule) verwechselt werden.

Rebkulturen, Sonderartikel S. 350/351.

Reblaus, wissenschaftlich **Phylloxera,** eigentlich **Phylloxera vastatrix** (auch Phylloxera vitifoliae, Viteus vitifolii, Daktulosphaira vitifoliae oder Dactylasphaera vitifoliae), eine Art der Zwergläuse, ein winziger Rebenschädling, der sich v. a. von den Wurzeln, aber auch von den Blättern der Weinrebe ernährt; es existieren zwei Rassen, die langrüsselige Form Viteus vitifolii vitifolii und die kurzrüsselige Form Viteus vitifolii vulpinae.

Die Reblaus pflanzt sich in einem komplexen Generationenwechsel teils ungeschlechtlich, teils geschlechtlich sowohl ober- als auch unterirdisch fort und verursacht durch Saugen an den Blättern die so genannten Maigallen, durch Anbohren der Wurzeln zahlreiche Knötchen und Knollen. Sie verhindert damit die Nährstoffversorgung der Rebe, schwächt zunächst das Wachstum und den Fruchtertrag und sorgt schließlich für das Absterben der Pflanze.

■ **Verbreitung:** Die Reblaus wurde im 19. Jh. aus den USA nach Frankreich eingeschleppt, von wo aus sie in wenigen Jahrzehnten einen Großteil der europäischen Rebkulturen zerstörte. In Südafrika, Australien und anderen Teilen der Welt begann das zerstörerische Insekt sein Unheil bringendes Werk nur wenig später. Während die Rebsorten der amerikanischen Arten Vitis berlandieri, Vitis labrusca, Vitis riparia, Vitis rupestris oder Vitis aestivalis im Laufe der Jahrtausende eine Resistenz gegen den Schädling entwickelt hatten, waren ihm die europäischen Kultursorten der Art Vitis vinifera schutzlos ausgesetzt. Nur in wenigen Teilen der Welt, deren Böden kein geeigneter Lebensraum für Phylloxera waren, blieben sie vor der Zerstörung bewahrt – zu ihnen gehören Chile, Teile Südafrikas und vereinzelte Weinbergslagen in Frankreich, Italien und Deutschland. Hier findet man deshalb heute noch auf ihren eigenen Wurzeln wachsende Viniferareben.

■ **Gegenmaßnahmen:** Die Rettung vor der bedrohlichen Plage wurde nur wenige Jahre nach ihrem ersten Auftreten in Europa gefunden und bestand darin, Edelreiser der europäischen Sorten auf amerikanische Wurzelstöcke als Unterlagen zu pfropfen. Später begann man dann, amerikanische und europäische Sorten zu so genannten Hybriden zu kreuzen, deren geschmackliche Eigenschaften aber nicht überzeugten.

Rebler, österreichisch für das Gerät oder die Maschine zum →Abbeeren der Trauben.

Rebschnitt, der wichtigste Eingriff des Winzers im Leben des Rebstocks; er wird in Gestalt des **Winterschnitts** zur Formierung der Pflanze und ihrer Anpassung an die gewünschte →Erziehungsform, in Form des **Sommerschnitts** zur Gestaltung der Laubwand (Begrenzung der Laubwandhöhe und des Wachstums der Seitentriebe) vorgenommen. Ohne systematischen und geplanten Rebschnitt würde die Weinrebe wild wuchern und nur minderwertige Trauben hervorbringen.

■ **Winterschnitt:** Während der so genannten Saftruhe zwischen zwei Wachstumszyklen der Rebe werden durch den Winterschnitt die Grundlagen für qualitativ hochwertiges Traubengut geschaffen. Dabei wird das im Sommer gewachsene, nicht mehr benötigte Holz vollständig entfernt. Als **Fruchtholz** werden in der Regel gut ausgebildete Triebe in Stammnähe ausgewählt.

Die ausgewählten Ruten werden gekürzt, wobei dieser **Anschnitt** die Anzahl Knospen an jeder Rute bzw. jedem Stock bestimmt. Dadurch wird die Basis für ein harmonisches Verhältnis zwischen vegetativem Wachstum (Anzahl der Sommertriebe) und generativem Ertrag (Anzahl und Größe der Trauben, Größe der Beeren) gelegt. Der Anschnitt ist damit auch ein Indikator für die spätere Stockbelastung.

Durch die Wahl einer bestimmten Erziehungsform erfolgt – unter Berücksichtigung von Rebsorten, Unterlage, Bodenart, Lage und Klima – eine grundlegende Entscheidung bezüglich des angestrebten Ertrags und der erwünschten Qualität. Darüber hinaus wird durch bestimmte Erziehungsformen die Weinbergsarbeit (Stockarbeiten, Laubarbeiten) erleichtert und ihre eventuelle Mechanisierung ermöglicht bzw. begünstigt. Auch die Belichtung und die Durchlüftung der Rebanlagen werden optimiert, wodurch Rebkrankheiten vorgebeugt und die Schädlingsbekämpfung erleichtert wird.

REBLAUS. *Geschichte einer Invasion*

Sammlerleidenschaft führte Mitte des 19. Jahrhunderts fast dazu, dass der europäische Weinbau an der Wurzel ausgerottet wurde. Ein Weingutsbesitzer der Gemeinde Lirac im Süden der französischen Côtes-du-Rhône hatte sich 1863 eine Ladung Setzlinge amerikanischer Reben von der Ostküste der USA schicken lassen und sie in seinen Weinbergen ausgepflanzt. Mit ihnen trat auch die Reblaus die weite Reise nach Europa an, wo sie keine natürlichen Feinde besaß und wo die Reben keine Resistenz gegen sie entwickelt hatten. Sie dezimierte in weniger als 15 Jahren die Weinberge Frankreichs derart, dass die Weinproduktion um zwei Drittel fiel. Zwischen 1873 und 1885 eroberte die Reblaus Portugal, Italien und Deutschland sowie Südafrika und Australien, die wichtigsten Weinbauländer der Neuen Welt. Auch Kalifornien, wo sie mit europäischen Setzlingen eingeschleppt wurde, fiel ihr zum Opfer. Obwohl schon 1880 das Aufpfropfen europäischer Sorten auf amerikanische Unterlagen entwickelt worden war, dauerte es Jahrzehnte, bis sich der Weinbau der Welt von dem Desaster erholte.

Unter der Voraussetzung qualitätsorientierten Weinbaus ist das Ziel ein optimales Verhältnis von Blättern und Früchten bei einer gut belichteten und durchlüfteten Laubwand. Insbesondere die optimale Belichtung von Blättern und Sommertrieben ist die Grundlage für eine hohe Assimilationsleistung (Zucker- und Aromabildung) sowie für die Ausbildung fruchtbarer Winterknospen und damit für das Ertragspotenzial des Folgejahres.

■ **Schnittformen:** In Abhängigkeit von der Erziehungsform und der Länge des Fruchtholzes nennt man das angeschnittene Holz Zapfen (2–4 Augen), Strecker (4–8 Augen) oder **Bogrebe.** Der Anschnitt von Zapfen erfolgt zum Beispiel bei der Busch-, Vertiko- und der so genannten **Kordonerziehung,** einer außerhalb Deutschlands weit verbreiteten Schnittform mit einem oder zwei horizontal verlaufenden Kordonarm(en). Strecker werden insbesondere bei der Umkehrerziehung und einigen weiteren Weitraumerziehungen angeschnitten.

Bei Bogreben wird unterschieden in **Flachbogen** (Streckbogen), **Halbbogen** (8–12 Augen) sowie **Pendelbogen** und **Ganzbogen** (Rundbogen, 12–20 Augen). Flach-, Halb- und Pendelbogen kommen bei der Spaliererziehung (Normalerziehung) zum Einsatz. Sie können je nach Standraum der Rebe und nach möglicher Stockbelastung einzeln oder auch doppelt, d.h. als doppelte Flachbogen **(Doppelstreckbogen),** doppelte Halb- oder doppelte Pendelbogen ausgeführt sein. Flach- und Halbbogenschnitt sind international auch unter dem Namen **Guyot** (nach dem französischen Arzt Jules Guyot, *1807, †1872) bekannt. Der Ganzbogen dagegen ist die Fruchtholzform der Pfahlerziehung, wie sie haupt-

Fortsetzung S. 352

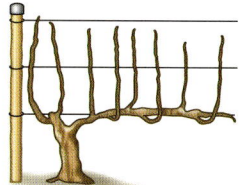

Guyot

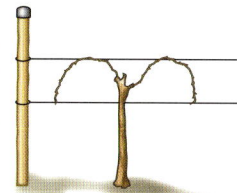

Halbbogen

Kordonerziehung

Rebschnitt. Verschiedene Formen des Rebschnitts bei Drahtrahmenerziehung

REBKULTUREN

1) Jedes Land und jedes Anbaugebiet pflegt seine eigenen Traditionen bei der Anlage von Rebkulturen: Steile Schieferterrassen prägen das Bild im deutschen Rheingau wie hier bei Assmannshausen.

Die Entwicklung des Weinbaus ist untrennbar mit der Geburt der europäischen Zivilisation verknüpft. Obwohl bereits euro-asiatische Nomadenvölker vor mehr als 7000 Jahren wilde Trauben zu Wein vergoren und vielleicht sogar schon erste, rudimentäre Rebkulturen anlegten, datieren die ältesten, in Ägypten und dem Zweistromland nachgewiesenen Viniferakulturen aus dem 4., die der Ägäis aus dem 3. vorchristlichen Jahrtausend.

Nach einer Blüte im Ägypten der Pharaonen war Griechenland die erste europäische Etappe beim weiteren Vormarsch der Weinrebe. Bereits in der zweiten Hälfte des 2. Jahrtausends hatte Wein sich zum vollwertigen Bestandteil der griechischen Kultur entwickelt. Chios, das Bordeaux der Antike, exportierte bis nach Ägypten und ins Gebiet des heutigen Russland. Der griechische Schriftsteller Theophrast (* zwischen 372 und 369 v. Chr., † zwischen 288 und 285 v. Chr.) konnte bereits vom Zusammenhang zwischen Rebsorten, Klima und Böden berichten, und auch der Zusammenhang zwischen niedrigen Ernteerträgen und hoher Weinqualität war ihm und seinen Zeitgenossen kein Geheimnis.

Europas Weinbau entsteht

Von Griechenland aus eroberten Rebkulturen vom 3. Jahrhundert v. Chr. an zunächst das südliche Italien und die Insel Sizilien, ihr Oinotria. Griechen brachten die Rebe auch nach Südfrankreich, Spanien und Portugal. Noch vor der Zeitenwende wurde dann Pompeji zum bedeutendsten Weinumschlagplatz des zur Weltherrschaft aufsteigenden Römischen Reiches. Nach der Zerstörung der Stadt durch den Ausbruch des Vesuvs 79 n. Chr. unternahmen die Römer große Anstrengungen, auch in den anderen Teilen ihres Imperiums Rebkulturen zu entwickeln. Marcus Aurelius Probus (* 232, † 282) ließ bei Bordeaux und Trier, die bereits zuvor zu wichtigen Weinhandelsplätzen ausgebaut worden waren, sowie an der Donau große Rebflächen anlegen.

Mosel, Rheingau und die Pfalz, die Wachau, das Burgund, Bordeaux, die Rhône und Rioja wurden in der Römerzeit zu Zentren der europäischen Weinkultur – eine Rolle, die sie noch heute einnehmen. Das Ende des Römischen Reiches brachte auch die Entwicklung des Weinbaus in Europa zum Stillstand. Erst mit Karl dem Großen (* 747, † 814) wehte in Mitteleuropa ein neuer Wind, in Südeuropa sogar erst mit dem Aufkommen der italienischen Stadtrepubliken Genua, Venedig und Florenz im 13. und 14. Jahrhundert.

Mit dem 11. und 12. Jahrhundert übernahmen die Klöster die treibende Rolle in der Entwicklung des Weinbaus: Benediktiner und Zisterzienser legten nicht nur die Grundlagen für die noch heute gültige Klassifizierung der Weinbergslagen im Burgund, sondern »exportierten« ihr Wissen mitsamt ihren besten Rebsorten auch nach Deutschland und Österreich. Im Bordeauxgebiet übernahmen unterdessen Engländer die Herrschaft über Reben und Keller. Unter Henri Plantagenet (* 1133, † 1189), dem englischen König Heinrich II., begannen sie ab 1152 den Weinbau der Gascogne systematisch zu entwickeln. Anfang des 17. Jahrhunderts übernahmen die inzwischen zur Weltmacht auf-

2

3

gestiegenen Holländer ihre Rolle und schufen im Gebiet um die Stadt Bordeaux die vielleicht berühmteste Weinlandschaft überhaupt, das Médoc.

Europas Reben für die Neue Welt

Zwischen dem 12. und dem 17. Jahrhundert erlebte auch der deutsche Weinbau eine rasante Entwicklung, an deren Ende die Rebfläche fast 300 000 ha umfasste – das Dreifache des heutigen Bestands. Der deutsche Weinhandel, der in Frankfurt am Main und Köln ansässig war, exportierte nach England, Nordeuropa und ins Baltikum.

Im Weltweinbau wurde zur selben Zeit eine neue Epoche eingeläutet: Spanische und holländische Weltumsegler und Eroberer führten im Gefolge des Amerikaentdeckers Christoph Kolumbus (* 1451, † 1506) schon im 16. Jahrhundert Europas Kulturreben in Süd- und Mittelamerika sowie in Südafrika ein. Der Weinbau der Neuen Welt war geboren.

Die Zeit zwischen dem 16. und dem 18. Jahrhundert war eine Periode tief greifender sozialer und ökonomischer Veränderungen. Die zunehmende Verstädterung sorgte für das Entstehen großer, von den Weinbaugebieten unabhängiger Absatzmärkte und der Ausbau der Transportwege brachte eine enorme Ausweitung des internationalen Weinhandels mit sich. Die Vormachtstellung Englands seit dem spanischen Erbfolgekrieg (1701–1713/14) führte zur Schaffung neuer Handelsstrukturen im Bordeauxgebiet und zur Selektion der besten Rebsorten, die noch heute dominierend sind.

Alte Welt und Neue Welt

Das 19. Jahrhundert brachte Höhen und Tiefen in raschem Wechsel. Die erste Hälfte, das goldene Zeitalter kulminierte in der berühmten Klassifizierung der Médoc-Weingüter von 1855. In der zweiten Hälfte dagegen hätte die Reblaus fast den gesamten europäischen Bestand an Rebkulturen vernichtet. Kriege und Krisen des beginnenden 20. Jahrhunderts sowie die Prohibition in den USA hemmten die Entwicklung von Weltweinbau und Weinhandel. Der Start in die Neuzeit begann fast wie ein Fehlstart: Anstatt auf die Entwicklung von ausdrucksvollen Weinen, wie sie das goldene Zeitalter hervorgebracht hatte, setzte die Winzerschaft fast ausschließlich auf Rationalisierung, Mechanisierung, neue, ertragreiche Rebsorten und auf die möglichst preiswerte Produktion großer Weinmengen.

Skandale und Krisen in den 1970er-Jahren und ein dramatischer Preisverfall brachten die Wende. In den USA und Italien, später dann in Australien, Spanien, Deutschland und letztlich auch in Südafrika oder Chile setzte sich qualitätsbewusster Weinbau durch. Gleichzeitig sank die Weltrebfläche zwischen 1980 und 2000 von 9,8 auf 8,2 Mio. ha, von denen 62 % immer noch auf Europa entfielen. Die Produktionsmengen gingen von 330 Mio. hl Anfang der 1980er-Jahre auf durchschnittlich 266 Mio. hl zurück. Auch die Entwicklung der Weinbergs- und Kellertechnik machte einen gewaltigen Sprung nach vorn, und der biologische bzw. biodynamische Weinbau eroberte sich eine viel beachtete Position im Spitzenweinbau.

2) Der Weinbau der kalifornischen North Coast wird durch großflächig und großzügig angelegte Rebzeilen charakterisiert.

3) Im italienischen Valpolicellagebiet greifen einige Winzer bei der Neuanlage ihrer Weinberge auch heute noch zu den traditionellen Pergolen.

Fortsetzung von S. 349
sächlich an Mosel-Saar-Ruwer und an der Ahr verbreitet ist.

■ **Sommerschnitt:** Im Sommer müssen durch entsprechenden Rebschnitt das Längenwachstum der Sommertriebe begrenzt und eine unvorteilhafte Laubglockenbildung verhindert werden. Bei der Spaliererziehung werden hierbei pro Rebtrieb etwa 13–16 Blätter belassen. Der Sommerschnitt erfolgt, je nach Wüchsigkeit, in der Regel erstmals kurz nach der Blüte und wird zwei bis drei Mal durchgeführt. Mit dem ersten Sommerschnitt und der Entfernung der Triebspitze wird ein Austreiben von Sommerknospen induziert, das zur Geiztriebbildung führt. Bei den nachfolgenden Sommerschnittarbeiten werden diese durch seitliches Schneiden eingekürzt.

Rebschnitt. Der Rebschnitt und das anschließende Gerten der Ruten wie hier in den italienischen Abruzzen gehören fast überall zu den wichtigsten Winterarbeiten.

Im Rahmen des so genannten **Minimalschnitts** wird auf den Winterschnitt gänzlich verzichtet und in der Regel nur ein geringer oder gar kein Sommerschnitt vorgenommen. Minimalschnittanlagen entsprechen weitgehend dem natürlichen Wuchssystem der Reben. Verzichtet man auf den Rückschnitt und formiert das Fruchtholz des vergangenen Jahres entsprechend, entstehen eine Fülle von kurzen Trieben mit vielen kleinen Trauben, die qualitativ sehr gute Weine hervorbringen können. Basis hierfür ist eine gute Balance zwischen vegetativer und generativer Massenbildung, die sich innerhalb weniger Jahre einstellt, sowie ein durch die Kleinbeerigkeit begründetes, sehr gutes Verhältnis zwischen Beerenhaut und Beereninhalt.

Rebschule, Vervielfältigungs- und Veredelungsbetrieb für Weinreben; das Ziel der Arbeit von Rebschulen ist es, den Winzern virenfreie, für ihre Anforderungen geeignete Setzlinge zur Verfügung zu stellen. Dabei besteht die Arbeit einerseits in der Selektion qualitativ hochwertiger Pflanzen, andererseits in der Kombination von Edelreisern mit geeigneten Unterlagen durch →Pfropfen.

Rebsorten, Unterarten der etwa 65 verschiedenen Arten aus der Familie der Rebengewächse (wissenschaftlich Vitaceae, zu lateinisch vitis »Weinrebe«), die in den gemäßigten Klimazonen der nördlichen Erdhalbkugel, v. a. in Amerika und Asien, wachsen.

Ampelographen teilen sie in elf Gruppen (Candicansae, Labruscae, Caribaeae, Arizonae, Cinereae, Aestivalae, Cordifoliae, Flexuosae, Spinosae, Ripariae und Viniferae), wobei diese Einteilung umstritten ist. Eine andere Schule nennt beispielsweise nur sieben Gruppen (Lambruscae, Lambruscoideae, Aestivales, Cinerascentes, Rupestres, Ripareae und Viniferae). Unumstritten ist jedoch, dass sämtliche europäischen Kultursorten aus einer einzigen Gruppe der Viniferae stammen, mehr noch, aus einer einzigen ihrer Unterarten: **Vitis vinifera.**

Auch die Abgrenzung der verschiedenen Unterarten innerhalb der Viniferae ist unter Ampelographen umstritten. Während eine gängige Lehrmeinung zwischen Vitis vinifera silvestris (die europäische Kulturrebe) und Vitis vinifera caucasica (kaukasische Wildrebe) unterscheidet, differenzieren andere Wissenschaftler zwischen drei Unterarten: Vitis vinifera sativa (Kulturrebe), Vitis vinifera silvestris (europäische **Wildrebe** bzw. rheinische Wildrebe) und Vitis vinifera caucasica (kaukasische Wildrebe bzw. Donau-Wildrebe). Französische Ampelographen wiederum gruppieren in Vitis vinifera Linné (europäische Kulturrebe) und Vitis silvestris Gmelin (europäische und asiatische Wildrebe), aber damit ist die Reihe der verschiedenen Ordnungsversuche noch nicht erschöpft.

■ **Ursprung:** Man nimmt an, dass die ersten Pflanzen der Gattung Vitaceae auf die Kreidezeit vor etwa 140 Mio. Jahren zurückgehen; gesichert datierbare Funde existieren allerdings erst vom Beginn des Tertiärs vor 65 Mio. Jahren. Sie stammen aus Asien und Amerika, z. T. auch aus der französischen Champagne. Etwa vor 7 Mio. Jahren tauchten dann in Europa und Kleinasien erste Formen von Vitis vinifera auf.

Während der Eiszeiten überlebten sie nur im Kaukasus, in Afghanistan und vermutlich in Teilen des Mittelmeerraums. Sie bildeten die Basis der vorderasiatischen und europäischen Rebkultur.

Für den modernen Weinbau relevant sind seit der Reblauskatastrophe des 19. Jahrhunderts neben Vitis vinifera auch Amerikanerreben der Arten Vitis berlandieri, Vitis labrusca, Vitis riparia, Vitis rupestris und Vitis aestivalis. Sie dienen als reblausresistente Unterlagen für europäische Sorten und werden zur Züchtung von Hybriden herangezogen.

■ **Arten und Sorten:** Insgesamt unterscheidet man je nach ampelographischer Einteilung zwischen 17 000 und 20 000 verschiedenen Rebsorten, darunter 10 250 registrierte Viniferasorten und mehr als 4600 Hybriden. Als kommerziell verfügbar gelten etwas mehr als 7000 Sorten, aber nur zwischen 1000 und 2000 werden tatsächlich im Weinbau genutzt. Die wirklich relevanten Rebsorten des Weltweinbaus lassen sich auf wenig mehr als 100 Namen reduzieren, die Gruppe der so genannten internationalen Rebsorten umfasst sogar nur wenig mehr als ein Dutzend Namen.

Aufgrund der verwirrenden Vielfalt und der Tatsache, dass die Traubenfarbe nicht unmittelbar auf die Weinfarbe schließen lässt – zahlreiche Weißweine werden aus rötlichen oder roten Sorten gekeltert –, unterscheidet man gemeinsprachlich zwischen Weißwein-Rebsorten und Rotwein-Rebsorten, wobei aus Letzteren auch Roséweine gekeltert werden. Schaum- und Likörweine entstehen aus Weiß- und Rotwein-Rebsorten, Süßweine vorwiegend aus Weißwein-Rebsorten. Daneben gibt es Rebsorten, die vorwiegend oder ausschließlich als Tafeltrauben, als Rosinen oder für die Produktion von Traubensaft Verwendung finden.

■ **Klima und Böden:** Aufgrund ihrer verschiedenartigen Morphologie und des Reifeverhaltens eignen sich die meisten Rebsorten nur für ganz bestimmte Klimazonen oder Bodentypen. Nur wenige von ihnen, beispiels-

REBSORTEN. *Die meistkultivierten Rebsorten der Welt*
Es ist nicht ganz einfach, eine internationale Rangliste der meistkultivierten, im Weinbau verwendeten Rebsorten zu erstellen – zu unterschiedlich sind die Erhebungsmethoden in den einzelnen Ländern und Regionen, zu sehr weichen auch die Erhebungszeiträume voneinander ab. Dennoch gibt es keinen Zweifel daran, dass Spaniens Weißwein-Rebsorte Airén, mit der etwa 390 000 ha Rebfläche – das entspricht fast dem Vierfachen der gesamten deutschen Rebfläche – bestockt sind, die Liste mit großem Abstand anführt. An zweiter und dritter Stelle stehen die französisch-spanische Rotwein-Rebsorten Grenache (240 000 ha) und Carignan (190 000–250 000 ha, je nach Quelle). Den vierten Platz belegen gemeinsam Merlot und Trebbiano (in Frankreich Ugni blanc genannt) mit jeweils etwa 190 000 ha, und hinter den Sorten der Muskatellergruppe (100 000–120 000 ha) folgen Cabernet Sauvignon, Tempranillo und Chardonnay mit jeweils etwa 100 000 ha. Syrah, Sangiovese und Mourvèdre liegen auf den Plätzen zehn bis zwölf, während sich gleich vier Sorten den dreizehnten Platz teilen: die Malvasiagruppe, Spätburgunder, Riesling und Catarratto comune. Dahinter firmieren Chenin blanc, País, Barbera, Macabeo, Sauvignon blanc und Gamay.

weise Chardonnay, passen sich unterschiedlichen Terroirs so gut an, dass sie auf (fast) allen hochwertige Weine hervorbringen können.

Je nach Reifeverhalten unterscheidet man zwischen **früh reifenden** und **spät reifenden Rebsorten;** zu Ersteren gehören u. a. zahlreiche Neuzüchtungen wie Müller-Thurgau oder Kerner, aber auch die klassischen Rotwein-Rebsorte Merlot und der Frühburgunder. Spät reifende Sorten sind beispielsweise

REBSORTEN	*Stars und Aschenputtel*

Für den Liebhaber von Sortenweinen einfacher Machart war die Weinwahl wahrscheinlich noch nie so einfach wie heute. Nur fünf, sechs Rebsortennamen muss er sich merken, Chardonnay, Cabernet Sauvignon, Merlot, Sauvignon blanc, Syrah alias Shiraz und vielleicht noch Spätburgunder oder Riesling, um für seinen Geschmack und seinen Geldbeutel fast in jeder Situation, in jedem Land das Richtige zu finden.

Gut ein Viertel der Weltrebfläche wird von einem Dutzend Rebsorten belegt – der Rest der insgesamt 17 000–20 000 bekannten Sorten teilt sich in die übrigen drei Viertel. Das ist umso bedauerlicher, als dadurch die meisten Verbraucher mit einem Großteil der Geschmackserlebnisse, die Weine bieten können, nie in Berührung kommen. Wie herrlich ein roter Pignolo aus Italien, ein weißer Macabeo aus Spanien, ein edelsüßer Bouvier aus Österreich oder auch ein säurebetonter Elbling aus Deutschland schmecken können, wird sich dem, der sich bei seiner Weinwahl auf die großen, bekannten Namen beschränkt, nie erschließen.

Riesling, Cabernet Sauvignon und Nebbiolo. Der Vorteil früh reifender Sorten liegt darin, dass sie beim Eintreten schlechten Herbstwetters meist schon geerntet und deshalb vergleichsweise risikoarm sind. Spät reifende Sorten entwickeln dagegen häufig größere Komplexität und geschmackliche Dichte.

Rebsorten. Die europäischen Kultursorten (hier Trebbiano toscano) unterscheiden sich vor allem durch die Form des Fruchtstands, Größe, Form und Farbe der Beeren sowie durch Form und Struktur der Blätter.

■ **Geschichte:** Die wichtigsten kultivierten Rebsorten sind bereits in den Werken der römischen Schriftsteller Plinius der Ältere (*23/24, †79 n. Chr.), Columella (1. Jh. n. Chr.) und Cato (*234, †149 v. Chr.) überliefert; weil bei ihnen exakte Beschreibungen fehlen, ist der Vergleich mit heutigen Sorten jedoch kaum möglich. Der schwedische Naturforscher Carl von Linné (*1707, †1778) unterschied zum ersten Mal zwischen verschiedenen Arten von Vitis vinifera, Vitis labrusca etc. und der deutsche Ampelograph Hermann Goethe (*1837, †1911) machte die genaue Beschreibung der Blätter zur Grundlage der Unterscheidung von Rebsorten – die moderne Ampelographie war geboren.

REBSORTEN. *Namenschaos und Sortenwirrwarr*

Angesichts der Vielzahl verschiedener Rebsorten den Überblick zu behalten, ist keine leichte Aufgabe. Allein die offiziell registrierten gut 10 000 eigenständigen Sorten machen sie fast unlösbar. Noch schwerer wird die Aufgabe aber durch die unzähligen Synonyme, die für fast alle Viniferasorten auf regionaler oder nationaler Ebene existieren. Das (französische) Standardwerk der Ampelographie, der »Dictionnaire Encyclopédique des Cépages« (deutsch Enzyklopädisches Wörterbuch der Rebsorten), listet nicht nur 9 600 Rebsorten auf, sondern auch ihre gut 40 000 regionalen und überregionalen Synonyme. Da heißt es dann beispielsweise unter der Eintragung Grauburgunder (Pinot gris) unter anderem: »gris cordelier, fauvet, noirin gris, friset, pinot cendre, ouche cendrée ... Wiliboner, Kapuzinerkutte, Speirer ... Pirosburgundi, Szürkebarát« etc. Am verwirrendsten ist allerdings der Gebrauch bestimmter Namen für Rebsorten, die mit dem Namengeber weder identisch noch verwandt sind, wie die vielen Pseudo-Rieslinge – Cape-Riesling, Clare-Riesling, Mainriesling und wie sie noch heißen.

■ SIEHE AUCH
→Amerikanerreben · Ampelographie · Bukettsorten · Burgundersorten · Direktträger · Edelreis · Gemischter Satz · Hybride · internationale Rebsorten · Klon · klonale Selektion · Mutation · Rebe 2) · Rebzüchtung · Rotwein-Rebsorten · Tafeltrauben · umpfropfen · Unterlage · veredeln · Weißwein-Rebsorten

Rebstock, →Rebe 2).

Rebzeile, Zeile, die lineare Anordnung der Reben im Weinberg, insbesondere bei Spaliererziehung (→Erziehungsformen); Rebstöcke werden in regelmäßigen Abständen in einer Linie gepflanzt, sodass zur Seite hin Platz zum Begehen oder Befahren des Weinbergs bleibt. Die Räume zwischen den Rebzeilen werden als Gassen bzw. Fahrgassen bezeichnet. Die Abstände der Rebzeilen voneinander sind einer der Faktoren für die Berechnung der →Stockdichte im Weinberg; der andere wird durch den Abstand der Rebstöcke innerhalb der Rebzeilen gebildet.

Rebzüchtung, das Beeinflussen der Eigenschaften von Reben durch verschiedenartige Eingriffe in ihre Fortpflanzung; rudimentäre Formen der Rebzüchtung sind wahrscheinlich so alt wie der Weltweinbau selbst. Man unterscheidet drei Arten: **Kreuzungszüchtung,** Auslese- oder **Erhaltungszüchtung** und Mutationszüchtung.

Das Ziel von Kreuzungs- und Mutationszüchtungen ist die Schaffung neuer Rebsorten **(Zuchtsorten)** mit spezifischem, optimiertem Ertragsverhalten, hoch entwickelter Resistenz gegen Schädlinge und Rebkrankheiten oder erwünschten organoleptischen Eigenschaften wie beispielsweise höheres Mostgewicht, ausgeprägtere Aromen etc. Das Ziel von Erhaltungs- oder Auslesezüchtungen ist es dagegen, auf der Basis einer existierenden Sorte optimierte Pflanzenvarianten zu schaffen, in denen besondere vegetative oder organoleptische Eigenschaften der Sorte verstärkt auftreten.

■ **Kreuzungszüchtung:** Die geschlechtliche Paarung von Rebsorten mit unterschiedlichem Erbgut durch Übertragen von Pollen der so genannten Vatersorte auf die Blüten der Muttersorte wird als Kreuzungszüchtung oder Kreuzung bezeichnet. Solche Kreuzungen werden in der wissenschaftlichen Darstellung in Form einer Multiplikation aus Muttersorte × Vatersorte dargestellt (z. B. ist Kerner eine Kreuzung aus Trollinger × Riesling). Die geschlechtliche Fortpflanzung ist jedoch auf diesen ersten Schritt der Rebzüchtung beschränkt, da aufgrund des spalterbigen Charakters der Weinrebe bei jeder Fortpflanzung eine unterschiedliche Variante mit neuen, unkontrollierbaren Eigenschaften entstehen würde. Deshalb muss die neue Sorte nach diesem ersten Schritt mehrere Generationen lang ungeschlechtlich, d. h. mithilfe von Stecklingen vermehrt und geprüft werden.

Das Risiko und die Unwägbarkeiten der Kreuzungszüchtung sind enorm. Oft kommt es zu Fehlschlägen, gelegentlich aber auch zu glücklichen Zufallstreffern. Das erste Züchtungsresultat muss häufig erneut mit einer der beiden Ausgangssorten gekreuzt werden, um positive Eigenschaften zu verstärken und negative zu eliminieren. Dieses Verfahren nennt man Rückkreuzung. Zahlreiche neue Rebsorten stellen auch das Resultat der Kreuzung einer Neuzüchtung mit einer anderen Sorte dar, wie beispielsweise Optima.

Bis zur endgültigen Anerkennung einer Sorte, ihrer Eintragung in die Sortenliste, dauert es oft mehrere Jahrzehnte, in denen die Neuzüchtung ihre verbesserten Eigenschaften unter Beweis stellen muss. Die Zulassung bedeutet nicht, dass sich eine solche Sorte auch wirtschaftlich durchsetzt, wie am Beispiel der zahlreichen deutschen Neuzüchtungen des 20. Jahrhunderts zu sehen ist.

Eine besondere Form der Kreuzungszüchtung ist die der so genannten interspezifischen Kreuzung, bei der einer der Partner eine Europäerrebe der Art Vitis vinifera ist, der andere eine amerikanische oder asiatische Sorte der Arten **Vitis labrusca, Vitis berlandieri, Vitis riparia, Vitis rupestris** oder **Vitis amurensis.** Solche Züchtungen werden durchgeführt, um Rebsorten, so genannte →Hybride, zu erhalten, die gegen die aus Amerika eingeschleppten Schädlinge Reblaus und Mehltau resistent sind.

■ **Erhaltungs- und Auslesezüchtung:** Ein uraltes, vielleicht sogar das älteste Verfahren der Rebzüchtung besteht in der fortgesetzten Auslese qualitativ hochwertiger Rebstöcke, die in ihren Eigenschaften dem gewünschten Sortentyp in hohem Maße entsprechen. Eine solche Auslese zielt auf die Verbesserung (oder Erhaltung) von Ertrags- oder Geschmackseigenschaften. Man unterscheidet hierbei zwischen der →klonalen Selektion und der →Massenselektion.

■ **Mutationszüchtung:** Die Schaffung neuer oder verbesserter Rebsorten kann auch durch das gezielte Auslösen von Mutationen und die züchterische, d. h. vegetative Vermehrung der erzielten Mutanten erfolgen. Außerdem kommen Mutationen häufig spontan in der Natur vor, und gelegentlich werden dadurch entstandene Sortenvarianten oder neue Sorten entdeckt, die anschließend vegetativ vermehrt werden.

Bei der Mutationszüchtung kommen Verfahren wie Ionenbestrahlung oder chemische Behandlungen von Pflanzen und Samen zur Anwendung. Seit den 1990er-Jahren werden in der Weinwelt auch Verfahren der Mutationszüchtung mithilfe gentechnischer Eingriffe erprobt. Sie stoßen aber wegen ihrer

nicht abzuschätzenden Konsequenzen auf die Erbsubstanz aller Rebsorten – zum Beispiel durch unkontrolliertes Auswildern – in der Weinwelt noch überwiegend auf Ablehnung.

Recioto [rɛˈtʃoto], meist süßer, gelegentlich auch schäumender weißer oder roter Strohwein der norditalienischen Region →Venetien; bei seiner Herstellung werden meist vor der Haupternte gelesene Trauben auf Holzgerüsten oder in Kisten bis zu drei Monaten getrocknet (→passito) und erst anschließend gekeltert. Die Weine werden unter den DOC-Herkunftsbezeichnungen **Recioto della Valpolicella, Recioto di Soave** und **Recioto di Gambellara** in den Anbaugebieten des →Valpolicella, des →Soave und des →Gambellara erzeugt. Eine durchgegorene, trockene Version des Recioto della Valpolicella ist der →Amarone. – Abb. S. 356

Rebzeile. Wie mit dem Lineal gezogen sind die Rebzeilen des südaustralischen Anbaugebiets Coonawarra.

récoltant-coopérateur [rekɔlˈtɑ̃ koɔpeˈraˈtœr], französisch für einen Winzer der →Champagne, der seine Trauben an eine Genossenschaft liefert.

récolte [reˈkɔlt], französisch für →Ernte; z. T., im Zusammenhang mit einer Jahreszahl, auch für →Jahrgang.

Red Mountain [red ˈmaʊntɪn], 2001 eingerichtete AVA-Herkunftsbezeichnung für Weine aus dem →Columbia Valley im US-Bundesstaat Washington; auf 250 ha (2002) Rebfläche werden v. a. Cabernet Sauvignon, Merlot, Cabernet franc und Syrah kultiviert. Die Weine zeigen Frucht und gute Eleganz.

Redoxpotenzial, das Oxidations- bzw. Reduktionspotenzial von chemischen Systemen, d. h. die Summe der Reaktionsmöglichkeiten aller Bestandteile von Weinen; es wird in Millivolt, Maßeinheit mV, gemessen.

Von vielen Önologen wird dem Redoxpotenzial ein höherer Stellenwert beigemessen als der Gehalt an freiem, reaktionsfähigem

Recioto. Wenn die Rebzeilen des Valpolicellagebiets im Herbst abgeerntet sind, müssen die Trauben für Recioto und Amarone noch mindestens drei Monate auf Holzgestellen oder in Kisten trocknen, bevor sie gekeltert werden.

Schwefeldioxid, andere wiederum sehen im Gehalt an gelöstem Sauerstoff im Wein einen entscheidenderen Parameter für Reaktionsfähigkeit und damit auch für das Ausbauverhalten und die Alterungsfähigkeit. Für den Weinmacher gehört die **Redoxführung** zu den zentralen Aspekten seiner Arbeit; darunter versteht man die Summe aller Arbeitsschritte, mit der Oxidations- bzw. Reduktionsprozesse in die gewünschte Richtung gelenkt werden können, insbesondere der Einsatz bestimmter Hefen, von Sauerstoff oder schwefliger Säure. Auch die Tannine von Holzfässern können das Redoxpotenzial eines Weins beeinflussen.

Reduktion, das chemische Entfernen von Sauerstoff aus sauerstoffhaltigen Verbindungen, der entgegengesetzte Vorgang zur →Oxidation; dabei wird das Reduktionsmittel oxidiert.

Reduktionsvorgänge spielen im positiven wie im negativen Sinne eine Rolle. Das wichtigste Reduktionsmittel im Rahmen der Weinbereitung ist →Schwefel. Durch so genannten reduktiven Ausbau, der v.a. bei Weißweinen praktiziert wird – die Weine werden dabei nach dem Pressen sofort geschwefelt und im Stahltank unter Abschluss vom Luftsauerstoff vergoren und ausgebaut –, versucht man, besonders frische, fruchtbetonte und reintönige Weine zu erhalten. Insbesondere wird durch den reduktiven Ausbau die Gefahr unerwünschter Oxidationsvorgänge wie Braunwerden oder das Entstehen eines Lufttons vermindert. Allerdings besteht dabei eine erhöhte Gefahr der Böckserbil

dung. Weine mit leichtem Schwefelwasserstoff- oder Hefeböckser bezeichnet man gemeinsprachlich auch als reduktiv.

Refosco, slowen. **Refošk,** Rotwein-Rebsorte Nordostitaliens und Sloweniens; sie wird in Italien auf gut 1000 ha Rebfläche, v.a. in den Regionen Friaul-Julisch Venetien und Venetien, in den angrenzenden Gebieten Sloweniens und in Griechenland kultiviert. Umstritten ist, ob zwischen zwei eigenständigen Varianten, **Refosco dal peduncolo rosso** (Friaul-Julisch Venetien) und **Refosco nostrano** (Venetien), unterschieden werden muss, und ob Refosco mit der französischen Sorte →Mondeuse identisch oder verwandt ist. Die Weine sind dunkel und kräftig, können schöne Kirsch- und Pfeffernoten zeigen und eignen sich zum Ausbau im Barrique.

Refraktometer, Messgerät zur Bestimmung der Lichtbrechung bei festen, flüssigen und gasförmigen Stoffen, das im Weinbau zur Bestimmung des Zuckergehalts (→Mostgewichts) im Saft von Trauben dient; seine Wirkungsweise beruht auf der Tatsache, dass sich mit zunehmenden Extraktstoffen, insbesondere des Zuckers, die Lichtbrechung durch den Traubensaft ändert. Die Messskala kann entsprechend den verschiedenen Maßeinheiten zur Bestimmung des Mostgewichts geeicht sein.

Regent, interspezifische Rotwein-Rebsorte, die 1967 an der Forschungsanstalt Geilweilerhof bei Siebeldingen (Kreis Südliche Weinstraße) aus Diana, einer Kreuzung zwischen Silvaner und Müller-Thurgau, und

Chambourcin, einer Hybride, gezüchtet
wurde; sie wird in Deutschland auf 950 ha
(2002) Rebfläche kultiviert, in geringem Umfang auch in der Schweiz. Der früh reifende
Regent gilt als eine der schädlingsresisten-
ten Sorten; seine Weine sind farbintensiv und
tanninbetont.

Reggiano [rɛdˈdʒaːno], DOC-Herkunftsbezeichnung für Weine aus der mittelitalienischen Region Emilia-Romagna; auf den gut
3000 ha Rebfläche werden zu mehr als 95%
die verschiedenen Varianten der Rotwein-
Rebsorte Lambrusco (Lambrusco Marani,
Lambrusco Salamino, Lambrusco Montericco,
Lambrusco Maestri) kultiviert, der Rest der
Flächen ist mit Ancelotta bestockt. Die Weine
sind aufgrund der erlaubten Höchsterträge
von 180 hl/ha fast ausnahmslos sehr einfach.
Ein Teil der Trauben wird zu Schaumwein
(Spumante) oder Novello (→ Nouveau) verarbeitet.

Região Demarcada [reˈʒjãu̯ -], Abk. **RD,**
portugiesische historische Bezeichnung für
portugiesische Qualitätsweine bestimmter
Anbaugebiete, die nach dem EG-Beitritt 1986
durch die Kategorie → Denominação de origem controlada ersetzt wurde.

Regina, Regina bianca [redʒiːna -k-],
auch Razaki, Rosaki, Dattier oder Dattier de
Beyrouth genannte, weit verbreitete weiße
Tafeltraubensorte; sie wird weltweit auf
120000–150000 ha (2000) Rebfläche kultiviert, findet aber nur ausnahmsweise im
Weinbau Verwendung. Die größten Regina-
Rebflächen sind in Italien (50000 ha), der Türkei (30000 ha), Spanien (10200 ha), Griechenland (10000 ha) und Bulgarien (7000 ha) zu
finden, aber auch Länder der Neuen Welt wie

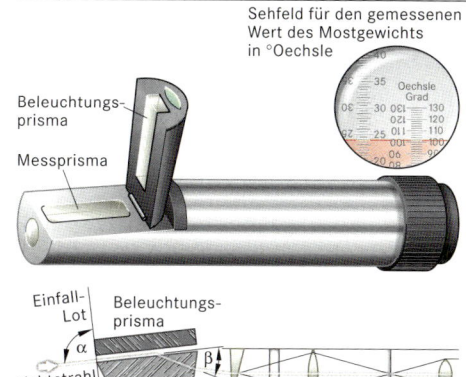

Refraktometer. Zur Bestimmung des Mostgewichts mit dem Refraktometer wird zunächst der Saft einer Beere auf das Messprisma gequetscht. Durch das Beleuchtungsprisma fällt Licht ein, das über Filter und Linsen an das Okular geleitet wird. Im Sehfeld des Okulars kann dann das Mostgewicht abgelesen werden.

Südafrika, Australien oder Kalifornien besitzen kleinere Vorkommen.

**Région délimitée de la Champagne vi-
ticole** [reˈʒiɔ̃ delimiˈte də la ʃaˈpaɲ vitiˈkɔl,
franzöz. »bestimmte Weinbauregion Champagne«], offizielle Bezeichnung für das französische Anbaugebiet Champagne.

Región del Sur [rːɛˈxiɔn -], Weinbauregion im Süden Chiles mit der größten Rebfläche aller Regionen des Landes; hier wird v. a.
die Rebsorte País kultiviert, aus der einfache
Weine für den Binnenmarkt erzeugt werden.
Die Anbaugebiete der Region heißen Valle del
Itata, Valle del Bío-Bío (→ Bío-Bío) und Valle
del Malleco.

Regner, deutsche Weißwein-Rebsorte,
die 1929 von Georg Scheu aus Luglienca bianca
und Gamay gezüchtet und nach einer langjährigen Mitarbeiterin Scheus benannt wurde.

REFRAKTOMETER — Ein Blick genügt für das Mostgewicht

Refraktometer sind praktische Instrumente. Die Handlichkeit des Geräts und der geringe Saftbedarf erlauben das schnelle und zuverlässige Überprüfen des Reifeverlaufes im Weinberg und eine erste Qualitätsprognose der angelieferten Trauben im Kelterhaus. Dazu wird Saft von einer oder mehreren Beeren auf das Prisma geträufelt; das Schließen eines Klappdeckels verteilt ihn gleichmäßig. Anschließend wird das Gerät gegen das Licht gehalten, und im Okular zeigen sich ein heller und ein dunkler Bereich – an ihrer Grenzlinie kann mithilfe der Messskala der Zuckergehalt des Safts abgelesen werden. Qualitätsbewusste Winzer verlassen sich allerdings bei der Bewertung des Reifezustands ihrer Trauben nicht nur auf deren Zuckergehalt: Sie begutachten den gesamten Vegetationszustand der Pflanze, sie essen die Beeren und kauen die Kerne, um die Reife der Tannine zu prüfen.

Reife Rieslingtrauben erkennt man äußerlich an den immer gelblicher werdenden Beeren.

Die Sorte bringt gute Mostgewichte und zumeist einfache, milde Weine mit niedrigem Säuregehalt. Sie wird auf gut 100 ha (2002) Rebfläche, überwiegend in den Anbaugebieten Rheinhessen und Pfalz, kultiviert.

Régnié [re'ɲe], A. C.-Gemeindeappellation, auch als →Cru bezeichnet, des Beaujolaisgebiets im französischen Burgund; von den knapp 630 ha (1999) Rebfläche kommen fruchtbetonte, weiche und jung zu trinkende Weine aus der Rebsorte Gamay.

Rehobo|am [zu Rehabeam, Sohn Salomos, durch Erbfolge König (926–910 v. Chr.)

über Juda und Jerusalem], eine Weinflasche (→Flaschen).

reich, von geschmacklicher Dichte und Intensität; Begriff der Weinansprache für Weine mit hohem Extrakt- und Alkoholgehalt.

Reichensteiner [zu Burg Reichenstein am Mittelrhein], deutsche Weißwein-Rebsorte, die 1939 an der Forschungsanstalt in Geisenheim (Rheingau) aus Müller-Thurgau und einer Kreuzung von Madeleine angevine × Weißer Calabreser gezüchtet wurde; sie wird in Deutschland auf knapp 200 ha (2002) Rebfläche kultiviert und diente in der Schweiz als Kreuzungspartner für Gamay bei der Züchtung der Rotwein-Rebsorte Gamaret. Die Weine sind neutral und werden häufig für die Herstellung von Süßreserve verwendet.

Reife, 1) *Weinbau:* Gemeinsprachlich der Entwicklungspunkt im →Vegetationszyklus der Rebe, an dem ihre Früchte genuss- und verwendungsfähig sind; botanisch unterscheidet man zwischen der Beerenreife (generativer Reife), durch die eine Rebe ihre Fortpflanzungsmöglichkeit mithilfe der Samen sichert, und der →Holzreife, mit der die Voraussetzungen für den vegetativen Bestand des einzelnen Rebstocks geschaffen werden.

■ **Reifeprozess:** In einer Phase intensiver Zellteilungen direkt nach der Blüte wachsen die jungen Beeren sehr schnell bis zur Größe von Schrotkörnern, anschließend auf Erbsendicke heran. Nach einer sortenspezifisch unterschiedlichen so genannten Sistierungsphase, in der sich die Beerengröße nicht verändert, beginnt die eigentliche Reifeperiode. Sie wird gekennzeichnet durch rasche Gewichts- und Volumenzunahme der Beeren als Konsequenz der Einlagerung von Zucker ins Fruchtfleisch und von Stärke sowie Lipiden in die Samen. Die Beeren fangen an, weich und transparent zu werden; bei Rotwein-Rebsorten beginnt die Einlagerung von Farbstoffen in der Beerenhaut, Weißwein-Rebsorten verfärben sich gelblich.

Parallel zur Zuckereinlagerung werden Säuren abgebaut; speziell der Gehalt an Apfelsäure verringert sich – sie wird veratmet, d. h. im Rahmen des Zellstoffwechsels verbrannt –, während der Weinsäuregehalt fast stabil bleibt. Noch sind die Trauben allerdings unreif – ihr Säuregehalt ist noch sehr hoch und der Zuckergehalt niedrig. Sie eignen sich nicht oder nur bedingt zum Keltern von Weinen.

■ **Reifestadien:** Die **Traubenreife,** d. h. die technische Reife, bei der die Beeren geerntet werden können, ist witterungs- und sortenabhängig in Deutschland zwischen Mitte September und Anfang November erreicht; in wärmeren Ländern teilweise bereits Mitte August, und in den Ländern der südlichen Erdhalbkugel zwischen Mitte Februar und Ende Mai. Das Kennzeichen der Traubenreife ist ein Maximum an eingelagertem Zucker.

REIFE. *Jeder Wein reift anders*

Warum ein Wein Jahre, Jahrzehnte oder sogar Jahrhunderte alt werden kann, ohne auszuzehren, zu maderisieren oder umzukippen, warum er im Gegenteil dabei noch an Tiefe und Vielschichtigkeit gewinnt – das gehört zu den noch immer weitgehend unerforschten Geheimnissen der Weinwelt. Tatsache ist, dass Weine unterschiedlich reifen. Sie können sehr rasch trinkreif werden und den Höhepunkt ihrer geschmacklichen Entwicklung erreichen und ebenso rasch ungenießbar werden. Sie können lange Zeit brauchen, bis sie dem Gaumen überhaupt zugänglich sind, dann aber Jahrzehnte auf diesem Niveau verharren. Dieses individuelle Alterungsverhalten hängt von der Rebsorte, vom Terroir, von der Art der Weinbereitung und vom Jahrgang ab. Es ändert sich aber auch je nach den Lagerbedingungen. Sehr alte Weine präsentieren sich oft von Flasche zu Flasche in unterschiedlichem Zustand. Selbst wenn die Flaschen immer im selben Keller lagerten und dieselbe Behandlung erfuhren, kann eine herrlichen, vielschichtigen und noch lebendigen Wein enthalten, während der Inhalt der nächsten untrinkbar geworden ist.

Gelegentlich wird dieses Stadium der technischen Reife als **Vollreife** oder **physiologische Reife** bezeichnet, zu der im strengen Sinne aber auch eine abgeschlossene Aromareife und – insbesondere bei Rotwein-Rebsorten – die phenolische Reife gehören. Die Aromareife bezeichnet den Zeitpunkt der maximalen Einlagerung von Aromastoffen in die Beerenhaut; die phenolische Reife ist durch optimal ausgebildete Rebsamen charakterisiert, deren Verbreitung die eigentliche Vollendung der Lebensvorgänge der Rebe darstellt. Die genaue Definition dieser Reifestadien ist umstritten und unterliegt länderspezifischen Gewohnheiten.

Die Produktion und Einlagerung von Aromastoffen erfolgt bei fortgeschrittener Reife »auf Kosten« der Zuckerproduktion, die sich im Laufe der Zeit deutlich verlangsamt, während die Aromenbildung sich beschleunigt.

Trieb- und Blattwachstum werden gedrosselt und durch spezielle pflanzliche Hormone wird ein künstlicher Vegetationsabschluss eingeleitet. Auch dabei steht die Versorgung der Samen an erster Stelle; die Beeren notreifer Rebstöcke weisen nur einen geringen Zuckergehalt auf.

2) *Kellerwirtschaft:* Entwicklungsstadium beim →Ausbau von Weinen, in dem sie die für das Abfüllen notwendige Harmonie ihrer Aroma- und Geschmackskomponenten erreicht haben; man spricht von Füllreife, gelegentlich auch von **Flaschenreife,** wobei dieser Begriff meist für den Reifeprozess des Weins in der Flasche (→Reife 3) verwendet wird. Die Füllreife kann bereits nach einem Ausbau von wenigen Wochen oder Monaten erreicht sein; große, fest strukturierte und alterungsfähige Gewächse benötigen gelegentlich mehrere Jahre.

REIFE	Wann sind die Trauben reif?

Eine der wichtigsten, aber auch schwierigsten Entscheidungen des Winzers betrifft die optimale Reife seiner Trauben und den Beginn der Weinlese. Traditionell wurden dazu die Entwicklung der Säure- und der Zuckerwerte in der so genannten Reifekurve aufgezeichnet – am Schnittpunkt der beiden Graphen galten die Trauben als vollreif.

Die Versuchung aber ist groß, länger mit der Lese zu warten. Bei Weißweinen erhofft man sich dadurch höheren Alkoholgehalt und reifere, komplexere Aromen, bei Rotweinen harmonischere, nicht so bittere und adstringierende Tannine und ebenfalls höheren Alkoholgehalt. Wer den idealen Zeitpunkt für seine Trauben verfehlt, riskiert nicht nur, dass die Ernte durch herbstliche Regenfälle oder Gewitter zerstört wird, sondern auch, dass sich die Trauben und Weine geschmacklich negativ entwickeln. Aromen von gekochten Pflaumen infolge frühzeitiger Oxidation, brandiger Geschmack durch zu hohen Alkohol, insgesamt breite, plumpe Weine, die keine Frische mehr zeigen, sind

die Strafe für den, der zu lange wartet. Nur wenige Rebsorten eignen sich für einen sehr späten Lesezeitpunkt und Weine von Auslese-, Beeren- oder gar Trockenbeerenauslesequalität.

Wird der optimale Reifezeitpunkt überschritten, so spricht man von **Überreife.** Sie ist für Weine aus edelfaulen Trauben erwünscht, gilt aber bei vielen Stillweinen als problematisch oder fehlerhaft: Die Aromen verlieren ihre Frische und nehmen insbesondere in heißen Weinbaugebieten honig- und karamellartige, gelegentlich auch gekochte, pflaumenartige Nuancen an.

Unter ungünstigen Wachstumsbedingungen, wie zum Beispiel bei Wassermangel, leitet die Rebe eine so genannte **Notreife** ein. Hierbei wird die gesamte Kraft des Rebstocks auf die Ausbildung des Samens gerichtet –

3) *Weinservice:* Die Summe der positiven aromatischen und geschmacklichen Veränderungen bei der Flaschenlagerung von alterungsfähigen Weinen; bestimmte Weine entwickeln sich über Jahre oder Jahrzehnte hinweg zu einem organoleptischen Höhepunkt, ein Prozess, der als **Flaschenreife** bezeichnet wird – der Begriff der Flaschenreife findet allerdings gelegentlich auch beim Ausbau der Weine (→Reife 2) Verwendung.

Im Verlauf der Flaschenreife entwickeln sich die so genannten tertiären Aromen (→Aroma) des Weins, das so genannte Lagerbukett. Geschmacklich verlieren die Weine ihre jugendliche Härte und werden weicher, runder, fülliger; sie erreichen Trinkreife. Der Moment der **Trinkreife**, der stark von subjektiven Präferenzen abhängt, fällt nicht notwendigerweise mit dem Erreichen des geschmacklichen Höhepunkts zusammen, da sich Weine auch danach weiterentwickeln können. Erst beim Überschreiten des geschmacklichen Höhepunkts werden sie wieder aggressiver und wirken säurebetonter (→altern).

Reifearomen, Geruchsnoten von (gut) gealterten (→altern) Weinen.

RESTZUCKER. *Süße muss nicht süß schmecken*

Da kein Wein vollständig trocken ist – ein minimaler Restzuckergehalt bleibt immer unvergoren –, stellt sich die Frage, wann der Restzucker geschmacklich wahrnehmbar ist. Eine Antwort darauf ist nur annäherungsweise möglich, und selbst das deutsche Weingesetz definiert beispielsweise die Geschmacksrichtungen trocken oder halbtrocken nicht nur nach nach dem absoluten Zuckergehalt des Weins, sondern auch in Abhängigkeit vom Säuregehalt. Weine ohne Säure- oder Tanninstruktur können schon bei weniger als 3 g/l Restzucker deutlich süß schmecken. Andere wiederum, die 9 oder gar 10 g/l Säure bzw. eine massive Tanninstruktur aufweisen, können bis zu 8 g/l Zucker enthalten und immer noch trocken schmecken. Bei Eisweinen mit einem Zuckergehalt im hohen zweistelligen Grammbereich, die gleichzeitig aber 12, 14 oder 16 g/l Säure aufweisen, fällt die Süße geschmacklich weit weniger ins Gewicht als bei Auslesen mit deutlich geringerem Restzuckergehalt, denen aber die ausgleichende Extraktstruktur fehlt.

Reifekurve, Darstellungsform des Reifeverlaufs von Trauben, in der v. a. die Entwicklung des Mostgewichts, des Säuregehalts und des Beerengewichts berücksichtigt wird; wenn sich die Kurven des Säuregehalts und des Mostgewichts in der Darstellung überschneiden, gelten die Trauben gemeinhin als reif.

Insbesondere bei Rotweinen, zunehmend aber auch bei Weißweinen kommen weitere Parameter für die Feststellung der →Reife 1) zur Geltung. Gelegentlich wird auch die aromatische und geschmackliche Entwicklung von Weinen während der Flaschenreife (→Reife 3) und Alterung als Reifekurve dargestellt, aus der hervorgehen soll, wann der Wein seinen geschmacklichen Höhepunkt erreicht und wie lange er dann noch voll genießbar ist.

Reingärung, mithilfe von Reinzuchthefen (→Hefen) durchgeführte Gärung.

reinsortig, sortenrein, aus einer einzigen Rebsorte gekeltert, im Unterschied zum →Verschnitt und zum →Gemischten Satz; die Tatsache, dass eine Rebsorte auf dem Etikett eines Weins aufgeführt ist, bedeutet nicht immer, dass der Wein wirklich reinsortig ist. Die Produktionsbestimmungen vieler Herkunfts-

bezeichnungen in Europa und Übersee erlauben bei so genannten →Sortenweinen die Verwendung geringer Anteile anderer Rebsorten.

reintönig, ohne fehlerhafte oder unsaubere Noten im Duft; Begriff der Weinansprache für Produkte mit klarem Sorten- oder Terroircharakter und ohne geruchlich wahrnehmbare →Weinfehler.

Reinzuchthefen, eine Art →Hefen.

Reiswein, Sake, ein alkoholisches Getränk, das aus Reis gebraut wird; der Machart nach eigentlich Reisbier.

Reiterpfad, sehr gute Weinbergslage der Mittelhaardt, Gemeinde Ruppertsberg, im deutschen Anbaugebiet Pfalz; der nur leicht geneigte Hang, an dem in Höhenlagen zwischen 130 und 190 m ü. M. Reben stehen, genießt sehr warmes, fast mediterranes Klima. Die Böden an der Bruchkante des Oberrheingrabens bestehen aus teilweise lehmigen Sanden, Tonen, Kalkablagerungen und Buntsandstein. Kultiviert wird v. a. die Weißwein-Rebsorte Riesling; gute Resultate bringt auch Grauburgunder.

Rektifiziertes Mostkonzentrat, Abk. **RTK,** eine Art →Mostkonzentrat.

Remstal-Stuttgart, ein Bereich des deutschen Anbaugebiets Württemberg westlich und südlich von Stuttgart; auf Muschelkalk- und Keuperböden werden vorwiegend Trollinger, Kerner, Silvaner und Riesling kultiviert.

Renommierte Weingüter Burgenland, Abk. **RWB,** 1995 unter dem Namen Renommierte Winzer des Burgenlands gegründete Winzervereinigung mit 15 Mitgliedsbetrieben, die sich den Gedankenaustausch bei der Weinbergs- und Kellerarbeit sowie die gemeinsame Vermarktung ihrer Weine zum Ziel gesetzt hat. Die Vereinigung zeichnet für eine Fülle an Veranstaltungen rund um den burgenländischen Wein verantwortlich – Präsentationen, Verkostungen und Teilnahme an nationalen und internationalen Wettbewerben. Zahlreiche der Mitglieder werden zu den qualitativ führenden und innovativsten Erzeugern Österreichs gerechnet.

resch, säurebetont, hart; Begriff der Weinansprache für Weine mit sehr markanter Säure, die nicht durch Alkohol, Süße oder Extrakt gepuffert wird.

Reserva [span. und portugies. »Reserve«]; in Spanien und Portugal gesetzlich definierte Zusatzbezeichnung für Qualitätsweine, die meist einen höheren Alkoholgehalt aufweisen als die Normalversion der jeweiligen Herkunftsbezeichnung oder länger im Holzfass bzw. in der Flasche ausgebaut und gegebenenfalls aus ausgewählten Trauben- oder Weinpartien erzeugt wurden. Weitergehende Bestimmungen enthält die Bezeichnung →Gran Reserva.

Die französische Analogie **Réserve** hat in Frankreich keine gesetzliche Bedeutung; die italienische ist →Riserva.

Réserve [re'sɛrv; französ.], →Reserva.

Resi, französ. **Rèze,** alte, autochthone Weißwein-Rebsorte der Schweiz; sie war früher im gesamten Schweizer Rhônetal verbreitet, wird aber nur noch auf kleinen Flächen im Oberwallis kultiviert. Aus ihr wurde traditionell →Gletscherwein gekeltert.

residual sugar [rɪ'zɪdjʊəl 'ʃʊgə(r)], englisch für Restzucker, Restsüße.

residuo zuccherino, →zuccheri residui.

Restextrakt, ein Teil des →Extrakts von Weinen.

Restzucker, Restsüße, Zuckerrest, nicht zu Alkohol vergorener Zucker der Trauben bzw. des Mosts, der das Ergebnis eines spontanen oder absichtlich herbeigeführten Gärstopps (→abstoppen) ist; der Restzuckergehalt wird in g/l angegeben und ist für die Einordnung des Weins in die Geschmackskategorien trocken, halbtrocken, lieblich oder süß maßgeblich.

Resveratrol, 1976 entdeckte Substanz aus der Gruppe der Phytoalexine, unterschiedlichen chemischen Stoffgruppen angehörige Abwehrstoffe, die in Pflanzen als Reaktion auf Parasitenbefall oder auf Stressfaktoren gebildet werden; Resveratrol gilt in der Diskussion um die gesundheitlichen Auswirkungen von Weinkonsum als eine der wichtigsten Substanzen, die für dessen positive Auswirkungen hinsichtlich von Herz-Kreislauf-Erkrankungen verantwortlich sind.

Retroaromen, durch den Nasen-Rachen-Raum wahrgenommene →Aromen.

retrogusto, italienisch für Nachgeschmack.

Retsina [zu griech. retíne »Harz«], mit →Harz versetzter griechischer Wein ohne Herkunftsbezeichnung, der vorwiegend in Zentralgriechenland erzeugt wird; er wird aus den Rebsorten Savatiano und Rhoditis gekeltert. Das Harz wird bereits während der Gärung bis zu einer Höchstgrenze von 100 g/l zugesetzt. Der Anteil des Retsina an der gesamten Weinerzeugung beträgt in der Region Attika 90 %, in Euböa 75 % und in Böotien etwa 50 %.

Retz, nach einem niederösterreichischen Ort nahe der Grenze zu Tschechien benanntes, ehemaliges österreichisches Anbaugebiet; es wurde mit der Neufassung des Weingesetzes 1985 in das neu geschaffene Anbaugebiet Weinviertel integriert.

Reuilly [rœ'ji], A. C.-Herkunftsbezeichnung für Weine des französischen Zentrums (Départements Indre und Cher), deren Anbaugebiet zur Weinbauregion →Loire gerechnet wird; auf etwas mehr als 150 ha (2001) Rebfläche wird vorwiegend Sauvignon blanc kultiviert, aus dem fruchtige Weißweine entste-

hen. In geringem Umfang werden auch Rosé- und Rotweine aus Spätburgunder (Pinot noir) erzeugt.

Rèze [rɛz], französisch für →Resi.

rezent [zu latein. recens »jung«], von frischer Säure geprägt; gelegentlich verwendeter Begriff der Weinsprache für Weine mit saftiger Säure, die nicht →resch wirken.

Rheinfront, Teil des deutschen Anbaugebiets Rheinhessen; mit dem vom Weingesetz nicht vorgesehenen Begriff werden die Hanglagen am Rheinufer zwischen Nackenheim im Norden und Worms im Süden bezeichnet. Der Weinbau profitiert hier v. a. von den Tonschieferböden der so genannten Roten Hangs zwischen Nackenheim und Nierstein und von der südlichen Ausrichtung der Weinberge entlang einer geologischen Verwerfung, die quer zum Rheingraben verläuft. Zu den besten Lagen gehören Auflangen, Brudersberg, Hipping, Oelberg und Pettental in Nierstein, Rothenberg in Nackenheim und Sackträger in Oppenheim.

Rheinfront. Die rheinhessische Rheinfront zwischen Nackenheim (im Bild) und Oppenheim umfasst eine Reihe von Spitzenlagen wie Niersteiner Hipping, Oelberg und Pettental, auf deren Böden aus rotem Tonschiefer, dem so genannten Rotliegenden, Trauben für charaktervolle und alterungsfähige Rieslinge wachsen.

Rheingau, eines der ältesten und renommiertesten, aber auch eines der kleineren Anbaugebiete Deutschlands; die Rebfläche von knapp 3200 ha (2002) erstreckt sich rund 30 km weit am rechten Ufer des Mains und des Rheins von Wicker und Hochheim im Osten bis nach Lorch im Westen. Auch die einzige Weinbergslage der Stadt Frankfurt am Main gehört weinrechtlich zum Rheingau. Die Jahresproduktion des Gebiets beträgt durchschnittlich 250 000 hl, was ei-

Rheingau. Von Schloss Johannisberg geht der Blick über die Reben der gleichnamigen Monopollage und das Rheintal bei Rüdesheim und Bingen.

nem Ertrag von weniger als 80 hl/ha entspricht.

■ **Böden und Klima:** Die vorherrschenden Bodenformationen des Rheingaus sind tiefgründiger, oft sandhaltiger Löss- und Kiesschotter, gelegentlich findet man auch Sandsteinformationen. In klimatischer Hinsicht genießt das Gebiet fast ideale Bedingungen: Durch das Rheintal dringen warme Luftströmungen aus dem Süden vor, während die Berge des Taunus das Gebiet vor rauen Nordwinden schützen. Hinzu kommt die fast optimale Südausrichtung der Weinberge an der einzigen bedeutenden Ost-West-Passage des Rheins zwischen Basel und der holländischen Grenze. Die bis zu einem Kilometer breite Wasserfläche des Stroms fungiert v.a. für die ufernahen Lagen als zusätzlicher Wärmespeicher.

■ **Sorten und Lagen:** Die meistkultivierten Rebsorten sind Riesling (2500 ha), der damit knapp 80% der Rebfläche des Gebiets belegt, Spätburgunder (400 ha, v.a. im Bereich von Assmannshausen) und Müller-Thurgau (71 ha). Zwar besitzt der Rheingau nur einen Bereich, Johannisberg – nicht zu verwechseln mit der Einzellage Schloss Johannisberg – und nur zehn Großlagen (Burgweg, Steil, Erntebringer, Honigberg, Gottesthal, Deutelsberg, Mehrhölzchen, Heiligenstock, Steinmächer und Daubhaus), dafür aber eine Reihe weltberühmter Einzellagen.

■ **Geschichte:** Der Weinbau des Gebiets geht zurück auf die Zeit der römischen Besatzung. Karl der Große (*747, †814) förderte ihn aktiv. Im 12. Jh. gründeten Benediktiner das heutige Schloss Johannisberg, das zu den renommiertesten Weingütern der Welt zählt, und Zisterzienser Kloster Eberbach – über Jahrhunderte das größte und bedeutendste Weingut Mitteleuropas. Anfang des 18. Jahrhunderts wurde im Rheingau der erste reinsortige Rieslingweinberg angelegt und 1775 die erste, offiziell notierte Spätlese eingebracht. In den 1990er-Jahren gehörten Rheingauer Erzeuger zu den ersten, das Konzept des →Ersten Gewächses in die Tat umsetzten.

Rheinhessen, größtes und produktivstes deutsches Anbaugebiet; von knapp 26200 ha (2003) Rebfläche werden durchschnittlich 2,5 Mio. hl Wein jährlich erzeugt.

Das linksrheinische Anbaugebiet, das sich entlang der Achse Worms–Alzey–Bingen erstreckt, wird im Westen von den Ausläufern des Nordpfälzer Berglands, im Osten vom Rheintal begrenzt. Die hohen Durchschnittserträge von etwa 100 hl/ha sind ein Indiz da-

RHEINGAU

Die besten Lagen

Obwohl der Rheingau eines der kleineren deutschen Anbaugebiete ist, besitzt er eine große Zahl außergewöhnlicher Weinbergslagen. Von West nach Ost sind es zunächst Assmannshäuser Höllenberg, der für seine Spätburgunder berühmt ist; für Riesling sind es die Rüdesheimer Lagen Berg Roseneck, Berg Rottland und Berg Schloßberg sowie die Geisenheimer Lagen Rothenberg und Kläuserweg, die Johannisberger Klaus und Hölle und schließlich Schloss Johannisberg. Im mittleren Rheingau muss man Winkeler Jesuitengraben und Hasensprung nennen, Oestricher Lenchen und Doosberg, Hattenheimer Nußbrunnen, Wisselbrunnen und Engelmannsberg, die Erbacher Marcobrunn und Hohenrain, den Kiedricher Gräfenberg und die Rauenthaler Lagen Baiken, Nonnenberg und Rothenberg. In Hochheim im östlichen Rheingau gehören Hölle, Domdechaney und Kirchenstück zu den besten.

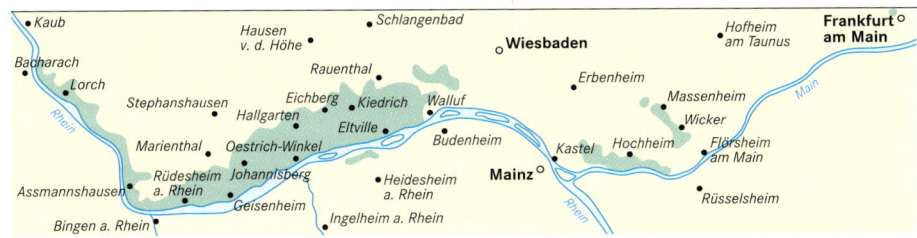

Rheingau. Das Anbaugebiet erstreckt sich an den nördlichen Hängen des Rheintals flussaufwärts von Wiesbaden bis Rüdesheim.

für, dass hier v.a. mengenorientierter Weinbau getrieben wird. Der Großteil der Winzerbetriebe vermarktet seine Produktion als Fassware. Spitzenprodukte kommen hauptsächlich von der so genannten →Rheinfront und kleineren Qualitätsinseln bei Alzey, Bingen und Ingelheim. Wie im Fall der Nahe ist auch der Name Rheinhessen mit dem des Massenweins →Liebfrauenmilch verbunden.

Rheinhessen ist in die drei Bereiche Bingen, Nierstein und Wonnegau gegliedert und besitzt 24 Groß- sowie 432 Einzellagen. Kultiviert wird eine fast unüberschaubare Vielzahl von Rebsorten, wobei die Region ein bevorzugtes Testgebiet für zahlreiche deutsche Neuzüchtungen war und ist. Müller-Thurgau führt den Sortenspiegel 2003 mit 18% der Flächen (4700 ha, 2001: 5000 ha) an, gefolgt von Dornfelder (3250 ha, 2001: 2730 ha), Silvaner (2700 ha), Riesling (2600 ha), Portugieser (1850 ha), Kerner (1700 ha), Scheurebe, Bacchus und Spätburgunder. Seit dem Beginn der 1990er-Jahre ist dabei ein starker Zuwachs der Rotwein-Rebsorten zu verzeichnen, die einen Anteil von fast 29% (1990: knapp 10%) erreicht haben. – Weitere Abb. S. 364

Rheinhessen Silvaner, Abk. **RS,** Mitte der 1980er-Jahre geschaffener Typenwein des deutschen Anbaugebiets Rheinhessen; der als reinsortiger, trockener Weißwein oder als Winzersekt der Geschmacksrichtung brut ausgebaute RS sollte der rheinhessischen Paraderebsorte ein neues, modernes und fruchtbetontes Profil geben, das sich deutlich von der traditionellen, oft erdig-rustikalen Art absetzt.

Rheinpfalz, bis 1995 gültiger Name des deutschen Anbaugebiets →Pfalz.

Rheinriesling, →Riesling.

Rhine, Rhine Riesling, englisch für →Riesling.

Rhodos, Anbaugebiet der gleichnamigen griechischen Insel; auf etwa 1800 ha (2002) Rebfläche werden zu zwei Dritteln die Weißwein-Rebsorte Athiri und zu einem Drittel die Rotwein-Rebsorte Mandilari kultiviert. Die Weißweine sind mild und fruchtig im Duft, die Roten farbintensiv und tanninbetont. Das Klima der Insel ist durch häufige Niederschläge im Winter und kühle Winde im Sommer geprägt, die günstige Bedingungen für Weinbau schaffen.

Rhône Rangers [rəʊn 'reɪndʒə(r)s], informelle Gruppierung von Winzern der Neuen Welt, die sich auf Weine aus den Rebsorten der französischen Côtes-du-Rhône spezialisiert haben – v.a. auf Viognier, Marsanne, Roussanne und Syrah.

Rías Baixas ['rias 'baiʃas], berühmte D.O.-Herkunftsbezeichnung für Weine der spanischen Region Galicien; der Großteil der insgesamt 2500 ha (2001) Rebfläche des Anbaugebiets, die von 175 Erzeugern bewirtschaftet werden, ist mit der Weißwein-Rebsorte Albariño bestockt, kleinere Flächen auch mit Rotwein-Rebsorten. In den südlichsten der insgesamt fünf Teilgebiete, Condado do Tea und O Rosal, werden die Weißweine im Verschnitt aus Albariño und Treixadura bzw. Loureiro gekeltert. – Abb. S. 364

Rheinhessen. Das Anbaugebiet wird im Osten und im Norden vom Rhein begrenzt. Es erstreckt sich von Worms über Mainz bis Bingen.

Ribatejo [riβɐ'teʒu], DOC-Herkunftsbezeichnung für Weine aus dem Westen Zentralportugals; das Anbaugebiet zwischen Estremadura und Alentejo entlang des Tejo umfasst 21500 ha (2001) Rebfläche und ist in seinen Grenzen identisch mit der der Landweinappellation **Ribatejano,** unter der aber deutlich mehr Fläche klassifiziert ist. Das Klima ist mild bei mittleren Niederschlagsmengen; die Weine wachsen hauptsächlich auf fruchtbarem Schwemmland. Die meistkultivierten Weißwein-Rebsorten sind Fernão pires, Arinto und Trebbiano (Tália), bei den Rotwein-Rebsorten dominiert Castelão.

Ribeiro [ri'βeiru], D.O.-Herkunftsbezeichnung für Weine der Provinz Ourense in

Rheinhessen. Der Bingener Scharlachberg im Norden Rheinhessens genießt eine strategische Position am Schnittpunkt zwischen Rheinhessen, Nahe und Rheingau und gehört zu den besten Lagen seines Anbaugebiets.

der spanischen Region Galicien; auf insgesamt 3000 ha (2001) Rebfläche werden fast ausschließlich einheimische Rebsorten kultiviert, darunter die weißen Treixadura, Torrontés, Godello und Loureiro sowie die roten Caiño und Mencía. Der Großteil der Produktion besteht aus jung zu trinkenden Weißweinen, die meist aus drei und mehr Sorten verschnitten sind.

Ribera del Duero [rri'βera dɛl 'ðŭero], 1982 eingerichtete spanische D. O.-Herkunftsbezeichnung für Rotweine und Rosés aus dem Tal des Duero; das Anbaugebiet erstreckt sich über eine Länge von 110 km entlang des Flusses durch die Provinzen Burgos und Valladolid, in geringem Umfang auch Segovia und Soria, und umfasst insgesamt 17000 ha (2001) Rebfläche, von denen 11000 auf die Provinz Burgos entfallen.

Das Klima des Gebiets ist von kontinentalem Typ mit kurzen, heißen Sommern und kalten Wintern, wobei die starken Schwankungen zwischen Tages- und Nachttemperaturen für die klare, tiefe Frucht der Weine ver-

antwortlich sind. Die Böden sind mit Ausnahme des Schwemmlands am Ufer des Duero sehr arm und bestehen aus Kalk und Lehm; Reben werden in Höhenlagen zwischen 650 und 1000 m ü. M. kultiviert. Die Weine werden aus Tempranillo (Tinto fino, Tinta del País), Cabernet Sauvignon, Grenache (Garnacha), Merlot und Malbec gekeltert, wobei die Weißwein-Rebsorte Albillo gelegentlich zur Säureregulierung herangezogen wird. Renommiertester der insgesamt 195 Erzeuger ist →Vega Sicilia.

Ribera del Guadiana [rri'βera dɛl gŭa-'diana], 1999 eingerichtete D. O.-Herkunftsbezeichnung für Weine der südspanischen Region Extremadura, deren Zentrum um die Stadt Almendralejo in der Provinz Badajoz liegt; auf 19100 ha (2001) Rebfläche werden insgesamt zwölf Rebsorten kultiviert, darunter die weißen Pardina, Cayetana blanca und Macabeo sowie die roten Tempranillo, Cabernet Sauvignon und Grenache (Garnacha tinta). Die Weine sind meist einfach und rustikal, seit dem Ende der 1990er-Jahre werden aber große Investitionsanstrengungen unternommen, um qualitativ hochwertige Gewächse zu erzeugen.

Ribolla gialla [- 'dʒalla], Weißwein-Rebsorte der norditalienischen Region Friaul-Julisch Venetien, die unter dem Namen Rebula in Slowenien und als Robola in ihrer ursprünglichen Heimat, der griechischen Insel Kephallenia bekannt ist. Die Weine zeigen angenehme, oft zitrusartige Aromen, guten Säuregehalt und feste Struktur, sie eignen sich auch zum Verschnitt mit anderen Weißwein-Rebsorten. Als Sortenweine werden sie unter den DOC-Bezeichnungen Colli Orientali del Friuli und Collio vermarktet.

Ricasoli, Baron Bettino, italienischer Politiker und Weingutsbesitzer, *Florenz 9. 3. 1809, †Gaiole (Provinz Siena) 1880; er studierte Naturwissenschaften und widmete sich von 1929 an dem Landgut der Familie im Chiantigebiet. Ricasoli gründete 1847 die Zeitschrift »La Patria«, in der er die politische Einheit Italiens propagierte. 1859 wurde er Innenminister der Toskana und 1861 Ministerpräsident des Königreichs Italien; dieses Amt

Rías Baixas. Hohe, traditionelle Pergolen prägen über weite Strecken das Bild des Weinbaus im spanischen Anbaugebiet Rías Baixas.

hatte er bis 1862 und erneut von 1866 bis 1867 inne. Ricasoli gilt als Pionier des toskanischen Weinbaus; er entwickelte 1870 eine lange Zeit gültige Formel für den Verschnitt von Chianti aus den Rebsorten Sangiovese, Canaiolo und Malvasia.

ricco [-kk-], italienisch für die Geschmacksbezeichnung reich.

Richebourg [rɪʃ'buːr], Grand-Cru-Appellation der Gemeinde Vosne-Romanée an der burgundischen Côte de Nuits; auf 8 ha (1999) Rebfläche wird ausschließlich Spätburgunder (Pinot noir) kultiviert. Aus ihm wird ein vielschichtiger, alterungsfähiger Rotwein gekeltert, der zu den berühmtesten Frankreichs gehört.

ridotto, italienisch für reduktiv im Sinne von leicht fehlerhaft im Duft (→ Reduktion).

Ried, → Lage.

Rieslaner, ursprünglich **Mainriesling,** deutsche Weißwein-Rebsorte, die 1921 an der Bayerischen Landesanstalt für Wein-, Obst- und Gartenbau in Würzburg aus Riesling und Silvaner gezüchtet wurde; die Sorte wird in Deutschland auf wenig mehr als 50 ha Rebfläche, v. a. im Anbaugebiet Franken kultiviert. Rieslaner bringt niedrige Ernteerträge und besitzt Eignung für Prädikatsweine mit hohem Mostgewicht. Nicht zuletzt aufgrund seines häufig hohen Säure- und Alkoholgehalts hat er keine große Verbreitung gefunden. Rieslaner ging als Elternsorte in Neuzüchtungen wie Albalonga ein.

Riesler, → Welschriesling.

Riesling, Weißer Riesling, Rheinriesling, Donauriesling, Klingelberger, engl. **Rhine, Rhine Riesling** [raɪn(-)], italien. **Riesling renano,** mitteleuropäische Weißwein-Rebsorte, die nach neuesten genetischen Forschungen das Resultat einer Verbindung zwischen einer Heunisch-Kreuzung und einem Traminersämling ist; er gilt zusammen mit Chardonnay – interessanterweise ebenfalls eine Kreuzung mit Heunisch – als beste Rebsorte der Welt.

Bis vor wenigen Jahren ging man davon aus, Riesling sei ein direkter Abkömmling der Wildrebe Vitis vinifera silvestris. Das erste Auftreten der Sorte reklamieren sowohl der deutsche als auch der österreichische Weinbau für ihr Land.

Riesling belegt weltweit etwa 60000 ha (1999) Rebfläche und steht damit an 13. Stelle der meistverbreiteten Rebsorten. Die bedeutendsten Kulturen besitzt Deutschland (21050 ha, 2002), wo Riesling mit 20,4 % der Gesamtfläche den Sortenspiegel anführt; allein an der Mosel und im Rheingau, wo er 56 bzw. 80 % der Flächen belegt, wächst er auf insgesamt 8000 ha. Im französischen Elsass belegt er mit 22,5 % der Flächen knapp 3800 ha, in Österreich, wo einige der weltweit schönsten Rieslinge erzeugt werden, spielt er dagegen mit

Ribera del Duero. Die Burg von Peñafiel, an deren Fuße die Keller der bekanntesten Genossenschaft des Anbaugebiets Ribera del Duero liegen, ist so etwas wie das Symbol dieser prestigeträchtigen Appellation.

knapp 1650 ha flächenmäßig keine große Rolle.

Große Rieslingflächen gibt es auch in Russland, der Slowakei und Bulgarien sowie in den Neue-Welt-Ländern Australien (knapp 3300 ha) und USA, hier v. a. in Kalifornien, Washington und Oregon. Darüber hinaus wird Riesling in Argentinien, China, Italien, Griechenland, Kanada, Mexiko, Portugal, Rumänien, Spanien, Südafrika, Tschechien und Ungarn kultiviert.

■ **Eigenschaften:** Obwohl Riesling markanten Sortencharakter besitzt – sein Duft wird von Apfel-, Pfirsich- und Zitrusnoten geprägt –, ist er ein ausgesprochener Terroirwein, d. h. seine Aromen und sein Geschmack spiegeln den Weinbergsboden und die klimatischen Bedingungen wider. Er stellt dabei keine besonderen Ansprüche an die Böden, wohl aber an die Weinbergslage. Am Gaumen zeigt guter Riesling rassige Säure in Verbindung mit gutem, festem Körper und hohen Extrakten. Das verleiht den Weinen große Geschmacksintensität auch bei niedrigem Alkoholgehalt, wie er in nördlichen, kühlen Anbaugebieten häufig anzutreffen ist.

■ **Echter und falscher Riesling:** Es gibt zwar zahlreiche Selektionen und Klone, aber keine eigenständigen Sortenvarianten, sieht man vom Roten Riesling ab, der früher gelegentlich zusammen mit dem Weißen Riesling ausgepflanzt wurde. Dafür ist Riesling aber als Vater- oder Muttersorte in zahlreiche Neuzüchtungen eingegangen, so Müller-Thurgau, Ehrenfelser oder Kerner. Darüber hinaus werden in zahlreichen Ländern und Anbaugebieten der Welt Rebsorten kultiviert, die nicht mit Riesling identisch oder verwandt sind, sich

RIESLING   *Vielseitiger Weißer*

Riesling ist, vielleicht zusammen mit Chenin blanc, die vielseitigste weiße Qualitätsrebsorte der Welt. Die Spanne reicht von den filigranen, halbtrockenen Gewächsen des deutschen Anbaugebiets Mosel-Saar-Ruwer mit oft weniger als 10 Vol.-% Alkohol bis zu den trockenen, kräftigen Gewächsen einiger Anbaugebiete der Neuen Welt und den opulenten und ebenfalls trockenen Smaragd-Qualitäten der österreichischen Wachau, wo die Sorte mehr als 14 Vol.-% erreichen kann. Weltberühmt sind auch die üppig-süßen deutschen und österreichischen Beeren- und Trockenbeerenauslesen sowie die elsässischen Vendanges tardives oder Sélections de grains nobles. Auch in den Aromen zeigt sich enorme Vielfalt und Vielschichtigkeit. Sie reicht im Verlauf der Alterung der besten Weine von anregenden Fruchtaromen bis zum so genannten Petrolton und zur Edelfirne.

aber seines Namens bedienen, wie Cape Riesling, Clare Riesling, Frankenriesling, Mainriesling, Paarl Riesling, Schwarzriesling oder Welschriesling.

Riesling italico, italienisch für →Welschriesling.

Riesling renano, italienisch für →Riesling.

Riesling-Sylvaner, Riesling x Sylvaner, →Müller-Thurgau.

rigolen, Arbeitsschritt im Rahmen der →Weinbergsarbeit.

Rioja [ˈrrɪɔxa], 1) älteste, bereits 1991 eingerichtete D. O. Ca.-Herkunftsbezeichnung Spaniens; das Anbaugebiet am Ufer des Ebro im Norden des Landes, zwischen der Kantabrischen Gebirgskette und dem Iberischen Scheidegebirge, umfasst etwa 60 000 ha (2001) Rebfläche, die von 19 400 Winzern bewirtschaftet werden. Die durchschnittliche Jahresproduktion beträgt 2,5 Mio. hl und wird von rund 250 Abfüllern vermarktet.

■ **Klima und Rebsorten:** Das Klima des Gebiets ist atlantisch geprägt, bedingt durch die Nähe des Golfes von Biskaya; dennoch üben auch von Osten kommende mediterrane Strömungen Einfluss auf das Ebrotal aus. Das sensible Gleichgewicht mit gemäßigten Temperaturen, ausreichenden Niederschlägen und gelegentlich empfindlichen Frösten schafft die Bedingungen für elegante Weine. Was die Rebsorten betrifft, so sind neben der roten Hauptsorte Tempranillo (38 500 ha) die Rotwein-Rebsorten Grenache (Garnacha), Graciano und Carignan (Mazuelo) zugelassen. Bei den Weißwein-Rebsorten dominiert Macabeo (Viura) mit rund 7 000 ha Rebfläche, ergänzt durch Malvasia und Grenache blanc.

■ **Bereiche:** Das Anbaugebiet umfasst Teile der autonomen Region La Rioja, der baskischen Provinz Álava und der Region Navarra und ist in drei Bereiche unterteilt, die bis zu einem gewissen Grad unterschiedliche Weintypen hervorbringen. Der am Südufer des Ebro gelegene Bereich **Rioja Alta** ist das größte Teilgebiet und berühmt für feine, elegante Weine mit mäßigem Alkoholgehalt. Der baskische Teil des Anbaugebietes auf der Nordseite des Flusses nennt sich **Rioja Alavesa** und ist bekannt für seine besonders fruchtigen und mineralischen Gewächse. In der **Rioja Baja,** dem heißesten der drei Bereiche, der sich östlich von Logroño bis an die Grenze nach Navarra erstreckt, gedeiht auf den Schwemmböden des Ebro v. a. Grenache, der tiefdunkle Weine mit höherem Alkoholgehalt hervorbringt.

Das Riojagebiet gilt als die Wiege des spanischen Qualitätssystems und der Klassifizierung der Weine nach ihrer Reifezeit im Holzfass. Das Gebiet wird nach wie vor von riesigen Bodegas beherrscht, obwohl seit den 1990er-Jahren eine Zunahme an kleinen Erzeugern zu verzeichnen ist, die sich aus eigenem Lesegut versorgen und verstärkt dazu neigen, dem traditionellen System der Qualitätsstufen den Rücken zu kehren. Angesichts der Größe des Gebiets fällt es schwer, einen einheitlichen Weintyp zu definieren. Traditionell handelt es sich bei den Rotweinen um Verschnitte, die aber immer mehr reinsortigen Weinen aus Tempranillo weichen.

2) Weinbauregion Argentiniens; auf etwa 6 400 ha (2001) Rebfläche wird v. a. die Weißwein-Rebsorte Torontés (Torrontés) kultiviert. Das trockene, heiße Anbaugebiet, das in einer Höhe von etwa 1000 m ü. M. liegt, bringt vorwiegend für den argentinischen Markt bestimmte, einfache Weine hervor.

Rio Negro-Ne|uquén, kleine Weinbauregion im Süden der argentinischen Weinbauzone; auf den nur etwa 1300 von insgesamt 4500 ha Rebfläche, die der Weinerzeugung gewidmet sind, werden v. a. die Weißwein-Rebsorten Torontés (Torrontés), Sémillon, Sauvignon blanc und Chardonnay kultiviert. Darüber hinaus findet man auch rote Sorten wie Cabernet Sauvignon, Malbec, Merlot etc.

Ripasso [italien., zu ripassare »wiederholen«, »noch einmal darüber geben«], Methode der Rotweinbereitung des Valpolicellagebiets in der norditalienischen Region Venetien; dabei wird der vollständig vergorene Rotwein im Frühjahr auf die abgepressten Trester des →Amarone gegeben, wo er mit deren Hefe- und Zuckerresten erneut zu gären beginnt. Die Weine sind farbintensiver, kräftiger und extraktreicher als normal ausgebauter →Valpolicella.

Ritzling, älteste, österreichische Bezeichnung für Riesling, die vermutlich auf die gleichnamige Lage im Anbaugebiet Wachau zurückgeht.

Rivaner, →Müller-Thurgau.

Rive droite [ri:v drwat], der gesamte Weinbaubereich des französischen Bordeauxgebiets rechts von Dordogne und Gironde, der das →Libournais und den Bereich →Bourg-Blaye umfasst.

Rive gauche [ri:v goʃ], der gesamte Weinbaubereich des französischen Bordeauxgebiets links von Garonne und Gironde, der die Bereiche →Médoc und →Graves umfasst.

Riverina [rɪvəˈrinə], GI-Herkunftsbezeichnung für Weine aus dem Süden des australischen Bundesstaats New South Wales; das Gebiet mit seinen knapp 9 800 ha (2000) Rebfläche liegt im heißen Landesinneren des Küstenstaats und bringt etwa je zur Hälfte Weiß- und Rotweine hervor. Die meistkultivierten Sorten sind Syrah (Shiraz), Sémillon, Chardonnay, Cabernet Sauvignon, Merlot und Trebbiano. Der industriell betriebene Weinbau der Region bedient v. a. die großen Massenmärkte.

Rioja. Im Herbst erstrahlt das spanische Anbaugebiet Rioja in fast surrealistischen Farben.

Riserva [italien. »Reserve«], Zusatzbezeichnung für italienische DOC- und DOCG-Weine; Riserva-Weine müssen einen höheren Alkoholgehalt aufweisen als die Normalversionen der jeweiligen Herkunftsbezeichnung und/oder länger im Holzfass bzw. in der Flasche ausgebaut sein. In einigen Anbaugebieten ist für Riserva ein Fassausbau von vier oder fünf Jahren vorgeschrieben. Der Anspruch höherer Weinqualitäten, der implizit hinter dem Riservakonzept steht, wird jedoch nicht immer eingelöst.

Rispe, die botanische Form des Blütenstands der →Rebe 2).

Riverland [ˈrɪvə(r)lænd], GI-Herkunftsbezeichnung für Weine aus dem Osten des australischen Bundesstaats Südaustralien; auf insgesamt mehr als 19 000 ha (2000) Rebfläche werden v. a. Syrah (Shiraz), Cabernet Sauvignon, Chardonnay, Muskat Alexandrien (Muscat gordo blanco), Grenache und Merlot kultiviert. Die Weinproduktion des Gebiets ist zum großen Teil für den Verschnitt von Weinen der Appellation →South Eastern Australia bestimmt.

Rivesaltes [ri:vˈzalt], eine der populärsten A. C.-Herkunftsbezeichnungen für weißen, roséfarbenen oder roten →Vin Doux

Naturel aus dem südfranzösischen →Roussillon.

Auf insgesamt gut 10000 ha (2000) Rebfläche werden Weißer Muskateller (Muscat blanc), Muskat Alexandrien (Muscat d'Alexandrie) und eine Reihe weiterer weißer und roter Sorten kultiviert. Während die Rosé- und Rotweinvarianten vorwiegend aus Grenache gekeltert werden, entstehen die weißen im Verschnitt aus weißen und roten Sorten.

■ **Weintypen:** Die Weine können oxidativ oder reduktiv ausgebaut sein, wobei die Zusatzbezeichnungen »ambre« für oxidative Weißweine, »tuilé« für oxidative Rotweine und »grenat« für reduktive Rotweine stehen. »Hors d'age« bezeichnet oxidative Varianten, die mindestens fünf Jahre im Fass ausgebaut wurden, »rancio« sehr alte Weine, die den spezifischen Geschmackstyp des langen oxidativen Ausbaus entwickelt haben. Das eingebettete Anbaugebiet des **Muscat de Rivesaltes** umfasst knapp 4700 ha (2001) Rebfläche. Die Weine werden ausschließlich aus den Muskatellersorten gekeltert und ebenfalls als Vin Doux Naturel ausgebaut.

Robertson. Das südafrikanische Anbaugebiet Robertson (hier: Blick aus der Kellerei Graham Beck) bringt einige der besten Weiß- und Schaumweine des Landes hervor.

Rkaziteli, Rkatsiteli [rkatsi'teli, zu georg. rka »Sämling« und ziteli »rot«], Weißwein-Rebsorte Georgiens, die in nahezu allen Ländern der GUS und in Bulgarien verbreitet ist; sie wird auch in Kanada, den USA, in Neuseeland sowie China kultiviert und steht weltweit vermutlich auf 40000 ha (1999) Rebfläche. Einige Quellen gehen sogar von einer weit stärkeren Verbreitung aus, was aber aufgrund des Rückgangs der GUS-Weinbergsflächen in den 1980er-Jahren unwahrscheinlich ist. Die Weine sind von blumigem Duft und erfrischender Säure mit würzig kräftigem Geschmack, manchmal auch recht herb und gewöhnungsbedürftig.

Roaix [ro'ɛ], eigenständige Herkunftsbezeichnung für Weine der A. C. Côtes-du-Rhône-Villages aus dem südfranzösischen Département Vaucluse; auf den etwa 90 ha (2001) Rebfläche des Anbaugebiets werden die üblichen Weiß- und Rotweinsorten der südlichen →Côtes-du-Rhône kultiviert. Rotweine und Rosés müssen zu mindestens 50% aus Grenache gekeltert sein. Die Böden der teilweise terrassierten Weinberge des Anbaugebiets bestehen aus Schotter und rotem Lehm.

robe [rɔb, französ. »Kleid«], französisch für Brillanz, Farbintensität und Leuchtkraft der Farbe, insbesondere von Rotweinen.

Robertson ['rɔbə(r)tsən], Anbaugebiet (District) der Region Breede River Valley in Südafrika, das in die Bereiche (Wards) Agterkliphoogte, Bonnievale, Boesmans River, Eilandia, Hoops River, Klassvoogds, Le Chasseur, McGregor und Vink River gegliedert ist. Das Gebiet umfasst 12000 ha (2002) Rebfläche, auf denen v.a. die Rebsorten Chenin blanc (1900 ha), Chardonnay (1450 ha), Cabernet Sauvignon (1200 ha) und Syrah (Shiraz), 900 ha) kultiviert werden.

Begünstigt von kalter Meeresluft, die vom Indischen Ozean in das Gebiet strömt, bringt Robertson hervorragenden, fruchtbetonten Wein aus Chardonnay hervor. Andere Rebsorten liefern nur vereinzelt Spitzenresultate.

robust, fest und kräftig, aber nicht sehr elegant; Begriff der Weinansprache für Weine mit guter Tanninstruktur.

robusto, italienisch für die Geschmacksbezeichnung fest, kräftig.

Roche-aux-Moines [rɔʃ o: mwan], Kurzform der A. C.-Herkunftsbezeichnung Savennières Roche-aux-Moines (→Savennières).

Rochegude [rɔʃgyd], eigenständige Herkunftsbezeichnung für Weine der A. C. Côtes-du-Rhône-Villages aus dem südfranzösischen Département Drôme; auf den etwa 180 ha (2001) Rebfläche des Anbaugebiets werden die üblichen Weiß- und Rotweinsorten der südlichen →Côtes-du-Rhône kultiviert. Die Rotweine und Rosés müssen zu mindestens 50% aus Grenache gekeltert sein. Die Böden mit großen silikathaltigen Bereichen sind leicht und gut entwässert.

Roȩro, DOC-Herkunftsbezeichnung für Weine des gleichnamigen Landstrichs in der norditalienischen Region Piemont; auf insgesamt knapp 700 ha (1997) Rebfläche in der Hügellandschaft am linken Ufer des Flusses Tanaro werden v.a. die Rebsorten Nebbiolo und Arneis kultiviert.

Weißweine aus Arneis tragen den Rebsortennamen als Zusatzbezeichnung. Die Rotweine sind nicht so kräftig wie Barolo und besitzen nicht die Eleganz von Barbaresco, können aber viel Frucht und Würze zeigen.

Roero. Blick vom Barologebiet auf die Hügelketten des Roero am linken Ufer des Flusses Tanaro. Hier wie dort werden herrliche Rotweine aus Nebbiolo gekeltert.

Sie erreichen ihren geschmacklichen Höhepunkt meist bereits nach wenigen Jahren Flaschenreife; laut Produktionsstatut können sie einen kleinen Anteil Arneis enthalten, was aber nur selten praktiziert wird. Superiore-Versionen des roten Roero haben einen Alkoholgehalt von mindestens 12 Vol.-% und sind bis zu zehn, in Einzelfällen sogar bis zu 15 Jahre alterungsfähig.

Rohfäule, eine Erscheinungsform der Graufäule (→Botrytis).

Rohweinstein, eine Form des →Weinsteins.

Rollkrankheit, Viruskrankheit der Rebe (→Rebkrankheiten).

Romagna [ro'maɲa], die südöstliche Hälfte der italienischen Region →Emilia-Romagna; hier werden Weine einer Reihe von Herkunftsbezeichnungen erzeugt wie Albana di Romagna, Cagnina di Romagna, Pagadebit di Romagna, Sangiovese di Romagna und Trebbiano di Romagna.

Romanée [roma'ne], Gruppe von Grand-Cru-Appellationen der Gemeinde Vosne-Romanée an der →Côte de Nuits im französischen Burgund; auf insgesamt 12 ha (1999) Rebfläche wird ausschließlich Spätburgunder (Pinot noir) kultiviert, aus dem einige der vielschichtigsten Rotweine der Welt erzeugt werden; sie zeigen Aromen von roten und schwarzen Früchten, Moschus und Leder, sind fest strukturiert und besitzen große aromatische Länge im Abgang.

Die einzelnen Lagen der Gruppe sind **La Romanée** (0,85 ha), **Romanée-Conti** (1,8 ha) und **Romanée-Saint-Vivant** (9,4 ha). – Infokasten S. 370

Römer, eine bestimmte Form von →Weingläsern.

Ronco, Ronc [Friauler Dialekt], Plural **Ronchi** ['rɔŋki], Hügel oder Hügellagen in der norditalienischen Region Friaul-Julisch

Venetien; die im Weingesetz nicht definierte Bezeichnung wird häufig als Namensbestandteil von Einzellagen- und Markenweinen verwendet.

Rondinella, Rotwein-Rebsorte der norditalienischen Region Venetien; mit ihr sind insgesamt knapp 3000 ha (1997) Rebfläche bestockt. Neben Corvina ist sie die Hauptsorte von Weinen wie →Valpolicella, →Bardolino oder →Amarone. Die spät reifende Sorte bringt farbintensive Weine mit gutem Säuregehalt hervor.

Rosacker, Grand-Cru-Lage der französischen Weinbauregion Elsass, Gemeinden Riquewihr und Ribeauvillé; die Böden der insgesamt 26 ha großen Hanglage bestehen aus Muschelkalk und Letten sowie Mergel und sind zu 50 % mit Riesling, zu 30 % mit Gewürztraminer bestockt. Insbesondere der Riesling vom Rosacker gilt als hochwertig und zeichnet sich durch seine betont pfeffrig wirkenden Aromen aus.

rosado, spanisch für roséfarben; vino rosato ist Roséwein.

rosato, italienisch für rosafarben; auch Kurzwort für vino rosato (Rosé).

Romanée. Der Weinberg Romanée-Conti im französischen Burgund gilt als eine der berühmtesten Einzellagen der Welt.

Rosazzo, einstiger Bereich innerhalb der DOC-Herkunftsbezeichnung im norditalienischen Friaul-Julisch Venetien, dessen Weine aus vorwiegend einheimischen Weiß- wie Rotwein-Rebsorten, darunter Picolit, Ribolla gialla und Pignolo, seit 2001 den Charakter einer eigenständigen DOCG-Herkunftsbezeichnung genießen. Die Rebfläche beträgt nur knapp 50 ha (2001).

Rosé, Roséwein, österreich. **Kretzer,** heller, rosafarbener Wein aus Rotweintrauben; die helle Färbung entsteht durch rasches Abpressen des Safts von den Beerenschalen, der dadurch wenig Farbstoffe aufnehmen kann (daher wird Rosé in Österreich z. T. auch »Gleichgepresster« genannt).

Rosé darf in der Regel nicht durch Mischen weißer und roter Trauben, Moste oder Weine erzeugt werden; Ausnahmen sind →Rotlinge wie Schillerwein, Schieler oder Rotgold sowie Roséchampagner. Deutscher **Weißherbst** ist ein Roséwein, der aus Trauben einer einzigen Rebsorte erzeugt wird und den Anforderungen an Qualitätsweine bestimmter Anbaugebiete genügen muss. In Frankreich und der Westschweiz wird Roséwein auch als →Œil-de-perdrix bezeichnet. Darüber hinaus wird Rosé unter den Bezeichnungen bzw. in den Sonderformen Bleichert, Blush, Cerasuolo, Chiaretto, Clairet, Gleichgepresster, Kretzer, Schilcher, Vin gris oder Weißgepresster vermarktet.

ROMANÉE. *Die kleinsten Appellationen Frankreichs*

Selbst in der französischen Fachliteratur wird Château Grillet, eine Herkunftsbezeichnung für Weißweine aus Viogniertrauben, häufig als kleinste Appellation Frankreichs bezeichnet. Das entspricht aber mehr dem Bedürfnis nach Mythenbildung als den Tatsachen. Château Grillet verfügt immerhin über eine Rebfläche von 3,85 ha. Deutlich kleinere Appellationen findet man dagegen im Burgund, und zwar an der Côte de Nuits. Griotte-Chambertin beispielsweise ist nur 2,7 ha groß, die Monopollage Romanée-Conti 1,8 ha und La Grande Rue 1,65 ha. Sie alle aber werden deutlich von der wirklich kleinsten französischen Appellation, La Romanée in der Gemeinde Vosne-Romanée, geschlagen, deren Anbaugebiet nur winzige 0,85 ha Rebfläche umfasst.

Rosé d'Anjou [ro'se dã'ʒu], populärer Rosé aus dem Gebiet des →Anjou.

Rosenberg, sehr gute Weinbergslage im Bereich Südliche Weinstraße, Gemeinde Birkweiler, des deutschen Anbaugebiets Pfalz; die kalkhaltigen Lehmböden der Lage sind nach Osten ausgerichtet und ziehen sich bis in eine Höhe von etwa 200 m ü. M. Vom Birkweiler Rosenberg kommt für deutsche Verhältnisse ungewöhnlich dichter, kräftiger Weißwein aus der Rebsorte Chardonnay.

Roseneck, Kurzwort für →Berg Roseneck.

Rosenmuskateller, Weißwein-Rebsorte aus der Familie der →Muskateller.

rosinieren, →trocknen.

Rossese, Rotwein-Rebsorte der italienischen Region Ligurien; sie wird auf knapp 400 ha (1998) Rebfläche kultiviert. Die Weine der widerstandsfähigen Sorte sind farbintensiv und alkoholreich; sie besitzen wenig Säure und Tanninstruktur. Rosseseweine werden in der Provinz Imperia unter der Herkunftsbezeichnung **Rossese di Dolceacqua** vermarktet, deren spektakulären Steillagen sich vom Meer aus bis in Höhen von 600 m ü. M. ziehen.

In den Provinzen Genua, Savona und Imperia wird Rossese unter der Herkunftsbezeichnung Riviera Ligure di Ponente gefüllt.

rosso, italienisch für rot, auch Kurzwort für vino rosso (Rotwein).

Rosso Conero, DOC-Herkunftsbezeichnung für Weine der mittelitalienischen Region Marken; das Anbaugebiet um die Stadt Ancona an der Adria umfasst knapp 400 ha (1997) Rebfläche. Die Weine werden aus den Rotwein-Rebsorten Montepulciano und Sangiovese gekeltert und häufig im Barrique ausgebaut; sie sind farbintensiv und besitzen mittlere Alterungsfähigkeit.

Rosso di Montalcino [- mɔntal'tʃino], DOC-Herkunftsbezeichnung für Rotweine der südlichen Toskana; das Anbaugebiet fällt mit dem des →Brunello di Montalcino zusammen, als dessen Zweitwein der Rosso gilt. Rosso di Montalcino wird wie Brunello reinsortig aus Sangiovese (Brunello) erzeugt, in schlechteren Jahrgängen wird auch Wein von Brunellorebflächen zu Rosso herabgestuft; umgekehrt ist ein Heraufstufen von Rosso nicht erlaubt. Die Weine besitzen mittlere Struktur und Alterungsfähigkeit.

Rosso di Montepulciano [- mɔntepul'tʃa:no], DOC-Herkunftsbezeichnung für Rotweine der südöstlichen Toskana; das Anbaugebiet fällt mit dem des →Nobile di Montepulciano zusammen, als dessen Zweitwein der Rosso gilt. Rosso di Montepulciano wird überwiegend aus den Rebsorten Sangiovese (Prugnolo gentile) und Canaiolo gekeltert; die Trauben kommen meist von den etwas ungünstigeren Lagen des Anbaugebiets. Der erlaubte Höchstertrag liegt bei 100 hl/ha, der Mindestalkoholgehalt bei 11 Vol.-%.

Rosso Piceno [- pi'tʃeno], DOC-Herkunftsbezeichnung für Weine der mittelitalienischen Region Marken; sie werden aus der Rotwein-Rebsorte Montepulciano mit kleineren Anteilen Sangiovese gekeltert und können auch als Novello (→Nouveau) vermarktet werden. Sie erreichen nur selten das Niveau der Nachbarappellation Rosso Conero.

Röstaromen, eine bestimmte Art von Aromen (→Aroma).

Rotburger, →Zweigelt.

Rote Babotraube, →Frühroter Veltliner.

Roter Brenner, eine →Rebkrankheit.

Roter Hang, Sammelbegriff für bestimmte Weinbergslagen der so genannten →Rheinfront im deutschen Anbaugebiet Rheinhessen, Gemeinde Nierstein, die sich durch Böden aus rotem Tonschiefer auszeichnet. Zum Roten Hang gehören die Lagen Schloss Schwabsburg, →Orbel, Heiligenbaum, Ölberg, Glöck, Kranzberg, →Hipping, Brudersberg und →Pettental. Gelegentlich werden auch Teile der Lage →Rothenberg in Nackenheim zum Roten Hang gezählt.

Roter Malvasier, →Frühroter Veltliner.

Roter Riesling, sehr seltene Variante des Rieslings, die vermutlich durch Mutation entstanden ist.

Roter Traminer, wahrscheinlich eine Spielart der Weißwein-Rebsorte →Gewürztraminer, gelegentlich auch als Großer Traminer bezeichnet; umstritten ist, ob er eventuell als eigenständige Sorte anzusehen ist. Roter Traminer wird v. a. in Österreich kultiviert.

Roter Veltliner, Rotreifler, Rot-Weißer, österreichische Weißwein-Rebsorte, die in den Anbaugebieten Donauland, Kamptal und Kremstal auf insgesamt 260 ha (2001) Rebfläche kultiviert wird; die Weine sind würzig und säurebetont, besitzen aber auch Körper und Extrakt. Die Sorte ist weder mit dem Grünen noch mit dem Frührroten Veltliner verwandt.

Rotgipfler, Weißwein-Rebsorte, die wahrscheinlich aus der österreichischen Steiermark stammt; die Kreuzung aus Traminer und Rotem Veltliner wird auf 120 ha Rebfläche hauptsächlich im niederösterreichischen Anbaugebiet Thermenregion kultiviert. Sie ist frost- und botrytisanfällig, braucht warme Südlagen und liebt fruchtbare, kalkhaltige Böden. Unter optimalen Bedingungen bringt sie extrakt- und alkoholreiche Weine mit gutem Alterungspotenzial hervor. Rotgipfler wird häufig mit Zierfandler zu Spätrot-Rotgipfler verschnitten.

Rothenberg, eine der besten Weinbergslagen der so genannten →Rheinfront im deutschen Anbaugebiet Rheinhessen, Gemeinde Nackenheim; wie an dem südlich anschließenden Roten Hang von Nierstein bestehen die Böden aus verwittertem, roten Tonschiefer. Die Lage bringt relativ regelmäßig Rieslinge im höheren Prädikatsbereich (Auslese, Beeren- oder Trockenbeerenauslese) hervor.

Baron Philippe de Rothschild mit seiner Tochter Philippine, der gegenwärtigen Eignerin von Château Mouton-Rothschild.

Rothschild, Baron Philippe de, *Paris 13. 4. 1902, †ebenda 20. 1. 1988, französischer Sportler, Künstler, Schriftsteller und Weingutsbesitzer; in seiner Jugend nahm er an zahlreichen Automobil- und Segelwettbewerben

teil, 1928–31 leitete er in Paris das Théâtre Pigalle.

Mit seinem Premier Grand Cru Château →Mouton-Rothschild schaffte er es 1973 als bislang einziger Weingutsbesitzer, die 1855 etablierte Klassifizierung ändern zu lassen. Er ließ 1924, als Erster überhaupt, das Etikett eines einzelnen Jahrgangs von einem Künstler gestalten; nach 1945 etablierte er die Tradition der Künstleretiketten. 1979 gründete Rothschild zusammen mit Robert Mondavi die Kellerei Opus One im kalifornischen Napa Valley.

Rotliegendes, gemeinsprachlich für Bodenformationen aus rotem Tonschiefer, wie sie z. B. am so genannten Roten Hang der Rheinfront im deutschen Anbaugebiet Rheinhessen zu finden sind.

Rotling, ein Rosé, der durch gemeinsames Keltern von Weiß- und Rotwein-Rebsorten erzeugt wird; er ist eine Spezialität der deutschen Anbaugebiete →Baden und →Sachsen.

Rotofermenter, eine Art Gärbehälter, die bei der →Maischegärung zum Einsatz kommt.

rotondo, italienisch für die Geschmacksbezeichnung rund, harmonisch.

Rotreifler, →Roter Veltliner.

Rotspon® [zu mittelniederdeutsch spon »Span«], geschützte Markenbezeichnung für in Lübeck abgefüllten roten Bordeauxwein; gemeinsprachlich Rotwein. Die Bezeichnung geht auf die alte Praxis zurück, dem Wein Eichenholzspäne beizugeben, um seinen Tanningehalt zu erhöhen und ihn haltbarer zu machen.

Röttgen, eigentlich Im Röttgen, eine der besten Weinbergslagen der so genannten Terrassenmosel, Gemeinde Winningen, im deutschen Anbaugebiet Mosel-Saar-Ruwer; der nach Süd-Südosten ausgerichtete Steilhang zieht sich von 70 m ü. M. bis in eine Höhe von 180 m. Auf steinigem Schiefer-Quarzitverwitterungsboden mit unterschiedlichem Feinerdeanteil wachsen die Trauben für einige der komplettesten Weißweine der Rebsorte Riesling, in denen sich Finesse und Kraft vereinen.

Rottland, Kurzwort für →Berg Rottland.

Rotwein, Wein aus Rebsorten mit dunkelschaligen Beeren, der während der Weinbereitung längere Zeit mit den Schalen Kontakt hat oder zum Zweck der Farbextraktion erhitzt wird; dabei werden die Farbstoffe v. a. durch den entstehenden Alkohol bzw. die hohe Temperatur aus der Beerenhaut gelöst und färben den Wein. Wird Saft von dunklen Trauben ohne vorherige Maischestandzeit abgepresst, entsteht Rosé- oder fast farbloser, weißgepresster Wein.

Rotweine werden heute überwiegend trocken ausgebaut, nur selten lieblich oder gar als

Eine Liste der größten Rotweine der Welt ist immer unvollständig und subjektiv geprägt. Französische Gewächse werden in fast jeder Aufstellung an erster Stelle genannt, und zwar die roten Burgunder (zum Beispiel der Romanée-Gruppe, der Échezaux-Gruppe, der Chambertin-Gruppe oder auch vom Clos de Tart) und die großen Bordeauxgewächse (zum Beispiel die Châteaux Latour, Margaux, Haut-Brion, Ausone, Pétrus, Cheval-Blanc etc.), nicht zu vergessen auch die Crus der Rhône (Côte-Rôtie, Châteauneuf-du-Pape), wobei es natürlich in jeder Appellation mehr und weniger exzellente Weine gibt. Italien ist mit Barolo, Barbaresco, Brunello di Montalcino, Riservaqualitäten von Chianti Classico, Super-Tuscans und Amarone vertreten. Spanien hat vor allem in den 1990er-Jahren mit Rotweinen von Priorat und Ribera del Duero (zum Beispiel Vega Sicilia Unico) auf sich aufmerksam gemacht, und aus Portugal kommen großartige Vintage Ports. Amerika steuert Cabernet Sauvignon aus dem Napa Valley bei, zum Beispiel Martha's Vineyard, Insignia oder Rubicon, Australien seine besten Shirazweine (zum Beispiel Grange und Hill of Grace) und Chile (zum Beispiel Montgras Ninquén) sowie Südafrika (zum Beispiel Mont du Toit Le Sommet) den einen oder anderen Einzelwein.

cker- und die Aromareife, die bei Weißweinen als ausschlaggebend erachtet werden. Während deshalb beispielsweise die mitteleuropäischen Länder und der Norden Frankreichs schwerpunktmäßig als Weißweingebiete gelten, sind Südfrankreich und die übrigen Mittelmeerländer ausgesprochene Rotweingebiete.

Als weltweit beste Anbaugebiete für Rotweine gelten in Frankreich das Bordeauxgebiet, das Rhônetal und – aufgrund der Ausnahmesorte Spätburgunder (Pinot noir) – das Burgund. In Italien sind es das Piemont und die Toskana, in Spanien Penedés, das Ebro- und das Duerotal, in Portugal das Dourotal, in Österreich das Burgenland und in Deutschland die Ahr, Pfalz und Baden. Was die Länder der Neuen Welt betrifft, muss man in Kalifornien Napa und Sonoma erwähnen, in Australien das Barossa Valley, das McLaren Vale und Coonawarra, in Chile das Valle del Maipo, in Argentinien Mendoza und in Südafrika Stellenbosch und Paarl.

■ **Rebsorten:** Für die Rotweinbereitung verwendete Rebsorten können in zwei Gruppen unterteilt werden: Sorten mit niedrigem Polyphenolgehalt wie beispielsweise Portugieser, Dornfelder, Gamay etc. und Sorten mit hohem Polyphenolgehalt wie Cabernet Sauvignon, Nebbiolo, Tempranillo etc. In der Regel erfordern Weine aus Trauben der zweiten Gruppe längere Ausbauzeiten, um trinkreif zu werden.

■ **Weinbereitung:** Rotwein kann nach den Verfahren der Maischeerhitzung, der Maischegärung oder der Kohlensäuregärung erzeugt werden, von denen die Maischegärung das mit Abstand meistpraktizierte ist und bei allen bedeutenden, qualitativ hochstehenden Weinen Anwendung findet. Die Kellertechnik der Rotweinbereitung hat dabei in den 1980er-, v. a. aber in den 1990er-Jahren dramatische Entwicklungen erlebt. Wo früher insbesondere bei Weinen aus tanninreichen Rebsorten extrem lange Maischestandzeiten die Regel waren, um ein Maximum an Polyphenolen zu extrahieren, wird heute häufig deutlich früher abgepresst, oft sogar vor dem Ende der alkoholischen Gärung. Die Weine sollen früher trinkreif und dennoch alterungsfähig sein.

ausgesprochene Süßweine. Von der Antike bis weit ins 18. und 19. Jh. dagegen war in vielen Anbaugebieten süßer Ausbau die Regel. Selbst so renommierte trockene Weine wie Barolo werden erst seit gut 200 Jahren nicht mehr restsüß ausgebaut.

■ **Anbaugebiete:** Rotweine entstehen mit wenigen Ausnahmen wie beispielsweise Spätburgunder vorwiegend in wärmeren Klimazonen als Weiße, da die Reife ihrer Polyphenole mehr Wärme erfordert als die Zu-

Rotwein. Die besten Rotweine entstehen mit der Methode der Maischegärung, wobei Rebsorten wie Spätburgunder (Pinot noir) besonders von offener Bottichgärung profitieren, wenn der Tresterhut regelmäßig untergestoßen wird.

Während fruchtig und jung zu trinkende Weine nach der Gärung oft nur kurze Zeit im Stahltank lagern und rasch in Flaschen gefüllt werden, durchlaufen kräftige, fest strukturierte und alterungsfähige Gewächse einen Ausbau im großen Holzfass oder im Barrique, der mehrere Jahre dauern kann. Vor dem Vermarkten reifen solche Weine oft auch noch in der Flasche. In den meisten Weinbauländern ist die Dauer des Ausbaus im Holzfass den Winzern überlassen. Italien und Spanien dagegen schreiben genaue Mindestlagerzeiten für Qualitätsweine der meisten Herkunftsbezeichnungen vor. Diese obligatorisch langen Ausbauzeiten führten allerdings dazu, dass Weine aus schwächeren Jahrgängen oder von schlechteren Lagen oft beim Abfüllen schon müde und ausgezehrt wirkten, weshalb in den 1990er-Jahren vielerorts die Mindestlagerzeiten im Holzfass verkürzt wurden.

■ SIEHE AUCH

→ altern · Barrique · Burgundersorten · Claret · Deckwein · Depot · Farbe · Gärung · Geschmackstypen · internationale Rebsorten · junger Wein · Kaltmazeration · Kohlensäuregärung · Maische · Maischeerhitzung · Maischegärung · Nouveau · Presswein · Rebsorten · Reife 1) · Ripasso · Rotwein-Rebsorten · Säureabbau · Temperatur · weißgepresst

Rotwein-Rebsorten, Rebsorten mit dunkelroter, dunkelblauer oder schwarzer Beerenschale, die vorwiegend für die Herstellung von Rosé- und Rotweinen verwendet werden; das Fruchtfleisch ist bis auf wenige Ausnahmefälle – so genannte Farbtraubensorten und gewisse Hybriden – klar und enthält keine Farbstoffe. Gelegentlich werden Rebsorten mit rötlicher oder roter Beerenschale wie Grauburgunder oder Gewürztraminer ausschließlich zum Keltern von Weißweinen benutzt; sie gelten als Weißwein-Rebsorten.

Rot-Weißer, →Roter Veltliner.

rouge [ruːʒ], französisch für rot, auch Kurzwort für vin rouge (Rotwein).

Roussanne [ruˈsan], Weißwein-Rebsorte, die ursprünglich aus dem Gebiet der nördlichen →Côtes-du-Rhône stammt; die nicht sehr ertragreiche und relativ spät reifende Sorte wird in Frankreich auf knapp 700 ha (1999) Rebfläche kultiviert. Zusammen mit den Beständen in Italien, Kalifornien und Australien ergibt sich eine weltweite Verbreitung von 1000 ha. Roussanne ist relativ fäulnisanfällig; ihre Weine sind leicht aromatisch und eignen sich sehr gut zum Ausbau im Barrique. Die wichtigste französische A. C.-Herkunftsbezeichnung für Weine aus Roussanne ist →Hermitage.

Rousset-les-Vignes [rusɛ lɛ viɲ], eigenständige Herkunftsbezeichnung für Weine der A. C. Côtes-du-Rhône-Villages aus dem südfranzösischen Département Drôme; auf den etwa 60 ha (2001) Rebfläche des Anbaugebiets werden die üblichen Weiß- und Rotweinsorten der südlichen →Côtes-du-Rhône kultiviert. Die Rotweine und Rosés müssen zu mindestens 50 % aus Grenache gekeltert sein. Die Böden der Hanglagen bestehen aus schottrigem Sandstein.

Roussette [ruˈsɛt], eigentlich **Roussette d'Ayze,** Weißwein-Rebsorte der französischen Départements Savoie und Haute-Savoie (deutsch: Savoyen); nach Ansicht einiger Ampelographen könnte es sich um eine Variante von Mondeuse blanche handeln, die ebenfalls in Savoyen verbreitet ist. Roussette wird unter den Herkunftsbezeichnungen **Roussette de Savoie** (150 ha Rebfläche, gegebenenfalls mit den Zusatzbezeichnungen Frangy, Marestel, Monterminod oder Monthoux) und **Roussette du Bugey** (450 ha Rebfläche, gegebenenfalls mit den Zusatzbezeichnungen Anglefort, Arbignieu, Chanay, Lagnieu, Montagnieu oder Virieu Le Grand) vermarktet.

Roussillon [rusiˈjɔ̃], südwestliche Hälfte der südfranzösischen Weinbauregion →Languedoc-Roussillon; zwischen Narbonne und der Grenze zu Spanien wird eine Vielzahl verschiedener Weintypen erzeugt. Die flächenmäßig größte A. C.-Herkunftsbezeichnung ist →Côtes du Roussillon; weitere bedeutende Appellationen sind →Banyuls, →Collioure, →Rivesaltes und Muscat de Rivesaltes.

Roussanne.
Roussanne, die Weißwein-Rebsorte von den Côtes-du-Rhône, hat unter den Winzern der Neuen Welt viele Freunde gefunden. Ihre besten Resultate bringt sie jedoch im Verschnitt mit Marsanne auf dem Hermitagehügel im Rhônetal.

ROTWEIN. *Etappen der Rotweinbereitung*

Das Vinifizieren großer Rotweine mittels Maischegärung beginnt in der Regel mit dem Entrappen und Mahlen (Quetschen) der Trauben. Anschließend wird die Maische in Bottiche oder verschiedene Arten von Gärtanks geleitet, wo gelegentlich eine Kaltmazeration stattfindet oder die Maische kurzfristig erwärmt wird, um die Farbausbeute zu verbessern. Während der alkoholischen Gärung wird der Kontakt des Mosts bzw. des entstehenden Weins mit den Beerenschalen durch Umpumpen, Unterstoßen oder maschinelles Wenden des Tresterhuts gefördert. Häufig verbleibt der Wein auch nach vollendeter Gärung noch auf der Maische, um eine optimale Tanninausbeute zu erzielen. Der in der Regel anschließende Säureausbau kann in Stahltank oder im Holzfass stattfinden, wobei die Raumtemperatur erhöht wird, um die Arbeit der Bakterien zu fördern. Vollendet wird der Wein in der Phase des Ausbaus – bei fruchtigen, jung zu trinkenden Weinen im Stahltank, ansonsten in großen Holzfässern oder Barriques. Das Abfüllen und eine eventuell anschließende Lagerzeit in der Flasche machen ihn verkaufsfertig.

RS, Abk. für →Rheinhessen Silvaner.

RTK, Abk. für Rektifiziertes Mostkonzentrat, eine Art →Mostkonzentrat.

Ruby ['ruːbɪ], eine besondere Art →Portwein.

Ruby Cabernet ['ruːbɪ 'kæbə(r)ne], Rotwein-Rebsorte, die Ende der 1940er-Jahre an der University of California, Davis, aus Cabernet Sauvignon und Carignan gekreuzt wurde; Ziel der Züchtung war es, eine für die heißen Gebiete Kaliforniens geeignete Rebsorte zu erhalten, deren Weine denen des französischen Bordeauxgebiets ähneln. Die Qualitätserwartungen wurden allerdings enttäuscht. Insgesamt sind in Kalifornien etwa 2800 ha Rebfläche mit Ruby Cabernet bestockt, weitere Bestände gibt es in Argentinien, Australien, Chile und Südafrika.

Ruché [ryˈʃe], Rotwein-Rebsorte der italienischen Region Piemont; die einst sehr beliebte Sorte wird nur noch auf etwa 17 ha (1997) Rebfläche im Gebiet von Castagnole Monferrato kultiviert und unter der DOC-Bezeichnung Ruché di Castagnole Monferrato vermarktet. Die auffallend aromatischen, wie Traminer und Muskateller duftenden, aber meist sehr leichten, hellen Weine hatten Ende der 1990er-Jahre verschiedene Winzer und Weinkritiker zu optimistischen Kommentaren veranlasst, eine echte Entwicklungsdynamik der Sorte aber ist nicht zustande gekommen.

Ruchottes-Chambertin [ryˈʃɔt ʃãbərˈtɛ̃], Grand-Cru-Appellation der Gemeinde Gevrey-Chambertin (→Chambertin).

rückverbessern, fertige Weine nachträglich →anreichern.

Rueda, spanische D.O.-Herkunftsbezeichnung für Weine des kastilischen Hochlands bei Valladolid; insgesamt stehen 5600 ha (2001) unter Reben, davon auf gut 4300 ha Weißwein-Rebsorten, deren Weinen bis 2001 die D.O.-Bezeichnung vorbehalten war.

Rueda. Auf dem kastilischen Hochland bei Valladolid werden die Reben in wenige Zentimeter hohen Büschen erzogen.

Die weiße Hauptsorte Verdejo belegt mehr als 50 % der Flächen und muss mindestens zur Hälfte in den Verschnitt der Weine eingehen; ist die Sorte auf dem Etikett angegeben, steigt ihr Mindestanteil auf 85 %. Neben Macabeo (Viura) ist auch Sauvignon blanc zugelassen, der allerdings nur bei reinsortigen Weinen auf dem Etikett genannt werden darf. Der rote Tinto Rueda wird aus Tempranillo (Tinto fino) mit unterschiedlichen Anteilen Cabernet Sauvignon, Merlot oder Grenache (Garnacha) gekeltert.

Rufete, Rotwein-Rebsorte der Iberischen Halbinsel, die in Portugal auf etwa 3300 ha, in Spanien auf 1300 ha (1999) Rebfläche steht; die spät reifende, relativ wuchskräftige und ertragreiche Sorte geht in die Rotweine von Anbaugebieten der spanischen Region Kastilien-León und von portugiesischen Appellationen wie Trás-os-Montes und Beira Interior ein.

Ruländer, →Grauburgunder.

Rully [ryˈji], A.C.-Gemeindeappellation für Weine der gleichnamigen Gemeinde an der →Côte Chalonnaise im französischen Burgund; auf knapp 500 ha (2000) Rebfläche wird zu zwei Dritteln die Weißwein-Rebsorte Chardonnay kultiviert, der Rest ist mit Spätburgunder (Pinot noir) bestockt. Etwa ein Viertel der Rebfläche ist als Premier Cru klassifiziert.

Rumänien, Weinbauland Südosteuropas, das mit 248000 ha (2000) die größte Rebfläche aller ost- und südosteuropäischen Länder besitzt; die Weinproduktion beträgt etwa 5,5 Mio. hl jährlich.

Mit Ausnahme des mediterranen Schwarzmeerbereichs liegt das Land unter dem Einfluss kontinentalen Klimas mit allerdings beträchtlichen Unterschieden zwischen Anbaugebieten innerhalb und außerhalb des Karpatenbogens. Klima, Böden und der reichhaltige Sortenspiegel prädestinieren das Land im Prinzip für Qualitätsproduktion. Die staatlich-genossenschaftliche Organisation und der enorme Aufholbedarf bei Weinbergs- und Kellertechnik halten den Weinbau jedoch auch zu Beginn des 21. Jahrhunderts in großer Rückständigkeit.

■ **Rebsorten und Anbaugebiete:** Die meistkultivierte Rebsorte ist die weiße Fetească regală, mit der etwa 25600 ha Rebfläche bestockt sind. Daneben werden die Weißwein-Rebsorten Fetească albă, Grasă, Welschriesling (Riesling italian), Tămâioasă românească, Sauvignon blanc, Grauburgunder, Chardonnay, Traminer, Aligoté und Muskat Ottonel kultiviert, sowie die Rotwein-Rebsorten Cabernet Sauvignon, Merlot, Spätburgunder, Fetească neagră und Băbească neagră.

Rumänien ist in sieben Weinbauregionen mit jeweils mehreren Anbaugebieten gegliedert: Moldova (Moldau) mit →Cotnari, →Iași, Huși, Colinele Tutovei, Zeletin, Dealul Bujorului, Nicorești, Ivești, Covurlui und →Odobești; Dobrogea mit Sarica-Niculițel, Istria-Babadag, →Murfatlar und Ostrov; Muntenia (Walachei) mit Dealurile Buzăului, →Dealu Mare und Ștefănești-Argeș; Oltenia mit Sâmburești, Drăgășani, Dealurile Craiovei, Plaiurile Drâncei, Sadova-Corabia, Calafat und Dacilor; Banat mit Severinului und Miniș-Măderat; Crișana und Maramureș mit Diosig, Valea lui Mihai und Silvania sowie schließlich Transilvania (Siebenbürgen) mit →Târnave, Sebeș-Apold, Alba, Aiud und Lechința.

rund, harmonisch, geschmacklich ausgeglichen; Begriff der Weinansprache für vollmundige Weine, die nicht durch Säure oder Tannine dominiert werden. Man bezeichnet sowohl milde und fruchtbetonte als auch ältere Weine mit gereiften Tanninen als rund.

Rundbogen, eine Form der Fruchtrute beim →Rebschnitt.

Russian River Valley [ˈrʌʃn ˈrɪvə(r) ˈvælɪ], AVA-Herkunftsbezeichnung für Weine der kalifornischen →North Coast; das Anbaugebiet im Sonoma County umfasst gut 4000 ha (2002) Rebfläche, die von 200 Winzern bewirtschaftet werden – etwa 50 von ihnen keltern und vermarkten ihre Weine selbst. Das relativ kühle Klima des Tals, durch das regelmäßige Morgennebel vom Pazifik her vordringen, und die gut entwässerten Böden eignen sich v. a. für relativ früh reifende Sorten wie Chardonnay und Spätburgunder (Pinot noir). Neben finessenreichen Stillweinen erzeugt das Russian River Valley auch gute Schaumweine.

Russland, Weinbauland Osteuropas und Nordasiens, Mitglied der GUS; die Rebfläche von etwa 70000 ha liegt im Südwesten des Landes zwischen Schwarzem und Kaspischem Meer. Weinbau hat in Russland eine Tradition von mehreren tausend Jahren.

Zu Zeiten der Sowjetunion gehörte das Land zu den bedeutendsten Erzeugerländern der Welt. Die wichtigsten Anbaugebiete liegen am Unterlauf des Don, im Gebiet um Krasnodar, im Schwemmland der Flüsse Kuma und Terek sowie im nördlichen Kaukasusvorland. Die staatlichen Kampagnen gegen Alkoholkonsum der 1980er-Jahre führten zu einem Strukturwandel in der Weinwirtschaft und zu einem starken Rückgang der Rebflächen sowie der Weinimporte aus den anderen osteuropäischen Ländern. Der Pro-Kopf-Verbrauch ist mit 13 l/Jahr seit den 1990er-Jahren relativ stabil.

■ **Klima und Rebsorten:** Klimatisch stehen die russischen Anbaugebiete unter kontinentalem Einfluss, wobei die Winter oft so kalt sind, dass die Rebkulturen nur mithilfe aufwendiger Schutzmaßnahmen wie zum Beispiel dem Anhäufeln von Erde um die einzelnen Stöcke überleben können. Die meistkultivierte Rebsorte ist die weiße Rkaziteli, die fast die Hälfte der Rebflächen belegt. Außerdem findet man Aligoté, Riesling, Clairette, Cabernet Sauvignon, Saperavi sowie verschiedene einheimische Sorten.

Ruster Ausbruch, Ruster, eine Herkunftsbezeichnung für →Ausbruch.

rustikal, ohne Eleganz und Finesse; Begriff der Weinansprache für meist kräftige, nicht sehr feinwürzige oder fruchtige, oft rau schmeckende Weine. Der Begriff muss nicht unbedingt eine negative Bedeutung haben – lokale Spezialitäten vieler Anbaugebiete können auch rustikalen Charme zeigen.

Rute, ein Spross der →Rebe 2).

Rutherford, Rutherford Bench [ˈrʌθə(r)fɔːd], eigenständige AVA-Herkunftsbezeichnung für Weine aus dem Gebiet der gleichnamigen Ortschaft im kalifornischen →Napa Valley; von hier kommen einige der elegantesten Rotweine des Tals.

Rutherglen [ˈrʌθə(r)glen], GI-Herkunftsbezeichnung für Weine aus dem australischen Bundesstaat Victoria; das Anbaugebiet an der Grenze zu New South Wales umfasst

Rutherglen.
»Stickies« nennen die Australier die dicken, öligen Süßweine aus Muskatellertrauben, für die das Anbaugebiet Rutherglen in Victoria bekannt ist.

rütteln. Rüttelpulte in den tiefen Kreide-kellern der französi-schen Champagne: Hier reifen einige der besten flaschenvergo-renen Schaumweine der Welt.

tet werden, wobei die in Europa geschützten Herkunftsbezeichnungen nur auf Etiketten für den inneraustralischen Markt verwendet werden dürfen.

Der Aufschwung der süßen Likörweine aus oft nur teilweise oder gar nicht vergorenen Mosten begann mit dem Einfall der Reblaus in Australien, wo sie große Rebflächen zerstörte, aber in die heißen, sandigen Zonen im Landesinneren nicht vordringen konnte. Heute werden »stickies« fast nur noch in Rutherglen und im Riverinagebiet in New South Wales erzeugt.

rütteln, die Hefen von →Schaumweinen nach der zweiten Gärung am Flaschenboden sammeln; wichtiger Arbeitsschritt des Flaschengärverfahrens.

ruvido, italienisch für die Geschmacksbezeichnung rau, tanninbetont.

Ruwertal, nach dem gleichnamigen Fluss benannter Bereich des deutschen Anbaugebiets →Mosel-Saar-Ruwer; er erstreckt sich vom Moseltal östlich der Stadt Trier aus nach Süden. Ruwer-Rieslinge sind in kleineren Jahrgängen sehr säurebetont; in warmen Jahren zeigen sie sich vollfruchtig und ausdrucksvoll. Die besten Lagen sind Abtsberg, Karthäuserhofberg und Kaseler Nies'chen.

RWB, Abk. für →Renommierte Weingüter Burgenland.

1 000 ha Rebfläche, auf denen zu drei Vierteln Rotwein-Rebsorten kultiviert werden.

Die meistverbreitete Rebsorte ist Syrah (Shiraz, 300 ha), gefolgt von Cabernet Sauvignon (200 ha) und Weißem Muskateller (Muscat blanc à petits grains). Aus Muskatellertrauben entstehen in dem heißen und trockenen Klima die bekanntesten Weine des Gebiets – Süß- und Likörweine, von den Australiern »stickies« genannt, die unter Namen wie Liqueur Muscat, Special Muscat, Tawny Port, Rare Tokay oder sogar Vintage Port vermark-

Saale-Unstrut. Das kleine Anbaugebiet liegt vor allem im Süden Sachsen-Anhalts, ragt aber, entlang der Unstrut, mit kleiner Fläche bis ins Thüringische.

Saale-Unstrut, nördlichstes Anbaugebiet Deutschlands, dessen Weinberge über drei Bundesländer verstreut liegen: Sachsen-Anhalt mit den Tälern von Saale (zwischen Jena und Schkortleben) und Unstrut (zwischen Nebra und Naumburg), dem Süßen See bei Eisleben und dem Harz-Nordrand bei Westerhausen, Thüringen (an der Ilm bei Bad Sulza) und Brandenburg (an der Havel bei Werder).

Das Anbaugebiet umfasst 650 ha (2002) Rebfläche und ist in drei Bereiche (Schloss Neuenburg, Thüringen und Weinbau in der Mark Brandenburg), vier Großlagen und 35 Einzellagen untergliedert. Die Rebfläche hat sich seit der deutschen Wiedervereinigung mehr als verdoppelt.

Trotz der nördlichen Lage ist das Klima des Anbaugebiets wärmer und trockener als im benachbarten Sachsen; bei den Bodenformationen dominieren mit Lehm überlagerter Muschelkalk, Buntsandstein und Tonschiefer. Kultiviert werden zu vier Fünfteln Weißwein-Rebsorten, allen voran Müller-Thurgau (23 % der Flächen), Weißburgunder (12 %) und Silvaner (9 %); es folgen Portugieser, Kerner,

Riesling, Bacchus, Gewürztraminer, Grauburgunder, Spätburgunder, Gutedel, Morio-Muskat, Irsay Oliver und André.

Saar, nach dem gleichnamigen Fluss benannter Bereich des deutschen Anbaugebiets →Mosel-Saar-Ruwer; er erstreckt sich vom Moseltal bei Trier aus in Richtung Süden. Im Unterschied zu den dicht bepflanzten Moselhängen sind die Rebflächen hier spärlicher gesät. Berühmt sind die Weine vom Wiltinger Scharzhofberg, von Serriger Würtzberg, Saarburger Rausch, Ayler Kupp, Ockfener Bockstein und Wiltinger Braune Kupp.

Saar-Ruwer, alter Bereichsname der beiden bis Ende der 1990er-Jahre zusammengehörenden Bereiche des Anbaugebiets Mosel-Saar-Ruwer, →Ruwertal und →Saar. Bei der Neuaufteilung der Bereiche wurden zahlreiche Einzellagen der Stadt Trier dem Bereich Bernkastel zugeschlagen.

Sablet [sa'blɛ, französ. zu sable »Sand«], eigenständige A. C.-Herkunftsbezeichnung für Weine der Appellation Côtes-du-Rhône-Villages aus dem Gebiet der gleichnamigen Gemeinde im südfranzösischen Département Vaucluse; das Anbaugebiet am Fuße der Bergkette der Dentelles du Montmirail umfasst 180 ha (2002) Rebfläche, von deren sandigen und kiesigen Böden Weiß-, Rosé- und Rotweine kommen. Der Rebsortenspiegel entspricht dem der südlichen →Côtes-du-Rhône, Rotweine und Rosés werden zu mindestens 50 % aus Grenache gekeltert.

sabor [sɐ'βor], portugiesisch für Geschmack.

sabor, spanisch für Geschmack.

Sabrage [sɑbraʒ, zu französ. sabre »Säbel«], Öffnen von Schaumweinflaschen mithilfe eines Säbels; dabei wird der gesamte obere Teil des Flaschenhalses mit dem Korken durch einen ruckartigen Schlag mit dem Rücken einer Säbelklinge abgetrennt. Das zeremonielle Verfahren, das ursprünglich aus der französischen Champagne stammt, soll auf die napoleonische Epoche zurückgehen.

SAALE-UNSTRUT. *Rotkäppchens Erfolg*

Den vielleicht größten kommerziellen Erfolg erlebten die neuen Bundesländer zu Beginn des 21. Jahrhunderts mit Weinen, die im Anbaugebiet Saale-Unstrut entstehen. Es handelt sich um die Sektmarke Rotkäppchen, die bereits 1894 in der 1856 gegründeten Kellerei Kloss & Foerster in Freyburg/Unstrut (Sachsen-Anhalt) aus der Taufe gehoben wurde. Schon zu DDR-Zeiten war die Marke ungemein populär und erreichte ein Produktionsvolumen von bis zu 15 Mio. Flaschen jährlich. Nachdem der Absatz in der Folge der deutsch-deutschen Vereinigung kurzfristig auf 2 Mio. Flaschen gesunken war, erreichte man 1995/96 wieder eine Menge von 24, gegen Ende des Jahrzehnts sogar 51 Mio. Flaschen. 2002 konnte Rotkäppchen dann die renommierte Sektkellerei Mumm in Hochheim am Main aufkaufen; zusammen erzeugten beide im selben Jahr bereits stolze 92,4 Mio. Flaschen Sekt.

Sachsen. Schloss Wackerbarth in Radebeul bei Dresden besitzt eine der nobelsten und best-gepflegten Weinguts-anlagen Deutschlands und darüber hinaus einige der besten Weinbergslagen Sachsens.

sacacorchos [sakaˈkɔrtʃos], spanisch für Korkenzieher.

Saccharomyces, Gattung der →Hefen.

Sachsen, kleinstes und östlichstes An-baugebiet Deutschlands zu beiden Seiten der Elbe zwischen Pirna und Merschwitz – klei-nere Flächen liegen auch nahe der Schwarzen Elster.

Sachsen umfasst knapp 450 ha (2002) Reb-fläche, die von 25 Weingütern, einer Winzer-genossenschaft mit mehr als 2000 Mitgliedern sowie dem Sächsischen Staatsweingut bewirt-schaftet werden. Das Klima des sehr weit nördlich gelegenen Gebiets ist von kontinen-talem Charakter. Spätfröste sind keine Selten-heit und führen zu starken Schwankungen bei den Ernteerträgen.

Sachsen. Das kleinste Anbaugebiet Deutsch-lands, an der Elbe gelegen, ist zugleich das östlichste.

■ **Böden und Rebsorten:** Die Böden der meist terrassierten Steil- oder Hanglagen be-stehen aus Tiefengestein teilweise vulkani-scher Natur, in den wenigen Flachlagen aus Heidesand mit Lehm. Kultiviert werden v.a. Weißwein-Rebsorten, Müller-Thurgau mit 22% der Rebfläche an der Spitze. Dahinter fol-gen Riesling, Weißburgunder, Grauburgun-der, Gewürztraminer, Kerner, Elbling und Goldriesling. Rotwein-Rebsorten, v.a. Spät-burgunder, Dornfelder und Portugieser, bele-gen nur 13% der Flächen. Eine sächsische Spe-zialität ist Schieler, ein →Rotling.

■ **Geschichte:** Sachsens Rebkultur ist über 800 Jahre alt; ihre Blütezeit dauerte vom späten Mittelalter bis ins 18. Jh. Die 1799 ge-gründete Sächsische Weinbaugesellschaft richtete 1811 die erste Winzerschule Deutsch-lands ein.

sack [sæk], englisch für einen weißen Li-körwein; die Bezeichnung entstand im Eng-land des 16. und 17. Jahrhunderts und bezog sich auf Sherry (Sherry sack), Malaga (Malaga sack) und ähnliche Produkte.

Sackträger, eine der besten historischen Weinbergslagen der so genannten →Rhein-front im deutschen Anbaugebiet Rheinhessen; die tiefgründigen, kalkhaltigen Böden bringen kräftige, fruchtbetonte Weißweine der Reb-sorte Riesling hervor. Die ursprünglich recht kleine Einzellage Sackträger wurde bei der Weinbergsneuordnung im Zusammenhang mit dem Weingesetz von 1971 auch auf quali-tativ minderwertige Parzellen ausgeweitet, so-dass die Qualität der Weine vom Sackträger heute sehr uneinheitlich ist.

Saering, Grand-Cru-Lage der französi-schen Weinbauregion Elsass, Gemeinde Guebwiller; die 27 ha große Nachbarlage des ebenfalls renommierten →Kitterlé ist vorwie-gend mit Riesling bestockt, der auf den schwe-ren, sandigen Mergelböden über Buntsand-stein kräftige, fruchtige Weine hervorbringt. Außerdem wird Weißer Muskateller (Muscat) kultiviert.

Saftausbeute, →Mostausbeute.

saftig, den Speichelfluss anregend; Be-griff der Weinansprache für harmonische und lebendige, meist fruchtbetonte Weine. Die ge-steigerte Speichelproduktion wird bei Weinen meist durch einen hohen Gehalt an Bernstein-

säure (→Säure) verursacht. Auch Weine mit
leichter Restsüße oder reifen, runden Tanninen können saftig wirken.

Sagrantino, Rotwein-Rebsorte Mittelitaliens, die auf knapp 160 ha (1999) Rebfläche,
v. a. in der Region Umbrien, kultiviert wird;
die Sorte bildet den Hauptbestandteil des
DOC-Weins →Montefalco und wird reinsortig zu dessen DOCG-Version Sagrantino di
Montefalco verarbeitet. Die Weine sind kräftig und vielschichtig und eignen sich zum Ausbau im Barrique.

saignée [sɛˈŋe], französisch für →Mostab-
zug.

Saint-Amour [sɛ̃taˈmur], A. C.-Gemein-
deappellation, auch als →Cru bezeichnet, des
Beaujolaisgebiets im französischen Burgund;
auf knapp 300 ha Rebfläche wird die Rotwein-
Rebsorte Gamay kultiviert, aus der relativ
leichte, frisch zu trinkende Weine gekeltert
werden.

Saint-Chinian [sɛ̃ ʃiˈnjã], A. C.-Her-
kunftsbezeichnung für Rotweine des südfranzösischen →Languedoc; auf den knapp 2800
ha (2000) Rebfläche des Anbaugebiets werden
die Rebsorten Carignan, Cinsaut, Grenache,
Mourvèdre und Syrah sowie der einheimische
Ledoner Pelut kultiviert. Traditionell wurde
Saint-Chinian mit einem hohen Anteil Carignan gekeltert, die Sorte wird aber zunehmend durch Syrah oder Mourvèdre ersetzt,
die den Weinen mehr Finesse und Struktur
verleihen.

Sainte-Croix-du-Mont [sɛ̃t krwa dy mɔ̃],
Süßweinappellation im Bereich →Entre-deux-
Mers des französischen Bordeauxgebiets.

Saint-Émilion. Am
Hang des Hochpla-
teaus von Saint-
Émilion wachsen die
Trauben für einige
der besten Weine der
Appellation.

Sainte-Foy-Bordeaux [sɛ̃t fwa bɔrˈdo],
Süßweinappellation im Bereich →Entre-deux-
Mers des französischen Bordeauxgebiets.

Saint-Émilion [sɛ̃temiˈljɔ̃], A. C.-Gemein-
deappellation des →Libournais im französischen Bordeauxgebiet; das Anbaugebiet umfasst 5500 ha (2000) Rebfläche, von denen
knapp 3400 als Grand Cru klassifiziert sind.
Von den insgesamt 1000 Winzerbetrieben vinifizieren und vermarkten etwa 600 ihre
Weine selbst.

■ **Böden und Sorten:** Das Anbaugebiet
ist entsprechend seiner Bodenformationen in

SAINT-ÉMILION	*Kein Anspruch auf Ewigkeit*

Während die Winzer des Médoc ihre
berühmte Klassifizierung von 1855 quasi für
die Ewigkeit geschrieben haben und in den
eineinhalb Jahrhunderten seit ihrer
Verabschiedung nur eine einzige Änderung
zuließen – sie betraf Château Mouton-Rothschild –, hat das Anbaugebiet Saint-Émilion
die Möglichkeit von Änderungen schon in
die Statuten der 1954 verabschiedeten
eigenen Klassifizierung mit aufgenommen.
Auch dies verhindert nicht Auseinandersetzungen und – aus der Sicht Einzelner –
Ungerechtigkeiten.

So wurde auch bei der letzten Aktualisierung des Jahres 1996 beispielsweise
nur zwei Betrieben – Ausone und
Cheval-Blanc – der begehrte Status eines
Premier Grand Cru Classé A verliehen,
auf den auch andere wie beispielsweise
Figeac gehofft hatten. Immerhin bietet die
regelmäßige Überprüfung von Qualität
und Status der klassifizierten Gewächse
den zu kurz Gekommenen die Gelegenheit,

ihre Qualitätsanstrengungen bis zur
nächsten Revision des Klassements weiter
zu erhöhen.

vier Bereiche gegliedert: das Plateau, ein Kalksteinsockel mit Sand- und Lehmauflagen, die Côtes, Hänge, deren Böden meist aus Abraum des Plateau bestehen und perfekte Südausrichtung genießen, die Graves, Kies- und Schotterböden an der Grenze zu Pomerol, und schließlich die Schwemmlandschotter im Tal der Dordogne. Die meistkultivierten Rebsorten sind Merlot – er stellt bei den meisten Weinen zwischen 55 und 80 % des Verschnitts – und Cabernet franc; in geringerem Umfang werden Cabernet Sauvignon, Carmenère und Malbec kultiviert.

■ **Hierarchie:** Saint-Émilion besitzt seit 1954 eine eigene Klassifizierung der besten Weingüter, die im Unterschied zu der des →Médoc alle zehn Jahre überprüft und revidiert werden kann. Die Basis bilden Weine der A. C. Saint-Émilion, über ihnen die der A. C. **Saint-Émilion Grand Cru.** Wieder eine Stufe darüber rangiert die kleine Gruppe der **Saint-Émilion Grands Crus Classés,** die noch einmal in eine B-Gruppe von elf und eine A-Gruppe von nur zwei Châteaux unterteilt ist. Die beiden Domänen an der Spitze der Appellation sind →Ausone und →Cheval-Blanc.

■ **Satelliten:** Im Hinterland ist Saint-Émilion von den Anbaugebieten der vier so genannten Satellitenappellationen umgeben – **Lussac Saint-Émilion, Montagne Saint-Émilion, Puisseguin Saint-Émilion** und **Saint-Georges Saint-Émilion.**

Die Weine dieser feuchteren und kühleren Gebiete werden zu noch größeren Anteilen aus Merlot gekeltert und sind generell leichter und schneller trinkreif als Weine aus Saint-Émilion. Ein Großteil ihrer Produktion wird nicht unter der jeweiligen Appellation vermarktet, sondern als Bordeaux oder Bordeaux Supérieur.

Saint-Estèphe [sɛ̃tɛˈstɛv], die nördlichste der A. C.-Kommunalappellationen des →Haut-Médoc im französischen Bordeauxgebiet; auf 1230 ha (2002) Rebfläche werden die klassischen Rotwein-Rebsorten des Médoc kultiviert – v. a. Cabernet Sauvignon, Cabernet franc, Merlot und Petit Verdot. Cabernet Sauvignon stellt einen dominierenden Anteil der Cuvées, was vielen Weinen eine gewisse jugendliche Härte, aber auch großes Alterungspotenzial verleiht. Saint-Estèphe besitzt fünf Grands Crus Classés und eine Reihe sehr guter Crus Bourgeois.

Saint-Georges Saint-Émilion [sɛʒɔrʒ sɛ̃temiˈljɔ̃], so genannte Satellitenappellation der französischen Gemeindeappellation →Saint-Émilion.

Saint-Gervais [sɛ̃ ʒɛrˈvɛ], eigenständige A. C.-Herkunftsbezeichnung der Appellation Côtes-du-Rhône-Villages für Weine aus dem Gebiet der gleichnamigen Gemeinde des südfranzösischen Départements Gard; von nur etwa 100 ha (2002) Rebfläche kommen Weiß-, Rosé- und Rotweine. Der Sortenspiegel entspricht dem der südlichen →Côtes-du-Rhône, die Weine sind fruchtig, von wenigen Ausnahmen abgesehen nicht sehr kräftig.

Saint-Joseph [sɛ̃ ʒoˈsɛf], französische A. C.-Herkunftsbezeichnung, auch als Cru bezeichnet, für Weine der nördlichen Côtes-du-Rhône; das etwa 640 ha große Anbaugebiet am rechten Rhôneufer ist zu mehr als 90 % mit der Rotwein-Rebsorte Syrah bestockt, als Weißwein-Rebsorten werden Roussanne und Marsanne kultiviert. Saint-Joseph bringt zwar weniger vielschichtige und strukturierte Weine hervor als die berühmteren Nachbarn Côte-Rôtie oder Hermitage, seit den 1990er-Jahren findet man dort aber sehr dichte, fruchtige Gewächse mit gutem Preis-Leistungs-Verhältnis.

Saint-Julien, eigentlich **Saint-Julien-Beychevelle** [sɛ̃ ʒyˈljɛ̃ (beʃˈvɛl)], eine der A. C.-Kommunalappellationen des →Haut-Médoc im französischen Bordeauxgebiet; sie umfasst 900 ha (2002) Rebfläche. Im roten Bordeauxverschnitt stellt Cabernet Sauvignon meist etwa zwei Drittel der Mengen; der Rest setzt sich aus etwa einem Viertel Merlot sowie Cabernet Sauvignon und Petit Verdot zusammen. Saint-Julien besitzt keinen Premier Grand Cru Classé, aber fünf zweite Gewächse, die von Kritikern gelegentlich besser bewertet werden als die renommierteren ersten. Die Weine gelten als Synthese aus der Kraft des nördlichen Nachbarn Pauillac und der Eleganz des südlichen Nachbarn Margaux.

Saint-Laurent, französisch für →Sankt Laurent.

Saint Maurice [sɛ̃ moˈris], eigenständige Herkunftsbezeichnung für Weine der A. C.

Saint-Joseph. Die Weine der Appellation Saint-Joseph an der französischen Rhône sind nicht so berühmt wie die der benachbarten Côte-Rôtie, weisen aber häufig ein sehr gutes Preis-Leistungs-Verhältnis auf.

Côtes-du-Rhône-Villages aus dem Département Drôme; auf den etwa 170 ha (2001) Rebfläche des Anbaugebiets werden die üblichen Weiß- und Rotweinsorten der südlichen →Côtes-du-Rhône kultiviert. Die Rotweine und Rosés müssen aus mindestens 50% Grenache gekeltert sein. Die Böden des Gebiets bestehen aus mehr oder weniger schottrigen tonigen Lehmen, gemischt mit leichteren Sandsteinböden.

Saint-Nicolas-de-Bourgueil [sɛ̃ niko'la də bur'gœj], A. C.-Appellation für Weine der gleichnamigen Gemeinde innerhalb des Gebiets der französischen Appellation →Bourgueil.

Saint-Pantaléon-les-Vignes [sɛ̃ pɑ̃tale'ɔ̃ lɛ viɲ], eigenständige Herkunftsbezeichnung für Weine der A. C. Côtes-du-Rhône-Villages aus dem südfranzösischen Département Drôme; auf den gut 60 ha (2001) Rebfläche des Anbaugebiets werden die üblichen Weiß- und Rotweinsorten der südlichen →Côtes-du-Rhône kultiviert. Die Rotweine und Rosés müssen aus mindestens 50% Grenache gekeltert werden. Die Böden des Anbaugebiets bestehen aus tonigem Lehm mit Kies oder Sandstein.

Saint-Péray [sɛ̃ pe'rɛ], A. C.-Herkunftsbezeichnung, auch als →Cru bezeichnet, für Weine der nördlichen →Côtes-du-Rhône; auf den gut 60 ha Rebfläche des Anbaugebiets in der Nähe der französischen Stadt Valence werden die Weißwein-Rebsorten Roussanne und Marsanne kultiviert. Traditionell wurde aus den Trauben ausschließlich Schaumwein erzeugt, seit den 1990er-Jahren wird ein Teil zu trockenem Stillwein ausgebaut und gelegentlich im Barrique vergoren.

Saint-Saphorin [sɛ̃safo'rɛ̃], berühmte Herkunftsbezeichnung für Weine aus dem Anbaugebiet →Lavaux im Schweizer Waadtland; die Weine werden überwiegend aus Gutedel (Chasselas) gekeltert.

Saint-Véran [sɛ̃ ve'rɑ̃], A. C.-Herkunftsbezeichnung für Weine aus dem Süden des französischen Burgund; das Anbaugebiet, das zum größten Teil zum Bereich →Mâcon gehört, umfasst knapp 560 ha (1995) Rebfläche und ist ausschließlich mit der Sorte Chardonnay bestockt. Auch Weißweine aus dem Gebiet des →Beaujolais werden häufig unter der Bezeichnung Saint-Véran vermarktet.

Sake, →Reiswein.

Salento, Igt-Herkunftsbezeichnung für Weiß-, Rosé- und Rotweine der süditalienischen Region Apulien; die Appellation hat seit Mitte der 1990er-Jahre teilweise interessantere Weine hervorgebracht als die zahlreichen DOC-Gebiete der Region. Kultiviert werden zahlreiche Weiß- und Rotwein-Rebsorten, darunter Bombino, Chardonnay, Fiano, Garganega, Weißburgunder (Pinot bianco), Sauvignon blanc, Cabernet Sauvignon, Negroamaro und Primitivo.

Salgesch, französ. **Salquenen** [salk'nɑ̃], Herkunftsbezeichnung für Weine der gleichnamigen Weinbaugemeinde des Schweizer Kantons Wallis, an der Grenze zwischen deutschsprachigem Oberwallis und französischsprachigem Unterwallis; Salgesch war 1988 die erste Schweizer Gemeinde, die die kontrollierte Herkunftsbezeichnung Grand Cru für ihre Rotweine aus den Rebsorten Spätburgunder (Pinot noir) und Cornalin einführte.

Salice Salentino [ˈsalitʃe -], DOC-Herkunftsbezeichnung für Weiß-, Rosé- und Rotweine der Provinzen Lecce und Brindisi in der süditalienischen Region Apulien; das Anbaugebiet umfasst knapp 2300 ha (1997) Rebfläche. Kultiviert werden v. a. die Rotwein-Rebsorten Negroamaro, Malvasia nera di Lecce und Malvasia nera di Brindisi sowie Aleatico. Bei den Weißwein-Rebsorten dominieren Chardonnay und Weißburgunder (Pinot bianco).

Salmanasar, französ. **Salmanazar**, eine Weinflasche (→Flaschen).

Salquenen, französisch für →Salgesch.

Salvagnin [salva'ɲɛ̃], gelegentlich auch fälschlich →Savagnin, landschaftlicher Name für die Rebsorte Spätburgunder (Pinot noir) in der französischen Weinbauregion Burgund.

salzig, Geschmackseindruck, der sowohl positiv als auch negativ wahrgenommen werden kann; als Resultat einer übertriebenen chemischen Entsäuerung kann erhöhter Kalziumgehalt charakteristische, salzige Bitterkeit hervorrufen. Als positiv wird dagegen der salzige Eindruck von →mineralischen Weinen empfunden.

Sämling, der geschlechtlichen Vermehrung dienende, aus einem Samen gezogene

Salento. Oliven gehören in Süditalien ebenso untrennbar zum Weinbau wie Schafherden und Trulli. Unter der neu geschaffenen Igt-Herkunftsbezeichnung Salento, die den gesamten Absatz des italienischen Stiefels umfasst, werden hervorragende Weine vermarktet.

San Gimignano. Das mittelalterliche San Gimignano mit seinen berühmten Geschlechtertürmen hat mit seinem Weißwein Vernaccia Geschichte geschrieben: Er war der erste Italiens, der als Qualitätswein (DOC) anerkannt wurde.

Sangiovese bringt vor allem in der Toskana herrliche Weine hervor.

Jungpflanze; Sämlinge werden im Rahmen der →Rebzüchtung verwendet. Im Weinberg dagegen kommen ausschließlich ungeschlechtlich vermehrte →Setzlinge zum Einsatz.

Sämling 88, →Scheurebe.

Samos, O. P. E.-Herkunftsbezeichnung für Süß- und Likörweine der gleichnamigen Ägäis-Insel →Griechenlands; auf den etwa 1800 ha (2002) Rebfläche der Insel wird v. a. Weißer Muskateller kultiviert.

samtig, seidig, von weicher, angenehmer →Textur; Begriff der Weinansprache für Weine mit wahrnehmbarer Tanninstruktur, die aber auf der Zunge harmonisch und nicht adstringierend wirken.

Samtrot, Rotwein-Rebsorte aus der Gruppe der →Burgundersorten, die wahrscheinlich durch spontane Mutation aus Schwarzriesling entstanden ist; die Sorte wird auf etwa 100 ha Rebfläche ausschließlich im deutschen Anbaugebiet Württemberg kultiviert und bringt Weine hervor, die Spätburgundern ähneln.

Sancerre [sãˈsɛːr], A. C.-Herkunftsbezeichnung für Weine aus dem Gebiet um die gleichnamige Stadt der französischen Weinbauregion Loire; das Anbaugebiet umfasst etwa 2400 ha (2000) Rebfläche, auf der die Weißwein-Rebsorte Sauvignon blanc sowie der rote Spätburgunder (Pinot noir) kultiviert werden.

Obwohl die Rotweine etwa 20 % der Gesamtproduktion stellen, gilt der Name Sancerre praktisch als Synonym für mineralisch-fruchtige Weißweine aus Sauvignon blanc, die den Weltruf des Gebiets begründet haben. Das milde Klima in Höhenlagen zwischen 200 und 400 m ü. M. sorgt für ausgeprägt fruchtige Aromen mit Noten von Zitrusfrüchten oder Minze. Je nach Bodentyp bringen die Weinberge kräftige und strukturierte (von kalkhaltigen Böden), leichte, aromatische (von kiesigen Böden) oder ausgesprochen mineralische

Weine mit dem typischen Feuersteinduft der Böden aus Flintgestein hervor. Die Weine werden v. a. im Stahltank ausgebaut, die besten Partien gelegentlich auch im Barrique.

Sandgrube, 1208 erstmals urkundlich erwähnte Weinbergslage im österreichischen Anbaugebiet Kremstal, Gemeinde Krems; seit dem Zweiten Weltkrieg Bezeichnung einer Großlage mit etwa 350 ha Rebfläche im Gebiet von Krems. Die besten Weine kommen aus dem Bereich der ursprünglichen, nur 25 ha großen Kernlage, die warme, lehmige und leicht schottrige Böden mit einer Lössauflage aufweist. Die Kessellage mit leichter, nach Süden ausgerichteter Hangneigung bringt sehr gute Weine aus der Weißwein-Rebsorte Grüner Veltliner hervor.

San Gimignano [- dʒimɪˈɲano], DOC-Herkunftsbezeichnung für italienische Rot-, Rosé- und Süßweine (Vin santo) aus dem Anbaugebiet der →Vernaccia di San Gimignano.

Sangiovese [sandʒoˈvese, zu italien. sangue di Giove »Jupiters Blut«], **Sangiovese grosso, Sangioveto, Prugnolo gentile** [pruˈɲolo dʒenˈtile], **Brunello, Morellino,** französ. **Nielluccio** [njelyˈtʃo], italienische Rotwein-Rebsorte, die v. a. in den Regionen Mittelitaliens verbreitet ist.

In Italien belegt Sangiovese knapp 88000 ha (1997) Weinbergsfläche, weltweit 96000 ha (1999). Damit steht er an zweiter Stelle der meistkultivierten Sorten Italiens, an neunter der Welt. Außerhalb Italiens spielt die Sorte unter dem Namen Nielluccio v. a. auf der französischen Insel Korsika eine bedeutende Rolle. In Argentinien steht sie auf knapp 3000 ha, in Rumänien auf 1700 ha und in Kalifornien auf etwa 1000 ha Rebfläche.

■ **Eigenschaften:** Die spät reifende Sorte stellt aufgrund ihres natürlichen, markanten Säuregehalts hohe Ansprüche an Klima und Weinbergslage, denn nur bei Weinen aus vollreifen Trauben tritt die Säure nicht störend in den Vordergrund. Auch die Farbintensität ist nur bei Vollreife und niedrigen Erträgen befriedigend. Bezüglich seiner Tanninstruktur zeichnet sich guter Sangiovese durch filigrane Eleganz aus. Um die Anfälligkeit der Sorte gegenüber kühlen Jahren zu kompensieren, wurde sie schon immer mit anderen verschnitten – bis in die 1980er-Jahre v. a. mit Canaiolo oder Colorino, seither zunehmend mit Cabernet Sauvignon oder Merlot.

■ **Varianten:** Obwohl oft behauptet, gibt es wahrscheinlich keine ausgewiesenen, eigenständigen Varianten von Sangiovese – auch die vermeintlichen Klone Sangiovese grosso, Brunello, Morellino oder Prugnolo gentile sind in Wahrheit Resultate von Massenselektionen. Dennoch haben die Weine, die in der Toskana aus der Sorte gekeltert werden, mit denen der Emilia-Romagna – hier wird sie v. a. unter der Appellation Sangiovese di Romagna vermarktet – außer dem Sortennamen nicht viel gemein. Das liegt nicht nur an unterschiedlichen klimatischen Bedingungen, sondern v. a. daran, dass in der Emilia-Romagna überwiegend ertragsstarke Selektionen ausgepflanzt wurden.

Die wichtigsten DOC- bzw. DOCG-Weine auf der Basis von Sangiovese sind Chianti bzw. Chianti Classico, Brunello di Montalcino, Nobile di Montepulciano, Carmignano, Bolgheri und Morellino di Scansano; in Umbrien werden Torgiano und Montefalco mit hohen Sangioveseanteilen gekeltert. Zugelassen ist die Sorte noch in zahlreichen anderen DOC-Weinen aus ganz Italien wie Alghero, Barco Reale di Carmignano, Bardolino, Brindisi, Castelli Romani, Cerveteri, Colli del Trasimeno, Elba, Garda, Montecarlo, Montescudaio, Pomino, Riviera del Garda, Rosso Conero, Rosso Piceno, Rosso di Montalcino, Rosso di Montepulciano, San Gimignano, Sangiovese di Romagna, Sant'Antimo, Taurasi, Valpolicella und für Vin-santo-Varianten.

Sangria [span., eigentlich »Aderlass«, zu sangre »Blut«], aromatisiertes, weinhaltiges Getränk aus Spanien oder Portugal von der Art einer Bowle, das aus Rotwein und Zitrusfrüchten (Orangen, Zitronen, Limonen), eventuell unter Zugabe von Pfirsichen, Likör oder Weinbrand, Fruchtsaft und Gewürzen bereitet wird; sie kann auch gesüßt oder mit Kohlensäure versetzt sein.

Sankt Gallen, an den Bodensee grenzender Weinbaukanton der Ostschweiz; von den gut 200 ha Rebfläche, die sich auf die beiden Bereiche Rheintal und Oberland verteilen, kommen v. a. gehaltvolle Rotweine aus der Rebsorte Spätburgunder (Blauburgunder) und elegante Weiße aus Müller-Thurgau. Kleinere Rebflächen finden sich auch am oberen Ende des Zürichsees und im Nordwesten des Kantons.

Sankt Laurent, Lorenzitraube, österreich. **St. Laurent,** französ. **Saint-Laurent** [sɛ̃loˈrã], Rotwein-Rebsorte aus der Gruppe der →Burgundersorten; er wird auf insgesamt etwa 2500 ha (1999) Rebfläche kultiviert, wobei Deutschland (500 ha), Österreich (gut 400 ha), Tschechien und die Slowakei die größten Flächen besitzen. Nicht zuletzt dank der außerordentlichen und vielfach prämierten Sank-Laurent-Weine von Hanno Rothweiler (* 1960) vom Anbaugebiet Hessische Bergstraße erfreut sich die Rebsorte in Deutschland steigender Beliebtheit.

Nach neueren Untersuchungen ist Sankt Laurent das Resultat einer spontanen Kreuzung zwischen einem Pinotsämling mit einem noch unbekannten Partner. Er wird seit 1850 in Deutschland und im französischen Elsass

kultiviert und ist in Österreich nachweislich seit 1863 bekannt. Die mäßig ertragsstarke Sorte ist frostempfindlich und neigt zum Verrieseln. In trockenen und warmen Jahren kann sie farbintensive, elegante Weine hervorbringen. In Österreich ist sie als Verschnittsorte beliebt.

Sankt Magdalener, italien. **Santa Maddalena,** eigenständige DOC-Zusatzbezeichnung zur italienischen Herkunftsbezeichnung →Südtirol 2) für Rotweine von den Hängen nördlich der Stadt Bozen aus der Rebsorte Trollinger (Vernatsch); das Anbaugebiet überschneidet sich teilweise mit dem des Bozner Leiten.

Sanlúcar de Barrameda, Bereich der spanischen D. O.-Herkunftsbezeichnung Jerez y Sanlúcar de Barrameda (→Sherry).

San Luis Obispo [sən lʊis əʊˈbɪspəʊ], AVA-Herkunftsbezeichnung für Weine aus dem gleichnamigen Distrikt (County) der →Central Coast im US-Bundesstaat Kalifornien; insgesamt stehen hier 26 500 ha (2002) unter Reben. Während im nördlichen Teil des Distrikts v. a. Cabernet Sauvignon und Merlot gute Resultate zeigen, wurde der südlichere, der unter dem Einfluss kühler Luftströmungen vom Pazifik steht, durch delikate Weine aus Chardonnay und Spätburgunder (Pinot noir) bekannt. Die weiteren AVA-Herkunftsbezeichnungen des Countys sind →Arroyo Grande Valley, →Edna Valley, →Paso Robles, →Santa Maria Valley und York Mountain.

San Michele all'Adige [- miˈkele al ˈaːdidʒe], Weinbaugemeinde nördlich der italienischen Stadt Trento in der Weinbauregion Trentino-Südtirol und Sitz der nach ihr benannten, bekannten Weinbauschule, italienisch Istituto Agrario di San Michele all'Adige, Abk. ISMAA; das Institut ist in den drei Bereichen Forschung, Ausbildung und technische Unterstützung für die Weinbaubetriebe der Region tätig. Es besitzt ein eigenes Weingut, dessen Erträge zu seiner Finanzierung beitragen.

San Severo, DOC-Herkunftsbezeichnung für Weine der Provinz Foggia in der süditalienischen Region Apulien; auf knapp 1600 ha (1997) Rebfläche werden die Weißwein-Rebsorten Bombino bianco, Trebbiano toscano, Malvasia bianca lunga und Verdeca sowie die roten Montepulciano d'Abruzzo und Sangiovese kultiviert. Die Weine sind in der Regel recht einfachen Charakters, obwohl die erlaubten Höchsterträge mit 120 hl/ha für apulische Verhältnisse nicht sehr hoch liegen.

Santa Barbara [ˈsæntə ˈbɑːbərə], AVA-Herkunftsbezeichnung für Weine aus dem gleichnamigen Distrikt (County) der südlichen →Central Coast im US-Bundesstaat Kalifornien; insgesamt stehen hier 7500 ha (2002) Land unter Reben. Die wichtigsten Anbau-

Sankt Laurent gehört zu den Burgundersorten.

Im Allgemeinen geht man auf der nördlichen Erdhalbkugel davon aus, dass das Klima im Norden kühler, im Süden dagegen warm oder heiß ist. Kalifornien stellt diese Wahrheit sozusagen auf den Kopf. Das Klima der Anbaugebiete wird nur zum geringeren Teil durch eine nördlichere oder südlichere Lage bestimmt. In weit stärkerem Ausmaß hängt es davon ab, inwieweit das Gebiet unter dem Einfluss der Luftmassen steht, die vom kalten Pazifik ins Land strömen. So ist es beispielsweise im nördlichen Napa Valley, in das die kalten Nebel der San Francisco Bay nicht vordringen, weitaus heißer als im südlichen. In den Anbaugebieten des Santa Barbara County, die nicht durch hohe Bergketten gegen den Ozean abgeschirmt sind, herrscht teilweise ein Klima, das mit dem des nördlichen Oregon vergleichbar ist. Deshalb werden hier auch Rebsorten wie Pinot noir oder sogar norditalienische Weißwein-Rebsorten kultiviert, die sich für kühlere Bedingungen eignen.

gebiete sind das →Santa Maria Valley und das →Santa Ynez Valley.

Santa Clara ['sæntə 'klærə], AVA-Herkunftsbezeichnung für Weine aus dem gleichnamigen Distrikt (County) der →Central Coast im US-Bundesstaat Kalifornien; insgesamt stehen hier 640 ha (2002) Land unter Reben, die unter den Herkunftsbezeichnungen der Anbaugebiete San Francisco Bay, San Ysidro District und **Santa Clara Valley** vermarktet werden. Auch das Anbaugebiet Santa Cruz Mountains (→Santa Cruz) gehört teilweise zum Santa Clara County.

Santa Cruz ['sæntə kruz], AVA-Herkunftsbezeichnung für Weine aus dem gleichnamigen Distrikt (County) der →Central Coast im US-Bundesstaat Kalifornien; insgesamt stehen hier nur 112 ha (2002) Land unter Reben. Die besten Weine werden unter den Herkunftsbezeichnungen **Santa Cruz Mountains** – das Anbaugebiet bildet die Grenze zum benachbarten Santa Clara County – und Ben Lomond vermarktet. Die besten Weine der Santa Cruz Mountains genießen Weltruf.

Sant' Agata de' Goti, Sant' Agata dei Goti, DOC-Herkunftsbezeichnung für Weine der süditalienischen Region Kampanien; das Anbaugebiet in der Provinz Benevento umfasst weniger als 50 ha (1997) Rebfläche, hat aber seit Mitte der 1990er-Jahre sehr interessante Weine hervorgebracht. Kultiviert werden v. a. die Rebsorten Aglianico, Falanghina, Greco und Piedirosso.

Santa Maddalena, italienisch für →Sankt Magdalener.

Santa Maria Valley ['sæntə mə'riə 'vælɪ], AVA-Herkunftsbezeichnung für Weine aus dem Grenzgebiet der Distrikte (Countys) Santa Barbara und San Luis Obispo an der kalifornischen →Central Coast; das Anbaugebiet östlich der gleichnamigen Stadt mit seinen sandigen und lehmigen Böden liegt unter dem Einfluss des kühlen Pazifikklimas und bringt besonders vielschichtige Weine aus den Rebsorten Chardonnay und Spätburgunder (Pinot noir) hervor. Daneben werden auch Cabernet Sauvignon, Sauvignon blanc, Riesling, Chenin blanc und Merlot kultiviert.

Sant' Antimo, 1996 eingerichtete DOC-Herkunftsbezeichnung für Weine aus dem Gebiet der Stadt →Montalcino in der italienischen Region Toskana; ihr Anbaugebiet umfasst 120 ha (1997) Rebfläche. Die Appellation wurde geschaffen, um eine Reihe von so genannten →Super-Tuscans des Gebiets als Qua-

Santa Cruz. Von den hoch gelegenen Weinbergen des Santa Cruz Valley geht der Blick über die Bergketten, die Kaliforniens Central Coast einrahmen. Im besonderen Mikroklima des Gebiets, oberhalb der kalten Pazifiknebel, wachsen die Trauben für einen der berühmtesten Rotweine Amerikas, den Cabernet Sauvignon Montebello.

litätsweine vermarkten zu können. Kultiviert werden v. a. die Rotwein-Rebsorten Cabernet Sauvignon, Merlot und Spätburgunder (Pinot nero) sowie die weißen Chardonnay und Sauvignon blanc.

Santarém [santa'rẽį], das Gebiet um die gleichnamige portugiesische Stadt, die das bedeutendste Weinbauzentrum des Ribatejo darstellt; mit seiner beachtlichen Fassweinproduktion besaß es früher eine eigenständige Appellation, wurde aber mit der Schaffung der Qualitätsweingebiete in die DOC →Ribatejo eingegliedert.

Santa Ynez Valley ['sæntə 'ines 'vælı], AVA-Herkunftsbezeichnung für Weine aus dem Distrikt (County) Santa Barbara an der kalifornischen →Central Coast; das Anbaugebiet südlich der Stadt Santa Maria liegt in Pazifiknähe und wird fast täglich bis um die Mittagszeit von kühlem Nebel eingehüllt, der ideale klimatische Bedingungen für feingliedrige Weiß- und Rotweine schafft. Kultiviert werden v. a. die Weißwein-Rebsorten Chardonnay, Grauburgunder (Pinot gris), Sauvignon blanc und Marsanne sowie die roten Cabernet Sauvignon, Merlot, Sangiovese, Syrah oder Spätburgunder (Pinot noir).

Santenay [sãtə'ne], A. C.-Gemeindeappellation für Weine der gleichnamigen Gemeinde an der →Côte de Beaune im französischen Burgund; auf knapp 380 ha (2000) Rebfläche wird zu 90% die Rotwein-Rebsorte Spätburgunder (Pinot noir) kultiviert. Die Weine sind vergleichsweise kräftig und tanninbetont und entwickeln mit fortschreitender Reife Aromen von Kastanien und Pflaumen. Insgesamt 124 ha der Gesamtrebfläche sind unter zwölf Premier-Cru-Bezeichnungen klassifiziert.

Santorin, Santorini, O. P. A. P.-Herkunftsbezeichnung für Weine der gleichnamigen Ägäis-Insel in →Griechenland; auf den etwa 1200 ha (2002) Rebfläche werden zu 80% Weißwein-Rebsorten kultiviert, überwiegend Asyrtiko. Daneben wachsen hier Athiri, Aïdani Aspro, Mandilari und Monemvasia. Warme und trockene Sommer sowie milde Winter sorgen für extraktreiche Weine mit gutem Säuregehalt, wobei ständige Winde ein zu starkes Erwärmen der vulkanischen Böden verhindern.

Saperavi, Rotwein-Rebsorte, die vorwiegend in Russland, Bulgarien und in der Kaukasusregion kultiviert wird; die genaue Verbreitung der spät reifenden Sorte ist nicht bekannt. Weine aus Saperavi sind meist farbintensiv und zeigen typische Pflaumenaromen; bessere Qualitäten sind in gewissem Maße alterungsfähig.

sapido, italienisch für die Geschmacksbezeichnung süffig, saftig.

sapore, italienisch für Geschmack.

Sardinien, italien. **Sardegna** [sar'deɲɲa], Inselregion in Italien, die mit 42 500 ha (1998) Rebfläche und einer durchschnittlichen Produktionsmenge von 1 Mio. hl zu den mittelgroßen Erzeugerregionen des Landes gehört.

Der Weinbau Sardiniens wirkt über weite Strecken noch sehr archaisch, was Weinbergspflege und Kellertechnik betrifft. Die Dominanz großer Genossenschaften hat in der Vergangenheit verhindert, dass die Weine trotz des interessanten Rebenspektrums über die Region hinaus Bedeutung gewannen. Nach wie vor wird ein Großteil der Produktion auf der Insel selbst konsumiert oder geht als Tankware zum Verschnitt mit berühmteren Weinen aufs europäische Festland.

Sardinien. Die Weinberge von Sella & Mosca, Sardiniens einzigem Erzeuger von internationalem Ruf.

■ **Sorten und Appellationen:** Die Weinkultur der Inseln wurde von Byzantinern, Arabern und Katalanen geprägt, die deutliche Spuren hinterließen. So werden hier zahlreiche Rebsorten kultiviert, die aus dem südfranzösisch-spanischen Raum stammen. Die berühmteste regionale Rotwein-Rebsorte, Cannonau, ist identisch mit →Grenache; auch Carignan sowie Vermentino wurden von iberischen Siedlern eingeführt. Daneben besitzt Sardinien eine ganze Reihe eigenständiger Arten wie Carigiola, Pascale, Gregu Nieddu, Caddiu, Carenisca, Monica, Retagliadu oder Nieddu Mannu, die selbst Spezialisten kaum bekannt sind.

Die Insel besitzt mit Vermentino di Gallura eine DOCG-Herkunftsbezeichnung; ihre DOC-Weine sind Alghero, Arborea,

Campidano di Terralba, Cannonau di Sardegna, Carignano del Sulcis, Girò di Cagliari, Malvasia di Bosa, Malvasia di Cagliari, Mandrolisai, Monica di Cagliari, Monica di Sardegna, Moscato di Cagliari, Moscato di Sardegna, Moscato di Sorso-Sennori, Nasco di Cagliari, Nuragus di Cagliari, Sardegna Semidano, Vermentino di Sardegna und Vernaccia di Oristano.

Sárga Muskotály [ˈʃʌːrgɒ ˈmʊʃkɔtʌj], ungarisch für Gelber Muskateller (→Muskateller).

Sassicaia, berühmtester italienischer Einzelwein; der toskanische Rote im →Bordeauxverschnitt entstand in den 1960er-Jahren auf der Tenuta San Guido der Marchesi Incisa della Rocchetta unter Mithilfe des Önologen Giacomo Tachis als so genannter →Super-Tuscan und wird seit 1996 unter der Herkunftsbezeichnung Bolgheri vermarktet. Sassicaia entsteht zu 85 % aus Cabernet Sauvignon und zu 15 % aus Cabernet franc von durchschnittlich 30 Jahre alten Reben. Die Jahresproduktion beträgt etwa 18 000 Flaschen.

Sassicaia. Auf der Tenuta San Guido im Anbaugebiet Bolgheri an der toskanischen Küste wird der berühmteste italienische Wein erzeugt, der rote Sassicaia.

Satèn [saˈtɛ̃], italienische Bezeichnung für eine Art flaschenvergorener Schaumweine der DOCG-Herkunftsbezeichnung Franciacorta, die ausschließlich aus den Weißwein-Rebsorten Chardonnay und Weißburgunder (Pinot bianco) erzeugt sind. Für die zweite Gärung werden weniger Zucker und Hefen zugesetzt, sodass sich ein geringerer Kohlensäuredruck in der Flasche entwickelt. In dieser Hinsicht entspricht Satén dem Produkttypus des →Crémant der französischen Champagne in der ursprünglichen Bedeutung dieses Begriffs.

Sativa, Kurzwort für Vitis sativa, Unterart aus der Familie der Rebengewächse (→Rebsorten).

sauber, ohne geruchliche Fehler (→Weinfehler); Begriff der Weinansprache für fehlerfreie, aber nicht notwendigerweise ausdrucksvolle Weine.

sauer, geschmacklich zu stark von Säure geprägt; umgangssprachliche Bezeichnung für kleine oder schlechte Weine.

Sauerfäule, eine Erscheinungsform der Graufäule (→Botrytis).

säuern, aufsäuern, Mosten bzw. Weinen zur Erhöhung der Haltbarkeit und der mikrobiologischen Stabilität sowie zur Verbesserung der geschmacklichen Eigenschaften Säure zusetzen, auch **Azidifikation** genannt.

Säuern ist nach geltendem EU-Recht in den →Weinbauzonen A, B und CI verboten – also auch in Deutschland oder Österreich –, während es in den Zonen CII und CIII erlaubt ist. In Ausnahmefällen und zeitlich befristet kann Säuern allerdings auch in den Weinbauzonen A bis CI genehmigt werden. Der Säuregehalt darf bei unvergorenem Most (oder bei Maische) um maximal 1,5 g/l, bei Wein um 2,5 g/l und bei Qualitätsschaumwein – in diesem Fall unterschiedslos in allen Weinbauzonen – um 1,5 g/l erhöht werden.

Zum Säuern darf ausschließlich Weinsäure verwendet werden, in bestimmten Ländern außerhalb der EU ist auch die Zugabe von Apfelsäure möglich. Zitronensäure wird ausschließlich als Stabilisierungsmittel verwendet, insbesondere in den südlichen Ländern, wo die Gefahren durch weinschädliche Mikroorganismen wie Pediokokken, Lactobazillen, Essigsäurebakterien etc. größer sind als in kühleren Klimazonen.

Sauerstoff, ein chemisches Element, das bei normalen Temperaturen als geruch- und geschmackloses Gas auftritt und an allen wichtigen biochemischen Reaktionen beteiligt ist.

Weine benötigen Sauerstoff in allen Phasen der Vinifizierung und des Ausbaus, seine Funktion bei der Flaschenreife ist dagegen umstritten. Ein Zuviel an Sauerstoff ist für den Wein genauso schädlich – es besteht die Gefahr der →Oxidation oder des Auftretens anderer Weinfehler – wie ein Zuwenig, bei dem z. B. durch →Reduktion ein Böckser entstehen kann.

Einfluss auf den Kontakt mit Sauerstoff haben beispielsweise der Schwefel, der Fassausbau – insbesondere im Barrique –, aber auch die Dichtigkeit des Korkens bei gefüllten Weinen. Eine kontrollierte Form der Sauerstoffzufuhr bei Weinbereitung und Ausbau stellt die so genannte **Mikrooxidation** dar, die v. a. in der Rotweinbereitung angewandt wird. Im strengen Sinne handelt es sich dabei nicht um Oxidation, sondern um eine Sauerstoffbehandlung des Weins. Dabei werden dem Wein wenige mg/l Luft oder reiner Sauerstoff pro Monat zugeführt, was die Polymerisation der Tannine fördert und die Weine runder und harmonischer werden lässt. Man unterscheidet zwischen der Sauerstoffzugabe vor und während der

SAUMUR *Einst beliebter als Champagner*

Dass von den Weinbergen der Loire hervorragende flaschenvergorene Schaumweine kommen, ist außerhalb der Grenzen Frankreichs fast nur Fachleuten bekannt. Dabei waren die Produkte der kleinen Loirestadt Saumur noch zu Anfang des 20. Jahrhunderts deutlich beliebter und weiter verbreitet als die der Champagne, die allerdings bereits damals als die prestigereicheren galten.

Allein der größte Erzeuger von Saumurschaumwein brachte damals mit sieben Millionen Flaschen fast so viel wie die Hälfte der gesamten Produktionsmenge der Champagne mit all ihren renommierten Erzeugern auf den Markt. Allerdings verzettelte man sich an der Loire im Geschäft mit unzähligen Handelsmarken,

während die Champagne intensiv am Aufbau eigener, bald weltbekannter Marken arbeitete.

Gärung bzw. während des Ausbaus im Stahltank oder Holzfass.

Saumur [so'myr], A. C.-Herkunftsbezeichnung für Weine aus dem östlichen und südlichen Teil des Doppelgebiets Anjou-Saumur in der französischen Weinbauregion Loire; von insgesamt 6 200 ha Rebfläche kommen Weißweine aus Chenin blanc mit Anteilen Chardonnay und Sauvignon blanc sowie Rote aus Cabernet franc, Cabernet Sauvignon und Grolleau.

Unter der Appellation Saumur werden weiße und rote Stillweine vermarktet; die Appellation **Saumur-Champigny**, deren Anbaugebiet neun Gemeinden des Westens des Saumur umfasst, bringt saftige, dichte Rotweine hervor. Am bekanntesten sind die weißen und Roséschaumweine der Appellation **Saumur Mousseux**, die nach dem Flaschengärverfahren erzeugt werden und erstaunlich dicht und vielschichtig ausfallen können. Das kleine Anbaugebiet **Coteaux de Saumur** im Süden bringt ausschließlich Weißweine aus Chenin blanc hervor.

Säure, einer der wichtigsten Bestandteile der Weintraube und des Weins; Säuren sind chemische Verbindungen, die in Lösung Wasserstoffionen (Protonen) abgeben und den →Säuregrad in den sauren Geschmacksbereich verschieben.

In Trauben und Wein kommt eine Vielzahl verschiedener Säuren vor – die mengenmäßig bedeutendsten sind **Weinsäure** und **Apfelsäure** (Äpfelsäure). Weitere wichtige Säurearten sind **Zitronensäure, Essigsäure, Bernsteinsäure,** Ketoglutarsäure und Brenztraubensäure. Säuren können unter bestimmten Umständen auch bei der Weinbereitung zugesetzt werden (→säuern).

■ **Weinsäure:** Die im Geschmacksbild des Weins relevanteste, in der Regel bis zu einem gewissen Grad erwünschte Säure ist Weinsäure, eine organische Säureart, von der drei Varianten existieren; die im Wein vorkommende trägt die genaue chemische Bezeichnung L-(+)-Weinsäure. Ihr Salz, Kaliumhydrogentartrat (→Weinstein), kann bei der Gärung und bei der Lagerung des Weins auskristallisieren, wodurch sein Weinsäuregehalt vermindert wird.

■ **Apfelsäure:** Die zweithäufigste Säure kommt v. a. in unreifen Trauben in Mengen von bis zu 20 g/l vor. Im Wein beträgt ihr Anteil maximal 6 g/l. Sie wird zu einem hohen Prozentsatz während der Traubenreife abgebaut und im Zuge des biologischen →Säureabbaus in die milder schmeckende Milchsäure umgewandelt.

■ **Essigsäure:** Je nach Neigung der verschiedenen Säuren, in gasförmigen Zustand überzugehen, unterscheidet man zwischen **flüchtigen Säuren** und nicht flüchtigen oder **fixen Säuren.** Zu den flüchtigen gehört v. a. die Essigsäure, eine farblose, stechend riechende Flüssigkeit. Ein erhöhter Gehalt an Essigsäure, der so genannte →Essigstich, wird als Weinfehler betrachtet. In der Regel liegt der Gehalt an flüchtiger Säure bei Weißweinen zwischen 0,2 und 0,4 g/l, bei Rotweinen zwischen 0,3 und 0,6 g/l. Bei Weinen höherer Prädikatsstufen (Süßweine) und bei lange im Holzfass ausgebauten Weinen kann er aber deutlich höher liegen. Bei Überschreiten der zulässigen Höchstgrenzen gilt ein Wein als verdorben.

■ **Säuregehalt:** Weine enthalten in der Regel 4–10 g/l, in Extremfällen wie bei bestimmten Eisweinen auch bis zu 20 g/l Säure; der **Säuregehalt** kann durch die Zugabe von Laugen bis zum Erreichen des neutralen pH-Werts bestimmt werden; dieses Verfahren nennt man Titration. Dabei wird allerdings nur die Menge der **freien Säuren,** d. h. der chemisch nicht gebundenen, und der halbgebundenen Säuren ermittelt, nicht aber die in Form von →Estern gebundenen. Der per Titration ermittelte Wert wird als **titrierbare Säure** oder **Gesamtsäure** bezeichnet, wobei der Ausdruck Gesamtsäure aufgrund der gemachten Einschränkung nicht ganz korrekt ist. Auch Kohlensäure wird bei der Bestimmung der Gesamtsäure nicht berücksichtigt.

Der Säuregehalt oder die Gesamtsäure wird in g/l angegeben, wobei die unterschiedlichen Säuren aufgrund ihrer unterschiedlichen Molmassen oder Molekulargewichte auf eine gemeinsame Bezugsgröße umgerechnet werden müssen: In Deutschland, Österreich, Italien und den meisten anderen Weinbauländern ist dies die Weinsäure, in Frankreich gemeinhin die Schwefelsäure. Die Umrechnung zwischen beiden Werten erfolgt nach der Formel »Menge in Weinsäure« × 0,653 = »Menge in Schwefelsäure« – ein Wein, dessen Gesamtsäure in Deutschland mit 6 g/l angegeben wird, weist also nach dem französischen System nur 3,92 g/l auf.

Säureabbau, die spontane und natürliche oder absichtlich herbeigeführte Verminderung des Säuregehalts von Weinen während des Ausbaus; man unterscheidet zwischen **biologischem Säureabbau** (bakteriellem Säureabbau oder malolaktischem Säureabbau), Abk. BSA, und chemischer Entsäuerung.

■ **Malolaktik:** Beim biologischen Säureabbau wird Apfelsäure (Malat) von Milchsäurebakterien und gewissen Hefestämmen in Milchsäure (Lactat) umgewandelt, wobei Kohlendioxid freigesetzt wird; der mikrobielle Prozess wird deshalb auch **Apfel-Milchsäuregärung** oder **malolaktische Gärung** genannt. Die Intensität des Säureabbaus ist direkt vom Gehalt an Apfelsäure im Most abhängig – bei Mosten aus reifen Trauben ist er geringer als bei Mosten aus unreifen.

Die Verminderung des Säuregehalts durch biologischen Säureabbau kann bis zu 6 g/l ausmachen, wobei aus 1 g Apfelsäure etwa 0,67 g Milchsäure entstehen. Gleichzeitig nimmt der Gesamtextrakt des Weins ab, der pH-Wert steigt und der Gehalt an schwefelbindenden Substanzen wird gesenkt. Es werden eventuell aber auch Nebenprodukte wie Diacetyl, flüchtige Säuren, Aceton, höhere Alkohole und biogene Amine gebildet, die den Wein verderben können.

Da Milchsäure geschmacklich wesentlich milder ist, werden die Weine durch den Säureabbau weicher und harmonischer. Ihre mikrobiologische Stabilität ist gleichzeitig deutlich verbessert und der Schwefelbedarf geringer. Bei der Rotweinbereitung gehört der biologische Säureabbau heute zum Standard, aber auch bei Weißweinen wird er zunehmend eingesetzt. Für einen reintönigen und störungsfreien Verlauf werden zunehmend Reinbakterien des Stammes Leuconostoc Oenii eingesetzt.

Wenn der biologische Säureabbau bereits während der alkoholischen Gärung beginnt oder nicht störungsfrei verläuft, können verschiedene Weinfehler wie Essigstich, Milchsäurestich oder der Glyzerinabbau mit seinen bitteren Abbauprodukten entstehen.

■ **Sonstige Formen:** Eine Alternative zum biologischen Säureabbau stellt das chemische **Entsäuern** mithilfe von Kalziumkarbonat (kohlensaurer Kalk, Kalium(hydrogen)karbonat dar. Die Weinsäure wird dabei in Form von Kaliumtartrat oder Kaliumhydrogentartrat (Weinstein) ausgefällt. Auch bei diesen Prozessen wird Kohlendioxid frei. Bei einer speziellen Form der Entsäuerung kann auch Apfelsäure mit ausgefällt werden.

Ein gewisser Säureabbau findet bereits mit zunehmender Reife in den Beeren statt: Er ist durch die Einlagerung von Zucker und die gleichzeitige Abnahme von Säuren gekennzeichnet. Die Wahl eines späten Lesezeitpunkts ist damit eine natürliche Variante des gezielt durchgeführten Säureabbaus im Wein. Auch der Ausfall von Weinstein, der durch →Kältebehandlung gezielt herbeigeführt werden kann, stellt eine Art Säureabbau dar. Durch ihn können bis zu 3 g/l Weinsäure ausgeschieden werden.

Säuregehalt, der Gehalt an →Säuren im Wein.

Säuregrad, wissenschaftlich **Azidität,** die Stärke einer Säure bzw. die Maßzahl für den sauren Charakter, d. h. die **Säurewirkung** von Weinen; er wird mithilfe des so genannten **pH-Werts** ausgedrückt. Dieser stellt die Konzentration an Wasserstoffionen in einer Lösung mithilfe eines einfachen Zahlenwerts dar: Ein pH-Wert von eins bis sieben steht für saure, ein Wert von sieben bis 14 für basische Lösungen.

SAUTERNES. *Süße Nachbarn*

Sauternes ist mit Abstand die bekannteste, aber nicht die einzige Herkunftsbezeichnung für Süßweine des Bordeauxgebiets – es gibt mehr als ein halbes Dutzend davon, und ihre Anbaugebiete liegen ohne Ausnahme in fast unmittelbarer Nachbarschaft des Sauternes am rechten und linken Ufer der Garonne. Links des Flusses sind es Barsac, Cérons und die Regionalappellation Graves Supérieur, rechts davon Loupiac, Cadillac, Sainte-Croix-du-Mont, Sainte-Foy-Bordeaux und Bordeaux-Saint-Macaire. Zwar ähneln sich Rebsortenspiegel und klimatische Bedingungen, und bestimmt gibt es in allen dieser Gebiete talentierte Winzer. Dennoch liegen zwischen den Weinen von Sauternes und denen seiner »Epigonen« Welten an aromatischer Komplexität, Dichte, Länge im Abgang und Alterungsfähigkeit: Das beweist, dass es letztlich auf die Gesamtheit der Umstände ankommt, die von den Franzosen mit dem Begriff Terroir umschrieben werden.

Sauternes. Äußerlich unterscheiden sich die Weinberge des Anbaugebiets Sauternes – hier bei Château Guiraud – nicht von anderen des französischen Bordeauxgebiets. Wenn die Trauben aber reif und von Edelfäule befallen sind, wird auch für den Laien erkennbar, dass hier ganz besondere Weine erzeugt werden.

Weine haben in der Regel einen pH-Wert, der zwischen 2,9 (relativ sauer) und 4,0 (relativ mild) liegt; dieser Wert hängt von der Rebsorte, von den Böden, vom Reifeverlauf und von der Art der Gärführung bzw. des Ausbaus ab; so bewirkt beispielsweise die Verringerung des Gehalts an Apfelsäure im Verlauf des biologischen Säureabbaus insgesamt eine Erhöhung des pH-Werts.

Ein niedriger pH-Wert bedeutet nicht nur, dass der Wein bei ansonsten unveränderten Analysewerten saurer schmeckt, er spielt auch bei der bakteriologischen Stabilität des Weins eine Rolle. Vor allem in Ländern der Neuen Welt geht man davon aus, dass Rotweine mit einem pH-Wert von mehr als 3,5 nicht stabil und alterungsfähig sind und deshalb aufgesäuert werden müssen. Weinmacher der Alten Welt akzeptieren häufig auch deutlich höhere Werte, vorausgesetzt, die Weine wurden aus gesunden und physiologisch reifen Trauben gekeltert und besitzen eine ausreichende Tannin- und Extraktstruktur.

Säurespiel, angenehm frischer Geschmackseindruck, der durch markante, aber harmonisch und fruchtig wirkende →Säure hervorgerufen wird.

Sauser, süddeutsch für teilweise vergorenen Most, dessen Alkoholgehalt unterhalb dem von Federweißem liegt; in Österreich als **Sturm** bezeichnet.

Sauternes [so'tɛrn], A. C.-Herkunftsbezeichnung für Süßweine aus dem Bereich →Graves im Süden des französischen Bordeauxgebiets; das Anbaugebiet umfasst knapp 1650 ha (2002) Rebfläche, die mit den Weißwein-Rebsorten Sémillon, Sauvignon blanc und – in geringem Umfang – Muscadelle bestockt ist.

Das Gebiet von Sauternes profitiert in klimatischer Hinsicht von der Nebelbildung, die am Zufluss des kalten Cirons in die Garonne auftritt und die im Zusammenspiel mit der wärmenden Herbstsonne häufig zur Bildung von Botrytis führt. Gleichzeitig bieten die kiesigen Böden mit ihrem kalkhaltigen Lehmuntergrund der Sorte Sémillon ideale Bedingungen, um die notwendige Voll- oder Überreife zu erreichen.

Voraussetzung für die Erzeugung hochwertigen Sauternes' sind sowohl eine strenge Ertragsbegrenzung – in Extremfällen sind es weniger als 10 hl/ha – als auch wiederholte Lesedurchgänge, bei denen immer nur edelfaule Beeren gelesen werden. In den 1990er-Jahren hat sich in vielen Erzeugerbetrieben und v. a. in botrytisarmen Jahrgängen die kostensparende Kryoextraktion (→konzentrieren) durchgesetzt, deren Resultate allerdings nicht mit Weinen aus edelfaulen Trauben vergleichbar sind. Das Sauternesgebiet besitzt elf als Premiers Crus Classés eingestufte Betriebe sowie den Premier Cru Supérieur Classé Château d'Yquem.

Sauvignonasse, →Tocai friulano.

Sauvignon blanc [sovi'ɲɔ̃ blã], **Blanc fumé, Fumé** [(blã) fy'me], in angelsächsischen Ländern **Fumé blanc** [fy'me blã], österreich. **Muskat-Silvaner,** französische Weißwein-Rebsorte, die wohl aus dem französischen Südwesten stammt, wo sie seit dem 18. Jh. nachweisbar ist; wahrscheinlich ist die Sorte wesentlich älter, denn sie gehörte zu den Elternsorten von Cabernet Sauvignon.

Sauvignon blanc wird in Frankreich auf knapp 20 000 ha (1998) Rebfläche kultiviert, weltweit steht sie auf etwa 45 000 ha, v. a. in Chile, den USA, Südafrika, Italien, Australien, Neuseeland und Österreich. Der chilenische Bestand von 5500 ha ist allerdings umstritten, da die Sorte hier lange Zeit mit →Tocai friulano verwechselt wurde.

Sauvignon blanc bringt Weine recht unterschiedlicher Typologie hervor: Während bei früh gelesenen Trauben unverwechselbare grasig-vegetabilische Aromen dominieren, können Weine aus voll- oder überreifen Trauben, die eventuell noch im Barrique ausgebaut wurden, Cassisnoten oder ausgeprägte Mineralität zeigen. Am Gaumen sind sie säurebetonter als die der meisten gängigen internationalen Weißwein-Rebsorten. Es gibt eine Reihe wahrscheinlich durch Mutation ent-

Sauvignon blanc. Die Weißwein-Rebsorte gilt als eine der besten des Weltweinbaus.

standener Varianten: Sauvignon rosé oder Sauvignon gris, Sauvignon rouge und Sauvignon violet. Sauvignon vert dagegen ist nicht mit Sauvignon blanc verwandt, sondern die Rebsorte →Muscadelle. Eine eventuelle Verwandtschaft von Sauvignon blanc mit Sauvignonasse ist umstritten.

Sauvignon vert, →Muscadelle.

Savagnin, eigentlich **Savagnin blanc** [sava'ŋɛ̃ blã], französ. auch **Païen,** Weißwein-Rebsorte, die im französischen Jura kultiviert wird und als einzige für die Produktion von Vin jaune verwendet werden darf; in der Schweiz ist sie unter dem Namen →Heida (französisch Païen) bekannt. Weltweit steht Savagnin auf weniger als 1000 ha (1998) Rebfläche. Die Variante **Savagnin rosé,** im Elsass unter dem Namen Klevener de Heiligenstein bekannt, ist wahrscheinlich das Resultat einer Mutation von Savagnin blanc.

Schatzkammer.
Nicht jede Schatzkammer wirkt so verwunschen wie die des ungarischen Weinmuseums von Tolcsva im Anbaugebiet des Tokajers. Faszinierende Weine beherbergen aber die meisten von ihnen.

Savennières [savə'njɛr], A. C.-Herkunftsbezeichnung für Weine aus dem Gebiet des →Anjou im französischen Loiretal; das Anbaugebiet ist nur gut 120 ha (2000) groß, kultiviert wird ausschließlich die Weißwein-Rebsorte Chenin blanc. Savennières wird trocken, halbtrocken und in Ausnahmefällen süß ausgebaut. Die Weine sind vielschichtig, kräftig und besitzen beachtliche Alterungsfähigkeit. Unter den beiden eigenständigen Lagenappellationen **Savennières Coulée de Serrant** und **Savennières Roche-aux-Moines** werden intensive Weine von legendärem Ruf vermarktet.

saveur [sa'vør], französisch für Geschmack, Aroma.

Savigny-lès-Beaune [savi'ŋi lɛ bo:n], A. C.-Herkunftsbezeichnung für Weine der gleichnamigen Gemeinde →Côte de Nuits im französischen Burgund; auf knapp 400 ha (2000) Rebfläche, von denen 144 als Premier Cru klassifiziert sind, wird zu 90% die Rotwein-Rebsorte Spätburgunder (Pinot noir)

kultiviert. Der Rest der Fläche ist mit Chardonnay bestockt.

scelto ['ʃelto], italienisch für Auslese; Zusatzbezeichnung der DOC-Herkunftsbezeichnung →Kalterersee.

Schädlinge, tierische Verursacher von →Rebkrankheiten; die Hauptschädlinge der Weinrebe gehören zwei biologischen Arten an: Nematoden – das sind wirbellose Fadenwürmer – und Arthropoden oder Gliederfüßlern, einer Gruppe, zu der auch Krebse, Spinnen oder Insekten gehören.

Die weniger als 1 mm langen Nematoden bevölkern die oberste Bodenschicht. Einige ihrer Arten stechen die Wurzeln der Rebe an und übertragen hierbei Viren. Viele Virosen sind daher die ursächliche Folge der Präsenz bestimmter Nematodengattungen wie Xiphinema, Longidorus oder Paralongidorus.

Der Stamm der Gliederfüßler ist der artenreichste des Tierreichs. Zu ihm gehören sowohl Nützlinge als auch Schädlinge der Rebe. Zu den Hauptschädlingen gehören neben der →Reblaus die verschiedenen Traubenwicklerarten sowie Schadmilben.

■ **Wickler:** Die beiden Arten des Traubenwicklers, der einbindige (wissenschaftlich Eupoecilia ambiguella) und der bekreuzte (Lobesia botrana), treten in zwei, maximal drei Generationen pro Jahr auf. Je nach Zeitpunkt unterscheidet man zwischen der Heuwurmgeneration, die zur Zeit der Heuernte im Mai oder Juni auftritt, der Sauerwurmgeneration, die in den Monaten Juli und August die noch sauren, jungen Beeren frisst, und der Süßwurmgeneration, die im September auftritt.

Die erste der drei Generationen richtet in der Regel wenig Schaden an, da die verbleibenden Beeren den Ausfall meist kompensieren können. Gefährlicher ist die zweite Generation, da die angefressenen Beeren fast immer vom Botrytispilz befallen werden. In warmen Jahren, wenn eine dritte Generation auftritt, kann diese ebenfalls Botrytisbefall auslösen, was dann allerdings die gewünschte Entwicklung von Edelfäule unterstützen kann.

Auch der Spring- oder Laubwurm (Sparganothis pilleriana) gehört zu den Wicklern. Er verspinnt einzelne Blätter zu Blattrollen, in die er sich zur Verpuppung zurückzieht, tritt aber meist nur lokal begrenzt auf und zählt zu den Gelegenheitsschädlingen.

■ **Schadmilben:** Im Weinbau sind v. a. Spinn-, Gall- und Kräuselmilben anzutreffen. Spinnmilben wie die Obstbaumspinnmilbe (Rote Spinne, Panonychus ulmi) besiedeln Triebe und Blätter und zerstören durch ihr Saugen den grünen Blattfarbstoff. Eine verminderte Assimilationsleistung und als Konsequenz ein niedrigeres Mostgewicht sind die Folge. Die **Blattgallmilbe** (Pockenmilbe, wissenschaftlich Eriophyes vitis) ist ebenfalls ein Gelegenheitsschädling, dessen Stich zu pockenartigen Wucherungen auf den Blättern führt. Kräuselmilben lassen junge Triebe bereits während des Austriebs verkümmern.

Gall- und Kräuselmilben sind wirkungsvoll durch Spritzen mit Netzschwefel (→Schwefel) zu bekämpfen. Dank der Einführung nützlingsschonender Spritzfolgen, mit denen das Vorkommen von Raubmilben gefördert wird, ist die Bedeutung der Schadmilben generell rückläufig.

Schädlingsbekämpfung, Maßnahme des →Pflanzenschutzes.

Schaffhausen, zweitgrößter Weinbaukanton der →Ostschweiz; auf etwa 480 ha (2002) Rebfläche wird zu 80 % die Rotwein-Rebsorte Spätburgunder (Blauburgunder) kultiviert. Daneben findet man Müller-Thurgau, Chardonnay, Regent und andere Sorten. Das Gebiet zwischen Zürich und der Grenze zu Deutschland ist in die Anbaugebiete →Klettgau, Stadt Schaffhausen, →Buchberg und Rüdlingen sowie Stein am Rhein gegliedert.

Schale, Bestandteil der →Beere.

Schalenkontakt, Zustand des Mosts in der →Maische.

Schampus, umgangssprachlich für Champagner (→Champagne); häufig für Schaumweine jeglicher Art verwendeter Begriff.

Schankwein, Wein meist einfacher Qualität, der in der Gastronomie glasweise ausgeschenkt wird.

Schärfe, Brennen, Aggressivität am Gaumen; Begriff der Weinansprache für einen Geschmackseindruck, der durch eine unharmonische Kombination von Säuren, Alkohol und Tanninen hervorgerufen wird. Schärfe kann mit zunehmendem Alter des Weins nachlassen und gänzlich verschwinden.

Scharzhofberg, berühmte Weinbergslage des Bereichs Saar, Gemeinde Wiltingen, im deutschen Anbaugebiet Mosel-Saar-Ruwer; der beeindruckende, genau nach Süden ausgerichtete Hang mit seinen Devonschiefer-Verwitterungsböden genießt ein besonderes Mikroklima mit teilweise extremen Temperaturschwankungen, das fast jedes Jahr für edelsüße Rieslingqualitäten gut ist. Der Name der Lage Scharzhofberg ist untrennbar mit dem des Weinguts Egon Müller-Scharzhof verbunden. Ein großer Teil der Flächen ist noch wurzelecht bestockt.

Schatzkammer, traditionell ein Weinlager für besonders wertvolle Gewächse oder alte Jahrgänge.

Schaumwein, gemeinsprachlich Wein, in dem unter Druck Kohlendioxid gebunden ist; er schäumt beim Öffnen und Ausschenken und perlt im Glas. Nach EU-Recht muss Schaumwein – in Abgrenzung zu Perlwein – bei einer Temperatur von 20 °C einen Kohlen-

säuredruck von 3,0 bar aufweisen, der in der Regel aus einer **zweiten Gärung** stammt; wird das Kohlendioxid zugesetzt, müssen diese »imprägnierten« Weine als solche deklariert sein.

SCHAUMWEIN. *Die wichtigsten Schaumweine der Welt*

Er ist der Ursprung und die Apotheose eines ganzen Produktsegments: der lange Zeit konkurrenzlose Champagner. Nur Italien besaß im 19. Jahrhundert mit dem damals noch trockenen, flaschenvergorenen Asti ein vergleichbares Produkt, das aber als süßer Massenprickler endete. In Deutschland entwickelte sich erst gegen Ende desselben Jahrhunderts eine Sektindustrie, aber es dauerte lange, bis das Land seine herrlichen Winzersekte hervorbrachte. Noch jung, dafür aber ungemein erfolgreich ist die Karriere des spanischen Cava, der in den 1990er-Jahren sogar die Champagnerindustrie das Fürchten lehrte. Aus Italien kam im selben Jahrzehnt der DOCG-Spumante Franciacorta, der in Vergleichsverkostungen selbst die renommiertesten Champagner hinter sich ließ. Der populäre Prosecco dagegen war zwar kommerziell erfolgreich, konnte aber qualitativ nur selten überzeugen. In der Neuen Welt verstanden es Kalifornier, Australier und Argentinier teilweise exquisite Produkte zu erzeugen, oft allerdings mithilfe von Investitionen und dem Know-how der französischen Champagnerindustrie.

Für **Qualitätsschaumweine** bzw. Qualitätsschaumweine bestimmter Anbaugebiete (Abk. Qualitätsschaumweine b. A.) gelten seit 1986 strenge EG- bzw. EU-Vorschriften. Ihr Kohlensäuregehalt muss aus einer zweiten Gärung stammen und darf nicht zugesetzt sein. Sie müssen mindestens 10 Vol.-% Alkohol aufweisen und dürfen frühestens sechs Monate nach Beginn der zweiten Gärung vermarktet werden, wenn diese in Drucktanks stattfindet – frühestens neun Monate, wenn die Gärung in der Flasche stattfindet. Dabei müssen die Weine im Tank mindestens 30–60, in der Flasche mindestens 90 Tage im Kontakt mit den Hefen gären und reifen; eine Ausnahme bilden aromatische Schaumweine wie

---

SCHAUMWEIN. *Tankgärung oder Flaschengärung?*

Warum stellt man Schaumweine noch mit der aufwendigen Methode der Flaschengärung her, wenn mit der Tankgärung ein viel billigeres, effizienteres Verfahren zur Verfügung steht? Diese Frage drängt sich auf, wenn Erzeuger von Tankgärungspricklern behaupten, ihr Verfahren sei genauso gut wie die Flaschengärung, letztlich komme es ohnehin nur auf die Qualität des Traubenguts und die Dauer des Hefelagers an. Richtig ist, dass die beiden genannten Faktoren eine zentrale Rolle spielen. Man weiß aber von Stillweinen, dass die Entwicklung des Weins in der Flasche eine ganz andere ist als im Großgebinde. Warum sollte das bei Schaumweinen anders sein? Tatsache ist, dass ausnahmslos alle prestigeträchtigen Schaumweine der Welt im Flaschengärverfahren erzeugt werden. Da sie prestigeträchtig sind, können mit ihnen auch höhere Preise erzielt und dadurch wiederum teurere, bessere Grundweine bezahlt und aufwendiger verarbeitet werden.

beispielsweise Asti, für die gesonderte Regelungen gelten.

Qualitätsschaumweine werden unter generischen Produktbezeichnungen wie Sekt, Crémant und Cava oder unter geographischen Herkunftsbezeichnungen wie Champagner und Franciacorta vermarktet, die denen von Qualitätsweinen bestimmter Anbaugebiete entsprechen. Dabei müssen Produkte mit Herkunftsangabe aus **Grundweinen** bestehen, die zu 100 % aus dem genannten Gebiet kommen, bei Jahrgangsangaben müssen 85 % der Trauben aus dem entsprechenden Jahrgang stammen. Qualitätsschaumweine müssen in der Flasche einen Kohlensäuredruck von mindestens 3,5 bar – bei Kleinstflaschen nur 3,0 bar – aufweisen. In Deutschland erzeugter Qualitätsschaumwein darf als Sekt bzw. Winzersekt bezeichnet werden, in Österreich erzeugter als Sekt oder Hauersekt.

SCHAUMWEIN. *Etikettenschwindler*

Die Erzeugerkellereien der französischen Champagne gehören zu den eifrigsten Verteidigern ihrer Herkunftsbezeichnung gegen Imitatoren und Fälscher. Sie ließen nicht nur allen Erzeugern der Neuen Welt den Gebrauch der Herkunftsbezeichnung Champagne verbieten, sondern gehen auch gegen jegliche Verwendung der Bezeichnung Champagnermethode (französisch méthode champenoise) für das Flaschengärverfahren vor, sofern die Produkte nicht aus der Champagne stammen. Sogar die Winzer eines kleinen Schweizer Dorfes namens Champagne sahen sich einer Prozesslawine gegenüber, ausgelöst von der übermächtigen Lobby der Franzosen: Sie hatten versucht, den Namen ihres Ortes als Herkunftsbezeichnung für ihre Weine zu verwenden. Wohlgemerkt ging es dabei um Still- und nicht um Schaumweine, eine Verwechslungsgefahr bestand also nicht.
Gleichzeitig aber waren sich die kampferprobten Champagnerhäuser lange Zeit nicht zu fein, Produkte, die sie selbst in Zweigbetrieben in den USA, Argentinien oder Australien herstellten, auf den dortigen Märkten unter dem Namen ihrer heftig verteidigten geographischen Herkunftsbezeichnung zu verkaufen.

■ **Gärverfahren:** Man unterscheidet zwischen drei Herstellungsarten, dem Flaschengärverfahren, dem Tankgärverfahren und dem Transvasierverfahren. Das Imprägnierverfahren ist für die Produktion von Qualitätsschaumweinen nicht zugelassen.

Die traditionellste und höchstwertige Methode der Schaumweinproduktion ist das klassische oder traditionelle **Flaschengärverfahren** (französisch méthode classique, méthode traditionnelle, gemeinsprachlich méthode champenoise, italienisch metodo classico oder metodo tradizionale, spanisch método tradicional). Fertig vergorene und ausgebaute Grundweine werden zur einer Cuvée verschnitten, die dem erwünschten geschmacklichen Profil des Endprodukts entspricht. Anschließend wird der Wein in Flaschen gefüllt und im Zuge der Fülldosage (Dosage) mit einer Lösung aus Hefe und Zu-

cker, dem Tiragelikör (französisch »liqueur de tirage«), versetzt. Nach dem Verschließen mit Kronkorken beginnt in den Flaschen die bis zu zwei Monaten dauernde so genannte zweite Gärung, bei der u. a. Kohlendioxid entsteht, das nicht aus der druckfest verschlossenen Flasche entweichen kann und sich im Wein löst.

Nach vollendeter Gärung bilden die Hefezellen in der Flasche das Gärungsdepot, das vor dem Verkauf entfernt werden muss. Dazu werden die Flaschen bis zu zwei Monate lang in speziellen Vorrichtungen gelagert und in regelmäßigen Abständen bewegt, sodass sich die Heferückstände im Flaschenhals sammeln können. Dieses so genannte **Rütteln** wurde traditionell von Hand bewerkstelligt. Dazu wurden die Flaschen mit dem Hals waagerecht in Rüttelpults, schräg stehende Holzplatten mit Löchern gesteckt, bei jedem Rütteln ein Stück weit gedreht und gleichzeitig immer steiler gestellt, mit dem Flaschenhals nach unten. Heute wird das Rütteln in den meisten Schaumweinkellereien vollautomatisch mithilfe großer, maschinell bewegter Holz- oder Stahlgitterboxen durchgeführt, den **Gyropaletten**.

In der Regel werden die Flaschen in diesem Zustand bis kurz vor ihrer Vermarktung aufbewahrt. Der letzte Arbeitsschritt besteht darin, die Weine zu **degorgieren** bzw. zu enthefen, d. h. ihr Hefedepot zu entfernen und die Flasche neu zu verschließen. Dazu wird der Flaschenhals so lange in kalte Salzlauge getaucht, bis sein Inhalt gefroren ist. Der Kronkorken kann jetzt geöffnet werden, und durch den Kohlensäuredruck des Schaumweins wird das Hefedepot aus der Flasche geschleudert. Bei der traditionellen Methode des Warmdegorgierens, die mit größerem Weinverlust verbunden war, aber gelegentlich aus Qualitätsgründen noch praktiziert wird, wurde auf das Einfrieren verzichtet.

Der Weinverlust in der Flasche wird vor dem Verschließen im Zuge der so genannten Versanddosage mit Versandlikör (französisch »liqueur d'expédition«) ausgeglichen, einem Gemisch aus Wein, Zucker und eventuell einer geringen Menge Weinbrand, mit dessen Hilfe auch der endgültige Restzuckergehalt und damit der Geschmackstypus des fertigen Produkts festgelegt wird.

■ **Industrielle Verfahren:** Viele Schaumweine, insbesondere einfachere, in industriellen Größenordnungen erzeugte, werden nicht im aufwendigen Flaschengärverfahren, sondern mit dem rationelleren **Tankgärverfahren** (Charmatverfahren, Charmatmethode, französisch Cuve close, italienisch metodo Charmat) erzeugt. Dabei findet die zweite Gärung in großen Drucktanks statt. Auch das Enthefen und Abfüllen – inklusive der Zugabe des Versandlikörs – findet unter

Druck statt, damit das gebildete Kohlendioxid nicht entweichen kann.

Einen Kompromiss aus Flaschen- und Tankgärverfahren stellt das **Transvasierverfahren** (Filtrationsenthefung, Hefefiltrationsverfahren) dar, das laut EU-Recht ebenfalls als Flaschengärverfahren bezeichnet werden darf. Dabei findet die zweite Gärung in Flaschen statt, das Enthefen wird allerdings nicht durch aufwendiges Degorgieren, sondern durch Filtration bewerkstelligt. Dazu werden die Flaschen unter Gegendruck in Großbehälter entleert, in denen die Versanddosage zugesetzt und mit dem Wein verrührt wird. Anschließend wird das fertige Produkt filtriert und – immer noch unter Druck – auf Flaschen gefüllt.

■ **Qualitätsmerkmale:** Die Qualität von Schaumweinen hängt wie bei jedem Weinverschnitt zunächst von der Güte der verwendeten Grundweine ab. Hier gelten dieselben Prinzipien und Kriterien wie bei der Erzeugung von Stillweinen, wobei allerdings in der Regel ein höherer Säuregehalt angestrebt und Überreife der Trauben vermieden wird. Wesentlich für die Qualität des fertigen Produkts sind die Dauer der zweiten Gärung und die Reifezeit des Weins auf den Hefen. Während einfache Schaumweine bereits nach wenigen Monaten von ihren Hefen getrennt werden, reifen hochwertige Produkte vor dem Degorgieren drei oder mehr Jahre auf der Flasche.

Dabei gewinnen die Weine durch die so genannte Autolyse, eine Art von Selbstverdauungsprozess der abgestorbenen Hefen, aromatische Komplexität und geschmackliche Fülle. Lange Flaschenreife äußert sich im Glas durch anhaltendes, regelmäßiges Entweichen kleinster Kohlendioxidbläschen (Perlage). Wurden die Grundweine einem biologischen Säureabbau unterzogen, bildet sich im Glas häufig eine beständige, feinporige Schaumkrone, das **Mousseux.** Perlage und Mousseux gelten als maßgebliche Kriterien bei der Beurteilung der Qualität von Schaumweinen.

■ **Geschmacksrichtungen:** Mithilfe der Zuckerkonzentration im Versandlikör wird bei allen Schaumweinen die Geschmacksrichtung, d.h. der Restzuckergehalt des fertigen Produkts eingestellt. Die wichtigsten in der EU gültigen Geschmacksbezeichnungen sind extra brut, brut, extra dry, dry, demi sec.

■ SIEHE AUCH
→ Blanc de blancs · Blanc de noirs · brut · Cava 1) · Champagne · Crémant · Cuve close · demi sec · Dosage · dry · espumante · extra brut · extra dry · Gärung · Geschmackstypen · Grundwein · Hefen · Imprägnierverfahren · medium dry 1) · méthode ancestrale · Mousseux · Moussierpunkt · Perlage · Perlwein · Qualitätsschaumwein · rütteln · sec · Sekt

Schäwer, sehr gute Weinbergslage des Bereichs Südliche Weinstraße, Gemeinde Burrweiler, im deutschen Anbaugebiet Pfalz; auf den nach Südosten ausgerichteten Hängen in etwa 250 m ü. M. mit ihren Devonschiefer-Verwitterungsböden wachsen die Trauben für einige der feinsten Rieslinge des Anbaugebiets.

scheitern, →aufscheiteln.

Schenkenbergertal, bekanntes Anbaugebiet im Ostschweizer Kanton Aargau; von den kieshaltigen, nicht sehr tiefen Juraböden kommen rassige, bukettbetonte Weißweine aus der Rebsorte Müller-Thurgau, zunehmend auch elegante Rotweine aus Spätburgunder.

Scheu, Georg, deutscher Gartenbau- und Weinbautechniker, *Krefeld 21. 6. 1879, †Alzey 2. 11. 1949; er genoss eine Ausbildung an der Weinbauschule in Geisenheim und trat 1909 in die Rebschule Alzey, die spätere Landesanstalt für Rebenzüchtung, ein. Hier tat er sich als Rebzüchter hervor. Seine erste und bedeutendste Züchtung war 1916 die nach ihm benannte Scheurebe; außerdem züchtete er u.a. Faberrebe, Huxelrebe und Kanzler.

Scheurebe, wissenschaftlich **Sämling 88,** deutsche Weißwein-Rebsorte, ursprünglich Dr.-Wagner-Rebe genannt, die 1916 von Georg Scheu aus einer Wildrebe und Riesling gekreuzt wurde; sie wird in Deutschland auf knapp 2450 ha (2002), in Österreich auf etwa 530 ha (2001) Rebfläche und darüber hinaus in geringem Umfang in Großbritannien kultiviert.

Scheurebe gilt aufgrund des charakteristischen Dufts der Weine nach schwarzen Johannisbeeren als Bukettsorte. Sie ist nicht sehr anspruchsvoll und gedeiht auch auf trockenen, steinigen oder schweren Böden, braucht aber sehr gute Lagen. Nur bei Vollreife der Trau-

Scheurebe. Die berühmteste Neuzüchtung von Georg Scheu trägt den Namen ihres Züchters.

Schloss Johannisberg ist das wahrscheinlich bekannteste Weingut des Rheingaus, wenn nicht ganz Deutschlands. In seinen Kellern lagern unzählige Flaschen alter, wertvoller Rieslinge.

ben sind hochwertige Weine zu erwarten; bei Unreife werden sie von einem unangenehmen, ordinären Geschmackston, dem so genannten Sämlingston geprägt. Vor allem im österreichischen Burgenland entstehen aus Scheurebe komplexe, dichte Prädikatsweine.

Schiava, italienisch für →Trollinger.

Schichtenfilter, Gerät zum →Filtrieren von Weinen.

Schieferlay, sehr gute Weinbergslage des deutschen Anbaugebiets Ahr, Gemeinde Bad Neuenahr-Ahrweiler; die insgesamt gut 23 ha große, nach Süd-Südwesten ausgerichtete Steillage weist lehmige bis stark lehmige Böden aus Grauwacke und Grauwackeschiefer auf, hinzu kommen schwach steinige, sandige Lehme und Lösslehmböden. Kultiviert werden ausschließlich Rotwein-Rebsorten, zu 80 % Spätburgunder, wobei die Weine von den Schieferparzellen feinfruchtiger, die von den lehmigen Böden kräftiger ausfallen.

Schilcher, Rosé der Rebsorte Blauer Wildbacher aus der österreichischen Region Steiermark mit dem Status einer geschützten Herkunftsbezeichnung; die Weine sind hellrosa oder zwiebelschalenfarben, zeigen Duft von Johannisbeeren und werden am Gaumen von oft übertrieben markanter Säure geprägt.

Schilfwein, eine österreichische Variante von →Strohwein.

Schillerwein, Schiller, eine Art →Rosé.

Schimmel, durch **Schimmelpilze** hervorgerufener, meist weißer oder grünlicher bis schwärzlicher Überzug; er tritt sowohl im Weinberg als auch im Keller in Erscheinung. Der →Kellerschimmel überwuchert die Wände mit einem wattigen dunkelgrauen oder schwarzen Überzug. Er gilt als unbe-

denklich, hat aber in modernen, hygienisch einwandfrei geführten Kellern kaum Überlebenschancen. Im Weinberg tritt Schimmel sowohl in Form des Grauschimmels (→Botrytis) als auch in der des Grünschimmels oder der Grünfäule (→Fäule) in Erscheinung. Grünschimmel kann zu so genanntem Schimmelgeschmack führen, einem dumpfen, bitteren Aroma- bzw. Geschmackston, der als Weinfehler gilt.

Schioppettino [skjɔpet'tino], Rotwein-Rebsorte der norditalienischen Region Friaul-Julisch Venetien; die in den 1970er-Jahren fast verschwundene Sorte wurde Ende der 1990er-Jahre wieder auf fast 50 ha Rebfläche kultiviert. Sie bringt farbintensive, dichte und kräftige Rotweine hervor, die sich zum reinsortigen Ausbau im Barrique eignen. Die besten Weine werden unter der Herkunftsbezeichnung Colli Orientali del Friuli vermarktet.

schlank, ohne große Fülle; Begriff der Weinansprache für strukturierte und elegante Weine, die weder vollmundig oder üppig, noch mager und dünn sind.

Schlauchpresse, eine Art der →Presse.

Schlegelflasche, schlanke und hohe, ursprünglich im Rheingau gebräuchliche Flaschenform (→Flaschen).

Schleier, Trübung des Weins, die Ausdruck bestimmter →Weinfehler oder →Weinkrankheiten ist; solche Weinfehler sind beispielsweise der weiße oder graue Bruch sowie Kupfertrübungen.

schleimig, →lind.

Schlossabfüllung, eine →Gutsabfüllung, deren Abfüller nach dem deutschen Weingesetz in einem unter Denkmalschutz stehenden Schloss ansässig sein muss.

Schlossberg, beliebter Lagenname in Anbaugebieten des deutschen Sprachraums; Spitzenlage der Gemeinde Rüdesheim im deutschen Anbaugebiet Rheingau (eigentlich →Berg Schlossberg) und terrassierte, etwa 80 ha große Grand-Cru-Steillage der französischen Weinbauregion Elsass, Gemeinden Kientzheim und Kaysersberg, wo auf lehmigen und sandigen Granit-Verwitterungsböden mit hohem Mineralreichtum v. a. die Weißwein-Rebsorten Riesling und Grauburgunder (Tokay Pinot gris) ausgezeichnete Ergebnisse hervorbringen. Auch die beiden Weinberge dieses Namens in den badischen Gemeinden Achkarren und Oberrotweil gelten als ausgesprochene Spitzenlagen.

Schlossböckelheim, bis in die 1990er-Jahre Name eines Bereichs im deutschen Anbaugebiet Nahe, der im neu geschaffenen Großbereich Nahetal aufging.

Schloss Johannisberg, nach dem im 12. Jh. gegründeten ehemaligen Benediktinerkloster benannte, weltberühmte Weinbergslage des deutschen Anbaugebiets Rheingau. Die 35 ha große Lage ist Monopolbesitz des gleichnamigen Weinguts im Ortsteil Johannisberg der Gemeinde Geisenheim. Hier wurde zu Beginn des 18. Jahrhunderts der erste reinsortige Rieslingweinberg Deutschlands angelegt, vorher waren die Rebflächen im Gemischten Satz oder mit Rotwein-Rebsorten bestockt. Der Legende nach wurde hier 1775 auch die erste Spätlese gelesen, als sich ein Bote verspätet hatte, der die Erlaubnis des Fuldaer Bischofs zum Lesebeginn überbringen sollte. Nach dem Wiener Kongress von 1815 ging das Schloss aus dem Besitz des Bistums Fulda in den der Familie Metternich über.

Schmelz, geschmackliche Eigenschaft von Weinen mit hohem Alkohol- und Glyzeringehalt, bei denen sich Säure bzw. Tannine harmonisch integrieren; man sagt, der Wein hat Schmelz oder ist **schmelzig** (landschaftlich: **schmalzig**). Er wirkt dann geschmacklich rund und saftig, aber auch dicht und kräftig.

schmutzig, geruchlich leicht fehlerhaft; Begriff der Weinansprache für muffige, chemische oder unangenehm medizinische Aromanoten, die auf Weinfehler hindeuten. Der Begriff wird gelegentlich auch für Weine mit stumpfem oder leicht getrübtem Aussehen verwendet.

Schneckenpresse, eine Art der →Presse.

Schnitt, Kurzwort für →Rebschnitt.

Schoenenbourg [ʃønãʹbur], Grand-Cru-Lage der französischen Weinbauregion Elsass, Gemeinden Riquewihr und Zellenberg; die gut 53 ha große, nach Süden ausgerichtete Lage weist Keuper-, Mergel- und Muschelkalkböden auf und eignet sich besonders für die Weißwein-Rebsorte Riesling.

Schönung, Verfahren zum →Klären und →Stabilisieren von Most oder Wein; dabei werden durch das Weingesetz definierte **Schönungsmittel** eingesetzt, die nach vollendeter Schönung zusammen mit den zu entfernenden Trub- oder Weininhaltsstoffen wieder ausfallen. Sie setzen sich als so genannter **Schönungstrub** am Boden des Behälters ab und müssen dann durch einen **Schönungsabstich** oder durch Filtration abgetrennt werden, da sie sich sonst wieder zersetzen könnten.

Eine Art spontaner Schönung (**Selbstklärung**) ergibt sich häufig bereits aus der Reaktion bestimmter Weininhaltsstoffe untereinander. So reagieren bei der Rotweinbereitung Tannine mit dem im Wein gelösten Eiweiß und fällen es aus. Das Resultat dieser **Naturschönung** ist eine Eiweißstabilisierung. Auch die Kältebehandlung füllfertiger Weine mit dem Ziel des Ausfällens von Weinstein erfolgt ohne den Zusatz von Schönungsmitteln.

Schönung. Auf Château Léoville-Barton, einem der renommiertesten Weingüter des französischen Bordeauxgebiets, wird noch auf traditionelle Art mit Eiweiß geschönt.

Bei ihnen unterscheidet man zwischen Substanzen natürlichen Ursprungs, d.h. animalischer, pflanzlicher oder mineralischer Natur wie Bentonit (**Bentonitschönung**), Eiweiß (**Eiweißschönung**), Gelatine (**Gelatineschönung**), Hausenblase, Siliziumoxid, Kasein oder Tannin, und →chemischen Hilfsmitteln wie Polyvinylpolypyrrolidon, ein (Kunststoff-)Polymer, Kupfersulfat oder Kaliumhexacyanoferrat [II], das so genannte Gelbe Blutlaugensalz.

Der Zusatz von Schönungsmitteln zu Mosten und Weinen hat dreierlei Zielsetzungen, die häufig miteinander gekoppelt sind: Er dient zum einen der Beschleunigung des natürlichen Absetzens von Trubstoffen und zur Verbesserung der Filtrationsfähigkeit, indem filtrationshemmende Stoffe gebunden und ausgefällt werden. Das zweite Ziel besteht in der Bindung gelöster Substanzen des Weins, die nach dem Abfüllen zu dessen Trübung führen könnten, wie beispielsweise Eiweiße, die mithilfe von Bentonit entfernt werden, oder wie die Schwermetalle Kupfer bzw. Eisen, gegen die eine **Blauschönung** mit Kaliumhexacyanoferrat [II] hilft. Schließlich sollen mithilfe der Schönung kleinere Fehler in Geruch oder Geschmack des Weins beseitigt werden, wie im Falle der Behandlung mit kohlensaurem Kalk, der zur chemischen Entsäuerung eingesetzt wird.

■ **Wirkungsweise:** Der Wirkungsmechanismus der verschiedenen Schönungsmittel ist unterschiedlich: Kaolin, Bentonit, Aktivkohle **(Kohleschönung)**, Polyvinylpolypyrrolidon und Hefe **(Hefeschönung)** werden in fein verteilter Form zugesetzt und wirken durch ihr Absorptionsvermögen. Hausenblase, Speisegelatine, Eiereiweiß, Tannin, Kieselsol und Kaliumhexacyanoferrat [II], werden in gelöster Form zugesetzt und bilden mit den unerwünschten Weininhaltsstoffen »unlösliche« Flocken. Ihre Wirkungsweise kann dabei chemischer oder kolloidchemischer Natur sein, d. h. es bilden sich entweder echte Verbindungen oder Schönungsmittel und Weininhaltsstoff binden sich durch Austausch gegensätzlicher elektrischer Ladung gegenseitig. Solche kolloidchemischen Reaktionen macht man sich insbesondere bei **Kombinationsschönungen,** beispielsweise mit Gelatine und Kieselsol, zunutze.

Schorle, süddeutsch und österreich. **Gespritzter,** Mischgetränk aus Wein und Wasser, in Österreich muss Gespritzter nach den Bestimmungen des Weingesetzes zu mindestens 50 % aus Wein bestehen und 4,5 Vol.-% Alkohol enthalten.

Schraubenpresse, eine Art der →Presse.

Schraubverschluss, eine Art des →Verschlusses von Weinflaschen.

Schubert, Max Edmund, australischer Weinmacher, *Moculta (Südaustralien) 9. 2. 1915, †Adelaide 8. 3. 1994; Schubert trat bereits vor dem Alter von 16 Jahren als Botenjunge in die Dienste der Kellerei Penfolds. Mit 25 Jahren schaffte er den Sprung zum Assistant Winemaker, zum Assistenten des Kellermeisters, mit 33 wurde er zum verantwortlichen Kellermeister, Chief Winemaker, der Firma bestellt.

1950 schickte ihn Penfolds auf eine Studienreise nach Spanien, in deren Verlauf er auch Bordeaux besuchte und dort jahrzehntealte, trockene Rotweine kennen lernte. Er gewann die Überzeugung, aus den Syrahtrauben seiner Heimat ebenso große und alterungsfähige Gewächse erzeugen zu können. 1951 kelterte er den ersten Jahrgang eines solchen Weins, der als Grange Hermitage, später nur →Grange, zum berühmtesten Gewächs und lange Zeit einzigen Kultwein Australiens werden sollte. Mit ihm und weiteren trockenen,

Max Schubert, Sohn deutscher Emigranten, gilt als Begründer des modernen australischen Qualitätsweinbaus.

fest strukturierten Rotweinen leitete Schubert die Qualitätsrevolution des australischen Weinbaus ein.

Schütt, bereits 1379 erstmals urkundlich erwähnte Weinbergslage des österreichischen Anbaugebiets Wachau, Gemeinde Dürnstein; die nach Südosten bis Südwesten ausgerichteten, terrassierten Gneis-Verwitterungsböden mit Schwemmsand in den unteren Bereichen sind besonders geeignet für die Weißwein-Rebsorten Grüner Veltliner und Riesling.

Schwanleite, eine der besten Weinbergslagen des Bereichs Steigerwald, Gemeinde Rödelsee, im deutschen Anbaugebiet Franken; die bereits 1295 erstmals urkundlich erwähnte Lage an den Hängen des 473 m hohen Schwanbergs erhielt ihren Namen vermutlich in Anlehnung an die durch die Kelten verehrte Göttin Svana. Auf den typischen Keuperböden des Steigerwalds stehen verschiedene Weißwein-Rebsorten, von denen v. a. Silvaner und Grauburgunder sehr gute Resultate bringen.

Schwanz, →Abgang.

Schwarzer Brenner, eine →Rebkrankheit.

schwarzer Bruch, ein →Weinfehler.

Schwarzfäule, eine Art →Fäule.

Schwarzfleckenkrankheit, eine →Rebkrankheit.

Schwarzriesling, Müllerrebe, französ. **Pinot Meunier** [pi'no mən'je], **Meunier,** Rotwein-Rebsorte aus der Gruppe der →Burgundersorten; er ist seit über 400 Jahren im Burgund bekannt, wird dort aber praktisch nicht mehr kultiviert. Den Namen Meunier (»Müller«) verdankt die Sorte der Unterseite ihrer Blätter, die wie mit Mehl bestäubt wirkt.

In Deutschland wächst Schwarzriesling v. a. im Anbaugebiet Württemberg, wo gut 1 900 der deutschen Gesamtfläche von 2 500 ha (2002) stehen. In Frankreich belegt er knapp 11 000 ha (1999) Rebfläche, die fast vollständig zum Anbaugebiet Champagne (v. a. im Bereich Vallée de la Marne) gehören. Hier ist Schwarzriesling eines der drei Sortenstandbeine der berühmtesten Schaumweins der Welt. Darüber hinaus wird die Sorte in geringem Umfang in Österreich, Osteuropa und Australien kultiviert. Die Weine zeichnen sich durch vergleichsweise hohe Farbintensität aus, ähneln im Duft dem Spätburgunder, sind aber am Gaumen weicher, weniger fest strukturiert und schlanker.

Schwebestoffe, →Trub.

Schwefel, ein chemisches Element, das in festem, flüssigem und gasförmigem Zustand auftritt; er ist Bestandteil von tierischem Eiweiß und dient der Rebe als Nährstoff.

Aufgrund seines breiten Wirkungsspektrums kommt Schwefel im Weinberg und bei der Weinbereitung zum Einsatz. Im Weinberg wird er in Pulverform, als **Netzschwe-**

fel – das ist in kaltem Wasser auskristallisierter, zuvor erhitzter Schwefel – oder als Bestandteil der so genannten →Bordeauxbrühe verwendet. Bei der Weinbereitung gehört er in Form von **Schwefeldioxid** (SO_2) bzw. **schwefliger Säure** (H_2SO_3) zu den unverzichtbaren chemischen Hilfsmitteln.

Bei Anwesenheit von Schwefel während der Gärung kann es allerdings auch zur Bildung von **Schwefelwasserstoff** (H_2S) kommen, dessen Geruch als →Böckser bezeichnet wird. Hoher Schwefelgehalt in Form von Sulfat kann außerdem zur so genannten Schwefelfirne führen.

■ **Wirkungsweise:** Die konservierende Wirkung von Schwefel war bereits in der Antike bekannt, und schon im Mittelalter verwendete man ihn in der Weinbereitung. Er erfüllt gleich mehrere Aufgaben. Zum einen bindet er das Gärungsnebenprodukt Acetaldehyd und hilft dadurch, den so genannten Luftton zu vermeiden. Darüber hinaus hat er präventive, keimhemmende Wirkung gegenüber schädlichen Mikroorganismen und kann bestimmte, unerwünschte mikrobiologische Prozesse unterbinden. Dadurch wird gegebenenfalls das Auftreten von Toxinen sowie von Weinfehlern und -krankheiten vermieden.

Da Schwefel Sauerstoff reduziert und enzymatische Reaktionen unterdrückt, kann die Alterungsfähigkeit von Weinen erheblich gesteigert werden. Dieser Effekt wird dadurch verstärkt, dass er eine lockere Verbindung mit anderen Weininhaltsstoffen wie Zucker oder Anthozyanen eingeht und dadurch im Laufe der Alterung als so genannter Depotschwefel auch wieder für stärkere Bindungspartner zur Verfügung steht. Seine Wirkung entfaltet Schwefel in Form freien, reaktionsfähigen Schwefeldioxids, das zusammen mit dem gebundenen Schwefel den Gesamtschwefel(gehalt) ergibt. Enthält der Wein ein Übermaß an Bindungspartnern, spricht man von einem **Schwefelfresser**; das trifft z.B. auf Weine aus edelfaulen Trauben zu.

■ **Anwendung:** Schwefel kommt im Keller in elementarer Form, als Gas, als Pulver und als wässrige Lösung in Form von schwefliger Säure zum Einsatz. In elementarer Form dient er, auf einen Brenndraht oder Papierstreifen aufgetragen, zum so genannten Trockenkonservieren von Holzfässern. Dabei wird er verbrannt, es entsteht Schwefeldioxid, das beim Befüllen des Fasses von der Flüssigkeit aufgenommen und in schweflige Säure umgewandelt wird. Diese Methode hat allerdings an Bedeutung verloren, da mit ihr kein genaues Dosieren möglich ist.

Wesentlich besser zu handhaben ist Schwefeldioxid in flüssiger Form aus Druckflaschen, wie es heute meist zum **Schwefeln** verwendet wird. Auch in Form von Verbindungen wie Kaliumdisulfit oder Kaliumpyro-

sulfit ($K_2S_2O_5$) wird Schwefel eingesetzt. Die pulverförmige Substanz gibt in saurer Lösung schweflige Säure ab, ist gut dosierbar und wird vorwiegend zur **Maischeschwefelung** und Mostschwefelung eingesetzt.

Aufgrund der toxischen Wirkung einer überhöhten SO_2-Aufnahme durch den Menschen ist der zulässige Gehalt von Schwefel im Wein (Gesamtschwefel) streng limitiert; die erlaubte Menge hängt vom Weintyp bzw. vom Restzuckergehalt des Weins ab, darf aber in der EU ein Niveau von 225 mg/l nicht übersteigen.

Schwefelwasserstoffböckser, die häufigste Art des →Böcksers.

schweflige Säure, eine Anwendungsform von →Schwefel in der Weinbereitung.

Schweif, →Abgang.

Schweiz. Die Weinbaubereiche der Schweiz

Schweiz, kleines Weinbauland Mitteleuropas mit gut 15 000 ha (2001) Rebfläche, die sich seit den 1980er-Jahren um etwa 1000 ha vergrößert hat; Schweizer Weine sind erst in den 1990er-Jahren über die Landesgrenzen hi-

SCHWEIZ: REBFLÄCHEN	
Region (Kanton)	**Rebfläche**
Westschweiz	11 390 ha
Wallis	5 225 ha
Waadt	3 876 ha
Genf	1 333 ha
Neuchâtel	606 ha
Bern (Bielersee)	226 ha
Fribourg	116 ha
Ostschweiz	2 590 ha
Zürich	624 ha
Schaffhausen	481 ha
Graubünden	413 ha
Aargau	397 ha
St. Gallen	219 ha
Thurgau	166 ha
Basel-Land	104 ha
Südschweiz	1 031 ha
Tessin	1 000 ha
Misox	31 ha
gesamt	**15 011 ha**

Quelle: SWEA, Stand: 2002

mige Böden, Jurakalk und Schuttkegel bis hin zu Moränenschottern. Die Rebflächen sind v. a. in den drei großen Flusstälern der Rhône, des Rheins und des Tessins konzentriert, wo die Reben vorwiegend an steilen und terrassierten Hängen wachsen. Diese Steillagen, die fast nur von Hand bearbeitet werden können, sind die Ursache dafür, dass hier nur Qualitätsweinbau mit relativ hochpreisigen Produkten rentabel ist.

Zu knapp 60 % werden Rotwein-Rebsorten kultiviert, deren Anteil an der Gesamtrebfläche seit 1985 um gut ein Drittel gestiegen ist. Unter den etwa 50 Sorten stechen lokale Spezialitäten wie Savagnin blanc (Heida), Arvine, Amigne, Humagne, Räuschling oder Bondola hervor. Die meistkultivierte Rebsorte ist der weiße Gutedel (Chasselas), der mehr als ein Drittel der Rebfläche belegt. Dahinter folgen Spätburgunder (Pinot noir), Gamay, Merlot, Müller-Thurgau, Chardonnay und Silvaner (Johannisberg). Auch Neuzüchtungen wie Gamaret und Garanoir sind beliebt. Während in der deutschsprachigen Schweiz Müller-Thurgau und Spätburgunder dominieren, ist es im französischsprachigen Landesteil Gamay und Gutedel, im italienischsprachigen Tessin ist es Merlot. Die fünf meistkultivierten Sorten belegen etwa 85 % der Gesamtrebfläche.

■ **Anbaugebiete:** Weingeographisch wird das Land in die Westschweiz – mit knapp 11 500 ha Rebfläche der bedeutendste Weinerzeuger –, die Ostschweiz (knapp 2 600 ha) und die Südschweiz, d. h. im Wesentlichen das Tessin (1 000 ha), unterteilt. Unter den Kantonen, in denen Weinbau getrieben wird, gebührt dem Wallis mit gut 5 200 ha der Primat

naus bekannt geworden, da der Export zuvor nur etwa 1–2 % der Produktionsmengen ausmachte. Insgesamt erzeugt das Land jährlich etwas mehr als 1 Mio. hl Wein; von den 24 Kantonen besitzen 17 eigenen Weinbau.

■ **Böden und Rebsorten:** Die Bodenarten der Schweizer Anbaugebiete reichen von Schwemmland über kiesige, sandige und leh-

SCHWEIZ

Alles selbst getrunken

rungen für ausländische Produkte geschützt war, war die Nachfrage nach ihnen im Lande so hoch, dass nur geringste Mengen exportiert werden konnten oder mussten. Hinzu kam, dass hohe Gestehungskosten in schwierig zu bearbeitenden Steillagen für ein Preisniveau verantwortlich waren, das auf Auslandsmärkten als kaum durchsetzbar galt. Erst seit dem Fall der Importbeschränkungen drängen Schweizer Erzeuger, im eigenen Land durch steigende Konkurrenz bedroht, auf fremde Märkte. Für Weinfreunde außerhalb der Schweiz bietet das die Möglichkeit, die teilweise hervorragenden Qualitäten der weißen und roten Gewächse aus Spätburgunder, Marsanne oder Gamay, aus Gutedel und Cornalin erstmals in breiterem Umfang kennen zu lernen.

Lange Zeit waren Schweizer Weine jenseits der Landesgrenzen fast unbekannt. Da der Binnenmarkt durch Importkontingentie-

vor dem Waadtland (3 900 ha), Genf (1 350 ha), dem Tessin, Zürich (620 ha), Neuchâtel (600 ha), Schaffhausen (knapp 500 ha), Aargau (400 ha), Graubünden (400 ha), Thurgau, Bern und St. Gallen.

■ **Geschichte:** Bereits zur Zeit der Römer sollen in der heutigen Ostschweiz Reben kultiviert worden sein; als gesichert gilt allerdings nur, dass die Mönche des im 6. Jh. gegründeten Klosters Saint Maurice bei Aigle im Waadtland Wein erzeugten. Im Mittelalter wurde der Weinbau wie überall in Mitteleuropa von Zisterziensern gefördert, die in Dézaley und am Genfer See erste terrassierte Weinberge anlegten. Gegen Mitte des 19. Jahrhunderts umfasste die Rebfläche des Landes etwa 35 000 ha, mehr als das Doppelte der aktuellen Fläche.

schwer, alkoholreich; Begriff der Weinansprache, der gemeinsprachlich für kräftige, extraktreiche und geschmacksintensive Weine verwendet wird, auch wenn deren Alkoholgehalt nicht sehr hoch ist.

Schwund, das natürliche Verdunsten von Wein während des Ausbaus im Holzfass; er ist u. a. von Temperatur und Luftfeuchtigkeit, von der Fassgröße, der Dicke der Fassdauben und der handwerklichen Qualität des Fasses abhängig. Schwund muss, besonders in der Jungweinphase, kontinuierlich aufgefüllt werden, um zu verhindern, dass der Wein oxidiert.

sec [sek], französisch für die Geschmacksbezeichnung 1. →trocken 1) bei Stillweinen und 2. →dry bei Schaumweinen.

secco ['seko], italienisch für die Geschmacksbezeichnung →trocken 1).

seco ['seko], spanisch für die Geschmacksbezeichnung →trocken 1).

seco ['seku], portugiesisch für die Geschmacksbezeichnung →trocken 1).

Seewinkel, →Neusiedlersee.

Séguret [segy're], eigenständige Herkunftsbezeichnung für Weine der A. C. Côtes-du-Rhône-Villages aus dem Gebiet der gleichnamigen Gemeinde im südfranzösischen Département Vaucluse; das Anbaugebiet am Fuße der Bergkette der Dentelles du

Montmirail umfasst 220 ha (2002) Rebfläche, von deren kiesigen Lehmkalkböden Weiß-, Rosé- und Rotweine kommen. Der Rebsortenspiegel entspricht dem der südlichen →Côtes-du-Rhône. Rotweine und Rosés werden zu mindestens 50 % aus Grenache und zu mindestens 20 % aus Syrah und/oder Mourvèdre gekeltert.

seidig, →samtig.

Sekt [eventuell im 19. Jh. aus engl. sack »weißer Likörwein« oder zu französ. vin sec »trockener Wein«], in Deutschland oder Österreich erzeugter Qualitätsschaumwein (→Schaumwein).

Im deutschen Weingesetz wird zwischen Sekt ohne Zusatzbezeichnung, Deutschem Sekt und Sekt bestimmter Anbaugebiete (Abk. Sekt b. A.) unterschieden. Während in Sekt Grundweine aus verschiedenen Ländern verarbeitet sein können, darf als **Deutscher Sekt** ausschließlich Sekt bezeichnet werden, der aus deutschen Grundweinen gekeltert wurde, gegebenenfalls als Verschnitt von Weinen verschiedener Anbaugebiete. Ein **Sekt b. A.** darf ausschließlich aus deutschen Weinen eines Anbaugebiets hergestellt werden, das auf dem Etikett genannt sein muss.

In Österreich darf Schaumwein unter der Bezeichnung Sekt bzw. Qualitätsschaumwein b. A. vermarktet werden, wenn er ausschließlich aus dafür zugelassenen Qualitätsrebsorten bzw. Trauben des angegebenen Anbaugebiets erzeugt wurde.

■ **Sonderformen:** Unter der Bezeichnung Prädikatssekt konnten nach den Bestimmungen des Weingesetzes von 1971 Sekte vermarktet werden, die nur zu 60 % aus deutschem Grundwein bestanden; diese Bezeichnung entfiel jedoch 1975 als Konsequenz eines Urteils des Europäischen Gerichtshofs.

Eine interessante Sonderform ist der so genannte **Winzersekt,** der in Deutschland von Erzeugerbetrieben (→Erzeuger) hergestellt werden kann. Winzersekte müssen nach dem Flaschengärverfahren aus Grundweinen mit dem Status von Qualitätsweinen b. A. erzeugt werden – Jahrgang, verwendete Rebsorte und Erzeuger müssen auf dem Etikett aufgeführt sein. In Österreich ist die analoge Bezeichnung Hauersekt (zu österreichisch Weinhauer »Winzer«) vorgeschrieben; der Begriff Winzersekt darf hier nicht verwendet werden.

sekundäre Aromen, Sekundäraromen, eine Art der Weinaromen (→Aroma).

Selbstkelterer, schweizerisch für Erzeuger von →Gutsabfüllungen.

Selbstklärung, eine spontane Art der →Schönung.

Selbstträger, →Direktträger.

Selbstvermarkter, ein →Erzeuger, der in Flaschen gefüllte Weine an Wiederverkäufer oder Endverbraucher absetzt.

selección [seleg'θĩɔn], spanisch für Auswahl, Auslese; die Bezeichnung hat in Spanien keine gesetzlich definierte Bedeutung, soll aber auf eine gehobene Weinqualität hinweisen. In der Regel bezieht sie sich auf Fassselektionen oder auf Weine aus ausgewählten Lagen bzw. Trauben.

Selection, mit dem Jahrgang 2000 zusammen mit →Classic offiziell eingeführte Weinkategorie des deutschen Weingesetzes, die als Ergänzung der bereits existierenden Qualitätsstufen gedacht ist.

Die Weine müssen aus besonders gekennzeichneten Weinbergsparzellen stammen, deren Höchstertrag auf 60 hl/ha begrenzt ist. Sie können ihre Lagenbezeichnung auf dem Etikett führen und dürfen frühestens am 1. September des Jahres nach der Lese vermarktet werden. Der erlaubte Restzuckergehalt beträgt das Doppelte des Säuregehalts, darf aber 9 g/l nicht übersteigen; bei Weinen der Rebsorte Riesling darf der Restzucker das eineinhalbfache der Säure betragen und 12 g/l nicht übersteigen.

Weine mit der Bezeichnung Selection dürfen aus den auch für die Kategorie Classic zugelassenen Rebsorten gekeltert werden, wobei in Baden Auxerrois, Chardonnay und Sankt Laurent hinzukommen, im Rheingau

---

SÉLECTION DE GRAINS NOBLES

Im Grunde sollte die Weinlandschaft im Elsass in geschmacklicher Hinsicht klar geregelt sein: Für trockene Weine gibt es die Appellationen Alsace und Alsace Grand Cru, für liebliche Spät- und Auslesequalitäten die Kategorie der Vendanges tardives und für die

Geschmackswirrwarr

edelsüßen Tropfen die der Sélection de grains nobles.

Die Realität aber sieht weit weniger geordnet und weit weniger überschaubar aus, als es das dreistufige Geschmackssystem vermuten lässt. Bereits in den an sich »trockenen« Kategorien Alsace und Grand Cru finden sich zunehmend liebliche oder gar süße Weine, deren Zuckergehalt beim Verkoster nicht selten spätestens nach der dritten oder vierten Probe bereits für klebrige Finger sorgt. In den an sich süßen Kategorien dagegen überraschen Weine nicht selten Weine, die mit ihrem säurebetonten, markant trockenen Geschmack fast aggressiv und überhart wirken. Wahrscheinlich ist nicht zuletzt dieser Bezeichnungs- und Geschmackswirrwarr daran schuld, dass Elsässer Weine auf vielen Märkten, darunter dem deutschen, nur noch wenige Freunde finden.

Spätburgunder, in der Pfalz Gewürztraminer, Rieslaner, Chardonnay sowie Sankt Laurent und in Franken Riesling, Rieslaner und Grauburgunder, während andererseits Müller-Thurgau hier nicht zugelassen ist. An der Mosel ist lediglich Riesling für Selectionsweine zugelassen.

Mit dieser Weinkategorie soll eine Bezeichnung etabliert werden, die Verbraucher v. a. auf den Exportmärkten direkt mit einem bestimmten Geschmackstyp in Verbindung bringen können. Ob sich das Konzept angesichts der zeitgleich auf privatwirtschaftlicher Basis eingeführten und zugelassenen Bezeichnung →Erstes Gewächs durchsetzen kann, wird von Kritikern bezweifelt.

Sélection de grains nobles [selek'sjɔ̃ də grɛ̃ nɔbl, franzöz. »Auslese edler Beeren«], Abk. **S. G. N.,** edelsüßer Wein; A. C.-Bezeichnung für Süßweine der französischen Region Elsass. Die Weine entsprechen im Prinzip denen der deutschen Kategorien Beerenauslese oder Trockenbeerenauslese, können aber auch schlanker sein und nur Auslesecharakter zeigen.

Selection Rheinhessen, Gütesiegel des rheinhessischen Weinbauverbands, das seit 1992 ausgewählten Weinen verliehen wird, die oft nur eine Produktionsmenge von wenigen 10 000 Flaschen repräsentieren. Prämiert werden Weine der wichtigsten rheinhessischen Rebsorten wie Silvaner, Riesling, Weiß- und Grauburgunder, Gewürztraminer, Spätburgunder etc. Sie müssen aus selektiv und von Hand gelesenen Trauben alter Reben gekeltert worden sein. Die ausgewählten Weine tragen eine Banderole mit der Aufschrift Selection Rheinhessen.

Selektion, österreich. **Ausstich,** eines der wichtigsten Arbeitsprinzipien in Weinbau und Kellerwirtschaft beim Erzeugen qualitativ hochwertiger Weine; sie findet bereits bei der Auswahl der besten Rebstöcke zur Vervielfältigung (→klonale Selektion, →Massenselektion) statt und setzt sich bei der Auswahl geeigneter Klone für das jeweilige Anbaugebiet bzw. Terroir fort.

Eine Selektion erfolgt im Weinberg sowohl während des →Ausdünnens im Sommer als auch bei der →Ernte im Herbst. Insbesondere bei der Produktion von Weinen der Qualitätsstufen Auslese, Beerenauslese und Trockenbeerenauslese findet eine strenge Selektion des geeigneten Traubenguts statt.

Bei Ankunft der Trauben wird häufig noch einmal auf speziellen Auslesetischen oder -förderbändern selektiert, um faules oder unreifes Traubengut zu entfernen. Auch nach der Gärung und während des Ausbaus erfolgt oft in mehreren Etappen eine Selektion bestimmter Weinpartien, die bestimmten geschmacklichen Kriterien genügen. Eine solche Selektion ist insbesondere die Basis der Zusammenstellung des →Verschnitts bzw. der →Cuvée, die gesondert ausgebaut und eventuell auch abgefüllt werden.

selezione, italienisch für Auswahl, Auslese; der Begriff ist durch das italienische Weingesetz nicht definiert, wird aber häufig für besondere Selektionsweine (→Selektion) verwendet.

selo de garantia ['selu də garã'tia »Garantiesiegel«], **selo de origem** ['selu də u'riʒɐ̃ĩ »Ursprungssiegel«], portugiesisches Kontrollsiegel für Weine mit DOC-Herkunftsbezeichnung; die Flaschen tragen ein solches Siegel am Flaschenhals oder als Rückenetikett.

semidulce [semi'dulθe], spanisch für die Geschmacksbezeichnung halbsüß.

Sémillon [semi'jɔ̃], französische Weißwein-Rebsorte, die wahrscheinlich aus dem Bordeauxgebiet stammt; er ist die am zweitmeisten kultivierte Weißwein-Rebsorte Frankreichs, wo er auf knapp 14 500 ha (1999, 1888: 36 000 ha) Rebfläche steht. Weltweit wird er auf etwa 34 000 ha kultiviert, v. a. in Chile, Australien, Argentinien, Südafrika, Brasilien und den USA (Kalifornien und Washington).

Sémillon gilt als die Weißwein-Rebsorte des Bordeauxgebiets, die den Weinen Körper und Kraft gibt, während Sauvignon blanc für aromatische Finesse und Frische sorgt. Seine Anfälligkeit gegenüber der Edelfäule macht ihn zum wichtigsten Bestandteil der Süßweine des Bordeauxgebiets wie Sauternes etc. Einige der interessantesten Sortenweine aus Sémillon stammen aus dem australischen Hunter Valley. Die dort fast ausschließlich trocken ausgebauten Weine zeichnen sich durch eine einzigartige Kombination von Zitrusaromen und großer Mineralität aus, eine Qualität, die sie auch bei weit fortgeschrittener Alterung nicht verlieren.

Sémillon ist im Bordeauxgebiet verantwortlich für die herrlichen Süßweine von Sauternes, im australischen Hunter Valley für dichte, alterungsfähige und trockene Weißweine.

semisecco [-'sekko], italienisch für halbtrocken; in Italien – außer für Marsala – nicht verbindlich definiert.

semiseco [-'seko], spanisch für die Geschmacksbezeichnung halbtrocken; in Spanien nicht allgemein verbindlich definiert.

Senkwaage, Gerät zur Bestimmung des →Mostgewichts.

sensorische Prüfung, →Verkostung.

Separator, Gerät zum →Filtrieren von Weinen.

Serbien und Montenegro, Weinbauland Südosteuropas, das aus den gleichnamigen ehemaligen Teilrepubliken Jugoslawiens hervorgegangen ist und bis Januar 2003 Bundesrepublik Jugoslawien hieß; die Gesamtrebfläche der beiden Teilrepubliken umfasst schätzungsweise 70 000–80 000 ha (2001), wobei die bedeutendsten Anbaugebiete in den Provinzen Kosovo (→Amselfeld) und Vojvodina liegen. Aber auch in anderen Teilen des Landes stellt Weinbau einen wichtigen Wirtschaftszweig dar.

Das Klima ist im Norden des Landes von kontinentalem, im Süden von mediterranem Typ. Der Rebsortenspiegel besteht noch überwiegend aus einheimischen Weiß- und Rotwein-Rebsorten, wobei internationale Sorten seit den 1990er-Jahren an Bedeutung gewinnen.

Sercial [ser'sjal], eine Art →Madeira.

Sernauberg, bedeutende Weinbergslage des österreichischen Anbaugebiets Südsteiermark (→Steiermark), Gemeinde Gamlitz; von den Unterböden aus Korallengestein mit schottrigen und lehmigen, teilweise sandigen Auflagen der südlichen Kessellage mit ihrer Hangneigung von bis zu 70% kommen hervorragende Weißweine, insbesondere aus den Rebsorten Sauvignon blanc und Grauburgunder.

Serviertemperatur, die (ideale) →Temperatur von Weinen beim Einschenken.

Setúbal, portugiesische DOC-Herkunftsbezeichnung für süße Likörweine aus dem Gebiet des gleichnamigen Fischerorts im Süden Lissabons; die Weine werden aus Muskat Alexandrien (Moscatel de Setúbal) und Weißem Muskateller (Moscatel roxo) gekeltert und nach dem Aufspriten in Eichenholzfässern ausgebaut. Die besten Qualitäten werden erst nach einer Reifezeit von 20 Jahren gefüllt und vermarktet.

Setzling, in der Regel im Rahmen der vegetativen Vervielfältigung von Reben im Weinberg ausgesetzte Jungpflanze, die meist durch Pfropfen eines Edelreises auf eine Unterlagsrebe entsteht; Setzlinge können aber auch aus →Sämlingen gezogen werden. Sie spielen im Rahmen der →klonalen Selektion und der →Rebzüchtung eine Rolle.

Sexfallen, umgangssprachlich für Pheromonfallen (→Pheromone).

Sexuallockstoffe, →Pheromone.

Seyval blanc [se'val blã], weiße Hybride, die ihrerseits aus zwei Hybridsorten gekreuzt wurde; die kälteresistente Sorte wird weltweit auf etwa 800 ha Rebfläche kultiviert, v. a. in Kanada, Frankreich (mit Ausnahme Südfrankreichs), den USA und England. In der Schweiz findet die Sorte im biologischen Weinbau Anklang.

Sforzato, Sfursàt, Zusatzbezeichnung für bestimmte Weine der DOC-Appellation →Valtellina in der italienischen Region Lombardei.

S.G.N., Abk. für →Sélection de grains nobles.

sharp [ʃɛːp], englisch für die Geschmacksbezeichnung scharf.

Shenandoah Valley [ʃenən'dəʊə 'vælɪ], AVA-Herkunftsbezeichnung der kalifornischen Sierra Foothills, hier werden v. a. die Rebsorten Zinfandel und Sauvignon blanc kultiviert; um das Gebiet von der gleichnamigen AVA-Bezeichnung des US-Bundesstaats Virginia zu unterscheiden, wird es auch häufig als California Shenandoah Valley bezeichnet.

Sherry ['ʃerri, engl.], span. **Jerez** [xe'rεθ], eigentlich Vino de Jerez, französ. **Xérès** [kse'rεs], spanischer Likörwein aus dem Städtedreieck Jerez de la Frontera, El Puerto de Santa Maria und Sanlúcar de Barrameda in Andalusien, der unter der D.O.-Herkunftsbezeichnung Jerez y Sanlúcar de Barrameda vermarktet wird.

Auf insgesamt 10 400 ha (2001) Rebfläche wird hauptsächlich die Rebsorte Palomino kultiviert – die Basis allen Sherrys mit Ausnahme der süßen Qualitäten, die aus Pedro Ximénez (PX) oder Weißem Muskateller (Moscatel) gekeltert werden. Fast 8000 ha der Gesamtfläche weisen die berühmten Albarizaböden (→Albariza) auf, deren spezifische Eigenschaften für einen Großteil der Weinqualitäten verantwortlich sind.

■ **Herstellungsweise:** Sherry wird nach dem im 17. Jh. erfundenen **Criadera-Solera-Verfahren** erzeugt und ausgebaut. Der frisch vergorene Wein wird zunächst unverschnitten, nach Jahrgängen getrennt in so genannten Añadafässern (zu spanisch añada »Jahrgang«) gelagert. Anschließend wird er in Fässer aus amerikanischer Eiche mit einem Fassungsvermögen von 500 l gefüllt, die in vier Reihen übereinander gestapelt sind; um die Fässer der obersten Reihe befüllen zu können, wird zunächst aus denen der untersten Reihe – soleras genannt – maximal ein Drittel der Menge entnommen, das aus Fässern der zweiten Reihe ausgeglichen wird.

Der Fehlbestand der zweiten wie der dritten Reihe, den criaderas (primera bzw. segunda criadera), wird jeweils aus der nächsthöheren Reihe Fässer aufgefüllt. Die Fässer

Sherry. Sonne und die weißen Albarizaböden bilden den Rahmen für den vielleicht berühmtesten Likörwein der Welt, den Sherry aus dem andalusischen Anbaugebiet Jerez y Sanlúcar de Barrameda.

werden dabei nie vollständig gefüllt, um ständigen Kontakt des Weins mit Luftsauerstoff zu ermöglichen.

Bevor man Weine in das Ausbausystem der criaderas und soleras einspeist, werden besonders feine, aromatische Partien ausgesondert, auf maximal 15,5 Vol.-% aufgespritet und in der Folge einem speziellen Ausbau unterzogen. Dabei bedient man sich eines im Sherrygebiet auftretenden, speziellen Hefepilzes, des so genannten →Flors. Unter diesem Pilz reifen Weine heran, die im Gebiet von Jerez als **Fino**, in **Sanlúcar de Barrameda** als **Manzanilla** bezeichnet werden. Finos bzw. Manzanillas oxidieren während des Ausbaus nicht, da die dicke Hefeschicht sie gegen den Luftsauerstoff abschirmt. Sie werden als helle, frische Weine nach einer Ausbauzeit von drei bis fünf Jahren gefüllt und vermarktet. **Pale Cream** ist eine süße Finovariante.

■ **Weinarten:** Für Weine mit oxidativem Ausbau, die so genannten **Olorosos**, wird der Wein auf 17–18 Vol.-% aufgespritet. Der Hefepilz stirbt unter dem massiven Alkoholeinfluss ab, der Wein reift im Kontakt mit dem Luftsauerstoff und nimmt seine typische bräunliche Färbung an. Olorosos können lange Jahre im Holzfass reifen. Fügt man ihnen Süßweine der Rebsorten Pedro Ximénez oder Weißer Muskateller hinzu, entstehen je nach Restzuckergehalt die Sherrytypen Medium Oloroso oder Cream.

Der feinste aller Sherrytypen, der so genannte **Amontillado**, wird nach beiden Ausbauverfahren hergestellt: Er reift zunächst unter Flor, nach dessen Absterben unter oxidativen Bedingungen. Als seltenster und wertvollster Sherry gilt allerdings der **Palo Cortado**, in dem sich das Aroma eines Amontillado mit dem Geschmack eines Oloroso vereint. Für besonders alte Weine hat der Sherry-Kontrollrat im Jahre 2000 die Altersbezeichnungen V. O. S. (Vinum Optimum Signatum oder Very Old Sherry) und V. O. R. S. (Vinum Optimum Rare Signatum oder Very Old Rare Sherry) eingeführt, die für Weine mit einem Durchschnittsalter von 20 bzw. 30 Jahren verwendet werden dürfen.

Sherrybukett, Sherryton, brotähnlicher, gelegentlich auch nussiger Duft, der bei bestimmten oxidativ (→Oxidation) ausgebauten Weinen wie Sherry erwünscht ist und durch langes Lagern in nicht spundvollen Fässern erzielt wird. Das Sherrybukett kann als die angenehme, erwünschte Variante des →Lufttons gelten.

Shiraz, →Syrah.

Show Reserve [ʃəʊ rɪˈsɛ(r)v], ursprünglich speziell für »wineshows«, offizielle regionale Weinwettbewerbe, abgefüllte Selektionen australischer Weine; bei zahlreichen Erzeugern wird der Name als Markenbezeich-

nung für mehr oder weniger hochwertige Weinlinien verwendet.

Sicilia [siˈtʃilja], italienisch für →Sizilien.

Siebengebirge, nördlicher und kleinerer der beiden Bereiche des deutschen Anbaugebiets Mittelrhein.

Siegerrebe, deutsche Weißwein-Rebsorte, die 1929 aus Madeleine Angevine und Gewürztraminer gezüchtet wurde; die früh reifende und gegen Verrieseln empfindliche Sorte wird in Deutschland auf knapp 140 ha (2002) Rebfläche kultiviert, ist aber rückläufig. Die Weine können sehr bukettreich, fast wuchtig ausfallen, wirken aber schnell aufdringlich; Siegerrebe wird deshalb häufig im Verschnitt mit anderen Sorten verwendet.

Sierra Foothills [sɪˈera ˈfuːthɪlz], Weinbauzone Kaliforniens zwischen dem Central Valley und den Rocky Mountains, deren Weinbau qualitativ und quantitativ im Schatten der anderen vier Weinbauzonen steht. Im

Sherry. Das Criadera-Solera-Verfahren: Der Jungwein wird in die Fässer der obersten von vier Reihen gelegt und kommt von hier nach und nach in die jeweils nächstuntere Reihe, bis er schließlich aus der untersten in Flaschen abgefüllt wird.

SHERRY. *Vom Sherry zum Sekt?*

Mit Sekt hat Sherry nicht allzu viel gemeinsam, einmal abgesehen von der Tatsache, dass beide aus Trauben gekeltert werden. Dennoch geht die erst in der zweiten Hälfte des 19. Jahrhunderts offiziell eingeführte Bezeichnung Sekt – so will es eine Legende – auf den Namen des Likörweins aus dem spanischen Andalusien zurück. Die Engländer, die Sherry zu internationalem Ruhm brachten, nannten ihn »sack«. Die deutsche Version dieses Begriffs wandelte sich im Laufe der Zeit von Seck über Seckt zu Sekt, womit aber immer noch kein Schaumwein gemeint war. Ein Berliner Schauspieler soll dann im 19. Jahrhundert beim Bestellen seines Champagners zum ersten Male nach »Sekt« verlangt haben. Mit dem deutschen Weingesetz von 1971 wurde Sekt zur geschützten Bezeichnung für Qualitätsschaumwein aus Deutschland.

Bereich der Sierra Foothills liegen die Anbaugebiete einer Reihe eigenständiger Appellationen wie →Amador, →Shenandoah Valley, Fiddletown oder →El Dorado.

Silberberg, mehrfach vorkommender Lagenname im deutschen Sprachraum; die Lage Silberberg im deutschen Anbaugebiet Ahr, Gemeinde Bad Neuenahr-Ahrweiler, bringt von ihren lehmigen, teilweise leicht sandigen Grauwackeböden hervorragende Rotweine aus Spätburgunder hervor. Von der gleichnamigen Lage im österreichischen Anbaugebiet Südsteiermark (→Steiermark) an der steilen Südflanke des Kogelbergs in der Gemeinde Leibnitz mit ihren Schiefer-Verwitterungsböden, sandigen Schottern und Staublehmschichten kommen hervorragende Weißweine aus den Rebsorten Chardonnay, Sauvignon blanc und Weißburgunder.

Silvaner, Sylvaner, Grüner Silvaner, Grüner Zierfandl, Frankenriesling, Österreicher, schweizer. **Johannisberg, Johannisberg Riesling,** (west-)schweizer. **Gros Rhin** [gro rĩ], populäre Weißwein-Rebsorte unbekannter Herkunft; es wird vermutet, dass er aus Österreich oder dem rumänischen Siebenbürgen (Transsilvanien) stammt und eventuell während des Dreißigjährigen Kriegs nach Deutschland eingeführt wurde.

Silvaner belegt in Deutschland mit 6100 ha (2002) Rebfläche den dritten Platz der meistkultivierten Weißwein-Rebsorten; im französischen Elsass steht er auf knapp 2000 ha, weltweit auf insgesamt etwa 12000 ha (1999) Rebfläche. Größere Bestände gibt es noch in Italien, Slowenien, Ungarn, Kalifornien und Australien.

Silvaner war bis weit ins 20. Jh. die nach Riesling meistkultivierte Rebsorte Deutschlands, wurde aber von Müller-Thurgau, in den 1980er- und 1990er-Jahren sogar von den Rotwein-Rebsorten Spätburgunder und Dornfelder überholt. Obwohl die größten Flächen auf das Anbaugebiet Rheinhessen entfallen (2800 ha), gilt Franken (1250 ha) als eigentliche Silvanerhochburg. Die Sorte ist relativ anfällig

Silvaner bringt seine schönsten Weine in Franken hervor.

gegen Rebkrankheiten und neigt zum Verrieseln; sie bringt hohe, aber unzuverlässige Erträge. Die blassgelben, oft sehr hellen Weine sind im Duft oft verhalten, mit ledrig-erdigen Noten, und zeigen sich am Gaumen mild und eher neutral bei insgesamt sehr moderater Säure.

Silvestris, Kurzwort für Vitis silvestris, Unterart aus der Familie der Rebengewächse (→Rebsorten).

Simonsberg-Stellenbosch, Bereich (Ward) des südafrikanischen Weinbaudistrikts Stellenbosch; die Rebflächen am Westhang des mächtigen Simonsbergs gelten als die traditionsreichsten des Distrikts und beherbergen eine Reihe der renommiertesten Weingüter des Gebiets. Auf den etwa 1200 ha (2001) Rebfläche des Wards wachsen die Trauben für einige der besten Rotweine aus der Rebsorte Pinotage, aber auch Chardonnay, Cabernet Sauvignon – mit fast 300 ha die meistkultivierte Rebe –, Syrah (Shiraz) und Chenin blanc bringen hervorragende Resultate. Auch Sauvignon blanc, Merlot, Spätburgunder (Pinot noir) und Cabernet franc belegen nennenswerte Flächen.

Singerriedel, eine der besten Weinbergslagen des österreichischen Anbaugebiets Wachau, Gemeinde Spitz an der Donau; die nach Süden ausgerichtete Terrassenlage mit einer Hangneigung zwischen 30 und 70% weist Böden aus kristallinem Gestein mit gneisdurchsetzten Verwitterungsschichten auf und eignet sich v.a. für die Weißwein-Rebsorte Riesling.

Single Quinta [sɪngl ˈkɪntɐ], eine besondere Art →Portwein.

Sinnenprobe, →Verkostung.

Sirah, →Petite Sirah.

Sizilien, italien. **Sicilia,** süditalienische Inselregion, die mit weitem Abstand die größte Rebfläche des Landes besitzt; insgesamt stehen 131500 ha (1998) unter Reben, von denen durchschnittlich 9–10 Mio. hl Wein im Jahr kommen.

Die bedeutendste Weinbauprovinz ist Trapani im Westen der Insel mit einer Jahresproduktion von fast 4,5 Mio. hl; hier entsteht Marsala, der bekannteste sizilianische Wein. Große, zusammenhängende Weinbaugebiete gibt es auch an der Süd- und Nordküste, während im Osten vorwiegend Tafeltrauben produziert werden. Einige der interessantesten Weine Siziliens werden auf den vorgelagerten kleinen Inselgruppen, insbesondere auf den Liparischen Inseln und auf Pantelleria erzeugt.

Der Weinbau Siziliens leidet an der strukturellen Unterentwicklung, die das gesamte Wirtschaftsleben Süditaliens prägt: Nur etwa 150–200 der insgesamt 100000 Weinbaubetriebe vermarkten ihre Weine selbst, der Rest beliefert große Genossenschaften und Kelle-

SIZILIEN. *Nicht nur Marsala*

Jahre-, wenn nicht sogar jahrzehntelang war Sizilien nur für seinen – zu allem Überfluss meist mit allerlei klebrigsüßen Zutaten versetzten – Marsala bekannt. Es gab zwar ein oder zwei populäre Markenweine, die in hohen Stückzahlen vor allem in die USA exportiert wurden, erst Mitte der 1980er-Jahre aber machte sich eine der größten Kellereien der Insel daran, aus der einheimischen Rebsorte Nero d'Avola einen Wein zu keltern, der mit den Gewächsen aus Toskana oder Piemont konkurrieren konnte. Das Vorhaben gelang, und der Rotwein mit dem Namen Duca Enrico wurde zum Dauerabonnenten für höchste Auszeichnungen durch italienische Weinführer und Fachpublikationen. Seit Mitte der 1990er-Jahre haben andere Erzeuger die Zeichen der Zeit verstanden, und ihre Anstrengungen führten zum Auftauchen einer ganzen Serie qualitativ hochwertiger Weine auf der Insel.

reien. Allerdings ging der Trend der 1990er-Jahre zu höherwertigen Qualitäten, anders als in den übrigen Regionen Italiens, von diesen großen Kellereien aus. Verstärkt wurde er durch massive Investitionen, die v.a. von norditalienischen Kellereigruppen seit Mitte des Jahrzehnts getätigt wurden.

■ **Klima und Böden:** Die Bedingungen für den Weinbau sind ideal: Sonne, Wärme und geringer Niederschlag sorgen für optimales Reifeverhalten der Trauben, und von den kargen Böden kommen teilweise sehr ausdrucksvolle Weine. Insbesondere die bis zu 900 m hoch gelegenen Weinberge des kühlen Berglands im Zentrum sind für finessenreiche und aromabetonte Kreszenzen bekannt.

■ **Rebsorten und Weintypen:** Neben internationalen Rebsorten, die seit den 1980er-Jahren eingeführt wurden, besitzt Sizilien eine Reihe hochwertiger autochthoner Sorten. Zu diesen gehört aufseiten der Weißwein-Rebsorten v.a. Inzolia, vielleicht auch Grecanico, während Grillo sich mit wenigen Ausnahmen nur für die Marsalaproduktion eignet und Catarratto noch vorwiegend zu neutralen, relativ ausdrucksarmen Weinen verarbeitet wird. Auf den Liparischen Inseln und auf Pantelleria werden eine lokale Malvasiavariante sowie Muskat Alexandrien (Zibibbo) zu teilweise hochwertigen Süß- und Likörweinen verarbeitet.

Bei den Rotwein-Rebsorten bewies Nero d'Avola enormes Potenzial; die farbintensiven, dichten Gewächse, die seit Mitte der 1980er-Jahre aus der Sorte gekeltert werden, zeigen erstaunliche Qualitäten. Sehr gute Weine werden auch aus Frappato und Nerello Mascalese erzeugt.

■ **Anbaugebiete:** Sizilien besitzt keine DOCG-Herkunftsbezeichnung, aber eine Reihe mehr oder weniger bedeutender DOC-Gebiete: Alcamo, Cerasuolo di Vittoria, Contea di Sclafani, Contessa Entellina, Delia Nivolelli, Eloro, Etna, Faro, Malvasia delle Lipari, Marsala, Menfi, Moscato di Noto, Moscato (Passito) di Pantelleria, Moscato di Siracusa, Sambuca di Sicilia, Santa Margherita di Belice und Sciacca.

■ **Geschichte:** Schon zu Zeiten der Kolonisierung durch griechische Siedler war Sizilien für seine landwirtschaftlichen Produkte berühmt. Die Rebkulturen überlebten auch die Zeit der arabischen Herrschaft auf der Insel; erst die Machtübernahme durch die spanischen Vizekönige brachte den Weinbau zum Erliegen. Über die Grenzen des Landes hinaus bekannt wurde der Weinbau der Insel mit der Entdeckung des Marsala gegen Ende des 18. Jahrhunderts.

skelettartig, sklerotisch, ohne Schmelz und Saft; Begriff der Weinansprache für tannin- oder säurebetonte Weine, denen die notwendige Frucht- oder Schmelzkomponente fehlt.

Slowakei, Weinbauland Osteuropas, das zwischen Polen, Ungarn und Tschechien liegt und bis 1992 Teil der Tschechoslowakei war; die Rebfläche des Landes umfasst etwa 20000 ha (2000) und folgt in einem bis zu 60 km breiten Streifen der Grenze zu Ungarn und den Ausläufern der Mittelgebirge. Aufgrund des immer noch ausschließlich auf das benachbarte Tschechien gerichteten Exports hat die slowakische Weinwirtschaft seit der Unabhängigkeit des Landes kaum Fortschritte machen können; nach wie vor werden die

Weine so ausgebaut, dass sie nur jung zu genießen sind und kaum Alterungsfähigkeit besitzen.

■ **Anbaugebiete und Rebsorten:** Die Slowakei ist in die Gebiete Malokarpatská (Kleine Karpaten), Skalica-Záhorie, Hlohovec-Trnava, Galanta-Dunajská Streda, Nitra-Vráble, Levice-Tekov, Podunajská (Donau), Nové Zámky-Štúrova, Ipel, Modrý Kamen, Lucenec-Rimavská-Sobota, Turna-Moldava, Tokajská (Fortsetzung des ungarischen Anbaugebietes Tokaj-Hegyalja), Michalovce-Sobrance und Královský Chlmec gegliedert.

Die wichtigsten weißen Rebsorten, sind insgesamt 82 % der Rebflächen belegen, sind Welschriesling (Rizling vlašský, 25 %), Grüner Veltliner (Veltlinské zelené, 18 %), Müller-Thurgau (12 %), Weißburgunder (Burgundské biele, 8 %), Feteascǎ (Dievcie hrozno), Riesling (Rizling rýnsky) und Silvaner (Silvánske zelené). Bei den Rotwein-Rebsorten dominieren Blaufränkisch (Frankovka, 7 % der Gesamtrebfläche) sowie Sankt Laurent (Svätovavrinecké bzw. Vavrinecké, 6 %).

Slowenien, Weinbauland im Südosten Mitteleuropas, das an Österreich und Italien grenzt; von etwa 24 600 ha (2001) Rebfläche kommen 0,8–1,2 Mio. hl Wein jährlich, von denen aber nur 0,1 Mio. hl exportiert werden. Der Pro-Kopf-Verbrauch liegt bei rund 40 l/Jahr. In Erwartung des EU-Beitritts wurde das slowenische Weingesetz bereits weitgehend den europäischen Normen angepasst.

■ **Klima und Rebsorten:** Slowenien liegt unter dem Einfluss alpinen, mediterranen und – über den benachbarten pannonischen Raum – kontinentalen Klimas, wobei sich die verschiedenen Zonen überlappen und gegenseitig beeinflussen. Im Winter weht in vielen Landesteilen ein sehr kalter Nordostwind, die Bora.

Der Rebsortenspiegel des Landes ähnelt dem der Nachbarländer: Wichtigste Weißwein-Rebsorten sind Welschriesling (Laški Rizling, 18 % der Gesamtrebfläche), Chardonnay (8 %), Sauvignon blanc (6 %), Furmint (Šipon, 5 %), Ribolla gialla (Rebula, 5 %), Riesling (Renski Rizling, 5 %), Weißburgunder (Beli Pinot), Malvasia (Malvazija), Grauburgunder (Sivi Pinot), Traminer (Traminec), Gelber Muskateller (Rumeni Muškat) sowie die einheimischen Reben Tocai, Pinela und Zelen. Bei den Rotwein-Rebsorten besitzen Refosco (Refošk, 6 %), Merlot (5 %), Blaufränkisch (Modra Frankinja), Cabernet Sauvignon, Spätburgunder (Modri Pinot) sowie die einheimische Rebe Zametovka (deutsch: Blauer Köllner, 6 %) Bedeutung.

■ **Anbaugebiete:** Das Weinbauland Slowenien ist in drei Regionen unterteilt, die sich wiederum in insgesamt 14 Anbaugebiete gliedern. Im Westen, an der Grenze zu Italien, liegt die Region Primorska (deutsch: Küstenland), die etwa 30 % der Gesamtrebfläche besitzt. Sie ist in vier Anbaugebiete unterteilt: → Goriška Brda (Görzer Hügel), die slowenische Fortsetzung des benachbarten Collio, Vipavska dolina (Vipavatal), Kras mit seinen charakteristischen Terra-rossa-Böden und schließlich Koper im Gebiet um die gleichnamige Stadt an der Adriaküste.

Die größte Weinbauregion des Landes ist Podravje. Sie besteht aus den Tälern von Drau und Mur sowie ihrer Nebenflüsse und besitzt etwa 40 % der Gesamtrebfläche. Im Gebiet von Maribor wächst einer der mit 400 Jahren vermutlich ältesten Rebstöcke der Welt. Die anderen Anbaugebiete der Region heißen Radgona-Kapela, Ljutomer-Ormož, Šmarje-Virštanj, Haloze, Ptuj-Srednje Slovenske Gorice und Lendavske Gorice-Goricko.

Als am wenigsten profilierte Region gilt Posavje in den Tälern von Save, Krka und ihren Nebenflüssen mit ebenfalls etwa 30 % der Gesamtrebfläche. Posavje umfasst die Anbaugebiete Dolenjska, Bela Krajina und Bizeljsko-Sremič. Hier wird vielerorts Cviček, ein beliebter → Rotling aus zahlreichen einheimischen Sorten, für den eigenen Verbrauch gekeltert.

Smaragd, geschützte Bezeichnung für trockene Weißweine der Winzervereinigung Vinea Wachau Nobilis Districtus in der österreichischen Wachau im Rang einer Qualitätsstufe; die Weine werden aus Trauben mit einem Mostgewicht von mindestens 18,2 °KMW gekeltert und müssen mindestens 12,5 Vol.-% tatsächlichen Alkohol aufweisen. Smaragdweine dürfen erst vom 1. Mai des auf die Lese folgenden Jahres an vermarktet werden. Der Name bezieht sich auf die Smaragdeidechse, die in Wachauer Weinbergsterrassen zu finden ist.

SO$_2$, Abk. für Schwefeldioxid (→ Schwefel).

SO 4, Abk. für Selektion Oppenheim 4, sehr verbreitete → Unterlage, die an der Landes-Lehr- und Versuchsanstalt im rheinhessischen Oppenheim (Kreis Mainz-Bingen) aus Vitis berlandieri und Vitis riparia gekreuzt wurde; die Sorte gilt als relativ wuchskräftig, nicht sehr anfällig für Chlorose und wird häufig für Riesling verwendet.

Soave, DOC-Herkunftsbezeichnung für Weißweine der norditalienischen Region Venetien; auf knapp 6 500 ha (1997) Rebfläche des Anbaugebiets östlich von Verona werden v. a. die Weißwein-Rebsorten Garganega und Trebbiano di Soave, in zunehmendem Maße auch Weißburgunder (Pinot bianco) und Chardonnay kultiviert. Die Weine müssen zu 70 % aus Garganega gekeltert sein.

Soave gilt als der populärste italienische Weißwein, leidet aber darunter, dass das Anbaugebiet riesige Rebflächen in der Voralpenebene umfasst, auf denen Massenweinbau getrieben und entsprechend schwache Qualitäten geerntet werden. Die besten Weine kommen aus dem Classicogebiet, das die steilen Hügellagen der Gemeinden Soave und Monteforte d'Alpone mit ihren vorwiegend vulkanisch geprägten Böden umfasst. Die besten Weine werden seit Anfang der 1990er-Jahre unter Einzellagennamen vermarktet. Sie sind dicht, kräftig strukturiert und sogar bis zu einem gewissen Grad alterungsfähig. Neben den trockenen Weißweinen wird auch die Süßweinversion Recioto di Soave (→Recioto) erzeugt, die seit 1993 DOCG-Status genießt.

société de récoltants [sɔsje'te də re-kɔl'tã] französische Bezeichnung für eine Form der Genossenschaft in der Champagne.

sofisticado, spanisch für gepanscht (→panschen).

sofisticato, italienisch für gepanscht (→panschen).

Solaia, einer der bekanntesten italienischen Rotweine; der 1978 zum ersten Mal als Vino da Tavola vermarktete toskanische Verschnitt aus durchschnittlich etwa 70–75 % Cabernet Sauvignon, 20 % Sangiovese und 5–10 % Cabernet franc war die Antwort des Weinhauses Marchesi Antinori auf den Sassicaia der Tenuta San Guido und wurde schnell zu einem der renommiertesten Weine Italiens. Solaia wird seit Ende der 1990er-Jahre unter der Igt-Herkunftsbezeichnung Toscana vermarktet.

Solaris, interspezifische Weißwein-Rebsorte, die am Staatlichen Weinbauinstitut Freiburg im Breisgau gezüchtet wurde; die früh reifende und äußerst pilzresistente Sorte ist eine Kreuzung aus Merzling und Gm 6493, beide ihrerseits Kreuzungen, bei denen u.a. Riesling, Grauburgunder, Muskat Ottonel und die russische Rotwein-Rebsorte Saperavi Pate standen. Die Resistenz der noch nicht endgültig zugelassenen Sorte gegen Mehltau ist so hoch, dass sie ohne Fungizidbehandlung kultiviert werden kann. Solaris wird deshalb versuchsweise v.a. im biologischen Weinbau verwendet und besonders im badischen Markgräfler Land sowie in der Schweiz kultiviert.

Solera, spanisches Kurzwort für Criadera-Solera-Verfahren (→Sherry).

Solopaca, DOC-Herkunftsbezeichnung für Weine der süditalienischen Region Kampanien, Provinz Benevento; auf gut 1000 ha (1997) Rebfläche werden die Weißwein-Rebsorten Trebbiano toscano, Falanghina, Coda di Volpe, Malvasia toscana und Malvasia di Candia sowie die roten Sangiovese, Aglianico, Piedirosso und Sciascinoso kultiviert. Als einziger reinsortiger Wein wird der rote Aglianico angebaut, aus Falanghina und anderen Weißwein-Rebsorten kann auch Schaumwein (Spumante) gekeltert werden.

Sommelier [sɔmə'lje, zu altprovenzal. saumalier »Saumtierführer« vom spätlatein.

sauma, sagma »Last« und altfranzös. sommier, zu somme »Last«], weiblich Sommelière [sɔmə'ljɛr], Weinkellner bzw. Weinkellnerin; der Begriff bezeichnet seit dem 16. Jh. den Verantwortlichen für die Aufbewahrung des Weins, später auch für das Eindecken und das Vorbereiten des Weins bei Tisch.

Der Beruf des Sommeliers stellt in Deutschland eine Spezialisierung nach abgeschlossener Lehre zum Hotel- bzw. Restaurantfachmann (-fachfrau) oder zum Koch dar, die an der Hotelfachschule Heidelberg mit der Anerkennung als staatlich geprüfter Sommelier endet. An der Deutschen Wein- und Sommelierschule der Handelskammer Koblenz wird eine Ausbildung zum IHK-geprüften Sommelier angeboten. In Österreich ist eine Ausbildung zum Diplomsommelier am Wirtschaftsförderungsinstitut der Handelskammer Wien möglich.

Soave. Die Burg der Scaliger in Soave ist eines der Symbole des Veroneser Weinbaus.

Sommelierheber, eine Art →Korkenzieher.

Sommerschnitt, eine Art des →Rebschnitts.

Sommertrieb, ein Trieb der →Rebe 2).

Somontano, D. O.-Herkunftsbezeichnung für Weine aus dem Norden der spanischen Region Aragonien; die insgesamt 3400 ha (2001) Rebfläche des Anbaugebiets werden von nur elf Erzeugern bewirtschaftet, wobei 90 % der Produktion auf nur drei große Erzeuger entfallen. Die Böden der flachen Täler am Rande der Pyrenäen sind vulkanischen Ursprungs und eignen sich hervorragend für Weinbau. Das Klima ist von kontinentalem Typ mit heißen Sommern und kalten Wintern.

■ **Rebsorten und Weintypen:** Nach einer umfassenden Neubestockung der Rebflächen, die in den 1980er-Jahren begann,

Sonoma. Chateau St. Jean ist eines der bekanntesten Weingüter im Sonoma Valley, dem südlichsten Anbaugebiet des Countys Sonoma. Das Klima ähnelt hier schon dem des benachbarten Carneros.

werden heute 12 Sorten kultiviert; neben Chardonnay, Merlot, Cabernet Sauvignon und Tempranillo gehören auch drei einheimische Sorten dazu: der weiße Alcañon sowie die roten Moristel und Parraleta. Drei Viertel des Bestands entfallen auf Rotwein-Rebsorten. Weinbau- wie kellertechnisch gesehen gilt Somontano als Musterregion des spanischen Weinbaus. Der Weinstil ist modern mit einem Schwerpunkt auf fruchtbetonten Produkten mit moderatem Barriqueausbau.

Sonnenberg, beliebter deutscher Lagenname; als besonders gut gelten der Sonnenberg im Anbaugebiet Ahr, Gemeinde Bad Neuenahr-Ahrweiler, und in der Pfalz, Gemeinde Schweigen-Otterbach.

Der fast 47 ha große Neuenahrer Sonnenberg ist nach Süden, Westen und Osten ausgerichtet und gilt zu 95 % als Steillage. Auf Grauwacke bis Grauwackeschiefer, d.h. lehmigen bis stark lehmigen, skelettreichen Steinböden, und auf Gehängelehm, d.h. schwach steinigem, sandigem Lehm, sowie auf Löss- bzw. Lösslehmböden werden zu 92 % Rotwein-Rebsorten kultiviert, v.a. Spätburgunder.

SOUTH EASTERN AUSTRALIA. *Riesiger Marktvorteil*

Europas Weinerzeuger beneiden ihre australischen Kollegen oft um die Möglichkeit, Weine ohne viele der gesetzlichen Beschränkungen erzeugen zu können, die ihnen selbst das Leben schwer machen. Ein nicht nur eingebildeter Vorteil der australischen Weinwirtschaft liegt dagegen in der industriellen Produktionsstruktur und der daran angepassten Herkunftsordnung Australiens. So können Weine aus den drei wichtigsten Weinbaustaaten unter einer einzigen Herkunftsbezeichnung vermarktet werden. Auf Europa übertragen würde ein solches Anbaugebiet wahrscheinlich ganz Mitteleuropa, ganz Südfrankreich, ganz Norditalien oder das gesamte spanische Hochland umfassen. Das Erfolgsgeheimnis der riesigen Weinmengen, die unter der Bezeichnung South Eastern Australia firmieren, liegt aber darin, dass sie nicht nur für billige Massenware, sondern auch für handwerklich solide gemachte Weine zu interessanten Preisen steht.

Auf dem 145 ha großen Schweigener Sonnenberg mit seinen relativ schweren Löss-, Lösslehm-, Muschelkalk- und Kalkmergelböden wird eine große Zahl unterschiedlicher weißer und roter Rebsorten kultiviert.

Sonnenstrahlung, Sonneneinstrahlung, für das Wachstum der Rebe und die Reifeprozesse der Traube entscheidender Klimafaktor; sie beeinflusst den Blütenansatz in den Knospen sowie die Zuckereinlagerung und den Säureabbau in den Beeren. Dabei ist insbesondere die **Sonnenscheindauer** von Bedeutung, die mindestens 1300 Stunden jährlich betragen sollte; rebsortenabhängig liegen die optimalen Werte zwischen 1600 und 2200 Stunden, wobei viel Sonnenschein in den Reifemonaten günstig wirkt und vorausgegangene nasskalte, wolkenbedeckte Phasen ausgleichen kann.

Sonnenstuhl, sehr gute Weinbergslage des Bereichs Maindreieck, Gemeinde Randersacker, im deutschen Anbaugebiet Franken; die bereits 1240 urkundlich erwähnte Lage an einem bis zu 70 % steilen Prallhang des Maintals weist teilweise sandige Tonlehmböden auf Muschelkalk auf. Sie eignet sich besonders für die Weißwein-Rebsorte Silvaner, aber auch Rieslaner und die rote Domina bringen gute Resultate.

Sonnenuhr, eine der besten Weinbergslagen des Bereichs Bernkastel, Gemeinden Zeltingen und Wehlen, im deutschen Anbaugebiet Mosel-Saar-Ruwer; von den Tonschiefer-Verwitterungsböden in 90 bis 180 m ü.M. kommen ausgezeichnete, finessenreiche Rieslinge. Der steile Hang ist noch überwiegend in Einzelpfahlerziehung bestockt.

Sonoma, Weinbaudistrikt (County) an der kalifornischen →North Coast.

Seine Rebfläche umfasst 23 300 ha (2002); der Weinbau des landschaftlich reizvollen Countys ist nicht nur älter als der des berühmteren Nachbarn Napa, sondern liefert aufgrund der Vielzahl an Klimazonen und Bodenformationen auch eine größere Anzahl unterschiedlicher Weintypen. Bis in die 1980er-Jahre galt Sonoma hauptsächlich als Lieferant von Verschnittweinen, was die geringere Bekanntheit im Vergleich zu Napa erklärt.

Sonoma ist in insgesamt zwölf AVA-Anbaugebiete unterteilt: →Alexander Valley, Chalk Hill, →Dry Creek Valley, Knights Valley, →Carneros (teilweise), Northern Sonoma, Rockpile, →Russian River Valley, **Sonoma Coast, Sonoma County Green Valley, Sonoma Mountain** und **Sonoma Valley.** Sonoma Valley, das im Süden in das Carnerosgebiet übergeht und sich teilweise mit ihm überschneidet, genießt eine klimatische Sonderstellung, da die kühlenden Einflüsse der Bay Area und die Wärme des Landesinneren sich die Waage halten. Hier werden ausgezeichnete Rotweine aus Cabernet Sauvignon und Zinfandel erzeugt.

Sopraceneri [sopra'tʃeneri], Bereich des Schweizer Weinbaukantons Tessin im Norden des Monte Ceneri mit den Anbaugebieten Leventina/→Bleniotal, Bellinzonese, Locarnese und Valle Maggia; an den Ufern des Ticino und seiner Zuflüsse sind die Reben noch weithin an traditionellen Pergolen erzogen. Eine Spezialität des Gebiets sind die nach Kirschen duftenden, säurebetonten und rustikalen Weine aus der einheimischen Rotwein-Rebsorte Bondola.

Sopron ['ʃopron], deutsch »Ödenburg«, Anbaugebiet im Umkreis der gleichnamigen Stadt im Nordwesten Ungarns; die rund 1700 ha (2000) Reben stehen an den Hängen der Alpenausläufer, deren Klima durch die Wasserfläche des nahen Neusiedlersees reguliert wird. Auf drei Viertel der Fläche wachsen die Rotwein-Rebsorten Blaufränkisch, Merlot und Cabernet Sauvignon; an Weißwein-Rebsorten werden Grüner Veltliner, Sauvignon blanc, Traminer (Tramini) und Chardonnay kultiviert.

sorí, surí, italienisch für Hügel- oder Hanglage; nicht im italienischen Weingesetz definierte Bezeichnung, die als Namensbestandteil von Einzellagen- und Markenweinen verwendet wird.

Sorten, →Rebsorten.

Sortencharakter, →Typizität.

sortenrein, →reinsortig.

sortentypisch, →Typizität zeigend.

Sortenwein, ganz oder überwiegend aus einer einzigen Rebsorte gekelterter Wein; Sortenweine werden v. a. in kühleren Weinbauländern, z. B. in Deutschland und Österreich sowie in der Neuen Welt erzeugt, während in wärmeren europäischen Anbaugebieten Verschnitte aus zwei oder mehreren Rebsorten überwiegen. Sortenweine sind allerdings sehr häufig nicht →reinsortig; unter den meisten Herkunftsbezeichnungen ist die Zugabe von bis zu 15 % anderer Rebsorten erlaubt.

Sottoceneri [sotto'tʃeneri], Bereich des Schweizer Weinbaukantons Tessin im Süden des Monte Ceneri mit den Anbaugebieten Luganese, Malcantone und Mendrisiotto; die Böden des Gebiets sind vielfältiger, aber auch schwerer als die des benachbarten Sopraceneri.

South Australia [saʊθ ɔ:'streɪlɪə, engl.], GI-Herkunftsbezeichnung für Weine aus dem gesamten australischen Bundesstaat →Südaustralien.

South Coast [saʊθ kəʊst], AVA-Herkunftsbezeichnung für Weine aus dem Süden Kaliforniens; das Gebiet umfasst die Distrikte (Countys) Riverside (mit dem Cucamonga Valley) und San Diego (mit dem San Pasqual Valley), spielt aber im Vergleich mit North Coast, Central Coast und dem riesigen Central Valley nur eine untergeordnete Rolle.

South Eastern Australia [saʊθ 'i:stə(r)n ɔ:'streɪlɪə, engl. »Südostaustralien«], GI-Herkunftsbezeichnung für Weine aus dem Südosten Australiens; die Weine können aus Trauben eines oder mehrerer der drei Staaten New South Wales, Victoria und Südaustralien gekeltert werden. Die Herkunftsbezeichnung wird meist für Markenweine verwendet, die in hohen Stückzahlen produziert werden.

Spalier, Weinbergsanlage für eine bestimmte →Erziehungsform von Weinreben.

Spaniens Anbaugebiete haben in den 1980er- und 1990er-Jahren einen neuen Weg in Richtung eines moderneren Weinstils und international konkurrenzfähiger Weine eingeschlagen. Das Navarragebiet war dabei eine der Pionierregionen.

Spanien, bedeutendes Weinbauland in Südwesteuropa; mit seiner Rebfläche von 1,2 Mio. ha ist es das flächenmäßig bedeutendste Weinbauland der Welt, hinsichtlich der Produktionsmengen von durchschnittlich 35 Mio. hl steht es jedoch hinter Frankreich und Italien nur an dritter Stelle. Diese Diskrepanz erklärt sich durch die geringe Produktivität eines Großteils der spanischen Rebkulturen, die allerdings meist nicht auf besonders rigorose Qualitätsanstrengungen, sondern auf die Überalterung des Bestands zurückzuführen ist.

Auch hinsichtlich der Exportmengen von 8–9 Mio. hl jährlich belegt das Land hinter Italien und Frankreich nur den dritten Platz in der Welt, die Importe summieren sich auf 500 000–1,3 Mio. hl. Ungeachtet der großen Bedeutung des Weinbaus für das Land liegt der Pro-Kopf-Konsum mit knapp 35 l/Jahr deutlich hinter dem der beiden großen europäischen Konkurrenten.

■ **Klima und Böden:** Spanien steht im Wesentlichen unter dem Einfluss dreier Klimazonen, die sich teilweise überschneiden.

Spaniens Weinbau-
flächen

Im Nordwesten herrscht atlantisches Klima, das sich je nach Wetterlage bis Zentralkastilien hinein bemerkbar macht. Es ist von milden Temperaturen, kräftigen Niederschlägen und starken Winden geprägt. Der Atlantik übt seinen mildernden Einfluss aber auch in Südwestspanien aus, wo er die Entstehungsbedingungen für Sherry entscheidend bestimmt.

Im Zentrum Spaniens überwiegt kontinentales Klima mit heißen, trockenen Sommern und empfindlich kalten sowie recht langen Wintern. Die Niederschläge erreichen hier nur ein sehr niedriges Niveau. In der dritten Klimazone entlang der Mittelmeerküste herrschen mediterrane Bedingungen. Die Durchschnittstemperaturen sind hoch, selbst die Winter sind mild. Die Niederschläge konzentrieren sich auf Herbst und Winter. Mediterrane Strömungen gelangen allerdings im Ebrotal auch bis tief ins Landesinnere.

Spaniens Weinbergsböden werden vorwiegend von kargen Lehm-Kalk-Formationen dominiert, die mit den Schwemmlandböden der Flusstäler abwechseln. Aufgrund der sehr gebirgigen Landschaft sind die Talwannen vielerorts mit Granitabraum durchsetzt; solche Granit- und Kiesböden sind v. a. für Galicien typisch. Schieferböden finden sich dagegen seltener und konzentrieren sich auf das katalanische Priorat und auf Galicien. Sandböden, streckenweise mit sehr viel Geröll durchsetzt, tauchen u. a. im Torogebiet auf;

reine Vulkanböden sind den Kanarischen Inseln vorbehalten.

■ **Rebsorten und Weintypen:** Spanien besitzt ein reichhaltiges Spektrum von insgesamt etwa 130 verschiedenen Rebsorten, deren 15 meistkultivierte rund 75 % der Gesamtrebfläche bedecken. Die anerkannt beste Rotwein-Rebsorte ist Tempranillo, die meistkultivierte dagegen Grenache (Garnacha tinta). Weitere wichtige rote Sorten sind Bobal, Mourvèdre (Monastrell) und Carignan (Cariñena).

Entgegen der weit verbreiteten Annahme, Spanien sei ein reines Rotweinland, sind noch immer mindestens 50 % der Flächen mit Weißwein-Rebsorten bestockt. Die qualitativ interessantesten sind Albariño, Verdejo, Godello, Pedro Ximénez und die Familie der Muskatellertrauben. Von der Flächenausdehnung beherrschen Airén, Viura, Palomino sowie in geringerem Maße Merseguera und Grenache blanc (Garnacha blanca) das Panorama. Internationale Rebsorten wie Chardonnay, Cabernet Sauvignon, Merlot und Syrah bringen auf den kargen Böden des Landes teilweise hervorragende Ergebnisse.

■ **Anbaugebiete und Weingesetz:** 59 D. O.-, zwei D. O. Ca.-Gebiete sowie die Denominación Cava bilden die Qualitätsspitze der spanischen Herkunftsbezeichnungen; mit 193 000 ha (2001) ist La Mancha die größte D. O.-Appellation des Landes; die bekanntesten Qualitätsweingebiete sind dage-

gen Rioja und das Doppelgebiet Jerez y Sanlúcar de Barrameda. Jahr für Jahr entstehen neue
Qualitätsweingebiete, was die Dynamik des
spanischen Weinbaus verdeutlicht. Darüber
hinaus hat seit den 1990er-Jahren ein enormer
Wandel in der Struktur der Herkunftsbezeichnungen stattgefunden. Zum einen machen zunehmend große Landweingebiete wie
die Vinos de la Tierra de Castilla auf sich aufmerksam, zum anderen hat sich eine Riege
von Tafelweinerzeugern mit Spezialitäten in
jeweils nur kleinen Mengen an die Spitze des
spanischen Weinbaus vorgeschoben.

Das spanische Weingesetz beruht einerseits auf dem Gerüst der vier Herkunftskategorien Vino de Mesa, Vino de la Tierra, Denominación de Origen und Denominación de
Origen Calificada; es wurde in dieser Form
mit der Vorbereitung auf den EU-Beitritt im
Jahre 1986 verabschiedet. Die Qualitätsstufen
innerhalb der D. O.-Appellationen Joven,
Crianza, Reserva und Gran Reserva, die ursprünglich aus dem Riojagebiet stammen, sind
dagegen bereits seit 1970 im Gesetz verankert.
Das 2003 verabschiedete Weingesetz hat eine
neue Kategorie von Qualitätsweinen oberhalb – im Riojagebiet innerhalb – der Kategorie D. O. Ca. geschaffen, **Vino de Pago,**
eine spanische Version des Einzellagenweins. Außerdem wurde unterhalb der D. O. eine Kategorie für Landweine, **Vino de Calidad con
Indicación Geográfica** (Abk.: V. C. I. G.),
eingerichtet.

■ **Geschichte:** Als gesichert gilt, dass bereits um 1000 v.Chr. Phönizier an der Küste
von Cádiz Reben pflanzten. Die Griechen
setzten das Werk fort und schufen u. a. an der
katalanischen Küste bedeutende Weinbauzentren. Mit der römischen Herrschaft breite-
ten sich die Rebkulturen dann über die gesamte Iberische Halbinsel aus. Nach einer
Periode relativen Stillstands während der Zeit
der maurisch-arabischen Herrschaft erfuhr der
spanische Weinbau im Zuge der Reconquista,
der Wiedereroberung des Landes durch
christliche Heere, Impulse aus Frankreich.
Zisterziensermönche führten burgundische
Sorten und Weinbautechniken ein.

Als eines der großen Zentren des spanischen Weinbaus erfuhren die andalusischen
Gebiete von Jerez, Málaga und Montilla-Moriles zwischen dem 14. und dem 18. Jh. immer
wieder Wachstumsimpulse durch die große
Nachfrage vonseiten der Engländer und Holländer. Mitte des 19. Jahrhunderts führte das
Riojagebiet Weinbau- und Kellertechniken
aus Bordeaux ein und versorgte das von der
Reblaus heimgesuchte Frankreich so lange
mit Wein, bis es selbst von der Plage erreicht
wurde.

Nach der Wiederbestockung der Rebflächen
auf der Basis reblausresistenter Unterlagen
entwickelte sich das Land zu einem Pro-

duzent billiger Massenware. Einzig Jerez und
Málaga sowie Rioja machten noch Qualitätsanstrengungen und konnten ihre Produkte ex-
portieren. Nach 1980 hat das Land einen
neuen Aufschwung erlebt und ist in die
Gruppe der europäischen Spitzenerzeuger zu-
rückgekehrt.

■ SIEHE AUCH

→ Andalusien · Aragonien · Cava 1) · Consejo re-
gulador · cosecha · Crianza · Denominación de
Origen · Extremadura · Galicien · Gran Reserva ·
Kanarische Inseln · Kastilien-La Mancha · Kasti-
lien-León · Katalonien · La Mancha · Málaga ·
Montilla-Moriles · Navarra · pago · Penedés ·
Priorat · Reserva · Rías Baixas · Ribera del Due-
ro · Rioja 1) · Rueda · Sherry · Vino de la Tierra ·
Vino de Mesa · Vino de Pago

Spanien. La Mancha im zentralspanischen Hochland besitzt nicht nur die berühmten Windmühlen, sondern ist auch das größte Anbaugebiet der Welt für Qualitätswein.

Spanna, →Nebbiolo.
Sparkling wine [ˈspɑːklɪŋ waɪn, engl.
»perlender Wein«], Kurzform **Sparkling,**
englisch für → Perlwein und →Schaumwein.

**Spätburgunder, Blauer Spätburgun-
der, Blauer Burgunder, Clevner,** französ.
Pinot noir [piˈno nwar], italien. **Pinot nero,**
eine der besten Rotwein-Rebsorten der Welt,
die aus dem französischen Burgund stammt,
aber heute in vielen Weinbauländern kultiviert wird.

Nach neuesten genetischen Untersuchungen geht Spätburgunder auf eine Kreuzung
zwischen Schwarzriesling und Traminer zurück und ist die wahrscheinlich älteste aus der
Gruppe der →Burgundersorten. Weiß- und
Grauburgunder sollen sich durch spontane
Mutation aus ihm entwickelt haben, die anderen Sorten der Gruppe durch Kreuzungen.

Spätburgunder wird in seiner Heimat
Burgund auf knapp 11 100 ha (1999) Rebfläche
kultiviert, in der benachbarten Champagne
auf 10 400 ha, an der Loire auf 1 600 ha und im
Elsass auf knapp 1 400 ha. Insgesamt sind in
Frankreich knapp 26 000 ha mit ihm bestockt.
In Deutschland steht die Sorte auf 10 650 ha

(2002), in der Schweiz auf knapp 4200 ha (1999) und in Italien auf 3500 ha (1997).

Darüber hinaus wird die Sorte in Portugal, Spanien, Ungarn, Tschechien, Rumänien, Bulgarien und weiteren osteuropäischen Ländern, was die Neue Welt betrifft in Kalifornien (4400 ha), Oregon und einer Reihe weiterer US-Bundesstaaten, in Argentinien, Chile, Südafrika, Australien (fast 2000 ha) und Neuseeland kultiviert. Weltweit steht Spätburgunder schätzungsweise auf etwa 60 000 ha (1999) Rebfläche.

Spätburgunder. Im Burgund werden aus Spätburgunder – hier Pinot noir genannt – einige der größten Rotweine der Welt gekeltert.

■ **Eigenschaften:** Die relativ früh reifende, im Weinberg allerdings aufgrund der hohen Frostempfindlichkeit und einer Neigung zum Verrieseln nicht unproblematische Sorte bringt bei seriöser Ertragsbegrenzung und Ausbau im Barrique einige der vielschichtigsten und alterungsfähigsten Weine der Welt hervor und ist dazu noch eine der drei Grundweinsorten für Champagner.

Die Weine zeigen mittleres bis dichtes Rot und einen Duft von roten, manchmal auch blauen Früchten, Pilzen und Unterholz. Sie sind weich und samtig, allerdings auch sehr säurebetont, wenn der Ertrag zu hoch oder der Jahrgang zu schwach war. Beim Ausbau in Barriques aus neuem Holz nehmen sie strukturgebende Tannine an und können dicht und kräftig werden. Sie zeigen eine deutliche Terroirprägung, was die Faszination vieler Grands und Premiers Crus im Burgund ausmacht. Die weltweit besten Vertreter der Sorte außerhalb des Burgund stammen aus Deutschland, Norditalien, dem US-Bundesstaat Oregon und Neuseeland.

■ **Geschichte:** Spätburgunder war im französischen Burgund bereits im 4. Jh. bekannt und wurde vom 7. Jh. an von Mönchen in Deutschland eingeführt. Seine Ausbreitung ist eng mit der Gründung neuer Klöster durch Benediktiner und Zisterzienser verknüpft. Bis zum 17. Jh. war Spätburgunder an Rhein und Mosel die dominierende Sorte, wurde aber dann vom Riesling verdrängt.

SPÄTBURGUNDER. *Wer ist der Beste?*

Frankreichs Weinliebhaber streiten schon seit Jahrzehnten, vielleicht seit Jahrhunderten, wem die Krone der besten Rotwein-Rebsorte gebührt: dem Bordeauxstar Cabernet Sauvignon oder der burgundischen Diva Spätburgunder (Pinot noir). Mit etwas gezwungen wirkenden diplomatischen Anstrengungen einigen sich die Streitparteien meist darauf, Cabernet sei mit seiner Tanninstruktur ein echter Männerwein, Spätburgunder dagegen eher etwas für Frauen. Tatsache ist, dass Spätburgunder auch in reinsortigem Ausbau zu einer Komplexität und Vielschichtigkeit in der Lage ist, derer Cabernet Sauvignon meist nur im Verschnitt mit anderen Rebsorten fähig ist. Was schließlich 30, 40 oder gar 50 Jahre alte Vertreter der beiden Sorten betrifft, so können zahlreiche internationale Weinkoryphäen davon berichten, wie sie die beiden in Blindproben schlichtweg miteinander verwechselten.

Spätlese, 1) der letzte der drei zeitlichen Abschnitte der Ernte nach Frühlese und Hauptlese; jetzt werden spät reifende Rebsorten bzw. voll- und überreife oder sogar edelfaule Qualitäten geerntet. Der Begriff steht im deutschen und österreichischen Weingesetz für eine Qualitätsstufe (→Spätlese 2), im französischen Elsass entspricht er der Kategorie der Vendange tardive. In anderen Ländern ist die Spätlese (englisch late harvest) nicht gesetzlich definiert, wird aber gelegentlich auf Etiketten erwähnt, was meist bedeutet, dass die Trauben vollreif gelesen wurden.

2) Prädikatsstufe für deutsche und österreichische Qualitätsweine aus vollreifen Trauben, die traditionell nach der eigentlichen Hauptlese geerntet wurden; heute gilt das Erreichen eines bestimmten Mindestmostgewichts als wichtigstes Kriterium.

In Deutschland müssen die Trauben für Spätlesen je nach Anbaugebiet ein Mindestmostgewicht von 76–90 °Oe, in Österreich von 19 °KMW (94 °Oe) aufweisen. Wie bei allen Prädikatsweinen ist Aufbessern nicht gestattet. Der Überlieferung nach wurde die erste offiziell notierte Spätlese 1775 auf →Schloss Johannisberg gelesen.

Obwohl der Begriff der Spätlese – mehr noch seine Pendants außerhalb des deutschen Sprachraums – oft mit lieblichem oder süßem Geschmack assoziiert wird, findet man Spätlesen in allen Geschmacksrichtungen; trockene Spätlesen können sich durch große geschmackliche Dichte und Struktur auszeichnen. Gelegentlich werden Spätleseweine auch unter anderen Bezeichnungen vermarktet wie beispielsweise →Smaragd in der österreichischen Wachau oder →Erstes Gewächs in deutschen Anbaugebieten.

spät reifend, eine Eigenschaft bestimmter →Rebsorten.

Spätrot, →Zierfandler.

Spätrot-Rotgipfler, Weißweinart des österreichischen Anbaugebiets Thermenregion; die Weine werden aus einem Verschnitt der Sorten Zierfandler und Rotgipfler, gegebenenfalls auch im →Gemischten Satz erzeugt und auch als »Gumpoldskirchner Ehe« bezeichnet. Die Charaktereigenschaften der Sorten ergänzen einander und ergeben kraftvolle, extraktreiche Weine mit viel Aroma, guter Säurebalance und Alkoholrückgrat sowie erstaunlichem Alterungspotenzial.

Speisen und Wein, Sonderartikel S. 414/415.

speziato, italienisch für die Geschmacksbezeichnung würzig.

Spiegel, beliebter Lagename in Anbaugebieten des deutschen Sprachraums; als besonders hochwertig gelten die Lagen im österreichischen Anbaugebiet Kamptal, Gemeinde Langenlois, im Kremstal, Gemeinde Gedersdorf-Brunn im Felde, in der Thermenregion,

Gemeinde Gumpoldskirchen, und im französischen Elsass, Gemeinden Bergholtz und Guebwiller.

Von den nach Osten ausgerichteten Mergelböden unterschiedlicher Zusammensetzung des Elsässer Spiegel kommen sehr gute Weißweine aus den Rebsorten Gewürztraminer und Grauburgunder (Tokay Pinot gris).

Die österreichischen Lagen, deren Böden von Löss mit leichtem Kalkgehalt (Gedersdorf) über kalkhaltige Schiefer mit Lössauflage (Langenlois) bis hin zu Kalksteinschotter mit sandiger Lehmauflage (Gumpoldskirchen) reichen, bringen hervorragende Gewächse v.a. aus Grünem Veltliner und Weißburgunder hervor.

spigoloso, italienisch für die Geschmacksbezeichnung rau, adstringierend.

Spindelpresse, eine Art der →Presse.

spitz, übertrieben säurebetont und unharmonisch bzw. aggressiv; Begriff der Weinansprache für extraktarme Weine mit so genannter grüner, unreif wirkender Säure.

spogliato [spɔɣ´ʎa:to, italien. zu spogliare, »ausziehen«], italienisch für farblich aufgehellt, ausgezehrt, v.a. in Bezug auf überalterte Rotweine.

spontane Gärung, Spontangärung, eine Art der →Gärung.

Spontanhefen, im Weinberg vorkommende, natürliche →Hefen.

Sporen, Grand-Cru-Lage der französischen Weinbauregion Elsass, Gemeinde Riquewihr; die knapp 24 ha große Lage mit ihren tiefen Tonmergelböden, die auch in trockenen Jahren die Feuchtigkeit speichern, bringt sehr gute Weißweine aus Gewürztraminer und Grauburgunder (Tokay Pinot gris) hervor.

Sprinklerbewässerung, eine Form der →Bewässerung.

spriten, →aufspriten.

spritzen, Mittel des →Pflanzenschutzes ausbringen; gemeinsprachlich für alle Verfahren, wobei zwischen **Spritzverfahren, Sprühverfahren** und dem **Stäuben** unterschieden wird. Letzteres ist in Deutschland aus Umweltschutzgründen und zum Schutz der Winzer nicht zugelassen, in anderen Ländern, insbesondere im Mittelmeerraum, aber häufig anzutreffen. Ziel des Spritzens und Sprühens ist das (möglichst verlustfreie) Verteilen des Pflanzenschutzmittels auf die Rebzeilen.

Beim eigentlichen Spritzen wird das Pflanzenschutzmittel ohne Unterstützung durch Gebläseluft ausgebracht. Die Tropfenerzeugung erfolgt durch den Pumpendruck in Verbindung mit einer bestimmten Größe der Düsen. Beim Sprühen dagegen erfolgt die Tropfenerzeugung mit Unterstützung durch ein Gebläse. Dadurch können kleinere Tropfen erzeugt und das Pflanzenschutzmittel effizienter und sparender eingesetzt werden.

spritzig, durch erhöhten Gehalt an Kohlendioxid lebendig am Gaumen; Begriff der Weinansprache für Stillweine, deren Kohlendioxidgehalt sich meist durch leichtes Prickeln am Gaumen bemerkbar macht.

Spritzmittel, gemeinsprachlich für Pflanzenschutzmittel (→Pflanzenschutz).

Spritzverfahren, ein Verfahren beim →Spritzen.

Sprühverfahren, ein Verfahren beim →Spritzen.

Spumante [spu´mantə, zu latein. spúma »Schaum«], italienische Bezeichnung für →Schaumwein.

spritzen. In vielen kleinen Winzerbetrieben wie hier im österreichischen Krems wird noch mit der Handpumpe gespritzt. Für den Anwender ist der Umgang mit Pflanzenschutzmitteln mit gesundheitlichen Risiken verbunden.

Spundloch, Öffnung in einer Daube des Holzfasses, nicht zu verwechseln mit dem Zapfloch im Fassboden; das Spundloch dient zum Befüllen des Fasses, bei kleineren Fässern auch zum Reinigen und zur Entnahme von Weinproben. Es wird meist mit einem konisch zulaufenden Holz- oder Silikonstopfen verschlossen, dem **Spund,** während der Gärung mit einem →Gäraufsatz. Zur Vermeidung unerwünschter Oxidation müssen Fässer **spundvoll,** d.h. bis zum Rand des Spundlochs gefüllt sein.

spunto, italienisch für Stich, Essigstich.

staatliche Prüfnummer, →Prüfnummer.

Staatsweingut, Staatliche Weinbaudomäne, Weingut im Besitz eines deutschen Bundeslands.

stabilisieren, krankhaften Veränderungen des Weins oder dem ungewollten Abbau von Säure durch geeignete Maßnahmen vorbeugen; dabei kommen sowohl →Konservierungsmittel wie Schwefel, Sorbinsäure oder

Fortsetzung S. 416

ı

SPEISEN UND WEIN

ı) Für Italiener gehörte Wein bis vor wenigen Jahren zu den wichtigsten Kalorienlieferanten. Bis heute darf er auf keinem gedeckten Tisch fehlen.

Wein und Speisen richtig zu »vermählen«, wie man sagt, das heißt den passenden Wein für ein Gericht oder ein ganzes Menü zu finden, gehört zu den anspruchsvollsten Aufgaben des Weinfreunds und des Sommeliers. Natürlich gibt es eine ganze Reihe vermeintlich einfacher Faustregeln wie »Weiß zu Fisch und Rot zu Fleisch« oder »Erst die jungen, dann die alten (Weine)«, aber die sind entweder schlichtweg falsch oder aber es gibt unzählige Ausnahmesituationen, in denen sie nicht anwendbar sind.

Einer der wichtigsten Aspekte bei der Wein- wie bei der Speisenwahl ist das Einhalten einer »logischen« Geschmacksfolge. Wie bei Speisen schwerere auf leichtere Gerichte folgen, sollte man beim Wein vom leichten zum schweren fortschreiten, vom trockeneren zum süßeren. Wer nach einem üppigen Süßwein den großen, tanninbetonten Rotwein ausschenkt, darf sich nicht wundern, wenn dieser unharmonisch, adstringierend oder gar bitter wirkt. Ein säurebetonter Weißwein schmeckt nach einem kräftigen, vollmundigen Roten oder nach einem Süßwein nur noch sauer und kratzig.

Die richtige Reihenfolge

Eine alte Regel behauptet, im Verlauf einer Menüfolge sollten erst die jungen, dann die älteren Weine getrunken werden. Meist jedoch, insbesondere bei kräftigen Rotweinen, ist genau das Gegenteil richtig. Reife Weine zeichnen sich dadurch aus, dass ihre Säure und ihre Tannine rund und harmonisch wirken, während die von Jungweinen noch rau und hart sind – wer aber einen weichen Wein nach dem harten trinkt, wird wenig Freude an ihm haben.

Genauso falsch ist die Behauptung, zu bestimmten Speisen passe kein Wein. Schokolade vermählt sich mit bestimmten Portweinen oder Banyuls, asiatische, stark gewürzte Küche mit leicht restsüßem Gewürztraminer, und sogar Salatessig verträgt sich mit leichter Süße im Wein. Zu vermeiden sind auf jeden Fall Kombinationen, die sich in ihrem unangenehmen Geschmackseindruck verstärken wie Salz und Bitterkeit oder Säure und Salz. Salzige Austern passen zwar zu trockenen, fruchtigen Weißen, sie dürfen aber nicht allzu säurebetont sein.

Letztlich leiden alle Regeln daran, dass kein Gericht immer gleich zubereitet, kein Wein immer gleich vinifiziert wird. Von den Zutaten des Gerichts, von den Gewürzen und Saucen hängt aber ab, zu welchem Wein es passt; von der Machart des Weins, von seinem Jahrgang, zu welchem Gericht er mundet. Die Aussage, »ein kräftiger Bordeauxwein passt zum Rinderbraten«, ist deshalb genauso richtig wie falsch, so lange nicht präzisiert wird, um welchen Bordeauxwein es sich handelt, wie alt er ist, und wie das Fleischgericht zubereitet wurde. Im Zweifelsfall hilft keine Regel, sondern nur die Probe aufs Exempel!

Harmonie oder Kontrast

Die wichtigste Regel bei der Suche nach perfekten Vermählungspartnern ist die, dass keiner der beiden zu »laut« sein, den anderen übertönen darf, sie sollen sich vielmehr gegenseitig verstärken: Nach einem Schluck Wein sollen Duft und Geschmack des Essens intensiver, anregender wirken und umgekehrt. Eine solche Wirkung kann sich durch geschmackliche Har-

2

3

monie oder durch geschmacklichen Kontrast einstellen.

Geschmackliche und aromatische Harmonie ist leicht herstellbar. Ein kräftiger Wildbraten mit stark reduzierter, das heißt kräftiger Sauce und Pilzen passt perfekt zu einem gereiften Barolo, der viel Kraft, aber auch die richtigen Pilz- oder Trüffelnoten im Duft mitbringt. Ein Nudelgericht mit Sahnesauce passt zum weichen, fülligen, fast cremigen Weißwein, der im Barrique vergoren sein kann.

Einen perfekten Kontrast bilden beispielsweise Blauschimmelkäse und edelsüße Weine. Der salzig-cremige Käse bringt die Süße und die exotischen Aromen des Weins noch besser zur Geltung, und die Süße des Weins bietet dem Gaumen Erholung. Ideal ist auch der Kontrast zwischen Fisch mit schweren Saucen und herzhaften Rotweinen, eine Kombination, die fast jeder gängigen Regel widerspricht. Gegrillter Fisch zu restsüßem Weißwein ist dagegen eine geschmackliche Erfahrung, die vermieden werden sollte. Positive Kontraste stellen sich auch zwischen Ziegenkäse, der den Gaumen austrocknet, und saftigem Weißwein her, zum Beispiel bei Sauvignon blanc.

Die klassischen Kombinationen

Hält man sich diese Grundregeln vor Augen, ist die Wahl des richtigen Weins keine allzu schwierige Angelegenheit. Terrinen und leichte, kalte Häppchen zur Vorspeise verlangen nach leichten, eher neutralen Weißweinen, Muscheln, Fisch oder rohes Fleisch dagegen nach aromatischen. Zum Schinken mit Melone oder zum geräucherten Fisch passen kräftige Weiße. Der einzige Fall, in dem süße oder sogar edelsüße Weißweine zur Vorspeise passen, ist Gänsestopfleber. Bei Pastagerichten hängt es fast ausschließlich von der Sauce ab, zu welchem Wein sie munden: aromatische oder kräftige Weiße zur Sahnesauce, Rosé oder mittelschwerer Rotwein zur Fleisch- oder Käsesauce, etwas schwerere Rotweine zur Wild- oder Trüffelsauce.

Zu Fisch ist die Weinwahl von der Zubereitungsart abhängig. Gedämpfter Fisch wird perfekt von leichteren Weißweinen begleitet, roher oder mit kräftigen Saucen angerichteter von kräftigen oder aromatischen Weißweinen. Kräftigere Weißweine passen auch zu Schalen- oder Krustentieren. Würzig überbackener oder mit schwerer Buttersauce servierter Fisch passt dagegen zu leichteren oder auch kräftigeren Rotweinen, vor allem zu solchen, die etwas kühler getrunken werden.

Geflügelgerichte passen sich, je nach Zubereitungsart, der gesamten Weinpalette an: aromatischen oder kräftigen Weißweinen wie leichten, mittelschweren oder schweren Rotweinen. Wildgeflügel braucht geschmacklich intensive, kräftige Rotweine wie beispielsweise gereiften roten Burgunder. Ebenso vielseitig sind die Möglichkeiten bei Käse: leichte Weißweine zu Frischkäse, aromatische zu Ziegenkäse oder Camembert, leichte Rotweine zu Parmesan und Brie, schwerere zu Hartkäse. Beim Dessert schließlich sind nicht immer üppige Süßweine angesagt, sie können so manch delikate Nachspeise geschmacklich auch ruinieren. Viel besser passen dann gute, vielleicht moderat restsüße Schaumweine.

2) Die Trüffelaromen mancher Weine passen besonders gut zu Gerichten, wie sie im italienischen Piemont mit der weißen Albatrüffel zubereitet werden.

3) Wein ist in vielen Ländern ein unverzichtbarer Bestandteil der Mahlzeit, so auch beim Picknick in Frankreich.

Fortsetzung von S. 413
Vitamin C als auch physikalische Verfahren wie →Schönung und Filtration (→filtrieren) zum Einsatz.

Stag's Leap District [stægs li:p 'dɪstrɪkt], eigenständige AVA-Herkunftsbezeichnungen für Weine aus einem Teilgebiet des kalifornischen Napa Valley entlang des so genannten Silverado Trails an der Ostseite des Tals; Weiß- und Rotwein-Rebsorten bringen hier hervorragende Resultate.

staubig, staubtrocken, fast unharmonisch trocken; Begriff der Weinansprache für Weine ohne die geringste geschmacklich wahrnehmbare Restsüße.

Staubiger, →Federweißer.

stechend, geruchlich aggressiv, die Nasenschleimhäute reizend; Begriff der Weinansprache für Aromen, die in ihrer Wirkung mit dem Geruch scharfer Säuren vergleichbar sind. Die häufigste Ursache für stechenden Geruch in Weinen ist der so genannte Essigstich.

Stag's Leap District am Silverado Trail, dem östlichsten Highway des kalifornischen Napa Valley, gehört zu den besten Bereichen des Tals für komplexe Rotweine aus Chardonnay und Cabernet Sauvignon.

stahlig, fest strukturiert, fast hart; Begriff der Weinansprache, der v.a. für Weißweine mit hohem Säuregehalt und großer geschmacklicher Dichte verwendet wird. Besonders säurebetonte Rieslinge werden als stahlig bezeichnet, sofern ihre Säure durch gleichzeitig hohe Extrakte und Alkohol oder Restzucker gepuffert ist.

Stahltank, in der Regel zylindrische, bis zu mehrere tausend hl Most oder Wein fassende Behälter aus rostfreiem Edelstahl; sie kommen bei der Gärung und beim Ausbau zum Einsatz. Stahltanks zeichnen sich dadurch aus, dass sie keinen Sauerstoff eindringen lassen, dass die Temperatur ihres Inhalts leicht kontrolliert und beeinflusst werden kann, und dass sie einfach zu reinigen sind. Ob bei der Gärung im Stahltank letztlich genauso komplexe Weine erzeugt werden können wie im Holzbottich oder -fass, ist umstritten.

Stamm, Bestandteil der →Rebe 2).

Standzeit, →Maischestandzeit.

Starkenburg, der größere und allein wirtschaftlich bedeutende der beiden Bereiche des deutschen Anbaugebiets Hessische Bergstraße; als beste Weinbergslagen des Bereichs gelten Centgericht und Steinkopf in der Gemeinde Heppenheim.

stecken bleiben, ungewollt und ohne äußere Einflüsse aufhören zu gären; die Gärung kann unter bestimmten Umständen erst ins Stocken geraten und dann gänzlich zum Erliegen kommen, auch wenn ein großer Teil des Zuckers noch nicht in Alkohol umgewandelt wurde.

Gründe dafür sind v.a. mangelnde Ernährung der Hefen, zu niedrige Gärtemperaturen oder zu hoher Alkoholgehalt, der die Hefen in ihrer Arbeit blockiert. Da bei der Gärung zunächst Glukose vergoren wird, bleibt als Restzucker vorwiegend Fruktose übrig. Stecken gebliebene Jungweine sind meist nur schwer wieder zum Gären zu bringen, deshalb ist es immer ratsam, ungewollte →Gärstopps durch optimale Gärführung und eine ausreichende Versorgung der Hefen mit Nährstoffen zu vermeiden.

Steckling, zum Zwecke der vegetativen, d.h. ungeschlechtlichen Vermehrung abgetrennter Teil der Rebe (→Edelreis), der durch Bildung von Adventivsprossen und -wurzeln zu neuen selbstständigen Pflanzen heranwachsen kann, im Weinbau aber meist zuvor auf Unterlagen aufgepfropft wird. Stecklinge spielen insbesondere im Rahmen der klonalen Selektion und der Rebzüchtung eine Rolle.

Steen [sti:n], →Chenin blanc.

Steiermark, die südlichste und kleinste der drei Hauptweinbauregionen Österreichs; knapp 3300 ha (2001) Rebfläche werden von insgesamt 3800 Weinbaubetrieben bewirtschaftet.

Die Region ist in drei Anbaugebiete gegliedert, die Südost-, die Süd- und die Weststeiermark; größtes Anbaugebiet ist die **Südsteiermark** mit fast 1800 ha Rebfläche und mehr als 1000 Betrieben. Dahinter folgt die **Südoststeiermark** mit etwas über 1000 ha Fläche, aber fast 2250 Betrieben, darunter sehr viele Nebenerwerbswinzer. Die **Weststeiermark** ist das kleinste Gebiet und umfasst nur gut 450 ha Rebfläche; hier arbeiten 500 Winzerbetriebe. Eine gut organisierte Marktgemeinschaft vertritt die Interessen von mehr als 750 Einzelbetrieben und hat für jung zu trinkende Weine die Markenbezeichnung Steirischer Junker geschaffen.

■ **Klima und Böden:** Das steirische Klima wird von kontinental-pannonischen und südeuropäisch-mediterranen Einflüssen geprägt und ist angesichts der südlichen Lage der Region erstaunlich kühl. Große Temperaturschwankungen zwischen Tag und Nacht sorgen für ausgeprägte Fruchtaromen bei den Weinen, weshalb die mit Abstand interessantesten Qualitäten aus Weißwein-Rebsorten gekeltert werden.

Die Böden sind im Südosten vulkanischen Ursprungs; neben Basalt und Basaltverwitterungsböden findet man hier auch sandigen, schweren Lehm. Im Süden dominieren Schiefer, Sand, Mergel und Kalk, und im Westen bestehen die Böden hauptsächlich aus Gneis und Schiefer. Weinbau wird vorwiegend in Hang- und Steillagen getrieben.

■ **Rebsorten:** Unter den Weißwein-Rebsorten nimmt der Welschriesling sowohl mengenmäßig (knapp 700 ha) als auch von den Weinqualitäten her gesehen eine Sonderstellung ein – in kaum einer anderen Weinbauregion werden aus ihm so interessante Qualitäten gekeltert. Ihm folgen die weißen Burgundersorten (570 ha, wobei zwischen Morillon und Chardonnay aufgrund der lange herrschenden Verwechslung der beiden nicht unterschieden wird), der Blaue Wildbacher (460 ha), Müller-Thurgau, Zweigelt, Scheurebe (Sämling 88), Sauvignon blanc, Gelber Muskateller, Riesling und Gewürztraminer.

Unter den drei Anbaugebieten hat sich v. a. die Südsteiermark in den 1990er-Jahren eine solide Reputation aufbauen können. Ihre Weißweine aus Sauvignon blanc – im Stahltank oder im Barrique ausgebaut – gehören in guten Jahren zu den besten Vertretern der Sorte weltweit. Auch Morillon bzw. Chardonnay kann sehr gut ausfallen. Die Weststeiermark hat sich dagegen auf Roséwein aus Blauem Wildbacher, dem so genannten Schilcher, spezialisiert. Das noch unbekannteste

Weinbauterritorium der drei ist die Südoststeiermark, wo hauptsächlich entlang der ungarischen Grenze Reben kultiviert werden. Das Gebiet bringt interessanten Traminer und auch den einen oder anderen guten Rotwein hervor.

Steigerwald, östlichster der drei Bereiche des deutschen Anbaugebiets Franken; von den Keuperböden am Rande des gleichnamigen Mittelgebirges kommt hervorragender Weißwein aus verschiedenen Rebsorten wie Silvaner und Riesling, gelegentlich auch Scheurebe, Müller-Thurgau (Rivaner) und Grauburgunder.

Steillage, Weinbergslage an Hängen mit großem Gefälle (→Hanglage); nach dem deutschen Weingesetz muss eine Steillage eine Neigung von mindestens 30% aufweisen. In Österreich sind es 26%; dort können Weine aus Steillagen die Zusatzbezeichnung Bergwein führen. Steillagen erfordern meist ein Vielfaches des Arbeitsaufwands von flacheren oder ebenen Weinbergslagen, sind aber in kühlen Anbaugebieten der einzige Weg, den Reben ausreichende Sonnenbestrahlung zu sichern.

Stein, eine der renommiertesten deutschen Weinbergslagen im Bereich Maindreieck, Stadt Würzburg, des deutschen Anbaugebiets Franken; Weine der Lage sind bereits seit Jahrhunderten unter dem Namen Steinwein in ganz Europa bekannt. Der gut 2 km lange und 92 ha große Rebhang gilt als größte geschlossene Steillage Deutschlands. Sie weist für ihre nördliche Lage ungewöhnlich heißes, fast mediterranes Klima auf, wobei die starke Sonneneinstrahlung von den hellen Böden reflektiert und dadurch noch verstärkt wird. Als bester Teil des Steins gilt eine Parzelle mit dem Namen Stein-Harfe, die im Alleinbesitz des Würzburger Bürgerspitals ist.

Steinberg, beliebter deutscher Lagenname, u. a. einer der historischen Weinbergs-

Steiermark. Das Klapotetz, ein hölzernes Windrad, gilt als Wahrzeichen der Südsteiermark – es soll während der Traubenreife gefräßige Vögel aus den Weingärten vertreiben. Der Name kommt vom slowenischen Wort klopótec (klappern).

lagen des deutschen Anbaugebiets Rheingau, Gemeinde Eltville-Hattenheim; der bereits im 12. Jh. von Zisterziensermönchen des Klosters →Eberbach angelegte, vollständig von einer Mauer umgebene Clos gilt als relativ kühle und dadurch schwierige Lage, bringt aber in guten Jahren großartige Weißweine aus der Rebsorte Riesling hervor.

Steinborz, Steinporz, eine der besten Weinbergslagen des österreichischen Anbaugebiets Wachau, Gemeinde Spitz an der Donau; die nach Südosten ausgerichtete Steillage in einer Höhe von 300–350 m ü. M. mit einer Hangneigung von bis zu 60 % eignet sich besonders für die Weißwein-Rebsorten Neuburger und Riesling.

Steinbuck, eine der besten Weinbergslagen im Bereich Kaiserstuhl, Gemeinde Vogtsburg-Bischoffingen, des deutschen Anbaugebiets Baden; die Reben stehen in einer Höhe von etwa 270 m ü. M. auf Vulkanverwitterungsböden und sind nach Südwesten ausgerichtet. Vom Steinbuck kommen hervorragende Weißweine der Rebsorte Grauburgunder.

Steiner Hund, eine der besten Weinbergslagen des österreichischen Anbaugebiets Kremstal, Gemeinde Krems-Stein; die steilen Steinterrassen mit einer Hangneigung von bis zu 50 % weisen massive Kristallin- und Konglomeratböden auf, z. T. mit leicht sandigem Löss bedeckt, und sind nach Süden ausgerichtet. Sie eignen sich besonders für die Weißwein-Rebsorten Grüner Veltliner und Riesling, deren Weine von vielen Kritikern auf eine Stufe mit denen der besten Lagen der benachbarten Wachau gestellt werden.

Steinertal, eine der besten Lagen des österreichischen Anbaugebiets Wachau, Gemeinde Dürnstein; die geschützten Steinterrassen in einer Höhe von etwa 240 m ü. M. sind nach Süd-Südosten ausgerichtet und weisen Urgesteinsverwitterungsböden auf. Von ihnen kommen einige der besten Weißweine des Gebiets aus den Rebsorten Grüner Veltliner und Riesling.

Steinfeder, geschützte Bezeichnung für trockene Weißweine der Winzervereinigung Vinea Wachau Nobilis Districtus in der österreichischen Wachau im Rang einer Qualitätsstufe; die Weine werden aus Trauben mit einem Mostgewicht von mindestens 15–17 °KMW gekeltert und dürfen maximal 10,7 Vol.-% Alkohol aufweisen. Der Name bezieht sich auf eine Grasart, die auf den Felsterrassen der Wachau zu finden ist.

Steingraben, sehr gute Weinbergslage im österreichischen Anbaugebiet Kremstal, Gemeinde Gedersdorf; die steilen Terrassen direkt oberhalb der Ortschaft sind wie ein Hohlspiegel nach Süden ausgerichtet. Die

Lage weist trockene Konglomerat-Verwitterungsböden auf und bringt hervorragende Weißweine der Rebsorte Riesling hervor.

Stein-Harfe, Teil der Weinbergslage Würzburger →Stein.

Steinmassel, sehr gute Weinbergslage des österreichischen Anbaugebiets Kamptal, Gemeinde Langenlois; die nach Süd-Südosten ausgerichtete Lage in 200–300 m ü. M. weist Glimmerschiefer- und Gneis-Urgesteinsböden auf und gilt als ideal für Weißweine aus den Rebsorten Grüner Veltliner und Riesling.

Steinmühle, eine der besten Weinbergslagen des österreichischen Anbaugebiets Neusiedlersee-Hügelland, Gemeinde Großhöflein; die Weinberge liegen auf einem etwa 180 m ü. M. hohen Plateau aus steinzeitlichen Schotterböden mit hohem Quarzanteil und Feuerstein. Sie sind hervorragend geeignet für die Weißwein-Rebsorte Sauvignon blanc.

Steinporz, →Steinborz.

Steinwein, gemeinsprachlich für Wein der Lage →Stein im deutschen Anbaugebiet Franken.

Steirischer Junker, Junker, Weinmarke der österreichischen Weinbauregion Steiermark, die 1995 von einer kleinen Gruppe von Weinbauern der Südsteiermark geschaffen und wenige Jahre später von der Marktgemeinschaft Steirischer Wein für die gesamte Steiermark übernommen wurde. Die etwa 200 Weinbaubetriebe, die das Markenzeichen verwenden, arbeiten nach streng kontrollierten Qualitäts- und Ausbauvorschriften. Der Großteil der Produktion, die das Markenzeichen und die entsprechende schwarz-grüne Kapsel trägt, besteht aus Weißweinen; nur gelegentlich werden Rotweine und Schilcher als Steirischer Junker vermarktet.

Stellenbosch, südafrikanischer Weinbaudistrikt (District) im Osten Kapstadts, der Teil der →Coastal Region ist; auf etwa 14 600 ha (2002) Rebfläche werden vorwiegend Rotwein-Rebsorten kultiviert.

Die meistkultivierte Sorte ist Cabernet Sauvignon (3 200 ha) vor Chenin blanc (1960 ha), Merlot (1760 ha) und Syrah (Shiraz, 1700 ha). Dahinter folgen Sauvignon blanc, Pinotage und Chardonnay. Stellenbosch ist in die Bereiche (Wards) →Jonkershoek Valley, Papegaaiberg, →Simonsberg-Stellenbosch, Bottelary und →Devon Valley sowie die drei Sektoren Helderberg, Koelenhof und Vlottenburg gegliedert.

In klimatischer Hinsicht liegt der Distrikt unter dem Einfluss des heißeren Nordens der Kapregion, andererseits unter dem der kühlen Winde, die von der False Bay landeinwärts wehen. Stellenbosch hat in den 1990er-Jahren Paarl als Weinbauzentrum

Südafrikas abgelöst. Das liegt nicht nur an der aktiven Weinbaufakultät der örtlichen Universität, sondern auch daran, dass sich die Erzeuger wie in kaum einem anderen Anbaugebiet des Landes einem strikten Qualitätskurs verschrieben.

Stellenbosch. Das Anbaugebiet von Stellenbosch liegt im Schatten hoher Bergketten, die es gegen das heiße Inlandsklima abschirmen.

sterilisieren, schädliche Mikroorganismen im Wein bzw. in Weinbehältern und Gerätschaften abtöten oder abtrennen; Qualitätsweine werden in der Regel durch →Filtrieren sterilisiert, Kurzzeiterhitzung oder Warmfüllen kommen nur selten zum Einsatz. Behälter, Filter oder Leitungen werden in der Regel mit Dampf oder heißem Wasser gereinigt, bei Weinflaschen und anderen Gerätschaften kommen auch Schwefeldioxid, Wasserstoffperoxid, Peressigsäure, Ozon oder reiner Alkohol zum Einsatz.

Stich, geruchlich wahrnehmbarer Weinfehler; Oberbegriff für verschiedene Arten von stechendem oder anderweitig aggressivem Geruch. Man unterscheidet zwischen →Essigstich, →Milchsäurestich oder Buttersäurestich. Die betroffenen Weine werden in der Weinansprache als **stichig** bezeichnet.

Stickelbau, eine →Erziehungsform der Weinrebe.

Stickstoff, ein chemisches Element, das unter Normalbedingungen als zweiatomiges, farb-, geruch- und geschmackloses Gas auftritt, das sehr reaktionsträge (inert) und mit etwa 78 Vol.-% Hauptbestandteil der Atemluft ist; er ist für alle Pflanzen, Tiere und Mikroorganismen lebenswichtig und Bestandteil von Proteinen (Eiweiß), Nukleinsäuren und Enzymen.

Pflanzen und Mikroorganismen nehmen anorganischen Stickstoff in Form von Ammoniumverbindungen, Nitraten und Aminosäuren auf, tierische Organismen gewinnen ihn aus der Nahrung. Für die Rebe ist Stickstoff im Rahmen der Wurzelbildung, des Pflanzenwachstums sowie der Photosynthese in den Blättern von Bedeutung. Ein eventueller Stickstoffmangel kann durch entsprechendes →Düngen ausgeglichen werden. In der Weinbereitung ist die ausreichende Versorgung des Mosts mit Aminosäuren für die Ernährung von Hefen und Bakterien von Bedeutung.

Stielbucht, die Ansatzstelle des Stiels bei Blättern der →Rebe 2).

Stiele, Bestandteile der →Traube.

Stielfäule, eine Erscheinungsform der Graufäule (→Botrytis).

stielig, nach grünem Holz riechend; Begriff der Weinansprache für einen geruchlichen Weinfehler, der meist auf die Verarbeitung von Traubengut mit unreifen Tanninen zurückzuführen ist.

Stierblut, →Bikavér.

Stiftsbreite, sehr gute Weinbergslage des österreichischen Anbaugebiets Thermenregion, Gemeinde Tattendorf; sie wurde 1114 zum ersten Mal urkundlich erwähnt und gehört dem bekannten Stift Klosterneuburg. Von der traditionell als Rotweinlage bekannten Stiftsbreite kommen heute ausgezeichnete Rotweine aus der Sorte Sankt Laurent, aber auch aus Cabernet Sauvignon und Merlot.

Stillwein, Wein, dessen Gehalt an Kohlendioxid so gering ist, dass er weder perlt noch schäumt (wie Schaum- oder Perlwein).

Stilrichtungen, die Gesamtheit der von Moden und Zeitströmungen beeinflussten Besonderheiten hinsichtlich der Vinifizierung und des Ausbaus bestimmter Weine, im Unterschied zu →Geschmackstypen sowie zu den von Rebsorten oder der Herkunft bestimmten Geschmackseigenschaften von Weinen; bei bestimmten Weinen wie dem italienischen Barolo oder dem spanischen Rioja wird beispielsweise zwischen einer so genannten klassischen und einer internationalen Stilrichtung unterschieden.

Dabei steht das Attribut klassisch für lange im Holzfass ausgebaute Weine von ätherischweiniger Art, die in der Jugend sehr harte Tannine zeigen können, während der internationale Stil für farbintensive, dichte und fruchtbetonte, schon jung trinkreife Weine mit samtenen, runden Tanninen steht, die einen größeren Teil ihrer Reifeentwicklung in der Flasche absolvieren. Bei Weißweinen unterscheidet man zwischen reduktiv und oxidativ ausgebauten Gewächsen, bei Süßweinen zwischen fruchtbetonten, im Stahltank vergorenen Weinen und holzbetonten aus dem Barriquefass. Stilfragen sorgten seit den 1980er-Jahren für einige der heftigsten Diskussionen in der Weinwelt, wobei insbesondere Themen wie der Barriqueausbau im Zentrum der Auseinandersetzungen standen.

St. Laurent, →Sankt Laurent.

Stockdichte, Pflanzdichte, die Anzahl der Rebstöcke auf einer bestimmten Weinbergsfläche; sie wird in der Regel in Stöcken/ha angegeben.

Straußwirtschaft. Die Wiener Heurigenlokale gelten zu Recht als die bekanntesten Straußwirtschaften Europas. Ihr »ausgesteckt« zieht Touristen aus aller Welt an.

Bei der Weinbergsanlage wird die Stockdichte unter Berücksichtigung der gewählten Unterlagen, des Erziehungssystems, der gewünschten Stockbelastung und des Ertragsziels festgelegt. Die Stockdichte hat dadurch direkte Auswirkungen auf die Qualität der Trauben und der Weine. Sie berechnet sich aus dem →Zeilenabstand und dem **Stockabstand.**

Der Zeilenabstand, d. h. die Breite der Rebgassen, schwankt in ebenen Lagen meist um 2 m, im Steilhang um 1,60 m. Die Stockabstände variieren in der Regel zwischen 1 m und 1,50 m. Das ergibt Stockdichten von etwa 3500–6000 Stöcken/ha. In Weitraumanlagen von 2,80–3,50 m Zeilenabstand beträgt sie gelegentlich nur 1500–2000, in Engpflanzungen mit weniger als einem Meter Zeilenabstand bis zu 12 000 Stöcke/ha.

Stoff, geschmackliche Fülle und Kraft; Begriff der Weinansprache für alkohol- und extraktreiche Weine; die Weine werden auch als **stoffig** beschrieben.

stoffa, italienisch für die Geschmacksbezeichnung Stoff, Fülle.

STRESS. *Müssen Reben wirklich Stress leiden?*

Die These, Weinreben müssten unter Stress leiden, um wirklich große Weine hervorzubringen, ist zumindest missverständlich, wenn nicht gar falsch. Richtig ist, dass kargere Böden die Rebe zwingen, mit ihren Wurzeln in größere Tiefen vorzudringen, wo sie vielfältige Mineralstoffe finden, die zur Komplexität der Trauben bzw. des Weins beitragen. Sehr fruchtbare, reiche Böden sind darüber hinaus einer der Gründe dafür, dass die Pflanzen zu sehr hohen Erträgen neigen, was der Konzentration von Aroma- und Geschmacksstoffen abträglich ist. Dennoch braucht die Rebe wie jede Kulturpflanze eine ausgeglichene Nährstoff- und Wasserversorgung, um gute Resultate zu liefern. Reben unter Stress bringen nie wirklich zufriedenstellende Trauben hervor, da die physiologischen Reifeprozesse in ihnen nicht vollständig ablaufen können. Trockenstress kann zum Beispiel zu Weißweinen mit bitteren, phenolischen Aromanoten und zu Rotweinen mit harten, grünen Tanninen führen.

---

stoppen, →abstoppen.

stoßen, →unterstoßen.

strahlend, →brillant.

Straußwirtschaft, Besenwirtschaft, Kranzwirtschaft, österreich. **Heurigenlokal, Heurige, Buschenschank,** in der Regel ein saisonaler Gastronomiebetrieb, in dem ausschließlich selbst gekelterter Wein von den Trauben eigener Weinberge angeboten wird.

Als Zeichen, dass Straußwirtschaften geöffnet sind, wird häufig ein Strauß, Zweig oder Kranz ausgehängt (österreichisch **ausgesteckt**). Auf eine lange Tradition können insbesondere die typischen Wiener Heurigenlokale zurückblicken, die durch die Verordnung des Habsburger Kaisers Joseph II. (*1741 †1790) vom 17. 8. 1784 geschaffen wurden.

Stravecchio [stra'vekkıo, italien.], sehr alt; Zusatzbezeichnung für Weine der DOC-Appellation →Marsala.

Streckbogen, eine Form der Fruchtrute beim →Rebschnitt.

streng, intensiv, aber ohne Charme; Begriff der Weinansprache für einen markanten, aber nicht angenehmen oder harmonischen Duft bzw. Geschmack von Weinen, denen v. a. die fruchtig-süße Komponente fehlt. Ein auffälliger chemischer Geruch kann ebenso streng wirken wie markante Säure oder raues Tannin.

Stress, ein Zustand inneren Ungleichgewichts bei der Rebe, der durch Fehler in der Anbautechnik, mangelnde Pflege oder extreme Witterungsbedingungen ausgelöst werden kann.

Stress kann zu Rebkrankheiten und Problemen hinsichtlich der Trauben- und Weinqualität führen. Nährstoffunterversorgung oder überhöhter Ertrag führen zu mangelhaft ernährten Rebstöcken und damit zu extraktarmen Weinen von minderer Qualität. Witterungsstress infolge extremer Temperaturen und Niederschläge kann sogar zu nachhaltigen Schäden am Rebstock, insbesondere durch Frostrisse am Stamm und durch Staunässe bzw. Sauerstoffmangel in der Wurzelzone führen.

Der so genannte »Sonnenbrand«, Brandflecken auf den Blättern oder vertrocknete, eingeschrumpfte Beeren, wie auch der Trockenstress gehören zu den Extremen, die besonders Weißwein-Rebsorten gefährlich werden. Sie führen zu deutlich geringeren Mostgewichten und Problemen bezüglich der Alterungsfähigkeit der Weine (→untypischer Alterungston). Bei Rotwein-Rebsorten können Temperatur- oder Wasserstress aber auch zu Qualitätssteigerungen führen: Die Beeren bleiben dann kleiner und lagern im Zuge typischer Stressabwehrreaktionen mehr Polyphenole in die Beerenhaut ein, um sich zu schützen. Die Weine werden dadurch farbintensiver und extraktstärker.

Strohwein, Wein aus teilweise getrockneten Trauben (→trocknen); vor dem Maischen oder Keltern werden die Trauben längere Zeit auf einer Strohunterlage ausgebreitet und verlieren durch Verdunstung einen Teil ihres Wassers; die übrigen Inhaltsstoffe wie Zucker, Extrakte, Aromen werden dabei konzentriert.

Gemeinsprachlich wird der Begriff Strohwein auch für **Schilfwein** verwendet, eine Spezialität des österreichischen Burgenlands, bei dessen Herstellung das Stroh durch Schilf ersetzt wird, sowie für italienische Süßweine von der Art des →Recioto, des →Amarone und des →Vin santo. Deren Trauben werden allerdings nicht auf Stroh, sondern an Gestellen hängend, auf Holzplatten oder in Kisten liegend getrocknet.

Die Produktion von Strohwein ist in Deutschland nicht zugelassen. In Österreich besitzt Stroh- bzw. Schilfwein den Status von Prädikatswein, dessen Mindestmostgewicht 25 °KMW, d. h. etwa 127 °Oe beträgt. Dies entspricht dem Zuckergehalt einer →Beerenauslese. Die Trauben müssen vor dem Maischen mindestens drei Monate lang an der Luft trocknen.

Struktur, geschmackliche Festigkeit von Weinen; Begriff der Weinansprache für Weine, deren Säure- oder Tanningehalt dem Wein ein inneres, geschmackliches Gerüst zu geben scheinen. Man sagt, ein Wein habe Struktur oder sei gut bzw. fest **strukturiert.** Grundvoraussetzung für das Vorhandensein von Struktur sind ein relativ hoher Alkohol- und Extraktgehalt oder ausgeprägte Restsüße, die dem Wein Fülle verleihen. Diese Fülle wird geschmacklich durch Säure und Tannin gestützt und wirkt dadurch noch markanter und prägnanter. Weine mit Fülle, aber ohne Struktur wirken häufig breit, plump oder schwerfällig. Der Begriff der Struktur wird z. T. mit dem der →Textur verwechselt.

strutturato, italienisch für die Geschmacksbezeichnung strukturiert (→Struktur).

Stück, Stückfass, ein Fasstyp (→Fass).

stumm, nicht (mehr) gärfähig; Bezeichnung für in der Regel teilweise vergorenen Most, dessen Gärung durch Zugabe von Schwefel oder Alkohol gestoppt wurde. Zu den gängigen Verfahren gehören das →Aufspriten und das Stummschwefeln. Ziel der Maßnahme ist die Bewahrung natürlicher Restsüße (→Restzucker) im Wein.

stumpf, glanzlos und ohne Reflexe an der Oberfläche; Bezeichnung der Weinansprache für das Aussehen von Weinen, die häufig fehlerhaft (→Weinfehler, →Weinkrankheiten) sind oder zumindest an gravierendem Säuremangel leiden. Stumpfe Weine können noch genießbar sein, besitzen aber in der Regel keine Alterungsfähigkeit.

Sturm, →Sauser.

stürmische Gärung, innerhalb weniger Stunden ablaufende →Gärung.

Subskription, ein Verfahren der Vorbestellung von Weinen, die entweder noch gar nicht produziert sind oder sich in der Phase des Fassausbaus befinden; Subskriptionen werden in der Regel von Erzeugern angeboten, die besonders hochwertige Gewächse bzw. →Kultweine in eng begrenzten Mengen hervorbringen und diese frühzeitig verkaufen.

Die Weine werden häufig bereits bei der Bestellung bezahlt, aber erst Jahre später ausgeliefert. Für den Händler oder den Verbraucher bieten Subskriptionen den Vorteil, dass sich die Weine oft zu günstigeren Preisen erwerben lassen als nach dem Füllen oder dem Beginn des Versands. Dabei besteht das Risiko, dass die Preise in der Zwischenzeit aufgrund der allgemeinen Marktentwicklung nicht steigen, sondern fallen. Eine Subskription im großen Stil, die ein ganzes Anbaugebiet betrifft, stellt der Verkauf →en primeur im französischen Bordeauxgebiet dar.

succoso, italienisch für die Geschmacksbezeichnung saftig, süffig.

sucre résiduel [sykr rezidy'εl], französisch für Restzucker, Restsüße.

Südafrika, eines der aufstrebenden Weinbauländer der Neuen Welt; mit insgesamt etwa 108 000 ha (2001, 1990: 100 000 ha) Rebfläche steht das Land an 16. Stelle der Welt, hinsichtlich der Produktionsmengen, die bei etwa 7,5–8,5 Mio. hl/Jahr liegen, an achter. Etwa 10 % der Gesamtfläche sind dabei Trauben für die Destillation gewidmet und nicht der Weinproduktion.

Während die Rebfläche, die fast vollständig in der erweiterten Kapregion zentriert ist, von etwa 4400 Winzern bewirtschaftet wird, liegt die Weinerzeugung in der Hand von

Südafrika. Franschhoek, die Franzosenecke, war das erste systematisch entwickelte Anbaugebiet Südafrikas nach der Gründung der holländischen Kolonie. Heute ist das Tal ein Magnet für Touristen aus aller Welt.

St. Helena Bay

Table Bay

KAPSTADT

Constantia

False Bay

ATLANTISCHER OZEAN

INDISCHER OZEAN

Vredendal · Calvinia · Victoria West · Fraserburg · Clanwilliam · Beaufort West · Piketberg · Große Karoo · Vredenburg · Prince Albert · Tulbagh · Touwsrivier · Große Karoo · Wellington · Worcester · Kleine Karoo · Calitzdorp · Klein Karoo · Durbanville · Paarl · Robertson · George · Stellenbosch · Swellendam · Plettenbergbaai · Coastal Region · Mossel Bay · Hermanus · Napier · Bredasdorp

Südafrikas Weinbau-flächen

knapp 390 Betrieben, davon 67 Genossen-schaften. Der Weinkonsum beträgt knapp 9,5 l/Kopf, exportiert werden mehr als 1,7 Mio. hl (1995: 0,7 Mio. hl), was einem Drittel der als Tischwein vermarkteten Produktionsmenge entspricht.

■ **Klima und Böden:** Südafrika besitzt ideale Voraussetzungen für Weinbau. Die Nähe der beiden Ozeane, insbesondere der Einfluss des kalten Benguelastroms im Atlan-tik, sowie die hohen Bergketten, die das Kap vom heißen Landesinneren abschirmen, füh-ren zu Temperaturen, die wesentlich milder sind, als es die Lage auf dem 35. Grad südlicher Breite vermuten ließe. Warme, aber nicht übermäßig heiße Sommer und milde Winter begünstigen die Reife der europäischen Qua-

SÜDAFRIKA: REBFLÄCHEN DER DISTRIKTE	
Distrikt	**Rebfläche**
Worcester	16 573 ha
Paarl	15 934 ha
Swartland	14 765 ha
Stellenbosch	14 604 ha
Robertson	12 056 ha
Lutzville Valley	2 368 ha
Tulbagh	2 237 ha
Tygerberg	2 028 ha
Overberg	908 ha
Calitzdorp	321 ha
Douglas	311 ha
Swellendam	102 ha
Cape Point	36 ha
ohne Distriktzugehörigkeit	21 732 ha
gesamt	103 975 ha

Stand: 2002

litätsrebsorten. Die Böden werden fast durch-weg von Schiefer, Granit und Sandstein gebil-det und sind nur mäßig fruchtbar.

■ **Rebsorten und Weintypen:** Etwa 55 % der Gesamtrebfläche ist mit Weißwein-Reb-sorten bestockt, wobei Chenin blanc 19 % der Fläche (19 900 ha) belegt. Ihm folgen Cabernet Sauvignon (11 900 ha), Sultana (11 800 ha), Co-lombard (Colombar, 11 000 ha), Syrah (Shiraz, 8 100 ha), Pinotage (6 900 ha), Sauvignon blanc (6 450 ha), Merlot (6 300 ha), Chardonnay (6 100 ha), Muskat Alexandrien (Hanepoot), Cinsaut, Ruby Cabernet, Crouchen (Cape Riesling), Sémillon und Cabernet franc.

In nennenswertem Umfang werden au-ßerdem Spätburgunder (Pinot noir), Riesling, Malbec, Petit Verdot, Tinta barocca und Vio-gnier kultiviert. Zu den interessantesten Imageträgern des südafrikanischen Weinbaus gehört die einheimische Kreuzung Pinotage. Zwar hat der südafrikanische Weinbau seit Mitte der 1990er-Jahre ganz auf die so genann-ten internationalen Rebsorten gesetzt, eine Zukunft dürfte aber auch Chenin blanc besit-zen, vorausgesetzt die noch weithin prakti-zierten, übertrieben hohen Hektarerträge werden drastisch zurückgefahren.

SÜDAFRIKA: REBFLÄCHEN DER REGIONEN	
Region	**Rebfläche**
Coastal Region	31 939 ha
Breede River Valley	29 316 ha
Boberg	17 580 ha
Olifants River	9 309 ha
Klein Karoo	2 827 ha
ohne Regionszugehörigkeit	13 004 ha
gesamt	103 975 ha

Stand: 2002

■ **Anbaugebiete:** Südafrika ist in fünf Weinbauregionen gegliedert: Boberg (17 600 ha, Herkunftsbezeichnung für aufgespritete Süßweine), Breede River Valley (29 400 ha), Coastal Region (32 000 ha) und Klein Karoo (2 800 ha); darüber hinaus werden noch 24 000 ha Rebfläche bewirtschaftet – 13 000 davon, u. a. im Gebiet des Orange River, sind der Weinproduktion gewidmet –, die keiner Re-gion zugeordnet sind. Die Weinbauregionen sind ihrerseits in Distrikte (Districts), diese wiederum in Bereiche (Wards) gegliedert. Die bedeutendsten Distrikte sind Overberg, Paarl, Robertson, Stellenbosch, Swartland und Wor-cester, die bekanntesten Wards Constantia, Franschhoek und Wellington.

■ **Geschichte:** Weinreben werden in Südafrika seit fast 350 Jahren kultiviert. 1655 ließ der Gründer der holländischen Kapkolonie, Jan van Riebeeck (*1619, †1677), die ersten Setzlinge auspflanzen und 1659 wurde der erste südafrikanische Wein gekeltert. Mit der Ansiedlung französischer Hugenotten im Gebiet des heutigen Franschhoek begann zwischen 1680 und 1690 eine raschere Entwicklung des Weinbaus. Im 18. und 19. Jh. waren die Süßweine von Constantia begehrte Spezialitäten. Die veränderte weltpolitische Lage, mit der insbesondere England wieder Zugang zu anderen Lieferländern erhielt, und die Reblauskatastrophe brachten den Weinbau in der zweiten Hälfte des 19. Jahrhunderts fast zum Erliegen. Erst zu Beginn des 20. Jahrhunderts konnte der Markt mit der Gründung der Ko-Operative Wijnbouwers Vereniging (KWV), der zeitweise fast monopolartig herrschenden südafrikanischen Winzergenossenschaft, wieder in Ansätzen stabilisiert und saniert werden.

Nicht viel später als manch europäisches Weinbauland führte Südafrika im Jahre 1972 ein System von Herkunftsbezeichnungen (Wine of Origin) ein. Dieses erlangte seine wirkliche Bedeutung allerdings erst, als das Land wieder begann, auf den Auslandsmärkten zu agieren. Möglich wurde das durch das Ende der Apartheid im Jahre 1994, die auch zur Aufhebung des Boykotts südafrikanischer Waren durch die USA und Europa führte.

■ SIEHE AUCH
→ Boberg · Breede River Valley · Certified-Gesertifiseer · Chenin blanc · Coastal Region · Constantia · Devon Valley · Durbanville · Elgin · Franschhoek · Hanepoot · Helderberg · Jonkershoek Valley · Klein Karoo · Neue Welt · Overberg · Paarl · Pinotage · Robertson · Simonsberg-Stellenbosch · Stellenbosch · Swartland · Tulbagh · Walker Bay · Wellington 2) · Wine of Origin · Worcester

Südaustralien, australischer Bundesstaat, dessen fünf Weinbauzonen, Barossa, Mount Lofty Ranges, Limestone Coast, Fleurieu und Lower Murray insgesamt mehr als 62 000 ha (2001) Rebfläche umfassen.

Mit einer Jahresproduktion von 4–5 Mio. hl Wein ist Südaustralien der bedeutendste Erzeuger unter den australischen Staaten. Deutsche und englische Auswanderer begründeten bereits im 19. Jh. Anbaugebiete, die heute Weltruf genießen wie →Barossa Valley, →Eden Valley oder →McLaren Vale.

■ **Klima und Böden:** Die unterschiedlichen klimatischen Bedingungen – im Süden herrscht mildes, niederschlagsreiches Klima, während Clare und Barossa im Norden zu den heißesten Weinbaugegenden Australiens gehören und die Adelaide Hills wiederum als Musterbeispiel für →Cool Climate Viticulture gelten – sorgen trotz nicht sehr ausgeprägter Bodenvielfalt für eine große Bandbreite an Weintypen. Als charakteristischstes Terroir

gilt die so genannte Terra rossa (→Bodenarten) von →Coonawarra. Südaustraliens wichtigste Anbaugebiete sind Barossa Valley und Eden Valley (Zone: Barossa), →Clare Valley und →Adelaide Hills (Zone: Mount Lofty Ranges), Coonawarra und →Padthaway (Zone: Limestone Coast), McLaren Vale und →Langhorne Creek (Zone: Fleurieu) sowie das →Riverland (Zone: Lower Murray). – Abb. S. 424

Südburgenland, das kleinste Anbaugebiet des österreichischen Burgenlands; seine knapp 450 ha (2000) Rebfläche werden von 1650 Weinbaubetrieben bewirtschaftet. Von zumeist schweren, eisenhaltigen Lehmböden kommen kraftvolle und würzige Rotweine aus den Rebsorten Blaufränkisch, der ein Drittel der Rebfläche belegt, und Zweigelt. Die

Südaustraliens Anbaugebiete

Südaustralien. Die Weinindustrie Südaustraliens ist die produktivste des Landes. Im Bild die Kellerei Wynns im Coonawarragebiet.

meistkultivierten Weißwein-Rebsorten sind Welschriesling und Grüner Veltliner. Eine Spezialität des Gebiets ist der →Uhudler.

Südliche Weinstraße, Bereich des deutschen Anbaugebiets Pfalz zwischen Neustadt an der Weinstraße und der französischen Grenze, auch **Südpfalz** genannt; neben dem klassischen Riesling bringt der Bereich besonders hochwertige Weine aus den Burgundersorten hervor. Die besten Lagen sind Burrweiler Schäwer, Schweigener Sonnenberg, Birkweiler Kastanienbusch, Mandelberg und Rosenberg, Siebeldinger Im Sonnenschein und Godramsteiner Münzberg. Bis in die 1990er-Jahre herrschte in der von großen Genossenschaften dominierten Südlichen Weinstraße Massenweinbau vor, seither macht eine Reihe von Winzern mit hochwertigen Produkten auf sich aufmerksam.

Südoststeiermark, ein Anbaugebiet der österreichischen Weinbauregion →Steiermark.

Sud-Ouest [syd'wɛst], die französische Weinbauregion →Südwesten.

Südpfalz, gemeinsprachlich für den Bereich →Südliche Weinstraße des deutschen Anbaugebiets Pfalz.

Südschweiz, eine der drei Schweizer Weinbauzonen, die das →Tessin und das zu Graubünden gehörende, nur 30 ha große italienischsprachige Misoxtal (italienisch Mesolcina) umfasst.

Südsteiermark, ein Anbaugebiet der österreichischen Weinbauregion →Steiermark.

Südtirol, italien. **Alto Adige** ['alto a:didʒe, »obere Etsch«], 1) autonome Weinbauprovinz Norditaliens, die den nördlichen, deutschsprachigen Teil der Doppelregion Trentino-Südtirol bildet; von den insgesamt 12 700 ha (1998) Rebfläche entfallen gut 5 500 ha auf ihre nördliche Provinz.

Die jährliche Weinproduktionsmenge beträgt 400 000–500 000 hl, davon sind etwa 65 % Rotwein. Etwa ebenso viel wird von Genossenschaften erzeugt und vermarktet. Zu fast 80 % ist die Weinbergsfläche der Provinz auf das Gebiet des so genannten Überetsch, einer Bergterrasse oberhalb des Etschtals zwischen Bozen im Norden und Auer im Süden, konzentriert; weitere Weinbauzentren sind die Provinzhauptstadt Bozen selbst, die Hänge des Etschtals bei Auer und Neumarkt im Süden sowie zwischen Bozen und Meran, der Vinschgau im oberen Etschtal und das Eisacktal im Norden Bozens.

Ähnlich wie in Deutschland und Österreich besitzen 90 % des Südtiroler Weins Qualitätsweinstatus (DOC oder Igt), und auch der Rebsortenspiegel mit Namen wie Riesling, Gewürztraminer, Kerner, Müller-Thurgau etc. ist vergleichbar.

Südtirol liegt im Einflussgebiet kontinental-alpinen Klimas, was sich in warmen Sommern und kalten Wintern, v. a. aber in großen Temperaturschwankungen äußert, die für den aromatischen Reichtum der Trauben sorgen.

■ **Böden und Rebsorten:** Der Großteil der Südtiroler Reben wächst auf relativ fruchtbaren, vorwiegend kiesigen Schwemmlandschottern des Etschtals sowie auf Verwitterungsgeröll der teilweise sehr steilen Moränenschutthänge mit hohem Kalksteinanteil. Die mit Abstand meistkultivierte von über 20 Rebsorten ist Trollinger (Vernatsch) in seinen verschiedenen Spielarten, gefolgt von Weißburgunder, Chardonnay, Grauburgunder, Lagrein, Spätburgunder (Pinot nero), Gewürztraminer, Müller-Thurgau, Sauvignon blanc, Merlot, Cabernet Sauvignon und Riesling.

Südtirol. Die autonome Weinbauprovinz im Norden Italiens

Eine Sonderstellung nimmt die einheimische Rotwein-Rebsorte Lagrein ein, aus der seit den 1990er-Jahren verstärkt hochwertige Rotweine gekeltert werden, nachdem sie lange Zeit nur zu Rosé (Kretzer) verarbeitet wurde.

■ **Anbaugebiete:** Fast zwei Drittel des Südtiroler Weins werden unter der regionalen Herkunftsbezeichnung →Südtirol 2) einschließlich ihrer verschiedenen Bereichsbezeichnungen gefüllt und vermarktet. Große Bedeutung besitzt die Herkunftsbezeichnung Kalterersee, deren Anbaugebiet ein Drittel der Gesamtrebfläche umfasst. Die dritte DOC-Bezeichnung, Valdadige, die sich Südtirol mit dem Trentino und Venetien teilt, wird hier praktisch nicht genutzt. Dagegen gewinnt die Igt-Bezeichnung Mitterberg zunehmend an Bedeutung, unter der eine Reihe von Spitzengewächsen – Sortenweine wie Verschnitte – vermarktet werden.

■ **Geschichte:** Nachdem sich der Südtiroler Weinbau bis in die 1980er-Jahre hauptsächlich auf den Export großer Mengen oft qualitativ fragwürdigen Kalterersees in den deutschsprachigen Raum – v.a. in die Schweiz – konzentriert hatte, setzte, wie auch im restlichen Italien, gegen Ende des Jahrzehnts eine beispiellose Qualitätsrevolution ein. Diese wurde hier allerdings zunächst nicht von den Winzern, sondern von Genossenschaften und größeren Kellereien getragen. Im Zuge dieser Entwicklung veränderte sich auch der Sortenspiegel hin zu so genannten internationalen Sorten wie Chardonnay, Cabernet Sauvignon oder Sauvignon blanc, die allerdings in der Provinz bereits seit über einem Jahrhundert kultiviert werden. Südtirol gilt heute als eines der Gebiete Italiens mit der größten Qualitätsdichte.

2) Südtiroler, DOC-Herkunftsbezeichnung für Weine der norditalienischen Provinz →Südtirol 1); von den insgesamt 3760 ha (1997) Rebfläche sind etwa 900 mit der Rotwein-Rebsorte Trollinger (Vernatsch) bestockt, der Rest überwiegend mit Weißwein-Rebsorten wie Weißburgunder, Chardonnay, Grauburgunder oder Müller-Thurgau.

Innerhalb des Anbaugebiets existiert eine Reihe eigenständiger Bereichsappellationen wie →Bozner Leiten, →Eisacktaler, →Meraner, →Sankt Magdalener, →Terlaner und →Vinschgau. Ein großer Teil der Weine wird als Sortenwein vermarktet, Verschnitte haben nur geringe Bedeutung. Rotweine oder Rosés aus der Sorte Lagrein, die von Weinbergen der Stadt Bozen stammen, dürfen die Zusatzbezeichnung Grieser Lagrein führen.

Südwesten, französische Weinbauregion, die vom Atlantik bis nach Toulouse und von den Pyrenäen bis zur Charente reicht und die politischen Regionen Midi-Pyrénées und

Südtirols Weinbau konzentriert sich auf die Täler und Hänge in unmittelbarer Nachbarschaft der Provinzhauptstadt Bozen.

Aquitaine umfasst; unter rein geographischen und politischen Aspekten – nicht aber weinbaupolitisch – gehört auch das Bordeauxgebiet zum Südwesten.

Zum weinbaupolitischen Südwesten werden die A. C.-Anbaugebiete →Bergerac, →Cahors und →Gaillac, Côtes du Marmandais, →Côtes du Frontonnais, →Buzet, →Madiran, →Jurançon, Béarn, →Pacherenc du Vic-Bilh und Irouléguy gezählt, nicht zu vergessen das A. O. V. D. Q. S.-Gebiet →Côtes de Saint-Mont.

Insgesamt umfasst die Region 68000 ha Rebfläche, von denen allerdings nur 34000 unter den A. C.-Herkunftsbezeichnungen klassifiziert sind. Ein großer Teil der restlichen Rebfläche ist der Produktion des Weinbrands Armagnac gewidmet. – Infokasten S. 426

süffig, mild, harmonisch; Begriff der Weinansprache für meist einfache, nicht sehr kräftige Weine, denen eine ausgeprägte Säure- oder Tanninstruktur fehlt und die nicht ausdrucksvoll und vielschichtig wirken.

SÜDTIROL. *Die besten Lagen*

Aufgrund der starken Stellung von großen Kellereien und Genossenschaften haben Einzellagen in Südtirols Weinbau lange Zeit eine weit weniger bedeutende Rolle gespielt als in Deutschland oder Österreich. Seit den 1980er-Jahren hat sich dies jedoch grundlegend geändert. Die bekanntesten Lagenbezeichnungen leiten sich von den Namen alter Höfe ab. Zu ihnen gehören Lafòa und Schwarzhaus in Girlan, Villa Barthenau, Oberyngram und Unteryngram in Mazzon, Römigberg und Steinraffler in Kaltern, Kolbenhof in Tramin, Waldgries und Taberhof in Sankt Magdalena, Siebeneich in Andrian, Krafuss in Eppan, Brenntal in Kurtatsch sowie die Stadtlage des Bozener Ortsteils Gries.

Sultanine, franzôs. **Sultanine** [sylta'nin], engl. **Sultana** [səl'tænə], Rebsorte mit kernlosen Beeren, in den USA auch als Thompson seedless bezeichnet, die v.a. in der Tafeltrauben- und Rosinenproduktion Verwendung findet; die Sorte wird weltweit auf knapp 440 000 ha Rebfläche kultiviert. Das ist deutlich mehr als Airén belegt, die meistverbreitete der im Weinbau verwendeten Sorten. Von dieser Fläche entfällt allein ein Viertel auf die Türkei, große Kulturen gibt es auch in Kalifornien (110 000 ha), im Iran (50 000 ha), in Griechenland (25 000 ha), in Chile (20 000 ha), in Australien (16 000 ha), in Syrien (12 000 ha), in Südafrika (11 800 ha) sowie in China und im Irak (je 10 000 ha).

superi|ore, italienische, gesetzlich geschützte Zusatzbezeichnung für Qualitätsweine; die Weine müssen je nach Herkunftsbezeichnung einen höheren Alkoholgehalt aufweisen und/oder eine längere Ausbauzeit absolviert haben als Weine ohne die Zusatzbezeichnung. Gelegentlich liegen auch die erlaubten Hektarerträge niedriger. Dem italienischen superiore entspricht das **superior** des

spanischen und des portugiesischen Weingesetzes.

Superiore di Cartizze, Zusatzbezeichnung der Appellation Prosecco di Conegliano-Valdobbiadene (→ Prosecco).

Super-Tuscan [ˈsuːpə(r) ˈtʌskən, engl. »Supertoskaner«], besonders hochwertige italienische Weine, die paradoxerweise ursprünglich meist nicht unter einer DOC- oder DOCG-Herkunftsbezeichnung, sondern als Tafelwein (Vino da Tavola) vermarktet wurden; der Begriff entstand gegen Ende der 1980er-Jahre, als zahlreiche italienische Winzer auch außerhalb der Toskana, die mit Weinen aus so genannten internationalen Rebsorten und dem Barriqueausbau experimentierten, für ihre hochwertigen Produkte keine Anerkennung unter den damals existierenden Herkunftsbezeichnungen fanden.

Seit der Verabschiedung des Weingesetzes von 1992 hat sich die Situation verändert. Ein großer Teil der einstigen Super-Tuscan-Tafelweine wird heute unter einer der neu geschaffenen DOC-Bezeichnungen oder als Igt vermarktet.

sur lie [syr liː, »auf der Hefe«], französisch für → Hefeabzug.

süß, im Geschmack von Zucker oder anderen süß wirkenden Weininhaltsstoffen geprägt; als vom Gesetz definierte Geschmacksangabe steht die Bezeichnung für Weine mit einem Restzuckergehalt von mehr als 45 g/l und für Sekte mit mehr als 50 g/l.

In der Praxis können aber auch Weine mit einem wesentlich niedrigeren Zuckergehalt süß schmecken, wenn die Säure- bzw. Tanningehalt entsprechend niedrig ist. Von den anderen Weininhaltsstoffen können v. a. Alkohol und Glyzerin einen süßen Geschmackseindruck hervorrufen. Auch alte, ausgereifte Rotweine, die analytisch gesehen trocken sind, wirken gelegentlich süß, wenn sie hohe Extraktwerte aufweisen und ihre Tannine durch die lange Reifezeit zu großen Molekülkomplexen polymerisiert sind.

Süßreserve, unvergorener, im Drucktank, durch Hitze, Filtration oder Schwefeln → stumm gemachter Traubenmost, der dem Wein nach vollendeter Gärung zugegeben wird, um ihn zu süßen; die in Deutschland bei Qualitäts- und Prädikatsweinen, in Österreich bei Qualitätsweinen ohne Prädikat erlaubte Praxis ist in zahlreichen anderen Weinbauländern verboten.

Die Frage, ob bessere Resultate durch Zugabe von Süßreserve oder durch → Abstoppen erzielt werden, ist umstritten. Viele Winzer bevorzugen das Abstoppen, da beim Vergären des → Zuckers zuerst Glukose, dann Fruktose umgewandelt werden. Dadurch bleiben dem Wein mehr primäre Fruchtaromen erhalten und er schmeckt bei gleichem Restzuckergehalt deutlich süßer und schmelziger.

süßsauer, unharmonisch im Zusammenspiel zwischen Säure einerseits, Süße oder Alkohol andererseits; Begriff der Weinansprache für Weine, denen die nötige Extraktdichte und Struktur fehlen, um Säure und Süße zu einem harmonischen Ganzen zu verbinden.

Süßwein, Wein mit in der Regel sehr hohem Restzuckergehalt, gemeinsprachlich auch als →Dessertwein bezeichnet.

Süßweine werden überwiegend aus Weißwein-Rebsorten gekeltert, wobei zu ihrer Produktion eine von zwei Bedingungen erfüllt sein sollte: Die klimatischen Bedingungen – hohe Temperaturen und geringe Niederschläge – müssen die frühzeitige Einlagerung von möglichst viel Zucker in die Beeren begünstigen und/oder die Weine müssen aus spät reifenden Sorten gekeltert werden, die eventuell sogar von Edelfäule befallen sind. So können sie sehr lange Zucker einlagern – bei edelfaulen Trauben wird dieser zusätzlich konzentriert – und bei der Lese ein hohes Mostgewicht aufweisen.

Ist keine der beiden natürlichen Bedingungen erfüllt, kann die erwünschte Restsüße auch durch →Abstoppen der Gärung von Mosten normal ausgereifter Trauben – gegebenenfalls verbunden mit einer Zugabe von Alkohol (→aufspriten) – erzielt werden. Eine weitere Möglichkeit besteht darin, die Zuckerkonzentration der Trauben vor dem Maischen bzw. Keltern durch →Trocknen zu erhöhen, wie es beispielsweise bei der Produktion der verschiedenen Arten Strohwein praktiziert wird.

■ **Süßweinarten:** In der Regel wird unterschieden zwischen Süßweinen, deren Gärung bei niedrigem Alkohol spontan oder durch einen Gärstopp beendet wird, wie dies bei vielen deutschen Beeren- oder Trockenbeerenauslesen der Fall ist, die oft deutlich weniger als 10 Vol.-% aufweisen, und solchen mit hohem Alkoholgehalt. Dieser kann aus einer länger fortgeführten Gärung stammen oder durch Aufspriten erzielt werden wie im Falle von →Portwein.

■ **Ausbau:** Während in Deutschland, z. T. auch in Österreich, v. a. Weine mit ausgeprägtem Frucht- und Sortencharakter – eventuell ergänzt durch typische Botrytisnoten (→Botrytis) – erzeugt und im Stahltank oder im großen Holzfass ausgebaut werden, sind es in Ländern wie Italien oder Frankreich, in gewissem Umfang auch im österreichischen Burgenland und in den Ländern der Neuen Welt, Weine, die ihre Struktur und Komplexität auch durch Ausbau in Barriquefässern gewinnen. Nach diesem Muster wird Sauternes, einer der berühmtesten Süßweine der Welt, erzeugt. Eine dritte Variante, die insbesondere bei aufgespriteten Likörweinen anzutreffen ist, bildet der so genannte oxidative Ausbau (→Oxidation), der den Weinen ein charakteristisches, auch als →rancio bezeichnetes

Aroma verleiht. Spezielle Süßweinvarianten stellen der ungarische →Tokajer, der österreichische →Ausbruch sowie eine Reihe italienischer →Passitos dar.

Swan District [swɔn 'dɪstrɪkt], GI-Herkunftsbezeichnung für Weine aus dem Gebiet östlich von Perth, der Hauptstadt →Westaustraliens; die Rebfläche von insgesamt gut 800 ha (2000) ist zu 60 % mit Weißwein-Rebsorten bestockt. Das Primat der meistkultivierten Sorten teilen sich jedoch die rote Syrah (Shiraz) und der weiße Chenin blanc, gefolgt von Grenache, Verdelho und Sultana. Das Gebiet, insbesondere die Subregion **Swan Valley,** lebt hauptsächlich vom Tagestourismus aus der nahen Hauptstadt.

Swartland. Das Swartland gehört nicht zu den landschaftlich reizvollsten Weinlandschaften Südafrikas, aber seit dem Ende der 1990er-Jahre kommen von hier einige der interessantesten Weine des Landes.

Swartland ['swa:(r)tlænd], Anbaugebiet (District) der südafrikanischen →Coastal Region, nordwestlich von Stellenbosch und Paarl; von knapp 14 800 ha (2002) Rebfläche kommen seit Mitte der 1990er-Jahre bemerkenswerte Weine, v. a. aus den Rotwein-Rebsorten Merlot, Cabernet Sauvignon, Pinotage und Syrah (Shiraz). Das Gebiet umfasst die Bereiche (Wards) Groenekloof und Riebeekberg und profitiert vom Kontrast zwischen der nördlichen Lage mit ihrer heißen Grundtemperatur und dem Einfluss der Winde vom nahen Atlantik und seinem sehr kalten Benguelastrom.

SWC, Abk. für →Swiss Wine Communication SA.

sweet [swi:t], englisch für die Geschmacksbezeichnung süß.

Swiss Wine Communication SA [swɪs waɪn kəmju:nɪ'keɪʃn], Abk. **SWC,** 2004 gegründete Nachfolgeorganisation der Vereinigung der Schweizer Weinexporteure und die für Öffentlichkeitsarbeit zuständige Organisation des Schweizer Branchenverbands Wein (SBW); Aufgabe der Swiss Wine Communication ist es, das Image des Schweizer Weins im In- und Ausland zu stärken und den Absatz gezielt zu fördern.

Sylvaner, →Silvaner.

Syrah [si'ra], in Australien **Shiraz** [ʃɪ-'ra:z], französische Rotwein-Rebsorte, die zu den besten der Welt gehört; über den Ursprung der Sorte, die zuerst im Bereich der nördlichen Côtes-du-Rhône kultiviert wurde, gibt es verschiedene Theorien. Sie soll entweder im 13. Jh. aus der Stadt Shiraz im Iran – von daher auch ihr australischer Name – oder bereits im 3. Jh. durch den römischen Kaiser Probus (*232, †282) eingeführt worden sein. Manche Ampelographen und Historiker vermuten, es handele sich um eine einheimische Sorte des Rhônetals.

Syrah wird in Frankreich auf knapp 45 000 ha (1999, 1988: 27 000 ha) kultiviert, von denen 7 000 im Rhônetal liegen. An der französischen Mittelmeerküste sind nach starker Expansion etwa 38 000 ha mit ihr bestockt. Weltweit wird Syrah auf 95 000 ha (2002) Rebfläche kultiviert, wobei die größten Bestände außerhalb Frankreichs mit insgesamt 37 000 ha (2002) in Australien zu finden sind, gefolgt von Südafrika (8 000 ha), Kalifornien, Mexiko und Argentinien. In Deutschland ist Syrah seit 2000 als Qualitätsrebsorte zugelassen, aber nur marginal vertreten.

Unter optimalen Reifebedingungen bringt die Sorte in gleichem Maße fruchtige wie tanninbetonte, komplexe und alterungsfähige Weine hervor, deren beste in Frankreich unter den Herkunftsbezeichnungen Hermitage und Côte-Rôtie vermarktet wer-

Syrah stammt aus dem französischen Rhônetal, populär aber wurde sie, als Shiraz, in Australien.

den. Noch bevor sich die Europäer auf die Qualitäten der lange Zeit unterschätzten und zum Verschnitt in Bordeauxweinen bestimmten Sorte besonnen hatten, machten Australier sie unter dem Namen Shiraz zu einer der populärsten Rebsorten der Welt. Sie stützen sich dabei auf Rebmaterial, das Mitte des letzten Jahrhunderts nach Australien gelangt und teilweise noch wurzelecht ausgepflanzt ist.

Syrien, historisches Weinbauland Vorderasiens; auf schätzungsweise 120 000 ha Rebfläche werden heute fast ausschließlich Tafeltrauben und Rosinen erzeugt. Lediglich von etwa 1 000 ha in den Hügeln um Damaskus, Aleppo und Hems kommt eine kleine Weinproduktion, die sich vorwiegend französischer Rebsorten bedient. Damaskus, das Zentrum des alten Aramäerreiches, wird bereits in der Bibel als Weinbaugebiet erwähnt.

systemische Pflanzenschutzmittel, Mittel des →Pflanzenschutzes.

Szamorodni ['samo'rɔdni], eine Qualitätsstufe von →Tokajer.

Szápari, eine der besten Hanglagen im österreichischen Anbaugebiet Südburgenland, Gemeinde Eisenberg; auf den Böden aus verwittertem Schiefergestein der nach Südosten ausgerichteten Weinberge wächst v. a. die Rotwein-Rebsorte Blaufränkisch, die hier besonders würzige Weine hervorbringt.

Szürkebarát, ungarisch für →Grauburgunder.

Taburno, DOC-Herkunftsbezeichnung für Weiß-, Rosé- und Rotweine der italienischen Region Kampanien; das Anbaugebiet in der Provinz Benevento umfasst etwa 660 ha (1997) Rebfläche. Die weißen Weine werden reinsortig aus Aglianico gekeltert. Die Riservaversion des Roten muss drei Jahre im Holzfass reifen.

Tachis ['takıs], Giacomo, italienischer Önologe, * Poirino (Piemont) 4. 11. 1933; er studierte am Weinbauinstitut von Alba und trat bereits 1961 in das toskanische Weinhaus der Marchesi Antinori ein, in dessen Diensten er praktisch während seiner gesamten Berufslaufbahn stand.

Tachis gilt als einer der Väter der so genannten Super-Tuscans. Er schuf auf der Basis einer Vermarktungskooperation zwischen den Marchesi Incisa della Rocchetta und dem Hause Antinori, Sassicaia, einen der berühmtesten italienischen Weine sowie die zwei Antinori-Kultweine Tignanello und Solaia. Nach der Beendigung seiner Karriere begann Tachis eine intensive Beratertätigkeit für zahlreiche Weingüter in ganz Italien und machte sich insbesondere um den qualitativen Aufschwung des Weinbaus in Sizilien verdient.

Tacoronte-Acentejo [- aθenˈtexo], bedeutendste D. O.-Herkunftsbezeichnung für Weine der zu Spanien gehörenden Kanarischen Inseln; die insgesamt gut 1700 ha (2001) Rebfläche werden von 42 Erzeugern bewirtschaftet. Aus den Rotwein-Rebsorten Listán negro und Negramoll sowie den weißen Güal, Malvasía und Palomino (Listán blanco) werden vorwiegend jung zu trinkende, fruchtige Weine gekeltert.

Tadschikistan, Tadschikiｌen, mittelasiatisches Land, das an Afghanistan und China grenzt; von etwa 40 000 ha Rebfläche kommen vorwiegend süße und/oder aufgespritete Weine.

Tafeltrauben, Weintrauben, die zum Verzehr, nicht zum Keltern von Wein bestimmt sind; zahlreiche Länder und Anbaugebiete v. a. im südeuropäischen und vorderasiatischen Raum vermarkten ihre Traubenproduktion in erster Linie in dieser Form. Eine Reihe von Rebsorten wie beispielsweise die in Süditalien weit verbreitete Italia eignen sich mit ihren großen, zuckerhaltigen Beeren fast ausschließlich als Tafeltraubensorten, andere sind sowohl zum Verzehr wie zur Weinproduktion zu verwenden.

Tafelwein, franzöｓ. **Vin de table,** italien. **Vino da Tavola,** span. **Vino de Mesa,** Kategorie des EU-Weinrechts für die unterste Qualitätsstufe von Weinen; unter dieser Bezeichnung kann Wein aus allen Weinbaustaaten der EU vermarktet werden.

Die Bezeichnung **Deutscher Tafelwein** (in Kombination mit dem Tafelweingebiet) dürfen Weine tragen, die aus einem der deutschen Gebiete, in denen die Produktion von Tafelwein zugelassen ist, stammen. Die deutschen Tafelweingebiete sind: Rhein-Mosel (mit den Untergebieten Rhein, Mosel und Saar), Oberrhein (mit den Untergebieten Römertor und Burgengau), Neckar, Bayern (mit den Untergebieten Main, Donau und Lindau) und schließlich Albrechtsburg. Tafelwein muss ein Mindestmostgewicht von 44–50 °Oe und mindestens 8,5 Vol.-% tatsächlichen Gesamtalkohol aufweisen, höchstens aber 15 %.

In Österreich liegt das Mindestmostgewicht bei 10,7 °KMW, der Mindestalkoholgehalt bei 6 Vol.-%; Herkunftsbezeichnungen oder Rebsorten dürfen auf dem Etikett nicht angeführt werden. Die Angabe des Abfüllers, des Nennvolumens und des Restzuckergehalts sind erlaubt, nicht aber Rebsorten- und Jahrgangsangaben oder genauere Herkunftsbezeichnungen als die Namen der Tafelweingebiete.

taglio ['taλλo], italienisch für Verschnitt; der Begriff wird für Verschnitte aus fertig vergorenen Weinen verwendet, im Unterschied zu →uvaggio.

Talento® [zu griech. tálanton, eigentlich »Waage«], italienische Markenbezeichnung für Schaumweine verschiedener Regionen, die nach dem Flaschengärverfahren hergestellt wurden. Dem Konsortium Talento gehören zahlreiche Schaumweinproduzenten aus dem Trentino, aus Venetien, der Lombardei und anderen Regionen an.

Tankgärverfahren, eine Methode zur Herstellung bestimmter →Schaumweine.

Tannat [taˈnʌ], französische Rotwein-Rebsorte, die v. a. in der Gascogne kultiviert wird; sie bildet die Grundlage für den A. C.-Wein Madiran und ist darüber hinaus in den Anbaugebieten von Cahors, Irouléguy und Côtes de Saint-Mont verbreitet. In Frankreich steht Tannat auf insgesamt 3000 ha (1999) Rebfläche, weltweit auf 6800 ha, wobei Uruguay neben Frankreich das einzige Land mit bedeutenden Vorkommen ist. Die Weine der spät reifenden Sorte zeichnen sich durch ihre tiefdunkle Farbe und durch ungemein harte Tannine aus, die oft Jahrzehnte brauchen, bis sie reif und rund geworden sind.

Tannat. Bei Vollreife entstehen aus Tannattrauben tanninbetonte, kraftvolle Weine.

tannico, italienisch für die Geschmacksbezeichnung tanninbetont.

tanninbetont, adstringierend und hart; Begriff der Weinansprache für Weine, deren Geschmack von markanten Tanninen geprägt ist. Viele Rotweine sind in ihrer Jugend tanninbetont, werden aber mit zunehmender Reife weicher und harmonischer.

Tannine [zu mittellatein. tan(n)um »Gerberlohe«], Gerbstoffe, Gerbsäuren, eine Art der →Polyphenole; sie gehören zu den geschmacklich am stärksten prägenden Inhaltsstoffen von Weinen.

Tannine kommen im Holz, in den Blättern und in den Früchten zahlreicher Pflanzen vor, im Falle der Weintraube in den Beerenschalen, den Kernen und den Stielen, und haben die Aufgabe, das Pflanzengewebe vor Fäulnis und Schädlingen zu schützen. Chemisch gesehen bestehen sie aus verschiedenen Gemischen von Verbindungen, in denen mehrwertige Alkohole oder Zucker (v.a. Glukose) mit Phenolcarbonsäuren verestert sind.

■ **Geschmack:** Tannine reagieren stark mit hochmolekularen Eiweißen, sie bilden Verbindungen mit ihnen und fällen Eiweißlösungen; aufgrund dieser so genannten gerbenden Wirkung werden sie bei der Lederherstellung als Gerbstoffe eingesetzt. Sie wirken geschmacklich adstringierend, wobei ihre Qualität v.a. vom Grad ihrer →Polymerisation abhängt – die adstringierende Wirkung nimmt mit zunehmender Molekülgröße ab. Das Molekulargewicht der Weintannine erhöht sich bei längerer Reifezeit um das Fünf- bis Achtfache gegenüber Jungweinen; sie wirken dann geschmacklich runder und fast süß. Werden die Moleküle so groß, dass sie nicht mehr in Lösung bleiben können, setzen sie sich als so genanntes →Depot in der Flasche ab.

TANNINE. *Die Modernisierung des Tannins*

Die Überzeugung, dass die Alterungsfähigkeit von Rotweinen von ihrer Tanninkonzentration abhängt, scheint unerschütterlich. Tatsächlich lagern die Beeren der Weinrebe mit zunehmender Reife erhöhte Mengen Tannin in ihre Schalen ein und Weine aus vollreifen Trauben sind besonders alterungsfähig. Die Schlussfolgerung aber, dass Weine vor allem dann alterungsfähig seien, wenn sie lange auf der Maische verbleiben, um möglichst viel Tannin zu extrahieren, hat sich in den letzten Jahrzehnten als Trugschluss erwiesen.
In Bordeaux, im Piemont, im australischen Barossa Valley und vielen anderen Anbaugebieten der Welt wurden die Standzeiten teilweise dramatisch reduziert, ohne dass die Weine an Kraft und Ausdrucksfähigkeit verloren hätten. Der Vorteil kürzerer Maischezeiten liegt darin, dass zuerst die runden, harmonischen Tannine aus den Schalen gelöst werden, danach erst die aggressiven, vegetalen der Kerne. Weine mit kürzeren Maischestandzeiten sind deshalb rascher trinkreif als traditionell gemachte. Dass sie dennoch alterungsfähig sind, hat nicht zuletzt der australische Kultwein Grange bewiesen, der bereits vom ersten Jahrgang an – 1951 – an auf diese Art vinifiziert wurde.

■ **Extraktion:** Aus den Beerenschalen gehen die wasserlöslichen Tannine beim Pressen und während der Weinbereitung in den Most bzw. Wein über. Da Weißweine in der Regel keine oder nur kurze Maischestandzeiten absolvieren, beträgt ihr Tanningehalt durchschnittlich nur 10–15% von dem roter Weine. Tannine werden insbesondere durch Hitze wie bei der Maischeerhitzung oder durch den entstehenden Alkohol wie bei der Maischegärung gelöst, d.h. aus den Pflanzenzellen extrahiert. Da in den Kernen und Stielen von Weintrauben oft unerwünschte, hart

und unreif oder »grün« schmeckende Tannine enthalten sind, legt man bei der Verarbeitung in der Regel Wert auf möglichst schonendes Vorgehen (Abbeeren, Pressen) und auf geringe mechanische Belastung. Schonendes Abbeeren der Trauben allein kann den Tanningehalt um bis zu 20% gegenüber Wein aus nicht abgebeerten Trauben senken.

■ **Ausbau:** Bei der Lagerung des Weins im Holzfass verändern sich Tannine in zweierlei Hinsicht. Der durch die Fassdauben eindringende Luftsauerstoff führt zu teilweiser Oxidation und Polymerisation, wodurch insbesondere Rotweine mit hohem Tanningehalt füll- und vermarktungsfähig werden. Reifen die Weine in Fässern aus neuem Holz, z.B. Barriques, werden Tannine aus dem Eichenholz ausgelöst. Sie besitzen häufig angenehmere geschmackliche Eigenschaften als Traubentannine und wirken bereits im jungen Wein reifer, runder und samtiger.

tannique [ta'nik], französisch für die Geschmacksbezeichnung tanninbetont.

Târnave [tər'nʌːve], deutsch Kokeltal, Anbaugebiet Rumäniens im Süden des Siebenbürger Hochlands (Transsilvanien); die Reben stehen in Höhenlagen um 500 m ü.M. Erzeugt werden trockene und süße Weißweine der Rebsorten Welschriesling, Fetească albă und Fetească regală, Traminer, Sauvignon blanc und Muskat Ottonel.

Tarragona, D.O.-Herkunftsbezeichnung für Weine der spanischen Region Katalonien; die 7300 ha (2001) Rebfläche werden von nur 22 Erzeugern bewirtschaftet.

Der Rebsortenspiegel ist von Weißwein-Rebsorten wie Macabeo und Parellada dominiert; daneben werden die roten Sorten Tempranillo (Ull de Llebre), Carignan (Cariñena) und Grenache (Garnacha tinta) kultiviert. Der Großteil der Produktion kommt aus Genossenschaften, die modern gemachte, aber meist recht einfache Weine erzeugen.

Zu den traditionellen Weinqualitäten des Gebiets gehören süße Likörweine aus den Sorten Grenache und Grenache blanc. Der einstige Bereich Falset, der das Gebiet der D.O.Ca.-Priorat umschließt, erhielt 2001 unter dem Namen Montsant den Status eines eigenständigen Qualitätsweingebiets.

tart [tɑːt], englisch für die Geschmacksbezeichnung grün bzw. hart und aggressiv.

Tartrat, →Weinstein.

Tasmanien, kleinster australischer Weinbaustaat – sieht man von den Northern Territories ab – auf der gleichnamigen Insel vor der Südküste des Kontinents; von nur knapp 1000 ha (2001) Rebfläche kommen etwa 16000 hl Wein im Jahr.

In dem für australische Verhältnisse relativ kühlen Klima werden Rebsorten wie Chardonnay und Spätburgunder (Pinot noir) kultiviert. Darüber hinaus sind Riesling, Sauvignon

blanc, Cabernet Sauvignon und Merlot verbreitet. Der tasmanische Weinbau ist seit langem einer der Hauptlieferanten von Grundweinen für die australische Schaumweinindustrie und hat sich erst seit dem Ende der 1990er-Jahre mit eigenen hochwertigen Weinen hervorgetan.

Die Insel ist in zwei Bereiche gegliedert: Northern Tasmania an der Nordküste und Southern Tasmania an der Südostküste. Die zwei großen Weinbauzentren sind um die beiden wichtigsten Städte gruppiert, Hobart mit dem Coal River Valley, dem Derwent und dem Huon Valley sowie Launceston mit Tamar River und Pipers River. Außerdem werden noch in der kleinen Weinbauenklave um Bicheno an der Ostküste Reben kultiviert.

Tastevin [tastə'vẽ, zu französ. tâte-vin »Weinfühler«], **Probentasse,** flache Metallschale, die traditionell v.a. im französischen Burgund zum Verkosten von Wein im Keller verwendet wurde; sie hat heute vorwiegend Symbolcharakter.

tasting ['tɔɪstɪŋ], englisch für Verkostung.

tasting room ['tɔɪstɪŋ ru:m, engl. »Verkostungsraum«], englisch für den Verkaufs- und Verkostungsraum in Weingütern; in angelsächsischen Weinbauländern ist der tasting room oft ein vollwertiges Ladengeschäft mit angeschlossenem Ausschank, häufig auch mit eigenem Restaurant.

tatsächlicher Alkohol, vorhandener Alkohol (→Alkoholgehalt).

Tatschler, sehr gute Weinbergslage im österreichischen Anbaugebiet Neusiedlersee-Hügelland, Gemeinde Großhöflein; die nach Süd-Südosten ausgerichtete, sanft geschwungene Kessellage mit ihren sandigen Lehmböden, teilweise mit schwachem Kalkanteil oder stark verwittertem Glimmerschiefer, eignet sich besonders für die Weißwein-Rebsorte Chardonnay.

Tauberfranken, Bereich des deutschen Anbaugebiets Baden an der Grenze zu Franken, der bis 1991 Badisches Frankenland hieß.

Taurasi, DOCG-Herkunftsbezeichnung für Rotweine der süditalienischen Region Kampanien; das Anbaugebiet in der Provinz Avellino umfasst etwa 420 ha (1997) Rebfläche, auf der ausschließlich die Rotwein-Rebsorte Aglianico gekeltert wird. Taurasi ist farbintensiv, kräftig im Geschmack und entwickelt mit der Alterung ein reichhaltiges Bukett; er gehört zu den höchstwertigen Rotweinen Süditaliens.

Tavel [ta'vɛl], A. C.-Herkunftsbezeichnung für Roséweine der südlichen Côtes-du-Rhône, auch als →Cru bezeichnet, aus dem Gebiet um die gleichnamige Gemeinde im südfranzösischen Département Gard; auf etwa 950 ha (1999) Rebfläche werden die typischen Rot- und Weißwein-Rebsorten der südlichen →Côtes-du-Rhône kultiviert, von denen im Verschnitt der Weine keine mehr als 60 % stellen darf, Carignan maximal 10 %. Die Weine werden vorwiegend im Stahltank, nur gele-

Tavel ist eine der wenigen Herkunftsbezeichnungen Frankreichs, unter der ausschließlich Roséweine vermarktet werden.

TEMPERATUR. *Zimmertemperatur – ein Vorurteil*

Die weit verbreitete Regel, dass Rotweine bei Zimmertemperatur, das heißt chambriert, zu trinken seien, ist schon lange nicht mehr gültig. Sie basiert auf den Lebensumständen des ausgehenden 19. Jahrhunderts, als die Temperatur von Wohnräumen in der Regel 16–18 °C nicht überstieg. Heute sind 20 oder 21 °C nichts Ungewöhnliches. Noch fragwürdiger wird sie, wenn man versucht, sie in der warmen Jahreszeit oder in südlichen Ländern zu praktizieren, wie es dort sehr häufig geschieht. Auch dem unerfahrensten Weinfreund wird einleuchten, dass Weine, die 25 oder 30 °C warm sind, keinen Trinkgenuss mehr bieten können. Hinzu kommt, dass moderne Rotweine anders vinifiziert werden als vor 100 oder 150 Jahren: Ihre Tannine sind schon früh weich und rund, und ihr Fruchtcharakter ist sehr ausgeprägt. Das sorgt dafür, dass die ideale Trinktemperatur vieler Rotweine bei 15 oder 16 °C liegt.

gentlich im Barrique ausgebaut. Von den sandigen Schwemmland- und Schotterböden des Gebiets kommen ungewöhnlich kräftige, sogar in geringem Ausmaß alterungsfähige Roséweine, die sich auch als Begleiter kräftiger Speisen eignen.

Tawny ['tɔːnɪ], eine besondere Art →Portwein.

TBA, Abk. für →Trockenbeerenauslese.

TCA, Abk. für 2,4,6-Trichloranisol; chemische Substanz, die den →Korkschmecker auslöst.

Teergeruch, →Goudron.

teinturier [tɛ̃tyrj'e, zu französ. »Färber«], französische Zusatzbezeichnung zahlreicher Rotwein-Rebsorten, die als Decksorten (→Deckwein) Verwendung finden, wie Gamay teinturier, Grenache teinturier etc. Decksorten werden in Frankreich als »cépages teinturiers« bezeichnet.

Temperatur [zu latein. temperatura »gehörige Mischung«], das Maß für den Wärmezustand von materiellen Systemen und einer der entscheidenden Parameter des →Klimas, der →Witterung und des →Wetters; sie ist in jedem Stadium der Transformation und der Entwicklung von Mosten und Weinen von entscheidender Bedeutung für den Ablauf des jeweiligen Prozesses und die Qualität seiner Resultate sowie für die geschmackliche Wahrnehmung des Endprodukts.

TEMPERATUR. *Welcher Wein bei welcher Temperatur?*

Am kühlsten werden Schaumweine getrunken: einfache Qualitäten zwischen 8 und 10 °C, bessere bei bis zu 12 °C. Auch leichte Weißweine munden zwischen 10 und 12 °C am besten, aromatische und kräftige Weiße vertragen 12–14 °C. Etwa dieselbe Temperatur ist für Rosés und leichte, fruchtige Rotweine ideal, während Rote mit Charakter zwischen 14 und 16 °C, rote Schwergewichte zwischen 16 und 18 °C getrunken werden sollten. Bei Süß- und Likörweinen sind wiederum etwa 12 °C angebracht. Zu berücksichtigen ist, dass die Serviertemperatur etwa 1–2 °C unter der Trinktemperatur liegen sollte, da sich Weine im Glas sehr rasch erwärmen.

■ **Weinbereitung:** Bereits bei der Traubenannahme ist die Temperatur des Leseguts von Bedeutung für die spätere Ausprägung des Weins; zu warme Trauben verringern insbesondere bei Weißwein-Rebsorten das spätere Aromapotenzial der Weine und können im Extremfall zu Kochtönen führen. Im Verlauf der →Gärung ist ständige Temperaturkontrolle unverzichtbar, sei es, um zu hohe Temperaturspitzen bei stürmischer Gärung zu vermeiden, sei es, um Weine kontrolliert kalt vergären zu können. Auch der Säureabbau ist temperaturabhängig; er setzt erst bei höheren Temperaturen ein, weshalb er meist in geheizten Räumen durchgeführt wird. Umgekehrt ist bei der →Kältebehandlung von Weinen wie dem Kaltstabilisieren eine Abkühlung bis auf Temperaturen unter dem Gefrierpunkt notwendig.

■ **Weinlagerung:** Beim Ausbau im Holzfass und bei der Lagerung von gefüllten Weinen muss sowohl auf die richtige Temperatur wie auch auf adäquate Luftfeuchtigkeit geachtet werden, ein Schwund bzw. ein Austrocknen der Korken zu vermeiden. Man geht davon aus, dass die ideale **Lagertemperatur** 9–13 °C, die ideale Luftfeuchtigkeit 75 % beträgt. Umstritten ist, ob dabei leichte jahreszeitliche Schwankungen oder konstante Temperaturen für die aromatische und geschmackliche Entwicklung des Weins besser sind. Allgemein gilt, dass kräftige, stabile Weine höhere Lagertemperaturen vertragen als zarte, zarte Gewächse. Allerdings sollten sie nie über längere Dauer Temperaturen von mehr als 20–21 °C ausgesetzt werden.

■ **Weinservice:** Von entscheidendem Einfluss ist die Temperatur des Weins auf den Trinkgenuss. Ist die **Serviertemperatur** zu hoch oder zu niedrig, verlieren Weine einen Großteil ihrer geschmacklichen Qualitäten. Die ideale **Trinktemperatur,** die aufgrund der raschen Erwärmung des Weins im Glas ein bis zwei Grad höher anzusetzen ist als die Serviertemperatur, liegt bei allen Weinen zwischen 8 und 18 °C, d.h. dass die Weine beim Einschenken etwa 7–17 °C warm sein sollten. Zu kühl getrunkene Weißweine verlieren ihren aromatischen Charme, bei zu kalten Rotweinen treten Tannine und Säuren aggressiver in den Vordergrund. Umgekehrt verlieren zu warme Weißweine ihre Frische und ihren belebenden Charakter, zu warme Rotweine riechen brandig und alkoholisch und verlieren ihr feines Bukett.

Temperaturkontrolle, Verfahren zum Steuern der →Gärung.

Tempranillo [tempra'niʎo, zu span. temprano »früh«], span. auch **Aragonez** [arago'neθ], **Cencibel** [θen'θibel], **Tinta del País** [- pa'is], **Tinto fino, Tinta de Toro,** portugies. **Tinta Roriz** ['tĩtɐ ro'riʃ], **Ull de Llebre,** die wahrscheinlich beste spanische Rotwein-Rebsorte; Tempranillo wird in Spanien auf etwa 85 000 ha Rebfläche kultiviert, in Portugal, wo er zu den klassischen Grundtrauben für die Portweinherstellung gehört, auf 10 000 ha und weltweit wahrscheinlich auf 100 000 ha.

Die Herkunft der Sorte ist nicht geklärt, einige Ampelographen vermuten jedoch, dass sie von Spätburgunder abstammt, der von den Zisterziensermönchen nach dem Ende der maurischen Herrschaft in Spanien eingeführt wurde. Der früh reifende Tempranillo entfaltet sich am besten auf kargen, kalkhaltigen Lehmböden. Um gute Qualitäten hervorbringen zu können, sollten die Ernteerträge 60 dz/ha nicht übersteigen. Die Beeren sind von dunkelblauer Farbe und mittlerer Größe, aber nicht sehr dickschalig. Dennoch eignet sich die Sorte hervorragend für den Fassausbau.

Junge Weine zeigen meist Duft und Geschmack von Kirschen; im Barrique ausgebaute Weine neigen zu beerigen Noten und zeigen Anklänge an Pflaumen und Trockenfrüchte. Tempranillo ist die Hauptsorte der spanischen D. O.- bzw. D. O. Ca.-Weine Rioja, Ribera del Duero, Catalayud, Cigales, Conca de Barberá, Costers del Segre, La Mancha, Penedés, Somontano, Toro, Valdepeñas und Vinos de Madrid.

Tenuta, italienisch für Landgut, übertragen für Weingut.

Terlaner, italien. **Terlano,** eigenständige DOC-Bezeichnung innerhalb der Appellation →Südtirol 2); die Bezeichnung ist ausschließlich weißen Sortenweinen bzw. einem weißen Verschnitt aus den Rebsorten Weißburgunder (Pinot bianco), Chardonnay, Welschriesling (Riesling italico), Riesling, Silvaner (Sylvaner), Müller-Thurgau bzw. Sauvignon blanc vorbehalten. Sauvignon blanc und Weißburgunder aus Terlan gehören zu den interessantesten Weinen der beiden Sorten in Italien.

Teroldego, italienische Rotwein-Rebsorte, die in der Provinz Trentino auf knapp 500 ha Rebfläche kultiviert wird; die spät reifende Sorte, von der man vermutet, dass sie mit Lagrein, Marzemino und sogar Lambrusco a foglia frastagliata verwandt sein könnte, bringt tanninbetonte, aber auch angenehm fruchtige Weine hervor, die sich zum Ausbau im Barrique eignen. Teroldego wird fast ausschließlich in einem Teil des Etschtals, dem so genannten Campo Rotaliano, kultiviert und unter der DOC-Herkunftsbezeichnung Teroldego Rotaliano vermarktet.

Terrano, die italienische Rebsorte →Refosco; die Bezeichnung ist im Osten der Region Friaul-Julisch Venetien gebräuchlich. Ob es sich um eine eigenständige Variante handelt, wie gelegentlich behauptet wird, ist unklar.

Terrantez [tɛrran'tɛʃ], Rotwein-Rebsorte der portugiesischen Insel Madeira, die langlebige, sehr finessenreiche Weine hervorbringt; die Sorte, die nach der Reblausplage fast ausgestorben war, ist mit der gleichnamigen Sorte des Dãogebiets wahrscheinlich nicht identisch oder verwandt.

Terrassenmosel, nordöstlicher Teil des Bereichs →Zell/Mosel im deutschen Anbaugebiet Mosel-Saar-Ruwer, dessen terrassierte Weinberge zu den steilsten des Moseltals gehören; von hier kommen sehr finessenreiche, aber auch kräftig strukturierte Weine, die nicht hinter denen der berühmteren Mittelmosel zurückstehen. – Infokasten S. 434

Terre di Franciacorta [- frantʃa'kɔrta], italienische DOC-Herkunftsbezeichnung für rote und weiße Stillweine aus dem Anbaugebiet des →Franciacorta.

Terroir [ter'wa:, zu französ. terre »Erde«], Sonderartikel S. 436/437.

tertiäre Aromen, Tertiäraromen, eine Art der Aromen (→Aroma) von Weinen.

Tessin, italien. **Ticino,** viertgrößter Weinbaukanton der Schweiz, dessen Rebfläche von 990 ha (2002) praktisch mit der der →Südschweiz identisch ist; die meistkultivierte Rebsorte ist bereits seit dem Ende der Reblauskatastrophe zu Beginn des 20. Jahrhunderts Merlot, der 83 % der Flächen belegt.

Daneben werden die einheimischen Rotwein-Rebsorten Bondola, Barbera, Bonarda, Cabernet Sauvignon, Cabernet franc und verschiedene Hybriden – sie werden als Tafeltrauben und für die Destillation verwendet – kultiviert. Seit den 1990er-Jahren steigt der Weißweinanteil, wobei ein Teil davon aus weißgepresstem Merlot, →Merlot bianco, erzeugt wird. Das warme Klima mit großer Sonnenscheindauer ähnelt dem der benachbarten italienischen Region Lombardei, wobei häufige, sintflutartige Regenfälle und große Hagelgefahr die Arbeit der Winzer erheblich erschweren.

Zell emporwinden. Diese Bahnen stellen eine noch vor wenigen Jahren unvorstellbare Arbeitserleichterung für die Winzer dar. Zuvor musste jedes Arbeitsgerät in mühevoller Schlepperei hinaufgetragen, jede Bütte voller Trauben ebenso schweißtreibend hinuntergebracht werden. Weinbau an Hängen wie denen der Terrassenmosel ist auch in wirtschaftlicher Hinsicht eine schwierige Angelegenheit. Sie erfordert einen Arbeitseinsatz, der sich Jahr für Jahr auf das Drei- oder Vierfaches dessen summiert, was in Flachlagen notwendig ist. Da die Erlöse mit dem erhöhten Aufwand schon lange nicht mehr Schritt halten, droht in vielen Gebieten die Aufgabe der Rebflächen und der Verfall der Terrassen. Auf lange Sicht können auch die Einschienenbahnen der Moselwinzer das Problem nicht lösen – dies ist nur möglich, wenn von den Terrassentrauben wirklich hochwertige Weine erzeugt werden, deren Erlös die Mühsal am Steilhang wieder lohnend macht.

Besuchern der Terrassenmosel fallen fast immer zuerst die Einschienenbahnen mit ihren offenen Metallwagen auf, deren fragile Metallspuren sich in schwindelerregender Art an den Steilhängen zwischen Koblenz und

Der Kanton ist in die Bereiche Sottoceneri und Sopraceneri gegliedert. Eine Spezialität des Tessins ist der Landwein Nostrano (deutsch: Der Unsere), der v. a. aus den einheimischen Sorten Bondola und Francese gekeltert wird. Vor allem Aussteigern aus dem deutschsprachigen Landesteil, die sich in den 1980er-Jahren hier niederließen und damit begannen, Merlot nach dem Vorbild des Bordeauxgebiets zu keltern und auszubauen, ist es zu verdanken, dass im Tessin einige der interessantesten Rotweine der Schweiz erzeugt werden.

Tetra Pak®, beschichteter Getränkekarton; eine Einwegverpackung aus verschiedenen Schichten Karton, Polyethylen und gelegentlich Aluminium, die in einigen Ländern zum Abfüllen einfacher Weinqualitäten verwendet wird. In Deutschland werden etwa 8 % (2002) der Weinerzeugung in solchen Kartonverpackungen vermarktet.

Teufelskeller, sehr gute Weinbergslage im Bereich Weindreieck, Gemeinde Randersacker, des deutschen Anbaugebiets Franken; von den Muschelkalkböden knapp außerhalb der Stadtgrenze von Würzburg kommen v. a. typische Weißweine aus den Rebsorten Silvaner und Riesling. Zahlreiche Quellen sorgen für gute Wasserversorgung auch in trockenen Jahren.

Texas, einer der ältesten, nach einigen Quellen sogar ältester Weinbaustaat der USA mit einer Rebfläche von etwa 1300 ha (2000); trotz der südlichen Lage und des generell sehr heißen und trockenen Klimas bieten zahlreiche Hügel- und Bergregionen geeignete Bedingungen für Weinbau.

Bereits 1662 entdeckten Franziskanermönche, dass sie aus den einheimischen Rebsorten Wein keltern konnten; nach der Reblauskatastrophe war der Staat führend bei der Suche nach geeigneten Unterlagen für europäische Edelsorten und beim Züchten von Hybriden. Texas besitzt sechs bzw. sieben AVA-Herkunftsbezeichnungen, Bell Mountain, Excondido Valley, Fredericksburg in the Texas Hill Country, Texas Davis Mountains, Texas High Plains und Texas Hill County; außerdem berührt das Anbaugebiet von Mesilla Valley (New Mexico) texanisches Gebiet.

Textur, taktiler Eindruck des Weins am Gaumen; Begriff der Weinansprache, der insbesondere bei Rotweinen Verwendung findet. Im Unterschied zur Struktur, mit der hauptsächlich Festigkeit und Volumen angesprochen werden, bezeichnet die Textur sozusagen die »Oberflächenbeschaffenheit« des Weins im Kontakt mit der Zunge – sie kann z. B. rau, samtig oder seidig sein und wird maßgeblich vom Tanningehalt und der Art der Tannine beeinflusst.

Thermenregion, österreichisches Anbaugebiet südlich von Wien, gemeinsprachlich auch Südbahn genannt; die 2300 ha (2001) Rebfläche des beliebten Ausflugsgebiets der Wiener werden von knapp 1300 Weinbaubetrieben bewirtschaftet, von denen viele ihre Weine über eigene Straußwirtschaften (Heurigenlokale) absetzen.

Das Gebiet liegt unter dem klimatischen Einfluss des pannonischen Raums mit seinen heißen, trockenen Sommern und sehr kalten Wintern. Im Nordwesten des Gebiets, an den Hängen des Wienerwalds, werden vorwiegend Weißwein-Rebsorten kultiviert, im Südosten, einer flachen Schwemmlandebene, gedeihen Rotwein-Rebsorten am besten.

Die geologische Konstellation der so genannten Thermenbruchlinie sorgt für eine große Bodenvielfalt mit steinigen, kargen, teilweise auch schweren, lehmigen Böden als Basis für ein ungewöhnliches Rebsortiment. Meistkultivierte Weißwein-Rebsorte ist Neuburger (350 ha), gefolgt von den weißen Burgundersorten, dem Grünen Veltliner, den einheimischen Sorten Rotgipfler und Zierfandler sowie Riesling und Welschriesling. Aus Rotgipfler und Zierfandler wird auch →Spätrot-Rotgipfler gekeltert, die Spezialität der Region. Bei den Rotwein-Rebsorten dominiert Portugieser (380 ha), gefolgt von Zweigelt, Sankt Laurent und Spätburgunder (Blauburgunder).

Thiole, →Mercaptane.

Thurgau, Weinbaukanton der →Ostschweiz, der an Bodensee und Rhein grenzt; auf insgesamt knapp 170 ha Rebfläche wird überwiegend Spätburgunder (Blauburgunder) kultiviert, der etwa 70 % der Flächen belegt. Daneben findet man Müller-Thurgau, die Züchtung des Thurgauer Rebzüchters Hermann Müller. Der Kanton ist in die Anbaugebiete Thurtal, Seebachtal, Untersee und Rhein gegliedert.

Ticino, italienisch für →Tessin.

Tiefe, Vielschichtigkeit verbunden mit Nachhaltigkeit in Aroma und Geschmack; Begriff der Weinansprache für Weine, die bei der Verkostung über einen längeren Zeitraum immer wieder neue Aroma- und Geschmacksfacetten zeigen.

Tignanello [tiɲa'nello], einer der bekanntesten italienischen Rotweine; der seit Anfang der 1970er-Jahre erzeugte Wein des Weinhauses Marchesi Antinori wird zu durchschnittlich 80 % aus der Rebsorte Sangiovese, zu 15 % aus Cabernet Sauvignon und zu 5 % aus Cabernet franc gekeltert. Er kommt von Weinbergen im Chianti-Classico-Gebiet, wird aber unter der Igt-Herkunftsbezeichnung Toscana (ursprünglich als Vino da Tavola) vermarktet. Tignanello war einer der ersten modern gemachten und im Barrique ausgebauten Weine aus der klassischen toskanischen Rebsorte Sangiovese.

Tinta Bairrada, →Baga.

Tinta barroca ['tĩntɐ -], portugiesische Rotwein-Rebsorte, die am Douro zu Hause ist, aber auch in den Beiras kultiviert wird; in Portugal steht sie auf etwa 7200 ha (1999) Rebfläche, in Südafrika auf knapp 500 ha. Die auch Tinta grossa oder Tinta gorda genannte Sorte

gilt als ertragreich und wird v. a. aufgrund der intensiven Farbe, des Fruchtcharakters und des verlässlichen Alkoholgehalts ihrer Weine kultiviert und für Verschnitte genutzt.

Tinta del País, →Tempranillo.

Tinta de Toro, →Tempranillo.

Tinta negra mole, Rotwein-Rebsorte der portugiesischen Insel Madeira, die dort fast 80 % der Rebfläche einnimmt; sie bringt eher plumpen, nicht sehr langlebigen Madeira hervor. Mit der steigenden Bedeutung der Produktion von roten Tischweinen setzen die Erzeuger der Insel allerdings zunehmend auf die Sorte, deren Weine farbintensiv und fruchtig ausfallen können.

Tinta Roriz, →Tempranillo.

tinto ['tinto], spanisch für weinrot; auch Kurzwort für **vino tinto** (Rotwein).

tinto ['tĩntu], portugiesisch für weinrot; auch Kurzwort für **vinho tinto** (Rotwein).

Tinto Cão ['tĩntu kãu], portugiesische Rotwein-Rebsorte, die v. a. am Douro kultiviert und in der Portweinbereitung genutzt wird; die mittelspät reifende, ertragreiche Sorte ist dickschalig und widerstandsfähig, bringt aber bei entsprechend reduzierten Erträgen Weine von dichter Farbe und hoher Qualität mit floralen und würzigen Aromen hervor.

Sie wird in Portugal auf gut 1050 ha (1999), darüber hinaus in geringem Umfang in Kalifornien und Australien kultiviert.

Tinto fino, →Tempranillo.

Tintorera, spanische Zusatzbezeichnung von Rotwein-Rebsorten, die als Decksorten (→Deckwein) Verwendung finden wie beispielsweise Grenache teinturier (Garnacha Tintorera).

tire-bouchon [tirbu'ʃɔ̃], französisch für Korkenzieher.

Tischwein, gemeinsprachlich Wein, der zum Essen serviert wird; meist steht der Begriff für weiße oder rote Stillweine.

Thermenregion. Bis Mitte der 1980er-Jahre wurden die Weine der Thermenregion, der Südbahn für die Wiener, unter dem Namen des Weinbauorts Gumpoldskirchen vermarktet.

TERROIR

1) Das französische Burgund mit seinen vielfältigen Weinbergslagen gilt als Heimat des Terroirkonzepts.

Kaum ein zweiter Begriff der Weinfachsprache wird so häufig benutzt und ist gleichzeitig so unzulänglich definiert wie der des Terroirs. Selbst von renommierten Wörterbüchern wird er mit unterschiedlicher Übersetzung wiedergegeben: Für die einen bedeutet das Wort Ackerboden, für die anderen Gegend oder Region im Sinne eines kulturellen Bezugsrahmens. Richtig ist, dass Terroir etwas mit dem Boden zu tun hat, aber nicht mit dem materiellen, dem landwirtschaftlich nutzbaren, sondern mit Boden im übertragenen Sinn, wie es die Verwandtschaft des althochdeutschen bodam mit dem lateinischen fundus, Grundlage, andeutet.

Ein französisches Weinmagazin hat Terroir einmal so definiert: Es ist »die Summe der natürlichen und kulturellen Parameter, die die Identität eines Produkts ausmachen ... Es beinhaltet nicht nur geographische, geologische, vegetative und klimatische Aspekte, sondern wird auch von der Art bestimmt, wie der Mensch seine Umgebung wahrnimmt, im Gedächtnis speichert und von Generation zu Generation weitergibt.« Das Bedeutsame an dieser Bestimmung ist, dass sie sowohl die natürlichen Elemente, Rebe, Boden, Klima etc., als auch kulturelle wie Weinbergspflege oder Kellerarbeit berücksichtigt. Sie alle tragen – und zwar in ihrer ganz besonderen, einzigartigen Kombination – zur Identität und Unverwechselbarkeit des Produkts, damit aber auch zu seiner Unterscheidbarkeit und Wiedererkennbarkeit bei. Am allerwenigsten bedeutet Terroir Bodengeschmack, so als könne man bei Wein von Lehm-, Löss- oder Schiefergeschmack sprechen, der direkt vom Boden in den Wein übergegangen sei.

Wenn überhaupt bei Weinen von erdigen Noten die Rede ist, dann ist damit entweder ein muffiger Weinfehler oder der Sortencharakter bestimmter Weißwein-Rebsorten gemeint.

Natur und Kultur prägen den Wein

Die Identität des Weins, seine Farbe, sein Geruch, sein Geschmack und seine Alterungsfähigkeit, sind das, was ihn von anderen Weinen unterscheidet und wiedererkennbar macht. Terroir ist also die Gesamtheit der Elemente des Weincharakters in Abgrenzung zu Weinen anderer Gegenden oder Weinbergslagen und anderer Weinbautraditionen. Dass der Einfluss der Kellerarbeit dabei genauso von Bedeutung ist wie die Zusammensetzung des Bodens, wird deutlich, wenn man versucht, einen großen roten Burgunder per Maischeerhitzung oder Kohlensäuregärung, einen Moselriesling mit Barriqueausbau zu erzeugen. In einem solchen Produkt würde man vergeblich nach dem unverwechselbaren Charakter suchen. So wie die Maischegärung im offenen Bottich zum roten Burgunder, gehören der Barriqueausbau zum großen Bordeaux, das Trocknen der Trauben zum Vin santo und die Florhefe zum Rancio.

Terroir kann ohnehin nur der Wein zeigen, der wirklich hochwertig ist. Dünne, neutrale, kurze, nichtssagende Produkte besitzen keinen Charakter. Das bedeutet auch, dass Reben ein bestimmtes Alter aufweisen müssen, um Weine mit Terroircharakter hervorzubringen. Darüber hinaus ist Terroir etwas Lebendiges. Wer glaubt, das Terroir großer Moselweine von heute sei mit dem vor 100 Jahren identisch, verkennt das. Nicht nur das Klima hat sich verän-

2) Das Barologebiet gilt als eines der italienischen Anbaugebiete mit den ausgeprägtesten Unterschieden zwischen den Weinen verschiedener Weinbergslagen.

3) Der deutsche Rheingau bringt Weine mit markantem Terroircharakter hervor.

dert, auch die Böden, sei es durch den Terrassenbau, sei es durch Flurbereinigungsmaßnahmen oder durch Erosion. Andere Rebklone werden mit anderen Erziehungssystemen kultiviert, selbst die Arbeit des Winzers und des Weinmachers ist heute anders. Terroir ist also zuallererst ein Anspruch an den Wein, eine Idee von seiner Perfektion.

Der Einfluss des Bodens?

Selbst wenn von den vielen Faktoren, die Terroir ausmachen, nur die Böden betrachtet werden, ergibt sich ein recht komplexes Bild. Weinbergsböden bestehen ja nicht nur aus Kalk oder Schiefer, Löss oder Lehm, sondern aus vielschichtigen Mischungen mineralischer und organischer Bestandteile, von Spurenelementen und pflanzlichen oder tierischen Rückständen. Sie sind sauer oder basisch, feucht oder trocken, nährstoffarm oder fruchtbar, kompakt oder locker. All das prägt den Charakter der Weine, ihre Säurestruktur, ihren Extraktreichtum. Mehr noch: Jeder gesunde Boden besitzt seine eigene Population von Pilzen, Hefen und Bakterien, die direkt auf die Gärungsprozesse Einfluss nehmen und damit den Weincharakter vielleicht noch entscheidender prägen als die bloße chemische oder physikalische Zusammensetzung des Bodens.

Weinberge, deren mikrobiologische Komponenten durch massiven Einsatz von Pflanzenschutzmitteln »totgespritzt« wurden, haben deshalb einen Großteil jener Elemente verloren, die den Weinen ihren spezifischen Charakter verleihen. Werden die Moste bzw. Weine zusätzlich scharf geklärt oder filtriert, mit Rein-

zuchthefen vergoren und mit Enzymen aromatisch verändert, kann von einem Wein »mit Terroir« überhaupt keine Rede mehr sein. Dasselbe gilt natürlich auch für Weine, die Jahr für Jahr aus unterschiedlichem Traubenmaterial verschnitten werden – und sei dies auch noch so hochwertig –, wie es in der Neuen Welt häufig praktiziert wird.

Wie erkennt man Terroir?

Die Wirkung vieler Elemente ist indirekt. Man erkennt sie erst bei ausgereiften Weinen; bei Jungweinen überwiegen noch die Fruchtkomponenten der Traube, die Holznoten des Barriqueausbaus und die Gär- oder Hefenoten aus der Vinifizierung. Allerdings gibt es Rebsorten, die geschmacklich stärker als andere auf Fremdfaktoren aus Weinberg und Kellerarbeit reagieren als andere. Riesling und Chardonnay, Spätburgunder, aber auch der neutrale Gutedel gelten zum Beispiel als gute Überträger ihres Terroirs, während Muskateller oder Gewürztraminer mit ihren ausgeprägten Sortenaromen, aber auch Cabernet Sauvignon oder Merlot unter sehr unterschiedlichen Bedingungen ähnliche, verwechselbare Aroma- und Geschmacksprofile entwickeln.

Das Terroir eines Weins im Geschmack wiederzuerkennen und auch in verdeckter Probe zu benennen, ist meist nur wenigen Verkostern mit langer Erfahrung im jeweiligen Anbaugebiet vergönnt. Voraussetzung ist, dass die Weine den Einfluss ihres Bodens und ihres Jahrgangs, ihrer Vinifizierung und ihrer Reife wirklich zum Ausdruck bringen, dass es sich also um Weine mit Charakter handelt.

titrierbare Säure, die Gesamtsäure (→Säure) von Weinen.

Toast|aromen, eine bestimmte Art Aromen (→Aroma) in Weinen.

Tokajer. Der süße Tokajer lagert oft jahrelang in dunklen, feuchten Gesteinskellern, deren Wände mit schwarzem Kellerschimmel überzogen sind, bevor er abgefüllt werden kann.

Tocai friulano, Tocai, Sauvignonasse [sovɪɲoˈnas], Weißwein-Rebsorte, die eventuell aus dem französischen Bordeauxgebiet stammt, dort allerdings fast verschwunden ist.

Außer in Argentinien wird sie in der italienischen Region Friaul-Julisch Venetien auf fast 7300 ha kultiviert, wo er die am weitesten verbreitete Weißwein-Rebsorte ist und als Sortenwein unter zahlreichen der regionalen Herkunftsbezeichnungen vermarktet wird. In Chile und Russland wurde Tocai friulano lange Zeit mit Sauvignon blanc bzw. Muscadelle (Sauvignon vert) verwechselt, sodass die dortigen Rebflächen nicht exakt bekannt sind; die weltweite Verbreitung wird auf 9000 ha (1999) geschätzt.

Tocai friulano bringt angenehm fruchtige, jung zu trinkende Weine mit gelegentlich leichtem Mandelaroma hervor. Ob es sich bei **Tocai italico,** der v. a. in der italienischen Region Venetien kultiviert wird, um eine eigenständige Variante des Tocai friulano handelt, ist ungeklärt, ebenso eine eventuelle Verwandtschaft mit der Rotwein-Rebsorte **Tocai rosso,** die gleichfalls in Venetien wächst und von der es gelegentlich heißt, sie sei mit Grenache identisch.

Der Name Tocai wurde als Folge einer Beschwerde Ungarns wegen der Verwechslungsgefahr mit Tokajer von der EU nur übergangsweise zugelassen.

Tokajer, Tokaier, ungar. **Tokaji** [ˈtɔkji], Herkunftsbezeichnung für den bekanntesten Weiß- bzw. Süßwein Ungarns; das Anbaugebiet Tokaj-Hegyalja, das sich über 27 Gemeinden im Umkreis der Stadt Tokaj erstreckt, umfasst 5500 ha (2000) Rebfläche und reicht bis in die benachbarte Slowakei, wo von rund 170 ha

Rebfläche ebenfalls Tokajer (slowakisch Tokajské) kommt.

Die Reben wachsen in 150–260 m ü. M. auf Gesteinsböden unterschiedlicher Natur an den Hängen der Zemplén-Berge, die vulkanischen Ursprungs sind. Die Berge bieten Schutz vor kalten Nordwinden, und die warme Südluft in Verbindung mit der hohen Luftfeuchtigkeit der Flusstäler von Theiß (Tisza) und Bodrog sorgen für das Auftreten der Edelfäule, die den Weinen ihre Einzigartigkeit verleiht.

■ **Rebsorten und Weinbereitung:** Für die Produktion von Tokajer werden vier Rebsorten verwendet, von denen Furmint mit 60 % die meistkultivierte ist; daneben werden Hárslevelű, Gelber Muskateller und seit einigen Jahren auch die Sorte Zéta, verschiedentlich Oremusz genannt, kultiviert. Reinsortige Qualitätsweine wie z. B. **Tokaji Furmint** stellen etwa 60 % der Gesamtproduktion, der Rest wird zu Cuvées ohne Festlegung der jeweiligen Sortenanteile verarbeitet. Die Weine werden teilweise noch auf traditionelle Art, d. h. oxidativ, ausgebaut, zunehmend – insbesondere nach der Wende Anfang der 1990er-Jahre – aber auch nach Art moderner Süßweine, d. h. reduktiv. Die höherwertigen Qualitäten lagern bis zu drei Jahre im Holzfass – häufig in Felskellern, deren Wände von dichtem, schwarzem Kellerschimmel überzogen sind.

■ **Weintypen:** Die einfachsten Tokajerqualitäten werden unter der Bezeichnung Tokaji **Szamorodni** vermarktet. Der Name stammt aus dem Polnischen und bedeutet »wie gewachsen«: In Jahren mit keiner oder nur geringer Edelfäule werden alle Trauben ohne vorheriges Auslesen getrockneter Beeren gemeinsam zu trockenem (szárasz) oder süßem (édes) Wein mit bis zu 50 g/l Restsüße verarbeitet. Die Weine reifen vor der Vermarktung mindestens zwei Jahre lang, davon eines im Holzfass.

Tokaji **Aszú** (deutsch: Auslese, Ausbruch, slowakisch: Tokajský výber) ist der vielleicht typischste edelsüße Wein des Gebiets. Von Botrytis befallene, eingetrocknete Beeren werden per Hand ausgelesen (ausgebrochen), mit Most oder trockenem Wein vermischt, gekeltert und vergoren. Die Qualität, d. h. die Süße und der Extrakt des Resultats, sind traditionell von der Anzahl 20-kg-Bütten (ungarisch puttonyok) dieser Trockenbeeren abhängig, die zu 136-l-Holzfässern (ungarisch göncer) oder Barriques gegeben werden.

Das aktuelle Weingesetz definiert vier Qualitätsstufen von Aszú nach dem Restzuckergehalt der Weine: Ein Wein der Stufe drei-**puttonyos** (deutsch: büttig) bedeutet einen Restzuckergehalt von mindestens 60 g/l, vier-puttonyos von mindestens 90 g/l, fünf-puttonyos von mindestens 120 g/l und sechsputtonyos von mindestens 150 g/l. Die vorgeschriebene Reifezeit aller vier Stufen beträgt drei Jahre, davon zwei im Holzfass.

Tokaji **Aszúeszencia** entsteht im Prinzip wie Tokaji Aszú, die Weine müssen aber einen Restzuckergehalt von mindestens 180 g/l aufweisen und fünf Jahre reifen, davon drei im Holzfass. Tokaji **Eszencia** dagegen ist ein Wein, der ausschließlich aus dem sirupartigen Freilaufmost ausgelesener, edelfauler Beeren gekeltert wird. Er gärt mehrere Jahre lang und erreicht einen Alkoholgehalt von nur 6–8 Vol.-%, muss aber einen Restzuckergehalt von mindestens 450 g/l aufweisen.

Seit Anfang der 1990er-Jahre wird eine neue Tokajerqualität vermarktet, Tokaji Fordítás. Er entsteht durch Mischen von Aszútrestern mit Most oder Jungwein und anschließendes Keltern. Fordítás muss zwei Jahre reifen, davon eines im Holzfass.

Tokay d'Alsace [to'kɛ dal'zas], elsässisch für →Grauburgunder.

tonique [to'nik], französisch für die Geschmacksbezeichnung lebendig, anregend.

Tonneau [tɔ'no, französ. »Fass« zu kelt. tonna »Lederschlauch«], Holzfass von der Art eines großen Barriques, das im Bordeauxgebiet traditionell ein Fassungsvermögen von 900 l hat; dies entspricht dem Inhalt von vier Barriques. Der Begriff ist für Fässer mit einem Fassungsvermögen von etwa 500–1000 l gebräuchlich.

torbido, italienisch für trüb, farblich gestört.

Torcolato, Süßweinversion des italienischen DOC-Weins →Breganze.

Torggel, →Presse.

Torgiano [tɔr'dʒano], DOC-Herkunftsbezeichnung für Weine der mittelitalienischen Region Umbrien; das Anbaugebiet umfasst etwa 400 ha (1997) Rebfläche. Zwar werden unter der Herkunftsbezeichnung auch Weiß- und Roséweine erzeugt, aber der größte Teil der Produktion besteht aus Rotweinen mit Sangiovese als Hauptrebsorte. Die Riservaversion der Rotweine **(Torgiano Riserva)** trägt seit 1990 DOCG-Status, allerdings sind nur knapp 15 ha Rebfläche unter dieser eigenständigen Bezeichnung klassifiziert.

Torkel, →Presse.

Toro, 1987 eingerichtete D.O.-Herkunftsbezeichnung für Weine eines kleinen Gebiets im Westen der spanischen Region Kastilien-León; das Anbaugebiet umfasst etwa 5000 ha (2001) Rebfläche, die in Höhen zwischen 600 und 750 m ü. M. liegen und mit den Rebsorten Malvasia, Verdejo, Tempranillo (Tinta de Toro) und Grenache (Garnacha tinta) bestockt sind. Die Weißwein-Rebsorten belegen etwa 10 % der Weinbergsfläche.

Insbesondere der rote Tempranillo bringt auf den trockenen und steinigen Sand- und Lehmböden des Duerotals tiefdunkle, körperreiche Weine hervor. Gewächse aus wurzelechten Rebanlagen mit alten Stöcken können sehr vielschichtig und in gewissem Umfang alterungsfähig ausfallen und stehen in den besten Fällen denen des benachbarten Anbaugebiets Ribera del Duero nicht nach.

Torontés, Torrontés, Torontel, spanische Weißwein-Rebsorte, die v. a. in der Region Galicien heimisch ist, aber auch in Argentinien und Chile, wo sie auch unter dem Namen **Torrontés Sanjuanino** bekannt ist; weltweit steht sie auf etwa 5000 ha Rebfläche. Die argentinischen Rebsorten **Torrontés Riojano** und **Torrontés Mendocino,** die auf etwa 10 000 ha (1999) Rebfläche kultiviert werden, sind vermutlich nicht mit Torontés verwandt. Die Sorte bringt leichte, säurebetonte Weine hervor, die nach Äpfeln, Heu und Kräutern duften.

Toscana, Igt-Herkunftsbezeichnung für Weine der gesamten italienischen Region Toskana, die 1995 eingerichtet wurde, um für zahlreiche →Super-Tuscans, die zuvor als Tafelwein vermarktet werden mussten, eine Herkunftsbezeichnung zu schaffen, die beispielsweise die Angabe des Jahrgangs auf dem Etikett erlaubte; die gleichzeitig geschaffene Igt-Bezeichnung Colli della Toscana Centrale gilt nur für das Zentrum der Region und wird seltener verwendet.

Toskana. Siena mit seiner berühmten Piazza del Campo gilt als die heimliche Weinbauhauptstadt der Toskana.

Toskana, italien. **Toscana,** mittelitalienische Weinbauregion mit einer Rebfläche von etwa 63 500 ha (1998); die Region gehört zusammen mit dem Piemont zu den prestigereichsten Italiens und bringt Weine einiger

Toskana. Zypressen, Reben und Pachthöfe – das typische Bild der Toskana wie hier bei Nipozzano im Chianti-Rufina-Gebiet.

der besten und populärsten Herkunftsbezeichnungen des Landes hervor, z.B. Chianti Classico oder Brunello di Montalcino.

Etwa 40–50% der regionalen Weinproduktion von durchschnittlich 2,6 Mio. hl besitzen DOC- oder DOCG-Status. Während der weinbauliche Schwerpunkt der Region jahrhundertelang in den Hügeln zwischen Florenz und Siena lag, hat er sich seit dem Beginn der 1990er-Jahre ein wenig in Richtung der Küste verschoben; die Maremma toscana und das Gebiet von Bolgheri in der Provinz Livorno haben dabei eine Dynamik entwickelt, die in Italien kaum Parallelen kennt.

■ **Klima und Böden:** Die natürlichen Voraussetzungen für die Erzeugung von Spitzenweinen sind in fast allen Teilen der Region ideal. Das Klima wird von der südlichen geographischen Lage einerseits, vom bergigen Charakter der Region andererseits bestimmt und ist teilweise deutlich ausgeglichener und sogar kühler als in norditalienischen Anbaugebieten; mehr als zwei Drittel der Flächen liegen in Hügel- bzw. Berglagen von bis zu 900 m ü. M. Insbesondere die Rotwein-Rebsorte Sangiovese bringt in dieser Extremsituation unvergleichlich komplexe und langlebige Weine hervor, wenn ihr der Jahrgangsverlauf optimale Reife ermöglicht. Die teils kalkhaltigen, teils vulkanischen Böden begünstigen die Entstehung von kräftigen, aber auch finessenreichen Weinen.

■ **Rebsorten:** Die mit weitem Abstand dominierende Rebsorte ist Sangiovese, die fast zwei Drittel der für Qualitätsweinbau zugelassenen Flächen belegt. Dahinter rangieren die einheimischen Sorten Canaiolo, Trebbiano toscano, Malvasia del Chianti, Vernaccia, Ansonica sowie die internationalen Merlot, Cabernet Sauvignon, Spätburgunder (Pinot nero), Syrah, Chardonnay, Weißburgunder (Pinot bianco), Grauburgunder (Pinot grigio) und Sauvignon blanc. Im Rotweinbereich werden Verschnitte aus einheimischen und internationalen Sorten immer beliebter, da Merlot oder Cabernet Sauvignon dem empfindlichen Sangiovese die Farbe und Kraft geben können, die ihm häufig fehlen.

Trotz aller Fortschritte in den letzten beiden Jahrzehnten des 20. Jahrhunderts, v.a. bei der Kellertechnik, steht eine umfassende Neuorganisation des Weinbergsbestands noch aus. Teilweise sind die Bestände durch Krankheitsbefall so dezimiert, dass unklar ist, wie es die betroffenen Erzeuger immer wieder schaffen, die erlaubten Produktionsmengen auszuschöpfen. Ein Großteil der Rebflächen wurde zudem in den 1960er- und 1970er-Jahren angelegt, als die Philosophie des toskanischen Weinbaus noch mehr auf Quantität als auf Qualität ausgerichtet war.

■ **Anbaugebiete:** Das größte Anbaugebiet der Toskana ist das des →Chianti, das in sieben Bereiche gegliedert ist – Chianti Colli Fiorentini, Chianti Rufina, Chianti Montalbano, Chianti Colli Senesi, Chianti Colli Are-

TOSKANA. *Entwurzelung und Erneuerung*

Trotz jahrhundertealter Traditionen dauerte es bis in die Siebzigerjahre des zwanzigsten Jahrhunderts, bevor die Toskana Anschluss an die Entwicklung im Weltweinbau fand. Nach dem Zweiten Weltkrieg hatte infolge der Auflösung der Halbpacht massive Landflucht eingesetzt, die zunächst einmal für den Niedergang der Rebflächen und der Weinproduktion sorgte. In das entstehende Vakuum drängten jedoch neue Schichten: Stadtmüde Aussteiger aus Norditalien und investitionswillige Ausländer ließen sich in den verlassenen Gütern und Pachthöfen nieder und sorgten für einen enormen Erneuerungsschub. Frei von Bindungen an regionale Weinbautraditionen schufen sie ein neues Bild des toskanischen Weins, das von modernen Kellermethoden, von internationalen Rebsorten und Barriqueausbau geprägt wurde. Der Spätstarter Toskana entwickelte sich in wenigen Jahren zur Avantgarderegion des italienischen Weinbaus.

tini, Chianti Colline Pisane und Chianti Montespertoli. Er umfasst nahezu die gesamte Region. Einen Sonderstatus genießt das zentrale Gebiet des Chianti Classico, das Ende der 1990er-Jahre aus dem Verbund der genannten DOCG-Herkunftsbezeichnungen herausgenommen wurde und Eigenständigkeit erhielt. Weitere DOCG-Weine sind Brunello di Montalcino, Carmignano, Vernaccia di San Gimignano und Nobile di Montepulciano.

Daneben existiert eine große Zahl von DOC-Herkunftsbezeichnungen wie Barco Reale di Carmignano, Bianco di Pitigliano, Bianco Vergine Valdichiana, Bolgheri, Carmignano (Rosé und Vin santo), Elba, Montecarlo, Montescudaio, Morellino di Scansano, Pomino, Rosso di Montalcino, Rosso di Montepulciano, San Gimignano, Sant'Antimo, Vin santo del Chianti (Classico) bzw. Vin santo di Montepulciano etc. Aus der Reihe der relativ jungen Igt-Bezeichnungen sind v. a. Colli della Toscana Centrale, Maremma toscana und Toscana/Toscano zu erwähnen, unter denen eine Reihe exzellenter Super-Tuscans vermarktet werden.

■ **Geschichte:** Wahrscheinlich trieben bereits die Etrusker lange vor dem Beginn unserer Zeitrechnung in der Toskana Weinbau, und Römer setzten ihre Arbeit fast nahtlos fort. Nach dem Ende des Römischen Reiches dauerte es dann allerdings bis ins 13. Jh., bevor vom toskanischen Wein wieder die Rede war. Damals tauchten erstmals die Namen Antinori und Frescobaldi in den Annalen der Region auf, zwei Familien, die in anderen Wirtschaftsbereichen zu Wohlstand gekommen waren und in den Weinbau investierten. Einen neuen Entwicklungsschritt erlebte die Region in der zweiten Hälfte des 19. Jahrhunderts, als Baron Bettino Ricasoli den modernen Chianti erfand, und erneut Ende der 1970er-Jahre, als sie mit Rotweinen wie Sassicaia, Solaia oder Tignanello weltweit Aufsehen erregte.

■ SIEHE AUCH
→ Bolgheri · Brunello di Montalcino · Canaiolo · Carmignano · Chianti · Ciliegiolo · Elba · Governoverfahren · Italien · Maremma toscana · Montalcino · Montecarlo · Montescudaio · Morellino di Scansano · Nobile di Montepulciano · Pomino · San Gimignano · Sangiovese · Sant' Antimo · Sassicaia · Super-Tuscan · Toscana · Trebbiano · Vermentino · Vernaccia di San Gimignano · Vin santo

tot, geruchlich und geschmacklich leer, flach; Begriff der Weinansprache für überalterte oder oxidierte Weine.

Touraine [tu'rɛn], Bereich der französischen Weinbauregion Loire östlich des Doppelgebiets →Anjou-Saumur; auf insgesamt knapp 12 800 ha (2000) Rebfläche werden unter verschiedenen A. C.-Herkunftsbezeichnungen Weiß-, Rot- und Schaumweine erzeugt.

Toskana. Die Toskana erstreckt sich von Florenz im Norden weit in den Süden, bis an die italienische Mittelmeerküste.

Zu den meistverbreiteten Rebsorten gehören Chenin blanc (Pineau de la Loire), Cabernet franc (Breton) und Gamay, daneben werden Cabernet Sauvignon, Malbec (Côt), Pinot noir, Chardonnay, Pineau d'Aunis, Grolleau und Pinot Meunier kultiviert. Die wichtigsten A. C.-Weine der Touraine sind neben der Bereichsappellation selbst →Bourgueil, Saint-Nicolas-de-Bourgueil, →Chinon, →Montlouis und →Vouvray. Die übrigen Appellationen heißen →Cheverny, →Coteaux du Loir, Coteaux du Vendômois, Cour-Cheverny, →Jasnières und Valencay.

Touraine. Keller und ganze Häuser sind an der Loire, wie hier bei Vouvray, häufig in die Tuffsteinhänge hineingegraben.

Unter der eigentlichen Herkunftsbezeichnung Touraine, deren Anbaugebiet nur etwa 5 500 ha (1995) der gesamten Rebfläche des Bereichs umfasst und sich fast über seine gesamte Ost-West-Länge erstreckt, werden Weiß-, Rosé- und Rotweine aus nahezu allen zugelassenen Sorten erzeugt. Die Herkunftsbezeichnungen **Touraine-Azay-le-Rideau,**

Knospe im Moment
des Austriebs

Bildung des Sommertriebs

Geschein

Bildung der Beeren

Reifebeginn

Vollreife

Traube. Entwicklung
von der Knospe zur
Vollreife

Touraine-Amboise und **Touraine-Mesland** stehen für besonders hochwertige Weißweine sowie für Rosés und – mit Ausnahme von Azay-le-Rideau – Rotweine kleinerer Anbaugebiete innerhalb der Appellation Touraine.

Touriga nacional [to'riɡɐ nɐʒu'nal], bekannteste Rotwein-Rebsorte Portugals, die am Douro ebenso zu Hause ist wie im Dão und anderen Gebieten des Landes; ihre bekanntesten Synonyme sind Mortágua und Touriga fina.

Touriga nacional steht in Portugal auf insgesamt knapp 2700 ha (1999) Rebfläche und wird auch in Australien und Südafrika kultiviert. Sie ist sehr wuchskräftig und robust und gedeiht auch in trockenem Klima, sorgt aber nur für geringe Erträge. Die Beeren sind dickschalig und bringen tiefdunkle, aroma- wie tanninbetonte und langlebige Weine hervor; charakteristisch sind die fruchtigen Noten von Waldbeeren, Maulbeeren und schwarzer Johannisbeere sowie die würzigen und animalischen Akzente. Obwohl Touriga nacional nur einen geringen Anteil am Rebsortenspiegel des Douro hat, gilt sie aufgrund ihrer Qualitäten als eine der Basissorten für die Portweinerzeugung.

Die eigenständige Rotwein-Rebsorte **Touriga francesa,** die in Portugal sogar noch weiter verbreitet, jedoch qualitativ nicht mit Touriga nacional vergleichbar ist, wird in ihrer Heimat auf insgesamt knapp 7500 ha (1999) Rebfläche, darüber hinaus in Kalifornien kultiviert. Sie ist auch als Esgana Cão bekannt, aber nicht mit der Weißwein-Rebsorte gleichen Namens identisch. Die weiße **Touriga branca** ist mit den beiden roten Tourigasorten nicht verwandt; dasselbe gilt für die rote **Touriga brasileira.**

tourné [tur'ne], französisch für die Geschmacksbezeichnung umgekippt (→umkippen).

Traditionsweingüter, eigentlich Verein Österreichischer Traditionsweingüter, Anfang der 1990er-Jahre gegründete Vereinigung von 21 Erzeugerbetrieben der österreichischen Anbaugebiete Kamptal, Kremstal, Traisental und Donauland; Ziel der Vereinigung ist die Förderung der Terroiridee und Klassifizierung von Weinbergslagen. Das von den Traditionsweingütern in die Diskussion gebrachte Konzept der Ersten Lage konnte sich auf nationaler Ebene bislang nicht durchsetzen.

Traisental, jüngstes österreichisches Anbaugebiet zwischen den niederösterreichischen Städten Krems und St. Pölten; die etwa 680 ha (2001) Rebfläche werden von gut 700 Weinbaubetrieben bewirtschaftet. Der Rebsortenspiegel ist von Weißwein-Rebsorten dominiert, allen voran Grüner Veltliner; bei den Rotwein-Rebsorten findet man v.a. Portugieser und Zweigelt. Das Klima ist von pannonisch-kontinentalem Typ, wobei die nahe Donau wärmeregulierend wirkt. Die Reben stehen überwiegend auf Terrassen mit trockenen, sandigen und schottrig-lehmigen Böden. Das Gros der Produktion besteht aus bodenständigen Weinen, die in den lokalen Straußwirtschaften und ab Hof vermarktet werden.

Traminer, →Gewürztraminer.

Tränen, Kirchenfenster, Weintropfen, die nach dem Schwenken des Glases an der Glaswand abfließen; langsame, große Tränen sind Ausdruck erhöhter →Viskosität des Weins.

tranquillo, eigentlich vino tranquillo, italienisch für →Stillwein.

Transvasierverfahren, eine Methode zur Herstellung von →Schaumwein.

Trasimeno, →Colli del Trasimeno.

Trás-os-Montes [trɛzuʒ'mõtiʃ], portugiesische Landweinappellation im Nordosten des Landes, deren Anbaugebiet die Qualitätsweingebiete von Douro, Chaves, Valpaços und Planalto umschließt; von den Granitverwitterungs- und Schieferböden einer der rauesten Landschaften Portugals, insbesondere aus dem Bereich von Macedo de Cavaleiros, kommen gelegentlich sehr gute Rotweine.

Traube, eigentlich Traubenstand, Blüten- und Fruchtstand der →Rebe2), der sich nach Bestäubung und Befruchtung entwickelt, botanisch gesehen eine Rispe, wissenschaftlich als Infloreszenz bezeichnet.

In Abhängigkeit von Rebsorte und Witterungsbedingungen finden sich an einem Geschein 150–300 Einzelblüten, die sich zu →Beeren entwickeln können; als Folge natürlichen Blüten- und Fruchtfalls werden jedoch nur etwa 30–50% der Blüten zu Beeren.

Größe und Form der Traube sind wesentliche Merkmale bei der Beschreibung und Einordnung von Rebsorten durch die →Ampelographie. Man unterscheidet zwischen walzen- und kegelförmigen Trauben, aber auch die eventuelle Ausbildung von Seitenästen (Schultern) sowie Länge und Färbung von Stielen – deren verzweigte Gerüste werden als Rappen oder Kämme bezeichnet – und Beeren gelten als Charakteristika der jeweiligen Rebsorte. Im Zuge der Selektion von Rebsortenklonen wird zunehmend auf Lockerbeerigkeit geachtet, da solche Trauben weniger fäulnisanfällig sind als dichtbeerige.

Traubenannahme, Übernahme bzw. Übernahmestelle der Trauben nach der Ernte; sie stellt einen ersten und wichtigen Schritt bei der Weinbereitung dar. In großen Kellereien besteht die Traubenannahme meist aus einer Waage, einem großen Auffangtrichter mit Förderschnecke bzw. Pump- oder Kippvorrichtung, von dem aus die Trau-

Traubenmühle. Von der Traubenannahme gelangen die Trauben mithilfe einer motorgetriebenen Spindel direkt in die Traubenmühle, die häufig mit der Abbeermaschine kombiniert ist.

benmühle oder Abbeermaschine beschickt wird. Die schonende Behandlung des Traubenguts, z. B. durch Anlieferung in kleinen Kisten, oft auch durch den Verzicht auf jegliches Pumpen oder durch (maschinen)bauliche Maßnahmen, mit denen eine unnötige mechanische Belastung der Trauben vermieden wird, ist für die spätere Qualität des Weins maßgeblich.

Traubenkerne, die Samen der →Beere.

Traubenmühle, Quetschmühle, Gerätschaft zum Mahlen von Trauben, d. h. zur Herstellung der Maische; dabei werden die Trauben zwischen zwei verstellbaren Walzen (Riffelwalzen oder Sternwalzen) angequetscht, um die Trennung von Beerenhaut, Saft, Kernen und Stielen zu erleichtern; gleichzeitig werden Enzyme, Aromastoffe und Mineralstoffe (Extrakte) freigesetzt. Kerne und Stiele sollten in der Traubenmühle möglichst nicht beschädigt werden, damit ihre harten und bitteren Tannine nicht in den Wein gelangen. Oft wird vor dem Mahlen →abgebeert, z. T. sind Traubenmühlen aber auch mit der Abbeermaschine kombiniert.

Traubenreife, eine Etappe der →Reife 1).

Traubenwickler, ein →Schädling der Weinrebe.

Traubenzucker, eine Art des →Zuckers.

traubig, nach frischen Trauben riechend bzw. schmeckend; Begriff der Weinansprache für meist recht einfache, eindimensionale Primäraromen. Wenn die traubigen Noten aller-

dings Bestandteil eines komplexeren Buketts von Fruchtaromen sind, können sie einen Wein bereichern.

Trebbiano [zu latein. trebulanum, eine Rebsorte der Römer], Familie von Weißwein-Rebsorten, die vorwiegend in Italien und Frankreich kultiviert werden; unterschieden wird zwischen mehreren Sorten der Gruppe, deren Verwandtschaft untereinander noch nicht schlüssig erforscht ist.

Trebbiano toscano, Trebbiano d'Abruzzo, Trebbiano di Soave und Trebbiano romagnolo sind die bedeutendsten. Insgesamt belegen die verschiedenen Trebbianovarianten allein in Italien fast 100 000 ha (1999) Rebfläche.

Trebbiano toscano (französisch **Ugni blanc**) steht mit weltweit 190 000 ha (1999) Rebfläche zusammen mit Merlot an vierter Stelle der meistkultivierten Rebsorten der Welt. In Italien sind 56 000 ha damit bestockt, v. a. in der Toskana. In Frankreich, wo aus der Sorte in erster Linie Weinbrand destilliert wird, sind mit ihr insgesamt 89 500 ha (2001) bestockt, in Bulgarien 25 000 ha. Weitere relevante Flächen gibt es in Rumänien, Russland, Griechenland, Portugal, Mexiko, Kalifornien, Brasilien, Uruguay, Südafrika und Australien.

Trebbiano d'Abruzzo (Bombino) wird vorwiegend in Süditalien kultiviert und steht insgesamt auf etwa 11 900 ha (1999) Rebfläche, überwiegend in den Abruzzen, wo er zu Weinen der gleichnamigen Herkunftsbezeichnung (→Trebbiano d'Abruzzo) verarbeitet wird. Daneben besitzt **Trebbiano romagnolo** mit 21 300 ha (1999) Rebfläche zumindest quantitativ Bedeutung; qualitativ stehen seine Weine, die unter der Herkunftsbezeichnung Trebbiano di Romagna vermarktet werden, jedoch auf nicht sehr hohem Niveau. Die übrigen Trebbianoversionen wie Trebbiano di Lugana oder Trebbiano di Soave spielen v. a.

Traube. Der morphologische Aufbau der Traube ist einer der wesentlichen Faktoren bei der Unterscheidung und Einordnung von Rebsorten. Von Bedeutung sind unter anderem Traubenform und -größe.

TREBBIANO. *Ungeliebte Reminiszenz*

Bis in die 1980er-Jahre galt Trebbiano in der Toskana als unverzichtbarer Bestandteil im Verschnitt des Chianti, der durch den kleinen Weißweinanteil frischer und rascher zugänglich gemacht wurde. Dann setzte sich die Tendenz durch, Chianti nur noch aus Rotweintrauben zu keltern, was dessen Qualität dramatisch verbesserte. Wohin aber mit dem nutzlos gewordenen Trebbiano, der immer noch Tausende Hektar Rebfläche der Region belegte? Einfach ausreißen wollte man ihn schon aus wirtschaftlichen Gründen nicht. Erste und schnelle Abhilfe brachte da ein Marketingkonzept, das von den größten Weinhäusern der Toskana gemeinsam ausgearbeitet wurde. Ein frischer, anspruchsloser Tafelwein namens Galestro sollte den Großteil der Trebbianomengen aufnehmen. Parallel dazu wurden neue DOC-Gebiete wie beispielsweise das des Bianco della Valdichiana eingerichtet, die demselben Zweck dienten. Seinem Schicksal konnte der Trebbiano allerdings auch dadurch nicht entgehen: Fast immer, wenn ein Weinberg gerodet werden musste, wurden andere rote oder weiße Sorten an seiner Stelle gepflanzt.

im Rahmen regionaler weißer Verschnittweine eine Rolle.

Trebbiano d'Abruzzo, DOC-Herkunftsbezeichnung für Weißweine der italienischen Region Abruzzen; auf knapp 4200 ha (1997) Rebfläche wird ausschließlich die gleichnamige Rebsorte (→Trebbiano) kultiviert. Die Weine sind strohgelb, im Duft meist recht neutral und am Gaumen stoffig. Bessere Qualitäten mit hohem Extrakt können aber geschmackliche Dichte zeigen und werden gelegentlich im Holzfass oder Barrique ausgebaut.

Treber, →Trester.

trellis ['trelɪs], englisch für Spaliererziehung (→Erziehungsformen), gemeinsprachlich auch für Erziehungssystem; die Reberziehung wird als (vine) trellising bezeichnet.

Trester. Aus den Spätburgundertrestern badischer Spitzenweingüter wird häufig ausgezeichneter Tresterbrand destilliert.

Trentino, autonome Provinz in Norditalien, die den südlichen, italienischsprachigen Teil der Doppelregion Trentino-Südtirol bildet; von den insgesamt 12700 ha (1998) Rebfläche der Region entfallen gut 7000 ha auf das Trentino.

Die Weinberge liegen z.T. in der kiesigen Schwemmlandebene des Etschtals, z.T. auf den sehr steilen Hängen der Seitentäler. Die Böden der Hanglagen bestehen überwiegend aus Moränenschutt mit hohem Kalkanteil; sie sind mager und gut entwässert.

Unter der DOC-Herkunftsbezeichnung, die den Namen der Provinz trägt, wird eine Reihe von Sortenweinen erzeugt, wobei Chardonnay etwa ein Viertel der etwas über 4000 ha (1997) großen Rebfläche belegt. Weitere, in nennenswertem Umfang kultivierte Rebsorten sind Merlot, Grauburgunder (Pinot grigio), Müller-Thurgau, Marzemino, Cabernet Sauvignon und Spätburgunder (Pinot nero). Daneben werden Spezialitäten wie Rebo, Nosiola, Rosenmuskateller (Moscato rosa) und Goldmuskateller (Moscato giallo)

erzeugt. Die übrigen DOC-Bezeichnungen des Trentino sind →Casteller, Teroldego Rotaliano (→Teroldego), →Trento und →Valdadige.

Trentino-Südtirol, italien. **Trentino-Alto Adige** [- 'a:didʒe], Doppelregion in Norditalien, die insgesamt 12700 ha (1998) Rebfläche umfasst, von der 5500 ha auf die Provinz →Südtirol 1) und gut 7000 ha auf die Provinz →Trentino entfallen.

Trento, DOC-Herkunftsbezeichnung für Schaumweine der norditalienischen Provinz →Trentino; die Grundweine werden aus den Rebsorten Chardonnay, Weißburgunder (Pinot bianco), Spätburgunder (Pinot nero) oder Schwarzriesling (Pinot Meunier) gekeltert. Trento wird nach dem Flaschengärverfahren produziert und muss mindestens 15 Monate auf den Hefen reifen, Jahrgangsweine mindestens 24 und Riservaqualitäten mindestens 36 Monate. Für weiße und Roséversionen gelten identische Produktionsvorschriften; bei Roséweinen muss der Extrakt allerdings 1 g/l höher liegen.

Treppchen, eine der besten Weinbergslagen des Bereichs Bernkastel, Gemeinde Erden, im deutschen Anbaugebiet Mosel-Saar-Ruwer; die Böden des nach Süd-Südwesten ausgerichteten Hangs bestehen z.T. aus verwittertem Schiefer, z.T. aus so genanntem Rotliegendem. Von ihnen kommen vielschichtige und alterungsfähige Weißweine aus der Rebsorte Riesling.

Trester, süddeutsch und österreich. **Treber, Trebern,** die Masse der (abgepressten) Schalen und Kerne von Weintrauben; er kann zu →Tresterbrand destilliert oder zum Düngen der Weinberge verwendet werden.

Tresterbrand, gemeinsprachlich Tresterschnaps, italienisch Grappa, französisch Marc, ein Branntwein, der aus abgepressten →Trestern destilliert wird.

Während die Trester weißer Trauben erst noch vergoren werden müssen, da ihr Most vor der Weingärung abgepresst wurde, können Rückstände von Rotwein-Rebsorten direkt destilliert werden, wobei allerdings häufig Wasser zugegeben werden muss, wenn die Masse zu fest ausgepresst wurde. Vor allem in Frankreich und Italien sind Tresterbrände sehr populär; während der italienische Grappa dabei meist direkt nach dem Destillieren, d.h. farblos und klar abgefüllt wird, absolviert französischer Marc häufig noch eine Reifezeit im kleinen Holzfass und nimmt dabei eine mehr oder weniger intensive bernsteinfarbene oder braune Tönung an.

Tresterbrände aus so genannten aromatischen Rebsorten werden häufig gesondert behandelt und abgefüllt, da die sortentypischen Geschmackseigenschaften der jeweiligen Sorte auch noch im fertigen Brand wahrzunehmen sind.

Tresterhut, Hut, die festen Bestandteile, d. h. Schalen, Kerne und gegebenenfalls Stiele der Trauben, die bei der Maischegärung vom Kohlensäuregas aufgetrieben werden und auf dem Most bzw. dem sich bildenden Wein eine kompakte Masse bilden; um die Extraktion von Farb-, Aroma- und Geschmacksstoffen daraus zu fördern, muss der Tresterhut regelmäßig →untergestoßen, durch mechanische Vorrichtungen wie Rotofermenter untergerührt, durch abgepumpten Most bzw. Wein von oben berieselt (→umpumpen) oder durch Gittervorrichtungen bzw. Holzbretter permanent untergetaucht gehalten werden.

tresterig, leicht stechend, nach →Äthylazetat riechend.

Tresterkuchen, die Masse der Beerenschalen, Kerne und eventuell Stiele in der →Presse; mit zunehmendem Druck und bei fortgeschrittenem Abfluss von Most oder Wein wird der Tresterkuchen fester, und die Ablaufkanäle für den Traubensaft bzw. den Wein verstopfen. Er wird deshalb in Vertikalpressen regelmäßig von Hand, in Horizontalpressen kontinuierlich und automatisch →aufgescheitert.

Trichloranisol, eigentlich 2,4,6-Trichloranisol, chemische Substanz, die den →Korkschmecker auslöst.

Trieb, ein Spross der →Rebe 2).

Trincadeira [trĩŋkaˈdɐira], portugiesische Rotwein-Rebsorte, auch Tinta amarela genannt, die im Alentejo, im Ribatejo, im Beira und im Trás-os-Montes kultiviert wird. Es gibt drei Varianten, Trincadeira pé de perdiz, Trincadeira das pratas und Trincadeira preta, wobei vermutet wird, dass es sich dabei um Spielarten derselben Sorte oder sogar um bloße Synonyme für Trincadeira handeln könnte. Die Weine der Sorte sind tanninbetont und kräftig.

Trinkreife, Stadium der →Reife 3) von Weinen, in dem sie vollen Trinkgenuss bereiten.

Trinktemperatur, die (ideale) →Temperatur, bei der Wein getrunken wird.

trocken, 1) *Weingesetz:* ohne deutlich wahrnehmbare Restsüße im Geschmack; Geschmacksangabe für Weine, die in Deutschland einen Restzuckergehalt von höchstens 4 g/l aufweisen dürfen, wobei sich diese Grenze auf 9 g/l erhöhen kann, wenn der Restzuckergehalt um nicht mehr als 2 g/l über dem Säuregehalt liegt.

In Österreich gelten Weine als trocken, wenn sie weniger als 9 g/l Restzucker aufweisen und der Säuregehalt nicht um mehr als 2 g/l niedriger liegt. In der Schweiz werden ausschließlich Weine mit weniger als 4 g/l Restzucker als trocken bezeichnet; im deutschen Anbaugebiet Franken gilt dafür die Sonderbezeichnung **fränkisch trocken.** Besitzen Weine fast keinerlei Restsüße mehr, werden sie auch als →staubig bezeichnet.

Bei Schaumweinen gilt die Bezeichnung trocken für einen wesentlich höheren Restzuckergehalt (→dry).

2) *Verkostung:* geschmacklich ausgetrocknet wirken (→austrocknen).

Trockenbeerenauslese, Abk. **TBA,** Qualitätsstufe für süße →Prädikatsweine aus edelfaulen, rosinenartig eingetrockneten

TROCKENBEERENAUSLESE

Vergebliche Imitationsversuche

Eine der weltweit begehrtesten und am meisten imitierten Spezialitäten des deutschen und österreichischen Weinbaus sind edelsüße Trockenbeerenauslesen. Während man das Entstehen von Überreife und Edelfäule noch bis vor wenigen Jahrzehnten allein den Launen des Herbstwetters überlassen musste, unternehmen Winzer heute große Anstrengungen, die Reife durch reflektierende Folien zu fördern, um durch entsprechend lockerbeerige Klone einen optimalen Fäulnisbefall zu garantieren und, wie hier im deutschen Anbaugebiet Rheingau, die süßen Beeren mit Plastikplanen vor Vogelfraß und Regen zu schützen.

Auch wenn Erzeuger vieler Anbaugebiete vor allem in Ländern der Neuen Welt versucht haben, Edelfäule und daraus resultierende Weine im Stil von Trockenbeerenauslesen zu imitieren – die extreme Vielschichtigkeit und geschmackliche Dichte bei gleichzeitig niedrigstem Alkoholgehalt ist nur wenigen gelungen.

Trauben mit einem Mindestmostgewicht von 150–154 °Oe – je nach Anbaugebiet – in Deutschland und von 30 °KMW, d. h. etwa 156 °Oe, in Österreich.

Die Weine haben einen sehr niedrigen Alkoholgehalt und Restzuckerwerte von bis zu mehreren 100 g/l. Trockenbeerenauslesen zeigen im Duft die typischen Noten exotischer und kandierter Früchte der Botrytis und wirken am Gaumen fast ölig dicht und süß.

Trockenbeerenauslesen werden im Prinzip in denselben Anbaugebieten und aus denselben Rebsorten erzeugt wie →Beerenauslesen, sind allerdings aufgrund der höheren Anforderungen an das Herbstklima deutlich seltener. Sie besitzen eine Alterungsfähigkeit von mehreren Jahrzehnten und erreichen nicht selten überhaupt erst nach zehn oder 15 Jahren ein Stadium erster Trinkreife. Trockenbeerenauslesen werden häufig auf Versteigerungen verkauft und erzielen dort Höchstpreise, wie sie sonst nur für alte Jahrgänge ausgesprochener Kultweine gezahlt werden.

Trockenextrakt, ein Teil des →Extrakts von Weinen.

Trockenhefen, eine Art →Hefen.

Trockenheit, eine Witterungserscheinung, die insbesondere bei Weißwein-Rebsorten zu →Stress führen kann und sich zunächst in reduziertem Wuchs der Rebe äußert.

Wassermangel bedeutet immer auch einen Nährstoffmangel, insbesondere eine verringerte Verfügbarkeit von Stickstoff für die Wurzeln. Im Extremfall bildet die Rebe nur kurze Kümmertriebe bis etwa 50 cm Länge aus oder es kommt zu vorzeitigem Blattfall in der Traubenzone mit z. T. erheblichen Auswirkungen auf Trauben- und Weinqualität. Auch die Erntemenge kann aufgrund der mangelhaft entwickelten Beeren stark verringert sein.

Solche **Trockenschäden** können negative Auswirkungen auf die Gärung und spätere Alterungsfähigkeit der Weine haben: Der Stickstoffmangel kann zu Problemen beim Angären des Mosts und der Endvergärung führen – die Gärung bleibt stecken. Auch der untypische Alterungston von Weißweinen tritt verstärkt als Folge von Lesegut auf, das infolge von Trockenheit schlecht mit Stickstoff versorgt wurde. Umgekehrt kann sich leichter **Trockenstress** bei Rotwein-Rebsorten qualitätssteigernd auswirken, da der Wassermangel bis zu einem gewissen Punkt die Konzentration von Farb-, Aroma- und Geschmacksstoffen in den Beeren fördert.

trockenverbessern, trockenzuckern, eine Methode des →Anreicherns.

trocknen, rosinieren, den Beeren der Weintraube Wasser entziehen, um die Konzentration von Zucker und Geschmacksstoffen zu erhöhen; Trauben werden insbesondere für die Produktion von →Strohweinen (auch →Recioto oder →Vin santo) sowie von →Trockenbeerenauslesen getrocknet. Dabei kann zwischen zwei prinzipiell unterschiedlichen Verfahren gewählt werden: Entweder verbleiben die Trauben so lange am Rebstock, bis ein Teil ihres Zellwassers verdunstet ist – im Idealfall unterstützt durch entstehende Edelfäule (→Botrytis) – oder die Trauben werden geerntet und auf speziellen Vorrichtungen wie Lattenrosten, Stroh- oder Schilfmatten bzw. in Kisten liegend oder an Gerüsten hängend getrocknet.

Trollinger, Blauer Trollinger, Vernatsch, italien. **Schiava** ['skjava], Rotwein-Rebsorte, die wahrscheinlich aus der italienischen Provinz Südtirol stammt und in den Regionen Trentino-Südtirol, Venetien und Lombardei sowie im deutschen Württemberg kultiviert wird.

In Italien, wo v. a. der populäre →Kalterersee aus der Sorte gekeltert wird, steht sie auf etwa 5 250 ha, in Deutschland auf 2 600 ha Rebfläche. In Italien wird zwischen den Varianten Klein- oder **Edelvernatsch** (italienisch Schiava gentile), Grauvernatsch (italienisch Schiava grigia) und **Großvernatsch** (italienisch Schiava grossa) unterschieden; der deutsche Trollinger wird von vielen Ampelographen für Großvernatsch gehalten, die qualitativ anspruchsloseste der drei Varianten, deren Trauben auch als Tafeltrauben Verwendung finden. Als beste Spielart gilt Grauvernatsch. Die Weine aller drei Varianten sind relativ hell in der Farbe, zeigen feine, aber im Charakter neutrale Aromen und wirken am Gaumen fruchtig, bei zu hohen Erträgen aber auch dünn und säurebetont.

Tronçais, eigentlich Forêt de Tronçais [fɔːrɛ də trɔ̃'sɛ], Name eines Staatswaldes im französischen Département Allier, aus dem in der Küferei beliebtes, feinporiges Eichenholz für die Herstellung von →Barriques geschlagen wird. Die vorherrschende Spezies der Gattung Quercus (Eiche) ist Quercus petraea, die Trauben- oder Steineiche (→Eichenholz), deren Holz im Tronçais als besonders tanninreich gilt. Tronçais-Eiche ist auch in der Cognac-Herstellung beliebt.

Tröpfchenbewässerung, eine Form der →Bewässerung.

trouble [trubl], französisch für trüb, farblich gestört.

Trousseau [tru'so], **Bastardo,** alte Rotwein-Rebsorte des französischen Jura, mit der allerdings in Frankreich weniger als 160 ha (1999), in Portugal dagegen knapp 4 500 ha Rebfläche bestockt sind; ob Trousseau, in Australien gelegentlich auch Cabernet gros genannt, und Bastardo allerdings wirklich identisch sind, ist mit letzter Sicherheit nicht geklärt. Die nicht sehr spät reifende Sorte bringt farbintensive, kräftige und strukturierte Weine mit hohem Alkoholgehalt hervor, die bei niedrigen Erträgen sogar gute Alterungs-

trocknen. In Kisten, auf Lattenrosten, an Holzgestellen hängend oder auf Strohmatten werden die Trauben für üppige, langlebige Süßweine getrocknet.

Trollinger wird in Deutschland in Württemberg und Norditalien – hier Schiava genannt –kultiviert.

fähigkeit besitzen. Sie eignet sich sehr gut zum Verschnitt mit anderen Sorten.

trüb, nicht klar, durch →Trub verunreinigter Wein.

Trub, Trubstoffe, Schwebestoffe, feste Bestandteile von Mosten und noch nicht füllfertigen Weinen; zu ihnen gehören Hefen bzw. Hefereste, Partikel von Schalen und Kernen, Eiweiße und Mikroorganismen.

Trub wird durch verschiedene Verfahren entfernt, um die geschmackliche Reinheit des Weins zu garantieren und ihn zu stabilisieren: Dazu gehören das →Abziehen, das Kaltstabilisieren (→Kältebehandlung), die →Schönung und das →Filtrieren.

Eine Sonderstellung nimmt der Hefetrub ein, der sich aus abgestorbenen Hefezellen bildet und sich während und nach der Gärung am Boden des Gärbehälters absetzt: Bestimmte Weine (→Hefeabzug, →Schaumwein) gewinnen geschmackliche Fülle und Vielschichtigkeit, wenn sie eine Weile auf ihm reifen. Eine Hefetrübung oder andere Trübungen im gefüllten Wein sind jedoch ein Indiz dafür, dass er fehlerhaft ist.

Tschechien, Weinbauland Mitteleuropas, das aus der ehemaligen Tschechoslowakei hervorging und am 1.1.1993 durch die Trennung von der Slowakei in seinen heutigen Grenzen entstand; von etwa 14000 ha (2000) Rebfläche kommen rund 0,5 Mio. hl Wein im Jahr; rund drei Viertel davon sind Weißwein.

Bei einem Pro-Kopf-Verbrauch von 16,5 l/Jahr reicht die Produktionsmenge nicht aus, um den Inlandsbedarf zu decken; Export wird praktisch nicht getrieben. Seit der Selbstständigkeit Tschechiens wurden die meisten der ehemaligen staatlichen Betriebe in Aktiengesellschaften oder Agrargenossenschaften umgewandelt, und eine große Zahl privater Weingüter entstand.

■ **Rebsorten und Anbaugebiete:** Hinsichtlich des Klimas, der Böden und der Rebsorten ähnelt der tschechische Weinbau dem in Österreich und Deutschland. Kultiviert werden v.a. Grüner Veltliner (Veltlínské zelené, 18%), Müller-Thurgau (17%), Welschriesling (Rizlink vlašský, 13%), Sankt Laurent (Svatovavřinecké, Vavřinecké, 10%), Blaufränkisch (Frankovka), Riesling (Ryzlink rýnský), Neuburger (Neuburské), Weißburgunder (Rulandské bílé) und Traminer. Die tschechischen Anbaugebiete tragen den Namen ihrer Leitgemeinde: In Čechy (Böhmen) sind es Mělník, Žernoseky, Most, Roudnice, Čáslav und Praha (Prag), im Süden von Morava (Mähren) Mikulov, Velké Pavlovice, Znojmo, Mutěnice, Brno, Strážnice, Kyjov, Bzenec, Podluží und Uherské Hradiště.

Tuchfilter, Vorrichtung zum →Filtrieren von Weinen.

tuilé [tчi'le, zu französ. tuile »Ziegel«], französisch für die Farbe von Weinen, die nach langer Flaschenreife ziegel- oder orangerot getönt sind bzw. bereits Brauntöne von fortgeschrittener Oxidation zeigen.

Tulbagh [ˈtʌlbɑ:], südafrikanischer Weinbaudistrikt (District) der Coastal Region im Nordosten Kapstadts; die gut 2200 ha (2002) große Rebfläche des Distrikts ist überwiegend mit Weißwein-Rebsorten bestockt, v.a. mit Chenin blanc, Colombard (Colombar), Sauvignon blanc, Muskateller und Riesling. Bei den roten Sorten dominiert Cabernet Sauvignon vor Pinotage und Syrah (Shiraz).

Tunesien, Weinbauland des nördlichen Afrika, in dem 28000 ha (2001) Land unter Reben stehen; die jährliche Weinproduktion beträgt durchschnittlich etwa 300000–350000 hl, der Export etwa 100000 hl.

Begünstigt durch die wirtschaftlich bedeutende Tourismusindustrie hat sich in den letzten Jahrzehnten des 20. Jahrhunderts eine dynamische Weinwirtschaft entwickelt, die sich in wenigen großen Erzeugerbetrieben organisiert hat. Kultiviert werden v.a. französische und spanische Rebsorten wie Chardonnay, Clairette, Cabernet Sauvignon, Carignan, Pedro Ximénez, Merlot, Muskat Alexandrien oder Syrah. Tunesien besitzt ein Appellationssystem, das sich am französischen Vorbild orientiert: Etwa 70% der Produktion werden unter den A. C.-Herkunftsbezeichnungen Coteaux de Tébourba, Coteaux d'Utique, Kélibia, Mornag, Muscat de Kélibia, Sidi Salem und Thibar vermarktet; ein Fünftel der A. C.-Flächen ist als Premier Cru klassifiziert.

Tuniberg, kleiner Bereich des deutschen Anbaugebiets Baden, südlich des →Kaiserstuhls; 50% der etwas mehr als 1000 ha (2002) Rebfläche des Bereichs sind mit der Rotwein-Rebsorte Spätburgunder bestockt, daneben spielt die Weißwein-Rebsorte Müller-Thurgau eine Hauptrolle. Die Böden des Bereichs bestehen aus Löss auf einer Kalksteinbank aus dem Jura.

turbio [ˈturbĭo], spanisch für trüb, farblich gestört.

Türkei, Weinbauland an der Grenze zwischen Europa und Vorderasien, das mit mehr als 560000 ha die viertgrößte Rebfläche der Welt besitzt; die Produktion besteht jedoch zu mehr als 95% aus Tafeltrauben und Rosinen. Die jährliche erzeugte Weinmenge beträgt schätzungsweise 600000 hl, der Pro-Kopf-Verbrauch liegt bei unter einem Liter im Jahr.

Rebkulturen sind in fast allen Landesteilen zu finden, vorzugsweise aber an den Küsten von Mittelmeer und Schwarzem Meer. Das Land gehört mit seinen 500–1000 kultivierten Rebsorten, von denen allerdings nur wenig mehr als 50 wirtschaftliche Bedeutung besitzen, zu den größten Genreservoiren für Weinreben in der Welt. Internationale Sorten stehen nur auf wenigen Anbauflächen im Westen des Landes.

Turkmenistan, Turkmenijen, mittelasiatisches Land zwischen dem Kaspischen Meer und Afghanistan; von den gut 29 000 ha (2000) Rebfläche kommen vorwiegend Süß- oder Likörweine. In den Gebirgstälern der Grenzregion zum Iran wachsen noch zahlreiche wilde Rebsorten, von denen auch einige der einheimischen Kultursorten abstammen.

turvo ['turvu], portugiesisch für trüb, farblich gestört.

Typenwein, deutsche Weinkategorie, zu der Weine aller Qualitätsstufen gehören, die einem bestimmten Aroma- bzw. Geschmacksprofil entsprechen, das durch bundeseinheit-liche Regelung oder von regionalen, eventuell auch privatwirtschaftlichen Verbänden festgelegt wurde; solche Typenweine werden beispielsweise unter den Namen Rheinhessen Silvaner (RS), Pfälzer Löwe, Nahesteiner, Badisch Rotgold, Moseltaler etc. vermarktet. Auch der Qualitätswein →Liebfrauenmilch ist ein solcher Typenwein.

Typizität, Eigenschaft von Weinen, deren Aroma und Geschmack einem bestimmten Sorten- oder Terroircharakter entsprechen; bei Weinen mit den typischen primären Fruchtaromen bestimmter Rebsorten spricht man davon, dass sie **Sortencharakter** zeigen oder sortentypisch sind.

Theoretisch zeigt jede Rebsorte von einem bestimmten Terroir (Böden, Klima) ein eigenständiges, im Idealfall wiedererkennbares aromatisches und geschmackliches Profil. In der Praxis aber gibt es weder bei Rebsorten noch bei Herkunftsbezeichnungen einen absoluten Idealtyp, da Jahrgangseinflüsse, die Handschrift des Winzers und des Weinmachers sowie gewisse Modetendenzen immer eine Rolle spielen.

Dennoch muss beispielsweise ein Barolo immer ein zu granatroter Farbe tendierender, nach Teeblättern, Rosen und Gewürzen duftender, tanninbetonter und fester, in der Jugend vielleicht sogar harter Wein sein, ein Rheinriesling sollte immer die typischen Pfirsich-, Apfel-, Zitrusfrucht- oder Aprikosenaromen zeigen und am Gaumen eine gute Balance zwischen markanter Säure und reichem Extrakt, eventuell auch leichter Restsüße besitzen. Entspricht ein Wein diesen Anforderungen nicht, so wird dies als Qualitätsmangel betrachtet.

TYPIZITÄT. *Ein zweischneidiger Begriff*

Der Begriff der Typizität ist in der Weinwelt nicht unumstritten; insbesondere in den 1970er- und 1980er-Jahren, als qualitätsbewusste Winzer in vielen Ländern und Anbaugebieten mit überkommenen Traditionen aufräumten und ihre Weinbergs- und Kellerarbeit nach modernen Qualitätsanforderungen neu ausrichteten, wurde er oft zur Verteidigung qualitativ minderwertiger Weine missbraucht. In ihrem Bemühen, modern gemachte, dem internationalen Weingeschmack entsprechende Weine zu erzeugen, haben viele Winzer andererseits die Typizität ihrer Weine oft sträflich vernachlässigt. Sei es, dass neue Rebsorten verwendet wurden, die den Charakter der Weine verfälschten, sei es, dass mit kellertechnischen Maßnahmen wie Aromahefen, industriellen Enzymen, massivem Einsatz von neuem Holz, übertrieben kalter Gärung etc. das Aroma- und Geschmacksprofil der Weine einem internationalen Wunschbild angepasst und die Weine dadurch einander immer ähnlicher und verwechselbarer wurden. Eine der entscheidenden Aufgaben des beginnenden 21. Jahrhunderts ist es, die Konzepte von Typizität und Qualität wieder zu vereinen.

überaltert, in der geschmacklichen Entwicklung bereits über den Höhepunkt hinaus; Begriff der Weinansprache für Weine, die bereits damit begonnen haben, auszuzehren bzw. abzubauen, ohne notwendigerweise vollständig ungenießbar geworden zu sein.

Überflutungsbewässerung, eine Form der →Bewässerung.

überpumpen, →umpumpen.

Überreife, ein Stadium der →Reife 1) von Trauben.

UCD, Abk. für →University of California, Davis.

Ugni blanc [yˈɲi blɑ̃], französisch für Trebbiano toscano (→Trebbiano).

Uhlen, eine der besten Weinbergslagen der so genannten Terrassenmosel, Gemeinde Winningen, im deutschen Anbaugebiet Mosel-Saar-Ruwer; von den Devonschieferböden sehr unterschiedlicher Zusammensetzung kommen einige der besten Weißweine des Anbaugebiets aus der Rebsorte Riesling. Durch das Weingesetz von 1971 wurde die Lage Uhlen um weniger geeignete Parzellen erweitert, und es gibt Bestrebungen, noch weitere Flächen dazuzuschlagen. Dies würde nach Ansicht vieler Kritiker das durchschnittliche Qualitätsniveau der Weine vom Uhlen absenken.

Uhudler [österreich., eventuell zu Udler, ein Tongefäß], Wein aus Amerikanerreben oder Hybriden; die Bezeichnung, die auch für die zu seiner Herstellung verwendeten Rebsorten verwendet wird, ist im österreichischen Anbaugebiet Südburgenland gebräuchlich, wo 1992 im Zuge einer Ausnahmeregelung das Keltern von Weinen aus Direktträgersorten erlaubt wurde. Zugelassen wurden insbesondere →Concord, Delaware, Elvira und Ripatella, während →Isabella, Noah und Othello verboten wurden.

Uhudler weisen meist einen hohen Gehalt an Methylalkohol und Fuselölen auf, weshalb man lange irrtümlich annahm, ihr Konsum sei gesundheitsschädlich. Die Weine sind an ihrem deutlichen Erdbeer- und Himbeergeschmack erkennbar.

Ukraine, westlichster Staat der Gemeinschaft unabhängiger Staaten, zwischen Polen und dem Schwarzen Meer gelegen; die etwa 125 000 ha (2000) Rebfläche des Landes sind im so genannten Transkarpatengebiet nahe der Grenze zu Ungarn sowie in der Schwarzmeerregion, insbesondere auf der Halbinsel →Krim sowie bei Odessa, Nikolajew und Cherson konzentriert. Das vom Schwarzen Meer gemilderte Kontinentalklima bietet günstige Bedingungen für ein umfangreiches Sortenspektrum.

Ull de Llebre, →Tempranillo.

Umbri|en, Weinbauregion Mittelitaliens zwischen der Toskana, Latium und den Adriaregionen Abruzzen und Marken; von den etwa 16 500 ha (1998) Rebfläche kommen durchschnittlich 1,3 Mio. hl Wein im Jahr – etwa ein Fünftel davon ist Qualitätswein.

Das »grüne Herz« Italiens stand lange im Schatten der benachbarten Toskana, stellt aber seit den 1990er-Jahren zunehmend sein großes Qualitätspotenzial unter Beweis. Klima und Böden ähneln denen der Toskana, auch die Rebsortenpalette teilt Umbrien zum großen Teil mit der Nachbarregion.

Die populärste Herkunftsbezeichnung ist →Orvieto, das größte Renommee besitzen die Rotweine der Appellationen →Torgiano und →Montefalco bzw. Sagrantino di Montefalco. Vor allem am Oberlauf des Tiber und in der Umgebung Perugias entstanden in den letzten Jahrzehnten des 20. Jahrhunderts neue Herkunftsbezeichnungen, unter denen heute gelegentlich sehr gute Qualitäten zu finden sind: →Assisi, Colli Altotiberini, Colli Amerini, Colli del Trasimeno, Colli Martani und Colli Perugini.

Umkehr|erziehung, eine →Erziehungsform der Weinrebe.

Umkehr|osmose, ein Verfahren zum →Konzentrieren von Mosten und Weinen.

umkippen, gemeinsprachlich ungenießbar werden, verderben; für das Umkippen, d. h. die Herabsetzung des Genusswertes von Weinen, sind in der Regel mikrobiologische Prozesse verantwortliche, wie beispielsweise das Nachgären restsüßer Weine oder ein ungewollter biologischer Säureabbau in der Flasche. Dabei kommt es zum Abbau des Schwefelgehalts, zu Eintrübungen, zu beschleunigter Alterung und zu Oxidation, d. h. zum Braunwerden des Weins. Bei Weinen mit hohem pH-Wert kann es auch zur Erhöhung von flüchtiger Säure und Milchsäure und dem Auftreten eines →Stichs kommen.

umpfropfen, umveredeln, die Rebsorte einer Pflanze im Weinberg verändern; das Verfahren, auch Standortveredelung genannt, kann sowohl am grünen Rebtrieb – dann spricht man von Grünveredelung – als auch am ein- oder mehrjährigen Holz erfolgen. Dazu wird entweder ein Edelreis oder auch nur ein einziges Auge der neuen Rebsorte auf den Stamm oder den Trieb des bestehenden Rebstocks gepfropft. Das Umpfropfen bzw. die Standortveredelung ist nur unter geeigneten, d. h. warmen klimatischen Bedingungen durchführbar und erfordert geübtes Personal.

umpumpen, überpumpen, den →Tresterhut, der sich bei →Maischegärung von Rotweinen bildet, mit gärendem Most bzw. Wein berieseln und durchfeuchten, um die Extraktion von Farb- und Geschmacksstoffen aus der Beerenhaut zu fördern; zu dem Verfahren, das auch als Überfluten bezeichnet wird, existieren alternative Möglichkeiten wie Gittervor-

richtungen im Gärbehälter, die den Trester-hut permanent untergetaucht halten, Rotofer-menter oder das so genannte →Unterstoßen des Huts.

umpumpen. Beim Umpumpen wird der Most bzw. der entstehende Wein häufig zunächst in große Wannen geleitet, um möglichst intensiven Sauerstoffkontakt zu bekommen. Erst danach wird er über dicke Schläuche wieder von oben in den Tank gepumpt und berieselt dabei den Tresterhut.

Umstadt, kleinerer der beiden Bereiche des deutschen Anbaugebiets Hessische Berg-straße im Nordosten von Darmstadt; die Weinproduktion des Bereichs besitzt nur ge-ringe wirtschaftliche Bedeutung.

umveredeln, →umpfropfen.

umweltschonender Weinbau, gemein-sprachlich für →integrierter Weinbau; in Bun-desländern, in denen dafür besondere, stren-gere Produktionsrichtlinien festgelegt wur-den, können Weine aus umweltschonendem Weinbau die Bezeichnung »aus kontrolliert umweltschonendem Weinbau« tragen. Die nicht genau abgegrenzte und im Weingesetz nicht definierte Bezeichnung darf allerdings nicht mit der des wesentlich strenger regulier-ten →biologischen Weinbaus verwechselt werden.

umziehen, Moste oder Weine durch Fall-druck oder mithilfe von Pumpen von einem Behälter in einen anderen umfüllen; beim Ausbau von Weinen, insbesondere in Holzfäs-sern, kann der Wein mehrmals umgezogen werden, wobei er – gegebenenfalls mithilfe ei-ner Schönung oder Filtration – von Trubstof-fen getrennt und dem Luftsauerstoff ausge-setzt wird, um seine Entwicklung und Reife zu beschleunigen. Große Rotweine werden während ihres Ausbaus von insgesamt einem oder zwei Jahren häufig umgezogen.

unausgewogen, unharmonisch, ge-schmacklich ohne →Harmonie; Begriff der Weinansprache für junge und noch nicht trinkreife Weine oder Produkte, deren ein-zelne Geschmackskomponenten wie Alkohol, Säure, Zucker und Tannine sich am Gaumen unangenehm überlagern, anstatt ein harmoni-sches Ganzes zu bilden.

unfiltriert, engl. **unfiltered** [ʌnˈfɪltrd], französ. **non filtré,** italien. **non filtrato,** Ei-genschaft besonders hochwertiger Weine, die vor dem Abfüllen nicht filtriert, oft auch nicht geschönt werden, um jeglichen Verlust an Ge-schmacksstoffen zu vermeiden; die Bezeich-nung taucht zunehmend auf den Etiketten v. a. von Rotweinen auf. Um unfiltriert gefüllt werden zu können, müssen die Weine aller-dings längere Zeit ausgebaut werden und reifen, bevorzugt in Holzfässern, die eine na-türliche Trennung des Weins von seinen Trubstoffen und eine natürliche Stabilisierung fördern.

Ungarn, Weinbauland im Südosten Mit-teleuropas mit einer Rebfläche von rund 91 500 ha (2002, davon 82 000 im Ertrag); mit Ausnahme eines Teils des Großen Ungari-schen Tieflands (Alföld), der sich von der Theiß bis an die rumänische Grenze erstreckt, wird in fast allen Landesteilen Weinbau ge-trieben.

Die Weinproduktion beträgt 3–5 Mio. hl im Jahr und der Pro-Kopf-Verbrauch liegt bei 32 l/Jahr. Mit der politischen Wende in Osteu-ropa erlitt der zuvor hauptsächlich in Rich-tung Osteuropa und DDR orientierte Export in den 1990er-Jahren einen drastischen Ein-bruch, aber aufgrund der deutlichen Quali-tätssteigerungen zu Beginn des 21. Jahrhun-derts nehmen die Ausfuhren v. a. nach West-europa allmählich wieder zu.

■ **Böden und Klima:** Ungarns Wein-berge liegen zu fast 70 % im Flachland in Hö-hen zwischen 100 und 200 m ü. M., der Rest verteilt sich auf Hanglagen, die sich bis zu 400 m ü. M. ziehen. Die meistverbreiteten Bo-denarten sind Sand, Löss, Lehm, Kalk, Mergel und vulkanisches Gestein. Das Klima des so genannten pannonischen Raums (nach Panno-nien, der Provinz des Römischen Reiches im Bereich des heutigen Ungarn) zeichnet sich durch heiße Sommer und teilweise sehr kalte Winter aus. Es wird am Plattensee (Balaton) und im Süden des Landes von submediterra-nen und damit ausgeglicheneren Einflüssen überlagert.

■ **Rebsorten:** Die Weinproduktion be-steht zu rund 65 % aus Weißweinen, allerdings sind einige Anbaugebiete wie Villány-Siklós, Eger, Szekszárd oder Sopron auch auf die Er-zeugung von Rotweinen spezialisiert. Der Rebsortenspiegel gibt die Lage des Landes im Spannungsbogen zwischen Österreich und Rumänien wieder. Wichtigste Weißwein-

Ungarn. Der Name einer alten, leider fast verschwundenen Rebsorte Ungarns stand beim Weingut Oremus im Anbaugebiet des Tokajer Pate. Es entwickelte sich aus einem der vielen Jointventures, mit deren Hilfe der ungarische Weinbau Anschluss an die internationale Weinwelt zu finden hofft.

Rebsorte ist Welschriesling (Olaszrizling, 5600 ha Rebfläche), gefolgt von Müller-Thurgau (Rizlingszilváni), Hárslevelű, Furmint, Kéknyelű, Ezerjó (deutsch: Tausendgut), Feteascǎ albǎ (Leányka), Feteascǎ regalǎ (Királyleányka), Riesling (Rajnai rizling), Traminer (Tramini), Gelber Muskateller (Sárga Muskotály), Grauburgunder (Szürkebarát), Grüner Veltliner (Zöld Veltelini), Zierfandler (Cirfandli) und Chardonnay. Die wichtigsten Rotwein-Rebsorten sind Kadarka, Blaufränkisch (Kékfrankos), Portugieser (Oportó), Zweigelt, Cabernet Sauvignon, Cabernet franc und Merlot.

Mit der 1875 zum ersten Mal in Erscheinung getretenen Reblaus verschwanden zahlreiche einheimische Rebsorten; dafür wurde in ungarischen Forschungsanstalten eine Reihe von Hybriden gezüchtet wie Irsai Olivér, Zalagyöngye (deutsch: Perle von Zala), Zéta (auch Oremusz), Zeusz oder Bianca.

■ **Anbaugebiete:** Mit dem Weingesetz von 1997 wurden 22 Anbaugebiete eingerichtet: →Kunság (bis 1997 Kiskunság), →Mátraalja, Tokaj-Hegyalja (→Tokajer), →Eger, Balatonboglár (bis 1997 Dél-Balaton), Tolna (seit 1998), Szekszárd, Balatonfüred-Csopak, →Villány-Siklós, →Badacsonyi, Csongrád, →Sopron, Hajós-Baja (bis 1997 Hajós-Vaskút), Balatonmelléke (von 1998 bis 1999 Zala), Balaton-felvidék (bis 1997 Balatonmellék), Ászár-Neszmély, Etyek-Buda, Bükkalja, Somló, Mór, Mecsekalja (bis 1997 Mecsek) und Pannonhalma-Sokoróalja.

Ungeheuer, eine der besten Einzellagen des Bereichs Mittelhaardt-Deutsche Weinstraße, Gemeinde Forst an der Weinstraße, im deutschen Anbaugebiet Pfalz; der knapp 40 ha

große, nach Süd-Südosten ausgerichtete Hang mit seinen Böden aus sandigem Lehm mit Basalt- und Kalksteingeröll bringt hervorragende Weißweine der Rebsorte Riesling hervor.

Ungerberg, eine der besten Weinbergslagen im österreichischen Anbaugebiet Neusiedlersee, Gemeinde Gols; der Hang zieht sich von 120 bis in etwa 150 m ü. M. und ist nach Süd-Südwesten ausgerichtet. Von den Böden aus Lehm-Sand-Gemisch und tiefgründiger Schwarzerde kommen hervorragende Rotweine aus Rebsorten wie Blaufränkisch, Cabernet Sauvignon und Syrah.

unharmonisch, →unausgewogen.

Unione Italiana Vino, Abk. **UIV,** 1895 gegründeter, ältester italienischer Weinbauverband mit Sitz in Mailand, in dem v. a. größere Erzeuger und Handelsabfüller organisiert sind.

Seit 1996 existiert unter dem Dach der UIV der Interessenverband Confederazione Italiana della Vite e del Vino, der Organisationen aus allen Bereichen des Weinbaus und des Weinhandels vereinigt (Federazione nazionale del commercio vinicolo, Federazione nazionale degli industriali vinicoli, Federazione nazionale viticoltori e produttori di vino, Sindacato nazionale esportatori etc.). Die UIV gibt u. a. die am weitesten verbreitete italienische Publikation des Weinsektors, den »Corriere Vinicolo«, heraus und organisiert zwei Fachmessen, den Salone Internazionale Macchine per Enologia e Imbottigliamento (SIMEI) und den Salone delle Tecniche per la Viticoltura (ENOVITIS).

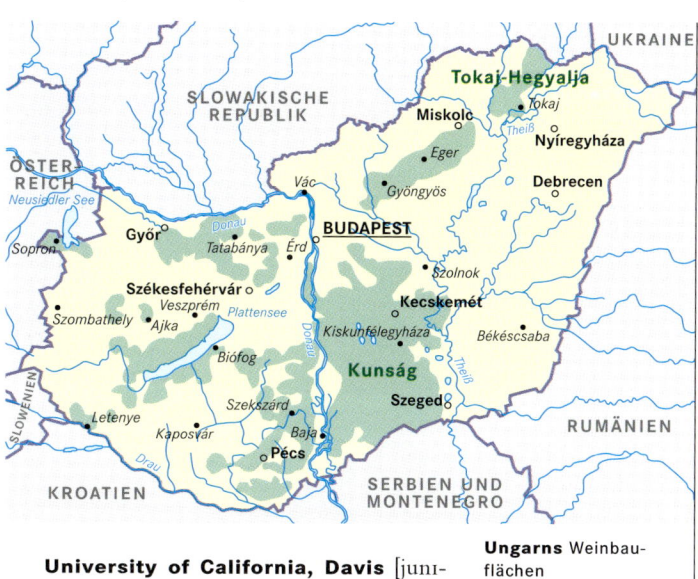

Ungarns Weinbauflächen

University of California, Davis [juni-ˈvɜsɪti ɔf kælɪˈfɔːnia de ͜wis], Abk. **UCD,** 1908 als Universitätsfarm des Campus Berkeley gegründeter Campus der University of California; das Department of Viticulture & Enology, die Abteilung für Weinbau und Önologie, das 1935 daraus hervorging, gilt als eine der bedeutendsten Forschungs- und Lehranstalten der Welt.

Die UCD hat sich insbesondere große Verdienste auf dem Gebiet der Rebsortenforschung mithilfe von Genmarkern erworben. In die Kritik geriet sie durch ihre Empfehlung der Unterlagssorte A×R1 (Aramon × Riparia Ganzin No. 1), die von ihr als reblausresistent angepriesen und in Kalifornien massiv ausgepflanzt wurde. Als sich schließlich herausstellte, dass die Unterlage doch gegen den Schädling anfällig war, mussten riesige Weinbergsflächen neu bestockt werden.

Unkrautbekämpfung, Maßnahme des →Pflanzenschutzes.

Unkrautvernichtungsmittel, Mittel des →Pflanzenschutzes.

unreif, noch nicht reif (→Reife 1).

unsauber, leicht fehlerhaft im Aroma, eventuell auch im Geschmack; Begriff der Weinansprache für Weine, die nicht reintönig und fehlerfrei sind, sondern mehr oder weniger deutlich gestörte Aromen aufweisen. Solche Weine sind nicht notwendigerweise ungenießbar, ihr Sorten- bzw. Terroirausdruck wird jedoch von der Unsauberkeit verdeckt.

unterbrechen, die Gärung →abstoppen.

unteres Aaretal, Anbaugebiet des Schweizer Kantons Aargau, von dessen tiefgründigen, schweren Tonböden mit hohem Kalkanteil kräftige, sortentypische Spätburgunderweine kommen.

Unterlage, eigentlich **Unterlagsrebe,** Wurzelstamm, auf den eine europäische Edelrebsorte aufgepfropft wird (→pfropfen); die Unterlage bildet die Wurzelstange der entstehenden Pfropfrebe. Als Unterlagen werden Amerikanerreben oder Hybriden verwendet, die gegen die Reblaus resistent sind und deren Wurzeln von dem Schädling nicht angegriffen werden. Zu den wichtigsten Eigenschaften von **Unterlagssorten** gehören neben der Reblausresistenz gute Holzreifefähigkeit und Winterfrostresistenz, eine lange Lebensdauer sowie eine der gewählten Erziehungsform und dem gewählten Ertragsziel angepasste Wuchskraft. Die Wahl der Unterlagssorte entscheidet mit über Ertragsmengen und Qualitäten der Weine.

Unterland, →Württembergisch Unterland.

unterstoßen, den →Tresterhut bei der Gärung unter die Oberfläche des Mosts bzw. Weins stoßen, um beide zu vermischen; das Unterstoßen erfolgt manuell, z.B. mithilfe von kleinen Holzbrettern an langen Stangen, oder maschinell mithilfe pneumatisch bewegter Stößel. Die traditionelle Technik des Unterstoßens hat mit der Rückkehr vieler Önologen zu kleineren, offenen Gärbottichen wieder größere Verbreitung gefunden und

Unterlage. Wenn in einem Weinberg die Rebsorte ausgetauscht werden soll, kann die neue auch direkt auf die vorhandene Unterlage gepfropft werden.

wird zunehmend v.a. bei hochwertigen Weinen angewandt. Zahlreiche Önologen glauben, dass sie den alternativen Möglichkeiten wie z.B. dem →Umpumpen überlegen ist.

untypischer Alterungston, untypische Alterungsnote, Abk. **UTA,** durch verschiedene Ursachen entstehender →Weinfehler, der sich in der Regel in leicht muffigen, ausdruckslosen Aromen äußert; er tritt bei jungen Weinen auf, die geruchlich bereits stark gealtert wirken.

UTA betrifft v.a. aromabetonte, leichtere Weine und entsteht durch Fehler in der Anbautechnik, mangelnde Weinbergspflege oder extreme Witterungsbedingungen, insbesondere bei schlechter Stickstoffversorgung der Reben infolge großer Trockenheit oder hoher Ozonbelastung. Verantwortlich ist eine chemische Substanz namens 2-Aminoacetophenon (2-AAP), die u.a. auch für den fuchsigen Geschmack von Weinen aus Amerikanerreben zu sorgen scheint und nach dem Schwefeln von Jungweinen aus dem Pflanzenhormon Indolylessigsäure entsteht. UTA kann aus Weinen nicht mehr entfernt werden; eine mögliche Vorbeugemaßnahme ist das Ernten voll ausgereifter Trauben.

unwooded [ˈʌnwʊdɪd, »ungeholzt«], englisch für nicht im Barrique vergoren oder ausgebaut; Bezeichnung für Weine, die nur im Stahltank vinifiziert wurden und reiften. Sie steht für besonders fruchtbetonte Produkte, die in klarer Abgrenzung zur weit verbreiteten und in vielen Ländern der Neuen Welt modischen Stilistik des Barriqueausbaus erzeugt wurden.

Ursprungsbezeichnung, schweizerisch für Herkunftsbezeichnung (→Herkunft).

Uruguay [uruˈɡvaːi], kleines Weinbauland Südamerikas zwischen Argentinien und Brasilien; von den knapp 11000 ha (2001) Rebfläche kommt durchschnittlich 1 Mio. hl Wein im Jahr. Weinbau wird v.a. im Einzugsgebiet des Rio de la Plata getrieben. Die am weitesten verbreitete Rebsorte ist Tannat; darüber hinaus wird die Mehrzahl internationaler Rebsorten kultiviert. Der Weinbau Uruguays entwickelte sich deutlich später als der im restlichen Südamerika. Seit Anfang der 1990er-Jahre ist das Land in fünf Weinbauzonen gegliedert und hat erste Exportanstrengungen unternommen.

USA, Abk. für **United States of America** [juˈnaɪtɪd ˈsteɪts ɔv əˈmerɪkə], deutsch **Vereinigte Staaten von Amerika,** größtes Weinbauland Nordamerikas und mit seiner Rebfläche von 415000 ha (2001, 1990: 301000 ha) fünftgrößtes Weinbauland der Welt; mehr als ein Drittel der Traubenproduktion wird allerdings nicht zu Wein, sondern zu Fruchtsaft oder Rosinen verarbeitet.

Die durchschnittliche Weinproduktion beträgt über 25 Mio. hl, der jährliche Pro-

Kopf-Verbrauch schwankt zwischen neun und zehn Litern. Mit etwa 3 Mio. hl (2002) – das entspricht 12 % der Produktionsmengen – sind die USA viertgrößter Weinexporteur der Erde und größter der Länder der so genannten Neuen Welt. Da der Weinimport gleichzeitig etwa 4,5 Mio. hl beträgt, bleibt das Land Nettoimporteur.

Außer in Kalifornien, dem bedeutendsten Weinbaustaat der Nation, der etwa 50 % der Rebfläche besitzt, mit etwa 20–25 Mio. hl aber gut 90 % der nationalen Weinmengen liefert, wird in fast allen der 50 Bundesstaaten Weinbau getrieben – selbst in Alaska und North Dakota soll es seit 2002 Erzeugerbetriebe geben, in Hawaii wird allerdings nur Fruchtwein hergestellt –, wobei von den insgesamt 2 700 offiziell erfassten Erzeugern nur knapp 1 100 in Kalifornien beheimatet sind. Die Produktionsstruktur im Land, insbesondere in Kalifornien, ist stark konzentriert: 91 % der Erzeugerbetriebe stellen zusammen weniger als 5 % der Gesamtproduktion.

■ **Klima und Rebsorten:** Weinbau wird in fast allen Klimazonen der USA getrieben, vom Nordosten mit seinen teilweise extrem kalten Wintern über das insgesamt mediterrane Kalifornien bis hin in die heißen Südstaaten Texas, New Mexico und Florida. Während an der Westküste fast ausschließlich europäische Kultursorten ausgepflanzt sind, basiert der Weinbau im Nordosten und in Teilen des Südens immer noch auf Amerikanerreben und Hybriden. Erst in den letzten

Jahrzehnten des 20. Jahrhunderts schaffte man es, auch unter den extremen klimatischen Bedingungen dieser Landstriche Europäerreben zu kultivieren, die seither auf dem Vormarsch sind.

■ **Weinbaustaaten und Anbaugebiete:** Das Land ist in acht große Weinbauzonen gegliedert: Kalifornien und der pazifische Nordwesten (Washington, Oregon), New England (Maine, New Hampshire, Vermont, Massachusetts, Connecticut und Rhode Island), Lake Erie (Pennsylvania, Ohio und

USA. *Zwischen Prohibition und French Paradox*

Amerikas Weinkultur erlebte im 20. Jahrhundert eine wechselhafte Geschichte. Von 1919/20 bis 1933 herrschte die Prohibition, das absolute Verbot, Weine herzustellen und in Verkehr zu bringen. Nachdem die Weinindustrie in den 1960er- und 1970er-Jahren wieder an Fahrt gewonnen hatte, drohte in den 1990er-Jahren neues Ungemach: Auf dem Höhepunkt der Fitnesswelle wurde versucht, mit gesundheitlichen Argumenten den zaghaft steigenden Weinkonsum wieder einzudämmen. Da wurde am 5. November 1995 im Rahmen der CBS-Fernsehreihe »Sixty Minutes« (deutsch: 60 Minuten) ein Bericht über die Essgewohnheiten der Franzosen ausgestrahlt. Er zeigte, dass in der Grande Nation wesentlich mehr und schwerer gegessen wird, gleichzeitig aber weniger Menschen an Koronarerkrankungen sterben als in den USA. Des Rätsels Lösung: Franzosen trinken mehr Wein, insbesondere Rotwein. Seither wurden in den USA und darüber hinaus mehr als 100 wissenschaftliche Studien veröffentlicht, deren Resultate die Thesen von »Sixty Minutes« stützen. Von möglichem Prohibitionismus sprach in den USA bald niemand mehr; stattdessen wurde Wein zum Lifestylegetränk Nummer eins.

USA. Kalifornien besitzt nur etwa die Hälfte der US-amerikanischen Rebfläche, erzeugt aber 90 % des Weins.

den Staaten per Post verboten ist, wobei die Ausgestaltung dieses Verbots – auch sein Außerkraftsetzen – durch Detailgesetze der Bundesstaaten geregelt wird. Vorschriften zu bestimmten weinbaulichen oder önologischen Verfahren, Klassifizierungen oder Qualitätsstufen existieren nicht.

■ SIEHE AUCH
→ American Viticultural Area · Arkansas · Blush · Französisches Paradoxon · Idaho · Kalifornien · Maryland · Missouri · Neue Welt · New Mexico · New York · Oregon · Pennsylvania · Prohibition · Texas · Virginia · Washington · Zinfandel

Usbekistan, Staat der Gemeinschaft unabhängiger Staaten, mittelasiatisches Weinbauland zwischen Kasachstan und Turkmenistan; auf etwa 135 000 ha (2000) Rebfläche werden mehr als 150 einheimische Rebsorten kultiviert. Die Produktion besteht vorrangig aus Tafeltrauben und Rosinen, daneben werden Süß- und Likörweine sowie Tischweine und Sektgrundweine erzeugt. Die Anbaugebiete des Landes liegen am Rande der Gebirge in Höhen von bis zu 1200 m ü. M. sowie in den Flussniederungen.

usé [y'ze], französisch für ausgezehrt; mit dem Begriff werden Weine charakterisiert, die ihre geschmacklichen Qualitäten verloren haben.

UTA, Abk. für →untypischer Alterungston.

Uva di Troïa, süditalienische Rotwein-Rebsorte, die v. a. in der Region Apulien auf mehr als 3000 ha (1997) Rebfläche kultiviert wird; die Sorte bringt farbintensive, dichte Weine hervor und gehört zu den besten Süditaliens. Sie ist Hauptbestandteil des roten →Castel del Monte und geht in die DOC-Weine Orta Nova, Rosso Barletta, Rosso Canosa, Rosso di Cerignola und Cacc'e mmitte di Lucera ein.

uvaggio [u'vaddʒo], italienisch für Verschnitt; der Begriff wird im Unterschied zu →taglio für Verschnitte verschiedener Rebsorten verwandt, wenn diese im selben Weinberg wachsen bzw. zusammen vinifiziert und ausgebaut werden.

Uva rara [italien. »seltene Traube«], norditalienische Rotwein-Rebsorte, die v. a. in der Region Lombardei kultiviert wird und auf insgesamt knapp 520 ha (1999) Rebfläche steht; die spät reifende Sorte bringt eher leichte, farbschwache Weine hervor. Im Piemont wird sie auch Bonarda genannt, sie ist aber mit der eigentlichen →Bonarda 1) nicht identisch.

New York), Lake Michigan (Indiana, Illinois und Wisconsin), Middle Atlantic (New Jersey, Pennsylvania, Maryland, West Virginia und Virginia), Midwestern (Missouri, Arkansas und Iowa), South Western (Texas, New Mexico, Arizona und Colorado) sowie South Eastern (Georgia, North Carolina, South Carolina, Florida, Tennessee, Louisiana und Mississippi).

Die bedeutendsten Weinbaustaaten außerhalb Kaliforniens sind New York mit etwa 4 % der Produktionsmenge, gefolgt von Washington, Oregon und Idaho mit jeweils etwa 3 %. Erst dahinter folgen einige der klassischen Erzeugerstaaten des Landes wie Texas oder Virginia, Missouri, Maryland und Pennsylvania. Innerhalb der einzelnen Weinbaustaaten wurden von 1983 an insgesamt 145 Herkunftsgebiete eingerichtet, die so genannten American Viticultural Areas.

■ Weingesetz: Neben der Einrichtung der Herkunftsbezeichnungen kennt das amerikanische Weingesetz (Code of Federal Regulations, Bureau of Alcohol, Tobacco and Firearms) nur sehr generische Vorschriften – genauere Regelungen sind oft den einzelnen Staaten überlassen –, die v. a. den Weinhandel zwischen den einzelnen Staaten, die Definition von Wein, Vorschriften für die Etikettierung und Werbung (z. B. die obligatorische Gesundheits- und Inhaltswarnung vor den Gefahren des Alkoholkonsums und Schwefel im Wein), Regeln für die Errichtung von Produktionsbetrieben und für den Absatz ab Gut betreffen. Es enthält z. B. einen Passus, nach dem der Versand von Wein zwischen

Vacqueyras [vakeˈra], französische A. C.-Herkunftsbezeichnung für Weine der gleichnamigen Gemeinde im Gebiet der südlichen →Côtes-du-Rhône, auch als →Cru bezeichnet; auf etwa 1300 ha (2001) Rebfläche werden zu 98% Rotwein-Rebsorten kultiviert, insbesondere Grenache, aus der die Rotweine

Vacqueyras. Der Großteil der Weinberge von Vacqueyras liegt in der Ebene am Fuße der Bergkette der Dentelles du Montmirail.

und Rosés zu mindestens 50 bzw. 60% gekeltert sein müssen, sowie Syrah und Mourvèdre. Von den Schwemmlandböden und eiszeitlichen Terrassen kommen v.a. warme, volle Rotweine, die zwar nicht ganz die Klasse der Nachbarappellationen Gigondas oder Châteauneuf-du-Pape erreichen, aber oft ein gutes Preis-Leistungs-Verhältnis aufweisen.

Vaku|umfilter, **Vakuum-Drehfilter,** Gerät zum →Filtrieren von Weinen.

Vaku|umverdampfer, Gerät zum →Konzentrieren von Mosten und Weinen.

Valais, französisch für →Wallis.

Valdadige [valdaːdidʒe], DOC-Herkunftsbezeichnung für Weine der norditalienischen Regionen Trentino-Südtirol und Venetien, gelegentlich auch unter dem deutschen Synonym Etschtaler vermarktet; von den mehr als 2000 ha (1997) Rebfläche des Anbaugebiets liegen knapp 60 in der Provinz Südtirol, 1450 in der Provinz Trentino und etwa 500 in der Region Venetien. Kultiviert werden v.a. Weißwein-Rebsorten wie Chardonnay, Weißburgunder (Pinot bianco) und Grauburgunder (Pinot grigio) sowie die Rotwein-Rebsorte Trollinger (Vernatsch, italienisch: Schiava).

Valdepeñas [baldeˈpeɲas], bereits 1932 eingerichtete D. O.-Herkunftsbezeichnung für Weine aus dem Süden der spanischen Region Kastilien-La Mancha; von den fast 29 000 ha (1998) Rebfläche kommen durchschnittlich etwa 500 000 hl Wein jährlich.

Das Klima des Gebiets ist von kontinentalem Typ mit heißen Sommern und kurzen, aber sehr kalten Wintern. Die trockenen Kalk-Lehm-Böden mit hohem Eisengehalt bringen weiche, rasch zugängliche Rotweine hervor, die zu 80% aus Tempranillo (Cencibel) gekeltert sein müssen; daneben sind seit 1994 auch die Sorten Grenache (Garnacha) und Cabernet Sauvignon zugelassen.

Die mengenmäßig dominierenden, einfachen Weißweine entstehen traditionell aus Airén; Macabeo darf ebenfalls verwendet werden. Ein bedeutender Teil der Produktion des Gebiets wird als Fasswein vermarktet. D. O.-Status besitzt auch ein Weintyp mit dem Namen Tinto de Valdepeñas, gelegentlich Clarete oder Aloque genannt, der aus weißen und roten Trauben gekeltert wird, wobei die roten Sorten mindestens 25% der Menge stellen müssen.

Valencia [baˈlenθia], D. O.-Herkunftsbezeichnung für Weine der gleichnamigen Provinz in der spanischen Weinbauregion →Levante.

Valle Central [ˈbaʎe θenˈtral], eigentlich Región del Valle Central, bedeutendste der drei Weinbauregionen Chiles in dem breiten Tal zwischen der Andenkette und dem Küstengebirge; von hier kommt fast die Gesamtheit der chilenischen Qualitätsweine. Die Region ist unterteilt in die Anbaugebiete (Subregionen) →Maipo, →Valle del Rapel mit den beiden Zonen Cachapoal und Colchagua, →Valle de Curicó mit den Zonen Valle de Teno und Valle de Lontué sowie →Valle del Maule mit den Zonen Valle del Claro, Valle Loncomilla und Valle Tutuven.

Valdepeñas. Eine der renommiertesten Herkunftsbezeichnungen des kargen zentralspanischen Hochlands ist die von Valdepeñas.

Valle d'Aosta, französ. **Vallée d'Aoste** [vaˈle daˈɔst], DOC-Herkunftsbezeichnung für Weine der norditalienischen Region →Aostatal; aus dem Anbaugebiet der weniger als 200 ha großen Appellation kommt eine Reihe weißer und roter Sortenweine und Verschnitte aus einheimischen wie internationalen Rebsorten. Zusätzlich zum Namen der Appellation und zur Rebsorte (bei Sortenwei-

V

nen) können die Namen folgender Gemeinden bzw. Bereiche auf dem Etikett aufgeführt werden: Blanc de Morgex et de La Salle, Chambave, Nus, Arnad-Montjovet, Torrette, Donnas und Enfer d'Arvier.

Valle de Casablanca [ˈbaʎe -], gemeinsprachlich **Casablanca,** Anbaugebiet (Subregion) der chilenischen Weinbauregion →Aconcagua 1) zwischen Santiago und Valparaiso; auf gut 5000 ha (2000) Rebfläche werden vorwiegend internationale Weißwein-Rebsorten wie Chardonnay und Sauvignon blanc kultiviert, mit denen das häufig von kühlen Nebeln des Pazifischen Ozeans eingehüllte Gebiet international bekannt geworden ist. Seit dem Ende der 1990er-Jahre kommt jedoch eine Reihe von Rotweinen aus dem Tal, deren Qualität der Klasse der Weißweine nicht nachsteht.

Valle de Casablanca. Das Valle de Casablanca gilt im warmen Chile als kühles Anbaugebiet. Die inmitten der Reben wachsenden Kakteen belegen, dass »kühl« hier nicht dasselbe wie in Europa bedeutet.

Valle de Curicó [ˈbaʎe -], gemeinsprachlich **Curicó,** Anbaugebiet (Subregion) der chilenischen Weinbauregion Valle Central zwischen Valle del Maule und Valle del Rapel; das Gebiet ist in die Bereiche Valle de Teno und Valle de Lontué gegliedert. Es bringt einige hervorragende Rotweine hervor, v. a. aus der Rebsorte Merlot, ist aber im Vergleich zu seinen nördlichen und südlichen Nachbarn noch relativ wenig entwickelt. Die interessantesten Betriebe entstanden durch spanische Investitionen und italienisch-chilenische Jointventures.

Valle del Aconcagua, →Aconcagua 2).

Valle del Maipo, →Maipo.

Valle del Maule [ˈbaʎe -], Kurzwort **Maule,** Anbaugebiet im Süden der chilenischen Weinbauregion Valle Central; mit seinen etwa 16500 ha (2000) Rebfläche bildet es den südlichen Abschluss der Qualitätsweinregionen des Landes und den Übergang zum Weinbau der Región del Sur. Zwar dominiert

hier die Massensorte País, aber es werden auch gute Gewächse aus Cabernet Sauvignon, Merlot und Carmenère erzeugt. Das Gebiet ist in die Bereiche (Zonen) Valle del Claro, Valle Loncomilla sowie Valle Tutuven gegliedert.

Valle del Rapel [ˈbaʎe -], Kurzwort **Rapel,** Anbaugebiet (Subregion) der chilenischen Weinbauregion Valle Central; auf etwa 16000 ha (2000) Rebfläche werden v. a. Cabernet Sauvignon, Merlot, Carmenère und Syrah kultiviert. Die gut entwässerten Lehm-Kalk-Böden und das warme, trockene Klima sorgen für ausgeglichene, kräftige Weine. Sie werden überwiegend unter der Herkunftsbezeichnung eines der beiden Bereiche (Zonen), Valle de Cachapoal (→Cachapoal) und Valle de Colchagua (→Colchagua), vermarktet.

Valle d'Isarco, italienisch für →Eisacktal.

Vallée de la Marne [vaˈle də la marn], Bereich der französischen →Champagne.

Valpantena, Bereich des Anbaugebiets →Valpolicella.

Valpolicella [valpɔliˈtʃella], DOC-Herkunftsbezeichnungen für Weine der norditalienischen Region Venetien; auf knapp 5000 ha Rebfläche im Hinterland der Stadt Verona werden die Rotwein-Rebsorten Corvina, Rondinella, Molinara, Rossignola, Negrara, Barbera und Sangiovese kultiviert, wobei Corvina bis zu 70 % des Verschnitts stellen kann.

Die besten Weine kommen aus dem Bereich des **Valpolicella Classico** der drei Täler von Negrar, Valgatara-Marano und Fumane im Nordosten Veronas; von den großen Rebfeldern der Etschebene stammen dagegen einfachere, kommerzielle Qualitäten. Weine von Lagen nördlich und nordöstlich der Stadt Verona können die Zusatzbezeichnung **Valpantena** tragen.

Valpolicella ist traditionell ein eher leichter, jung zu trinkender Wein mit angenehmen Kirscharomen und harmonischer Struktur. Erst seit den 1990er-Jahren hat sich ein dichterer, intensiverer und fester strukturierter Weintyp durchgesetzt, der insbesondere unter der Zusatzbezeichnung Superiore vermarktet wird. Er muss einen höheren Mindestalkohol aufweisen und mehr als ein Jahr im Holzfass ausgebaut werden. Häufig werden diese Weine auch mit der Methode des so genannten →Ripasso gekeltert. Die renommierteste Weinart des Valpolicellagebiets ist der →Amarone; daneben wird auch süßer →Recioto erzeugt.

Valréas [valreˈa], eigenständige Herkunftsbezeichnung der A. C. Côtes-du-Rhône-Villages im Gebiet der gleichnamigen Gemeinde des südfranzösischen Départements Vaucluse; von den etwa 270 ha (2002) Rebfläche kommen Weiß-, Rosé- und Rotweine aus den typischen Rebsorten der südlichen →Côtes-du-Rhône. Rotweine und Rosés müssen zu mindestens 50% aus Grenache gekeltert sein.

Valtellina, DOC-Herkunftsbezeichnung für Weine des gleichnamigen Tals (deutsch: Veltlin) in der norditalienischen Region Lombardei; auf etwas mehr als 600 ha (1997) Rebfläche wird v.a. die Rotwein-Rebsorte Nebbiolo (Chiavennasca) kultiviert, daneben auch Merlot, Rossola, Pignola, Valtellinese und Brugnola. Unter der Bezeichnung Sforzato (Sfursàt) wird ein trockener Strohwein nach Art des →Amarone erzeugt, der einen Alkoholgehalt von mindestens 14 Vol.-% aufweisen muss.

Valtellina Superiore besitzt seit 1998 DOCG-Status. Er muss einen Alkoholgehalt von mindestens 12 Vol.-% aufweisen und darf erst nach einem Ausbau von 24 Monaten – zwölf davon im Holzfass – vermarktet werden. Weine aus Trauben der Lagen Sassella, Grumello, Inferno und Valgella können den jeweiligen Lagennamen als Zusatzbezeichnung führen.

Vanillegeschmack, eigentlich **Vanillearoma,** eine Art des →Holzgeschmacks, die v.a. durch den Ausbau von Weinen im Barrique entsteht; die ihm zugrunde liegende Substanz ist **Vanillin,** chemisch Vanillaldehyd, ein aromatischer Aldehyd (chemisch: 4-Hydroxy-3-methoxy-benzaldehyd), der an Zucker gebunden in den ätherischen Ölen zahlreicher Pflanzen vorkommt. Er wird durch das Erhitzen der Holzdauben beim Fassbau freigesetzt und anschließend vom Alkohol des Weins aus dem Holz ausgelaugt.

varietal [vəˈraɪətəl], englisch für reinsortig; die Bezeichnung varietal wine wird für Sortenweine verwendet, die nicht unbedingt reinsortig sein müssen.

vaso [ˈbaso], spanisch für die Becherziehung (→Erziehungsformen).

vaso [ˈvazu], eigentlich poda em vaso, portugiesisch für die Becherziehung (→Erziehungsformen).

Vaud, französisch für →Waadt.

V.C.I.G., Abk. für →Vino de Calidad con Indicación Geográfica.

V.D.N., Abk. für →Vin Doux Naturel.

VDP, Abk. für →Verband Deutscher Prädikats- und Qualitätsweingüter e.V.

V.D.Q.S., Abk. für →Vin délimité de qualité supérieure.

VdT, Abk. für →Vino da Tavola.

vecchio [ˈvɛkkio], italienisch für alt im Sinne von gereift.

Vega Sicilia [ˈbegə siˈθiliə], legendäres Weingut im Westteil des spanischen Anbaugebiets Ribera del Duero; mit dem Rotwein Unico erzeugt das bereits Mitte des 19. Jahrhunderts gegründete Gut einen der berühmtesten Kultweine der Welt. Die Produktionsmenge des aus Tempranillo, Cabernet Sauvignon und Malbec gekelterten Weins

Valpolicella. Negrar ist eine der drei Hauptgemeinden des Anbaugebiets für Valpolicella Classico. Von hier aus geht der Blick weit über die Etsch- und die Poebene, wo der Großteil der Rebflächen für die einfacheren Qualitäten zu finden ist.

übersteigt nie 100 000 Flaschen, und er wird streng kontingentiert vermarktet. Unter der Bezeichnung Reserva Especial wird gelegentlich ein noch seltenerer Verschnitt der besten Jahrgänge gefüllt. Der Zweitwein des Gutes heißt Valbuena; zum Besitz gehört Alión, ein weiteres Weingut der Appellation. – Abb. S. 458

vegetabil, vegetabilisch, nach Gemüse, Gras oder Blättern duftend; Begriff der Weinansprache für Aromen, die an pflanzliches Grün erinnern, im Unterschied zu Blüten- oder Fruchtaromen. Vegetabile Aromen können im Rahmen eines komplexen Buketts durchaus angenehm auffallen; für sich allein wirken sie meist grobschlächtig oder sogar fehlerhaft. Dominierende vegetabile Noten sind häufig auf die Verarbeitung nicht ausgereiften Traubenguts zurückzuführen.

Vegetationszyklus, die Gesamtheit der jahreszeitlich ausgeprägten, jährlich wieder-

---

VALPOLICELLA. *Natürliches Konzentrieren*

In der Diskussion um Nützlichkeit und Legitimität des Konzentrierens, die seit Ende der 1990er-Jahre in vielen Weinbauländern teilweise sehr heftig und mit ethischen, sogar moralischen Argumenten geführt wird, wird oft vergessen, dass das Konzentrieren von Trauben und Mosten seit jeher zum Spektrum der Interventionsmöglichkeiten des Winzers und Weinmachers gehört haben. Die Strohweine des italienischen Valpolicellagebiets, der trockene Amarone und der süße Recioto, sind klassische Beispiele dafür.

Aber auch Vin santo, Schilfwein, der Mostabzug, auch Saignée genannt, letztlich auch das Trocknen der Trauben am Stock wie im Falle deutscher oder österreichischer Trockenbeerenauslesen stellen eine Methode des Entzugs von Wasser aus den Beeren und damit des Konzentrierens von deren Inhaltsstoffen dar. Über das Für und Wider all dieser Methoden kann man trefflich streiten, Glaubenskriege muss man um sie nicht führen.

Vega Sicilia. Der rote Unico von Vega Sicilia – hier einige der Weinberge – gehört zu den wenigen, seit Jahrzehnten anerkannten Kultweinen der Welt.

kehrenden Etappen des Wachstums der →Rebe 2); er wird in seiner konkreten Ausprägung, z.B. der Länge und Intensität der einzelnen Etappen, maßgeblich von klimatischen Faktoren wie der Tageslänge und den Temperaturen bestimmt.

■ **Wachstumsphase:** Mit zunehmender Länge der Tage und steigenden Temperaturen beginnt im Frühjahr – in Mitteleuropa im März oder April – das vegetative und generative Wachstum der Rebe. Die Triebe entwickeln sich mit z.T. großer Geschwindigkeit und stellen erst im August ihr Wachstum wieder ein. Parallel dazu entwickeln sich die Blütenstände (Gescheine), deren Anzahl bereits im Vorjahr durch die Ausbildung in den Knospen festgelegt wurde und die nun ihre Einzelblüten ausdifferenzieren. Diese generative Entwicklung findet ihren Höhepunkt in der Blüte, die in der Regel im Frühsommer (Anfang bis Mitte Juni) stattfindet und rasch in die Entwicklung der Beeren übergeht. Auch sie wachsen schnell bis zur so genannten Sistierungsphase, einer Stagnation des Wachstums, die je nach Sorte im Juli oder August eintritt.

■ **Reifephase:** Erst nach Ablauf der Sistierung beginnt die →Reife 1). Zuckereinlagerung und Säureabbau in den Beeren setzen ein, sie werden weich und transparent. Bei Weißwein-Rebsorten verändert sich die Beerenfarbe von grün nach gelb, bei Rotwein-Rebsorten beginnt die Farbstoffeinlagerung. Mitte August setzt auch die Holzreife ein, das Verholzen der zuvor grünen Sommertriebe. Die Winterknospen werden ausgebildet. Mit dem Blattfall Ende Oktober beginnt die Winterruhe der Rebe.

Die Bedeutung der Länge der Reifezeit für Charakter und Qualität der Trauben bzw. der Weine ist umstritten. Allerdings sind kurze Vegetationszyklen mit kurzen Reifezeiten v.a. ein Phänomen heißer Klimata, deren hohe Temperaturen insbesondere bei Weißweinen zu breiter, wenig nuancierter Aromatik und hohem Alkoholgehalt führen können. Als ideale Reifedauer von Riesling gelten beispielsweise 120 Tage – in warmen Klimata sind es nur etwa 90 Tage.

velato, italienisch für trüb; Bezeichnung für Weine mit sichtbaren Trubstoffen oder einem Schleier.

velho ['vɛʎu], portugiesisch für alt, gereift; Bezeichnung für Altweine, die als Prädikat für Qualitäts- und Landweine mit einem Alkoholgehalt von mindestens 11,5 Vol.-% verwendet werden kann.

vellutato, italienisch für die Geschmacksbezeichnung samtig, seidig.

velouté [vəlu'te], französisch für die Geschmacksbezeichnung samtig, seidig.

velvety [vɛlvɪtɪː], englisch für die Geschmacksbezeichnung samtig, seidig.

vendange [vãˈdãːʒ], französisch für Ernte, Lese; auch für Jahrgang (auf Etiketten).

Vendange tardive [vãˈdãːʒ tarˈdiv »späte Lese«], Abk. **V. T.,** französisch für Wein aus spät gelesenen, vollreifen Trauben; die Bezeichnung entspricht der deutschen Spätlese oder Auslese und steht für Weine der Geschmacksrichtungen halbtrocken bis sehr süß. In der französischen Weinbauregion Elsass gilt Vendange tardive als eigenständige A. C.-Kategorie.

vendemmia, italienisch für Ernte, Lese; auch für →Jahrgang (auf Etiketten).

vendemmia tardiva, italienisch für späte Lese, auch für Wein aus spät gelesenen, vollreifen Trauben; die Bezeichnung ist vom italienischen Weingesetz nicht vorgesehen, wird aber gelegentlich für halbsüße oder süße, spätleseartige Weine verwendet.

vendímia [benˈdimĭa], spanisch für Weinlese; der Begriff wird auf spanischen Etiketten häufig im Zusammenhang mit selección oder selecciónada (deutsch: Selektion) verwendet, das für einen Wein aus einem ausgewählten, besonderen Jahrgang steht.

Venetien, italien. **Veneto,** Weinbauregion in Norditalien, die mit 73 400 ha (1998, 1975: 124 000 ha) nur die drittgrößte Rebfläche Italiens besitzt, mit einer Durchschnittsproduktion von 8 Mio. hl im Jahr aber den produktivsten Weinbau des Landes; auf 8 % der italienischen Gesamtrebfläche werden hier knapp 15 % der nationalen Weinmengen erzeugt.

Möglich ist dies durch die sehr hohen Durchschnittserträge, die über 100 hl/ha liegen, während sie in Gesamtitalien nur etwa 60 hl/ha betragen. Ein knappes Viertel der venetischen Produktion besitzt DOC- oder DOCG-Status, womit die Region etwa 20 % des italienischen Qualitätsweins hervorbringt;

allein 1,5 Mio. hl dieser 2 Mio. hl stammen allerdings aus der Provinz Verona.

Venetien erstreckt sich vom Gardasee im Westen bis an die Adria im Osten zwischen den Alpen und dem Po. Von leichten Weißweinen wie Bianco di Custoza oder Soave über den kräftigen, alkoholreichen roten Amarone bis hin zu den verschiedenen Süß- und Schaumweinen wie dem populären Prosecco deckt die Produktion Venetiens fast das gesamte Spektrum möglicher Weintypen und -stile ab. Die Region ist, was die Qualität und das Renommee ihrer Weine betrifft, von einem deutlichen West-Ost-Gefälle geprägt. Während in der westlichen Provinz Verona zahlreiche Spitzenweine erzeugt werden, warten in der Provinz Treviso im Osten nur einzelne Produzenten mit überzeugenden Qualitäten auf.

■ **Klima und Böden:** Die Weinberge liegen z. T. in Hanglagen der Voralpen und werden durch die Gebirgskette vor kalten Nordwinden geschützt. Der größere Teil befindet sich jedoch in den warmen Schwemmlandebenen von Etsch, Po, Piave und Livenza. Das Spektrum der Bodenarten reicht von Moränenschotter im Süden des Gardasees über das Dolomitenverwitterungsgestein der Voralpen, wo auch vulkanische Böden anzutreffen sind, bis hin zu den fruchtbaren Ackerflächen und Schwemmlandschottern der großen Flussebenen.

■ **Rebsorten und Herkunftsbezeichnungen:** Unter den insgesamt etwa 40 kultivierten Rebsorten ist Garganega die flächenmäßig bedeutendste. Aus ihr entstehen Weißweine wie Soave und Gambellara. Auch die rote Corvina, die Basissorte von Valpolicella und Amarone, belegt viele tausend Hektar Weinbergsfläche. Daneben gibt es verschiedene Varianten Trebbiano (Trebbiano di Soave, Trebbiano di Lugana), Grauburgunder (Pinot grigio), Chardonnay und Weißburgunder (Pinot bianco) sowie die einheimische Weißwein-Rebsorte Prosecco, aus der der gleichnamige Schaumwein erzeugt wird. Die übrigen relevanten Rotwein-Rebsorten sind Corvinone, Rondinella, Molinara, Merlot und Cabernet Sauvignon, nicht zu vergessen der so genannte Cabernet franc, von dem inzwischen bekannt ist, dass sich hinter ihm in Wahrheit oft Carmenère versteckt.

Die wichtigsten DOC- bzw. DOCG-Herkunftsbezeichnungen der Region sind Amarone, Bianco di Custoza, Breganze, Colli Berici, Colli Euganei, Gambellara, Lison-Pramaggiore, Lugana, Piave, Soave, Valpolicella sowie die Süßweinappellationen Recioto di Soave und Recioto di Gambellara. Neben den Qualitätsweinen findet man eine Reihe noch junger Igt-Appellationen wie **Veneto orientale,** unter denen meist einfachere Qualitäten vermarktet werden.

Venetien. Verona, die Stadt an der Etsch, ist das Qualitätszentrum des Weinbaus von Venetien. Östlich und westlich liegen die Weinberge so populärer und renommierter Weine wie Amarone, Valpolicella und Soave.

véraison [verɛˈzɔ̃], französisch für den Beginn der Reifephase (→Reife 1) von Trauben.

veratmen, im Rahmen des Zellstoffwechsels verbrennen; die Bezeichnung wird für die Verringerung des Säuregehalts von Trauben im Verlauf des Reifeprozesses (→Reife 1) verwendet.

Verband Deutscher Prädikats- und Qualitätsweingüter e.V., Abk. **VDP,** 1910 als Verband Deutscher Naturweinversteigerer e.V. gegründete Vereinigung deutscher Weinerzeuger mit derzeit knapp 200 Mitgliedsbetrieben aus allen deutschen Anbaugebieten.

In dem Verband konnten anfänglich nur Güter Mitglied werden, die ihre Weine regelmäßig und vorwiegend auf Versteigerungen verkauften. Der VDP ist in Regionalverbänden organisiert und wird von einem Bundes-

---

VENETIEN. *Verona – Weinhandelstor zum Norden*

Zwar ist Venetien heute eine der produktivsten italienischen Weinbauregionen, ihre Ursprünge liegen aber im Weinhandel. Verona gehörte jahrhundertelang zu Venedig, einer der größten Handelsmächte des Mittelalters, die vor allem mit Produkten aus dem östlichen Mittelmeerraum reich wurde. Erst die Blockade der Lieferungen aus dem Osten durch die vorrückenden Türken veranlasste die Stadt im 15. und 16. Jahrhundert, auf seiner »terra ferma«, dem festen Land zwischen Padua und Verona, eigenen Weinbau zu entwickeln. Die strategische Lage Veronas am Ausgangspunkt der Handelsströme nach Mitteleuropa über den Brenner sorgte dafür, dass der Weinhandel hier immer eine stärkere Position einnahm als die Weinerzeugung. Bis ins späte 20. Jahrhundert vermarkteten zahlreiche Weinhäuser mehr Wein aus Apulien oder Sizilien als aus der eigenen Region. Erst der qualitative Aufschwung des Veroneser Weinbaus in den 1980er- und 1990er-Jahren sorgte dafür, dass das Geschäft mit den eigenen Weinen den Handel mit fremder Ware in den Hintergrund drängte.

präsidium geleitet. Die Mitglieder erzeugen ihre Weine nach strengeren Vorgaben, als sie das deutsche Weingesetz vorsieht, und verpflichten sich, regelmäßige Betriebskontrollen zuzulassen. Es besteht die Pflicht zum Führen des Verbandszeichens auf den Kapseln der Weinflaschen.

Anfang der 1990er-Jahre startete der VDP eine Kooperation mit dem Verband Naturland®, die allerdings nicht zu einem umfassenden Erfolg wurde, da sich nur wenige VDP-Mitglieder verpflichten wollten, ihre Weinberge nach Naturlandregeln zu bewirtschaften. In den 1990er-Jahren wurde vom VDP das Konzept der Ersten bzw. Großen Gewächse ausgearbeitet, im Rahmen eines langwierigen Prozesses in den Regionalverbänden durchgesetzt und schließlich 2002 durch eine Mitgliederversammlung bundesweit verabschiedet.

Verband Deutscher Prädikats- und Qualitätsweingüter e. V. In der Tradition ihrer Vereinigung, die einmal als Verband Deutscher Naturweinversteigerer gegründet wurde, füllen noch viele der Mitglieder spezielle Versteigerungsweine ab.

An die Ursprünge des Verbands erinnern noch die jährlichen Weinversteigerungen, die insbesondere im Rheingau, an der Nahe und im Anbaugebiet Mosel-Saar-Ruwer – hier vom →Großen Ring – durchgeführt werden. Dabei werden für Beeren- oder Trockenbeerenauslesen und Eisweine des jeweils jüngsten Jahrgangs Traumpreise erzielt.

■ **Geschichte:** Vorgängerorganisationen waren u. a. die 1897 gegründete Vereinigung Rheingauer Weingutsbesitzer, der 1900 gegründete Verein der Naturweinversteigerer in Hessen, der 1908 gegründete Trierer Verein von Weingutsbesitzern der Mosel, Saar, Ruwer e. V. und der aus demselben Jahr stammende Verein der Naturweinversteigerer der Rheinpfalz.

verbessern, →anreichern.

verde, spanisch [ˈbɛrðe] und portugiesisch [ˈverðə] für grün; in Bezug auf Wein frisch, spritzig; der Begriff ist in Portugal in den Namen der Herkunftsbezeichnung →Vinho verde eingegangen.

Verdejo [bɛrˈðexo], Weißwein-Rebsorte der spanischen Region Kastilien-León, die v. a. im Anbaugebiet Rueda, in geringem Umfang auch im benachbarten Cigales und auf den Kanarischen Inseln kultiviert wird; insgesamt steht sie auf knapp 4000 ha (2001) Rebfläche. Die Weine entfalten einen Duft von Stachelbeeren und Äpfeln, können aber auch ausgeprägt vegetabilen oder mineralischen Charakter zeigen.

Verdelho [verˈðɐʎu], **Verdelho branco,** portugiesische Weißwein-Rebsorte, die im Dourotal unter dem Namen Gouveio bekannt ist; sie wird in Portugal auf gut 2400 ha (1999) Rebfläche kultiviert und ist seit Mitte der 1990er-Jahre auch in Australien populär geworden. Die Weine zeigen ein dezentes, feinfruchtiges, beim Ausbau im Barrique auch ausgesprochen würziges Aroma. Ob die italienische Sorte **Verdello,** die v. a. in der Region Umbrien auf gut 860 ha kultiviert wird, mit Verdelho identisch ist, gilt als umstritten – einige Ampelographen gehen davon aus, dass es sich bei ihr in Wahrheit um Verdicchio handelt.

Verdicchio [verˈikio], italienische Weißwein-Rebsorte, die auf insgesamt 3900 ha (1998) Rebfläche, v. a. in der Region Marken kultiviert wird; eventuell ist sie mit der umbrischen Sorte Verdello (→Verdelho) identisch. Die Sorte bringt frische, aber geschmacklich recht einfache Weine hervor und wird gelegentlich im Barrique oder als Schaumwein ausgebaut. Verdicchio wird hauptsächlich unter den beiden DOC-Herkunftsbezeichnungen **Verdicchio dei Castelli di Jesi** und **Verdicchio di Matelica** vermarktet. Das Anbaugebiet von Jesi umfasst 3150 ha (1997) Rebfläche, das von Matelica 310 ha.

verdoso, spanisch für die Geschmacksbezeichnung grün, hart.

Verduzzo, Weißwein-Rebsorte der nordostitalienischen Regionen Friaul-Julisch Venetien und Venetien, die auf insgesamt knapp 4400 ha (1999) Rebfläche kultiviert wird; die spät reifende Sorte eignet sich sowohl zum trockenen als auch zum süßen Ausbau. Ihre Weine sind relativ alkoholreich, goldgelb in der Farbe und kräftig im Geschmack. Einige Ampelographen unterscheiden zwischen den beiden Varianten **Verduzzo friulano** und **Verduzzo trevigiano,** wobei nicht geklärt ist, ob es sich um eigenständige Varianten oder Sorten handelt. Die bekanntesten Süßweine aus Verduzzo werden unter der DOCG-Herkunftsbezeichnung →Ramandolo vermarktet.

ver|edeln, →Edelreiser auf reblausresistente →Unterlagen pfropfen; die Arbeit wird traditionell von geübten Rebveredlern per Hand durchgeführt.

Mithilfe des so genannten Kopulationsschnitts werden dabei Edelreiser und Unterlagen von gleichem Durchmesser schräg, eventuell mit einer zusätzlichen Zunge (englischer Kopulationsschnitt) angeschnitten, sodass die beiden Schnittflächen nahtlos aufeinander passen und das problemlose Zusammenwachsen der beiden Pflanzenteile ermöglichen. Heute wird der **Veredelungsschnitt** meist nicht mehr per Hand, sondern mit Maschinen durchgeführt, wobei man zwischen den drei Formen Jupiterschnitt, Lamellenschnitt und Omegaschnitt unterscheidet. An der **Veredlungsstelle** bildet sich Kallus-Vernarbungsgewebe, aus dem die Wurzeln des →Setzlings wachsen.

Vereinigte Staaten von Amerika, →USA.

Vereinigung der Schweizer Weinexporteure, Vorgängerorganisation der →Swiss Wine Communication SA.

Vereinigung Deutscher Prädikatsweinzergenossenschaften, Abk. dpw, Zusammenschluss von zwölf deutschen Winzergenossenschaften verschiedener Anbaugebiete; die Mitglieder, die eine Rebfläche von etwa 4 000 ha und mehr als 5 600 Winzerbetriebe repräsentieren, verpflichten sich, höhere als die gesetzlich festgelegten Mindestmostgewichte für Qualitäts- und Prädikatsweine zu respektieren, nach anerkannten Normen des Qualitätsmanagements zu arbeiten und an regionalen Weinwettbewerben teilzunehmen. Sie akzeptieren darüber hinaus Betriebskontrollen in zweijährigem Rhythmus.

Ver|esterung, eine chemische Reaktion, bei der sich Säuren mit Alkoholen zu →Estern und Wasser umsetzen.

Verkehrsfähigkeit, Eigenschaft von Weinen, die den gesetzlichen Anforderungen entsprechen, d.h. fehlerfrei sind, und in den Verkauf gelangen oder unentgeltlich abgegeben werden dürfen; bei Qualitätsweinen wird die Verkehrsfähigkeit in Deutschland durch die amtliche →Prüfnummer attestiert. Verändert sich der Wein in der Flasche nachteilig, kann die Verkehrsfähigkeit rückwirkend wieder aufgehoben werden.

Verkostung, Weinverkostung, Degustation, sensorische Prüfung, Sinnenprobe, Methode der Weinanalyse und Weinbeurteilung auf Basis der sinnlichen Wahrnehmung von Farbe, Duft und Geschmack; mithilfe einer Verkostung kann nicht nur die geschmackliche Qualität von Weinen wertend bestimmt, es können auch Aussagen zu ihrem Gesundheitszustand bzw. zu ihrer Stabilität, ihrer Alterungsfähigkeit und ihrer geschmacklichen Entwicklungsfähigkeit getroffen werden.

Die Weinverkostung ist einer der wesentlichen Bestandteile der Arbeit des Weinmachers, des Weinkontrolleurs, des Weinhändlers und des Weinpublizisten. Sie stellt für den Endverbraucher praktisch die einzige Möglichkeit dar, sich ein Bild über den Geschmackstypus und die Qualität von Weinen zu machen. Im Keller hilft sie dabei, eventuelle Weinfehler so frühzeitig aufzuspüren, dass sie noch behandelt werden können. Beim Selektieren sorgt sie für die Wahl der richtigen Partien für einen bestimmten Weinverschnitt. Der Weinkontrolleur verkostet, um nicht verkehrsfähige Produkte aufzuspüren und Qualitätsweinen eine Prüfnummer zuteilen zu können. Handel, Verbraucher und Weinpublizisten nutzen die Verkostung, um die Qualität von Weinen und ihre Preiswürdigkeit zu beurteilen.

■ **Bedingungen:** Um zu zuverlässigen Ergebnissen zu führen, sollte die Verkostung in neutraler, möglichst geruchsfreier Umgebung durchgeführt werden, damit die Weinaromen nicht verfälscht werden. Auch empfiehlt es sich, vor einer solchen Probe nur geschmacklich neutrale Speisen zu sich zu nehmen. Tabakrauch und markante Parfüms sind zu vermeiden, da sie nicht nur das eigene Wahrnehmungsvermögen, sondern auch das der Mitverkoster entscheidend stören.

Häufig werden Verkostungen als bewertende Vergleichsproben durchgeführt, wobei allerdings darauf zu achten ist, dass nur Weine desselben Geschmackstypus oder derselben Herkunftsbezeichnung miteinander verglichen werden. Nur dann sind aussagekräftige Resultate zu erhalten. Von entscheidender Bedeutung für die Zuverlässigkeit von Verkostungsresultaten ist auch, dass die Probe in

---

VERKOSTUNG. *Angeboren oder erlernt?*

Oft wird behauptet, zum Verkosten bedürfe es eines besonderen, angeborenen Talents, und Menschen mit ausgeprägten Fähigkeiten der Geruchswahrnehmung seien dabei im Vorteil. Tatsache ist, dass jede normal ausgeprägte und nicht durch Krankheit in Mitleidenschaft gezogene Nase in der Lage ist, weit mehr Geruchsstoffe aufzuspüren und zu unterscheiden, als je ein Verkoster in Weinen gefunden hat. Das Problem liegt weniger in der Wahrnehmung von Düften, sondern vielmehr darin, sie korrekt zu identifizieren und im Gedächtnis abzuspeichern.

Weine »richtig« zu verkosten, bedeutet nicht – wie oft behauptet –, sie »blind« wiederzuerkennen oder in ihnen besonders viele Duftanalogien zu entdecken. Es heißt vielmehr, ihre Qualitätsmerkmale korrekt zu bewerten. Verkosten ist deshalb mehr eine Frage des Kopfes als der Nase oder des Gaumens. Es ist eine Frage der richtigen Einschätzung der eigenen Form am Tag der Verkostung, des Wissens über Weine, Rebsorten, Herkunftsbezeichnungen und Weinfehler, großer Konzentrationsfähigkeit und Selbstkontrolle und schließlich einer gehörigen Portion Demut gegenüber einem Produkt, dem man sich jahrzehntelang annähert, ohne es je vollständig begreifen zu können.

Form einer **Blindprobe** (Blindverkostung) organisiert ist, bei der nur die gemeinsamen Parameter aller Weine (z.B. Rebsorte, Herkunftsbezeichnung, Jahrgang), nicht aber der Erzeuger, Markennamen oder Sonderbezeichnungen bekannt sind. Ist dies nicht garantiert, kann von einer vorurteilslosen und unabhängigen Bewertung nicht gesprochen werden.

Eine besonders beliebte Form der Weinprobe, v.a. im geselligen Rahmen, ist die **Vertikalverkostung,** bei der von einem Wein mehrere – gegebenenfalls auch aufeinander folgende – Jahrgänge degustiert werden. Sie erlaubt es nicht nur, die Jahrgangsunterschiede zu würdigen, sondern auch, recht zuverlässige Prognosen über die Alterungsfähigkeit des Weins zu treffen.

■ SIEHE AUCH
→ Abgang · Aroma · Ausdruck · Biss · Bukett · Charakter · Extrakt · Farbe · Füllschock · Gaumen · Geruch · Geschmack · Geschmackstypen · Harmonie · Konzentration 1) · Körper · Kostglas · Kraft · Nachgeschmack · Nase · Restzucker · Stoff · Struktur · Temperatur · Terroir · Textur · Tiefe · Typizität · Verkehrsfähigkeit · verschlossen · Weinansprache · Weinbeurteilung

---

VERKOSTUNG. *Aromen sind nicht unerschöpflich*

Professionelle Weinverkoster erkennt man meist daran, dass sie jedes Weinglas, das sie in die Hände bekommen, ausgiebig und in geübten Zirkeln schwenken, sodass sein Inhalt gründlich aufgewirbelt wird. Auf diese Weise sollen schwer flüchtige Aromastoffe, die sich insbesondere in Jungweinen gern der Sinneswahrnehmung entziehen, verflüchtigt und damit wahrnehmbar werden. Ein Zuviel schadet dem Wein allerdings mehr als es ihm nützt, denn Aromastoffe sind nur in begrenzten Mengen vorhanden. Jedes Schwenken setzt einen Teil von ihnen frei, der anschließend unwiderbringlich verloren ist. Nach allzu häufigem Schwenken duftet der Wein nicht besser, sondern überhaupt nicht mehr. Hinzu kommt, dass nach dem Schwenken eine gewisse Zeit vergeht, bis sich die Aromen im Glas zu voller Blüte entfaltet haben. Wie ein italienischer Önologe per Gaschromatographie nachwies, benötigen sie dazu etwa 20 Sekunden. Wer nicht einen Moment wartet, bevor er am Wein riecht, hat mehr oder weniger umsonst geschwenkt, da er die potenziell freigesetzten Aromen noch gar nicht wahrnehmen kann.

Verkostungsglas, →Kostglas.

Vermählung, das Kombinieren von →Speisen und Wein.

Vermentino, Weißwein-Rebsorte des mittleren und westlichen Mittelmeerraums; sie wird auf knapp 3900 ha (1999) Rebfläche in Italien – v.a. in den Küstenlandschaften des Tyrrhenischen Meeres und auf der Insel Sardinien –, auf der französischen Insel Korsika (800 ha) und an der französischen Mittelmeerküste kultiviert.

Zusammen mit kleineren Flächen auf der portugiesischen Insel Madeira ergibt sich ein weltweiter Bestand von etwa 7000 ha. Man vermutet, dass Vermentino spanischen Ursprungs ist und zur Gruppe der →Malvasia 2) gehört.

Die spät reifende Sorte bringt angenehm fruchtige, saftige Weißweine hervor. Der einzige DOCG-Wein auf Vermentinobasis ist →Vermentino di Gallura. Unter der DOC-Herkunftsbezeichnung **Vermentino di Sardegna,** deren Anbaugebiet etwa 900 ha (1997) umfasst, wird sie als Sortenwein vermarktet; ansonsten ist sie Bestandteil von DOC-Weinen wie Alghero, Cinque Terre, Colli del Trasimeno, Riviera Ligure di Ponente, Bolgheri bianco, Montecarlo oder Montescudaio bianco. Die Rotwein-Rebsorte **Vermentino nero,** die an der Küste der italienischen Region Toskana vorkommt, ist mit dem weißen Vermentino wahrscheinlich nicht verwandt.

Vermentino di Gallura, DOCG-Herkunftsbezeichnung für Weißweine der italienischen Inselregion Sardinien; das Anbaugebiet in den Provinzen Sassari und Nuoro umfasst etwa 900 ha (1997) Rebfläche. Die Weine müssen zu mindestens 95 % aus →Vermentino gekeltert sein und einen Mindestalkoholgehalt von 12 Vol.-% (Riserva: 13 %) aufweisen. Die besten Produkte der Appellation sind fruchtig und saftig bei guter Extraktdichte.

Vernaccia [ver'natʃa, zu latein. vernaculus »inländisch«, »einheimisch«], italienische Weißwein-Rebsorte, die vorwiegend im Gebiet der toskanischen Stadt San Gimignano (→Vernaccia di San Gimignano) kultiviert wird; sie ist darüber hinaus in anderen Teilen der Toskana und auf Sardinien zu finden und belegt in Italien insgesamt knapp 950 ha (1999) Rebfläche. In geringem Umfang wird sie auch in Brasilien kultiviert.

Der Name der Sorte ist außerdem als Namensbestandteil für eine Reihe weiterer italienischer Sorten gebräuchlich, insbesondere für →Vernaccia di Oristano und die rote Vernaccia nera (→Vernaccia di Serrapetrona), die aber mit der weißen Vernaccia nicht verwandt sind. Gelegentlich wird der Name Vernaccia als Synonym für Schiava bzw. Vernatsch (→Trollinger) verwendet.

Vernaccia di Oristano [ver'natʃa -], Weißwein-Rebsorte der italienischen Region Sardinien; sie wird auf gut 1200 ha (1997) Rebfläche kultiviert. Aus ihren Trauben werden die Weiß- und Likörweine der gleichnamigen DOC-Herkunftsbezeichnung der Provinz Oristano erzeugt. Sowohl die kräftigen, trockenen Weißen als auch die trocken oder süß ausgebauten, sherryähnlichen Likörweine weisen einen hohen Alkoholgehalt auf (15–16,5 Vol.-%) und werden 2–2,5 Jahre im Holzfass ausgebaut.

Vernaccia di San Gimignano [ver'natʃa di san dʒimi'ɲano], DOCG-Herkunftsbezeichnung für Weißweine der italienischen Toskana; das Anbaugebiet im Umkreis der mittelalterlichen Stadt San Gimignano umfasst etwa 730 ha (1997) Rebfläche, auf denen die Weißwein-Rebsorte →Vernaccia kultiviert wird.

Vernaccia di San Gimignano. Der Weißwein aus der alten toskanischen Stadt San Gimignano mit ihren charakteristischen Geschlechtertürmen war einer der ersten, die offizielle Anerkennung als DOCG-Qualitätswein erfuhren.

Vernaccia di San Gimignano war 1966 der erste italienische DOC-Wein und gehörte 1987 zu den ersten, die DOCG-Status erhielten. Die qualitativen Hoffnungen, die sich mit dieser Bewertung verknüpften, wurden allerdings nur zum geringeren Teil eingelöst. Die Weine sind feinfruchtig mit leichter Würze im Duft, saftig und fest am Gaumen; bessere Qualitäten werden gelegentlich auch im Barrique vinifiziert bzw. ausgebaut.

Vernaccia di Serrapetrona [ver'natʃa -], DOC-Herkunftsbezeichnung für süße, rote Still- und Schaumweine der italienischen Region Marken; die Weine werden aus der Rebsorte **Vernaccia nera** kultiviert, die in den Provinzen Ancona und Macerata auf insgesamt knapp 400 ha (1999) Rebfläche kultiviert wird. Sie ist mit der weißen Vernaccia nicht verwandt.

Vernatsch, →Trollinger.

Veronelli, Luigi, * Mailand 2.2.1926; italienischer Verleger und Weinkritiker, der als »Weinpapst« seines Landes gilt. Nach dem Studium publizierte Veronelli von 1956 an drei philosophisch-politische bzw. gastronomische Zeitschriften. Nach 1959 schrieb er für zahlreiche italienische und ausländische Periodika über Gastronomie und Wein. Er gründete das »Seminario Veronelli« für die Verbreitung der Weinkultur in Italien und veröffentlichte einen Restaurant- und einen Weinführer unter seinem Namen. Seit der zweiten Hälfte der 1990er-Jahre widmet er sich auch verstärkt dem Olivenöl.

ver|rieseln, durchrieseln, zwischen dem ersten Aufblühen und der endgültigen Ausbildung der Beeren Blüten oder junge Beeren abwerfen; im Prinzip ist dieses Abwerfen ein natürlicher Vorgang innerhalb des Vegetationszyklus der Rebe und ihrer Fruchtentwicklung – werden allerdings zu viele Blüten abgestoßen, beeinträchtigt dies den Ertrag.

Besonders anfällig für Verrieseln sind beispielsweise die Rebsorten Riesling, Gewürztraminer und Spätburgunder, der österreichische Neuburger, der italienische Picolit und die Rotwein-Rebsorte Sankt Laurent. Neben solch sortenspezifischer Ausprägung können die Gründe für das Verrieseln auch in einer gestörten Befruchtung als Folge zu niedriger Temperaturen oder in mangelnder Versorgung der Rebe mit dem Nährstoff Bor liegen.

Versanddosage, letzte →Dosage bei der Produktion von Schaumweinen.

Versandlikör, zum Einstellen des Restzuckergehalts von Schaumweinen verwendete Weinlösung (→Dosage).

verschlossen, ohne klar erkennbare aromatische und geschmackliche Eigenschaften; Begriff der Weinansprache für sehr junge oder sehr lange in der Flasche gelagerte Weine. Große Gewächse sind oft in den ersten Jahren nach dem Abfüllen verschlossen und bedürfen, um sich zu öffnen, weiterer Reifezeit. Lange gelagerte Weine öffnen sich meist nach kurzem Luftkontakt.

Verschlüsse, traditionell aus Naturkork (→Kork) gefertigte Stopfen oder Kapseln für Weinflaschen; aufgrund der wachsenden Kritik an der Fehlerhaftigkeit von Naturkork werden seit den 1980er-Jahren zunehmend alternative Verschlüsse verwendet.

Neben dem **Plastikkorken,** wie er beispielsweise bei einfacheren Schaumweinen gebräuchlich ist, wurde v.a. der **Schraubverschluss** aus Aluminium populär. Sein weithin mit einfachen Massenweinen verbundenes Image und offensichtlich nur schwer zu lö-

VERONELLI. *Ein Papst nimmt Einfluss*

Es gibt in der gesamten Weinwelt keine zweite Persönlichkeit aus dem Bereich der Publizistik, die derart maßgeblich auf die Entwicklung des Weinbaus in ihrem Land Einfluss genommen hat wie der Italiener Luigi Veronelli. Er regte bereits in den 1960er-Jahren an, große Lagenweine separat zu füllen und zu vermarkten; er veranlasste zahlreiche Winzer dazu, mit dem Ausbau ihrer Spitzenweine im Barrique zu experimentieren, und motivierte sie mit den Bewertungen in seinem »Catalogo dei Vini Italiani« (deutsch: Katalog der italienischen Weine), immer bessere Qualitäten hervorzubringen. Gleichzeitig bildete er zahlreiche junge Weinkritiker aus, die in den 1980er- und 1990er-Jahren eigene Weinpublikationen wie beispielsweise den bekannten Weinführer »Gambero Rosso« herausbrachten. Selbst der amerikanische Weinkritiker Robert Parker engagierte 2002 einen der Mitarbeiter Veronellis als Italienspezialisten.

sende Probleme bei der Produktion gleichbleibender Qualitäten haben seinen Durchbruch im Spitzenweinbereich außer in der Schweiz und einigen Gebieten der Neuen Welt bisher verhindert.

Ein idealer Verschluss, der Dichtigkeit und Dauerhaftigkeit garantiert, ist der **Kronenkorken** (Kronenverschluss, Kronkorken), insbesondere wenn er aus hochwertigem, nichtrostendem Stahl hergestellt wurde. Dass sich Kronenkorken nicht nur für Bierflaschen eignen, beweist die Schaumweinindustrie seit Jahrzehnten, indem sie auch ihre höchstwertigen Produkte während der teilweise jahrelangen Flaschenreife damit verschließt. Weder bei einem gut schließenden Schraubverschluss noch beim Kronenkorken gelangt Sauerstoff in den Wein. Das löst bei vielen Weinfreunden die – allerdings nur unzureichend begründete – Furcht aus, solcherart verschlossene Weine würden nicht reifen. Tatsache ist, dass sie langsamer reifen, deshalb aber auch über einen längeren Zeitraum frisch bleiben.

■ **Glasverschlüsse:** Zum Beginn des 21. Jahrhunderts wurden zwei vollständig neue Verschlusssysteme aus Glas vorgestellt und erprobt. Das eine besteht aus einem Glasstopfen mit dünnem Silikonring, der für die Dichtigkeit sorgt, bei dem anderen wird der Verschluss mit dem Glas des Flaschenhalses verschmolzen, ohne dass der Wein dabei erhitzt wird. Wie bei Ampullen für Medikamente werden die Flaschen später an einer Sollbruchstelle geöffnet. Dass sich diese alternativen Verschlusssysteme zumindest bei einfacheren Weinqualitäten durchsetzen, ist wohl nur eine Frage der Zeit. Ob sie auch den Spitzenweinbereich erobern können, hängt u.a. davon ab, ob die Hersteller von Naturkork das Problem des Korkschmeckers doch noch umfassend lösen.

Verschnitt, das Mischen bzw. die fertige Mischung verschiedener Weine zu einem einheitlichen Endprodukt.

Verschlüsse. Als Ersatz für die problematischen Naturkorken sind auch Glasstopfen im Gespräch, deren Dichtigkeit mithilfe eines kleinen Silikonrings gewährleistet wird.

Im Unterschied zum →Gemischten Satz werden beim Verschnitt Moste, in der Regel sogar fertig vergorene, oft bereits ausgebaute Weine gemischt. Das Ziel des Verschnitts ist die Komposition von Weinen, die den erwünschten geschmacklichen Anforderungen gehorchen. Diese können auf Geschmacksbildern von Weinen bestimmter Herkunftsbezeichnungen beruhen oder durch besondere Qualitätsanforderungen an Selektionsweine entstehen.

Häufig werden Weine aus verschiedenen Rebsorten verschnitten, weil einzelne unter den gegebenen Umständen (Klima, Böden) keine vielschichtigen oder alterungsfähigen Resultate hervorbringen oder weil so das Risiko minimiert werden kann, das mit gewissen früh oder spät reifenden Sorten verbunden ist. Im Bordeauxgebiet beispielsweise, dessen Rote klassische Verschnittweine sind, ergänzen sich Rebsorten wie Cabernet Sauvignon, Cabernet franc, Merlot, Petit Verdot etc. nicht nur geschmacklich, sie können aufgrund ihres unterschiedlichen Reifeverhaltens auch jahrgangsbedingte Probleme einer Sorte durch gute Erträge bei anderen kompensieren.

■ **Klimatische und geographische Parameter:** Gemeinhin gilt, dass in kühleren Anbaugebieten wie im nördlichen Mitteleuropa Weine reinsortig verarbeitet werden können und dabei ausreichend Komplexität entwickeln, während in warmen bzw. südlichen Gebieten Vielschichtigkeit durch den Verschnitt mehrerer Sorten erzielt wird, wie beispielsweise in Südfrankreich, den wärmeren Regionen Italiens oder Spaniens. Deshalb werden selbst so genannte Sortenweine aus heißeren Klimata, beispielsweise in den Ländern der Neuen Welt, häufig mit einem gewissen Prozentsatz anderer Rebsorten verschnitten, die ihnen zusätzliche Komplexität verleihen sollen.

versetzen, Weinen fremde Substanzen beifügen, um sie aromatisch oder geschmacklich zu verändern.

Das Versetzen von Qualitätsweinen ist nach den EU-Richtlinien nur in wenigen Ausnahmefällen erlaubt – z.B. beim griechischen →Retsina –, in Deutschland gänzlich verboten. Anreichern mit Zucker und Süßen mit Süßreserve gilt nicht als Versetzen, ebenso wenig wie die aromatische und geschmackliche Bereicherung von Weinen durch den Ausbau in Barriques. In der Antike waren versetzte Weine die Regel; damals wurden ihnen Harz, Honig, Gewürze und sogar Salzwasser oder →Blei zugefügt.

Versetzte Produkte wie z.B. Wermut dürfen heute nicht mehr als Wein vermarktet werden, sondern gelten als weinhaltige Getränke.

versieden, durch zu hohe Gärtemperaturen fehlerhaft werden oder verderben; dauerhaft hohe bzw. zu hohe Gärtemperaturen führen zunächst zu einem Rückgang der erwünschten Frucht- und Gewürzaromen im Wein, stattdessen entwickeln sich der Geruch von gekochtem Obst und oxidative Aromen. Danach kann es zur Entwicklung von Essigsäurebakterien, zur Essigsäurebildung und schließlich zum Braunwerden des Weins kommen.

verstärken, →aufspriten.

Versteigerungswein, in Deutschland übliche spezielle Abfüllung, die ausschließlich oder vorwiegend über →Auktionen vermarktet wird; häufig wird nur ein Teil solcher Abfüllungen tatsächlich über die Versteigerung verkauft, der Rest über normale Vertriebskanäle des Erzeugers abgesetzt, wobei die Preise in der Regel denen des Auktionszuschlags entsprechen.

Vertikalpresse, eine Art der →Presse.

Vertikalverkostung, eine bestimmte Verkostungsanordnung (→Verkostung).

Vertiko|erziehung, eine →Erziehungsform der Weinrebe.

Vespaiola, Vespaiolo, gelegentlich auch Vesparola oder Uva vespera genannte Weißwein-Rebsorte der italienischen Region Venetien, Provinz Vicenza, die auf knapp 120 ha Rebfläche kultiviert wird; sie ist Bestandteil des weißen DOC-Weins Breganze und bildet insbesondere die Grundlage für dessen Süßweinversion Torcolato. Vespaiola reift nicht sehr spät und ist relativ starkwüchsig. Über Herkunft und eventuelle Verwandtschaften des Vespaiolo liegen keine gesicherten Erkenntnisse vor; der Name soll sich auf die Tatsache beziehen, dass Wespen (italienisch »vespe«) sich besonders gerne am Zucker der ausgereiften Beeren laben.

Vespolina, Rotwein-Rebsorte aus dem Norden der italienischen Region Piemont; die spät reifende Sorte wird auf knapp 180 ha (1999) Rebfläche kultiviert und geht in die Produktion der DOC- bzw. DOCG-Weine Boca, Bramaterra und Ghemme ein. Im Gebiet des Oltrepò Pavese ist Vespolina auch unter dem Namen Ughetta bekannt.

Vesuvio, DOC-Herkunftsbezeichnung für Weiß-, Rosé- und Rotweine der süditalienischen Region Kampanien; auf knapp 200 ha (1997) Rebfläche werden die Weißwein-Rebsorten Coda di Volpa, Verdeca, Falanghina und Greco sowie die roten Piedirosso, Sciascinoso und Aglianico kultiviert. Die Weine sind meist einfach und jung zu trinken. Unter der Zusatzbezeichnung Lacryma Christi werden sowohl Stillweine mit einem Mindestalkoholgehalt von 12 Vol.-% als auch Schaum- und Likörweine vermarktet.

Victoria [vɪkˈtɔːrɪə], australischer Weinbaustaat, dessen Weinbauzonen Port Philip, Western Victoria, Central Victoria, North Eastern Victoria und North Western Victoria

insgesamt knapp 37000 ha (2001) Rebfläche umfassen; die Jahresproduktion beträgt durchschnittlich etwa 1,4 Mio. hl Wein.

Victoria war lange Zeit Australiens wichtigster Weinbaustaat, wurde jedoch nach der Reblauskatastrophe Anfang des 20. Jahrhunderts durch Südaustralien auf den zweiten Platz zurückgedrängt. Seit den 1980er-Jahren

Victoria. Die Weinberge des Yarra Valley bringen einige der feinsten Weine Victorias hervor. Hier hat auch der empfindliche Spätburgunder (Pinot noir) eine neue Heimat gefunden.

haben v. a. die kühleren Anbaugebiete im Süden des Landes international beachtete, finessenreiche Weiß- und Rotweine hervorgebracht. In Victoria sind auch einige der bedeutendsten Schaumweinerzeuger des Landes zu Hause.

Die wichtigsten Anbaugebiete sind das →Yarra Valley und die Mornington Peninsula (Zone: Port Philip), die →Pyrenees (Zone: Western Victoria), →Bendigo, →Heathcote, das →Goulburn Valley (Zone: Central Victoria), →Rutherglen und das King Valley (Zone: North Eastern Victoria) sowie →Murray Darling (Zone: North Western Victoria).

vieilles vignes [vjɛj viɲ], französisch für →alte Reben.

viejo [ˈbiɛxo, span. »alt«], gealtert, gereift; Begriff der Weinansprache für sehr reife Weine, der auch die Bedeutung überaltert annehmen kann.

vielschichtig, komplex, zahlreiche Aromen zeigend; Begriff der Weinansprache für hochwertige Weine mit einem reichhaltigen Duftspektrum und großer Eleganz. Vielschichtige Weine müssen nicht, wie oft angenommen, kräftig oder schwer sein.

Viertelstück, ein Fasstyp (→Fass).

vigna [ˈvɪɲɲa], italienisch für Weinrebe; gemeinsprachlich für Weinberg oder →Lage.

vignaiolo [vɪɲɲaˈiolo], italienisch für Winzer, Weinbauer.

vigne [viɲ], französisch für Weinrebe; gemeinsprachlich für Weinberg oder →Lage.

vigneron [viɲəˈrɔ̃], französisch für Winzer, Weinbauer.

Vigneron-encaveur [vɪɲəˈrɔ̃ ãkaˈvœr, »Winzer-Einkellerer«], französisch für Selbstkelterer; in der Schweiz ein Erzeuger von →Gutsabfüllungen.

Vigneti delle Dolomiti [ˈvɪɲˈɲeːti -], Igt-Herkunftsbezeichnung für Weine der norditalienischen Regionen Trentino-Südtirol und Venetien; unter der Bezeichnung wird eine Reihe meist sehr leichter Sortenweine vermarktet.

vigneto [ˈvɪɲˈɲeːto], italienisch für Weinberg, auch für Lage (auf Etiketten).

vigne vecchie [vɪɲɲe vekkie], italienisch für →alte Reben.

vignoble [viˈɲɔbl], französisch für Weinberg.

Villages [vɪˈlaːʒ, französ. zu village »Dorf«], Zusatzbezeichnung einer Reihe französischer A. C.-Herkunftsbezeichnungen der Weinbauregionen →Burgund, Rhônetal (→Côtes-du-Rhône) und Languedoc-Roussillon; in der Regel werden damit Weine einer Qualitätsstufe oberhalb der generischen Regionalappellation ausgezeichnet (→Klassifizierung).

würztraminer (Tramini), Hárslevelű und Chardonnay.

vin [vɛ̃], französisch für Wein.

viña [ˈbiɲa], **viñedo** [biˈɲedo], spanisch für Weinberg, Lage; in Spanien, wo sie traditionell einen Hinweis auf die Herkunft der Trauben eines Weins gab, ist die Bezeichnung durch den Begriff →pago abgelöst worden. Wo sie, wie v. a. im Riojagebiet, noch auf Etiketten auftaucht, ist sie meist zum Bestandteil einer Markenbezeichnung geworden und hat keinen Bezug mehr zu einem bestimmten Weinberg. In Chile ist viña das Weingut.

Vinatura®, Markenzeichen des Schweizer Verbands Vitiswiss für Weine aus naturnahem, integriertem Weinbau; der Verband Vitiswiss fungiert als Dachverband der sechs Einzelorganisationen Vitival, Vitiplus, Vitipige, Pi 3 Lacs CNAV, Federviti und Deutschschweizer Weinbauverband.

vin de cépage [vɛ̃ də seˈpaːʒ], französisch für Sortenwein.

Vin de Corse [vɛ̃ də kɔrs, französ. »korsischer Wein«], das größte A. C.-Gebiet der französischen Insel →Korsika.

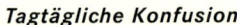

VILLAGES

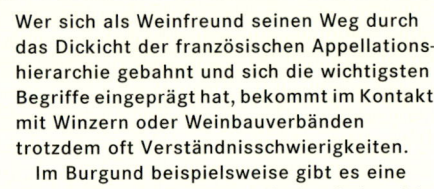

Tagtägliche Konfusion

Wer sich als Weinfreund seinen Weg durch das Dickicht der französischen Appellationshierarchie gebahnt und sich die wichtigsten Begriffe eingeprägt hat, bekommt im Kontakt mit Winzern oder Weinbauverbänden trotzdem oft Verständnisschwierigkeiten.

Im Burgund beispielsweise gibt es eine eigenständige Klasse von Herkunftsbezeichnungen, Villages genannt. Die so deklarierten Weine haben allerdings nichts mit denen zu tun, von denen Winzer reden, wenn sie von ihren Villages-Weinen sprechen. Sie meinen nämlich die Weine der Appellation ihres Dorfes (französisch village). Die aber tragen nach den Bestimmungen des Weingesetzes eine so genannte Kommunalappellation. Die tatsächlichen Villages-Weine kommen dagegen von eigens dafür ausgewiesenen Rebflächen innerhalb einiger dieser Gemeinden und besitzen einen höheren Status als die der Kommunalappellationen.

Villány-Siklós [ˈvɪlʌɲ ˈʃiklɔʃ], ungarisches Anbaugebiet im äußersten Süden des Landes, an den Hängen des Villányer Berglandes; es umfasst rund 1900 ha (2000) Rebfläche. Auf den lössbedeckten Kalkböden wachsen, durch die Berge gegen kalte Nordwinde geschützt, v. a. Rotwein-Rebsorten wie Portugieser, Blaufränkisch, Zweigelt, Cabernet Sauvignon und Cabernet franc, aus denen einige der besten Rotweine Ungarns entstehen. Die wichtigsten Weißwein-Rebsorten des Gebiets sind Welschriesling, Ge-

vin de garde [vɛ̃ də gard], französisch für alterungs- und lagerfähigen Wein.

vin de goutte [vɛ̃ də gut], französisch für Vorlaufwein (→Vorlauf).

Vin délimité de qualité supérieure [vɛ̃ delimiˈte də kaliˈte sypeˈrjœr, französ. »Qualitätswein eines bestimmten Anbaugebiets«], Abk. **V. D. Q. S.,** Kategorie französischer Qualitätsweine unterhalb der Appellation contrôlée (→Appellation). Weine dieser Kategorie werden in der Regel nach einer gewissen »Bewährungszeit« in den A. C.-Rang erhoben; deshalb werden nur wenige 100 000 l Wein in dieser Kategorie vermarktet.

Vin de paille [vɛ̃ də paij, französ. »Strohwein«], Spezialität der französischen Weinbauregion Jura; die Trauben trocknen allerdings nur noch selten auf Stroh, sondern überwiegend nach Art des italienischen →Recioto in kleinen Holzkisten oder auf Holzlatten. Die Weine werden aus Rot- und Weißwein-Rebsorten wie Spätburgunder (Pinot noir), Chardonnay oder Savagnin gekeltert und gären bis zu 24 Monaten. Anschließend werden sie mehrere Jahre in Holzfässern ausgebaut und unter den Herkunftsbezeichnungen L'Étoile oder Arbois vermarktet.

Vin de pays [vɛ̃ də peɪ], französisch für →Landwein.

Vin de Savoie [vɛ̃ də saˈvwa], A. C.-Herkunftsbezeichnung für Weine der französischen Départements Savoie und Haute-Savoie; auf etwa 1700 ha (2000) Rebfläche werden zahlreiche Weiß- und Rotwein-Rebsorten wie Aligoté, Chardonnay, Gutedel (Chasselas), Gamay, Mondeuse, →Roussette oder Spätburgunder (Pinot noir) kultiviert und zu relativ leichten, fruchtbetonten Weinen gekeltert.

Vin de table [vɛ̃ də tabl, französ.], die Weinkategorie →Tafelwein in Frankreich.

Vin Doux Naturel [vɛ̃ du: natyˈrɛl, französ. »natürlicher Süßwein«], Abk. **V. D. N.,** vor dem Gärende aufgespritete und deshalb süße Likörweine aus vollreifen Trauben; die Bezeichnung ist v. a. im französischen Süden gebräuchlich. Solche Vins Doux Naturels werden unter den Herkunftsbezeichnungen →Banyuls, →Muscat de Beaumes-de-Venise, →Rasteau, →Rivesaltes etc. vermarktet.

Vinea Wachau Nobilis Districtus, Winzervereinigung und Schutzverband des österreichischen Anbaugebiets Wachau; die Vereinigung hat fast 200 Mitglieder, die mehr als 85 % der Rebfläche des Anbaugebiets bewirtschaften. Die Anforderungen an die Mitgliedsbetriebe basieren auf dem österreichischen Weingesetz; diese verpflichten sich, nur die typischen Rebsorten der Wachau, Riesling, Grüner Veltliner, Neuburger, und die weißen Burgundersorten zu kultivieren. Vinea Wachau genießt das Privileg, anstelle der vom Weingesetz vorgeschriebenen Qualitätsstufen Kabinett, Spätlese etc. eigene Bezeichnungen verwenden zu dürfen: →Steinfeder, →Federspiel und →Smaragd.

vineux [viˈnœ], französisch für die Geschmacksbezeichnung weinig.

Vin gris [vɛ̃ gri, französ. »grauer Wein«], in der Regel heller Roséwein, der praktisch ohne Standzeit aus Rotweintrauben erzeugt wird; die Bezeichnung ist v. a. im Osten Frankreichs gebräuchlich.

vinho [ˈviɲu], portugiesisch für Wein.

vinho de lágrima [ˈviɲu də ˈlaɣrimɐ], portugiesisch für Vorlaufwein (→Vorlauf).

Vinho regional [ˈviɲu rɨʒuˈnal], Kategorie des portugiesischen Weingesetzes für →Landwein; insgesamt gibt es acht Landweingebiete Minho, →Trás-os-Montes, Beiras, Ribatejano (→Ribatejo), →Estremadura, Alentejano (→Alentejo), Terras do Sado und →Algarve.

vinho tinto, →tinto.

Vinho verde [ˈviɲu ˈverðə], DOC-Herkunftsbezeichnung für Weine aus dem Norden Portugals; ihr Anbaugebiet ist das größte des Landes und umfasst gut 34 000 ha Rebfläche. Es ist in seiner geographischen Ausdehnung deckungsgleich mit dem der Regionalappellation Minho, unter der insgesamt 60 000 ha Rebfläche klassifiziert sind.

Das Vinho-verde-Gebiet ist in sechs Bereiche gegliedert: Amarante, Basto, Braga, Lima, Moncao und Penafiel. Das Klima ist feucht, was zu der üppigen Vegetation führt, die beim Namen der Herkunftsbezeichnung Pate stand; auf den kargen, sandigen Granitböden wachsen Trauben unterschiedlichster Qualität.

Zwar ist Vinho verde v. a. im Ausland vorrangig als Weißwein bekannt, aber weiße Sorten haben hier erst gegen Ende des 20. Jahrhunderts flächenmäßig die zuvor dominierenden roten überflügelt. Kultiviert werden die weißen Alvarinho, Avesso, Azal, Loureiro und Trajadura sowie die roten Azal tinto, Brancelho, Espadeiro, Pedral und Vinhao. Ein Großteil der Weine weist kaum mehr als 8,5 Vol.-% Alkohol auf und wirkt extrem leicht, oft auch leicht prickelnd; der schäumende rote Vinho verde gilt als leichtester Rotwein der Welt. Der einzige kraftvolle Weintyp der Appellation stammt aus der Gegend um die Stadt Moncao und entsteht aus der Weißwein-Rebsorte Alvarinho.

Vinho verde ist zwar eines der bekanntesten Anbaugebiete Portugals, kaum jemand weiß jedoch, dass hier auch Rotweine erzeugt werden, nicht nur »grüner«, das heißt solcher aus weißen Trauben.

Vini del Piave, →Piave.

Vinifera, eigentlich Vitis vinifera, Unterart der Familie der Rebengewächse (→Rebsorten).

vinificatore [»Vinifizierer«], italienisch für Weinmacher.

vinifizieren [französ., zu latein. vinum »Wein«], Trauben bzw. Moste zu Wein verarbeiten; der Begriff umfasst gemeinhin die Gesamtheit der Arbeitsschritte der →Weinbereitung von der Traubenannahme bis zum Abfüllen des fertigen Weins; es kann aber auch nur die Etappe von der Gärung bis zum Säureabbau gemeint sein.

Vin jaune [vɛ̃ ʒo:n], Weinspezialität der französischen Weinbauregion Jura, die aus überreifen Trauben der Sorten Chardonnay und Savagnin gekeltert wird; er reift mindestens sechs Jahre in Barriques, die während dieser Zeit nicht aufgefüllt werden. Der Wein kommt dabei ausgiebig mit Luftsauerstoff in Berührung, allerdings bildet sich zu bestimmten Jahreszeiten an seiner Oberfläche eine Schicht Flor, die ihn vor zu rascher Oxidation schützt. Die Weine, die unter den Herkunftsbezeichnungen Arbois und Château-Chalon vermarktet werden, zeichnen sich durch ihre dichte, gelbe Farbe und ihr besonderes Aroma aus, das an trockene Nüsse, Gewürze und Honig erinnert.

Vin jaune. Dichtes Gelb und nussige Aromen charakterisieren den Vin jaune aus dem französischen Jura.

Vin nouveau, →Nouveau.

vino, italienisch für Wein.

vino ['bino], spanisch für Wein.

vino da pasto, italienisch für Tischwein; Wein, der zur Mahlzeit getrunken wird und sich besonders dazu eignet.

Vino da Tavola [italien.], Abk. **VdT,** die Weinkategorie →Tafelwein in Italien; in den 1980er- und 1990er-Jahren wurde sie von zahlreichen Erzeugern dazu benutzt, Spitzenweine zu vermarkten, die so genannten →Super-Tuscans.

Vino de Aguja ['bino de a'guxa, span. zu vino »Wein« und aguja »Nadel«], Perlwein; die Bezeichnung bezieht sich auf das Prickeln (Nadelstiche) der Kohlensäure auf der Zunge.

Vino de Calidad con Indicación Geográfica ['bino de kali'da kɔn ɪndika'θjɔn xeo'grafika, span. »Qualitätswein mit geographischer Herkunftsangabe«], Abk. **V. C. I. G.,** mit der Änderung des spanischen Weingesetzes (→Spanien) von 2003 neu geschaffene Qualitätsstufe für spanische Landweine.

Vino de la Tierra ['bino de la 'tiɛrra, span. zu vino »Wein« und tierra »Land«], Bezeichnung des spanischen Weingesetzes für →Landwein; die Qualitätsstufe erlangt in Spanien zunehmend Bedeutung. Auf den Etiketten von Landweinen können der Erzeuger, der Herkunftsort, der Jahrgang und die Rebsorten aufgeführt werden; Bezeichnungen wie Crianza, Reserva und Gran Reserva sind nicht zugelassen.

Vino de Mesa ['bino de 'mesa, span. »Tischwein«], Bezeichnung des spanischen Weingesetzes für →Tafelwein; wie in vielen europäischen Weinbauländern bilden Tafelweine die Basis der Qualitätspyramide. Allerdings gibt es zahlreiche Erzeuger, deren Weinberge nur wenige Kilometer außerhalb eines Qualitätsweingebiets liegen und deren Tafelweine qualitativ hochwertig sind.

Vino de Pago ['bino de 'pago, span. »Lagenwein«], mit der Änderung des spanischen Weingesetzes (→Spanien) im Jahre 2003 neu geschaffene Qualitätsstufe.

vino de pasto ['bino -], spanisch für Tischwein, Wein, der zur Mahlzeit getrunken wird und sich besonders dazu eignet; gelegentlich auch für Tafelwein verwendete Bezeichnung.

vino di paglia [- paʎ'ʎa], italienisch für Strohwein.

Vino dulce natural ['bino 'dulθe natu'ral, span. »natürlicher Süßwein«], süßer spanischer Likörwein, das Äquivalent des französischen →Vin Doux Naturel; solche Weine werden v. a. in den Regionen Navarra und Málaga aus der Rebsorte Weißer Muskateller (Moscatel), gelegentlich auch aus Mourvèdre (Monastrell) erzeugt.

Vino Nobile di Montepulciano, →Nobile di Montepulciano.

vinoso, italienisch für die Geschmacksbezeichnung weinig.

Vinothek [Kunstwort zu italien. vino »Wein« und enoteca »Weinlager zum Zwecke der Ausstellung und des Verkaufs«], ein Weinfachhandelsgeschäft.

vino tinto, →tinto.

vino tranquillo [- traŋkʋillo], italienisch für Stillwein.

Vin santo [italien. »heiliger Wein«], Strohwein der italienischen Regionen Toskana und Trentino-Südtirol; er wird aus zumeist weißen Trauben gekeltert, die nach der Ernte mehrere Wochen oder Monate auf Holzlatten liegend oder an Gerüsten hängend trocknen.

Im Anschluss an die Gärung, bei der ein gewisser Restzuckergehalt unvergoren bleibt, wird der junge Wein in kleinen, nur halbhoch gefüllten und hermetisch verschlossenen Fässern ausgebaut. Diese lagern mindestens zwei Jahre in der so genannten »vinsantaia«, meist einem Dachboden, wo sie sowohl sommerlicher Hitze wie winterlicher Kälte ausgesetzt sind. Im Sommer beginnt der Restzucker unter dem Einfluss von Hefen aus dem Fassbestand Jahr für Jahr spontan neu zu gären. Das Resultat dieser Prozedur sind alkoholbetonte Weine mit mehr oder weniger ausgeprägter Süße und Aromen von Nüssen, Aprikosen, Honig und Gewürzen.

Vin santo wird unter einer Reihe von Herkunftsbezeichnungen vermarktet. **Vin santo del Chianti, Vin santo del Chianti Classico** und **Vin santo del Chianti di Montepulciano** sind eigenständige DOC-Bezeichnungen, aber auch unter anderen Appellationen wie Bolgheri, Carmignano, Elba, Monteregio, Montescudaio, Pomino etc. werden Vin-santo-Versionen gefüllt. Unter der Zusatzbezeichnung →Occhio di pernice wird in zahlreichen dieser Gebiete auch Vin santo aus Rotwein-Rebsorten erzeugt.

Vin santo. Hermetisch versiegelte Fässer lagern unter den Dächern toskanischer Weingüter. Ihr Inhalt ist kostbarer Vin santo.

Vinschgau, italien. **Valle Venosta,** eigenständiger DOC-Bereich innerhalb der Herkunftsbezeichnung →Südtirol 2) für Weine aus dem Etschtal oberhalb der Stadt Meran.

Vins de qualité produits dans des régions délimitées [vẽ də kali'te prɔ'dyi dã de re'ʒjɔ̃ delimi'te, franzöz. »Qualitätsweine, die in einer bestimmten Region produziert wurden«], Abk. **V. Q. P. R. D.,** Kategorie des europäischen Weinbezeichnungsrechts, entspricht den deutschen und österreichischen →Qualitätsweinen ohne und mit Prädikat. In Frankreich gehören die Kategorien A. C. (A. O. C.) und A. O. V. D. Q. S., in Italien DOC und DOCG, in Spanien D. O. und D. O. Ca. und in Portugal Ipr und DOC zur Gruppe der V. Q. P. R. D.-Weine.

Vinsobres [vẽ'sɔbr], eigenständige Herkunftsbezeichnung der A.C. Côtes-du-Rhône-Villages im Gebiet der gleichnamigen Gemeinde des südfranzösischen Départements Drôme; die Weinberge liegen an einer Hügelkette, die sich aus dem Alpenvorland in Richtung Rhône erstreckt. Auf insgesamt 630 ha (2002) Rebfläche werden die üblichen Weiß- und Rotwein-Rebsorten der südlichen →Côtes-du-Rhône kultiviert; Rotweine und Rosés bestehen zu mindestens 50 % aus Grenache.

vintage ['vɪntɪdʒ], englisch für →Jahrgang.

Vintage Charakter ['vɪntɪdʒ 'kærɪktə(r)], eine besondere Art →Portwein.

Vintage Port ['vɪntɪdʒ pɔ:t], eine besondere Art →Portwein.

Viognier [vɪɔ'ŋie], eine der besten Weißwein-Rebsorten Frankreichs, die ursprünglich aus dem Rhônetal stammt; er wird in Frankreich auf etwa 2600 ha (2000) Rebfläche kultiviert und bildet die Basis für die Weißweine der Herkunftsbezeichnung →Condrieu. In den Ländern der Neuen Welt, insbesondere in Australien, Südafrika und Kalifornien, ist Viognier in den 1990er-Jahren sehr populär geworden. Die Weine duften in der Jugend intensiv nach Honig, Aprikose und Pfirsich und werden relativ jung getrunken; bessere Qualitäten sind häufig im Barrique vergoren.

Virginia [vɔ'dʒɪnjɔ], fünftgrößter US-Weinbaustaat an der südlichen Ostküste des Landes; die Rebfläche von etwa 11 500 ha (2002) wird durch 80 Erzeugerbetriebe bewirtschaftet. Kultiviert werden sowohl europäische Kultursorten wie Chardonnay, Grauburgunder (Pinot grigio), Cabernet Sauvignon und Merlot als auch Direktträgersorten wie Seyval blanc, Vidal blanc, Chambourcin und Norton. Der Staat ist in sechs AVA-Herkunftsgebiete gegliedert: Monticello, Northern Neck – George Washington's Birth Place, Rocky Knob, Shenandoah Valley, Eastern Shore und North Fork of Roanoke.

Virosen, eine Art der →Rebkrankheiten.

Visan [vi'sã], eigenständige Herkunftsbezeichnung für Weine der A.C. Côtes-du-Rhône-Villages aus der so genannten »Enclave des papes« (deutsch: päpstliche Enklave) im südfranzösischen Département Vaucluse; auf etwa 390 ha (2001) Rebfläche werden die üblichen Weiß- und Rotwein-Rebsorten der südlichen →Côtes-du-Rhône kultiviert.

Viskosität, Flüssigkeits- bzw. Zähigkeitsgrad von Weinen; sie ist vom Alkoholgehalt – insbesondere von dem höherwertiger Alkohole wie Glyzerin –, vom Zucker- und vom Extraktgehalt des Weins abhängig: Je höher diese Werte, desto zähflüssiger ist der

Vinsobres. Das alte Dorf Vinsobres thront hoch über seinen Weinbergen. Hier werden dichte, runde und saftige Rotweine erzeugt.

Viognier. Weißweine aus Viognier zeigen in den ersten vier, fünf Jahren nach der Ernte ihre schönsten Fruchtaromen und saftige Würze.

Viskosität. Auch in ausgetrunkenen Gläsern sind die Tränen oder Kirchenfenster von Weinen mit hoher Viskosität noch gut sichtbar.

Wein. Vor allem bei Süßweinen ist gesteigerte Viskosität, die sich in ausgeprägten →Tränen (Kirchenfenstern) äußert, ein Indiz für hohen Zuckergehalt. Übersteigt sie, gerade bei trockenen Weinen, ein bestimmtes Maß, wird sie als Weinkrankheit betrachtet. Man sagt dann, der Wein sei →lind.

Visperterminen, größte und bekannteste Weinbaugemeinde des Schweizer Kantons Wallis; mit ihren über 1000 m ü.M. hoch gelegenen Weinbergen zählt sie zu den höchsten Europas. Hier werden sehr alte autochthone Rebsorten wie Gwäss, Himbertscha, Lafnetscha und →Heida kultiviert.

Vitace|ae [zu latein. vitis »Weinrebe«], die Familie der Weinrebengewächse, zu der sämtliche →Rebsorten gehören.

viticoltore, italienisch für →Winzer.

viticoltore-vinificatore [italien., »Winzer-Vinifizierer«], selbst kelternder Winzer; in der Südschweiz der Selbstkelterer, der im Sinne des Weingesetzes als →Erzeuger gilt.

viticultore, italienisch für →Winzer.

vitigno [vi'tiɲɲo], italienisch für Rebsorte.

Vitis amurensis, Unterart der Familie der Rebengewächse (→Rebsorten).

Vitis berlandieri, Unterart der Familie der Rebengewächse (→Rebsorten).

Vitis labrusca, Unterart der Familie der Rebengewächse (→Rebsorten).

Vitis rupestris, Unterart der Familie der Rebengewächse (→Rebsorten).

Vitis sativa, eigentlich **Vitis vinifera sativa,** Unterart der Familie der Rebengewächse (→Rebsorten).

Vitis silvestris, eigentlich **Vitis vinifera silvestris,** Unterart der Familie der Rebengewächse (→Rebsorten).

Vitis vinifera, Unterart der Familie der Rebengewächse (→Rebsorten).

viti-vinicoltura, italienisch für selbstkelternder Weinbau.

Viura, →Macabeo.

vivace [vi'va:tʃɔ, italien. »lebhaft«], leicht perlend oder moussierend; Bezeichnung für Weine, die in der Regel in der Flasche eine erwünschte Nachgärung absolviert haben. Insbesondere in Norditalien werden frische, jung zu trinkende Rotweine als »vivace« vermarktet.

vivo, italienisch für die Geschmacksbezeichnung lebendig.

Vogesen, französ. **Vosges** [vo:ʒ], Gebirgszug, der die französischen Weinbauregionen Elsass und Burgund voneinander trennt; aus dem Nordteil des Gebirges kommt in der Küferei beliebtes Eichenholz für die Herstellung von →Barriques. Die vorherrschende Spezies der Gattung Quercus (Eiche) ist Quercus petreae, die Trauben- oder Steineiche (→Eichenholz). Das Holz der Vogesen zeichnet sich oft durch besonders weiche, harmonische Tannine aus.

volatil, flüchtig; Begriff der Weinansprache für die geschmackliche Wirkung flüchtiger Säure (→Säure).

volatile [vola'til, französ. »flüchtig«], eigentlich acidité volatile, französisch für flüchtige Säure.

volatile [italien. »flüchtig«], eigentlich acidità volatile, italienisch für flüchtige Säure.

voll, mit großem →Körper.

Volldünger, eine Art Düngemittel (→düngen).

Voll|ernter, Vollerntemaschine, Erntemaschine, selbstfahrende oder von Traktoren gezogene landwirtschaftliche Maschine, in der alle Funktionen des Ernteprozesses einschließlich der Zwischenspeicherung der Trauben vereinigt sind; sie sind u-förmig aufgebaut und »überfahren« sozusagen die Rebzeile.

VOLLERNTER. *Vor- und Nachteile*

Lange Zeit wurden Vollernter von Weinfreunden mit großem Misstrauen betrachtet. Zu sehr schien die automatisierte Weinlese der Idee des Weins als noblem handwerklichem Produkt zu widersprechen. Tatsache ist, dass die ersten Generationen dieser Maschinen kein hochwertiges Lesegut produzierten und unter anderem deshalb in der Champagne noch heute nicht zugelassen sind. Wenn im Weinberg keine positive oder negative Traubenauslese vorgenommen werden muss, stellen die Maschinen der jüngeren, sehr schonend arbeitenden Generation allerdings eine enorme Arbeitserleichterung für den Winzer dar und liefern Traubengut in einer Qualität, die sich von der handgelesener Trauben kaum unterscheidet. Einziges Problem ist, dass die Traubenannahme vieler Weingüter nicht auf die Verarbeitung großer Mengen in kürzester Zeit eingestellt sind und die Trauben bei den daraus resultierenden Wartezeiten oft bereits zu oxidieren drohen. In vielen heißen Weinbaugebieten, wo dank der Vollernter nachts oder in den kühlen Morgenstunden gelesen wird, können Trauben mit hohem Aromapotenzial geerntet werden. Die Weine sind deutlich frischer und fruchtiger als zu Zeiten der Handlese.

Im eigentlichen Ernteaggregat, das die Traubenzone der Reben umgreift, werden mithilfe einer exakt einstellbaren Hydraulikvorrichtung die Reben bzw. Trauben so in Schwingungen versetzt, dass sich die Beeren von den Stielen lösen und abfallen. Gleichzeitig abfallende Blätter können aus der Maschine herausgeblasen werden, da sie leichter sind als Beeren. Ein Transportband mit becherartigen Auffangbehältern entlädt die Beeren in seitlich angebrachte Vorratsspeicher, die abgekippt werden können.

Vollernter »überfahren« die Rebzeile und schütteln dabei sanft die Beeren von den Reben.

Während man bei Handlese mit 200–250 Arbeitsstunden für das Abernten eines Hektars rechnet, lässt sich dieser Aufwand mit dem Vollernter auf etwa 2–3 Stunden reduzieren.

vollmundig, mit großem → Körper.

Vollreife, eine Etappe der → Reife 1).

Volnay [vɔl'nɛ], A. C.-Herkunftsbezeichnung für Weine der gleichnamigen Gemeinde und des benachbarten Meursault an der burgundischen → Côte de Beaune; auf insgesamt 240 ha (2000) Rebfläche, von denen 115 als Premiers Crus klassifiziert sind, wird ausschließlich Spätburgunder (Pinot noir) kultiviert. Die Weine der Einzellage Santenots in der Gemeinde Meursault werden unter der Bezeichnung Volnay-Santenots Premier Cru vermarktet.

voltado [vɔl'taðu], portugiesisch für die Geschmacksbezeichnung umgekippt (→ umkippen).

Volumenprozent, Abk. **Vol.-%,** im Handel übliche Angabe (ml/l) für den → Alkoholgehalt von Weinen, im Unterschied zur Angabe in Gewichtsprozent (g/100 g), mit der die Steuerbehörden arbeiten, und zur Massenangabe (g/l), die bei anderen Weininhaltsstoffen (Säure, Zucker etc.) benutzt wird; in Frankreich und Südeuropa wird der Alkoholgehalt auch als °Alkohol (Grad Alkohol) angegeben, wobei 1 Grad 1 Vol.-% entspricht.

Vom Stein, in Österreich gebräuchlicher Name für Weinbergslagen; als besonders hochwertig gelten die Einzellagen Vom Stein im Anbaugebiet Wachau, Gemeinde Mautern, und im Anbaugebiet Neusiedlersee, Gemeinde Frauenkirchen. Letztere weist trockene, mineralreiche Kieselsteinböden auf und ist nach Südosten ausgerichtet. Auf ihr bringt vor allem die Rotwein-Rebsorte Sankt Laurent hervorragende Resultate. Der Mauterner Vom Stein dagegen, ein Nordhang mit kiesigen Schwemmschotterböden, gilt als hervorragende Rieslinglage.

vorhandener Alkohol, der im fertigen Wein vorhandene, durch Gärung entstandene oder beim Aufspriten zugesetzte Alkohol (→ Alkoholgehalt).

vorklären, → klären.

Vorlauf, Freilauf, Most, der ohne äußere Druckeinwirkung aus der → Presse abläuft; der Presskorb dient dabei lediglich als Sieb. **Vorlaufmost** und daraus gewonnener **Vorlaufwein** zeichnet sich gegenüber den anderen Partien des Pressvorgangs durch geringeren Phenolgehalt, einen schlankeren Körper und frischere Säure, d. h. einen niedrigeren pH-Wert aus. Aus Vorlaufmost werden v. a. Schaumweine und leichte Sommerweine gekeltert.

Vorlese, selektiver Arbeitsgang der Weinlese (→ Ernte).

Vorratsdüngung, eine Art des → Düngens.

Volnay. Von den Weinbergen in Volnay im französischen Burgund geht der Blick weit über die Saôneebene.

V. O. R. S., Abk. für Vinum Optimum Rare Signatum oder Very Old Rare Sherry, eine Qualitätsstufe von →Sherry.

V. O. S., Abk. für Vinum Optimum Signatum oder Very Old Sherry, eine Qualitätsstufe von →Sherry.

Vöslauer, →Portugieser.

Vosne-Romanée [vo:n roma'ne], A. C.-Herkunftsbezeichnung für Weine der gleichnamigen Gemeinde sowie der Nachbargemeinde Flagey-Échezaux an der burgundischen →Côte de Nuits; auf knapp 160 ha (2000) Rebfläche wird ausschließlich Spätburgunder (Pinot noir) kultiviert. Etwa 60 ha davon sind unter 15 verschiedenen Premier-Cru-Bezeichnungen klassifiziert. Darüber hinaus besitzt die Gemeinde die fünf Grand-Cru-Appellationen der Romanéegruppe (→Romanée).

Die Weine überzeugen v. a. durch ihre große Eleganz, Nachhaltigkeit und Alterungsfähigkeit.

Vouvray [vu'vrɛ], A. C.-Herkunftsbezeichnung für Weiß- und Schaumweine der →Touraine im französischen Loiretal; auf etwa 2050 ha (1999) Rebfläche wird fast ausschließlich Chenin blanc kultiviert. Die Weine werden als trockene, halbtrockene oder süße Stillweine (**Vouvray sec, Vouvray demi-sec** oder **Vouvray moelleux**) sowie als Schaumwein – **Vouvray Mousseux** – vinifiziert. Guter Vouvray ist dicht und reich, zeigt die charakteristischen Honigaromen des reifen Chenin blanc und besitzt gute Alterungsfähigkeit. Der traditionelle **Vouvray Pétillant,** der durch eine spontane Nachgärung in der Flasche leicht prickelt, wird kaum noch produziert.

V. Q. P. R. D., Abk. für →Vins de qualité produits dans des régions délimitées.

V. T., 1) Abk. für →Vino de la Tierra.

2) Abk. für →Vendange tardive.

vuoto ['vuɔ:to], italienisch für die Geschmacksbezeichnung leer, dünn.

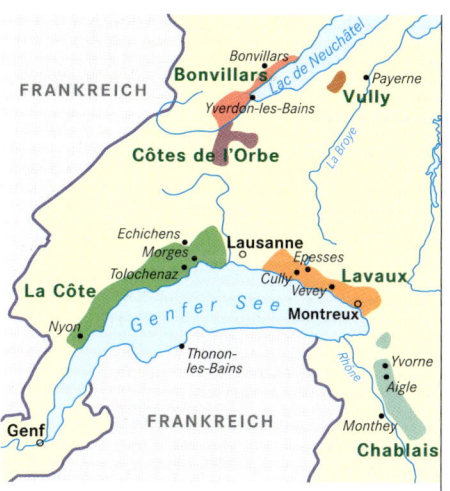

Waadt. Anbauflächen im Weinbaukanton Waadt in der Westschweiz

Waadt, Waadtland, französ. **Vaud** [vo:], Weinbaukanton der französischsprachigen →Westschweiz zwischen dem Genfer See und dem Lac de Neuchâtel; die mit knapp 3 900 ha (2002) zweitgrößte Rebfläche aller Schweizer Kantone ist zu 70 % mit der Weißwein-Rebsorte Gutedel (Chasselas) bestockt. Daneben werden v. a. die Rotwein-Rebsorten Spätburgunder (Pinot noir) und Gamay, seit den 1990er-Jahren auch verstärkt die Neuzüchtungen Gamaret und Garanoir kultiviert. Aus ihnen werden vorwiegend fruchtige, jung zu trinkende Rotweine erzeugt. Eine Besonderheit des Kantons sind die aus dem französischen Savoyen stammenden Rebsorten Mondeuse, Servagnin und die Gamayvariante Plant Robert.

Wachau, bekanntestes und renommiertestes österreichisches Anbaugebiet im Bundesland Niederösterreich, das 2001 in die Liste des Weltkulturerbes der UNESCO aufgenommen wurde; die knapp 1 400 ha (2001) Rebfläche an den Donauhängen zwischen Krems und Melk werden von insgesamt 870 Betrieben bewirtschaftet.

Der Kontrast zwischen atlantischen und pannonisch-kontinentalen Klimaeinflüssen, das Wärmereservoir der Donau und die großen Schwankungen zwischen Tages- und Nachttemperaturen sind verantwortlich für das vielschichtige Aromaprofil der Weine. Die Reben stehen an den weitgehend terrassierten Hängen auf Urgesteinsverwitterungsböden, in der Ebene auch auf Schwemmland.

Die meistkultivierten Rebsorten sind Grüner Veltliner (710 ha) und Riesling (185 ha); es folgen Müller-Thurgau, Neuburger, Muskateller und Sauvignon blanc. Rotwein-Rebsorten belegen 155 ha Rebfläche. Sein Renommee verdankt das Gebiet den filigranen bis rassigen Rieslingen und den mineralischen, kompakten Veltlinern, die beide außergewöhnliches Alterungspotenzial besitzen. Anstelle der gesetzlich festgelegten Prädikate für Qualitätsweine verwendet der größte Teil der Erzeuger, der sich in der Vereinigung Vinea Wachau Nobilis Districtus zusammengeschlossen hat, die eigenen Prädikate →Steinfeder, →Federspiel und →Smaragd.

wachsig, in Duft bzw. Geschmack an Kerzenwachs (Stearin) erinnernd; Bezeichnung der Weinansprache, die v. a. bei Weinen mit →untypischem Alterungston verwendet wird.

Wädenswil, Weinbaugemeinde des Schweizer Kantons Zürich und Sitz der Eidgenössischen Forschungsanstalt für Obst-, Wein- und Gartenbau; die 1890 als Deutsch-Schweizerische Versuchsstation für Obst-, Wein- und Gartenbau unter der Leitung von Herman Müller gegründete Institution zählte

---

WACHAU · Die besten Lagen

Das älteste Weingut der Wachau und ganz Österreichs, der Nikolaihof in Mautern, liegt für Puristen auf der »falschen« Seite der Donau, aber seine Weinberge Im Weingebirge und Vom Stein gehören dennoch zu den anerkannten Spitzenlagen des Gebiets. Am linken, dem »richtigen« Donauufer reiht sich zwischen Spitz und Krems eine Reihe erlesener Namen: Spitzer Singerriedel, Tausendeimerberg, Hochrain und Schön, Weissenkirchener Achleiten und Klaus, Dürnsteiner Kellerberg, Loibner Loibenberg, Pichlpoint, Schütt und schließlich der Kremser Pfaffenberg. Auf ihren Urgesteinsböden wachsen kräftige und dennoch filigrane, elegante Rieslinge und Grüne Veltliner.

Walker Bay. Das Weingut Hamilton Russel in der südafrikanischen Walker Bay ist für delikate Spätburgunder (Pinot noir) und Chardonnays bekannt.

150 Jahre zu den wichtigsten Forschungs- und Ausbildungseinrichtungen des europäischen Weinbaus. 1968 erhielt sie ihren aktuellen Namen. Im Zuge der Optimierung von Ressourcen innerhalb des Schweizer Forschungs- und Ausbildungssystems wurde die Lehre nach →Changins verlagert; die Forschungsanstalt blieb dagegen bestehen.

Waikato-Bay of Plenty [waɪˈkətəʊ beɪ əv ˈplentɪ], Doppelgebiet der Nordinsel Neuseelands, das gelegentlich zur Weinbauregion Auckland gerechnet wird; in relativ mildem Klima wird v.a. die Weißwein-Rebsorte Chardonnay, in geringerem Umfang Cabernet Sauvignon und Sauvignon blanc kultiviert. Der Bereich umfasst etwa 140 ha (2002) Rebfläche.

Wairarapa, Anbaugebiet innerhalb der neuseeländischen Weinbauregion →Wellington 1); der älteste und bekannteste Bereich des Gebiets ist →Martinborough. Während Letzterer v.a. durch Rotweine aus Spätburgunder (Pinot noir) bekannt wurde, basiert der Ruf von Wairarapa insgesamt mehr auf Weißweinen aus der Sorte Sauvignon blanc, der das relativ kühle Klima an der Südspitze der Nordinsel besonders entgegenkommt.

Walker Bay [ˈwɔkə beɪ], Bereich (Ward) des südafrikanischen Weinbaudistrikts Overberg in der Coastal Region; das Gebiet an der Küste des Indischen Ozeans zeichnet sich durch sein besonders mildes Seeklima und seine kalkhaltigen Böden aus. Hier werden einige der besten Weine Südafrikas aus den Rebsorten Chardonnay und Spätburgunder (Pinot noir) erzeugt.

Walla Walla Valley [ˈwɒllə ˈwɒllə ˈvælɪ, zu indian. walla »Wasser«], AVA-Herkunftsbezeichnung für Weine aus dem Südosten des amerikanischen Bundesstaats Washington; etwa 1% der Rebflächen des Anbaugebiets liegt im benachbarten Oregon. Die 1984 eingerichtete Appellation, die Teil des größeren →Columbia Valley ist, bringt in heißem, trockenem Klima einige der besten Rotweine Washingtons aus Cabernet Sauvignon hervor.

Wallis, französ. **Valais** [vaˈlɛ], größter Weinbaukanton der Schweiz, der weingeographisch zur →Westschweiz gehört; die etwa 5250 ha (2002) Rebfläche erstrecken sich an den Hängen des Oberlaufs der Rhône vom Genfer See bis zur Grenze mit Graubünden und werden von mehr als 20000 Winzerbetrieben bewirtschaftet, die oft kleinste, stark zerstückelte Parzellen ihr Eigen nennen.

Die überwiegend in terrassierten, von Trockenmauern gestützten Steillagen angelegten Weinberge bieten eine unüberschaubare Anzahl verschiedenster Terroirs. In verhältnismäßig warmem, trockenem Klima werden über 50 Rebsorten kultiviert, allen voran Gutedel (Chasselas), die Basis des bekannten

WALLIS

Côtes-du-Rhône in der Schweiz

Wer vom Weinbau an der Rhône spricht, denkt fast immer nur an die französischen Côtes-du-Rhône. Tatsächlich aber legt die Rhône zunächst eine lange Wegstrecke in der Schweiz zurück, wo sie entspringt. Auch hier gibt es eine Art Côtes-du-Rhône, das Wallis und das Oberwallis, und einige der besten Weißweine der Gegend werden aus der Rebsorte Marsanne gekeltert, die ihren Ursprung in den französischen Côtes-du-Rhône hat. Ermitage werden sie und ihre Weine hier genannt, was eine Hommage an die französische Rhône ist. Marsanne-Ermitage-Weine des Schweizer Rhônetals gehören zu den faszinierendsten, alterungsfähigsten Weißweinen der Welt. Leider kennt sie außerhalb der Region kaum jemand.

Weißweins →Fendant, dahinter Silvaner (Johannisberg), Marsanne (Ermitage) sowie die Rotwein-Rebsorten Spätburgunder und Gamay, aus denen →Dôle gekeltert wird, sowie Syrah.

Darüber hinaus besitzt das Wallis eine Reihe einheimischer Sorten wie Arvine, Amigne, Humagne blanche, Savagnin blanc (Heida), Cornalin und Humagne rouge. Eine Spezialität des Kantons sind seine sehr alterungsfähigen Süßweine.

Wallis. Anbauflächen im Weinbaukanton Wallis in der Westschweiz

Walporzheim/Ahrtal, einziger Bereich des deutschen Anbaugebiets Ahr.

Washington [ˈwɔʃɪŋtən], Weinbaustaat im Nordwesten der USA, der im Süden an Oregon, im Norden an Kanada grenzt; von insgesamt mehr als 12 000 ha (2001) Rebfläche, die von nur 300 Traubenproduzenten bewirtschaftet werden, kommen jährlich gut 64 Mio. Flaschen Wein.

Der Großteil der Weinbergsflächen liegt in dem durch hohe Bergketten gegen den kalten Pazifik abgeschirmten Columbia Valley, einer wüstenartigen Gegend, die nur mithilfe aufwendiger Bewässerung für den Weinbau genutzt werden kann. Meistkultivierte Rebsorte ist mit 3 000 ha Chardonnay, gefolgt von Merlot (2 900 ha) und Cabernet Sauvignon (2 600 ha). Die übrigen roten (Syrah, Cabernet franc, Pinot noir, Blaufränkisch und Sangiovese) und weißen Sorten (Riesling, Sauvignon blanc, Sémillon, Chenin blanc und Gewürztraminer) folgen mit gebührendem Abstand. Obwohl noch etwa 60 % der Rebflächen mit weißen Sorten bestockt sind, gilt die Zukunft den roten, die weit höheres Qualitätspotenzial zeigen.

Die Herkunftsbezeichnungen des Staates sind Columbia Valley (mit den eigenständigen Subappellationen Yakima Valley und Walla Walla), Spokane und Pudget Sound; eine Reihe weiterer Appellationen oder Subappellationen befindet sich zu Beginn des 21. Jahrhunderts in Einrichtung: Horse Heaven, Columbia Gorge, Alder Ridge, Canoe Ridge, Zephyr Ridge, Wahluke Slope & Mattawa, Cold Creek, Columbia Basin & Snake River und Wallula Area.

Wasserstress, eine Form von →Stress für die Weinrebe.

wässrig, →dünn.

Wechselberg, eine der besten Weinbergslagen des österreichischen Anbaugebiets Kamptal, Gemeinde Strass; der nach Südwesten ausgerichtete Hang weist Schieferverwitterungsböden mit einer Lehm-Löss-Schicht auf, im unteren Teil auch von kalkhaltigem Löss und Braunerde. Er eignet sich besonders für die Weißwein-Rebsorten Grüner Veltliner und Riesling.

weich, ohne geschmacklich markante Säuren oder Tannine; Begriff der Weinansprache für Weine mit niedrigem Säure- und Tanningehalt oder für ausgereifte Weine, die im Laufe der Zeit geschmeidig und harmonisch geworden sind.

Wein [althochdeutsch wīn, von gleichbedeutend latein. vinum], engl. **wine** [waɪn], französ. **vin** [vɛ̃], italien. **vino** [ˈvino], span. **vino** [ˈbino], portugies. **vinho** [ˈviɲu], alkoholisches Getränk, das durch →Gärung aus dem Saft der Früchte der Weinreben gewonnen wird; chemisch gesprochen ist Wein eine hydro-alkoholische Lösung von Alkohol und etwa 20–30 g/l anderer Substanzen in Wasser, zu denen fast 400 verschiedene Aroma- und Geschmacksstoffe gehören.

■ **Weinarten:** Wein ist ein ungemein vielseitiges Getränk, von dem es Dutzende, wenn nicht Hunderte verschiedener **Weintypen** (Weinarten) gibt; generell wird zwischen sieben, in der Regel auch gesetzlich definierten Weinkategorien unterschieden: →Weißweinen, →Rosés, →Rotweinen, →Süßweinen,

Washington. Lange Zeit galt der US-Bundesstaat Washington als ausgesprochenes Weißweingebiet, aber die schönsten Weine kommen inzwischen aus den Rotwein-Rebsorten Syrah und Cabernet Sauvignon.

→Likörweinen, →Perlweinen und →Schaumweinen. Eine grundsätzliche Unterscheidungslinie, die v. a. die Produktionsverfahren betrifft, verläuft dabei zwischen Stillweinen und Perl- bzw. Schaumweinen, eine andere zwischen aufgespriteten (Likörweine) und nicht aufgespriteten Weinen.

Innerhalb der Weinkategorien gibt es unzählige Weintypen, deren jeweiliger Charakter von zahlreichen Faktoren abhängig ist: von der Rebsorte, vom Terroir, insbesondere dem Klima, das den Alkoholgehalt und die Struktur beeinflusst, und von der Arbeit des Weinmachers, die darüber entscheidet, ob und nach welcher Methode, mithilfe welcher Verfahren die Trauben zu Still- oder Schaumwein, zu Likör- oder Süßwein verarbeitet werden.

■ **Gesellschaftliche Bedeutung:** Zwar sind Historiker und Archäologen der Ansicht, dass Wein ein geschichtlich jüngeres Produkt als Bier ist, aber er hat die Zivilisationen Vorderasiens und Europas seit ihrer Entstehung begleitet. Seine Bedeutung spiegelte sich v. a. in der Rolle wider, die er in zahlreichen Mythologien und Glaubenssystemen der letzten Jahrtausende spielte. Griechen und Römer hatten ihm mit Dionysos und Bacchus eigene Gottheiten gewidmet, in der christlichen Liturgie spielt er noch heute als Messwein eine zentrale Rolle.

Wein. Der Verbraucher und Weinfreund findet sich heute mit einer solchen Flut verschiedener Weintypen, Rebsorten- und Herkunftsbezeichnungen konfrontiert, dass es ihm immer schwerer fällt, den Überblick zu behalten.

WEIN. *Die chemische Zusammensetzung*

Wein besteht nur zu 15–20 % aus aroma- und geschmacksbildenden Substanzen. Mengenmäßig dominieren dabei mit 60–120 g/l der Alkohol, genauer Äthanol, sowie die Kohlenhydrate, das heißt der Zucker, der in süßen Weinen bis zu 250 g/l ausmachen kann. 6–12 g/l bestehen aus Glyzerin, 4–15 g/l aus den verschiedenen Säuren, vor allem Weinsäure. Etwa 0,2–0,8 g/l werden von Methanol und höheren Alkoholen gestellt, 0,01–01 g/l von Aldehyden. Mineralstoffe und Spurenelemente, die wesentlich zum Geschmackscharakter beitragen, sind zu 1,8–2,5 g/l vorhanden, Aromastoffe stellen 0,8–1,2 g/l. Der Rest entfällt auf Vitamine (0,4–0,7 g/l), auf Eiweiß- bzw. Stickstoffverbindungen (0,3–1,0 g/l) und Kolloide, das heißt nicht chemisch gelöste, fein verteilte Stoffe (0,15–1,0 g/l).

Wein war im antiken Ägypten und im Römischen Reich eine der meistgehandelten Waren und stand deshalb im Mittelpunkt der Entwicklung von Handelssystemen, damit vielleicht sogar von Schrift und Zahl. Seine gesellschaftliche Bedeutung in der heutigen Zeit – einmal abgesehen von der wirtschaftlichen Rolle, die Weinbau in vielen Ländern spielt – besteht dagegen eher in seiner Funktion als Statussymbol und Lifestylegetränk.

Für viele Länder, insbesondere des Mittelmeerraums, war Wein bis noch in die 1960er- und 1970er-Jahre ein wesentlicher Bestandteil der Ernährung, d. h. der Kalorienzufuhr v. a. der ärmeren Bevölkerungsschichten. Der

Weinkonsum in diesen Ländern lag wahrscheinlich bei deutlich über 100 l/Kopf im Jahr und sank erst mit der Wandlung vom Nahrungs- zum Genussmittel, die die letzten drei Jahrzehnte des 20. Jahrhunderts geprägt hat.

Weinkonsum wurde periodisch immer wieder als förderlich, dann wieder als schädlich für die Gesundheit betrachtet, wobei die jeweils vorherrschende Sichtweise von weltanschaulichen und politischen Tendenzen und Strömungen geprägt wurde. Seine einstige Rolle als Nahrungsmittel hat er seit den 1980er-Jahren in anderer Form wiedergefunden – unter dem Gesichtspunkt des Genusses und über seine Eignung, Speisen harmonisch zu begleiten und zu ergänzen.

Weinamt, eigentlich **Internationales Weinamt,** französ. **Office International de la Vigne et du Vin** [ɔˈfis ĩtɛrnasjɔˈnal də la viɲ e dy vɛ], Abk. **OIV,** 1924 unter dem Namen von den Weinbauländern Spanien, Frankreich, Griechenland, Ungarn, Italien, Luxemburg, Portugal und Tunesien gegründetes Amt mit Sitz in Paris, das in Zusammenarbeit mit den Regierungen der Mitgliedsstaaten u. a. die önologische Forschung vorantreibt und Normen für die Zulassung von weinbaulichen und kellertechnischen Methoden und Hilfsmitteln aufstellt. Es soll den Schutz der Herkunftsbezeichnungen vereinheitlichen und in den Mitgliedsländern harmonisieren sowie die gesundheitsförderliche Wirkung von Wein untersuchen.

Die aktuell 47 (+1) Mitgliedsstaaten sind in der Regel durch ihre nationalen Weinbauverbände im OIV vertreten: Algerien, Argentinien, Australien, Belgien, Bolivien, Brasilien, Bulgarien, Chile, Dänemark, Deutschland, Finnland, Frankreich, Georgien, Griechenland, Großbritannien, Israel, Italien, Kroatien, Libanon, Luxemburg, Makedonien, Malta, Marokko, Mexiko, Moldawien, Neuseeland, Niederlande, Norwegen, Österreich, Peru, Portugal, Rumänien, Russland, Slowakei, Slowenien, Schweden, Schweiz, Serbien-Montenegro, Spanien, Südafrika, Tschechien,

Tunesien, Türkei, Ukraine, Ungarn, Uruguay und Zypern. Irland ist Mitglied mit Beobachterstatus, die USA gehören dem OIV nicht an. Mit dem 1. 1. 2004 hat das OIV den Namen **Internationale Weinorganisation (Organisation Internationale de la Vigne et du Vin)** angenommen, zum Zeit des Inkrafttretens dieser Namensänderung waren Bezeichnung und Statuten von 31 Mitgliedsländern ratifiziert.

Weinansprache, Gesamtheit der Fachausdrücke zur Beschreibung von Farbe, Geruch und Geschmack von Weinen; Begriffe der Weinansprache finden bei der →Verkostung und der →Weinbeurteilung Anwendung.

Weinarten, Produktkategorien von →Wein.

Weinbau, Sonderartikel S. 478/479.

Weinbauer, →Winzer.

Weinbaugebiet, österreichisch für →Anbaugebiet.

Weinbauländer, Länder mit wirtschaftlich relevanter Weinbergsfläche, deren Ertrag zumindest teilweise für die Weinerzeugung bestimmt ist; die wichtigsten Weinbauländer sind Spanien, Frankreich, Italien, USA, Argentinien, Rumänien und Portugal, während einige der Länder mit großer →Rebfläche wie die Türkei, der Iran oder auch Afghanistan nicht als Weinbauländer betrachtet werden, weil ihre Trauben als Rosinen, Traubensaft oder Tafeltrauben vermarktet werden.

REBFLÄCHE: ENTWICKLUNG IN AUSGEWÄHLTEN WEINBAULÄNDERN

Land	Veränderung gegenüber 1990
Australien	150,80 %
Chile	48,30 %
USA	37,90 %
Südafrika	18,00 %
Deutschland	9,50 %
Rumänien	0,80 %
Argentinien	−2,40 %
Frankreich	−2,70 %
Italien	−11,30 %
Griechenland	−13,30 %
Spanien	−19,40 %
Bulgarien	−21,40 %
Portugal	−34,60 %

Quelle: OIV, Stand: 2001

Weinbauregion, schweizerisch für →Anbaugebiet.

Weinbauschulen, Sammelbezeichnung für Lehranstalten, die Ausbildungsgänge aus dem Bereich Weinbergs- und Kellerarbeit anbieten; dazu zählen Universitäten, Fachhochschulen und Schulen, die in Deutschland im Rahmen des so genannten dualen Ausbildungssystems tätig sind.

Zu den bekanntesten Weinbauschulen zählen in Deutschland diejenigen in →Geisenheim, →Weinsberg und Freiburg im Breisgau, in Österreich die in →Klosterneuburg, Krems und Silberberg, in der Schweiz die in →Changins.

In Frankreich gelten sowohl das Centre de formation professionnelle et de promotion agricole de Beaune (CFPPA) mit seinem Lycée viticole in →Beaune als auch die Universitäten von Montpellier (Centre de Formation et de Recherche en Œnologie), Dijon (Institut Universitaire de la Vigne et du Vin) und Bordeaux (Université Victor Segalen, Faculté d'Œnologie) zu den renommiertesten Institutionen. In Italien haben sich besonders die Schulen von →Conegliano Veneto und →San Michele all'Adige internationalen Ruf erworben.

Eine der renommiertesten Institutionen der Welt ist die kalifornische →University of California, Davis. Weinbaulehr- und Forschungsanstalten entstanden in Europa seit Mitte des 19. Jahrhunderts, zeitgleich mit dem Aufkommen der önologischen Wissenschaft.

Weinbauverbände, nationale bzw. regionale Vereinigungen der Winzerschaft; sie existieren in fast allen Weinbauländern bzw. Anbaugebieten und stellen eine öffentlich anerkannte Form der Selbstorganisation der Winzer dar.

Weinbauverbände haben in der Regel durch Gesetz festgelegte Aufgaben und Kompetenzen. Sie überwachen z. B. die Einhaltung von Produktionsvorschriften wie Erntehöchsterträge bestimmter Herkunftsbezeichnungen und sind für kollektives Marketing bzw. Werbung ihres Gebiets zuständig. In

Fortsetzung S. 480

WEIN. *Pro-Kopf-Konsum der wichtigsten Weinnationen*

Lange Zeit waren die Weinbaunationen mit der größten Weinproduktion auch die mit dem höchsten Pro-Kopf-Konsum. Seit dem rapiden Sinken des individuellen Verbrauchs in Ländern wie Frankreich oder Italien in den 1970er- und 1980er-Jahren allerdings gilt diese Gleichung nicht mehr. Den größten Pro-Kopf-Konsum hält das kleine Luxemburg mit mehr als 63 l/Jahr (2000), gefolgt von Frankreich (57 l/Jahr) und Italien (53–55 l/Jahr). Auf Rang vier folgt Portugal (50 l/Jahr) vor der Schweiz (41 l/Jahr), Kroatien (38 l/Jahr), Spanien (35 l/Jahr) und Argentinien (34 l/Jahr). Österreich belegt mit knapp 32 l/Jahr den elften, Deutschland mit etwa 24 l/Jahr den 15. Platz. Deutlich geringer ist dagegen der Weinkonsum in den bedeutendsten Weinbauländern der Neuen Welt. In den USA und in Südafrika liegt er bei knapp unter 10 l/Jahr, in Chile unter 15 l/Jahr und in Australien bei etwas mehr als 20 l/Jahr. Aufgrund unterschiedlicher Erhebungsmethoden in den einzelnen Ländern sind diese Zahlen allerdings nur schwer vergleichbar.

WEINBAU

1) Im Unterschied zu südlichen, wärmeren Ländern ist Weinbau in Deutschland fast ausschließlich in Hang- oder Steillagen zu finden wie hier in Württemberg.

Die Weinrebe ist im Grunde eine sehr genügsame Pflanze, die in feuchten wie in trockenen, in kühlen wie in heißen Klimazonen gedeiht. Weintrauben stellen hinsichtlich ihrer Erntemengen hinter Weizen, Mais, Reis, Kartoffeln, Gerste, Süßkartoffeln, Maniok und Soja die neuntwichtigste Kulturfrucht des Menschen dar. Nur ein Teil der Traubenernten wird allerdings zu Wein verarbeitet, der Rest wird in Form von Tafeltrauben und Rosinen konsumiert oder geht in die Destillation.

Ein Blick auf die weltweite Verbreitung von Rebkulturen zeigt aber auch, dass Weinbau – sieht man von Europa ab – nur in sehr eng begrenzten Gebieten getrieben wird. Der Grund dafür liegt in der Komplexität von Voraussetzungen, die Weinreben zum Gedeihen und Reifen benötigen. Es bedarf einer fein abgestimmten Kombination aus Klima und Witterungsverlauf, aus Bodenzusammensetzung und Bodenstruktur, damit der Weinbau überhaupt möglich ist.

Der europäische Weinbau

Der Kontinent mit dem flächenmäßig ausgedehntesten Weinbau der Erde ist Europa. Hier entwickelten sich die aus Vorderasien über Ägypten und Griechenland eingeführten Rebkulturen zu ihrer ersten wirklichen wirtschaftlichen Blüte und zu einem die Jahrhunderte und existenzielle Krisen überdauernden Wirtschaftsfaktor. Die europäisch-vorderasiatische Weinbauzone, zu der auch die Länder des westlichen Nordafrika gehören, erstreckt sich vom Kaspischen Meer im Osten über die transkaukasischen Länder, die Türkei, Nordsyrien, den

Libanon und Israel bis nach Ägypten. Nach einer Unterbrechung setzt sie sich in Tunesien, Algerien und Marokko fort, schließt sämtliche südeuropäischen Länder ein und erreicht über Frankreich mit der Südhälfte Englands ihre nördliche Ausdehnung bis auf die britischen Inseln.

Von hier aus zieht sich die nördliche Weinbaugrenze Europas über Belgien und Luxemburg und die deutschen Anbaugebiete Ahr, Saale-Unstrut und Sachsen – nur in geringem Umfang werden weiter nördlich Reben kultiviert – bis nach Tschechien, zur Slowakei und zur Ukraine, um schließlich wieder das Kaspische Meer zu erreichen.

Weinbau in Übersee

Während in Europa die nördliche Weinbaugrenze in England und Deutschland bei etwa 52° nördlicher Breite, die südliche auf den Kanarischen Inseln bei etwa 28° nördlicher Breite liegt, erstrecken sich die nordamerikanischen Weinbauzonen zwischen etwa 50° und 20° nördlicher Breite. Nordamerika besitzt wie Europa sehr ausgedehnte Rebflächen, die aber überwiegend im Einflussbereich der West- und der Ostküste zu finden sind, während das Landesinnere nur kleinere, isolierte Weinbauzonen kennt. An der Ostküste zieht sich der Weinbau von nördlich Montreals bis fast an die Südspitze Floridas, im Westen von Vancouver bis nach Mexico City.

Ähnlich ausgedehnt sind die Rebflächen Südamerikas, wo in größeren Höhenlagen sogar in Äquatornähe (Kolumbien, Venezuela, Peru) Weinbau getrieben wird und wo die süd-

2

3

lichsten Rebkulturen fast das argentinische Patagonien erreichen. Allerdings sind auch hier die Qualitätsweinbaugebiete in einem Gürtel gemäßigten Klimas konzentriert – zwischen etwa 28° und 38° südlicher Breite.

Noch enger eingegrenzt ist die Weinbauzone des südlichen Afrika, die praktisch nur die Kapregion umfasst, sieht man von kleineren Flächen in Zimbabwe ab. Nördlich davon spielt der Weinbau, wie beispielsweise in Kenia, nur eine deutlich untergeordnete Rolle. Asien ist ein Weinbaukontinent in voller Entwicklung, was vor allem für China zutrifft. Während Iran, Indien oder Afghanistan entweder fast ausschließlich Tafeltrauben bzw. Rosinen produzieren oder nur sehr kleine Rebflächen ihr Eigen nennen können, ist China eine der am schnellsten wachsenden Weinwirtschaften der Welt. Im Vergleich zu Europa liegen seine Weinbaugebiete deutlich südlicher, während sie in Japan wieder eine nördliche Grenze nahe 45° nördlicher Breite erreichen. Die südlichsten Weinbaugebiete der Welt sind schließlich in Australien und Neuseeland zu finden. In Australien erstreckt sich der Weinbaugürtel zwischen 25° und 43° südlicher Breite, in Neuseeland erreicht er sogar 46°.

Globalisierung der Weinbautechniken

So unterschiedlich die klimatischen Bedingungen und Böden, so verschieden waren bis in die letzten Jahrzehnte des 20. Jahrhunderts die Weinbautechniken, die in den verschiedenen Zonen und Ländern zum Einsatz kamen. Dies lag zum einen an unterschiedlichen topographischen Gegebenheiten, zum anderen an lokalen Traditionen, die sich zum Beispiel in verschiedenen Erziehungs- oder Bewässerungssystemen niederschlugen. Eine Überschwemmungsbewässerung, wie sie beispielsweise heute noch in Chile praktiziert wird, ist nur unter den Bedingungen flacher Weinberge in der Ebene und einer hohen und regelmäßigen Wasserzufuhr möglich, wie sie dort durch das Andenschmelzwasser garantiert ist.

Mit der zunehmenden Mechanisierung der Weinbergsarbeit wurden diese Unterschiede allerdings bis zu einem gewissen Maße nivelliert. Auch die Globalisierung des Weinhandels und Phänomene wie das der so genannten Flying Winemakers, der fliegenden Weinmacher, haben zu einer mehr oder weniger ausgeprägten weltweiten Angleichung vieler Weinbergspraktiken geführt. In derselben Richtung wirkten sich die wachsenden Qualitätsanstrengungen der Winzer vieler Weinbauländer aus. Eine Praxis wie die des Ausdünnens, die die Qualität der Produktion über deren Quantität stellt und noch bis in die 1980er-Jahre nur sehr selten anzutreffen war, gilt heute in vielen Anbaugebieten der Welt als Standardmaßnahme.

Dieser Vereinheitlichung der Weinbergsarbeit wirkt eine neue Ausdifferenzierung entgegen, die nicht mehr entlang geographischer oder kultureller Grenzen verläuft, sondern sich an den Überzeugungen einzelner Winzer orientiert. Dazu gehört beispielsweise die Unterscheidung von traditionellem, integriertem, biologischem oder gar biodynamischem Weinbau, aber auch die allenthalben festzustellende Rückbesinnung auf regionale Traditionen und Besonderheiten.

2) Selbst in fast wüstenartigen Landschaften wie dem Columbia Valley im Nordwesten der USA wird Weinbau getrieben.

3) Wann immer der Weinbau im Laufe der Geschichte neue Länder und Kontinente eroberte, änderte er sein Aussehen und passte sich den örtlichen Gegebenheiten an.

Fortsetzung von S. 477

Deutschland existieren Weinbauverbände auf nationaler Ebene und für die einzelnen Qualitätsweingebiete.

In Frankreich besitzen die meisten Appellationen eigene →Comités interprofessionnels. In Italien und Spanien heißen die entsprechenden Organisationen →Consorzi di tutela bzw. →Consejos reguladors, wobei die Aufgabenstellungen und Kompetenzen von Land zu Land und Region zu Region Variationen unterworfen sind.

Weinbauzonen, durch EU-Verordnung festgelegte Gliederungseinheiten der europäischen Anbaugebiete; Europa ist in insgesamt sieben Weinbauzonen gegliedert, die nach klimatischen Kriterien definiert sind.

In der Weinbauzone A, zu der der größte Teil Deutschlands gehört, herrscht das kälteste, in der Zone C III b (Südspanien, Griechenland) das heißeste Klima. Die Einteilung in Weinbauzonen hat direkte, praktische Relevanz für die Erzeuger: Für jede Zone gelten unterschiedliche Vorschriften bezüglich der Anreicherung, des Säuerns und des Säureabbaus. Von den Ländern der Neuen Welt besitzt nur →Kalifornien eine ähnlich präzise definierte Einteilung in Klimazonen.

Zur europäischen Weinbauzone A gehören neben Deutschland (ohne Baden) nur noch Belgien und Luxemburg sowie Großbritannien. Die Zone B umfasst das deutsche Anbaugebiet Baden sowie den Osten und Norden Frankreichs (Champagne, Elsass, Loire etc.). Das gesamte restliche Europa gehört zur Zone C, die wiederum in drei (fünf) Bereiche gegliedert ist: Zu C I a gehören beispielsweise Bordeaux und Burgund, zu C I b Südtirol. Die Zone C II besteht aus Languedoc-Roussillon, fast dem gesamten Nord- und Mittelitalien sowie den wichtigsten Anbaugebieten Nordspaniens (Rioja, Penedés, Ribera del Duero). Die französische Insel Korsika, Süditalien und die italienischen Inseln, Südspanien und Griechenland gehören zu den beiden Stufen der Zone C III (a und b).

Weinbereitung, die Summe der Arbeitsschritte und Maßnahmen von der Ernte bis zum Abfüllen des fertigen Weins, gelegentlich auch unter Einbeziehung der Traubenerzeugung selbst; sie kann sehr verschiedene Formen annehmen, je nachdem, ob ihr Ziel die Erzeugung von Weiß-, Rosé- oder Rotwein, von süßem Prädikatswein, von Likör- oder von Schaumwein ist.

Ziel jeder Weinbereitung muss sein, ein Maximum des geschmacklichen Qualitätspotenzials, das in den Weintrauben steckt, in den fertigen Wein zu überführen und das Auftreten von Weinfehlern oder Weinkrankheiten zu vermeiden. Voraussetzung dafür ist es, möglichst hochwertige Trauben bei idealer Reife zu lesen und zu verarbeiten, die Trauben möglichst schonend zu verarbeiten und die weiteren Interventionen so zu gestalten, dass die originären geschmacklichen Qualitäten des Weins weder zerstört noch durch andere Einflüsse überdeckt werden, sondern erhalten bleiben.

■**Etappen:** Im Prinzip besteht jede Weinbereitung, gleichgültig welchen Weintyp sie als Ziel hat, aus drei Schritten: der Traubenlese bzw. -verarbeitung, der Gärung und dem Ausbau. Im Detail bestehen bereits bei der ersten Etappe erhebliche Unterschiede. Während die Trauben für Schaumweine oft früh gelesen werden, um einen möglichst hohen Säuregehalt zu erzielen, hängen sie bei Süßweinen meist lange über das Stadium der Vollreife hinaus an den Rebstöcken. Die Trauben vieler Weißweine werden so gelesen, dass sie möglichst viel Zucker aufweisen, die Säure aber noch nicht vollständig abgebaut ist. Bei Rotweinen kommt es v. a. auf die Reife der Phenole an. Unterschiede gibt es auch bei der Traubenverarbeitung: Bei Weißweinen wird häufig die unversehrte Traube ohne vorheriges Mahlen oder Entrappen gepresst, Rotweintrauben werden dagegen immer gemahlen und kommen meist erst nach vollendeter Gärung in die Presse.

Auch bezüglich der Gärung nimmt die Weinbereitung bei jedem Weintyp andere Formen an: Maischeerhitzung oder Maischegärung bei Rotweinen, Gärung im Stahltank oder im Barrique bei Weißweinen, eine zweite Gärung in der Flasche oder im Tank bei Schaumweinen, ein Nachgären auf den Trestern anderer Weine bei der Methode des Ripasso und sogar jahrelanges, immer wieder aufflackerndes Gären bei Vin santo.

Die größte Variationsbreite besteht schließlich bezüglich des Ausbaus der Weine: Das beginnt beim Säureabbau, setzt sich über die Wahl zwischen Stahltank, großem Holzfass oder Barrique fort und reicht bis zur Ausbauzeit, die von wenigen Wochen bis zu mehreren Jahren dauern kann.

■ **Neue Methoden:** Die Weinbereitung hat in den 1980er- und 1990er-Jahren dramatische Veränderungen erlebt. Das Resultat ist eine Weinproduktion, die nach Ansicht aller Experten ein in der Geschichte zuvor nie erreichtes Qualitätsniveau und ein hohes Maß an gesundheitlicher Unbedenklichkeit der Produkte erreicht hat.

Die wesentlichen Schritte in diesem Prozess waren die temperaturkontrollierte Gärung und die Weiterentwicklung der Kellertechnologie im Allgemeinen, der gezielte Einsatz von Hefen und Enzymen, die Beherrschung des Einsatzes chemischer Hilfsmittel, die Verbreitung von Gär- und Lagerbehältern wie dem Barrique, die Verbesserung der Hygiene, insbesondere beim Abfüllen, und schließlich die weltweite Verbreitung einer

Weinbereitung. In Betrieben, in denen besonders hochwertige Weine erzeugt werden, gehört das regelmäßige Umziehen des Weins von einem Barriquefass auf ein anderes zum Alltag. Oft wird, wie hier auf dem Bordeauxweingut Château Lagrange, der Wein noch regelmäßig von Hand abgezogen.

Philosophie des Weinmachens, die vom Qualitätsgedanken und nicht mehr nur vom Prinzip der Erzeugung möglichst großer Weinmengen zu möglichst geringen Kosten geprägt ist.

■ SIEHE AUCH
→ abbeeren · abstoppen · abziehen · anreichern · chemische Hilfsmittel · filtrieren · Ganztraubenpressung · Gärung · Kältebehandlung · Kaltmazeration · klären · konzentrieren · mahlen · Maische · Maischeerhitzung · Maischegärung · Presse · pumpen · säuern · Säureabbau · Schönung · stabilisieren · Traubenannahme · Traubenmühle · trocknen · umpumpen · umziehen · unterstoßen · Verschnitt · vinifizieren

Weinberg, österreich. **Rebgarten, Weingarten,** schweizer. **Rebberg,** landschaftlich Wingert, landwirtschaftlich genutzte Fläche, die mit Weinreben bestockt ist; Weinberge für die Erzeugung von Qualitätsweinen dürfen in der EU nur in anerkannten →Anbaugebieten und auf dafür zugelassenen Flächen angelegt werden.

Für die Zulassung gelten in Deutschland die Bestimmungen des Weinwirtschaftsgesetzes und die von den Ländern erlassenen Anbauregelungen; die Zulassung ist an die Erfüllung bestimmter Mindestkriterien wie beispielsweise Durchschnittstemperaturen etc. gebunden. Zugelassene Weinberge werden in Deutschland auf Antrag der Gemeindeverwaltungen in die so genannte Weinbergsrolle eingetragen, in anderen Ländern existieren in der Regel analoge Kataster. Weinberge für Qualitätsweine dürfen nur mit zugelassenen Reb-

sorten bepflanzt werden, in vielen Ländern existieren auch präzise Vorschriften bezüglich der Erziehungssysteme, der Stockdichte oder zu Maßnahmen der Weinbergsarbeit.

■ **Neuanlage:** Die Weinbergsanlage oder die Erneuerung bestehender Weinberge ist eine komplexe Folge von Untersuchungen, Entscheidungen und Arbeitsschritten. Bei bestehenden Weinbergen wird zunächst die alte Anlage gerodet und gegebenenfalls der Drahtrahmen entfernt. Dabei geht man aus Gründen der Produktivität in der Regel von einer 30-jährigen »Lebensdauer« aus; einige der größten Weine der Welt stammen allerdings aus Anlagen, die 60, 70 oder auch über 100 Jahre alt sind.

Nach einer Brachezeit von in der Regel drei Jahren, während der die Fläche begrünt wird und sich regenerieren soll, wird eine Bodenuntersuchung durchgeführt, die den Nährstoffgehalt bestimmt. Es folgt eine eventuelle Vorratsdüngung, gelegentlich auch das Auftragen neuer Erdschichten oder die Verbesserung der **Drainage,** das Anlegen von Sickerleitungen zur **Entwässerung** des Bodens. Häufig wird auch eine Bodenentseuchung durchgeführt; mit chemischen Wirkstoffen werden dabei Nematoden abgetötet (→Pflanzenschutz), die später Virosen auf die Rebe übertragen könnten.

Rigolen, die Vorbereitung des Pflanzguts oder die Errichtung eines Drahtrahmens und der Bewässerungsanlage sind einige der weiteren Maßnahmen, die aber erst nach der Wahl der geeigneten Rebsorte und ihrer Unterlage,

Weinberg. Ein Weinberg muss nicht immer an einem Berghang oder Hügel liegen – ein Großteil dessen, was gemeinhin so genannt wird, findet sich in flachem, ebenem Gelände – und sich dem Betrachter auch nicht immer so spektakulär darbieten wie der Rüdesheimer Schlossberg im Rheingau.

der Erziehungsform und der Stockdichte erfolgen. Dieser Maßnahmenkatalog der vorbereitenden →Weinbergsarbeiten wird anschließend durch jährlich zu wiederholende Arbeitsschritte ergänzt. Neben der Qualität der ausgewählten Rebsorte bzw. der jeweiligen Klone und den natürlichen Bedingungen bilden sie die entscheidende Voraussetzung für hochwertige Trauben und Weine.

Weinberge müssen ungeachtet ihres Namens nicht immer am Berg oder an Hängen liegen. Man unterscheidet zwischen ebenen oder Flachlagen, die oft kein oder nur ein geringfügiges Gefälle aufweisen, Hanglagen mit leichter Neigung von bis zu 25 oder 30 % und Steillagen, deren Gefälle bis zu 100 % betragen kann. Eine Sonderform des Weinbergs ist der von Mauern, Hecken oder Wegen umgebene →Clos.

Weinbergsarbeit, die Summe der Maßnahmen und Tätigkeiten im Weinberg; sie

umfasst seinen gesamten Lebenszyklus von der Anlage bis zum Roden und insbesondere die jährlich wiederkehrenden Arbeitsschritte des Winzers.

Die Vorbereitungen zum Bepflanzen eines Weinbergs beginnen mit der Wahl der geeigneten Weinbergslage, der Rebsorte mitsamt ihrer Unterlage sowie der adäquaten Erziehungsform und Stockdichte. Beim **Rigolen** wird der Boden bis in eine Tiefe von etwa 60 cm gelockert. Bei Bedarf wird auch eine Vorratsdüngung eingebracht, wobei Art und Menge des Düngemittels durch eine Bodenuntersuchung bestimmt werden.

Nach dem Pflanzen der Reben, das in Mitteleuropa im April oder Mai erfolgt, entwickeln sich aus den Knospen des Setzlings junge Triebe, die im Rahmen der Jungfeldpflege bis auf einen ausgebrochen werden, um dessen Längenwachstum zu fördern und spätere Eingriffe beim Rebschnitt so geringfügig wie möglich zu halten. Der rasch wachsende Rebtrieb wird kontinuierlich am Pflanzstäbchen festgeheftet und kann im Jahr des **Auspflanzens** bereits eine Länge von bis zu 1,50 m erreichen. Spätestens im dritten Standjahr der Reben kann das Fruchtholz angeschnitten werden, und die eigentliche Ertragsphase des Weinbergs beginnt.

■ **Jährliche Maßnahmen:** Der Zyklus der jährlichen Maßnahmen besteht aus Stockpflegearbeiten, Bodenpflegearbeiten (**Bodenbearbeitung**) und Pflanzenschutzmaßnahmen. Die Stockpflege beginnt in der vegetationslosen Zeit mit dem Rebschnitt. Das dabei anfallende Rebholz wird im Weinberg belassen und klein gehäckselt; es bildet einen wichtigen Bestandteil der Humusversorgung und sollte nicht verbrannt oder entsorgt werden. Anschließend werden die Fruchtruten in den Drahtrahmen gegertet und damit die Position und Dichte der Laubwand festgelegt.

Nach dem Austrieb werden Knospen, die sich im Bereich des Stamms, am Boden oder

---

WEINBERGSARBEIT. *Das Jahr im Weinberg*

Mit den fallenden Blättern ist der Jahreszyklus der Rebe beendet, ein neuer beginnt, und damit ein neues Arbeitsjahr für den Winzer. Die Winterruhe ist die Zeit des Rebschnitts und des Gertens der Fruchtruten, wodurch die Wuchsform der Rebe festgelegt wird.

Im April beginnt in Mitteleuropa mit dem Austrieb das neue Wachstumsjahr, unerwünschte Knospen und Doppeltriebe müssen jetzt entfernt, die eventuelle Winterbegrünung eingearbeitet werden. Bei Bedarf wird bereits mit Pflanzenschutzmitteln gespritzt. Im Mai zeigen sich die Blütenstände, bis Mitte Juni sind sie voll entwickelt. In dieser Zeit müssen die wachsenden Triebe regelmäßig an den Drahtrahmen geheftet werden; wenn sie die erwünschte Höhe erreicht haben, beginnt der Laubschnitt. In der Zwischenzeit haben sich die Blüten zu Beeren entwickelt, die bis Juli oder August rasch wachsen; nach einer Stagnationsphase beginnt dann ihre eigentliche Reife. Die Behandlung mit Pflanzenschutzmitteln wird jetzt abgeschlossen, die Traubenzone muss entblättert, überflüssiger Fruchtbehang ausgedünnt werden. Mitte August beginnt auch die Holzreife, und zwischen Ende August und Oktober erreichen die meisten Rebsorten Vollreife – die Zeit der Weinlese ist da.

im Kopfbereich entwickeln, möglichst rasch ausgebrochen, damit dadurch keine größeren Wunden entstehen; dasselbe gilt für Doppeltriebe im Bereich der Fruchtrute. Durch diese Präventivmaßnahmen im Hinblick auf die Gesundheit des Rebstocks wird eine übermäßige Verdichtung der Laubwand verhindert. Auch das gleichmäßige Einheften der Triebe in den Drahtrahmen, das zwei Mal erfolgt, dient der Optimierung der Laubwand; es begünstigt die Assimilation, d.h. die Bildung des Zuckers, und die Durchlässigkeit für Luft und Licht, was ebenfalls im Sinne vorbeugenden Rebschutzes wirkt.

Da sich die Triebe sehr rasch entwickeln, bringt die Zeit der **Laubarbeit** den höchsten Arbeitsanfall des Weinjahres mit sich. Wenn die Triebe ihre höchste Position im Drahtrahmen erreicht haben, beginnen die Vorbereitungen für den Laubschnitt. Die Sommertriebe werden bis zu 20 cm über dem obersten Rankdraht abgeschnitten, um die Entwicklung der Trauben zu fördern und einer Laubglockenbildung über der Rebzeile vorzubeugen. Durch den Laubschnitt kommt es zu einer stärkeren Entwicklung von Geizen, die zwar auch zur Zuckerbildung beitragen, aber bei zu dichter Laubwand v.a. in der Traubenzone wieder entfernt werden.

Nach dem Beginn der Reife stehen Maßnahmen zur Gesunderhaltung der Trauben bzw. zur Ertragssteuerung im Vordergrund der Stockpflegearbeiten. Sanftes Entblättern der Traubenzone dient dabei der Verhinderung zu frühen Botrytisbefalls; mit dem Ausdünnen kann die angestrebte Erntemenge besser festgelegt und damit die Traubenqualität positiv beeinflusst werden.

■ **Bodenpflege und Pflanzenschutz:** Neben den Stockpflegearbeiten erfordert auch die Bodenpflege termin- und sachgerechtes Arbeiten. Durch Eingriffe in das Bodengefüge, sei es durch **Mulchen** der Begrünung – dabei wird der Boden mit der abgemähten Grünmasse bedeckt – oder durch klassische Bodenbearbeitungsmaßnahmen wie das Auflockern und nicht zuletzt durch adäquates Düngen, wird die Nährstoff- und Wasserverfügbarkeit der Rebe entscheidend beeinflusst. Dadurch werden Stresssituationen vermieden bzw. bekämpft.

Die Bodenpflege muss als dynamisches System gesehen werden; sie schafft die Grundlagen für die Ernährung der Rebe sowie für Qualität und Standorttypizität der Weine. Auf Standorten mit flachgründigen Böden – z.B. in Steillagen – und in niederschlagsarmem, heißem Klima kann der Boden etwa 5–10 cm dick mit organischen Materialien wie Stroh oder Rindenabfällen abgedeckt werden. Dadurch werden die Wasserverdunstung reduziert und Wasserstress vermieden. Gleichzeitig erhöht sich durch die zugeführte organi-

sche Substanz die Fähigkeit des Bodens, Wasser zu speichern.

Während der Hauptwachstumsphase der Rebe spielt der Pflanzenschutz eine bedeutende Rolle. Je nach Witterungs- und Infektionsbedingungen ist Spritzen in Abständen von 10–14 Tagen notwendig. Insbesondere Pilzkrankheiten erfordern höchste Aufmerksamkeit und vorbeugende Maßnahmen. Auch tierische Schädlinge müssen im Auge behalten werden; ständige Kontrollen stehen daher über den ganzen Sommer an erster Stelle im Aufgabenbuch des Winzers. Mit dem Beginn der Reife werden die Pflanzenschutzmaßnahmen eingestellt. Die Ernte bildet den Abschluss der Weinbergsarbeiten und den Beginn eines neuen Zyklus.

Weinbergsarbeit. Zahlreiche der Arbeitsschritte der Weinbergsarbeit konnten in den letzten Jahrzehnten des 20. Jahrhunderts mechanisiert werden.

Während traditionell fast die Gesamtheit der Arbeitsschritte im Rahmen der Weinbergsarbeit von Hand erledigt wurde, hat sich seit den 1970er-Jahren zunehmend **maschinelle Weinbergsarbeit** durchgesetzt. Die Tendenz zur Mechanisierung betrifft sowohl die Bodenarbeit als auch das Auspflanzen, den Rebschnitt, die Laubarbeit und die Ernte. Erzeuger hochwertiger Gewächse setzen aber nach wie vor auf weitestgehend von Hand ausgeführte Arbeitsschritte, insbesondere was den Rebschnitt und die Ernte betrifft.

■ SIEHE AUCH
→ ausdünnen · Begrünung · Bewässerung · biodynamischer Weinbau · biologischer Weinbau · Boden · Bodenarten · Bodentrauben · Bordeauxbrühe · Botrytis · düngen · Ernte · Erosion · Ertrag · Erziehungsformen · Flurbereinigung · Frost · gipfeln · heften · Rebschnitt · Reife 1) · Vegetationszyklus

Weinbergsfläche, →Rebfläche.
Weinbeurteilung, Sonderartikel S. 484/485.
Weinbezeichnung, die Gesamtheit der durch EU-Verordnungen und nationale →Weingesetze geregelten Angaben, die auf

Fortsetzung S. 486

WEINBEURTEILUNG

Weine zu beurteilen bedarf einer geschulten Verkostungstechnik, einer präzisen Terminologie, der so genannten Weinansprache, und eines nachvollziehbaren Bewertungssystems. Entscheidend für ein zuverlässiges Resultat ist, dass der Verkoster die Bereitschaft mitbringt, dem Wein seine ganze Aufmerksamkeit zu schenken, ihn zur Entfaltung kommen zu lassen und ihm vor allem vorurteilslos zu begegnen.

Der Imperativ der Vorurteilslosigkeit impliziert, dass seriöse Verkostungen als Blindproben organisiert sind und voreiliges Weinraten vermieden wird. »Un goût imaginé est déjà à moitié perçu«, ein vorgestellter Geschmack ist bereits halb wahrgenommen, hat ein französischer Autor einmal umschrieben, wie schnell Vorurteile und Einbildungen das Urteil beeinflussen können. Verkostet werden sollte in farblich wie geruchlich neutraler Umgebung, wobei die Anzahl der Proben allein von der Routine der Verkoster abhängt. Für Weinfreunde stellen 20 Weine oft schon die absolute Obergrenze dar, Profis schaffen an einem Tag bis zu 100, gelegentlich auch 200 Weine.

Die vier Phasen der Degustation

Eine professionelle Degustation läuft in vier Schritten ab. Der erste besteht aus dem eigentlichen Kosten, der Prüfung des Weins mithilfe von vier der fünf menschlichen Sinne: Gesichtssinn, Geruch und Geschmack – sie wurden bereits vom römischen Dichter Horaz (* 65 v. Chr., † 8 v. Chr.) in der Formel COS (Color-Odor-Sapor; deutsch: Farbe-Geruch-Geschmack) zusammengefasst. Dazu kommt der Tastsinn auf Zunge und Gaumen.

Der zweite Schritt beinhaltet die Beschreibung der sinnlichen Wahrnehmungen. Es ist ein schwieriger Schritt, vor allem was die Geruchseindrücke betrifft, die Menschen aus entwicklungsgeschichtlichen Gründen nur schwer in Worte fassen können. Zu ihrer Beschreibung bedarf es eines präzisen, normativen Vokabulars, der Weinansprache. Auf die Beschreibung folgt der Vergleich der Weine innerhalb der gegebenen Verkostungsanordnung; Voraussetzung dafür ist, dass Weine derselben Rebsorte, derselben Herkunftsbezeichnung und zumindest ähnlicher Machart miteinander verglichen wurden. Die letzte Stufe der Verkostung stellt die Bewertung dar, die entweder in qualifizierenden Worten oder mithilfe eines Punkteschemas erfolgen kann.

Betrachtung der Farbe

Die Bedeutung der Farbprüfung hat aufgrund der Fortschritte der modernen Önologie dazu geführt, dass kaum noch Grund zu farblichen Beanstandungen besteht; dennoch bleibt sie unverzichtbar, da sie Hinweise auf mögliche Weinfehler liefern kann. Die beste Lichtquelle für die Betrachtung der Farbe ist Tageslicht, Neonleuchten sind auf jeden Fall zu vermeiden. Begutachtet werden Farbtönung und -intensität sowie – am besten in Gegenlicht – Klarheit und Brillanz.

Anschließend wird auf eventuelle Kohlensäureperlen und Tränen bzw. Kirchenfenster geachtet, bei Schaumweinen werden sowohl das Perlage als auch das Mousseux beurteilt. Zur Beschreibung von Klarheit und Brillanz werden Begriffe wie strahlend, leuchtend, glanz-

hell, lebendig, klar, sauber, glanzlos, gebrochen, stumpf, fahl, verschleiert, unsauber, matt, trüb oder wolkig verwendet, hinsichtlich der Farbdichte heißen sie undurchsichtig, dicht, hell oder wässrig. Die Farbtönung wird mit Begriffen wie purpurrot, granatrot, gelbgrün, strohgelb, bernsteinfarben etc. beschrieben.

Geruchsprüfung

Jede Geruchsprüfung sollte mit kurzem Riechen am unbewegten Glas beginnen, da leicht flüchtige Geruchssubstanzen sonst verloren gehen könnten. So stößt man rasch auf unsaubere Aromen oder Böckser. Anschließend wird das Glas zwei oder drei Mal leicht geschwenkt, eine Weile gewartet, bis sich die Aromen im leeren, oberen Teil des Glases gesammelt haben, und dann mehrfach am Wein gerochen – am besten mit kurzem, heftigem Schnüffeln. Eine abschließende Beurteilung der Weinaromen sollte erst erfolgen, wenn der Wein einige Stunden offen stand, um seine Stabilität zu prüfen.

Bei der Beschreibung der Weinaromen wird zunächst die allgemeine Qualität analysiert: Sind sie üppig, reich, ausdrucksvoll, warm, voll, komplex, fein oder finessenreich, sauber, weinig, oberflächlich, einfach, ausdruckslos oder fehlerhaft? Dann werden die wahrgenommenen Düfte mit bekannten Aromen verglichen, mit blumigen, würzigen, fruchtigen, mineralischen, vegetabilen, holzigen, rauchigen, erdigen, medizinischen oder chemischen. Hinterfragt wird auch, ob es sich um primäre, sekundäre oder tertiäre Aromen handelt, da dies etwas über die (weitere) Alterungsfähigkeit des Weins verraten kann.

Geschmacksprobe und Bewertung

Bei der Geschmacksprobe hat jeder Verkoster seinen eigenen Stil. Manche nehmen einen größeren Schluck, »rollen« ihn eine Weile am Gaumen, »kauen«, um ihn dann auszuspucken, andere nehmen einen kleinen Schluck und schlucken ihn. Durch die spaltbreit geöffneten Lippen Luft anzusaugen setzt Übung voraus, erlaubt aber die tiefere Analyse der so genannten Retroaromen. Anschließend wird der Wein geschmacklich auf Süße, Säure, Salzigkeit oder Bitterkeit, das heißt auf Komponenten wie Zucker, Säure, Tannin etc. geprüft. Auch die Textur, das taktile Gefühl, das der Wein auf der Zunge hinterlässt, ist von Bedeutung.

Beim Beurteilen von Weinen sind sieben Parameter relevant: Intensität der Eindrücke, Feinheit oder Finesse, Klarheit, Komplexität, Harmonie, Typizität und Individualität, das heißt Charakter bzw. Ausdruck. In welchen Punktesystemen das endgültige Urteil ausgedrückt wird, bleibt dem einzelnen Verkoster überlassen. Das gängigste System ist das des Amerikaners Parker, der die 100-Punkte-Skala des amerikanischen Schulsystems übernommen hat. Auch die Franzosen bewerten mit Schulnoten – in ihrem Falle ist es eine 20-Punkte-Skala. Weit verbreitet sind Drei- oder Fünf-Punkte-Systeme, wobei die Punkte oft durch Symbole wie Gläser, Trauben, Flaschen oder Sterne ersetzt werden. So sehr all diese Bewertungsskalen auch in sich stimmig sein mögen, sie leiden daran, dass ihre Ergebnisse untereinander nicht oder nur schwer vergleichbar sind.

2) Vergleichsverkostungen gehören zum Arbeitsalltag von Weinhändlern und Weinkritikern.

3) Für ein unvoreingenommenes Urteil über Weine ist es wichtig, dass sie »blind«, das heißt in Unkenntnis ihres Erzeugers, bewertet werden.

Fortsetzung von S. 483
Weinetiketten (→Etikett) gemacht werden müssen bzw. dürfen. Dazu gehören sowohl die eigentliche Bezeichnung, d. h. die Namengebung (Herkunftsbezeichnungen), als auch die obligatorischen und die erlaubten Angaben zu Abfüllern, Alkoholgehalt, Geschmacksrichtungen etc. Ihr Ziel ist die möglichst genaue und wahrheitsgetreue Information des Käufers über das Produkt und seine Herkunft.

Weinbrand, eine Art →Branntwein.

Weinbruderschaften, Bruderschaften, ihrem Selbstverständnis zufolge auf die Tradition des griechischen Symposions zurückgehende Vereinigungen, bei dem sich die Teilnehmer mit Musik, Gedichten, Reden und Wein unterhielten.

WEINBRUDERSCHAFTEN. *Aus der Mode gekommen?*

Früher waren Weinbruderschaften echte Männerbünde, in denen Eingeweihte ihr Wissen vom Wein zelebrierten und pflegten, so als ginge es um eine Geheimwissenschaft von gesellschaftsverändernden Dimensionen. Heute gelten solche Bünde als nicht mehr zeitgemäß, aber sie sind immer noch erstaunlich aktiv: In Frankreich wird das gesellschaftliche Leben in den Anbaugebieten von ihren Festen geprägt, in Deutschland, Österreich und der Schweiz haben sie sich zu einer Gemeinschaft deutschsprachiger Weinbruderschaften zusammengeschlossen, und es gibt sogar einen internationalen Verband, die Fédération Internationale des Confréries Bachiques mit Sitz in Paris. Moderne Weinbruderschaften sind eher Weinclubs, Frauen sind in ihnen willkommen – es gibt sogar Weinschwesternschaften –, und statt geheimbündlerischer Gelage organisieren ihre Mitglieder lieber kommentierte Verkostungen bedeutender Weine oder Reisen in die schönsten Weinbauregionen der Welt.

Ziel und Zweck der Vereinigungen ist die Förderung von Weinwissen und Weingenuss. Ursprünglich entstanden diese Bruderschaften in Weinbaugebieten auf der Basis von Fruchtbarkeitsriten heidnischen Ursprungs, die wiederum eine Verbindung mit der katholischen Institution der Bruderschaften und der Verehrung von heiligen Schutzpatronen des Weinbaus eingingen. Weinbruderschaften als Vereinigungen der Winzerschaft, in die auch Händler und Endverbraucher aufgenommen werden können, existieren v. a. in Frankreich. In Deutschland, Österreich und der Schweiz sind es meist private Vereinigungen von Weinfreunden, denen es um das gesellige Weinerlebnis geht.

Weinfehler, Fehler, Fehlton, Aroma- und Geschmackseigenschaft, die unsauber, störend bzw. aggressiv wirkt und Weine im Extremfall ungenießbar macht; als Weinfehler im engeren Sinne gelten durch die Weinkontrolle zu beanstandende Eigenschaften, d. h. Fehltöne **(Geruchsfehler)** des Weins, die auf chemischen bzw. physikalischen Veränderungen beruhen.

Wurden die fehlerhaften Eigenschaften dagegen durch Mikroorganismen verursacht, handelt es sich um →Weinkrankheiten. Im Unterschied zu Weinfehlern und Weinkrankheiten sind einfache Weinmängel meist auf ein Zuviel oder Zuwenig geschmacksbildender Inhaltsstoffe zurückzuführen und können in der Regel durch einfache Maßnahmen wie Entsäuern, Schönen oder durch andere chemische Hilfsmittel behoben bzw. durch geeignete Weinbergsarbeit vermieden werden.

Zu den meistverbreiteten Weinfehlern gehören Trübungen, die durch ausfallende Metalle oder durch Gerbstoffreaktionen verursacht werden können. Eine solche Trübung wird als Bruch bezeichnet, wobei nach der Trübungsfarbe zwischen weißem oder grauem, schwarzem und braunem Bruch unterschieden wird. Der **weiße Bruch** (grauer Bruch) äußert sich in einem weißgrauen Niederschlag von Eisen-III-Phosphat. Die schleierartige, diffuse Trübung ist sehr feinkörnig und setzt sich schlecht ab. Das Ausfällen wird durch hohe pH-Werte und geringen Schwefelgehalt des Weins gefördert und kann durch eine Blauschönung (→Schönung) beseitigt werden.

Der **schwarze Bruch,** eigentlich eine blauschwarze Trübung, entsteht durch die Reaktion von Eisen mit Tannin; auch er wird durch einen zu niedrigen Säuregehalt gefördert. Rotweine sind besonders gefährdet, da ihr Säuregehalt durch den biologischen Säureabbau verringert wird, ihr Tanningehalt dagegen oft sehr hoch ist. Auch der schwarze Bruch lässt sich mithilfe einer Blauschönung beheben. Sowohl bei weißem wie bei schwarzem Bruch wirkt so genanntes Maskieren vorbeugend: Dazu darf dem Wein Zitronensäure bis zu einer Höchstmenge von 1 g/l Wein zugesetzt werden.

Die Gefahr von Eisentrübungen ist aufgrund der weit verbreiteten Edelstahl- oder Kunststofftanks heute recht gering. Dagegen treten graugelbe Kupfertrübungen sogar mit steigender Tendenz auf, was auch auf die zunehmende Verwendung von Kupfersulfat zum Entfernen von Böcksern und auf geänderte Weinbergsmethoden zurückzuführen ist. Die Trübungen werden durch verschiedene Kupferverbindungen hervorgerufen, die im Wein einen feinkörnigen Schleier bilden und sich punktuell absetzen können. Betrachtet man solche Weine gegen das Licht, wird eine deutliche Opaleszenz, ein farbiges Schillern sichtbar.

Gefährdet sind v. a. reduktiv ausgebaute Weine mit niedrigem pH-Wert und geringem Extrakt. Bei der Weinbereitung muss unbedingt darauf geachtet werden, dass nach der Gärung keine Kupferaufnahme durch den Wein mehr erfolgen kann. Auch hier hilft eine Blauschönung. Wird diese jedoch nicht korrekt vorgenommen, kann es zu einem Bittermandelton kommen, der seinerseits als Weinfehler gilt.

Der **braune Bruch** tritt als Folge der Oxidation von Polyphenolen auf, die durch bestimmte Enzyme (Polyphenoloxidasen) beschleunigt wird. Betroffen sind sowohl Weiß- als auch Rotweine. Abhilfe kann das Entfernen der Polyphenole durch spezifisch wirksame Weinbehandlungsmittel bieten, v.a. aber das Inaktivieren der Oxidasen durch eine Kurzzeiterhitzung oder ausreichendes Schwefeln.

Einige Fehltöne im Wein nehmen eine Zwischenstellung ein: Sie können sowohl den Weinfehlern als den Weinkrankheiten zugeordnet werden. Zu ihnen gehören Lackgeruch, Schimmelgeschmack, Mufftöne, Böckser, der Geranienton oder der untypische Alterungston.

■ SIEHE AUCH
→ Böckser · Botrytis · Braunwerden · Brettanomyces · Essigstich · Fäule · Faulgeschmack · Geranienton · Lackgeruch · lind · Lösungsmittelgeruch · Luftton · mäuseln · Muff · Schimmel · Schönung · Stich · untypischer Alterungston · Verkehrsfähigkeit · Weinkrankheiten

Weingesetze, die Gesamtheit der gesetzlichen Normen, mithilfe derer die Erzeugung von und der Handel mit Weinen reguliert wird.

In der EU gilt seit 1979 die so genannte Weinmarktordnung, die den nationalen Gesetzgebungen übergeordnet ist. Sie definiert u.a. die Qualitätskategorien wie Tafel-, Land- und Qualitätswein, legt die Weinbauzonen und die in ihnen erlaubten Maßnahmen wie Anreichern oder Säuern fest, reguliert Interventionen und Hilfsmittel, die in der Weinbereitung zugelassen sind, und enthält genaue Vorschriften zur Weinbezeichnung.

Bis in die 1990er-Jahre herrschte in der EU in Sachen Wein das absolute Verbotsprinzip: Alles, was nicht ausdrücklich durch das Weingesetz erlaubt und geregelt war, galt als verboten. Durch zwei Änderungen der Weinmarktordnung in den Jahren 1996 und 2003 wurde dieses Verbotsprinzip jedoch zumindest hinsichtlich der Weinbezeichnung aufgelockert. Auf Weinetiketten sind seither alle Angaben zulässig, die nicht ausdrücklich verboten und nicht irreführend sind, und deren Wahrheitsgehalt vom Erzeuger bzw. Abfüller nachgewiesen werden kann.

Die nationalen Weingesetze der EU-Länder stellen im Wesentlichen eine Anpassung der europäischen Normen an die nationalen Belange dar. Das deutsche Weingesetz beispielsweise stammt in seiner Grundform aus dem Jahr 1971 (zuletzt ergänzt durch ein Gesetz vom 17. 5. 2000) und beinhaltet u.a. die Einteilung in Anbaugebiete, die jeweiligen Mindestmostgewichte für die einzelnen Qualitätsstufen und den zulässigen Restzuckerge-

halt der unterschiedlichen Geschmacksbezeichnungen.

Das österreichische Weingesetz, das als eines der strengsten der Welt gilt, wurde nach dem Glykolskandal im Jahre 1985 erlassen und mit dem EU-Beitritt des Landes 1995 den EU-Vorschriften angepasst. Italiens Weingesetz von 1963, das 1992 grundlegend überarbeitet wurde, definiert die Weinkategorien (VdT, Igt, DOC und DOCG) und regelt die Einrichtung und Organisation der Schutzkonsortien, deren Aufgabe die praktische Umsetzung der gesetzlichen Bestimmungen ist.

Auch das französische und das spanische Weingesetz sind in ihrer Ausrichtung ähnlich konzipiert, wobei sich das französische noch durch seine präzise definierten Appellationen und sein fein gestaffeltes Klassifizierungssystem auszeichnet.

Die Weingesetze der Länder der Neuen Welt sehen häufig erst seit relativ kurzer Zeit Herkunftsbezeichnungen vor, in die Kellerarbeit greifen sie in wesentlich geringerem Umfang als das europäische regulierend ein und in die Weinbergsarbeit (z.B. durch Festlegung

---

WEINFEHLER. Wie erkennen?

Einen fehler- oder krankhaften Wein kann man gelegentlich bereits an der Farbe erkennen, wenn diese ungewöhnlich blau, stumpf, für das Alter bereits zu braun oder gar schlierig oder flockig ist. Das beste Analyseinstrument des Menschen ist aber die Nase. Sobald der Duft von Weinen als nicht angenehm empfunden wird, besteht Verdacht auf Weinfehler. Das gilt für muffige Noten, für den Essigstich, für Lösungsmittel- oder Lackgeruch, für aggressiv animalische Töne, den Geruch nach Schwefelwasserstoff, nach Knoblauch oder Zwiebeln. Übertrieben buttrige oder gar käsige Aromen weisen auf Weinkrankheiten hin. Am Gaumen äußern sich Weinfehler oder -krankheiten meist in fehlender Harmonie der geschmacklichen Komponenten, sind aber weniger eindeutig zu identifizieren.

WEINGESETZE. Das deutsche Weingesetz

Das deutsche Weingesetz in seiner jüngsten Fassung von Mai 2000, veröffentlicht im Bundesgesetzblatt 25/2001 vom 8. 6. 2001, regelt praktisch alle Belange des Weinbaus, der Kellerwirtschaft und des Weinhandels. Es ist allerdings dem EU-Recht (EWG-Verordnungen) untergeordnet, das in den Mitgliedsstaaten unmittelbar gilt und keiner Umsetzung in nationales Recht bedarf.
Der deutsche Text ist in die Kapitel Anbauregeln, Verarbeitung, Qualitätswein, Bezeichnung, Überwachung, Einfuhr, Absatzförderung sowie Straf- und Bußgeldvorschriften gegliedert. In Abschnitt 1, § 1 heißt es: »Dieses Gesetz regelt den Anbau, das Verarbeiten, das Inverkehrbringen und die Absatzförderung von Wein und sonstigen Erzeugnissen des Weinbaus, soweit dies nicht in für den Weinbau und die Weinwirtschaft unmittelbar geltenden Rechtsakten der Europäischen Gemeinschaft geregelt ist. Abweichend von Absatz 1 gilt dieses Gesetz... nicht für das Verarbeiten und Inverkehrbringen von Weintrauben... Traubensaft, konzentriertem Traubensaft und Weinessig.«

zulässiger Höchsterträge) fast überhaupt nicht. Bestimmungen, wie sie beispielsweise das italienische Weingesetz vorsieht, in dem für jede einzelne Herkunftsbezeichnung analytische Mindestwerte wie Extrakt oder Ausbauform und Ausbaudauer vorgeschrieben sind, gelten in der Neuen Welt als undenkbar.

WEINGESETZE. *Die europäischen Weinverordnungen*

Derzeit besitzen mehr als 30 EU-Verordnungen in Sachen Wein Gültigkeit, von der »Richtlinie der Kommission vom 14. April 1972 zur Festlegung von Merkmalen und Mindestanforderungen für die Prüfung von Rebsorten (72/169/EWG)« bis zur »Verordnung (EG) Nr. 527/2003 des Rates vom 17. März 2003 zur Genehmigung des Anbietens oder der Abgabe zum unmittelbaren menschlichen Verbrauch von bestimmten aus Argentinien eingeführten Weinen, bei denen angenommen werden kann, dass sie Gegenstand von in der Verordnung (EG) Nr. 1493/1999 nicht vorgesehenen önologischen Verfahren waren«. Die wichtigsten davon sind die »Verordnung (EG) Nr. 1493/1999 des Rates vom 17. Mai 1999 über die gemeinsame Marktorganisation für Wein«. Die grundlegende Verordnung für den Bereich der Qualitätsweine bleibt »(EWG) Nr. 823/87 des Rates zur Festlegung besonderer Vorschriften für Qualitätswein b. A. vom 16. März 1987«.

Neben dem Weingesetz bzw. den weinrechtlichen Verordnungen im eigentlichen Sinne ist die Arbeit von Erzeugern und Händlern in Deutschland und Europa durch eine Reihe weiterer Normenwerke von teilweise erheblicher Komplexität geregelt. Zu diesen gehören beispielsweise das Weinwirtschaftsgesetz, die Rebenpflanzgutverordnung, die Europäische Verordnung für den biologischen Landbau, Landesverordnungen zum Schutz bestockter Rebflächen vor Schadorganismen, Landesverordnungen zur Durchführung des Weinrechts sowie die allgemeinen Bestimmungen des Wirtschaftsrechts. Das deutsche Weinwirtschaftsgesetz von 1961 (Neufassung von 1992) sah insbesondere die Einrichtung des Deutschen Weinfonds und die ihm gewidmeten Zwangsabgaben von Erzeugern und Händlern vor.

■ SIEHE AUCH

→ American Viticultural Area · Anbauregelung · Appellation · Certified-Gesertifiseer · Denominação de origem controlada · Denominación de Origen · Denominazione di origine controllata · Districtus Austria Controllatus · Erstes Gewächs · Etikett · Geographical Indication · Indicação de Proveniencia regulamentada · Indicacio geografica tipica · Klassifizierung · Landwein · Mostgewicht · Prädikatswein · Qualitätswein · Região Demarcada · Tafelwein · Vin délimité de qualité supérieure · Vino da Tavola · Vino de la Tierra · Vino de Mesa · Vins de qualité produits dans des régions délimitées · Weinbauzonen · Weinbezeichnung · Wine of Origin

Weingläser [zu althochdeutsch glas, ursprünglich »Bernstein«]. Weingläser, wie Gläser überhaupt, sind in der Regel aus Kristallglas

hergestellt, einem Material aus dem Rohstoff Quarz (Siliciumdioxid) und Zusatzsubstanzen wie Soda oder Pottasche sowie einem Anteil von mindestens 10 % Blei – oder anderen Metalloxiden.

Weingläser haben idealerweise einen mehr oder weniger langen Stiel und einen tulpenförmigen Kelch. Der Stiel verhindert, dass die Handwärme die Temperatur des Weins erhöht – das ist besonders bei kühl zu trinkenden Weiß- oder Schaumweinen wichtig –, während der Kelch so geformt sein soll, dass er eine dem jeweiligen Weintyp angepasste Entwicklung (Verdunstung) der Aromastoffe erlaubt.

Während bis in die 1970er-Jahre beim Kauf von Weingläsern v.a. dem Dekor (Schliff, Schnitt, farbliche Gestaltung) Bedeutung zugemessen wurde, geht man heute davon aus, dass Glasform und -größe möglichst großen Weingenuss ermöglichen und die qualitativen Eigenschaften jedes Weins hervorheben sollen. Die Form des Kelches muss die spezifischen Aromen des Weins gut zur Entfaltung bringen und im oberen, leeren Teil des Glases sammeln. Weingläser werden deshalb auch in der Regel nicht mehr als bis zu einem Drittel gefüllt, maximal bis zur breitesten Stelle des Kelches.

Auch die Form des Glasrands ist von Bedeutung für den Weingenuss. Sie sorgt dafür, dass der Wein beim Trinken bestimmte Partien der Zunge bzw. des Gaumens zuerst, andere erst später benetzt, denn das beeinflusst den geschmacklichen Gesamteindruck. Weingläser sollten auf keinen Fall Ornamente oder farblichen Elemente am Kelch aufweisen, um die Begutachtung der Weinfarbe zu erlauben. Um möglichst jeglichen Einfluss von Fremdaromen auszuschalten, sollten Weingläser auch in geruchfreiem Ambiente aufbewahrt und mit neutralen Spülmitteln gereinigt werden; eventuell hilft →avinieren.

Häufig trifft man in Weinbaugebieten auch auf traditionelle Glasformen, wie beispielsweise am Rhein auf den so genannten **Römer**, einen relativ flachen, kugelförmigen Kelch auf einem sich nach unten stark verdickenden, meist genoppten Stiel, oder im Elsass auf ein kleines, ebenfalls kugelförmiges Glas, das einen langen, grünen Stiel hat. Bei professionellen Weinverkostungen kommen häufig spezielle →Kostgläser zum Einsatz.

■ **Geschichte:** Die Technik der Glaserzeugung ist im Zweistromland und Ägypten bereits für das 3. Jahrtausend v.Chr. nachzuweisen; von dort aus verbreitete sich die Glasbläserei im 1. Jh. v.Chr. in Syrien vermutet; sie erreichte im 1. Jh. n.Chr. in Rom einen ersten Höhepunkt, wo fast alle heute bekannten Glasblastechniken erfunden wurden.

Nach einer Stagnationsphase lebte die Glasproduktion im Mittelalter wieder auf.

Führend wurde Venedig, wo im 14. und 15. Jh. unter dem Einfluss islamischer Künstler die Entwicklung der europäischen Glaskunst begann. Eine bedeutende Etappe stellte der Glasschnitt dar, der sich vom 17. Jh. an von Prag ausgehend entwickelte. Im letzten Viertel des 18. Jahrhunderts entstand dann in England der Glasschliff, 1825 in den USA das Pressglasverfahren zur industriellen Glasproduktion.

weingrün, Zustand von Weinbehältern, die für das Befüllen mit Most oder Wein geeignet sind; einen Behälter weingrün zu machen bedeutet, ihn zu reinigen, eventuell zu desinfizieren, v. a. aber zu entlohen.

Bei diesem traditionellen Verfahren zum Entlohen junger, unbenutzter Holzfässer vor dem ersten Befüllen kommen kaltes oder heißes Wasser, Dampf, Säuren oder Laugen (»Beize«) zum Einsatz. Dabei werden Tannine, die bei bestimmten Weintypen stören könnten, aus dem Holz ausgelaugt. Die erste Befüllung des Fasses erfolgt dann mit Wein einfacherer Qualität; erst danach wird das weingrüne Fass für Spitzenweine verwendet. Barriquefässer werden vor dem ersten Gebrauch nicht weingrün gemacht, da ihre Geschmacksstoffe den Wein vielschichtiger und strukturierter machen sollen.

Weingut, ein weinwirtschaftlicher Erzeugerbetrieb (→Erzeuger) mit eigenen Weinbergen; es keltert und vermarktet im Unterschied zur Kellerei Weine aus eigenen Trauben.

weinhaltige Getränke, unter Verwendung verschiedener Weinarten hergestellte, nicht aromatisierte Getränke, die zu mehr als 50 % aus Wein bestehen; bei ihrer Herstellung darf keine Gärung mehr stattfinden; dazu gehören beispielsweise die so genannten →Wine Cooler. Sie sind von aromatisierten Weinen wie →Wermut und aromatisierten weinhaltigen Getränken wie →Bowlen etc. zu unterscheiden.

Weinhandel, die Gesamtheit der verschiedenen Absatzformen für Wein; seine beiden wichtigsten Formen sind der Handel mit →Fassware und mit fertig gefüllten Weinen, daneben wird gelegentlich auch der Verkauf von Trauben für die Vinifizierung zum Weinhandel im weitesten Sinne gerechnet.

Während die erste der beiden Formen in der Regel den Handel zwischen Winzern, Genossenschaften, Kellereien und Abfüllern betrifft, berührt der Flaschenhandel in letzter Instanz den Endverbraucher. Er bedient sich verschiedener Handels- und Vertriebsformen, deren wichtigste der →Ab-Hof-Verkauf, der Lebensmitteleinzelhandel bzw. der Discounter, der Fachhandel und die Gastronomie sind. Eine Sonderform stellt der Versandhandel dar, der seit den 1990er-Jahren um die Variante des Internethandels bereichert wurde. Sonderwege des Weinvertriebs sind →Auktionen, →Subskriptionen und der so genannte En-primeur-Handel (→en primeur).

■ **Import und Export:** Im Weinhandel zwischen den Nationen werden derzeit 50–60 Mio. hl Wein im Jahr gehandelt, wobei in den offiziellen Statistiken des Weinamts merkwürdigerweise zwischen dem weltweiten Export und dem Import eine nur durch statistische Besonderheiten oder Unzuläng-

WEINGLÄSER

Welches Glas für welchen Wein?

Es gibt Glasproduzenten, die empfehlen praktisch für jeden Wein einer mehr oder weniger bedeutenden Rebsorte oder Herkunftsbezeichnung ein besonderes Glas. Da gibt es Gläser für Chardonnay, für Bordeauxrote, für Chianti Classico, für Syrah und für rote Burgunder etc. Einmal abgesehen von der Frage, ob eine solche Vielfalt sinnvoll ist, kann selbst der überzeugteste Weinfreund keine komplette Sammlung unterbringen. Wer für alle Eventualitäten gerüstet sein will, benötigt ja auch nur sechs Gläser: ein hohes, schlankes Schaumweinglas, ein Glas für säurebetonte Weißweine mit leicht nach außen geöffnetem Rand, ein tulpenförmiges Glas für kräftige Weiße und Rosés, eine noch größere Tulpe für fest strukturierte Rotweine, ein großes, leicht kugelförmiges Glas für Weine, die ein großes Bukett besitzen, aber nicht allzu strukturiert und kräftig sind wie rote Burgunder, und schließlich ein kleineres, eher geradliniges Glas für Süß- und Likör-

weine. Wem selbst das zu viel ist, der kann die Auswahl auch auf drei Formen beschränken: das Schaumweinglas, das Glas für die frischen Weißen und eine mittelgroße Tulpe für die Roten.

Weinhandel. Wein wird über unterschiedliche Vertriebsschienen vermarktet – für den Endverbraucher haben sie alle Vor- und Nachteile. Der große Vorteil des Fachhandels liegt in der Beratung, die er dem Kunden geben kann.

lichkeiten erklärbare Mengenlücke von bis zu 5 Mio. hl/Jahr klafft.

Die wichtigsten Weinexportländer sind Italien (17–18 Mio. hl), Frankreich (15–16 Mio. hl), Spanien (8–9 Mio. hl), die USA (2,8 Mio. hl), Australien (2,8 Mio. hl), Chile (2,3–2,7 Mio. hl) und Deutschland (2,3–2,4 Mio. hl). Dabei liegt Chile hinsichtlich des Exportanteils an der Gesamtproduktion mit etwa 50% deutlich an der Spitze, gefolgt von Australien und Deutschland. Deutschland ist mit 11–12 Mio. hl auch der größte Weinimporteur der Welt, gefolgt von Großbritannien (8–9 Mio. hl), Frankreich (5,5–5,7 Mio. hl), den USA (4–4,4 Mio. hl) und Belgien (2,3–2,5 Mio. hl).

WEINHANDEL. *Versandhandel via Internet*

Eine gänzlich neue Form des Versandhandels mit Weinen ist seit Ende der 1990er-Jahre entstanden: der Internethandel. Mit großen Hoffnungen gestartet, erfüllte er zunächst allerdings nicht alle Erwartungen. Zahlreiche, auch große Versandhändler verloren in dem neuen Geschäftszweig erhebliche Summen. Mit den Jahren 2002 und 2003 kam dann allerdings der Durchbruch. Neben den großen Weinhandelsportalen entstanden Dutzende, wenn nicht Hunderte von Websites.
Der größte Vorteil des neuen Mediums ist die Preistransparenz, die durch breite Vergleichsmöglichkeiten mit wenig Aufwand entsteht. Mithilfe der Suchmaschinen kann der interessierte Weinfreund auch an Weine der ausgefallensten Jahrgänge und der exotischsten Anbaugebiete gelangen. Allerdings sollte, wer sich regelmäßig über das Internet mit Wein versorgen will, über recht profunde Kenntnisse oder zumindest gute Informationsquellen in Form von Weinführern und Weinkritiken – auch sie sind heute über das Internet konsultierbar – verfügen. Denn verkosten kann er die Weine, die er online ordert, vorher nicht.

Deutschland ist mit einem Weinkonsum von 19,6 Mio. hl der viertgrößte Weinmarkt der Welt hinter Italien und Frankreich. Importwein deckt derzeit etwa 51% des deutschen Verbrauchs; Wein aus Überseeländern stellt trotz des starken Aufschwungs seit 1990 nur etwa 4% der Absatzmengen.

Der Anteil der privaten Haushalte am Gesamtkonsum beträgt knapp 80%; davon werden etwa 43% bei Discountern umgesetzt, 30% in Verbrauchermärkten bzw. beim traditionellen Lebensmitteleinzelhandel, 5% in Weinfachgeschäften und 4% in anderen Vertriebsformen, zu denen auch der Ab-Hof-Verkauf und das Internet gehören. Die restlichen 20% des Gesamtabsatzes entfallen auf Firmen und die Gastronomie. Im Bereich des Lebensmitteleinzelhandels nehmen Discounter eine immer stärkere Stellung ein. Auch die Bedeutung des Versandhandels, insbesondere des Internethandels, ist gestiegen.

Weinhauer, →Winzer.

weinig, angenehm alkoholisch in Duft und Geschmack; Begriff der Weinansprache für kräftige, alkoholbetonte Weine mit Aromen, die keinen ausgeprägten Sorten- oder Terroircharakter, oft auch wenig Komplexität oder Finesse besitzen. Sie zeigen in der Regel weder ausgeprägte Primär- noch Tertiäraromen, sondern vorwiegend sekundäre, von der alkoholischen Gärung und vom Säureabbau stammende Noten.

Weinkeller, →Keller.

Weinkellerei, →Kellerei.

Weinkommissionär, →Kommissionär.

Weinkontrolle, ein Bereich der amtlichen Lebensmittelüberwachung in Deutschland; sie überwacht die Einhaltung der gesetzlichen Regelungen und Verordnungen. Darunter fallen die Überprüfung der Buchführungsunterlagen (→Kellerbücher etc.), der Etikettierung sowie die analytische und sensorische Kontrolle der Weine.

Die amtliche Qualitätsweinprüfung, die in Deutschland den Landwirtschaftskammern bzw. -ämtern zugeordnet ist, beinhaltet die Kontrolle der Weine auf Typizität, auf eventuelle Weinfehler oder Weinkrankheiten und ihre Bewertung im Rahmen einer Punkteskala, die von eins bis fünf reicht; die amtliche Prüfnummer wird zugeteilt, wenn ein Wein mindestens 1,5 Punkte erreicht. In den EU-Ländern existieren die unterschiedlichsten Formen der Weinkontrolle; in Italien beispielsweise sind vier bzw. fünf unabhängig voneinander arbeitende Institutionen damit befasst.

Weinkrankheiten, durch Mikroorganismen verursachte fehlerhafte Eigenschaften von Weinen; sie treten bei säurearmen Weinen mit hohem pH-Wert, bei extraktarmen Weinen – infolge von Gärfehlern – und schließlich als Konsequenz mangelnder Hygiene auf.

Zu den Weinkrankheiten gehören der →Essigstich, das Zäh- oder Lindwerden (→lind), der →Milchsäurestich, die Bakterientrübung, das →Mäuseln, das Bitterwerden (→bitter) oder das unerwünschte Auftreten von →Brettanomyces etc., die durch verschiedene Arten von Milchsäure- oder Essigbakterien **(bakterielle Weinkrankheiten)** bzw. durch diverse Hefestämme verursacht werden. Zu den Weinkrankheiten gehört auch der bakteriell verursachte →Lösungsmittelgeruch.

Einige Fehltöne im Wein nehmen eine Zwischenstellung ein: Sie können sowohl den Weinfehlern wie den Weinkrankheiten zugeordnet werden. Zu ihnen gehört z.B. der Schimmelgeschmack (→Schimmel), Mufftöne (→Muff), →Böckser, der →Geranienton oder der →untypische Alterungston.

Weinkristalle, →Weinstein.

Weinkritik, Sammelbezeichnung für Publikationen von Fachautoren, die sich mit der Bewertung der Qualität von Weinen befassen; Weinkritiker gelten oft als ungemein einflussreich, was den kommerziellen Erfolg oder Misserfolg bestimmter Weine betrifft.

Zu den erfolgreichsten und einflussreichsten Weinkritikern gehören der Amerikaner Robert Parker und der Italiener Luigi Veronelli. Sie, wie auch die bekannten Weinführer »Gambero Rosso« (Italien) und »Guide Hachette« (Frankreich) oder Weinzeitschriften wie »Alles über Wein« und »Wein-Gourmet« (Deutschland), »Wine Spectator« (USA), »Decanter« (Großbritannien) oder »Vinum« (Schweiz), beurteilen und bewerten Weine meist nach einem eigenen Punktesystem. Andere Autoren wie der Brite Michael Broadbent verzichten auf solche Wertungen und beschränken sich auf möglichst ausführliche und plastische Weinbeschreibungen. Auch im Internet ist seit dem Ende der 1990er-Jahre eine Reihe von Publikationen der Weinkritik entstanden, so die deutschen Websites »Wein plus«, »Eno World Wine« und »best-of-wine«.

Weinlese, →Ernte.

Weinmacher [zu engl. winemaker], gemeinsprachlich Önologe (→Önologie) oder önologischer Berater; der Begriff wurde in den englischsprachigen Ländern der Neuen Welt kreiert, in denen nur wenige Winzer und Weingutsbesitzer ihre Weine selbst keltern, sondern sich traditionell der Dienste von Weinmachern bedienen.

Weinmarken, Namen und Bezeichnungen von →Markenweinen.

Weinrebe, →Rebe I).

Weinsäure, eine der →Säuren in Weinen.

Weinsberg, Weinbaugemeinde des deutschen Anbaugebiets Württemberg und Sitz einer Staatlichen Lehr- und Versuchsanstalt für Wein- und Obstbau; die angeschlossene Staatliche Fachschule für Wein- und Obstbau Weinsberg bietet Ausbildungsgänge zum Weinküfermeister, zum staatlich geprüften Wirtschafter für Weinbau und zum staatlich geprüften Techniker für Weinbau und Kellerwirtschaft an. Das ebenfalls angeschlossene Staatsweingut Weinsberg gilt als einer der besten und innovativsten Erzeugerbetriebe des Anbaugebiets.

Weinschlauch, gemeinsprachlich für →Bag-in-Box.

Weinsiegel, eigentlich Deutsches Weinsiegel, Gütezeichen der Deutschen Landwirtschaftsgesellschaft e.V. (DLG) und eine besondere Form der →Prämierung für Weine, die zusätzlich zur amtlichen Qualitätsweinprüfung in eigenen Verkostungen beurteilt und als zufriedenstellend bewertet wurden; neben dem roten Standardsiegel existiert ein grünes für halbtrockene und ein gelbes für trockene Weine. Das Weinsiegel darf nicht mit den goldenen, silbernen und bronzenen Preismünzen der DLG verwechselt werden.

Weinstein. Bereits beim Fassausbau fällt bei vielen Weinen Weinstein aus – bei Weißweinen kristallklarer, bei Rotweinen dunkel gefärbter. Er lagert sich an den Fasswänden ab. Die Fässer müssen deshalb nicht nur regelmäßig gesäubert, sondern auch von den Weinsteinschichten befreit werden, in deren Rissen sich sonst Bakterien ablagern können.

Weinstein, Weinkristalle, Kristalle, Tartrat, in Form von Kristallen ausgefälltes Salz der Weinsäure (chemisch Kaliumhydrogentartrat oder Kaliumbitartrat); die weißlich-durchsichtigen, bei Rotweinen rötlich gefärbten Kristalle lagern sich bereits in Gär- und Lagerbehältern **(Rohweinstein)** ab, insbesondere nach einer →Kältebehandlung. Bei gefüllten Weinen tritt Weinstein v.a. nach längerer Lagerung in sehr kalten Kellern auf. Weinstein ist völlig geruch- und geschmacklos und bleibt beim vorsichtigen Ausgießen des Weins am Flaschenboden zurück.

Weinstraße, Einrichtung der Tourismus- bzw. Weinbauverbände in Weinbauregionen bzw. Anbaugebieten der ganzen Welt; auf ausgeschilderten und mit speziellen Symbolen markierten Routen werden Besucher und Weinfreunde in die schönsten Weinbauorte, zu Sehenswürdigkeiten und Weinbaubetrieben geführt. Im deutschen Sprachraum gibt es Weinstraßen bereits seit vielen Jahrzehnten, in Italien (Strada del Vino), Frankreich (Route du Vin), Spanien (Ruta del vino) und den Ländern der Neuen Welt (Wine Trail etc.) existieren sie erst seit kürzerer Zeit, v. a. in touristisch erschlossenen Anbaugebieten.

Weintaufe, vorwiegend in Österreich praktizierte Zeremonie anlässlich des ersten Ausschenkens des aktuellen Jahrgangsweins, des so genannten →Heurigen 1 im Spätherbst; in der Zeit um den Martinstag, den 11. November, gelegentlich auch im Zusammenhang mit dem Erntedankfest, wird der neue Wein dabei im Rahmen einer religiösen Zeremonie von einem katholischen Priester gesegnet.

Weinviertel. Falkenstein im Weinviertel war einst der Hauptort eines nach ihm benannten, eigenständigen Anbaugebiets. Der Ort ist auch für seine Kellergasse bekannt, eine der schönsten und lebendigsten Niederösterreichs.

Weintechniker, eigentlich Techniker für Weinbau und Kellerwirtschaft, in Deutschland ein Ausbildungsberuf, der an der Staatlichen Fachschule für Wein- und Obstbau im württembergischen Weinsberg angeboten wird. Die zweijährige Ausbildung hat zum Ziel, qualifizierte Fachkräfte auszubilden, die einen eigenen Weinbaubetrieb führen oder Führungspositionen in den Bereichen Weinbau, Kellerwirtschaft, aber auch im Weinfachhandel einnehmen können.

Weintypen, Produktkategorien von →Wein.

Weinverkostung, →Verkostung.

Weinviertel, größtes Anbaugebiet Österreichs im Bundesland Niederösterreich; rund 10 000 Winzer bewirtschaften insgesamt 16 000 ha (2001) Rebfläche, die sich von der Donau im Süden bis an die Grenze zu Tschechien im Norden und zur Slowakei im Osten ausdehnen.

Das Gebiet liegt noch im Bereich atlantischen Klimas, wobei sich im Osten der Einfluss der pannonisch-kontinentalen Klimazone bemerkbar macht: Heiße, trockene Sommer und sehr kalte Winter sind die Regel. Das Bodenspektrum reicht von Löss und Lehm über Schwarzerde bis zu Urgestein.

Der Sortenspiegel des Weinviertels wird zu mehr als 50 % von der Weißwein-Rebsorte Grüner Veltliner beherrscht, dahinter folgen Welschriesling, Weißburgunder, Chardonnay, Müller-Thurgau, Riesling und Traminer. Ein kleiner Teil der Flächen ist noch im →Gemischten Satz bepflanzt. Meistkultivierte Rotwein-Rebsorte ist Portugieser vor Zweigelt und Blauburger.

Das Anbaugebiet ist in drei Bereiche gegliedert: Im westlichen Weinviertel werden zu zwei Dritteln Rotwein-Rebsorten kultiviert, das östliche und das südliche Weinviertel beherrscht Grüner Veltliner. Als beste »Inseln« innerhalb des Gebiets gelten das Retzer Land mit seinen Rotweinen, die Kessellage von Mailberg, die Steilhänge von Falkenstein, Poysdorf als Lieferant der besten Sektgrundweine, Mannersdorf mit seinen Prädikatsweinen und die Rieslingenklave am Bisamberg bei Wien. Charakteristisch für das Weinviertel sind die zahlreichen →Kellergassen.

Weinzierlberg, eine der besten Weinbergslagen des österreichischen Anbaugebiets Kremstal, Gemeinde Krems; der Hang mit leicht südlicher Ausrichtung, der direkt an die Großlage →Sandgrube anschließt, besitzt in seinem südwestlichen Teil lehmige Lössböden, im nordöstlichen dagegen tonigen Lehm mit Schotter und Kies. Er bringt sehr gute Weißweine aus den Rebsorten Grüner Veltliner und Riesling hervor.

Weißburgunder, Weißer Burgunder, Weißer Klevner, Klevner, französ. **Pinot blanc** [pi'no blã], italien. **Pinot bianco** [pi'no 'bɪaŋko], Weißwein-Rebsorte aus der Gruppe der →Burgundersorten; er ist wahrscheinlich auf dem Umweg über den Grauburgunder durch spontane Mutationen des roten Spätburgunders entstanden und in Frankreich bereits seit dem 14. Jh. bekannt.

Weißburgunder steht weltweit auf etwa 17 000 ha (2000) Rebfläche, vorwiegend in Italien (6 850 ha), Deutschland (2 980 ha), Österreich (2 930 ha), Frankreich (1 400 ha) und Tschechien (1 300 ha). Kleinere Flächen sind auch in Luxemburg, Portugal, Kalifornien und Südafrika zu finden.

■ **Eigenschaften:** Die Sorte ist sehr anspruchsvoll und braucht warme Lagen sowie tiefgründige, nährstoffreiche Böden. Sie ist empfindlich gegen Spätfröste und anfällig für Verrieseln. Ihre besten Weine sind ungewöhnlich finessenreich und fruchtig, gelegentlich auch leicht nussig. Sie gewinnen durch Barriqueausbau an Dichte und Struktur. Weißburgunder genießt nicht dasselbe Renommee wie Grauburgunder oder Chardonnay, bringt aber unter optimalen Bedingungen ebenso interessante Weine hervor.

weißer Bruch, ein →Weinfehler.

Weißer Burgunder, →Weißburgunder.

Weißer Elbling, →Elbling.

Weißer Gutedel, →Gutedel.

Weißer Klevner, →Weißburgunder.

Weißer Muskateller, Weißwein-Rebsorte aus der Familie der →Muskateller.

Weißer Riesling, →Riesling.

weißgepresst, aus Rotwein-Rebsorten noch vor der Gärung sehr rasch abgepresst, sodass sich keine oder nur wenig Farbstoffe aus den Beerenschalen im Wein lösen können; durch dieses Verfahren entstehen fast weiße, zumindest sehr helle Weine, die als Rosé oder als →Blanc de noirs bezeichnet werden. Insbesondere bei der Schaumweinherstellung besitzt das Weißpressen große Bedeutung. In Deutschland wird weißgepresster Wein traditionell auch als →Bleichert bezeichnet.

Weißgipfler, →Grüner Veltliner.

Weißherbst, eine Form von →Rosé.

Weißwein, Wein aus Rebsorten mit grünen, gelben oder auch rötlich gefärbten Beeren, der während der Weinbereitung keinen oder nur kurzen Kontakt mit den Schalen hat und deshalb nur wenig Farbstoffe extrahieren kann; Weißweine werden in nahezu allen Geschmacksrichtungen von trocken über halbtrocken, lieblich bis süß erzeugt. Weißgepresste Weine aus Rotweintrauben gelten im Sinne des Weingesetzes als Roséweine.

■ **Anbaugebiete:** Hochwertige Weißweine, bei denen es im Unterschied zu Rotweinen nicht hauptsächlich auf die Reife der Polyphenole, sondern auf Aroma- und Zuckerreife bei gleichzeitiger Bewahrung eines gewissen Säuregehalts ankommt, entstehen vorwiegend in kühleren Klimazonen. Während die Länder Mitteleuropas, Deutschland und Österreich an erster Stelle, aber auch Weinbauregionen Nordfrankreichs, die Schweiz sowie kühle Zonen in Weinbauländern der Neuen Welt als ausgesprochene Weißweingebiete gelten, geraten Weine in den heißen Weinbauzonen häufig zu plump und alkoholbetont, verlieren ihre Finesse und ihre Frische.

Als weltweit beste Anbaugebiete für Weißweine gelten u. a. Rheingau, Mosel-Saar-Ruwer oder Franken in Deutschland, die Wachau in Österreich, das Schweizer Wallis, Elsass und Burgund in Frankreich sowie die italienischen Weinbauregionen Trentino-Südtirol und Friaul-Julisch Venetien. In der Neuen Welt findet man hervorragende Weißweine im australischen Hunter Valley, in kleineren Gebieten Neuseelands und Kaliforniens, vereinzelt auch in Chile und Südafrika.

■ **Rebsorten:** Als unumstritten beste Weißwein-Rebsorten gelten Riesling und Chardonnay, gefolgt von Sauvignon blanc und

---

WEISSWEIN. *Etappen der Weißweinbereitung*

Bei der Weißweinbereitung werden die Trauben meist direkt nach ihrer Ankunft im Keller gepresst – mit oder ohne vorheriges Entrappen –, der Most wird direkt anschließend oder nach einer kurzen Maischestandzeit statisch oder mechanisch geklärt. Danach gärt er in Tanks oder Holzfässern, wobei die Temperatur meist auf einem gegenüber der Rotweinbereitung niedrigen Niveau gehalten wird. Nach vollendeter Gärung wird Weißwein häufig einem Säureabbau unterzogen. Viele Weißweine werden bereits kurz darauf filtriert und abgefüllt, nur bestimmte Qualitäten weitere Zeit ausgebaut. Sofern die Weine bereits im Holzfass vergoren wurden, wird während des Ausbaus wiederholt die Hefe aufgerührt bzw. der Wein umgezogen. Auch Weine, die im Stahltank vergoren wurden, absolvieren häufig noch einen Ausbau im klassischen Holzfass oder im Barrique.

WEISSWEIN

Weiße Stilfragen

Die 1990er-Jahre waren insbesondere auf dem Gebiet der Weißweine von teilweise abrupten Stilwechseln gekennzeichnet. Bis etwa Mitte des Jahrzehnts lagen im Barrique vergorene oder ausgebaute Weine vor allem aus der Burgundersorte Chardonnay im Trend. Je kräftiger, buttriger und schmelziger der Wein, desto höhere Preise wurden dafür gezahlt. Dann schlug die Tendenz in ihr Gegenteil um. Statt der holzbetonten, schweren Weißen waren jetzt reduktiv ausgebaute, frische Weine mit deutlicher primärer Frucht gefragt. Beide Trends vernachlässigten allerdings jene Stilrichtung, die früher wie heute für die wirklich großen, alterungsfähigen Weißweine verantwortlich war: die der mineralischen, fest strukturierten und dennoch fruchtigen, aus physiologisch reifen Trauben gekelterten und im Holzfass – groß oder klein, neu oder gebraucht – gereiften

Weine, die nicht nur die Handschrift oder die modischen Vorlieben ihres Weinmachers verrieten, sondern ihre Rebsorte und ihre Herkunft, kurz: ihr Terroir.

Sémillon. Mit der Entwicklung des Qualitätsweinbaus in den 1980er- und 1990er-Jahren haben allerdings auch zuvor weniger beachtete Sorten ihr enormes Qualitätspotenzial entfaltet: Zu ihnen gehören der ungemein vielseitige Chenin blanc, der österreichische Grüne Veltliner, Grauburgunder und Weißburgunder, Viognier und Marsanne sowie zahlreiche Sorten von regionaler Verbreitung und Bedeutung.

Die weit verbreitete Überzeugung, Weißweine könnten nicht so lange altern und dabei so große geschmackliche Komplexität entwickeln wie Rotweine, ist nicht haltbar. Ries-

---

WEISSWEIN. *Die größten Weißweine der Welt*

Eine Liste der größten Weißweine der Welt ist noch schwerer zu erstellen als die großer Rotweine, da die Meinungen hier noch weiter auseinander gehen. Natürlich gehören Rieslinge von Rhein, Mosel und Donau dazu, sowohl in ihren trockenen wie auch in den lieblichen Varianten. Weiße Burgunder von den Spitzenlagen in Puligny, Chassagne und Meursault oder von der Lage Charlemagne sind in dieser Liste ebenso vertreten wie einige Weißweine aus Marsanne des französischen und Schweizer Rhônetals. Weiter zählen dazu Grand-Cru-Weine aus dem Elsass, weiße Cuvées aus dem norditalienischen Friaul, eine Reihe von Chardonnays aus der Neuen Welt oder aus dem französischen Chablis, Sauvignon blanc aus Sancerre und der österreichischen Steiermark, australischer Sémillon, Vouvray und Savennières aus Chenin blanc von der Loire und österreichische Grüne Veltliner aus Wachau und Kamptal.

---

linge und Grüne Veltliner aus Deutschland und Österreich können in ihren süßen und trockenen Versionen mehrere Jahrzehnte reifen, und für trockenen Sémillon, beispielsweise aus Australien, gilt das Gleiche. Auch Chenin blanc, v. a. in seinen lieblichen Versionen, besitzt legendäre Alterungsfähigkeit.

■ **Weinbereitung:** Weißwein wird hauptsächlich auf zwei Arten erzeugt – durch klassisches Entrappen, Mahlen und anschließendes Pressen, gegebenenfalls noch mit einer vorgeschalteten Maischestandzeit von wenigen Stunden, oder durch Ganztraubenpressung. Anschließend gären die Weine entweder im temperaturkontrollierten Stahltank, im traditionellen Holzfass oder im Barrique. Dabei entfalten die meisten Weißwein-Rebsorten nur bei einer oder zwei dieser Verfahrensweisen ihr ganzes Potenzial: Chardonnay beispielsweise v. a. bei Barriquegärung, Riesling dagegen im klassischen Holzfass oder im Stahltank. Nach der Gärung werden viele Weißweine einem Säureabbau unterzogen. Anschließend folgt entweder eine weitere Ausbauzeit, z. B. im Barrique oder auf den Hefen im Stahltank, oder der Wein wird direkt abgefüllt.

■ SIEHE AUCH
→ Airén · Albariño · altern · Aroma · Bacchus · Botrytis · Bouvier · Burgundersorten · Catarrat-

to · Chardonnay · Chenin blanc · Faberrebe · Farbe · Fiano · Furmint · Ganztraubenpressung · Gärung · Geschmackstypen · Gewürztraminer · Grauburgunder · Grüner Veltliner · Gutedel · Heunisch · internationale Rebsorten · junger Wein · Kerner · Macabeo · Maische · Malvasia 2) · Marsanne · Melon · Morillon · Müller-Thurgau · Muscadelle · Muskateller · Neuburger · Palomino · Pedro Ximénez · Prosecco · Rebsorten · Reife 1) · Rieslaner · Riesling · Rkaziteli · Roussanne · Säureabbau · Sauvignon blanc · Scheurebe · Sémillon · Silvaner · Temperatur · Tocai friulano · Torontés · Trebbiano · untypischer Alterungston · Verdelho · Verdicchio · Vermentino · Viognier · Weißburgunder · weißgepresst · Weißwein-Rebsorten · Welschriesling · Xarel.Lo

Weißwein-Rebsorten, Rebsorten mit grüner, gelber oder rosafarbener Beerenschale, die vorwiegend für die Herstellung von Weißweinen verwendet werden.

Weitraumerziehung, eine → Erziehungsform.

Wellington [ˈwelɪŋtən], **1)** Weinbauregion Neuseelands im Gebiet der gleichnamigen Stadt an der Südspitze der Nordinsel des Landes; die Region umfasst 430 ha (2002) Rebfläche, die vollständig im Bereich des Anbaugebiets Wairarapa im Südosten der Region zu finden sind. Die Weine werden häufig unter der Herkunftsbezeichnung Martinborough vermarktet, die ihren Namen von der gleichnamigen Stadt innerhalb des Gebiets von Wairarapa hat. Die meistkultivierte Rebsorte des Gebiets ist Spätburgunder (Pinot noir), gefolgt von Sauvignon blanc.
2) Bereich (Ward) des südafrikanischen Weinbaudistrikts (District) Paarl; das Anbaugebiet im Umfeld der gleichnamigen Stadt nördlich von Paarl wird von sehr heißem Klima bestimmt, was v. a. für Rotwein-Rebsorten hervorragende Reifebedingungen garantiert. Hier werden ausgezeichnete Weine aus Cabernet Sauvignon, Pinotage, Shiraz und Merlot erzeugt, seit es mithilfe moderner Kellertechnik und genauer Erntesteuerung gelungen ist, den früher zu üppigen, alkoholbetonten Charakter der Weine durch Frucht- und Extraktfülle zu kompensieren.

Welschriesling [zu althochdeutsch wal(a)hisc »romanisch«], **Riesler,** italien. **Riesling italico,** ungar. **Olaszrizling** [ˈɔlɒs-|rɪzlɪŋ], slowen. **Laški Rizling,** rumän. **Riesling italian,** bulgar. **Italiansky Rizling,** tschech. **Rizling vlašský,** kroat. **Graševina** [graʃeˈvinɛ], Weißwein-Rebsorte unbekannter Herkunft, von der man lange vermutete, sie stamme aus der französischen Champagne; da die Sorte in Frankreich allerdings nicht verbreitet ist, gilt dies heute als unwahrscheinlich.

Welschriesling gedeiht am besten in trockenem, warmem Klima und wird vorwiegend in Südosteuropa kultiviert. Weltweit steht er auf 35 000 ha (1999) Rebfläche, davon allein in Rumänien auf 16 000 ha, 5600 ha in Ungarn und 4300 ha in Österreich.

Welschriesling braucht tiefgründige, nährstoffreiche Böden in windgeschützten Südlagen. Er ist nicht sehr anfällig gegen Rebkrankheiten, verträgt aber keine extreme Trockenheit. Die spät reifende Sorte bewahrt bis zur Reife ihre kräftige Säure; die Weine sind meist recht leicht und von leicht fruchtigem Charakter. In günstigen Jahren kann die Sorte Prädikatsweine bis zur Trockenbeerenauslese hervorbringen.

Wermut [zu Wermut, auch Bitterer Beifuß, Absinth, Artemisia absinthium, eine Pflanze der Gattung Beifuß], mit den bitteren Ölen der Wermutpflanze aromatisierter Wein, der laut EU-Verordnung unter der Produktbezeichnung Wein-Aperitif verkauft werden muss; er wurde 1786 zum ersten Mal im italienischen Piemont produziert. Durch EU-Verordnung sind zwei Ursprungsbezeichnungen für Wermut besonders geschützt: der französische Vermouth de Chambéry und der italienische Vermouth di Torino.

Westaustralien, Weinbaustaat im Südwesten Australiens, dessen zwei Weinbauzonen Greater Perth und South West Australia zusammen knapp 11 000 ha (2002) Rebfläche umfasssen; die Jahresproduktion beträgt etwa 300 000–400 000 hl Wein.

Westaustralien gilt als der jüngste Weinbaustaat des Landes, obwohl auch hier bereits Mitte des 19. Jahrhunderts erste Rebkulturen existierten. Erst in den 1930er-Jahren aber errangen die Weine über die Grenzen des Staates hinaus Bekanntheit, heute gilt seine Weinindustrie als dynamischste des Kontinents und rühmt sich eines gegenüber den anderen Staaten sehr hohen Anteils hochwertiger Gewächse an der Gesamtproduktion. Im Export ist Westaustralien allerdings erst seit den 1990er-Jahren systematisch tätig, da die erzeugte Weinmenge so stark gestiegen war, dass der interne Markt sie nicht mehr absorbieren konnte. Dies, obwohl die Bevölkerung des Staates dafür bekannt ist, fast ausschließlich Weine der eigenen Anbaugebiete zu trinken.

Die wichtigsten Anbaugebiete Westaustraliens sind →Margaret River (Zone: South West Australia) und der Swan District mit dem Swan Valley (Zone: Greater Perth), als aufstrebende Gebiete mit hohem Zukunftspotenzial gelten Geographe und →Great Southern (Zone: South West Australia). Verschnittweine aus verschiedenen Gebieten des Staates tragen die AVA-Herkunftsbezeichnung **Western Australia.**

Westschweiz, Weinbauregion der Schweiz, die den französischsprachigen Landesteil umfasst; mit rund 11 500 ha (2000) Rebfläche ist sie die flächenmäßig bedeutendste

der drei Schweizer Weinbauregionen. Sie ist in die Weinbaukantone →Wallis, →Waadt, →Genf, →Neuchâtel, →Fribourg und das zweisprachige Gebiet →Bielersee gegliedert. Kultiviert wird v. a. die Weißwein-Rebsorte Gutedel (Chasselas), bei den roten Sorten dominieren Spätburgunder (Pinot noir) und Gamay.

Weststeiermark, ein Anbaugebiet der österreichischen Weinbauregion →Steiermark.

Wetter, der physikalische Zustand der Atmosphäre zu einem bestimmten Zeitpunkt, d. h. während einiger Stunden oder Tage, und in einem bestimmten Gebiet, im Unterschied zum →Klima und zur →Witterung; es löst im Weinbau bestimmte Vegetations- bzw. Reifeschritte aus und veranlasst den Winzer zu konkreten Arbeitsschritten im Rahmen seiner jahreszeitlich anfallenden Weinbergsarbeit. Während beispielsweise die Witterung den Zeitpunkt der Vollreife von Weintrauben beeinflusst, bestimmt das aktuelle Wetter den Beginn der Ernte und der verschiedenen Ernteetappen.

White Port [waɪt pɔːt], eine besondere Art →Portwein.

Wieden, bereits 1112 urkundlich erwähnte Weinbergslage des österreichischen Anbaugebiets Kremstal, Gemeinde Krems-Und; die flache Lage mit Böden aus Verwitterungssand, Abraum und Donauschwemmland bringt hervorragenden Weißwein der Rebsorte Grüner Veltliner hervor.

Wiegen, Name von zwei österreichischen Weinbergslagen; der bis zu 70 % steile Süd-Südwesthang der Gemeinde Klosterneuburg im Anbaugebiet Donauland eignet sich mit seinen Sandsteinverwitterungsböden mit Hu-

Welschriesling bringt frische, fruchtige Weißweine hervor – die besten in der Steiermark.

Westaustralien. Moss Wood im Gebiet von Margaret River gilt als einer der besten Erzeuger Australiens und hat viel zum Bild Westaustraliens als dem dynamischsten Weinbaustaat des Landes zu Beginn des 21. Jahrhunderts beigetragen.

Wien. Von den Weinbergen des Wiener Vororts Grinzing bietet sich ein herrlicher Ausblick auf die Stadt.

musauflage für die weißen Burgundersorten und Grünen Veltliner. Die nach Südosten ausgerichtete Lage der Gemeinde Gumpoldskirchen im Anbaugebiet Thermenregion, die bereits 1274 urkundlich erwähnt wurde, ist für ihre Weißweine aus der Rebsorte Zierfandler bekannt.

Wien, drittkleinstes Anbaugebiet Österreichs auf dem Gebiet der Donaustadt, die als eine der wenigen Hauptstädte der Welt mit nennenswertem Weinbau gilt; die Rebfläche von insgesamt 680 ha (2001) wird von knapp 500 Betrieben bewirtschaftet, von denen 180 eine konzessionierte →Straußwirtschaft (Heurigenlokal) betreiben.

Etwa 85 % der Rebfläche sind mit Weißwein-Rebsorten bestockt, allen voran Grüner Veltliner (200 ha), gefolgt von Riesling und den weißen Burgundersorten. Gut 75 ha sind noch im traditionellen →Gemischten Satz bestockt. Bei den Rotwein-Rebsorten dominiert Zweigelt vor Spätburgunder und Portugieser. Die Böden bestehen aus Schiefer, Schotter, Lehm und Löss; der Großteil der Weinberge

liegt an den Hängen der Berge im Norden, Westen und Süden der Stadt.

■ **Geschichte:** Der Wiener Weinbau ist vermutlich so alt wie die Stadt selbst. Bereits in der keltischen Siedlung Vedunia und im römischen Militärlager Vindobona wurden wahrscheinlich Reben kultiviert; nachweisbar sind sie ab 1132. Im späten Mittelalter existierten in allen Stadtteilen Weinberge, die zunehmende Verstädterung verdrängte allerdings viele davon. Wien ist auch Sitz der wichtigsten Sektkellereien Österreichs.

Wildbacher, →Blauer Wildbacher.

Wildreben, verschiedene Unterarten der Familie der Rebengewächse (→Rebsorten).

Willamette Valley [ˈwɪləmet ˈvælɪ], AVA-Herkunftsbezeichnung für Weine des amerikanischen Bundesstaats Oregon; das Anbaugebiet südwestlich der Hauptstadt Portland umfasst gut 3150 ha (2002) Rebfläche. Kultiviert wird hauptsächlich die Rotwein-Rebsorte Spätburgunder (Pinot noir); daneben finden sich in geringerem Umfang weiße Burgundersorten. Das erst in den 1980er-Jahren systematisch weinbaulich entwickelte Willamette Valley gilt als eines der wenigen Anbaugebiete der Welt, wo qualitativ hochwertiger Spätburgunder erzeugt wird. Hoffnungen, die Weine könnten mit den größten Burgundern konkurrieren, die in den 1990er-Jahren aufkamen, haben sich jedoch nicht bestätigt.

wine [waɪn], englisch für Wein.

Wine Cooler [waɪn kuːlə(r), engl. »Weinkühler«], **Cooler,** weinähnliches oder weinhaltiges Fruchtsaftgetränk; sie besaßen v. a. in den 1990er-Jahren in den USA große Popularität. Die Bezeichnung wird häufig auch für Weinkühler (→Cooler 1) verwendet.

winemaker [ˈwaɪnmeɪkr], englisch für Weinmacher; der deutsche Begriff wurde aus dem Englischen adaptiert.

Wine of Origin [waɪn əv ˈɔrɪdʒɪn, engl. »Ursprungswein«], Weinkategorie des südafrikanischen Systems von Herkunftsbezeichnungen; es wurde 1972 eingeführt, erlangte aber erst nach dem Ende der Apartheid 1994 und mit beginnendem Export wirkliche Bedeutung. Das System ist in vier Stufen gegliedert: regions (»Regionen«), districts (»Distrikte«), wards (»Bezirke«, »Bereiche«) und estates (»[Wein-]Güter«). Insgesamt gibt es in Südafrika fünf Regionen, elf Distrikte und 48 Bereiche.

winery [ˈwaɪnəriː], englisch für Weingut, Kellerei.

Winklerberg, eine der besten Weinbergslagen des deutschen Anbaugebiets Baden, Gemeinde Ihringen am Kaiserstuhl; der vollständig gegen kalte Nordwinde geschützte Winklerberg gilt als die wärmste deutsche Weinbergslage. Die Basaltverwitterungsböden der terrassierten Südhänge eignen sich v. a.

WIEN. *Fragwürdiges Heurigenvergnügen*

Dass die Wiener Heurigen zu den charmantesten Weinlokalen der Welt gehören, hat sich herumgesprochen. Ein nicht enden wollender Strom von Touristen, bevölkerte und bevölkert jahraus, jahrein busladungsweise die bekanntesten Wiener Vororte und Vorstädte von Grinzing bis Mödling, von Stammersdorf bis an den Nussberg. Die Folge des wirtschaftlichen Erfolgs war, wie so oft in der Weinwelt, der qualitative Niedergang. Nicht nur, dass die einst strengen Vorschriften für Heurige verwässert wurden und viele Betriebe vollwertige Restaurantmenüs servieren oder sogar fremden Wein ausschenken. Auch die Qualität der Weine hat unter dem Ansturm gelitten. Wiener Heurige, in denen gute Weinqualität serviert wird, sind rar geworden, allerdings nicht vollständig verschwunden. Sogar einige der Wiener Spitzenwinzer schenken ihre Weine im eigenen Heurigen aus.

Wine of Origin. Die Einführung und Durchsetzung von Herkunftsbezeichnungen nach europäischem Vorbild – hier der Bereich (Ward) Franschhoek – war ein hilfreiches Element für die Exportanstrengungen der südafrikanischen Weinindustrie.

für weiße und rote Burgundersorten wie Chardonnay, Grau-, Spät- und Weißburgunder, aber auch Riesling, Silvaner und Muskateller bringen hier erstaunliche Ergebnisse.

Winterschnitt, eine Art des →Rebschnitts.

Winzer [zu latein. vinitor »Weinleser«, zu vinum »Wein«], **Weinbauer,** österreich. **Weinhauer, Hauer,** eine Person, die berufsmäßig, als Besitzer eines Weinguts, oder im Nebenberuf Weinreben kultiviert, deren Früchte von ihm selbst oder von Dritten zu Wein verarbeitet werden; im Sinne des Weingesetzes ist ein Winzer, der seine Weine selbst keltert, abfüllt und vermarktet, ein Erzeuger.

Die Ausbildung zum Winzer findet in Deutschland im Rahmen des so genannten dualen Ausbildungssystems statt: ein Teil in anerkannten weinbaulichen Ausbildungsbetrieben, der zweite in außerbetrieblichen Institutionen wie Berufsschulen, speziellen Fachschulen etc. Die Ausbildung dauert drei Jahre, kann aber auf zwei Jahre verkürzt werden, wenn zuvor eine Berufsfachschule oder ein Berufsgrundbildungsjahr absolviert wurden.

Winzergenossenschaft, →Genossenschaft.

Winzersekt, eine bestimmte Art →Sekt.

wipfeln, →gipfeln.

Wisselbrunnen, eine der besten Weinbergslagen des deutschen Anbaugebiets Rheingau, Gemeinde Eltville-Hattenheim; der auf etwa 100 m ü. M. gelegene, nach Süd-Südwesten ausgerichtete Hang genießt optimale Sonneneinstrahlung. Die leichten, tertiären Mergelböden besitzen gute Wasserhaltefähigkeit, und auch der hohe Grundwasserspiegel, auf den der Namensbestandteil »brunnen« hinweist, zeigt an, dass die Trauben selbst in trockenen Jahren hohe physiologische Reife erreichen. Wisselbrunnen gilt als ausgesprochene Rieslinglage.

Witterung, eigentlich **Witterungsverlauf,** der allgemeine, durchschnittliche Wetterverlauf über längere Zeiträume (von einigen Tagen bis zu mehreren Monaten), im Unterschied zum →Klima und zum →Wetter; im Weinbau bestimmt die Witterung den Wachstums- und Reifeverlauf der Rebe, die Dauer der Vegetationsperiode, die unterschiedlichen Reifeperioden und letztlich die Jahrgangsqualität des Weins. Nach dem Witterungsverlauf werden v. a. die Arbeitsschritte der Weinbergsarbeit geplant.

Wolfshöhle, sehr gute Weinbergslage im Bereich Loreley, Gemeinde Bacharach, des deutschen Anbaugebiets Mittelrhein; die Steillage mit einer Hangneigung von 55–60 % weist Tonschiefer-Verwitterungsböden mit Lehmanteil auf und ist besonders für die Weißwein-Rebsorte Riesling geeignet. Der Name stammt von Wolfshelde, ein Berghang, dessen Besitzer Wolf hieß.

wolkig, durch flockige Trübungen verunreinigt; Begriff der Weinansprache für fehlerhafte und kranke Weine, die in der Regel bereits ungenießbar geworden sind. Der →Weinfehler entsteht durch ausgefällte Sub-

---

WINE OF ORIGIN. *Keine Lagennamen erlaubt*

Obwohl Südafrika ein nach europäischem Modell geformtes System von Herkunftsbezeichnungen besitzt, verzichtet das Land auf die Möglichkeit, Lagenweine gesondert und unter ihrem jeweiligen Namen zu vermarkten. Der Grund dafür kann nur in der Dominanz weniger großer Kellereien zum Zeitpunkt der Verabschiedung des Weingesetzes in den 1970er-Jahren vermutet werden. Ihnen ging es um die Vermarktung von Weinmengen, die keine Einzellage hervorbringen konnte, und so wurde diese Möglichkeit auch für andere Winzer nicht eingerichtet. Die Verwendung von Lagennamen wurde im Weingesetz nicht nur ausgespart, sie war bis 2003 sogar verboten. In einer Situation, in der das Land nach Weincharakteren und Charakterweinen sucht, die seinen Ruf im Ausland bestärken und konsolidieren könnten, rächt sich dieser Verzicht. Nicht wenige Winzer hoffen deshalb, dass eine bereits geplante Gesetzesänderung Südafrikas Spitzenwinzer auf eine Stufe mit ihren Kollegen und Konkurrenten der ganzen Welt stellen möge.

WOOD-CHIPS. *Umstrittene Neuerung*

Der Gebrauch von Wood-Chips zur aromatischen Anreicherung von Weinen gehört zu den umstrittensten Verfahren der modernen Önologie. Kritiker betonten, dass es sich hier nicht mehr um den Ausbau von Wein im Holzfass, sondern um verbotenes Aromatisieren handelt. Gleichwohl wird das Verfahren weithin, insbesondere in den Ländern der Neuen Welt, toleriert. Dabei ist das Aromatisieren von Weinen mithilfe von Holzspänen gar nicht so neu. Schon der traditionelle Rotspon wurde genau auf diese Weise vor der Abfüllung »verbessert«. Im Sinne des Verbraucherschutzes wäre es allerdings sinnvoll, diese Art Praktiken auf dem Flaschenetikett anzugeben; eine solche Deklarationspflicht müsste dann aber auch für zahlreiche andere Verfahren wie das Konzentrieren, den Gebrauch aromatisierender Hefen und Enzyme etc. gelten. Das wäre allerdings nur gegen erheblichen Widerstand der Weinindustrie durchzusetzen.

Wood-Chips. Anstatt Weine im teuren Barrique auszubauen, geben Erzeuger häufig einfach Wood-Chips in den Stahltank.

stanzen, die im Wein in der Schwebe bleiben und sich nicht als Depot absetzen. Insbesondere Weine, die von den verschiedenen Arten des Bruchs betroffen sind, können wolkig wirken.

Wonnegau, Bereich des deutschen Anbaugebiets Rheinhessen zwischen den Städten Alzey und Worms; als beste Weinbergslagen gelten Geyersberg in Bechtheim sowie Bürgel und Hubacker in Flörsheim-Dalsheim.

Wood-Chips [wud tʃips, engl. »Holzsplitter«], Holzspäne, die zur aromatischen und geschmacklichen Bereicherung im Stahl-, Beton- oder Plastiktank ausgebauten Weinen beigefügt werden; das Verfahren soll dem Wein bestimmte aromatische und geschmackliche Komponenten verleihen, die sonst nur beim Ausbau in Barriques aus neuem Eichenholz entstehen.

Wood-Chips können allerdings die Reifezeit im Fass nicht ersetzen, da sie weder die Farbstabilisation noch die Bereicherung des Weins durch hochwertige Tannine aus dem Fassholz gewährleisten. Auch die lange Reifezeit des Weins im Fass, bei der er sich durch die regulierte Zufuhr von Luftsauerstoff geschmacklich entwickelt, ist durch die Zugabe von Wood-Chips nicht zu ersetzen.

Worcester [ˈwustə], südafrikanischer Weinbau-District in der Region Breede River Valley; das Gebiet umfasst fast 16 700 ha (2001)

WÜRTTEMBERG. *Die besten Lagen*

Württemberg hat erst in den 1990er-Jahren auch im nationalen Vergleich mit Spitzenweinen überzeugen können. Entsprechend gering ist – gemessen an der Gesamtrebfläche des Anbaugebiets – die Zahl der anerkannt hochwertigen Weinbergslagen. Im Bereich Remstal-Stuttgart sind es Burghalde in Schnait, Pulvermächer in Stetten, Gips, Herzogenberg und Mönchberg in Untertürkheim sowie Zuckerle in Bad Cannstadt. Für den Bereich Württembergisch Unterland sind Sonnenberg in Bönnigheim, Schlossberg in Neipperg, Schlosswengert in Hohenbeilstein und Verrenberg in Verrenberg zu den Toplagen zu zählen.

Rebfläche und ist in die Bereiche (Wards) Aan-de-Doorns, Goudini, Nuy, Scherpenheuvel und Slanghoek gegliedert. Worcester bringt überwiegend Verschnitt- und Grundweine hervor; ein relevanter Spitzenweinbau hat sich hier, ungleich dem benachbarten →Robertson, bislang nur in Ansätzen entwickelt.

Wrattonbully [ˈwrættənbuli], GI-Herkunftsbezeichnung für Weine des australischen Bundesstaats Südaustralien; das noch junge Gebiet, das ursprünglich Koppamurra heißen sollte, liegt zwischen Padthaway und Coonawarra und bringt ähnliche Weine wie die Nachbargebiete hervor.

wuchtig, alkoholreich und kräftig; Begriff der Weinansprache für Weine, die so viel Körper und Fülle zeigen, dass ihnen meist Finesse und Eleganz fehlen.

Württemberg ist das östliche Anbaugebiet des Bundeslandes Baden-Württemberg.

Württemberg, viertgrößtes und zusammen mit Baden südlichstes Anbaugebiet von Deutschland; auf gut 11 400 ha (2002) Rebfläche werden v.a. vier Rebsorten kultiviert: die Rotwein-Rebsorten Trollinger (2600 ha), Schwarzriesling (1900 ha) und Blaufränkisch (Lemberger, 1300 ha) sowie die Weißwein-Rebsorte Riesling (2250 ha). Aus ihren Trauben werden etwa 1,1 Mio. hl Wein im Jahr erzeugt – der durchschnittliche Hektarertrag gehört mit knapp unter 100 hl zu den höchsten in Deutschland.

Württemberg ist in die Bereiche Kocher-Jagst-Tauber, Württembergisch Unterland, Remstal-Stuttgart, Oberer Neckar, Württembergischer Bodensee und Bayerischer Bodensee gegliedert.

■ **Weinbau:** Trotz seiner südlichen Lage steht Württemberg unter dem Einfluss kühlen, kontinentalen Klimas, was nicht immer perfekte Reifebedingungen für die Trauben garantiert. Es kommt zwar dem Riesling entgegen, der hier gelegentlich sogar hervorragende edelsüße Gewächse hervorbringt, aber es macht die Rotweinproduktion zu einer schwierigen Angelegenheit, und häufig genügen sowohl Farb- wie Tanningehalt der Weine nicht internationalen Ansprüchen. Dennoch belegen Rotwein-Rebsorten mehr als die Hälfte der Rebfläche, was v. a. auf den sehr hohen Eigenkonsumanteil Württembergischer Weine zurückzuführen ist.

Zur Förderung zumindest der Farbextraktion wird hier noch weithin mit der Methode der Maischeerhitzung gearbeitet, was für die geschmackliche Komplexität der Weine nicht unbedingt förderlich ist. Auch die wirtschaftliche Struktur des Gebiets, das weithin noch von großen Genossenschaften und einer übermächtigen Gebietswinzergenossenschaft beherrscht wird, hat die Entwicklung echten Qualitätsweinbaus nicht begünstigt. Seit dem Ende der 1980er-Jahre haben jedoch auch vereinzelt Winzer und Genossenschaften geschmacklich intensive rote Gewächse hervorgebracht, die häufig im Barrique ausgebaut sind.

Württembergischer Bodensee, Bereich des deutschen Anbaugebiets Württemberg am Ufer des →Bodensees; zwischen Lindau und Ravensburg werden hauptsächlich die Rebsorten Müller-Thurgau und Spätburgunder kultiviert.

Württembergisch Unterland, Unterland, Bereich des deutschen Anbaugebiets Württemberg im Gebiet südlich der Stadt Heilbronn; die bekannteste Weinbaugemeinde ist Weinsberg mit seiner Wein- und Obstbauschule, einer der ältesten Weinbauschulen Deutschlands.

wurzelecht, auf den eigenen Wurzeln wachsend; Eigenschaft von →Direktträgern.

Wurzelfäule, eine Art der →Fäule.

Wurzeln, Bestandteil der →Rebe 2).

Würzer, deutsche Weißwein-Rebsorte, die 1932 von Georg Scheu durch Kreuzung von Gewürztraminer und Müller-Thurgau gezüchtet wurde; sie wird in Deutschland auf etwa 120 ha Rebfläche kultiviert. Die ertragsstarke Sorte bringt Weine mit leichtem Muskatton hervor.

Würzgarten, eine der besten Weinbergslagen des Bereichs Bernkastel, Gemeinde Ürzig, im deutschen Anbaugebiet Mosel-Saar-Ruwer; der nach Süden ausgerichtete Steilhang mit einer Neigung von 80–100 % gilt als schwierig zu bearbeitende, aber qualitativ hochwertige Lage für Weißweine aus der Rebsorte Riesling. Die Reben sind noch überwiegend wurzelecht und in Einzelpfahlerziehung ausgepflanzt.

würzig, nach Gewürzen riechend und schmeckend; Begriff der Weinansprache für Weine, die nach Vanille, Minze, Pfeffer, Kardamom, Zimt etc. riechen oder schmecken. Diese würzigen Noten stammen z. T. aus den Trauben (z. B. pfeffrige, minzige Noten), z. T. auch aus dem Ausbau in neuen Barriques (z. B. Vanille, Zimt).

Württemberg. Auch von den Hängen oberhalb der Industrievororte der Metropole Stuttgart kommen herrliche Weißweine, gelegentlich sogar erstaunliche Süßweine aus edelsüßen Trauben.

Xarel.Lo [ksaˈrel lɔ], **Pansá, Pansá blanca,** Weißwein-Rebsorte Kataloniens, die zusammen mit Parellada und Macabeo die Basis für →Cava 1) bildet; die Sorte wird auch in Aragonien und auf den Balearen kultiviert und steht in Spanien auf insgesamt knapp 9800 ha (1999) Rebfläche. Xarel.Lo wird gemeinhin als maskuline Rebsorte bezeichnet, da ihre Weine viel Körper und gute Säurestruktur, allerdings auch rustikalen Charakter zeigen. Die Sorte eignet sich für den Ausbau im Barrique. Seit den 1990er-Jahren werden aus ihr zunehmend reinsortige, füllige Weiße von goldgelber Farbe gekeltert.

Xérès, →Sherry.

Ximen, Ximénez, →Pedro Ximénez.

Xynómavro [ksiˈnɔmavro, zu griech. mavros »schwarz« und xyno »kratzen, schaben«], eigentlich Xynómavro Naousis, meistkultivierte Rotwein-Rebsorte Griechenlands; sie bringt kräftige, sowohl säure- als auch tanninbetonte Weine hervor. Xynómavro ist Bestandteil von Rotweinen von Herkunftsbezeichnungen wie →Naoussa, Rapsani und →Goumenissa.

Yakima Valley [jaˈkimə ˈvælɪ, zu yakima, Indianerstamm des amerikanischen Nordwestens], AVA-Herkunftsbezeichnung für Weine des US-Bundesstaats Washington; die 1984 eingerichtete Appellation, die Teil des riesigen →Columbia Valley ist, bringt einige der besten Rotweine des Staates aus der Rebsorte Syrah (Shiraz) hervor.

Yarra Valley [ˈjarə ˈvælɪ], GI-Herkunftsbezeichnung für Weine aus einem Gebiet unmittelbar östlich der Stadt Melbourne im australischen Bundesstaat Victoria; auf etwa 2500 ha (2000) Rebfläche werden vorwiegend Spätburgunder (Pinot noir), Chardonnay und Cabernet Sauvignon, in geringerem Umfang auch Syrah (Shiraz) und Merlot kultiviert.

Aufgrund seines gemäßigten, vom nahen Ozean beeinflussten Klimas bringt das Yarra Valley besonders feingliedrige, gut strukturierte Weiß- und Rotweine hervor und gilt als eines der besten Gebiete für Spätburgunder weltweit. Weinbau wird hier bereits seit 1838 getrieben, zwischen 1920 und 1960 kam er jedoch aufgrund der Reblauskatastrophe zum vollständigen Stillstand. Die inoffiziellen Bereiche des Gebiets heißen Coldstream, Diamond Valley, Dixons Creek, Healesville, Hoddles Creek, Seville, Wandin, Woori Yallock, Yarra Glen und Yarra Junction. Das Yarra Valley ist Sitz bekannter Schaumweinerzeuger, die ihre Trauben jedoch teilweise aus anderen Gebieten beziehen.

Yarra Valley. Im Yarra Valley arbeiten zahlreiche Weinkellereien unter freiem Himmel. Von hier kommen einige der delikatesten Weine des australischen Weinbaustaats Victoria.

Yecla ['jekla], D.O.-Herkunftsbezeichnung für Weine der südostspanischen Region Murcia; die 4500 ha (2001) Rebfläche des Anbaugebiets gehören zu einer einzigen Gemeinde und ihre Weine werden von nur vier Erzeugern produziert. Unter kontinentalen klimatischen Bedingungen mit leicht mediterranem Einfluss – die Sommer sind lang und heiß, die Niederschläge gering – wachsen auf kargen Böden mit hohem Kalkgehalt v.a. Rotwein-Rebsorten wie die dominierende Mourvèdre (Monastrell), Grenache (Garnacha tinta), Cabernet Sauvignon, Tempranillo, Merlot und Syrah. Daneben werden fünf Weißwein-Rebsorten kultiviert.

Yountville ['jɔːntvɪl], eigenständige AVA-Herkunftsbezeichnungen für Weine aus dem Gebiet der gleichnamigen Ortschaft im kalifornischen →Napa Valley.

Yquem [i'kem], **Château d'Y.,** Spitzenweingut der Appellation →Sauternes im französischen Bordeauxgebiet mit einer Rebfläche von 113 ha, das als Premier Cru Supérieur Classé klassifiziert ist; die Weine werden zu etwa 80% aus Sémillon, zu 20% aus Sauvignon blanc gekeltert und in neuen Barriques ausgebaut. In bis zu zehn Lesedurchgängen werden dafür jeweils die besten edelfaulen Beeren eingebracht. In schlechten Jahren wird die gesamte Ernte deklassiert und nicht unter dem prestigereichen Namen Yquem verkauft. Château d'Yquem ist wahrschein-

Yquem. Nebel, wie er hier das berühmte Château d'Yquem einhüllt, ist einer der wesentlichen Faktoren bei der Entstehung der weltberühmten Süßweine des französischen Sauternesgebiets.

lich der teuerste, mit Sicherheit einer der alterungsfähigsten Süßweine der Welt.

Yvorne [i'vɔrn], berühmte Kommunalappellation des Anbaugebiets →Chablais im Schweizer Waadtland; auf dem steilen Schuttkegel eines mittelalterlichen Bergsturzes wächst v.a. die Weißwein-Rebsorte Chasselas, die kräftige Weine hervorbringt. Außerdem werden finessenreiche Rotweine erzeugt.

Z

zäh, →lind.

Zapfen, 1) *Weinbau:* bestimmte Form für den Anschnitt des Fruchtholzes beim →Rebschnitt.

2) *Kellertechnik:* der Flaschenkorken (→Kork).

zedrig, nach frischem Zedernholz duftend; Begriff der Weinansprache für Aromen, die v. a. in roten Bordeauxweinen mit hohem Anteil Cabernet Sauvignon vorkommen.

zehren, →auszehren.

Zeile, →Rebzeile.

Zeilenabstand, die Breite der Gassen (Fahrgassen) im Weinberg, ein Parameter der Weinbergsanlage; in Verbindung mit dem Stockabstand ergibt sich aus ihm die →Stockdichte. Der Zeilenabstand wird in der Regel entsprechend der Wuchskraft der Rebe und ihrer Unterlage, den Bodenverhältnissen und den Möglichkeiten bzw. Anforderungen der Mechanisierung in der Weinbergsarbeit gewählt. Er variiert zwischen einem Meter (Engpflanzung) und 3,50 m (Weitraumanlage); im Steilhang ist er meist etwas kleiner als in der Ebene.

Zell/Mosel, nördlichster Bereich des deutschen Anbaugebiets Mosel-Saar-Ruwer, der sich vom Ort Zell moselabwärts bis zur Mündung in den Rhein bei Koblenz erstreckt; er umfasst auch die bekannte →Terrassenmosel. Die besten Weinbergslagen sind →Röttgen und →Uhlen in Winningen.

Zellulose, feste, farb- und geruchlose Substanz, chemisch hochpolymere Kohlenhydrate, die als Gerüstsubstanz von Pflanzenzellen in der Natur vorkommen und sich in Wasser und organischen Lösungsmitteln nicht lösen; Zellulose findet als Anschwemmschicht beim →Filtrieren von Weinen Verwendung.

Zentralkellerei, regionaler Zusammenschluss von →Genossenschaften.

Zentrifuge, Zentrifugalfilter, Gerät zum →Filtrieren von Weinen.

Zibibbo [dʒiˈbibbo], italienisch für Muskat Alexandrien (→Muskateller).

Zinfandel galt lange als die amerikanische Rebsorte schlechthin. Heute weiß man, dass er ein Abkömmling der kroatischen Rebsorte Crljenak kaštelanski ist.

Zieregg, eine der besten Weinbergslagen des österreichischen Anbaugebiets Südsteiermark (→Steiermark), Gemeinde Berghausen; die historisch bis ins benachbarte Slowenien reichende Lage weist Muschelkalk-Verwitterungsböden, teilweise auch blauen Mergel auf. In einer Höhe von bis zu 470 m ü. M. und nach Süd-Südwesten ausgerichtet, gedeihen v. a. die Weißwein-Rebsorten Morillon und Sauvignon blanc sehr gut.

Zierfandler, Spätrot, Spätroter, österreichische Weißwein-Rebsorte, die aus einer Kreuzung zwischen Rotem Veltliner und einem noch unbekannten zweiten Elternteil hervorging, der allerdings Ähnlichkeiten mit Gewürztraminer aufweisen dürfte; das Synonym Spätrot deutet auf die späte Reife hin, wobei sich die Beeren bei Vollreife verfärben.

Insgesamt steht Zierfandler in Österreich auf etwa 100 ha (2001) Rebfläche, allein im Anbaugebiet Thermenregion auf 85 ha. Er stellt keine besonderen Ansprüche an den Boden, braucht allerdings in klimatischer Hinsicht gute Lagen, da er frostempfindlich und gegen Botrytis anfällig ist. Die Weine sind extraktreich und alterungsfähig; zusammen mit Rotgipfler wird Zierfandler häufig zu →Spätrot-Rotgipfler verschnitten.

Zinfandel [ˈzɪnfəndəl], kalifornische Rotwein-Rebsorte, die neueren Forschungen zufolge ein Abkömmling der kroatischen Sorte Crljenak kaštelanski ist, aus der auch →Primitivo und →Plavac mali hervorgingen; sie wird in den USA auf etwa 20 300 ha (2002) Rebfläche kultiviert. Darüber hinaus steht er in Mexiko (4000) sowie in geringem Umfang in Australien und Südafrika.

Aus Zinfandel wurde lange Zeit nur einfacher, bestenfalls süffiger und oft lieblicher Roséwein gekeltert, der in den USA unter dem Namen →Blush bekannt war. Erst seit den 1970er- und 1980er-Jahren haben zahlreiche kalifornische Winzer das Qualitätspotenzial der Sorte erkannt und begonnen, die Weine mit längerer Maischegärung und Barriqueausbau zu vinifizieren. Seither sind sie in der Regel farbintensiv, zeigen Pfeffer-, Kirschen- und Pflaumenaromen und wirken im Mund dicht, rund und nur mäßig tanninbetont.

Zinfandel gilt heute als typischste amerikanische Rotwein-Rebsorte überhaupt, auch wenn er mengenmäßig hinter Chardonnay, Cabernet Sauvignon und Merlot zurücksteht.

Zinnkoepflé, Grand-Cru-Lage der französischen Weinbauregion Elsass, Gemeinden Soultzmatt und Westhalten; die gut 70 ha große Lage, auch Sonnenkoepflé genannt, weist Muschelkalkböden auf und bringt hervorragende Weißweine aus den Rebsorten Riesling und Grauburgunder (Tokay Pinot gris) hervor.

ZINFANDEL. *Odyssee einer Rebsorte*

Lange Zeit glaubte man, die kalifornische Rotwein-Rebsorte Zinfandel sei vom kalifornischen Weinpionier Ágoston Haraszthy direkt aus seiner Heimat Ungarn eingeführt worden. Dann entdeckte man aber seine Verwandtschaft, wenn nicht sogar Identität mit dem süditalienischen Primitivo und rätselte, ob Zinfandel nun ein in die USA verpflanzter Primitivo sei oder dieser ein nach Italien zurückverpflanzter Zinfandel. Die Auflösung des Rätsels wurde erst mit Genanalysen, das heißt mithilfe von Genmarkern möglich. Das sind Nukleinsäure(DNA)-Sequenzen, die die exakte Lage der Gene auf den Chromosomen markieren und so vergleichbar machen. Zeitgleich entdeckten Forscher der University of California, Davis, und kroatische Wissenschaftler mit ihrer Hilfe in den 1990er-Jahren den wirklichen Ursprung von Zinfandel und Primitivo.

Zitronensäure, eine der →Säuren in Weinen.

zuccheri riduttori ['tsukkeri -], italienisch für Restzucker, Restsüße.

Zuchtsorten, Züchtungen, Rebsorten, die als Resultat züchterischer Maßnahmen (→Rebzüchtung) entstanden sind.

Zucker [zu mittelhochdeutsch zuker, von italien. zucchero über arab. sukkar von altind. sárkara »Kieselsteine«, »gemahlener Zucker«], Gruppe von Kohlenhydraten, die als Gerüstsubstanz und Nährstoff für Pflanzen, Tiere und Mikroorganismen von größter Bedeutung sind; man unterscheidet je nach Molekülgröße Monosaccharide, Oligosaccharide und Polysaccharide.

Für die Weinbereitung sind einerseits Monosaccharide wie Arabinose und Xylose mit jeweils fünf Kohlenstoffatomen oder **Fruchtzucker** (Fruktose) und **Traubenzucker** (Glukose, veraltet Glykose) mit je sechs Kohlenstoffatomen von Bedeutung, andererseits Oligosaccharide, die aus der Verbindung von Monosacchariden unter Abspaltung von Wasser entstehen. Das wichtigste Oligosaccharid ist Saccharose, Rohr- oder Rübenzucker, der je zur Hälfte aus Fruktose und Glukose besteht. Monosaccharide wie Arabinose, Xylose, Galacturonsäure oder Rhamnose sind nicht vergärbar und werden zum Extrakt gerechnet; da sie analytisch nur schwer zu messen sind, werden sie in Berechnungen von zuckerfreiem Extrakt oder vergärbarem Zucker pauschal mit 1 g/l berücksichtigt.

Die für die Weinbereitung relevantesten Zuckerarten der Traube sind Glukose und Fruktose; sie liegen im Most etwa im Verhältnis 1:1 vor. Während der alkoholischen Gärung werden sie in Alkohol, Kohlendioxid und die so genannten Gärungsnebenprodukte aufgespalten. Hefen wandeln jedoch bevorzugt Glukose um; das führt dazu, dass in restsüßen Weinen, die ohne Zugabe von Süßreserve entstanden sind, vorwiegend Fruktose vorliegt, die doppelt so süß schmeckt wie Glukose.

Zum →Anreichern von Weinen wird Saccharose verwendet, die von den Hefen allerdings nicht direkt vergoren werden kann und zuerst aufgespalten werden muss. Dies geschieht durch das hefeeigene Enzym Invertase (Saccharase); Saccharose bezeichnet man deshalb auch als Invertzucker, der Vorgang des Aufspaltens wird Invertieren genannt. Andere Zuckerarten wie Maltose oder Laktose spielen in der Weinbereitung keine oder nur eine unbedeutende Rolle.

zuckerfreier Extrakt, ein Teil des →Extrakts von Weinen.

Zuckerle, bekannte und hochwertige Weinbergslage im deutschen Anbaugebiet Württemberg, Stadt Stuttgart-Bad Cannstadt; auf den tiefgründigen, nährstoffreichen Böden wird v.a. die Rotwein-Rebsorte Trollinger kultiviert. Die Qualität der Trauben entspricht nicht immer dem Potenzial der Lage, was vorwiegend an zu hohen Ernteerträgen liegt, die von der Stadt Stuttgart mit durchschnittlich 220 dz bzw. 190 hl pro Hektar angegeben werden.

Zuckerrest, →Restzucker.

Zürich, größter Weinbaukanton der →Ostschweiz und fünftgrößter des Landes im Gebiet um die gleichnamige größte Stadt; die Rebfläche des Kantons beträgt etwa 620 ha (2002, 1880: 5500 ha). Hauptsorte ist der rote Spätburgunder (Blauburgunder), der auf rund zwei Drittel der Fläche steht; dahinter folgt Müller-Thurgau. Eine Besonderheit ist die Weißwein-Rebsorte Räuschling.

Der Kanton ist in die Anbaugebiete Zürcher Weinland, Zürcher Unterland, →Limmattal und Zürichsee gegliedert.

Zweigelt, Blauer Zweigelt, Rotburger, österreichische Rotwein-Rebsorte, die in den 1920er-Jahren von Fritz Zweigelt an der Weinbauschule in Klosterneuburg aus Sankt Laurent und Blaufränkisch gezüchtet wurde; die meistkultivierte Rotwein-Rebsorte Österreichs steht auf etwa 4350 ha Rebfläche.

Zweigelt ist nicht sehr anspruchsvoll, relativ widerstandsfähig und bevorzugt wärmere Lagen sowie tiefgründige, nährstoffreiche Böden, die nicht zu kalkhaltig sein dürfen. Das Spektrum der Weine reicht von einfachen, fruchtbetonten und jung zu trinkenden Produkten bis hin zu anspruchsvollen, im Barrique ausgebauten Gewächsen. Die Sorte wird zunehmend als Verschnittpartner für andere Rotwein-Rebsorten wie Blaufränkisch, Cabernet Sauvignon oder Sankt Laurent geschätzt.

Zweigelt, Fritz, österreichischer Biologe, *Hitzendorf (Steiermark) 13. 1. 1888, †Graz 18. 9. 1964; er studierte in Graz Naturwissenschaft und habilitierte sich an der Wiener Universität für Bodenkultur (Pflanzenschutz). Von 1938 bis 1945 war Zweigelt Direktor der Lehr- und Forschungsanstalt in Klosterneuburg und erfolgreicher Züchter neuer Rebsorten wie der nach ihm benannten Rotwein-Rebsorte und der Jubiläumsrebe.

zweite Gärung, Arbeitsschritt bei der Herstellung von →Schaumwein.

Zweitwein, vom Hauptwein eines Weinguts unterschiedene Selektion oder Cuvée, die oft aus Trauben etwas schlechterer Lagen oder jüngerer Reben erzeugt wird; der Begriff ist v.a. im französischen Bordeauxgebiet gebräuchlich, wo Erzeugerbetriebe bzw. Châteaux traditionell immer nur einen einzigen, ihren Hauptwein oder Grand Vin (deutsch: Großer Wein) erzeugten.

Vor allem im Laufe der letzten Jahrzehnte des 20. Jahrhunderts brachten zahlreiche renommierte Güter einen zweiten Selek-

Zweigelt gilt heute als eine der besten und charakteristischsten Rotwein-Rebsorten Österreichs.

tionswein, den Zweitwein, heraus. In Italien wurde der Begriff in den 1980er-Jahren aufgegriffen, wobei hier allerdings Weine weniger prestigeträchtiger Herkunftsbezeichnungen aus Erzeugerbetrieben gemeint sind, die als Hauptwein eine der berühmten Appellationen des Landes vermarkten. So gilt etwa Rosso di Montalcino als Zweitwein im Gebiet des Brunello di Montalcino und Nebbiolo d'Alba als Zweitwein im Gebiet des Barolo.

Zypern, Inselstaat des östlichen Mittelmeers; Weinbau wird auf etwa 30000 ha (1999) getrieben, v.a. an den Hängen des Troodosgebirges im südlichen, dem griechischsprachigen Teil der Insel. Die Jahresproduktion beträgt etwa 550000 hl. Einheimische Rebsorten wie Mavro, Maratheftico und Xynisteri belegen noch mehr als 80% der Weinberge, daneben werden aber zunehmend internationale Sorten wie Cabernet Sauvignon, Syrah (Shiraz) oder Grenache kultiviert. Die fast 4000 Jahre alte Weinwirtschaft des Landes wurde international v.a. durch den öligen, schweren Süßwein Commandaria bekannt, der aus weißen und roten Sorten nach der Art des italienischen Vin santo produziert wird.

Benutzerhinweise

Reihenfolge und Schreibweise der Stichwörter

Die Stichwörter sind in alphabetischer Reihenfolge angeordnet. Alphabetisiert werden alle fett gedruckten Buchstaben des Hauptstichworts, auch wenn es aus mehreren Wörtern besteht. Umlaute (ä, ö, ü) werden wie einfache Vokale eingeordnet, Buchstaben mit diakritischen Zeichen (z. B. à, é) werden behandelt wie Buchstaben ohne dieses Zeichen. Gleich lautende Stichwörter werden in der Reihenfolge: Sachstichwörter, geographische Namen, Personennamen angeordnet.

Gleich lautende Stichwörter mit unterschiedlicher Bedeutung werden zu einem durch Ziffern untergliederten Artikelkomplex zusammengefasst.

Synonyme des Hauptstichworts werden diesem – durch Komma getrennt – als Nebenstichwörter nachgestellt.

Der Brockhaus Wein ist in neuer Rechtschreibung verfasst. Die Schreibweise richtet sich im Allgemeinen nach der Duden-Rechtschreibung. Fachbegriffe werden so geschrieben, wie es die jeweilige Nomenklatur vorsieht.

Wörter aus Sprachen mit nichtlateinischer Schrift erscheinen als Stichwörter in einer der Aussprache der Wörter oder dem allgemeinen Sprachgebrauch angepassten Umschrift (Transkription). Die zeichengetreue Umsetzung (Transliteration) wird gegebenenfalls als Nebenstichwort gebracht.

Betonung, Aussprache und Etymologie der Stichwörter

Fremdwörtliche und fremdsprachliche Stichwörter (einschließlich Personennamen) erhalten – sofern die Aussprache unklar ist – als Betonungshilfe einen Punkt (Kürze) oder einen Strich (Länge) unter dem betonten Vokal. Weicht die Aussprache eines Stichworts von der deutschen ab – etwa bei fremdsprachigen Stichwörtern –, so wird in der dem Stichwort folgenden eckigen Klammer die korrekte Aussprache in phonetischer Umschrift angegeben. Diese folgt dem internationalen Lautschriftsystem der Association Phonétique Internationale:

a = helles a, dt. Bl*a*tt, frz. p*a*tte
ɑ = dunkles a, dt. w*a*r, engl. r*a*ther
ã = nasales a, frz. gr*an*d
ʌ = dumpfes a, engl. b*u*t
β = halboffener Reibelaut b, span. Ha*b*anera
ç = Ich-Laut, dt. mi*ch*
ç = sj-Laut (stimmlos), poln. *Si*enkiewicz
ð = stimmhaftes engl. th, engl. *th*e
æ = breites ä, dt. *Ä*ther
ɛ = offenes e, dt. f*e*tt
e = geschlossenes e, engl. *e*gg, dt. B*ee*t

ɔ = dumpfes e, dt. all*e*
ɛ̃ = nasales e, frz. f*in*
ɣ = geriebenes g, span. Tarra*g*ona, niederländ. Go*gh*
i = geschlossenes i, dt. W*ie*se
ɪ = offenes i, dt. b*i*tte
ĩ = nasales i, port. *In*fante
ʎ = lj, span. Sevi*ll*a
ŋ = ng-Laut, dt. Ha*ng*
ɲ = nj-Laut, Champa*gn*er
ɔ = offenes o, dt. K*o*pf
o = geschlossenes o, dt. T*o*r
õ = nasales o, frz. b*on*
ø = geschlossenes ö, dt. H*öh*le
œ = offenes ö, dt. H*ö*lle
œ̃ = nasales ö, frz. parf*um*
s = stimmloses s, dt. wa*s*
z = stimmhaftes s, dt. *s*ingen
ź = zj-Laut (stimmhaft), poln. *Zi*elona Gora
ʃ = stimmloses sch, dt. *Sch*uh
ʒ = stimmhaftes sch, Gara*g*e
θ = stimmloses th, engl. *th*ing
u = geschlossenes u, dt. K*u*h
ʊ = offenes u, dt. b*u*nt
ũ = nasales u, port. At*um*
v = stimmhaftes w, dt. *W*ald
w = halbvokalisches w, engl. *w*ell
x = Ach-Laut, dt. Kra*ch*
y = geschlossenes ü, dt. M*ü*tze
ʏ = konsonantisches y, frz. S*u*isse
: = bezeichnet Länge des vorhergehenden Vokals
ˈ = bezeichnet Betonung und steht vor der betonten Silbe, z. B. ˈætlɪ = Attlee
‿ = unter Vokalen, gibt an, dass der Vokal unsilbisch ist

b d f g h j k l m n p r t geben in den meisten Sprachen etwa den Lautwert wieder, den sie auch im Deutschen haben. Im Englischen wird „r" weder wie ein deutsches Zäpfchen-r noch wie ein gerolltes Zungenspitzen-r gesprochen, sondern mit der Zungenspitze an den oberen Vorderzähnen oder am Gaumen gebildet.

Angaben zur sprachlichen Herkunft eines Begriffs werden nur dann gebracht, wenn sie zum Verständnis eines Stichworts wesentlich beitragen; sie stehen dann nach dem Stichwort in eckiger Klammer, gegebenenfalls hinter der phonetischen Umschrift.

Verweise

Der Verweispfeil (→) zeigt an, dass unter dem dahinter stehenden Stichwort weiterführende Informationen zu finden sind.

Weiterführende Informationen

Aktuelle Links zu weiterführenden Internet-sites finden sich unter der Adresse
www.brockhaus.de/sachlexika/Wein

Abkürzungen

Abk.	Abkürzung
Ala.	Alabama
Alas.	Alaska
Ariz.	Arizona
Ark.	Arkansas
Bde.	Bände
bzw.	beziehungsweise
ca.	circa
Calif.	Kalifornien
Col.	Colorado
Conn.	Connecticut
Cty.	County
D. C.	District of Columbia
d. h.	das heißt
DDR	Deutsche Demokratische Republik
Del.	Delaware
eigtl.	eigentlich
Fla.	Florida
Ga.	Georgia
Ha.	Hawaii
Hg.	Herausgeber
hg.	herausgegeben
Ia.	Iowa
Id.	Idaho
Ill.	Illinois
Ind.	Indiana
Jh.	Jahrhundert
Kans.	Kansas
Ky.	Kentucky
La.	Louisiana
Mass.	Massachusetts
Md.	Maryland
Me.	Maine
Mich.	Michigan
Minn.	Minnesota
Miss.	Mississippi
Mo.	Missouri
Mont.	Montana
N. C.	North Carolina
n. Chr.	nach Christi Geburt
N. D.	North Dakota
Nebr.	Nebraska
Nev.	Nevada
N. H.	New Hampshire
N. J.	New Jersey
N. Mex.	New Mexico
N. Y.	New York (Bundesstaat)
Oh.	Ohio
Okla.	Oklahoma
Oreg.	Oregon
Pa.	Pennsylvania
R. I.	Rhode Island
S. C.	South Carolina
S. D.	South Dakota
Tenn.	Tennessee
Tex.	Texas
u. a.	und andere, unter anderem
USA	United States of America
usw.	und so weiter
Ut.	Utah
v. a.	vor allem
Va.	Virginia
v. Chr.	vor Christi Geburt
Vol.-%	Volumenprozent
Vt.	Vermont
Wash.	Washington
Wis.	Wisconsin
W. Va.	West Virginia
Wyo.	Wyoming
z. B.	zum Beispiel
z. T.	zum Teil

Darüber hinaus wird z. T. die Adjektivendung »-isch« abgekürzt; z. B. engl., französ., italien., span., griech., latein., russ.

Zeichen

*	geboren
†	gestorben
§	Paragraph
®	Warenzeichen

Aus dem Fehlen des Zeichens ® darf im Einzelfall nicht geschlossen werden, dass ein Name oder Zeichen frei ist. Eine Haftung für ein etwaiges Fehlen des Zeichens wird ausgeschlossen.

Bildquellen

Australian Wine Export Council/ M. Turner, Frankfurt am Main *401*
Bibliographisches Institut & F. A. Brockhaus, Mannheim *19, 28, 38, 48, 52, 61, 68, 79, 88 f., 111, 136, 140, 151, 155, 163, 167, 181, 184, 195, 198 f., 210, 220, 229, 236, 241, 249, 269, 289, 292, 299, 301, 303, 308, 316, 325, 329, 334, 338, 344, 348 f., 357, 363, 377 f., 397, 403, 410, 422–424, 441 f., 451, 453, 473, 475, 498*
Bundesministerium für Verbraucherschutz, Ernährung und Landwirtschaft, Bonn *69*
Château Mouton-Rothschild/A. Fion, Reutlingen *295, 371*
Studio Faber, Düsseldorf *8, 14, 18–20, 23, 26, 31, 43 f., 60, 64, 71 f., 75, 87, 93, 96, 99, 101, 104, 107–109, 114, 119, 124, 139, 142, 146, 166, 172, 178–180, 186 f., 198, 202 f., 205, 208 f., 212, 214 f., 227, 235, 241, 248, 253, 259, 261, 263, 266 f., 270, 280, 283, 285, 288, 291–293, 300, 311, 314, 323, 325, 334, 339, 341, 361, 364 f., 369, 374, 378, 382, 385 f., 389 f., 393, 399, 402, 405, 409, 428, 433 f., 441, 443 f., 446, 451 f., 455, 458, 460, 467–471, 476, 478, 483–485, 489 f., 495 f., 498 f., 501 f.*
F. P. Gagliardo, Montescudaio *277*
E. & J. Gallo Winery Deutschland, Schwalbach am Taunus *191*
ICEP – Portugiesisches Handelsbüro, Berlin *134*

Integra Communication, Hamburg *301*
Interrhône/I. Desarzon, Avignon *94, 281, 469*
Interrhône/A. Gas, Avignon *431*
N. Joly, Savennières *67*
M. Kämper, Presseteam, Trebur *404*
LEROY S. A., Meursault *69*
LVMH Wines & Spirits/L. Cogniet, München *117*
Marchesi Antinori Srl, Pubbliche relazioni/P. Montisci, Florenz *34*
Marchesi De' Frescobaldi Spa, Florenz *185*
Österreichische Weinmarketing-servicegesellschaft, Wien *54, 88, 153, 164, 173, 242, 287, 306, 383, 417, 420*
H.-P. Siffert, Zürich *13, 88, 174, 196, 207, 398, 474*
Sopexa, Düsseldorf *33*
Spanisches Generalkonsulat, Düsseldorf *364, 374*
Dr. E. Supp, Hamburg *7 f., 15 f., 21, 25, 27, 29 f., 32, 35–37, 40–42, 45–48, 50, 55–60, 63, 65 f., 73 f., 76–83, 85, 90, 92 f., 97 f., 100, 103, 105 f., 110, 112 f., 115–118, 120–123, 125–129, 131–133, 135 f., 138, 144 f., 147–150, 152, 155 f., 158–160, 162 f., 166, 169, 171 f., 176 f., 181–183, 185, 188, 190, 192 f., 200–202, 204–207, 211, 214, 217–219, 223 f., 226–228, 234, 236–238, 240, 243, 246, 250 f., 254–258, 260, 263–265, 267–269, 272–275, 278, 280, 282, 286, 290, 295, 297, 300, 302,*

304 f., 307–309, 312 f., 315, 318, 320–322, 324, 326–329, 332 f., 335, 337 f., 340, 342 f., 345, 347, 350–359, 362, 366–369, 372 f., 375 f., 379–382, 384, 387, 394–396, 399 f., 407 f., 411–416, 419, 421, 424 f., 427, 429, 431, 433, 435–437, 439 f., 443, 445 f., 450, 454–457, 459, 463–466, 469, 471, 473–475, 479, 481 f., 485, 491–493, 495, 497, 500, 503
Tenuta dell'Ornellaia, Castagneto Carducci *75*
Dr. W. Thomann, Ingelheim *438*
Vinosur Weinhandel, Bremen *39*
Wine Institute of California, Wiesbaden *284*
Wine Institute of California/Duckhorn Vineyards, Wiesbaden *222*
Wine & Partners/A. Mandel/Robert Mondavi Europe, Wien *289*
Wines of South Africa, Baden-Baden *330*
Wirtschaftsförderungsinstitut der Handelskammer, Bolzano *239, 261*
Wirtschaftsförderungsinstitut der Handelskammer/VICOM Ph. Perra, Bolzano *296*

Reproduktionsgenehmigungen für Abbildungen künstlerischer Werke von Mitgliedern und Wahrnehmungsberechtigten wurden erteilt durch die Verwertungsgesellschaft BILD-KUNST/Bonn.

> > >

Themenwechsel

Ernährung

Gesundheit

Literatur

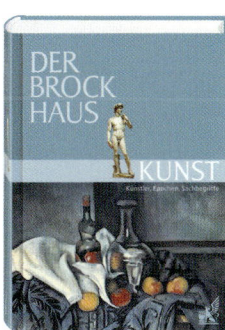

Kunst

Musik

Geschichte

Philosophie

Sie interessieren sich für Wein? Sie möchten mehr wissen über Ernährung und Gesundheit? Über Literatur, Kunst, Musik, Geschichte und Philosophie? Wie gut, dass es zu all diesen Wissensgebieten ein Nachschlagewerk von Brockhaus gibt, das Sie umfassend informiert! Mit Sonderartikeln, Infokästen, Epochentafeln und zahlreichen Grafiken, Tabellen und Abbildungen. Kurz: ebenso fundiert und aktuell, verständlich und anschaulich, wie Sie es vom vorliegenden Band her kennen.

Doch damit nicht genug: Für alle vielseitig Interessierten bietet Brockhaus auch Nachschlagewerke zu so wichtigen Themen wie Zeitgeschichte, Atlas zur Geschichte, Religionen, Oper, moderne Kunst, Kinder, Eltern und Erziehung, Psychologie, Wirtschaft und Recht. Man kann ja nicht alles wissen. Aber alles nachschlagen!

Näheres erfahren Sie in Ihrer Buchhandlung oder unter
www.brockhaus.de/sachlexika

< < <

BROCKHAUS
DAS WISSEN DER WELT